TRAITÉ GÉNÉRAL

DES PESCHES.

SUITE DE LA SECONDE PARTIE. 437

TOME TROISIEME.

TRAITÉ GÉNÉRAL
DES PESCHES,
ET
HISTOIRE DES POISSONS
QU'ELLES FOURNISSENT,

TANT POUR LA SUBSISTANCE DES HOMMES,
QUE POUR PLUSIEURS AUTRES USAGES
QUI ONT RAPPORT AUX ARTS ET AU COMMERCE.

Par M. DUHAMEL DU MONCEAU, *de l'Académie Royale des Sciences ; de la Société Royale de Londres ; des Académies de Pétersbourg, de Palerme, & de l'Institut de Bologne ; Honoraire de la Société d'Edimbourg, & de l'Académie de Marine ; Associé à plusieurs Sociétés d'Agriculture ; Inspecteur général de la Marine.*

SUITE DE LA SECONDE PARTIE.

TOME TROISIEME.

A PARIS,

Chez { SAILLANT & NYON, Libraires, rue S. Jean-de-Beauvais.
{ Veuve DESAINT, Libraire, rue du Foin S. Jacques.

M. DCC. LXXVII.

AVEC APPROBATION ET PRIVILÉGE DU ROI.

TRAITÉ GÉNÉRAL
DES PÊCHES,
ET
HISTOIRE DES POISSONS,
OU
DES ANIMAUX QUI VIVENT DANS L'EAU.

SECONDE PARTIE.
TOME TROISIEME. IV. SECTION.

INTRODUCTION.

J'AI commencé ce Traité par expofer dans le premier Volume prefque toutes les induftries que les Pêcheurs ont imaginées pour faire les différentes Pêches qui les mettent en état de prendre toutes fortes de Poiffons. Ce premier Volume qui eft véritablement un Traité de la Pêche, eft divifé en trois Sections.

Il s'agit dans la première de tout ce qui regarde la Pêche aux Haims ou aux Hameçons ; on y trouve la façon de faire ces crochets & de les étamer : on en a repréfenté de toutes les grandeurs, les uns à un feul crochet, d'autres à deux ou à trois ; on a détaillé la maniere de faire les lignes fines, foit pour empiler les petits haims, foit pour faire la Pêche à la canne ; comment on empile les gros haims ; comment on y attache les appâts : enfin toutes les façons de difpofer les haims, foit pour la Pêche à la canne, foit pour celles aux cordes groffes ou menues ; les différentes façons de les tendre, foit fédentaires, foit fur des perches, d'autres fois par fond ; ou encore à la traîne, tantôt à force de bras, & tantôt par des barques.

PESCHES. *II. Part. Tome III. Sect. IV.* A

Il a été queſtion dans la ſeconde Section de la Pêche avec les Filets ; & nous avons commencé par indiquer la façon d'en fabriquer de toutes eſpeces, ceux à mailles quarrées ou en loſange, en nappe ſimple ou a pluſieurs nappes qu'on nomme *trémails*, ou comme diſent les Pêcheurs, *tramaux* ; enfin des filets à manche, d'abord ſimples, enſuite garnis de goulets ou d'aîles.

Après ces préliminaires nous avons détaillé les différentes façons de les tendre, ſoit dans les eaux dormantes, ſoit dans le courant des rivieres, ſoit au bord de la mer, ſoit ſur des perches ou palots, ou par-fond ; enfin en pleine mer, tantôt à la traîne, d'autres fois ſédentaires, ce qui a exigé de grands détails.

Nous avons traité dans la troiſieme & derniere Section de ce premier Volume de quelques Pêches particulieres, telles que de celles au feu, ou à la fouane, à la drague ; de celle qu'on fait dans les ſables avec la bêche, la fourche, le rateau, la herſe ; de la Pêche avec les oiſeaux ; de celle ſous la glace ; du déchargement du Poiſſon, de ſa vente & de ſon tranſport, tant mort qu'en vie ; enfin de la Pêche des Etangs ; & à leur occaſion, nous avons dit quelque choſe des Viviers, de l'empoiſſonnement des étangs & de la vente du Poiſſon qui s'y éleve.

Nous avons jugé convenable de mettre à la fin de ce Volume, dans des Articles ſéparés, 1°, un détail de tout ce qui a été dit dans ces trois Sections ; 2°, un expoſé général des Pêches qui ſe font ſur les différentes côtes du Royaume ; 3°, une indication ſommaire de ce qui peut occaſionner la rareté du Poiſſon, tant dans les rivieres qu'à la mer ; 4°, on trouve un Vocabulaire où les termes propres à la Pêche qu'on a employés dans ce Volume, ſont rapportés dans un ordre alphabétique, & expliqués.

Si je me borne préſentement à des indications fort abrégées de ce qui eſt contenu dans ce premier Volume, c'eſt parce que les Sommaires & Tables que je viens d'annoncer préſentent les plus grands détails. Après avoir fait connoître dans cette premiere Partie les induſtries que les Pêcheurs employent pour exercer leur métier, je paſſe à la ſeconde, qui eſt le commencement de l'Hiſtoire des Poiſſons, dans laquelle nous les conſidérons chacun en particulier ; & pour le faire avec ordre, nous les avons raſſemblés par famille, chacune faiſant l'objet d'une Section particuliere, à la tête de laquelle on trouve les caracteres qui conviennent à chaque famille ; enſuite nous indiquons les parages où il faut les aller chercher, les ſaiſons où ils donnent ſur telle ou telle côte, les Pêches qui leur conviennent, les préparations qu'on leur donne, d'abord pour les tranſporter frais à des petites diſtances où l'on eſt aſſuré d'en trouver le débit ; enſuite nous détaillons les différentes méthodes qu'on emploie pour les mettre en état d'être conſervés long-temps, au moyen deſquelles ils peuvent être tranſportés fort loin & former des branches de commerce. Nous n'avons pas négligé de dire quelque choſe de leurs apprêts dans les cuiſines.

Ce ſecond Volume qui eſt le premier de la ſeconde Partie, eſt diviſé ainſi que le premier en trois Sections, précédées d'une Introduction, qui est en quelque façon un petit Traité des Poissons considérés en général, dans lequel on expose leur façon de vivre, les uns dans les eaux douces, d'autres dans les eaux salées, d'autres qui passent de l'eau salée dans l'eau douce, & le contraire. Il y en a que nous nommons *Domiciliés*, qui restent toujours dans les mêmes parages; d'autres changent de lieu, on les nomme *de Passage*; les uns vivent constamment dans l'eau; d'autres ont besoin de prendre l'air de temps en temps; on les nomme *Amphibies*: la plupart se multiplient par les œufs; quelques-uns sont vivipares; les uns ont des écailles, d'autres des poils; plusieurs ont leur peau à découvert. La position des aîlerons & des nageoires est très-utile pour ranger les poissons par famille; nous jettons dans ce préambule un coup d'œil sur les formes extérieures des différents Poissons; nous avons même donné une légere idée de leur anatomie; car il nous a paru que ces considérations générales, quel-qu'abrégées qu'elles fussent, mettroient nos Lecteurs plus en état d'entendre ce que nous aurions à dire sur chacun d'eux en particulier.

La premiere Section traite des Poissons qui ont pour caracteres généraux d'avoir sur le dos trois aîlerons, deux sous le ventre derriere l'anus, l'aîleron de la queue fendu, une nageoire derriere chaque ouie & deux sous le ventre: dans cette famille qu'on a nommée *Gadus* ou *Asellus*, sont compris les Morues, les Lieux, les Colins, les Merlans, les Asnons, les Tacauds; nous y avons ajouté quelques Poissons qui ne sont point de cette famille, tels que les Merlus & les Lingues, parce que les Pêcheurs de Morue en comprennent quelquefois dans leurs salaisons; & si nous avons parlé du Capelan de Terre-Neuve, c'est parce qu'il sert d'appât pour prendre les Morues franches.

Les Poissons qui font l'objet de la seconde Section, ont un petit aîleron sur le dos, vers le milieu de la longueur du poisson, & entre cet aîleron & celui de la queue, un petit appendice charnu, qui n'ayant point de nervure comme les aîlerons & les nageoires ne peut pas être regardé comme un vrai aîleron. Sous le ventre derriere l'anus est un petit aîleron, celui de la queue est tantôt plus, tantôt moins échancré; au reste il y a une nageoire derriere chaque ouie & deux sous le ventre: cette famille qu'on peut nommer *Salmoni affines* confinant au Saumon, est formée d'un nombre assez considérable de Poissons, tels que le vrai Saumon, le Bécard, les Truites, saumonées ou non, les Umbres, les Eperlans, &c.

Presque tous ces Poissons, qui sont généralement fort estimés, passent de la mer dans les rivieres; & comme ils ont une inclination naturelle à remonter les courants, on en a profité pour leur tendre des piéges, ce qui forme des Pêcheries très-variées que nous avons décrites le plus exactement qu'il nous a été possible; & après avoir fait connoître la façon de les prendre, nous avons expliqué comment on les sale, comment on les fume & comment on les prépare en saumure.

Les Poissons qui ont un petit aîleron sur le dos, sans appendice, forment la troifieme & derniere Section du fecond Volume : elle comprend des Poiffons très-eftimés, tels, entre autres, que l'Alofe, la Feinte, les Harengs, les Sardines, les Anchois, les Melettes, les Carpes, les Brochets, les Tanches, &c.

Il fuffit d'avoir nommé ces Poiffons pour qu'on juge que cette Section préfente des chofes très-intéreffantes. Ce Volume eft terminé par des Tables où l'on trouve des Notices Géographiques fur les lieux dont on a parlé ; l'explication des termes techniques ; les noms des poiffons dont il a été fait mention, les uns & les autres rangés fuivant un ordre alphabétique : ainfi c'eft un fupplément aux Tables qui fe trouvent à différents endroits de ces deux Volumes. Maintenant nous allons donner une idée de ce qui fait l'objet du troifieme Volume, qui commence par la quatrieme Section.

Caractéres généraux des Poiffons compris dans cette Quatrieme Section, que nous nommons SPARUS *, comme dénomination générique.*

L E troifieme Volume que nous publions préfentement, commence par la quatrieme Section de la feconde Partie, dans laquelle il s'agit des Poiffons qui ont un grand aîleron fur le dos, un moins étendu fous le ventre derriere l'anus, l'un & l'autre épineux ou non, une nageoire derriere chaque ouie & deux fous le ventre ou la gorge. J'ai cru qu'il convenoit de former de ces Poiffons une famille, à laquelle j'inclinois de donner le nom générique de *Labrus* ; mais ayant remarqué que les *Labrus* de Rondelet ont deux aîlerons fur le dos, & qu'ils ont du rapport avec le *Cabot* & avec le *Labrax* de Bélon, qui ayant auffi deux aîlerons fur le dos eft une forte de Loup ou de Lubine, je me fuis déterminé à adopter la dénomination de *Sparus*, pour défigner une famille de Poiffons qui ont les caracteres généraux que je viens d'indiquer. Il eft vrai que Bélon a donné le nom de *Sparus* à une efpece particuliere de Poiffon, qu'il dit être commun à Rome ; mais ce poiffon-là même a les caracteres qui conviennent à ceux que nous comprenons dans la famille des Sparus.

Ces caracteres généraux qui indiquent feulement que tel Poiffon eft de la famille des Sparus, convenant à beaucoup d'efpeces, ainfi que la Dorade des pays chauds, la Dorade de nos côtes, la Brême de mer, le Sparaillon, le Cantheno, le Tanado, & quantité d'autres Poiffons qu'il eft très-commun de voir confondre les uns avec les autres, il nous a paru néceffaire pour prévenir ces incertitudes de fubdivifer cette nombreufe famille où cette quatrieme Section en plufieurs Chapitres, dont chacun comprendroit des Poiffons qui ont des formes affez différentes pour n'être pas confondus avec ceux des autres Chapitres.

Partant de ces principes, nous divifons cette quatrieme Section en plufieurs Chapitres ; dans le premier, il s'agira de la Dorade des pays chauds ; dans le
fecond,

second de la Dorade de nos côtes & des Poissons demi-plats qui y ont rapport ; dans le troisieme des Poissons de la même famille , mais qui approchent d'être ronds ; dans le quatrieme d'un nombre de Poissons, la plupart petits , qui ont aussi les caracteres des *Sparus* , & que plusieurs Auteurs ont nommés *Tourdes* , *Scares* , &c ; dans le cinquieme nous comprenons quelques Poissons qui ont les caracteres du *Sparus* , mais dont les formes sont singulieres. Je vais donc commencer cette Section par la Dorade des pays chauds. Comme ce poisson a un grand aîleron sur le dos , un moins étendu sous le ventre derriere l'anus , l'aîleron de la queue fourchu , une nageoire derriere chaque ouie & deux sous la gorge , il nous a paru qu'il devoit être compris dans cette quatrieme Section , quoiqu'il ait une forme différente de la plupart des *Sparus* ; nous convenons même que par la forme de son corps , il seroit mieux de le mettre avec les Poissons longs, tels que le *Tænia* ; mais la célébrité de ce poisson & le nom qu'on lui donne communément , nous engagent à le mettre à la tête de cette Section.

CHAPITRE PREMIER.

De la Dorade d'Amérique ; Tænia aureo-cœrulea, *que les Anglois nomment quelquefois* Dauphin.

LA Dorade des pays chauds dont il s'agit , est totalement différente du poisson qu'on nomme *Dorade* ou *Daurade* sur nos côtes de l'Océan & de la Méditerranée , par sa grosseur, sa forme , sa beauté & l'excellence de son goût. On trouve dans le Tome premier de l'Edition in-4°. de l'Histoire générale des Voyages , une petite figure de la Dorade d'Amérique, qui n'a que 2 pouces quelques lignes de longueur : j'en ai une autre mieux dessinée par Van-der-meersch ; mais comme elle n'est pas plus grande que celle de l'Histoire des Voyages, quelle confiance peut-on avoir à d'aussi petits dessins, pour représenter un poisson qui a 3 , 4 & quelquefois 5 pieds de longueur ; j'en ai vu un très-proprement peint en miniature dans le Cabinet des Estampes de la Bibliothéque du Roi ; mais j'avoue que l'ayant trouvé peu conforme avec l'idée que je m'en étois formé , d'après les descriptions que j'avois eu de ce poisson, je l'ai soupçonné d'être peu exact , ce qui n'est pas surprenant , M. Aubriet, habile Peintre, l'ayant probablement peint d'après le sec, ou d'après des poissons conservés dans l'eau-de-vie. Il y a une meilleure figure dans Willughby, mais qui n'est pas encore parfaite. Je désespérois donc de me procurer un dessin correct de cette Dorade, qu'on ne prend pas sur nos côtes, lorsqu'heureusement je trouvai ce poisson très-bien desséché dans le Cabinet de M. le Marquis Turgot , qui s'est fait un plaisir de me le confier pour en faire l'usage que je désirerois, ce qui m'a mis en état de faire exécuter le dessin , qu'on voit *Planche* 1, *Figure* 1 , que je crois exact.

Le poisson que je décris , avoit 3 pieds de longueur totale *A* , *B* ; la mâchoire inférieure *C* , étoit d'environ 10 lignes plus longue que la mâchoire supérieure *A*. Quand ces mâchoires étoient rapprochées, la fente de la gueule , à compter de l'extrémité de la mâchoire supérieure , étoit d'environ 6 lignes.

Les mâchoires , tant supérieure qu'inférieure, étoient garnies de dents fines & pointues un tant soit peu recourbées vers l'intérieur de la gueule ; il y avoit de plus au palais & au fond de la mâchoire inférieure des osselets garnis d'aspérités : à 2 pouces 7 lignes de l'extrémité de la mâchoire supérieure étoit le centre de l'œil, dont les fosses orbitaires avoient près d'un pouce de diametre.

De l'extrémité de la mâchoire inférieure au bord de l'opercule des ouies , il y avoit 6 pouces 7 lignes ; ces opercules sont formés par plusieurs grandes plaques dures , couvertes d'une membrane unie & très-brillante. Les ouies ou guignes étoient frangées par les bords ; il y avoit derriere chaque ouie une nageoire *F* , dont l'articulation étoit à 7 pouces 6 lignes de l'extrémité de la mâchoire inférieure ; ces nageoires étoient étroites & terminées en pointe ; le plus long rayon avoit 4 pouces 5 à 6 lignes de longueur.

Il y avoit sous le ventre ou plutôt sous la gorge, presqu'à l'à-plomb de l'articulation des nageoires branchiales, deux autres nageoires *G*, étroites, dont le plus long rayon avoit 5 pouces 2 lignes de longueur ; sur le dos étoit un grand aîleron qui commençoit en *I*, immédiatement sur la tête ; les plus longs rayons avoient environ 3 pouces 6 lignes de longueur : cet aîleron *I*, *D*, *E*, *H*, se prolongeoit jusqu'à 1 pouce & demi de la naissance de celui de la queue, & il diminuoit graduellement de largeur, de sorte que vers sa fin les rayons n'avoient plus que 1 pouce dix lignes de longueur : les premiers rayons depuis *D* jusqu'à *E*, étoient considérablement plus longs que les autres, ce qu'on n'a pas rendu sensible dans la figure, parce que ces rayons étant inclinés vers l'arriere on n'en apperçoit pas exactement la longueur ; l'anus étoit situé environ à 16 pouces 9 lignes de l'extrémité de la mâchoire inférieure, & immédiatement derriere commençoit l'aîleron du ventre *L*, *M*, qui s'étendoit jusque tout près de la naissance de l'aîleron de la queue ; les rayons qui le formoient n'étoient ni aussi longs ni aussi gros que ceux de l'aîleron du dos.

L'aîleron de la queue *K*, *B*, étoit fort échancré ; les plus longs rayons avoient 8 pouces 3 lignes de longueur. Le corps de ce poisson étoit presque rond, je dis *presque*, parce qu'il étoit un peu comprimé sur les côtés, de sorte que les coupes qu'on feroit à différents endroits, représenteroient des ovales : la largeur verticale vis-à-vis le centre de l'œil étoit de 4 pouces 9 lignes & de 5 pouces 3 lignes à l'à-plomb de l'articulation des nageoires de derriere les ouies ; de cet endroit jusqu'à la queue le corps alloit toujours en diminuant assez uniformément de grosseur, de sorte qu'à l'à-plomb de l'anus il avoit 5 pouces 3 lignes, & à la naissance de l'aîleron de la queue seulement 1 pouce 6 lignes.

Tout le monde convient que cette Dorade est un des plus beaux & des meilleurs poissons de la mer. Sa peau, que les Voyageurs disent être sans écailles, est douce au toucher ; les plus riches couleurs l'or, l'azur, le verd le plus brillant y sont en quelque façon prodiguées ; malheureusement ces couleurs s'affoiblissent lorsque les poissons sont malades ; & peu de temps après qu'il sont morts, elles ne subsistent plus.

Quoique les Voyageurs disent que cette Dorade n'a point d'écailles, je suis bien certain que celle que j'ai tirée du Cabinet de M. Turgot, en avoit de petites, longuettes & étroites. *Fig. 2. A, B*, est la partie re-

couverte par les autres écailles ; & *B*, *C* celle qui est apparente. Je soupçonne donc que dans l'animal vivant ces petites écailles sont si intimement unies les unes aux autres, qu'on se persuade qu'il n'en existe point, mais qu'elles se détachent les unes des autres quand la peau se désseche ; & je me trouve confirmé dans ce sentiment par la description que Willughby donne de ce poisson.

Les Dorades nagent avec une grande vitesse, & elles font continuellement la guerre à différents petits poissons dont elles se nourrissent, particuliérement à une espece de poisson volant, *fig. 3*, dont elles sont singuliérement friandes ; elles s'élancent même au-dessus de la surface de l'eau pour les saisir avant qu'ils y entrent ; c'est pourquoi on prend les Dorades avec des haims qu'on a amorcé avec ce poisson volant ; même comme elles en sont très-avides, il suffit de garnir l'haim avec un leurre qui imite ce poisson ; alors on fait sautiller l'haim au-dessus de la surface de l'eau, comme le fait le Pêcheur *G*, *Pl*. XV, *Tome I. I*re. *Partie*, *Section* 1re, & les Dorades s'élancent pour l'attraper. Les Dorades qui vont par bandes, se trouvent fréquemment en nombre à la suite des vaisseaux. Suivant un manuscrit qui a été fait pour servir à l'Histoire Naturelle de Cayenne, les petits poissons volants, *fig. 3*, dont se nourrissent les Dorades, ont quelque ressemblance avec elles, par la forme de leur tête & de leur corps ; mais ils sont pourvus de deux grandes nageoires branchiales, dont ils se servent quand ils veulent échaper à l'ennemi qui les poursuit : pour cela ils s'élancent hors de l'eau, & en étendant ces especes d'aîles, ils se soutiennent en l'air à la hauteur de 4 à 5 pieds, parcourant assez vîte un espace de cent ou deux cents pas, suivant, autant qu'ils le peuvent, la direction du vent ; mais ils ne manœuvrent point dans l'air comme font les oiseaux, ils vont toujours en ligne droite ; s'ils rencontrent un vaisseau, ils s'écrasent la tête, & tombent morts à la mer.

Les Dorades qui connoissent la manœuvre de ces petits poissons, nageant avec vitesse, se rendent à l'endroit où se terminent leur vol, & quelquefois elles s'élancent pour en attraper avant qu'ils tombent dans l'eau.

On voit par la figure 1, que la Dorade a la tête fort grosse, que le corps qui est un peu comprimé sur les côtés, va en diminuant uniformément de grosseur, depuis la tête jusqu'à la naissance de l'aîleron de la queue ; que le dos est garni d'un grand aîleron dont les rayons vont toujours en diminuant de longueur jusqu'à son extrémité, près l'aîleron de la queue ; qu'il y a sous le ventre derriere l'anus un aîleron moins considérable, qui se termine comme le grand aîleron, près celui de la queue, qui est très-fendu ; enfin qu'il a quatre nageoires, deux derriere les ouies & deux fous la gorge. Le nombre, la position & la forme, tant des aîlerons que des nageoires, m'a engagé à comprendre ce poisson qu'on nomme *Dorade* dans cette quatrieme Section : mais je préviens qu'il ne faut pas le confondre avec les deux especes de *Tænia*, dont parle Rondelet, quoiqu'il ait quelque ressemblance avec la seconde espece de *Tænia* de cet Auteur.

J'ai déja prévenu qu'il y a dans l'Histoire générale des Voyages, Edition in-4°. Tome I. page 285, une petite figure de cette Dorade assez semblable à une que j'ai, qui a été dessinée à la Louisiane, par Van-der-meersch.

Il est encore dit dans l'Histoire générale des Voyages, que le poisson que les Portugais nomment *Dorade*, à cause des reflets d'or de sa peau, ressemble beaucoup au Dauphin du Cap de Bonne-Espérance, mais que la chair de la Dorade est beaucoup plus délicate ; apparemment que la tête de la Dorade & la forme de son corps qui va toujours en diminuant, lui donne de la ressemblance avec le Dauphin du Cap ; ce qui a engagé quelques Anglois à nommer cette Dorade, *Dauphin* : je ne sais si c'est cette dénomination Angloise, mais populaire, qui a fait dire à quelques-uns que le Dauphin est le mâle de la Dorade ; au reste je me garderai de chercher ce qui a pu donner lieu à cette idée fabuleuse. Je ne sache pas que ce poisson fréquente nos côtes ; mais il est commun aux isles Espagnoles. Dapper dit, qu'il y en a au Congo ; on en trouve aux Maldives, au Cap Blanc dans la Mer d'Issini, à la Mer de Portendic, où on l'appelle *Orate Vecchio*, auprès de *Porto-Sancto*, vers la Ligne, en Guinée, à la Louisiane, &c. On m'a dit qu'on en avoit pris quelques-uns, mais très-rarement, auprès de Belle-isle : si cela est, c'est bien par accident.

On prétend que le foie étant desséché &

mis dans du vin est un spécifique pour guérir de la dysenterie.

§. 1. *Du Poisson volant dont la Dorade cherche à se nourrir.*

CE petit-poisson, *Pl.* I, *fig.* 3, a la tête un peu approchante de celle de la Dorade ; la partie la plus grosse de son corps est auprès de la tête, le reste va toujours en diminuant de grosseur jusqu'à la naissance de l'aîleron de la queue ; ainsi sa forme est à-peu-près conique & approchant de celle de la Dorade d'Amérique ; il a, comme cette Dorade, un grand aîleron sur le dos, un derriere l'anus, deux petites nageoires sous le ventre, & non pas sous la gorge ; jusque-là il a assez de ressemblance avec la Dorade ; mais l'aîleron de la queue est divisé inégalement ; les nageoires de derriere les opercules des ouies sont très-grandes & capables de s'étendre beaucoup pour former des especes d'ailes avec lesquelles il se soutient en l'air.

Les écailles de ces Poissons volants qu'on peut comparer à celles des Sardines, sont minces & grandes proportionnellement à la taille du poisson ; elles sont brunes sur le dos & argentées sur le reste du corps. Ce poisson a encore cela de ressemblant à la Sardine qu'il est fort délicat & bon à manger. Par le peu de connoissance que j'ai pu m'en procurer, il n'a qu'un aîleron sur le dos, au lieu que l'Hirondelle de Rondelet, qui est un poissont volant, en a deux.

Ce poisson paroît différent de l'Hirondelle de Mer de Rondelet, ou de la Landola de Marseille, qui a deux aîlerons sur le dos ; il semble avoir plus de rapport avec celui que Belon décrit sous le nom de Landola, qui n'en a qu'un, & dont la forme approche un peu de celle du Hareng. Nous parlerons spécialement dans la suite des poissons volants.

CHAPITRE SECOND.

Des Poiſſons qui ont rapport à la Dorade de nos côtes, Daurade de la Méditerranée, & qui font partie d'une Famille à laquelle nous avons impoſé la dénomination générique de Sparus.

Idée générale de ce qui fera l'objet de ce ſecond Chapitre.

On eſt déja prévenu qu'on donne ſur les côtes de l'Océan le nom de *Dorade*, à un poiſſon qu'on nomme *Daurade* ou *Aourade* ſur les côtes de la Méditerranée, quoiqu'il ſoit fort différent du poiſſon appellé *Dorade* dans les pays chauds ; la Dorade de nos côtes eſt beaucoup plus petite, moins belle & moins agréable à manger. On a vu dans le Chapitre précédent que la Dorade d'Amérique eſt un poiſſon long, preſque rond ; celle de nos côtes eſt demi-plate.

Il eſt bon de faire obſerver qu'entre les *Sparus* compris dans les Chapitres ſuivants, les uns ſont plus comprimés ſur les côtés, que d'autres ; mais ceux qui ont le moins d'épaiſſeur, & que nous appellons *Demi-plats*, ſont très-aiſés à diſtinguer des poiſſons véritablement plats, tels que les Soles, les Limandes, &c ; car ceux-ci ont les deux yeux du même côté, au lieu que les Demi-plats ont, comme les autres poiſſons, un œil à droite & l'autre à gauche ; auſſi quand ceux-ci nagent la partie large de leur corps eſt dans une ſituation verticale, au lieu qu'aux poiſſons vraiment plats, cette partie large eſt dans une poſition horizontale : j'ai cru devoir prévenir de ceci pour éviter la confuſion que l'identité de nom pourroit occaſionner, & pour cette raiſon il conviendroit peut-être de conſerver la dénomination de *Dorade* au poiſſon dont nous avons parlé au Chapitre précédent, & de nommer, comme en Provence, *Aourade*, ou comme en Languedoc *Daurade*, les poiſſons dont il s'agira dans le ſecond Chapitre.

Ce que nous venons de dire peut être utile pour prévenir que l'on confonde la Dorade d'Amérique avec celle de nos côtes ; mais comme on prend dans nos Mers quantité de poiſſons, qui par la forme de leur corps ont beaucoup de rapport avec notre Daurade, j'ai cru devoir les réunir dans le ſecond Chapitre : mais il eſt ſenſible qu'il faut entrer dans les plus grands détails, pour mettre en état de diſtinguer les eſpeces qui, comme je l'ai dit, ſont en grand nombre ; car dans cette famille ſeront compris la Daurade, la Brême de mer, le Cantheno, le Tanado, le Sparaillon, le Sargo, le Pagre, l'Orphe, le Nigroil, &c. Comme il y a des points de reſſemblance entre tous les poiſſons qui ſont de cette famille (des *Sparus*), on m'a envoyé des différents Ports, tantôt l'un tantôt l'autre, pour être la vraie Daurade ou un autre poiſſon de ſa famille ; auſſi Belon dit-il que l'Aourade, le Sar, l'Oblado, le Sparaillon, le Denté & pluſieurs autres poiſſons

de

de cette famille ſe reſſemblent tellement que les plus habiles les diſtinguent difficilement : ce qui prouve combien il eſt important, pour éviter cette confuſion, de chercher des points diſtinctifs qui conviennent à chaque Poiſſon, excluſivement à tous autres ; ce qui eſt très-embarraſſant, d'autant que la différence de couleur a beaucoup contribué à établir des eſpeces ou variétés entre ces Poiſſons ; & l'on ſait que leur couleur varie ſuivant la nature des fonds, ainſi que ſuivant leur âge, d'où il naît beaucoup d'incertitude ; ce qui nous a engagé à rapprocher les unes des autres pluſieurs eſpeces de Poiſſons auxquels on donne différents noms, comme Tanado, Caſtagnole, Nigroil, &c.

Le grand nombre de Poiſſons qui ſont de la famille des *Sparus*, a engagé à former des familles, pour ainſi dire, ſubalternes, telles que les Brêmes, les Daurades, &c. Malgré tous les ſoins que je me ſuis donné pour débrouiller ce chaos, il pourra bien m'être arrivé de comprendre ſous le même nom des Poiſſons réellement différents, ou d'annoncer ſous différents noms le même Poiſſon : néanmoins comme quelques-unes de ces variétés paroiſſent quelquefois être conſtantes, nous avons jugé convenable de conſerver le plus qu'il nous a été poſſible la diſtinction que l'on fait de ces Poiſſons. Je vais donc commencer par diſcuter ce qui concerne la Daurade de nos côtes, que je regarde, ainſi que je l'ai dit, comme le chef de la famille des Poiſſons compris dans ce ſecond Chapitre.

ARTICLE PREMIER.

De la Daurade ou Aourade de nos côtes ; Orata ou Aurata.

EN Languedoc & en pluſieurs autres endroits, quelques-uns ajoutent au nom de *Daurade* différentes épithetes, ſuivant leur grandeur : on nomme, par exemple, *Sauqueſne*, celles qui n'ont que ſix pouces de longueur ; on conſerve la dénomination de *Daurade*, à celles qui ont plus d'un pied ; celles qui ont une grandeur moyenne entre les Sauqueſnes & les Daurades ſont appellées *Méjanes*, comme qui diroit *Moyennes* ; & celles qui ſont d'une grandeur extraordinaire, ſont dites *Subre-Daurades*. Ailleurs on leur donne d'autres noms, par exemple, ſuivant M. Gautier, on appelle à Narbonne *Saucanelles*, celles qui n'ont que cinq à ſix pouces de longueur, & qu'on croit être de l'année : *Poumerengues*, celles qui ont 8 à 9 pouces de longueur ; on les croit de deux ans : celles qu'on nomme *Daurades*, ont depuis 12 juſqu'à 16 pouces de longueur ; elles ſont plus eſtimées que les autres. Je ſoupçonne que les *Bourdonnées* de Buch ſont de petites Daurades. On m'a aſſuré qu'on les nomme *Scolettes* en quelques Ports de Baſſe-Bretagne ; il reſte à ſavoir ſi elles ont les dents arrondies en deſſus, ce qui caractériſe les Daurades. Il eſt bon de prévenir que les poiſſons qu'on nomme *Dorées* ou *Poules de mer*,

ne devant point être confondus avec la Daurade, nous avons remis à en parler ailleurs. Quoique la Daurade ſoit aſſez charnue, il faut la regarder comme un poiſſon demi-plat ; car une Daurade qui a un pied de longueur, a à peu-près trois à quatre pouces de largeur ou d'épaiſſeur verticale, & un pouce ſix à ſept lignes d'épaiſſeur horizontale.

La couleur des écailles de la Daurade varie en différents endroits de ſon corps ; le dos eſt d'un bleu vif & éclatant, au ſortir de l'eau ; ce bleu devient foncé, & s'obſcurcit quand le poiſſon eſt mort.

On apperçoit ſur les côtés comme des reflets d'argent bruni ; le ventre eſt blanc mat ; il regne le long du corps de chaque côté une raie ou un trait fort mince d'un noir tirant ſur le bleu *d, e, Pl. II. fig.* 1, un peu courbe, & en outre quelques traits bruns qui s'étendent de toute la longueur du poiſſon, & qui ſont à peu-près paralleles à ſon dos ; de plus, une tache brune tirant au roux *C*, de forme irréguliere, au-deſſus de l'articulation des nageoires, vis-à-vis la partie noire des opercules. On dit qu'au ſortir de l'eau, cette tache eſt quelquefois d'un rouge éclatant ; ordinairement elle n'eſt pas d'une forme réguliere. La tête des Daurades est de moyenne grosseur ; leur museau est très-obtus, les yeux sont assez grands, la prunelle noire, l'iris est jaune, tirant à la couleur d'or ; il y a au-dessus des yeux un trait en arc ou une espece de sourcil qui semble de l'or bruni ; ce qui a contribué à faire nommer ce poisson *Daurade* ; ce trait commence au-dessus de l'œil, il continue en descendant, & finit un peu au-dessous de l'œil, en faisant le tour de l'orbite du côté du corps. M. Poujet me marque que ces deux especes de sourcils sont joints par un trait assez fin qui passe par-dessus la tête ; cette circonstance m'avoit échappé.

Plus haut que l'œil est une éminence couleur de citron, on l'a exprimée par une demi-teinte ; la portion du crâne qui est au-dessus de cette éminence, & qui s'étend entre les deux yeux, est dans l'animal vivant d'un rouge clair qui noircit après la mort.

Les opercules des ouies sont formés de plusieurs pieces plates, dures, couvertes de petites écailles dont une partie est rouge, & l'autre tirant au noir, sur-tout vers le bord des opercules ; les unes & les autres sont très-brillantes, relevées par des reflets couleur d'or ; ces couleurs s'obscurcissent après que le poisson est mort, & le rouge devient presque noir : la gueule est de moyenne grandeur ; les mâchoires sont fortes & bordées de levres épaisses qui se replient quand elles se rapprochent l'une de l'autre, mais qui s'étendent quand les mâchoires s'écartent ; alors la gueule paroît grande.

Aux jeunes Daurades les dents de devant, sur-tout celles de la mâchoire supérieure, sont un peu allongées, peu à peu elles deviennent grosses & obtuses ; alors l'intérieur de la gueule est comme pavé de dents molaires, convexes & polies en dessus, ce qui est sur-tout sensible dans les très-grosses Daurades, dont on a représenté les mâchoires, *Planche II, figure 2, 3 & 4*, que j'ai conservées d'une grosse Daurade qu'on me servit en Provence. La Figure 2 est la coupe de la mâchoire vue intérieurement ; la Figure 3, est la coupe de la même mâchoire vue de face ; à la Figure 4, elle est vue de profil & extérieurement : voilà ce que j'ai observé sur les mâchoires que j'ai conservées ; mais M. Barry, m'écrit de Toulon qu'il a remarqué sur les bords des mâchoires, une rangée de dents plus pointues que les autres, principalement à l'extrémité de la mâchoire supérieure, six grandes dents, & trois à l'extrémité de l'inférieure : ces petites variétés que je n'ai point remarquées, peuvent dépendre de l'âge de ces poissons, ou peut-être de ce qu'on a pris les mâchoires d'un Denté pour celles d'une Daurade : entre ces grosses dents vers le fond de la gueule, on apperçoit aux deux côté tant

des mâchoires supérieures que des inférieures, une grosse dent ovale indiquée aux Figures 2, 3 & 4, par la lettre *i*, dont le grand diametre a quelquefois 4 à 5 lignes de largeur ; ces dents molaires servent à briser les coquillages dont ces poissons se nourrissent : les Orfévres montent de ces grosses dents, en forme de bague, & les vendent pour être des crapaudines ; à Malthe ils mettent un peu d'eau-forte au milieu de la surface de ces dents pour y faire une tâche brune, & ils les vendent pour des yeux de serpent, leur attribuant de grandes vertus ; mais c'est une supercherie, les vraies crapaudines étant fossiles. J'insiste sur les dents de la Daurade, & j'ai fait graver avec soin les mâchoires d'une grosse Daurade, parce que la forme des dents de ce poisson est très-utile pour le distinguer de quantité d'autres.

Les Pêcheurs prétendent que pour trouver les coquillages qui se sont enfouis dans le sable, les Daurades agitent fortement leur queue, & que quand les coquillages sont découverts, elles les saisissent, les brisent avec leurs dents, avalent la chair & rejettent les fragments des coquilles : comme elles recherchent beaucoup les moules, on reconnoît l'endroit où elles sont au bruit qu'elles font en cassant les coquilles & les broyant sous leurs grosses dents.

La Daurade, *Pl. II. fig. 1*, a sur le dos un grand aîleron *NO*, qui commence à l'à-plomb du derriere des ouies, & s'étend presque jusqu'à l'origine de l'aîleron de la queue ; les rayons du côté de la tête, à peu-près au nombre de 12, sont très-piquants, mais ceux qui terminent cet aîleron du côté de la queue, sont rameux & souples : le poisson couche à sa volonté tous ces rayons vers l'arriere, & alors on ne les apperçoit presque plus. Il y a sous le ventre un autre aîleron qui commence immédiatement derriere l'anus *K*, & finit à une petite distance de l'origine de l'aîleron de la queue ; tous les rayons de cet aîleron sont rameux & souples, excepté les deux ou trois premiers du côté de l'anus qui sont fort durs & piquants. Il y a derriere chaque ouie une longue nageoire *C Q*, terminée en pointe ; les deux premiers rayons du côté du dos sont plus durs & plus gros que les autres qui, par degrés, deviennent plus menus & plus souples, de sorte que les derniers sont très-flexibles : il y a de plus, deux petites nageoires *G R*, sous le ventre.

L'aîleron de la queue qui s'étend assez considérablement de côté & d'autre, est échancré au milieu vers *T*.

Cette Daurade est très-commune principalement en Languedoc, où l'on pêche au large, près les côtes, suivant les saisons ; car comme elles craignent le froid, l'hiver elles gagnent les grands fonds, & l'été elles s'approchent de la côte pour paître les algues : c'est aussi principalement dans cette saison qu'on en fait la pêche, de sorte qu'alors il en entre beaucoup dans les étangs & dans les lagunes. M. Poujet me marque que quand elles sont surprises par le froid, elles périssent ; sur-tout les grosses, ce qu'on a particuliérement remarqué pendant l'hiver de 1766, où l'on en prit une prodigieuse quantité que le froid avoit fait périr, & depuis ce temps, on n'en prend presque plus de très-grosses.

A leur entrée dans les étangs, elles ne pesent gueres qu'un quart de livre ; elles croissent beaucoup en été, & vers la fin de Septembre, elles pesent environ trois quarts de livre ; les plus grosses qu'on ait jamais prises dans les étangs, pesoient dix-huit à dix-neuf livres : si, comme le pensent les Pêcheurs, je ne sai sur quel fondement, leur poids augmente tous les ans d'une livre, il s'ensuivroit que l'âge de ces grosses Daurades seroit de dix-huit à vingt ans.

M. le Président de Borda m'écrit que l'Arroussëu de Biaritz ressemble beaucoup à la Daurade, que j'ai fait graver *Pl. II*, *fig* 1.

M. Barry me marque que celles qui sont engraissées dans les étangs d'Hieres, dits *Pesquiers*, sont très-estimées : on ajoute qu'on en transportoit autrefois dans les étangs d'eau douce : cela ne me paroît pas incroyable, non-seulement parce qu'il y a plusieurs poissons qui passent de l'eau salée dans l'eau douce ; mais encore, parce que M. Poivre, qui a été Intendant à l'Isle de France, m'a assuré qu'il avoit fait mettre différents poissons de mer, dans un canal d'eau douce très-vive qui traversoit son jardin ; que plusieurs y avoient subsisté ; que quelques-uns même s'y étoient multipliés : de plus, il paroît que les Daurades aiment l'eau douce, puisqu'on assure qu'elles se rassemblent pour frayer à l'embouchure des rivieres à la mer.

Notre Daurade n'est pas un poisson aussi exquis que la Dorade d'Amérique, néanmoins sa chair est délicate & de bon goût, mais un peu séche, ce qui n'empêche pas que ce ne soit un fort bon poisson ; quand elle n'a pas contracté un goût de vase, dans les mauvais fonds. On préfere celles de la Méditerranée à celles qu'on pêche dans l'Océan ; en Provence, ainsi qu'en Languedoc où elles sont plus abondantes, on estime particuliérement celles du Martigues, celle de l'Etang de Latte près le cap de Cette, & celles des étangs d'Hieres ; elles sont grasses, leur foie est gros, leurs entrailles sont appétissantes, & on en pêche assez abondamment pour en fournir les environs jusqu'à Toulon.

Sur les côtes de l'Océan, on en trouve quelquefois dans les parcs qu'on tend à la basse eau, &, quand la mer est retirée,

on les prend à la main. Dans la Méditerranée on en trouve dans les bourdigues ; on en pêche l'hiver avec le bregin : on sait que c'est une grande saine qui a une manche au milieu ; on la traîne, avec des gondoles qu'on nomme en Provence *Spioni*, & en Corse *Schiapiche* : ces barques sont montées de 10 à 12 hommes. On en prend aussi avec les verveux qu'on nomme en Languedoc *vertoulets*, ainsi qu'avec le filet nommé *this*, *tremaux* ou *entremaillades* ; on sait que c'est un filet formé de trois nappes, qu'on nomme *trémail* : on en prend aussi avec des haims qu'on amorce avec la chair des coquillages nommés *Pétoncle*, *Clovis*, ou des *Crustacées*, *Ecrévisses*, *Chevrettes*, *Crabes*, &c. Dans les parages où les coquillages sont rares, ce qui arrive quand on s'établit un peu loin de la côte, on amorce avec de la chair de Thon, de Pélamide ou de Maquereau : les mâchoires des Daurades sont si fortes qu'elles plient les crochets des haims lorsqu'ils sont faits avec du fer doux, ou si le fer est aigre, elles les cassent & se sauvent. On dit que les Pêcheurs de Morues en prennent quelquefois de fort grosses sur le grand·Banc, avec des haims amorcés de foies de Morue. L'été, quand il fait chaud, en Provence sur-tout lorsqu'elles sortent des étangs, on en harponne quelques-unes des plus grosses ; mais pour en prendre en quantité, lorsque ce poisson donne au rivage, on forme au bord de la mer & dans les étangs, avec des branches de tamarisque, des maniguieres ou meynadieres à-peu-près semblables à celle que nous avons représentée, Premiere Partie, seconde Section, Planche XIX, & décrite à la page 60 : par ce moyen, on en obtient quelquefois une assez grande quantité aux environs des étangs de Latte, pour en faire des salaisons qu'on distribue le Carême dans tout le Languedoc ; on en conserve aussi dans le vinaigre.

Au mois de Juin, on ouvre les passages des étangs d'Hieres, les Daurades y entrent, elles s'y engraissent pendant l'été, & on les pêche l'Automne suivant, lorsqu'elles veulent regagner la grande mer. Après ce que nous venons de dire, on ne peut pas regarder ce poisson comme de haute mer, ni comme littoral, puisqu'on en pêche au large & aussi entre les rochers, près les côtes, & dans les étangs.

Il ne faut pas être étonné de voir les sentiments partagés sur la bonté du poisson qui nous occupe. Les uns l'estiment comme un des meilleurs poissons, pendant que d'autres n'en font qu'un cas médiocre. On peut dire en général que la chair de la Daurade n'est ni fort délicate, ni seche, & encore moins coriace ; mais la qualité de ce poisson dépend beaucoup des lieux où on l'a pêché ; car il a cela de commun avec beaucoup d'autres, qu'il contracte un goût défagréable dans les fonds vafeux, pendant qu'il eft très-bon dans les fonds fableux ou pierreux, & dans certains étangs où ils s'engraiffent ; d'ailleurs, les petites Daurades font peu eftimées ; celles qui font fort groffes ont la chair un peu coriace ; ainfi celles de moyenne groffeur font, fans contredit, les meilleures : enfin, comme nous en avons déja prévenu, on vend fouvent pour vraie Daurade, des poiffons de la famille des *Sparus*, qui lui reffemblent à beaucoup d'égards, mais qui font d'une qualité bien inférieure.

A l'égard de l'apprêt dans les cuifines, les uns les font rôtir fur le gril, en les arrofant avec de l'huile ou avec du beurre frais, auquel on ajoute des épices, & on les fert fur une farce d'ofeille, ou une fauffe blanche ; d'autres les apprêtent au bleu, & les mangent froides avec de l'huile, du citron ou du vinaigre : on en fait auffi des étuvées, & enfin, on fait des pâtés avec les grandes.

Je vais terminer ce qui regarde ce poiffon par détailler les dimenfions des différentes parties d'une Daurade, *Pl. II, fig.* 1, que j'ai fait deffiner fur le poiffon même qui avoit feulement 11 pouces de longueur totale *AT* ; mais M. Barry, Commiffaire de la Marine à Toulon, à qui j'avois adreffé mon Mémoire, le priant d'en faire la critique, m'a marqué qu'il foupçonnoit que ma defcription avoit été faite fur un poiffon maigre, pêché au large avec la tartane, & que celles qu'on pêche près les côtes, dans les darfes & les étangs, font plus groffes & plus trapues. Comme les notes de M. Barry ont été faites fur une Daurade de la côte & très-fraîche, je les ai adoptées avec reconnoiffance, pour faire quelques corrections aux miennes ; ainfi il faut fuppofer que la figure première foit plus renflée dans toutes fes parties, ce qui ne s'éloigne pas du fentiment de M. Poujet.

Le grand aîleron du dos qui commence en *N*, étoit à 3 pouces 3 lignes du mufeau *A*. Sa longueur, à fon attache au dos, eft de 5 pouces : des 24 rayons qui tous excedent la membrane qui les unit, les onze premiers font piquants, les treize derniers font rameux & flexibles : le plus long de ces rayons à 14 lignes de longueur.

Il y a derriere l'anus un pareil aîleron *KP*, qui n'a qu'un pouce 8 lignes de longueur à fon attache au corps ; les trois premiers rayons du côté de *K*, font piquants ; les autres, au nombre de onze du côté de *P*, font rameux ; l'aîleron de la queue eft grand & fourchu ; le plus long rayon *MD* a 2 pouces 3 lignes de longueur ; il y a derriere chaque ouie, une grande nageoire *CQ*, dont le plus long rayon a 3 pouces de longueur : il y a encore deux autres nageoires *GR*, fous

le ventre, dont le premier rayon, plus dur que les autres, a 1 pouce 9 lignes de longueur ; les fix autres font rameux ; & ces deux nageoires du ventre fe touchent prefque par leur articulation.

Je préviens que je décris ces nageoires fur un poiffon mort, & qu'ainfi elles ne font pas étendues comme quand le poiffon eft dans l'eau. M. Poujet dit avoir remarqué qu'au-deffous de l'infertion des nageoires ventrales dans la partie fupérieure, il y a un rayon détaché qui eft couché fur le ventre, qu'on ne peut relever qu'avec peine, & qui paroît ne devoir jouer qu'horizontalement, ce qui n'eft pas abfolument particulier à ce poiffon ; la longueur de la tête, depuis *A* jufqu'à *C*, eft de 2 pouces 8 lignes ; depuis le bout de la mâchoire fupérieure *A*, jufqu'au centre de l'œil *L*, il y a un pouce 6 lignes ; le diametre de l'œil eft de 8 lignes ; la prunelle eft noire, & l'iris jaune couleur d'or ; il y a au-deffus de l'œil, une efpece de boffe exprimée au deffin par une demiteinte, elle eft jaune-citron ; la portion du crâne qui eft au-deffus, eft rouge-clair au poiffon vivant ; quand il eft mort, elle s'obfcurcit, & devient prefque noire. Il eft à propos de faire remarquer que, dans la figure, l'œil eft placé trop bas, il doit être plus près du crâne ; la mâchoire inférieure *E*, & la fupérieure *A*, font à-peu-près d'égale longueur.

Quand les mâchoires font rapprochées, la fente de la gueule eft environ de 9 lignes ; il y a un cartilage mobile qui s'étend de *a* jufqu'à *b*, & toute la gueule eft bordée d'une membrane ; tout cela forme une levre épaiffe ; l'intérieur, tant en haut qu'en bas, eft comme pavé de groffes dents molaires, comme on le voit aux figures 2, 3 & 4, qui repréfentent les mâchoires d'une très-groffe Daurade ; les écailles font affez grandes ; celles des côtés étant dans leur pofition naturelle, femblent former des lofanges ; celles de deffous la gorge, paroiffent plus arrondies : la tête & les opercules des ouies font couverts de petites écailles très-brillantes, le dos eft d'un bleu tendre, & les côtés d'un gris-de-perle très-brillant, lorfque le poiffon eft dans l'eau & en vie ; mais le bleu du dos s'obfcurcit, le gris-de-perle fe ternit, & les lignes qui s'étendent parallelement au dos difparoiffent lorfque le poiffon eft mort.

La largeur verticale du poiffon, par le travers de l'œil *LF*, eft de 2 pouces ; en *GN*, de 3 pouces 3 lignes ; en *IK*, vis-à-l'anus, de 2 pouces 10 lignes ; en *MN*, de 9 lignes.

Son épaiffeur horizontale en *S*, eft d'un pouce 5 lignes : il y a fur les côtés une ligne courbe *de*, qui paroît comme ponctuée, & quand on confidere le poiffon en

différents

différents sens, le reflet des écailles repréfente des bandes peu fenfibles qui difparoiffent prefque entiérement après la mort du poiffon.

M. le Préfident de Borda, Correfpondant de l'Académie, m'écrit de Dax, qu'on appelle *Mouchou*, fur les côtes de Gafcogne, un Poiffon qui a la gueule pavée de groffes dents convexes par-deffus : cette forme des dents me fait foupçonner que ce poiffon eft notre Daurade, d'autant que d'après ce que me marque M. de Borda, il paroît qu'à Biarritz, on ne connoît pas notre Daurade, & on y donne ce nom à un poiffon du genre des Pagres de la grandeur que Salvien donne à *l'Erithrynus*, qui eft entiérement d'un beau rouge, & très-différent du Poiffon qu'on nomme *Daurade* dans la Méditerranée : ce rouge peut être comparé à celui des poiffons qu'on nomme *Cuculus* ou *Rouget* : il ajoute qu'on n'en fait pas de Pêches abondantes ; néanmoins ils s'approchent quelquefois du rivage, & on les apperçoit au fond de la mer. Quand les Daurades viennent ainfi à la côte, on les prend avec des haims, des filets, même avec le harpon, lorfqu'elles font groffes, ainfi que je l'ai dit plus haut, fort en détail.

M. de la Courtaudiere, m'écrit que les Pêcheurs Bafques ne connoiffent point la Daurade, ni fous ce nom, ni fous d'autres.

§. 1. *Du Sparaillon* ; Sparulus, Spargus, Sparlus : *en Efpagne*, Spargoil : *en Italie*, Sparlo ; *fuivant Belon* ; Carlinotus ; *à Narbonne*, Rafpaillon : *à Antibes*, Sparlin.

J'ai rapporté des tournées que j'ai faites fur les Côtes maritimes, la defcription & le deffin d'un poiffon qu'on m'avoit nommé *Sparaillon*, *Pl. I*, *fig. 5* ; mais je ne puis me rappeller fur quelle côte il me fut remis, ce qui me mortifie, parce que ce nom eft inconnu dans plufieurs de nos Ports ; & malgré le deffin que j'en ai rapporté, je n'en aurois rien dit, fi je ne le voyois pas cité par Rondelet, Belon, &c. Quoi qu'il en foit, ce poiffon, que M. Chaillant me marque qu'on nomme *Sparlin* à Antibes, eft de la famille des *Sparus* ; & il semble que le nom de *Sparaillon* & de *Sparulus* indiquent un petit *Sparus*, ainfi la defcription que j'en vais donner, convient également au *Spare* & au *Sparaillon*. Ces poiffons reffemblent à la Daurade de nos côtes par leurs écailles, par les traits qu'on apperçoit fur leur corps, par le nombre & la fituation, tant des nageoires que des aîlerons, dont les rayons, jufqu'à la moitié de l'aîleron du dos, font durs, les autres font flexibles ; l'aîleron de la queue eft fourchu. On apperçoit après des yeux un trait verd & jaune foncé qui a quelque rapport éloigné avec le trait d'or bruni que la Daurade a à ce même en-

droit ; fes ouies font comme celles de la Daurade, couvertes d'écailles. Les Sparaillons entrent, comme les Daurades, dans les étangs falés ; ils s'approchent des côtes, lorfque l'air eft doux ; & quand le froid fe fait fentir, ils gagnent les grands fonds, où ils fe raffemblent, ce qui n'a rien de fingulier, puifque ces poiffons vont toujours de compagnie : néanmoins Ælien prétend que c'eft pour s'échauffer les uns les autres, ce qui paroît être une pure conjecture, qui n'eft appuyée fur aucune expérience ni obfervation. Les dents des Sparaillons font très-différentes de celles des Daurades. On trouve de petits Sparaillons dans les étangs falés, peut-être font-ce de jeunes poiffons qui fortent des étangs pour prendre leur accroiffement dans la mer ; néanmoins on prétend généralement qu'ils reftent toujours petits, & je n'en ai point vu de gros ; enfin, ils ont une tache brune, plus ou moins fenfible, près l'aîleron de la queue.

Joignons à cette defcription tirée de mes Mémoires, l'autorité de Rondelet, qui dit que le Sparaillon reffemble tellement à la Daurade par la pofition, le nombre & la forme tant des aîlerons que des nageoires, que les Pêcheurs font fouvent embarraffés à diftinguer ces deux efpeces de poiffons.

Il ajoute que les Sparaillons ne parviennent pas à la groffeur de la Daurade, qu'ils n'acquierent guere plus de 8 pouces de longueur ; leur dos eft un peu plus voûté, leur corps, proportionnellement à leur longueur, eft un peu plus large & moins épais ; leur tête eft plus applatie, leur mufeau un peu plus pointu ; la gueule eft plus petite, les dents moins groffes & moins arrondies qu'à la Daurade ; leurs nageoires font jaunâtres, fur-tout celles de deffous la gorge. Suivant Belon, l'aîleron de derriere l'anus eft précédé de trois aiguillons, ils font un peu exprimés dans la figure 5 ; ce qui les caractérife principalement eft la tache noire qu'ils ont à la naiffance de l'aîleron de la queue : je crois me rappeller que cette tache n'eft pas réguliérement terminée en rond, comme on le voit à la figure 5, *Pl. I*.

On juge bien qu'il eft prefqu'impoffible d'exprimer dans les deffins les différences qui font fi peu confidérables entre la Daurade & le Sparaillon, que les Pêcheurs ont peine à diftinguer ces deux efpeces de poiffons ; ainfi il faut joindre ce que nous donnons de fa defcription avec l'infpection de la figure 5, *Pl. I*.

Je ne fai pour quelle raifon, Gefner penfe que le Sparaillon eft la Brême de mer, ou le Cantheno des Provençaux ; car on dit qu'au fortir de la mer, les écailles du Sparaillon ont une belle couleur d'indigo, qui lui a fait donner par quelques-uns le nom de *Saphir*, & qu'il a fur les côtés une raie couleur d'azur. Nous parlerons d'un Poisson qui a cette tache, mais qui n'est pas le Sparaillon. Ces circonstances ne conviennent ni au Cantheno, ni à notre Brême ; néanmons Belon dit qu'on le nomme *Zaphir* à Rome. Je ne puis décider cette question, n'ayant pas vu le Sparaillon au sortir de l'eau ; car on sait que les belles couleurs des Poissons s'affoiblissent considérablement, & qu'elles se dissipent quand ils sont morts. Les Auteurs varient sur la couleur du Sparaillon, ce qui peut dépendre de son âge, de la saison où on le pêche, de la nature du fond où il a séjourné, &c. sans qu'on doive pour cela en faire des especes différentes. Quoi qu'il en soit, le Sparaillon, fait un assez bon poisson, lorsqu'il est pêché en bonne saison & sur des fonds de sable ou de roche ; néanmoins sa chair est plus molle & moins agréable au goût que celle de la Daurade : au reste, on le pêche, & on l'apprête de même dans les cuisines.

Je crois que le *Sparulus* de Belon est le Sparaillon de Rondelet ; mais après ce que je viens de dire du Sparaillon, on ne sera pas surpris si quelques-uns de mes Correspondants me l'ont envoyé pour être une vraie Daurade. Suivant Belon, on le vend à Rome pêle-mêle avec d'autres poissons de même genre, que l'on nomme sans distinction *Carlinoti* ou *Carlinoto* : comme je n'ai vu ce poisson que dans les tournées que j'ai faites sur les côtes, je ne trouve rien dans mes Mémoires sur ses parties intérieures ; mais les Auteurs disent que son péritoine est noir, son estomac de médiocre grandeur, ses intestins font des circonvolutions ; sa rate est rouge, menue, alongée & située du côté droit ; le foie d'un rouge pâle, le fiel fluide. D'après ce que m'a écrit M. Gautier, je soupçonne que c'est le Raspaillon de Narbonne, il a de la ressemblance avec la Blade de Toulon ; néanmoins ce n'est pas le même Poisson, car le Sparaillon a une tache noire près la naissance de la queue, au lieu que la Blade a cette partie tachetée de noir dans toute la largeur du poisson.

M. Desforges-Maillard m'écrit du Croisic, qu'on n'y connoît point la Daurade ; & le poisson qu'ils nomment *Dorée*, n'est point la Poule de mer, mais il me paroît ressembler beaucoup au Sparaillon ; ce Poisson a environ 16 pouces de longueur totale, sur 6 pouces de largeur verticale ; le tour de la gueule est rouge ; son œil est grand & saillant ; ses dents sont fines & aiguës, l'intérieur de sa gueule est couleur de rose.

Les rayons du grand aileron du dos, sont piquants du côté de la tête, ils diminuent de longueur, & ils sont moins gros, à mesure qu'ils approchent de la queue : cet aileron est de la même couleur que le dos du poisson qui est rouge avec des reflets d'or ;

l'aileron de la queue est large & fourchu, & celui de derriere l'anus est assez semblable à celui du dos, excepté que ses couleurs sont moins brillantes : les raies latérales qui s'étendent depuis le derriere des ouies jusqu'à l'aileron de la queue, sont brunes, & il y a une tache brune près l'articulation de l'aileron de la queue.

Les nageoires branchiales sont longues ; & se terminent en pointe, comme l'aile d'une hirondelle ; celles de dessous le ventre sont plus petites, & rouges.

Le rouge du dos diminue peu-à-peu en approchant du ventre.

§. 2. *Du Scare*, Scarus.

Les Auteurs parlent d'un poisson de roche du genre des *Sparus*, qu'ils disent être excellent & fort rare, ce qui fait qu'on le confond avec d'autres plus communs auxquels il ressemble plus ou moins. De ce nombre est le Denté, qui effectivement a des dents singulieres, mais fort différentes de celles du Scare. Ce dernier va en troupe ; il a quelque ressemblance avec le Sargo, *Pl. V. fig. 2*, par la forme de son corps, qui est néanmoins un peu plus large proportionnellement à sa longueur, de plus par le nombre & la position tant de ses ailerons que de ses nageoires ; mais il n'a point de tache noire près la queue, ni de bandes noires qui s'étendent du dos vers le ventre, comme le Sarguet ; plusieurs Auteurs, pour cette raison, ne le distinguent point d'avec le Cantheno ou le Pilonneau, *Pl. I. fig. 4.* Enfin, il y en a qui prétendent, à ce que je crois, fort mal-à-propos, qu'on le nomme a Antibes *Aïole* ou *Auriole* : il est vrai qu'il y a d'anciens Auteurs qui ont nommé Aïole le *Scarus* ; mais l'Aïole dont je dirai un mot dans la suite, est fort différent du Scare dont il s'agit présentement.

Quoi qu'il en soit, cette confusion fait que je n'ai pas pu avoir un poisson qui fût sûrement le *Scarus* ; néanmoins, suivant les notions que j'ai pu me procurer, c'est un Poisson, comme je l'ai dit, du genre des Sparus, saxatile, qui vit d'algues : on prétend qu'il rumine, ce qui ne me paroît pas aisé à constater : ses écailles sont grandes, sa couleur est changeante entre le bleu & le noir, Belon dit que sa couleur est plombée avec des reflets rouges ; son ventre est blanc, l'aileron de la queue est très-fourchu & fort étendu ; mais ce qui le distingue principalement de plusieurs poissons de son genre, c'est qu'il a au-devant de la mâchoire, des dents incisives, & au fond de la gueule, des molaires assez semblables à celles de l'homme, de sorte que les dents de la mâchoire d'en haut s'appliquent sur celles de la mâchoire inférieure, sans entrer les unes dans les

autres, comme celles de la plupart des poiſſons qui n'ont des dents que pour ſaiſir leur
proie qu'ils avalent ſans la macher. Belon
dit que les Villageois de Crete, quand ils
en ont pêché une quantité, leur fourrent
une baguette de bois par la gueule, qui
paſſe le long de l'épine du dos juſqu'à la
queue; puis ils les font griller devant le
feu; enſuite les trempent dans une ſaumure;
& que par cette préparation, ils les conſervent aſſez long-temps ſans qu'ils ſe corrompent.

Ils ne mordent guere aux hameçons, mais
on les prend dans des naſſes où on les attire
avec des appâts. On prétend qu'ils ſont fort
friands de l'herbe des phaſeoles. Ils s'apprêtent comme la Daurade: mais on conſerve
l'herbe qu'ils ont dans l'eſtomac, avec laquelle on fait une ſauſſe qu'on dit être déli-
cieuſe. Rondelet parle d'un poiſſon peu différent du précédent, qu'il nomme auſſi *Scare*,
apparemment à cauſe de ſes dents qui ont
auſſi quelque reſſemblance avec celles de
l'homme. A l'occaſion des Tourdes, je
parlerai de cette ſeconde eſpece de Scare
de Rondelet, & de pluſieurs petits poiſſons auxquels on donne ce nom en Languedoc.

M. Chaillant, Commiſſaire de la Marine
à Antibes, ſoupçonne que le poiſſon qu'on
nomme *Scare* ou *Scarus*, eſt connu dans
ſon département ſous le nom de *Sanut*, qui
eſt fort reſſemblant à l'Aourade, & excellent à manger.

§. 3. *Du Sar de Toulon.*

Quoique j'euſſe vu des Sars à Toulon,
comme je n'en avois conſervé que des notes
fort ſuperficielles, j'avoue que le ſouvenir
en étoit tellement échappé de ma mémoire,
que je ne comptois pas le comprendre dans
cette quatrieme Section, quoiqu'il ſoit très-
exactement de la famille des *Sparus*; mais
heureuſement M. Barry, Commiſſaire de la
Marine à Toulon, me l'a rappellé en m'en
envoyant un deſſin & une deſcription exacte
qui m'a mis en état de rectifier mes notes;
ce qui me fait d'autant plus de plaiſir, qu'il
n'y a point de poiſſon dans la famille des
Sparus qui, par la forme du corps, ait plus
de rapport avec la Daurade.

La longueur totale *A B* d'un poiſſon, de
moyenne groſſeur, *Pl. III*, *fig.* 1, étoit de
12 pouces 6 lignes; depuis l'extrémité du
muſeau *A*, juſque derriere les ouies *C*, 3
pouces: les mâchoires étant preſque rapprochées, l'ouverture de la gueule étoit
de 20 lignes; elle eſt bordée de groſſes
levres, & les mâchoires, tant ſupérieures
qu'inférieures, étoient entiérement garnies
de groſſes dents molaires, mais fort différentes de celles de la Daurade: de l'ex-

trémité du muſeau au centre de l'œil, il y
avoit 13 lignes; le diametre de l'orbite étoit
de 7 lignes; la prunelle étoit noire, l'iris de
couleur changeante; un peu au-deſſous de
l'œil eſt l'ouverture des narines *O*.

Les opercules des ouies étoient en partie
recouverts d'écailles; la tête étoit groſſe, &
le muſeau camus preſque comme à la Daurade.

A quatre pouces 7 lignes du muſeau étoit
le commencement *D* de l'aîleron du dos qui
avoit preſque 6 pouces d'étendue, à ſon attache au corps; depuis *D* juſqu'à *P*, les
rayons étoient durs & piquants; & depuis
P juſqu'à *E*, ils étoient rameux & plus flexibles.

L'aîleron *FG* de derriere l'anus, à ſon
attache au corps, avoit 2 pouces 6 lignes
d'étendue; les rayons du côté de *F*, étoient
plus durs & plus piquants que ceux du côté
de *G* qui étoient rameux.

L'aîleron de la queue étoit fendu & fort
étendu, ayant de *B* en *B*, 3 pouces 6 lignes.

L'articulation *K* de la nageoire de derriere les ouies, étoit à 3 pouces 5 à 6 lignes du muſeau; cette nageoire étoit fort
longue, & ſe terminoit en pointe, le plus
long rayon ayant plus de 3 pouces de longueur; l'articulation *L* des nageoires de deſſous le ventre, étoit à 4 pouces du muſeau,
& les plus longs rayons avoient 2 pouces
quelques lignes de longueur.

L'anus *F* étoit à 7 pouces du muſeau,
& à quelques lignes vers l'arriere commençoit l'aîleron du ventre dont nous avons
parlé.

La largeur verticale du poiſſon en *O N*,
étoit preſque de 3 pouces; en *D L*, de
4 pouces 8 lignes; en *F P*, de 3 pouces
9 lignes; en *H H*, de 15 lignes.

A l'inſpection générale des écailles, on
appercevoit des loſanges; les lignes latérales
C M étoient noires, & avoient à peu-près
la même courbure que le dos du poiſſon.
En conſidérant ce poiſſon en différents ſens,
on appercevoit des bandes plus brunes que le
reſte, qui s'étendoient depuis le derriere des
ouies juſque près la naiſſance de l'aîleron de
la queue; il y en avoit plus d'une douzaine:
on voyoit en outre des nuages qui ſembloient former d'autres raies peu ſenſibles
qui s'étendoient du dos vers le ventre où
les couleurs s'éclairciſſoient beaucoup.

Enfin, on appercevoit à la tête derriere les ouies vers *C*, & près la naiſſance
de l'aîleron de la queue en *H H*, des
taches noires de forme irréguliere, telles
qu'on les voit exprimées ſur le deſſin; &
à ce poiſſon toutes ces couleurs ſont plus
ou moins ſenſibles; mais il y a toujours derriere les ouies une grande écaille noire qu'on
a repréſentée auprès de *C*. Le Sar eſt un

poisson vraiment littoral qui ne s'écarte jamais du rivage, différent en cela de l'Aourade qui en hiver ne s'approche de la côte, que quand elle est poursuivie par quelque poisson vorace. Le Sar se nourrit, comme la Daurade, de petits poissons, de crustacées & de testacées ; néanmoins il n'a pas les mâchoires assez fortes pour briser les coquilles un peu épaisses, comme le font les Daurades, & il court avec plus d'avidité que la Daurade, aux haims amorcés de petits poissons : les Pêcheurs les attirent avec une pâtée composée de fromage, de mauvaises sardines & de farine ; cette pâtée n'attire pas les Daurades, il faut employer pour appât des poissons tirés de leurs coquilles.

La chair du Sar est blanche & d'assez bon goût, néanmoins inférieure à celle de la Daurade ; & quand on la mange trop fraîche, elle est coriace : on l'apprête sur le gril, à l'étuvée & au bleu.

§. 4. De la Sarde.

Suivant M. Gautier, Commissaire de la Marine à Narbonne, & plusieurs Auteurs, entr'autres Rondelet, la Sarde est une grosse Sardine dont 12 ou 13 pesent une livre de 16 onces. J'en ai parlé, seconde Partie, troisieme Section, page 418, & à la Table page 569. Cependant Rondelet nomme ailleurs *Sarda* ou *Bize* un poisson qu'on peut plutôt comparer au Maquereau qu'aux poissons de la famille des *Sparus*. C'est probablement la Sarde Pélamide de Cadix.

On m'avoit néanmoins assuré que les Pêcheurs Nantois alloient pêcher auprès du Cap-Blanc des Sardes qui étoient de la famille des *Sparus* : c'est vraisemblablement la Sarde, que les Portugais nomment *Phegros* & les Espagnols *Phagorio* ou *Phragorio*, qu'on dit avoir de la conformité avec la Daurade.

D'après les perquisitions que j'ai faites, il paroît que quand les Navigateurs se trouvent arrêtés par un calme à la hauteur du Cap-Blanc, côte du Bresil, sur un Banc qu'on nomme d'*Elgrace*, les équipages se disposant comme pour la pêche de la morue, prennent des Sardes à la ligne, amorçant les haims avec de la viande ou de la chair de toutes sortes de poissons, & quand le vaisseau sille un peu, le poisson, poursuivant sa proie, la saisit avec avidité, sans examiner l'appât qu'on lui présente, & alors la pêche est plus abondante.

On fait de plus des pêches expresses de ce poisson ; mais ce ne sont point les Nantois qui s'en occupent ; ce sont les Portugais qui se servent de barques de 30 à 35 tonneaux : le Propriétaire du bateau a un tiers de profit, & l'équipage partage le reste ; ils vont faire cette pêche le printemps, quoi-

qu'on pût la faire en toute saison, parce que ces poissons littoraux ne quittent point les côtes : les campagnes sont à peu-près d'un mois. Ils salent & sechent une partie du poisson, comme nous avons dit à la premiere Section de la seconde Partie qu'on prépare en vert ou en sec la Morue à Terre-Neuve, & ils tirent de l'huile des foies. Ils prennent leur sel à *Sétuval* ou aux Canaries ; & ils transportent leurs salines à Madere & aux Canaries ; on les tranche comme les Flamands & les Hollandois tranchent la Morue pour ôter la grosse arête, & donner plus de surface à la chair, afin qu'elle prenne mieux le sel, sans quoi elle se corromproit, à cause des chaleurs considérables qui regnent dans ces parages.

La plupart de ces poissons verts ou secs, se préparent à bord ; & pour faire sécher ceux qu'on prépare en sec, on les pend aux vergues & aux haubans. Les Pêcheurs qui font cette pêche sont assez souvent insultés par les Maures.

Comme il y a plusieurs poissons qui ressemblent à la Sarde, il arrive fréquemment qu'on les confond les uns avec les autres ; mais je trouve dans mes Mémoires que les poissons qu'on regarde comme vraie Sarde, se distinguent en rouge, *Pl. VI. fig. 2*, & en grise, *fig. 1* : les rouges plus délicates sont les meilleures pour manger fraîches, mais elles sont moins bonnes que les grises pour saler ; & celles-ci ont encore l'avantage d'être beaucoup plus grosses, car il y en a qui sont aussi grosses que les Morues ; leur chair est blanche ; elles rendent beaucoup de graisse qui sert à en faire la sausse. C'est un poisson demi-plat qui ressemble fort à la Daurade par le nombre & la position des ailerons & des nageoires, & l'aileron de la queue qui est fourchu. On dit que la Sarde rouge a des écailles plus tendres que la grise, & qu'elle a une tache noire derrière les ouies.

Il y a un autre Poisson que les Pêcheurs nomment *Sarde Bâtarde*, qu'on prend pêle-mêle avec les Sardes franches dont nous venons de parler ; elle a le dos beaucoup plus relevé que la franche. Je ne sai rien autre chose de ce poisson, sinon qu'il est bien moins estimé que la Sarde franche : je n'ose même décider si c'est véritablement une Sarde ; car je n'ai pas pu bien éclaircir ce qui regarde ce poisson ; je crains qu'on ne le confonde avec d'autres poissons compris dans ce Chapitre.

M. Gauthier m'écrit de Narbonne que la Sarde dont les Portugais font une pêche près le Cap-Blanc, pourroit bien être ce qu'on appelle Sar à Narbonne, qui ressemble beaucoup à la Daurade, mais qui ne devient pas aussi grand ; la différence qu'il y a entre ces deux poissons, consiste en ce que le Sar a le museau plus pointu, les écailles plus souples & moins brillantes ; elles

sont

font d'un blanc plus obscur qu'à la Dorade : tout cela convient au Sar de Toulon : il ajoute qu'on ne connoît point à Narbonne, la Sarde rouge.

§. 7. *De la Grande Gueule.*

Les Voyageurs donnent ce nom à un poisson demi-plat, qui, par la forme de son corps, approche de la Sarde ; mais l'ouverture de sa gueule est fort grande, sa tête est grosse ; la couleur de son corps tire au rouge ; sa chair est blanche & délicate, & aussi agréable que celle des meilleurs Merlans, il faut les aller chercher à 15 ou 20 brasses de profondeur. C'est un poisson d'Amérique, que je ne connois que par ce qu'en disent les Voyageurs.

§. 8. *De la Saupe en Languedoc* ; Sopi *à Marseille* : Salpa.

Quelques-uns pensent que les Allemands nomment la Saupe, *Pl. V, fig.* 3, *Stockfish,* nom qu'ils donnent probablement à tous les poissons desséchés qu'on a coutume de battre lorsqu'on les apprête dans les cuisines. Il ne faut cependant pas confondre ce poisson avec ce qu'on nomme dans le Nord *Stockfish,* qui n'est pas une espece particuliere de poisson ; mais des poissons qu'on desseche au vent, & qui deviennent durs comme un bâton, ainsi que nous l'avons expliqué à la premiere Section de la seconde Partie, page 110. Belon paroît être de ce sentiment ; car il dit que le poisson qu'il nomme *Sopi* ou *Salpa,* ne doit pas être confondu avec le Stockfish : s'il faut, dit-il, le battre avant que de l'apprêter pour la table, ce n'est pas avec un bâton, ni avec un marteau, comme le Stockfish du Nord, mais avec une tige de férule qui est spongieuse & légère. Je crois que la Saupe est un poisson particulier à la Méditerranée, qu'on ne prend guere dans l'Océan ; je dis, *je crois,* car on prend dans l'Océan des poissons qui lui ressemblent beaucoup. Rondelet & Belon disent que ce poisson est commun en quelques endroits de la Méditerranée ; & que de temps en temps il s'approche du rivage pour manger des algues ou la mousse qui s'attache à la carène des vaisseaux. C'est un poisson demi-plat de la famille des *Sparus,* qui communément n'a que 6 pouces de longueur. Il est rare qu'il excéde un pied, & qu'il pese plus d'une livre : il a sur le dos un grand aîleron dont les rayons, au nombre à peu-près de 12, sont pointus, cependant moins que ceux de la Daurade & du Pagre ; ils sont un peu moins gros à l'aîleron de derriere l'anus, excepté les deux premiers qui sont plus piquants que les autres : l'aîleron de la queue est fourchu. Ses écailles different peu de celles d'au-

tres poissons de sa famille ; & outre une raie noire assez droite qu'il a de chaque côté, il a huit à neuf bandes jaunes & dorées qui s'étendent de toute sa longueur, étant paralelles entre elles & au dos, ce qui fait un très-bel effet : la belle couleur de ce poisson vient de sa peau, car elle subsiste, & même devient plus éclatante quand on en a enlevé les écailles.

La tête ressemble assez à celle de la Daurade ou de l'Aourade de nos mers, excepté qu'elle est moins ronde ; ainsi que le museau, les mâchoires sont garnies de beaucoup de dents fines ; ses yeux sont de médiocre grandeur ; la prunelle est noire & l'iris jaune doré : tout cela ressemble assez au Sar. Ce poisson très-beau fournit un manger médiocre ; sa chair est molle, fade & a quelquefois un goût désagréable ; ainsi, en l'apprêtant, il faut le relever par des assaisonnements de haut goût.

J'ai envoyé cet article à Narbonne ; M. Gautier l'a trouvé exact, excepté que les Saupes qu'on prend dans ses parages n'ont que 6, 7, ou au plus 8 pouces de longueur ; au contraire, M. Barry me marque que le poisson qu'on nomme *Saupe* à Toulon, pese jusqu'à 4 livres ; qu'il est brun avec plusieurs raies rouges qui s'étendent suivant la largeur du corps ; qu'il est quelquefois attaqué d'une maladie qui le rend si maigre, que quand on veut le faire rôtir sur le gril, sa chair se retire, & les arêtes se montrent au dehors ; qu'alors il est si coriace, qu'il est impossible de le manger ; mais que quand il est gras & en bonne santé, sa chair est délicate, & n'est pas de mauvais goût. Nous allons indiquer dans les deux Paragraphes suivants, deux poissons qui me paroissent avoir du rapport avec la Saupe.

§. 9. *De la Vergadelle.*

On trouve dans les étangs des especes de petites *Saupes* qu'on appelle en Languedoc *Vergadelles,* à cause des couleurs dont elles sont marquées ; mais la Vergadelle est plus ronde & plus petite que la vraie Saupe ; cependant ce sont peut-être de jeunes Saupes, car ce poisson passe volontiers dans les étangs : M. Gautier de Narbonne a approuvé cet article.

§. 10. *De la Fiatola.*

La Fiatola, suivant Rondelet, ne differe de la Saupe que parce que les traits jaunes & dorés qui sont sur le corps du poisson, ne s'étendent pas de toute sa longueur.

Belon qui insiste un peu plus sur ce poisson, dit qu'il n'est pas connu dans l'Océan ; qu'il est demi-plat ; que les rayons de ses aîlerons sont flexibles, qu'il est un des plus beaux poiffons de la mer , par la variété de fes couleurs où brille l'or , l'argent & l'azur ; l'aîleron de derriere l'anus eft prefque auffi grand que celui du dos : il n'eft point connu à Toulon ni à Narbonne fous ce nom. Comme je n'en ai aucune connoiffance, je me borne à en donner une notice d'après les Auteurs que je viens de citer, qui eux-mêmes n'en parlent que d'une façon très-confufe : j'efpere que ceux qui le connoiffent , voudront bien me faire part de ce qu'ils en favent.

§. 11. *Du Sarguet* ou *Sarg de Provence* ; Sargo *en Languedoc & à Venife* ; Sargone *à Rome* ; Sargus.

Ce poiffon a les rayons qui forment l'aîleron du dos & celui de derriere l'anus, en partie piquants & en partie flexibles ; il eft feulement , proportionnellement à fa taille, plus épais & plus charnu que la Daurade ; fon dos forme une portion de cercle affez réguliere, néanmoins il eft demi-plat ; l'aîleron de la queue eft fourchu ; il a , ainfi que le Sparaillon, une tache noire près l'articulation de cet aîleron : plufieurs Auteurs le confondent avec la Brême de mer, d'autres avec le Cantheno ; il a huit dents incifives à chaque mâchoire. M. Villehelio m'écrit qu'on en prend en Poitou & en Aunis , qui ont plus de deux pieds de longueur.

J'appréhende que ce ne foit pas un vrai Sarguet, non-feulement à caufe que le Sarguet paffe pour être un poiffon de la Méditerranée , mais encore à caufe de fa grandeur ; c'eft peut-être un Sar de Toulon. Le petit Sarguet que je décris, *Pl. V*, *fig. 2*, n'avoit que 6 pouces de longueur totale *A B*, & deux pouces quelques lignes de largeur verticale *C D*. Depuis le mufeau *A* , jufque derriere les opercules des ouies , 12 lignes ; les nageoires branchiales *E* ont une teinte rouge & 18 lignes de longueur. Les nageoires du ventre font brunes, elles n'ont que 12 lignes de longueur ; & au commencement de chacune de ces nageoires eft un aiguillon *F*, long feulement de 7 à 8 lignes ; derriere l'anus qui eft plus près de la queue que du mufeau, eft un aîleron *G H*, qui eft proportionnellement plus grand que celui de la Daurade ; il a 15 lignes de longueur à fon attache au corps ; & outre un aiguillon *G*, les premieres nervûres de ce côté font dures & piquantes. Le grand aîleron du dos *C I*, a deux pouces 7 à 8 lignes de longueur à fon attache au corps ; les dix premiers rayons, depuis *C* jufqu'à *K*, font très-durs & piquants ; depuis *K*, jufqu'à *I*, ils font rameux & fouples. L'aîleron de la queue *B B* a une teinte rouge ; il eft fourchu : le plus long rayon a 12 lignes de longueur.

Les écailles font petites, blondes, brillantes & comme argentées : les opercules des ouies en font garnis, & ont une teinte rouge ; la tête & les parties voifines des yeux font noires , mêlées de rouge différemment diftribué qu'à la Daurade ; il y a de chaque côté une raie affez déliée, qui s'étend depuis le derriere des ouies jufqu'à la naiffance de l'aîleron de la queue où il y a une tache brune comme au Sparaillon. Salvian dit qu'en outre il y en a une autre près l'opercule des ouies : il me femble que cela convient au Sar de Provence dont nous avons parlé ; mais le Sar n'a pas les bandes circulaires brunes qu'on apperçoit fur les côtés du Sarguet, & qui s'étendent depuis le dos jufqu'au ventre, fuivant la rondeur du poiffon ; ce qui le diftingue de plufieurs poiffons de fa famille : la premiere bande circulaire qui eft du côté de la tête, eft ordinairement plus large que les autres ; mais ces bandes ne s'apperçoivent que quand les poiffons font nouvellement tirés de l'eau. Les yeux font grands & ronds, les dents font affez larges, comme les incifives de l'homme. On dit qu'il fraye deux fois l'année , favoir, le printemps & l'automne.

La chair du Sargo eft feche & de mauvais goût, quand on le prend dans des fonds vafeux, & pendant l'été ; mais dans les fonds de roche & fableux, elle eft affez bonne, furtout le printemps & l'automne, pas néanmoins auffi eftimée que celle de la Daurade. Dans les mois de Septembre & Octobre, on prend des Sargo dans les Bourdigues, & ces poiffons font finguliérement eftimés ; outre que leur chair eft de bon goût, ils ont de plus l'avantage que leurs arêtes ne font pas incommodes ; ils font voraces & mordent avec avidité aux hameçons qu'on amorce comme je l'ai dit à l'occafion du Sar de Toulon ; néanmoins on en prend près les côtes avec des filets, même à la main , dans des trous de rocher ; mais pour ne pas fe bleffer, il faut avoir l'adreffe de coucher les aîlerons vers l'arriere. Les Auteurs s'étendent beaucoup fur l'inclination que le Sargo a pour les chevres ; ils prétendent qu'on les attire avec une peau de chevre, & qu'il faut mettre dans les appâts de la chair de cet animal prife principalement auprès des pieds : mais toutes ces allégations me paroiffent avancées au hafard. On l'apprête ordinairement fur le gril comme les Sardines ; il rend dans le plat beaucoup de jus qui fait la fauce : malheureufement ce poiffon fe corrompt aifément , & il faut le manger au fortir de l'eau.

M. Barry m'écrit que le poiffon qu'on nomme *Sarguet* à Toulon , eft celui qu'on appelle en patois *Efpargoulin*, qui eft un poiffon de nulle valeur, fi fec & fi maigre qu'il eft paffé en proverbe , quand on veut parler de quelqu'un qui eft fort maigre , on dit, qu'il reffemble à un Efpargoulin fucé.

Ces différences indiquent-elles un autre poiſſon, comme il paroît probable, ou dépen-
dent-elles de la nature des fonds ou de la
ſaiſon ? Je n'oſe décider cette queſtion.

M. Villehelio m'écrit qu'il y a une eſpece
de Sarguet plus petit non-ſeulement que le
grand dont j'ai parlé d'après lui, mais même
que celui que j'ai décrit : je croirois que le
petit Sargo dont parle M. Villehelio, eſt
le Mélandrin, s'il ne marquoit pas que ſes
écailles ſont blanches : peut-être eſt-ce le
Brelot, dont nous parlerons dans la ſuite.

J'ai dit que le Sarguet ſe prenoit quelquefois dans les fonds pierreux, & qu'alors
il étoit bien meilleur que quand il avoit
ſéjourné dans les récréments de la mer. Mais
Geſner entre dans de plus grands détails,
prétendant, je ne ſai ſur quel fondement,
que ces poiſſons ſe retirent dans des pierres
creuſes qui ne ſont pas expoſées au grand
ſoleil ; néanmoins ils choiſiſſent, dit-il, une
cavité à laquelle il y ait quelques trous par
leſquels paſſent les rayons du ſoleil, & ils
ſe plaiſent à jouir de cette petite lumiere :
il n'eſt pas aiſé de vérifier ces prétendues
obſervations.

Un autre Auteur dit qu'on en prend avec
des haims amorcés d'anchois qui commencent à ſe corrompre ; d'autres diſent que
dans le temps du frai, on tend de grandes
naſſes dont l'entrée eſt ombragée de feuil-
lage, & que quand une femelle y eſt entrée,
elle eſt bientôt ſuivie de beaucoup de mâles
& de femelles qui deviennent la proie des
Pêcheurs. Je me borne à ces indications générales que je ne rapporte que ſur la foi des
Auteurs.

§. 12. *Du Mélandrin* ou *petit Sargo noir.*

On prend dans la Méditerranée un poiſſon qu'on vend en Languedoc ſous le nom
de *Sargo.* C'eſt un petit poiſſon noir, vilain &
ſale, qui reſſemble aſſez par la forme au Sargo
dont nous venons de parler, mais qui eſt plus
petit, & proportionnellement à ſa taille
plus épais : il eſt de couleur violette autour
de la tête ; ſon corps tire au noir ; au lieu
que le Sargo, §. 11, a l'aîleron de la queue
fourchu, celui-ci l'a coupée quarrément. Je
n'ai pas pu me le procurer ; mais je ſoupçonne qu'on pourroit le ranger avec les
Tourdes : ce n'eſt pas le *Melanurus* de Belon
qu'il dit être l'*Oblada* de Marſeille.

On prend auſſi auprès du Martigue un
poiſſon qu'on nomme *Sarguet.* M. de la Croix
prétend qu'il eſt différent du Sar ou Sarguet dont nous avons parlé, au moins, dit
M. de la Croix, à l'égard de ceux qu'on
prend dans l'étang de Berre. N'ayant pas
vu ce poiſſon, je n'ai rien à dire à ce ſujet.

§. 13. *Du Brélot d'Aunis*, vulgairement Caſſe-Burgos.

En traverſant cette Province, on me fit
voir un poiſſon qu'on nommoit *Brelot* ; j'en
pris un trait, & j'en fis à la hâte une deſcription à laquelle je ne pris pas grande
confiance ; car étant en voyage, je ne pus
pas examiner ce poiſſon avec beaucoup d'attention ; je reconnus ſeulement très-bien
qu'il étoit du genre des *Sparus* : mais ayant
fait paſſer mes notes ſous les yeux de M.
Villehelio, Commiſſaire de la Marine à
la Rochelle, je ſuis, au moyen des additions
qu'il y a joint, en état de donner une deſcription exacte de ce poiſſon.

Comme, à quelques différences près que
je ferai appercevoir, le Brelot reſſemble
beaucoup au Sarguet, *fig.* 2 de la Planche V,
je me diſpenſerai de faire graver le Brelot ;
& je renverrai, en en faiſant la deſcription,
à la figure du Sarguet.

Le Brelot eſt plus grand que le Sarguet,
fig. 2 ; on en prend qui ont un pied & demi
de longueur *AB* : c'eſt un poiſſon demi-plat,
de la famille des *Sparus* : le corps eſt plus
large que celui du Sarguet ; ſa tête eſt aſſez
groſſe & courte ; ſa gueule n'eſt pas grande :
on apperçoit ſur le devant trois dents aſſez
conſidérables; ſes yeux ſont grands : l'aîleron
C I qui occupe preſque toute la longueur du
poiſſon, n'eſt pas fort large, & les rayons
ſont inclinés vers la queue.

L'aîleron du ventre *G H*, commençant
derriere l'anus & finiſſant à la même diſtance de l'aîleron de la queue, eſt beaucoup
moins long que celui du dos ; au reſte, il
lui reſſemble à beaucoup d'égards : le Brelot a derriere chaque ouie une nageoire *E*,
large & moins longue que celle *D* de deſſous la gorge, ce qui n'eſt pas exactement
exprimé dans le deſſin.

L'aîleron de la queue *B B* eſt aſſez large
& fendu ; ſes ouies ſont d'un blanc argenté,
marquées en quelques endroits de taches d'un
rouge très-vif.

Suivant cette courte deſcription, le Brelot d'Aunis a pluſieurs points de reſſemblance
avec le Sarguet ou Sargo de Provence ;
mais on eſtime qu'il fait un meilleur manger. Il n'a point, comme le Sarguet, des bandes circulaires allant du dos vers le ventre,
mais ſeulement les raies latérales qui s'é-
tendent du bord des ouies à la hauteur de
l'œil, juſqu'à l'origine de l'aîleron de la
queue où elle ſéparent en deux la largeur du
poiſſon ; la tache noire n'eſt pas à l'origine
de l'aîleron de la queue, mais derriere les
ouies, à l'endroit où commence la raie latérale ; elle a une forme ronde peu réguliere;
les nageoires de derriere les ouies ne ſont

poiſſons de la mer , par la variété de ſes couleurs où brille l'or, l'argent & l'azur ; l'aîleron de derriere l'anus eſt preſque auſſi grand que celui du dos : il n'eſt point connu à Toulon ni à Narbonne ſous ce nom. Comme je n'en ai aucune connoiſſance, je me borne à en donner une notice d'après les Auteurs que je viens de citer, qui eux-mêmes n'en parlent que d'une façon très-confuſe : j'eſpere que ceux qui le connoiſſent, voudront bien me faire part de ce qu'ils en ſavent.

§. 11. *Du Sarguet* ou *Sarg de Provence* ; *Sargo en Languedoc & à Veniſe* ; *Sargone à Rome* ; *Sargus.*

Ce poiſſon a les rayons qui forment l'aîleron du dos & celui de derriere l'anus, en partie piquants & en partie flexibles ; il eſt ſeulement, proportionnellement à ſa taille, plus épais & plus charnu que la Daurade ; ſon dos forme une portion de cercle aſſez réguliere, néanmoins il eſt demi-plat ; l'aîleron de la queue eſt fourchu ; il a, ainſi que le Sparaillon, une tache noire près l'articulation de cet aîleron : pluſieurs Auteurs le confondent avec la Brême de mer, d'autres avec le Cantheno ; il a huit dents inciſives à chaque mâchoire. M. Villehelio m'écrit qu'on en prend en Poitou & en Aunis, qui ont plus de deux pieds de longueur.

J'appréhende que ce ne ſoit pas un vrai Sarguet, non-ſeulement à cauſe que le Sarguet paſſe pour être un poiſſon de la Méditerranée, mais encore à cauſe de ſa grandeur ; c'eſt peut-être un Sar de Toulon. Le petit Sarguet que je décris, *Pl. V*, *fig. 2*, n'avoit que 6 pouces de longueur totale *AB*, & deux pouces quelques lignes de largeur verticale *C D*. Depuis le muſeau *A* , juſque derriere les opercules des ouies, 12 lignes ; les nageoires branchiales *E* ont une teinte rouge & 18 lignes de longueur. Les nageoires du ventre ſont brunes, elles n'ont que 12 lignes de longueur ; & au commencement de chacune de ces nageoires eſt un aiguillon *F*, long ſeulement de 7 à 8 lignes ; derriere l'anus qui eſt plus près de la queue que du muſeau, eſt un aîleron *G H*, qui eſt proportionnellement plus grand que celui de la Daurade ; il a 15 lignes de longueur à ſon attache au corps ; & outre un aiguillon *G*, les premieres nervûres de ce côté ſont dures & piquantes. Le grand aîleron du dos *C I*, a deux pouces 7 à 8 lignes de longueur à ſon attache au corps ; les dix premiers rayons, depuis *C* juſqu'à *K*, ſont très-durs & piquants ; depuis *K*, juſqu'à *I*, ils ſont rameux & ſouples. L'aîleron de la queue *B B* a une teinte rouge ; il eſt fourchu : le plus long rayon a 12 lignes de longueur.

Les écailles ſont petites, blondes, brillantes & comme argentées : les opercules des ouies en ſont garnis, & ont une teinte rouge ; la tête & les parties voiſines des yeux ſont noires, mêlées de rouge différemment diſtribué qu'à la Daurade ; il y a de chaque côté une raie aſſez déliée, qui s'étend depuis le derriere des ouies juſqu'à la naiſſance de l'aîleron de la queue où il y a une tache brune comme au Sparaillon. Salvian dit qu'en outre il y en a une autre près l'opercule des ouies : il me ſemble que cela convient au Sar de Provence dont nous avons parlé ; mais le Sar n'a pas les bandes circulaires brunes qu'on apperçoit ſur les côtés du Sarguet, & qui s'étendent depuis le dos juſqu'au ventre, ſuivant la rondeur du poiſſon ; ce qui le diſtingue de pluſieurs poiſſons de ſa famille : la premiere bande circulaire qui eſt du côté de la tête, eſt ordinairement plus large que les autres ; mais ces bandes ne s'apperçoivent que quand les poiſſons ſont nouvellement tirés de l'eau. Les yeux ſont grands & ronds, les dents ſont aſſez larges, comme les inciſives de l'homme. On dit qu'il fraye deux fois l'année, ſavoir, le printemps & l'automne.

La chair du Sargo eſt ſeche & de mauvais goût, quand on le prend dans des fonds vaſeux, & pendant l'été ; mais dans les fonds de roche & ſableux, elle eſt aſſez bonne, ſurtout le printemps & l'automne, pas néanmoins auſſi eſtimée que celle de la Daurade. Dans les mois de Septembre & Octobre, on prend des Sargo dans les Bourdigues, & ces poiſſons ſont ſinguliérement eſtimés ; outre que leur chair eſt de bon goût, ils ont de plus l'avantage que leurs arêtes ne ſont pas incommodes ; ils ſont voraces & mordent avec avidité aux hameçons qu'on amorce comme je l'ai dit à l'occaſion du Sar de Toulon ; néanmoins on en prend près les côtes avec des filets, même à la main, dans des trous de rocher ; mais pour ne pas ſe bleſſer, il faut avoir l'adreſſe de coucher les aîlerons vers l'arriere. Les Auteurs s'étendent beaucoup ſur l'inclination que le Sargo a pour les chevres ; ils prétendent qu'on les attire avec une peau de chevre, & qu'il faut mettre dans les appâts de la chair de cet animal priſe principalement auprès des pieds : mais toutes ces allégations me paroiſſent avancées au haſard. On l'apprête ordinairement ſur le gril comme les Sardines ; il rend dans le plat beaucoup de jus qui fait la ſauce : malheureuſement ce poiſſon ſe corrompt aiſément, & il faut le manger au ſortir de l'eau.

M. Barry m'écrit que le poiſſon qu'on nomme *Sarguet* à Toulon, eſt celui qu'on appelle en patois *Eſpargoulin*, qui eſt un poiſſon de nulle valeur, ſi ſec & ſi maigre qu'il eſt paſſé en proverbe, quand on veut parler de quelqu'un qui eſt fort maigre, on dit, qu'il reſſemble à un Eſpargoulin ſucé.

Ces différences indiquent-elles un autre poiſſon, comme il paroît probable, ou dépen-
dent-elles de la nature des fonds ou de la
ſaiſon ? Je n'oſe décider cette queſtion.

M. Villehelio m'écrit qu'il y a une eſpece
de Sarguet plus petit non-ſeulement que le
grand dont j'ai parlé d'après lui, mais même
que celui que j'ai décrit : je croirois que le
petit Sargo dont parle M. Villehelio, eſt
le Mélandrin, s'il ne marquoit pas que ſes
écailles ſont blanches : peut-être eſt-ce le
Brelot, dont nous parlerons dans la ſuite.

J'ai dit que le Sarguet ſe prenoit quelquefois dans les fonds pierreux, & qu'alors
il étoit bien meilleur que quand il avoit
ſéjourné dans les récréments de la mer. Mais
Geſner entre dans de plus grands détails,
prétendant, je ne ſai ſur quel fondement,
que ces poiſſons ſe retirent dans des pierres
creuſes qui ne ſont pas expoſées au grand
ſoleil ; néanmoins ils choiſiſſent, dit-il, une
cavité à laquelle il y ait quelques trous par
leſquels paſſent les rayons du ſoleil, & ils
ſe plaiſent à jouir de cette petite lumiere :
il n'eſt pas aiſé de vérifier ces prétendues
obſervations.

Un autre Auteur dit qu'on en prend avec
des haims amorcés d'anchois qui commencent à ſe corrompre ; d'autres diſent que
dans le temps du frai, on tend de grandes
naſſes dont l'entrée eſt ombragée de feuil-
lage, & que quand une femelle y eſt entrée,
elle eſt bientôt ſuivie de beaucoup de mâles
& de femelles qui deviennent la proie des
Pêcheurs. Je me borne à ces indications générales que je ne rapporte que ſur la foi des
Auteurs.

§. 12. *Du* Melandrin *ou petit Sargo noir.*

On prend dans la Méditerranée un poiſſon qu'on vend en Languedoc ſous le nom
de *Sargo.* C'eſt un petit poiſſon noir, vilain &
ſale, qui reſſemble aſſez par la forme au Sargo
dont nous venons de parler, mais qui eſt plus
petit, & proportionnellement à ſa taille
plus épais : il eſt de couleur violette autour
de la tête ; ſon corps tire au noir ; au lieu
que le Sargo, §. 11, a l'aîleron de la queue
fourchu, celui-ci l'a coupée quarrément. Je
n'ai pas pu me le procurer ; mais je ſoupçonne qu'on pourrôit le ranger avec les
Tourdes : ce n'eſt pas le *Melanurus* de Belon
qu'il dit être l'*Oblada* de Marſeille.

On prend auſſi auprès du Martigue un
poiſſon qu'on nomme *Sarguet.* M. de la Croix
prétend qu'il eſt différent du Sar ou Sarguet dont nous avons parlé, au moins, dit
M. de la Croix, à l'égard de ceux qu'on
prend dans l'étang de Berre. N'ayant pas
vu ce poiſſon, je n'ai rien à dire à ce ſujet.

§. 13. *Du Brelot d'Aunis*, vulgairement Caſſe-Burgos.

En traverſant cette Province, on me fit
voir un poiſſon qu'on nommoit *Brelot* ; j'en
pris un trait, & j'en fis à la hâte une deſcription à laquelle je ne pris pas grande
confiance ; car étant en voyage, je ne pus
pas examiner ce poiſſon avec beaucoup d'attention ; je reconnus ſeulement très-bien
qu'il étoit du genre des *Sparus* : mais ayant
fait paſſer mes notes ſous les yeux de M.
Villehelio, Commiſſaire de la Marine à
la Rochelle, je ſuis, au moyen des additions
qu'il y a joint, en état de donner une deſcription exacte de ce poiſſon.

Comme, à quelques différences près que
je ferai appercevoir, le Brelot reſſemble
beaucoup au Sarguet, *fig.* 2 de la Planche V,
je me diſpenſerai de faire graver le Brelot ;
& je renverrai, en en faiſant la deſcription,
à la figure du Sarguet.

Le Brelot eſt plus grand que le Sarguet,
fig. 2 ; on en prend qui ont un pied & demi
de longueur *AB* : c'eſt un poiſſon demi-plat,
de la famille des *Sparus* : le corps eſt plus
large que celui du Sarguet ; ſa tête eſt aſſez
groſſe & courte ; ſa gueule n'eſt pas grande :
on apperçoit ſur le devant trois dents aſſez
conſidérables ; ſes yeux ſont grands : l'aîleron
CI qui occupe preſque toute la longueur du
poiſſon, n'eſt pas fort large, & les rayons
ſont inclinés vers la queue.

L'aîleron du ventre *GH*, commençant
derriere l'anus & finiſſant à la même diſtance de l'aîleron de la queue, eſt beaucoup
moins long que celui du dos ; au reſte, il
lui reſſemble à beaucoup d'égards : le Brelot a derriere chaque ouie une nageoire *E*,
large & moins longue que celle *D* de deſſous la gorge, ce qui n'eſt pas exactement
exprimé dans le deſſin.

L'aîleron de la queue *BB* eſt aſſez large
& fendu ; ſes ouies ſont d'un blanc argenté,
marquées en quelques endroits de taches d'un
rouge très-vif.

Suivant cette courte deſcription, le Brelot d'Aunis a pluſieurs points de reſſemblance
avec le Sarguet ou Sargo de Provence ;
mais on eſtime qu'il fait un meilleur manger. Il n'a point, comme le Sarguet, des bandes circulaires allant du dos vers le ventre,
mais ſeulement les raies latérales qui s'é-
tendent du bord des ouies à la hauteur de
l'œil, juſqu'à l'origine de l'aîleron de la
queue où elle ſéparent en deux la largeur du
poiſſon ; la tache noire n'eſt pas à l'origine
de l'aîleron de la queue, mais derriere les
ouies, à l'endroit où commence la raie latérale ; elle a une forme ronde peu réguliere ;
les nageoires de derriere les ouies ne ſont

point rouges, celles du ventre ne font point brunes, elles font blanches, &, comme au Sarguet, précédées d'un aiguillon *l* ; l'aîleron de la queue n'est pas rouge comme au Sarguet, mais blanc.

Les écailles du corps font blondes & argentées ; une partie des ouies est couverte d'écailles dont, comme je l'ai dit au Sarguet, plusieurs font rouges.

Les arêtes de ce poisson ne font point incommodes : il se jette avec avidité sur les appâts qu'on lui présente, soit aux haims, soit dans des nasses ou des filets à manche.

Le peuple nomme volontiers ce poisson *Casse-Burgos*, parce qu'il brise les coquillages pour se nourrir du poisson qu'ils renferment ; néanmoins ses mâchoires ne font pas à beaucoup près aussi fortes que celles de la Daurade.

§. 14. *De l'Oblade*, Oblada *ou* Oilladiga *de Marseille* ; Blade *à Toulon* ; Nigroil *à Montpellier* ; *à Rome* Occhiado ; Oculata, Melanurus.

Ce poisson est encore du genre des *Sparus* ; il ressemble même à beaucoup d'égards au Sparaillon ; Rondelet le compare au Sargo. Suivant Belon, c'est le *Melanurus* : ses yeux font noirs & grands proportionnellement à son corps, ce qui l'a fait nommer *Oculata* ; on l'appelle en quelques endroits *Nigroil*, parce qu'il a les yeux noirs, & de plus des taches noires auprès de la naissance de l'aîleron de la queue. Les nageoires & les aîlerons, notamment celui de la queue, ont une couleur tirant au pourpre ; la couleur de son corps, sur-tout vers le dos, est d'un bleu foncé tirant au noir ; les écailles font assez grandes, elles tiennent peu à la peau : depuis le derriere des ouies jusqu'aux taches noirâtres qui font près de l'aîleron de la queue, il y a une file d'écailles rondes plus grandes que les autres, accompagnées de points noirs, ce qui forme les lignes latérales assez larges, & peut contribuer à le distinguer des autres poissons de son genre : il n'a souvent que 8 à 9 pouces de longueur ; néanmoins, il y en a quelquesuns qui pesent jusqu'à deux livres. En général, la forme de son corps paroît un peu plus allongée que celle de la Daurade ; l'aîleron du dos est composé de rayons les uns durs, les autres flexibles ; celui de la queue, suivant Rondelet, est fourchu, & suivant Belon peu échancré. Quand on prend ce poisson dans l'eau claire & pure, il est assez bon ; mais comme ordinairement il s'enfouit dans la vase, il est en général peu estimé, & pour cette même raison, on en prend peu avec les filets traînants ; d'un autre côté, il ne mord pas volontiers aux hameçons ; ainsi

il est difficile à pêcher. On l'apprête de même que la Daurade.

Comme ce poisson ressemble beaucoup au Sparaillon dont nous avons amplement parlé, & dont nous avons donné la figure, *Pl. I, fig. 5*, ou au Sarguet, *Pl. V. fig. 2*, j'ai cru pouvoir me dispenser de le faire graver ; mais je dois faire observer ici que la tache noirâtre qui est près de l'aîleron de la queue, n'est pas réguliere, & que c'est seulement une espece de barbouillage qui s'étend de toute la largeur du poisson.

§. 15. *Du Pilonneau ou Lagadec ; & du Sergat d'Olonne.*

J'ai trouvé dans les Mémoires que j'avois rassemblés en faisant mes tournées sur les côtes maritimes, un beau dessin d'un poisson qu'on m'avoit nommé *Pilonneau* ; j'avois seulement noté qu'il ressembloit beaucoup au Sparaillon excepté qu'il n'avoit point de tache noire près la naissance de l'aîleron de la queue ; je l'ai fait graver, *Pl. I, fig. 4* : depuis on m'a assuré que le Lagadec étoit le même poisson que le Pilonneau, & qu'il étoit connu sous ce nom à Marseille.

M. de Rhuis, alors Intendant de la Marine à Rochefort, ainsi que M. Villehelio, Commissaire de la Marine à la Rochelle, m'ont envoyé, sous le nom de *Sergat d'Olonne*, un poisson qui me paroît entiérement semblable à celui qu'on m'avoit nommé *Pilonneau*. Ces poissons ou celui auquel on donne ces différents noms ayant un grand aîleron épineux sur le dos, un moins étendu sous le ventre derriere l'anus, deux nageoires derriere les ouies & deux sous le ventre, il n'est pas douteux qu'ils font de la famille des *Sparus* : leur tête est d'une grosseur médiocre, leur gueule est assez grande, garnie de dents fines, & bordée d'une membrane rouge ; les yeux font fort grands ; leurs écailles font brillantes, les nageoires & les aîlerons du dos, de derriere l'anus, & principalement de la queue, font rembrunis, tirant au roux. Il paroît que, proportionnellement à leur grandeur qui est communément de 6 pouces, ils font plus épais que les Daurades : je dis *communément*, car je donnerai dans la suite les dimensions d'un Lagadec qui avoit un pied de longueur totale. Lorsqu'il fait froid, ces poissons, comme beaucoup d'autres de la même famille, se retirent dans les grands fonds ; ainsi on en prend peu l'hiver, à moins que l'air ne soit fort doux ; mais le printemps, quand la chaleur se fait sentir, ils s'approchent du rivage ; & lorsqu'il fait un beau soleil, on prend des Sergat jusque dans le port des Sables avec des haims amorcés de vers : en outre, suivant ce que me marque M. Villehelio, on en prend à 12 ou 15 lieues au large, avec des saines à grandes mailles. Quand ces poissons ont séjourné sur des fonds pierreux ou sableux ; ils sont assez bons, mais jamais aussi estimés que les Daurades. Ils paroissent l'été se plaire dans les recréments qui s'amassent au bord de la mer, & alors ils ont un goût désagréable. Je soupçonne que ce poisson pourroit être la Besugue de Basse-Bretagne, qu'on dit ressembler à une petite Daurade, & qui a le tour de la gueule rouge ; c'est un simple soupçon : mais je parlerai dans la suite, d'un poisson que les Espagnols de la côte de Biscaye nomment *Besougue*, & les Pêcheurs de Biarritz *Arrousséu*, qui me paroît avoir de la ressemblance avec le Pagre. J'ajouterai à ce que je viens de dire du Sergat d'Olonne, que c'est mal-à-propos que quelques-uns le nomment *Merlan Sergat*, puisque ce poisson qui n'a tout au plus que 9 pouces de longueur, ne ressemble point au Merlan, il approche d'être demi-plat ; de plus, le Merlan ayant trois aîlerons sur le dos avec deux sous le ventre, est de la famille des *Asellus* ; au lieu que le Sergat, par la disposition de ses aîlerons & de ses nageoires, appartient aux *Sparus* : sa chair est ferme & assez bonne, mais peu ressemblante à celle du Merlan.

Voici les dimensions d'un Lagadec qui avoit un pied de longueur totale.

Du bout du museau au centre de l'œil, 15 à 16 lignes ; l'ouverture de la gueule, les mâchoires étant rapprochées l'une de l'autre, 9 à 10 lignes ; du bout du museau au derriere de l'opercule des ouies, près de 3 pouces ; du bout du museau à l'articulation des nageoires branchiales, 3 pouces 5 lignes ; longueur du plus long rayon de cette nageoire, 3 pouces 2 lignes ; elle se termine en pointe : du museau à l'articulation des nageoires du ventre, 4 pouces ; du museau à l'anus, 7 pouces. L'aîleron du ventre commence à 4 ou 5 lignes de l'anus, & son étendue à l'attache au corps, est de 2 pouces 3 lignes : à 1 pouce 6 lignes de la fin de cet aîleron, est le commencement de l'aîleron de la queue, dont le plus long rayon a 2 pouces 4 à 5 lignes de longueur ; il est fourchu.

Le grand aîleron du dos commence à 4 pouces du museau ; il a 7 pouces de longueur à son attache au corps, & il se termine à-peu-près à la même distance de l'aîleron de la queue, que l'aîleron de derriere l'anus.

La largeur verticale du poisson à l'à-plomb du centre de l'œil, est de 2 pouces ; à l'à-plomb du commencement de l'aîleron du dos ou de l'articulation des nageoires du ventre, 3 pouces 6 lignes ; à l'à-plomb de l'anus, 3 pouces 1 ligne ; à l'à-plomb de la fin des aîlerons, tant du dos que de derriere l'anus, 1 pouce 5 lignes ; à l'origine de l'aîleron de la queue, 1 pouce 1 ligne. La plus grande épaisseur horizontale du dos du poisson, est de 1 pouce 8 lignes.

Je crois que les grands Pilonneaux n'ont guere plus de 9 pouces de longueur, & les Sergats d'Olonne 7 pouces.

Je dois prévenir que c'est par erreur qu'à la page 139 de la premiere Section du second Tome, j'ai comparé le Sergat d'Olonne au Tacaud ; aussi à la page 569 de ce second Tome, j'ai averti que le Sergat qui m'avoit été envoyé des Sables, n'ayant qu'un aîleron sur le dos, n'étoit point de la famille des *Gadus*, & ne ressembloit point au Tacaud.

ARTICLE SECOND.

De la Brême, Brune ou Brame de mer, Brama marina ; & des Poissons qui y ont rapport.

Considérations générales sur la Brême.

COMME il y a un grand nombre de poissons demi-plats qui, par leur forme, doivent être compris dans la famille des *Sparus*, il ne faut pas être surpris si à l'égard des poissons de cette famille, on trouve beaucoup de confusion dans les Auteurs ; elle regne surtout, à l'égard de la Brême de mer. On ne la trouve point annoncée sous ce nom dans Rondelet ; je crois qu'il l'a confondue avec le Pagre : ce sentiment a été adopté par Willughby. Belon estime que la Brême de mer est le *Cantharus* des Latins ; le *Cantheno* de Provence & de Languedoc ; le *Tanado* de Gênes. Mais le poisson que je vais décrire & qui est connu sur les côtes de Normandie sous le nom de *Brême de mer*, est fort différent de ceux qui sont indiqués par Belon & Gesner. A l'égard de l'*Abramis* d'Oppian & d'Athénée, Rondelet pense qu'il s'agit de l'Alose ; & je ne vois pas que la *Brama marina* de Willughby, ressemble à la Brême d'eau douce.

Après avoir prévenu que le nom de *Brême de mer* est donné en France, en Angleterre & en Allemagne à nombre de poissons différents, plus ou moins ressemblants à la Brême de riviere, on ne sera pas surpris que Gesner ait compris sous la dénomination (comme générique) de Brême, plusieurs poissons auxquels il a donné des épithetes particulieres, pour distinguer les especes, tels que *Auratus*, *Melanurus*, Denté, *Oilladiga*, Sargo, &c. de sorte qu'il a formé une famille des *Brêmes*, dans laquelle il a compris les mêmes poissons dont nous composons celle que nous nommons *Sparus*. Etant prévenu de ceci, & après être convenu que la Brême peut être regardée comme un centre dont plusieurs especes de *Sparus* s'écartent peu, j'essayerai de faire connoître chacun des Poissons dont ont parlé Belon & Gesner, indiquant autant qu'il me sera possible les noms qu'on leur donne dans les parages où on les pêche communément : ainsi, sans blâmer ceux qui ont donné des noms différents à la Brême de mer, je vais décrire le poisson qu'on nomme ainsi sur la côte de Normandie, parce que c'est le poisson de mer qui nous paroît avoir le plus de rapport avec la Brême de riviere. Comme dans la famille des *Sparus*, il y a beaucoup de poissons qui ne différent presque les uns des autres, que par la couleur de leurs écailles : on ne doit pas confondre la Brême des côtes de Normandie, qui a des écailles très-brillantes, avec le Cantheno, le Tanado, &c. dont les écailles sont comme enfumées ou d'autres qui sont rouges ; j'entre en matiere.

§. 1. *Du Poisson qu'on appelle* Brême de mer *sur les côtes de Normandie.*

J'ai amplement parlé à la fin de la troisieme Section, page 505, de la Brême d'eau douce, *Cyprinus latus* de Rondelet ; mais je me suis rappellé d'avoir mangé sur les côtes de Haute Normandie un poisson qu'on y nomme *Brême de mer*, Pl. IV. fig. 1 & 2 ; comme j'en avois conservé un dessin avec une description abrégée, j'ai trouvé que ce poisson ressembloit assez, par la forme du corps, à la Brême d'eau douce, mais qu'il en différoit beaucoup par l'aîleron du dos qui est petit & flexible à la Brême d'eau douce, fort étendu & garni de rayons piquants, au poisson qu'on nomme *Brême de mer* en Normandie, ce qui m'a déterminé à remettre à en parler dans la quatrieme Section dont il s'agit présentement. M. le Testu, ayant comparé le dessin, Pl. IV, fig. 2, de la petite Brême que j'avois vue sur les côtes de Normandie, avec le poisson qu'il avoit sous les yeux, m'a marqué qu'il l'avoit trouvé exact ; d'un autre côté, M. Deshayes, Commissaire aux Classes à Cherbourg, m'a envoyé le dessin d'une grande Brême, Pl. IV. fig. 1, me marquant que je pouvois avoir confiance à mes notes ; ainsi je me trouve confirmé dans l'idée que j'avois que ce poisson a encore beaucoup de rapport avec la Daurade.

La Brême, *fig.* 1, avoit 9 pouces de longueur totale *A B* ; l'ouverture de la gueule est à-peu-près de 8 lignes ; elle est garnie de petites dents recourbées vers le gosier, ce qui est différent de celles de la Daurade, du Scare, de la Castagnole, du Denté, &c. Les mâchoires sont bordées d'une membrane qui se replie quand elles sont rapprochées l'une de l'autre, & alors elles sont à-peu-près d'une même longueur : l'œil est assez grand, médiocrement élevé vers le haut de la tête ; il est un peu ovale ; le grand diametre est presque horizontal ; la prunelle est d'un bleu foncé, tirant au noir ; l'iris est nacré.

Entre l'œil & le museau, mais plus près de l'œil, est l'ouverture des narines *D* : en cet endroit où il n'y a point d'écailles, la peau est unie & brillante, pas néanmoins autant que celle du Merlan ; le reste de l'opercule des ouies est garni d'écailles fort petites, ce qui s'observe à plusieurs autres poissons de cette famille. En *M*, à 2 pouces 6 à 7 lignes du museau *A*, commence l'aîleron du dos qui est assez grand ; il a de *M* en *F*, à son attache au corps, 4 pouces 4 à 5 lignes d'étendue, & il est formé de 20 à 22 rayons qui ont 9 à 10 lignes de longueur ; ceux du côté *M*, sont plus durs & plus piquants que les autres qui sont rameux & flexibles ; les dix premiers qui sont durs excédent une membrane mince, transparente, qui les unit, les bords de cette membrane sont rembrunis ; il y a à-peu-près un pouce de la fin de cet aîleron *F* au commencement de celui de la queue *G* ; du bout du museau à l'anus *H*, un peu moins de 5 pouces, ce qui fait à-peu-près les deux tiers de la longueur *A G* du corps du poisson.

A quelques lignes derriere l'anus, commence l'aîleron du ventre *K L*, formé de 12 à 14 rayons flexibles, plus menus & moins longs que l'aîleron du dos ; néanmoins les trois premiers du côté de *K* sont fort durs & piquants, les autres sont flexibles & rameux : l'aîleron de la queue est fourchu, les rayons en sont rameux & point piquants ; le plus long, *G B*, a environ 18 lignes de longueur : il y a derriere chaque ouie, une nageoire dont le plus long rayon *E N*, a 2 pouces 3 lignes de longueur ; l'articulation *E* de cette nageoire forme un croissant qui est à 2 pouces quelques lignes du museau *A*.

Il y a encore sous le ventre deux nageoires *D* dont les articulations sont à-peu-près à la même distance du museau que celles *E* de derriere les ouies.

Les lignes latérales *Q P*, paroissent formées de deux rangées de points, ce qui leur donne l'apparence d'une espece de tresse brune ; elles commencent en *Q*, à la hauteur de l'œil : elles sont courbes & suivent à-peu-près le contour du dos ; elles aboutissent en *P*, où elles partagent en deux la largeur du poisson.

Les écailles, plus petites que celles du Hareng, sont minces, transparentes, les unes ovales, d'autres angulaires; cependant quand on passe la main à la queue vers la tête, on sent quelque chose de rude. En général la couleur de ce poisson est d'un gris clair & argenté, avec des couleurs changeantes, de sorte que quand au sortir de l'eau on le regarde en différents sens, on apperçoit comme des ondes ou des raies qui s'étendent suivant la longueur du poisson, entre lesquelles on distingue des reflets comme cuivreux, d'autres jaunes, d'autres verdâtres, & même des traits rouges; mais toutes ces couleurs s'éteignent lorsque le poisson est mort : on remarque de plus que la disposition des écailles, depuis le dos jusqu'à la raie latérale *Q P*, est différente de celle des écailles qui recouvrent la partie du poisson comprise depuis cette raie jusqu'au dessous du ventre. La couleur brillante des écailles de notre Brême est bien différente de la couleur enfumée de celles du Cantheno, du Tanado & de la Castagnole.

La chair de ce poisson est meilleure que celle de la Brême d'eau douce, quoiqu'elle soit un peu molle & qu'elle n'ait pas beaucoup de goût, ainsi elle n'approche pas de la bonté de celle de la Daurade. Les très-petites qui, dans les mois de Juin & de Juillet donnent en quantité à la côte, se vendent avec la menuise, & la plupart servent à amorcer les haims. M. le Testu me marque que les grosses sont devenues rares sur la côte de Haute Normandie. Ces grosses, qu'on estime plus que les petites, sont ordinairement apprêtées sur le gril, & on les sert avec une sauce relevée, parce que la chair a peu de goût; avec cette attention, celles qui ont été prises sur un bon fonds, font un bon manger. Comme les Brêmes sont voraces, les Pêcheurs-Cordiers en prennent avec leurs haims; on les attire aussi dans les filets avec différents appâts. Dans la saison où ces poissons donnent à la côte, on en trouve dans les saines avec d'autres especes de poissons. La Brême a, par la forme de son corps & sa couleur, quelque rapport avec le Tacaud; mais n'ayant qu'un grand aileron sur le dos, elle doit être comprise dans la famille des *Sparus*, au lieu que le Tacaud qui en a trois, a été rangé avec les *Asellus* ou *Gadus*. On m'a envoyé plusieurs fois la Brême pour être la Daurade; effectivement ces deux poissons se ressemblent à plusieurs égards : néanmoins la Brême est aisée à distinguer de la Daurade par ses dents, qui sont fines & crochues, par ses écailles qui sont plus minces, & par sa chair qui n'est pas à beaucoup près aussi agréable à manger : ainsi c'est une espece de

Sparus, mais non pas une Daurade. Belon dit qu'à Paris on nomme *Brême de mer*, un poisson qu'on pêche dans l'Océan, qui est le Cantheno de Marseille, & dont les écailles sont teintes de belles couleurs. Le sentiment des Poissonniers de Paris, n'est pas ici d'un grand poids; mais on m'a vendu à la Halle de Paris, pour *Perche de mer*, un poisson de 10 pouces 6 lignes de longueur qui ressemble parfaitement à la Brême que je viens de décrire, & nullement à la Perche, au moins à celle que décrit Rondelet qui a l'aileron de la queue coupé quarrément, & le ventre renflé comme la Bourse de mer.

Les Voyageurs disent qu'on pêche beaucoup de Brêmes au Cap de Bonne-Espérance, où elles sont fort estimées; que quand il vient de gros temps, elles s'approchent en nombre du rivage; & qu'alors on en prend beaucoup. On dit encore que le bruit les attire, & qu'on se sert de ce moyen pour les engager à s'approcher de la côte; quelques-uns prétendent que ce qu'on appelle Brême en Bretagne, est la Daurade de Languedoc; mais je ne puis adopter ce sentiment.

Enfin, M. de Montaudouin m'écrit de Nantes que les Pêcheurs de cette côte inclinent à penser que la Brême de mer est le poisson qu'ils nomment *le Plomb*, *Pl. IV*, *fig. 3*, qui, suivant eux, a beaucoup de rapport avec la Brême d'eau douce; seulement, disent-ils, ses yeux paroissent plus saillants, sa tête est plus courbe, & le Plomb a moins d'arêtes que la Brême; sa chair a quelque rapport avec celle du Merlan, à cela près qu'elle est plus seche : Il n'est guere possible de confondre le Plomb avec la Brême que nous venons de décrire; mais je m'abstiendrois d'assurer que notre Brême soit un autre poisson que celui qu'on appelle *Cantheno* en Provence, si la couleur de ces deux poissons étoit moins différente. Quoi qu'il en soit je vais donner la description du Plomb, que j'ai reçu de Nantes, après que j'aurai rapporté quelques notes sur la Brême que j'ai trouvé répandues en différents endroits.

Suivant l'Histoire générale des Voyages, on prend des Brêmes en beaucoup d'endroits. A l'Isle de May, à Porto-Praya, dans la Baie de la riviere de Sierra-Leona, à la côte de l'Isle de Timor; on en prend de très-grandes dans la Baye de l'Isle de Juan-Fernandès; à la côte d'Or, on en distingue de trois ou quatre sortes auxquelles on donne différents noms, &c.

On m'a écrit de Norwege qu'on y prenoit un poisson assez semblable à la Brême, tant pour la forme que pour la grosseur, qu'on appelle *Rotfish* parce qu'il est rouge, & qu'il differe encore de la Brême, parce que ses ailerons & ses nageoires ont moins d'étendue; au reste, ce poisson qui n'est peut-être pas notre Brême, est très-estimé.

Il est encore dit dans l'Histoire des Voyages que le poisson qu'on appelle *Brême* en Afrique, est très-différent du poisson auquel nous donnons ce nom.

§. 2. *Du Plomb de Nantes.*

Le Plomb de Nantes, *Pl. IV*, *fig. 3*, est effectivement de la famille des *Sparus*, par le nombre & la position de ses aîlerons & de ses nageoires; il n'a communément que 6 pouces de longueur sur 2 pouces à 2 pouces & demi de largeur; ainsi proportionnellement à sa longueur, il est moins large que la Brême: ses écailles sont blanches-argentées, néanmoins toutes les raies latérales sont noires; quoiqu'il soit de couleur changeante, il paroît en général tirer au roux. Le mois de Juin est la vraie saison où l'on pêche ce poisson; néanmoins on en prend depuis le mois d'Avril jusqu'en Septembre dans le port & au large, mais principalement à une lieue de la côte: comme il est vorace, on en pêche beaucoup aux hameçons; mais les Pêcheurs le redoutent, parce qu'il écarte des poissons plus estimés que lui. C'est la pêche ordinaire des jeunes gens dans la saison que nous avons indiqué; car c'est un poisson de passage: il ne s'en fait point de salaison; tous ceux qu'on prend se consomment frais.

§. 3. *De l'Arrain-Gorria des Basques, qui paroît confiner à la Brême ou au Plomb de Nantes.*

Le poisson que les Basques nomment ainsi, est de mer; & suivant M. de la Courtaudiere, il a, au moins pour la forme de son corps, de la ressemblance avec la Brême de mer que je viens de décrire.

Il y a de ces poissons qui ont un pied & demi de longueur, & de plus petits que celui dont M. de la Courtaudiere m'a envoyé la description, qui n'avoit que 5 pouces de longueur totale. Ce poisson demi-plat est de la famille des *Sparus*; il avoit 2 pouces de largeur verticale à l'à-plomb des nageoires branchiales; 2 pouces 4 lignes à l'à-plomb de l'anus; 2 pouces entre l'anus & l'aîleron de la queue; & 21 lignes près l'aîleron de la queue.

Les opercules des ouies sont de couleur nacrée; le dessus de la tête & du corps sont aussi de couleur changeante; de sorte qu'en le considérant en différents sens, on y apperçoit du rouge, du bleu & des reflets de nacre qui çà & là tirent à l'or ou à l'argent. Le dessous du ventre est blanc avec des reflets argentés: sa gueule est petite, garnie de petites dents; ses yeux sont grands.

Il a sur le dos un grand aîleron qui regne depuis l'à-plomb de l'articulation des nageoires branchiales, jusque près l'origine de l'aîleron de la queue; les 12 premiers rayons du côté de la tête sont épineux, les autres sont flexibles; l'aîleron de derriere l'anus n'a que 10 à 12 lignes d'étendue à son attache au corps: il n'y a que les trois premiers rayons du côté de l'anus qui soient piquants.

L'aîleron de la queue est fendu, & les deux parties sont assez écartées l'une de l'autre; on apperçoit une teinte rouge, sur-tout vers les bords: il a une nageoire derriere chaque ouie, & deux petites sous le ventre, dont le premier rayon est piquant.

Ce poisson n'est pas fort abondant sur les côtes des Basques.

§. 4. *Du Cantheno ou Canthera; suivant Belon,* Scarabeus.

Le poisson qu'on nomme en Provence, en Languedoc & en Espagne *Cantheno* ou *Cantharus*; *Tanado* ou *Tanna*, à Gênes, est encore assez semblable à la Brême, ainsi il doit être compris dans la famille des *Sparus*. Le nombre, la position & la forme des aîlerons, ainsi que des nageoires, est comme au Sparaillon, & on peut le comparer encore plus exactement, ainsi que Gesner, à notre Brême de mer, dont il ne differe presque que par sa couleur qui approche de celle du tan, au lieu que celle de la Brême que j'ai vu sur les côtes de Normandie, est très-brillante: quoi qu'il en soit, à cause de cette ressemblance avec la Brême qui est représentée, *Pl. IV, fig. 1*, j'ai cru pouvoir me dispenser de le faire graver.

Effectivement la Brême de Belon paroît être le Cantheno ou le Sparaillon de Rondelet, qui, comme je l'ai dit, ne différent de notre Brême que par la couleur qui est comme enfumée; les yeux sont ronds, de médiocre grandeur; la prunelle est bleu-foncé, l'iris brillant comme de l'argent; la tête n'est pas grosse, elle est, ainsi que les parties voisines des yeux, rousse, mêlée de noir, ce qui fait une couleur comme enfumée approchant de celle du tan: cette circonstance lui a fait donner par quelques-uns le nom de *Tanado*; par d'autres de *Scarabeus*, par comparaison à quelques Scarabées qui ont cette couleur: son museau est assez menu, sa gueule moins grande que celle de la Daurade lorsque les mâchoires sont rapprochées: la mâchoire supérieure ainsi que l'inférieure, sont garnies de dents menues, pointues, assez approchantes de celles du Sparaillon: on ne trouve point vers le gosier d'osselets chargés d'aspérités; ses écailles sont petites, & en général les couleurs sont plus obscures que celles de la Brême de mer, dont nous avons parlé: les raies latérales sont plus larges; on n'apperçoit point de tache noire auprès des ouies, comme à la Daurade, ni auprès de l'aîleron de la queue,

queue, comme au Sparaillon ; mais quand il sort de l'eau, on voit des traits jaunâtres & obscurs qui s'étendent des ouies jusqu'à l'aîleron de la queue où l'on découvre quelque chose qui tire à l'or. Les nervûres de l'aîleron du dos sont piquantes du côté de la tête; les autres sont rameuses & flexibles, ainsi que celles de l'aîleron de derriere l'anus. Suivant Rondelet, ce poisson se plaît dans la vase au bord de la mer où il s'en rassemble beaucoup : il est assez commun dans la Méditerranée ; il va par bandes : sa chair n'est pas, à beaucoup près, aussi bonne que celle de la Daurade; elle est mollasse, aqueuse, avec un goût désagréable, quand le poisson a séjourné dans de la vase de mauvaise odeur, ce qui lui arrive souvent ; mais il ne fait point un manger désagréable, quand par hasard, on le prend dans un endroit où l'eau est vive. On le pêche comme le Sparaillon ; ils se jette avec avidité sur les appâts qu'on lui présente ; & on l'attire dans les nasses avec des crabes, des polypes, &c. Les pauvres qui seuls se nourrissent de ceux qu'on prend dans la vase, les apprêtent avec beaucoup d'épices : les Pêcheurs prétendent que ce poisson est meilleur étant desséché que quand il est frais.

ARTICLE TROISIEME.

Du Denté, & des Poissons qui ont avec lui de la ressemblance.

LE Denté est du genre des *Sparus*, mais il tire son nom & son caractere spécifique de plusieurs dents canines assez fortes qu'il a au-devant des mâchoires tant supérieure qu'inférieure ; il s'en est suivi qu'on a donné le nom de *Denté* à différents poissons, uniquement parce qu'ils avoient de fortes dents ; ainsi comme le Scare a de fortes dents incisives pardevant, & molaires au fond de la gueule, les Gênois, suivant Gesner, ainsi que les Poissonniers de Provence, le nomment *Denté*. Je crois qu'il en est de même à Montpellier, quoique ce poisson n'ait point les dents canines, *Pl. VIII*, *fig. 9*, qui caractérisent le vrai Denté. Mais je n'imagine pas ce qui a engagé Gesner à mettre le Denté au nombre des Brêmes qui n'ont, comme nous l'avons dit, que des dents trèsdéliées : prévenu de cela, je vais parler des poissons que je crois être de la famille des Dentés, & je commence par le vrai Denté.

§. 1. *Du Denté ou* Dentex *de Marseille & de Languedoc ;* Dentillac *à Narbonne ;* Dentale, *en Italie ;* Dentatus.

Les mâchoires du Denté que je possede n'ont que quatre dents canines au-devant des mâchoires tant supérieure qu'inférieure, *Pl. VIII*, *fig. 9* ; au lieu que je vois dans Belon que le Denté a cinq crochets ou grandes dents canines à la mâchoire supérieure, & huit à l'inférieure. Comme les dents semblent devoir établir le caractere de ce poisson, pour lever mes doutes, & savoir quelle confiance il faut avoir au texte de Belon, j'ai fait graver sur la Planche VIII, des mâchoires d'un Denté, qui m'ont été envoyées de Toulon par M. Barry, comme venant d'un jeune Denté, qui ne pesoit que 37 onces. Par le nombre des crochets, je me trouvois confirmé dans l'idée qu'il n'est pas essentiel au Denté d'avoir le grand nombre de dents canines que lui attribue Belon; mais comme le poisson dont M. Barry m'a en- voyé les mâchoires étoit fort jeune, peut-être se feroit-il développé d'autres dents dans la suite : mais Rondelet, en qui j'ai plus de confiance qu'en Belon, pour les poissons de la Méditerranée, dit que le Dentale a 4 dents canines en chaque mâchoire. Au reste, le Denté ressemble à la Daurade, & encore plus à l'Ouariac de la Guadeloupe, *Pl. III*, *fig. 2*, par la forme de son corps, le nombre & la position tant des aîlerons que des nageoires ; ses yeux sont plus grands ; & on en pêche de très-gros, car il n'est pas rare d'en prendre qui pesent 8 à 10 livres; & M. Barry m'a écrit qu'on en prenoit quelquefois qui pesoient près de 20 livres. M. Gautier me marque de Narbonne qu'on en trouve fréquemment qui pesent 25 à 30 livres, & qu'il en a vu un qui pesoit 76 liv. Suivant Rondelet, les gros se nomment *Synodon*, & les petits ou jeunes *Synagris*.

Gesner qui admet beaucoup de ressemblance entre les *Synagris* & les *Synodon*, pense comme Belon, qu'on doit distinguer ces deux

efpeces de poiffons. Les écailles du Denté
font affez grandes & de différentes couleurs ;
néanmoins le rouge eft obfcurci par le noir
qui domine & forme fur les côtés des lignes
affez droites. On ne le connoît pas dans
l'Océan, & il eft plus commun en Provence
qu'en Languedoc, où Rondelet dit qu'on le
nomme *Marmo*. Il fe tient ordinairement
dans les rochers près le bord de la mer, ou
quand il ne fait pas chaud, dans le goêmon,
à huit & dix braffes de profondeur. Il eft fi
vorace, que quelquefois lorfque les Pêcheurs
tirent une ligne où s'étoit attaché un poiffon, s'il fe trouve à portée un Denté, il fe
jette fur le poiffon, l'avale avec l'haim, rompt
la ligne & échappe : alors les Pêcheurs ne
manquent guere de remettre à la mer un
autre haim amorcé d'un poiffon, & qui eft
encapelé à une forte ligne : alors le Denté
fe trouve fouvent la dupe de fa voracité.
On eftime ce poiffon à Narbonne où on le
nomme *Dentillac*. Belon dit que les Alba-
nois qui en prennent beaucoup au printemps,
en confifent dans des barrils qu'ils vont vendre à Ancône : ces poiffons, ainfi préparés, peuvent fe conferver trois ou quatre
mois. Il ajoute que le Dentex eft fort large ;
qu'il a de grands yeux fort élevés fur la tête.
La grande reffemblance que j'apperçois pour
la forme du corps, entre le Denté & la
Caftagnole que j'ai rapportée de Provence,
& dont je parlerai dans la fuite, me faifoit
craindre qu'on ne m'eût nommé ainfi un
petit Denté ; mais les aîlerons de la Caftagnole ont une forme qui me paroît leur
être particuliere ; & de plus, je ne crois pas
que la Caftagnole que j'ai rapportée de Provence, pût jamais devenir un fort gros poiffon.

M. Gautier m'écrit de Narbonne que ce
poiffon fe tient volontiers auprès des côtes,
puifqu'on le prend communément avec le
boulier, filet qui differe peu de la faine.
Il eft encore bon d'être prévenu qu'en Aunis on donne quelquefois très mal-à-propos
le nom de *Denté* à la Torpille, poiffon très-
différent, & qui n'a aucun des caracteres
des *Sparus*.

Belon dit qu'en Epire & en Illyrie, où
l'on pêche beaucoup de Dentés vers le Carême, les ayant coupés traverfalement en deux
parties, une qu'on nomme la tête, & l'autre la queue, on les conferve plufieurs mois
en barrils dans une gelée qu'on fait avec les
écailles bouillies dans du vinaigre, du fel &
des épices, & qu'on les vend à Ancône &
dans d'autres Villes au-delà du Détroit.

Gefner fait un grand étalage de littéra-
rature Grecque & Latine fur la dénomination
de Dentex, de *Synagris*, de *Synodon*, d'où il
réfulte beaucoup de confufion & un vrai
cahos.

Quelques Voyageurs difent qu'on prend

dès Dentales dans la mer Baltique, & qu'on
les eftime plus à caufe de leur groffeur que
pour leur goût.

*§. 2. D'un Poiffon pris à Dax, qui me paroît
avoir beaucoup de rapport avec le Denté.*

M. le Préfident de Borda m'écrit qu'on
a pris à Dax un poiffon auquel on ne donne
point de nom, mais qu'il dit reffembler beaucoup au Dentale ou Dentex de Rondelet ;
on en jugera par la defcription qu'il en donne.
Ce poiffon étoit long de 35 pouces 8 lignes ; fa plus grande largeur verticale étoit
de 11 pouces 3 lignes ; il avoit au-devant
des mâchoires quatre longues dents canines
un peu recourbées vers l'intérieur de la
gueule ; & derriere ces dents canines, les
mâchoires étoient garnies de nombre de petites dents : l'aîleron du dos avoit 21 rayons,
dont onze étoient piquants ; celui de derriere l'anus étoit compofé de dix rayons,
dont deux feulement étoient piquants ; l'aîleron de la queue étoit formé de rayons
rameux, & il étoit fourchu.

Les rayons des nageoires étoient rameux,
& les nageoires de derriere les ouies s'étendoient prefque jufqu'à la moitié de la longueur du corps.

Le corps, du côté du dos, étoit rouge, &
jufqu'à la raie latérale, il étoit parfemé de
taches noires ; le ventre étoit blanc & argenté, & cette couleur dominoit de plus en
plus, à mefure qu'on approchoit du ventre.

Ces poiffons fe prennent avec des filets
qu'on tend à la maniere des folles, fur un
fond de fable, à une ou deux lieues de la
côte.

Je vais encore placer ici un poiffon que
j'ai rapporté de Provence, & qu'on m'avoit
nommé Caftagnole ; la forme de fes dents
m'engage à le rapprocher du Denté.

§. 3. De la Caftagnolle.

J'ai rapporté de Provence un poiffon qu'on
y nommoit *Caftagnole*, & qui, au moins pour
la couleur me paroît avoir quelque rapport
avec le Cantheno ou le Tanado ; mais ce
n'eft point le Chromis que Rondelet dit être
le Caftagno de Gênes, & qu'il ajoute être
à beaucoup d'égard femblables au Nigroil ;
car le Chromis de Rondelet a l'aîleron de
la queue coupé quarrément, au lieu que notre Caftagnole l'a très-échancré ; & la forme
du corps eft tout-à-fait différente.

Il reffemble plus à l'Oblade par la forme
de fon corps ; mais fes yeux font moins
grands, & il n'a point de taches noires près
la queue, ni, comme au Chromis, des lignes
qui s'étendent du derriere des ouies jufqu'à
l'articulation de la queue ; la gueule du Chromis eft petite, ainfi que fes écailles : de plus,

il ne peut être ici question du Chromis de Belon, puisqu'il a deux ailerons sur le dos.

Mais il y a plus de ressemblance entre notre Castagnole & le poisson que Belon dit qu'on nomme *Castagnola* à Marseille. J'en parlerai dans la suite.

Ma Castagnole, *Pl. V*, *fig.* 1. me paroît avoir par la forme du corps beaucoup de ressemblance avec le Dentale ou le Denté de Marseille. A l'égard des dents, elles sont beaucoup moins fortes, mais un peu semblables à celles des mâchoires, *Pl. VIII*, *fig.* 9. Cependant j'avoue que je n'ai pas pu prendre une idée bien précise des dents de notre Castagnole : j'ai cru seulement appercevoir qu'outre de petites dents pointues qui bordent les mâchoires, il y a sur le devant, tant à la mâchoire supérieure qu'à l'inférieure, quelques dents pointues plus fortes que les autres. Notre Castagnole paroît avoir un peu de ressemblance avec la premiere espece de Scare de Rondelet ; mais les dents de ce Scare sont les unes incisives, les autres mâchelieres, & nullement pointues ; de plus les ailerons n'ont point la même forme, non plus que ceux du Cantheno de Belon : on en jugera par la description que je vais faire de notre Castagnole, ainsi que par l'inspection de la fig. premiere de la Planche V.

Notre Castagnole avoit 18 pouces de longueur totale *A B* ; sa plus grande largeur verticale à l'à-plomb de *G*, étoit à-peu-près de 6 pouces ; son museau étoit proportionnellement plus gros, plus raccourci que celui du Cantheno, & au moins autant que celui de la Daurade.

On a forcé l'ouverture de la gueule pour faire voir les dents, ce qui la défigure & fait paroître la mâchoire inférieure plus longue qu'elle ne l'est effectivement ; pour cette raison on n'apperçoit pas distinctement qu'elle est bordée de levres assez épaisses.

Les mâchoires supérieure & inférieure étoient en outre bordées de plusieurs rangs de dents pointues ; celles de la mâchoire inférieure étoient un peu plus grandes que celles de la supérieure ; & en avant de ces mâchoires, j'ai cru appercevoir quelques dents plus grandes que les autres, toutes étoient pointues & recourbées vers le dedans ; on ne peut guere avoir une juste idée de ces dents, en examinant la figure premiere, Planche V; mais on la prendra un peu plus exactement, en ayant recours à la Planche VIII, où l'on a représenté les mâchoires d'un jeune Denté, *fig.* 9. Il s'en faut néanmoins beaucoup que les dents canines soient aussi sensibles à la Castagnole.

A cinq pouces six lignes de l'extrêmité de la mâchoire supérieure commençoit le grand aileron du dos *C D* ; du côté de *C*, il y avoit deux ou trois rayons plus courts que les autres, très-durs & piquants : ensuite les rayons depuis *C* jusqu'à *E*, étoient plus longs que ceux depuis *E* jusqu'à *D*, ce que je n'apperçois point aux autres poissons de la famille des *Sparus* ; de même, à l'aileron de derriere l'anus, les rayons depuis *F* jusqu'à *G*, étoient plus longs que ceux depuis *G* jusqu'à *H*. Cette forme des ailerons suffit pour distinguer cette Castagnole de la Daurade, de la Brême, de la Vieille, &c.

L'aileron de la queue *D B*, étoit fort échancré ; les nageoires de derriere les ouies *M*, étoient fort grandes & se terminoient en pointe comme à la Daurade; le premier rayon étoit plus dur & plus gros que les autres.

Les nageoires de dessous la gorge *L*, étoient beaucoup moins grandes que celles des ouies, chacune étoit accompagnée d'un rayon *K*, dur & piquant, & détaché des autres.

Les opercules des ouies étoient couvertes d'écailles, & en général les écailles ne sont pas fort adhérentes à la peau.

Il est bon de faire remarquer qu'on pêche à la côte de Gênes & à Antibes, un poisson qui ressemble au Nigroil qu'on nomme *Castagno*. Ce n'est point, comme j'en ai prévenu, notre Castagnole qui a les yeux moins grands : il n'y a point de taches près l'aileron de la queue ; les écailles du Castagno sont plus petites ; les ailerons tant du dos que du ventre, n'ont point la même forme. La couleur de ces poissons approche de celle de la châtaigne ; il est vrai que le Chromis a aussi à peu-près la même couleur, mais c'est un poisson beaucoup plus petit que la Castagnole dont je viens de parler ; & sa queue étant coupée quarrément, je crois qu'on peut le ranger avec les Tourdes : j'aurai occasion d'en dire quelque chose dans la suite.

Je dois avertir que M. Barry de Toulon, m'a marqué que le poisson qu'on nomme *Castagno* à Toulon, est un très-petit poisson noir & plat ; que les plus gros ne pesent pas deux onces ; que l'aileron de la queue est fourchu, & que c'est un très-mauvais petit poisson. Celui que Belon appelle *Castagnole*, est, suivant lui, couleur de châtaigne, comme les nôtres, & l'aileron de la queue est fourchu ; mais il compare la forme de son corps à celle d'une petite carpe, ce qui ne convient pas exactement à notre Castagnole. Les ailerons du dos & du ventre sont, dit-il, formés par des rayons piquants, ou au moins durs, & la forme tant des ailerons que des nageoires, ne ressemble point du tout à celle de notre Castagnole. Belon dit que la Castagnola est si commune au Printemps, qu'il n'y a personne qui ne la connoisse. Je dois prévenir que n'ayant pas eu ma Castagnole fraîche, je ne puis parler exactement de ses couleurs.

Les ailerons de la feconde efpece de Scare de Rondelet reffemblent affez à ceux de notre Caftagnole ; mais la reffemblance fe réduit à cette feule partie.

Voilà bien des incertitudes qui naiffent des noms différents qu'on donne au même poiffon dans les différents ports , ainfi que dans les Auteurs; mais la defcription exacte que je viens de donner de ma Caftagnole, pourra mettre ceux qui habitent les côtes de la Méditerranée , en état de connoître le poiffon dont je viens de parler.

ARTICLE QUATRIEME.

Du Pagre.

Confidérations générales fur les Poiffons de ce genre.

ON trouve dans les Auteurs, & on donne communément fur les côtes bien des noms différents à ce poiffon, mais dont la plûpart indiquent un poiffon dont la couleur tire au rouge ; effectivement l'expreffion latine *Erythrinus* qu'emploie Rondelet, qui dérive du grec, répond à *Rubellio* ou *Rutilus* que Schoneveld a employé indifféremment, auxquels il a ajouté comme un terme vulgaire & populaire celui de *Rootaug.*

Rondelet rapporte un terme du grec vulgaire qui indique le caractere de *Goulu*, qui effectivement convient affez aux poiffons dont nous nous occupons, & que d'autres leur ont donné : il ajoute qu'en beaucoup d'endroits d'Italie, où l'on ne diftingue point le Pajeau d'avec la Brême de mer, ils nomment les uns & les autres *Pagre* ou *Phragolino*, ou encore *Phagorio* ; en Portugal *Phagros*, ou, fuivant Gefner, *Pargo* ; en Provence & en Langue-doc, *Pagre*, *Pajeau*, *Pagel* ; à Antibes, *Pajeu* ou *Pajou*.

Quelques-uns ont confondu le Pagre avec la Vieille. Rondelet ajoute qu'en Sicile on appelle ce poiffon *Sarofano.* Toutes ces dénominations auxquelles j'en pourrois ajouter plufieurs autres, ayant probablement été données à dif-férents poiffons, qu'on n'a pas fuffifamment diftingués, il en a réfulté beau-coup de confufion, d'autant que plufieurs de ces poiffons ne different prefque les uns des autres que par leur couleur ou d'autres circonftances peu frappantes. Néanmoins nous allons effayer de diffiper ces incertitudes dans les Paragra-phes fuivants, où nous nous permettrons de dire quelque chofe de plufieurs poiffons que nous n'avons pas pu nous procurer.

Il n'eft pas hors de propos de remarquer ici que je vois dans un Mémoire de Cadix que le Poiffon qu'on nomme en Efpagne *Phagorio*, & en Portu-gal *Phagros*, eft la Sarde grife ou rouge qu'on pêche au Cap-Blanc de la côte d'Afrique.

On m'a écrit d'Arles qu'on en pêche dans le golfe de Lion. Enfin, les Voyageurs difent qu'on en prend beaucoup & en toute faifon à Penfacole, & que fa chair étant falée, reffemble beaucoup à celle du Saumon.

On pourra confulter ce que nous avons dit de la Sarde , page 16.

Quelques-uns regardent le poiffon qu'on nomme à la Guadeloupe *Das de Banette*, dont nous parlerons dans la fuite comme une Sarde.

§. 1. *De*

§. 1. *Du Pagre proprement dit.*

Le Pagre eſt un poiſſon de mer, & à écailles, de la famille des *Sparus*, qui reſſemble à pluſieurs égards à la Daurade, par la forme de ſon corps qui néanmoins eſt plus raccourci. Il a le muſeau moins obtus, ce qui fait que beaucoup l'ont confondu avec la Brême de mer ; ſa gueule eſt de médiocre grandeur ; les dents de devant ſont pointues & pas grandes; celles du fond de la gueule où les molaires, ſont larges & plattes par-deſſus. Belon dit qu'il y en a deux rangées ; ſes yeux ſont grands, la prunelle noire & l'iris blanc, tirant un peu à la nacre ; au reſte il reſſemble à la Daurade ou à la Brême de mer, par le nombre, la poſition & la forme des aîlerons & des nageoires, même par l'aîleron de la queue qui eſt fourchu : la couleur de ſes écailles eſt vineuſe ou d'un rouge obſcur qui tire au jaune ou à l'orangé ; c'eſt pourquoi Oppian dit qu'elle eſt d'un jaune tirant au roux : ces couleurs s'éclairciſſent en approchant du ventre, qui eſt blanc. Les Pêcheurs prétendent qu'elles changent quand le froid ſe fait ſentir, qu'alors le Pagre devient blanc, & que ſes couleurs changent auſſi à meſure que ces poiſſons groſſiſſent.

Les Pagres vont par troupes ; ils craignent le froid ; & Pline dit qu'après les grands hivers on en prend beaucoup qui ſont aveugles. Quoi qu'il en ſoit, ils ſe tiennent l'hiver dans les grands fonds, & l'été ils s'approchent du rivage pour, ſuivant Oppian, paître les plantes marines ; néanmoins on trouve des inſectes dans leur eſtomac : lorſque l'air eſt chaud, on en prend ſur la grève & près du rivage ; mais lorſqu'il fait froid, il faut les aller chercher dans les endroits où il y a une grande profondeur d'eau.

La chair du Pagre tient un peu de celle de la Daurade ; elle n'eſt ni molle ou viſqueuſe, ni dure & coriace ; ſon goût eſt agréable quand on le pêche dans de bons fonds, & lorſqu'il eſt nouvellement pêché. Pour l'apprêter, on le fait rôtir ſur le gril, & on le ſert ſur une ſauce blanche ; ou bien on le met au bleu, & on le mange avec l'huile & le vinaigre ou le citron ; mais pour les conſerver, on les fait frire, & après les avoir ſaupoudré d'épices, on les couvre de bon vinaigre ; en cet état, ils ſe conſervent aſſez long-temps.

Il y en a qui prétendent que tous ont des œufs, & qu'on ignore quels ſont les mâles ; mais ce fait n'eſt pas généralement adopté.

M. le Préſident de Borda me marque qu'on pêche au Cap Breton un poiſſon qu'on y nomme *Arrouquero* qui eſt le Pagre de Rondelet, ſorte de *Sparus* rougeâtre ; qu'il a ordinairement 12 à 18 pouces de longueur ; que le terme *Arrouquero* revient à Saxatile ou de Roches, que les Provençaux nomment *Rochaux* : on le pêche avec un filet tendu ſédentaire, & on le prend pêle-mêle avec des chiens de mer qui ſont même l'objet principal de cette pêche.

Un Voyageur dit qu'en paſſant près les Iſles Canaries pour aller vers l'Occident de l'Afrique, ſon équipage prit un grand nombre de *Pagres* que les Eſpagnols nommoient *Parghi*.

Geſner ajoute qu'on apportoit de ces poiſſons ſalés de l'Océan Atlantique, & que c'étoit de fort grands poiſſons : je ne crois pas que ce puiſſe être le Pagre dont nous nous occupons ; d'autant qu'il paroît que cet Auteur le regarde comme un cétacée : enfin, Willughby parle du Pagre des Indes ſous la dénomination de *Brama Saxatilis.*

§. 2. *Du Pajeau ou Pagel :* Pageu *à Antibes, ſuivant* Geſner ; Rubellio *ou* Erythrinus.

Le Pagel ou Pajeau eſt, ſuivant quelques-uns, un jeune Pagre ; on le vend ſans diſtinction en Provence, tantôt ſous le nom de Pagre, & tantôt ſous la dénomination de Pajeau ou Pagel. Néanmoins M. Gautier m'écrit de Narbonne où ces poiſſons ſont communs, qu'on regarde le Pagre & le Pagel comme deux poiſſons différents, & que le Pagre eſt plus eſtimé que le Pagel, ce qui me confirme dans l'idée que j'avois qu'il ne faut point confondre ces poiſſons. M. Barry de Toulon le penſe de même : effectivement le Pagel eſt plus petit & plus effilé que le Pagre ; ſon muſeau eſt plus pointu, ſa gueule plus petite, ainſi que ſes dents ; d'ailleurs, il eſt d'un rouge plus éclatant, ce qui l'a fait appeller plus particuliérement *Rutilus* ou *Rubellio*, en François *Rouget* ; mais c'eſt un poiſſon demi-plat qu'il ne faut pas confondre avec un poiſſon rond qu'on nomme ſur-tout à Paris, Rouget, non plus qu'avec le Mulet qui a deux aîlerons ſur le dos. Rondelet dit qu'il a des taches dorées auprès des yeux ; Belon ne parle point de ces taches, & je ne les ai point apperçues ſur le poiſſon que j'ai décrit, peut-être parce qu'il n'étoit pas aſſez nouvellement pêché. Rondelet dit qu'en vieilliſſant il perd en partie ſes belles couleurs, & qu'alors on le confond quelquefois avec d'autres poiſſons. Je ne dois pas négliger de faire remarquer qu'au Pagel de Rondelet il y a un grand aîleron derriere l'anus, dont une partie des rayons ſont durs & pointus, &, ſuivant Belon, il n'y a à cet endroit qu'un petit aîleron dont les rayons ſont mous. Ces poiſſons mordent avec beaucoup d'avidité aux haims, ce qui fait qu'en quelques endroits on les appelle *Goulus* : ils font affez bons quand on les pêche dans de bons fonds ; ils ont l'avantage de fe conferver affez long-temps fans fe corrompre ; & on les apprête comme les Daurades, les Sparaillons & les autres poiffons de cette famille : à l'égard de la forme de fon corps, je crois pouvoir la comparer à la petite Brême qui eft repréfentée fur la Planche IV, *figure 2*. On pêche le Pagel en Languedoc ; ainfi M. Poujet a été à portée d'en voir beaucoup : voici ce qu'il me marque à ce fujet. Ce poiffon eft pour la forme du corps, affez femblable à la Daurade, il eft charnu, fa tête eft affez grande & comprimée fur les côtés, fa gueule petite, bordée de groffes lévres, le devant des mâchoires eft garni de petites dents pointues ; fur les côtés eft un double rang de dents molaires qui ne font point arrondies en deffus comme celles de la Daurade, ni auffi groffes ; fes yeux font brillants, grands, l'orbite ayant environ neuf lignes de diametre à un poiffon de grandeur ordinaire ; l'iris eft argenté. Le Pagel a communément 13 pouces de longueur fur 5 pouces 9 lignes de largeur verticale ; il pefe environ une livre & demie, les plus gros au plus 5 livres, au lieu qu'on prend des Daurades qui pefent jufqu'à 12 livres ; mais je n'en ai jamais vu qui approchaffent de cette taille.

L'aîleron du dos eft formé de 21 rayons dont 11 font piquants ; celui de derriere l'anus eft de 15 rayons dont il y en a trois d'épineux. Les nageoires branchiales font formées chacune par 15 rayons ; les ventrales en ont 7 ; ainfi qu'à la Daurade, il y a un rayon détaché des autres, qui eft dur ; le deffus de la tête eft de couleur changeante, on y apperçoit des reflets dorés, d'autres argentés, d'autres verds ; mais on n'y remarque point le trait doré qui caractérife la Daurade : en général le corps eft d'un rouge brillant avec des reflets argentés ; depuis le dos jufqu'à la ligne latérale, le rouge eft affez uniforme & foncé avec quelques points bleus ; au-deffous de cette raie les couleurs s'éclairciffent, & le ventre eft blanc ; l'aîleron du dos, ainfi qne celui de la queue, eft rouge ; celui de l'anus eft blanc, ainfi que les nageoires du ventre ; celles de derriere les ouies font rouges auprès de leur articulation, peu à peu elles deviennent prefque blanches.

Ces poiffons ne s'approchent du rivage qu'après la fin de l'hiver, quand ils veulent dépofer leurs œufs fur le fable ou dans la vafe, & c'eft ordinairement dans des endroits où il y a 50 ou 60 braffes d'eau ; il en entre quelques-uns dans les étangs, mais cela eft rare ; ils ne nagent guere entre deux eaux, & ils fe tiennent près du fond. Ce poiffon étant très-vorace, on le pêche à la Pa-

langre avec des haims : comme il faut s'éloigner affez confidérablement de la côte dans une faifon où la mer eft encore groffe, cette pêche eft fatigante ; néanmoins les Catalans la pratiquent ; ils amorcent les haims avec des cruftacées & des coquillages dont on tire le poiffon en les expofant au feu, ou avec d'autres petits poiffons que les Languedociens leur fourniffent.

La chair de ce poiffon eft un peu mollaffe ; néanmoins on la trouve de bon goût, & on en fait cas.

M. Poujet m'ayant envoyé des notes fort étendues fur ce poiffon, j'ai eu la fatisfaction de voir qu'elles s'accordoient avec les miennes, ce qui augmente la confiance que j'y avois, & m'engage à les publier.

§. 3. *Du Bezogo des Efpagnols, & à la côte de Bifcaye ;* Arrouffeu à *Biarritz ;* Rouffeau *en François, forte de Pajeau.*

Voilà un poiffon que M. le Préfident de Borda m'a fait connoître, qui confine beaucoup avec les Pagres, non-feulement d'après la defcription qu'en donne M. de Borda, mais encore parce qu'il eft dit dans fon Mémoire que, par la forme de fon corps, il reffemble à l'*Erythrinus* de Salvian, qui, fuivant Belon, eft le *Rubellio* ou le Pajeau de Marfeille ; & Rondelet dit que le Bezogo des Efpagnols eft le Pagre des Provençaux, que M. de Borda foupçonne être notre Daurade. Ce poiffon eft communément plus grand que le Pagel, car il a fouvent plus d'un pied de longueur ; fes yeux font grands, couverts d'une membrane clignotante ; la circonférence de l'iris eft argentée, mais auprès de la prunelle il y a un cercle rouge.

La couleur de ce poiffon eft changeante, ayant des reflets bleus & noirs ; & fuivant Rondelet, le Pagre tire fur le bleu en hiver.

Le crâne fait une petite éminence au-deffus des orbites, & au-deffous on apperçoit l'ouverture des narines qui font doubles ; fa gueule eft petite ; fes dents font courtes, aiguës, difpofées en plufieurs rangées fur l'une & l'autre mâchoire ; l'aîleron du dos occupe les trois cinquiemes de la longueur totale du poiffon ; il commence & fe termine à des diftances égales de la tête & de la queue : cet aîleron eft compofé de 25 rayons, dont 12 font pointus.

Les nageoires branchiales ont leur articulation près les opercules des ouies ; elles s'étendent au-delà de la moitié de la longueur du corps, & elles font formées de 17 rayons tous rameux : les nageoires de deffous le ventre n'ont chacune que fix rayons dont le premier eft piquant ; à l'aîleron de derriere l'anus, il n'y a que les trois premiers rayons qui le foient ; l'aîleron de la queue eft fourchu, & tous les rayons qui le forment font rameux.

La couleur de ce poisson est un mélange de gris-cendré, de rouge & de blanc argentin.

Il y a de chaque côté au-dessus des nageoires branchiales, une tache noire qui a une forme à peu-près ronde ; ces nageoires, ainsi que l'aîleron de la queue, sont rouges. Ce poisson fournit aux habitants de Biarritz une de leur principale pêche ; sa saison est l'hiver : les circonstances les plus favorables, sont le froid & le vent du Nord. On les prend à la ligne jusqu'à six lieues au large : en Mars, ces poissons s'écartent encore plus de la côte, & l'on cesse d'en faire la pêche. Ce poisson est estimé ; les François en transportent assez loin de la mer, où on les consomme frais ; les Espagnols en confisent pour les conserver plus long-temps : ils nomment cette préparation *escabecher*. M. de Borda remarque qu'il y a de la ressemblance entre l'Arrousséu & la Daurade ; néanmoins que le contour de la Daurade est plus raccourci que celui de l'Arrousséu ; que la partie, depuis le commencement de l'aîleron du dos, jusqu'au museau, est plus convexe à la Daurade ; que les yeux de l'Arrousséu sont plus grands & plus près du sommet de la tête qu'à la Daurade ; enfin que l'Arrousséu n'a point les grosses dents, ni les sourcils dorés qui caractérisent la Daurade. Il me semble appercevoir beaucoup de ressemblance entre l'Arrousséu & le Sar de Toulon, ou le Calet de Cette, dont nous allons parler.

§. 4. *Du Calet ou Gros-yeux.*

M. Poujet, Lieutenant-Général de l'Amirauté de Cette, m'écrit qu'on prend dans ces parages un poisson qu'on nomme *Calet*, je ne le connois pas sous ce nom ; c'est, dit-il, un fort beau poisson qui ne ressemble au Pagel que par sa couleur, qui néanmoins n'est pas aussi foncée, elle est plus brillante & plus argentée : il en diffère assez considérablement par la forme de son corps, qui est plus allongée & plus charnue ; sa tête est plus grosse, son museau moins pointu, ses yeux sont très-grands & brillants : aussi ce poisson que les Pêcheurs Catalans nomment *Calet*, ceux de Cette l'appellent *Gros-yeux*.

Les fosses orbitaires ont 18 lignes de diametre à un Calet d'un pied de longueur ; l'iris est argenté avec un cercle orangé, les opercules sont argentés, principalement auprès des yeux.

La gueule est assez grande, & ce qu'il y a de plus remarquable est la couleur singuliere qu'elle a intérieurement ; elle est d'un rouge de vermillon très-vif. Le dessus de la tête est de couleur pourpre avec des reflets jaunes, couleur d'or, bleus ou verds.

Le dos est pourpre au-dessus de la ligne latérale, on y apperçoit de grandes écailles argentées qui paroissent encadrées dans un réseau pourpre, ce qui fait un très-bel effet.

Les lignes latérales sont fort rouges ; cette couleur s'éclaircit peu à-peu, & les côtés deviennent blanc-argenté, ainsi que le dessous du corps.

On apperçoit auprès des ouies, une grande tache noire tirant au verd, traversée par les lignes latérales avec d'autres taches brunes sur les côtés. Les nageoires, ainsi que l'aîleron de derriere l'anus, & celui de la queue, sont rouges ; au reste les aîlerons & les nageoires sont assez semblables à ces mêmes parties de la Daurade.

Le Calet ne devient pas aussi gros que les Daurades, mais il l'est plus que le Pagel : celui que décrit M. Poujet pesoit six livres. Sa longueur totale étoit de 18 pouces, sa largeur verticale, au commencement de l'aîleron du dos, 6 pouces ; à l'à-plomb de l'anus 4 pouces & demi ; son épaisseur horisontale à peu-près trois pouces. En général l'aspect de ce poisson est agréable par la forme de son corps, qui est un peu plus arrondie que celle de la plûpart des *Sparus*, par ses belles couleurs, & sur-tout par ses grands yeux qui sont très-vifs.

M. Poujet dit qu'il lui trouve beaucoup de ressemblance pour la forme avec la figure que j'ai donnée du Pilonneau . *Pl. I*, *fig.* 4 ; excepté que le ventre est un peu moins renflé au Calet.

On prend ce poisson pêle-mêle avec le Pagel, & dans les mêmes saisons ; mais M. Poujet croit qu'on n'en prend point dans les lagunes & les rivieres ; il se tient dans les grands fonds, & ne s'approche du rivage que quand il veut déposer ses œufs. Sa chair est plus ferme & plus agréable au goût que celle du Pagel ; malheureusement ce poisson est beaucoup plus rare : enfin il ajoute qu'il ne faut pas le confondre avec le Pagre.

M. Poujet dit encore qu'il trouve beaucoup de ressemblance entre le Calet & le poisson que Rondelet nomme *Acarne*, & qu'il dit n'avoir vu qu'à Rome où on le vend avec les Pagels ou Pagres : j'en vais parler dans un instant.

§. 5. *Des Gros-yeux du Conquet.*

Sachant qu'on prend au Conquet un poisson qu'on y nomme *Gros-yeux*, j'ai prié M. Celoron, Commissaire de la Marine en ce Port, de me le faire connoître ; les notes qu'il a bien voulu m'envoyer, me font voir que ce poisson n'est pas comme je le soupçonnois une Bogue ; & qu'il ressemble à bien des égards au Calet de Cette dont nous venons de parler. On n'en prend que rarement l'hiver, & alors il n'a que six pouces de longueur : mais depuis Mai jusqu'en Août qui est le vrai temps de sa pêche, il a 9 à 10 pouces : sa tête est assez grosse ; la museau camus, la gueule assez grande; ses dents ne sont point sensibles, non plus que les écailles: l'intérieur de la gueule est d'un beau rouge, comme au Calet; les yeux sont gros & saillants, la prunelle est noire, l'iris tire au blanc: les opercules des ouies sont verds, le dessous de la gorge est blanc & argenté: au grand aîleron du dos, les rayons sont durs depuis *D* jusqu'à *E*, & souples depuis *E* jusqu'à *F*, *Pl. VIII*, *fig.* 8. Ceux-ci sont beaucoup plus longs que les autres; il en est de même de l'aîleron *G H I* de derrière l'anus; le dos, depuis la raie latérale, est verd, & cette couleur devient plus brune en approchant du dos; au contraire au dessous de cette raie elle s'éclaircit; le ventre est blanc sale, avec des reflets argentés.

Ce poisson fait un mets assez agréable; mais il se corrompt aisément.

§. 6. *Du Merou de Biarritz.*

Voilà encore un poisson du genre des *Sparus*, que M. de Borda me fait connoître, & qui me paroît avoir quelque ressemblance avec le Pagre; mais comme il paroît avoir aussi du rapport avec la Perche de mer, nous croyons plus à propos de remettre à en parler dans le Chapitre où nous traiterons de ces sortes de poissons.

§. 7. *De l'Acarne-Alboro des Vénitiens;* ou *Pagre blanc.*

Rondelet dit que l'Acarne ressemble tellement au Pagre, Pagel ou Pajeau, qu'à Rome, on vend ces poissons pêle-mêle & sans distinction sous la dénomination de *Phragolino*; & cette ressemble, pour la forme du corps, m'a engagé à ne le pas faire graver. Néanmoins l'Acarne ayant des écailles argentées, paroît blanc, & cette couleur qui lui est particuliere, suffit pour le faire distinguer de plusieurs autres poissons qui lui ressemblent à bien des égards; mais qui, la plupart, tirent au rouge. C'est probablement ce qui a engagé les Vénitiens à nommer ce poisson, comme le dit Gesner, *Alboro*, qu'il comprend avec notre Pajeau ou *Erythrinus*, comme qui diroit un Pagre blanc. Cette couleur qui ne convient à aucun des poissons qu'on a confondus avec l'Acarne, m'engage à en faire un Paragraphe particulier, quoique je ne le connoisse que fort imparfaitement; les nageoires sont blanches comme le corps, il n'y a que l'aîleron de la queue qui est terminé par une teinte rouge.

Les écailles s'étendent jusque sur les opercules des ouies; il a auprès de l'articulation des nageoires branchiales, une tache brune.

Sa tête est d'une grosseur médiocre, ainsi que la grandeur de sa gueule, ses dents sont menues; ses yeux grands proportionnellement à la taille du poisson, la prunelle est noire, l'iris jaune; le front entre les deux yeux est applati.

On en prend toute l'année, mais l'été ils sont maigres; ceux qu'on prend l'hiver en bonne saison & sur un bon fond, ont la chair blanche & de bon goût.

§. 8. *Du Tablarina des Basques, qui me paroît avoir beaucoup de rapport avec l'espece de Pagre nommé* Hepatus *ou* Jecorinus.

Le poisson qu'on nomme *Tablarina* à S. Jean-de-Luz, dont M. de la Courtaudiere m'a envoyé la description, avoit 7 pouces 9 lignes de longueur depuis le bout du museau jusqu'à l'extrêmité de l'aîleron de la queue, trois pouces de largeur verticale au milieu de sa longueur, trois pouces neuf lignes derriere les ouies, & deux pouces neuf lignes vis-à-vis l'anus.

Ses yeux étoient de moyenne grandeur, la prunelle noire & l'iris comme nacré.

L'aîleron de la queue étoit fourchu, & près de son attache au corps, on appercevoit une tache noire, en outre une aussi de chaque côté vers le dessus du corps.

Les écailles étoient plus longues que larges, & avec une louppe on appercevoit à la partie qui n'est pas recouverte par d'autres écailles des traits qui partoient d'un centre commun, & qui étoient divergents; sur les bords des écailles, aux endroits où aboutissent ces traits, on voyoit de fortes petites dents.

L'aîleron du dos étoit grand, & aboutissoit très-près de la naissance de l'aîleron de la queue; les douze premiers rayons du côté de la tête étoient durs & piquants; les autres du côté de la queue étoient flexibles; à l'aîleron de derriere l'anus, les trois premiers rayons étoient durs & piquants, les autres flexibles; les nageoires de derriere les ouies étoient assez longues; les articulations des nageoires de dessous le ventre ou de la gorge étoient chargées de taches noires: au sortir de l'eau, les couleurs de ce poisson sont changeantes; en les considérant dans un sens, elles paroissent d'un brun clair, mêlé de blanc; dans un autre sens, elles semblent bleues, & en changeant de situation, on apperçoit dans le bleu des reflets d'or; le dessus de la tête est brun; près des yeux, à côté du museau & vers la gorge, le bleu paroît nacré; la gueule est petite, néanmoins garnie de dents assez larges.

§. 9. *De l'*Hepatus *ou* Jecorinus.

Je n'ai point vu ce poisson, mais, suivant Rondelet & Athenée, il ressemble encore entiérement au Pagre, excepté qu'au
près

près de la naissance de l'aîleron de la queue, il a une tache encore plus grande que celle du Sargo ou Sarguet ; mais il n'a point les bandes brunes qui s'étendent circulairement du dos au ventre : Rondelet ajoute que les dents des deux mâchoires sont pointues, & qu'elles s'engrenent les unes dans les autres. Belon parle aussi d'un *Sargus* qu'il nomme *Jecorinus* ; mais il confond ce poisson avec la Canadelle. La description très-abrégée & confuse qu'il en donne, n'a aucun rapport avec ce que Rondelet dit de l'*Hepatus*.

§. 10. *De l'Orphe*, Orphus.

L'Orphe, par le nombre & la position des aîlerons & des nageoires, ressemble assez au Pagre. Il a des dents aux deux mâchoires qui s'engrenent les unes dans les autres, comme à l'*Hepatus* ; mais il a la queue coupée quarrément : sa tête tire au rouge, son corps est rembruni, le ventre est blanc, les aîlerons sont de différentes couleurs.

Belon parle d'un poisson qu'il nomme *Orphus*, & qu'il dit être estimé à Rome comme un excellent poisson : suivant ce qu'il en dit, il a comme l'Orphe de Rondelet, des dents pointues aux deux mâchoires, l'aîleron de la queue coupé quarrément ; mais le mu
seau de l'Orphe de Rondeler est gros & camus, celui de l'*Orphus* de Belon est fort allongé ; les rayons des aîlerons de l'Orphe paroissent durs, & ceux de l'*Orphus* souples. Je n'ai pu me procurer ces poissons, & je doute qu'ils se pêchent ni en Provence, ni en Languedoc ; ainsi je n'en dis un mot que pour engager ceux qui les connoîtroient à me faire part de leurs observations : peut-être ces poissons sont-ils le Brelot d'Aunis, dont j'ai parlé, & que j'ai dit avoir beaucoup de ressemblance avec le Sargo ou Sarguet ; peut-être encore avec le Sar de Toulon.

§. 11. *Du Morme*, Mormo *à Marseille, ainsi que sur la côte de Gênes & en Espagne ;* Marme *ou* Marmo *en Languedoc ;* Mormillo *à Rome.*

Le poisson dont nous parlons a du rap
port avec la Daurade, néanmoins il est encore plus applati. Les rayons qui forment l'aîleron du dos sont durs du côté de la tête, & flexibles du côté de la queue ; presque tous ceux de l'aîleron de derriere l'anus sont flexibles ; la tête est en grande partie couverte de petites écailles ; l'aîleron de la queue est fourchu ; mais son corps, sa tête & son museau sont plus allongés qu'à la Daurade ; la gueule qui est de grandeur moyenne, est garnie de petites dents : ainsi c'est mal-à-propos que quelques-uns le confondent avec le Denté dont nous avons parlé page 25. Ses écailles sont argentées, sur-tout au ventre : il y a des bandes circulaires brunes, & comme cendrées qui s'étendent du dos jusqu'au ventre, de même qu'au Sargo ; elles sont seulement plus sensibles, & on prétend que ces marques qu'on a comparé aux veines du marbre, l'ont fait nommer *Marmo*, comme qui diroit *marbré*. Le poisson que Belon nomme *Mormylus*, me paroît être le même que le Marmo que je viens de décrire : il dit que sa langue est petite & blanche, & qu'il a deux osselets aux côtés des mâchoires, qui, avec les dents, lui servent à briser les coquillages dont il se nourrit en grande partie : cette circonstance m'a échappé. Suivant Rondelet, il fraie en été, & comme il s'enfonce dans le sable ou la vase, il échappe aux filets que traînent les Pêcheurs : lorsque ce poisson séjourne sur les fonds de vase, sa chair est molle & de mauvais goût.

M. Villehelio me marque que le Marmo est connu aux côtes d'Aunis sous le nom de *Tomble* ; mais ce poisson n'a aucune ressemblance avec celui dont nous venons de parler ; il en sera question ailleurs : la nomenclature des Pêcheurs, met fréquemment dans de pareils embarras.

M. Barry m'écrit que le poisson qu'on nomme *Mourmy* à Toulon, ne pese jamais plus de deux livres ; que la couleur du dos tire au rouge, qui s'éclaircit en descendant sous le ventre ; que dans les fonds de sable, il est assez bon à manger.

Ces indications de M. Barry sont assez d'accord avec ce que m'a écrit M. Villehelio.

CHAPITRE III.

DES Poissons du genre des Sparus, *qui ont le corps moins applati que ceux dont il a été parlé dans le Chapitre précédent.*

Réflexions générales sur les Poissons dont nous allons nous occuper.

IL y a des poissons qui ayant un grand aîleron sur le dos, un moins étendu derriere l'anus, une nageoire derriere chaque ouie & deux sous le ventre, sont inconteſtablement de la famille de ceux que j'ai nommés *Sparus*; mais ils ne doivent pas être entiérement confondus avec ceux dont nous avons parlé dans le Chapitre précédent, parce que leur corps n'eſt pas aſſez applati, & qu'ils approchent un peu plus de la forme des poiſſons ronds.

Je me bornerai à en donner quelques exemples; je les choiſirai entre ceux qui ſont les plus communs ſur nos côtes, & par conſéquent plus intéreſſants pour nous.

ARTICLE PREMIER.

De la Vieille ou Vielle, Vrac ou Vracq à Grandville; par quelques-uns Carpe de mer; Crahatte à Tréguier & à Lannion.

ON prend principalement ſur les côtes de Normandie & de Bretagne, un poiſſon qu'on y nomme *Vieille ou Vielle, Vrac, Carpe de mer, Pl. VI, fig.* 1. Les Auteurs donnent ces différents noms au poiſſon dont il s'agit; mais un plus grand nombre nomment la Vieille *Tanche de mer* : néanmoins nous parlerons dans la ſuite d'un poiſſon qui nous paroît avoir encore plus de reſſemblance avec la Tanche de riviere que la Vieille. Sa longueur ordinaire eſt de dix pouces ou au plus d'un pied, & ſa largeur verticale de neuf à dix pouces; ſa couleur varie beaucoup, mais ſon dos eſt en général d'un jaune plus foncé que le reſte du corps qui eſt chargé d'écailles les unes blanches, les autres vertes; le deſſous du ventre eſt blanc tacheté de jaune; les écailles ſont colorées de verd plus ou moins foncé, avec des taches les unes rouges, les autres jaunes tirant à la couleur d'or. Ces couleurs ſont plus vives aux mâles qu'aux femelles, & on trouve que les mâles approchent plus de la couleur des Carpes d'eau douce que les femelles; mais cela n'indique rien; car il y a des Carpes de bien des couleurs différentes, comme nous l'avons dit dans l'Addition à la troiſieme Section du Tome ſecond.

Elles ont ſur le dos un grand aîleron *CDE* qui s'étend depuis l'à-plomb du derriere des ouies juſqu'auprès du commencement de l'aîleron de la queue. Les rayons, au nombre de 20, depuis *C* juſqu'à *D*, ſont piquants & liés par une membrane mince, brune, tachetée de blanc & de verd comme le corps du poiſſon. A la partie *D E*, les rayons à peu-près au nombre de douze, ſont rameux, flexibles & beaucoup plus longs que les autres; ce qui s'obſerve de même à l'Ouariac de la Guadeloupe, *Pl. III fig.* 2. Sous le ventre, immédiatement derriere l'anus, il y a un autre aîleron *G* beaucoup moins étendu, & dont les rayons, au nombre de douze, ſont flexibles & plus longs que les rayons durs & piquants de l'aîleron du dos; l'aîleron de la queue *F B* n'eſt ni fort long, ni fort étendu en largeur; il eſt coupé quarrément, & de même couleur que l'aîleron du dos.

Il y a derriere les opercules des ouies, deux nageoires *H*, aſſez larges, formées de 14 rayons, de plus deux petites *I*, ſous le ventre; ces nageoires qui ſont brunes comme l'aîleron du dos, font ſur le ventre qui eſt blanc, un aſſez bel effet, ſur-tout aux mâles, qui, comme je l'ai dit, ont des couleurs plus vives que les femelles ; c'eſt par la vivacité de leurs couleurs qu'on les diſtingue ; car, au reſte, les mâles & les femelles ſe reſſemblent beaucoup. A cauſe de la variété & de l'éclat des couleurs des mâles, on a quelquefois mis de belles Vieilles au nombre des Tourdes, particuliérement Rondelet, qui compte une douzaine d'eſpeces de Tourdes, dont il dit peu de choſe, entre leſquelles il y en a deux auxquelles il conſerve le nom de *Vieille*, ſavoir, la premiere qui eſt la plus groſſe, & la derniere qui eſt plus petite ; mais la notice qu'il donne de la Vieille, ainſi que la figure, n'a guere de rapport avec la Vieille que je décris. Je ſoupçonne qu'à l'égard de la douzieme, Rondelet a voulu parler de la groſſe Grive, que quelques-uns ont effectivement appellé *Petite Vieille*. J'en parlerai dans la ſuite.

Pour moi je crois appercevoir que la Vielle ou Vieille qui nous occupe préſentement, reſſemble, à quelques égards, à la Carpe de riviere ; ſon corps en a aſſez la forme : ce poiſſon eſt de même fort charnu, quand il eſt gros & gras : de plus, s'il a été pêché dans un bon fond, ſa chaire eſt délicate & de bon goût : néanmoins comme toutes ces conditions ne ſe rencontrent pas fréquemment dans un même poiſſon, la Vielle n'eſt pas en général fort recherchée.

La Carpe & la Vielle ont un pareil nombre d'aîlerons, mais qui ne ſe reſſemblent pas exactement. A la Vielle, l'aîleron du dos *C E*, s'étend de preſque toute la longueur du poiſſon, & les rayons flexibles depuis *D* juſqu'à *E*, ſont beaucoup plus longs que les rayons durs *C D* ; à la Carpe l'aîleron du dos eſt moins étendu, ne commençant qu'à la moitié du dos, & les rayons les plus longs ſont du côté de la tête, au lieu qu'à la Vielle ils ſont du côté de la queue, comme à l'Ouariac de la Guadeloupe, *Planche III* : il y a moins de différence à l'aîleron de derriere l'anus ; mais à la Vielle, l'aîleron de la queue n'eſt point du tout échancré, au lieu qu'il l'eſt un peu à la Carpe : les écailles de la Vielle qui forment des loſanges ont des couleurs variées & quelquefois très-brillantes, ſur-tout au mâle, de ſorte qu'à cet égard, on peut dire qu'elle eſt un des plus beaux poiſſons de nos mers, ce qui a engagé quelques-uns à l'appeller *Demoiſelle*. A la vérité, il y a auſſi des Carpes qui ont des couleurs très-brillantes : voyez l'Addition à la troiſieme Section du ſecond Volume. La tête de la Vielle reſſemble aſſez à celle de la Carpe ; elle a de même de groſſes lévres qui ſe portent en avant à la volonté du poiſſon : on voit en *K* une portion de l'aîleron du dos pris à la partie *C D*, & en *L*, la mâchoire ſupérieure avec ſes

dents ; la Carpe n'en a point : en *M*, le palais ; en *N*, l'ouverture du goſier ; en *O O*, trois petits os garnis & hériſſés de parties ſaillantes qui ſont comme des dents mouſſes ; il y a des oſſelets à peu-près pareils au goſier de la Carpe : en *P P* les ouies ; en *Q*, la langue : la Carpe n'en a point. La Carpe a des barbes, la Vielle n'en a point. En *R* eſt la mâchoire inférieure avec les dents ; en *S*, un des lobes du foie ; en *T T*, pluſieurs veines coupées qui tiennent lieu de la veine porte.

Après ce que nous venons de dire de la Vieille, on ne ſera pas ſurpris que nous préférions de lui donner en latin le nom de *Labrus-Marina*, Carpe de mer, plutôt que ceux de *Turdus*, de Poule de mer, de Demoiſelle, toutes dénominations qu'on donne à d'autres poiſſons fort différents : on la nomme encore *Galot* en Baſſe Bretagne.

Je ſuis confirmé dans ce ſentiment, en conſidérant la figure & la deſcription d'un poiſſon que le Docteur Aſcanius a compris dans ſes Fragments d'Hiſtoire Naturelle imprimés à Coppenhague en 1767, qu'il a nommé Carpe de mer, en Danois *Soé-Kapé*, & qu'il déſigne par la phraſe ſuivante.

Labrus (*Bergylta*), *pinnis dorſalibus viginti anterioribus ſpinoſis, decem poſterioribus inermibus ramoſis, toto corpore lituris rhombeis miniaceis.*

La figure qu'on trouve dans cet Ouvrage eſt ſi approchante de celle que nous avons fait graver, qu'elle nous a perſuadé qu'il eſt queſtion d'un poiſſon de même genre ; d'ailleurs la phraſe du Profeſſeur Aſcanius nous paroît convenir admirablement bien à notre Vielle : joignons à cela qu'on voit dans la deſcription du Docteur que les levres ſont épaiſſes, qu'il a pluſieurs rangées de dents, & en outre dans le goſier trois oſſelets, dont deux en haut & un en bas.

Enfin, il nous paroît que la Carpe de mer du Docteur Aſcanius, eſt du même genre que notre Vielle : celle qui eſt repreſentée dans ſon Ouvrage, a le dos rouge-brun, le bord des écailles bleu, le ventre jaune-citron. On apperçoit ſur l'aîleron de derriere l'anus, des taches rouges plus foncées que le reſte & diſtribuées irréguliérement ; les nageoires de derriere les ouies ſont de même couleur que le dos ; celles de deſſous le ventre, n'ont qu'une légere teinte rouge ; l'aîleron de la queue eſt fort brun, moucheté de bleu. Notre Auteur ajoute que ce poiſſon ne fait pas un manger excellent, que ſa chair a une odeur déſagréable, ce qui, ſuivant lui, dépend des aliments dont il s'eſt nourri : mais ce que nous venons de rapporter d'après le Docteur Aſcanius convient tellement à notre Vielle que, nous n'héſitons pas de l'appeller, comme lui, *Carpe de mer*.

On estime assez ce poisson en Basse-Bretagne, & on m'a assuré que quelquefois on en faisoit des salaisons.

L'Histoire générale des Voyages dit qu'il y a beaucoup de ces poissons à la Côte d'Afrique, dans la Baie de Portandic, dans celle d'Arguim & dans celle de la riviere de Sierra-Leona. On prétend qu'il y en a qui pesent jusqu'à 200 livres; mais il est dit, Tome IV, page 316, que la Vielle qui est fort abondante au Cap-Blanc, est une espece de grosse Morue, ce qui ne s'accorde point du tout avec ce que nous avons dit de la Vielle qui se pêche dans nos mers, qui n'a pas, comme la Morue, trois aîlerons sur le dos, mais seulement un grand aîleron, en partie épineux : d'ailleurs, il s'en faut beaucoup que nos Vielles soient aussi grosses que celles du Cap-Blanc. L'Auteur de l'Histoire des Voyages, ajoute que la chair de ce poisson qu'il nomme *Vieille* est grasse, blanche, ferme, tendre, qu'elle se leve par écailles; enfin, que sa peau est épaisse, grise, délicate & couverte de fort petites écailles; que ce poisson est vorace & mort volontiers aux appâts qu'on lui présente : il dit que sa chair est plus agréable quand elle a pris le sel, que quand elle est fraîche; & qu'elle exige, pour être bien préparée, plus de sel que la Morue : quand on y apporte les attentions convenables, ce poisson se conserve très-bien en barril; de sorte que quand les Hollandois étoient maîtres d'Arguim, ils en faisoient un commerce considérable. Tout cela établit très-bien que le poisson, dont il est parlé dans l'Histoire des Voyages, & qu'ils nomment *Vieille*, n'est point du tout celui auquel on donne ce nom sur nos côtes, & qu'il est de la famille des Morues.

§. 1. *Remarques relatives à la Vieille* *.

J'ai envoyé à M. Gaultier, à Narbonne, une esquisse du dessin de la Vieille que j'ai fait graver, avec un abrégé de la description : cet obligeant & éclairé Correspondant l'a trouvée exacte; mais il m'a fait remarquer qu'on pêchoit dans ces parages deux especes de Vieilles, une qui étoit de couleur brune, qu'on prend au large, & l'autre couleur d'azur qui se tient entre les rochers. Cette observation confirme ce que j'ai toujours pensé, savoir, qu'il y avoit des Vieilles de bien des couleurs différentes, & qu'entr'elles il s'en trouvoit d'une beauté admirable; néanmoins je crois avoir bien établi que, quoique la Vieille ait des dents & une langue, pendant que la Carpe n'en a point, malgré les différences

* Il est bon de faire remarquer que les Auteurs ainsi que les Pêcheurs appellent ce poisson indifféremment du nom de *Vielle* ou de *Vieille* ; ainsi il ne faut point être surpris si nous nous servons tantôt d'une de ces dénominations, & tantôt d'une autre.

qu'on apperçoit entre les aîlerons de ces deux poissons, il est à propos d'appeller la Vielle *Carpe de mer*, parce que, comme nous l'avons dit, ces deux poissons se ressemblent à beaucoup d'égards.

Je ne dois pas dissimuler que Belon parle d'un autre poisson de mer qu'on nomme à Marseille *Pes Carpa*, *Carpe de mer*, qui est le *Coracinus* des Latins. Comme il est noir, quelques-uns le nomment *Corbeau de mer*; ses écailles sont grandes; son dos est très-voûté; sa tête a de la ressemblance avec celle de la Carpe; il a un grand aîleron sur dos, & un moins grand derriere l'anus, l'un & l'autre formés de rayons très-piquants; l'aîleron de la queue est coupé quarrément. Malgré ces points de ressemblance, il me paroît que le *Coracinus* de Belon a moins de rapport avec la Carpe de riviere, que notre Vieille : je trouverois même que la Brême que Rondelet appelle *Cyprinus latus* auroit plus de ressemblance avec la Carpe de riviere, que le *Coracinus* de Belon.

Il est vrai que cet Auteur met la petite Vieille au nombre des *Lepras*, comme Rondelet la met au nombre des Tourdes; il y a effectivement un de ces petits poissons qu'on nomme petite Vielle : je me propose d'en parler dans la suite; mais ce qui prouve bien qu'il y a beaucoup de confusion dans les Auteurs sur ce poisson, c'est que les uns disent qu'il a l'aîleron de la queue fendu, & d'autres prétendent qu'il est coupé quarrément; les uns assurent que la Vielle est un fort bon poisson; & d'autres disent qu'il est très-médiocre. Graces à une belle figure, *Pl. X, fig.* 1, & à une bonne description que M. Barbotteau m'a envoyé de la Guadeloupe, & qu'on trouvera dans un Chapitre particulier, je suis en état de décider que la Vielle de l'Amérique est de la famille du *Sparus*, mais fort différente de la nôtre.

§. 2. *De l'Ayena* ou *Montchourdina*.

M. de la Courtaudiere le cadet, m'a encore envoyé de Saint Jean-de-Luz, la description d'un poisson qui me paroît avoir quelque rapport à la Vielle, cependant il a la tête plus large : on le nomme l'*Ayena* ou *Montchourdina* : sa longueur ordinaire est d'un pied; l'aîleron de la queue est large & un peu arrondi.

Les yeux sont grands, on apperçoit autour un cercle rouge & un autre bleu.

Le dessus de la tête & du dos jusqu'à la moitié du corps, sont de couleur grise, une autre portion du corps est rouge, & le dessous du ventre tire au jaune.

L'aîleron de la queue est en partie bleu-foncé, & rouge du côté de son attache au corps.

Le

Le grand aîleron du dos a seize rayons durs du côté de la tête qui sont un peu écartés les uns des autres, & joints par une membrane; le bout du rayon est bleu, & la membrane a une teinte rouge. Il y a à quinze lignes de la tête & près de l'attache de l'aîleron au corps une tache bleue; sous le ventre deux nageoires de couleur jaune, leur extrémité est bleu-clair.

L'aîleron de derriere l'anus est jaune, les bords sont d'un bleu-foncé: aux nageoires de derriere les ouïes les rayons sont disposés comme les bâtons d'un éventail; ils sont rouge-pâle; les mâchoires sont garnies d'une rangée de dents fines, mais assez longues, sur-tout vers le devant.

Ce poisson qui avoit un pied de longueur totale, avoit trente-trois lignes de largeur verticale près les ouïes; trente-neuf lignes au milieu du corps, trente-six à l'à-plomb de l'anus, & trente vers le milieu de l'aîleron du ventre.

ARTICLE SECOND.

Du Serran, Serratan; Hiatula, Tanna *en Languedoc;* Channus *de Belon.*

ON m'a envoyé ce poisson qui avoit environ dix pouces de longueur, *Pl. VI, fig.* 2, sous le nom de *Grive* ou *Merle de mer;* effectivement il ressemble à plusieurs égards à ceux qu'on nomme *Turdus:* il est un peu trop rond pour être compris dans le second Chapitre où l'on traite des *Sparus,* poissons demi-plats: tout bien considéré, il m'a paru que le poisson qu'on m'a envoyé, est le Serran de Provence; son corps paroît effilé, ou, comme disent les Dessinateurs *svelte:* sa tête est assez longue; le museau se termine en pointe: la mâchoire inférieure est assez considérablement plus longue que la supérieure; ses dents sont aiguës & recourbées vers le gosier. Il a presque toujours la gueule ouverte, ce qui l'a fait nommer par quelques-uns, *Hiatula* ou *Bâilleur,* & aussi en conservant l'idiome grec, suivant Belon, *Serran* ou *Channus.* Ses yeux sont de médiocre grandeur; l'aîleron du dos *A,* s'étend depuis le derriere de l'opercule des ouïes jusqu'à une petite distance de l'origine de l'aîleron de la queue: les rayons de cet aîleron, du côté de la tête, sont fermes & un peu piquants; ceux du côté de la queue, sont plus menus & flexibles; il en est de même de tous les rayons de l'aîleron *B* qui est derriere l'anus: l'aîleron de la queue est long & très-fourchu; les deux nageoires de derriere les ouïes sont plus grandes que celles de dessous la gorge.

On m'a assuré qu'il y avoit de ces poissons de différentes couleurs, néanmoins toujours rembrunis; celui qu'on a représenté tiroit au noir, sur-tout vers l'aîleron du dos; aux endroits où le noir étoit moins foncé, il paroissoit rouge-brun tirant au poupre; alors les Pêcheurs le nomment le *Merle, Merula;* d'autres tirent au jaune, & sont comme tannés, ce qui fait que quelques-uns l'ont appellé *Tanna;* mais on a donné ce nom à différentes especes de poissons, comme qui diroit de *couleur de tan.* En y prêtant attention, on découvre confusément sur les côtés plusieurs raies; mais particuliérement une qui prend naissance derriere l'opercule des ouïes, à la hauteur des yeux, & qui se prolonge, faisant une courbe jusqu'à l'aîleron de la queue où elle divise la largeur du poisson en deux: quelques-uns ont des taches plus brunes que le reste, principalement sur l'aîleron du dos, & sur celui de la queue: suivant ces différents accidents, les Pêcheurs leur donnent différents noms, les comparant tantôt à un oiseau, tantôt à un autre. On estime médiocrement ce poisson, sa chair n'étant pas fort délicate.

On prétend qu'il se nourrit d'algues, néanmoins on trouve des tellines & de petits poissons dans son estomach: il se jette avec avidité sur les appâts qu'on lui présente. M. Barry me marque qu'on nomme à Toulon *Serran,* un petit poisson d'un roux rembruni, qui a de petites écailles, avec une grande gueule; qu'il est très-vorace, que sa chair est blanche, ferme & d'assez bon goût; & qu'on l'estimeroit davantage s'il étoit plus gros: cette petite note est très-d'accord avec ce que nous avons dit; mais plusieurs Auteurs prétendent que tous ces poissons sont femelles, & qu'elles ont la faculté de féconder elles-mêmes leurs œufs. Nous avons si peu de confiance à cette prétendue observation, que nous ne nous arrêterons pas à la discuter.

ARTICLE TROISIEME.

De la Perche de mer.

BELON dit que la Perche de mer reſſemble tellement au *Serran* ou *Bâilleur* dont nous venons de parler, qu'il n'a pas jugé à propos de le faire graver; que néanmoins la Perche eſt plus groſſe que le Serran, quoiqu'elle n'excede guere un pied de longueur. L'aîleron de la queue de la Perche eſt coupé quarrément: on n'apperçoit point de langue dans la gueule, & les dents ſont petites; mais on trouve près le goſier quatre oſſelets chargés de dents: ſa couleur eſt brune avec des reflets tirant au rouge; il y a des bandes qui s'étendent circulairement depuis le dos juſqu'au ventre; elles ſont plus ſenſibles qu'au Sarguet, & l'on n'en voit point au Serran.

Rondelet dit auſſi que la Perche de mer eſt d'un rouge-ſombre, avec des bandes brunes qui s'étendent du dos au ventre; que ſes dents ſont petites, qu'il n'a point de langue; que l'aîleron de la queue eſt coupé quarrément; que la forme de ſon corps approche aſſez de celle de la Perche de riviere; mais qu'elle n'a qu'un aîleron ſur le dos, au lieu que celle de riviere en a deux: juſques-là nos deux Auteurs ſont aſſez d'accord; mais à la figure que Rondelet en a donné, le corps de la Perche de mer eſt très-renflé depuis l'anus juſqu'à la tête, ſingularité dont ne parle point Belon. Peut-être que la Perche que Rondelet a fait deſſiner, avoit récemment avalé quelque gros poiſſon qui formoit ce renflement; car ſi on le ſupprimoit, la forme du corps de la Perche de Rondelet, reſſembleroit aſſez à celle de Belon. Néanmoins je ne diſſimulerai pas, pour la juſtification de Rondelet, qu'il dit que ce poiſſon eſt *ventriculo magno, cum appendicibus multis, id quod etiam teſtatur Ariſtoteles, lib. 2, de hiſt. Animal. cap. 17, inteſtinis ſatis latis, in quibus vermes frequenter reperiuntur.*

Suivant ces Auteurs, la Perche de mer eſt un poiſſon de la Méditerranée; il n'entre jamais dans les rivieres, comme la Perche de riviere ne va jamais à la mer: il eſt ſaxatile; il a rarement plus d'un pied de longueur; ſa chair eſt délicate, très-ſaine, & communément on la préfere à celle de la Perche de riviere qui eſt néanmoins fort eſtimée.

Je ne me rappelle pas de l'avoir vu, au moins ſous ce nom.

§. 1. *Du Mérou de Cap-Breton.*

M. le Préſident de Borda m'a envoyé la deſcription d'un poiſſon qu'on nomme *Mérou* à Cap-Breton, qu'il ſoupçonne qu'on pourroit regarder comme une Perche de mer.

Ce poiſſon qu'on pêche auprès de Bayonne à la ligne & au filet, a le corps preſque demi-plat; ſa tête eſt comprimée en deſſus.

Ses yeux ſont grands, ainſi que la gueule; la mâchoire inférieure ſe releve vers la ſupérieure; ſes dents ſont petites, terminées en pointes recourbées vers le dedans de la gueule, & placées ſans ordre; le palais eſt garni de petites dents diſtribuées par trois bandes diſtinctes; il y en a auſſi au fond de la gueule: les opercules des ouies ſont formés par quatre plaques oſſeuſes.

Sur le dos eſt un grand aîleron qui a vingt-trois rayons, dont onze ſont pointus.

Les nageoires branchiales ſont placées au bord des opercules, & fort bas; leurs rayons ſont rameux.

Les nageoires du ventre ont chacune ſix rayons, dont le premier eſt gros & pointu. L'aîleron de derriere l'anus a treize rayons dont trois ſont pointus; l'aîleron de la queue eſt coupé quarrément, & compoſé de ſeize rayons rameux.

La tête & le dos juſqu'à la ligne latérale, ſont de couleur brune qui s'éclaircit en approchant du ventre, qui eſt blanc & argenté; au bord des opercules des ouies, on apperçoit des taches blanches & argentées.

On prend de ces poiſſons qui ont plus de vingt-trois pouces de longueur ſur ſept pouces & demi de largeur verticale; il eſt eſtimé un des meilleurs poiſſons de cette côte.

§. 2. *Du Méru.*

Je trouve dans mes papiers le deſſin d'un poiſſon pris ſur nos côtes, nommé *Méru*, qui eſt aſſez différent du Merou dont nous venons de parler. J'ai même héſité de le comprendre dans cette quatrieme Section, parce que la partie de l'aîleron du dos où les rayons ſont piquants, ne paroît point avoir de membrane qui les uniſſe. Prévenu de cela, nous dirons que le Méru dont nous donnerons la deſcription *Pl. IX, fig. 1*, avoit trois pieds de longueur *a b*: ſa plus grande largeur *c d*, à l'à-plomb des nageoires du ventre, eſt à peu-près de neuf pouces. Sa gueule *a* étoit grande, les yeux *e* très-ſaillants hors de la tête. Les opercules des ouies *f* ſe terminent en pointe à environ neuf pouces de la mâchoire inférieure. Les nageoires branchiales ſont larges à leur articulation, qui eſt à l'à-plomb de l'extrémité des opercules;

mais les rayons ont peu de longueur, le plus long n'excédant presque pas la largeur de l'articulation. Les nageoires *d* du ventre ont leur articulation un peu plus éloignée de l'extrémité de la mâchoire inférieure ; elles font plus longues & moins larges que les nageoires branchiales.

Ce poisson a sur le dos un grand aîleron *c h i*, formé de huit fort rayons épineux *c*, *h*, qui, comme nous venons de le dire, ne paroissent pas liés par une membrane : la partie postérieure *h i* de cet aîleron, est formée par des rayons longs, souples & rameux.

Sous le ventre, derriere l'anus *k*, est un aîleron qui a peu d'étendue, & formé comme la partie postérieure de celui du dos, par des rayons longs, souples & rameux : celui de la queue *b* est médiocrement échancré & formé aussi de rayons souples & rameux. Les lignes latérales *l*, *m*, commencent à la hauteur de l'œil & se prolongent jusqu'à l'articulation de de l'aîleron de la queue en divisant le poisson en deux.

A l'égard des parties intérieures, *A*, *A*, font les deux ovaires, dont l'un est ouvert pour faire appercevoir les feuillets où les œufs font attachés ; *B*, une membrane qui tient au côté de l'ovaire ; *C C*, les reins ; *D D*, les ureteres ; *E*, la vessie urinaire ; *F*, son ouverture dans l'anus ; *G*, l'ouverture de l'*ovi-ductus* au même endroit.

Quelques-uns prétendent que les poissons dont nous venons de parler dans l'article & les deux Paragraphes précédents, n'ayant qu'un aîleron sur le dos, ne devroient point être nommés Perches. Je conviens que la vraie Perche qui est celle de riviere, en a deux, & c'est pour cette raison que nous ne la comprenons pas dans la quatrieme Section. Je ferai cependant observer que des différences pareilles entre des poissons de mer & de riviere, n'ont pas empêché les Auteurs de leur donner les mêmes noms : par exemple, on pourroit citer à cette occasion la Brême de mer & celle de riviere ; la Carpe d'eau douce & le poisson de mer auquel on a donné ce nom, &c. Mais pour pour revenir à la Perche, nous allons donner la description d'un poisson de riviere qu'on nomme *Perche gardonnée* ou *goujonnée* ; quoiqu'elle n'ait qu'un aîleron sur le dos formé en partie de rayons piquants, & en partie de rayons souples *.

* On pêche dans la riviere des Amazones sur le bord du Maranhon & le grand Para, un poisson nommé *Mero*. C'est un bon poisson de mer de cinq à six pouces de long, qui a des écailles & est argenté : les Espagnols le mettent au rang des meilleurs poissons ; il ne se corrompt pas aisément. On prend aussi ce poisson dans l'Isle de Fayal, où on en sale quelquefois pour la consommation des habitants.

Les Portugais du Brésil nomment *Méroto* un excellent poisson qui pese quelquefois quinze à vingt livres.

Le Mero de Madere est un poisson d'assez belle grandeur, & dont la chair est bonne.

En Egypte, sur la côte d'Alexandrie, on estime beaucoup un poisson nommé *Meré*.

§. 2. *De la Perche gardonnée* ou *goujonnée*.

On prend dans les rivieres, & notamment dans la Seine, un poisson qui semble tenir de la Perche & du Gardon, non-seulement par sa forme extérieure, mais encore par la consistance & le goût de sa chair ; ces points d'analogie ont engagé les Pêcheurs à lui donner le nom de Perche gardonnée. Celui que je vais décrire avoit de longueur totale *A B*, *Pl. VIII*, *fig.* 1, quatre pouces neuf lignes : on n'en prend guere qui ayent plus de six pouces. Du bout du museau au derriere des ouies, il y avoit quatorze lignes ; environ deux lignes plus vers la queue étoit l'articulation des nageoires branchiales ; & encore un peu plus vers la queue, étoit l'articulation des nageoires de dessous le ventre *D*, dont le premier rayon étoit dur, pointu & piquant.

L'anus *E* étoit à deux pouces six lignes du museau, & immédiatement derriere étoit l'aîleron du ventre *F* qui avoit peu d'étendue, & dont le premier rayon étoit dur & pointu.

La naissance *G* de l'aîleron de la queue, étoit à trois pouces neuf lignes du bout du museau : son étendue *G B* étoit de neuf lignes ; il étoit divisé en deux, & l'extrémité de chaque division étoit arrondie. Il y avoit en outre sur le dos un grand aîleron *H K I*, de deux pouces trois lignes de longueur à son attache au corps. Cet aîleron qui est véritablement unique paroissoit divisé en deux parties au point *K* ; les rayons de la partie *H K*, étoient pointus & piquants ; à la partie *K I*, ils étoient flexibles ; tous étoient liés par une membrane mince & transparente, chargée, ainsi que l'aîleron de la queue, de petits points noirs qui faisoient un assez joli effet : sur le corps on appercevoit de chaque côté une raie noire qui s'étendoit presque en droite ligne depuis l'extrémité des opercules des ouies jusqu'à l'origine de l'aîleron de la queue.

Nous avons représenté en *M*, *N*, *O*, une grande écaille vue à la loupe ; la partie *M N* tenoit à la chair, & étoit recouverte par les écailles supérieures ; la partie *N O* étoit à découvert. Les petites dents qu'on voit en *O*, rendent le dessus de ce poisson rude quand on passe la main de la queue vers la tête, & les écailles, dans leur grandeur naturelle, n'ont pas plus d'une ligne de largeur : la couleur de ce poisson est jaune-clair, chargée de points noirs, sur-tout vers le dos & sur la tête.

Le dos & le ventre font des courbes en sens contraire, l'œil est assez grand, la gueule petite. Ce poisson fait un bon manger.

M. Bertin, Commissaire de la Marine ;

m'a marqué qu'on pêchoit auprès de Rouen un poisson nommé *Perche goujonnée*. Je soupçonne que c'est la Perche gardonnée dont je viens de parler, quoique M. Bertin me marque que la Perche goujonnée a deux aîlerons sur le dos; car j'ai déja remarqué qu'il est aisé de se méprendre à cet égard, non-seulement à cause de l'inégalité de largeur de l'aîleron du dos à la partie où les rayons sont piquants, & à la partie où ils sont mous,

mais encore parce que quand la membrane qui est déliée se trouve déchirée au point *K*, il semble qu'il y ait deux aîlerons.

Ce n'est pas seulement auprès de Rouen qu'on prend des Perches goujonnes; car M. le Baron de Tschudy, dans un Mémoire sur les poissons de la Moselle, me marque qu'on y prend de ces Perches auxquelles il donne pour synonymes le nom de *Grémilles*.

Article Quatrieme.

De la Bogue de Languedoc, de Gênes, d'Espagne, Boga, Box, *ou* Boca.

J'ai dit quelque chose à la troisieme Section de la seconde Partie, page 544, d'un poisson qu'on nomme à Saint Jean-de-Luz *Boga*. On m'avoit marqué que ce poisson ressembloit à une grosse Sardine; que néanmoins il étoit un peu plus applati : cette circonstance & plusieurs autres qu'on trouve à l'endroit cité, me persuadent que la comparaison entre la Bogue & la Sardine, n'est pas exacte, & que le Boga des Basques a plus de rapport avec la Bogue dont il va être question, qu'avec la Sardine.

La Bogue que nous avons représentée, *Pl. VI, fig. 4,* est presque ronde; elle n'a ordinairement guere plus de 10 à 12 pouces de longueur, & il est rare qu'elle pese une livre : sa tête est courte & petite; ses yeux sont grands, ce qui, je crois, a fait dire qu'elle a des yeux de bœuf; effectivement, ils occupent une grande partie de la tête.

Ce poisson a sur le dos un grand aîleron en partie épineux, un moins grand derriere l'anus, deux nageoires derriere les ouies, & deux sous la gorge; l'aîleron de la queue fourchu, ainsi il doit être compris dans la quatrieme Section : mais ayant le corps presque rond, on ne doit pas le confondre avec l'espece de *Sparus* dont il a été question dans le second Chapitre. Au sortir de l'eau, on apperçoit confusément sur son dos des bandes longitudinales, les unes dorées, les autres argentées : le ventre est blanc ayant quelques reflets argentés; l'aîleron de la queue est jaune, tirant un peu à la couleur d'or; il va en troupe, & on le pêche avec la saine, au bord de la mer : au reste, il est médiocrement estimé.

M. Gaultier m'écrit que les Bogues qu'on prend aux environs de Narbonne, n'ont que six, sept, au plus huit pouces de longueur, & que les petites se vendent comme *Ravaille*, pêle-mêle avec d'autres especes de

petits poissons; ainsi c'est ce qu'on appelle en Provence *Bogue Ravelle*, dont nous allons dire quelque chose dans l'article suivant.

Quand la pêche des Bogues est abondante en Provence, M. de la Croix m'écrit qu'on les prend avec le filet dit *batude*, & alors on en prépare beaucoup en escabecher : nous avons déja dit que pour cela on leur ôte les écailles; on les lave dans de l'eau de mer, on les fait un peu sécher sur une claie de cannes; on les arrange bien pressées les unes contre les autres dans des barrils; on verse dessus de bon vinaigre en assez grande quantité pour qu'il surnage le poisson; enfin, on enfonce les barrils, & ils sont en état d'être transportés aux endroits où l'on fait en trouver le débit. Nous avons déja prévenu qu'on prépare de même plusieurs autres especes de poissons.

§. 1. *De la Bogue* dite *Ravelle* ou *Ravaille.*

Il y a des Bogues très-petites qu'on nomme, comme me l'a écrit M. Gaultier, *Ravelle*; ils se vendent en Languedoc avec la Menuise, sous le nom de *Ravaille*. Ces poissons, proportionnellement à leur longueur, paroissent un peu plus larges & plus courts que la vraie Bogue; leur dos est bleu-changeant, mêlé de rouge; l'aîleron de la queue tire au rouge. Rondelet parle d'une autre Bogue qu'il dit être fort rare; je ne l'ai point vue : elle a, suivant lui, neuf à dix pouces de longueur, & elle ressemble entiérement, pour la forme du corps, la grandeur des yeux, le nombre & la position des aîlerons, ainsi que des nageoires, même le goût, à la Bogue dont nous avons parlé; mais il dit qu'elle n'a point d'écailles. N'ayant aucune connoissance de ce poisson, je me borne à rapporter ce qu'en dit Rondelet.

ARTICLE V.

A R T I C L E   V.

De la Mendole ou *Cagarelle en Languedoc* ; Juſcle *à* Narbonne ; Gerle *à* Toulon : Menola.

Il y en a qui penſent que tous ces noms conviennent aux mêmes poiſſons ; ſuivant d'autres, ils indiquent différents poiſſons qui ont entr'eux de la reſſemblance. Pour cette raiſon, je les comprendrai dans un même Article, & je me contenterai de faire remarquer la différence qu'il y a entre les uns & les autres. Je me rappelle bien d'avoir vu des Mendoles à Marſeille ; & je trouve à leur ſujet des notes que j'ai conſervées ; mais comme ce poiſſon eſt peu eſtimé, il ne m'en reſtoit qu'une idée confuſe, ce qui m'a engagé à adreſſer mes notes à M. Guignard à Marſeille, & à M. Gaultier à Toulon, priant ces Meſſieurs de me marquer ſi elles étoient exactes ; comme ils m'ont répondu que je pouvois y avoir confiance, je n'héſite pas de les comprendre dans mon Ouvrage.

La Mendole, Cagarelle à Marſeille, qu'on regarde à Toulon, comme une jeune Gerle, eſt un petit poiſſon à écailles, *Pl. VI, fig.* 3, un peu applati, & qui n'a guere que ſix pouces de longueur, ſur ſeize lignes de largeur verticale ; ſon muſeau eſt pointu ; ſes yeux petits, la prunelle noire, l'iris rouge ; ſes dents ſont ſi petites qu'on peut les regarder comme des aſpérités : il a ſur le dos un grand aileron en partie épineux & en partie flexible, & en outre un flexible derriere l'anus ; l'aileron de la queue eſt fourchu, il a de plus une nageoire derriere chaque ouïe, & deux ſous la gorge, une de chaque côté : vers le milieu de ſa longueur, & immédiatement au-deſſous de la ligne latérale, eſt une tache noire ; le corps a des reflets qui paroiſſent être des taches azurées : quand on a ôté les écailles, la peau paroît blanche & argentée, excepté vers le dos où elle brunit un peu.

On dit que la Mendole eſt blanche en hiver ; que le printemps & l'été elle prend différentes couleurs ; qu'en automne elle noircit, & qu'alors ſa chair a un goût déſagréable que l'on compare à l'odeur du bouc : en général, ce poiſſon eſt peu eſtimé ; néanmoins pluſieurs prétendent que quand la femelle eſt remplie d'œufs, ſa chair eſt de bon goût : je n'ai pas pu vérifier ces faits qui ſont fort ſinguliers.

J'ai cru appercevoir quelque rapport entre la Mendole & la Bogue, ce qui m'a engagé à les rapprocher, quoique la Mendole, relativement à ſa taille, ait une forme moins arrondie que la Bogue. La Cagarelle eſt médiocrement eſtimée ; on m'a aſſuré qu'elle ſe conſervoit bien dans le ſel. M. Gaultier de Narbonne, m'a écrit que cet article étoit exact ; que l'été la Mendole devient fort graſſe, & prend une couleur d'azur plus foncée.

M. Barry me marque de Toulon que la Cagarelle eſt d'une couleur plus foncée que la Mendole ou Gerle, & qu'elle tire au noir ; que communément elle eſt un peu plus groſſe, & que c'eſt un poiſſon qu'on n'eſtime pas ; que le Juſcle eſt une eſpece de Gerle ou Mendole qui ſe tient aſſez éloignée du rivage ; qu'il eſt moins large que la Gerle ; qu'on le prend avec des haims amorcés de limaces ou de vers, mais qu'on n'en fait aucun cas.

§. 1. *De la Picarelle* ou *Severeau de Languedoc* ; Gerre *à* Marſeille ; Pitre *à* Antibes ; *en quelques endroits* Garum ; Gerolo *à* Veniſe ; Spigaro *à* Rome.

Quelques Auteurs, Rondelet entr'autres, prétendent que la Picarelle eſt une petite Mendole blanche, *Pl. VIII, fig.* 3 *&* 4, guere plus longue que le doigt, & qui ne change point de couleur dans les différentes ſaiſons, comme le fait la Mendole dont j'ai parlé dans l'article précédent : il ſoupçonne qu'en quelques endroits, on la nomme *Garum*, parce qu'on prétend qu'après l'avoir fait fondre dans le ſel, on en fait une ſauce appétiſſante qu'on peut comparer à celle que les Anciens faiſoient avec le poiſſon *Garus*, & qu'ils nommoient *Garum*. Je crois qu'on verra dans la ſuite que cette ſauce ne ſe fait pas avec la Picarelle ou Pitre : mais j'incline à regarder la Mendole & la Picarelle comme deux eſpeces de poiſſons, quoiqu'ils ſe reſſemblent à pluſieurs égards particuliérement par une tache brune vers le milieu de la longueur du corps au-deſſous des lignes latérales. Pluſieurs diſtinguent deux eſpeces de Picarelles, dont l'une qu'on appelle *la blanche*, *Pl. VIII. fig.* 4, eſt moins groſſe que l'autre qu'on nomme *la brune*, *fig.* 3.

Croyant appercevoir dans tout ceci de la confuſion, & ſachant qu'on pêche beaucoup de Picarelles à Antibes, j'ai prié M. Chaillan, Commiſſaire aux Claſſes à ce Département, de m'aider de ſes lumieres, ce qu'il a fait avec un zele qui exige ma reconnoiſſance & celle du public. Il me confirme dans l'idée que j'avois que la Mendole & la Picarelle font deux especes de poiffons qui fe reffemblent à beaucoup d'égards : il me marque qu'à Antibes la Picarelle fe nomme *Pitre* ; qu'on en diftingue effectivement deux efpeces. La blanche qui eft la plus petite, *Pl. VIII, fig.* 4. n'excede pas quatre pouces ; que la brune , *fig.* 3 , qui eft la plus groffe , pefe quelquefois huit onces : pour les avoir de cette taille, il faut les pêcher en Avril. Rondelet dit , comme j'en ai prévenu , que ce poiffon qu'on nomme *Garou* à Antibes où l'on en pêche beaucoup, fert, en le faifant fondre dans le fel, à faire un fauce exquife, qu'on foupçonnoit être le Garum des Anciens. On m'avoit de plus affuré qu'à Antibes, après avoir fait prendre le fel à ce poiffon, on l'expofoit à l'air pour le faire un peu fécher ; qu'alors il fe confervoit affez long-temps ; qu'outre cette préparation, on en confervoit en faumure. Comme je favois que la Picarelle eft un poiffon plein d'arêtes, & qui a un mauvais goût, j'avois peine à admettre qu'on en fît ainfi le Garum, quoique Rondelet le foupçonnât ; mais M. Chaillan a diffipé mes doutes, en m'affurant qu'on ne fale point de Pitre à Antibes, ni même en Provence où il a fait des perquifitions qui emportent conviction ; mais qu'on prépare une très-bonne fauce avec un petit poiffon qu'on nomme *Paraye* à Antibes , qui ne reffemble ni à la Mendole ni à la Picarelle , mais tellement à une petite Sardine que j'ai cru devoir me difpenfer de la faire graver. Effectivement la Paraye n'a fur le dos qu'un petit aileron, au lieu que les Pitres en ont un grand ; la Paraye qui pefe au plus une once, étant fondue dans le fel , fait une bonne fauce qu'on nomme *Piffal*, qui , fuivant l'expreffion provençale fignifie *Poiffon falé*. Il n'y a plus d'apparence que la fauce qu'on nommoit *Garum* , foit faite avec la Picarelle ou Pitre : auffi M. Chaillant finit en affurant qu'on n'a jamais falé à Antibes les Pitres ou Picarelles, qui font des poiffons pleins d'arêtes & de mauvais goût, & pour cette raifon aucunement propres à faire un bon mêts.

Ce qui me perfuade encore qu'entre ceux qui ont parlé de la Picarelle, il y en a plufieurs qui ne la connoiffoient pas, c'eft que les uns l'ont comparée à un Anchois, d'autres à une Sardine ; mais l'aileron que la Picarelle a fur le dos étant fort étendu & piquant, il eft de la famille des *Sparus* ; au lieu que la Sardine n'a fur le dos qu'un petit aileron flexible comme les Alofes & les Harengs, ainfi qu'on le voit à la Section où nous avons traité de ces poiffons. L'aileron de la queue de la Pitre eft fourchu , fon mufeau eft affez pointu , & outre les taches brunes qu'on apperçoit fur les côtés des Pitres blanches, leur dos eft un peu rembruni , & le ventre tire

au blanc : de plus , en y prêtant attention , on découvre fur les côtés des Pitres grifes des traits qui s'étendent fuivant la longueur du poiffon, dont au fortir de l'eau , les uns femblent dorés & les autres argentés ; d'un autre côté , quand elles font nouvellement pêchées, on apperçoit aux Pitres blanches, fur les côtés, plufieurs taches très-peu fenfibles qui fe fuivent. Belon dit qu'on en vend de falés à Rome , & qu'on les nomme *Smaris*.

Il fuit de ce que je viens de dire , que ceux qui ont prétendu qu'on faifoit une bonne fauce avec la Picarelle , ont confondu ce poiffon avec la Paraye qui eft une jeune ou petite Sardine ; & il eft probable qu'on a donné le nom de Picarelle au poiffon dont nous parlons , parce qu'il eft rempli d'arêtes très-incommodes.

§. 2. *Du Mouchicouba de la côte de Saint-Jean-de-Luz.*

M. de la Courtaudiere m'a envoyé la defcription d'un poiffon qui fe prend à Saint-Jean-de-Luz qu'il croit être le même que la petite Mendole ou Picarelle ; c'eft un poiffon demi-plat de onze pouces de longueur du bout du mufeau au bout de l'aileron de la queue, qui eft fourchu. Il a quatre pouces de largeur au milieu du corps , dont le deffus eft bleu argenté, & le deffous du ventre blanc argenté ; la bouche eft petite, avec des dents mâchelieres fur les côtés , & un peu plus pointues fur le devant, en quoi il differe de la Mendole qui n'en a point. Les yeux font de grandeur ordinaire ; le deffus du dos eft rond ; il porte un aileron qui va de la tête à la queue , & dont les onze premiers rayons font épineux, les autres mous. Il y a une nageoire longue & étroite près les ouies , & une tache noire affez grande au bord des ouies à la partie qui va vers le dos : Il n'a point d'autres taches noires fur le corps comme il paroît que la Mendole en a. Il a fous la gorge deux petites nageoires dont le premier rayon eft épineux : derriere l'anus, il y a un petit aileron dont les trois premiers rayons font épineux ; les écailles font petites.

§. 3. *Note fur le Saurel de Narbonne ; qu'on prend pour la Picarelle.*

M. Gaultier m'écrit qu'on croit à Narbonne que la Picarelle eft le poiffon qu'on nomme *Saurel* ; mais par la defcription qu'il donne du Saurel, il eft clair que ce poiffon n'eft pas de la famille des *Sparus* , mais de celle des *Gadus* ou *Azellus* dont j'ai traité à la premiere Section de la feconde Partie. Comme je n'en ai point parlé dans cette Section, je vais rapporter ce que M. Gaultier me marque de ce poiffon.

Le Saurel est un poisson applati, gros comme une *Sardine* ; son corps est un fond d'azur qui réfléchit différentes couleurs ; son ventre est blanc avec des reflets, les uns argentés, les autres dorés : sa tête est applatie sur les côtés ; son museau est assez pointu ; ses yeux sont grands, l'iris est blanc ; ses dents ne sont que des aspérités ; le bout de la langue est rude, un peu piquant, ce qui semble indiquer que le Saurel est la *Picarelle* ; mais il a trois ailerons sur le dos, deux près la tête, qui se suivent presque immédiatement, & un troisieme vers l'aileron de la queue ; de plus, deux ailerons sous le ventre, un vers le milieu de la longueur du poisson, l'autre près l'aileron de la queue ; la plûpart des rayons qui forment ces ailerons sont piquants : ils ont encore deux nageoires derriere les ouies, & deux sous la gorge.

Ce poisson me paroît avoir quelque ressemblance avec celui qui est représenté, *Planche XXI, fig. 2*, de la premiere Section de la seconde Partie, nommé à Brest, *Officier*.

§. 4. *Du Jaret.*

Voilà encore un petit poisson qui confine avec la Mendole. M. Barry dit qu'on distingue à Toulon de deux especes de Jaret, savoir le bleu qui est le mâle, & le brun qui est la femelle ; le bleu a sur un fond brun vers le dos & blanc au ventre, des raies ou hachures irrégulieres, les unes bleues, les autres verd-de-mer, qui s'étendent suivant sa longueur jusques sur l'aileron de la queue, & en outre une tache noire sur chacun des côtés, vers le milieu de la longueur du corps. La couleur du brun fait que la tache noire est moins sensible. Le Jaret brun n'a aucune marque de bleu ni de verd ; mais à la place de ces couleurs, on apperçoit, ainsi que sur l'aileron de la queue, une légere teinte d'un rouge très-clair sur un fond gris foncé au dos, & blanc en approchant du ventre. Je me suis contenté de faire graver le brun, *Pl. VIII, fig. 2*, qui m'a été envoyé d'Antibes : comme on trouve de la laite dans les bleus, & des œufs dans les bruns, on estime que ceux-ci sont femelles & les autres mâles. On fait peu de cas de ces petits poissons, quoique leur goût n'ait rien de déplaisant. Je crois qu'en quelques endroits on les appelle *Jars*. J'avoue que je n'ai pas su distinguer ce poisson d'avec la Picarelle, & que ce que j'en dis, est d'après MM. Barry & Chaillan ; il m'a seulement paru que le Jaret est moins large & plus allongé que la Picarelle, & que son dos est moins courbe.

Les Jarets mâles ne paroissent un peu abondamment que dans le mois de Mai.

§. 5. *Du Canus de Languedoc* ; Canudo *à Marseille* : Cynædus.

Ce poisson a quelque ressemblance avec la Mendole ; il est de roche, saxatile & littoral ; on lui donne plusieurs noms différents, souvent seulement celui de *Rochau* qui équivaut à saxatile ; mais les Pêcheurs de Languedoc qui passent pour être les plus instruits, le nomment *Canus*. Son dos est rouge, le reste de son corps est jaune-pâle, tirant à la couleur de la cire : il est moins large que la Daurade : la plûpart des rayons de l'aileron du dos sont durs & piquants, ceux de l'aileron de derriere l'anus sont souples ; l'aileron de la queue est coupé quarrément ; sa gueule est petite, les mâchoires sont garnies de dents qui s'engrenent les unes dans les autres.

Sa longueur ordinaire est d'un pied ; sa chair est tendre & friable, point visqueuse, & elle a un goût agréable.

Ceci est assez d'accord avec ce que Rondelet rapporte du Canus : il ajoute qu'Athénée dit qu'en quelques endroits on le nomme *Alphestes* ; qu'il est de couleur de cire dans la plus grande partie de son corps, & de couleur pourpre en quelques endroits ; que suivant Belon, il ressemble à plusieurs égards au poisson qu'on nomme *Pic* à Marseille, dont les écailles sont variées de différentes couleurs : il ajoute que ces écailles sont arrondies, rudes au toucher, & crenelées par les bords : au contraire, Gesner dit qu'on n'y distingue point d'écailles, tant elles sont rapprochées les unes des autres.

Après les connoissances que je me suis procurées sur ce poisson, j'incline pour le sentiment de Rondelet.

§. 6. *Du Sanut.*

J'ai dit page 15, que M. Chaillan, Commissaire de la Marine à Antibes, m'écrit qu'on connoît dans son département sous le nom de *Sanut*, un poisson qui ressemble à l'Aourade qui est excellent à manger.

Suivant Belon, le Sanut est le *Cynædus* des Latins ; il le met au nombre des *Phycis* ou Rochaux, termes génériques ; il ajoute que sa couleur est rousse & foncée, tenant à celle de la cire ; que ses dents ressemblent un peu à celles de quelques quadrupedes. Les circonstances d'être un poisson de roche, de couleur de cire, d'avoir des dents un peu ressemblantes à celles de quelques quadrupedes : toutes ces circonstances, dis-je, rapprochent assez le Sanut du Canus ; aussi en quelques endroits donne-t-on le nom de Sanut au Canus de Languedoc.

Mais, quoique Belon dise que le Sanut est fort commun sur les côtes de Marseille, je ne me rappelle pas d'y avoir vu aucun poisson sous ce nom.

A R T I C L E   V I.

De la Tanche de mer.

Belon prétend que ce poisson est un *Phycis* ou un *Roquau* de Provence ; mais ce sont des noms génériques qu'on peut attribuer à plusieurs especes de poissons : M. Villehelio, Commissaire de la Marine à la Rochelle, me marque qu'on appelle *Tanche de mer* en Poitou, un poisson assez épais & assez large, néanmoins que sa tête est applatie sur les côtés ; que son museau est assez obtus, que sa gueule est garnie de dents pointues, distribuées irrégulierement sur les mâchoires; que les opercules des ouies sont ronds & petits ; qu'il a deux nageoires branchiales, & deux autres sous la gorge : qu'il a sur le dos un grand aileron formé de rayons piquants, plus longs vers le milieu qu'aux extrémités.

Il a un autre aileron sous le ventre qui s'étend jusqu'auprès de la naissance de la queue, qui est formé par un aileron large & coupé quarrément.

Les écailles sont bleuâtres vers le dos, & grises sous le ventre.

Il me paroît que le Corlasseau du Croisic, ressemble plus à la Tanche que le poisson que vient de décrire M. Villehelio. Je laisse cette question à décider à ceux qui se trouveront à portée d'examiner le poisson dont M. Villehelio donne la description, & le Corlasseau du Croisic dont nous allons parler.

§. 1. *Du Coyau , Corlasseau ou Garde-Côte du Croisic , qui me paroît être la Tanche de mer.*

M. Desforges-Maillard m'a envoyé du Croisic un poisson auquel les Pêcheurs Bargiers donnent les noms de *Coyau, Corlasseau* ou *Garde-côtes* qui me paroît être de la famille des *Sparus*, mais pas assez applati pour être compris dans le second Chapitre. On distingue aisément le mâle de la femelle , non-seulement parce que la femelle est moins grosse , mais encore parce qu'elle est d'une couleur blanchâtre. Prévenu de cela , je vais donner la description d'un mâle , *Pl. V. fig. 4* , que m'a envoyé M. Desforges Maillard : la longueur totale *A B*, de ce poisson , étoit de sept pouces sur deux pouces & demi ou trois pouces de largeur verticale.

Depuis le bout du museau *A* jusque derriere les ouies *C*, il y avoit deux pouces; sa gueule n'étoit pas grande, les mâchoires étoient hérissées de petites dents très-pointues & bordées de lévres assez épaisses & blanchâtres.

Les yeux *D* étoient fort élevés sur la tête; l'orbite avoit trois lignes de diametre, la prunelle noire , l'iris tirant au rouge : je n'y ai point apperçu de langue.

A deux pouces du museau , vers *E*, à l'àplomb de l'opercule des ouies, commence l'aileron du dos, dont la longueur *EF*, à son attache au corps , est de trois pouces deux à trois lignes. Il est formé à-peu-près par vingt rayons ; ceux depuis *E* jusqu'à *M* , au nombre de quatorze ou quinze , sont durs & piquants , & ils excédent la membrane qui les unit ; ils sont d'un beau verd : le reste des rayons est flexible , & plus longs que ceux qui sont durs , ainsi ceux qui sont vers *F* sont plus menus & plus longs que ceux qui sont vers *E* : la membrane qui unit tous ces rayons , est fort mince. Immédiatement derriere l'anus *G*, commence l'aileron du ventre qui se termine vers *H* ; les rayons du côté de *H* sont plus longs & plus souples que ceux qui sont du côté de *G* ; & il m'a paru que la membrane qui les unit est plus épaisse que celle qui unit les rayons du dos ; le plus long rayon de cet aileron étoit de neuf lignes.

L'aileron de la queue *B* avoit un pouce de longueur , & quand on l'étendoit en largeur , ce qui n'arrive point dans son état naturel , il avoit un pouce & demi ; mais quand on n'écarte point les rayons , l'aileron n'est presque pas plus large à son extrémité *B* qu'à son attache au corps ; il est composé à peu-près de quatorze rayons souples. Les articulations des nageoires *K* , de derriere les ouies sont très-près du bord de ses opercules; elles sont formées à peu-près de douze rayons dont le plus long a un pouce trois lignes ; les rayons sont rameux, souples & très-divergents, ce qui donne à ces nageoires une forme arrondie ; elles ont une teinte légérement rouge , & la membrane qui unit ces rayons est si mince, qu'on apperçoit au travers la couleur du poisson.

A l'égard des nageoires du ventre *L*, leurs articulations sont si rapprochées qu'elles se touchent presque ; elles sont à deux pouces & demi du museau , & formées à peu-près de six rayons : quand ces rayons sont rapprochés , ces nageoires paroissent se terminer en pointe; le plus long rayon a environ dix lignes de longueur ; leur couleur est d'un verd foncé.

Les

Les écailles ſont ſi fines & ſi minces qu'on ſeroit tenté de croire que ce poiſſon n'en a point. La couleur générale du poiſſon eſt un verd foncé ; elle s'éclaircit en approchant du ventre, qui eſt blanc ; une partie des opercules des ouies eſt couverte de petites écaillés.

Je crois qu'auprès de l'aileron de la queue, il y a une tache brune peu ſenſible.

Le Coyau femelle eſt, comme je l'ai dit, moins gros que le mâle ; ſa couleur tire plus au blanc, avec çà & là des nuages bruns : au reſte ces deux poiſſons ſe reſſemblent par la forme de leur corps. M. Desforges-Maillard qui les a vus au ſortir de l'eau, dit que les écailles des Coyaux mâles ont la même couleur que celles de la Tanche, & que la forme de leur corps reſſemble tellement à celle de la Tanche de riviere, que quelques-uns l'appellent *Tanche de mer*. Il eſt vrai que l'aileron du dos de la Tanche d'eau douce a peu d'étendue, qu'il eſt flexible ; au lieu que celui du Coyau eſt grand & épineux : mais cette même différence exiſte entre la Brême de mer & celle de riviere, ainſi qu'entre la Carpe de mer & celle de riviere.

Je ne trouve aucune reſſemblance entre le poiſſon que Rondelet nomme Phico, & qu'il dit être le Phycis des Anciens, & le Coyau que nous venons de décrire : nous ne pouvons pas acquieſcer à ce qu'il dit que ſon Phico reſſemble à la Tanche, d'autant que le Phico a deux ailerons ſur le dos, &

que la Tanche, ainſi que le Coyau n'en a qu'un. Le Coyau a plus de rapport avec une eſpece de Phycis dont parle Belon à l'article des Tanches : il dit que ce poiſſon reſſemble tellement à la Tanche, que les Pêcheurs le nommoient *Tanche de mer*. Ses écailles, ſelon lui, ſont petites, vertes & couvertes d'une viſcoſité qui fait croire au premier abord, qu'elle n'en a point ; l'aileron de la queue du Phycis de Belon, n'eſt pas échancré. Tous ces caractères ont tant de rapport avec ce que j'ai dit du Coyau du Croiſic, que j'incline à le regarder comme le Phycis de Belon ou la Tanche de mer.

Le Coyau eſt conſtamment tout l'été le long des rochers, caché dans le goeſmon, d'où il ſort quand on lui préſente des appâts, ſur leſquels il ſe jette avec avidité, ce qui déplaît beaucoup aux Pêcheurs, parce que ce poiſſon qui eſt peu eſtimé, empêche d'autres plus recherchés de ſe prendre aux hameçons.

C'eſt, dit M. Desforges-Maillard, une partie de plaiſir pour les femmes du Croiſic, d'aller à la pêche de ce poiſſon, ce qu'elles appellent *aller aux Courlaſſeaux de lune*. Pour cela, le ſoir au clair de la lune, elles vont de baſſe mer entre les rochers, & ſans autre induſtrie que de les prendre à la main, elles en attrappent beaucoup : c'eſt pour elles un plaiſir qu'elles prennent plutôt pour s'amuſer dans la belle ſaiſon, que pour l'intérêt. Ce poiſſon étant peu eſtimé, on ne le prend point au large.

CHAPITRE IV.

De plusieurs Poissons du genre des Sparus *, la plûpart petits & presque ronds.*

Idée générale des Poissons compris dans ce Chapitre.

Il y a beaucoup de petits Poissons que les Pêcheurs prennent accidentellement, sans avoir le dessein d'en faire expressément la pêche, soit parce qu'ils ne donnent pas abondamment à la côte, soit parce qu'étant petits & peu agréables au goût, ils ne sont pas d'un débit avantageux : plusieurs effectivement ne sont recherchés que par les Naturalistes qui les estiment d'autant plus qu'ils sont plus rares, & que leurs formes sont extraordinaires ou quand, par la variété & l'éclat de leurs couleurs, ils sont d'une beauté frappante. Suivant le plan que je me suis formé, & que j'ai exposé au commencement de mon Ouvrage, ces raisons qui sont intéressantes pour les Naturalistes, ne doivent pas nous engager à fixer notre attention sur ces Poissons, puisque notre dessein n'est pas de faire une Ichthyologie complette, mais de nous occuper des poissons qui sont un objet de commerce, ou qui utiles pour les aliments.

Néanmoins, nous ne croyons pas devoir nous dispenser de dire quelque chose de ceux qui sont venus à notre connoissance ; mais ce sera le plus briévement qu'il nous sera possible, nous renfermant à de simples indications ; & en cela je ne m'écarterai pas de la marche qu'ont suivi les Auteurs qui ont rangé ces Poissons par familles auxquelles ils ont donné différents noms. Rondelet qui les a appellés *Tourdes,* en parle de douze, à la vérité fort en abrégé : à l'égard de Belon, il emploie quelquefois le nom de *Turdus,* d'autres fois celui de *Phycis* ou de *Scares,* & aussi à l'imitation des Provençaux, celui de *Roquaux* ou *Rochaux,* ce qui équivaut au terme de *saxatiles,* qui, exactement parlant, désigne les poissons qui habitent les roches : ainsi ces différents noms sont des termes génériques qui n'indiquent point particuliérement une espece. Je vais commencer par dire quelque chose des *Scares* ; je parlerai ensuite des *Prêtres,* des *Tourdes,* des *Demoiselles,* &c.

Comme tous ces poissons sont peu importants, je me bornerai, comme j'en ai prévenu, à en parler le plus briévement qu'il me sera possible. Il est bon, avant d'entrer dans les détails des petits Poissons qu'on prend sur nos côtes de l'Océan & de la Méditerranée, d'inviter les Lecteurs à ſe ſouvenir que les Tourdes, *Turdus*, les *Phycis*, les *Scares*, les *Rochaux* ou *Roquiaux*, les *Prêtres*, les *Demoiſelles*, ſont des noms génériques qui indiquent des familles de Poiſſons, la plûpart petits. Je vais parler de ces choſes plus en détail, & je commence par les *Scares*.

ARTICLE PREMIER.

Des Scares, Scarus.

J'ai décrit dans le Chapitre ſecond, page 14, §. 2, un Poiſſon qu'on nomme *Scarus*, qui eſt commun aux environs de l'Iſle de Candie, & rare dans la mer de Marmora & dans le détroit de Gallipoli, autrefois nommé l'Helleſpont, & preſqu'inconnu ſur les côtes de Provence & de Languedoc. J'ai prévenu que je traiterois dans le Chapitre IV, de quelques petits Poiſſons auxquels on donne le même nom, quoique la forme de leur corps ſoit aſſez différente de celle du poiſſon dont je m'occupois alors ; je vais donc ſatisfaire à cet engagement.

§. 1. *Du poiſſon nommé* Scare *au Département de Cette.*

Je vais commencer par dire quelque choſe d'un poiſſon que M. Poujet m'écrit qu'on prend aux environs de Cette, & qu'on y nomme *Scare*. Il me paroît qu'il reſſemble aſſez à la ſeconde eſpece de Rondelet, qu'il dit que quelques-uns nomment *Aiole* ou *Auriole*; c'eſt ſuivant cet Auteur, un poiſſon d'une grande beauté par la vivacité de ſes couleurs ; les environs de ſes yeux & de l'anus ſont de couleur pourpre ; l'aileron de la queue tire au verd ; le reſte du corps eſt de couleur changeante, ayant des reflets, les uns verds, les autres noirs, d'autres blancs parſemés de taches brunes.

Sa gueule eſt petite, les dents de la mâchoire ſupérieure ſont larges & comme inciſives ; celles de la mâchoire inférieure ſont pointues & clair-ſemées ; ſes yeux ſont petits, les opercules des ouies ſont couvertes de petites écailles.

L'aileron du dos occupe les deux tiers de toute la longueur du poiſſon ; les rayons du côté de la tête ſont durs, ceux du côté de la queue ſont ſouples, & preſque une fois plus longs que les autres ; tous les rayons de l'aileron du ventre ſont flexibles, excepté quelques-uns les plus près de l'anus ; l'aileron de la queue eſt coupé preſque quarrément.

Les nageoires de derriere les ouies ſont courtes & larges, celles de deſſous le ventre ſont moins grandes, & ſe terminent en pointes. Les lignes latérales ſont preſque droites, & vers le milieu de leur longueur, il y a une tache rougeâtre : la chair de ce poiſſon eſt blanche & délicate ; il n'eſt pas, proportionnellement à ſa longueur, auſſi large que le Scare dont nous avons parlé Chapitre ſecond.

Nous avons dit qu'en Provence on prenoit aux petites pêches pluſieurs petits poiſſons nommés *Rochaux*, & qu'on regardoit comme des Scares ; ils ne reſſemblent point du tout au *Scarus* de Belon, ni à la premiere eſpece de Scare de Rondelet; ils ont plus de reſſemblance avec la ſeconde dont nous venons de parler : je vais en donner la deſcription telle que je la trouve dans mes Mémoires. Ils ont tous à peu-près neuf à dix pouces de longueur, & ils ſont aſſez bons à manger.

Les Marſeillois font grand cas de l'Aiole, qui réunit la bonté à la beauté.

§. 2. *Du Scare rouge, ou Rochau rouge,* Scarus ruber.

Ce poiſſon, *Pl. VIII. fig. 5*, reſſemble un peu par la forme de ſon corps à la ſeconde eſpece de Scare de Rondelet, mais point par la couleur ; le haut du dos eſt brun, cette couleur s'éclaircit en approchant du ventre, ſur lequel on apperçoit quelques taches brunes qui s'éclairciſſent d'autant plus qu'elles ſont plus éloignées du dos : outre cela depuis le dos juſqu'à la moitié du ventre, on apper-

apperçoit d'autres petites taches blanches diſtribuées par files, ſuivant la longueur du poiſſon, & qui s'étendent juſques ſur les ouies; l'œil eſt petit, la prunelle eſt noire, l'iris jaune.

Il y a une nageoire derriere chaque ouie, & deux ſous le ventre, dont les articulations ſont à peu-près au quart de la longueur du poiſſon, à compter de l'extrémité du muſeau.

A l'égard des ailerons, il y en a un grand ſur le dos qui s'étend juſqu'aſſez près de la naiſſance de l'aileron de la queue, pas néanmoins tout-à-fait autant que celui de derriere l'anus; l'aileron de la queue eſt arrondi en forme de palette, & marqué de taches preſque ſemblables à celles du dos; la gueule eſt aſſez grande, & garnie de dents les unes très-pointues, les autres inciſives.

§. 3. *Du Scare verd, Rochau* ou *Raveau verd.* Scarus viridis.

Ce petit poiſſon, *Pl. VII, fig.* 3, eſt un peu plus large que le rouge; ſon ventre eſt plus renflé: les ailerons & les nageoires reſſemblent aſſez à ces mêmes parties du Scare rouge; lorſque les écailles ſont en place elles forment des loſanges; aux angles où elles ſe touchent, on apperçoit une petite tache blanche; mais la couleur générale du poiſſon eſt verd de mer qui s'éclaircit en approchant du ventre; à cet endroit, il eſt preſque blanc, marqué de taches jaunes, tirant un peu au rouge.

§. 4. *Du Rochau brun rayé de jaune,* Scarus fuſcus lineis flavis circonvolutus, &c.

Ce poiſſon ſingulier, *Pl. VIII, fig.* 6, eſt gris-blanc, avec des bandes circulaires jaune-brun fort apparentes vers le dos, & très-peu ſous le ventre; il y en a dans toute la longueur du poiſſon, depuis le derriere de l'opercule des ouies juſqu'à la naiſſance de l'aileron de la queue. En outre, il y a quatre bandes longitudinales ſous le ventre; l'anus eſt placé à peu-près vers le milieu de la longueur du corps; l'aileron de la queue eſt fourchu; la gueule petite & garnie de dents très-fines.

§. 5. *Du Lonteque* ou *Lontek du Croiſic, petit poiſſon ſaxatile, ſorte de petit Scare.*

M. Desforges-Maillard dit que ce poiſſon n'a pas plus de quatre pouces de longueur ſur huit lignes de largeur verticale; qu'on en pêche beaucoup au Croiſic avec de petits haims qu'on attache au nombre de quatre ou cinq à une ligne déliée qui répond à une gaule légere: on les reçoit dans un ſac de toile qu'on attache au bout d'une autre perche. On peut les conſerver vivants hors de l'eau pendant quatre jours au moins, & quand on les a vuidés, ils donnent encore des ſignes de vie au bout de douze heures. On n'en mange point, parce qu'ils ſont trop remplis d'arêtes; mais on en fait de bons coulis.

§. 6. *Du Tambourinaire de Toulon, qui confine au Scare brun.*

M. Barry m'écrit qu'on nomme à Toulon *Tambourinaire*, un très-petit poiſſon, dont la couleur eſt châtain tirant au rouge, qui a autour du corps pluſieurs raies brunes. C'eſt un très-mauvais poiſſon auquel on a donné ce nom parce que les Pêcheurs ont imaginé trouver de la reſſemblance entre les couleurs de ce poiſſon, & le vêtement de ceux qui vont jouer du tambourin dans les foires, & qu'on nomme *Tambourinaires*. Ce poiſſon a quelque reſſemblance avec le Scare ou Rochau brun, *Pl. VIII, fig.* 6.

§. 7. *Des Peſquits de Biarritz, ſorte de petits Scares.*

M. le Préſident de Borda me marque que les enfants de Biarritz pêchent à la ligne & dans les rochers deux eſpeces de petits poiſſons qu'ils nomment *Peſquits*; ceux d'une de ces eſpeces ont environ trois pouces de longueur; leur corps eſt de couleur de ſouci & de brun, par bandes alternatives dirigées ſuivant la longueur du corps.

Ceux de l'autre eſpece ſont, pour la forme, ſemblables aux précédents; mais ils ont à peu-près ſix pouces de longueur; l'aileron du dos & celui de derriere l'anus, ſont de couleur verd-clair, avec des mouchetures brunes; la partie inférieure de la tête a des reflets verds, & d'autres rouge-pâle, avec des bandes mor-dorées; la couleur du corps eſt un mêlange de verd & de brun; les nageoires de la poitrine ſont couleur de ſuccin, celles du ventre d'un bleu-clair; l'aileron de la queue eſt verdâtre, & les rayons mor-dorés. Les uns & les autres ſe tiennent l'été dans les rochers, & s'en éloignent l'hiver: leur chair eſt inſipide; il n'y a que le peuple qui en mange.

§. 8. *De la petite Vieille de Biarritz.*

On prend encore entre les rochers qui bordent la côte entre Biarritz & S. Jean-de-Luz, un autre poiſſon de même genre, qui eſt entiérement verd: les Pêcheurs de Bayonne le nomment *Vieille*; c'eſt le *Verdone* de Salvian.

On m'a aſſuré que les plus petites Vieilles ſont nommées *Corlazzo* dans le Morbian, & qu'on les pêche avec le caſier

Article II.

Article Second.

Des Poiſſons nommés dans différents Ports, Prêtre*,* Preſtra*,* Moine*,* Capelan.

Il n'y a point de Port où l'on ne trouve un poiſſon qu'on y nomme *Prêtre*, *Preſtra* ou *Moine*; mais pour l'ordinaire, ils ſont fort différents les uns des autres: j'ai déja eu occaſion d'en parler précédemment, comme on peut le voir à la fin du huitieme Chapitre de la troiſieme Section, page 480. Je me bornerai ici à parler de quelques eſpeces de la famille des *Sparus*; & je remettrai à traiter ailleurs de ceux qui ont des ailerons ſur le dos.

§. 1. *Du Prêtre de Biarritz.*

M. de Borda a reçu de Bayonne un petit poiſſon du genre des *Tourdes*: la plus grande partie de ſon corps étoit d'un beau jaune-citron, & il avoit près les nageoires de la poitrine, une grande tache d'un beau bleu-céleſte; les nageoires & les ailerons étoient de la même couleur. On les nomme à Biarritz *Prêtres* ou *Capone.* Dans un Mémoire de Raguſe, on donne comme ſynonyme de *Caponi*, *Galli Marini*, & ils ſont nommés à Antibes *Capoue*: je ſoupçonne que c'eſt de ce nom que dérive le terme de *Caponi*; mais dans un Mémoire de Véniſe, il eſt dit que le *Capo*, *Capou*, *Caponi*, eſt ce qu'on appelle *Rouget*, & doit être renvoyé au genre des *Mullus*, ce qui ne me paroît pas probable. Ils ont au fond de la gueule trois oſſelets triangulaires chargés d'aſpérités, un à la mâchoire d'en bas, les deux autres à celle d'en haut.

On trouve aux environs de Dax, quelques foſſiles qui ont du rapport avec ces oſſelets.

§. 2. *Du Prêtre* ou *Spret de Calais*

Le *Prêtre* ou *Spret* de Calais, *fig.* 7; *Pl. VIII*, eſt un fort petit poiſſon de deux pouces de longueur, qu'on nomme *Blanquet* en Normandie, parce qu'il eſt blanc. Il y a apparence, vu la proximité qu'il y a entre Calais & l'Angleterre, que *Spret* eſt le mot Anglois *Sprat* défiguré. Anderſon penſe que le Spret eſt un petit Hareng ou une eſpece de Sardine.

On donne ſur les côtes le nom de *Prêtre* ou *Preſtra* ou de *Moine*, à quantité d'autres poiſſons très-différents. Je rapporte ceux-ci, parce qu'ils ont le caractere des *Sparus*, & quelques rapports avec les Scares: il y auroit de quoi faire un volume entier, ſi l'on détailloit ce qui regarde les petits poiſſons qui ſont en grand nombre au bord de la mer.

Article Troisieme.

Des Tourdes, Turdus*,* Turdo.

On trouve dans les Auteurs des indications de pluſieurs Poiſſons qu'ils ont compris ſous la dénomination générique de *Tourdes*: Rondelet en fait mention d'une douzaine. Belon en indique pluſieurs différents de ceux de Rondelet. La plûpart de ces Poiſſons ſont peu comprimés ſur les côtés, & la forme de leur corps approche aſſez ſouvent de celle des Harengs: ils n'ont pas la tête fort groſſe; leur muſeau eſt plus ou moins pointu, leur gueule aſſez petite; ils ont un grand aileron ſur le dos, dont une partie des rayons ſont durs & piquants, & les autres flexibles; un aileron moins grand derriere l'anus qui s'étend preſque juſqu'à l'origine de celui de la queue, lequel eſt ſouvent coupé quarrément ; une nageoire derriere chaque ouie , & deux sous le ventre, la plûpart ont des écailles de couleurs très-variées & fort brillantes. D'après tous ces caracteres , ils doivent être placés avec les *Sparus* ; mais comme ils ne sont pas demi-plats , & que la plûpart sont assez petits, nous ne les avons pas compris dans le second & troisieme Chapitre ; il convient mieux d'en dire un mot dans le quatrieme ; & nous en formerons, comme presque tous les Auteurs, une famille particuliere sous le nom de *Tourdes*, *Turdus*. Il est bon de prévenir qu'on ne distingue la plus grande partie des Poissons de cette famille , que par des noms de fantaisie que les Pêcheurs leur ont donnés à l'occasion de quelques caracteres qui les ont frappés , & qui leur ont paru avoir du rapport avec des animaux d'autre genre , principalement des oiseaux , tels que Grive , Merle , Paon , Perroquet de mer, &c. Je ne parlerai ici que de quelques-uns.

§. 1. *Du Cor* , *Durdo* ou *Corbeau*.

On donne en Languedoc ces différents noms à un poisson de mer à écailles, qui a quelque ressemblance avec la Daurade ou le Nigroil ; il a quelquefois plus d'un pied & demi de longueur, ainsi il n'appartient pas exactement au genre des Tourdes ; & si je l'ai compris ici, c'est à cause de la comparaison qu'on en a fait avec un oiseau. Son dos est plus voûté que celui du Nigroil & de la plûpart des poissons de la famille des *Sparus*. Sa tête , au sortir de l'eau, est de couleur changeante noire, avec quelques reflets d'or; ses écailles sont grandes & larges tirant au noir : ses yeux sont grands , les nageoires de derriere les ouies sont grandes & larges ; celles de dessous le ventre le sont encore plus ; elles sont noires.

Le grand aileron du dos est fort large & composé de forts rayons ; il paroît former deux ailerons ; mais en y prêtant attention , on voit que la membrane qui joint le rayon est continue : l'aileron de derriere l'anus est petit ; mais formé de rayons longs , forts & piquants.

Ces poissons vont par troupe, & hantent les bords de la mer ; c'est pourquoi on les prend avec le boulier.

Les grands ne sont pas un aussi bon manger que ceux de moyenne taille. On trouvera entre les poissons de la Guadeloupe, une autre espece de poisson nommé *Colas* ou *Corbeau*.

§. 2. *Généralités sur les Poissons qu'on nomme à Toulon* Tourdes.

M. Barry m'écrit qu'entre ces Poissons qu'on nomme souvent *Roquiers* ou *Roquaux* en Provence , il y en a principalement trois de couleurs différentes ; savoir , de noirs , de bruns tachetés de roux ou de gris , & d'autres de verd. Il ajoute que les noirs qui ne quittent pas les rochers pourroient être appellés *Corbeaux de mer* ; ce sont les plus gros ; car il y en a qui pesent jusqu'à cinq livres ; on les appelle à Toulon *Tourdoureaux* : le brun tiqueté vit dans les fonds pierreux , & à cause des mouchetures, on les appelle *Grives* , ou suivant l'idiome Provençal , *Tourdes* ; le verd vit dans le goesmon, & est quelquefois appellé *Perroquet*.

Nous avons jugé que ces généralités étoient trop superficielles , ainsi nous allons entrer dans quelques détails.

Quoique je ne me propose pas de parler de toutes les especes de Tourdes dont les Auteurs ont fait mention , je crois devoir prévenir qu'Artédy nomme *Merle* ou *Merlo*, un Poisson saxatile dont les ailerons sont épineux. Il dit que la couleur du Merle est violette, & celle de la femelle noirâtre.

§. 3. *De la grande Grive* ou *petite Vieille,*
peut-être Auriole de Languedoc.

Ce poisson que les uns appellent *grande Grive*, & d'autres *petite Vieille*, ne devient jamais aussi gros que la Vieille ou la Carpe de mer dont j'ai parlé plus haut. Les plus gros n'ont pas un pied de longueur, & le plus souvent beaucoup moins. Quand ce poisson, *Pl. VII*, *fig.* 7, est en vie, il est rouge-pâle, presque couleur de chair, parsemé de taches brunes, les unes plus foncées que les autres, avec des reflets verdâtres qui s'étendent sur tout le poisson; la gueule est petite, & pour sentir ses dents avec le doigt, il faut écarter les levres avec force. Une teinte verdâtre qui s'apperçoit sur ce poisson, a engagé quelques Auteurs à le nommer *Tanche de mer*; mais je crois que ce nom ne lui convient pas aussi bien qu'aux Courlasseaux du Croisic, dont nous avons parlé Chapitre III; ses yeux sont petits, la prunelle est d'un beau bleu quand le poisson est en vie; quand il est mort, mais encore frais, elle devient d'un verd d'émeraude; l'iris est jaune; le ventre blanc, chargé de taches de même couleur que celles du dos, quelques-unes seulement sont plus grandes & plus brunes; on les a comparées aux taches qu'on voit sur le jabot des Grives: l'aileron du dos est chargé des mêmes taches; de plus on apperçoit au bord une teinte rouge.

Les taches qui sont sur l'aileron du ventre, derriere l'anus, sont d'un rouge orangé tirant au jaune; la membrane des nageoires de derriere les ouies, est fort mince, & a une teinte rouge très-légere; l'aileron de la queue n'est pas échancré, & il a à peu-près la même couleur que le ventre: il y a sur les côtés une raie latérale qui prend sa naissance derriere les ouies, à la hauteur des yeux; elle forme une courbe, & aboutit à l'aileron de la queue, partageant en cet endroit le corps du poisson en deux parties égales.

Les écailles sont assez grandes, néanmoins on ne les distingue aisément que quand le poisson est un peu desséché, parce qu'ils sont, comme aux Tanches, couvertes d'une mucosité qui empêche de les sentir & d'en distinguer les bords. M. Barry dit qu'il y a à Toulon un poisson qui ressemble fort à notre grande Grive de mer, *Pl. VII*, *fig.* 7, excepté qu'il est plus grand, puisqu'il y en a qui pesent six livres; sa forme paroît un peu plus allongée: il y en a de différentes couleurs, entr'autres, les uns sont verds tiquetés de jaune, & d'autres jaunes tiquetés de

verd. On le nomme *Sayre*; mais comme le nom de Vieille, n'est pas connu à Toulon, je soupçonnerois que ce poisson est une espece de Vieille.

§. 4. *Du Perroquet de mer*, Turdus Psittacus.

J'ai déja prévenu que les poissons dont on a fait une famille sous le nom de *Tourdes*, ont assez ordinairement un caractere général que j'ai détaillé, & que suivant différentes particularités, les Pêcheurs leur donnent des noms arbitraires; de ce genre est celui dont il s'agit, qu'ils ont nommé *Perroquet*, principalement parce qu'il y a une teinte verte qui s'apperçoit en beaucoup d'endroits de son corps, & même qui subsiste quand le poisson est desséché: l'aileron du dos, *Pl. VII*, *fig.* 4. tire au verd; le dos est brun, le ventre est jaunâtre; & depuis le derriere des ouies jusqu'à la queue, on apperçoit plusieurs traits verds assez réguliérement distribués: il a des petites taches répandues sur tout son corps: il est rare sur la côte de haute Normandie. Ce poisson a en général, une forme allongée & conique depuis le derriere de la tête jusqu'à l'articulation de la la queue; les rayons qui forment l'aileron du dos sont de longueur inégale, il y a surtout un petit enfoncement à l'endroit, où finissent les rayons durs & où commencent les flexibles; les nageoires branchiales sont un peu allongées; & lorsqu'il a la gueule ouverte, l'extrémité de la mâchoire supérieure se releve un peu en haut, ce qu'on a peut-être comparé, assez mal-à-propos, au bec d'un Perroquet. J'ai déja dit que ces dénominations qu'adoptent les Pêcheurs, sont fort arbitraires, & sujettes à varier; car M. Fougeroux de Bondaroy m'a rapporté des côtes de Picardie un poisson, *fig.* 5, assez différent de celui dont je viens de parler, & que les Pêcheurs nomment *Pérot* ou *Cato*, & aussi *Perroquet de mer*: je l'ai fait dessiner avec soin, & il me paroît assez semblable pour la forme à la cinquieme espece de Tourdes de Rondelet. Le Professeur Ascanius a représenté dans son second Cahier de l'Histoire Naturelle du Nord, *Pl. XIV*, un poisson de ce genre qui est d'une grande beauté; il le nomme *Roze* ou *Carousse de mer*. Je m'abstiendrai d'insister sur les formes différentes des poissons qu'on a nommés *Perroquets de mer* sur différentes côtes.

Le Poisson qu'on nomme *Perroquet* en Afrique est du genre des Bourses; ainsi il ne ressemble point aux poissons du genre des

Tourdes. En Amérique on donne le nom de *Perroquet de mer* à un poiſſon qui a du rapport à la Carpe, dont les écailles ſont très-variées, & fort belles, ſa chair eſt blanche, ferme & agréable au goût.

M. Barry dit qu'on prend à Toulon un très-petit poiſſon d'un verd-de-mer clair qui reſſemble à la figure 5 de la Planche VII, & qu'on nomme *Saurel*, comme qui diroit *Fouilleur*, parce qu'avec ſon muſeau qui eſt pointu, il fouille dans le ſable. M. Porquet le cadet m'a écrit de Calais qu'on lui avoit apporté un très-beau poiſſon que quelques-uns nommoient *Perroquet* : il avoit trois pouces de longueur ; ſa tête étoit groſſe, ſa queue menue, le dos étoit d'un beau verd-de-mer, le ventre d'un verd-pâle, les yeux rouges, les levres jaunâtres, les ailerons & nageoires d'un verd foncé ; quelques-uns le nomment *Perroquet*. Je ſoupçonne que ce poiſſon ſe nomme à Bordeaux *Teſtard* ou *Prêtre*.

M. de Borda dit qu'on lui avoit apporté de Bayonne un poiſſon totalement verd, que quelques-uns nommoient *Vieille*. Je ne crois pas que ce ſoit le Corlaſſeau du Croiſic, qui effectivement eſt verdâtre comme la Tanche.

On appelle ſur les côtes de Flandres, *Perroquet de mer* ; un petit poiſſon qui n'a que trois pouces de longueur ; ſa tête eſt groſſe, ſa queue eſt menue, le dos eſt d'un beau verd-de-mer, le ventre d'un beau verd-pâle, les yeux rouges, les levres qui bordent la gueule ſont jaunâtres, les ailerons & les nageoires ſont d'un verd plus ou moins foncé. Ce poiſſon que je n'ai pas vu, me paroît confiner aux petits poiſſons qu'on nomme *Goulards* ou *Teſtards*.

Par ce que nous venons de dire, on voit qu'on a donné le nom de Perroquet de mer à quantité de poiſſons très-différents les uns des autres ; même dans l'Hiſtoire des Voyages, Tome 3, on donne ce nom à un poiſſon qui a deux ailerons ſur le dos.

§. 5. *Du Paon de mer*, Turdus Pavo.

L'eſpece de Tourdes qu'on nomme *Paon*, *Pl. VII*, *fig.* 8, eſt variée de bien des couleurs différentes : on apperçoit des teintes fort rouges ſur les côtés, & du verd ou du bleu changeant comme le cou du Paon, ce qui l'a fait nommer le *Paon de mer* ; ſa gueule eſt petite ; la tête eſt de la même couleur que le corps, étant toute émaillée de bleu, de rouge-foncé, de canelle, de jaune-verdâtre ; les couleurs les plus obſcures ſont vers le dos : l'aileron de la queue n'eſt pas fendu, & il s'étend comme un éventail, ce qui fait que ſon extrémité eſt un peu arrondie ; les yeux ſont aſſez grands, la pru-

nelle eſt d'un bleu foncé, l'iris eſt jaune-doré.

Les petites nageoires de deſſous la gorge ſont d'un bleu-pâle avec des mouchetures couleur de canelle ; il y a de ces taches répandues ſur tout le corps, & même çà & là ſur les ailerons.

M. Barry dit qu'il y a à Toulon un petit Rochau qui ſe trouve aſſez ſouvent dans les goëmons qu'on a nommé *Lucran*, & qui reſſemble parfaitement à notre Paon, *Pl. VII*, *fig.* 8.

Le Profeſſeur Aſcanius a repréſenté dans ſon ſecond Cahier de l'Hiſtoire Naturelle du Nord, *Pl. XII*, un poiſſon d'une beauté admirable qu'il nomme *Paon rouge*. Il ne faut pas être ſurpris s'il y a quantité de petits poiſſons que les Pêcheurs nomment *Paon*, *Perroquet*, &c. auſſi-tôt qu'ils prennent des poiſſons qui ont de belles couleurs, ils leur donnent ces noms, où ils les mettent au nombre des Demoiſelles, dont nous parlerons dans la ſuite.

Selon Artédy, Von-Linné, Gronovius, &c. les Paons, les Aurioles, les Tourdes, &c. ſont des *Labrus*. Le Docteur Aſcanius va juſqu'à les regarder comme de ſimples variétés de ſon *Labrus - Bergylta*, croyant appercevoir dans la forme du muſeau de ces poiſſons quelque choſe qui a du rapport avec un grouin de porc : en expliquant le terme de Bergylta, il fait alluſion à l'expreſſion Danoiſe Berg-ilte, qui ſignifie tête de Verrat.

§. 6. *De la Canadelle qui a quelque reſſemblance avec le Canus & que quelques-uns ont mis au nombre des* Tourdes.

Je ſavois bien qu'il y avoit en Provence un poiſſon connu ſous le nom de *Canadelle*, je l'avois deſſiné & décrit ſur les lieux : néanmoins appréhendant de me tromper, j'ai envoyé ma deſcription à Toulon, priant M. Garnier d'en conſtater l'exactitude : comme il l'a approuvée, je vais la donner telle que je la trouve dans mes Mémoires.

On appelle *Canadelle* en Provence, un petit poiſſon qui n'a guere que quatre pouces ou quatre pouces & demi de longueur totale *A B*, *Pl. VII. fig. 6.* la largeur verticale du poiſſon à l'à-plomb de *G G*, eſt de treize à quatorze lignes.

Du bout du muſeau au derriere des opercules des ouies, il y a environ douze lignes ; au centre des yeux ſix lignes ; il y a derriere chaque ouie une nageoire *E*, aſſez large eu égard à la groſſeur du poiſſon ; & ſous le ventre, plus près de l'anus que du muſeau, deux autres nageoires *G*, plus petites que celles des ouies.

L'anus *L*, eſt à peu-près à la moitié de la longueur totale du poiſſon.

Preſque

Preſque immédiatement derriere , il y a ſous le ventre un aileron *L H*, qui s'étend juſqu'à une petite diſtance de l'aileron de la queue ; ſa longueur à l'attache au corps eſt d'environ un pouce, & les nervures de cet aileron, ſur-tout du côté *L*, ſe terminent en pointe ; l'aileron de la queue n'eſt point fourchu, il eſt coupé preſque quarrément, il a huit à neuf lignes de longueur ; ſa couleur tire au blanc.

Il y a ſur le dos un grand aileron *C D K* d'environ deux pouces d'étendue , à ſon attache au corps ; les rayons du côté de *C*, ſont piquants ou pointus juſques vers *D*, les autres juſqu'à *K*, ſont rameux & flexibles.

Les écailles ſont brunes vers le dos ; cette couleur s'éclaircit ſur les côtés, & elles ſont blanches ſous le ventre ; il y a çà & là des taches brunes diſtribuées irréguliérement ; & de chaque côté une raie qui s'étend depuis le derriere des ouies juſqu'à l'origine de l'aileron de la queue. C'eſt un mauvais petit poiſſon rempli d'arêtes, dont néanmoins le peuple fait uſage.

On le prend dans les étangs avec des naſſes : on voit qu'à la grandeur près, il a aſſez de rapport avec le *Sarguet* ; néanmoins, il eſt proportionnellement moins large ; car la longueur du Sarguet eſt environ trois fois ſa largeur, au lieu qu'il faut quatre fois la largeur de la Canadelle, pour faire ſa longueur ; de plus, l'aileron de la queue du Sarguet eſt fourchu, & celui de la Canadelle eſt coupé quarrément : Belon dit qu'il y en a de différentes couleurs. M. Barry a approuvé ma deſcription, & même la figure 6 de la Planche VII, excepté qu'il trouve la tête trop groſſe, & que le muſeau ne ſe termine pas aſſez en pointe : il ajoute qu'il y a des Canadelles griſes & d'autres vertes.

§. 7. *Du Goujon de mer.*

A l'occaſion des petits poiſſons dont je viens de parler, il ne ſera pas hors de propos de dire qu'on pêche à l'embouchure de la Charente où l'eau eſt toujours ſaumâtre, des Goujons qui ne different de ceux qu'on prend au haut de cette riviere où l'eau eſt toujours douce, que par la couleur des ailerons & nageoires qui ſont beaucoup plus rouges aux Goujons qu'on prend dans l'eau ſalée ou au moins ſaumâtre, qu'à ceux qui ſe tiennent dans l'eau douce : la forme de ces deux poiſſons étant la même, j'ai cru pouvoir me diſpenſer de faire graver celui-ci, en renvoyant à la ſeconde Partie, Section III, *Pl. XXIII.* M. Niou, ſous-Ingénieur de la Marine à Rochefort, qui m'en a envoyé un, a approuvé la deſcription qui ſuit.

Il avoit cinq pouces cinq lignes de longueur totale ; du muſeau au derriere des ouies, un pouce une demi-ligne. L'aileron du dos commence à deux pouces ſept lignes du bout du muſeau ; ſon étendue à l'attache au corps eſt d'un peu moins d'un pouce, & il eſt formé à peu-près de dix rayons ; à un pouce neuf lignes de la fin de l'aileron du dos commence celui de la queue qui a un pouce de longueur. Les nageoires branchiales ont leurs articulations près du ventre ; elles ont onze lignes de longueur. L'articulation des nageoires ventrales eſt à deux pouces deux lignes du bout du muſeau, & l'anus à un pouce de leur articulation.

Immédiatement derriere eſt l'aileron du ventre qui a huit lignes d'étendue à ſon attache au corps ; le centre de l'œil eſt à cinq pouces du bout du muſeau ; dans cet eſpace & à la partie ſupérieure de la tête, ſont les narines. La largeur verticale du poiſſon derriere les opercules des ouies, eſt de treize lignes ; à l'à-plomb des nageoires ventrales d'un pouce ſix lignes ; à l'à-plomb de l'anus de quatorze lignes ; à la naiſſance de l'aileron la queue, de ſix lignes. La courbure des raies latérales n'eſt point parallele à celle du dos : en conſidérant le poiſſon en différents ſens, on apperçoit quelques bandes qui ſuivent la longueur du corps.

Le dos eſt d'un gris un peu brun, qui néanmoins a des reflets argentés : ces couleurs s'éclairciſſent, en approchant du ventre qui eſt d'un beau blanc ; on apperçoit du rouge vif ſur les ailerons & nageoires. Ce poiſſon fait un aſſez bon manger quand il a dix à douze pouces de longueur. Par ce que nous venons de dire, on voit que le Goujon que nous venons de décrire, eſt fort différent du Boulerot de Rondelet qu'il nomme auſſi Goujon de mer, & qui a deux ailerons ſur le dos.

M. Gouan eſt auſſi de ce ſentiment ; & effectivement entre les Auteurs qui ont parlé du Goujon de mer, les uns veulent qu'il n'ait qu'un aileron, & d'autres deux. On prend ce poiſſon dans les étangs ſalés.

ARTICLE IV.

Des Demoiselles ou *Donzelles*; Julis, Girella.

DANS presque tous les Ports où j'ai été on m'a fait voir des Poissons qu'on y nommoit *Demoiselles*, mais qui étoient très-différents les uns des autres. A Brest, à Saint-Nazaire & ailleurs, on donne ce nom à un Poisson qui a quelque rapport avec le Requin, principalement par la forme du corps. Ailleurs, on appelle ainsi la petite Vieille ou la grosse Grive de mer, *Pl. VII. fig.* 7, lorsqu'elle a de belles couleurs; car on est disposé à nommer *Demoiselles* tous les Poissons qui ont des couleurs éclatantes & variées; c'est pourquoi on met souvent au nombre des *Demoiselles*, les *Scares* ou les *Tourdes*, lorsque leurs écailles sont agréablement variées, quoiqu'ils soient de familles entiérement différentes. Je n'ai garde d'entreprendre de faire une énumération de tous les Poissons qui portent ce nom, même de ceux qui sont de la famille des *Sparus* : je me bornerai à donner une notice abrégée de quelques-uns, ce qui suffira pour faire voir que cette dénomination ne désigne point une espece particuliere de Poisson.

§. 1. *De la Demoiselle de Cette.*

M. Poujet m'écrit qu'on donne à Cette le nom de *Demoiselle* à un joli petit poisson, couleur de rose, qui lui paroît appartenir à la famille des *Tænia*.

§. 2. *De la Demoiselle à Antibes.*

A Antibes, la *Demoiselle* est un petit poisson qui n'est guere plus long que le doigt, & assez menu : sa tête est petite, son museau un peu pointu ; ses écailles sont de diverses couleurs, le dos violet, les côtés bleus, le ventre blanc tirant un peu au jaune ; les lignes latérales qui sont dorées, ne font pas un trait uniforme, mais de petits zigzags ; au reste l'aileron du dos est très-long & formé en partie de rayons piquants ; celui de derriere l'anus est souple & moins étendu ; l'aileron de la queue est coupé quarrément : les nageoires sont situées derriere les ouies & sous la gorge comme aux Tourdes : les yeux sont petits & ronds.

L'anus est situé à peu-près au milieu de la longueur du corps ; l'aileron qui le suit, s'étend jusques tout près celui de la queue.

On dit qu'ils courent après ceux qui se baignent, qu'ils les mordent ; & comme ces poissons vont en grande compagnie, ils les incommodent fort, se rassemblant autour d'eux comme des guêpes. Rondelet dit qu'en se baignant à Antibes, il en avoit été assailli

& fort incommodé. Ceux qu'on pêche autour des rochers éloignés du rivage, sont beaucoup meilleurs que ceux qu'on prend auprès de la côte.

§. 3. *De la Demoiselle de Belon*

Belon dit que la *Donzella* ou *Demoiselle* est la *Zigurella* de Gênes ou *Julis* ; que ce petit poisson a les plus belles couleurs de l'arc-en-ciel ; il est menu ; sa longueur est au plus de quatre pouces. On apperçoit sur son corps des lignes droites bleues, vertes, jaunes, rouges & noires. Les ailerons du dos & du ventre sont de différentes couleurs ; ses yeux sont petits, la prunelle noire, l'iris rouge ; ses dents sont blanches, menues & crochues ; ses levres sont épaisses ; sa chair est délicate. On le prend communément avec les hameçons ; il est solitaire. J'ai tant vu de petits poissons en Provence & en Languedoc qui avoient des couleurs admirables, que je ne puis me former une idée précise de la Donzelle que décrit Belon.

§. 4. *De la Demoiselle de Belle-Isle.*

M. de Montaudouin me marque qu'on nomme auprès de Belle-Isle, *Demoiselle*, un poisson qui peut avoir au plus neuf à dix pouces de longueur totale ; que sa tête est terminée par une grande gueule, la mâchoire inférieure plus courte que la supérieure ; l'œil

fort petit est élevé sur la tête, & au-dessus
il y a une éminence au crâne ; le corps est
fort large ; un grand aileron épineux sur le
dos, un moins grand sous le ventre derriere
l'anus ; l'aileron de la queue fourchu ; une
nageoire derriere l'opercule des ouies, deux
moins grandes sous la gorge : sa couleur est
brune. On m'écrit de Nantes que les écailles
sont rouge-pâle : on le prend aux haims
près des côtes, & aussi au large : on le mange
frais. Je ne vois que la couleur rouge qui ait
pu lui faire donner le nom de *Demoiselle* ;
s'il étoit de couleur brune, il me semble que
ce poisson auroit quelque ressemblance avec
le *Tanado*, ou le *Cantheno*, dont parle
Rondelet ; car par la forme de son corps, il
approche du Sparaillon.

§. 5. *De la Demoiselle de Toulon.*

M. Barry m'écrit que la Girelle, ou *Donzelle* de Toulon, est un petit poisson dont
le plus gros ne pese pas quatre onces ; qu'il a
le dos brun ; une large raie dorée qui commence à la pointe du museau, traverse l'œil
& se prolonge jusqu'à la queue ; le ventre
est blanchâtre ; la gueule petite, & terminée par des dents très-fines & aiguës. Elle
se tient dans le goêmon, & se nourrit d'insectes : c'est un manger très-médiocre.

§. 6. *De la Demoiselle, suivant les Voyageurs.*

On appelle *Demoiselle* aux Indes Orientales, un petit poisson armé d'aiguillons, dont
les écailles brillent de plusieurs belles couleurs, celle de la rose, le bleu, le violet :
malheureusement sa bonté ne répond pas à
sa beauté, qui lui a fait donner le nom de
Demoiselle. J'ai prévenu que je ne parlerois
pas des Demoiselles, qui ayant deux ailerons
sur le dos, ne doivent pas être compris dans
cette quatrieme section ; mais on trouvera
dans un Chapitre particulier les poissons
qu'on nomme *Demoiselles* à la Guadeloupe.

A R T I C L E V.

Du Pilote.

O N nomme ainsi un poisson de mer,
Planche IV, *fig.* 4, & *Planche IX*, *fig.* 3,
qui a depuis six jusqu'à dix & onze pouces de
longueur *A E* : comme il suit volontiers les
Vaisseaux, & que souvent on l'apperçoit vers
l'avant, on a imaginé qu'il guidoit leur route,
& même qu'il les conduisoit jusques dans le
Port. De cette idée, qui n'est rien moins
que vraisemblable, on a jugé à propos de
le nommer *Pilote* ; mais ce nom lui convient
mieux quand on considere sa manœuvre à
l'égard du Requin, ce qui paroît avoir été
plus attentivement observé. Effectivement
on voit de ces poissons qui nagent un pied &
demi ou deux pieds au-dessus du museau des
Requins ; quelquefois il s'en rassemble plusieurs autour d'un Requin, & en ce cas il y
en a toujours un qui occupe le poste que nous
venons d'indiquer, & celui-là suit exactement tous les mouvements du Requin. Si ce
poisson vorace se renverse pour attraper sa
proie, le Pilote fait un écart ; mais aussi-
tôt que le Requin a repris sa premiere situation, le Pilote reprend aussi son poste ; &
bien des gens se sont fait un plaisir de consi-
dérer la manœuvre réciproque de ces deux
poissons : mais les uns prétendent que c'est le
Pilote qui guide le Requin, & qui le détermine à faire ces différents mouvements ; d'autres, au contraire, pensent que les mouvements du Pilote sont une suite de ceux du
Requin. Suivant moi, ce dernier sentiment
doit prévaloir : effectivement, il est sensible
que le Requin n'a aucun avantage à espérer
du voisinage du Pilote ; au lieu que ce petit
poisson trouve son compte à accompagner le
Requin, qui dévorant tous les poissons qu'il
peut attraper, laisse toujours échapper quelque chose dont le Pilote fait son profit :
d'ailleurs ce petit poisson n'ayant aucune dé-
fense, peut se trouver en sûreté dans le voisinage d'un poisson vorace qui effarouche ceux
qui font tous leurs efforts pour l'éviter ; &
par ce moyen le Pilote est sous sa sauve-
garde. Le Pilote n'a ainsi à craindre que le
Requin, & il est assez vif pour l'éviter, s'il
tentoit de s'en saisir ; ce qui est justifié par la
manœuvre que fuit le Pilote, lorsque le Requin se renverse pour saisir quelque poisson.
Si l'on veut regarder ce que nous venons de
dire comme une conjecture, je crois que
l'on conviendra qu'elle n'est pas dénuée de
vraisemblance.

Quelques-uns ont cru trouver de la ressemblance entre la forme du corps du Pilote &
celle du Maquereau ; mais cette comparaison me paroît fort éloignée : sa tête
A B, *Planche IV. figure* 4, & *Planche IX,
figure* 3, est à-peu-près de la même grosseur que la partie du corps qui lui est conti-
guë ; le museau est un peu allongé ; sa gueule
est médiocrement grande ; la mâchoire inférieure est un peu plus longue que la supérieure : ce poisson a un grand aileron *C D*
sur le dos, un moins grand *F G* sous le ventre derriere l'anus ; l'un & l'autre s'étendent
presque jusqu'à la naissance de l'aileron de la
queue *E* qui est fourchu : il a une nageoire

H derriere chaque ouie, & deux *I* sous le ventre; ainsi il a tous les caracteres des poissons que nous comprenons dans cette quatrieme Section: mais il est rond, & il n'a point d'écailles; sa peau est comme formée par des bandes alternativement brunes *K*, & d'autres *L* tirant au blanc, comme s'il étoit entouré de rubans de ces différentes couleurs; les bandes blanches sont un peu plus étroites vers le dos que sous le ventre où elles se touchent presque. Enfin on dit que ce poisson fait un manger assez agréable; *A* est l'œsophage coupé; *B* l'estomac; *C* le pylore; *D* le commencement du boyau

ouvert; *E* quatorze appendices vermiculaires qui aboutissent au trou qu'on voit dans l'intérieur de l'intestin; *F* la vésicule du fiel; *G* le canal colidoque; *H* les canaux hépatiques; *I I* les deux lobes du foie renversés; *L L*, *fig. 5*, la laite formant deux lobes qui se joignent vers la partie inférieure ou cloaque *K* par un seule mamelon; *M M* la partie postérieure du même lobe de la laite; *fig 6*; *N N* les vaisseaux déférents qui finissent vers l'extrémité, & dont l'un est représenté ouvert, pour faire voir par où la semence passe des vésicules *M* dans le vaisseau spermatique *N*.

ARTICLE VI.

Du *Sucet* ou *Remore*; Remora.

LE poisson, *Pl. IV*, *fig. 5*, qu'on nomme ainsi, n'a guere que six à sept & rarement dix pouces de longueur *A B*; son épaisseur verticale est à-peu-près un sixieme de sa longueur; sa tête est applatie; sa gueule est assez grande, la mâchoire de dessous est plus longue que la supérieure, l'extrémité en est un peu relevée vers le haut; les mâchoires sont garnies d'une infinité de dents très-fines & très-serrées; ses yeux *C* sont petits, leur iris est d'un jaune-brun; il a sur le dos un aileron *E D*, qui commence environ vers la moitié de sa longueur, & s'étend jusques tout près de la naissance de l'aileron de la queue *A* qui est fourchu; il a sous le ventre un aileron *F G* qui est à peu-près semblable, pour l'étendue & la forme, à celui du dos; de plus, une nageoire arrondie *H*, derriere chaque ouie, & deux *I* sous le ventre, qui se terminent en pointe; ainsi il a les caracteres qui conviennent aux poissons que nous comprenons dans la quatrieme Section: il est brun tirant au noir vers le dos, & blanc sale sous le ventre. On dit que dans l'eau, il est de couleur d'ardoise; il est entiérement enduit d'une substance visqueuse comme l'Anguille; mais ce qui le caractérise, est une piece plate *K*, placée en partie sur la tête, & en partie sur le commencement du corps; au moyen de laquelle il s'attache à de gros poissons ou à la carêne des vaisseaux; la face extérieure de cette espece d'écusson est garnie de quinze ou dix-huit lames dentées par leurs bords; ces lames peuvent, à la volonté du poisson, s'incliner vers la queue, se couchant les unes sur les autres: d'où il résulte que si on le tire par la queue, les lames se redressent, les pointes entrent dans le corps où elles se sont attachées, & elles forment une grande résistance: au contraire, si on le tire par la tête, les lames se couchent les unes sur les autres, les poin-

tes se détachent du corps où le poisson tient, & il est aisé de l'enlever. Il résulte delà que quand il s'est attaché à un vaisseau ou à un poisson, plus le vaisseau fille avec vîtesse, plus le poisson nage vîte, & plus aussi le Remora tient au vaisseau ou au poisson.

On prétendoit anciennement que quand un Remora s'étoit attaché à la carêne d'un vaisseau, il en diminuoit considérablement le sillage. Quelques-uns même ont porté l'exagération jusqu'à dire qu'il arrêtoit un vaisseau en pleine mer; mais c'est une idée si destituée de vraisemblance, qu'elle ne mérite pas qu'on y fasse attention. Quelquefois le Remora n'abandonne pas volontiers le poisson auquel il s'est attaché, puisqu'on a vu mettre à terre un Requin sur lequel étoit un Remora qui, quoique tiré de l'eau, ne l'avoit pas quitté.

On prétend que ce poisson se nourrit des viscosités qu'il trouve sur les corps auxquels il s'est attaché: ce qui fait qu'on le nomme *Sucet*; d'autres lui ont donné ce nom, parce qu'ils croyoient que son adhérence aux différents corps, se faisoit par une succion, ce qui n'est point du tout d'accord avec les observations que nous avons rapporté plus haut. Comme ce poisson est rare sur nos côtes, je n'en ai point ouvert pour examiner ce qui se trouvoit dans son estomac: on m'a assuré qu'il étoit assez bon à manger. Ce que je viens de dire du Remora est très-différent de ce que rapportent Rondelet & Belon; mais le dessin & la description ont été faits sur le poisson même.

On voit aussi dans les Planches de l'Histoire générale des Voyages, qui sont après la page 302 du Tome 3, la figure d'un Remora ou Suceur de la côte d'Afrique qui ne ressemble nullement à celui que nous avons représenté: mais après toutes les notions que j'ai acquises sur ce singulier poisson, j'ai

peine

peine à me perſuader de l'exactitude de cette figure. Au Tome IV, il eſt dit que depuis le Cap-Verd juſqu'à l'Iſle Saint-Thomas, on en trouve qui ont juſqu'à trois pieds de longueur, & qu'ils ſuivent en grand nombre les vaiſſeaux pour ſe nourrir de ce qu'on jette à la mer, même des excréments : néanmoins quand on les a écorchés comme les anguilles, la chair, qui en a un peu le goût, n'eſt pas déſagréable.

ARTICLE VII.

Des Poiſſons dorés de la Chine, que quelques-uns nomment Dorades Chinoiſes.

CE poiſſon que les Chinois nomment *Kin-tzu*, s'eſt tellement multiplié en Europe dans les baſſins, les réſervoirs, les viviers, même dans quelques rivieres, qu'il peut, en quelque façon, être regardé comme naturel à notre climat, ce qui m'engage à en parler dans ce Chapitre quatrieme : il eſt d'une beauté ſi frappante qu'à la Chine même on en éleve avec grand ſoin dans de petits étangs fort profonds qu'on conſtruit à ce deſſein, & dans certaines Provinces, on en fait un commerce avantageux ; car les Chinois riches, qui ſe plaiſent à en faire une décoration dans leurs maiſons, les achetent quelquefois aſſez cher.

Indépendamment de ceux qui ſe multiplient & s'élevent d'eux-mêmes dans les baſſins ou les viviers des jardins, on ſe fait un plaiſir d'en avoir dans des vaſes de porcelaine ou de cryſtal : en ce cas, il faut que ces vaſes ſoient grands, ſur-tout profonds.

Dans le mois de Mai, qui eſt la ſaiſon du frai, ſi l'on eſt attentif à ramaſſer avec un filet très-fin, celui qui flotte à la ſurface de l'eau pour le transporter dans un vaſe plein d'eau qu'on expoſe au ſoleil, on a le plaiſir de voir éclorre les petits poiſſons qui d'abord ſont noirs : quand ils ſont parvenus à la groſſeur du doigt, ils ſont d'un très-beau rouge avec des reflets d'or ou d'argent, & même nacré, qu'on apperçoit ſur-tout quand on les expoſe au ſoleil ; c'eſt alors qu'ils ſont dans leur plus grande beauté : il y en a qui deviennent gros comme de forts Harengs, mais leurs couleurs ne ſont plus auſſi brillantes que celles des petits. Pluſieurs prétendent que ces poiſſons ne mangent point l'hiver ; d'autres penſent que ſous la glace, ils ſe nourriſſent des inſectes qui s'attachent aux plantes aquatiques. Mais il eſt certain que ceux qu'on éleve dans des vaſes de cryſtal prennent peu d'aliments pendant l'hiver ; il ſuffit preſque de les changer d'eau tous les ſept à huit jours : mais dans cette opération, il ne faut pas ôter toute l'eau, & les laiſſer à ſec, la plûpart mourroient ; il faut ôter l'eau peu-à-peu, & la remplacer par de nouvelle qu'on doit tenir dans un vaſe pendant quelques heures, pour lui faire perdre ſa crudité avant de la donner aux poiſſons ; & quand on veut les changer de vaſe,

au lieu de les prendre à la main, il eſt mieux de ſe ſervir d'un petit filet dont les mailles ſoient aſſez ſerrées pour que l'eau ne s'échappe que peu-à-peu, afin qu'il y reſte de l'eau, juſqu'à ce qu'on les mette dans l'autre vaſe. On prétend que ceux qu'on a touchés avec les doigts, ainſi que ceux qui reſtent privés d'eau, même fort peu de temps, deviennent languiſſants, ce qu'on apperçoit à ce que leurs belles couleurs s'éteignent peu-à-peu, & ſe diſſipent entiérement quand ils ſont morts ; mais j'en ai transporté à la main d'un vaſe dans un autre, ſans qu'ils aient paru en ſouffrir.

Quelques-uns ſont dorés, d'autres argentés ; & ſuivant des Auteurs, ce ſont les femelles ; mais d'autres prétendent que les marques diſtinctives des femelles, ſont d'avoir les nageoires plus petites que les mâles, & des taches blanches auprès des ouies.

Aſſez ſouvent, lorſque l'hiver eſt paſſé, on met dans les viviers les poiſſons qu'on a pêché en automne, & conſervé l'hiver dans des vaſes. Mais ſi l'on veut en conſerver l'été dans des vaſes, il faut leur donner de la nourriture ; ce ſera une pâte faite avec de l'échaudé & du jaune d'œufs, comme celle qu'on donne au petits ſerins qu'on éleve à la brochette : on m'a aſſuré qu'ils étoient ſur-tout friands d'oublies, qui s'attendriſſant dans l'eau, forment une mucoſité qui leur eſt agréable : on dit auſſi qu'ils ſucent avec plaiſir la bave des limaçons ; & en ayant eu pendant pluſieurs années dans un réſervoir de pierre de taille, j'ai remarqué qu'ils étoient preſque continuellement occupés à ſucer le long des murailles la viſcoſité qui s'y attachoit.

Ce que je viens de dire ſur la façon de nourrir ces poiſſons dans des vaſes de cryſtal, eſt ſur le rapport d'autrui ; n'en ayant pas élevé de cette façon. Mais l'été, quand il fait chaud, ceux qui ſont dans des baſſins courent avec empreſſement après les appâts qu'on leur préſente, & même ils s'apprivoiſent aſſez pour reconnoître ceux qui ont coutume de leur en apporter. Il eſt bon quand on conſerve ces poiſſons dans des vaſes, de mettre au fond un peu de ſable fin, & un pot renverſé, percé de trous aſſez grands pour que les poiſſons y puiſſent paſſer

& s'y réfugier dans certaines circonstances, comme le font dans les trous de rocher, les poissons saxatiles. Ces poissons multiplient prodigieusement à la Chine, & même en Europe dans nos viviers; néanmoins ils sont fort délicats : pour peu, comme je l'ai dit, qu'ils restent hors de l'eau, ils meurent, ou au moins souffrent considérablement.

Nous avons prévenu qu'il n'y a pas autant de danger qu'on le prétend, de les toucher avec les doigts; le Pere du Halde dit avoir observé qu'il en mouroit toujours quelques-uns quand on tiroit du canon, & aussi quand on faisoit fondre du goudron : il est bien rare de les voir se multiplier dans les vases; je dis rare, car une personne de ma connoissance m'a dit en avoir eu deux petits dans un vase de crystal, où il en conservoit avec beaucoup de soin.

On prétend qu'à la Chine, ces poissons varient beaucoup dans leur forme, ou au moins qu'il y a des poissons dorés de bien des formes différentes : je n'oserois assurer qu'il en soit de même en Europe; mais il est certain que les poissons que nous élevons dans nos viviers varient beaucoup dans leurs couleurs, outre que tous les jeunes sont noirs, qu'il y en a de dorés & d'autres argentés, que les uns sont d'un rouge beaucoup plus foncé que d'autres; on en voit qui sont rayés de différentes couleurs ou comme rubannés; ils blanchissent en vieillissant.

J'en vais décrire un, *fig.* 1, que j'ai fait dessiner sur un poisson qui, par le nombre, la position, tant des aîlerons que des nageoires, est du genre des *Sparus*; il avoit cinq pouces de longueur totale *A B*, *figure* 1; sa largeur verticale étoit de quinze lignes; le dos & le ventre formoient des courbes à peu-près semblables, mais en sens contraire.

Vers le tiers de la longueur du dos du côté de la tête, commençoit le grand aîleron du dos, il étoit formé de quinze ou dix-huit rayons, dont un ou deux des premiers, du côté de la tête, étoient durs & piquants.

L'anus étoit à-peu-près aux deux tiers de la longueur du poisson du côté de la tête; immédiatement derriere étoit l'aîleron du ventre, moins grand que celui du dos; il étoit formé de sept rayons, dont le premier, du côté de l'anus, étoit dur & piquant; il y avoit deux nageoires derriere les ouies, & deux sous le ventre; l'aîleron de la queue étoit échancré en arc assez ouvert; à l'égard des yeux, la prunelle étoit noire, l'iris d'une belle couleur d'or, la tête d'un rouge très-brillant; la gueule avoit quelque ressemblance avec celle de la Carpe, mais elle étoit moins grande, & point accompagnée de barbillons; il n'y avoit point de dents dans la gueule; les lignes latérales étoient presque droites, les écailles larges, & souvent leur

couleur paroît un rouge-orangé qui couvre un fond d'or; mais, comme je l'ai dit, la couleur de ces poissons varie beaucoup. Le poisson que nous venons de décrire a tous les caracteres des *Sparus*; ce qui m'a déterminé à en parler ici.

J'ai prévenu qu'à la Chine il y avoit bien des poissons dorés qui avoient des formes très-différentes les uns des autres : on observe quelques-unes de ces variétés dans les poissons que nous élevons dans les viviers. Mais comme j'ai fixé mon attention à ceux qui étoient de la famille des *Sparus*, je ne parlerai point de ces bigarrures, & je me bornerai à rapporter celles dont parle Édouard, d'après un grand nombre de poissons dorés qui arrivoient de la Chine ou de l'Isle Saint-Hélene; je me restreindrai même à parler de quatre d'après Edouard.

Celui, *fig.* 2, qu'il dit avoir conservé vivant pendant vingt mois, avoit environ quatre pouces & demi de longueur totale *A B*, & deux pouces de largeur verticale, à la place du grand aileron du dos, il avoit quatre petits appendices triangulaires, bruns, & d'inégale grandeur *C D*, *E F*; une nageoire oblongue & rougeâtre *G* derriere les opercules des ouies; deux autres *H* un peu plus étroites sous le ventre, à-peu-près vers la moitié de la longueur du poisson; & leurs articulations étoient si proches l'une de l'autre, qu'elles se touchoient presque.

Aux deux tiers de la longueur du poisson, en allant vers la queue, étoit l'anus avec deux autres nageoires *K* un peu plus grandes que celles *H*; ces six nageoires, ainsi que l'aileron de la queue, étoient d'un rouge-clair; l'aileron de la queue *B* étoit assez grand, fort échancré, & il avoit un repli *L* seulement à la partie supérieure; les écailles étoient grandes & fermes; les lignes latérales relevoient par les deux extrémités & leur courbure étoit en sens contraire de celle du dos.

La tête étoit assez grosse proportionnellement à la taille du poisson, d'un rouge-vif; la mâchoire supérieure étoit un peu plus longue que l'inférieure; le museau étoit obtus, la prunelle noire, & l'iris rouge-orangé; le dos étoit d'un verd-brun; cette couleur s'éclaircissoit sur les côtés, où elle devenoit jaune couleur d'or.

J'ai un peu insisté sur ce poisson d'Edouard, parce qu'il ne s'écarte pas beaucoup des poissons du genre des *Sparus*; mais je traiterai des autres très-superficiellement, ne me proposant que de faire appercevoir qu'il y a bien des poissons que les Chinois nomment *Dorés* ou *Dorades*, qui different beaucoup entr'eux. Prévenu de cela, j'entre en matiere.

Edouard dit que le plus gros poisson qu'il eût vu entre ceux qu'on apporte de la

Chine, avoit huit pouces de longueur sur trois pouces de hauteur verticale à l'endroit le plus large de son corps ; il n'avoit point d'aileron sur le dos, ainsi que n°. 2 ; ce qui s'observe, dit-il, dans plusieurs poissons de cette famille ; il prétend que tous ces poissons ont plusieurs points de ressemblance avec la Carpe ; & il incline à penser qu'ils en sont des variétés : leurs narines, dit-il, sont des especes de petits tuyaux, ce qu'on apperçoit aux *fig.* 3, 4 & 5. Presque tous ceux qu'Edouard à examiné, avoient trois paires de nageoires sons le ventre, comme on le voit aux *fig.* 3, 4 & 5. Toutes sont arrondies à leur extrémité, mais de longueur inégale ; la position de ces nageoires varie aussi. A la figure 3, elles sont à des distances égales depuis le dessous de la gorge jusqu'à l'origine de l'aileron de la queue. A d'autres, *fig.* 5, la troisieme paire est fort éloignée des deux autres : aux uns, *fig.* 3, l'aileron du dos assez long, est formé de nervures courtes, & qui forment un arrondissement ; aux autres, *fig.* 5, les rayons du côté de la queue, sont moins larges que ceux qui sont du côté de la tête ; d'autres, *fig.* 4, ont plus ou moins

loin de la tête, un petit aileron dont les rayons sont assez longs.

La plûpart ont l'aileron de la queue échancré : d'autres, *fig.* 5, ont cet aileron double & festonné par les bords.

On en voit dont le dos & son aileron sont bleus, le reste étant doré, & ces couleurs se marient sur les côtés ; souvent la queue est d'un brun foncé.

D'autres sont dorés par-tout, & ont seulement une tache noire sur la joue : il y en a qui ont le dos & son aileron, ainsi que l'aileron de la queue, & les nageoires de dessous le ventre dorées, la partie du corps qui forme le ventre étant argentée jusqu'à une certaine hauteur ; or l'or s'allie avec l'argent, & on voit quelques taches noires sur les ailerons & les nageoires : d'autres encore qui ont le ventre couleur d'argent, & tout le reste, ainsi que l'aileron de la queue & les nageoires sont de couleur brune ; enfin on observe dans ces poissons une variété infinie dans la distribution des couleurs. Ce que nous venons de dire suffit pour le faire appercevoir ; ainsi nous n'insisterons pas davantage sur ce point.

CHAPITRE V.

De plusieurs Poissons de la famille des Sparus, qu'on prend à la Guadeloupe.

REMARQUES sur ce que nous avons dit dans les quatre Chapitres précédents ; & Introduction à ceux qui suivront pour completter la quatrieme Section.

LA famille des *Sparus* est si nombreuse que, quoique nous en ayons décrit un grand nombre d'especes dans les quatre Chapitres qui font le commencement de la quatrieme Section, je n'y ai pas, à beaucoup près, compris tous les Poissons de cette famille qu'on trouve dans les Auteurs ; car j'ai cru ne devoir faire aucune mention de ceux dont je n'ai pu, ni par moi, ni par mes Correspondants, me procurer des connoissances certaines. Malgré cette omission & les peines que je me suis données pour mettre le plus d'ordre qu'il m'étoit possible dans les Poissons dont j'ai parlé, je crains, comme j'en ai déja prévenu, qu'il ne me soit arrivé de donner au même Poisson différents noms, ou d'avoir compris sous une pareille dénomination différentes especes de Poissons : on n'en sera pas surpris quand on saura qu'une légere différence dans la couleur, a souvent déterminé les Auteurs à multiplier les especes ; & l'incertitude qui regne dans la nomenclature adoptée dans les différents Ports, augmente encore beaucoup plus l'embarras.

J'apperçois déja que les quatre Chapitres que je publie, ne comprennent pas tous les Poissons de la famille des *Sparus* qu'il me sera possible de connoître, & je prévois que je serai obligé d'en ajouter plusieurs autres ; mais j'ai cru ne devoir pas différer la publication de ces quatre Chapitres, dans l'espérance que ceux à qui je les enverrai, voudront bien m'aider de leurs lumieres, ou en me faisant connoître que j'ai attribué différents noms au même Poisson, ou en m'indiquant les Poissons que j'aurai omis, lorsqu'ils mériteront une attention particuliere ou par leur forme ou par leur utilité ; car, je le répete, je n'ai jamais eu l'intention de faire une Ichthyologie complette : il est vrai que je me suis écarté de ce plan général, en rapportant à la fin de la troisieme Section, page 546, plusieurs Poissons de la famille du Hareng, que M. Barbotteau, Conseiller au Conseil Supérieur de la Guadeloupe, & Correspondant de l'Académie, m'avoit envoyés. Je me trouve encore dans le même cas : cet obligeant & éclairé Correspondant m'ayant envoyé la description

tion

tion de plusieurs Poissons de la Guadeloupe, & plusieurs très-beaux dessins que M. Charvet a eu la complaisance d'exécuter avec tout le soin possible, je me vois engagé à publier dans ce Chapitre, qui est le cinquieme, les descriptions & les dessins que M. Barbotteau m'a procurés, me renfermant aux poissons qui sont de la famille des *Sparus*; & j'essaierai de publier le plutôt que je pourrai, les Chapitres qui doivent completer cette quatrieme Section.

ARTICLE PREMIER.

De l'Ouariac.

CE poisson *A B*, *Pl. III*, *fig.* 2, est de la famille des *Sparus*; & à quelques égards, il ressemble au Sar de Toulon, page 15; néanmoins, il n'est pas aussi large par rapport à sa longueur; sa tête est un peu plus allongée, ses narines sont doubles, sa gueule *A* est bordée de grosses levres, & differe peu de celle du Sar; ses nageoires, sa langue, son palais, sont garnis d'aspérités entre lesquelles il y a des dents assez grandes; ses yeux *C* différent peu de ceux du Sar, la prunelle est noire, l'iris est jaunâtre, la membrane clignotante réfléchit différentes couleurs.

Il a sur le dos un grand aileron *D E F* qui s'étend depuis l'à-plomb de l'extrêmité de l'opercule des ouies, jusqu'à quelques pouces de la naissance de l'aileron de la queue; la partie *D E*, du côté de la tête, jusqu'aux deux tiers de sa longueur, est garnie de rayons fort piquants, à peu-près au nombre de onze; à l'autre tiers *E F*, les rayons sont rameux, souples & beaucoup plus longs que ceux qui sont piquants; les uns & les autres sont liés par une membrane mince & rougeâtre. Cette description fait appercevoir que cet aileron ressemble plus à celui de notre Vieille, *Pl. VI*, *fig.* 1, qu'au même aileron du Sar.

L'aileron *G H* de derriere l'anus qui s'étend depuis cet endroit jusqu'à l'à-plomb de l'extrémité de celui du dos, commence par quelques rayons fort durs, & ordinairement détachés; les autres sont souples & rameux; la membrane qui les unit a une teinte jaune.

Les nageoires branchiales *I K*, se terminent en pointe; elles sont longues, rayonnées & ressemblent beaucoup aux mêmes nageoires du Sar, ainsi que celles du ventre *L M*, qui sont formées à peu-près de six rayons rameux; les unes & les autres ont une teinte jaune: l'aileron de la queue *B*, est fourchu & rouge; le corps, jusqu'à la naissance de cet aileron, ainsi que l'opercule des ouies & une partie de la tête, sont couverts d'écailles de moyenne grandeur, fort adhérentes à la peau.

La couleur générale de ce poisson est grise avec des nuances jaunes, rouges & blanches; outre les lignes latérales *N O*, qui suivent la courbure du dos, on apperçoit plusieurs bandes de couleur orangée qui ont la même forme.

On prend ce poisson à la saine, à la nasse & à la ligne, son goût approche beaucoup de celui du Pagre.

ARTICLE SECOND.

Du Vivano franc, & de quelques-unes de ses variétés.

A L'INSPECTION du dessin, *Pl. XI*, *fig.* 1, on voit que le Vivano est du genre des *Sparus*; par la forme de son corps, ainsi que par sa couleur, il a de la ressemblance avec l'*Erythrinus* de Rondelet. On le prend à la ligne dans des fonds qui ont plus de huit brasses de profondeur; pour cela, cinq Negres se mettent dans une pirogue; quand ils sont rendus au lieu de la pêche, deux nagent; deux qui sont vers l'arriere, tiennent avec leur rame, lieu de

gouvernail, & le cinquieme jette à la mer une corde qui porte à son extrémité plusieurs lignes fines garnies d'haims & amorcés de petits poissons qu'on tire la plûpart des coquillages: le Vivano étant très-vorace, se jette avec avidité sur ces appâts, & souvent on trouve des haims qu'on a mis à la mer, garnis de poissons de différente grandeur.

Sa tête est allongée, ses mâchoires sont garnies de dents aiguës; l'ouverture des narines est ovale; les yeux sont grands, la

PESCHES. II. Partie. Tome III. Sect. IV.   Q prunelle fort noire, l'iris argenté, lorfque le poiſſon eſt en vie ; mais cette couleur change peu après ſa mort : les opercules des ouies ſont écailleux.

L'aileron du dos eſt formé de vingt-quatre rayons épineux, joints par une membrane qui tire au jaune, ſur-tout aux bords de l'aileron qui eſt oppoſé au corps ; les premiers rayons ſont plus courts & plus forts que les autres : à l'attache au corps, il y a quelques écailles qui s'élevent ſur l'aileron, principalement vis-à-vis les rayons.

L'aileron de derriere l'anus eſt petit ; les trois premiers rayons qui ſont détachés des autres ſont très-forts & piquants.

La queue eſt échancrée & couverte d'écailles à ſon inſertion au corps : à l'égard de la couleur de cet aileron, le rouge & le jaune y dominent, ainſi que le noir à l'extrémité. Le corps du poiſſon eſt oblong, comprimé ſur les côtés ; les écailles ſont de grandeur médiocre ; le dos eſt d'un rouge foncé, il s'éclaircit en approchant du ventre, &

le deſſous de la tête eſt preſque blanc ; les lignes latérales qui font une courbe parallele au dos ſont brillantes. Quand le poiſſon ſe deſſéche, on apperçoit d'autres lignes longitudinales qui tirent au jaune ; elles ſont enduites d'une mucoſité qui ſe corrompt aiſément, & répand une odeur déſagréable.

Leur chair eſt blanche & de bon goût, quand le poiſſon eſt nouvellement pêché.

Il y a de ces poiſſons qui peſent juſqu'à trente livres.

Outre ce Vivano qu'on nomme *Frane*, on en pêche pluſieurs autres, entr'autres un qu'on nomme *Mombain*, qui ne differe du précédent, que parce que ſa tête eſt plus arrondie, & que le rouge eſt plus foncé ; un autre qu'on nomme *Variolé*, parce que ſes écailles ſont variées de différentes couleurs ; le *Vivano* gris dont les lignes latérales ſont jaunes ; enfin le *Vivano à oreilles noires*, qui a des taches noires, à la naiſſance des nageoires pectorales.

A R T I C L E   T R O I S I E M E.

Du Goret.

L E poiſſon qu'on nomme *Goret*, *Pl. XI*, *fig. 2*, a aſſez de reſſemblance pour la forme du corps avec le Vivano ; ſes écailles ſont grandes & fort adhérentes à la peau ; ſa tête eſt fort bombée au-deſſus des yeux ; elle diminue beaucoup vers le muſeau qui ſe termine en pointe.

L'aileron du dos eſt formé de rayons, les uns épineux, les autres flexibles ; celui de derriere l'anus, eſt précédé d'un rayon dur & très-piquant ; les nageoires ventrales ſont auſſi accompagnées d'un rayon très-piquant, & les branchiales ſont rayonnées. On en diſtingue de deux eſpeces ; les uns qu'on nomme *barrés*, *fig. 2*, *Pl. XI*, ſont de couleur griſe mêlée de bleu, de blanc & de jaune ; les autres qu'on nomme *Dorés*, ont pluſieurs teintes jaunes ſur le corps. Les Barrés ſe diſtinguent des Dorés par quelques taches rouges très-viſibles ſur le dos, & à peine ſenſibles à d'autres parties du corps ; tandis qu'au *Goret barré*, ces taches ſont d'un gris-

foncé, avec des raies bleu-céleſte.

Les uns & les autres ont de grandes gueules bordées de levres épaiſſes, blanchâtres & charnues ; leur langue, leur palais ſont d'un très-beau rouge écarlatte ; ce qui fait que quelques-uns les appellent *Gueule rouge* ; les mâchoires ſont garnies de petites dents ; leur narines ſont doubles ; les yeux ſont bleuâtres & bordés d'un jaune-citron aux Gorets barrés, & aux dorés d'une couleur d'or, bordée de rouge ; les nageoires de derriere les ouies ſont d'un blanc-ſale ; celles de deſſous la gorge ſont d'un gris-jaunâtre ; le ventre eſt blanc, ainſi que l'aileron de derriere l'anus: on apperçoit ſur l'aileron de la queue, du jaune, du bleu, du gris ; & aux dorés, quelques traits jaunes.

Leur chair eſt blanche, molaſſe, & exige beaucoup d'aſſaiſonnement. Ces poiſſons ſe nourriſſent de menuiſe de varech & de limon : on les prend communément dans des naſſes ou avec des ſaines.

ARTICLE QUATRIEME.

De la Vieille de la Guadeloupe.

J'AI amplement parlé du poisson qu'on nomme *Vieille* sur les côtes de Normandie & de Picardie ; & à cette occasion j'ai annoncé que je traiterois dans le Chapitre cinquieme de la *Vieille* de la Guadeloupe, dont M. Barbotteau m'a envoyé la description, avec un beau dessin.

Le poisson qu'on nomme *Vieille*, à la Guadeloupe, *Pl. II*, *fig. 3*, est du genre du *Sparus*; il a un grand aileron *C D E* sur le dos, dont une partie des rayons *C D*, sont piquants, & les autres *D E*, flexibles; un autre *G*, derriere l'anus, qui est moins étendu, & dont les rayons, excepté un ou deux, sont mous; il a une nageoire *H* derriere chaque ouie, & deux *I* sous le ventre; la couleur générale de ce poisson tire au bistre; elle est chargée de mouchetures & de quelques taches, les unes noires, les autres jaunes.

Sa tête est courte & épaisse, le museau obtus, la gueule grande, les dents petites, la langue charnue, les narines simples, les yeux de moyenne grandeur dont la prunelle est noire, l'iris nacré; les opercules des ouies en partie couverts de petites écailles.

Les ailerons & les nageoires sont de la même couleur que le corps, & pareillement couverts de mouchetures noires.

L'aileron *F B* de la queue est arrondi en forme de palette: quelques-uns de ces poissons sont fort grands, puisqu'il y en a qui ont jusqu'à cinq pieds de longueur.

On en prend avec de forts haims amorcés de viande, avec le harpon, & quelquefois la fleche.

La chair de ce poisson est imbue d'une huile qui sent très-mauvais: pour le manger frais, il faut le charger de beaucoup d'épices; il est meilleur salé: & pour cela, il faut l'ouvrir en deux, comme on fait les Cabillaux en Hollande, puis le presser fortement, & le faire en partie sécher avant de le saler & de l'enfermer dans les barrils.

Il y a entre les Vieilles plusieurs variétés auxquelles on donne des noms particuliers, quoiqu'elles ne consistent que dans la différente couleur des écailles.

Ces gros poissons font entendre un petit mugissement qui indique aux Pêcheurs le lieu où il faut les aller chercher principalement dans les mois de Janvier, Février & Mars; quelques-uns occasionnent des maladies érésypélateuses très-fâcheuses, & on se garde sur-tout de manger de ceux qui ont les dents noires. On assure que cette maladie étant devenue épidémique dans un détachement Anglois, il en périt beaucoup: les principaux symptômes de cette maladie sont de violentes tranchées, une respiration difficile, des mouvements convulsifs dans tous les membres & des éruptions à la peau. Pour prévenir cet accident, on commence par débarrasser l'estomac, en procurant, au moyen de l'émétique, des vomissements abondants; ensuite on fait avaler de l'huile d'amandes douces, & on fait usage de lavements émollients: quand les grands accidents sont calmés, on donne de la thériaque; ensuite, on raffermit les fibres de l'estomac avec de la limonade; il faut de plus user d'un grand régime, s'abstenir de liqueurs fortes, des ragoûts fort épicés, & faire usage des aliments farineux & du laitage.

Sans ces précautions, ceux qui ont mangé de ces poissons mal-faisants, courrent risque de ressentir toute leur vie de violents picotements dans la chair, & d'avoir la peau périodiquement boursoufflée, & couverte de taches rouges érésypélateuses.

Si un chien fort affamé en mange, il est attaqué des mêmes maladies que les hommes; mais ceux qui n'ont pas faim, les refusent, & alors on évite de s'en nourrir.

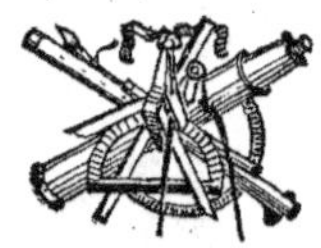

ARTICLE CINQUIEME.

Du *Colas* ou *Corbeau*.

IL y a plufieurs poiffons qui font noirs ou d'un bleu foncé, ou d'autres couleurs très-rembrunies, qu'on nomme pour cette raifon *Corbeaux* ou *Colas* : mais je ne crois pas que ce foit cette raifon qui ait engagé à donner le nom de *Colas* au Poiffon, *Pl. XII*, *fig.* 1, que nous allons décrire.

Il a quelquefois deux pieds de longueur & plus : fa plus grande largeur *D* eft à peu-près le tiers de fa longueur ; il eft un peu comprimé fur les côtés & oblong, ayant à peu-près la forme des poiffons ronds.

Sa gueule eft grande, la mâchoire inférieure *A*, n'eft pas auffi grande qu'elle le paroît à la figure première, parce qu'on en a forcé l'ouverture de la gueule ; cette mâchoire eft garnie d'un grand nombre de petites dents très fines ; à la mâchoire d'en-haut *B*, les dents font en moindre quantité, mais beaucoup plus fortes & recourbées vers l'intérieur de la gueule ; les bords de la mâchoire fupérieure ont en avant quelques crocs très-forts auffi recourbés dedans.

La langue eft épaiffe & charnue ; les narines font fimples & allongées, les yeux *C* font faillants, affez grands, la prunelle eft noire, & l'iris nacré, les opercules des ouies couverts de quantité de fort petites écailles ; les lignes latérales font affez près du dos, elles font accompagnées de plufieurs raies dont les plus élevées font blan-ches, & les plus baffes d'un jaune affez clair ; il y a entr'autre une bande large de couleur citrine. Les écailles font petites, elles font teintes de bleu, de gris & de noir, fur-tout vers le dos, avec quelques taches à peu-près rondes, de couleur jaune.

Ces couleurs s'éclairciffent en approchant du ventre : l'aileron du dos *D E F*, qui eft unique, s'étend de prefque toute la longueur du poiffon, il eft formé de rayons piquants depuis *D* jufqu'à *E*, & de rayons flexibles depuis *E* jufqu'à *F* ; les uns & les autres font unis par une membrane d'un jaune obfcur ou noirâtre.

Les trois premiers rayons *G* de l'aileron de derriere l'anus, font durs & piquants ; les autres *H*, font flexibles, ils font d'un jaune orangé.

Les nageoires de derriere les ouies *L*, font de grandeur médiocre, rayonnées & d'un jaune-pâle ; celles du ventre *M* font plus petites & d'un blanc-fale : les unes & les autres font terminées en pointe. Laileron de la queue *I K*, eft affez grand, fourchu, il eft jaune & gris vers fon articulation, & noirâtre à fon extrémité.

Ces poiffons vivent d'œufs de poiffon, d'infectes marins & de petits poiffons : ils font affez bons à manger ; & comme ils vont en troupe nombreufe, on les prend avec les faines.

ARTICLE SIXIEME.

Du *Dos de Bannette*.

LE poiffon qu'on nomme ainfi à la Guadeloupe, & que nous avons repréfenté, *Pl. XII*, *fig.* 2, eft faxatile ; il fe tient le jour entre les rochers, & la nuit il approche du rivage, où on le prend à la faine & avec des naffes : fa chair eft très-blanche, fucculente & de bon goût ; il fe nourrit de petits cruftacées, d'œufs de crabe & de frai de poiffon ; on dit qu'il fuce les madrepores, les lithophytes, & les autres productions de la mer.

Il y en a qui ont jufqu'à deux pieds de longueur ; le dos & le ventre étant courbés en fens contraire, le corps à la forme d'un œuf, dont le gros bout eft du côté de la tête, qui forme un arrondiffement en approchant du mufeau qui eft un peu pointu. Son corps eft comprimé fur les côtés ; fes yeux font affez grands, la prunelle eft noire, l'iris tire au jaune ; le deffus des yeux eft gris-noirâtre ; entre les yeux & les narines, il y a une petite tubérofité, comme une efpece de corne ; l'opercule des ouies eft écailleux ; le grand aileron du dos eft formé de rayons épineux, fur-tout ceux du côté de la tête, qui font plus gros que ceux de la queue ; les rayons de l'aileron de derriere l'anus font moins durs.

L'aileron de la queue eft fourchu & flexible ; les nageoires de derriere les ouies ne font pas fort grandes, & fe terminent en pointe ; celles de deffous le ventre font encore plus petites. La couleur du poiffon du côté du dos eft gris noirâtre, avec des re-

flets

Rets jaunes : ces couleurs s'éclaircissent en approchant du ventre qui est d'un gris blanchâtre tacheté de jaune.

Le museau est dur & osseux, la gueule petite & garnie de dents : on apperçoit au-dessus du museau deux éminences ou tubérosités semblables à celles que nous avons dit qui étoient entre les yeux & les narines ; entre ces deux protubérances on découvre une gouttiere jaune au milieu & rougeâtre sur les bords : on voit à la figure 2, *Pl. XII*, que les raies latérales font un contour singulier en approchant des yeux.

ARTICLE SEPTIEME.

Du Porte-Lancette.

Ce poisson, *Pl. XII*, *fig. 3*, ayant le dos & le ventre très-voûtés, la forme de son corps est presque ovale, & un peu approchant de celle des especes de Demoiselles représentées *fig. 2 & 3* de la Planche XIII : on lui donne le nom de *Porte-Lancette*, parce qu'il a vers la queue & de chaque côté, une épine mobile *A* adhérente à une membrane, & comme elle est en forme de dard, on l'a comparée à la pointe d'une lancette. Les lignes latérales serpentent non-seulement du côté de la tête, comme au dos de Banette, mais encore dans toute leur longueur. La queue est échancrée en arrondissement, & cet aileron a une couleur de bistre, avec quelques reflets jaunes. Les rayons de l'aileron du dos qui s'étend de presque toute la longueur du poisson, sont plus piquants du côté de la tête que vers la queue : cet aileron est noirâtre du côté qui tient au corps, & couleur de bistre au côté opposé.

L'aileron de derriere l'anus qui est noirâtre est formé de quelques rayons épineux, & d'un beaucoup plus grand nombre de flexibles.

Les nageoires de derriere les ouies sont brunes, celles de dessous la gorge sont d'un brun plus foncé ; les unes & les autres se terminent en pointe.

Sa gueule est petite, & néanmoins garnie de dents assez fortes & très-serrées les unes contre les autres.

Les yeux ne sont pas grands, l'iris est comme de l'or bruni, & la prunelle noire.

La couleur générale de ce poisson est de bistre qui s'éclaircit en approchant du ventre ; les parties qui avoisinent les ouies sont violettes & olivâtres.

Ce poisson fournit un mêts peu estimé ; car il répand une huile dont l'odeur est encore plus insupportable que celle de la Vieille de la Guadeloupe ; il a plus d'un pied de longueur. Il est fort commun à la Guadeloupe : on le prend avec la saine & à la nasse.

Il se nourrit de frai de poisson, d'algue, & de petits crustacées. On ne croit pas que sa chair soit fort saine.

ARTICLE HUITIEME.

De l'*Acarauna du Brésil*, ou *Veuve Coquette de l'Amérique.*

Le poisson qu'Edouard nomme *Acarauna*, & qui m'a été envoyé de la Guadeloupe sous le nom de *Veuve Coquette*, n'a aucune ressemblance avec l'Acarne de Rondelet, non plus qu'avec les Pagres ; mais par la description que je vais donner de ce poisson, *Pl. XIII*, *fig. 1*, on appercevra qu'il est de la famille des *Sparus* ; car il est applati sur les côtés, principalement vers la queue *B*. Sa gueule *A* est petite, garnie de dents fines & assez longues ; il est comme emmuselé d'un anneau brun *K* ; l'ouverture des narines *L*, est près des yeux, qui sont ronds, leur prunelle est noire, & l'iris rouge-orangé.

L'opercule des ouies est formé de plusieurs plaques dures, & accompagné de deux forts aiguillons *C*.

Les nageoires branchiales *F*, à un poisson de six pouces & demi de largeur totale *A B*, ont environ quinze lignes. Ce poisson a près de quatre pouces de largeur vers la tête ; sa gorge est pendante & forme avec la poitrine comme le jabot des oiseaux ; le front fait un plan fort incliné ; les nageoires pectorales *G* sont petites : l'aileron du dos *D E* commence immédiatement derriere la tête, & s'étend presque jusqu'à l'origine de l'aileron de la queue : à cet endroit les rayons sont une fois plus longs que du côté de la tête.

L'aileron de derriere l'anus *H I*, est précédé de trois aiguillons ; & se termine comme celui du dos ; celui de la queue est de médiocre grandeur, peu arrondi, & presque coupé quarrément à son extrémité. Les nageoires branchiales & la partie du corps qui eſt du côté de la tête , ſont d'un blanc plus ou moins ſale ; les nageoires pectorales ſont brunes auprès de leur articulation ; l'aileron du dos eſt blanchâtre du côté de la tête , & brun en approchant de la queue : le corps du poiſſon à cet endroit eſt pourpre foncé, les écailles ſont dures , & avec la loupe on apperçoit des traits qui partent de la partie des écailles recouverte par les autres, & aboutiſſent au bord de la partie apparente.

Aux endroits où le corps eſt brun, on ne voit point de lignes latérales.

On voit par cette deſcription que ce poiſſon eſt de la famille des *Sparus*, quoique la forme de ſon corps ſoit très-différente de la plûpart de ceux qui la compoſent.

A R T I C L E   N E U V I E M E.

Des Demoiſelles de la Guadeloupe.

VOILA encore deux poiſſons qui ont des formes bien différentes des autres, & qu'on nomme en Amérique *Demoiſelles*, parce que leur vêtement très-brillant , eſt orné de bandes qui ſemblent des galons ou des rubans très-artiſtement diſpoſés. C'eſt M. Barbotteau qui m'en a envoyé la deſcription avec de très-beaux deſſins que j'ai fait graver ſur la Planche XIII ; *fig. 2 & 3.* Entre cinq eſpeces de *Demoiſelles* que m'a envoyé M. Barbotteau, je me contente d'en décrire deux ; ce qui ſera ſuffiſant pour donner une idée de ces poiſſons qui ne ſont pas de nos mers, d'autant que ces cinq eſpeces ſe reſſemblent beaucoup par leur forme extérieure. La Demoiſelle d'Amérique qu'on nomme *Onagre* ou *Zebre* , *Pl. XIII, fig. 3*, a le corps bigarré de gris, de blanc & de noir ; outre les raies courbes qui font en quelque ſorte le fond de ſon vêtement, le corps du poiſſon eſt entouré de trois ou quatre grandes bandes circulaires de couleur gris-de-ſouris, qui ont de petits reflets comme nacrés ; la tête eſt petite & couverte d'écailles ; le muſeau *A*, qui eſt tirant au noir, eſt un peu recourbé vers le haut ; la gueule eſt petite, les mâchoires ſont hériſſées de petites dents ; les yeux *I* ſont aſſez grands, vifs & bordés de cercles de différentes couleurs ; les narines ſont doubles & arrondies ; les opercules des ouies ſont argentés : les rayons de l'aileron du dos du côté de la tête ſont durs & piquants ; ceux du côté de la queue ſont flexibles , menus & fort rapprochés les uns des autres ; du côté de l'attache au corps, ils ſont gris-foncé, tirant au noir & s'éclairciſſent vers leurs extrémités.

L'aileron de derriere l'anus, aſſez ſemblable à celui du dos, eſt formé de rayons ſouples, excepté les trois premiers du côté de l'anus, qui ſont piquants.

L'aileron de la queue qui n'eſt pas fourchu eſt traverſé par des bandes plus ou moins brunes, & à ſon inſertion au corps il a des mouchetures très-ſenſibles.

Les nageoires ſont formées de rayons ſouples ; celles de derriere les ouies ſont blanchâtres, & celles de deſſous la gorge tirent au noir.

La Demoiſelle nommée *Griſette*, *fig. 2*, tire ſon nom de la couleur dominante de ſes écailles ; mais ſon corps eſt orné de quantité de bandes ou de rubans fort artiſtement diſperſés ; en outre, il y a une bande noire qui entoure la tête , & qui paſſe ſur les yeux.

On apperçoit de chaque côté, près la naiſſance de l'aileron de la queue, une tache ronde, noire, & entourée d'un cercle blanc *C*; ſa tête, ſes yeux *L*, ſa gueule *A*, ſes écailles, ſes ouies, l'aileron *D E* du dos ; celui *H I* de derriere l'anus, celui *E* de la queue, les nageoires de derriere les ouies *F*, & celles *G* de la poitrine, ſont, comme on l'apperçoit à la figure, aſſez ſemblables à ces mêmes parties du *Zebre*, excepté que les teintes griſes ſont plus claires à la Griſette, & que le noir dégénere en olivâtre.

ARTICLE DIXIEME.

Du Poisson rayé ou à rubans de la Caroline; en Anglois, Ribband-Fish.

LES poissons galonnés que M. Barbotteau m'a envoyés de la Guadeloupe, & dont je viens de parler, m'ont engagé à dire quelque chose du poisson rayé ou à rubans de la Caroline, dont on trouve la description dans Edouard, quoiqu'exactement parlant, il ne dût pas être compris dans la quatrieme Section, attendu qu'il paroît avoir deux ailerons sur le dos. Cet Auteur dit que ce poisson que nous avons représenté sur la Planche X, *fig. 6*, n'a guere plus de sept pouces de longueur *A B*, & environ deux pouces & demi dans sa plus grande hauteur verticale *C D* : il a le dessous de son corps sur un même plan ou tout droit, depuis le bout du museau jusques assez près de la queue ; le dos au contraire forme un arc considérable : la machoire supérieure *A* est plus longue que l'autre *E* ; la gueule est bien fendue ; elle ne paroît pas garnie de dents. Le dos très-voûté, comme nous l'avons dit, est brun, garni d'un grand aileron *C P* : les côtés sont très-applatis & d'une couleur moins foncée que le dos ; le ventre est d'une couleur encore plus claire ; derriere les opercules des ouies est une nageoire ovale *F* ; il y en a deux pareilles à la poitrine *D G*, & vers la moitié inférieure du ventre près de l'anus, un petit aileron qui est à peu-près de même forme & grandeur que les nageoires ; les mâchoires sont bordées de levres : sur le nez est une tache noire, oblongue *I K*, entre laquelle & les yeux, on apperçoit de chaque côté une narine à peu près ronde. L'œil est rond, la prunelle noire, l'iris orangé : une bande noire *L M* entoure toute la tête en passant par-dessus les yeux, dont elle n'égale pas tout-à-fait le diametre : vers le commencement du dos, s'éleve une espece de crête *N O*, qui a la forme de la lame d'une faux ; elle est brune, haute d'environ trois pouces, large de huit lignes à sa base, & frangée sur sa longueur du côté du dos ; auprès de cette crête, on apperçoit une bande *N O*, aussi large que la base de la crête qui descend obliquement sur les côtés, & se prolonge jusqu'au bout de l'aileron de la queue, diminuant insensiblement de largeur ; elle est noire, liférée de blanc.

Entre la bande *L M* & celle *N B*, on voit une troisieme bande qui passe sur les articulations des nageoires branchiales, & aboutit aux nageoires *G D* de dessous la gorge.

Ces nageoires sont brunes, ainsi que l'aileron de la queue qui est à peu-près ovale.

CHAPITRE VI.

ADDITIONS & Corrections à ce qui a été compris dans les seconde, troisieme & quatrieme Sections de l'Histoire Générale des Pêches & des Poissons.

Desirant rendre l'Ouvrage que je publie sur les Pêches le moins défectueux qu'il me sera possible, je me fais un plaisir de publier par Addition les connoissances que j'ai pu acquérir ou par mes recherches particulieres, ou par les secours que m'ont procuré mes Correspondants. Je commence par ce qui regarde la seconde Section de la seconde Partie, dans laquelle il s'agit des poissons de la famille des Saumons, pag. 232.

Du Salmarin, Salmarinus. Salvian &c.

Suivant cet Auteur, ce poisson est commun aux environs de Trente en Italie, & rare par-tout ailleurs. Par le peu que nous dirons de ce poisson que je n'ai pu me procurer, il est douteux si on doit le mettre au nombre des Saumons ou des Truites.

Il a la tête arrondie, le museau court, la gueule petite, garnie de petites dents; la queue large & fourchue, les écailles petites, les ailerons & les nageoires rouges; le corps du poisson est blanc, tirant un peu au jaune vers le dos, & au rouge en approchant du ventre; par-tout il est tacheté de rouge : il se plaît dans les rivieres ou les lacs, & cherche à se fourrer entre les pierres pour éviter la chaleur; les plus gros ne pesent pas plus de deux livres.

J'ai été engagé à dire quelque chose de ce poisson, parce qu'on assure que sa chair est délicate, de bon goût & saine; enfin qu'il passe pour excellent, & qu'il est fort recherché.

Addition à ce qui regarde les Truites, même Section.

Quoique je me sois beaucoup étendu sur l'histoire des Truites, je puis ajouter que plusieurs Auteurs prétendent qu'il y a beaucoup de Truites saumonnées dans le pays de Zurich; mais je doute que ce soit le même poisson dont nous nous sommes occupés; car les Auteurs disent que les Truites de Zurich ont sur le dos un aileron formé par quatorze rayons épineux; & celles que nous connoissons n'ont sur le dos qu'un petit aileron formé de rayons souples.

D'autres disent que les Truites saumonnées sont plus grandes que celles à chair blanche, ce qui pourroit faire penser que la chair devient rouge lorsque les poissons vieillissent; mais j'ai pêché dans les mêmes rivieres des Truites à chair blanche, & d'autres à chair saumonnée qui étoient d'une même grosseur & qui paroissoient du même âge.

Les Voyageurs assurent avoir trouvé dans des pays fort éloignés, des Truites de différentes especes; mais comme ils ne les font consister que dans la différence de leurs couleurs, je présume que ce ne sont que des variétés dont nous avons en France quelques exemples.

On voit sur les côtes de Flandres, en Hollande, & sur les bords de la Mer Caspienne, un poisson qu'on nomme *Hautin*, & qu'on peut rapporter à la Truite. Ce poisson est assez bon, on en sale, pour en faire un objet de commerce.

Addition à ce que j'ai dit des Ombres, Umbres ou Ombles, pages 217 & suivantes, & que j'ai fait graver sur la Planche III de cette seconde Section.

Je remarquerai d'abord que l'Ombre-Chevalier du lac de Geneve, *fig.* 3 de cette Planche, ayant été dessiné sur le sec, n'est pas représenté aussi charnu qu'il le devoit être.

Depuis l'impression de cette Section, j'ai reçu du Dauphiné un poisson qu'on nomme au Pont de Beauvoisin & aux environs, *Omble-Dorade* : je l'ai fait dessiner avec soin; mais comme, à la grosseur près, ainsi qu'à la variété des couleurs qu'on ne peut exprimer dans un dessin, il ressemble fort au Lavaret, j'aurai recours à la gravure de ce poisson *Pl. XIV*, *fig.* 1, pour la description de l'Omble-Dorade, ayant seulement soin de faire remarquer les différences que j'ai cru appercevoir entre ces deux poissons.

On ne pêche cet Omble que dans le lac de Saint Pierre de Paladru, situé à six lieues de Grenoble, dans le Comté de Clermont, dont les eaux se déchargent dans l'Isere. On en fait la pêche en deux saisons; savoir, dans le mois de Février & dans Octobre. Voici la description de celui

celui qu'on m'a envoyé. Sa longueur totale *A B* étoit d'un pied ; sa plus grande largeur en *C D*, étoit de deux pouces neuf lignes.

En *E* qui est l'extrémité des opercules des ouies, & l'articulation de la nageoire branchiale, la largeur verticale étoit de deux pouces quatre lignes ; de *A* en *C* cinq pouces, & de *A* en *D*, quelques lignes de plus ; de *A* à l'anus *F*, sept pouces trois lignes ; immédiatement derriere étoit le commencement de l'aileron du ventre.

De *A* à l'appendice charnu *G*, huit pouces quatre lignes. On voit que ce poisson est de la famille des Saumons, & un vrai Omble ; on ajoute l'épithete de *Dorade*, parce qu'au sortir de l'eau il a des couleurs qui approchent de la beauté de la Dorade d'Amérique ; l'automne, sa couleur dominante est d'un azur très-brillant, & le printemps elle est d'un verd changeant.

Ce poisson est excellent, &, comme la Truitte, il se conserve plusieurs jours bon à manger.

Belon ne veut pas que l'on confonde l'Umbre avec l'Umble : il dit que l'Umble n'a point les taches qu'ont d'autres poissons de son genre, Saumons, Truittes, Tacons, &c. L'Umble est de couleur plus argentée que l'Umbre : on apperçoit, comme à tous les poissons de la famille des Saumons, un apendice charnu entre l'aileron du dos & celui de la queue : il a des dents aux mâchoires & sur la langue. Belon représente la tête plus allongée, & le museau plus pointu à l'Omble qu'au Lavaret : c'est tout le contraire à l'Omble que j'ai reçu du Lac de Paladru, & au Lavaret qui m'a été envoyé du lac de Bourget.

Additions à ce que j'ai dit du Lavaret, à la seconde Section, page 233.

En parlant du Lavaret à l'endroit cité, j'ai prévenu que je n'avois point vu ce poisson, & que ce que j'en disois étoit principalement sur ce que m'en avoit écrit M. de la Tourrette, qui lui-même ne le connoissoit que sur ce que lui avoit marqué un de ses Correspondants. Depuis ce tems, en ayant reçu un bien conditionné qui avoit été pêché dans le lac du Bourget que le Rhône traverse, & qui est situé à deux lieues de Chambery & douze de Geneve, je l'ai fait dessiner exactement de grandeur naturelle, *Pl. XIV, fig. 1*, ce qui met à portée de connoître que ce poisson est du genre des Saumons, & qu'il a de la ressemblance avec l'Umble-Dorade du lac de Paladru ; à cela près qu'il a le corps un peu plus effilé, & le museau un peu plus pointu : voici quelques-unes de ses principales dimensions.

Longeur totale *A B*, onze pouces ; de *A* à l'articulation *E* des nageoires branchiales,

deux pouces ; de *B* en *G*, sept pouces six lignes ; de *A* en *F*, sept pouces 3 lignes ; largeur verticale à l'à-plomb de *C*, deux pouces huit lignes ; en *G F*, un pouce six lignes.

Additions à ce que nous avons dit de la Carpe d'eau douce, Cyprinus fluviatilis : *troisieme Section,* page 509.

Plusieurs Auteurs voyant que presque toutes les Carpes ont, en quelque saison qu'on les pêche, les unes des œufs, & les autres de la laite dans le corps, en ont conclu que les Carpes frayoient toute l'année. Je n'objecterai point qu'on trouve quelques Carpes qui ne contiennent ni œufs ni laite, & qu'on nomme *Brehaignes*; mais ce qui peut faire croire qu'elles ont, comme les autres poissons, des tems fixés où elles jettent leur frai, peut-être dans les mois de Mai & d'Août, &c. c'est que dans certaines saisons les Carpes femelles quittent le milieu des étangs pour gagner les bords où il y a de l'herbe, & qu'elles y sont suivies par les mâles ; de plus, il est généralement reconnu que dans la saison où l'on pense qu'elles frayent, elles sont malades, souffrantes & moins bonnes à manger que dans les autres mois de l'année, ce qui ne seroit pas si elles frayoient tous les mois.

Les Carpes qu'on prend dans un bon fond, point vaseux, & d'une moyenne grosseur, sont estimées un des meilleurs poissons d'eau douce ; je dis d'une moyenne grosseur, car les petites étant remplies d'arêtes, font un manger très-désagréable, & les très-vieilles Carpes, extraordinairement grosses, comme sont celles de Pontchartrain, ne sont pas agréables à manger : mais entre les Carpes d'une bonne grosseur, les connoisseurs estiment particuliérement celles qu'on a pris dans des rivieres d'eau vive, celles du Rhin, par exemple : & à l'égard de celles d'étangs, on fait un cas singulier de celles de l'étang de Camieres près Boulogne ; & on parle de Carpes singulieres qu'on prend dans une piece d'eau qui est dans le Parc d'Armainvilliers, à trois lieues de Brie ; ces Carpes, fort grandes, sont excellentes & très-belles, car leurs écailles sont bordées d'un rouge très-vif.

J'ai parlé à la troisieme Section de plusieurs variétés qu'on observe dans la couleur des Carpes, de celles qui sont rouges, de celles à miroir & de celles qui, en vieillissant, deviennent blanches : je n'ai garde d'entreprendre de faire une énumération de toutes ces variétés ; je dirai seulement qu'il y en a dont la couleur générale est d'un rouge-pâle, tirant à l'orangé ; les ailerons, les nageoires & les barbillons que les Carpes ont au museau, sont d'un fort beau rouge ; les yeux sont grands, l'iris couleur d'or, & la prunelle noire ; les lignes latérales sont droites & formées par des traits noirs qui ont chacun à peu-près une ligne de longueur, & qui partent de la base d'une écaille.

On prend dans le Danube un poisson fort bon qu'on nomme *Zendel*, qui, par sa grosseur & la forme de son corps, ressemble à la Carpe ; mais dont la chair tient beaucoup de la Truitte saumonnée.

Le lac de Lausanne fournit un poisson nommé *Vangeron*, qu'on dit ressembler tellement à la Carpe, que quelques-uns prétendent qu'il en est une variété.

Suivant les Voyageurs, on trouve beaucoup de grosses Carpes, & d'un goût excellent dans la riviere du Sénégal : ils regardent comme une très-grande Carpe le poisson qn'on nomme *Sezan* dans le Volga. Ils disent encore que les Carpes sont communes au Cap de Bonne-Espérance ; mais qu'elles sont petites & pas fort bonnes. Il y a aussi beaucoup de Carpes à la Chine ; celles de la riviere d'Urson sont de grosseur médiocre, & pas fort recherchées ; mais on pêche dans l'espace de quinze ou vingt lieues au-dessus & au-dessous de la Ville nommée *Part-techeu* dans le fleuve Wang-ho, l'espece de Carpe nommée en Chinois *Chi-va-ly-yu*, dont la chair est fort grasse & délicate ; on en porte beaucoup l'hiver à Pekin pour l'Empereur & les Grands de sa Cour, auxquels les Mandarins de la Province en font présent.

Nous regardons la laite de la Carpe comme un mets fort délicat qui entre dans quantité de ragoûts ; mais en Italie, les œufs dont nous faisons peu de cas, sont achetés très-cher par les Juifs pour en faire du Caviat rouge, attendu que leur loi leur interdit le Caviat fait avec les œufs d'Esturgeon, qu'ils regardent comme un animal immonde, parce qu'il n'a point d'écailles.

J'ai amplement parlé à la premiere Partie des différentes industries qu'on emploie pour prendre des Carpes & d'autres poissons avec les haims, le harpon, la fouanne, les carreaux, filets à manche, &c. Mais on parvient à rassembler les Carpes en un endroit en leur présentant des appâts ; cet endroit est entouré de pieux qui excédent la surface de l'eau de plusieurs pieds ; on attache la tête d'un filet à ces pieux, & on retrousse le pied du filet sur des chevilles qui entrent fort à l'aise dans des trous qu'on a fait à ces pieux, un peu au-dessus de la surface de l'eau : quand on veut prendre le poisson qui s'est rassemblé dans cette enceinte de pieux, on tire très-promptement de leur trou, toutes les chevilles qui soutiennent le filet, & au moyen des plombs, le pied du filet

tombe au fond de l'eau : les Carpes ne pouvant sortir de l'enceinte, on les prend facilement.

Additions à ce que j'ai dit du Brochet, Lucius, à la premiere Partie, troisieme Section, page 41, à l'occasion des étangs ; & à la seconde Partie, troisieme Section, page 522.

Le Brochet est extrèmement vorace ; j'ai rapporté aux endroits cités des faits qui le prouvent. J'ai vu un gros Brochet en avaler un à peu-près d'un tiers de sa grosseur : ces deux Brochets avoient été déposés dans un baquet plein d'eau, en attendant qu'on les apprêtât. J'ai dit qu'un Brochet - Carreau m'avoit mangé une trentaine de jolies Carpes que j'avois mises dans un vivier au commencement du Carême, & que le Brochet s'étoit trouvé seul, quand on le pêcha après la Quasimodo. J'ajouterai à cela qu'un Anglois rapporte, qu'ayant pris un Brochet qui pesoit trente-cinq livres, il le donna à un Lord qui le fit mettre dans un canal de son jardin, où il y avoit quantité de diverses especes de poissons qui lui fournissoient de la nourriture en abondance. Environ un an après, ayant fait mettre le canal à sec, on ne trouva plus que le Brochet avec une grosse Carpe qui pesoit neuf à dix livres, & qui étoit mordue en plusieurs endroits : on remit le même Brochet dans le canal avec quantité de différentes especes de poissons ; il les dévora tous en moins d'un an ; & les Jardiniers s'étant apperçus que le brochet saisissoit par les pattes des canards qui nageoient sur l'eau de ce canal, & que les tirant à fond, il les mangeoit, on lui jetta des Corneilles, des Pies & d'autres oiseaux de peu de conséquence, qu'on tuoit à coups de fusil : comme il s'accommodoit de tout ce qu'on lui présentoit, on lui jetta des tripailles de boucheries qu'il dévora ; mais ne lui en ayant pas fourni suffisamment, il mourut.

Voilà des preuves bien convaincantes de la voracité du Brochet, & qu'il dévore ses semblables ; néanmoins il y en a qui prétendent, je ne sai pas si c'est après des observations bien suivies, que les mâles épargnent les femelles de leur espece : quelques-uns, au contraire, prétendent que les Brochets sont très-friands des œufs que jettent les femelles, & que les femelles s'écartent pour faire leur ponte, afin de soustraire leurs œufs à la voracité des mâles ; cela est difficile à concevoir : car, suivant le sentiment le plus généralement adopté, les mâles, pour féconder les œufs, suivent les femelles qui font leur ponte : les femelles ne peuvent donc pas faire leur ponte en cachette ; & pourquoi les mâles ne dévoreroient-ils pas les œufs dont on dit qu'ils sont si friands. Pour éluder cette difficulté, quelques Naturalistes ont avancé, contre toute apparence, que les œufs des Brochets étoient fécondés par des Tanches: il seroit plus vraisemblable de penser que, comme une femelle contient 140000 œufs, une partie de sa ponte échapperoit à la voracité des mâles: mais ne nous arrêtons pas plus long-temps à ces conjectures; occupons-nous d'autres objets.

Nous avons représenté à la troisieme Section de la seconde Partie, les mâchoires d'un Brochet pour faire voir combien ses dents sont redoutables: suivant Gesner, la morsure du Brochet est venimeuse; je ne puis en convenir; mais comme ses dents sont fortes & crochues, il a peine à les dégager du corps qu'il a saisi, & quand elles ont piqué un tendon ou un fort rameau de nerfs, il en résulte une plaie très-douloureuse, difficile à guérir, quoiqu'il n'y ait point de venin; c'est pour éviter ces fâcheuses morsures que les Pêcheurs saisissent les Brochets par les yeux.

Les sentiments sont partagés sur la durée de la vie des Brochets: quelques-uns la bornent à dix ans; Bacon la fixe à 40; Gesner rapporte qu'en 1449 on prit en Suede un Brochet qui avoit un anneau qui indiquoit que ce poisson avoit plus de deux cents ans. Je pense qu'il faut regarder tout ce qu'on a dit sur la durée de la vie des Brochets, comme des choses qui ont paru probables à ceux qui les ont avancées; mais qui ne produisent pas une entiere conviction.

Outre ce que nous avons dit sur les différentes façons de pêcher les Brochets, on prétend, & cela paroît assez vraisemblable, qu'on en prend au miroir, en quelque façon, comme on prend les alouettes; pour cela, par un beau jour, on réfléchit dans un endroit la lumiere du soleil avec un miroir; les Brochets se rassemblent entre deux eaux à l'endroit où la lumiere est réfléchie, & on peut employer différents moyens pour les prendre: en se promenant doucement pendant les mois d'Avril, Mai, Juin & Juillet, lorsque le Ciel est serein, le long d'un ruisseau, on apperçoit quelquefois des Brochets immobiles qui paroissent endormis; il y a des Pêcheurs qui ont l'adresse de les saisir par les ouies avec un fort collet formé de plusieurs crins qu'on attache au bout d'une perche; & ce qu'il y a de singulier, c'est que lorsqu'un poisson n'est pas situé convenablement, les Pêcheurs le font changer de situation en le touchant doucement avec le bout de la perche; car ce tact ne les effarouche pas, pendant que le moindre bruit les fait fuir comme un trait. On pêche les Brochets avec les bricolles, des lignes dormantes, à la perche volante, &c. Toutes ces

industries sont détaillées à la premiere Section de la premiere Partie; on se sert volontiers d'haims à double croc, qu'on empile avec du fil de laiton, pour que les dents du Brochet qui sont très-fortes, ne les coupe pas.

On prend de fort bons Brochets dans les grands fleuves qui ont un cours rapide, le Rhône, la Loire, la Seine, la Moselle; mais ils n'y sont pas en grande quantité: on en trouve en beaucoup plus grand nombre dans les petites rivieres d'eau très-vive; mais ce ne sont que des Brochetons: il est vrai que les gens délicats les préférent aux gros Brochets d'étangs.

Quoique le Loiret près Orléans soit une petite riviere d'eau très-vive à la vérité, & qui se jette dans la Loire à peu de distance de sa source, on y prend des Brochets excellents, dont quelques-uns pesent quinze ou vingt livres: on y en prend toute l'année; mais la pêche la plus abondante est le Carême.

On voit dans un Journal encyclopédique du mois de Mars 1776, que dans un grand lac d'Allemagne, qu'on nomme *Zirchnitzersée* ou *Czirchnitzersée* dans la basse Carniole, on y prend des Brochets qui pesent jusqu'à 70 liv. mais les gens délicats préférent, comme nous venons de le dire, les Brochets de moyenne taille aux gros qu'on nomme *Carreaux*, & sur-tout ceux qu'on prend dans des eaux vives & courantes, à ceux d'étang qui ont la chair molle & fade, à moins que l'eau de l'étang ne soit renouvellée par quelque courant d'eau; & les plus mauvais sont ceux qu'on prend dans des eaux dormantes & vaseuses.

Au reste, on trouve des Brochets en beaucoup d'endroits: l'Histoire des Voyages dit, Tome III, qu'on en prend dans la riviere d'Issini: dans le Tome IV, qu'on en trouve dans les deux principales rivieres qui traversent le Royaume de Juida; au moins, est-ce un poisson à écailles blanches, qu'on dit être un Brochet. Dans le Tome VIII, il est dit qu'on en trouve dans la riviere de Chine, qu'on nomme *Urson*; & que le poisson qu'on nomme *Camas* au Japon, est un Brochet.

Dans tout ce que nous venons de dire, il s'agit des Brochets fluviatiles, qui ne quittent point les eaux douces, à moins que la violence des courants n'en entraîne dans les eaux saumâtres qui sont à l'embouchure des rivieres, & l'on assure qu'ils y maigrissent: néanmoins suivant l'Histoire générale des Voyages, Tome V, on ne trouve le Brochet au Cap de Bonne-Espérance, que dans l'eau salée; il reste à savoir si c'est le même poisson que nous nommons *Brochet*: il est vrai qu'on dit qu'il ressemble entiérement à ceux d'Europe, excepté qu'il est d'un jaune foncé; d'ailleurs ce poisson eft fort recherché. Au Tome **II**, de la même Hiftoire, il eft dit que le Brochet de mer eft abondant aux côtes de l'île Timor ; mais on ne dit rien qui établiffe quel eft ce poiffon qu'on nomme *Brochet de mer* ou *Bequet*.

Suivant Belon, le Bequet ou Brochet de mer, eft un petit poiffon faxatile qui n'excede guere la longueur de fix doigts : il dit qu'il a à-peu-près la forme du Brochet d'eau douce, & qu'il eft bon à manger.

D'autres ayant un fentiment bien différent de celui de Belon, difent que la Bécune, très-gros poiffon, & des plus voraces, eft le Brochet de mer.

Enfin, il y en a qui prétendent que le *Taffart*, poiffon des Ifles de l'Amérique, eft le Brochet de mer ; fa chair eft délicate. On dit qu'on le pêche ordinairement entre deux îles, dans un endroit où il y ait beaucoup de courant.

A la troifieme Section de la feconde Partie, pag. 516, nous avons fuffifamment parlé de l'Epinoche ; il n'eft pas hors de propos d'ajouter que le poiffon qu'on nomme *Rippe* dans le Loiret, eft l'Epinoche : auffi Gefner qui en parle fous le nom de *Pifciculus aculeatus*, l'appelle en quelques endroits *Epinoche* ou *Rippe*.

Sur la Melette, Section III.

A la page 468, il eft dit d'après Belon, que la Melette eft le Crados ou Grados de l'embouchure de la Seine. Je ne puis en convenir, parce que les Crados que j'ai reçus de Rouen avoient deux ailerons fur le dos, & étoient plus gros que les Melettes que j'ai eues de Provence, qui n'avoient qu'un aileron, comme on le peut voir à la Planche XVI, *fig.* 6 de cette même Section. Ainfi on trouvera ce qui regarde le Melet & le Grados dans la Section où nous traiterons des poiffons qui ont deux ailerons fur le dos.

Sur la Caunique de l'embouchure de la Seine.

A la page 504, Section III, où il s'agit des Brêmes d'eau douce, on a parlé de la Brême proprement dite, de celle qu'on nomme *Goujonnée* ou *Gardonnée*, & d'un poiffon qui confine aux Brêmes, & qu'on nomme *Pleftia* ou *Platafne* ; mais depuis, M. Bertin, qui a été Commiffaire de la Marine à Rouen, m'a fait part d'un poiffon qu'on nomme *Caunique* à l'embouchure de la Seine, *Planche XIV*, *fig.* 2, de notre préfente Section, qui reffemble entierement à la Brême ; à cela près qu'il eft plus petit ; car il eft rare d'en prendre qui aient neuf pouces de longueur & quatre pouces de largeur verticale.

ADDITIONS & *Corrections* à *cette quatrieme Section.*

Dorade d'Amérique, page 65.

La Dorade que j'indique dans le Chapitre premier, pour être de l'Amérique, afin de la diftinguer de la Daurade qui fe prend fur nos côtes, n'appartient pas exclufivement à l'Amérique ; elle fe trouve auffi dans différentes parties du monde. M. Lemoyne, Commiffaire général de la Marine à Toulon, & M. Barry jugent que cette Dorade eft plus comprimée fur les côtés qu'elle ne le paroît dans la figure 1, *Pl. I*.

Il faut joindre à ce qui eft dit du poiffon volant dans fon article, page 7, ce qui a été rapporté fur ce même poiffon dans l'article de la Dorade.

Daurade de nos Côtes.

L'impreffion de la quatrieme Section étant prefque achevée, j'ai reçu de S. Jean-de-Luz un poiffon que M. de la Courtaudiere m'a fait parvenir. C'eft un poiffon de mer qu'on ne prend pas communément dans ces parages : on le pêche à l'hameçon : on le nomme chez les Bafques *Anteffa*. Celui que m'avoit envoyé M. de la Courtaudiere avoit neuf pouces de longueur totale fur un peu plus de trois pouces de largeur verticale. Je le pris d'abord pour une Brême de mer ; mais ayant apperçu que l'intérieur de la gueule étoit pavé de dents arrondies en deffus, je le comparai avec la defcription que j'ai faite de la Daurade ; & je le trouvai fi exactement conforme à cette defcription, que je fus convaincu, ainfi que ceux qui affiftoient à cette comparaifon, que le poiffon nommé *Anteffa* par les Bafques, eft exactement la Daurade qui eft repréfenté *Pl. II*, *fig.* 1.

Rondelet parle dans des articles particuliers des Daurades, des Sparaillons, de la Saupe, des Goujons, tous d'étang. Il dit que ces poiffons reffemblent fort à ceux qu'on prend au bord de la mer. Cela n'eft pas furprenant puifque, comme nous l'avons dit, ils entrent dans les étangs ; ainfi ceux d'étang ou du bord de la mer, font les mêmes à de petites différences près, qui dépendent de ce que ces poiffons font communément plus gros en fortant des étangs que lorfqu'ils y entrent.

Sarde, page 16.

Nous ferons remarquer qu'on donne le nom de Sarde à bien des poiffons de différentes efpeces ; par exemple, Willughby parle

fous

fous le mot *Pelamis*, d'un Poiffon qu'on nomme, dit-il, *Sarda*, qui eft très-différent de la Sarde dont nous nous occupons, & qui confine au Thon.

Suivant l'Hiftoire générale des Voyages, Tome II, on prend à la vue de l'ile Saint Antoine, une efpece de Chien de mer que les Anglois nomment *Shark*, que les Habitants de l'île de Sel nomment *Sarde* : c'eft un poiffon vorace qui n'a aucune reffemblance avec la Sarde qui nous occupe. De plus, on peut remarquer à la Planche VII, qu'il y a de la différence dans la pofition des nageoires de la Sarde grife , *fig.* 1, & de la Sarde rouge , *fig.* 2. Je crois que cette différence exifte entre les deux efpeces de poiffons qu'on nomme *Sarde rouge*, & *Sarde grife* qui différent l'une de l'autre à plufieurs autres égards.

Grande Gueule, page 17.

C'eft par erreur qu'on a coté ce Paragraphe & les fuivants 7, 8, 9, &c. ils devroient être cotés 5, 6, 7, &c.

Saupe, page 17.

Il faut prendre garde qu'en Provence on confond quelquefois le nom de *Sopi* avec celui de *Supi*, nom qu'ils donnent à la Séche.

Vergadelle, page 17.

Indépendamment de ce qui eft dit de la Vergadelle, page 17, M. de la Croix dit que le poiffon qu'on nomme fur fes côtes *Vergadella*, eft une efpece de Muge peu eftimée, qu'on nomme au Martigues *Pailleloë*. Belon dit qu'à Hieres le *Vergado* eft fynonyme de *Mulet* ; mais il me paroît que M. de la Croix met la Saupe qu'il dit être rayée, au nombre des Muges. Cependant la Saupe dont nous parlons, n'a qu'un aileron fur le dos, & le Mulet en a deux.

La Vergadelle, poiffon confinant à la Saupe, fe trouve affez fréquemment dans les étangs. En la confidérant dans une pofition verticale, la Vergadelle paroît moins allongée & former un ovale plus raccourci que la Saupe. Quelques-uns l'appellent *Saupe d'étang* : néanmoins on en prend auffi à la mer près les côtes.

Fiatola, page 17.

Rondelet fait mention de deux efpeces de Fiatola qu'il nomme *Stromateus*. Belon appelle ce poiffon *Callichtys*, c'eft-à-dire, *beau poiffon*.

Sarguet, page 18.

Ce poiffon eft connu fur les côtes d'Afrique fous le nom de *Sargo*.

Oblade, page 20.

Je foupçonne que l'Oblade eft le même poiffon qu'on nomme à Chio *Melanurus* ; à Ragufe, *Occhiato* ; ailleurs *Papa-Figghi*.

Brême de mer, page 22.

M. Barry croit qu'on peut encore mettre au nombre des Brêmes de mer, un poiffon argenté qu'on prend dans la belle faifon, & feulement dans les filets de Madrague : les Pêcheurs le regardent comme un poiffon de paffage.

Arrain-Gorria des Bafques, page 24.

J'ai fait imprimer à la fuite de la Brême de mer des côtes de haute Normandie la defcription de l'Arrain-Goria que m'avoit envoyé M. de la Courtaudiere. Ayant enfuite reçu ce poiffon en nature & bien confervé, j'ai été à portée de m'affurer que c'eft le même qu'on nomme *Brême de mer* fur les côtes de haute Normandie, qui eft gravé *Planche IV*, *fig.* 1 ; de forte qu'il m'a paru fuperflu de faire graver l'Arrain-Gorria.

Denté, page 25.

Rondelet dit que le Denté de Narbonne eft le *Scarus* des Anciens.

On fe rappellera que j'ai dit, Section IV, page 25, qu'on donne le nom de *Denté* à plufieurs poiffons de différentes efpeces : j'accorderai bien à Gefner que le *Denté* ou *Synodon* confine avec les Pagres, mais non pas qu'il n'a qu'une demi-palme de longueur, & il faudroit que le Pagre qu'on veut nommer Denté, eût les dents qui le caractérifent, & qui font repréfentées, *Pl. VII*, *fig. 9.*

Pajeau ou Pagel, page 29.

Dampier dit que les Pajeaux ou Goulus fuivent très-réguliérement les Tortues dans les tranfmigrations périodiques qu'elles font chaque année, de forte que quand les Tortues quittent un parage pour s'établir dans un autre, les Pajeaux ou Goulus difparoiffent auffi, & ne reparoiffent qu'au retour des Tortues.

Bezogo des Efpagnols, page 30.

Le cercle rouge qui entoure la prunelle de ce poiffon pourroit faire conjecturer que c'eft celui que Willughby défigne comme *Bramæ affinis*. Tous les noms qu'il lui donne défignent la couleur rouge de fes yeux.

Gros-Yeux du Conquet , page 31.

Je ne sai si le poisson dont nous parlons dans ce Paragraphe n'est pas le même qui est indiqué dans l'Histoire des Voyages , Tome I V , sous le nom de *Piscis oculatus*. Il y est dit qu'aux mois de Janvier , Février & Mars , les Negres de la Côte-d'Or prennent un petit poisson qui a de grands yeux ; qu'il est d'une vivacité extrême : l'Auteur le compare à la Perche par la forme de son corps sa couleur , & même un peu par son goût. Arthur pense que c'est le *Piscis oculatus* de Pline : on le prend avec des hameçons amorcés de chair puante.

Perche de mer , page 38.

Ce que nous avons dit de ce poisson est assez d'accord avec ce qu'en dit Willughby , page 327. M. Koehlreuter donne dans le Tome X des Mémoires de l'Académie Impériale de Pétersbourg , année 1764 , page 329 , la description & la figure de quelques poissons qu'il rapporte au genre des *Percis* , qui , suivant l'origine du mot grec , revient à *Perca marina*.

Méru , page 38.

En faisant attention aux rayons de l'aileron du dos dénué de membrane , j'ai cru appercevoir quelque rapport entre ce poisson & le *Glaucus* de Rondelet ; mais j'avoue que ces rapports sont fort éloignés.

Du Poisson Lune.

M. Lemoyne m'écrivit de Dieppe qu'on avoit pris dans un parc , à deux lieues de cette ville , un gros & très-beau poisson qui avoit été acheté par le Pourvoyeur de la Cour : cet avis m'a mis à portée d'en faire la description suivante.

Il y en a un au Cabinet du Jardin du Roi qui a trois pieds cinq pouces de longueur totale ; celle de celui dont il s'agit , étoit de deux pieds onze pouces , & sa plus grande largeur verticale de dix-sept pouces : son épaisseur horisontale étant peu considérable , on le peut regarder comme un poisson demi-plat. Voici les dimensions de quelques-unes de ses parties : du bout du museau au derriere des ouies , dix pouces deux lignes ; du même endroit au centre de l'œil , quatre pouces huit lignes ; l'œil fort grand avoit vingt-une lignes de diametre.

L'aileron du dos avoit sept pouces six lignes d'étendue ; la longueur des nageoires branchiales étoit de huit pouces ; celles du ventre 8 pouces deux lignes.

Ses écailles étoient petites , minces , à peine sensibles à la vue ; elles sont peu adhérentes à la peau qui est blanchâtre , tirant au gris ; elles sont d'un rouge clair ; & parsemées de taches blanches : mais au sortir de l'eau , l'or , l'argent , l'azur y brillent en différents endroits.

La tête est courte & arrondie , d'un beau rouge , & en quelques endroits d'un jaune couleur d'or ; les nageoires & les ailerons sont d'un beau rouge , excepté celui de la queue qui est presque blanc ; sa gueule est grande , ses dents presqu'insensibles. Il vit assez long-temps hors de l'eau. La figure qui a été faite avec soin sur le poisson même , suppléera à la brieveté de cette description. *Voy. Pl. XV.*

Charax.

Quelques-uns disent que ce poisson qui est de nos mers & excellent , doit être mis dans la famille des Daurades ; qu'il se tient dans des endroits pierreux & sablonneux ; que sa gueule est grande , garnie de dents solidement assujetties dans les mâchoires. J'ai cru le reconnoître entre les poissons qui confinent au denté ; mais je me suis abstenu d'en parler , en voyant que Belon range le Charax avec les Grondins , & que Gesner , qui dit que ce poisson est commun dans la Mer rouge , prétend que ses nageoires , ainsi que les ailerons & une grande partie du corps , est couleur d'or , avec seulement à la partie inférieure du corps des bandes violettes.

Ces indications abrégées ne conviennent point au poisson que je soupçonnois être le Charax. Ainsi je remets à parler de ce poisson , quand j'aurai pu me procurer des connoissances plus certaines.

De l'Erla.

Comme on achevoit d'imprimer les Additions de la quatrieme Section , M. de la Courtaudiere m'a envoyé un petit poisson que les Basques nomment *Erla* lorsqu'il est petit , & *Bouchougna* lorsqu'il a quinze à dix-huit pouces de longueur. M. de la Courtaudiere me marque que ce petit poisson a beaucoup de rapport avec le Tablarigna dont j'ai donné la description , page 32 ; mais comme l'Erla que m'a envoyé M. de la Courtaudiere , m'est parvenu très-bien conditionné , j'ai été à portée de reconnoître qu'il ressemble beaucoup au Sarguet qui est gravé sur la Planche V , *fig.* 2 , par la forme de son corps & de ses nageoires ; l'un & l'autre ont une tache noire près l'aileron de la queue , & des bandes circulaires brunes qui s'étendent du dos vers le ventre : mais je crois que l'Erla a de plus des marques noires de forme irréguliere entre l'extrémité des ouies & l'articulation des nageoires branchiales. Je ne me rappelle pas d'en avoir vu de pareilles au Sarguet. L'Erla est un poisson de mer , mais qui remonte volontiers dans les rivieres.

EXPLICATION DES PLANCHES
ET DES FIGURES

Qui ont rapport à la quatrieme Section de la seconde Partie du Traité général des Pêches.

PLANCHE I.

FIGURE PREMIERE, Dorade d'Amérique.
Fig. 2, un écaille de ce poisson.
Fig. 3, poisson volant dont cette Dorade se nourrit en grande partie.
Fig. 4, Pilonneau *ou* Lagadec.
Fig. 5, Sparaillon.

PLANCHE II.

Fig. 1, la Daurade de nos Côtes.
Fig. 2, 3 & 4, les mâchoires d'une très-grosse Daurade, vues en différentes positions.

PLANCHE III.

Fig. 1, Sar de Toulon.
Fig. 2, Ouariac de la Guadeloupe.

PLANCHE IV.

Fig. 1. Brême *ou* Carpe de mer.
Fig. 2, Petite Brême.
Fig. 3, le Plomb.
Fig. 4, petit Pilote de Cayenne. On trouvera sur la Planche IX, le même poisson représenté plus en grand,
Fig. 5, le Sucet *ou* Remore.

PLANCHE V.

Fig. 1, la Castagnolle.
Fig. 2, le Sarguet *ou* Sargo.
Fig. 3, la Saupe, Sopi *ou* Salpa.
Fig. 4, le Courlasseau.

PLANCHE VI.

Fig. 1, la Vieille, Vielle *ou* Carpe de mer.
Fig. 2, le Serran de Provence.
Fig. 3, la Mendole.
Fig. 4, la Bogue.
On a représenté sur cette même Planche, des morceaux d'anatomie de la Vielle.

PLANCHE VII.

Fig. 1, la grosse Sarde grise.
Fig. 2, la petite Sarde rouge.
Fig. 3, Raveau vert, sorte de Scare.
Fig. 4, Perroquet de mer.
Fig. 5, autre Perroquet de mer.
Fig. 6, Canadelle.
Fig. 7, grande Grive de mer.
Fig. 8, Paon de mer.

PLANCHE VIII.

Fig. 1, la Perche Goujonnée *ou* Gardonnée.

Fig. 2, Jars *ou* Jaret brun.
Fig. 3, Pitre *ou* la grosse Picarelle grise.
Fig. 4, Pitre *ou* la petite Picarelle blanche.
Fig. 5, le Scare rouge.
Fig. 6, le Scare brun.
Fig. 7, Prestre *ou* Sprat de Calais.
Fig. 8, Gros Yeux du Conquet.
Fig. 9, Mâchoire d'un Denté.

PLANCHE IX.

Fig. 1, le Méru.
Fig. 2, Parties anatomiques du Méru.
Fig. 3, le Pilote dessiné plus en grand qu'à la Planche IV.
Fig. 4, 5 & 6, détails anatomiques du Pilote.

PLANCHE X.

Fig. 1, Poisson doré de la Chine, dessiné d'après le vif.
Fig. 2, 3, 4 & 5, Poissons dorés de la Chine, dessinés d'après Edouard.
Fig. 6, poisson rayé *ou* à rubans, dessiné d'après Edouard.

PLANCHE XI.

Fig. 1, le Vivano de la Guadeloupe.
Fig. 2, Goret de la Guadeloupe.
Fig. 3, Vielle de la Guadeloupe.

PLANCHE XII.

Fig. 1, le Colas de la Guadeloupe.
Fig. 2, le Dos de Banette de la Guadeloupe.
Fig. 3, le Chirurgien *ou* Porte-lancette de la Guadeloupe.

PLANCHE XIII.

Fig. 1, Acarauna du Brésil, *ou* Veuve Coquette des Isles de l'Amérique.
Fig. 2, Grisette, espece de Demoiselle de l'Amérique.
Fig. 3, Onagre *ou* le Zebre, espece de Demoiselle de l'Amérique.

PLANCHE XIV.

Fig. 1, le Lavaret, sorte de Saumon.
Fig. 2, la Caunique, petite Brême du lac de Bourget.

PLANCHE XV.

Poisson Lune : beau & gros Poisson.

NOTICE GÉOGRAPHIQUE

Des principaux Lieux dont il est fait mention dans cette quatrieme Section.

A

Antoine. (Isle de S.) Isle d'Afrique, l'une des Isles du Cap-Verd, la plus septentrionale de toutes, 73.

Arguin. (Baie d') L'île de ce nom est une des îles Atlantiques sur la côte d'Afrique, à douze lieues du Cap-Blanc, 36.

Arles, grande, belle & ancienne ville de la basse Provence, située sur la rive gauche du Rhône qui la sépare du Languedoc ; elle est bâtie sur un rocher en pente douce, 28.

Atlantique, (Océan) nom qu'on donne à l'étendue de mer entre l'Afrique & l'Amérique : on l'appelle aussi Océan occidental, 29.

Aunis. Voyez seconde Partie, seconde Section, *Notice géographique.*

B

Basques (pays des). Voyez seconde Partie, troisieme Section, *Notice géographique.*

Belle-Isle. Voyez seconde Partie, troisieme Section, *Notice géographique.*

Berre (étang de) ; étang d'eau salée de la basse Provence de quatre lieues de long sur trois de large, qui a dix lieues de tour. Il communique à la mer par les canaux du Martigues & de la Tour de Bouc. Il fournit de très-bon sel & beaucoup de poisson. On le nomme aussi étang du Martigues, 19.

Biarritz, Village du pays des Basques, dans le Labourd entre S. Jean-de-Luz & Bayonne, 11.

Biscaye. Voyez seconde Partie, troisieme Section. *Notice géographique.*

Bonne-Espérance (Cap de). Voyez seconde Partie, troisieme Section, *Notice Géographique.*

Bourget (lac du). Lac de Savoie, dans la Savoie propre, où il reçoit la petite riviere de Laisse qui vient de Chambery, & se décharge dans le Rhône, près de Bellai. Il a quatre lieues de longueur, mais il a peu de largeur, 69.

C

Camieres (étang de). Etang près de Boulogne-sur-mer, dans la basse Picardie, célèbre par la délicatesse & la grosseur des Carpes qu'on y pêche, 69.

Canaries. Voyez seconde Partie, troisieme Section, *Notice géographique.*

Cap Blanc. Voyez seconde Partie, troisieme Section, *Notice géographique.*

Cap-Breton, très-ancien Bourg de Gascogne, au pays de Marennes, dans les Landes sur le bord de la mer, près d'un lac à trois lieues au septentrion de Bayonne, & à six au couchant de Dax, 29.

Chambery. Ville de la Savoie méridionale dite la Savoie propre dont elle est la Capitale, sur la riviere de Laisse, 69.

Cherbourg, ville de basse Normandie, au Diocese de Coutances, au Nord-Ouest de Valognes, avec un port de mer, dans lequel se viennent rendre deux rivieres la Divette & la Trolebec, 22.

Chine, grand Empire d'Asie, situé entre le 20° & le quarante-deuxieme degré de latitude septentrionale, & entre le cent dix-huitieme & le cent quarante-cinquieme de longitude, borné au Nord par la Tartarie Chinoise, à l'Occident par le Tibet, par l'Océan à l'Orient, au Midi par le Royaume de Tonquin, 70.

Chio, voyez *Schio.*

Congo, grand pays de l'Afrique méridionale dans la partie occidentale de l'Ethiopie, aux confins de la Guinée, ce qui l'a fait nommer la basse Guinée, 7.

Conquet. Voyez seconde Partie, troisieme Section, *Notice géographique,*

D

Danube. Voyez seconde Partie, seconde Section, *Notice géographique.*

G

Guadeloupe (la). Isle de l'Amérique, l'une des Antilles Françoises, située entre le Continent de l'Amérique méridionale, & l'Isle de Porto-Rico, à l'Est du golfe du Mexique, & au Nord de l'Amérique méridionale. Cette Isle a dix lieues de tour, & se trouve à seize degrés vingt minutes de latitude, & à 316 de longitude, 25.

H

Hieres (étang d'). Grand étang salé situé dans le territoire de la Ville d'Hieres dans la basse Provence, au Diocèse de Toulon, 11.

J

Japon. Royaume d'Asie ; composé de plusieurs Isles situées entre le 146° & le 159° degrés de longitude, & entre le 31° & le 41° degrés de latitude septentrionale, 71.

Jean-de-Luz (Saint). Voyez seconde Partie, seconde Section. *Notice géographique.*

Illyrie. L'Illyrie comprenoit à peu-près la Sclavonie proprement dite, la Dalmatie, la Croatie & la Bosnie, 26.

Juan Fernandès (Isle de). Isle de la mer du Sud, d'environ deux lieues de tour, à quelque distance du Chili, 23.

Juda. Petit Royaume d'Afrique dans la Guinée méridionale, à l'Occident de celui de Benin, 71.

L

Lausanne (lac de). Lac de Suisse à peu de distance

diſtance de la ville du même nom , & peu éloigné du lac de Geneve , 70.

M

Madere. Voyez ſeconde Partie , troiſieme Section. *Notice géographique,*

Maldives. On donne ce nom à un amas de très-petites Iſles ſituées en Aſie au Sud-Oueſt de la preſqu'Iſle occidentale en deçà du Gange , 7.

Martigues. Voyez ſeconde Partie , troiſieme Section. *Notice géographique.*

May. (Iſle de) Une des Iſles du Cap-Verd , ſituée à l'Oueſt de la Guinée , vis-à-vis la côte occidentale d'Afrique , entre le 15ᵉ & le 18ᵉ degré de latitude , & le 352ᵉ & le 356ᵉ degré de longitude , 23.

Montpellier , grande & belle Ville épiſcopale du bas Languedoc , à deux lieues de la mer , proche la riviere de Lez , ſur le Merdanſon , 25.

N

Narbonne. Ancienne & grande Ville de France dans le bas Languedoc à deux lieues de la mer , ſur un canal tiré de la riviere d'Aude , 16.

O

Olonne. Ville & Port du bas Poitou dans un petit golfe , au commencement de la côte méridionale du Poitou , à l'entrée d'une petite riviere , 20.

Or. (Côte d') Contrée d'Afrique dans la Guinée , entre la côte des Dents , à l'Oueſt , & le Royaume de Juda , dont elle eſt ſéparée à l'Eſt par la riviere de Volte , 23.

P

Pekin , grande & belle Ville de Chine , capitale de la Province de Pe-tche-li , l'une des Provinces ſeptentrionales de la Chine & de tout l'Empire , 70.

Penſacole , Fort bâti ſur la baye de ce nom , dans la Floride , ſur le golfe du Mexique , 28.

Pontchartrain. Voyez ſeconde Partie , troiſieme Section , *Notice géographique.*

Portendic. (mer de) Nom d'un Fort bâti ſur la côte de Barbarie , au Midi du Deſert de Zanhaga , 7.

Porto-Praya , Ville d'une des Iſles du Cap-Verd , ſur la côte orientale , au Levant ſeptentrional de la Ville de San-jago , 23.

Porto-Santo. Petite Iſle de la côte d'Afrique , au Nord-Eſt & près de Madere.   7

R

Raguſe. Voyez ſeconde Partie , troiſieme Section , *Notice géographique.*

S

Sel (Iſle de). Iſle d'Afrique , entre les Iſles du Cap-Verd , plus occidentale que la Pointe du Lezard , en Angleterre , 73.

Senégal. Grand Fleuve d'Afrique qui ſort du lac de Maberia dans la Nigritie , 70.

Setuval. Voyez ſeconde Partie , troiſieme Section , *Notice géographique.*

Schio ou *Chio.* Une des Iſles de la Turquie , d'Aſie , ſituée dans la Méditerranée , au voiſinage de la Natolie. Elle fait partie de celles de l'Archipel qu'on nomme *Sporades ,* & appartient aux Turcs , 73.

Sierra-Leona. Pays d'Afrique , dans la Guinée méridional , au Nord-Oueſt de la Malaguette , 23.

T

Timor. (Iſle de) Iſle de l'Océan oriental , ou Mer des Indes. Elle eſt au Sud des Moluques , & la plus éloignée de celles qui ſont à l'Orient de l'iſle de Java , 23.

Toulon. Voyez ſeconde Partie , troiſieme Section. *Notice géographique.*

W

Wang-ho ou *Hoang.* Riviere de Chine qui prend ſa ſource dans le grand Deſert , au pays des Sifans , à l'Occident de la Chine , remonte au Nord , deſcend du Nord au Midi , coule enſuite à l'Orient , & ſe jette dans la mer , au Nord de Nankin. On l'appelle auſſi la *Riviere jaune ,* 70.

Wolga. Fleuve de la grande Ruſſie , qui prend ſa ſource dans la Province de Weliki-louki ou de Rzeva , traverſe la Ruſſie d'Europe d'Occident en Orient , arroſe Caſan qui eſt de la Ruſſie d'Aſie , & ſe jette dans la mer Caſpienne au deſſous d'Aſtracan , après un cours de cinq cent lieues , 70.

Z

Zirchnitzerſée. Lac d'Allemagne , dans la baſſe Carniole , au Cercle d'Autriche , vers les confins du Windiſchmarck , qui a environ ſix lieues de long & trois de large , 71.

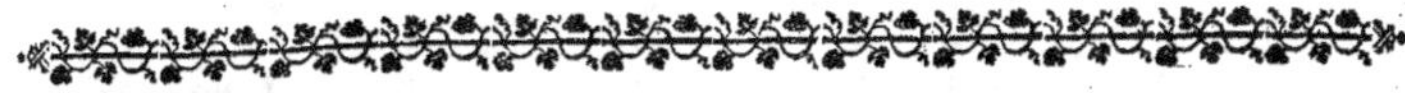

TABLE ALPHABÉTIQUE

Des Noms des Poissons dont il est parlé dans cette quatrieme Section.

TABLE

DES CHAPITRES

ET ARTICLES

Contenus dans la quatrieme Section de la seconde Partie du Traité général des Pêches.

TOME TROISIEME.

Réflexions

Fin de la quatrieme Section de la Seconde Partie.

EXTRAIT DES REGISTRES

DE L'ACADÉMIE ROYALE DES SCIENCES,

Du 23 Août 1777.

MEssieurs DE JUSSIEU & ADANSON, qui avoient été nommés pour examiner la Qua-
trieme Section de la Seconde Partie du Traité des Pêches & de l'Histoire des Poissons ou des Animaux qui
vivent dans l'eau, par M. DUHAMEL , en ayant fait leur rapport ; l'Académie a jugé cet Ouvrage
digne de son approbation & d'être imprimé : en foi de quoi j'ai signé le présent Certificat,

Signé LE MARQUIS DE CONDORCET,

DE L'IMPRIMERIE DE L. F. DELATOUR, 1777.

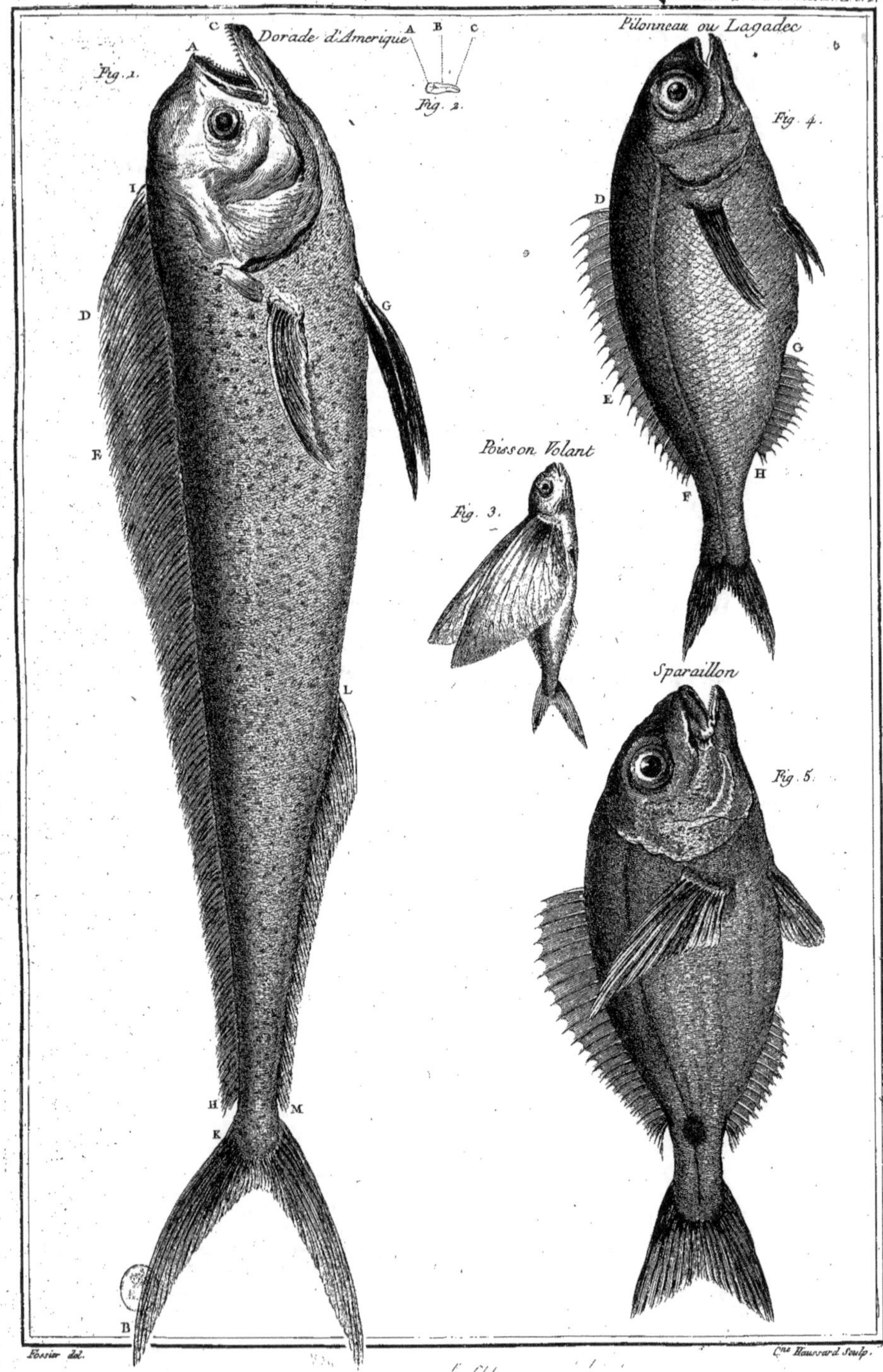

Fossier del.   C.me Haussard Sculp.

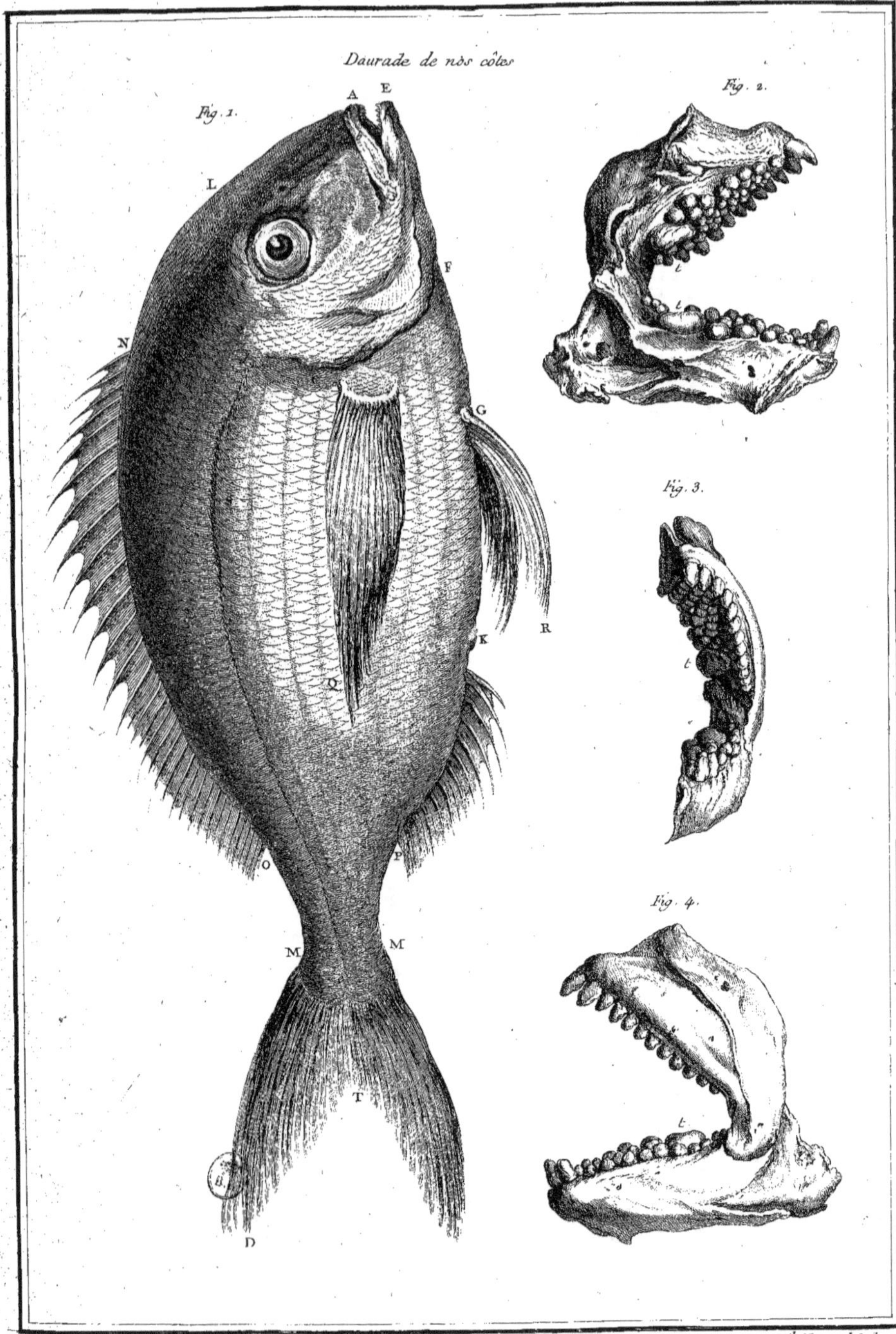
Daurade de nôs côtes
Fig. 1.
Fig. 2.
Fig. 3.
Fig. 4.
A E
L
N
F
G
Q
K
R
O
P
M
M
T
B
D
Fossier del.
P.tᵉ Houssard Sculp.

Pêches 2.me partie Section IV. Pl. III.
Sar de Toulon
Fig. 1
Ouariac de la
Guadeloupe
Fig. 2
Rossier del.
C.ne Haussard Sculp.

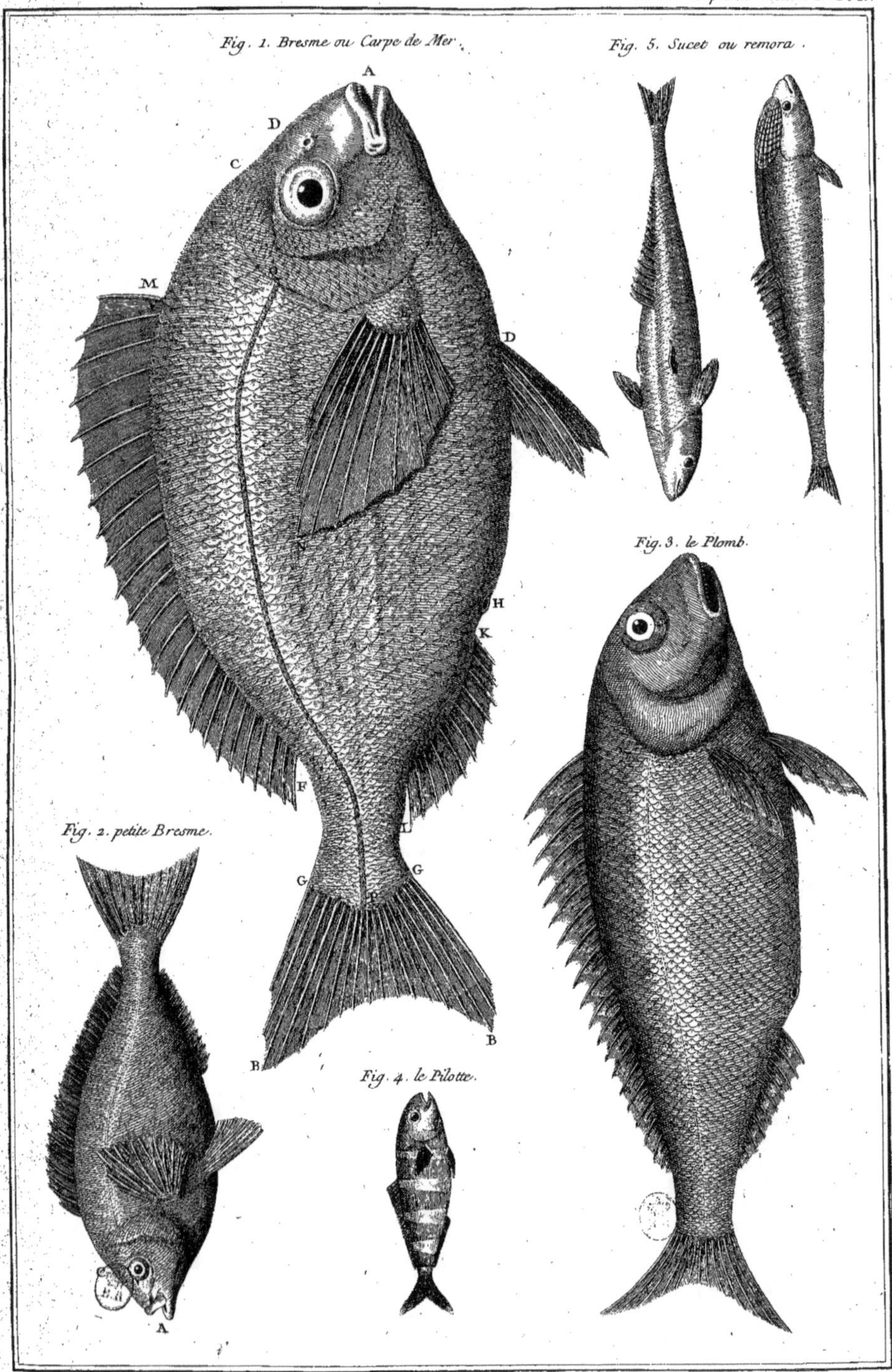

Fig. 1. Bresme ou Carpe de Mer.
Fig. 5. Sucet ou remora.
Fig. 3. le Plomb.
Fig. 2. petite Bresme.
Fig. 4. le Pilotte.

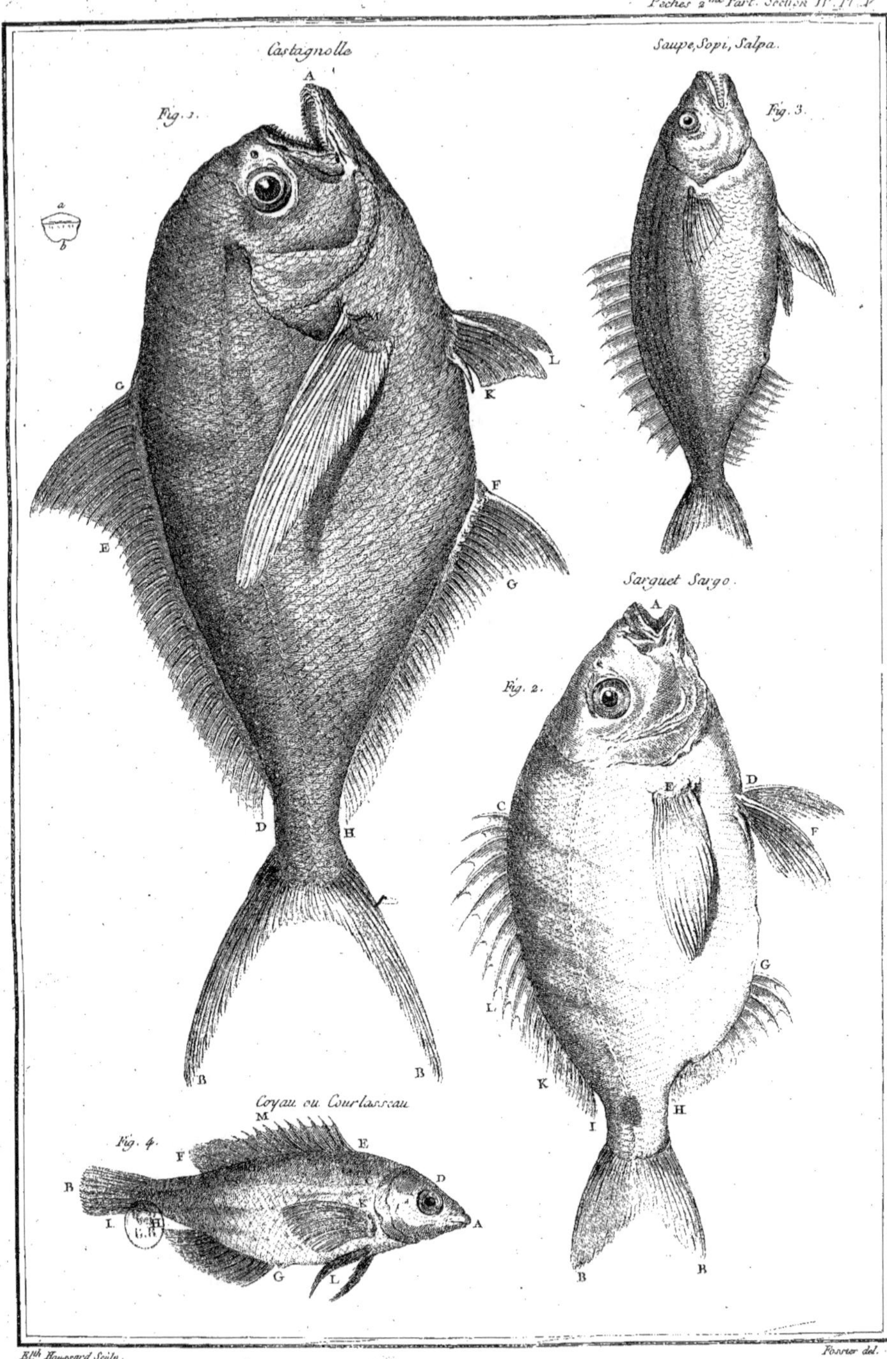

Castagnolle
Fig. 1.
Saupe, Sopi, Salpa.
Fig. 3.
Sarguet Sargo.
Fig. 2.
Coyau ou Courlasseau.
Fig. 4.
Eln. Haussard Sculp.
Fossier del.

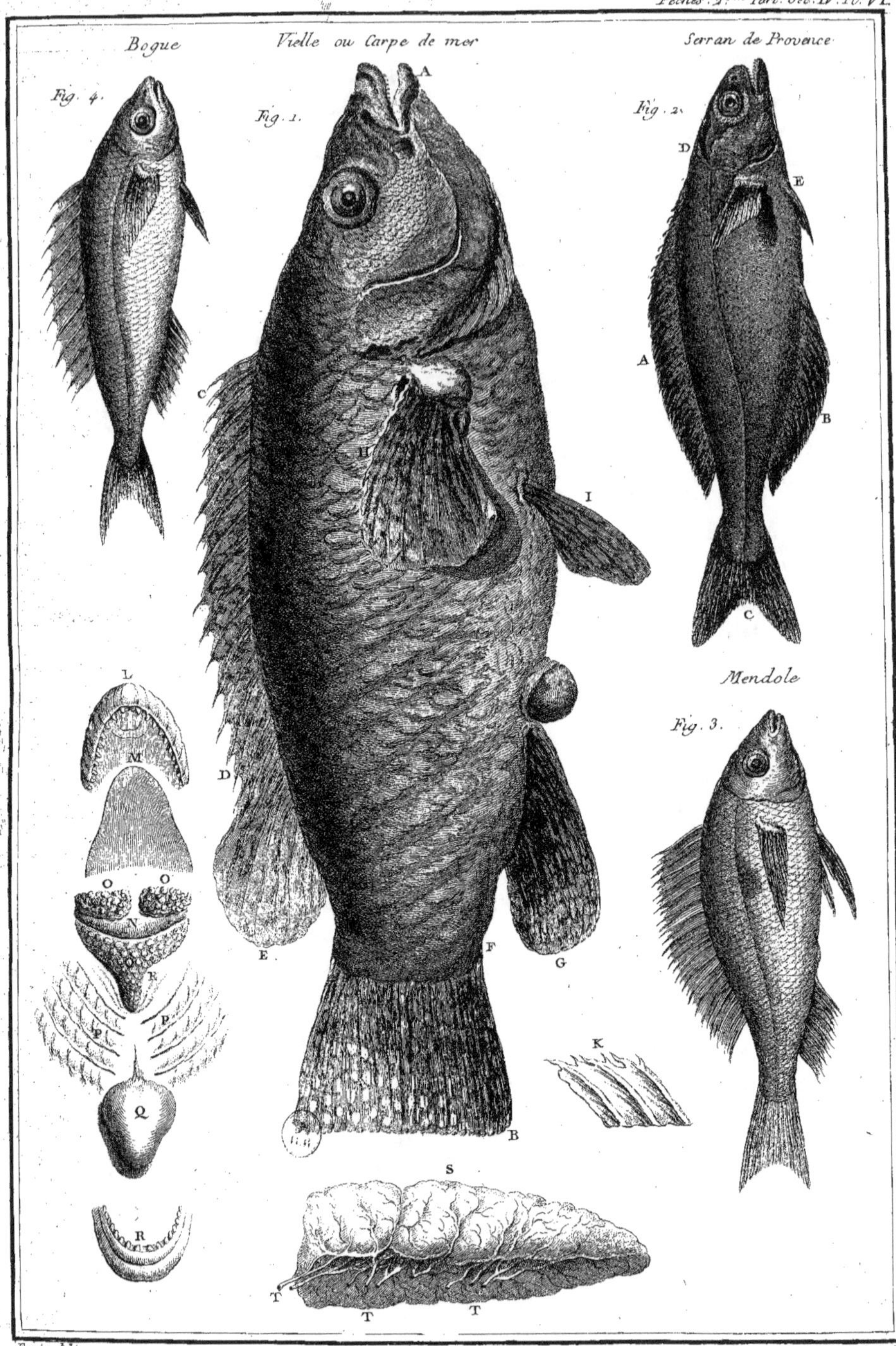
Bogue
Vielle ou Carpe de mer
Serran de Provence
Fig. 4.
Fig. 1.
Fig. 2.
Mendole
Fig. 3.

Fossier del.
C.^ne Haussard Sculp.

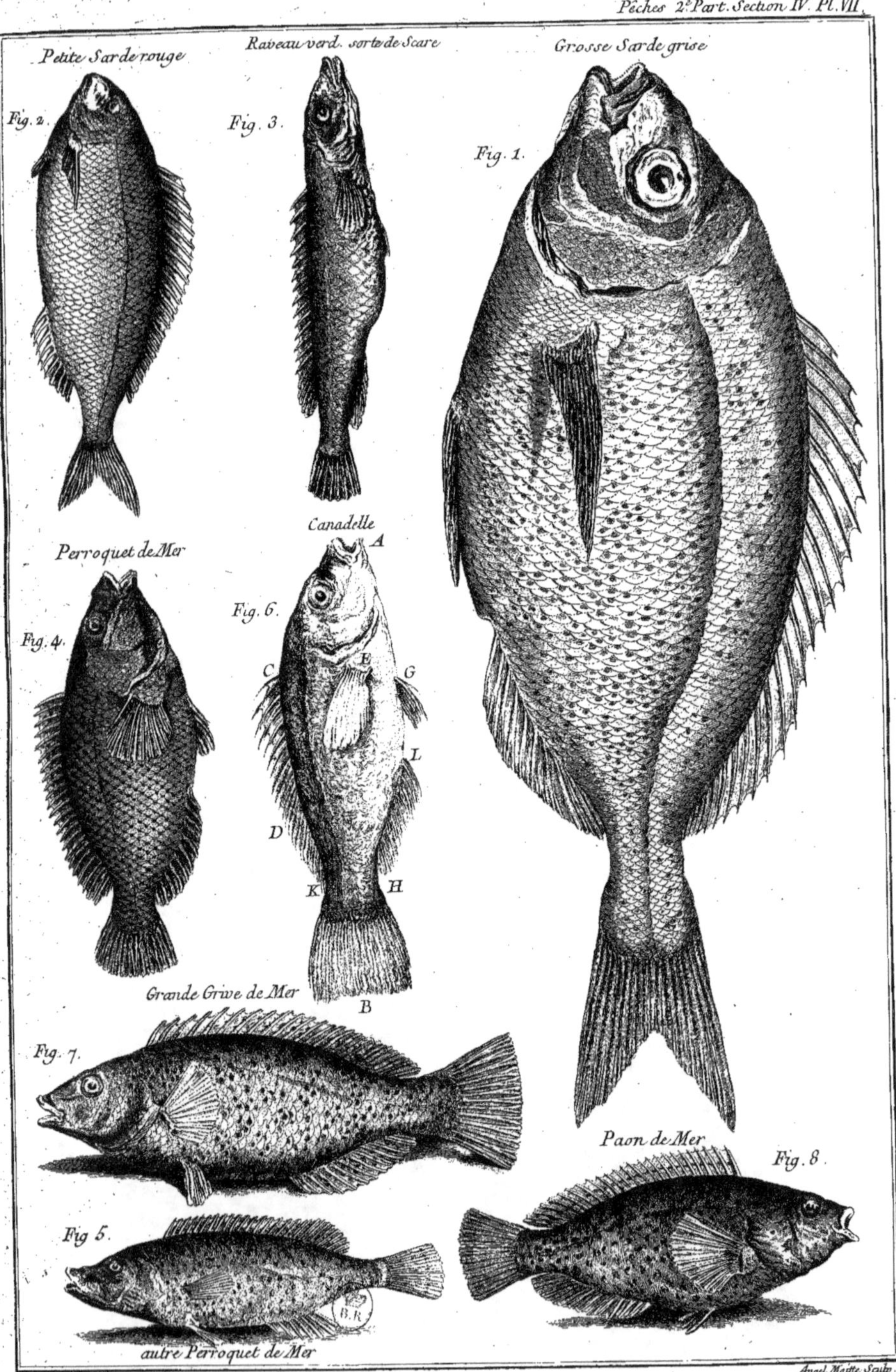

Petite Sarde rouge
Raveau verd. sorte de Scare
Grosse Sarde grise
Fig. 2.
Fig. 3.
Fig. 1.
Perroquet de Mer
Canadelle
Fig. 4.
Fig. 6.
A
C
E
G
D
L
K
H
B
Grande Grive de Mer
Fig. 7.
Paon de Mer
Fig. 8.
Fig 5.
B.R.
autre Perroquet de Mer
Angel Moitte Sculp.

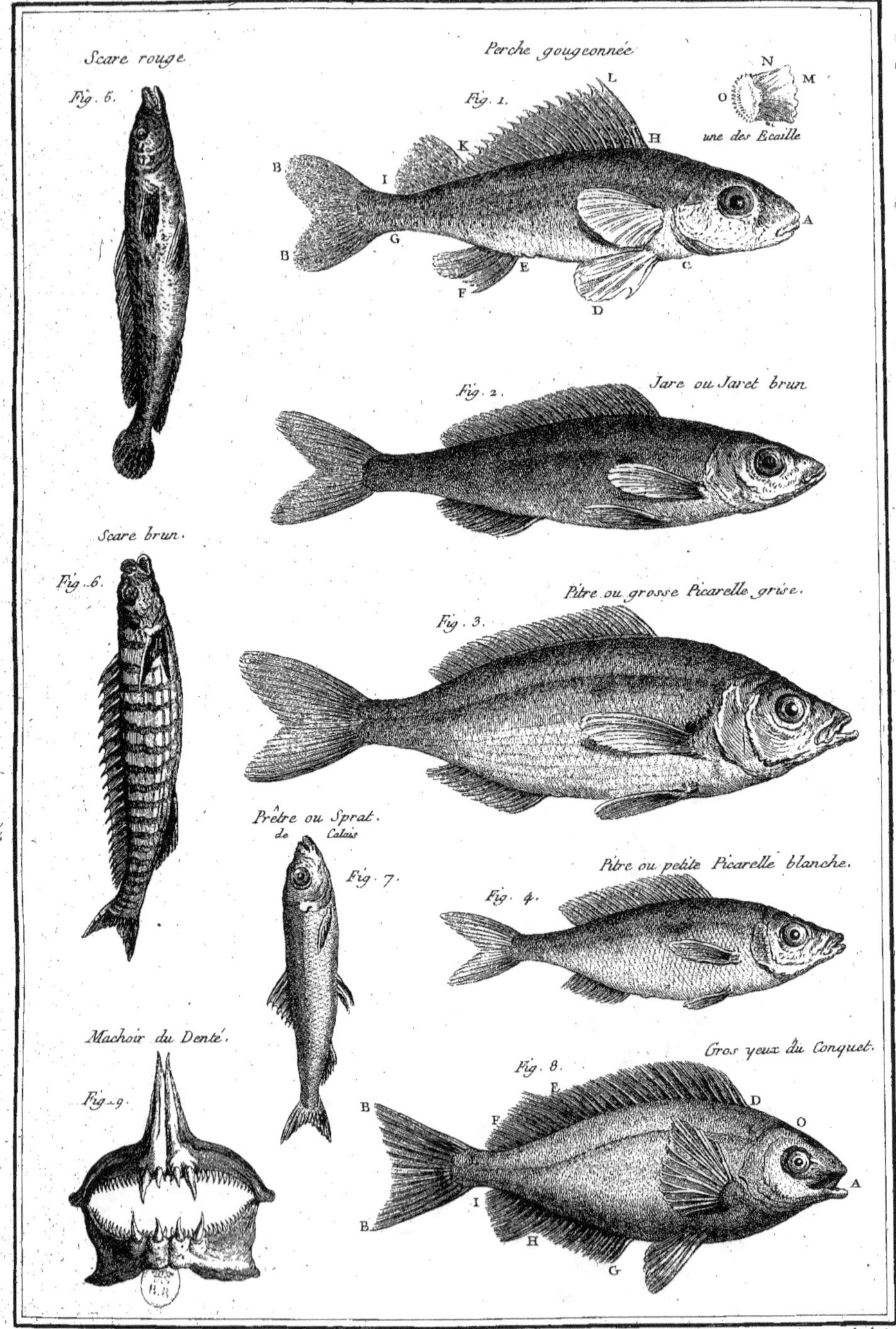

C.ne Haussard Sculp.

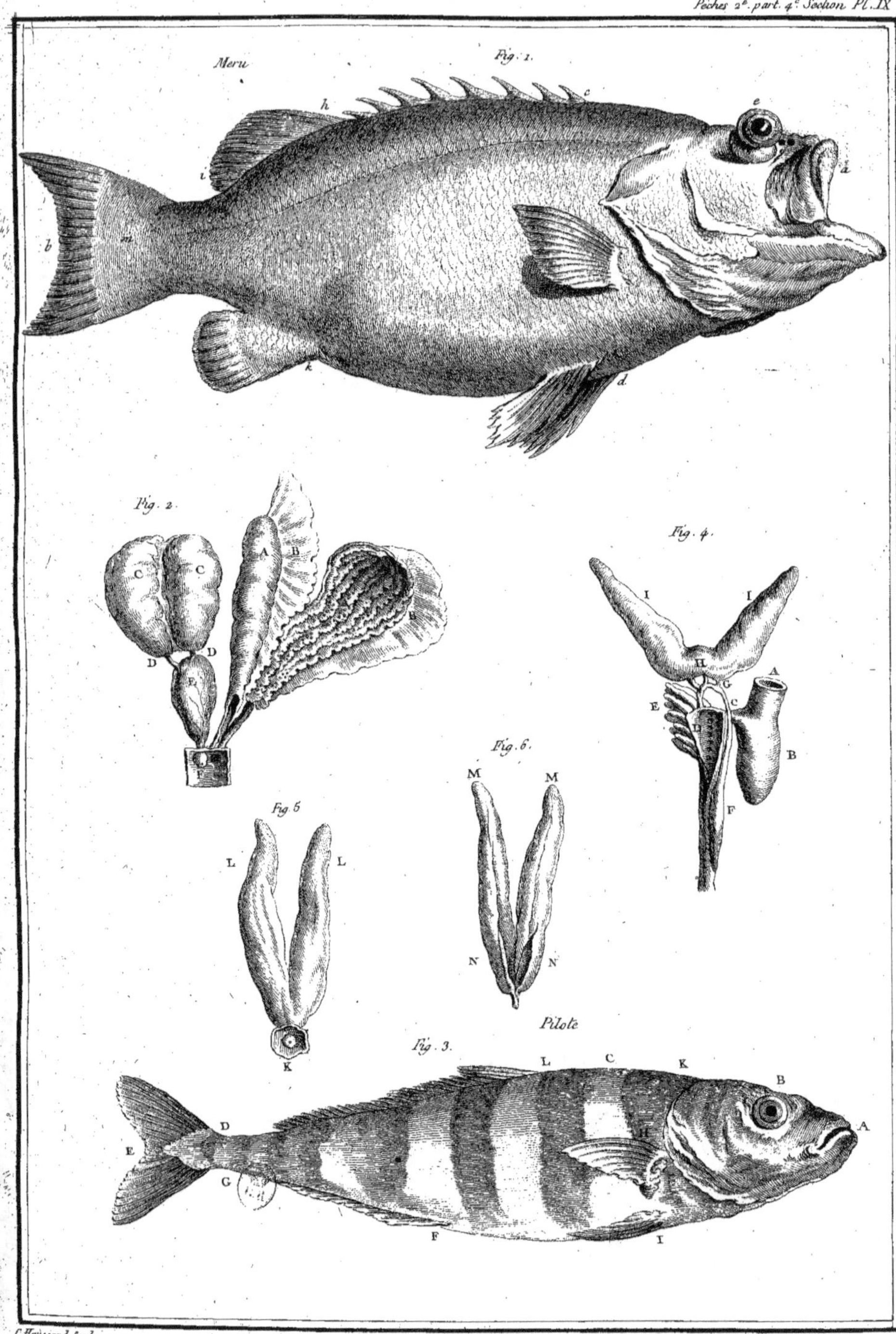

Pêches 2.º part. 4.º Section Pl. IX
Meru
Fig. 1.
Fig. 2.
Fig. 4.
Fig. 6.
Fig. 5.
Pilote
Fig. 3.
C. Haussard Sculp.

Angel. Motte Sculp.

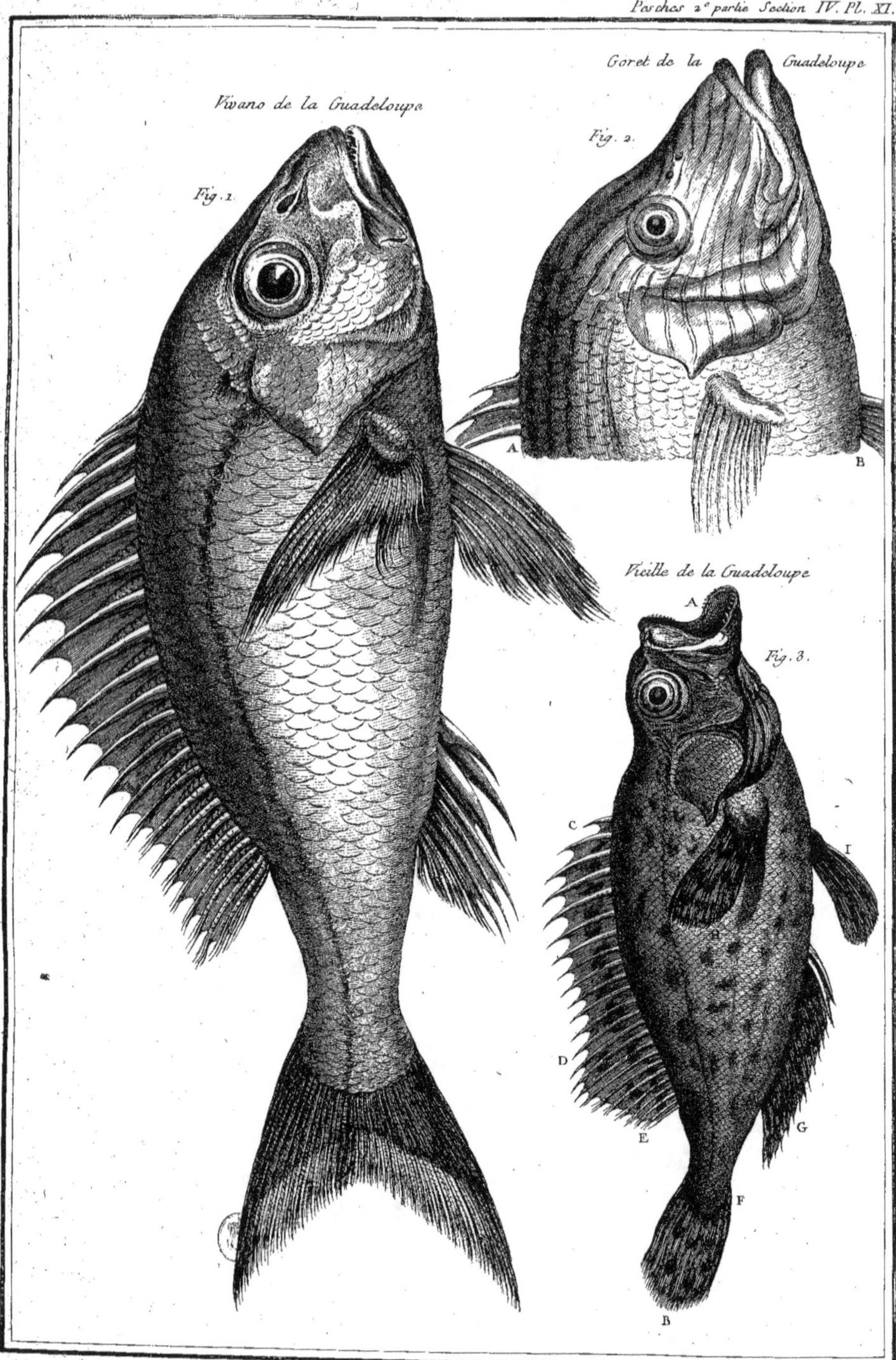

Pesches 2.e partie Section IV. Pl. XI.
Vivano de la Guadeloupe
Fig. 1.
Goret de la Guadeloupe
Fig. 2.
A
B
Vieille de la Guadeloupe
Fig. 3.
A
C
D
E
F
G
I
B
Elith. Haussard Sculp.

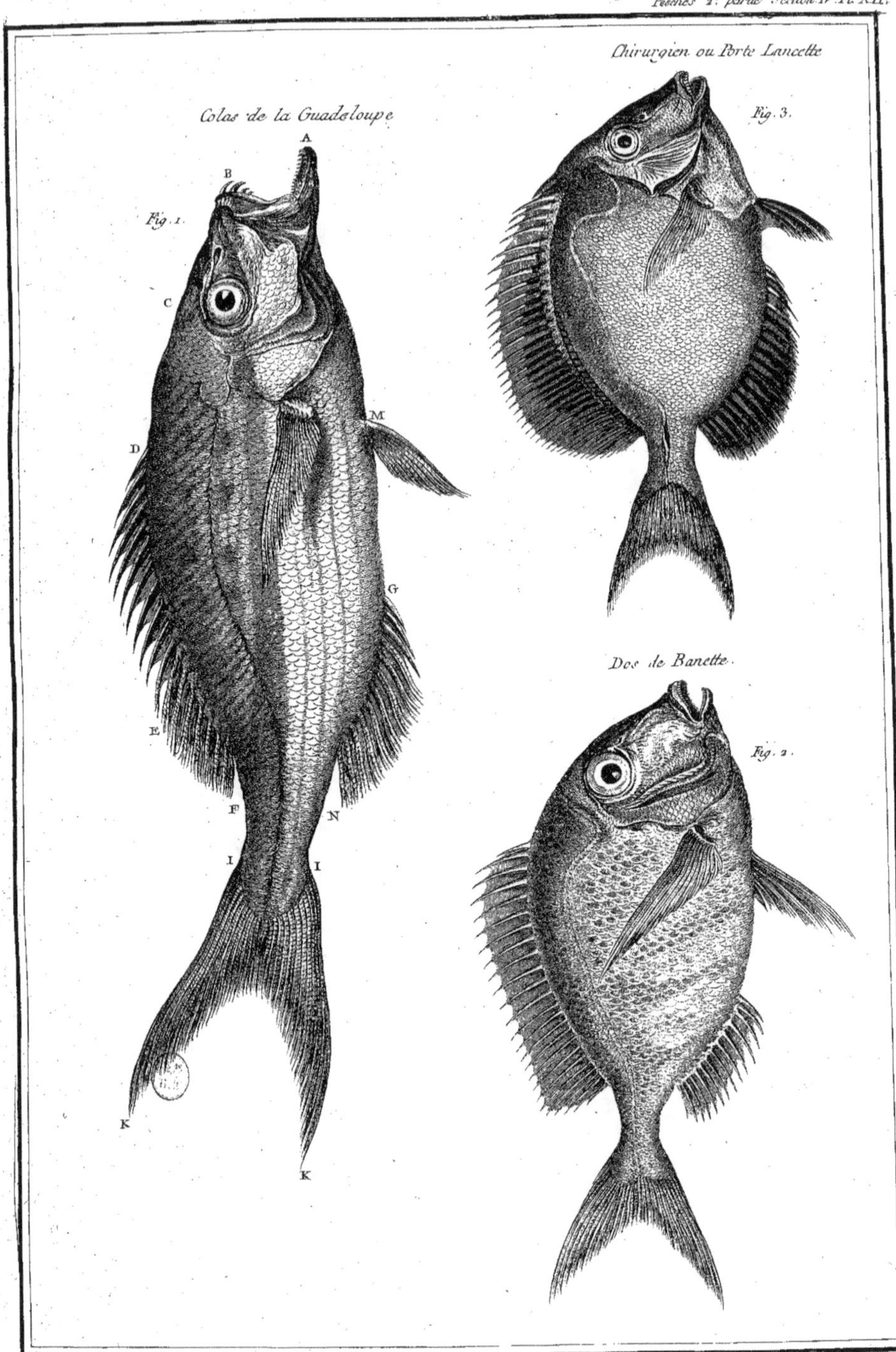
Colas de la Guadeloupe
Fig. 1.
A
B
C
D
E
F
H
K
M
G
N
I
I
K
Chirurgien ou Porte Lancette
Fig. 3.
Dos de Banette.
Fig. 2.

Fig. 3.
L'Onagre ou le Zebre, Espece de Demoiselle de l'Amerique.
Fig. 2.
La Grisette, Espece de Demoiselle de l'Amerique.
Fig. 1.
Acaramung du Bresil, ou la Veuve Coquette des Isles de l'Amerique.

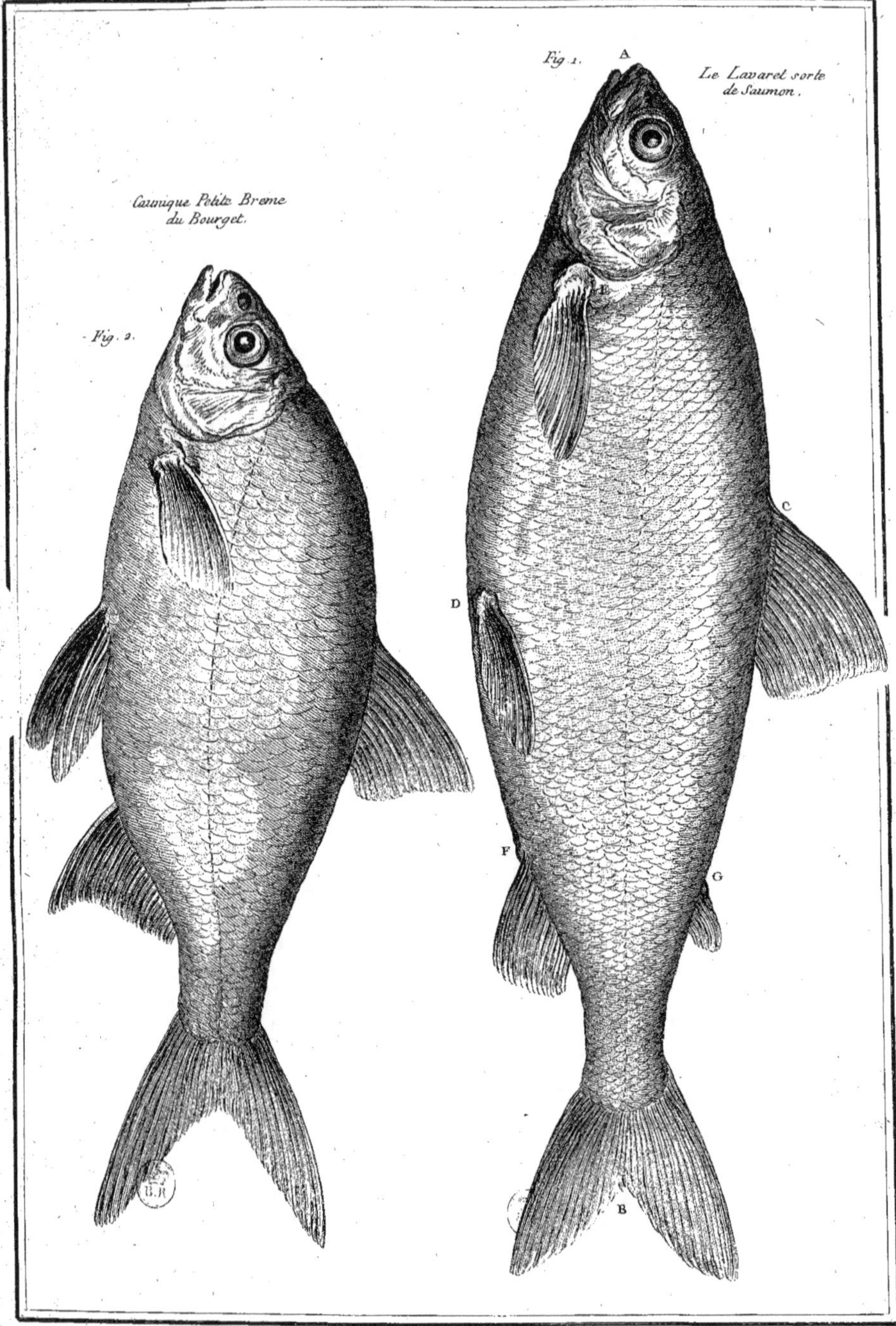

Rossier del.

C.re Haussard Sculp.

Angel Moitte Sculp.

TRAITÉ GÉNÉRAL

DES PESCHES.

SUITE DE LA SECONDE PARTIE.

TOME III. SECTION V.

TRAITÉ GÉNÉRAL
DES PÊCHES
ET
HISTOIRE DES POISSONS,
O U
DES ANIMAUX QUI VIVENT DANS L'EAU.

II. *PARTIE*, *TOME III*.

CINQUIEME SECTION,
D'une famille de Poissons qu'on nomme Zeus.

INTRODUCTION.

Il y a des Poiſſons qui ont les rayons de l'aileron du dos les uns piquants, les autres flexibles ; nous en avons décrit un nombre dans la famille des *Sparus* : mais il y en a dont les rayons durs ſont beaucoup plus longs que les flexibles, ou le contraire : les uns & les autres ſont ſéparés par un intervalle plus ou moins conſidérable, ce qui laiſſe dans l'incertitude de ſavoir ſi ces Poiſſons ont ſur le dos un ſeul aileron ou deux ; car il y en a qui, au premier coup d'œil, paroiſſent en former deux , quoique, ſi on les examine avec attention , on voye qu'il n'y en a qu'un , puiſque la membrane qui unit les rayons eſt continue dans toute la longueur de l'aileron , étant ſeulement fort étroite entre les rayons durs & les flexibles. J'en ai vu où la membrane en question ayant été déchirée par accident, il paroissoit y avoir deux ailerons sur le dos, quoiqu'il n'y en eût qu'un : car ayant examiné avec soin au sortir de l'eau quelques-uns de ces Poissons qui paroissoient avoir deux ailerons, j'ai reconnu que la membrane étoit continue sans aucune interruption. Ces incertitudes m'ont déterminé à ne point comprendre ces Poissons avec les *Sparus*, dont le nombre est déja très-considérable, & à en faire une famille particuliere sous la dénomination générique de *Zeus*. Je choisis cette dénomination, parce que la *Dorée* que Rondelet nomme *Zeùs*, a l'aileron du dos disposé comme nous venons de le dire, laissant dans l'incertitude s'il y a un ou deux ailerons sur le dos : car je ne prétends pas que tous les Poissons compris dans cette Section, n'aient qu'un aileron sur le dos ; je compte y en comprendre qui ont incontestablement deux ailerons, lorsqu'ils se trouveront avoir les caracteres principaux des Zeus, qui consistent à avoir la tête singuliérement armée de piquants, sur-tout au bord des opercules des ouies, & de grands yeux fort élevés sur la tête. Le Lecteur étant prévenu de ce qui fait le caractere des Zeus, j'entre en matiere.

CHAPITRE PREMIER.

De la Dorée, qu'on nomme aussi Poule de mer ou Poisson de Saint Pierre.

On donne bien des noms différents à ce poisson, puisqu'outre ceux qui sont au titre, on l'appelle à Antibes, en Espagne & en Languedoc *Gal* ; à Bayonne *Jau* ; en quelques endroits *Coq de mer* : je vois dans mes Mémoires qu'on l'appelle quelquefois à Marseille *Truette* ; au Cap Breton *Oville* ou *Rose* ; Salvien le nomme *Faber*. Je soupçonne que c'est celui qu'on nomme *Arrousëu* à Biarritz ; mais il ne faut pas, comme on fait quelquefois, le confondre avec la Daurade. Ces deux poissons sont très-différents l'un de l'autre ; on s'en convaincra en comparant ce que nous avons dit de la Daurade (Sect. IV.) avec la description que nous allons faire de la Dorée.

Article Premier.

Deſcription de la Dorée.

Ce poiſſon eſt demi-plat ; il a , comme les *Sparus* , une nageoire E derriere chaque ouie , deux longues & étroites F ſous la gorge ; on penſe aſſez communément qu'il a deux ailerons ſur le dos I , K & K , L , *Pl. I, fig.* 1. & deux ſous le ventre M , N & N , O ; c'eſt le ſentiment de *Gouan* : je l'ai cru de même , parce que la membrane qui unit ces rayons étant fort mince , ſouvent elle ſe déchire en K & en N ; ayant cru appercevoir dans quelques-uns que ces membranes n'étoient point interrompues , mais ſeulement très-étroites en ces endroits , le grand aileron du dos m'a paru unique ; & j'ai été confirmé dans ce ſentiment par les obſervations de M. de Borda , qui ayant pris des précautions convenables ſur des poiſſons ſortant de l'eau pour que ces membranes ne fuſſent point déchirées , s'eſt aſſuré qu'elles étoient continues depuis I juſqu'à L , & depuis M juſqu'à O , ce qui nous autoriſe à aſſurer qu'il n'y a qu'un aileron ſur le dos , & un moins grand derriere l'anus. Néanmoins comme les apparences ſont contraires à ce ſentiment , nous avons pris le parti de mettre ce poiſſon au nombre des *Zeus* , famille où il reſte de l'incertitude ſur le nombre des ailerons , & qui eſt en quelque façon intermédiaire entre les poiſſons qui ont deux ailerons & ceux qui n'en ont qu'un.

On aſſure qu'il y a des Dorées qui ont près d'un pied & demi de longueur ; mais le poiſſon que je décris , qui étoit d'une taille commune , avoit un peu plus de quinze pouces de longueur totale A , B ; ſa largeur verticale à l'à-plomb de M , non compris les ailerons , étoit de cinq pouces & demi ; ſon épaiſſeur horiſontale au dos d'un pouce ſix à huit lignes. Quand on le conſidere dans une poſition verticale , comme lorſqu'il nage , la forme de ſon corps approche aſſez d'un ovale qui s'appointit un peu par les deux extrémités de ſon grand diametre. En examinant ce poiſſon , abſtraction faite des ailerons , on voit qu'à pluſieurs égards il reſſemble aſſez à la Daurade de nos côtes ; néanmoins c'eſt fort mal-à-propos que dans pluſieurs de nos Ports on l'appelle *Daurade* ; ainſi nous allons faire appercevoir qu'il ne faut pas confondre ces deux eſpeces de poiſſons : la tête de la Dorée eſt beaucoup plus groſſe que celle de la Daurade ; ſa longueur depuis le bout du muſeau juſques derriere les ouies eſt preſque de cinq pouces ; ſa largeur verticale à l'à-plomb des yeux C , de quatre pouces ; elle eſt formée de pluſieurs

cartilages durs & oſſeux ſinguliérement diſpoſés , qui étant ſeulement recouverts par une peau aſſez mince , offrent une forme biſarre. Rondelet prétend qu'en examinant ſéparément tous les cartilages qui compoſent cette tête , on y trouve la forme des outils d'un Serrurier. Les yeux C , ſont grands , placés au haut de la tête ; ils ſont preſque ronds , le grand diametre des foſſes orbitaires eſt d'environ dix lignes , & le petit diametre de huit ; la prunelle eſt groſſe & d'un bleu foncé ; l'iris eſt nacré , avec quelques reflets tirant à l'or ; il eſt entouré d'un anneau ſaillant , en partie formé par la membrane clignotante : comme la tête eſt applatie , & que les yeux ſont placés fort haut , il s'en ſuit qu'il y a ſur le crâne peu de diſtance d'un œil à l'autre , & cet eſpace eſt occupé par un ſillon.

La gueule eſt aſſez grande , les deux mâchoires ſont à peu-près de même longueur ; à la pointe & au-deſſous de la mâchoire inférieure , il y a un ou deux crochets aſſez durs ; les deux mâchoires ſont bordées de dents qui ne ſont bien ſenſibles que quand les gencives ſe ſont un peu deſſéchées ; la langue eſt mobile & ſe termine en pointe ; pluſieurs parties de la tête , & particulierement le bord des opercules des ouies , ſont garnis de pointes plus ou moins ſenſibles.

Le grand aileron du dos eſt unique , ſi , comme nous croyons l'avoir apperçu , la membrane qui unit les rayons s'étend ſans interruption de I juſqu'à L ; néanmoins cet aileron peut être diſtingué en deux parties , ſavoir I , K & K , L ; la portion I , K eſt formée par neuf ou dix rayons longs , gros , durs & piquants , qui paroiſſent poſés ſur la membrane qui les unit. Cette membrane eſt feſtonnée , & entre les rayons durs qui ſont aſſez écartés les uns des autres , elle ſe prolonge en forme de digitations molles P , beaucoup plus longues que les rayons durs , & ſe terminent par des filets ſemblables à des crins de cheval , & au moins une fois plus longs que les rayons durs. La ſeconde partie K , L que nous croyons être une continuation de la premiere I , K , s'étend juſque tout près de l'origine de l'aileron de la queue ; elle eſt formée d'environ douze rayons aſſez fermes , mais beaucoup moins que ceux de la partie I , K ; la membrane qui les unit forme entr'eux des eſpeces de feſtons qui n'ont pas comme à la portion I , K , les digitations & les filaments P. Sous le ventre derriere l'anus, à l'à-plomb de la partie *K*, *L* de l'aileron du dos, il y en a un *M*, *N*, *O* plus petit, mais assez semblable à celui du dos : la portion *M*, *N* est formée par quatre forts rayons ; le reste *N*, *O* peut être comparé à la portion *K*, *L* de l'aileron du dos. La membrane qui unit les rayons à l'une ou à l'autre portion ne forme point les digitations ni les filets *P*, mais seulement des festons tout le long du dos & du ventre, principalement à l'insertion des rayons piquants. Au corps du poisson il y a des éminences dures & courtes, assez semblables à ces especes de clous qu'on apperçoit sur le corps de certaines rayes qu'on nomme *bouclées* ; la plupart ont la pointe inclinée vers la queue, d'autres sont droites ou inclinées vers la tête ; ces osselets sont rangés des deux côtés par files paralleles, formant entr'elles un sillon dans lequel sont implantés les rayons des ailerons, & dans lequel ces rayons se couchent à la volonté du poisson, au point de ne plus paroître, de maniere qu'on ne voit alors que les osselets qui bordent le sillon.

L'aileron de la queue *B* n'est point échancré, il forme à son extrémité un petit arrondissement comme une espece d'éventail, & il est composé de rayons assez forts, mais point piquants.

Il y a derriere chaque ouie une petite nageoire *E*, dont l'extrémité est arrondie ; leur articulation est large, les rayons ne sont pas durs : on voit sous la gorge deux autres nageoires *F*, dont les rayons sont beaucoup plus longs & plus fermes qu'à celles de derriere les ouies.

Tout le corps est couvert d'écailles si petites, qu'il faut gratter avec l'ongle pour les détacher : quelques-uns se sont persuadés que ce poisson n'en avoit point, effectivement leur peau ressemble assez aux papilles nerveuses de la langue des animaux : le dos est brun, tirant au rouge ; cette couleur s'éclaircit sur les côtés & encore plus sous le ventre. Au sortir de l'eau, on apperçoit sur toutes ces couleurs des reflets bronzés tirant à l'or, avec des taches blanches distribuées sans ordre ; car il est bon d'être prévenu que les couleurs varient beaucoup dans les poissons de cette espece ; mais en général elles font un bel effet au sortir de l'eau. Il y a de chaque côté une ligne latérale qui part de derriere les ouies, à la hauteur de l'œil en *G*, forme une courbure considérable, & se rend en *H* où elle divise la largeur du poisson en deux : de chaque côté, entre cette raye & l'extrémité de la nageoire branchiale, on apperçoit une tache brune, plus ou moins apparente, qui souvent est entourée d'une zône plus claire que le reste du poisson, ce qui l'a fait nommer *Poisson de Saint Pierre*. Mais l'*Asnon*, l'*Egrefin*, le *Sparaillon* & quantité d'autres poissons ont des taches à peu-près pareilles.

Les Dorées sont des poissons de haute-mer ; on n'en fait point de pêche expresse ; on en prend souvent de grosses à la pêche aux cordes, confondues avec les Merlans. Quelques-unes se prennent à la *Fouane*, quand il s'en trouve à la surface de l'eau ; on en trouve de moins grosses dans les Parcs, ainsi que dans le filet de la Dreige ou les Folles : les grosses sont devenues fort rares sur la côte de Normandie. Ce poisson est assez commun en Bretagne, depuis la pointe de Pennemarc jusqu'à la baye de Brest.

La Dorée est un excellent poisson ; sa chair se leve par écailles, elle est délicate & de bon goût ; de sorte que dans les mois de Janvier, Février & Mars, on la préfere aux Turbots. Je ne me rappelle pas où j'ai vu qu'elle étoit encore meilleure quand on l'avoit fait dégorger dans l'eau douce.

Il y en a qui ont imaginé que les appendices que la Dorée a sur le dos, attiroient autour d'elle des petits poissons qui les prenoient pour des vers, & que ces petits poissons deviennent la proie des Dorées.

J'ai déja prévenu qu'on donne le nom de *Dorée* à plusieurs poissons fort différents de celui qui nous occupe ; par exemple, à l'entrée de la Loire on nomme, dit-on, Dorée un poisson qui a le museau jaune & recourbé, ce qui ne convient pas à notre Poule de mer.

Le poisson qu'on nomme *Pesce-Pedra*, à l'entrée du Fleuve des Amazones, & que quelques-uns ont comparé à la Dorée, est, dit-on, excellent ; mais suivant la notice qu'on en donne, il n'y a que cette circonstance qui convienne à notre Dorée.

CHAPITRE II.

Des différents Poiſſons de la famille des Zeus *, qu'on nomme*
Scorpions de mer *,* Scorpeno *,* Scorpene *,* Scorpena *; en quelques*
endroits de Provence *,* Scorpeun *, & en* Languedoc *,* Crapaud *,*
Diable de mer *, ou* Raſcaſſe *, &c.*

En conséquence des raiſons que j'ai rapportées dans le Chapitre précédent, il reſte quelqu'incertitude pour décider ſi les Poiſſons dont nous allons
parler, ont deux ailerons ſur le dos, ou n'en ont qu'un ſeul ; car le grand
aileron du dos eſt en partie formé par des rayons durs & piquants, & en
partie par des rayons rameux & ſouples : de plus, ces deux parties ſont de
grandeurs inégales, & plus ou moins diſtinctes l'une de l'autre, ce qui a engagé pluſieurs Auteurs à les regarder comme ayant deux ailerons, quoique
la membrane qui unit les rayons, tant ceux qui ſont piquants que les ſouples,
ſoit certainement continue dans pluſieurs eſpeces. C'eſt cette incertitude
qui nous a engagé à mettre les Poiſſons dont nous allons parler, au nombre
des *Zeus*, qui, comme je l'ai dit, ont pour caractere général d'avoir les yeux
grands, fort élevés ſur la tête qui eſt groſſe, plus ou moins hériſſée d'épines, & le dos tantôt garni d'un ſeul aileron qui, au premier aſpect, paroît
en former deux, & d'autres fois en forme réellement deux très-diſtincts l'un
de l'autre.

Je vais commencer ce Chapitre par des conſidérations générales ſur les
Poiſſons de la famille des Scorpions, auxquels on a ſouvent donné différents
noms.

ARTICLE PREMIER.

Conſidérations générales ſur les Scorpions de mer.

Je dois prévenir ici que ſi l'on a appellé ces Poiſſons *Scorpions de mer*, ce
n'eſt point parce qu'ils aient aucune reſſemblance avec le Scorpion de terre ;
mais probablement parce qu'étant fort épineux, on eſt expoſé à éprouver des
piquûres très-douloureuſes quand on les touche. Il y a bien des variétés entre
les Poiſſons qu'on nomme *Scorpions*, comme on en peut juger par l'inſpection
tant de la figure 2 de la Planche I, que de toutes celles qui ſont ſur les Planches II & III, auxquelles on en peut ajouter beaucoup d'autres : car outre les
différences qu'on apperçoit dans leurs groſſeurs, & la forme de leur corps, il y
en a beaucoup dans leur couleur ; de plus, les uns ſont un bon aſſez manger,
pendant que d'autres ſont mépriſés : c'eſt probablement ce qui a engagé à leur

donner différents noms, comme *Rascasse*, *Diable de mer*, *Crapaud*, *Chaboisseau*, &c. & souvent dans les différents Ports on donne indistinctement un de ces noms à un Poisson ou à un autre, & on peut ajouter au même poisson. Il paroît par quelques-uns des Mémoires que j'ai rapportés des Côtes maritimes, qu'aux environs de Marseille, on nomme *Scorpeno*, ceux qui sont noirs, *Pl. II, fig. 1*, & *Scorpene* les rouges, *Pl. II, fig. 2* : ceux-ci se pêchent au large, & sont estimés beaucoup meilleurs que les noirs ou les bruns qui se tiennent habituellement dans les endroits fangeux. On verra dans la suite que cette distinction a lieu à Toulon pour les Poissons qu'on y nomme *Rascasse*. Je me contenterai de parler de quelques variétés que j'ai rapportées des Côtes maritimes ; prévenant que je me bornerai pour leur description à des généralités, telles qu'on peut les attendre d'un Voyageur qui avoit d'autres objets à remplir. Il y a apparence que les noms particuliers que les Pêcheurs donnent aux différentes especes de Scorpions, & qui occasionnent beaucoup d'incertitudes, ont été imaginés sur quelques singularités qui les ont frappés : car si-tôt qu'un poisson leur paroît avoir une figure hideuse, & sur-tout méchante, ils le nomment *Diable* ; si d'autres ont une grande gueule & une peau dénuée d'écailles, sur-tout si elle tire au jaune, avec des taches distribuées çà & là, ils les appellent *Crapauds de mer* ; ces noms arbitraires ont été adoptés par des Auteurs célébres : Gesner, par exemple, nomme *Crape* ou *Crapaud de mer* le *Rana piscatrix*. On voit aussi que Willughby donne au *Rana piscatrix* le nom de *Diable de mer*. On m'a envoyé de Morlaix & de la Guadeloupe différents Poissons sous la dénomination de *Diable* ou de *Crapaud de mer*. Il y a encore une espece de Raye ou d'Ange qu'on nomme dans l'Histoire des Voyages, *Diable de mer* : & je pourrois établir par les Mémoires que jai rapportés de mes tournées sur les Côtes maritimes, que l'on confond presque toujours dans les différents Ports, les dénominations de *Scourpi*, *Scorpena*, *Crabe*, *Rascasse*, *Diable*, *Crapaud de mer*, &c. Néanmoins le nom de Scorpion est assez généralement adopté, sur-tout par les Auteurs ; je vais donc essayer de dissiper la confusion qui existe dans cette famille, & qui est occasionnée par la multitude de noms qu'on a donné à ces Poissons.

§. 1. *D'un Scorpion que j'ai rapporté des Côtes maritimes.*

J'ai rapporté de Provence le dessin, *fig. 2. Pl. I,* d'un Poisson qu'on m'avoit nommé *Scorpion* ou *Rascasse* : c'est tout ce que j'en puis dire, ne me rappellant pas en quel endroit il avoit été pêché, & ne trouvant pas dans mes papiers la description que j'en avois faite sur les lieux : mais en joignant ce que je dirai dans la suite, à l'inspection de la figure qui est joliment exécutée, on reconnoîtra les caractères des Poissons qu'on nomme en Provence *Scorpions* ou *Rascasses* : je ne dois pas oublier de prévenir qu'il ne faut pas confondre la Rascasse dont il s'agit ici, qui est un vrai poisson, avec une crustacée du genre des Oursins, qu'on a aussi nommé *Rascasse*, & dont j'aurai dans la suite occasion de parler fort en détail.

§. 2. *D'un autre Scorpion de la Méditerranée.*

Voici, *Pl. II*, *fig. 1 & 2*, d'autres especes ou variétés de Scorpions que j'ai aussi rapportées de Provence : leur tête est grosse proportionnellement à leur corps, elle est hérissée de quantité d'aiguillons, principalement au bord des opercules : Rondelet pense que ces aiguillons sont venimeux comme les dents de la vipere, ce que je ne crois pas ; car on n'apperçoit point à l'attache de ces aiguillons le réservoir du venin qui est à la gencive des viperes ; néanmoins ces piqûres occasionnent de vives douleurs, sur-tout quand elles attaquent un tendon, une aponévrose ou un gros rameau de nerfs. Les Pêcheurs, pour éviter ces accidents, saisissent ces poissons par la queue ou par le milieu du corps avec le pouce & le doigt index. Malgré ces précautions, ils éprouvent quelquefois des piqûres très-douloureuses : on prétend que le meilleur remede qu'on puisse employer, est d'ouvrir en deux un poisson frais pêché, & de l'appliquer sur la piqûre. Quand ces poissons écartent les mâchoires, leur gueule est si grande qu'ils peuvent saisir un poisson presque aussi gros qu'eux : leurs dents sont courtes, mais fortes : on apperçoit dans la gueule un petit appendice charnu qui forme, à ce qu'on croit, la langue, & vers le gosier des osselets garnis de crochets qui favorisent la déglutition.

L'aileron de dessus le dos *E*, *F*, *G*, s'étend de presque toute la longueur du poisson ; les neuf ou dix premiers rayons *E*, *F*, sont durs, piquants & assez éloignés les uns des autres, mais pas aussi longs que les

rayons flexibles & rameux *F*, *G* qui terminent cet aileron. Cette différente longueur des rayons fait croire que ces poissons ont deux ailerons sur le dos ; mais en examinant avec attention l'aileron à des poissons qui venoient d'être tirés de l'eau, il nous a paru que la membrane qui unit les rayons durs & les rayons mous, se prolongeoit dans toute la longueur de l'aileron sans interruption, ce qui établit que cet aileron est unique : néanmoins je m'abstiendrai d'assurer qu'il en soit de même à toutes les variétés de cette espece de poisson. L'aileron *H*, derriere l'anus étoit formé de rayons souples & longs, excepté les premiers du côté de l'anus qui étoient moins longs que les autres, mais gros, durs & très-piquants.

L'aileron de la queue *B* n'est point échancré, il est formé par des rayons assez gros, mais point piquants.

Les nageoires de derriere les ouies *D*, étoient larges, elles formoient un arrondissement, & couvroient une partie du corps de l'animal ; celles de dessous le ventre *K*, *L* n'étoient pas tout-à-fait aussi grandes.

Nous avons déja prévenu qu'on observe beaucoup de variétés dans les couleurs des différents individus de cette famille. Néanmoins, assez ordinairement, les uns tirent au roux & les autres au noir ou au brun foncé : leurs écailles sont petites, minces, & si exactement appliquées les unes sur les autres qu'on est tenté de croire qu'ils n'en ont point. Aussi des Auteurs ont prétendu que leur peau étoit comme celle de quelques especes de serpents. Ce poisson est plus rare dans l'Océan que dans la Méditerranée, & on le dit fort commun dans le Levant.

Celui *fig. 1*, dont nous venons de parler, est de ceux qui se tiennent ordinairement dans la vase au bord de l'eau ; il y en a a *fig. 2*, qu'on pêche au large, dont la couleur tire au rouge ; ceux-là sont plus gros & beaucoup meilleurs que les autres qui sont bruns tirant au noir : les rouges sont donc plus estimés, cependant leur chair est un peu coriace, il faut les conserver plusieurs jours pour qu'elle soit mangeable ; cette raison fait qu'elle est plus agréable quand on apprête ces poissons à l'étuvée, que quand on les fait cuire sur le gril. Belon dit que dans le Levant on ne fait pas un bon repas où l'on ne serve un Scorpion de mer ; il reste à savoir si c'est le même poisson que le nôtre.

Ces poissons ont la vie très-dure, ils subsistent long-temps hors de l'eau, & ils donnent encore des signes de vie quand on les a vuidés. Il y a sûrement bien des variétés dans les poissons de cette espece ; aussi outre les deux dont nous venons de parler, Klein en compte quatre, ce qui ne me sur-

prend pas ; car je crois qu'il y en a un beaucoup plus grand nombre : on en pourra prendre une idée par ceux que nous allons décrire.

§. 3. *Du Scorpion d'après Edouard.*

Nous avons représenté *fig.* 3 , *Pl. II* , un
poisson qu'Edouard nomme *Scorpion de mer:*
celui *fig.* 1 , ressemble assez à ceux qu'on
trouve dans Rondelet & dans Belon ,
& celui d'Edouard , *fig.* 3 , a les caracteres qui conviennent aux poissons de
cette famille ou aux *Zeus*, ce qui m'engage
à en abréger la description le plus qu'il me
sera possible. Sa gueule *A* est grande , ses
dents courtes , ses yeux *C*, de médiocre grandeur , sont fort élevés sur la tête ; les fosses
orbitaires & osseuses sont bordées d'une
membrane qui, en quelques endroits, a des
pointes assez dures ; l'iris est rouge ; entre
les yeux & le bout du museau est l'ouverture des narines ; au-dessus de la tête, entre
les yeux , sont çà & là des productions saillantes assez dures ; les bords des opercules
des ouies sont terminés par des pointes fort
piquantes ; le corps de ce poisson est presque rond ; le ventre est d'un blanc argenté,
nuancé d'un peu de rouge ; le dos est brun-
obscur , parsemé de taches noires avec des
especes de nuages d'un noir moins foncé ;
la teinte noirâtre se prolonge sur le blanc
du ventre par des digitations de forme irréguliere ; les lignes latérales sont blanchâtres.

Edouard pense qu'il a deux ailerons sur
le dos ; je ne puis pas assurer le contraire
n'ayant pas vu ce poisson ; mais entre plusieurs poissons de même genre que j'ai examinés, j'en ai trouvé quelques-uns où la
membrane qui unit , tant les rayons durs que
ceux qui sont mous , étoit d'une seule piece
dans toute la longueur de l'aileron : je me
crois donc autorisé à assurer que plusieurs
de ces poissons n'ont qu'un aileron sur le
dos ; les rayons qui forment cet aileron
sont d'une couleur brune, leur extrémité
excede la membrane qui les unit ; cette
membrane est d'une couleur orangée : il
y a derriere l'anus un petit aileron de
même couleur & dont les rayons ne sont
point piquants : les nageoires de derriere les
ouies, qui sont assez larges, sont de la même
couleur , & pareillement mouchetées de
noir ; celles de dessous la gorge sont étroites , n'étant formées que par trois rayons :
à l'inspection de la figure , on voit que ce
dessin a été fait sur un poisson qui jettoit ses
œufs ; Edouard dit qu'ils sont fort rouges ,
& gros comme des grains de navette.

§. 4. *Du Chaboisseau du Conquet ; Crapaud de mer à Dieppe.*

Je trouve dans un Mémoire que j'ai rapporté des Côtes maritimes , un poisson *fig.* 4.
Pl. II, nommé au Conquet *Chaboisseau.*
M. Fougeroux de Bondaroy m'a rapporté
des Côtes de haute Normandie , ce même
poisson conservé dans l'eau-de-vie ; on l'y
connoît sous les noms de *Crapaud* ou *Diable de mer* : ce poisson m'a encore été envoyé de Dieppe par M. le Testu , sous ces
mêmes noms, quoiqu'il ne ressemble au Crapaud de terre que par la grandeur de sa
gueule *A*, par la position de ses yeux & un
peu par la peau de dessous le ventre : on dit
que quand il est effrayé, il gonfle son corps
comme le crapaud de terre ; il ressemble encore moins au poisson qu'on nomme *Rana
piscatrix* ou *Grenouille pêcheuse* ; & effectivement les dénominations de Chaboisseau ou de Crapaud de mer qui lui sont
données par les Pêcheurs, ont été adoptées par plusieurs Auteurs : quoi qu'il en soit,
ce poisson est de la famille des *Scorpions.* A
l'aide de la figure 4 & de la description que
j'ai faite ayant le poisson sous les yeux, j'es-
pere que ceux qui sont au bord de la mer,
reconnoîtront ce poisson , quelque nom
qu'on lui donne.

La longueur totale *A , B* du poisson *fig.*
4 , étoit de quatre pouces neuf lignes ; sa
plus grande largeur verticale , prise à l'à-
plomb des articulations des nageoires branchiales *D*, un pouce quatre lignes ; ces dimensions varient beaucoup, car , à sa volonté, il augmente considérablement sa grosseur :
les opercules des ouies sont composées de
plusieurs lames dont la forme est irréguliere ; leur contour fait des angles rentrants
& d'autres saillants qui se terminent par des
pointes , la lame supérieure est beaucoup
plus épineuse que le cartilage qu'elle recouvre ; la tête est grosse, fort large, applatie
par-dessus ; les yeux, fort élevés sur la tête
sont très-rapprochés l'un de l'autre ; de sorte
qu'en cet endroit, il n'y a entre les deux yeux
qu'une espece de gouttiere qui n'a que quelques lignes de largeur , & les éminences qui
forment les bords de cette gouttiere, se
terminent du côté du dos , chacune par une
pointe assez longue : outre cela, il y a de
chaque côté, entre l'œil & la nageoire latérale, un fort aiguillon dur & transparent
comme de la corne ; de plus, à côté de chaque nageoire branchiale *D*, il y a un rayon
détaché des autres, qui est dur & piquant ;
ceux qui suivent excedent par leur extrémité la membrane qui les unit ; mais ils ne
sont

ſont pas fort piquants : ces nageoires ont une forme ovale , elles ſont minces & chargées de mouchetures brunes ; il y a ſous la gorge deux fort petites nageoires qu'on n'apperçoit point dans la figure.

Il ſemble qu'il y ait deux aîlerons ſur le dos, parce que les rayons *E, F* de la partie du côté de la tête ſont plus forts & plus piquants que ceux *F, G* de la partie qui eſt du côté de la queue ; cependant il n'y en a qu'un, puiſque la membrane qui unit les rayons, ſoit piquants, ſoit ſouples, ſe prolonge dans toute la longueur de l'aîleron, ſans interruption ; elle eſt chargée de mouchetures, ainſi que l'aîleron *K, L* de derrière l'anus qui n'a que deux ou trois rayons de piquants ; l'aîleron de la queue *B* eſt figuré en palette ; au reſte, il eſt entiérement ſemblable à la partie molle *F, G* de l'aîleron du dos, & eſt pareillement chargé de mouchetures : les couleurs ſont ſujettes à varier dans les différents individus ; néanmoins le dos eſt ordinairement brun, ayant dans quelques-uns un œil verdâtre , dans d'autres tirant au jaune, avec quelques reflets pourpres ; aſſez ſouvent les côtés tirent au jaune, & le ventre au blanc , mais on remarque ſur les côtés des bandes circulaires plus brunes que le reſte, & approchant de la couleur des mouchetures qu'on voit ſur les aîlerons & les nageoires ; au reſte point d'écailles ſenſibles ; le deſſous de la mâchoire inférieure eſt pointillé de noir , ce qu'on ne peut appercevoir dans la figure. Ce poiſſon vit de petits poiſſons & de cruſtacées ; il a la chair molle, & fait un manger très-médiocre ; ceux néanmoins qui en veulent faire uſage, commencent par retrancher la partie la plus conſidérable qui eſt la tête, & à force d'aſſaiſonnement, ils font du reſte un mets paſſable. Ce que je viens de dire au ſujet du poiſſon qu'on nomme *Chaboiſſeau* au Conquet, a été tiré des Mémoires que j'ai raſſemblés dans mes tournées ſur les Côtes maritimes ; mais les dénominations de *Diable* & de *Crapaud* qu'il me paroiſſoit qu'on donnoit auſſi au Chaboiſſeau, me faiſoient craindre d'avoir fait quelques confuſions ; heureuſement j'ai reçu de M. Celoron, Commiſſaire des Claſſes au Conquet, un Mémoire ſur ce poiſſon qui s'accorde aſſez avec ce que je viens de dire. Voici ſommairement ce que contient le Mémoire de M. Celoron qui a été à portée de voir beaucoup de ces poiſſons : il n'a point d'écailles ; ſa couleur dominante eſt verdâtre chargée de taches brunes ; le péritoine qui enveloppe les inteſtins , ſemble être teint de verd-de-gris ; les ouies ne paroiſſent point détachées comme à la plûpart des poiſſons ; mais M. Celoron a apperçu auprès & au-deſſous des ouies de petites ouvertures qu'il ſoupçonne pouvoir en tenir lieu ; il a ſur les côtés & ſur la tête de vi-

goureuſes épines qui , quand on tire le poiſſon hors de l'eau, ſe couchent & ne paroiſſent plus.

Ce poiſſon étant très-ſucculent, il eſt difficile de le deſſécher, & à meſure qu'il perd de ſa ſubſtance, la forme de ſon corps ſe défigure beaucoup.

En l'ouvrant, M. Celoron lui a trouvé dans le corps beaucoup de gros œufs.

En général on fait très-peu de cas du Chaboiſſeau dont la chair eſt molle & de mauvais goût ; mais en outre il y a peu de poiſſons qui ſe corrompent auſſi promptement.

§. 5. *D'un autre Crapaud de mer qu'on prend ſur les Côtes de haute Normandie.*

J'ai prévenu qu'on donnoit dans les différents Ports le nom de *Diable* ou *Crapaud de mer* à des poiſſons qui ſouvent n'ont entr'eux que de petites différences ; pourvu qu'ils ayent une figure hideuſe , ce ſont des Diables ; s'ils ont une grande gueule, on les nomme *Crapaud* : comme ces poiſſons ſont aſſez communs aux environs de Dieppe, je vais joindre à la deſcription que j'ai fait du poiſſon , *Pl. II. fig.* 4 , celle du poiſſon *Pl. III. fig.* 2 , que j'ai reçu de M. le Teſtu. Ce poiſſon dont on ne fait aucun cas , ſe prend dans les Parcs ou entre les rochers au bord de la mer ; il a la tête groſſe & platte, le regard fier & méchant, ce qui l'a fait appeller *Diable* ; il gonfle tellement les membranes qui réuniſſent ſes mâchoires, que dans certaines circonſtances il fait paroître une gueule d'une grandeur énorme par comparaiſon à ſa taille ; la couleur de ſon corps eſt olivâtre, avec quelques nuages un peu plus bruns qui ne ſont ſenſibles que quand le poiſſon eſt nouvellement tiré de l'eau ; les rayes latérales ſont formées par de petits traits qui ſe ſuivent ; en paſſant le doigt deſſus on ſent qu'ils ſont un peu piquants ſur-tout vers la tête, car ils ſont à peine ſenſibles du côté de la queue ; au ſortir de l'eau le ventre eſt argenté avec des reflets de différentes couleurs ; la tête eſt large & applatie en deſſus, le crâne eſt fort dur, les mâchoires ſont garnies de dents fines & courtes, les yeux ſont grands, fort élevés ſur la tête ; la prunelle eſt d'un beau noir ; l'iris verdâtre : entre le muſeau & les yeux , il y a deux petites cornes pointues & deux autres de grandeur inégale entre les yeux & le bord des opercules qui forment des angles ſaillants & piquants.

La partie de l'aîleron du dos qui eſt du côté de la tête , eſt formée par neuf ou dix rayons piquants ; la partie du côté de la queue eſt formée par quatorze rayons, plus longs que les piquants, ſouples & fort rapprochés les uns des autres ; l'aîleron de derriere l'anus, est formé par dix rayons souples.

L'aileron de la queue n'est pas échancré; mais un peu arrondi comme les bâtons d'un éventail; le plus long rayon étoit d'un pouce trois lignes; les nageoires branchiales *D* qui étoient arrondies avoient un pouce huit à neuf lignes de longueur; celles de dessous la gorge *K*, *L* étoient moins grandes. Le poisson que nous décrivons avoit six pouces neuf lignes de longueur *A*, *B*, & deux pouces quelques lignes de largeur verticale à l'à-plomb des articulations des nageoires *K*, *L* de dessous la gorge; les ailerons & les nageoires sont marqués assez réguliérement par des taches couleur de marron.

A la grandeur près, ce poisson differe peu de celui *fig.* 1, dont nous allons parler.

§. 6. *Du Diable* ou *Crapaud de mer du Croisic qui paroît être le Saillot de Torbay, sur les côtes d'Angleterre.*

Il n'y a point de Port où il n'y ait un ou plusieurs poissons qu'on nomme *Diable de mer*, ce qui n'est pas surprenant, puisque, comme je l'ai dit, les Pêcheurs donnent ce nom à tous les poissons qui ont une figure hideuse. On pêche au Croisic un poisson *Pl. III. figure* 1, plus gros que le précédent *fig.* 2, qui a une tête monstrueuse & prodigieusement armée d'aiguillons; j'en ai conservé un sec bien entier que je vais décrire. M. le Testu me marque que les Pêcheurs de Dieppe disent en avoir pris à Torbay où ils vont quelquefois faire la pêche, avec les folles, & ils le nomment *Saillot*, ou, comme au Croisic, *Diable de mer*: M. le Testu trouve beaucoup de ressemblance entre ce poisson *fig.* 1, & le Crapaud de mer *fig.* 2, qu'on prend sur les côtes de haute Normandie: néanmoins il me marque que les Pêcheurs de son département pensent que le Saillot de Torbay, & le Diable de Dieppe sont deux especes différentes de poissons, quoi qu'il en soit, je vais décrire le poisson *fig.* 1, que je crois avoir rapporté du Croisic, & que je soupçonne être le Saillot de Torbay. La longueur totale *A*, *B* de celui que je décris, étoit de sept pouces quelques lignes; sa gueule étoit fort grande: quand les mâchoires sont rapprochées la fente qui s'étend depuis le bout du museau jusqu'à leur réunion, est d'un pouce, ce qui ne fait que la moitié de l'ouverture entiére de la gueule; la mâchoire supérieure étoit un peu plus courte que l'inférieure, à l'extrémité de laquelle on apperçoit, à quelques-uns de ces poissons, des barbillons très-courts; les mâchoires tant inférieures que supérieures, sont garnies de plusieurs rangées de dents courtes, très-pointues, & qui se recourbent un peu vers l'intérieur de la gueule; elles sont en outre bordées de levres épaisses; immédiatement au-dessus de la levre supérieure, est une espece de bourrelet de forme très-irréguliere qui se divise à son milieu en deux branches dont chacune forme les bords d'une gouttiere qui se prolonge sur la tête entre les deux yeux, dont le centre est à neuf lignes du bout de la mâchoire supérieure; ces yeux sont si élevés sur la tête, que les bords des orbites qui sont garnis de quelques aiguillons, font une éminence au bord de la gouttiere dont nous avons parlé, & il n'y a sur le crâne que quelques lignes du bord d'un orbite à l'autre; cet espace qui est entre les yeux, forme la gouttiere qui s'étend presque jusqu'à l'origine de l'aileron du dos; les bords de cette gouttiere sont formés par des éminences dures dont quelques-unes ressemblent aux dents d'une crémailliere, & sont entre-mêlées de quelques aiguillons: les opercules ont des contours fort bisarres, ils paroissent en plusieurs endroits composés de deux lames dures brillantes & de couleur bronzée; la lame supérieure fait beaucoup d'angles saillants qui sont tous terminés par des pointes plus ou moins grandes; la lame de dessous sur laquelle s'appuie la lame supérieure, en a beaucoup moins; mais on voit sortir d'entre ces lames des aiguillons longs, forts & piquants, dont l'extrémité est blonde & demi-transparente comme de la corne; l'irrégularité de la forme de ces opercules, fait qu'on ne peut pas dire précisément à quelle distance les bords sont du museau; néanmoins au milieu, ils m'ont paru s'étendre jusqu'à un pouce neuf lignes de la mâchoire supérieure.

A l'égard du grand aileron du dos *E*, *F*, *G*, il est composé de dix rayons *E*, *F* fort durs, piquant considérablement écartés les uns des autres, & de dix rayons souples *F*, *G*, plus longs que les piquants & fort rapprochés les uns des autres: ils s'inclinent vers l'arriere; tous ces rayons sont joints par une membrane qui s'étend d'un bout à l'autre de ce grand aileron, sans interruption, ainsi il est unique. Le premier rayon dur qui est à deux pouces trois lignes du bord de la mâchoire supérieure, est beaucoup plus court que les autres; il est situé à l'endroit où le poisson a le plus d'épaisseur horizontale qui est au moins d'un pouce & demi; la longueur totale de cet aileron est de trois pouces. L'aileron de derriere l'anus *I*, *H* est formé de deux rayons durs & piquants & de plusieurs rayons souples & plus longs que les deux qui sont durs; son étendue à l'attache au corps est de dix lignes.

La largeur verticale du corps du poisson à l'articulation *N* de la queue, est de huit lignes; cet aileron *B* est arrondi par

le bout en forme d'éventail ; la longueu-
du plus long rayon eſt d'un pouce & demi.

Il y a derriere chaque ouie une nageoire
D, large, arrondie & point piquante ; elles
ont 13 lignes à leur attache au corps, & s'épa-
nouiſſent en forme d'éventail, ce qui leur donne
une étendue conſidérable : on apperçoit ſous
la gorge deux autres nageoires qui ſe touchent par leur articulation où elles ont trois
lignes d'étendue ; elles ſont formées de ſix
rayons dont le plus long eſt de dix-huit lignes ; les écailles du corps ſont un peu arrondies.

Les lignes latérales M, N partent de la
hauteur des yeux & s'étendent juſqu'à l'aileron de la queue N où elles diviſent la largeur du poiſſon en deux ; elles ſont formées
d'une ſuite de traits alongés & un peu piquants ; on s'en apperçoit quand on paſſe le
doigt de la queue vers la tête : tout du long
de cette raie, il y a de diſtance en diſtance, comme de quatre en quatre lignes,
des eſpeces de poils durs ſans être piquants,
d'environ trois lignes de longueur : il y a
encore de ces eſpeces de poils qui ſont diſtribués irréguliérement ſur le corps princi-
cipalement auprès du dos, il n'y a point de
ces poils ſur le poiſſon *fig. 2.*

Cette deſcription que j'ai faite ſur le poiſſon même, établit que c'eſt une eſpece de
Zeus ou *Scorpion* ; mais un peu différente
du *Crapaud* ou *Diable de mer*, qu'on pêche
ſur les côtes de haute Normandie.

§. 7. *Du Diable* ou *Crapaud de mer d'Amérique.*

A l'égard de la figure 5, *Pl. II*, je l'ai
fait graver d'après un beau deſſin qui m'avoit
été envoyé d'Amérique ſous le nom de *Diable* ou *Crapaud de mer* ; il a pluſieurs carac-
racteres qui conviennent aux poiſſons dont
nous venons de parler ; c'eſt tout ce que
je puis dire de ce poiſſon que je n'ai point
vu, & dont je ne peux trouver la deſcription dans mes papiers.

§. 8. *Du Teſtard* ou *petit Diable de mer.*

J'ai prévenu qu'il y avoit bien des variétés dans les poiſſons qui forment la famille
des *Zeus*, & particuliérement dans les différentes eſpeces de Scorpions. Je n'eſpere

pas les rapporter toutes ; mais il eſt bon
de dire quelque choſe de celles qui me ſont
parvenues : tel eſt le poiſſon, *Pl. III, fig. 3*,
qu'on m'a envoyé ſous le nom de *Teſtard* ou
petit Diable de mer ; il reſſemble à quelques-
uns des Scorpions dont nous avons parlé,
par ſa tête qui eſt d'une longueur conſidérable, par ſa gueule qui eſt grande, par une
eſpece de production qu'il a auprès des narines, par ſes yeux qui ſont grands & fort
élevés ſur la tête, un peu par les opercules
des ouies dont les bords ont des pointes très-
piquantes, par l'aileron du dos qui eſt diviſé
en deux, mais dont la partie du côté de
la tête eſt moins grande qu'à la plûpart des
Scorpions, au lieu que la partie du côté de
la queue eſt plus conſidérable ; au reſte, cet
aileron, comme aux autres Scorpions, ſe
prolonge juſques fort près de la naiſſance de
l'aileron de la queue qui eſt auſſi coupé quarrément ; l'aileron de derriere l'anus, eſt proportionnellement plus grand au Teſtard qu'à
la plûpart des Scorpions.

A l'égard des nageoires, celles de derriere
les ouies ſont fort larges à leur articulation ;
mais il s'en faut beaucoup que les rayons
s'étendent autant qu'à la figure première,
ainſi ils ne forment point une eſpece de fraiſe
comme au Scorpion *fig. 1* ; & les nageoires
de deſſous le ventre ſont très-différentes,
puiſqu'au Teſtard, *fig. 3*, elles ſont très-
étroites, n'étant formées que de quelques
nervures ; au reſte, les ailerons & les nageoires de derriere les ouies, ſont chargés
de mouchetures ; mais une différence très-
frappante, eſt l'énorme groſſeur du ventre
de ce Teſtard, ce qui ne s'obſerve point
du tout aux Scorpions, à moins que cette
groſſeur du ventre du Teſtard, ne dépendît
de ce que ce poiſſon auroit avalé quelque
gros poiſſon peu de temps avant qu'on l'eût
pris : c'eſt ſur quoi je m'abſtiendrai de prononcer ; ce qui me feroit incliner à le croire,
c'eſt que j'ai trouvé dans mes Mémoires un
joli deſſin, *fig. 4*, ſous la dénomination de
Teſtard on petit Diable de mer qui n'avoit
pas le gros ventre de la figure 3, ni les nageoires de deſſous la gorge auſſi étroites,
peut-être auſſi eſt-ce une variété de ce poiſſon. On donne encore le nom de Teſtard à
une eſpece de Rouget fort différent du poiſſon dont il s'agit ; il en ſera queſtion dans
la ſuite.

CHAPITRE III.

De plusieurs Poissons qui ont encore les caracteres des Zeus ; savoir, la Crabe de Biarritz, ou le Saccarailla des Basques, la Crabe des Achottards ; & de quelques Poissons qui leur ressemblent.

J'AI reçu en même temps deux Poissons qui m'ont été envoyés des côtes de Gascogne ; savoir, un de M. de Borda, qu'on nomme à Biarritz la *Crabe de mer*, & l'autre de M. de la Courtaudiere, qu'on nomme à S. Jean-de-Luz le *Saccarailla*. Comme ces deux poissons me sont parvenus très-bien conditionnés, j'ai été à portée de les comparer & de reconnoître que c'étoit le même poisson auquel on donne différents noms à Biarritz & à S. Jean-de-Luz. Je soupçonne encore que ce poisson est une des Rascasses de Toulon ; ce qui s'éclaircira par la suite. J'ai de plus reçu de M. de la Courtaudiere un autre poisson qu'on nomme à S. Jean-de-Luz la *Crabe des Achottards*, qui ressemble peu à la Crabe de Biarritz : enfin, je trouve dans mes Mémoires un beau dessin & une description d'un Poisson qui ressemble à beaucoup d'égards à cette Crabe ; mais je n'ai point la note des parages où on me la remis. Ce sont ces trois poissons qui feront principalement le sujet de ce Chapitre ; & on verra qu'ils ont les caracteres que nous avons attribués aux *Zeus*.

ARTICLE PREMIER.

De la Crabe de Biarritz, Saccarailla de S. Jean-de-Luz ; en Provence Scorpene ou Scorpi ou Rascasse rouge.

NOUS avons prévenu qu'il n'y avoit aucune ressemblance entre le Scorpion de mer, qui est un poisson, & le Scorpion de terre qui est un gros insecte : nous avons dit aussi qu'il y avoit peu de ressemblance entre le Crapaud de terre ou le fluviatile, & le poisson qu'on nomme en beaucoup d'endroits *Crapaud de mer* ; il en est de même du poisson nommé *la Crabe* ; il n'y a aucun rapport entre ce poisson & les crustacées connus sous ce nom : nous ferons seulement remarquer que quand on parle d'un de ces poissons, on dit *la Crabe*, au lieu qu'on dit *le Crabe* lorsqu'il s'agit des crustacées.

La Crabe de Biarritz dont nous allons donner la description, avoit quinze pouces de longueur totale *A*, *B*, *Pl. IV*, *fig.* 1, & pesoit environ trente-six onces ; sa largeur verti-

cale prise à l'à-plomb de la naissance de l'aileron du dos en *Y*, étoit à-peu-près de quatre pouces ; en *M*, à l'à-plomb de l'anus, de deux pouces dix lignes ; en *O*, à la naissance de l'aileron de la queue, d'un pouce quatre lignes ; son épaisseur horisontale prise vers l'articulation des nageoires branchiales étoit d'un peu plus de deux pouces.

On voit que le corps de ce poisson est beaucoup plus gros du côté de la tête par proportion à la partie vers la queue, que ne l'est celui de beaucoup d'autres poissons : le dos ne fait pas une courbe aussi considérable qu'au Diable ou Crapaud de mer du Croisic, *Planche III*, *fig.* 1 ; mais à notre Crabe, le ventre est renflé sur-tout depuis *P* jusqu'à *M* ; la tête est assez grosse & allongée, cependant le museau ne se termine pas

fort

fort en pointe ; les yeux font un peu ovales, grands, faillants & fort élevés fur la tête ; de forte que du centre d'un œil jufqu'au centre de l'autre, *fig.* 2 , il n'y a qu'un pouce & quelque chofe de plus ; la prunelle eft noire, & l'iris couleur d'or ; ils font recouverts d'une membrane clignotante ; les orbites offeux font fur le haut de la tête une éminence confidérable, de forte qu'entr'eux, il y a fur le crâne un fillon large & profond ; le grand diametre des foffes orbitaires, pris horifontalement, eft de près d'un pouce ; le petit diametre pris dans le fens vertical, eft d'environ huit lignes, la diftance du centre des yeux au bout du mufeau, eft de deux pouces fix lignes.

Quand le poiffon eft examiné au fortir de l'eau, on apperçoit entre les yeux & le bout du mufeau un appendice charnu & tout auprès les ouvertures des narines ; la gueule eft grande, puifque depuis *A* jufqu'à *D*, ce qui ne fait que la moitié de fon ouverture, il y a un peu plus d'un pouce trois lignes ; la mâchoire inférieure fe releve un peu vers le haut, & elle eft plus longue que la fupérieure qui eft mobile. On apperçoit aux bords des mâchoires comme deux levres, & aux côtés une lame cartilagineufe *E*, ce qui a fait dire que quand la mâchoire fupérieure s'éleve comme à la figure 2, les bords des mâchoires ont un mouvement que l'on compare à celui des bâtons d'un éventail ; les bords des mâchoires, tant fupérieures qu'inférieures, font hériffés d'un grand nombre de petites dents ; il y a de plus au fond de la gueule, des offelets chargés d'afpérités ; enfin, on voit à la mâchoire inférieure une maffe charnue *S*, *fig.* 2. qui tient lieu de la langue.

Les opercules des ouies font comme formés par trois lames pofées l'une fur l'autre ; celle *F* dont les pointes s'étendent jufqu'à trois pouces fix lignes du mufeau, étant fort échancrée, fes bords forment des angles rentrants & d'autres faillants terminés par des pointes aiguës & fort piquantes : fi l'on veut regarder les feuillets *G*, *H*, comme n'en faifant qu'un, on appercevra que cet opercule eft dur en quelques endroits, & hériffé de pointes dont plufieurs font fort piquantes ; & qu'en d'autres endroits, il eft fouple & comme cartilagineux, ainfi que quelques parties faillantes qui font molles & flexibles ; néanmoins on peut dire que toute la tête eft fort hériffée de pointes & de crochets diftribués irréguliérement de côté & d'autre. Le grand aileron du dos *I K L*, commence à quatre pouces huit lignes de l'extrémité du mufeau, & finit à environ deux pouces de l'articulation de l'aileron de la queue ; les dix ou douze premiers rayons *I K* font longs, durs, piquants & fort éloignés les uns des autres ; le premier du côté de *I*

eft moins long que le fuivant, mais il eft très-dur & fort piquant ; les deux ou trois qui le fuivent font les plus longs, les autres diminuent peu à peu de longueur jufqu'à *K* ; les rayons de la partie *K L* font confidérablement plus longs & plus rapprochés les uns des autres, mais ils font fouples & rameux ; pour cette raifon on feroit tenté de croire que ce poiffon auroit fur le dos deux ailerons *I K* & *K L* ; mais la membrane qui unit les rayons durs & les flexibles étant continue depuis *I* jufqu'à *L*, il s'enfuit que cet aileron qui a environ huit pouces de longueur eft unique.

L'aileron *M*, *N* de derriere l'anus, eft formé de dix à onze rayons, dont deux ou trois du côté de *M* font piquants, les autres fouples comme ceux de la partie *K*, *L* du grand aileron du dos. L'aileron *O*, *B* de la queue n'eft point fendu, la plûpart des rayons qui le forment font affez larges, mais point piquants ; ils ont à peu-près trois pouces de longueur, & en les examinant avec une louppe ils paroiffent comme guillochés par les bords.

Les nageoires de derriere les ouies font fort larges & formées de dix-fept à dix-huit rayons applatis & fouples comme ceux de la queue, leur attache au corps commence en *P* fous la gorge, & faifant une ligne un peu circulaire elles fe terminent auprès de *Q*, les rayons étant très-divergents, cette nageoire forme autour du col du poiffon, une efpece de fraife ; les plus longs rayons ont trois pouces de longueur.

Ce poiffon a en outre deux nageoires *T*, *fig.* 1 & 3 , dont les articulations font fous la gorge, elles ont une forme ovale, & font compofées de fix ou huit rayons, dont trois font affez durs.

Les lignes latérales commencent près le dos vers *Y*, & fe terminent à la naiffance de l'aileron de la queue ; on fent des afpérités quand on paffe le doigt deffus ; les écailles font de médiocre grandeur, arrondies par les bords où elles font finement dentelées, ce qui fait qu'en paffant la main de la queue vers la tête, le poiffon paroît rude.

La tête & le dos font d'un rouge vif, dont l'intenfité diminue fur les côtés, & eft prefque anéantie fous le ventre ; le deffous de la gorge tire au blanc ; mais entre ces poiffons les uns font plus rouges que les autres. Les Pêcheurs difent même qu'ils en prennent quelques-uns qui font prefque blancs ; au refte, les plus rouges font préférés aux autres. On apperçoit fur la teinte rouge des ailerons & des nageoires, des mouchetures, les unes rouges, les autres noires qui font un bel effet, & particuliérement une grande tache noire fur la membrane qui unit les rayons piquants de l'aileron du dos ; cette tache eſt placée à peu-près vers la fin des rayons piquants ; il y a auſſi ſur le corps quelques marques les unes noires, les autres d'un rouge plus foncé que le reſte.

Les Pêcheurs de Biarritz vont avec des haims chercher ces poiſſons juſqu'à ſix lieues au large, tirant au Nord-Oueſt, où ils en prennent avec d'autres poiſſons. Quoique ces poiſſons ne ſoient pas de paſſage, le temps de leur pêche eſt depuis le mois de Juillet juſqu'au commencement de l'hiver, ſoit parce que dans cette ſaiſon ils ſe rendent avec d'autres poiſſons ſur les îles où ils trouvent de petits poiſſons qui les y attirent, ſoit principalement parce que dans les autres ſaiſons les Pêcheurs ſont occupés à faire d'autres pêches qui leur ſont plus avantageuſes. Les Crabes que nous venons de décrire étant pris ſur de bons fonds, & en bonne ſaiſon ſont aſſez eſtimés ; leur chair eſt un peu ſeche, mais point coriace ; on en

fait du bouillon pour les malades. Il y a dans Willughby, *Pl. X*, *fig.* 15, un poiſſon qu'il nomme *Scorpio Virginianus*, qui differe à pluſieurs égards de notre Crabe, mais à pluſieurs autres il lui reſſemble ; néanmoins, je crois que ce n'eſt pas le même poiſſon ; j'avoue que je ne connois celui dont parle Willughby, que par ce qui en eſt dit dans ſon Ouvrage. Outre le Saccarailla que m'a envoyé M. de la Courtaudiere, j'ai reçu de ce même Correſpondant un autre poiſſon aſſez différent, qu'il nomme la *Crabe des Achottards* ; il en ſera queſtion à l'Article ſuivant.

M. de la Courtaudiere ſoupçonne qu'on a nommé à Quiberon ce poiſſon *Gourlaſſeau* ; il eſt très-différent du Corlaſſeau du Croiſic dont j'ai parlé, Section IV, page 44, & que j'ai repréſenté *Pl. V*, *fig.* 4 ; il me marque qu'on en prend de deux couleurs, un rouge & un gris-blanc.

A R T I C L E   S E C O N D.

De la Crabe des Achottards.

M. de la Courtaudiere après m'avoir envoyé le Saccarailla qui eſt la Crabe de Biarritz, me fit parvenir le poiſſon repréſenté, *fig.* 1, *Pl. V*, ſous la dénomination de *la Crabe des Achottards* ou de Canton. Ce poiſſon a effectivement quelques points de reſſemblance avec la Crabe de Biarritz, mais il en differe à pluſieurs égards ; on en jugera en confrontant les figures & la deſcription que je vais donner de la Crabe des Achottards, avec ce que j'ai dit de la Crabe de Biarritz. L'œil *C* eſt grand, fort élevé ſur la tête ; il y a du centre de l'œil au bout du muſeau *A* un pouce, & ſeulement cinq lignes de diſtance d'un œil à l'autre au-deſſus du crâne ; le bord de l'opercule des ouies *D*, eſt à dix-neuf lignes de l'extrémité du muſeau *A* ; vers *E*, un peu plus à l'arriere, on voit une eſpece de petit ſillon bordé d'aſpérités fines ; la partie *F* de l'opercule ſe termine par de longues pointes qui s'étendent juſqu'à deux pouces & demi du muſeau.

Le grand aileron du dos *G H I* commence à deux pouces ſix à ſept lignes du muſeau ; le premier rayon qui eſt preſque détaché des autres eſt le moins long & fort piquant ; ceux qui ſuivent juſqu'à *H*, au nombre de 9, le ſont un peu moins, les autres juſqu'en *I*, ſont rameux & flexibles ; la longeur totale *G I* de cet aileron eſt de 2 pouces 3 lignes ; l'anus *K* eſt à quatre pouces quelques lignes du muſeau ; derriere eſt l'aileron *K L*, qui a quatorze

lignes d'étendue à ſon attache au corps ; il n'y a que les premiers rayons du côté de *K* qui ſoient piquants ; l'articulation *M* des nageoires de derriere les ouies, eſt à trois pouces ſix lignes du muſeau ; les rayons forment un arrondiſſement, & le plus long rayon *O* eſt d'un pouce ſix lignes ; ces nageoires ſont d'un rouge vif. Les nageoires de deſſous la gorge *P* ne ſont pas ſi grandes, elles ont une forme plus allongée ; leur plus long rayon a quinze lignes : elles ne ſont pas d'un rouge auſſi vif que les nageoires branchiales.

Le dos eſt brun : au-deſſous des lignes latérales *N N*, on découvre des nuages les uns rouges & d'autres noirs qui deviennent plus conſidérables à meſure qu'on approche du ventre, & leurs couleurs ſont plus ſenſibles.

Ce que nous venons de rapporter convient aſſez à la Crabe de Biarritz ou au Saccarailla : voici maintenant en quoi conſiſte principalement la différence de ces deux poiſſons.

Suivant les obſervations tant de M. de Borda que de M. de la Courtaudiere & les miennes, les mâchoires de la Crabe de Biarritz ou du Saccarailla, ſont bien fournies de petites dents, mais on n'y en apperçoit point de canines, au lieu qu'à la Crabe des Achottards, il y en a ſur le devant des mâchoires qui ſont aſſez grandes, ſavoir, quatre à la mâchoire d'en bas, d'eux de chaque côté, & deux à la mâchoire ſupérieure ; de plus, entre les petites dents dont nous avons dit que les mâchoires étoient fournies, il y en a d'une grandeur moyenne distribuées çà & là. La circonstance de ces dents canines sembleroit indiquer qu'il conviendroit de mettre cette Crabe avec les Dentés ; aussi je soupçonne que ce pourroit être le poisson dont M. de Borda m'a envoyé de Dax la description que j'ai rapportée à la page 26 de la quatrieme Section ; d'autant que M. de Borda me marqua qu'on en ignoroit le nom. Une circonstance qui ne convient pas à la Crabe de Biarritz, est que sur le rouge qui fait la couleur principale de la Crabe des Achottards, il y a des bandes d'autres couleurs qui s'étendent de toute la longueur du poisson.

Les opercules des ouies à la partie *D*, sont couverts de petites écailles dont l'extrémité se releve, ce qui rend cette partie rude au toucher. La partie *E* est aussi recouverte d'écailles, mais plus grandes & moins rudes au toucher que celles de la partie *D* : à la Crabe de Biarritz, les opercules ne sont point écailleux.

A la Crabe des Achottards, l'extrémité du museau se termine en pointe ; la mâchoire inférieure est un peu plus longue que la supérieure, son extrémité se relevant un peu en en-haut. Enfin à cette Crabe l'aileron de la queue est médiocrement fourchu ; il est brun avec des nuances d'un rouge très-vif, & le plus long rayon a quinze lignes de longueur.

Les nageoires branchiales ne forment point au col du poisson, une espece de fraise comme à la Crabe de Biarritz.

Ajoutons que la Crabe des Achottards passe pour être un manger beaucoup meilleur que la Crabe de Biarritz ou le Saccarailla.

ARTICLE TROISIEME.

D'une sorte de Zeus qui paroît avoir quelque rapport avec la Crabe des Achottards.

JE trouve dans les Mémoires que j'ai rapportés de mes tournées sur les côtes maritimes un dessin très-proprement exécuté & une courte description d'un poisson *Pl. V*, *fig.* 2, qui a quelque ressemblance avec la crabe des Achottards ; mais je ne puis me rappeller sur quelle côte on me l'a remis, ni le nom qu'on lui donnoit : c'est donc seulement d'après le dessin & la description qu'on verra ci-après qu'il me paroît avoir, à plusieurs égards, quelques rapports avec la Crabe des Achottards.

Il avoit de longueur totale *A*, *B*, neuf pouces ; sa gueule étoit grande, & les mâchoires étoient garnies de petites dents, ou, pour ainsi dire, d'aspérités ; je n'ai point apperçu de dents canines ; les yeux *C* étoient grands, assez élevés sur la tête ; entre l'œil & le museau vers *D*, étoit l'ouverture des narines ; on appercevoit sur le front, entre les deux yeux, comme une gouttiere, & à chaque côté une épine fort dure qui sembloit être de la corne polie ; ces épines étoient adhérentes au crâne dans presque toute leur longueur, seulement l'extrémité *D* en étoit détachée & formoit une pointe saillante moins considérable qu'on ne la voit dans la figure. Les fosses orbitaires étoient bordées d'os tranchants, sur lesquels on sentoit avec le doigt des aspérités, excepté en quelques endroits ; une partie *C E F* de l'opercule étoit couverte d'écailles, & se terminoit en *F* par une pointe très-forte ; depuis l'extrémité de la pointe *F* jusqu'au bout du museau, il y avoit presque dix-neuf lignes.

L'autre portion d'opercule n'étoit pas couverte d'écailles, tous ses bords étoient garnis de petites pointes, & elle se terminoit par une vigoureuse pointe *G* ; il y avoit deux pouces & demi de l'extrémité de cette pointe au bout du museau. Le dos étoit garni d'un grand aileron *H I L* ; la partie *H I* qui avoit deux pouces dix lignes d'étendue à son attache au corps, étoit formée par onze à douze rayons gros, piquants & écartés les uns des autres ; ils excédoient la membrane qui les unissoit ; la partie *I*, *L* dont les rayons étoient souples & rameux, avoit dix lignes d'étendue à son attache au corps, & se terminoit à un pouce de la naissance de l'aileron de la queue, qui étoit un peu échancré ; les plus longs rayons n'avoient que dix lignes de longueur.

L'anus étoit situé à quatre pouces neuf lignes du bout du museau ; quelques lignes plus vers la queue commençoit l'aileron du ventre *M N*, qui avoit un pouce d'étendue à son attache au corps ; les rayons qui le formoient, étoient d'abord un petit rayon *R*, court, dur & piquant ; ensuite un très-gros rayon *S*, fort dur, qui avoit plus d'un pouce & demi de longueur ; tous deux étoient détachés des autres. Il y avoit ensuite un rayon assez gros *T*, moins cependant que le précédent *S*, les autres étoient beaucoup plus menus, moins durs & liés par une membrane. Tous ces rayons étoient recouverts à leurs bafes par des écailles affez femblables à celles du corps : ces circonftances & particulierement l'énorme rayon *S*, caractérifent bien ce poiffon. Il avoit derriere chaque ouie une nageoire *O*, affez large, dont les rayons qui n'étoient pas durs avoient environ un pouce de longueur, & l'articulation étoit recouverte d'écailles; les nageoires de deffous le ventre *P* étoient un peu plus grandes; leurs articulations fe touchoient prefque au-deffous du ventre.

La largeur verticale du poiffon à l'à-plomb des yeux étoit de deux pouces : à l'à-plomb de *O*, deux pouces & demi; à l'à-plomb de *M* vers l'anus deux pouces; à l'à-plomb de *N* huit lignes : la forme générale de ce poiffon approche affez d'être quarrée : ayant beaucoup de largeur jufqu'à *L N*; les écailles étoient grandes, brillantes, très-régulierement rangées; de forte que leurs bords étant fur une même ligne qui s'étendoit depuis le derriere des ouies jufqu'à la naiffance de l'aileron de la queue, formoient des rayes très-fenfibles : lorfqu'on paffoit le doigt de la tête vers la queue on ne fentoit rien qui l'arrêtât; mais on éprouvoit beaucoup de réfiftance, quand on le paffoit de la queue vers la tête, ce qui s'obfervoit encore plus à toutes les parties de la tête.

A R T I C L E   Q U A T R I E M E.

De la Perche de riviere ; Perca fluviatilis.

J'ai parlé, page 38, de la quatrieme Section, du poiffon que les Auteurs nomment *Perche de mer* : j'ai dit que ces poiffons ont fouvent un pied de longueur, & qu'ils ont quelque reffemblance avec un petit poiffon appellé en Provence *Serran* : on le voit gravé Section IV, *Pl. VI*, *fig.* 2; obfervant néanmoins que l'aileron de la queue du Serran eft fourchu, & que celui de la Perche de mer eft coupé quarrément.

J'ai encore parlé, même Section IV, page 39, d'un poiffon d'eau douce qu'on nomme *Perche goujonnée* ou *gardonnée*; & je n'ai pas héfité de le mettre à l'endroit cité, parce que, comme on le voit à la Planche VIII, *fig.* 1, il n'eft pas douteux qu'il n'a qu'un aileron fur le dos; mais j'ai remis à parler ici de la vraie Perche de riviere, parce que, comme à prefque tous les poiffons de cette famille, il eft en quelque façon incertain fi l'aileron du dos eft unique, ou s'il y en a deux; cette circonftance m'a donc déterminé à mettre ce poiffon au nombre des *Zeus*. La Perche que je décris maintenant, *Pl. V*, *fig.* 3, avoit dix pouces de longueur totale; la longueur de la tête jufqu'à l'extrémité *C* de l'opercule qui fe termine en pointe, étoit de deux pouces huit lignes; du bout de la mâchoire fupérieure au centre de l'œil *D*, il y avoit un pouce; la prunelle étoit noire, bordée d'un anneau jaune qui la fépare du cryftallin.

La mâchoire inférieure eft un peu plus longue que la fupérieure; quand ces deux mâchoires font rapprochées, la fente de la gueule qui remonte un peu en en-haut, a à peu-près neuf lignes, elle entre un peu fous le cartilage *E*; comme les deux mâchoires font mobiles, la gueule eft fort grande quand elles s'écartent l'une de l'autre; les levres font un peu épaiffes & hériffées de dents très-fines, ou plutôt d'afpérités; le palais eft garni de petites dents.

L'œil, de médiocre grandeur, eft affez élevé : entre l'œil & l'extrémité de la mâchoire fupérieure on apperçoit l'ouverture des narines.

Les opercules font formés de plufieurs pieces cartilagineufes qui font deux feuillets *F C* en partie recouverts d'écailles qui les font paroître guillochés, & en partie d'une peau liffe & affez brillante, qui a çà & là des reflets dorés ou argentés; la lame *C* fe termine en pointe.

Le grand aileron du dos commence en *G* à deux pouces fix lignes du mufeau qui fe termine un peu en pointe. En cet endroit le dos prend une courbure affez confidérable; depuis *G*, jufqu'à *H*, l'aileron eft formé de douze forts rayons très-piquants, unis par une membrane fort mince & tranfparente; vers *H* il y a à cette membrane une ou deux taches noires dont la forme varie; ordinairement la pointe des rayons eft noire. Il paroît y avoir en *I* une interruption entre la partie *G H* & la partie *K L* de ce grand aileron; auffi Belon & Rondelet difent-ils qu'il a deux ailerons fur le dos : mais en y prenant attention on apperçoit qu'il y a en *I* quelques rayons très-courts & piquants, unis par une membrane qui n'a qu'une demi-ligne ou une ligne de largeur, ce qu'on ne voit qu'en relevant les rayons qui fe cachent dans une raînure qui eft fur le dos du poiffon; & en regardant au travers du jour, la partie *I* qui eft entre *G H* & *K L*, on fe convaincra que le grand aileron *G*, *L* eft continu, & qu'ainfi la Perche n'a qu'un aileron fur le dos.

La

La partie *K L* eſt formée d'abord par un rayon court & piquant, enſuite par treize ou quatorze rayons ſouples & rameux ; ſa couleur eſt comme enfumée ; il ſe termine en *L* par une partie qui n'eſt preſque qu'une membrane, & s'étend juſqu'à ſix ou ſept lignes de la naiſſance *N* de l'aileron de la queue : cette portion membraneuſe a une teinte rouge très-légere. L'aileron de la queue eſt formé par des rayons larges, mais minces & ſouples ; ſes bords, ainſi que ſon extrémité, ſont d'un rouge très-vif ; la partie *N B* eſt un peu plus longue que celle *N O* : l'origine *N N* de cet aileron eſt couverte de petites écailles.

L'aileron de derriere l'anus, *P Q*, eſt fort rouge & formé de dix rayons dont les deux premiers du côté de *P* ſont piquants, les autres rameux & ſouples ; il a à ſon attache au corps douze à quinze lignes d'étendue, & il ſe termine à treize lignes de la naiſſance de l'aileron de la queue.

Les articulations *R* des nageoires de derriere les ouies ſont à deux pouces huit lignes du bout du muſeau ; le plus long rayon *S* a un pouce ſix lignes de longueur ; ils ſont rouges & point piquants.

Les nageoires de deſſous le ventre ſont très-rouges, leurs articulations ſont à trois pouces du muſeau, elles ſe terminent preſque en pointe : le premier rayon du côté de *T*, eſt piquant, les autres ſouples.

La largeur verticale de ce poiſſon à l'à-plomb des yeux *D*, eſt d'un pouce huit lignes, à l'à-plomb de *G* de deux pouces ſix lignes, à l'à-plomb de *P* de deux pouces deux lignes, à l'à-plomb de *N N* douze lignes. La couleur du poiſſon eſt blanche ſous le ventre, il tire au jaune très-pâle ſur les côtés, il eſt brun vers le dos, & au ſortir de l'eau on entrevoit ſur le corps des bandes circulaires un peu plus brunes que le reſte ; les écailles ſont dures, néanmoins brillantes, elles ſont très-gliſſantes, ſi l'on paſſe le doigt de la tête à la queue, elles ſont rudes quand on le paſſe en ſens contraire. M. le Baron de Tſchudy m'a écrit que dans la Moſelle on en diſtinguoit de deux eſpeces, l'une plus groſſe que l'autre, qu'ils nomment *Gravelée*, & qu'ils regardent comme la vraie Perche, il y en a qui peſent trois quarterons ; l'autre qu'ils nomment *Gremille*, qui eſt petite, a ſur la tête ou auprès, des ardillons qu'elle releve à ſa volonté, & qu'on a comparés à une couronne. On trouve de ces poiſſons dans les étangs ; mais ils ſe plaiſent principalement dans les petites rivieres d'eau très-vive : on les prend en traverſant les cours d'eau d'un trémail, & traînant deſſus un épervier ; quelques-uns s'enfoncent dans l'épervier, d'autres effarouchés par ce filet, donnent dans le trémail.

Cette pêche eſt repréſentée *Pl. VII*, *fig.* 4, ſeconde Section de la premiere Partie. On prend auſſi des Perches avec les verveux & les filets à manche. C'eſt un poiſſon trèsvorace ; quand il eſt petit ſes arrêtes ſont incommodes ; mais quand il eſt un peu gros, comme de treize à quatorze pouces de longueur, il eſt fort eſtimé, & pour cette raiſon les Pêcheurs l'appellent la *Perdrix d'eau douce*.

A l'égard des figures 4 & 5 de cette Planche, on en parlera dans l'explication des Planches.

Pour ce qui eſt de la façon de les apprêter dans les cuiſines, on fait frire les petites, & on fait rôtir les groſſes ſur le gril, puis on les ſert ſur une ſauſſe blanche.

Nous avons déja prévenu qu'il y a un poiſſon de mer que les Auteurs nomment *Perche*. Rondelet, Belon & d'autres en font mention : mais les poiſſons qu'indiquent ces Auteurs, ne ſe reſſemblent point ; à tous les deux l'aileron de la queue eſt coupé quarrément. Belon repréſente ce poiſſon menu, au lieu que celui de Rondelet a un fort gros ventre ; à celui de Belon tous les rayons du dos ſont épineux, à celui de Rondelet, une partie eſt épineuſe & l'autre flexible. Belon dit qu'on ne prend point ce poiſſon dans l'Océan, & tous deux aſſurent que la Perche de mer ſurpaſſe en bonté celle de riviere ; cependant, par le peu qu'ils diſent de la Perche de mer, il paroît qu'ils n'en avoient pas une parfaite connoiſſance : c'eſt tout ce que j'en puis dire, ne l'ayant jamais vu.

ARTICLE CINQUIEME.

De la Rascasse blanche, Rascassa biànca ; *par les Pêcheurs Italiens & Provençaux*, Rappecon *ou* Raspecon.

Voila un poisson qui a encore les caracteres des Scorpions ou de la Rascasse, ayant deux ailerons sur le dos, un sous le ventre, derriere l'anus, celui de la queue coupé quarrément ; deux nageoires assez grandes derriere les opercules des ouies & deux moins grandes sous la gorge, avec quelques épines près les articulations des nageoires tant de derriere les ouies que de celles de dessous la gorge. Sa tête est singuliere, sur-tout par la forme de sa gueule : comme la tête se retourne vers le ciel, & comme les yeux sont sur le haut de la tête, on a jugé qu'il contemploit les astres ; & pour cette raison on l'avoit nommé *Cœli Speculatorem*, ou, en conservant l'idiome grec, *Uranoscopus*. On prétend qu'il dort le jour, & que la nuit il cherche sa nourriture : la langue est large & courte ; les mâchoires sont bordées de dents piquantes.

La longueur totale *A B*, *Pl. VI*, *fig.* 1, du poisson que je vais décrire étoit de huit pouces neuf lignes ; de l'extrémité de la mâchoire inférieure *A* au centre des yeux *C*, un pouce ; du centre d'un œil au centre de l'autre, six lignes ; en cet endroit, il y a une cavité considérable ; de *A* au derriere des opercules *D* des ouies, deux pouces ; de *A*, à l'articulation des nageoires branchiales *E*, deux pouces trois lignes ; près l'articulation des nageoires, on voit de chaque côté du dos deux pointes dures, osseuses, courtes & piquantes ; la longueur de ces nageoires est d'environ un pouce & demi ; & sa longueur d'un pouce ; sous la gorge sont deux nageoires *F*, moins grandes que celles *E*, & découpées par les bords ; leur articulation qu'on apperçoit à la figure 2, est à un pouce quatre lignes de la mâchoire *A* ; sous la gorge, au-dessous de ces articulations vis-à-vis de *F*, sont trois pointes dures & osseuses *N*, *fig.* 3.

Sur le dos, à deux pouces neuf lignes de la mâchoire inférieure *A*, est le commencement d'un petit aileron brun *H*, *fig.* 3, qui a à son attache au corps huit lignes de longueur & est formé de cinq ou six rayons piquants ; immédiatement derriere, est le grand aileron *I K*, *fig.* 3, qui a deux pouces trois lignes d'étendue à son attache au corps ; les rayons excedent la membrane qui les unit, & ne sont point piquants ; la couleur de cet aileron est à-peu-près semblable à celle du dos. L'anus *L* est à très-

peu de chose près à la moitié de la longueur totale *A B* du poisson ; immédiatement derriere est l'aileron *L M*, qui est presque semblable à celui du dos *I K*.

L'aileron *M B* de la queue, s'épanouit en éventail, les rayons ont à peu-près un pouce & demi de longueur.

La largeur verticale du poisson à l'à-plomb des yeux *C*, *fig.* 3, est d'un pouce & demi, à l'à-plomb de *E* d'un pouce sept lignes, à l'à-plomb de l'anus *L* d'un pouce trois lignes, près l'origine de l'aileron de la queue six lignes : le corps de ce poisson est à peu-près rond, c'est-à-dire, que son épaisseur horisontale est presque égale à la verticale, elle est même plus considérable au ventre *L*, *fig.* 2.

On voit à la figure 1, aux deux côtés des ailerons du dos & assez près de ces ailerons, les rayes latérales formées par une suite d'écailles ; le reste du corps n'est point écailleux, mais couvert d'une peau assez ferme, pour qu'on puisse écorcher ces poissons ; cette peau est brune du côté du dos, assez semblable à celle du Scorpion ; elle s'éclaircit peu-à-peu sur les côtés, & elle est blanche sous le ventre. Sa chair est blanche, mais dure & de mauvais goût, ce qu'on attribue à ce qu'il s'enfouit dans la vase, & qu'il se nourrit des insectes & des petits poissons qui s'y retirent.

Rondelet prétend que pour attraper les insectes & petits poissons qui font sa nourriture, il fait sortir de sa gueule une membrane qui est large à son origine, & se termine en pointe ; il dit qu'il étend cette membrane, que des insectes & de très-petits poissons attirés par ce leurre, s'y attachent, & que le poisson la retirant dans sa gueule, mange les insectes qui s'y sont attachés. Je préviens que je rapporte ceci d'après Rondelet, car je n'ai point vu cette membrane à aucun des Uranoscopus que j'ai eu en ma possession.

§. 1. *Dissertation sur la dénomination de Rascasse qu'on a donnée à différents Poissons.*

Plusieurs Auteurs & particuliérement Rondelet ont donné le nom de Rascasse à un gros Echinite, & aussi à une espece de raie, poissons dont nous ne nous occupons point dans cette Section ; mais je vois dans les Mémoires que j'ai rapportés de mes tournées sur les côtes maritimes, qu'on donne en Provence & en Languedoc la dénomination de Rascasse à différents poissons de la famille des Scorpions, désignés dans les Ports par les noms vulgaires de *Diable*, *de Crapaud*, *de Crabes de mer*, &c. Pour avoir des connoissances plus précises sur l'usage qu'on fait de la dénomination de Rascasse, j'avois prié M. Barry, ancien Commissaire de la Marine, établi en Provence, de me faire savoir si le nom de Rascasse est particulierement affecté à une sorte de poissons, exclusivement à tout autre, & si cela étoit, de me faire connoître ce poisson : je vois par la réponse de M. Barry que, comme je l'avois pensé, la dénomination de Rascasse est donnée à bien des especes différentes de poissons de la famille des Scorpions, ainsi on peut la regarder comme un surnom. Néanmoins M. Barry dit qu'on distingue à Toulon quatre sortes de Rascasses ; savoir, la noire ou la brune qu'on regarde comme la vraie Rascasse ; elle se tient dans les algues, sa couleur obscure peut être comparée à celle que prend cette plante marine, quand ayant été quelque temps hors de l'eau, elle a perdu la teinte verte qu'elle avoit au sortir de la mer ; cette couleur est chargée de veines noires ; le ventre est gris-blanc avec quelques veines rouge-clair ; mais je le répete, ces couleurs ne sont point absolument uniformes dans tous les poissons d'un même genre.

Quant au poisson que M. Barry a fait dessiner, il approche beaucoup de celui qu'on voit sur la Planche II, *fig. 2*, excepté que celui de M. Barry est sur une plus grande échelle, ce qui m'engage à mettre ici les principales dimensions de sa Rascasse.

Sa longueur totale est de dix pouces neuf lignes, du bout du museau au centre des yeux, il y a un pouce quatre lignes ; du bout du museau à l'articulation des nageoires branchiales, trois pouces : l'étendue du grand aileron du dos à son attache au corps quatre pouces ; les dix premiers rayons étoient gros, durs, piquants & fort écartés les uns des autres ; le reste de cet aileron étoit formé d'environ huit rayons flexibles, & plus rapprochés les uns des autres.

L'aileron de derriere l'anus qui n'avoit qu'un pouce d'étendue à son attache au corps étoit formé de rayons souples, l'aileron de la queue étoit coupé quarrément ; la longueur du plus long rayon étoit d'un pouce & demi.

Les nageoires branchiales avoient une forme arrondie, la longueur du plus long rayon étoit de huit à dix lignes ; les articulations des nageoires de dessous le ventre étoient un peu plus vers l'anus que celle des branchiales.

La largeur verticale du poisson à l'à-plomb du commencement de l'aileron du dos vers *E* étoit de deux pouces neuf lignes ; à l'à-plomb de *F* d'un pouce onze lignes, à l'à-plomb de *G* un pouce. M. Barry remarque qu'il y a des Rascasses plus grandes que celles que nous venons de décrire, puisqu'on en prend qui pesent plus de vingt onces.

Ces poissons occasionnent des piquûres très-douloureuses ; quelques-unes mêmes ont été suivies d'accidents fâcheux, ce qui a fait penser qu'elles étoient venimeuses ; néanmoins M. Barry pense, comme moi, qu'elles ne le sont pas, & il s'autorise du sentiment de plusieurs célebres Médecins & Chirurgiens qui ont examiné ces piquûres avec toute l'attention possible ; il y a tant d'épines à la tête de ces Rascasses, qu'il est bien difficile d'éviter d'en être piqué, sur-tout lorsqu'on veut arracher les guignes, & lorsque le poisson n'est pas entiérement mort ; car dans ce cas, il entre dans des mouvements convulsifs qui rendent les piquûres presque inévitables.

Pour ce qui est de la Rascasse rouge, c'est un poisson de haute mer qui fréquente les grands fonds : M. Barry en dit peu de chose ; je crois que c'est la Crabe de Biarritz qu'on trouve représentée sur la Planche IV, *fig. 1*. On prétend que quand les chaleurs se font sentir, elles quittent les grands fonds, & gagnent les rochers du bord de la mer, où elles déposent leurs œufs, & qu'elles retournent dans les grands fonds aussi-tôt qu'elles sentent le froid.

A l'égard de la Rascasse blanche, M. Barry n'en dit presque rien ; mais je crois que c'est le poisson que quelques Auteurs ont nommé *Rascassa bianca* ou *Uranoscopus*, qu'on voit représenté sur la Planche VI, & dont nous avons amplement parlé à l'article précédent.

Enfin, M. Barry dit qu'on met en Provence au nombre des Rascasses les poissons qu'on y nomme *Scorpeno* ou *Scorpene* ; ainsi tout ce que je viens de dire, justifie ce que j'ai avancé au commencement de cet article, savoir, que la dénomination de Rascasse est un surnom qu'on donne en Provence & en Languedoc à différents poissons de la famille des Scorpions.

Article Cinquieme.

De la *Rafcaffe blanche*, Rafcaffa biànca ; *par les Pêcheurs Italiens & Provençaux*, Rappecon *ou* Rafpecon.

Voila un poiffon qui a encore les caracteres des Scorpions ou de la Rafcaffe, ayant deux ailerons fur le dos, un fous le ventre, derriere l'anus, celui de la queue coupé quarrément ; deux nageoires affez grandes derriere les opercules des ouies & deux moins grandes fous la gorge, avec quelques épines près les articulations des nageoires tant de derriere les ouies que de celles de deffous la gorge. Sa tête eft finguliere, fur-tout par la forme de fa gueule : comme la tête fe retourne vers le ciel, & comme les yeux font fur le haut de la tête, on a jugé qu'il contemploit les aftres ; & pour cette raifon on l'avoit nommé *Cœli Speculatorem*, ou, en confervant l'idiome grec, *Uranofcopus*. On prétend qu'il dort le jour, & que la nuit il cherche fa nourriture : la langue eft large & courte ; les mâchoires font bordées de dents piquantes.

La longueur totale *A B*, *Pl. VI*, *fig.* 1, du poiffon que je vais décrire étoit de huit pouces neuf lignes ; de l'extrémité de la mâchoire inférieure *A* au centre des yeux *C*, un pouce ; du centre d'un œil au centre de l'autre, fix lignes ; en cet endroit, il y a une cavité confidérable ; de *A* au derriere des opercules *D* des ouies, deux pouces ; de *A*, à l'articulation des nageoires branchiales *E*, deux pouces trois lignes ; près l'articulation des nageoires, on voit de chaque côté du dos deux pointes dures, offeufes, courtes & piquantes ; la longueur de ces nageoires eft d'environ un pouce & demi ; & fa longueur d'un pouce ; fous la gorge font deux nageoires *F*, moins grandes que celles *E*, & découpées par les bords ; leur articulation qu'on apperçoit à la figure 2, eft à un pouce quatre lignes de la mâchoire *A* ; fous la gorge, au-deffous de ces articulations vis-à-vis de *F*, font trois pointes dures & offeufes *N*, *fig.* 3.

Sur le dos, à deux pouces neuf lignes de la mâchoire inférieure *A*, eft le commencement d'un petit aileron brun *H*, *fig.* 3, qui a à fon attache au corps huit lignes de longueur & eft formé de cinq ou fix rayons piquants ; immédiatement derriere, eft le grand aileron *I K*, *fig.* 3, qui a deux pouces trois lignes d'étendue à fon attache au corps ; les rayons excedent la membrane qui les unit, & ne font point piquants ; la couleur de cet aileron eft à-peu-près femblable à celle du dos. L'anus *L* eft à très-

peu de chofe près à la moitié de la longueur totale *A B* du poiffon ; immédiatement derriere eft l'aileron *L M*, qui eft prefque femblable à celui du dos *I K*.

L'aileron *M B* de la queue, s'épanouit en éventail, les rayons ont à peu-près un pouce & demi de longueur.

La largeur verticale du poiffon à l'à-plomb des yeux *C*, *fig.* 3, eft d'un pouce & demi, à l'à-plomb de *E* d'un pouce fept lignes, à l'à-plomb de l'anus *L* d'un pouce trois lignes, près l'origine de l'aileron de la queue fix lignes : le corps de ce poiffon eft à peu-près rond, c'eft-à-dire, que fon épaiffeur horifontale eft prefque égale à la verticale, elle eft même plus confidérable au ventre *L*, *fig.* 2.

On voit à la figure 1, aux deux côtés des ailerons du dos & affez près de ces ailerons, les rayes latérales formées par une fuite d'écailles ; le refte du corps n'eft point écailleux, mais couvert d'une peau affez ferme, pour qu'on puiffe écorcher ces poiffons ; cette peau eft brune du côté du dos, affez femblable à celle du Scorpion ; elle s'éclaircit peu-à-peu fur les côtés, & elle eft blanche fous le ventre. Sa chair eft blanche, mais dure & de mauvais goût, ce qu'on attribue à ce qu'il s'enfouit dans la vafe, & qu'il fe nourrit des infeates & des petits poiffons qui s'y retirent.

Rondelet prétend que pour attraper les infeates & petits poiffons qui font fa nourriture, il fait fortir de fa gueule une membrane qui eft large à fon origine, & fe termine en pointe ; il dit qu'il étend cette membrane, que des infeates & de très-petits poiffons attirés par ce leurre, s'y attachent, & que le poiffon la retirant dans fa gueule, mange les infeates qui s'y font attachés. Je préviens que je rapporte céci d'après Rondelet, car je n'ai point vu cette membrane à aucun des Uranofcopus que j'ai eu en ma poffeffion.

§. 1. *Differtation fur la dénomination de Rafcaffe qu'on a donnée à différents Poiffons.*

Plufieurs Auteurs & particuliérement Rondelet ont donné le nom de Rafcaffe à un gros Echinite, & auffi à une efpece de raie, poiffons dont nous ne nous occupons point dans cette Section ; mais je vois dans les Mémoires que j'ai rapportés de mes tournées fur les côtes maritimes, qu'on donne en Provence & en Languedoc la dénomination de Rafcaffe à différents poiffons de la famille des Scorpions, défignés dans les Ports par les noms vulgaires de *Diable*, de *Crapaud*, de *Crabes de mer*, &c. Pour avoir des connoiffances plus précifes fur l'ufage qu'on fait de la dénomination de Rafcaffe, j'avois prié M. Barry, ancien Commiffaire de la Marine, établi en Provence, de me faire favoir fi le nom de Rafcaffe eft particulierement affecté à une forte de poiffons, exclufivement à tout autre, & fi cela étoit, de me faire connoître ce poiffon : je vois par la réponfe de M. Barry que, comme je l'avois penfé, la dénomination de Rafcaffe eft donnée à bien des efpeces différentes de poiffons de la famille des Scorpions, ainfi on peut la regarder comme un furnom. Néanmoins M. Barry dit qu'on diftingue à Toulon quatre fortes de Rafcaffes; favoir, la noire ou la brune qu'on regarde comme la vraie Rafcaffe ; elle fe tient dans les algues, fa couleur obfcure peut être comparée à celle que prend cette plante marine, quand ayant été quelque temps hors de l'eau, elle a perdu la teinte verte qu'elle avoit au fortir de la mer ; cette couleur eft chargée de veines noires ; le ventre eft gris-blanc avec quelques veines rouge-clair ; mais je le répete, ces couleurs ne font point abfolument uniformes dans tous les poiffons d'un même genre.

Quant au poiffon que M. Barry a fait deffiner, il approche beaucoup de celui qu'on voit fur la Planche II, *fig.* 2, excepté que celui de M. Barry eft fur une plus grande échelle, ce qui m'engage à mettre ici les principales dimenfions de fa Rafcaffe.

Sa longueur totale eft de dix pouces neuf lignes, du bout du mufeau au centre des yeux, il y a un pouce quatre lignes ; du bout du mufeau à l'articulation des nageoires branchiales, trois pouces : l'étendue du grand aileron du dos à fon attache au corps quatre pouces ; les dix premiers rayons étoient gros, durs, piquants & fort écartés les uns des autres ; le refte de cet aileron étoit formé d'environ huit rayons flexibles, & plus rapprochés les uns des autres.

L'aileron de derriere l'anus qui n'avoit qu'un pouce d'étendue à fon attache au corps étoit formé de rayons fouples, l'aileron de la queue étoit coupé quarrément ; la longueur du plus long rayon étoit d'un pouce & demi.

Les nageoires branchiales avoient une forme arrondie, la longueur du plus long rayon étoit de huit à dix lignes ; les articulations des nageoires de deffous le ventre étoient un peu plus vers l'anus que celle des branchiales.

La largeur verticale du poiffon à l'à-plomb du commencement de l'aileron du dos vers *E* étoit de deux pouces neuf lignes ; à l'à-plomb de *F* d'un pouce onze lignes, à l'à-plomb de *G* un pouce. M. Barry remarque qu'il y a des Rafcaffes plus grandes que celles que nous venons de décrire, puifqu'on en prend qui pefent plus de vingt onces.

Ces poiffons occafionnent des piquûres très-douloureufes ; quelques-unes mêmes ont été fuivies d'accidents fâcheux, ce qui a fait penfer qu'elles étoient venimeufes ; néanmoins M. Barry penfe, comme moi, qu'elles ne le font pas, & il s'autorife du fentiment de plufieurs célebres Médecins & Chirurgiens qui ont examiné ces piquûres avec toute l'attention poffible ; il y a tant d'épines à la tête de ces Rafcaffes, qu'il eft bien difficile d'éviter d'en être piqué, fur-tout lorfqu'on veut arracher les guignes, & lorfque le poiffon n'eft pas entiérement mort ; car dans ce cas, il entre dans des mouvements convulfifs qui rendent les piquûres prefque inévitables.

Pour ce qui eft de la Rafcaffe rouge, c'eft un poiffon de haute mer qui fréquente les grands fonds : M. Barry en dit peu de chofe ; je crois que c'eft la Crabe de Biarritz qu'on trouve repréfentée fur la Planche IV, *fig.* 1. On prétend que quand les chaleurs fe font fentir, elles quittent les grands fonds, & gagnent les rochers du bord de la mer, où elles dépofent leurs œufs, & qu'elles retournent dans les grands fonds auffi-tôt qu'elles fentent le froid.

A l'égard de la Rafcaffe blanche, M. Barry n'en dit prefque rien ; mais je crois que c'eft le poiffon que quelques Auteurs ont nommé *Rafcaffa bianca* ou *Uranofcopus*, qu'on voit repréfenté fur la Planche VI, & dont nous avons amplement parlé à l'article précédent.

Enfin, M. Barry dit qu'on met en Provence au nombre des Rafcaffes les poiffons qu'on y nomme *Scorpeno* ou *Scorpene* ; ainfi tout ce que je viens de dire, juftifie ce que j'ai avancé au commencement de cet article, favoir, que la dénomination de Rafcaffe eft un furnom qu'on donne en Provence & en Languedoc à différents poiffons de la famille des Scorpions.

CHAPITRE QUATRIEME.

Des Rougets, & de leurs différentes especes : Rubelliones.

INTRODUCTION.

Comme on a souvent donné le nom de *Rouge* ou *Rouget* à des Poissons d'especes fort différentes, parce qu'on rangeoit dans cette famille les Poissons où le rouge étoit la couleur dominante, il en a résulté beaucoup de confusion. Par exemple, on y a compris l'*Orphus* ou l'*Erythinus*, parce qu'ils font rouges ; mais ce font des Pagres dont nous avons parlé dans la quatrieme Section, page 28. On nomme en beaucoup d'endroits *Rouget barbet* ou simplement *Rouget*, le *Surmulet* dont nous remettons à parler ailleurs, parce qu'il ne ressemble point du tout aux Rougets-grondins dont nous nous occuperons dans ce Chapitre : mais en se restreignant aux poissons qui paroissent convenir à la famille des Rougets-Grondins proprement dits, il restera encore un nombre assez considérable de variétés. Quelques-uns comptent dix à douze sortes de ces Rougets-grondins ; & nous appercevrons que si on a scrupuleusement égard à de petites variétés dans la couleur, lesquelles dépendent souvent de l'âge des poissons, de la nature des eaux où ils ont vécu & de la nourriture dont ils ont fait usage, on pourroit en augmenter beaucoup le nombre ; mais comme nous nous proposons de ne parler que de ceux que nous avons été à portée de connoître ou par nous-mêmes ou par nos Correspondants, nous restreindrons à un plus petit nombre les especes ou variétés dont nous traiterons dans ce Chapitre.

Le nombre des variétés que nous venons d'annoncer a engagé les Auteurs, & encore plus les Pêcheurs, à leur donner des noms particuliers ; par exemple, comme quelques-uns ont au bout du museau deux prolongations osseuses assez considérables, des Auteurs croyant y trouver quelques ressemblances avec la Lyre des Anciens, les ont nommés *Lyre*, Lyra, ou *Citharus*, quoique ce nom de *Citharus* ait encore été donné à un poisson plat du genre des Turbots & des Soles, très-différent du Rouget-grondin qui est rond.

Comme il y en a qui en nageant, ou même quelques minutes après qu'ils font tirés de l'eau, font un bourdonnement ou un bruit assez sensible, on les a nommés en beaucoup d'endroits *Grondins*, *Groneau*, *Grogneau*, *Gourneaut* ou *Organeau*. Ce bourdonnement n'est cependant point particulier à cette espece de poissons exclusivement à tous autres ; car j'en rapporterai

de

de très-différents qui font entendre un bruit à peu-près pareil. Quelques Auteurs, entr'autres Rondelet & Gesner les ont nommés *Cuculus*, parce qu'il leur a paru que ce bruit ressembloit au chant de l'oiseau nommé *Coucou*; mais j'avoue que cette comparaison me paroît bien peu exacte. Plusieurs de ces Poissons ont la tête plus grosse que d'autres de même espece, ce qui a engagé des Auteurs à les nommer *Cabotte*, *Capito* ou *Capon*; mais ce nom convient aussi à quantité de poissons très-différents des Rougets-Grondins, particulierement au Muge.

Je crois me rappeller qu'à Oleron on nomme le Grondin *Pyrelong* ou *Perlan*. Ce n'est pas tout, souvent on donne différents noms à une même espece de Poisson; nous avons déja dit qu'on donnoit en Bretagne le nom de Grondin au poisson appellé sur les côtes de haute Normandie *Rouget*: cette dénomination de Grondin est adoptée au Croisic, à Calais, à S. Jean-de-Luz & en plusieurs autres endroits; à Brest & en d'autres Ports on en distingue de deux especes; un rouge qui se tient au large & dans les grands fonds, c'est le meilleur, & l'on prétend qu'il ne fait point entendre de grognement comme le petit qui est gris & qui se tient au bord de l'eau près la surface; c'est peut-être pour ces raisons qu'on entend son grognement qui ne seroit pas sensible s'il étoit plus éloigné. Quoi qu'il en soit, il n'est pas à beaucoup près aussi estimé que le rouge; mais ces variétés dans les couleurs peuvent dépendre de différentes circonstances; il y a des différences plus frappantes, & qui méritent plus d'attention; par exemple, en plusieurs endroits, particuliérement à Antibes, il y a un grand Rouget qu'on nomme *Gallinette* *: en quelques endroits de la Bretagne, il y a un petit poisson seulement de trois ou quatre pouces de longueur qui paroît être de la famille des Grondins; on le nomme *Mort-sec*.

On m'a envoyé des côtes de haute Normandie un petit Rouget qu'on nomme au Havre *Bastard*; de plus, un assez gros qu'on nommoit *Bellicant*; d'autres plus petits, mais peu différents du Bellicant, qu'on nomme l'un *Imbriaque*, & l'autre *Bricotte*. Je ne finirois point si j'entreprenois de détailler toutes les variétés qu'on peut remarquer dans cette famille de Poissons; par exemple, ceux qui prétendent que la mer répand des étincelles aux endroits où ils nagent en troupe, les ont nommés *Lucerna*, en Provence *Belugo*, parce qu'en patois *Belucques* signifie une *étincelle de feu*: mais cela n'est pas particulier aux Rougets-Grondins.

On leur a encore donné beaucoup d'autres noms, comme *Corvus* à ceux qui tirent au noir, *Milans*, *Milvus*, *Milvago*, à ceux qui ont le museau un peu plus allongé que les *Corvus*, &c. &c.

A mon égard, ne faisant point attention à ces petites différences, comme

---

* M. de la Courtaudiere m'en a envoyé un très-gros, que les Basques nomment *Bourreau*.

les Rougets Grondins ont la tête affez groffe & longue, garnie d'aiguillons qu'on apperçoit principalement aux bords des opercules des ouies ; comme leurs yeux, fort grands font élevés fur la tête, accompagnés de quelques pointes, & féparés l'un de l'autre au crâne par un fillon ; comme leur gueule eft affez grande, garnie de petites dents, & les opercules terminés par des angles faillants plus ou moins pointus ; toutes ces particularités qui conviennent affez aux Poiffons dont j'ai parlé au commencement de cette Section, m'ont engagé à les comprendre dans la famille de ceux que j'ai nommé *Zeus*, quoiqu'à la plupart l'aileron du dos foit fenfiblement divifé en deux parties formant deux ailerons ; mais je prie qu'on fe rappelle que j'ai dit au commencement de cette Section que la famille des *Zeus* devoit faire un paffage des poiffons qui n'ont qu'un aileron fur le dos à ceux qui en ont deux : prévenu de cela, j'entre dans les détails.

Néanmoins, je crois qu'il n'eft pas fuperflu de le répéter : les dénominations de *Rouget* qu'on donne aux Poiffons qui ont les écailles rouges, celle de *Barbarin* qu'on donne à ceux qui ont des barbillons à la tête, celle de *Grondin* qu'on attribue à ceux qui font entendre une forte de mugiffement, toutes ces dénominations ne caractérifent point une efpece de Poiffon, puifqu'elles conviennent à nombre de Poiffons de différentes efpeces ; néanmoins pour ne point aller contre l'ufage, nous ferons obligés d'en adopter quelques-unes.

ARTICLE PREMIER.

Du Rouget-Grondin.

J'APPELLE ce poiffon, *Pl. VII, fig. 1*, *Rouget*, parce que c'eft ainfi qu'on a coutume de le nommer fur les côtes de haute Normandie & ailleurs, ainfi que dans les Marchés de Paris où il s'en trouve affez communément dans la faifon ; j'y ajoute l'épithete de *Grondin*, pour le mieux caractérifer, d'autant qu'il eft connu fous cette dénomination en Bretagne, ainfi qu'en beaucoup d'autres endroits ; d'ailleurs cela me paroît convenable pour qu'on ne le confonde pas avec le *Surmulet* qu'on nomme fouvent *Rouge* ou *Rouget*.

Le poiffon que nous nommons *Rouget-Grondin* eft à peu-près rond, à petites écailles & à arêtes. Celui que je vais décrire, qui étoit d'une taille commune, avoit, du bout du mufeau *A* à l'extrémité de l'aileron de la queue *B*, onze pouces ; leur groffeur ordinaire eft celle des harengs ; il y en a de plus petits & auffi de plus gros : la tête, de *A* en *E*, avoit deux pouces neuf lignes de longueur ; les opercules étoient formés de deux feuillets qui fe recouvroient ; le feuillet de deffous étoit adhérent au corps du poif-

fon, celui de deffus pouvoit s'élever pour laiffer échapper l'eau qu'il avoit afpirée : il y avoit à la partie fupérieure des opercules où vers le dos auprès de *E*, une pointe, & auffi une ou deux plus bas ; car toute la partie baffe de l'opercule vers *P*, étoit dure, anguleufe & plus ou moins garnie de piquants ; à un pouce neuf lignes du mufeau étoit le centre de l'œil *C* ; il étoit grand, vif & fort élevé fur la tête ; la prunelle étoit noire & bordée d'un difque rouge-clair, ayant des reflets couleur d'or ; au-deffus des orbites *C*, étoit fur le crâne une éminence un peu circulaire, faillante & offeufe, fur laquelle il y avoit quelques pointes, & entre ces éminences que je nomme *orbitaires*, on appercevoit fur le crâne un enfoncement en forme de gouttiere qu'on ne peut découvrir dans la figure.

Depuis *C*, jufqu'à l'extrémité *A* du mufeau, la tête forme une efpece de ces moulures que les Menuifiers nomment *doucine*, fur laquelle en *O* eft l'ouverture des narines. La gorge de cette doucine, ou la partie *Q* qui eft vers les narines, eft tantôt plus, tantôt moins profonde ; & suivant cette circonstance le museau est plus ou moins pointu ; la gueule étoit grande, les mâchoires garnies de petites dents ou aspérités, on en sentoit même avec le doigt des paquets dans l'intérieur de la gueule, ainsi que sur ce qu'on regarde comme la langue, qui est courte, dure, presque osseuse & n'est susceptible que de peu de mouvement ; les mâchoires étoient bordées extérieurement par une levre molle qui ne paroît point quand la gueule est fermée, mais qui se dilate beaucoup quand elle s'ouvre.

L'extrémité *A* de la mâchoire supérieure est coupée presque quarrément, quelquefois un peu échancrée en cet endroit ; la mâchoire inférieure est la seule mobile, elle est mince & un peu plus courte que la supérieure.

Les os ou cartilages durs qui forment le dessus de la tête ne sont couverts que par une peau dure & chagrinée ; il y a sur le dos, au défaut de la tête, un aileron triangulaire *E F* composé de sept à huit nervures terminées en pointes fort piquantes ; la plus grande de ces nervures a un pouce six lignes de longueur, & la base de cet aileron, à son attache au corps, a à peu-près la même étendue ; la membrane qui les unit est de couleur rouge ; environ quatre lignes plus vers l'arriere il y a un autre aileron *F G*, formé de dix-sept nervures qui ne sont ni aussi longues, ni aussi dures, ni aussi piquantes que les autres ; les plus longues n'ont guere que neuf lignes, & elles diminuent graduellement de longueur, en approchant de la queue ; l'étendue de cet aileron de *F* en *G* est de trois pouces quelques lignes, à environ neuf à dix lignes de l'extrémité *G* de cet aileron, commence celui de la queue dont les rayons des côtés sont un peu plus longs que ceux du milieu, ainsi cet aileron n'est pas exactement coupé quarrément : néanmoins quand au sortir de l'eau on l'étend, il est presque quarré.

Les rayons des ailerons du dos sont implantés dans une rainure qui s'étend depuis *E* jusqu'à *G* ; elle est bordée des deux côtés par une file de petites tubercules dures.

L'anus *A H* est un peu plus du côté *A* de la tête que du côté *B* de la queue. Depuis *H* jusqu'à *I*, il y a un aileron formé de treize à quatorze rayons dont les plus grands ont au plus neuf lignes de longueur. Sur la partie blanche de dessous le ventre, on apperçoit à l'insertion de chacun de ces rayons un petit point brun ; derriere chaque ouie, il y a une grande nageoire *D*, formée à peu-près de douze rayons, l'articulation de la nageoire *D* est assez large, & les rayons s'écartent vers leur extrémité *D* où cet aileron prend une forme arrondie ; sous la gorge est une autre nageoire *K*, longue d'un pouce

neuf lignes, formée d'environ six nervures, larges & rameuses. Toutes les nervures, tant des ailerons que des nageoires, sont jointes par des membranes fort minces qui ont une teinte rouge plus ou moins foncée ; les nageoires sont rouges en dessus & blanches en dessous ; sous la gorge auprès de *L*, il y a de chaque côté trois gros barbillons souples, dont le plus long a environ deux pouces de longueur ; ces barbillons ont fait nommer en quelques endroits ce poisson *Barbarin* ; mais cette dénomination convient mieux au *Surmulet* qui les a au menton ; ils sont rouges à leur attache au corps, blancs à leur extrêmité ; ils paroissent à travers le jour comme formés d'articulations ; les Pêcheurs prétendent qu'ils leur servent à s'attacher aux corps solides qui sont à leur portée, ce qui ne me paroît pas probable. M. Fougeroux de Bondaroy a trouvé sur les côtes de Picardie un de ces poissons qui avoit d'un côté trois barbillons, & de l'autre seulement deux : ce peut être une variété, ou cela peut venir de ce que ce poisson, dans sa jeunesse, en auroit perdu un par quelque accident : quoi qu'il en soit, en plusieurs endroits, comme je l'ai dit, ces barbillons font nommer assez mal-à-propos ce Rouget *Barbarin*. Depuis le bout du museau jusqu'à *H*, le poisson conserve à peu-près la même grosseur ; mais ensuite il va en diminuant graduellement & beaucoup jusqu'à la queue où il est fort mince : son diametre vertical vers l'extrémité des ouies, est d'un pouce dix à onze lignes ; à l'endroit du corps où il est le plus gros, vers *H*, il est d'un pouce six lignes, & vers *N* au plus de six lignes.

Les rayes latérales *M, N* font fort sensibles & garnies de petites dents comme celles d'une scie. Ce poisson a des écailles si petites, si minces, si fines & si serrées les unes contre les autres, qu'on ne les apperçoit qu'après avoir gratté fortement. La couleur des Rougets-Grondins, varie beaucoup ; les jeunes, au sortir de l'eau, sont souvent d'un rouge vif couleur de rose ; il y en a qui sont d'un rouge foncé avec des taches aurores tant sur la tête que sur le corps. En approchant du ventre ces couleurs s'éclaircissent, & le blanc domine, de sorte que le dessous du ventre est d'un très-beau blanc : les ailerons & les nageoires participent des mêmes couleurs. La membrane qui unit les rayons de la queue est plus épaisse & plus forte que celle des nageoires branchiales ; la plus mince est à l'aileron du dos.

L'aileron de derriere l'anus & celui de la queue sont blancs du côté du ventre, excepté à leur extrémité, où il y a un peu de rouge très-vif. Comme la grosseur de ces poissons diminue beaucoup du côté de la queue, &

comme leur tête est fort grosse, il y a peu à manger, à moins qu'il ne soient gros.

Quoique les Rougets-Grondins ne soient pas de passage, la saison où ils sont les meilleurs, est le printemps & l'été, dans les mois de Juin & de Juillet; alors leur chair est blanche, ferme, sans être coriace, & se leve par écailles; ce poisson a encore l'avantage de n'avoir presque pas d'arêtes: c'est donc un fort bon poisson qu'on sert sur les meilleures tables, quand il est gros. Il faut remarquer que quand il est cuit, ses couleurs se distinguent encore quoiqu'elles soient plus ternes; au reste, il faut prévenir que ce que nous venons de dire des couleurs, est sujet à beaucoup de variations; car j'en ai vu de nouvellement pêchés qui n'avoient presque point de rouge; néanmoins la plûpart, au sortir de l'eau, ont de très-belles couleurs.

Sur les côtes du Havre, on en prend à la dreige; on en trouve dans les parcs & les filets tournants, & aussi aux cordes, pêle-mêle avec d'autres poissons, tels que les Maquereaux, les Merlans, &c. Ils sont fort communs en Provence & en Bretagne, auprès de Brest, où l'on en prend beaucoup avec des tramaux: on s'établit pour cette pêche principalement depuis la pointe de Penmarck, jusqu'à celle de Toulinguet au dehors de Camaret.

Suivant ce que nous venons de dire d'après nos observations, qui se trouvent d'accord avec ce que m'a écrit M. Viger, Lieutenant général de l'Amirauté à Caen, & M. le Testu, Trésorier des Invalides de la Marine à Dieppe, le Grondin est de toute beauté dans l'eau; lors même qu'il est tiré de l'eau, & que le soleil donne dessus, on apperçoit des reflets de couleurs variées qui font le plus bel effet; il conserve ces couleurs assez long-temps, sur-tout lorsqu'il a été pêché à la ligne & au large. Comme tous les Rougets n'ont pas ces belles couleurs, on en a voulu faire différentes especes: mais MM. Viger & le Testu ont remarqué très-judicieusement que les mêmes poissons qu'on a pêchés avec le filet de la dreige ou celui du chalut, ayant été froissés, fatigués & même meurtris, ont presque perdu leurs belles couleurs. Ce n'est pas tout; ceux qu'on prend au bord de la mer dans les bas parcs, quoique meilleurs que ceux qui ont été fatigués dans les filets traînants, n'ont pas à beaucoup près des couleurs aussi vives & aussi séduisantes que ceux qu'on prend au large, sur-tout avec des haims; ceux-ci sont, sans contredit, les plus recherchés; ils ont de plus l'avantage de pouvoir être transportés assez loin. Les remarques de MM. Viger & le Testu me font soupçonner que les Pê-

cheurs n'ayant pas fait attention aux circonstances qui ont frappé ces MM. ont regardé comme des différentes especes de Rougets des poissons qui avoient été pêchés les uns au large, les autres près la côte, les uns avec des filets traînants, & les autres avec des haims & des tramaux: il y en a qui veulent distinguer les Grondins des vrais Rougets; mais j'avoue que je n'ai pas pu appercevoir entre les poissons qu'on me présentoit des différences bien marquées, & il m'a paru que le Grondin de Bretagne est le vrai Rouget de haute Normandie: les petites différences qu'on croit appercevoir n'étoient que des variétés accidentelles dont j'ai parlé plus haut.

Quoique je me sois assez étendu sur la description du vrai Rouget-Grondin, on trouvera à l'explication des figures quelques détails anatomiques qui serviront à donner une idée des visceres des poissons de cette famille. J'essaierai d'être beaucoup plus abrégé à l'égard des autres especes de Rougets, & pour éviter de trop multiplier les Gravures, je me bornerai à en représenter quelques-uns en petit.

Après avoir amplement parlé du vrai Rouget-Grondin, je vais dire quelque chose de plusieurs variétés de ce poisson qu'on a coutume de regarder comme étant des especes différentes; mais avant de terminer cette matiere, je vais faire une petite digression pour discuter ce qui occasionne le grognement des Grondins, & aussi la lumiere que quelques-uns produisent en nageant, ce qui leur a fait donner par quelques-uns le nom de *Lucerna.*

§. 1. *Digression sur la dénomination de* Grondins *qu'on donne au Poisson dont nous nous occupons.*

Tous les Auteurs & les Pêcheurs parlent d'une espece de ronflement ou de mugissement que font les poissons qu'on a nommés pour cette raison *Grondins.* Les uns prétendent qu'ils font entendre ce bruit lorsqu'ils sont dans l'eau rassemblés par bande, & même quelques instants après qu'ils sont sortis de l'eau; d'autres soutiennent que ce mugissement n'est sensible que quand on les tire de l'eau; c'est, disent-ils, un cri plaintif qu'on peut comparer à celui que font certains animaux terrestres qui mugissent, comme l'on dit, entre leurs dents: quelques-uns comparant ce bruit à celui des porcs, ont, pour cette raison, nommé ces poissons *Grogneux* ou *Grognauds.* Je ne vois pas quelle ressemblance il peut y avoir de ce mugissement avec le chant de l'oiseau nommé *Coucou*; néanmoins comme ce bruit fait quelque fois *cou* qui étant répété fait *coucou*, quelques-uns ont nommé le Grondin
Cuculus

Cuculus ; quoi qu'il en soit, c'est ce ronflement, ce grognement, enfin ce bruit qui a fait nommer assez généralement ces poissons *Grondins* : mais ce qui est embarrassant, & ce que j'aurois désiré connoître, c'est d'où vient ce bruit. Quelques-uns ont cru que c'étoit de l'air qui étoit renfermé dans leur corps qui s'échappoit quand ils faisoient de grands mouvements. On objecte que, par la dissection, on ne découvre rien qui annonce un organe vocal ; mais comme cette espece de grognement n'offre rien d'articulé ni d'harmonieux, il ne paroît pas exiger une complication d'organes, telle qu'on l'apperçoit dans la dissection de quantité d'animaux : néanmoins comme ce bruit n'est sensible que quand les poissons sont très-agités, par exemple, lorsqu'ils sont poursuivis par des poissons voraces, on a imaginé qu'il pouvoit être produit par le mouvement rapide de leurs nageoires, comparant ce bourdonnement à celui que font certains Scarabées en volant, ou ces mouches qu'on nomme *Bourdons* ; mais cette cause physique ne peut pas avoir lieu quand les poissons sont dans la corbeille des Pêcheurs, & plusieurs assurent qu'il n'est jamais plus sensible qu'au moment où on les tire de l'eau : car dans cette circonstance le mouvement des nageoires est interrompu, & ne peut produire aucun bruit. D'autres veulent que le bourdonnement à la mer ne se fasse entendre que quand les bandes sont considérables, & près de la superficie de l'eau, & ils assurent que ceux qu'on prend au large & dans les grands fonds, qui sont les plus rouges & les meilleurs, ne font entendre aucun bruit ; de sorte qu'il n'y a que ceux qui fréquentent les bords de la mer près la superficie de l'eau, qui fassent entendre leur mugissement.

Je me borne à exposer les faits qui sont venus à ma connoissance ; car j'en ai déja fait l'aveu, je n'ai point été à portée de faire les observations & les expériences qui auroient pu me conduire à découvrir la cause du bourdonnement dont il s'agit : mais je suis bien certain que cette propriété n'est pas réservée aux Grondins ; je connois plusieurs poissons très-différents qui se font entendre d'une façon bien plus sensible : ainsi, je le répete, ce ronflement n'est pas un caractere distinctif des Grondins ; néanmoins il est assez sensible pour que la dénomination de Grondin soit admise en Bretagne, en Flandre, à S. Jean-de-Luz, & même dans plusieurs ports de la Méditerranée. Ce nom ne convient point au Surmulet dont nous parlerons dans une autre Section. J'ajoute que si en quelques endroits on donne le nom de *Barbarin* au Grondin, c'est mal-à-propos, cette dénomination convenant bien mieux au Surmulet ;

nous le ferons voir à l'endroit où nous parlerons de ce poisson.

§. 2. *Sur la lumiere qu'on a prétendu que répandent les Grondins.*

J'ai dit qu'on prétendoit qu'il y avoit des Rougets qui répandoient de la lumiere en nageant, & que pour cette raison on les avoit nommés *Lucerna*. Je n'ai point été à portée de faire des observations expresses sur ce phénomene ; mais je sais qu'il n'est pas particulier aux Rougets, & j'ai dit dans le cours de cet Ouvrage, qu'il y a des poissons qui rendent la mer si lumineuse qu'elle indique aux Pêcheurs le lieu où il faut les aller chercher.

M. le Testu dit qu'on n'apperçoit point cette lumiere des Rougets auprès de Dieppe, & il en donne pour raison que, dans ces parages, ces poissons ne se rassemblent point par bancs, & que presque tous se tiennent dans les grands fonds où on va les chercher, soit avec les haims, soit avec le filet de la dreige. Néanmoins après tout ce que disent les Auteurs, & ce que j'ai appris de mes Correspondants, je ne puis douter de l'existence de cette lumiere ; mais il me paroît probable qu'elle n'est pas produite par les Grondins qui communément ne vont pas par bancs, mais par les Rougets-Barbets ou Surmulets dont je parlerai dans une autre Section : quoi qu'il en soit, je crois que cette lumiere ne vient point des poissons qui étincellent, comme plusieurs le prétendent, mais de l'eau de la mer qu'on sait qui devient lumineuse, sur-tout dans certains temps, pourvu qu'on l'agite : car, si dans ces circonstances, & lorsque la mer est tranquille, on porte dans un lieu obscur un seau où il y ait de l'eau de la mer, & qu'on l'agite, ne fut-ce qu'avec la main, ou encore mieux en versant dedans & de haut de la même eau qu'on aura conservée dans une cruche, toute l'eau devient lumineuse. M'étant trouvé la nuit dans une galere qui voguoit à la rame, l'eau, ainsi agitée, répandoit une telle quantité de lumiere qu'il sembloit voir des flots enflammés : ainsi je crois que la lumiere qu'on apperçoit aux endroits où il y a des bancs de poissons, résulte de l'agitation que les poissons en nageant occasionnent à l'eau de la mer, & ne provient point d'étincelles qui sortent du corps des poissons. Ayant communiqué ces idées à M. le Testu, non-seulement elles lui ont paru très-probables, mais cet obligeant Correspondant m'a fait part de plusieurs observations qui confirment celles que je viens de rapporter. Quelques-uns assurent avoir observé sur les bancs de Grondins une substance assez semblable à de l'huile qui flottoit sur l'eau, & ils ont cru que c'étoit cette viscosité qui produifoit la lumiere ; mais on apperçoit dans les temps calmes & dans la faifon du frai des Harengs une pareille fubftance qui flotte fur l'eau, fans qu'on découvre aucune lumiere. Comme ces poiffons ont des écailles très-brillantes, on a foupçonné qu'elles réfléchiffoient la lumiere que d'autres croient être produite par les poiffons ; mais cette lumiere eft d'autant plus fenfible que les nuits font plus obfcures ; ainfi je perfifte à croire qu'il en faut revenir à l'agitation de l'eau de la mer.

Des Phyficiens attribuent la lumiere qui fort de l'eau de la mer, à un nombre prodigieux d'infectes lumineux qui vivent dans cet élément, & il y a des expériences qui ne permettent pas de révoquer en doute l'exiftence de ces animaux.

D'autres foutiennent qu'il y a dans l'eau de la mer une fubftance phofphorique qui produit cette lumiere, & leur fentiment eft appuyé d'obfervations qui méritent bien qu'on y ait confiance : enfin, il y en a qui penfent, & je fuis difpofé à adopter leur fentiment, que ces deux caufes fe réuniffent pour produire le phénomene dont on cherche l'explication. Comme beaucoup de Phyficiens ont jugé cet objet digne de leur attention, il y auroit matiere à faire ici une differtation étendue & intéreffante ; mais j'éviterai de m'en occuper, pour ne point perdre de vue mon objet ; & je vais parler des différentes efpeces de Rougets-Grondins qui font venus à ma connoiffance. Quoiqu'exactement parlant, la plupart ne foient que des variétés, nous avons jugé à propos de les faire connoître, & d'indiquer les noms qu'on leur donne dans les endroits où l'on en fait la pêche.

ARTICLE SECOND.

Des Rouges-Tumbes.

Ce poiffon, *Planche VIII, fig. 2,* qu'on nomme fur les côtes de haute Normandie, ainfi qu'en plufieurs autres endroits, *Rouge-Tumbe,* reffemble au Rouget-Grondin par le nombre, la forme & la pofition tant des ailerons que des nageoires, & par les barbillons qui font au nombre de trois de chaque côté. A l'égard de l'aileron du dos, la partie voifine de la tête eft formée de rayons très-piquants, ceux de la partie poftérieure le font beaucoup moins ; cependant ils paroiffent proportionnellement un peu plus forts que ceux de la plupart des Rougets-Grondins. On prend fur les côtes de haute Normandie des Rouges-Tumbes qui ont huit ou dix pouces de longueur. La figure 2 repréfente la tête d'un de ces poiffons. C'eft vers le Carême qu'on prend les plus grands, principalement fur les côtes d'Angleterre, près Torbay : je n'ai point vu de ces gros, mais je foupçonne qu'ils reffemblent au poiffon *fig.* 1, qui m'a été envoyé de S. Jean-de-Luz. Je préviens que tous les poiffons de la famille des Grondins, n'ont pas au bout du mufeau, l'enfourchement *A, fig.* 1 ; le Marlarmat dont nous parlerons dans la fuite, en a de très-longs ; au Tumbe de S. Jean-de-Luz, *fig.* 1, cet enfourchement eft beaucoup plus court ; d'autres Grondins n'en ont point du tout ; mais nous ferons remarquer dans la fuite plufieurs circonftances qui empêchent de confondre le Malarmat avec le Tumbe de S. Jean-de-Luz.

En général, le Tumbe differe principalement du Grondin par fa taille ; il eft communément plus grand, & fur-tout plus enflé : à l'égard de la couleur la plupart font d'un très-beau rouge ; mais il y en a où le dos tire au verd ; quelques-uns même n'ont point du tout de rouge ; ce qui s'obferve quelquefois, comme nous l'avons dit, au Rouget-Grondin ; le ventre des Tumbes eft blanchâtre, & fouvent fur cette couleur on apperçoit du verd.

Nous avons dit que les lignes latérales qui fe voient fur les Grondins, ont des dents piquantes comme celles d'une fcie ; au Tumbe, en paffant le doigt fur ces lignes, on fent quelque chofe de rude, mais rien de piquant, elles femblent feulement un petit cordonnet ; la peau eft fort douce au toucher, on a de la peine à y fentir des écailles. Au Tumbe l'aileron du dos & celui du ventre ont la même couleur qu'à la partie du corps où ils font attachés.

L'aileron de la queue, *fig.* 1, eft en grande partie rouge, & échancré inégalement : comme la couleur des jeunes poiffons eft un rouge clair & vif, les Tumbes qu'on pêche fur les côtes de haute Normandie, fur-tout ceux qui ont beaucoup de rouge, paffent pour avoir la chair plus délicate & de meilleur goût que les gros dont nous avons parlé ; quelques-uns mêmes prétendent qu'elle eft plus délicate que celle de la Vive : mais il s'en faut beaucoup que ce fentiment foit généralement adopté.

Au refte, on vend dans les Marchés les Tumbes indiftinctement avec les Grondins : fi l'on trouve leur chair moins agréable, leur groffeur fait qu'on les préfere.

Les Tumbes, comme les Grondins, fe prennent fréquemment à la ligne.

Je foupçonne que ce poiffon eft le même que celui qu'on nomme en quelques endroits de Provence, *Gourneau.*

ARTICLE TROISIEME.

D'un gros Grondin qu'on nomme à Saint Jean-de-Luz, Bourreau : *en termes de Pêcheurs*, Burraü.

M. DE LA COURTAUDIERE m'a envoyé un poiſſon qu'on prend dans ſes parages, où on le nomme *Bourreau*, probablement parce qu'étant très-hériſſé de vigoureuſes épines, il eſt dangereux de le manier ſans précaution : il a cela de commun avec tous les Grondins, n'ayant de différence que du plus au moins, principalement à l'égard des épines, entre leſquelles il y en a d'extrémement longues ; mais à cauſe de ſa groſſeur, je crois qu'on peut le regarder comme une eſpece de Rouge-Tumbe ; effectivement, en comparant la deſcription que nous en allons donner avec celle du Rouge-Tumbe, on verra que ces deux poiſſons different peu l'un de l'autre. Le Bourreau eſt un poiſſon à arêtes, à écailles, & dont le corps approche de la forme des poiſſons ronds, au moins depuis la tête juſqu'à l'anus, car le reſte, juſqu'à la queue, diminue graduellement de groſſeur, & eſt un peu applati ſur les côtés ; il a, comme les autres Grondins, une groſſe tête chargée de pluſieurs aiguillons entre leſquels il y en a de très-forts.

M. de Borda m'en a envoyé un de Biarritz qui avoit 17 pouces de longueur totale : celui que m'a envoyé M. de la Courtaudiere avoit 16 pouces 6 lignes *A B, Pl. VIII. fig.* 1, en y comprenant les deux cornes ou l'enfourchement oſſeux *A* qui termine le muſeau. Cet enfourchement qui eſt une prolongation des os du crâne ou de la mâchoire ſupérieure, eſt dur, transparent & ſtrié en deſſus de traits qui, ſe prolongeant juſqu'au bout des cornes, en font paroître les bords comme hériſſés de pointes fines ; pluſieurs eſpeces de Grondins ont auſſi un petit enfourchement au bout du muſeau, mais moins conſidérable que celui du Bourreau, quoique celui-ci l'ait encore moins grand que le Malarmat, dont je parlerai dans la ſuite.

De l'extrémité du muſeau *A* au premier rayon *D* du petit aileron du dos, ce qui forme la tête, il y a près de cinq pouces ; la gueule qu'on apperçoit ſous l'enfourchement *A*, eſt aſſez grande ; les mâchoires, tant ſupérieures *E* qu'inférieures *F*, ſont bordées de levres épaiſſes garnies de nombre de petites dents ou d'aſpérités ; de l'extrémité des appendices oſſeux *A* au centre des yeux *C*, il y a deux pouces quelques lignes ; l'épaiſſeur verticale de la tête priſe à l'à-plomb des yeux étoit de deux pouces ſix lignes ; la largeur horiſontale, priſe un peu au-deſſus

des orbites, vers *G*, étoit d'un pouce cinq lignes ; au reſte, à la groſſeur près, la forme de ſa tête étoit aſſez ſemblable à celle des Grondins, dont nous avons amplement parlé au commencement de ce Chapitre, elle eſt ſeulement un peu défigurée par les prolongements oſſeux *A* dont nous venons de parler.

Les yeux ſont preſque ronds, grands, fort élevés ſur la tête ; les foſſes orbitaires du crâne ont onze lignes de diametre ; il y a ſur le bord de chacun des yeux vers *C*, une petite pointe d'une ou deux lignes de longueur.

A l'égard des opercules, la partie de deſſus qui forme véritablement l'opercule, eſt mobile ; ſes bords *H*, y compris la pointe qui termine cette partie, ſont à peu-près à cinq pouces de l'extrémité des appendices oſſeux *A* du muſeau ; preſque à la hauteur de l'œil, il y a un aiguillon dur & piquant d'environ ſept lignes de longueur, & un peu plus vers *H*, il y a un autre aiguillon encore plus gros & plus long.

L'opercule dont nous venons de parler s'appuie ſur un anneau cartilagineux qui forme le bord des ouies, d'où il part un peu au-deſſus de l'articulation des nageoires branchiales, un aiguillon *K* fort & piquant qui a au moins deux pouces trois lignes de longueur ; ces aiguillons ſont hériſſés de rugoſités, ſur-tout vers leur baſe ; le grand aiguillon eſt recouvert par la nageoire branchiale quand elle s'épanouit.

Sous la gorge, à deux pouces huit lignes du bord de la mâchoire inférieure *F*, eſt la naiſſance de trois barbillons mous *L* ; le plus long avoit environ trois pouces de longueur, un autre deux pouces, le troiſieme dix-huit lignes.

La nageoire *M* de derriere les ouies avoit cinq pouces de longueur, & étoit formée de onze rayons ; les nageoires *N* de deſſous la gorge, dont les articulations étoient fort près de celles des nageoires branchiales n'étoient formées que de ſix rayons, dont le plus long étoit de trois pouces quelques lignes. Le dos étoit garni de deux ailerons *D O* & *O P*, tellement rapprochés l'un de l'autre, qu'on pourroit croire qu'il n'y en avoit qu'un ; quoi qu'il en ſoit, celui *D O* qui étoit formé de neuf rayons très-piquants avoit trois pouces d'étendue à ſon attache au corps : immédiatement derriere & preſque ſans interruption commençoit le second aileron *O P*, qui étoit composé de seize rayons flexibles ; il avoit quatre pouces d'étendue à son attache au corps, & se terminoit en *P* à un pouce deux lignes de la naissance de l'aileron de la queue. Il est bon de faire remarquer que tout du long du dos, il y a une rainure assez profonde, bordée des deux côtés d'osselets durs, pointus & assez longs, excepté ceux du côté de la tête qui étant plus enfoncés dans la chair, sont pour cette raison moins apparents, de sorte que quand le poisson couche ses ailerons vers l'arriere, ils se logent dans cette rainure, & ne paroissent point du tout : alors on n'apperçoit que les osselets dont je viens de parler, qui sont à peu-près au nombre de vingt-six.

L'anus *R* étoit d'environ deux pouces plus près de la tête que de la queue ; immédiatement derriere l'anus commençoit l'aileron du ventre *R S* qui avoit quatre pouces & demi de longueur à son attache au corps, étant formé de seize rayons souples.

L'aileron de la queue étoit fourchu en *B*, & coupé inégalement ; le plus long rayon de la partie *Q T* qui répondoit au dos avoit deux pouces neuf lignes de longueur ; le plus long rayon de la partie *S Y* qui répondoit au ventre, avoit seulement deux pouces quatre lignes

J'ai dit que le Bourreau, que je regarde comme un Tumbe, est proportionnellement plus gros que les autres Grondins ; la grosseur de son corps est à peu-près la même depuis l'articulation des nageoires jusqu'auprès de l'anus. Sa largeur verticale à l'à-plomb de *D*, au commencement de l'aileron du dos étoit de trois pouces ; la largeur horisontale, à péu-près de 2 pouces 6 lignes ; la largeur, verticale à l'à-plomb de l'anus en *R*, de deux pouces quatre lignes ; la largeur horisontale d'un pouce dix lignes : l'épaisseur verticale à la naissance de l'aileron de la queue étoit de sept lignes. Ce poisson pesoit à peu-près une livre & demie.

A l'égard de la couleur de ses différentes parties, le corps étoit d'un rouge vif ; le dessous du ventre blanc, & aux endroits où l'on appercevoit du blanc, on voyoit des reflets argentés : l'aileron de la queue étoit rouge, mais cette couleur étoit plus vive au milieu qu'aux bords. L'aileron du dos étoit de couleur rouge ; celui du ventre blanc, mêlé de rouge ; les opercules étoient rouges avec des reflets d'or, d'azur & d'argent. La chair de ce poisson est délicate & de bon goût.

On pêche le *Bourreau* en grande eau & de la même maniere que les Grondins.

M. de Borda m'écrit qu'on prend assez souvent à Cap-Breton une variété du Bourreau qu'on nomme sur ces côtes *Gourlin*. Le dessous des nageoires pectorales de ce poisson est bleu : sa couleur n'est pas d'un beau rouge, comme celle du Bourreau, car elle est mêlée de rouge & de brun : son museau est plus court que celui du Bourreau ; les dents en sont moins sensibles. Il paroît être exactement le *Corvus* de Salvien.

A R T I C L E   Q U A T R I E M E.

De la Cabotte.

DANS mes tournées en Provence, on me servit un poisson du genre des Grondins, qu'on nommoit *Cabotte* ; il avoit onze pouces neuf lignes de longueur totale, de l'extrémité de la mâchoire supérieure au centre des yeux un pouce six lignes, & au derriere des opercules, à peu-près trois pouces. La largeur verticale du poisson, à l'à-plomb de l'articulation des nageoires de derriere les ouies, étoit de deux pouces ; à l'à-plomb de l'anus, d'un pouce neuf lignes ; à la naissance de l'aileron de la queue, de six à sept lignes : au reste, il avoit ainsi que les autres poissons de cette famille, deux ailerons sur le dos ; le premier du côté de la tête étoit triangulaire & formé de rayons très-piquants ; au grand aileron qui s'étendoit depuis la fin de ce premier jusqu'auprès de celui de la queue, les rayons étoient moins forts & point piquants ; il en étoit de même de l'aileron de derriere l'anus ; celui de la queue étoit coupé presque quarrément ; sur les côtés, derriere les opercules, il y avoit deux nageoires assez larges & deux autres plus étroites sous la gorge ; de plus, il avoit de chaque côté, comme tous les Grondins, trois barbillons mous.

A une petite distance du dos étoient les raies latérales qui étoient un peu rudes au toucher, mais point piquantes ; la tête & le dos étoient d'un brun rougeâtre qui s'étendoit assez considérablement au-dessous des raies latérales ; le reste du corps, jusques dessous le ventre, tiroit au blanc.

On voit par cette courte description qu'à la grandeur près, la *Cabotte* ressemble au Rouget-Grondin que nous avons décrit, Article premier, & je crois que ce qui l'a fait nommer *Cabotte*, est que le crâne est assez considérablement élevé au-dessus des yeux. Je ne l'ai point fait graver ; parce qu'à certaines circonstances près dont nous venons de parler, il ressemble fort au Grondin-Bellicant dont nous allons dire un mot *.

---

* On trouvera dans le Chapitre des Additions & Corrections la figure d'un très-petit poisson qu'on nomme *Chabot*.

ARTICLE

ARTICLE CINQUIEME.

Du Bellicant.

J'AI encore rapporté de Provence un poisson qui ressemble beaucoup à celui que je viens de décrire, excepté qu'il est un peu plus effilé, & que ses nageoires branchiales ne sont pas tout-à-fait aussi étendues ; mais son dos, comme on le voit, *fig.* 1, *Pl. IX,* étoit bleu, & son ventre blanc. Je crois que c'est cette circonstance du bleu & du blanc qui a paru un habillement militaire, & lui a fait donner le nom de *Bellicant.*

J'ai un poisson moins gros qui ressemble beaucoup au Bellicant, tant par la forme du corps que par les couleurs ; on me l'a nommé en Provence *Bricotte*, c'est peut-être un jeune Bellicant.

ARTICLE SIXIEME.

De la Gallinette.

ON m'a nommé en Provence *Galline* ou *Gallinette*, un poisson du genre des Rougets-Grondins ; il avoit près de quinze pouces de longueur totale ; deux pouces de largeur verticale à l'à-plomb de l'articulation des nageoires branchiales ; deux pouces à l'à-plomb de l'anus, & neuf lignes près l'articulation de l'aileron de la queue qui est coupé quarrément ; & formé par douze rayons rameux.

Les ailerons du dos & celui de derrière l'anus, ressemblent assez aux mêmes parties du Rouge-Tumbe, *Pl. VIII, fig.* 1 : les nageoires de derrière les ouies sont fort grandes dans toutes leurs dimensions ; les rayons sont rameux, & le plus long a quatre pouces de longueur ; il y en a douze qui s'épanouissent comme les bâtons d'un éventail : quand ils sont ainsi ouverts, les nageoires ont trois pouces de largeur ; & je crois que, comparant ces grandes nageoires qui font un bel effet, aux ailes d'une poule, on a donné à ce poisson le nom de *Galline* ou *Gallinette* ; poisson qu'il ne faut pas confondre avec la Dorée, qu'on appelle *Poule* ou *Coq de mer.*

Les nageoires de dessous la gorge sont beaucoup plus étroites que les branchiales, n'étant formées que de cinq à six rayons rameux ; leur longueur est de neuf lignes ; à l'égard des barbillons, le plus long étoit d'un peu plus de trois pouces : comme la gueule de ce poisson est fort grande, on apperçoit bien distinctement à la mâchoire supérieure & à l'inférieure, la forme & la distribution tant des dents que de quelques osselets chargés d'aspérités. J'ai conservé ce poisson, mais je ne l'ai point fait graver pour éviter de multiplier les figures, d'autant que c'est la grandeur des nageoires branchiales qui le caractérisent principalement.

ARTICLE SEPTIEME.

De plusieurs autres Poissons du genre des Grondins.

JE vais parler dans cet Article de plusieurs autres poissons du genre des Grondins qui m'ont été présentés sur les côtes maritimes en différentes Provinces, sous des noms que leur ont assigné les Pêcheurs : la plûpart étoient petits, mais je ne garantis pas qu'on ne pêche pas de ces especes qui soient plus gros.

§. 1. Du Grondin-Testard ou Becard.

Le Testard dont je vais donner la description *Planche VIII, fig.* 5, differe des autres par la tête : la sienne est courte & arrondie, au lieu que celle de la plûpart des poissons de cette famille, est plus ou moins allongée & terminée par un museau assez menu. On apperçoit sur le crâne au-dessus des yeux un petit applatissement que n'ont point les autres Rougets ; les nageoires branchiales sont fort longues ; elles sont d'un rouge orangé, chargé de mouchetures d'un rouge plus foncé ; les petites nageoires de dessous la gorge, ainsi que les barbillons sont aussi marqués d'un rouge vif : pour ce qui est du corps, il differe peu de celui des vrais Rougets-Grondins ; seulement à l'aileron du dos, la partie qui est du côté de la tête est grande proportionnellement à celle qui s'étend du côté de la queue. Je n'en ai point vu de gros ; & je ne me rappelle pas d'en avoir mangé ; je trouve seulement dans mes Mémoires que sa chair approche assez de celle des vrais Rougets-Grondins, & qu'on les pêche de même.

J'ai encore rapporté de Provence un poisson qui ressembloit assez au Testard ; la seule différence qui s'y faisoit remarquer étoit que le sillon de dessus le crâne entre les deux yeux étoit étroit & plus profond que celui du Testard. On nomme en Provence ce poisson *Imbriaque.*

§. 2. *Du Rouget-Grumet.*

Quelques Pêcheurs de haute Normandie, je crois me rappeller que ce sont ceux du Pollet, appellent *Grumet*, *Pl. VIII*, *fig. 3*, des Rougets qui sont assez gros proportionnellement à leur longueur, & comme leur chair est très-délicate, il y auroit lieu de soupçonner que la grosseur de leur corps viendroit de ce qu'ils sont fort gras.

Leur dos est brun ; cette couleur s'éclaircit sur les côtés qui sont d'un jaune clair, avec des reflets verdâtres ; le dessous du ventre est blanc.

On peut regarder toutes ces circonstances comme des variétés qui ne caractérisent pas une espece particuliere de Rouget, seulement leur tête est plus allongée que celle des vrais Rougets-Grondins, & l'aileron de la queue est un peu fourchu.

§. 3. *Du petit Rouget-Grumelet.*

Il y a une autre espece de petit Rouget, *Pl. VIII*, *fig. 4*, qu'on nomme *Grumelet* ; il n'a guere que six, sept, au plus huit pouces de longueur ; il a toujours l'air maigre ; son corps menu fait souvent des inflexions. La mâchoire supérieure est plus longue que l'inférieure, & son extrémité se releve en en-haut. Le crâne fait une bosse considérable au-dessus des orbites ; l'aileron de la queue est fort échancré, mais la division qui répond au dos, est plus grande que celle qui est la prolongée du ventre.

§. 4. *Du Rouget-Bâtard* ou *Calumet.*

Je ne connoissois qu'imparfaitement le Rouget-Bâtard ; mais M. le Testu m'en a envoyé un que les Pêcheurs de la côte de Normandie nomment *Calumet* : il a quelque ressemblance avec le Testard, *fig. 5*, par sa tête qui est arrondie, & par son museau qui est camus ; il est très-rouge, & cette couleur se fait appercevoir, même dans la gueule, sur-tout au palais. Les raies latérales sont dentées finement ; & quoiqu'il ait de petites écailles, sa peau est rude au toucher.

On n'en prend guere à la ligne, mais il se maille volontiers.

CHAPITRE V.

De plusieurs Poissons qui ont encore quelques rapports avec les Rougets-Grondins.

Les Poissons que je comprends dans ce Chapitre ne sont proprement pas des Rougets-Grondins , mais ils en approchent tellement que beaucoup d'Auteurs les ont compris dans la même famille : je crois donc d'autant plus convenable d'en faire un Chapitre particulier, que les variétés de Rougets-Grondins qui sont dans le précédent, sont déja en grand nombre.

ARTICLE PREMIER.

Du Malarmat.

Belon a cru appercevoir dans la forme du Malarmat celle du poisson que les anciens ont nommé *Lyra*, parce qu'on avoit cru lui trouver quelque rapport avec la lyre, instrument de Musique : Rondelet n'admet pas ce sentiment en entier , & soupçonne que notre Malarmat est le Cormeta dont parle Pline. Ce poisson, *Pl. IX* , *fig.* 2. est presque blanc sous le ventre ; son corps est d'un beau rouge , mais cette couleur se dissipe peu de temps après qu'il a été tiré de l'eau ; quoi qu'il en soit , cette couleur rouge , sa grandeur , la position de ses yeux , celle des nageoires de derrière les ouies & de dessous la gorge *D E* , ont engagé les Auteurs à le mettre au nombre des Rougets-Grondins ; il a de plus , ainsi que les poissons de cette famille , des barbillons *F* à l'articulation des nageoires branchiales ; mais au lieu que tous les Rougets-Grondins dont nous avons parlé , en ont constamment trois de chaque côté , le Malarmat n'en a que deux.

Il a sous le ventre , derrière l'anus , un aileron *I K* & un grand *G H* , sur le dos ; mais au lieu qu'à tous les Rougets-Grondins le grand aileron du dos est divisé dans sa longueur en deux parties assez distinctes au moins par la forme des rayons , qui suffisent pour indiquer deux ailerons , comme on le voit au *Bourreau* , *Pl. VIII* , *fig.* 1 ; au contraire, l'aileron *G H* du Malarmat se prolonge dans toute sa longueur sans interruption sensible.

Le corps du Malarmat va assez réguliérement en diminuant depuis les ouies jusqu'à la queue ; mais au lieu d'être rond comme aux Grondins , son corps est à huit pans ; chaque face est bordée de raies saillantes formées par des crochets piquants qui font partie des écailles : aux Grondins les écailles sont si petites & si minces qu'on seroit tenté de croire qu'ils n'en ont point ; bien différentes de celles du Malarmat qui sont fortes , épaisses , dures & grandes , sur-tout du côté de la tête , car leur grandeur diminue un peu en approchant de la queue. L'épaisseur & la dureté de ces écailles rendent la superficie de ce poisson si ferme qu'elle approche de celle des crustacées ; aussi il se desseche sans perdre la forme qu'il avoit étant frais : cette circonstance des écailles établit donc encore une grande différence entre le Malarmat , le Bourreau & d'autres Grondins. Outre les particularités que nous venons de faire remarquer, on voit ce poisson bien caractérisé par la configuration de sa mâchoire supérieure *A* , *Pl. IX* , *fig.* 2 *& 3* , qui s'étend jusqu'à *C* , étant terminé par un enfourchement très-long , osseux & garni d'aspérités : entre l'œil & l'enfourchement dont nous venons de parler , qui est plus grand qu'au Bourreau , il y a vers *M* , *fig.* 2 , deux aiguillons courts & fort piquants comme au Bourreau , *Pl. VIII* , *fig.* 1. Ce sont ces appendices osseux ou cet enfourchement qui ont fait nommer en Italie ce poisson *Pesche forcha* ou *Forchato* : la mâchoire inférieure *B* a une forme ronde & elle est bien plus courte que la supérieure ; toutes les deux sont dépourvues de dents, elles sont jointes l'une à l'autre par une membrane *N* , *fig.* 2 , qui s'étend depuis l'extrémité de la mâchoire inférieure jusqu'à la naissance de la bifurcation osseuse de la supérieure.

La forme des écailles qui couvrent tout

le corps du poisson, leur union exacte, les huit cordons épineux qui s'étendent de toute la longueur du poisson, les pointes dont la tête est hérissée depuis *G* jusqu'à *M*, joints à l'enfourchement osseux *A*, auroient dû le faire appeller *Bien-armé*, & je ne vois pas pourquoi à Gênes & en Languedoc on l'a appellé *Malarmat* : la dénomination latine de *Cataphractus* que quelques-uns lui ont donné, auroit été plus convenable, puisqu'il est bien cuirassé. Ce poisson est fort rare & presque inconnu sur les côtes de l'Océan & dans le canal de la Manche ; mais il est commun aux côtes d'Espagne & de Provence, où l'on en prend dans les grands fonds, principalement avec le filet de la tartane. Comme ce poisson est fort vif, & se meut avec beaucoup de facilité, il lui arrive souvent d'endommager son enveloppe écailleuse, & particulierement ses cornes. On en pêche toute l'année ; mais, de même que pour la pêche du Rouget-Grondin dans la Manche, la saison la plus favorable tant pour la quantité que pour la qualité, est le Carême. Il y a peu à manger sur ce poisson quand il est petit, & pour cette raison, on ne l'estime que quand il est gros.

Pour l'apprêter en ragoût, on commence par le mettre tremper dans de l'eau chaude, afin d'enlever la peau & les écailles, ce qui se fait aisément sur-tout quand on commence par la queue : si on se propose de le faire cuire sur le gril, on commence par l'ouvrir, mettant dans le corps du beurre frais, des fines herbes & différens assaisonnemens pour relever le goût de la chair, qui d'ailleurs est blanche & délicate ; lorsqu'il est cuit, on en ôte aisément les écailles.

J'ai trouvé dans les Mémoires que j'ai rapportés de Provence, un beau dessin, *fig. 4*, d'un Malarmat qu'on m'a dit avoir été péché dans la Méditerranée sur les côtes d'Espagne : il differe de celui *fig. 2*, & *H I*, par l'aileron du dos qui paroît formé de deux pieces *G*, *H*, & par les barbillons *F* qui sont sous la gorge à l'à-plomb des yeux, au lieu d'être placés à l'articulation des nageoires branchiales. Le dessin, *fig. 2*, a été fait sur le poisson même que j'avois sous les yeux quand je l'ai décrit, ainsi on peut le regarder comme exact ; celui *fig. 4*, étant très-bien exécuté, j'ai peine à me persuader que les différences que nous venons de faire remarquer, soient des fautes commises par le Dessinateur ; j'incline d'autant plus à les regarder comme des variétés, que les Auteurs disent qu'il y a plusieurs especes de Malarmat.

A R T I C L E S E C O N D.

Du Doucet ou *de la Souris de mer* ; Lacert *de Rondelet* ; Lavandiere *de Fécamp*.

Le Doucet considéré en gros paroît avoir quelque rapport avec le Grondin ; mais en comparant ces poissons, on découvre des différences très-sensibles : effectivement le Doucet, *Pl. X*, *fig. 1*, *2 & 3*, a, comme le Grondin, de grands yeux fort élevés sur la tête, deux nageoires derriere les ouies, deux sous la gorge, deux ailerons sur le dos & un sous le ventre, derriere l'anus ; mais toutes ces parties ont des formes très-différentes dans chacun des poissons que nous venons de nommer.

Il est probable que le nom de *Doucet* a a été donné au poisson qui nous occupe dans cet Article, à cause qu'il n'a point d'écailles, & que sa peau est très-douce, mouchetée de taches incarnates : quelques-uns l'ont nommé *Souris de mer*, apparemment parce qu'il ont cru trouver dans la forme de sa tête *F* quelque ressemblance avec celle de la Souris ; & ce nom a été particulierement adopté sur les côtes de haute Normandie. En général le Doucet a le corps effilé ; il est bien rare d'en prendre qui aient un pied de long : celui que je vais décrire, qui m'avoit été envoyé à Paris vers le mois de Mars, avoit huit pouces de longueur totale *A B*, *fig. 1*. Sa peau dénuée d'écailles, peut être comparée à celle de l'Anguille ou des Loches ; elle est ornée des couleurs les plus brillantes & les mieux distribuées ; il y en a qui sont d'une grande beauté : cette peau n'est presque point visqueuse : soit qu'on dessèche ce poisson, soit qu'on le mette dans l'eau-de-vie, les couleurs disparoissent, & elles varient beaucoup dans les différens individus ; car M. le Testu m'a marqué qu'il y en a dont le dos est brun, le ventre blanc, & que ces deux couleurs sont tranchées assez nettement sur les côtés par la raie latérale. Sa tête, quoique d'une forme assez singuliere, a quelque rapport avec celle du Grondin ; elle est peu bombée en dessus ; elle est fort large, car un peu au-dessus des yeux *fig. 2*, elle avoit de *L* en *L* un pouce & demi de largeur horisontale : elle diminue peu à peu de largeur & d'épaisseur depuis l'extrémité du crâne jusqu'au bout du museau, ce qui fait une étendue de vingt-une lignes. Le dessous de

la

la tête , ainsi que du corps , jusqu'au commencement de l'aileron du ventre ou à l'anus , n'a presque point de convexité & forme un plan assez régulier ; mais à l'endroit où commence l'aileron du ventre jusqu'à la naissance de celui de la queue , le corps est presque rond & diminue graduellement de grosseur , de sorte qu'à cet endroit il ressemble assez à la partie correspondante du corps des Grondins.

On apperçoit sur les côtés de quelques Doucets des bandes longitudinales , ordinairement au nombre de trois, une argentée , l'autre jaune , & plus près du ventre une noirâtre ; celle-ci est formée de traits qui du côté de la tête sont assez gros & éloignés les uns des autres : en approchant de la queue ils sont plus menus & plus près-à-près ; de sorte qu'ils forment une ligne continue. Je reviens à ce qui regarde la tête de notre poisson. Le crâne est un peu élevé , mais depuis le dessus des yeux *C, fig.* 1, qui en est le sommet, jusqu'au bout du museau, il diminue par une pente douce : la charpente de cette tête est formée par des os tendres & comme cartilagineux, recouverts d'une peau assez ferme , variée de diverses couleurs brillantes sur un fond gris. La partie *A , fig.* 3, est une espece d'étui dans lequel est renfermé le cartilage *D* qui forme dans l'intérieur de la gueule la voûte du palais, & qui s'étend presque jusqu'à la perpendiculaire des yeux *C* ; ce cartilage , qui fait comme un second museau , peut à la volonté du poisson s'avancer d'environ huit lignes, comme on le voit en *D* , se rabattant sur la mâchoire inférieure ; d'où il résulte que la mâchoire supérieure paroît excéder l'inférieure de quelques lignes ; ce cartilage est divisé en deux à sa partie supérieure par un petit sillon *D* ; il est communément d'un beau violet foncé avec des nuances jaunes : quand il est rentré dans son étui, il forme entre les yeux & l'extrémité du museau vers *a , fig.* 3, une bosse sensible.

L'intérieur de la mâchoire d'en-bas est garni, sur-tout par-devant , de nombre de petites dents fines ; il y en a aussi à la mâchoire supérieure , mais en moindre quantité. Ces mâchoires étant écartées , *fig.* 4 : on apperçoit la langue *B* , dans l'intérieur de la gueule ; elle est épaisse , blanche & comme transparente ; sa longueur est d'environ cinq lignes , & sa largeur d'un peu plus de deux lignes; elle est arrondie par le bout,

Les yeux *C, fig.* 2 , sont très-rapprochés l'un de l'autre sur le sommet du crâne ; l'orbite est ovale, son grand diametre étant de six lignes , & le petit de cinq ; les bords sont une petite éminence qui occupe les trois quarts de leur circonférence ; le globe de l'œil contenu dans cette cavité orbitaire , est en partie recouvert par une membrane jaunâtre assez épaisse qui paroît descendre de la partie supérieure de l'œil formant une espece de paupiere , ainsi qu'on voit à la figure 3 ; la prunelle est aussi noire que du jayet poli ; elle est à peu-près grosse comme un grain de vesce , & forme une petite éminence ; l'iris est nacré ayant des reflets tirant à l'or ou à l'argent.

Les opercules des ouies sont formés de plusieurs feuillets cartilagineux couverts d'une membrane : il paroît que les branchies n'ont gueres de communication avec l'extérieur ; néanmoins ce poisson subsiste assez long-temps hors de l'eau , & même on assure en avoir trouvé d'endormis sur le rivage. Comme on n'apperçoit point d'ouverture aux ouies, Willughby pense que les trous qu'on voit en *K , fig.* 3 *&* 6 , qui répondent à l'intérieur des ouies servent à donner une issue à l'eau que le poisson a aspirée : mais je n'ai pas été à portée de m'assurer de ce fait. Nous avons dit que le Doucet a sur le dos deux ailerons, l'un *D , fig.* 1 *&* 2 , qui est fort près du derriere de la tête , est très-étroit, n'étant formé que de quatre ou cinq rayons de grandeur inégale ; le premier du côté de la tête , est plus fort que les autres & prodigieusement long, puisqu'il est à peu-près de la moitié de la longueur totale du poisson ; car à celui que je décris il avoit trois pouces & demi de longueur. Le second rayon qui étoit plus mince, n'avoit qu'un pouce & demi ; le troisieme n'avoit qu'un pouce , & le quatrieme un demi-pouce ; en outre , on apperçoit quelquefois un cinquieme rayon qui n'a que deux lignes de longueur : ces rayons sont liés par une membrane très-déliée sur laquelle on remarque des traits , les uns bruns , les autres bleus dont la direction est suivant la longueur de l'aileron, & à peu-près parallele aux rayons.

A l'égard du second aileron *E , fig.* 1 *&* 2 , il est formé d'environ douze rayons , & il a à son attache au corps plus de deux pouces de longueur ; la plûpart des rayons , sur-tout ceux qui sont du côté de la tête , n'ont qu'un pouce de longueur ; ceux du côté de la queue sont plus longs, de sorte que le dernier a sept à huit lignes de plus que les autres ; la membrane qui unit ces rayons est déliée ; on apperçoit dessus quatre traits blancs avec des taches bleues qui coupent à peu-près perpendiculairement les rayons, & s'étendent de toute la longueur de l'aileron.

Il y a derriere l'anus un aileron *Q* assez semblable à la portion *E* de l'aileron du dos, étant formé à peu-près de neuf rayons dont l'extrémité excede un peu la membrane qui les unit ; cette membrane eſt de couleur d'ardoiſe claire, & n'eſt point traverſée comme l'aileron *E* par des raies blanches ; la longueur de cet aileron à ſon attache au corps eſt d'environ un pouce neuf lignes ; l'aileron de la queue qui eſt formé de dix à douze rayons, & qui a un pouce de longueur, ſe termine par un arrondiſſement ; il eſt bleuâtre rayé de gris.

A la partie inférieure des opercules, on apperçoit de chaque côté un os *L*, *fig.* 1 *&* 2, à peu-près triangulaire, terminé par des dents qui imitent une molette d'éperon ; ſous chaque opercule des ouies & ſous la gorge eſt une nageoire *M N*, marbrée de jaune, de blanc & de violet plus ou moins foncé.

Quand ces nageoires ſont pliées, elles ont une forme aſſez ſemblable à celle d'un croiſſant dont les pointes ſe rapprochent auprès de l'anus ; elles forment en ſe développant une aile d'environ un pouce & demi de largeur ; on y apperçoit cinq principales nervures d'où il s'en détache de latérales dont l'extrémité déborde la membrane qui les unit, ce qui fait paroître les bords comme frangés. Il ſemble que les cinq nervures principales qui ſont groſſes, équivalent aux barbillons que les Grondins ont auprès des articulations des nageoires gutturales : mais ces barbillons des Grondins n'ont point de ramifications, au lieu qu'au Doucet ils en ſont tellement garnis qu'ils forment comme des plumes.

Il y a en outre de chaque côté une nageoire branchiale *O P*, *fig.* 1 *&* 2, formée de douze à quatorze rayons aſſez déliés ; les articulations de ces nageoires ſont fort près de l'opercule des ouies ; la membrane qui unit les rayons eſt plus forte que celle des nageoires gutturales *M*, *N*, on y compte environ dix-huit rayons ; elles ſont ovales, ayant quinze lignes de largeur ; leur blanc eſt relevé d'un rouge écarlate.

On prétend que dans le genre des Doucets, il y a des individus mâles & d'autres femelles qu'il eſt aiſé de diſtinguer les uns des autres ; les Pêcheurs conſervent aux femelles la dénomination de *Doucets*, & ils nomment les mâles *Chiqueux* : mais comme j'ai ſouvent pris les Pêcheurs en défaut ſur de pareilles aſſertions, leur faiſant voir des œufs dans le corps des poiſſons qu'ils diſoient être des mâles & des laites dans les prétendues femelles, j'ai de la peine à acquieſcer à ce qu'ils aſſurent avoir bien obſervé ; il ne m'a pas été poſſible de me décider par mes propres obſervations, parce qu'il faut pour cela être en état de mettre en comparaiſon un nombre de poiſſons, les uns réputés mâles & les autres crus femelles ; j'avoue donc que je reſte indécis, n'ayant point de preuves ſuffiſantes ni pour adopter, ni pour infirmer les aſſertions des Pêcheurs, & je me bornerai à rapporter quels ſont, ſuivant eux, les caracteres diſtinctifs des deux ſexes. Néanmoins j'ai repréſenté *fig.* 6, un Doucet qu'on m'a donné pour femelle : elles ont ordinairement le corps bleuâtre chargé de marques rouges, au lieu que les mâles, comme je l'ai dit, ont le corps varié de très-belles couleurs. J'ai déja fait obſerver que les couleurs des mâles ſont ſujettes à varier ; il en eſt de même des femelles, puiſqu'il y en a qui ont le deſſus de la tête & du dos, ainſi que le petit aileron, d'un brun noirâtre, le reſte du corps d'un blanc jaunâtre chargé de nuages de différentes couleurs ; l'aileron du dos, celui de la queue, les nâgeoires gutturales d'un jaune preſque citron ; les nageoires de derriere les ouies & l'aileron du ventre de couleur ardoiſine ; au lieu du long aileron que les mâles ont ſur le dos, *fig.* 1 *&* 2, les femelles n'en ont qu'un petit *E*, *fig.* 6, qu'on a comparé mal-à-propos à celui de la Vive, & dont la membrane tire au noir. La chair de la femelle paſſe pour être bien meilleure que celle du mâle : mais ſi ces poiſſons en général ne ſont pas fort recherchés, c'eſt que comme on eſt obligé de leur retrancher la tête, & que le corps eſt fort menu, il reſte très-peu de choſe à manger : c'eſt pour cette raiſon qu'on n'en fait point de pêches expreſſes, & qu'on n'a que ceux qui ſe trouvent dans le filet de la dreige, ou attachés aux hameçons, dans la ſaiſon du Carême.

La deſcription que Willughby donne de ce poiſſon qu'il appelle *Dracunculus*, & que Rondelet appelle *Lacert*, a beaucoup de rapport avec ce que nous venons de dire de notre Doucet ; mais il eſt fort ſingulier que les figures que Willughby & Rondelet donnent de leur *Dracunculus* ou Lacert n'ayent aucune reſſemblance avec la nôtre qui a été exactement deſſinée ſur le poiſſon même, & qu'après que Willughby ainſi que Rondelet ont dit que leur *Dracunculus* ou Lacert ont deux ailerons ſur le dos, il n'y en ait qu'un, même fort petit, qui ſoit repréſenté ſur leurs figures. On trouve dans leur eſtomach de petits coquillages & différentes eſpeces de cruſtacées. On pêche à Feſcamp un petit poiſſon qui a tout au plus ſept à huit pouces de longueur, auquel on donne le nom de *Lavandiere* & qui reſſemble beaucoup à notre Doucet, ce qui me diſpenſe d'en donner la figure ni la deſcription, d'autant que c'eſt un poiſſon peu eſtimé, dont il n'y a que les pauvres qui faſſent uſage.

On voit dans la Zoologie Danoiſe de Frédéric Muller, que le poiſſon dont nous venons de parler, ſe prend auſſi dans les mers de Danemarck & dans la Norwege.

ARTICLE TROISIEME.

Du Poisson appellé Cataphractus, *Schonfeldii ; suivant les Anglois,* Pogge.

Voici un poisson que je suis engagé à mettre à la suite du Doucet ; non-seulement parce que sa forme a quelque rapport avec celle du Doucet, mais encore parce que quelques-uns ont donné à ces deux poissons des noms semblables. Effectivement Rondelet donne le nom de *Cataphractus* au Doucet dont nous venons de parler dans l'Article précédent, & Willughby donne ce même nom au petit poisson qui nous occupe ici ; d'autres ont appellé ces deux poissons *Lazert* ou *Lezard de mer* : M. le Testu m'écrit que sur les côtes de Normandie, on donne à notre petit poisson & au Doucet le nom de *Souris de mer*. Je conviens que cette confusion de noms indique que ceux qui ont parlé de ces poissons ne les connoissoient pas parfaitement ; car si notre *Cataphractus* ressemble aux poissons dont nous avons parlé dans cette Section, par la grandeur & la position des yeux tout près du sommet de la tête, par les nageoires de dessous la gorge qui sont grandes & ovales, par l'aileron de la queue qui est arrondi & qui a la forme d'une palette ; par sa tête qui est grosse ; par les opercules des ouies dont les bords ont des angles saillants qui se terminent en pointes ; par la forme de son corps qui, depuis les opercules jusqu'à la naissance de l'aileron de la queue, diminue uniformément de grosseur ; enfin, par l'aileron de derriere l'anus, il en differe à beaucoup d'égards, comme on l'appercevra par la courte description que nous en allons donner.

Sa longueur totale *A B, Pl. XI. fig.* 1 & 2. étoit de 4 pouces 6 lignes ; il avoit au bout du museau plusieurs especes de crochets ; depuis le centre des yeux *C*, jusqu'à l'extrémité *A* du museau, il avoit six lignes ; depuis *A* jusqu'à la pointe la plus allongée *F* des opercules des ouies, treize à quatorze lignes ; la mâchoire supérieure étoit beaucoup plus longue que l'inférieure ; la gueule qui étoit grande relativement à la taille du poisson, formoit une portion de cercle *G* ; la largeur verticale de la tête à l'à-plomb des yeux *C*,

étoit de sept lignes, & de dix lignes à l'à-plomb de l'articulation des nageoires branchiales *D* qui, comme nous l'avons dit, sont ovales, ayant onze lignes de longueur sur six lignes de largeur. Les nageoires de dessous le ventre *H, fig.* 2, ont leur articulation à quinze lignes du museau, elles ont huit lignes de longueur sur deux de largeur ; il y a sur le dos deux ailerons *I, K, fig.* 1, qui se ressemblent beaucoup, ils sont contigus & si rapprochés l'un de l'autre, qu'il faut prêter beaucoup d'attention pour s'assurer qu'il y en a deux ; le premier rayon *E* de l'aileron *I* qui est du côté de la tête est à dix-huit lignes du museau ; chaque aileron est formé de sept ou huit rayons ; le premier de chaque aileron qui est le plus long a environ sept lignes de longueur ; ils sont unis par une membrane déliée sur laquelle on apperçoit quelques taches ; la largeur de chacun de ces ailerons à leur attache au corps, est à peu-près de huit lignes ; le second aileron *K* se termine à neuf lignes de l'articulation de l'aileron de la queue *B*.

Le corps de ce poisson est hexagone ; entre chaque face, il y a une raie en relief ; mais il y en a entr'autres quatre qui sont formées de boutons très-gros ; savoir, deux qui avoisinent le dos, & deux près du ventre ; aux autres raies ces boutons sont beaucoup plus petits.

L'aileron de derriere l'anus *L* commence à deux pouces trois lignes du museau ; sa largeur, à l'attache au corps, est de cinq à six lignes. Ce poisson est de nulle valeur, à peine les pauvres gens daignent-ils en manger ; aussi n'en fait-on point de pêche expresse, mais on en trouve dans les parcs.

Après la description que nous venons de donner de ce petit poisson, on voit qu'il est très-bien cuirassé ; quainsi la dénomination de *Cataphractus* que lui a donné Willughby, lui convient au moins aussi bien qu'au Malarmat que Rondelet a jugé à propos de nommer aussi *Cataphractus*.

CHAPITRE VI.

Additions & Corrections relatives à ce qui est imprimé jusqu'à présent du Traité général des Pêches.

Additions à la premiere Section de la premiere Partie, dans laquelle il s'agit de la Pêche aux Haims.

Nous avons expliqué fort en détail dans cette Section, tout ce qui regarde les différentes façons de pêcher avec les haims, soit à la perche, ou à la canne sédentaire ou volantes; aux lignes dormantes, aux grosses & aux petites cordes, soit tenues fixes, soit remorquées par une barque : nous avons fait appercevoir les avantages & les inconvéniens particuliers à chacune de ces façons de pêcher. Dans la pêche à la canne, ainsi que dans la plûpart des pêches aux haims, l'appât est continuellement dans un mouvement qui engage les poissons à le saisir, de crainte qu'il ne leur échappe : celles à la canne ont de plus le grand avantage qu'on peut tirer hors de l'eau le poisson aussi-tôt qu'il a mordu à l'appât; on évite par-là que le poisson qu'on a pris ne devienne la proie d'un poisson vorace qui, à la pêche aux cordes, s'approprie assez souvent tous les poissons qui ont mordu aux haims. Un grand inconvénient des pêches à la canne, c'est qu'elles occupent beaucoup de Pêcheurs, au lieu qu'un petit nombre suffit pour conduire un grand nombre d'haims attachés à une même corde. Mais nous avons omis de parler d'une pêche qu'on nomme en Languedoc *Aven*, & qui tient en quelque sorte le milieu entre toutes les différentes façons de pêcher dont nous avons traité dans la premiere Section de la premiere Partie. Voici comme M. Poujet a vu pratiquer cette pêche dans les étangs salés des environs de Cette. Un Pêcheur se met pendant la nuit dans un très-petit bateau qu'il conduit avec deux avirons; il prend avec lui plusieurs roseaux auxquels sont attachés des lignes faites d'un fil de cuivre délié, c'est ce qu'ils nomment *Aven*. A l'extrémité de ces lignes sont empilés de petits haims qu'ils amorcent de chevrettes ou de pattes de crustacées : le Pêcheur, assis dans le bateau passe sous chacune de ses cuisses une ou deux des cannes ajustées comme nous venons de le dire, & il conduit tout doucement son bateau en ramant de façon qu'il n'agite l'eau que le moins qu'il est possible : c'est en cela que consiste principalement l'adresse des Pêcheurs; il a encore l'habitude de s'appercevoir lorsqu'un poisson a saisi un appât à l'impression que le roseau fait à la cuisse qui porte dessus; & afin d'éviter que quelque poisson ne lui dérobe sa proie, il le retire promptement dans son bateau : cette pêche qui, suivant l'exposé que nous venons de faire, paroît n'être qu'un amusement, ne laisse pas d'être avantageuse.

Additions à la premiere Section de la seconde Partie, dans laquelle il s'agit des Poissons du genre des Morues.

On pêche dans le fleuve S. Laurent, depuis la pointe aux *Ecureuils*, jusqu'à neuf lieues au-dessus de Quebec, principalement au chenal des Trois Rivieres, des poissons qu'on nomme *petites Morues* qui entrent en quantité dans les rapides pour y déposer leur œufs. Cette pêche commence à Noël, & dure jusqu'en Février. Ces poissons ont effectivement les principaux caracteres, & même assez le goût des Morues; & je soupçonne que ce sont des Tacauds que j'ai décrits, page 136 du second Tome, & représentés *Pl. XXIII*, fig. 2.

Quoique j'aie déja parlé des Pêches qu'on fait sous la glace, je ne crois pas devoir me dispenser de rapporter comment les Canadiens prennent les petits poissons dont je viens de parler. Ils percent dans la glace un trou d'environ deux pieds en quarré : les Pêcheurs se pourvoient de lignes fines de quatre à cinq pieds de longueur, qui se divisent à leur extrémité en trois ou quatre branches; on pourroit y mettre des haims amorcés; mais la plupart se contentent d'y

attacher,

attacher, au moyen d'un nœud coulant, un petit morceau d'étoffe rouge ou de viande, choisissant par préférence le foie de porc, parce qu'il est plus dur, ce qui est avantageux pour cette pêche. A peine ces lignes sont-elles entrées de deux pieds dans l'eau que les poissons saisissent l'appât, & ne l'abandonnent que quand on les a tirés sur la glace, & souvent chaque branche de la ligne est garnie d'un poisson : on continue cette manœuvre jusqu'à ce qu'on soit fatigué; de sorte qu'un homme du Cap de la Magdeleine a assuré avoir pris à cette pêche dans une journée plus d'un millier de ces poissons.

On fait encore sous la glace une pêche abondante avec le filet à poche qu'on nomme *Truble*, qui est représenté Partie I, seconde Section, *Pl. IX, fig.* 7 & 8 ; mais pour cela il faut faire à la glace une ouverture de six pieds en quarré.

Je ne m'étendrai pas davantage sur cette façon de pêcher, ayant eu précédemment occasion d'en traiter. J'ajouterai à ce que je viens de dire que les habitants de Québec qui depuis le mois de Mai jusqu'en Août font la pêche de la Morue séche dans le Golfe de Saint Laurent, en remontant le fleuve, vers les côtes de Mont-Louis, manquant quelquefois d'appât, ont recours aux Truites pour amorcer leurs haims, & après avoir attiré ces poissons dans les petites rivieres avec des flambeaux d'écorce de bouleau, ils les dardent de dedans leurs petits bateaux avec les mêmes harpons qui servent pour prendre les anguilles, comme nous l'avons dit dans la seconde Section, à l'occasion de la pêche des Saumons, page 276.

Suite des Additions à la premiere Section de la seconde Partie, dans laquelle il s'agit de la Morue.

J'ai dit, Section I, page 36, que sur les côtes de Flandres, on donnoit aux jeunes Morues le nom de *Moruettes, Guelk, Doguets* ou *Codlingue*. M. Porquet, Ingénieur des Arsenaux de la Marine, m'a écrit depuis l'impression de cet Article, qu'on prend ordinairement sur le banc des Quenoes & des Gardes, vers le Blanc-nés, à trois lieues ou trois lieues & demie de Calais, un poisson appellé *Moruette* que les Pêcheurs regardent comme une espece différente de la vraie Morue. Je vais essayer d'en donner une idée d'après la description que m'en a fait M. Porquet.

Ce poisson a depuis dix & douze pouces jusqu'à un pied & demi de long : il ne s'en prend guere de plus grand. Il a trois ailerons sur le dos & deux sous le ventre : ainsi il est incontestablement de la famille des Morues : la queue n'est point échancrée ; il est d'un brun assez foncé sur le dos & le long des nageoires, & est parsemé de petites taches brunes mêlées de jaune qui s'éclaircissent vers le milieu du corps. Depuis les reins jusques près de la queue, il regne une raie noire fort fine qui fait une sinuosité au milieu du corps, & semble être éclairée de chaque côté par un reflet blanc. Le ventre est blanc,

ondé de raies bleuâtres. Il a la tête fort grosse, le nez rond, les yeux saillants ; les mâchoires sont bien ouvertes ; la membrane qui les unit forme quelquefois une espece de bourse qui s'enfle de vent quand on lui ferme la gueule ; il a un petit barbillon sous la mâchoire inférieure, deux nageoires sous le ventre près de la tête, & deux autres aux côtés des ouies. On voit par cette courte description que la Moruette de Calais approche beaucoup du Tacaud dont nous avons parlé page 136 de cette Section, & que nous avons représenté *Pl. XXIII, fig.* 2.

A cette occasion, je crois devoir dire quelque chose d'un poisson que les Matelots d'Olonne qui vont à la pêche de la Morue, rencontrent quelquefois en pleine mer attaché à de vieux morceaux de bois : ces poissons qu'on m'a nommé *Peromelos*, ont environ un pied de long, dix pouces de largeur & quatre pouces d'épaisseur ; les écailles sont les unes blanches & les autres noires, mais toujours très-luisantes.

C'est un excellent poisson, fort gras, dans le ventre duquel on trouve des morceaux de graisse de la grosseur d'un œuf ; sa tête a quelque ressemblance avec celle du Rouget.

Additions à la seconde Section de la seconde Partie, dans laquelle il s'agit des Saumons.

On pêche les Saumons dans la Dordogne avec une espece de harpon de fer qu'on nomme *Saumonniere*. Dans la Russie les Lapons prennent ces mêmes poissons avec des dards auxquels ils ajustent une ficelle qui sert à tirer au bord de l'eau les poissons qu'on a dardés.

Je passe légérement sur cette pêche, parce qu'elle sera exactement décrite en parlant de différents poissons qu'on pêche de la même maniere.

Additions à la quatrieme Section, sur les Dorades.

M. Cleron, Professeur d'Hydrographie au Havre, me marque qu'étant à bord d'un Vaisseau, & profitant de la circonstance où l'on voyoit de vraies Dorades d'Amérique, s'approcher de la superficie de l'eau, il en prit avec des fouannes emmanchées d'une longue perche.

M. le Testu m'a envoyé de Dieppe un poisson qui avoit le dos voûté, garni d'un grand aileron qui s'étendoit presque jusqu'à celui de la queue; à ce grand aileron les rayons excédoient la membrane qui les unissoit; & ceux du côté de la tête étoient fort piquants; à l'aileron de derriere l'anus, il n'y avoit de piquants que les premiers rayons, les autres étoient souples: on voyoit une tache noire immédiatement derriere les opercules des ouies; on dit que, quand les poissons sont nouvellement tirés de l'eau, on apperçoit une tache rouge auprès de cet endroit.

Les nageoires de derriere les ouies étoient longues, étroites & se terminoient en pointe.

Quand les mâchoires étoient rapprochées l'une de l'autre, le museau paroissoit obtus, l'intérieur de la gueule étoit pavé d'osselets arrondis en dessus. Si l'on compare cette courte description avec celle que j'ai donnée de la Daurade de nos côtes, à la quatrieme Section, page 9, & la figure premiere de la Planche II, je crois qu'on pensera comme moi qu'il y a des Dorades sur les côtes de haute Normandie.

Dans la saison où les Daurades veulent sortir des étangs pour gagner la mer, les Pêcheurs du Languedoc tendent dans les chenaux qui communiquent des étangs à la mer, des especes de palangres ou cordes garnies d'haims amorcés d'anguilles, & par ce moyen ils prennent des Daurades pêle-mêle avec plusieurs autres poissons.

Réflexions relatives à la quatrieme Section dans laquelle il s'agit de la Mendole, page 41.

Nous avons fait remarquer en parlant de la Mendole à l'endroit cité, qu'il y a bien des poissons qui ont beaucoup de rapport avec la Mendole auxquels on a donné différents noms, d'où il a résulté beaucoup de confusion. J'ai fait mon possible pour dissiper ces incertitudes, mais je ne me flatte pas d'y avoir complettement réussi; néanmoins je vois avec plaisir que ce que j'ai dit dans la quatrieme Section, se trouve assez d'accord avec ce que M. Poujet, Lieutenant-Général de l'Amirauté de Cette, m'a écrit dans une lettre qui ne m'est parvenue qu'après l'impression de ce que j'ai publié à ce sujet. Cet éclairé Correspondant me marque qu'il connoît quatre especes de Mendole, savoir, celle qu'on nomme *Verriere* qui est assez semblable à la Bogue, *Pl. II*, *fig.* 4; c'est suivant M. Poujet, la Mendole proprement dite, elle est seulement un peu plus renflée, & de couleur brune, avec des reflets argentés; elle a une tache grise ou brune vers le milieu de la longueur de son corps, & quelques autres taches irrégulieres près l'articulation de l'aileron de la queue: j'ai donné sa description page 41; elle est gravée sur la Planche II, *fig.* 3.

M. Poujet ajoute qu'il y a une autre Mendole nommée *Verriere blanche*, qui est un peu plus effilée que celle dont nous venons de parler; elle en differe principalement par sa couleur argentée qui la fait nommer *Blanquette*. Il me paroît que ce poisson se rapproche de celui que nous avons décrit page 41, & de la Picarelle blanche qui est représentée, *Pl. VIII*, *fig.* 4. Si notre poisson paroît petit, nous avons averti qu'il y a des saisons où les Picarelles sont plus grosses que dans d'autres.

M. Poujet dit que les deux Verrieres dont nous venons de parler d'après lui, font un bon manger quand on les prend sur des fonds de gravier, & qu'on a coutume de les pêcher avec une sonde à laquelle on attache nombre de petits haims. Il met de plus au nombre des Mendoles deux eſpeces de Jarets qui me paroiſſent peu différents de ceux que j'ai décrits ſous ce même nom, page 43, & dont un eſt repréſenté *Pl. VIII*, *fig.* 2.

Enfin, je penſe comme M. Poujet, & je l'ai dit aux endroits cités, qu'il y a pluſieurs Poiſſons du genre des Mendoles qui ne different les uns des autres que par la couleur ou quelques autres circonſtances peu ſenſibles, ce qui, pour cette raiſon, occaſionne de la confuſion : heureuſement, comme ces poiſſons ne forment pas un objet de commerce, & ne ſont pas très-recherchés comme aliment, on peut ſe contenter des eſpeces que nous avons fait connoître.

Additions à ce qui eſt dit ſur les Poiſſons nommés Demoiſelles, *Section IV*, page 54 *& ſuiv.*

J'ai dit à cet endroit de la quatrieme Section, qu'on donne le nom de *Demoiſelle* à des poiſſons d'eſpeces fort différentes, il ſuffit, pour mériter ce nom, que leurs écailles ayent de belles couleurs agréablement diſtribuées.

Ce que j'ai fait imprimer de la *Demoiſelle* de Cette, eſt en partie d'après les Mémoires de M. Poujet, Lieutenant-Général de cette Amirauté ; mais depuis il m'a écrit que quelques-uns de ces poiſſons ont une large raie qui s'étend de toute leur longueur, étant dentée comme une ſcie ; qu'à quelques-uns les trois premiers rayons de l'aileron du dos ſont très-piquants & une fois plus longs que les autres ; enfin qu'il y auroit de quoi faire un petit volume, ſi l'on entreprenoit de décrire toutes les variétés que préſentent ces jolis poiſſons qui, pour la plupart, ont très-peu de mérite. Ce que dit ici M. Poujet s'accorde à merveille, au moins pour la taille, avec ce que j'ai rapporté à l'endroit cité de la quatrieme Section.

Depuis l'impreſſion de la quatrieme Section, M. de la Courtaudiere qui ſe fait un plaiſir de me faire part des connoiſſances qu'il acquiert ſur les poiſſons, m'en a envoyé deux demi-plats qui ont beaucoup de rapport avec les Pagres, page 29 & ſuivantes de la quatrieme Section, ainſi qu'avec le Tablarigna des Baſques, l'*Hépatus* ou *Jecorinus*, page 33, &c. Les Baſques appellent un de ces poiſſons *Mouchogna*, & l'autre *Moucharra*.

Le Moucharra, *Pl. XI*, *fig.* 3, reſſemble à pluſieurs égards au Sarguet repréſenté ſur la Planche V, *fig.* 2 de la quatrieme Section, & décrit à la page 18 ; mais comme la reſſemblance n'eſt pas entiere ; & comme le Moucharra fait un bon manger, je vais en donner une deſcription abrégée.

Sa plus grande largeur à l'à-plomb de *D* étoit de deux pouces deux à trois lignes ; ſa gueule étoit petite, ſes yeux *C* fort élevés ſur la tête, même un peu plus que dans la figure.

Du bout du muſeau *A* au derriere de l'opercule des ouies *E*, il y avoit un pouce deux lignes ; les opercules étoient en partie chargés d'écailles ; l'aileron de la queue étoit fourchu, mais la partie *F*, qui répondoit au dos étoit plus longue que celle *G* qui répondoit au ventre.

Le grand aileron du dos *D H* commençoit à deux pouces de l'extrémité *A* du muſeau, & à ſon attache au corps il avoit deux pouces & demi de longueur, s'étendant juſqu'aſſez près du commencement de l'aileron de la queue ; les rayons du côté de la tête étoient plus durs que ceux du côté de la queue.

L'aileron *I K* de derriere l'anus n'avoit qu'un pouce deux lignes d'étendue à ſon attache au corps ; le premier rayon *I* étoit plns court que les autres & fort piquant ; les deux ou trois ſuivants étoient plus longs & un peu piquants ; les autres, juſqu'à *K*, étoient aſſez flexibles ; les nageoires *L* de derriere les ouies ſe terminoient en pointe comme celle de la Daurade : la longueur du plus long rayon étoit d'un pouce ; les nageoires *M* de deſſous le ventre étoient un peu arrondies, & moins grandes que les branchiales ; chacune étoit précédée d'un rayon détaché des autres, qui étoit fort & piquant.

La couleur du poiſſon entre les bandes brunes étoit d'un blanc ſale tirant un peu au jaune ; les bandes circulaires brunes étoient plus larges & beaucoup plus apparentes que celles du Sarguet.

Le ſecond poiſſon que M. de la Courtaudiere m'a envoyé avec celui que je viens de décrire, ſe voit *Pl. XI*, *fig.* 4, & c'eſt celui que les Baſques nomment *Mouchogna* ; il differe peu du Moucharra, il eſt ſeulement un peu moins large ; ſes nageoires ſont moins grandes & plus arrondies ; il en differe davantage par les couleurs ; le deſſus de la tête tire au brun, ainſi que le deſſus du dos ; mais à cette partie le brun eſt moins foncé ; en le regardant de profil, les côtés paroissent bleuâtres, avec des reflets d'argent ; le dessous du ventre étoit blanc sale ; de plus, on découvre confusément sur les côtés quelques traits longitudinaux d'un brun clair, & très-peu sensibles, ainsi que des indices presque imperceptibles des bandes circulaires, qui sont très-apparentes au Moucharra : il y a seulement à l'articulation de la queue des marques plus brunes de forme irréguliere, & un barbouillage noir derriere les ouies qui a quelque ressemblance avec celui qu'on apperçoit derriere les ouies de la Daurade.

La ressemblance entre le Mouchogna & le Moucharra est telle, que plusieurs Pêcheurs prétendent que ce sont des variétés du même poisson ; & à l'égard de la couleur, ils disent avoir remarqué que les poissons qui se retirent dans les rochers, ont des couleurs plus brunes que ceux qui se tiennent au large & dans la grande eau.

L'aileron de la queue du Mouchogna, *fig.* 1, est fourchu, mais les deux branches sont égales ; au lieu qu'au Moucharra, *fig.* 3, comme je l'ai fait remarquer, la prolongation du dos est un peu plus longue que celle qui est la prolongation du ventre. J'ai dit, page 3 de la quatrieme Section, d'a-

près les notes que m'avoit envoyé M. de la Courtaudiere, quelque chose du Tablarigna des Basques ; mais ce même obligeant Correspondant, m'ayant envoyé depuis l'impression de cet article, un petit Tablarigna ou Tablarina, un peu différent de celui qu'on trouve décrit à la page 32, je crois devoir en dire quelque chose. Le petit poisson que j'ai reçu en dernier lieu, est plus blanc que celui que j'ai décrit précédemment ; il n'a pas de taches noires près l'aileron de la queue, mais une tache rouge sur l'opercule des ouies, à l'endroit où j'ai marqué une tache noire près *A*, *Pl. XI*, *fig.* 4. Cette figure indique assez bien la forme du Mouchogna ; qui cependant n'avoit point la tache rouge dont nous parlons. Il est à propos de faire remarquer que le Tablarigna que M. de la Courtaudiere m'a envoyé en dernier lieu, le Mouchogna, *Pl. XI*, *fig.* 4, ainsi que les Pagres & l'Erla dont j'ai parlé aux Additions qui sont à la fin de la quatrieme Section, page 74, tous ces poissons dont j'ai parlé, & dont je n'ai point fait graver la figure, se ressemblent tellement, que la figure 4, *Pl. XI*, servira à donner une juste idée de la forme de leur corps, pourvu qu'on ait égard aux descriptions que j'en ai données.

Additions à ce qui est dit dans la quatrieme Section, page 57, *sur les Poissons dorés de la Chine.*

J'AI dit que ces poissons se multiplioient beaucoup dans les rivieres d'eau vive, & qu'il fournissoient une grande quantité de variétés ; j'en ai rapporté plusieurs d'après Edouard, & quelques-unes d'après mes propres observations ; mais depuis l'impression de la quatrieme Section, M. Defays, Conseiller honoraire à la Cour des Aydes, ayant fait mettre à sec un vivier où il y en avoit

beaucoup, on y a trouvé plusieurs variétés qui m'étoient inconnues, & qui méritent quelqu'attention. Je vais commencer par donner la description d'un de ces poissons qui approche assez de la forme de ceux de la quatrieme Section, & je rapporterai ensuite les variétés les plus frappantes de plusieurs que j'ai examinés.

Description d'un Poisson doré de la Chine, d'une taille médiocre.

Longueur totale, sept pouces six lignes ; du museau au centre de l'œil, cinq lignes ; du museau à l'extrémité des opercules des ouies, un pouce huit lignes ; du museau au commencement de l'aileron du dos, deux pouces sept lignes ; la largeur de l'aileron à l'attache au corps, un pouce une ligne : la longueur du plus long rayon, un pouce six lignes ; du bout du museau à l'anus, quatre pouces ; la largeur de l'aileron de derriere l'anus à son attache au corps, neuf lignes ; la longueur du plus long rayon, un pouce ; de l'anus à l'articulation de l'aileron de la queue, un pouce sept lignes : l'aileron de

la queue est fourchu ; la longueur du plus long rayon est d'un pouce neuf lignes.

Du museau à l'articulation de la nageoire branchiale, un pouce sept lignes. Cette nageoire étant étendue, est ovale ; elle est formée de douze rayons dont le premier du côté du dos est gros & dur. Le plus long rayon de cette nageoire est d'un pouce quatre lignes.

La distance du museau à l'articulation des nageoires du ventre est de deux pouces dix lignes. Cette nageoire est formée de sept rayons dont le plus long a un pouce trois lignes : la courbure du ventre est plus considérable

dérable que celle du dos ; la largeur verticale à l'à-plomb des yeux eſt d'un pouce ; à l'à-plomb de l'articulation des nageoires du ventre , deux pouces une ligne ; à l'à-plomb de l'anus , un pouce ſix lignes ; à la naiſſance de l'aileron de la queue , onze lignes. Les yeux ſont de médiocre grandeur ; la prunelle eſt noire , l'iris eſt couleur d'or : les écailles ſont arrondies & aſſez grandes ; la couleur générale du poiſſon eſt d'un beau rouge , avec des reflets couleur d'or ; le rouge paroît un peu plus fort aux ailerons & aux nageoires , ſur leſquelles on n'apperçoit point les reflets couleur d'or.

Les écailles ſont ſtriées dans leur longueur ; les ſtries forment des traits divergents. Celles qui ſont traverſées par les rayes latérales , ont une éminence longuette *E* d'un rouge foncé ; ces traits qui ſe ſuivent les uns les autres forment les rayes latérales. Nous n'avons point apperçu de dents dans la gueule : un de ces poiſſons qui , par la forme de ſon corps , reſſembloit à celui *fig.* 1 , avoit ſur le dos , au lieu du grand aileron , deux petits ailerons triangulaires , l'un vers le milieu de ſa longueur , l'autre plus petit , aſſez près de la naiſſance de l'aileron de la queue. De plus , entre le muſeau & la naiſſance de l'aileron du dos , on apperçoit une boſſe aſſez conſidérable , à peu-près ſemblable à une de celles qu'on voit ſur le dos de la figure 2 ; à l'aileron de derriere l'anus , le premier rayon étoit dur , piquant & garni de petites épines dans preſque toute ſa longueur.

Un autre n'avoit qu'un aileron ſur le dos , auprès de la queue ; celui du côté de la tête manquoit abſolument , mais à ſa place il y avoit une groſſe boſſe : le premier rayon de derriere l'anus étoit piquant comme à celui dont nous venons de parler.

*Addition à ce que nous avons dit dans cette cinquieme Section ,
ſur le* Doucet *repréſenté Planche X.*

Aux environs de Caen , à l'entrée de la riviere d'Orne , on prend dans les bas parcs un poiſſon qu'on y nomme *Savary* : comme je ne me ſuis point trouvé ſur cette côte dans la ſaiſon où l'on pêche ce poiſſon je n'en avois pas une idée exacte ; je ſoupçonnois ſeulement d'après ce que m'avoit écrit M. Viger , Lieutenant-Général de l'Amirauté de Caen ; qu'il étoit du genre d'un poiſſon qu'on nomme *Doucet* ou *Souris* de mer , & même je crois *Lavandiere* ſur les côtes de haute Normandie & de Picardie ; mais pour en être plus certain j'en ai envoyé un deſſin à M. Viger , & , ſuivant la critique qu'il en a faite , j'ai lieu de regarder le Savary de Caen comme le Doucet , les remarques de M. Viger ne tombant que ſur des points qui ſont ſujets à varier dans les différents individus , comme , par exemple , ſur les rayons *D* , *fig.* 1 & 2 de la Planche X , qu'il dit être trop longs.

J'ai oublié de parler d'un fort petit poiſſon qui n'a que trois pouces de longueur , qu'on trouve caché ſous les pierres , dans les ruiſſeaux d'eau douce. Comme il a la tête prodigieuſement groſſe , relativement à ſa petiteſſe , on le nomme *Chabot* ou *Cabot teſtu* , en Latin *Cottus* ou *Cortus* , en Italie *Capito* : ſa tête eſt fort large , ſa gueule grande , toujours proportionnellement à ſa petiteſſe ; je crois qu'il n'a point de dents , ſes yeux , aſſez grands , ſont placés très-près l'un de l'autre ſur le ſommet de la tête ; il a derriere chaque ouie une nageoire aſſez grande , proportionnellement à ſa taille , deux beaucoup plus petites ſous le ventre ; l'aileron de la queue coupé quarrément. La groſſeur de ſa tête , la grandeur de ſa gueule , la poſition de ſes yeux me font incliner à le mettre auprès de la Raſcaſſe blanche , *Uranoſcopus* , page 100 ; mais il n'a qu'un aileron qui s'étend depuis le derriere de la tête juſqu'à la naiſſance de l'aileron de la queue , ce qui convient plutôt aux poiſſons de la quatrieme Section , qu'à ceux de la cinquieme : quoique ſa chair ſoit molle , elle eſt d'aſſez bon goût : mais ce poiſſon eſt ſi petit qu'on n'en fait point de cas.

Addition à ce que nous avons dit de la Rascasse blanche, page 100.

Nous avons dit, en parlant de ce poisson, qu'il s'en prend qui ont huit pouces neuf lignes de longueur. Depuis l'impression de cet Article, M. Barry me marque que leur grosseur varie beaucoup, & qu'on en prend depuis le poids de neuf onces jusqu'à vingt-sept onces poids de marc. Nous avons fait observer que ce qu'il y avoit de plus singulier dans ce poisson étoit la tête. M. Barry ajoute une chose bien remarquable : le haut de la gueule, dit-il, est bordé d'une levre comme dans les autres poissons ; mais à la partie inférieure, il n'y a qu'une demi-levre placée au côté gauche, qui s'éleve & vient s'appliquer contre la levre supérieure : l'une & l'autre sont bordées d'un rang de petites dents presqu'imperceptibles, mais qui se sentent très-bien au tact. Le côté droit est sans levre, tout comme si la moitié destinée à garnir ce côté avoit été enlevée par hasard ou involontairement, au point que plusieurs personnes s'y sont méprises ; mais il a voulu vérifier par lui-même, & s'assurer par le témoignage des Pêcheurs, que cette brèche étoit naturelle à ce poisson. Ce défaut de la demi-levre laisse à découvert la mâchoire inférieure droite où il n'y a point de dents, & l'orifice de la gueule.

EXPLICATION DES PLANCHES
ET DES FIGURES

Qui ont rapport à la cinquieme Section de la Seconde Partie du Traité général des Pêches.

PLANCHE I.

Fig. 1, la Dorée qu'on nomme aussi la Poule & par quelques-uns le Coq de mer.

Fig. 2, Scorpions de mer, sorte de Rascasse de la Méditerranée.

PLANCHE II.

Différentes sortes de Scorpions ou de Poissons qui ont rapport à la famille des Rascasses.

Fig. 1, petit Scorpion qui fréquente les bords de la mer.

Fig. 2, Scorpion rouge de haute mer qui se tient une partie de l'année dans les grands fonds.

Fig. 3, Scorpion de mer d'après Edouard ; il jette ses œufs.

Fig. 4, Chaboisseau du Conquet ou Crapaud de mer de haute Normandie, sorte de Scorpion.

Fig. 5, Diable ou Crapaud de mer d'Amérique.

PLANCHE III.

Suite des Scorpions, Diables ou Crapauds de mer.

Fig. 1, Diable ou Crapaud de mer du Croisic.

Fig. 2, Diable ou Crapaud de mer de Dieppe.

Fig. 3, Testard ou petit Diable de mer.

Fig. 4, le même pêché à la côte d'Espagne.

PLANCHE IV.

La Crabe de Biarritz, Saccarailla des Basques ; & je crois la Rascasse rouge de Toulon.

Fig. 1, le Poisson entier.

Fig. 1, la tête de ce Poisson vue de face & la gueule ouverte.

Fig. 3, le même Poisson vu par-dessous le ventre.

PLANCHE V.

Fig. 1, la Crabe des Achottards.

Fig. 2, Poisson qui a du rapport avec la Crabe des Achottards.

Fig. 3, la Perche de riviere.

Fig. 4, la tête de cette Perche vue par devant & la gueule ouverte.

Fig. 5, la tête de la Perche vue par-dessous le gosier.

PLANCHE VI.

Elle représente le Poisson appellé *Uranosco-* pus ou *Rascassa bianca* que je crois être la Rascasse blanche de Toulon, appellée par quelques Pêcheurs Tappecon ou Raspecon.

Fig. 1, ce poisson vu par le dos.

Fig. 2 & 3, le même Poisson vu sous différents aspects.

PLANCHE VII.

Le Rouget-Grondin.

Fig. 1, le vrai Rouget-Grondin vu en entier.

Fig. 2, parties anatomiques du Rouget-Grondin.

A, l'orifice de l'estomac ; *B*, l'estomac ; *C*, l'intestin ouvert ; *D*, le pylore ; *EE*, les appendices du pylore ; *F*, leur ouverture dans l'intestin ; *H*, le canal colidoque ; *G*, son insertion dans l'intestin ; *II*, les vaisseaux hépatiques ; *LM*, la vésicule du fiel ; *N*, la rate.

Fig. 3, *OO*, les reins ; *P*, la réunion des ureteres ; *Q*, un gros vaisseau qui se distribue aux reins ; *R*, les deux ovaires ; *S*, leur réunion ; *T*, leurs ouvertures près l'anus ; *V*, le rectum ; *X*, l'anus ; *Y*, l'embouchure de la vessie.

Fig. 4, *Z*, l'union des reins ; *aa*, la vessie ouverte ; *b*, les trois ouvertures des ureteres dans la vessie ; *c*, le col de la vessie ; *d*, le mamelon du col de la vessie ; *e*, le rectum ; *f*, l'anus.

Fig. 5, *ggg*, les trois vessies pneumatiques vues par derriere ; *hh*, deux muscles placés aux côtés de la vessie du milieu.

PLANCHE VIII.

Variétés de Grondins.

Fig. 1, sorte de Rouget-Grondin qu'on nomme à S. Jean-de-Luz *Bourreau*.

Fig. 2, la tête d'un Rouge-Tumbe de la côte de haute Normandie.

Fig. 3, Rouget *dit* Grumet.

Fig. 4, Rouget *dit* Grumelet.

Fig. 5, Rouget Testard ou Becard.

PLANCHE IX.

Poissons de la famille des Rougets.

Fig. 1, le Rouget appellé *Bellicant*.

Fig. 2, le Malarmat.

Fig. 3, la tête du Malarmat vue par dessous.

Fig. 4, petit Malarmat des côtes d'Espagne, différent du précédent.

PLANCHE X.

Le Doucet.
Fig. 1, le Doucet vu par le côté.
Fig. 2, le Doucet vu par le dos.
Fig. 3, la tête du Doucet.
Fig. 4, autre tête du Doucet.
Fig. 5, le Doucet vu par-deſſous le goſier.
Fig. 6, le Doucet femelle ou au moins réputé tel.

PLANCHE XI.

Le Poiſſon appellé *Cataphractus Schonfeldii.*
Fig. 1, ce Poiſſon vu par le dos.
Fig. 2, le même vu par deſſous le ventre.
Fig. 3, Moucharra de S. Jean-de-Luz.
Fig. 4, Mouchogna de S. Jean-de-Luz. Ces deux Poiſſons ont rapport au Chapitre des Additions.
On voit ſur cette même Planche, *fig.* 5 & 6, un Poiſſon à peu-près de ce genre.

NOTICE GÉOGRAPHIQUE

Des principaux Endroits dont il eſt fait mention dans cette cinquieme Section.

A

Amazones, (Fleuve des) appellé auſſi le Fleuve Maragnon, très-grand fleuve de l Amérique méridionale qui prend ſa ſource dans un lac du Pérou, à trente lieues de *Lima,* au pied de la chaîne de Montagnes nommée la *Cordilliere,* environ huit ou dix lieues à l'Eſt de Quito, vers onze degrés de latitude auſtrale ; court au Nord, juſqu'à Jaen, dans l'étendue de ſix degrés ; de-là prend ſon cours vers l'Eſt, preſque parallellement à la ligne équinoxiale ; tourne enſuite au Sud juſqu'au Cap de Nord, où il entre dans l'Océan ou Mer Atlantique, ſous l'Équateur même, après avoir parcouru depuis Jaen où il commence à être navigable, trente degrés en longitude, ou ſept cents cinquante lieues communes, 86.

B

Biarritz. Voyez ſeconde Partie, Section IV, *Notice géographique.*

C

Camaret. Bourg de France en baſſe Bretagne, ſur la pointe occidentale de la Baye de Breſt, & au fond d'une petite Baye particuliere qu'on appelle la *Baye de Camaret,* 106.
Cap Breton. Voyez ſeconde Partie, Section IV. *Notice géographique.*

D

Dordogne. (la) Riviere de France qui prend ſa ſource en baſſe Auvergne, à l'Occident d'Iſſoire, ſépare l'Auvergne du Limouſin, paſſe dans la Guyenne, & ſe jette dans la Garonne, près de Bourg ſur mer, au Bec d'Ambès, où elle prend le nom de *Gironde* qu'elle conſerve juſqu'à la mer. 120.

G

Guadeloupe. (Iſle de la) Iſle de l'Amérique ſeptentrionale, une des petites Antilles qu'on appelle de *Deſſus-le-Vent* ; elle eſt ſituée entre la Dominique, la Marie-Galande & la Deſirade ; elle eſt très-fertile en ſucre & en coton ; elle a environ 60 lieues de circuit. 88.

M

Morlaix. Ville de la baſſe Bretagne au Sud-Oueſt de Lannion, à deux lieues de la mer, douze de Breſt. Il y a un Château appellé le *Château du Taureau* ; il s'y fait un grand Commerce de toiles, de lin & de chanvre. 88.

P

Penmark. On donne ce nom à une pointe de la côte de Bretagne, à quatorze lieues au Sud de Breſt ; elle eſt environnée de beaucoup de rochers. On prétend que ce nom vient de ce que cette pointe reſſemble à une tête de cheval, 86.

T

Torbay. Ville d'Angleterre, au Comté de Devon, avec une bonne Baye, à quatre ou cinq milles Nord-Nord-Eſt de Dartmouth, 92.
Toulinguet. Pointe de la côte de Bretagne, à trois lieues au Sud-Oueſt de Breſt, auprès de Camaret, 106.

TABLE

TABLE ALPHABÉTIQUE

Des Noms des Poissons dont il est parlé dans cette cinquieme Section ; avec leurs synonymes.

Pesches. II. Partie. Tome III. Sect. V.   K k

TABLE
DES CHAPITRES
ET ARTICLES

Contenus dans la cinquieme Section de la Seconde Partie du Traité général des Pêches.

EXTRAIT DES REGISTRES

DE L'ACADÉMIE ROYALE DES SCIENCES.

Du 27 Juin 1778.

MEssieurs ADANSON & JUSSIEU ayant rendu compte à l'Académie de la cinquieme Section du Traité des Pêches de M. DUHAMEL ; l'Académie a jugé cet Ouvrage digne de l'impression : en foi de quoi j'ai signé le présent Certificat. A Paris, ce 27 Juin 1778.

Le Marquis DE CONDORCET, *Sécretaire perpétuel.*

DE L'IMPRIMERIE DE L. F. DELATOUR, 1778.

Cte. Haussart Sculp.

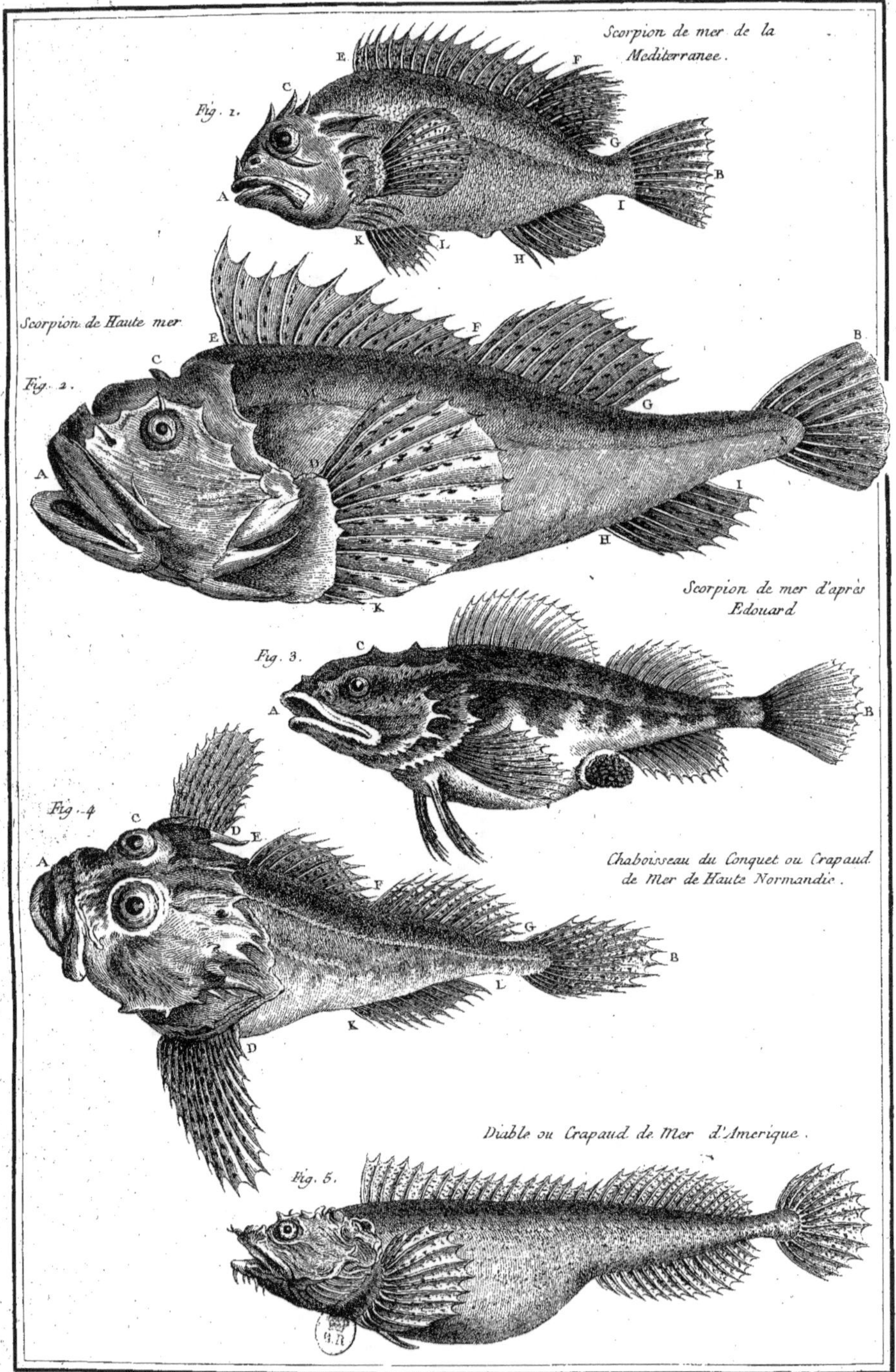
Scorpion de mer de la Mediterranée.
Fig. 1.
Scorpion de Haute mer
Fig. 2.
Scorpion de mer d'après Edouard
Fig. 3.
Chaboisseau du Conquet ou Crapaud de Mer de Haute Normandie.
Fig. 4.
Diable ou Crapaud de Mer d'Amerique.
Fig. 5.

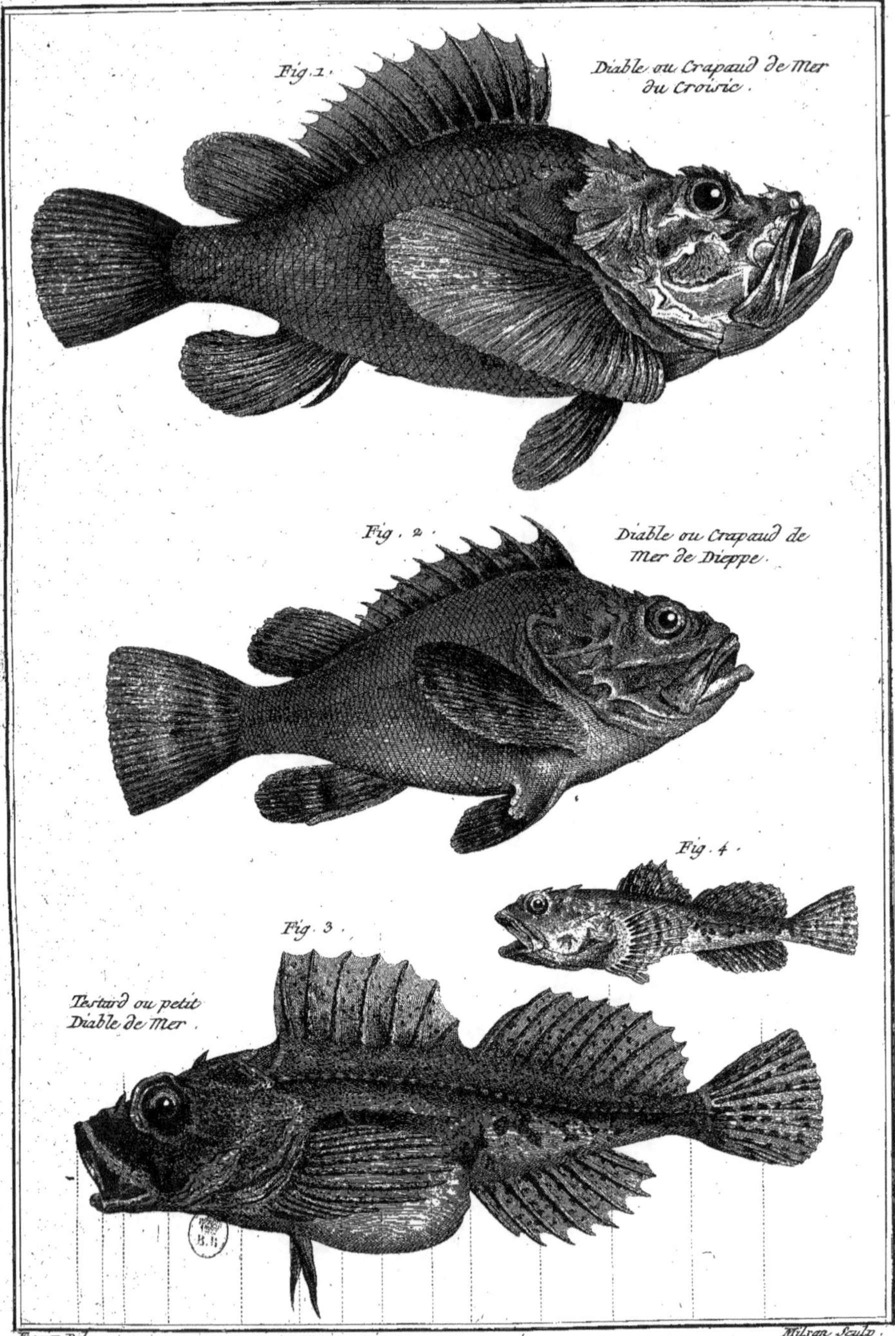

Fig. 1.
Diable ou Crapaud de Mer
du Croisic.
Fig. 2.
Diable ou Crapaud de
Mer de Dieppe.
Fig. 4.
Fig. 3.
Testard ou petit
Diable de Mer.
Fossier Del.
Milsan Sculp.

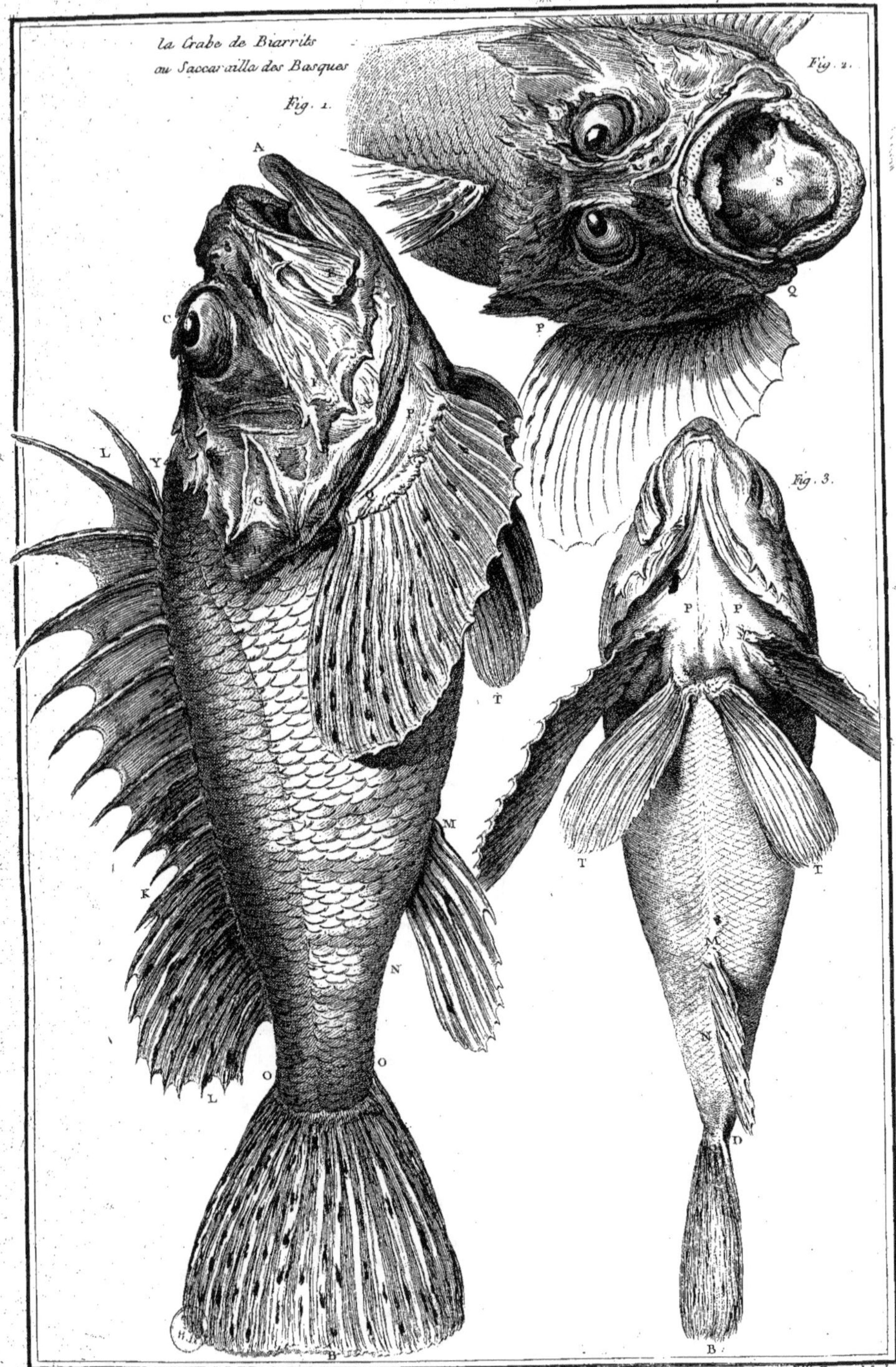

Pêches 2.º part. Sect. V. Planche IV.
La Crabe de Biarrits
ou Saccarailla des Basques
Fig. 1.
Fig. 2.
Fig. 3.
Rossier del.
El.th Haussard Sculp.

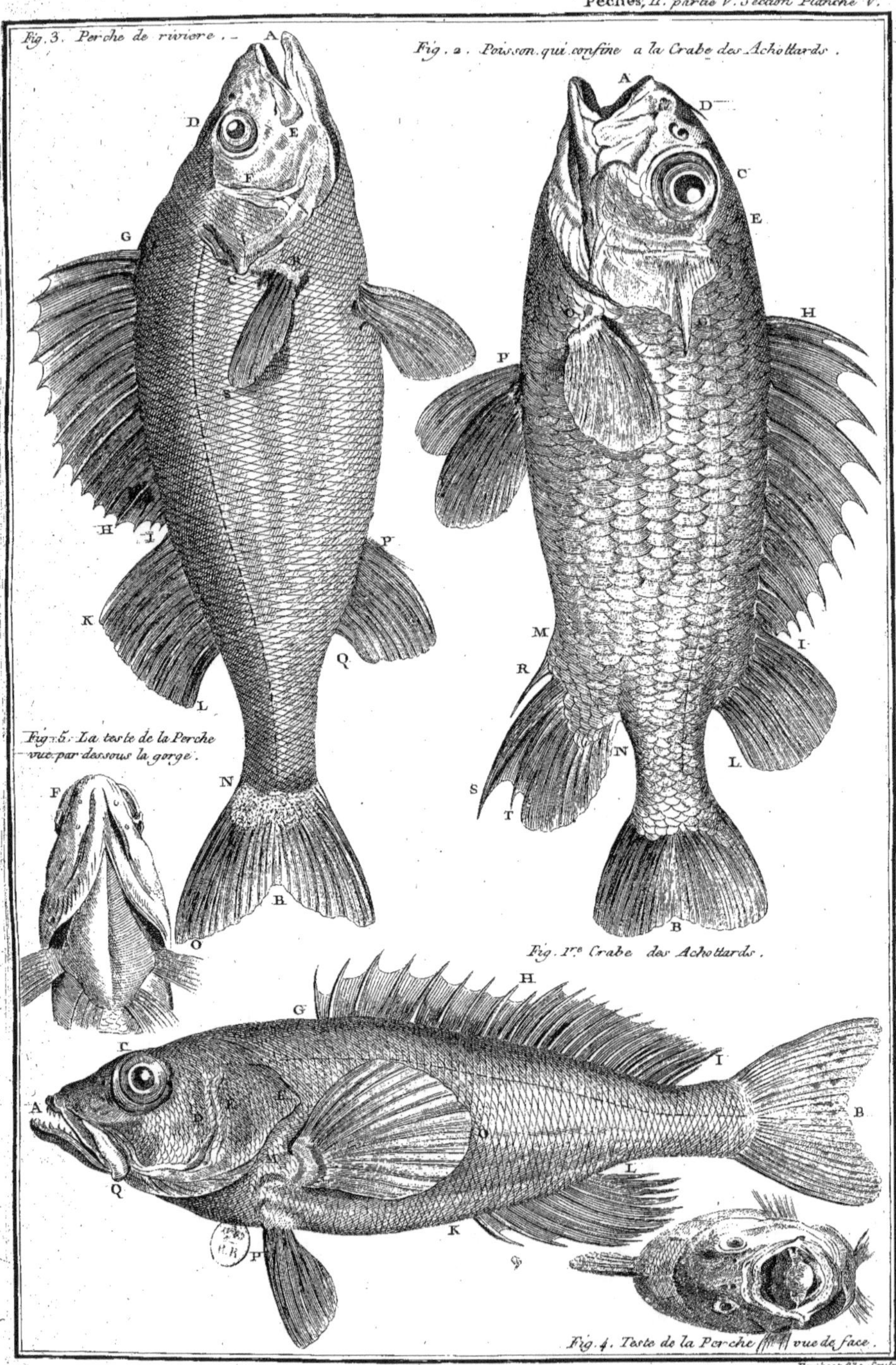
Fig. 3. Perche de riviere.
Fig. 2. Poisson qui confine a la Crabe des Achottards.
Fig. 5. La teste de la Perche vue par dessous la gorge.
Fig. 1re Crabe des Achottards.
Fig. 4. Teste de la Perche vue de face.
Benard et fils Sculp.

Rascasse blanche ou Uranoscopus

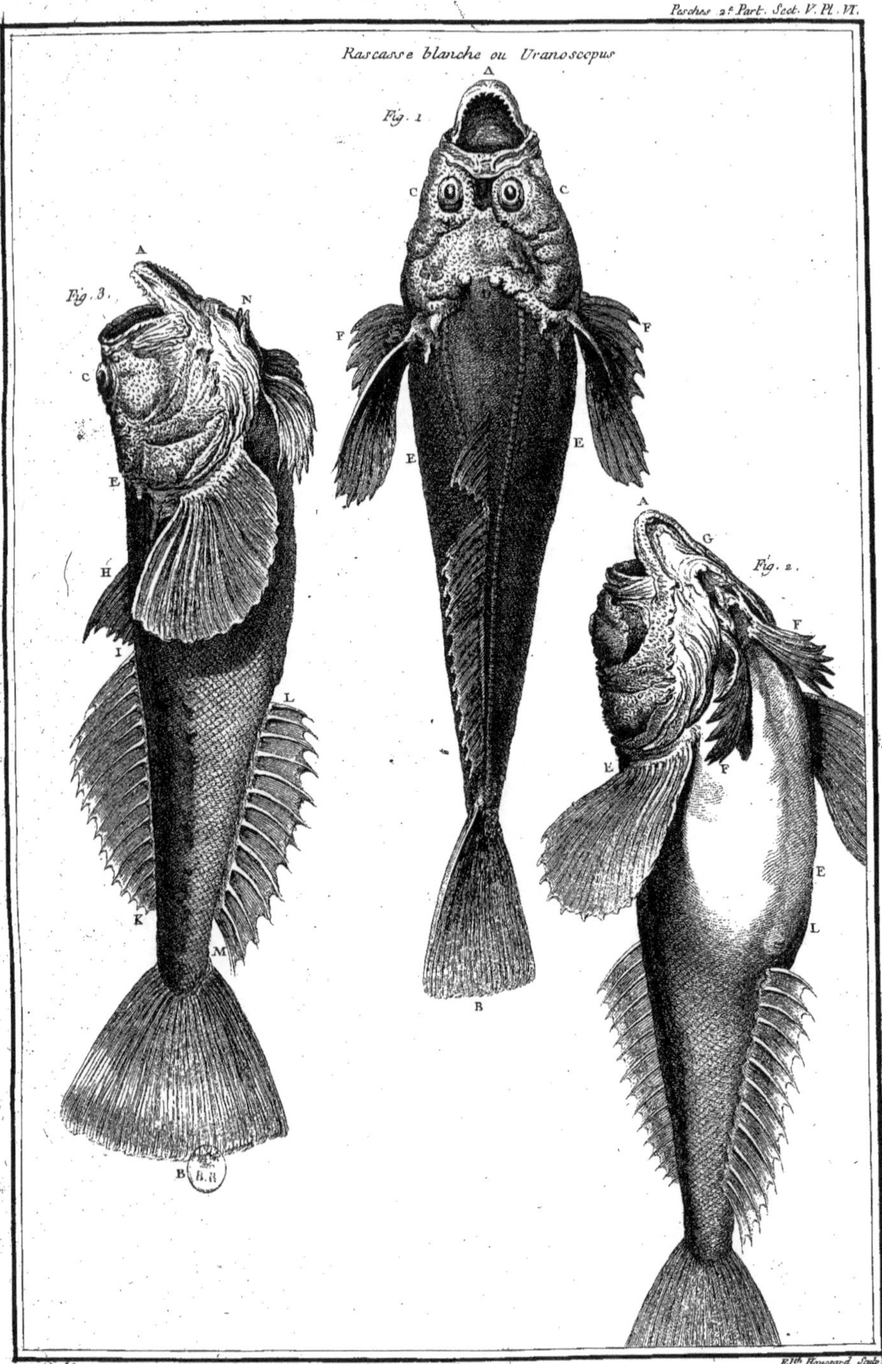

Ferrier del.

Elt.h Haussard Sculp.

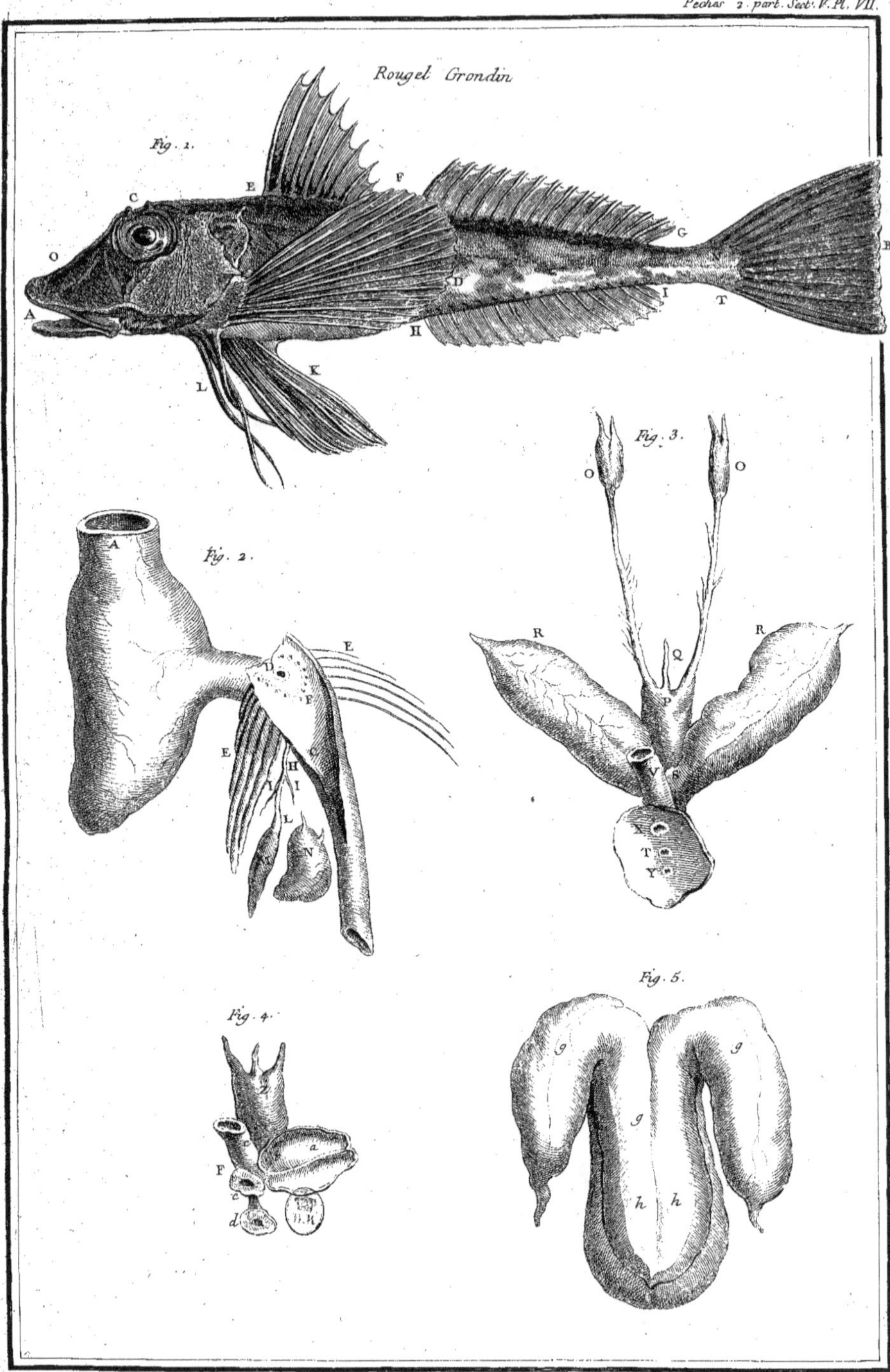

Pechas 2 part. Sect. V. Pl. VII.
Rouget Grondin
Fig. 1.
Fig. 2.
Fig. 3.
Fig. 4.
Fig. 5.
C. Haward Sculp.

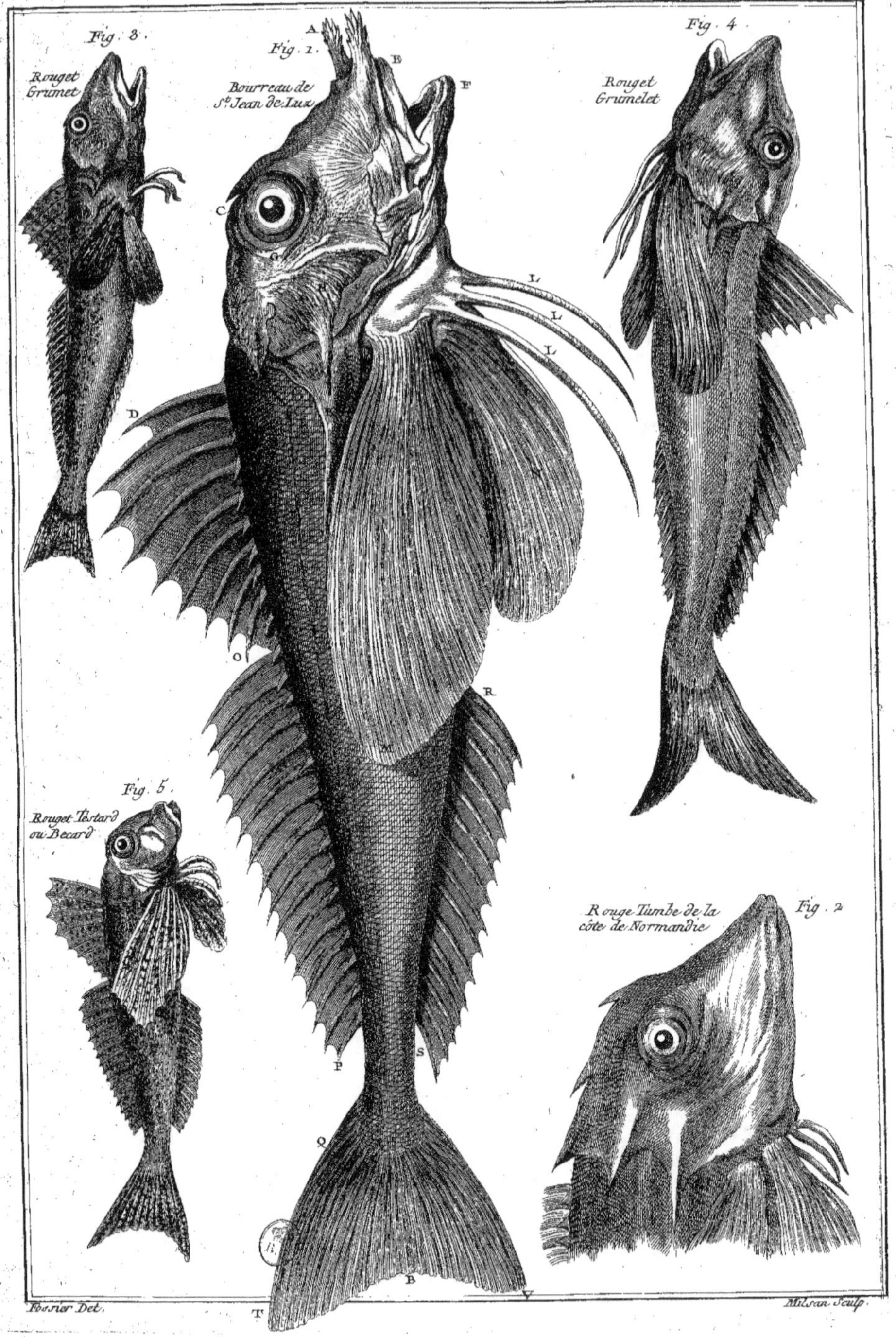

Pesches 2.e Partie Sect. V. Pl. VIII.
Fig. 3.
Rouget Grumet
Fig. 1.
Bourreau de St. Jean de Luz
Fig. 4.
Rouget Grumelet
Fig. 5.
Rouget Testard ou Becard
Rouge Tombe de la côte de Normandie
Fig. 2.
Fossier Del.
Milsan Sculp.

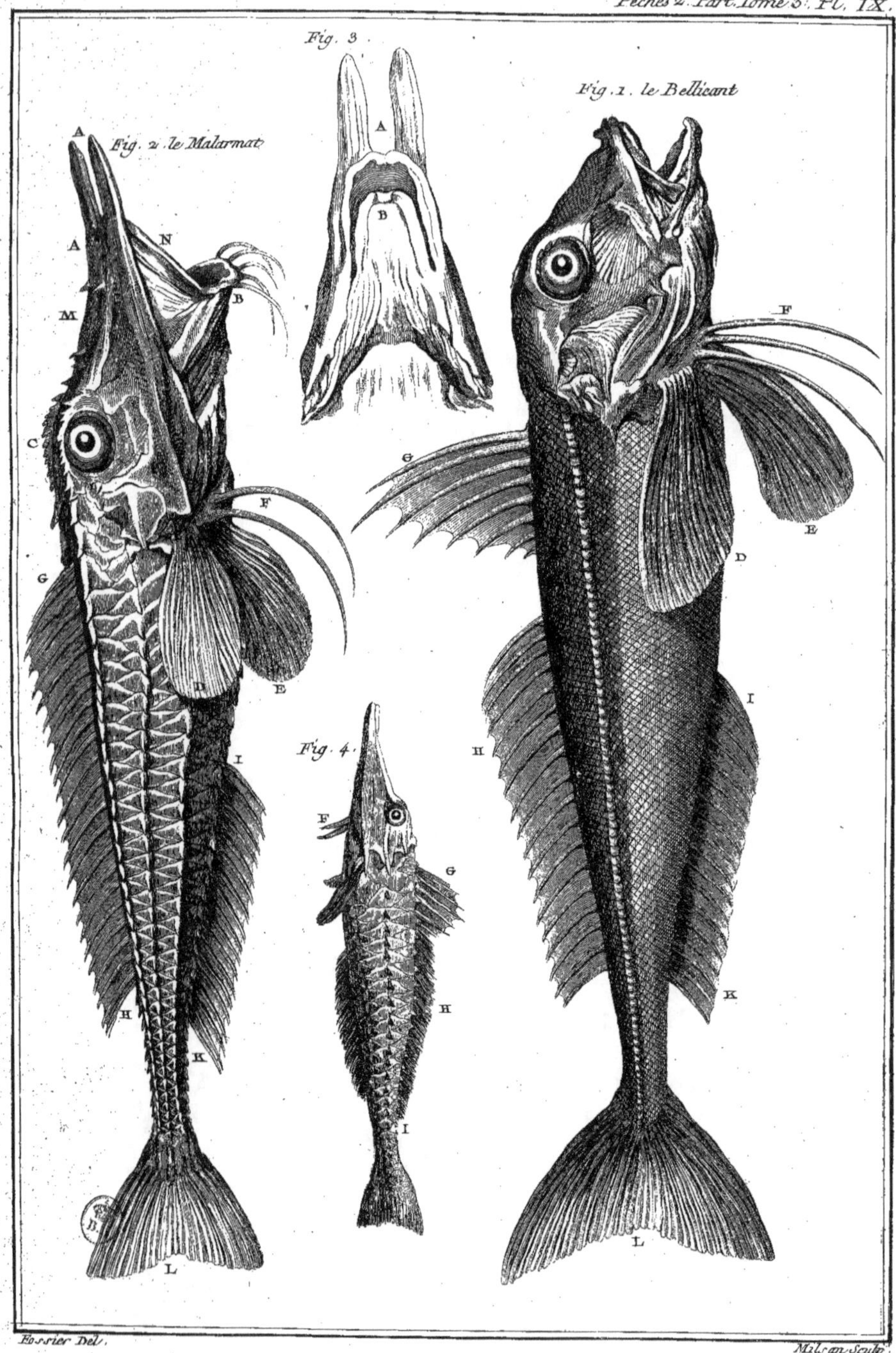

Pêches 2.e Part. Tome 3. Pl. IX.
Fig. 3
Fig. 2. le Malarmat
Fig. 1. le Bellicant
Fig. 4.
Fossier Del.
Milsan Sculp.

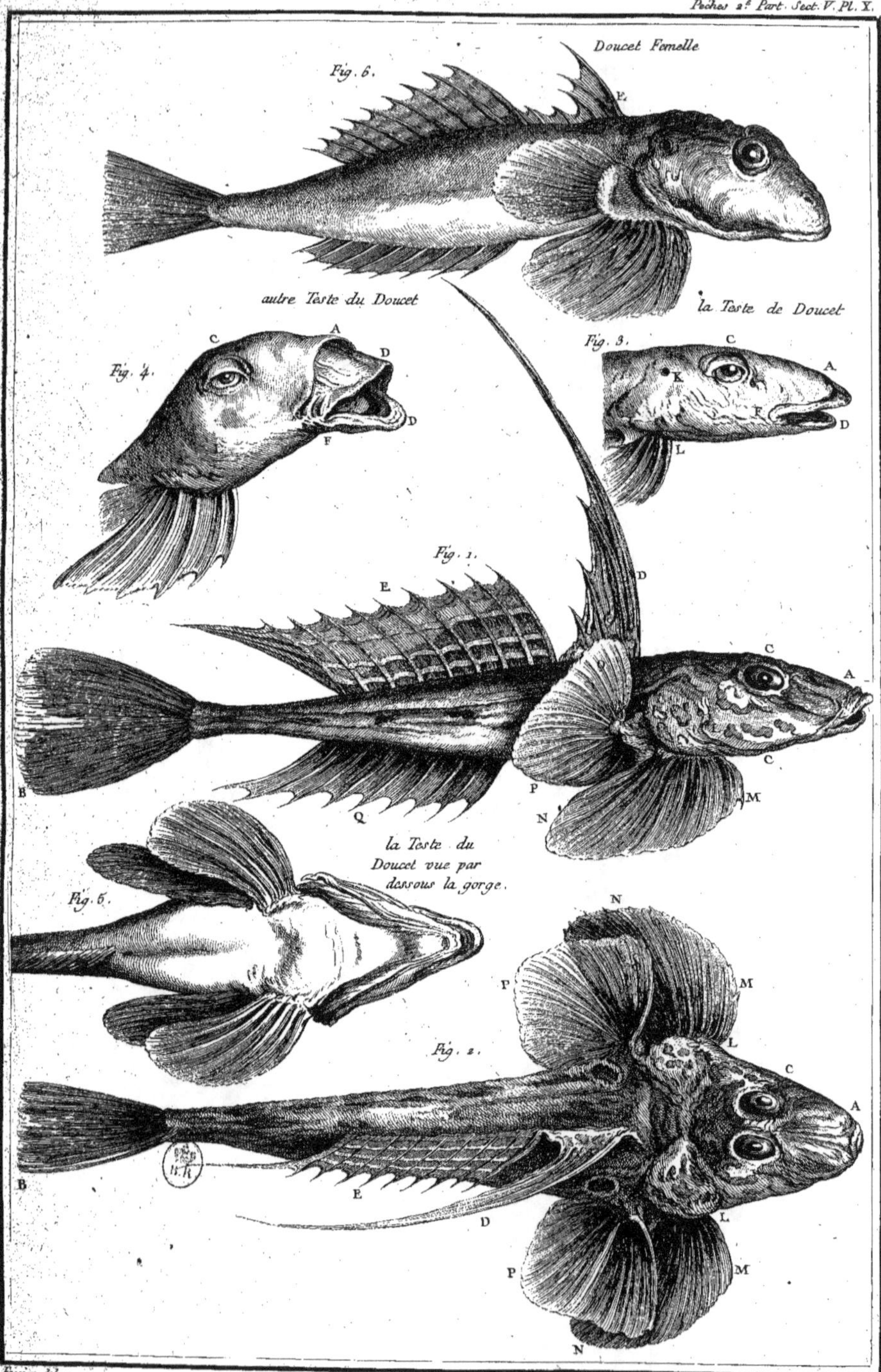
Doucet Femelle
Fig. 6.
autre Teste du Doucet
la Teste de Doucet
Fig. 4.
Fig. 3.
Fig. 1.
la Teste du
Doucet vue par
dessous la gorge.
Fig. 5.
Fig. 2.
Rossier del.
C.ᵉ Haussard Sculp

Ch.t Haussard Sculp.

Poissier del.

TRAITÉ GÉNÉRAL

DES PESCHES.

SUITE DE LA SECONDE PARTIE.

TOME III. SECTION VI.

TRAITÉ GÉNÉRAL
DES PÊCHES
ET
HISTOIRE DES POISSONS,
O U
DES ANIMAUX QUI VIVENT DANS L'EAU.

II. *PARTIE, TOME III.*

SIXIEME SECTION,

Dans laquelle nous parlerons des Poiſſons qui ont ſur le dos deux ailerons bien diſtinɛts.

INTRODUCTION.

Aprés avoir traité dans la quatrieme Section des Poiſſons qui n'ont qu'un aileron ſur le dos, nous avons raſſemblé dans la cinquieme ceux où il eſt difficile de décider s'ils en ont un ou deux. Nous allons nous occuper dans cette ſixieme de ceux qui ont inconteſtablement deux ailerons ſur le dos; nous aurions pu placer dans cette Section les *Merlus* & les *Lingues*, puiſ-que ces Poiſſons ont ſenſiblement deux ailerons; mais comme aſſez fréquem-ment on les pêche avec les Morues, qu'il arrive qu'on les ſale, qu'on les prépare, & qu'on les vend pêle-mêle avec les Morues, quoiqu'ils ſoient moins bons ; toutes ces raisons nous ont engagé à comprendre ces Poissons à la fin de la premiere Section de la seconde Partie, quoiqu'ils n'aient pas les caracteres des Morues, qui consistent à avoir trois ailerons sur le dos & deux sous le ventre. Comme nous avons très-amplement parlé des Merlus & des Lingues à l'endroit cité page 141 & suivantes jusqu'à la page 148, où nous les avons décrits, tant par leurs parties extérieures, que par leurs intérieures, & où nous avons détaillé les façons de les pêcher, & les préparations qu'on leur donne soit pour les consommer frais, soit pour les saler ou les sécher, à quoi nous avons ajouté des dessins instructifs sur les Planches XXIV & XXV de la premiere Section ; nous avons cru pouvoir nous dispenser de revenir à en traiter encore dans cette sixieme Section où ils auroient pu être placés plus convenablement : ainsi pour éviter les répétitions, nous nous bornerons à placer ici quelques réflexions sur ces poissons, renvoyant pour les détails aux endroits cités de la premiere Partie.

Il suit de ce que nous venons de dire des caracteres qui conviennent aux Poissons de cette sixieme Section, qu'elle pourroit être regardée comme une continuation de la cinquieme dans laquelle nous avons déja parlé de quelques Poissons qui s'annoncent pour avoir deux ailerons sur le dos ; mais comme cette famille est très-nombreuse, il nous a paru convenable de faire une Section particuliere des poissons qui ont incontestablement deux ailerons ; même pour les présenter avec plus d'ordre, nous les distinguerons en plusieurs Chapitres, essayant d'indiquer des caracteres particuliers qui empêcheront qu'on ne les confonde. Il s'agira dans le premier Chapitre des Poissons qui ont sur le dos un petit aileron derriere la tête, & un grand qui s'étend vers la queue ; & nous comprendrons dans le second Chapitre, ceux qui ont sur le dos deux petits ailerons égaux.

CHAPITRE PREMIER.

Des Poiſſons qui ont deux ailerons ſur le dos , dont un petit, & l'autre fort grand.

Cᴇs Poiſſons ont, comme ceux dont nous avons parlé dans la Section précédente, une nageoire derriere chaque ouie, & deux ſous la gorge, un aileron derriere l'anus, & celui de la queue point ou fort peu échancré; mais ce qui caractériſe principalement les Poiſſons de cette famille, eſt d'avoir ſur le dos deux ailerons, un petit du côté de la tête, & un grand qui s'étend vers la queue.

ARTICLE PREMIER.

Du Merlu.

Nous avons détaillé les raiſons qui nous ont déterminé à parler de ce poiſſon à la premiere Section de la ſeconde Partie, page 141, quoiqu'il n'ait point les caracteres des Morues. Peut-être que ce ſont ces mêmes raiſons qui ont engagé Willughby à le nommer *Azellus* ſive *Merlutius*, & Artedi *Gadus dorſo dypterigio.* Effectivement, les Morues & les poiſſons qui ſont exactement de leur genre, comme les Lieux, les Anons, les Tacauds & les Merlans de l'Océan ont tous trois ailerons ſur le dos, au lieu que les Merlus, comme on le voit ſur la Planche XXIV de la premiere Section de la ſeconde Partie, ayant ſur le dos, immédiatement derriere la tête, un petit aileron, & enſuite un beaucoup plus long qui s'étend juſques fort près de l'articulation de la queue, doit être compris dans la ſixieme Section qui nous occupe; mais nous renvoyons, comme nous l'avons déja dit, à la premiere Section de la ſeconde Partie. On prend en Bretagne de ces poiſſons avec les Lieux, & il n'eſt pas rare d'en rencontrer qui ont 20 pouces & plus de longueur.

ARTICLE SECOND.

Du grand Lingue.

Voici encore un poiſſon dont nous avons amplement parlé à la premiere Section de la ſeconde Partie, pour les mêmes raiſons que nous avons rapportées à l'occaſion du Merlu; & quoiqu'il reſſemble encore moins aux Morues que le Merlu, comme on peut le voir à l'inſpection de la Planche V, Artedi l'a néanmoins nommé *Gadus dorſo dypterigio, ore cirrato,* & Willughby *Azellus longus.* Quelques-uns ont cru appercevoir qu'il avoit plus de rapport aux Lottes qu'aux Morues, & effectivement, il y a de petits Lingues qui ſont de vraies Lottes, ce qui pourra nous fournir l'occaſion de dire encore quelque choſe du grand Lingue, qui, ayant ſur le dos deux ailerons, un grand & un petit, peut être placé dans cette ſixieme Section. Quoiqu'il en ſoit, nous invitons les Lecteurs à conſulter ce que nous en avons dit à la page 145, & ſuivantes juſqu'à 148 de la premiere Section de la ſeconde Partie.

ARTICLE TROISIEME.

De la Vive.

ON a donné à ce poiſſon, comme à beau-coup d'autres, bien des noms différents ; à Gênes , à Marſeille, en Languedoc on l'appelle *Araignée*, en Latin *Araneus*, pro-bablement parce que regardant l'Araignée comme venimeuſe, on en a jugé de même des piquûres de la Vive, qui occaſionnent de grandes douleurs.

Ce poiſſon ayant le regard vif & farouche on l'a auſſi appellé *Draco marinus* ou *Trachi-nus Draco* ; & la dénomination de Vive que nous adoptons , vient probablement de ce que ce poiſſon vit aſſez long-temps hors de l'eau, & qu'il donne encore des ſignes de vie après avoir été vuidé, ou même lorſqu'on lui a retranché la tête.

Dans les mois de Juin & de Juillet il s'ap-proche du rivage , & on en prend dans les manets qu'on tend pour la pêche des maque-reaux : quand il fait chaud, quelques-uns mor-dent aux haims ; mais l'hiver, ils ſe retirent dans les grands fonds où ils s'enſablent, & il faut les y aller chercher avec les filets de la dreige. Voy. Part. I , Sect. II, *Pl. XXXVIII.*

Les plus grandes Vives n'ont guere que ſeize à dix-huit pouces de longueur totale , les communes onze à douze pouces ; celle que je vais décrire , *Pl. I, fig.* 1, n'avoit que onze pouces de *A* en *B* : le ſommet de la tête ſe joint avec le dos par une ſeule & même ligne , ſans faire aucun reſſaut. De l'ex-trémité du muſeau *A* au bord des opercules des ouies qui ſe terminent par une pointe *C*, il y avoit deux pouces cinq lignes ; la fente de la gueule qui remonte un peu par ſon ex-trémité , avoit huit lignes d'étendue de *A* en en *D*.

La mâchoire inférieure étoit un peu plus longue que la ſupérieure ; du bout de cette mâchoire au centre de l'œil *E*, il y avoit ſept lignes.

Les bords des mâchoires étoient garnis de dents fort piquantes ; la langue étoit groſſe à ſon origine, elle ſe terminoit en pointe, & étoit , ainſi que le palais, chargée d'aſpérités.

Les yeux étoient grands, fort élevés ſur la tête, ce qui fait que quelques-uns ont cru qu'il convenoit de ranger ce poiſſon avec les *Ura-noſcopus* ; les foſſes orbitaires étoient ovales , leur grand diametre étoit de cinq lignes, & le petit à peu-près de quatre ; la prunelle étoit noire , l'iris nacré tirant au verd ; plus près des yeux que du muſeau étoient les ou-vertures des narines , ordinairement accom-pagnées d'une petite pointe ou d'une éminen-ce ; l'anus étant au-deſſus de *G*, une partie des viſceres devoit être compriſe vers cet endroit , auſſi en étoit-il rempli ; & à peu-près à deux pouces neuf lignes de l'extré-mité du muſeau, l'épaiſſeur verticale du poiſ-ſon étoit d'environ deux pouces.

Les nageoires *H* de derriere les ouies étoient aſſez larges ; la longueur du plus long rayon étoit de treize lignes , elles étoient formées de ſeize rayons ; un peu plus vers le muſeau ſous la gorge, étoient deux petites nageoires *I* formées de ſix rayons, dont le plus long avoit neuf à dix lignes ; les écailles étoient très-minces & ſi exactement poſées les unes ſur les autres , que pour les apper-cevoir , même ſur le dos & auprès de la tête , il falloit les ſoulever avec la pointe d'une fine aiguille. En général , quand ce poiſſon ſort de l'eau ſon dos eſt d'un brun-noirâtre qui, en approchant des rayes latérales, dégénere en jaune-clair mêlé de bleu & de verd - de mer : toutes ces couleurs qui ſont ſujettes à varier dans les différents individus, s'éclaircif-ciſſent ſur les côtés, & le ventre eſt blanc, lé-gérement teint de bleu ; mais en approchant du dos, on découvre des traits bruns aſſez réguliérement diſtribués, dont pluſieurs s'é-tendent du dos vers le ventre, & qui , en s'é-clairciſſant, deviennent de couleur d'ardoiſe claire avec de légeres taches jaunes & des reflets argentés ; communément les couleurs de la tête ſont aſſez claires.

Immédiatement derriere la tête, il y a ſur le dos un fort petit aileron *K* formé de qua-tre à cinq rayons durs & piquants, ils ex-cedent une membrane mince qui les unit ; cet aileron repréſente une molette d'éperon. Un peu plus , vers l'arriere, eſt le grand ai-leron *L F* d'environ cinq pouces ſix lignes de longueur à ſon attache au corps ; il eſt formé de trente-un rayons, il s'étend juſques fort près de l'articulation de l'aileron de la queue, & eſt formé par des rayons ſouples qui exce-dent une membrane mince qui les unit ; l'aile-ron *M N* de la queue eſt coupé quarrément, & formé de dix-huit rayons. Les plus longs rayons qui le compoſent ont deux pouces de longueur ; la membrane qui unit ces rayons ainſi que ceux de l'aileron du dos, eſt d'un bleu foncé, chargée de mouchetures qui font un effet aſſez agréable. Sous le ventre, der-riere l'anus *G*, eſt un grand aileron *O P* for-mé de trente-deux rayons, entierement ſem-blables à la partie *L F* de l'aileron du dos ; mais l'extrémité *P* de l'aileron de derriere l'anus, approche un peu plus de la naiſſance de l'aileron de la queue, que l'extrémité *F*

de

de l'aileron du dos ; enfin la couleur de l'aileron *O P* eſt plus claire que celle de l'aileron *L F.* Ce poiſſon a la chair ferme, ſans être coriace ; ſon goût eſt très-agréable ; il fait l'honneur des bonnes tables les jours maigres; ſa peau eſt dure & ſeche ; il a l'avantage de pouvoir être tranſporté aſſez loin, car il ſe conſerve long-temps ſans ſe gâter.

J'ai déja dit que quand on eſt piqué par les aiguillons de la Vive, on reſſent de forces douleurs qui occaſionnent quelquefois la fievre : il y a des Charlatans qui ſe vantent d'avoir des ſecrets pour calmer ces douleurs. Les Pêcheurs, pour prévenir ces accidents, qui ne ſont que trop fréquents, rompent ou arrachent ces aiguillons aux poiſſons qu'ils tirent de l'eau ; mais l'expédient qui paſſe pour le meilleur, eſt de mettre ſur la piquûre le foie nouvellement tiré de l'animal. Lémery conſeille d'appliquer ſur la piquûre de l'eſprit-de-vin ou un mêlange d'oignon ou d'ail & de ſel pilés enſemble ; ou bien on ouvre en deux une de ces groſſes féves qu'on nomme à Paris *de Marais*, on l'aſſujettit ſur la piquûre avec un ruban qu'on ſerre fortement, & on laiſſe cet appareil pendant quelques jours ſans y toucher ; car on aſſure que ſi l'on ôtoit la féve avant deux fois 24 heures les douleurs & les autres accidents ſe renouvelleroient: au reſte, je ne rapporte ceci que ſur ce qu'on m'en a dit, car je n'ai pas été à portée de conſtater l'efficacité de ce dernier remede : toutes les piquûres ne ſont pas ſuivies d'auſſi grands accidents ; ce qu'on attribue au tempérament de celui qui a été piqué; mais je crois que la vivacité de la douleur vient de la partie piquée, charnue, ou nerveuſe, ou tendineuſe.

J'ai dit que la peau de la Vive eſt très-dure : auſſi il y a des Cuiſiniers qui écorchent ce poiſſon comme on fait les anguilles.

On pêche des Vives dans l'Océan & dans la Méditerranée ; mais celles-ci ſont aſſez ſouvent fort petites, ce qui me fait ſoupçonner qu'elles pourroient être le petit poiſſon dont nous allons parler dans le Paragraphe ſuivant.

§. 1. *D'une petite eſpece de Vive ou Araignée de mer,* Araneola, *qu'on nomme* Bodereau *ou* Bois de Roc, *qui me paroît confiner à la famille des Poiſſons que Rondelet nomme* Boulerot.

Le Bois de Roc, *Pl. I, fig. 2* ; eſt un petit poiſſon de trois à quatre pouces de longueur, qu'on trouve aſſez fréquemment dans les Ports de la Manche, ſur-tout pendant les mois de Juin & de Juillet; il eſt abſolument ſemblable à la Vive, ſa tête paroît ſeulement un peu plus groſſe par comparaiſon à la petiteſſe de ſon corps : la reſ-

ſemblance parfaite qu'il y a entre la Vive dont nous avons donné la deſcription, & le petit poiſſon dont il s'agit, me faiſoient penſer que le Bois de Roc étoit une jeune Vive ; mais on trouve dans ces petits poiſſons des œufs & des laites bien formée ; au lieu que les Pêcheurs m'ont aſſuré qu'ils ne trouvoient ni laites ni œufs dans les jeunes Vives qu'ils prenoient fréquemment; ce qui paroît établir que les Bois de Roc ſont des poiſſons qui doivent toujours reſter petits, & qu'il ne faut pas confondre avec les jeunes Vives, d'autant que leur corps n'eſt point marqué de traits qui s'étendent du dos au ventre, comme on en apperçoit ſur les Vives. Ils ſont un très-bon manger ; & la piquure de leurs aiguillons occaſionne, comme celle de la Vive, de grandes douleurs.

§. 2. *De la Vive du Levant,* Draco ſive Dracæna, *Araignée de mer* ; Aranea Græcorum recentiorum.

J'ai trouvé dans mes papiers un beau deſſin, *Pl. II, fig.* 1, d'un poiſſon qui m'a été envoyé ſous le nom de *Vive du Levant* ou *Araignée de mer*, d'un pied de longueur. Il reſſemble, à beaucoup d'égards, à notre Vive, il a ſeulement la tête un peu plus allongée & l'aileron de la queue un peu fourchu ; mais la principale différence conſiſte en ce qu'il n'a ſur le dos qu'un grand aileron qui s'étend depuis le derriere de la tête juſques tout auprès de l'origine de la queue.

§. 3. *D'un Poiſſon très-approchant de la Vive, qu'on nomme à Saint Jean-de-Luz* Saccarailla Blanc.

La longueur totale du poiſſon que je décris étoit de dix-huit pouces & demi : la gueule étoit aſſez grande relativement à la taille du poiſſon, les mâchoires étoient hériſſées de dents fines ; ce qu'on nomme la langue étoit une maſſe ronde & cartilagineuſe. La mâchoire ſupérieure ſe terminoit par une portion de cercle ; les foſſes orbitaires étoient aſſez grandes, & les bords fort hériſſés de pointes ; les opercules ſe terminoient en pointes dures, ils étoient écailleux ; les nageoires de deſſous la gorge étoient petites, celles de derriere les opercules plus grandes & arrondies, étant compoſées d'environ quinze rayons rameux. L'aileron du dos commençoit très-près de la tête & finiſſoit à environ un pouce de la naiſſance de l'aileron de la queue ; il commençoit par ſix rayons durs & piquants, la longueur du premier étoit d'environ ſept lignes, le ſecond en avoit neuf, le troiſieme huit, le quatrieme cinq, le cinquieme trois, & le ſixieme une ligne & demie ; le reſte de l'aileron étoit formé de vingt-huit

ou trente rayons branchus & souples ; & en prêtant beaucoup d'attention, on voyoit que la membrane qui les unissoit n'avoit qu'une ligne de largeur entre les rayons durs & les souples : elle étoit néanmoins continue, d'où il suit que quoiqu'il paroissoit qu'il y avoit deux ailerons sur le dos, il n'y en avoit cependant qu'un ; la membrane qui unissoit les rayons étoit mince & transparente, & on appercevoit çà & là des taches jaunes ou couleur d'or ; cet aileron étoit logé dans une gouttiere dans laquelle les rayons se replient à la volonté du poisson ; l'aileron du ventre commençoit presque à l'à-plomb des rayons mous du dos, il étoit formé d'une trentaine de rayons assez fermes, mais point piquants ; le corps étoit traversé comme à la Vive de lignes obliques assez serrées les unes contre les autres,

elles paroissoient résulter de la disposition des écailles, qui sont minces, & très-exactement posées les unes sur les autres ; la largeur du poisson vers l'extrémité des ouies étoit d'un pouce neuf lignes, à l'à-plomb de la nageoire branchiale deux pouces, aux deux tiers de la la longueur du poisson un pouce quatre lignes, à la naissance de l'aileron de la queue dix lignes.

Le dos tire au brun, le ventre au blanc, & est parsemé çà & là de taches les unes brunes les autres jaunes.

Ainsi le Saccarailla blanc des Basques dont j'ai dit quelque chose, Section V, page 94 & suivantes, ne differe presque de la Vive que parce que les deux ailerons qu'il a sur le dos sont moins distincts qu'à la Vive.

ARTICLE QUATRIEME.

Suite des Poissons qui ont sur le dos deux ailerons, un grand & un petit ; de ce nombre sont le Maigre *ou* Poisson Royal *, les* Umbres *, les* Daines *, &c.*

Réflexions générales sur les Poissons dont il s'agira dans cet Article.

ON trouve dans les Auteurs beaucoup de confusion à l'égard de ces poissons, soit à cause des noms particuliers qu'on leur donne en différentes Provinces, soit parce qu'on donne quelquefois différents noms aux mêmes poissons, suivant qu'ils sont jeunes & petits ou de moyenne grandeur, ou lorsqu'ils sont parvenus à tout leur accroissement : toutes ces distinctions occasionnent de la confusion que j'essaierai d'éviter le plus qu'il me sera possible ; pour cela je demande qu'on fasse attention que le poisson qu'on nomme en Languedoc *Peis-Rey* ou *Poisson Royal* est de grande taille ; outre cet avantage, il a celui de fournir un manger excellent, digne d'être présenté à un Roi ; aussi voit-on dans l'Histoire générale des Voyages, édition *in-4°*, tome IV, page 615, qu'il y a un pays où il est ordonné aux Pêcheurs, sous peine de mort, de porter ce poisson au Roi ; or, il paroît que ces excellentes qualités conviennent au poisson qu'on nomme *Maigre* dans plusieurs Ports de l'Océan ; en effet, les Anglois du Cap-Corse regardent le Maigre comme le poisson le plus délicat de la Côte d'Or, & on dit qu'ils donnent le nom de *Seffer* aux petits, réservant pour les gros le nom de *Maigre*. Il me paroît donc que notre Maigre est le Peis-Rey ou le Poisson Royal de Languedoc. Les Pêcheurs de l'embouchure de la Loire nomment *Maigre* un poisson qu'ils m'ont marqué ressembler au Bar.

Comme, à la grandeur près, il y a de la

ressemblance entre notre Maigre & le Bar, le peu qu'on m'a écrit de ce poisson, me laisse dans l'incertitude de savoir si le Maigre de l'embouchure de la Loire, ne seroit pas un Bar, poisson dont nous parlerons dans la suite.

On pêche à Narbonne un gros poisson qu'on nomme *Daine*, & qui, d'après les notices que j'ai pu me procurer, est notre Maigre, non-seulement à cause de sa grosse taille, mais encore parce qu'on le regarde comme un fort bon poisson. Je ne pense pas qu'il convienne de confondre notre Maigre avec le poisson que plusieurs Auteurs nomment *Umbre de mer*, & qui, suivant Rondelet, est connu depuis Marseille jusqu'à Naples, & dans une grande partie de l'Italie, sous la dénomination d'*Umbrino*, que je soupçonne être le *Borruga* des Bayonnois. L'*Umbrino* a, à la vérité, beaucoup de ressemblance avec notre Maigre ; mais il en differe à quelques égards assez sensibles pour qu'on ne le confonde pas, on en jugera par ce que nous dirons dans la suite ; mais je crois qu'il faut, avant que d'aller plus loin, dire ce qui nous a déterminé à parler du Maigre immédiatement après la Vive.

Je conviens que ces deux poissons different prodigieusement l'un de l'autre par la grandeur, puisque les belles Vives n'ont que dix-huit à vingt pouces de longueur, au lieu qu'on prend quelquefois des Maigres qui ont plus de cinq pieds ; mais ces deux especes de poissons sont de mer à écailles & arêtes, les uns & les autres ont deux ailerons sur le dos, savoir, un petit près la tête, dont les nervures sont épineuses, ensuite un plus grand qui s'étend vers la queue, dont les nervures sont souples ; les uns & les autres ont l'aileron de la queue coupé quarrément ; ils ont encore un aileron sous le ventre derrière l'anus, une nageoire de chaque côté derrière les ouies, & deux sous la gorge. En comparant la description du Maigre que nous allons donner, avec celle de la Vive, on appercevra encore d'autres points de ressemblance.

§. 1. *Du Maigre*, Daine ; *en Languedoc*, Peis-Rey *ou* Poisson Royal.

Les connoissances que j'ai été à portée de prendre sur le poisson qu'on nomme *Maigre* sur les côtes du Poitou & d'Aunis, & *Daine* au Martigues, ainsi qu'en Languedoc, conviennent assez à ce que Rondelet & Belon disent du poisson auquel ils donnent ce même nom. Quelques-uns trouvent qu'il ressemble par la forme du corps à la Carpe ; sa tête est assez grosse, sa gueule de médiocre grandeur, ses dents sont fines, plusieurs sont cachées dans l'épaisseur des gencives, & tant à la mâchoire supérieure qu'à l'inférieure, il y en a de plus sensibles & de plus apparentes que les autres ; le palais est garni d'aspérités, la langue est adhérente à la mâchoire inférieure ; les levres sont épaisses & elles paroissent comme doubles, sur-tout à la mâchoire inférieure. Ce poisson, comme nous l'avons déja dit, est fort gros, puisqu'on en prend qui ont plus de cinq pieds de longueur, & qui, dit-on, pesent près de trois quintaux : je n'en ai point vu de cette taille, mais bien dont trois paroissoient faire la charge d'un petit cheval. Proportionnellement à la grosseur de la tête, les yeux ne paroissent pas grands, ils sont vifs, la prunelle est noire, l'iris jaune approchant de la couleur d'or.

Le corps & même la tête de ce poisson sont recouverts de grandes écailles ; comme elles sont fort adhérentes à la peau, on ne sent rien de rude en passant le doigt dessus ; elles augmentent graduellement de grandeur depuis le derriere de la tête jusqu'à l'anus Q, puis elles diminuent peu à peu jusqu'à la naissance de l'aileron de la queue R.

Aux Maigres que j'ai vus en Aunis, les écailles du dos étoient grises & celles du ventre blanches ; mais on m'a assuré qu'il y en avoit dont les écailles étoient variées de différentes couleurs, & que quelquefois sur un fond blanchâtre avec des reflets d'argent, on appercevoit des raies brunes qui s'éclaircissoient sur les côtés, de sorte que le dessous du ventre étoit presque blanc : peut-être ceci convient-il mieux aux Umbres qu'aux Maigres ; on en jugera par ce que nous dirons dans la suite.

Le Maigre, *Pl. I, fig. 3*, a sur le dos deux ailerons, savoir, derrière la tête un petit triangulaire *D*, formé de huit à neuf rayons durs & piquants, & plus loin, en allant vers la queue, un grand *G P*, formé de trente rayons flexibles, les rayons du milieu sont plus longs que ceux des extrémités *G* & *P* ; tous sont assujettis par une membrane assez forte.

Un peu derriere l'anus *Q* est l'aileron du ventre *O*, qui n'est formé que de huit à dix rayons rameux.

L'aileron de la queue *M* est coupé presque quarrément ; il y a de chaque côté, derrière les ouies, une nageoire *F*, & sous la gorge deux autres plus petites *E*, formées seulement de cinq à six rayons assez forts.

Ce poisson est d'une force extraordinaire ; car souvent, quand il est en vie dans une barque, il renverse d'un coup de queue un Matelot. Pour prévenir cet accident & éviter qu'il ne déchire les filets, les Pêcheurs les assomment ayant de les tirer à bord.

Ces poissons peuvent, à leur volonté, coucher tous les rayons des ailerons vers l'arriere, où ils se logent dans une gouttiere, de sorte qu'on ne les apperçoit presque plus : il faut pour reconnoître leur forme, les relever avec une pointe ; & je soupçonne que c'est pour cette raison que quelques-uns de mes Correspondants m'ont écrit qu'ils n'avoient qu'un aileron sur le dos. La chair du Maigre est blanche, tendre, délicate : quelques-uns la comparent à celle de l'Anguille ; mais en ayant mangé à Rochefort & à la Rochelle, cette comparaison ne m'a pas paru exacte ; néanmoins, comme elle n'a pas un goût fort relevé, il convient de servir le Maigre avec une sausse de haut goût. Ce poisson est estimé, la hure est sur-tout regardée comme un excellent manger ; comme il est fort gros, on a coutume de le vendre dans les Marchés coupé par tranches ; à moins que des Communautés qui font abstinence toute l'année, ne les achettent tout entiers. Malgré ce que nous venons de dire de la bonté de ce poisson, il est rare qu'on en chasse pour la Cour, probablement parce que sa chair étant délicate, elle se corromproit dans le transport. Les Maigres sont de passage ; & de plus, il est rare qu'ils restent un temps un peu considérable dans un même parage.

On en prend peu dans le mois d'Avril ; c'est dans les mois de Mai, Juin & Juillet qu'ils viennent par bandes, & c'est dans cette saison que j'en ai vu faire la pêche dans le Perthuis entre l'Isle de Ré, & la riviere de

Saint Benoît, où on va les chercher fous l'eau jufqu'à dix & douze braffes.

On affure qu'il refte de ces poiffons jufqu'à la fin d'Août ; mais qu'alors on y en prend peu, parce qu'étant effarouchés, à ce qu'on prétend, par les Pêcheurs, ils fe féparent, & n'étant plus raffemblés, il eft fort difficile de les rencontrer ; car quand ces poiffons font raffemblés en troupe, ils avertiffent du lieu où il faut les aller chercher, par un mugiffement plus fort que celui des Grondins, & qui fe fait entendre d'affez loin. Il eft arrivé que trois Pêcheurs dans une barque, étant guidés par ce bruit, ont pris vingt Maigres d'un feul coup de filet ; mais cela eft fort rare, fur-tout depuis plufieurs années que ces poiffons ont abandonné les côtes d'Aunis pour aller peupler la mer de Bifcaye, éloignée d'une centaine de lieues des côtes du Poitou.

M. Baudry m'a écrit qu'on ignoroit ce qui a pu engager les Maigres à faire ce changement de domicile. Quoi qu'il en foit, pour faire cette pêche dans les Pertuis, les Pêcheurs fe fervoient de barques plates qu'on nomme *Filadieres*, & quand ils avoient gagné le milieu du Pertuis, ils tendoient un trémail à grandes mailles qui avoit environ quatre-vingt braffes de longueur fur quatre de chûte : la tête du filet étoit garnie de flottes & le pied de left : on regardoit les temps chauds & difpofés à l'orage, comme les plus favorables pour cette pêche, qu'on commençoit à trois ou quatre heures après midi, & qui fe continuoit jufqu'au coucher du foleil.

A la côte de Buch on pêche ces poiffons avec les Tartanes, (Partie I, Section II, *Pl. XLV*,) & on les porte à Bordeaux, où la vente en eft affurée.

Je vois dans un Mémoire de Barcelone & dans un de Catalogne, qu'on en prend d'affez gros avec l'efpece de trémail qui fert pour les baftudes. On dit qu'on ne prend à Marennes que de petits Maigres qu'on y nomme *Maigreaux* ; & que les Pêcheurs de Saint-Palais, Amirauté de Marennes, fe fervent pour les prendre d'une chaloupe & d'une efpece de folle ou de manet dont les mailles ont une ouverture proportionnée à la groffeur du poiffon pour qu'une partie fe maillent. Ces filets ont trente ou quarante braffes de longueur fur trois de chûte, & font leftés & flottés ; ils font faits de bons & gros fils retords.

Les Pêcheurs prennent des bordées fous voile ou à la rame, prêtant la plus grande attention pour entendre le bruit que font les Poiffons qui, fuivant eux, eft affez confidérable pour être entendu lors même que les poiffons font à vingt braffes fous l'eau ; guidés par ce bruit, ils tendent leurs filets, faifant en forte de croifer la marée : le bout

forain du filet auquel eft attaché une bouée eft entraîné par le courant de l'eau, & ils dirigent fur cette bouée la marche du bateau dans lequel ils confervent une manœuvre attachée au bout du filet oppofé à la bouée ; auffitôt qu'ils s'apperçoivent qu'un poiffon a donné dans le filet, ils le relevent & affomment le poiffon au fortir de l'eau.

Je vois dans un Mémoire de Royan, que les Pêcheurs s'étant portés au large dans leur chaloupe, mettent de temps en temps l'oreille fur les bords de la chaloupe pour effayer d'entendre le chant des Maigres, & ils prétendent que l'arrivée de ce poiffon annonce celle des Sardines.

Les Maigres font rares fur les côtes de Normandie & de Picardie ; il n'arrive guere qu'on y en voie raffemblés en troupe.

Comme il ne m'eft pas poffible de détailler toutes les différentes méthodes que fuivent les Pêcheurs pour prendre ce poiffon dans les différents parages, je me bornerai à rapporter ce que pratiquent ceux d'Olonne ; ils prennent des Maigres depuis le mois de Mai jufqu'en Octobre, avec des filets dont les mailles ont quatre pouces d'ouverture en quarré. Une chaloupe du port de quatre tonneaux, armée de huit hommes d'équipage, fe porte à deux lieues au large, avec environ fix cents quarante braffes de ces filets ; ils les tendent fédentaires fur vingt-deux braffes d'eau, & ils les relevent tous les deux jours, ils n'employent aucun appât pour attirer le poiffon ; mais ils comptent produire cet effet avec un fifflet, qui, fuivant eux, fait à l'égard de ces poiffons, le même effet que les appaux pour les cailles.

Les nuits obfcures & calmes font les plus avantageufes pour cette pêche.

En plufieurs endroits on pêche les Maigres avec les faines à la traîne ; les uns & les autres portent leurs poiffons aux Marchés les plus voifins.

Je vais terminer ce Paragraphe par rapporter les principales dimenfions d'un Maigre qui avoit près de cinq pieds de longueur totale *B M* : il avoit été pêché dans les mois d'Août ou de Septembre. Les yeux *A* étoient entourés d'un cercle couleur d'or, la gueule *B* avoit environ trois pouces d'ouverture ; il y avoit 16 à 17 pouces du bout du mufeau *B* jufqu'au derriere des opercules des ouïes *C* ; à cet endroit l'épaiffeur verticale du poiffon *D E* étoit de quinze pouces ; les nageoires branchiales *F* avoient neuf pouces de longueur ; à dix pouces derriere les opercules des ouïes ; la largeur verticale du poiffon étoit de treize pouces ; les nageoires *E* de deffous le ventre dont les articulations étoient au deffous de celles des nageoires branchiales *F*, avoient fix pouces fix lignes de longueur, depuis le derriere des opercules *C* jufqu'à l'articulation

tion de l'aileron de la queue *I*, il y avoit trois pieds trois pouces ; depuis *K* jusqu'à l'extrémité de l'aileron de la queue *N*, il y avoit neuf pouces : la queue n'étoit point échancrée ; mais comme la partie charnue du corps s'étendoit jusques sur le milieu de l'aileron, les rayons *I M* n'avoient que cinq pouces de longueur, & il y avoit dix pouces depuis *K* jusqu'à *N*.

Sur le dos, à environ seize pouces du museau *B*, étoit le petit aileron triangulaire *D G* formé de six ou sept nervures dures & piquantes : son étendue à son attache au corps étoit de 11 pouces ; à une petite distance vers l'arriere étoit le grand aileron *G P* qui s'étendoit jusques fort près de l'aileron de la queue ; il étoit formé de trente nervures souples.

Sous le ventre, vers le milieu de la longueur du grand aileron, étoit l'anus *Q*, & un peu derriere le commencement de l'aileron *O* de dessous le ventre qui avoit cinq à six pouces d'étendue à son attache au corps.

La largeur verticale du poisson en *O* étoit de onze pouces, & en *K* de quatre pouces.

On ne prend guere de ces poissons avec les haims ; on en trouve peu dans les Parcs ; la plupart se prennent comme nous venons de l'expliquer.

Si j'ai été embarrassé pour décider d'où provenoit le bruit que font les Grondins, je le suis encore plus à l'égard de celui des Maigres ; je sais qu'on pense assez généralement qu'il est produit par de l'air qui sort du corps par l'anus ; mais comme je ne trouve aucune preuve satisfaisante de cette allégation, & comme il ne m'a pas été possible de rien constater par mes propres observations ; je reste indécis. Je ne dois pas négliger de dire que M. Baudry m'a écrit de Rochefort que plusieurs Pêcheurs prétendent qu'il n'y a que les mâles qui font ce bruit, & seulement dans le tems du frai ; les uns disent que ce bourdonnement est sourd, & d'autres qu'il est plus aigu & plus perçant que celui d'un sifflet : comment peut-il subsister des avis si opposés sur un fait qui paroît bien aisé à décider : aux environs de la Rochelle, on appelle ce bruit *seiller*, terme qui lui est affecté comme *braire*, *hennir*, *aboyer*, *mugir* à l'égard d'autres animaux.

On dit qu'un des meilleurs apprêt qu'on puisse donner à ce poisson pour le manger frais, est ce que les Cuisiniers appellent *au bleu*, ou de le faire cuire sur le gril, en l'arrosant avec de l'huile, ou du beurre frais, & différents assaisonnements. Je trouve dans mes papiers un Mémoire dans lequel il est dit que, pour les conserver quelque temps bons à manger, il faut, après leur avoir fait prendre un peu de sel, les arranger dans une barrique avec de la farine, foulant bien le tout avant d'enfoncer la barrique ; d'autres les mettent lits par lits dans un vase avec de bonne huile ; enfin, on en prépare comme nous avons dit qu'on faisoit les Saumons, soit en daube, soit salés, soit fumés ; & quand en Poitou & en Aunis on en a abondamment, on les prépare comme le Thon.

Article Cinquieme.

Du Poisson nommé Negre, Umbre, Umbrine *ou* Daine.

Nous avons déja prévenu qu'il y a des poissons qu'on nomme *Negre*, *Umbre*, *Umbrinne*, *Daine*, *Corvulus*, &c. il me paroît, comme à Willughby que le *Latus* de Rondelet est le Maigre que nous venons de décrire très-amplement, parce que nous avons été à portée de l'examiner dans les tournées que nous avons faites à Rochefort, à la Rochelle, à l'Isle de Ré, & en d'autres endroits du Poitou & du Pays d'Aunis. Nous ne parlerons pas aussi affirmativement des poissons qu'on nomme *Negre*, *Umbre de mer*, *Corvulus* &c. parce que n'ayant pas pu les examiner aussi en détail que le Maigre, je suis forcé de me réduire à rapporter ce que j'ai pu apprendre dans les Auteurs, ou des réponses que m'ont fait les Pêcheurs.

Gesner dit, à ce qu'il m'a paru d'après Rondelet, que l'*Umbra marina* ressemble au Maigre, à cela près qu'il est moins grand, & sur-tout moins large ; que ses écailles sont d'une couleur plus rembrunie ; qu'il a le dos d'un bleu foncé, tirant au noir, & que la dénomination d'Umbre lui a principalement été donnée à cause des raies, les unes jaunes tirant à l'or, & les autres sombres qui sont distribuées alternativement sur tout son corps, & de plus, parce que les bords des opercules sont noirâtres.

Suivant Rondelet, il paroît que l'Umbre n'a qu'un aileron sur le dos ; néanmoins il ajoute que le commencement de cet aileron du côté de la tête est composé de plusieurs rayons durs & piquants, considérablement plus longs que les autres qui forment la plus grande partie de cet aileron : cette restriction semble indiquer quelque chose qui approche beaucoup de deux ailerons ; mais, ajoute notre Auteur, les deux ailerons font beaucoup plus diſtincts au Maigre qu'à l'Umbre ; & de plus, Belon n'héſite pas de décider que l'Umbre a deux ailerons.

Suivant pluſieurs Auteurs, ce qui diſtingue inconteſtablement l'Umbre du Maigre, eſt une excroiſſance charnue ou une eſpece de verrue que l'Umbre a ſous l'extrémité de la mâchoire inférieure, & au bout du muſeau des trous aſſez ſenſibles, que Rondelet dit être fort rudes au toucher. Je n'ai rien apperçu de tout cela aux Maigres que j'ai examinés : au reſte ces poiſſons ſe reſſem-blent par le nombre & la poſition tant des ailerons que des nageoires. Mais il ne faut pas confondre l'Umbre de mer dont je viens de parler, avec un Umbre d'eau douce qui eſt de la famille des Truittes que j'ai décrit à la page 248 de la ſeconde Partie, & qui eſt repréſenté ſur la Planche III.

On voit dans l'Hiſtoire générale des Voyages, Tome IV de l'Edition *in-4°.* un poiſſon que l'on nomme *Negre* ou *Poiſſon Royal*, deſſiné d'après Barbot ; mais il ne reſſemble ni à notre Maigre qui eſt le Poiſſon Royal, ni à l'Umbre.

Nota. Je m'apperçois que j'ai omis d'avertir, en parlant de la Vive, que j'ai dit à la premiere Partie, troiſieme Section, page 9, que, quand les Vives ſont très-abondantes dans un parage, les Pêcheurs en prennent avec la fouanne, après les avoir d'abord attiré par un leurre : pour cela leur bateau étant ſous voile, ils mettent à l'arriere une ligne à laquelle eſt attachée une petite anguille détain dont l'éclat attire les Vives : quand les Pêcheurs voient qu'il s'en eſt raſſemblé un nombre, ils lancent deſſus leur fouanne, & ſouvent ils en prennent pluſieurs d'un ſeul coup.

Pour la pêche de la Dreige, il faut lire ce qui eſt dit premiere Partie, ſeconde Section, depuis la page 128 juſqu'à la page 135.

CHAPITRE II.

Des Muges ou Mugils.

Idée générale de ce qui eſt compris dans ce Chapitre.

LES Poiſſons de cette famille auxquels les Auteurs ont donné la dénomination générique de *Muge*, ont ſur le dos deux ailerons plus ou moins
éloignés l'un de l'autre, de forme à peu-près pareille, les uns formés
de rayons ſouples & rameux, les autres de durs & piquants, mais toujours
aſſez diſtincts pour qu'on ne puiſſe pas ſoupçonner qu'ils n'en forment
qu'un.

Les Auteurs ont compris beaucoup d'eſpeces ou variétés dans cette famille;
on en pêche dans la mer, dans les étangs, même je crois dans les rivieres; Rondelet en diſtingue de ſix eſpeces, ſavoir, le *vrai Mulet*, le *Cabot*,
le *Samé*, le *Chaluc*, le *Maxon*, le *Muge noir* & le *Muge volant*; d'autres Auteurs augmentent le nombre des Poiſſons de cette famille, & je
crois qu'on peut y ajouter le *Bar*, *Loup* ou *Lubine*. Je préviens que je ne
parlerai que des Poiſſons que j'ai été à portée d'examiner.

ARTICLE PREMIER.

Du Bar, Loup ou Lubine.

COMME, ſuivant l'ordre général de la nature, ce qui fixe les différentes eſpeces d'un
même genre ſe montre par des nuances peu
ſenſibles qui donnent quelques embarras pour
établir les points de partage, nous avons cru
devoir placer au commencement de cet Article les poiſſons qui s'éloignent le moins de
quelques-uns de ceux que nous avons compris
dans les Articles précédents; de ce genre
eſt le poiſſon qu'on nomme *Bar* aux Sables
d'Olonne, *Loubine* à Noirmoutier, *Loup* à
Tréguier, à Lannion & en beaucoup d'autres endroits; en Provence *Dréliguy*, & dans
la Gironde *Brigne*. Quoi qu'il en ſoit de ces
différentes dénominations, c'eſt un poiſſon
très-eſtimé quand il eſt un peu gros & qu'il a
été pêché ſur un bon fonds: malheureuſement
à cauſe de la délicateſſe de ſa chair, il ſe
corrompt promptement; néanmoins on en
chaſſe quelquefois pour la Cour. Il eſt bon
de prévenir qu'il ne faut pas confondre ce
poiſſon qu'on nomme *Loup marin* en pluſieurs
endroits, parce qu'il eſt vorace, avec un

amphibie auquel on donne le même nom.
M. Jacob qui demeuroit à Noirmoutier, où
il étoit fort conſidéré, m'a dit que, pour la
forme du corps, ce poiſſon pouvoit être comparé aux Saumons; que quelquefois on en
avoit pris qui peſoient plus de trente livres;
& l'on m'a aſſuré que ſur les côtes de Picardie & de Caux, on en prenoit qu'on
nommoit *Hauts-Bars* qui avoient deux ou
trois pieds de longueur ſur huit à dix pouces de circonférence: je n'en ai point vu qui
approchaſſent de cette taille, quelques-uns
ont peut-être confondu le Maigre avec le
Bar; ceux que j'ai été à portée d'examiner,
n'avoient guere plus d'un pied & demi de
longueur. On en trouve aſſez abondamment
ſur les Sables de Concarneau, d'Audierne,
de Douarnenez, du Conquet, de Châteaulin,
&c.

Le Bar que je vais décrire, & qui eſt repréſenté *Pl. II*, *fig.* 2, n'avoit que dix-
pouces de longueur *A B*; c'eſt un poiſſon
preſque rond qui avoit deux ailerons *M, N*

sur le dos ; les rayons de l'aileron *M* étoient forts, durs & piquants ; ceux de l'aileron *N* étoient souples & rameux : il est bon de faire remarquer que le premier rayon *O* & *P* de chacun de ces ailerons, est plus court que les autres, & qu'il est très-fort & piquant.

Il y a deux pouces quelques lignes depuis le bout du museau *A* jusqu'à *C* ; mais au-delà de cette partie de l'opercule, il y en avoit une autre *D* d'un pouce d'étendue, qui étoit comme cartilagineuse ; sous le prolongement de cette partie *D*, on sentoit avec le doigt deux pointes dures & un peu piquantes.

Les nageoires de derriere les ouies *E*, avoient à peu-près un pouce & demi de longueur, elles étoient formées de rayons souples, la plupart rameux.

À l'à-plomb des nageoires dont nous venons de parler, étoient les articulations de deux autres *F* qui se touchoient presque sous le ventre ; elles étoient moins grandes que celles de derriere les ouies. Il y avoit quelques rayons de piquants ; le plus long avoit à peu-près un pouce 8 à 9 lignes de longueur. L'anus *H* étoit à environ neuf pouces du museau ; immédiatement derriere, étoit un petit aileron *G* dont les rayons étoient rameux & souples, excepté le premier du côté de *H* qui étoit court, dur & piquant.

L'articulation *I* de l'aileron de la queue étoit à un peu moins de 4 pouces de l'anus, vers l'arriere ; cet aileron étoit fourchu, & les plus longs rayons *I*, *L* avoient à peu-près deux pouces de longueur.

Les ailerons du dos *M*, *N* étoient formés chacun de huit à neuf rayons.

Le corps de ce poisson forme par le dos & par le ventre deux courbes en sens contraires *F H I*, *O N I* qui different peu l'une de l'autre. Les écailles étoient rondes, minces, pas grandes & fort adhérentes à la peau ; elles couvroient tout le corps & une partie des ouies où elles ont une teinte rouge : celles de dessus le dos sont brunes tirant au bleu ; cette couleur s'éclaircit peu à peu, & le dessous du ventre est blanc ; mais en général les couleurs sont fort sujettes à varier. Les raies latérales *D*, *R* sont plus sensibles dans les jeunes poissons que dans les gros ; elles s'étendent de derriere les ouies *D*, jusqu'à l'aileron de la queue *R*, où elles divisent la largeur du poisson en deux : on apperçoit avec une louppe qu'elles sont formées d'une suite de points noirs.

La tête *O A*, *F A*, forme une courbure qui est à peu-près la continuation de celle du corps sans ressaut ; le museau finit en pointe mousse : quelques-uns trouvent qu'il

a quelque ressemblance avec celui du Hareng ; la gueule est assez grande. Il y a au-dessus de *K* un feuillet cartilagineux *S* qui borde les mâchoires & se termine quarrément par derriere ; l'ouverture des narines est double.

Quand la gueule est ouverte on apperçoit la langue qui est mobile & hérissée d'aspérités ; la mâchoire inférieure est un peu plus longue que la supérieure ; toutes les deux sont garnies de plusieurs rangées de dents courtes, fines & pointues : les yeux sont assez grands, les prunelles noires, bordées d'un cercle jaune qui tire à l'or. On assure que ces poissons nagent volontiers à la surface de l'eau, & qu'ils se plaisent à l'embouchure des rivieres dans lesquelles même il y en a qui remontent.

Le Bar n'est pas un poisson de passage ; néanmoins la vraie saison de le pêcher est dans les mois d'Août, Septembre & Octobre, quand ils se rassemblent par trouppes dans les anses où il se rend quelque ruisseau d'eau douce ; en ce cas on en enveloppe quelquefois un nombre avec des filets d'enceinte. On en trouve dans les parcs, les filets tournants, & l'on en prend entre les roches avec des filets traversants ou avec la saîne à la traîne : pour cela, on fixe un bout du filet à terre, & on traîne l'autre avec un bateau : les mailles de ces filets ont deux pouces d'ouverture en quarré ; la tête est garnie de flottes de liege, & il n'y a point ou peu de lest au pied, le poids du filet suffisant pour le faire caler ; & comme on ne se propose que de prendre des poissons qui nagent entre deux eaux, on ne cherche point que le filet porte sur le fond. On tend ces filets d'enceinte ou étentes, lorsque la mer commence à perdre, & quand l'eau est tout-à-fait basse on trouve le filet à sec avec les poissons qui se sont maillés, & ceux qui se sont embarrassés dans les replis des filets. On dispose ces filets de bien des façons différentes, comme nous l'avons détaillé, page 105 de la seconde Section de la premiere Partie, & représenté aux Planches XXXI, XXXII & XXXIII, &c. On dit que le Bar ne mord point aux haims ; néanmoins on m'a assuré que cela n'est pas exact, & qu'on en prend avec les haims quand on les amorce avec des vers de mer ou de terre, même avec les Crabes qu'on nomme *Pohrons*. Ce poisson a beaucoup d'arêtes ; sa chair passe pour être plus délicate même que celle du Mulet ; ainsi il est fort bon, quand on l'a pêché sur un bon fond de sable.

§. 1. *Du Thyourre de Bayonne.*

Je trouve dans mes Mémoires qu'on prend à Bayonne un fort bon poisson qu'on y nomme y nomme *Thyourre* , qui ne differe de la Lubine que parce que le Thyourre a de petites taches noires ſur les écailles : on en pêche depuis le mois de Juillet juſqu'en Octobre, & en haute mer. Il eſt moins grand que celui qui n'eſt pas moucheté ; je ſoup-çonne que c'eſt le poiſſon qu'on appelle *Loubine mouchetée* , ou, ſuivant Rondelet , *Loup tachetée*.

C'eſt tout ce que j'ai pu apprendre de ce poiſſon que je n'ai point vu.

A R T I C L E   S E C O N D.

Des Mulets.

OUTRE qu'on donne bien des noms diffé-rents à ce poiſſon ſuivant les parages où il a été pêché, il y a beaucoup de variétés dans cette eſpece, qui ſont toutes compriſes dans la famille des Muges. Nous allons commen-cer par décrire le vrai Mulet *Mullus* qui eſt le *Meuille* de Poitou, le *Mugil* de Rondelet.

§. 1. Du Mulet ou Meuille de Poitou.

Les poiſſons que j'ai vus en Poitou & en Aunis, auxquels on donne, outre la déno-mination de Mulet, celle de Meuille, ſont à peu-près ronds ; ils vont communément par troupe ; on en prend de petits qui n'ont que ſix pouces de longueur, & auſſi de gros qui ont quelquefois plus de deux pieds, ceux-là ſont les plus eſtimés.

On en pêche peu en grande eau ; c'eſt un poiſſon littoral qui paſſe dans les étangs & même remonte les rivieres, c'eſt pourquoi on en trouve fréquemment dans les parcs, pê-cheries & étentes à la baſſe eau, ſur-tout dans les mois de Mai, Juin & Juillet ; néanmoins il s'en rencontre accidentellement quelques-uns toute l'année, même l'hiver, & quand les Pêcheurs en apperçoivent un banc qui don-ne dans une anſe, ce qui arrive rarement dans cette ſaiſon, ils les enveloppent avec des filets d'enceinte, & en prennent une grande quantité.

On les confond quelquefois avec le Bar ; néanmoins nous avons dit qu'au Bar, le dos & le ventre ſont des courbes en ſens con-traires, mais à peu-près ſemblables ; au lieu qu'au Mulet, la courbe que forme le ventre a beaucoup plus d'amplitude que celle du dos, qui néanmoins eſt aſſez épais & char-nu.

La tête du Mulet eſt fort allongée, un peu applatie en deſſus ; ſa gueule n'eſt pas grande, on n'apperçoit point de dents aux mâchoires ; mais la langue & l'intérieur de la gueule ſont chargés d'aſpérités. Ses yeux, dont la prunelle eſt noire & l'iris argen-té ſont entourés d'un cercle blanc ; ils dif-ferent de ceux des Bars en ce qu'ils ne ſont recouverts d'aucune autre membrane que de la tunique propre, mais ils ſont aſſez enfon-cés dans les foſſes orbitaires ; entre les yeux & l'extrémité du muſeau, on apperçoit les ouvertures des narines.

Tout le corps du Mulet eſt couvert d'é-cailles, il en a même ſur la tête juſqu'aux narines ; celles du dos & des côtés ſont aſ-ſez grandes ; elles le ſont moins ſous le ventre : la tête eſt brune avec quelques re-flets dorés ; le dos eſt bleu foncé ou gris de fer, cette couleur s'éclaircit ſur les côtés ; le ventre eſt d'un blanc-argenté ; mais on voit ſur les côtés *Pl. II, fig. 3* , des lignes paralleles alternativement tirant au noir & au blanc, qui s'étendent de la tête juſqu'à la queue.

Entre les yeux & les angles des mâchoi-res, il y a un petit oſſelet garni d'aſpéri-tés. A la pointe de la mâchoire inférieure, il s'éleve une petite éminence qui ſe loge dans une cavité ſituée à l'extrémité de la mâchoire ſupérieure.

Dans l'intérieur de la gueule, il y a à la pointe de la mâchoire inférieure une membrane cartilagineuſe aſſez forte qui s'é-tend juſqu'au bout de la langue. Le Mulet a deux ailerons *D* , *E* ſur le dos, bien diſ-tincts l'un de l'autre & à peu-près de même forme & grandeur ; celui *D* qui eſt le plus près de la tête, a cinq rayons durs & pi-quants ; préciſément entre l'aileron *D* dont nous venons de parler, & l'aileron *K* de la queue, eſt le ſecond aileron *E* formé de onze rayons ſouples, ainſi que l'aileron de la queue *K* qui eſt large & un peu fourchu.

L'aileron *H* de derriere l'anus eſt auſſi formé de onze rayons, dont les trois pre-miers ou les plus près de l'anus ſont courts, durs & épineux, les autres ſont ſouples.

Il y a derriere chaque ouie vers *C* une na-geoire formée de dix-huit rayons flexibles ; on apperçoit encore deux nageoires *G* ſous le ventre, compoſées de ſix ou ſept rayons, dont le premier du côté de la tête eſt dur & piquant, les autres ſouples.

Les rayons qui forment les ailerons & nageoires dont nous venons de parler, ſont liés par des membranes fines d'un gris-de-fer plus ou moins foncé aux unes qu'aux autres, & dont les bords ſont un peu plus bruns que le reſte.

Je vais rapporter les principales dimenfions d'un petit Mulet d'un pied de longueur totale *A B* qui m'avoit été envoyé à Paris.

La tête, depuis le bout du muſeau *A* juſqu'au bord des opercules des ouies *C*, avoit deux pouces quatre lignes ; du centre de l'œil au bout du muſeau, dix lignes ; la largeur verticale du poiſſon à l'à-plomb de *C*, étoit d'un pouce huit lignes ; à l'à plomb de *D*, un peu plus de deux pouces ; à l'à-plomb de *E*, dix-neuf lignes.

Le plus long & le plus fort rayon de la nageoire de derriere les opercules des ouies, avoit un pouce quatre à cinq lignes ; les autres étoient plus courts & plus déliés Les articulations des deux nageoires *G* de deſſous le ventre étoient fort rapprochées l'une de autres, leur plus long rayon avoit un pouce trois lignes de longueur, les autres étoient plus courts ; le premier du côté de la tête étoit moins long, mais il étoit piquant.

L'aileron *H* de derriere l'anus commençoit par quelques rayons durs & piquants ; le plus long des autres qui étoient flexibles, avoit un pouce ſept à huit lignes de longueur.

L'aileron *K B* de la queue étoit fourchu ; les plus longs rayons qui formoient les pointes avoient un pouce dix lignes de longueur ; la largeur de cet aileron, médiocrement étendu, étoit d'environ un pouce ſix lignes.

Le plus long rayon des ailerons du dos *D, E,* avoit à peu-près un pouce deux lignes de longueur. J'ai dit que ces poiſſons n'avoient point de dents, néanmoins à celui que je décris, il m'a paru ſentir avec le doigt des aſpérités à l'extrémité de la mâchoire inférieure ; l'éminence que j'ai dit qui eſt à l'extrémité de cette mâchoire, & qui ſe loge dans une cavité de la ſupérieure, m'a paru être des dents inciſives ; néanmoins comme ce poiſſon étoit ſec, il reſte ſur cela quelques incertitudes.

Nous avons dit que les Mulets ſe plaiſoient à l'embouchure des rivieres à la mer ; qu'ils remontoient dans les rivieres ; qu'on en prenoit dans le Rhône, dans la Garonne, dans la Seine, dans la Loire, &c. & que ce poiſſon eſt plus gras & meilleur quand on le prend dans les eaux douces, pourvu qu'elles ne ſoient point vaſeuſes, que quand on le pêche à la mer ; néanmoins on prétend que ceux-ci ont plus de goût.

Avant d'aller plus loin, il eſt bon de prévenir qu'on diſtingue à l'entrée de la Loire, deux eſpeces de Mulets, ſavoir, le brun qui n'entre jamais dans la Loire, & le gros dont les couleurs ſont plus claires, qui y remonte fort haut : on le nomme *Sauteur*, parce qu'il s'éleve quelquefois de pluſieurs pieds au-deſſus de l'eau. Ses écailles ſont couvertes d'une mucoſité, ainſi ce pourroit être le poiſſon du Poitou qu'on y nomme *Limou.* A l'égard de la propriété qui l'a fait nommer *Sauteur*, j'aurai occaſion d'en parler dans la ſuite. Pour prouver que les Mulets remontent fort haut dans les rivieres, indépendamment de ce que j'ai mangé de ces poiſſons qui avoient été pêchés dans des eaux douces, j'ajouterai que feu M. l'Abbé Cotelle, Doyen du Chapitre d'Angers, que je regrette, parce que je perds par ſa mort un Correſpondant éclairé & très-obligeant ; M. l'Abbé Cotelle, dis-je, m'a écrit que le Mulet, qu'il nomme auſſi *Cabot*, & qu'il regarde avec raiſon comme un *Muge*, ou une variété du Mulet, remontoit dans la Loire au commencement du printemps ; de ſorte qu'on en prend dans cette ſaiſon au Pont-de-Cé, même au-deſſus de Saumur ; d'où il ſuit que ce poiſſon remonte ce fleuve plus de quarante lieues au-deſſus de ſon embouchure. Il ajoutoit que quand il s'en raſſembloit dans des endroits en nombre, on en prenoit avec l'épervier, le carrelet & la ſaine ; il ſoupçonnoit, comme bien d'autres, que le Mulet dépoſe, ainſi que les Aloſes & les Saumons, ſes œufs dans la Loire. On voit que M. Cotelle confondoit, comme bien d'autres, le Mulet avec le Cabot, ce qui n'eſt pas étonnant, parce que ces deux eſpeces de Muges ſe reſſemblent à beaucoup d'égards. Nous ferons appercevoir dans la ſuite les petites différences qui ſe trouvent entre ces deux poiſſons.

Joignons à ce que nous venons de dire, que M. Poivre ayant mis des Mulets pris à la mer dans une riviere d'eau douce & courante qui traverſoit ſon jardin ; non-ſeulement les poiſſons y ont vécu, mais ils s'y ſont multipliés, & y ſont devenus plus gros & meilleurs qu'ils n'étoient au ſortir de la mer. Les Mulets & les Bars ayant beaucoup de diſpoſition à remonter les rivieres & à paſſer dans les étangs, on en prend dans les bourdigues, dans les parcs fermés & ouverts, ainſi que dans les filets tournants qu'on voit repréſentés à la ſeconde Section de la premiere Partie ſur les Planches XXV & ſuivantes, juſqu'à la XXXIIIe ; ils donnent auſſi dans les étentes ſimples, ou trémaillées qu'on oppoſe à leur paſſage. On en voit quelques exemples ſur la Planche XXXI où la tête du filet eſt garnie de flottes de liege, mais il n'y a point de leſt au pied : on tend ces filets quand la mer commence à ſe retirer ; & quand elle eſt entierement baſſe, on trouve les poiſſons emmaillés ou embarraſſés dans les plis du filet ; ſur quoi on peut conſulter ce qui eſt dit premiere Partie, quatrieme Section, page 105. Le Mulet ne mange preſque point de poiſſon ; on aſſure qu'il ne ſe nourrit que d'herbe & de vaſe ;

c'eſt pourquoi on en prend rarement avec les haïms : ce qui me fait douter que le Mulet ſe nourriſſe de vaſe, eſt que ſa chair eſt blanche & d'aſſez bon goût pour être ſervie ſur les bonnes tables ; on la trouve un peu moins délicate que celle du Bar ; auſſi a-t-elle l'avantage de ſe mieux conſerver ſans ſe gâter, ce qui fait qu'on peut tranſporter ces poiſſons aſſez loin ; la chair du Mulet eſt fort graſſe, & on prétend qu'elle tient le milieu entre celle du Hareng & celle de l'Aloſe : ce n'eſt pas le ſeul avantage qu'on retire des Mulets ; lorſqu'on en fait de grandes pêches, on en conſerve ſoigneuſement les œufs pour en faire un mets qu'on appelle *la poutargue* ou *boutargue* ; il eſt appétiſſant, & on le trouve très-bon lorſqu'on en a contracté l'habitude. Pour préparer ainſi les œufs, on ouvre les Mulets, on en tire les œufs avec la membrane générale qui les enveloppe, on les couvre de ſel, & après les y avoir laiſſé quatre ou cinq heures, on les en retire, on les met en preſſe entre deux planches pour leur faire rendre leur eau ; enſuite on les lave dans une foible ſaumure, puis on les étend ſur des claies pour les faire ſécher au ſoleil pendant une quinzaine de jours, ce qui ſe fait dans les mois de Juin & de Juillet, ſaiſon où le ſoleil a beaucoup de force ; mais pendant qu'on les tient au ſoleil, il faut avoir ſoin de les retirer tous les ſoirs pour les tenir à couvert pendant les nuits ; quelquefois on les fait ſécher à la fumée : ce ſont ces œufs ſalés & ſéchés qu'on nomme la *boutargue* ou *poutargue*, qu'il ne faut pas confondre avec le *caviat* dont nous parlerons à l'article de l'Eſturgeon. On prépare de cette même façon des œufs de différents poiſſons du genre des Muges ; mais ceux des Mulets paſſent pour être les meilleurs. On fait beaucoup de cas de ce mets en Italie & en Provence, & pour en faire uſage on l'aſſaiſonne avec de l'huile & du citron.

Nous avons dit que les Mulets remontoient dans la Loire, & que quelquefois ils ſe raſſembloient en grand nombre, & y formoient des bancs conſidérables, ce que les Pêcheurs reconnoiſſent à la couleur de l'eau qui paroît brune, à cauſe que les poiſſons ſe tiennent près de la ſuperficie. Dans ce cas un nombre de Pêcheurs ſe raſſemblent avec leurs bateaux, ayant chacun un filet, puis joignant les filets les uns aux autres, ils forment une enceinte & font leur poſſible pour envelopper en entier les bancs de poiſſon ; quand ils y ſont parvenus, ils eſſayent de diminuer peu à peu l'étendue de l'enceinte qu'ils ont formée : quelques Pêcheurs qui ſont reſtés dans l'enceinte avec de très-petits bateaux, en prennent quelques-uns ; mais quelquefois ils parviennent à renfermer dans le filet quatre ou cinq cents poiſſons, qui néanmoins ne ſont point encore en la poſſeſſion des Pêcheurs ; car comme les Mulets ſont très-vifs, & qu'ils nagent avec beaucoup de vîteſſe, quand ils ſont effarouchés, ils s'élevent de pluſieurs pieds au-deſſus de la ſurface de l'eau, & beaucoup parviennent à franchir le filet ; de ſorte que ſur le grand nombre qu'on avoit renfermé, ſouvent il n'en reſte qu'une douzaine dans le filet.

Pour prévenir ce fâcheux inconvénient, les Pêcheurs qui ont tendu leurs filets, & qui ſont en dehors de l'enceinte, eſſayent avec des avirons d'effaroucher les poiſſons & de les écarter des bords du filet, pour empêcher qu'ils ne ſautent par deſſus ; mais comme ce moyen eſt inſuffiſant, les Pêcheurs des bourdigues ont imaginé une façon de pêcher fort ſinguliere, & qu'ils nomment *Sautade* ou *Canat*, *Pl. V*, *fig.* 2. Voici la deſcription que m'en a donné M. Poujet ; mais j'invite les Lecteurs à prendre d'abord connoiſſance de ce qui eſt dit ſur la *Sautade* ou la *Seinche*, à la ſeconde Section de la première Partie, depuis la page 168, juſqu'à la page 170.

Les Pêcheurs de Bouſigues, à ce que rapporte M. Poujet, dans le reſſort de l'Amirauté de Cette, font, pour prendre les Muges, une pêche aſſez ſinguliere qu'ils nomment *Canat* ou *Sautade* : cette pêche ne peut ſe pratiquer que ſur les bas-fonds où on ne trouve que deux ou trois braſſes d'eau tout au plus, & dans les temps les plus calmes ; ainſi il eſt néceſſaire de choiſir de beaux jours, parce qu'on ne prend guere d'autre poiſſon à cette pêche que celui qui vient jouer vers la ſurface de l'eau : les filets qu'on emploie ſont des nappes de filet A, A, *Pl. V*, *fig.* 2, de quarante à cinquante braſſes de longueur & de trois ou quatre de large, dont les mailles ont dix à douze lignes d'ouverture en quarré ; un des côtés longs, ou la tête de la nappe eſt garnie, ſuivant l'uſage, d'un cordeau $C C$, on en attache un ſecond $B B$ ſur les filets parallelement à celui-là ; à une braſſe de diſtance on fixe ſolidement à ces deux cordeaux des roſeaux paſſés dans les mailles du filet : ces roſeaux $D D$, &c. ſont perpendiculaires aux cordeaux C & B, & vont de l'un à l'autre ; le côté inférieur de la nappe ou le pied du filet $E E$, eſt ſuffiſamment leſté par un chapelet de plomb. Lorſqu'on a reconnu un endroit où il ſe trouve une quantité ſuffiſante de Muges, on empile deux de ces filets ſur l'arriere de deux chaloupes ou bettes $F F$; ils y ſont pliés de maniere qu'ils puiſſent être étendus très-promptement ; les deux bateaux ſe rapprochent l'un de l'autre, & on lie avec des cordons les bouts des deux filets ; après quoi les bateaux s'éloignent à force de rames, & décrivent, le plus promptement qu'il leur est possible, un cercle en jettant le filet à la mer ; les roseaux *D D* qui flottent sur l'eau, retiennent sur la surface la partie du filet comprise entre les deux cordeaux *B B* & *C C*, ce qui forme sur l'eau une nappe circulaire en forme de zône, tandis que le reste du filet *C E* tombe perpendiculairement, & forme une enceinte. On a soin de faire ensorte que l'enceinte *C E* soit intérieure à la zône : on conçoit aisément que les roseaux *D D* qui soutiennent la nappe doivent se rapprocher par leur extrémité intérieure, puisqu'ils deviennent les rayons d'un cercle, & les portions de filet comprises entr'eux, font alors des especes de poches *G G* ; les poissons compris dans l'enceinte *H*, inquiettés par les mouvements qui résultent de cette manœuvre qu'on fait fort brusquement, cherchent à s'échapper, & comme ils ne trouvent aucune issue, ceux qui peuvent sauter sur la surface, & particuliérement les Muges essayent de franchir l'enceinte & tombent sur les poches *G* que forme la portion de la nappe qui est horisontale ; ils parviennent quelquefois à se dégager en sautant une seconde fois, mais pour l'ordinaire ils s'embarrassent dans les poches comprises entre les roseaux ; d'ailleurs on a soin de renfermer dans l'enceinte un ou plusieurs petits bateaux *K*, fort legers, conduits par un ou deux hommes qui prennent les Muges dès qu'ils les voyent tomber sur la nappe, on ne laisse le filet tendu qu'un quart-d'heure tout au plus ; & ce court intervalle de temps suffit quelquefois pour prendre une très-grande quantité de poissons. Cette pêche qu'on pratique surtout dans l'étang de Thau, est très-amusante & point du tout destructive ; les noms de *Sautade* & *Canat* lui conviennent fort bien dans l'idiome Languedocien ; celui de *Seinche* qu'on lui donne sur les côtes de Provence & d'Italie est un peu trop générique. Il paroît qu'on pourroit faire cette pêche dans les rivieres peu rapides, dans les lacs & les étangs d'eau douce pour les Carpes.

Après avoir parlé du Bar & du Mulet, je vais dire un mot des différentes especes de Muges que j'ai été à portée de connoître, & je commence par le Cabot.

§. 1. *Du Cabot.*

On donne volontiers le nom de Cabot à des poissons de différentes especes, lorsqu'ils ont la tête un peu plus grosse que les autres du même genre : il s'agit ici du Mulet-Cabot.

Quoique ce Cabot soit de la famille des Mulets, c'est mal-à-propos qu'on confond assez souvent ces deux poissons ; effectivement on voit par la figure qui est très-bien dessinée, que le Mulet a la tête allongée & le museau assez menu : le Cabot l'a plus grosse, plus large & plus courte qu'aucune autre espece de Muge. Le terme de *Cabot* est principalement en usage à Narbonne & en Provence. Suivant la description que j'en ai rapportée, il a la gueule assez grande, les levres peu épaisses, point de dents, les yeux grands, les ailerons & les nageoires assez conformes à ce que j'ai dit à l'article du Mulet ; il y est dit qu'il se plaît à l'embouchure des rivieres, & qu'il entre dans les étangs salés pour y déposer ses œufs ; on fait beaucoup plus de cas de ceux qu'on prend au Martigues & à l'étang de Thau, que de ceux qu'on pêche auprès de Marseille.

On prétend que le Cabot ne remonte point dans l'eau douce : on prépare aussi leurs œufs pour faire de la boutargue ; mais elle n'est pas tout-à-fait aussi estimée que celle qu'on fait avec les œufs des Mulets.

Indépendamment des Muges qui passent dans les eaux douces, les Auteurs parlent d'un petit Muge qui n'a guere plus d'un pied de longueur qu'ils nomment *Muge de riviere*, & qu'on appelle à Strasbourg *Schnotfisch*. Ses écailles sont d'un vert argenté & sa chair molle, ce qui, comme je l'ai dit, convient aux Muges qui ont passé du temps dans les eaux douces ; ils ont l'avantage d'avoir la chair grasse & délicate, mais elle n'a pas autant de goût que celle de ceux qu'on pêche à la mer.

§. 2. *Du Same.*

Il y a en Languedoc une espece de Muge qu'on nomme *Same* ; il ne differe du Cabot que parce que sa tête est un peu moins grosse & son museau plus pointu ; on trouve sa chair plus molle ; il est sujet à sauter pardessus les filets pour s'échapper. A ces indices le Same paroît être à très-peu de chose près, le Mulet dont nous avons parlé plus haut. On en prend dans la Garonne, le Rhône, la Loire & les étangs de Languedoc : on dit qu'il se nourrit de vase.

§. 3. *Du Muge noir, que je crois être le Corvulus.*

Rondelet, Livre XX, Chapitre V, parle d'un Muge de mer qu'il dit être noir chargé de traits plus foncés ; il dit que l'ouverture de sa gueule est grande, que la machoire inférieure est considérablement plus longue que la supérieure : je ne l'ai point vu ; mais je je soupçonne que c'est l'espece de Muge que quelques autres ont nommé *Corvulus.*

On distingue en Poitou de trois especes de Meuille, c'est ainsi qu'on y nomme le Mulet : le Meuille blanc est celui dont nous avons amplement parlé en premier lieu ; le Meuille noir en differe en ce qu'il a la tête plus courte & un peu plus grosse, comme celle du Cabot, mais les écailles du dos sont plus noires.

La troisieme espece qui est nommée *Lienne,* est moins grande & a le museau plus pointu que les précédentes ; ses écailles sont blanches & chargées d'une mucosité : il a une tache jaune sur le milieu des ouies ; d'ailleurs il est fort blanc.

§. 4. *Du Maxon.*

On nomme à la côte de Gênes *Maxon* un Muge, en latin *Mugo,* qui est peu différent du Same ; sa chair est plus gluante, ses levres & les bords des ouies sont rougeâtres. Rondelet, page 210, dit qu'on nomme *Maxon* en Provence un Muge qui ressemble au Cabot, excepté que le tour de ses levres & de ses ouies sont rougeâtres, & que sa chair est plus gluante que celle du Cabot & du Same : il paroît que le Maxon de Provence est le même poisson que celui de Gênes.

§. 5. *Du Chaluc.*

Le poisson qu'on nomme *Chaluc* en Languedoc, ailleurs *Labrus,* par quelques-uns *Vergadelle,* est un Muge qui a la tête moins grosse que le Cabot, mais de grosses levres ; il est estimé le moins bon de tous les Muges.

Suivant Belon, le *Chaluc* ou *Cynædus* est un poisson très-différent qu'il met au nombre des Tourdes ; sur ce pied, nous en avons parlé en son lieu.

§. 6. *Du Mulier.*

On nomme *Mulier* à l'entrée de la Loire un poisson qui tient du Mulet, mais qu'on dit qui a le corps comme une Brême, & la gueule comme le Merlan ; c'est tout ce que j'en puis dire, ne l'ayant point vu.

§. 7. *Du Vaugeron.*

Suivant Rondelet, le Vaugeron du Lac de Lausanne ressemble au Muge par la forme de son museau, à la Carpe par celle de son corps & la qualité de sa chair : il a près les ouies deux nageoires couleur d'or, deux autres jaunes sous le ventre, un aileron derriere l'anus, & un sur le dos, celui de la queue est fourchu ; je ne connois ce poisson que par ce qu'en dit Rondelet.

§. 8. *Du Mulet du Brésil,* Mullus Brasiliensis.

On pêche aux Isles de l'Amérique des Mulets qu'on dit semblables à ceux d'Europe ; on en prend beaucoup au Brésil vers l'Isle-Grande, dans la Baye du canal *del Rey* ; les Habitans les féchent en les ouvrant par le dos comme on fait les Saumons. En Ecosse, ils les font secher sur des vigneaux de clayonnage, qu'ils nomment *Rances, Pl. V, fig.* 1 ; on en expose aussi sur les rochers & sur les sables, sur-tout quand la pêche est abondante.

La préparation de ce poisson se fait comme celle des poissons qu'on seche en Normandie ; on le trempe dans l'eau de mer, & on le fait sécher, ce qu'on répete à plusieurs fois : on ne les fait point tremper pour les apprêter lorsqu'on veut les manger.

Les Mulets, ainsi préparés, se conservent pendant plusieurs mois ; les Pêcheurs Portugais en vendent aux Bâtiments qui sont en armement ; ils en distribuent le long de la Côte, avec leur canots ; de plus, il s'en consomme beaucoup dans les terres.

§. 9. *Du Rouillon.*

Gesner dit qu'on nomme ainsi un poisson qu'on prend dans le Tibre & dans le Lac Albano : c'est un petit poisson qui, à la grandeur près, ressemble fort au Mulet ; comme il est rouge, il est assez joli à voir, mais sa chair est fade & peu estimée. On attribue ce même défaut aux Mulets qui ont longtemps séjourné dans les eaux douces.

§. 10. *Du Muge Volant.*

J'ai eu occasion en parlant de la Dorade d'Amérique, à la quatrieme Section de la seconde Partie, de dire quelque chose des Poissons volants ; j'ai fait graver un de ces poissons sur la premiere Planche de cette Section. Je me suis un peu plus étendu sur les Poissons volants, dans la troisieme Section, page 180, & j'en ai fait graver deux sur la Planche XXII de cette Section ; j'invite les Lecteurs à consulter ces différents endroits de mon Ouvrage, où il étoit question de poissons qui n'ont qu'un aileron sur le dos. Mais je ne puis me dispenser de dire ici un mot d'un poisson qu'on nomme *Muge volant,* & à Agde *Faucon de mer.* Il ressemble beaucoup au Same ; sa gueule n'est pas grande, ses yeux sont ronds, son dos & sa tête sont larges, ses écailles grandes. Les nageoires de derriere les ouies, qui, de même qu'aux autres Poissons volants, lui servent d'ailes, sont larges & longues, puisqu'elles s'étendent presque jusqu'à l'articulation de la queue dont l'aileron est très-fourchu. Les nageoires de dessous le ventre sont plus près de la queue que du museau : toutes les nervures tant, des ailerons que des nageoires, sont souples ; sa chair est délicate & de bon goût :

on dit qu'il fraie dans les étangs en Décembre.

On en trouve dans les nasses ; on en prend avec les haims, mais la plus grande partie se pêche dans les bourdigues.

ARTICLE TROISIEME.

Du Surmulet, Rouget-Barbet, Mulet-Barbet, Mullus Barbatus ; *en Aunis & à Bordeaux*, Barbeau de mer *ou* Barbarin, *&c.*

COMME ce poisson est en grande partie rouge, on l'a quelquefois nommé *vrai Rouget* ; j'avoue que la dénomination de Rouget lui conviendroit mieux qu'à tout autre ; mais il faut éviter de le confondre, comme plusieurs ont fait, avec le Rouget-Grondin. Si l'on a égard à la forme de son corps, ainsi qu'au nombre & à la position tant des nageoires que des ailerons, il paroîtra qu'il est à propos de le rapprocher des Mulets ; c'est ce qu'on a fait en le nommant *Surmulet* : & c'est à tort que quelques-uns ont cru que cette dénomination convenoit à de grands Mulets, puisque dans l'Article des Mulets, nous avons dit qu'on en prenoit qui avoient plus de deux pieds de longueur ; au lieu que les plus grands Surmulets n'excedent pas un pied ; je crois donc que si on a nommé ce poisson *Surmulet*, ce n'est pas à raison de sa grandeur, mais parce qu'il fait un manger plus délicat que le Mulet, & qu'à cet égard il lui est supérieur. Le Surmulet a, comme les Grondins, des barbillons ; mais au lieu que ceux des Grondins ont leur attache auprès des articulations des nageoires de dessous la gorge, le Surmulet les a à l'extrémité de la mâchoire inférieure, c'est ce qui l'a fait nommer *Rouget* ou *Mulet-Barbet*, Mullus Barbatus, *Barbarin, Barbeau de mer*. La ressemblance qu'on a trouvé entre les barbillons que le Surmulet a au menton avec ceux des Morues, a fait qu'on a nommé en quelques endroits le Surmulet *Morude*, par comparaison à la Morue. Il y en a qui veulent faire une distinction de ceux qui se tiennent dans la grande eau, d'avec ceux qui sont dans les étangs, & les lieux vaseux ; ce qui les a engagé à nommer ceux-ci *Lutarii*. Je vois dans quelques Auteurs qu'en Italie on le nomme *Trigla* ; mais c'est trop nous occuper des différents noms qu'on donne à ce poisson ; il faut passer à quelque chose de plus intéressant.

Le Surmulet est un poisson singuliérement estimé, sur-tout celui qu'on pêche en grande eau depuis le commencement de Juillet jusqu'en Août ; car dans cette saison il est dans sa grandeur qui n'excede guere huit à neuf pouces ; sa chair est blanche, ferme, se leve par feuillets ; elle est d'un goût excellent. Ce poisson est donc fort recherché pour les grandes tables ; car, quoique le Rouget-Grondin soit, comme nous l'avons dit, un bon poisson, le Surmulet lui est bien supérieur, mais malheureusement il n'est pas de garde, il faut le manger dans les vingt-quatre heures. Il y a lieu de soupçonner que c'est ce poisson que les anciens Romains conservoient dans des vases de cristal pour être en état de les manger plus frais.

Les écailles du Surmulet différent peu de celles du Mulet ; elles sont placées à recouvrement, comme les ardoises sur un toit ; elles sont si transparentes qu'on apperçoit au travers la couleur de la peau qui est d'un beau rouge, & lorsqu'on les a enlevées, la couleur rouge du poisson est plus sensible ; le rouge de la peau subsiste même lorsque le poisson est cuit ; seulement quand a ôté les écailles, on n'apperçoit plus les reflets dorés qu'on voit sur les poissons nouvellement tirés de l'eau.

Les écailles sont assez fortement adhérentes à la peau qui est mince, mais ferme sans être coriace.

A l'égard de la forme du corps de ce poisson, la courbe du côté du ventre *A H V N*, *Pl. III*, *fig.* 1, est très-peu considérable : cette partie du poisson forme presque une ligne droite depuis *N* jusqu'à l'extrémité du museau. Le dos est beaucoup plus voûté, & la courbe *A C S T* est bien plus considérable : la largeur du poisson commence à diminuer en *S*, mais pas fort considérablement jusqu'à *C* ; elle l'est beaucoup plus depuis *C* jusqu'à l'extrémité du museau qui est gros & camus. La tête est grosse & courte, sa gueule de médiocre grandeur, il n'a point de dents, la mâchoire d'en bas est seulement garnie d'aspérités qu'on sent avec le doigt, & il a deux osselets au palais.

Tous les Surmulets grands, *fig.* 1, ou petits, *fig.* 2, ont les mêmes caracteres ; ils différent seulement par les couleurs ; la tête est arrondie, le museau camus ; ils ont deux barbillons à l'extrémité de la mâchoire inférieure, deux nageoires derriere les ouies, deux autres sous la gorge, deux ailerons sur le dos bien ſéparés l'un de l'autre, de forme à peu-près ſemblable & de moyenne grandeur. Les rayons de celui *K* qui eſt du côté de la tête, ſont gros & durs, pas fort piquants; ceux de l'autre aileron *M* ſont rameux & point piquants: l'aileron de la queue *O R P Q* eſt fourchu irréguliérément; l'aileron de derriere l'anus *N I*, n'eſt pas grand, il eſt formé de rayons flexibles; la portion de l'aileron de la queue qui répond au ventre eſt plus courte que celle qui eſt la continuation du dos. Les yeux *C*, qui ſont un peu élevés vers le crâne, ſont vifs, leur prunelle eſt noire & l'iris rouge ſur-tout vers les bords: entre les yeux & l'extrémité du muſeau ſont les ouvertures des narines.

Les deux ailerons du dos, celui de la queue, ainſi que les nageoires de derriere les ouïes, ſont rouges avec des reflets d'or qu'on n'apperçoit qu'au ſortir de l'eau: cette couleur eſt fort pâle à l'aileron de derriere l'anus & aux nageoires de deſſous la gorge. En général la couleur de la tête eſt rouge, & on apperçoit ſur les côtés des plaques nacrées qui font un bel effet. Au ſortir de l'eau, le rouge de deſſus la tête eſt foncé; cette couleur ſe prolonge ſur le dos du poiſſon; la couleur foncée du dos s'éclaircit ſur les côtés, & le ventre eſt preſque blanc, un peu argenté & chargé de nuages couleur de roſe.

Dans le moment où l'on tire le poiſſon de l'eau, on apperçoit que le rouge, plus ou moins foncé, forme des rayes peu ſenſibles qui s'étendent ſuivant la longueur du poiſſon. En y prêtant attention on découvre des bandes jaunes, tirant à l'or; mais toutes ces couleurs diſparoiſſent en peu de temps.

Je vais donner les dimenſions d'un Surmulet qui n'avoit que ſept pouces huit lignes de longueur totale *A B*.

De l'extrémité du muſeau au centre de l'œil *C*, il y avoit un pouce.

La longueur des deux barbillons *F* de deſſous la mâchoire inférieure, étoit d'un pouce ſix lignes. Il y avoit un pouce neuf lignes du bout du muſeau *A*, au bord *D* des opercules, & deux pouces dix lignes au commencement du premier aileron du dos *K*: l'étendue de cet aileron, à ſon attache au corps, étoit à peu-près d'un pouce; le premier rayon étoit le plus long.

De l'extrémité du muſeau au commencement du ſecond aileron *M*, il y avoit trois pouces neuf lignes; l'étendue de cet aileron à ſon attache au corps, étoit à peu-près la même que celle de l'aileron *K*; les rayons étoient un peu plus longs que ceux de l'aileron *K*. De l'extrémité poſtérieure de cet aileron à l'articulation de l'aileron de la queue *O P*, il y avoit quatorze lignes; la longueur des plus longs rayons *O R* ou *P Q* étoit de dix-neuf lignes.

L'anus *N* étoit à peu-près à la moitié de la longueur totale du poiſſon, & à quelques lignes plus vers la queue commençoit l'aileron du ventre *N I* qui étoit un peu plus petit, mais à peu-près de la même forme que l'aileron du dos *M*.

L'articulation *D* des nageoires branchiales étoit à vingt-deux lignes de l'extrémité du muſeau *A*, & aſſez préciſément au-deſſous de *D* étoient les articulations *H* des nageoires gutturales.

La largeur verticale du poiſſon à l'à-plomb de *C*, étoit de quatorze lignes; à l'à-plomb de *T V*, de dix-huit; en *P O*, de huit lignes; l'étendue *Q R* de l'aileron de la queue étoit à peu-près de quinze lignes.

Comme les Surmulets ſe tiennent au fond de la mer lorſqu'il fait froid, il faut les y aller chercher avec le filet de la dreige, & on en trouve dans les foſſes; mais quand il fait chaud, ils s'approchent de la ſuperficie de l'eau; alors il y en a dans les manets qu'on tend pour les maquereaux. Au reſte, on trouve des Surmulets dans les parcs, & on en prend comme les Bars & les Mulets, mais ils ne ſont pas auſſi communs; néanmoins, il y en a aſſez abondamment à la côte de Saint Marcou, Amirauté de la Hogue, à Jonville, Amirauté de Barfleur, à la Baie d'Iſigny & ſur les côtes de Poitou. Il eſt dit dans l'Hiſtoire générale des Voyages qu'il s'en trouve beaucoup dans le Royaume de Juda.

Pour ce qui eſt de l'apprêt dans les cuiſines, on ne le vuide point, parce qu'il n'a point de véſicule du fiel, & que ſes inteſtins qui ſont gras ſont réputés un mets fort délicat: on fait auſſi cas de la tête, on la fait cuire ſur le gril, l'arroſant avec de bonne huile ou du beurre frais, & on la mange ou avec une ſauſſe blanche dans laquelle on met des fines herbes hachées menu, ou avec l'huile & le vinaigre; mais la meilleure ſauſſe ſe fait en écraſant le foie dans du vin.

ARTICLE QUATRIEME.

Je vais maintenant parcourir les Côtes, pour dire plusieurs choses qui sont relatives aux Mulets, aux Bars, &c.

§. 1. *Bayeux & Port en Bessin.*

On prend dans cette Amirauté des Mulets avec des tramaux sédentaires ; les mailles des nappes ont quatre à cinq pouces d'ouverture en quarré ; celles de la flue huit à neuf lignes.

A Port en Bessin, on se sert communément des filets dits *Vas-tu*, *Viens-tu*, dont nous avons parlé à la seconde Section de la premiere Partie, page 122, & que nous avons représentés sur la Planche XXXIX.

§. 2. *Cherbourg.*

On y prend ces poissons avec les rêts qu'on nomme *Muliers* ; ce sont de petites saines ou dranets.

En Mars & en Mai, quand les Pêcheurs apperçoivent des bancs de Mulets ou de Bars, ils amarrent une manœuvre qui répond à un des bouts du filet, & conservant l'autre bout dans un petit bateau, ils essayent d'entourer ce banc, & quand ils y réussissent, ils prennent quelquefois d'un seul coup de filet une immense quantité de poissons.

§. 3. *Grand-Camp.*

On y pratique les mêmes pêches qu'à Cherbourg ; on se sert en outre de mulletiers sédentaires tendus par fond sur les roches, comme on fait les folles : les mailles de ces filets ont quinze lignes d'ouverture en quarré.

§. 4. *Carentan.*

On prend à la Côte des Mulets & des Bars avec de petites saines ou traînes qu'on nomme *Muliers*. Les mailles sont comme celles des saines qui servent pour les Harengs : indépendamment des petites perches, comme il se rassemble un grand nombre de Mulets à l'embouchure de la Sienne où tombe la riviere de Soule, principalement au lieu nommé le Pont de la Roque ; & dans les endroits où l'eau est tranquille, on forme une enceinte de filets qui ont quatre à cinq pieds de chûte, dont les mailles ont dix-sept lignes en quarré d'ouverture ; la tête est garnie de flottes ; ils n'ont point de left au pied : ainsi on ne prend point de poissons plats, mais seulement des Mulets & des Bars, & d'autres poissons qui nagent entre deux eaux.

§. 5. *Marennes.*

Les Mulets qu'on nomme *Meuille* dans ce Port, entrent avec la marée dans les chenaux, & on les arrête avec des filets traversants appellés *salins* ou *saillants*.

§. 6. *Abbeville.*

Quand les Pêcheurs apperçoivent dans les eaux dormantes des bancs de Mulets entre Abbeville & Noyelle, ils essayent de les entourer avec leurs filets qu'on peut regarder comme des muletiers d'enceinte & dormants.

§. 7. *Sables d'Olonne.*

Les Sauniers prennent beaucoup de poissons, entr'autres des Mulets dans les Etiers ou canaux qui fournissent l'eau aux marais salants ; on prétend que quand ils sont une fois entrés dans ces étiers, ils ne retournent plus à la mer.

§. 8. *Bayonne.*

On prend des Mulets & des Bars depuis la Barre de Bayonne jusqu'au Bec de Grave, principalement depuis le mois de Septembre jusqu'en Décembre : on en distingue de plusieurs sortes, les Pêcheurs Bayonnois les appellent quelquefois *Murle* : la plupart pesent une demi-livre ou une livre ; après la passée on en prend de plus gros dont la chair est moins ferme ; ils ressemblent à ceux qu'on prend dans les lacs de la Méditerranée, & sont assez semblables aux poissons qu'on nomme à Saint Jean-de-Luz, *Corracoins.*

ARTICLE CINQUIEME.

De pluſieurs petits Poiſſons qui, ayant deux ailerons ſur le dos, doivent être compris dans la préſente Section.

J'AI dit ſeconde Partie, troiſieme Section, page 480, qu'il n'y a guere de Port où l'on ne donne les noms de *Capelans* ou *Preſtres* à quelques petits poiſſons; mais que ceux auxquels on donne ces noms dans les différents Ports, quoique toujours petits, différent aſſez conſidérablement les uns des autres; j'ai parlé à l'endroit cité des poiſſons qu'on nomme *Preſtres* qui n'ont qu'un aileron ſur le dos; j'avois même précédemment dit un mot de quelques-uns qui ont trois ailerons, & qu'en pluſieurs endroits on nomme *Preſtres*: j'ai encore prévenu que je parlerois ailleurs de ceux qui en ont deux, & je vais ſatisfaire à cet engagement; mais comme dans beaucoup de Ports on donne aſſez indifféremment les noms de *Grados, Preſtre, Preſtra, Capelan, Eperlan bâtard*, &c. à des poiſſons peu différents les uns des autres, je les comprendrai dans le même article; j'y joindrai même pluſieurs autres petits poiſſons qui n'en different pas beaucoup.

§. 1. *Du Preſtre* ou *Preſtra de Breſt.*

J'ai prévenu à la troiſieme Section de la ſeconde partie, page 480, que n'ayant pu conſerver des idées bien préciſes ſur pluſieurs petits poiſſons qu'on me préſentoit dans les Ports ſous des noms différents je me ſuis cru obligé d'avoir recours aux Officiers de ces Départements pour m'affermir dans mes idées, ſi elles étoient juſtes, ou les rectifier ſi elles étoient fauſſes; c'eſt après ces précautions que je donne avec confiance ce qui ſuit concernant ces petits poiſſons qui, dans le fonds ont pour la plupart peu de mérite.

A l'égard du poiſſon qu'on nomme *Preſtre* à Breſt, M. de Ruis-Embito, Intendant de ce Département, m'a envoyé le deſſin ſur lequel j'ai fait graver la figure premiere de la Planche IV, & j'ai reçu de M. Blondeau, Profeſſeur de Mathématiques à Breſt, les principales dimenſions de ce poiſſon.

La longueur totale *A B* eſt de cinq pouces neuf lignes & demie; de l'extrémité du muſeau *A* au centre de l'œil *C*, il y a cinq lignes & demie; du bout du muſeau au derriere des opercules des ouies *D*, un pouce; du bout du muſeau au commencement *P* du premier aileron du dos, deux pouces quatre lignes; cet aileron eſt formé de ſept rayons; ſon étendue à ſon attache au corps eſt de

cinq lignes & demie, & le plus long rayon avoit ſix lignes.

Du muſeau à la naiſſance du ſecond aileron du dos *Q*, il y a trois pouces trois lignes; du muſeau à l'articulation de l'aileron *B* de la queue, quatre pouces onze lignes; du muſeau à l'anus *E*, deux pouces dix lignes; à cinq lignes plus vers la queue eſt le commencement *N* de l'aileron du ventre; l'étendue de cet aileron à ſon attache au corps étoit de cinq lignes, & le plus long rayon en avoit neuf.

L'aileron de la queue *B* étoit fourchu; du muſeau à l'articulation *D* des nageoires de derriere les ouies, il y avoit un pouce deux lignes, elles étoient formées de onze à douze rayons dont le plus long avoit neuf lignes; du bout du muſeau à l'articulation *M* des nageoires de deſſous le ventre, qui ſont très-près l'une de l'autre, on comptoit deux pouces.

L'épaiſſeur verticale du poiſſon à l'à-plomb de *D*, étoit de ſept lignes; à l'à-plomb de *P* de dix à onze lignes, à l'à-plomb de *Q N* de neuf à dix lignes; en *F*, auprès de la naiſſance de l'aileron de la queue, de quatre lignes & demie à cinq lignes.

Les écailles vers le dos, ont une teinte fauve; celles de deſſous les côtés ſont brillantes & argentées.

La pêche des Preſtres, Preſtras, Grados, Eperlans bâtards, ſe fait dans l'Amirauté de Breſt, avec le carreau & les haims, comme on le voit premiere Partie, ſeconde Section, *Pl. XIII*, & elle ſe pratique principalement autour des vaiſſeaux où ſe raſſemblent ces petits poiſſons. On en prend auſſi avec une eſpece de truble ou un ſac de filets à petites mailles, monté ſur un cercle rond : ces petits poiſſons dont on fait peu de cas, ſervent d'appât pour amorcer les haims; ce cercle eſt emmanché au bout d'une perche : entre les Pêcheurs qui ſont dans le bateau, les uns manient le filet, les autres le hiſſent avec une manœuvre qui paſſe dans une poulie frappée au mât du bateau.

A l'entrée de la rade de Breſt, on fait encore la pêche des Grados ou Crados avec une ſaine de vingt-cinq à trente braſſes de longueur; elle eſt leſtée de pierres diſtribuées de braſſe en braſſe ſur la ralingue du pied du filet. Un homme dans un petit bateau porte le filet au large; & quatre qui reſtent à terre, conservent le hâlin qui eſt amarré au canon du filet , comme on le voit *Pl. XXXVII* de la premiere Partie , ſeconde Section , & *fig.* 2 en *A* ; ces opérations ſont détaillées à la page 141. Quand celui qui eſt dans le canot, a mis le filet à l'eau, ceux de terre le hâlent & prennent les Grados ou Preſtres. On trouve à la premiere Partie , ſeconde Section , nombre d'exemples de cette façon de pêcher : je dirai encore quelque choſe dans la ſuite du Preſtre de Breſt , pour faire appercevoir qu'il differe beaucoup de l'Officier de Bretagne.

§. 2. *Du Preſtra* ou *Preſtre d'Aunis.*

M. Niou , Sous-Ingénieur de la Marine , m'a envoyé de Rochefort un Preſtre d'Aunis qui differe très-peu de celui de Breſt : en voici la deſcription.

La longueur totale de *A* en *B* , *Pl. IV* , *fig.* 2 , eſt de quatre pouces ; de *B* au centre de l'œil , de quatre lignes & demie ; de *B* au derriere des ouies , de neuf lignes ; de *B* au commencement *C* du premier aileron du dos ; ſeize lignes : la largeur *C D* de cet aileron à l'attache au corps , eſt de ſix lignes ; de *B* au commencement *E* du ſecond aileron, deux pouces trois lignes ; la largeur *E F* de cet aileron à ſon attache au corps, eſt de cinq lignes ; du muſeau *B* à la naiſſance *G* de l'aileron de derriere l'anus, il y a deux pouces deux lignes ; du muſeau *B* à l'articulation des nageoires branchiales *H*, dix lignes ; à l'articulation *K* des nageoires ventrales, un pouce trois lignes. La longueur de l'aileron de la queue *L* eſt de huit lignes.

Le ventre & les côtés ſont très-argentés ; mais il y a une bande *M N* plus brillante que le reſte ; le dos eſt un peu fauve, & à cette partie le bord des écailles eſt pointillé de noir.

§. 3. *Du Grados de Saint-Malo.*

J'ai dit à la troiſieme Section de la ſeconde Partie , page 480, que M. Guillot m'avoit envoyé de Saint-Malo un Grados conſervé dans l'eſprit-de-vin : je l'ai fait graver ſur la Planche XVI , *fig.* 8. Le corps eſt fort bien ; mais j'ai prévenu à l'endroit cité que les ailerons avoient beaucoup ſouffert, ce qui me laiſſoit dans l'incertitude de décider, s'il avoit ſur le dos un ou deux ailerons ; mais M. Guillot m'en ayant depuis fait parvenir un qui a inconteſtablement ſur le dos deux ailerons , j'ai jugé convenable de le faire graver ici, *Pl. IV*, *fig.* 3 , & d'en donner une deſcription plus détaillée que celle qui ſe trouve à la troiſieme Section que je viens de citer.

La longueur totale *A B* du Grados de Saint-Malo, étoit de cinq pouces neuf lignes ; de *A* en *C*, derriere les ouies, il y avoit un pouce ; de *C* en *D*, à la naiſſance de l'aileron de la queue, trois pouces neuf lignes ; la longueur de la nageoire de derriere les ouies depuis ſon articulation *C* juſqu'à ſon extrémité qui ſe termine fort en pointe, dix lignes.

L'articulation des nageoires *E* de deſſous le ventre, étoit à un pouce neuf lignes du muſeau ; ces nageoires ſont étroites, pointues, longues de huit lignes : il a deux ailerons ſur le dos ; le plus près *F* de la tête eſt à deux pouces deux lignes du muſeau ; ſon étendue à l'attache au corps , eſt de ſix lignes ; l'autre aileron *G* eſt à trois pouces deux lignes du muſeau ; ſon étendue à l'attache au corps eſt de huit lignes.

L'aileron *H* de derriere l'anus commence preſque à l'à-plomb de celui du dos, ſon étendue à ſon attache au corps eſt de huit lignes ; l'aileron de la queue depuis *D* juſqu'à *B* , eſt d'un pouce ; il eſt fourchu : l'anus eſt à peu-près au milieu de la longueur totale du poiſſon ; la tête depuis *A* juſqu'à *K* eſt applatie en deſſus.

Les yeux ſont grands, la prunelle d'un bleu foncé, l'iris argenté.

On n'apperçoit point de dents aux mâchoires, mais avec le doigt on ſent qu'elles ſont bordées d'aſpérités ; les opercules des ouies ſont nacrés & brillants ; l'extrémité des mâchoires ſupérieure & inférieure ſont brunes.

Les rayes latérales qui s'étendent depuis l'opercule des ouies juſqu'à l'aileron de la queue ſont formées par deux rangées de points qui ſemblent de petits clous d'argent très-réguliérement arrangés ; en général toutes les écailles ſont nacrées & brillantes, en les regardant dans un certain ſens, ces couleurs forment des raies très-brillantes.

Pendant les mois de Février, Mars & Avril, il monte dans la Rance une prodigieuſe quantité de Grados, de Preſtres & d'Eperlans bâtards, ce qui fait une manne pour le pays, ſur-tout pendant le Carême, & dont Saint-Malo profite : on pêche ces petits poiſſons avec des ſaines épaiſſes.

§. 4. *Du Grados de la Manche* ; qui paroît être le *Preſtre de Bretagne.*

M. le Teſtu m'ayant envoyé de Dieppe un poiſſon ſous le nom de Grados de la Manche, je l'ai fait graver, *fig.* 4, & je vais en rapporter la deſcription. Ce poiſſon eſt rond & à écailles. M. le Teſtu me marque qu'il eſt de fort petite taille ; néanmoins j'en ai reçu de M. Bertin, Commiſſaire général de la Marine, qui avoient été pris à l'embouchure de la Seine ; ils étoient au moins auſſi gros que ceux qui m'avoient été envoyés de Saint-Malo & de Breſt : effectivement, M. le Teſtu ajoute qu'ils ſe prennent avec quantité de petits poiſſons qui ſe raſſemblent dans les parcs, & qu'on pourroit bien confondre les uns avec les autres ; celui que j'ai reçu de M. le Teſtu avoit environ quatre pouces & demi de longueur, & il dit que les grands n'excedent guere cinq pouces ; la mâchoire ſupérieure étoit un peu plus longue que l'inférieure ; il y a une membrane qui s'étend de l'une à l'autre ; on apperçoit dans l'intérieur de la gueule, la langue qui n'a guere qu'une ligne & demie de long ; ſes yeux ſont ronds, la prunelle eſt noire & l'iris argenté, très-brillant ; les rayes latérales ſont d'un bleu foncé d'une ligne de largeur, qui prend ſa naiſſance au-deſſus des ouies, & elles s'étendent juſqu'à la naiſſance de l'aileron de la queue où elles partagent la largeur du poiſſon en deux : le corps du poiſſon depuis le dos juſqu'à cette ligne, eſt de couleur olive-clair ; le ventre eſt blanc & argenté, fort brillant ; l'anus eſt placé, à peu-près, à la moitié de la longueur du poiſſon : on n'apperçoit point de dents aux mâchoires : il a deux ailerons *F*, *G* ſur le dos ; le premier *F* éloigné du derriere des opercules des ouies de ſept à huit lignes, eſt compoſé de ſix à ſept rayons ; le ſecond *G* qui eſt plus vers la queue avoit dix à douze rayons ; en outre on appercevoit ſous le ventre, derriere l'anus, un aileron aſſez ſemblable au ſecond aileron du dos.

Ce poiſſon avoit derriere les ouies deux nageoires de cinq à ſix lignes de longueur, & formées de neuf à dix rayons ; celles de deſſous la gorge, qui avoient au plus quatre lignes de longueur, étoient auſſi formées, de ſix à ſept rayons ; l'aileron de la queue étoit un peu échancré, & formé de dix-huit à vingt rayons : les membranes qui uniſſent ces rayons, ſont ſi déliées qu'on a bien de la peine à les étendre, ſans qu'elles ſe déchirent.

Si l'on diviſe ce poiſſon ſuivant ſa longueur en ſix parties égales depuis les ouies juſqu'à l'origine de la queue, le corps en forme les deux tiers ; la tête eſt d'un ſixieme de cette longueur ; la longueur des rayons de la queue eſt auſſi d'un ſixieme ; la plus grande largeur qui eſt à l'à-plomb de l'anus eſt auſſi d'un ſixieme de la longueur totale du poiſſon ; vis-à-vis les yeux, cette largeur eſt diminuée d'un tiers & de deux tiers près l'origine de l'aileron de la queue ; ſon épaiſſeur eſt à peu-près la moitié de ſa largeur verticale.

On ne fait pas beaucoup de cas de ce poiſſon pour la table.

§. 5. *Du Grados de Normandie, Eperlan bâtard*, Eperlanus marinus agreſtis.

Ce petit poiſſon, *fig.* 5, n'a jamais plus de quatre à cinq pouces de longueur ; on le nomme *Eperlan* parce qu'il reſſemble effectivement au vrai Eperlan par ſa couleur & la forme de ſa queue ; mais il eſt plus court, moins rond, & il a deux ailerons ſur le dos, au lieu que le vrai Eperlan n'en a qu'un ; c'eſt dans les mois de Septembre & Octobre qu'ils paroiſſent en plus grande quantité ; ils ne s'enſablent point comme le font quantité de petits poiſſons : ſa tête a quelque reſſemblance à celle du Hareng ; ſes écailles ſont très-minces & petites, ce qui fait que ſon corps paroît demi-tranſparent ; les mâchoires ſont à peu-près égales, néanmoins celle d'en bas eſt la plus longue ; l'œil eſt aſſez grand proportionnellement à la groſſeur du poiſſon ; le deſſus de la tête & le haut du dos ſont marqués de traits bruns à peine viſibles ; les mâchoires ſont garnies de très-petites dents, ou plutôt d'aſpérités.

§. 6. *Du faux Eperlan de la Loire.*

Les petits poiſſons qu'on nomme mal-à-propos *Eperlans* à l'embouchure de la Loire, reſſemblent un peu à une Sardine de moyenne groſſeur, néanmoins ils ſont plus effilés & plus arrondis ; leurs écailles ſont blanches, argentées, brillantes ; ſur le dos ſont des points noirs réguliérement diſtribués ; la tête eſt allongée, de même couleur que le dos ; elle eſt tellement tranſparente, qu'en l'oppoſant au jour, on entrevoit la charpente cartilagineuſe qui la forme ; leurs yeux ſont ronds, l'iris couleur de perle, & la prunelle noire : la gueule eſt grande proportionnellement à la taille du poiſſon ; la mâchoire inférieure eſt un peu plus longue que la ſupérieure, l'une & l'autre ſont armées de dents ; le palais juſqu'au goſier eſt garni d'aſpérités, la langue même eſt rude ; on apperçoit ſur le muſeau les ouvertures des narines qui ſont doubles. Au reſte ces faux Eperlans ont, comme les Grados dont nous avons parlé, deux ailerons ſur le dos, un ſous le ventre derriere l'anus ; l'aileron de la queue fourchu, deux nageoires derriere les ouies, & deux ſous la gorge ; toutes formées par des rayons ſouples, & la plupart rameux. Ces poiſſons entrent au printemps dans la Loire, & c'eſt alors qu'on en prend un peu abondamment.

M. Barbotteau, Correſpondant de l'Académie, qui m'en a envoyé de Nantes, m'a marqué que leur cœur eſt rouge & anguleux ; que le ventre des femelles contient grand nombre d'œufs blancs ; que la véſicule du fiel tient au foie qui eft rouge ; que le ventricule eft grand proportionnellement à la taille du poiffon ; que la chair eft délicate & d'affez bon goût, mais nullement comparable à celle du vrai Eperlan qu'on prend à l'embouchure de la Seine , & que j'ai repréfenté feconde Partie , feconde Section , Planche IV.

§. 7. *Difcuffion fur les poiffons qu'on nomme fur les différentes Côtes* Grados.

Je viens de donner les deffins & les defcriptions de quelques poiffons qui m'ont été envoyés de différents endroits , fous la dénomination de *Grados*. Quoiqu'à confidérer en gros ces poiffons , ils paroiffent d'une même efpece , M. Guillot , d'après un examen plus affidu , prétend que ce font différents poiffons qu'on nomme , dit-on , *Grados* , parce qu'en les maniant , on fent une fubftance graffe fur leur corps , principalement du côté de la queue ; mais ce qui femble trancher la difficulté , c'eft que les Grados qu'on pêche dans la Manche & à Breft , font , dit-on , pleins d'arêtes , & ont une chair fade , ce qui fait qu'on ne les emploie que pour amorcer les haims ; au lieu que ceux qu'on prend à Cancalle , dans les Pêcheries de la riviere de Rance , à Saint Jacut , à Saint Briac , où il en remonte une multitude toute l'année , mais fur-tout en Mars & Avril , ces poiffons , dis-je , ont la chair ferme & très-blanche , & ont à peuprès le goût fin & délicat des Eperlans : on ne peut guere foupçonner que des différences auffi marquées dépendent de la qualité des eaux.

Voyant qu'il y avoit plufieurs façons de penfer fur le compte des Capelans ou Preftres de Breft , j'ai pris le parti de m'adreffer à mes Correfpondants pour avoir de plus grands éclairciffements ; car les uns ont cru qu'à la grandeur près , les Capelans devoient être rangés avec les Morues ; il m'a paru que ceux-là les confondoient avec l'Officier que j'ai décrit feconde Partie , premiere Section , page 127 , & fait graver avec les Morues fur la Planche XXI ; mais il eft évident qu'il ne devroit pas y avoir de confufion à cet égard , puifque l'Officier dont j'ai parlé à l'endroit cité , a trois ailerons fur le dos , & deux fous le ventre ; au lieu que tout le monde convient que le Capelan de Breft n'a que deux ailerons fur le dos & un feul derriere l'anus.

De plus , plufieurs de mes Correfpondants , fans dire que le Capelan de Breft foit un excellent poiffon , ne conviennent pas qu'il foit auffi méprifable qu'on me l'avoit marqué : mais M. le Roy m'ayant envoyé une defcription fort détaillée du Preftre de Breft ,

je vais la rapporter , parce qu'elle me paroît propre à jetter quelques lumieres fur la queftion qui nous occupe , & qu'elle établit très-bien la différence qu'il y a entre l'Officier & le Capelan de Breft.

§. 8. *Defcription d'un petit poiffon que quelques-uns appellent* Preftra , Capelan *ou* Preftre *à Breft.*

Ce petit poiffon , dit M. le Roy , qu'il ne faut pas confondre avec l'Officier , a cinq ou fix pouces de long , & un peu moins d'un pouce de largeur ; il eft moins large que l'Officier qui eft repréfenté feconde Partie , premiere Section , Planche XXI , *fig.* 2 ; il eft plus épais & plus rond ; il n'a que deux ailerons fur le dos & un fous le ventre derriere l'anus , comme on le voit à la figure premiere de la Planche IV ; car cette figure étant exacte , il m'a paru fuperflu de faire graver un autre Preftre de Breft ; à l'occafion de ce que m'a marqué M. le Roy.

Sa queue eft affez large & fourchue ; il faut ajouter à cela deux nageoires branchiales & deux fous la gorge , point de barbillons.

L'anus eft fitué beaucoup plus loin de la tête que dans l'Officier ; l'œil eft moins faillant , la prunelle eft noire , & l'iris argenté.

Quand ce poiffon eft en vie , le dos eft brun & le ventre blanc ; de forte que la couleur brune , tranche fur le blanc dans toute la longueur du poiffon ; après la mort le brun s'éclaircit , mais il ne fe confond pas avec le blanc ; fon corps étant oppofé à la lumiere paroît tranfparent , à l'exception de la ligne latérale où l'on n'apperçoit que confufément l'arête du milieu : en général , les rayons des ailerons de la queue & des nageoires ne font pas fi rapprochés les uns des autres que dans l'Officier.

Le premier aileron du dos eft prefque à une diftance égale de la tête & de la queue , comme on le voit , *fig.* 1 , *Pl. IV* ; il eft formé de fept rayons ; le fecond aileron eft à fept ou huit lignes du premier vers l'arriere , il eft un peu plus étendu & fes rayons font plus longs.

L'aileron fous le ventre *N* eft prefque à l'à-plomb du fecond aileron *Q* du dos.

Les nageoires branchiales *D* ont fix lignes de longueur ; celles du ventre *M* font plus petites , mais elles font un peu plus étendues que les mêmes nageoires de l'Officier : la mâchoire inférieure ne déborde point la fupérieure : le Preftre a , ainfi que l'Officier , au fond du palais des éminences hériffées d'afpérités. On remarque que le foie du Preftre eft plus pâle que celui de l'Officier , & d'une forme différente ; il recouvre l'eftomach ,

mais

mais il s'étend plus à droite qu'à gauche, ne formant pas deux lobes longs & menus, comme dans le Lieu, le Merlan, l'Officier, &c.

La vessie à air est formée par une membrane transparente & si mince que le moindre effort la déchire; le péritoine est noir; les écailles paroissent plus grandes que celles de l'Officier : il est à propos de faire remarquer que ce poisson, quand il est en vie, a sur la tête deux petites taches rouges assez agréables; sa chair ne se leve point par écailles comme celle de l'Officier, mais par filets, & elle est d'assez bon goût. Il y a encore d'autres petits poissons auxquels on donne différents noms dans les Ports, & qui y sont connus sous celui de Grados.

M. le Testu m'écrit de Dieppe que le Prestra de Brest est le même poisson qu'on nomme *Crados* ou *Grados* à Dieppe, & que ce poisson n'est pas recherché, ce qui revient à ce qu'a dit M. le Roy.

On nomme *Gradeau* ou *Grados* à la Hougue, un petit poisson qu'on prend avec les Lançons, sur-tout lorsqu'on les pêche avec le savre. On peut consulter ce que nous avons dit du savre, premiere Partie, seconde Section, page 39, & à la troisieme Section, page 20 : on donne encore ce nom à une nappe de filet qui a au milieu une manche de toile dont l'ouverture a environ trois brasses de circonférence, & dont la profondeur est de quinze à vingt pieds : ce filet est, à proprement parler, l'aissaugue de la Méditerranée; on le traîne comme une saine, & quand il ne gratte point le fond, on ne prend que des Lançons & des Grados. Quand on tire ce filet à terre, & que les ailes sont tendues sur le rivage, on bat l'eau avec des perches pour effaroucher le poisson & l'engager à entrer dans la manche : les Pêcheurs se servent de ce poisson pour amorcer leurs haims, sur-tout lorsqu'ils se proposent de prendre des Rayes & des Turbots; néanmoins, ils assurent qu'étant frits, ils sont assez bons à manger.

§. 9. *Du Roseret de Caen.*

M. Viger, m'a envoyé de Caen un petit poisson, *fig. 7*, *Pl. IV*, qu'on y nomme *Roseret*; on ne peut pas le confondre avec la Blanche franche ou bâtarde dont j'ai parlé à la fin de la troisieme Section de la seconde Partie, puisque je n'ai apperçu qu'un aileron sur le dos des Blanches, au lieu que le *Roseret* de Caen en a deux : néanmoins le Roseret est tout blanc, & sa chair est si transparente qu'on apperçoit la grande arête dans toute sa longueur. Il est vrai qu'elle est brune & assez grosse, proportionnellement à la taille du poisson. Au reste, il a,

comme ceux dont nous nous occupons, deux ailerons sur le dos assez éloignés l'un de l'autre; un sous le ventre entre l'anus, qui est placé à peu-près à la moitié de la longueur du poisson, & la naissance de l'aileron de la queue qui est fourchu, sur lequel on apperçoit de chaque côté deux petits points noirs.

Les écailles de ce poisson sont petites, néanmoins épaisses, ce qui les rend sensibles; les yeux sont grands & parfaitement ronds, les mâchoires sont garnies de dents extrêmement fines qu'on sent pourtant avec le doigt; la mâchoire d'en bas est un peu plus longue que la supérieure; enfin la langue est pointue.

Le goût de ce petit poisson est agréable : on le mange frit & en matelotte. Il me paroît avoir beaucoup de ressemblance avec le Prestre de Brest; seulement les écailles du Prestre sont de couleur fauve sur le dos, très-brillantes sur les côtés; vers le dos, le bord des écailles paroît pointillé de noir.

§. 10. *Des fausses Sardines d'auprès S. Jean-de-Luz & de S. Malo.*

Depuis la page 470 jusqu'à 481 de la quatrieme Section, j'ai fait une assez ample énumération des petits poissons qui ont quelques rapports aux Harengs & aux Sardines.

J'ai dit d'après M. de la Courtaudiere, que sur la côte d'Ondarroa ou d'Hondara, à dix ou douze lieues de S. Jean-de-Luz, les Pêcheurs prennent quelquefois d'un seul coup de filet des milliers de fausses Sardines; je crois devoir rapporter à cette occasion que M. Guillot m'a écrit de Saint-Malo qu'on prend dans les environs une multitude immense de petits poissons qui ont assez la forme de la Sardine sans en avoir le goût, & qu'on nomme *Sardines bâtardes* ou *Harengues* : je ne rapporte ceci qu'historiquement, car je ne puis me rappeller si ces poissons avoient un ou deux ailerons sur le dos.

§. 11. *Du Jol de Languedoc.*

On prend en Languedoc un très-petit poisson, *fig. 6*, qui a deux ailerons sur le dos; on le nomme *Jol* : je soupçonne que c'est le même qu'on nomme *Safre* ou *Sanfre*.

§. 12. *Du Sauclet.*

Le Sauclet ou Siego, *fig. 8*, est un petit poisson menu, allongé, & qui a le museau pointu : comme il a deux ailerons sur le dos, je suis surpris que Rondelet l'ait confondu avec le Melet qui n'en a qu'un, & qui, relativement à sa taille, n'a pas la forme aussi allongée.

§. 13. *Du Huceau*, ou *Lusteau en Poitou & Aunis.*

On donne ces noms à un poisson rond, dont les uns n'ont que six pouces de longueur, & d'autres plus d'un pied & demi: ses écailles sont petites, minces, noirâtres sur le dos, & grises sous le ventre; sa tête est assez grosse, sa gueule grande, garnie de quelques dents; il a deux nageoires derriere les ouies, deux plus petites sous la gorge, un petit aileron derriere l'anus; sur le dos un petit aileron derriere la tête, & ensuite un grand qui s'étend presque jusqu'à l'aileron de la queue qui est un peu fendu.

§. 14. *De la Buhotte de Caen*, ou *Tout-nud d'Aunis.*

J'ai dit quelque chose de ce petit poisson à la troisieme Section de la seconde Partie, page 476, & j'ai prévenu que j'en parlerois dans la Section où il s'agiroit des poissons qui ont deux ailerons sur le dos.

M. Viger m'a envoyé un petit poisson qu'on nomme *Buhotte* aux environs de Caen, & j'ai reçu ce même petit poisson d'Aunis, où on le nomme *Tout-nud*; il avoit trois pouces trois lignes de longueur totale *A B*, *Pl. III*, *fig. 3*; sa tête proportionnellement à sa petitesse, étoit assez grosse;

& la longueur de la tête *C* étoit de huit lignes; les yeux *E* étoient un peu élevés sur la tête & à trois lignes du museau; la prunelle noire & petite sembloit un grain de vesce; sur le dos étoient deux petits ailerons *K*, *L*, un autre derriere l'anus en *H*; l'aileron de la queue *I* étoit très-peu fourchu. Tous ces ailerons sont formés par des nervures très-déliées & unies par des membranes si minces qu'en les étendant il est bien difficile de prévenir qu'elles ne se déchirent, alors les nervures semblent des poils.

Les articulations des nageoires de derriere les ouies, sont un peu engagées sous les opercules; en *F*, sous le ventre, sont des nageoires qui paroissent n'être que des poils, & l'aileron de la queue semble un pinceau; cet aileron est marqué de quelques traits qui ont une direction presque transversale. Pour appercevoir les ailerons du dos *K*, *L*, il faut relever les rayons avec une fine aiguille.

On ne remarque point d'écailles sur le corps, néanmoins avec une louppe ou découvre des raies qui se croisent & de petits points bruns.

L'épaisseur verticale de ce poisson, est de six lignes vers *C*, de cinq en *F*, & de trois lignes & demie en *I*; ses mâchoires sont garnies de dents: on dit qu'il est très vorace; qu'il avale les petites chevrettes qui ayant la vie très-dure, le font mourir. Au reste, il est assez bon à manger, & on le prend pêle-mêle avec d'autres petits poissons de sa taille.

Les Anguilles & les Congres en détruisent beaucoup.

CHAPITRE III.

Additions & Corrections relatives aux Sections qui ont été publiées.

§. 1. *Sur un pteit Poiſſon nommé* Cabot.

On ſait qu'il eſt d'uſage dans les Hiſtoires des Poiſſons de donner l'épithete de *Cabot* à ceux qui ont la tête plus groſſe que les autres du même genre ; c'eſt dans ce ſens qu'on a nommé, comme nous l'avons dit, page 146, une eſpece de Mulet *Cabot*: mais nous avons parlé à la page 123, cinquieme Section de la ſeconde Partie, d'un très-petit poiſſon qu'on a ſpécialement nommé *Chabot* ou *Cabot*, en Italie *Capito*, parce qu'il a, proportionnellement à la petiteſſe de ſon corps, une fort groſſe tête ; on le voit gravé au bas de la Planche XI. Je ne répéterai point ici ce que j'ai dit de ce petit poiſſon, mais je conviens que j'ai dit trop généralement qu'il n'avoit qu'un aileron ſur le dos ; car j'en ai ſoigneuſement examiné de pêchés dans la Seine qui en ont deux exactement comme celui qui eſt gravé ſur la Planche XI de la cinquieme Section.

Il eſt vrai que Rondelet fait mention de deux différents poiſſons qui ont une forme très-approchante du Cabot que nous avons fait graver, un qui eſt d'eau douce, qu'on trouve page 147 de la ſeconde Partie de ſon ouvrage, qu'il dit qu'on nomme en France *Chabot*, en Languedoc *Tête d'âne*, en latin, ſuivant Gaze, *Cottus*.

Rondelet parle en outre, page 179 de la premiere Partie de ſon ouvrage d'un poiſſon de forme aſſez ſemblable, qu'il dit être de haute mer, il le nomme *Belenne*; il ajoute qu'on l'appelle *Gravan* à Toulon, & que Gaze le nomme en latin *Cothus*.

Suivant Rondelet, le Chabot d'eau douce qui ſe trouve en quantité dans les eaux vives, & qui ſe retire volontiers ſous les pierres,

eſt un fort petit poiſſon qui a une groſſe tête & une grande gueule, ſuivant lui, dénuée de dents ; mais j'ai bien vérifié à ceux que j'ai examinés, & qui avoient été pêchés dans la Seine, que les levres ſont garnies de fort petites dents très-pointues. Je conviens avec Rondelet que les yeux ſont fort élevés ſur la tête & tournés vers le ciel, ce qui fait que quelques-uns ont voulu le ranger avec les *Uranoſcopus* : il a deux grandes nageoires derriere les ouies, & deux petites ſous la gorge. Il ajoute qu'il n'a qu'un grand aileron ſur le dos : ceux que j'ai examinés en avoient deux, comme on les voit repréſentés ſur la Planche XI. Il eſt vrai que comme ces ailerons qui ſont fort déliés, ſe logent dans une grande gouttiere que ces poiſſons ont ſur le dos, il n'eſt pas poſſible de les appercevoir aux poiſſons un peu deſſéchés ; mais on les voit très-diſtinctement à ceux qui nagent dans l'eau, ou qu'on examine ſitôt après qu'ils en ſont tirés.

A l'égard du Chabot que Rondelet nomme *Belenne*, & qu'il dit être marin, il décide expreſſément qu'il a deux ailerons ſur le dos ; ainſi il reſſemble beaucoup au Cabot que j'ai fait graver ſur la Planche XI, & que je crois avoir été deſſiné ſur un de ces poiſſons apporté des bords de la mer ; ſi cela eſt, je ſuis d'accord avec Rondelet pour les Cabots de la mer, puiſque nous penſons l'un & l'autre qu'ils ont deux ailerons ; mais il n'en eſt pas de même pour les Cabots d'eau douce, puiſque Rondelet dit qu'ils n'ont qu'un aileron, & je ſuis certain que les Cabots que j'ai fait pêcher dans la Seine en avoient deux.

§. 2. *De deux petits Poiſſons nommés en Provence* la Melette *&* le Melet.

J'ai parlé aſſez amplement de la Melette à la troiſieme Section de la ſeconde Partie, page 468 & ſuivantes ; je l'ai fait graver ſur la Planche XVI, *fig* 6, & j'ai détaillé la maniere de la pêcher, à la figure premiere de la Planche XX. On peut auſſi conſulter ce que j'ai dit aux Additions, page 545, à la fin de cette troiſieme Section. J'ai été déterminé à parler à cet endroit de la Me-

lette, parce qu'elle fait un fort bon manger, bien ſupérieur au Melet : ainſi je n'ai préſentement qu'à ajouter quelques circonſtances à ce que j'ai dit de la Melette aux endroits cités ; mais j'aurai à parler amplement du Melet. Une des principales Additions à l'égard de la Melette, c'eſt qu'au bout du muſeau, l'extrémité des mâchoires tant ſupérieure qu'inférieure, eſt marquée d'une tache noire , & qu'à la supérieure qui est moins longue que l'inférieure, outre cette tache , il y a une marque noire qui, quand on regarde ce poisson de face , représente assez bien une fleur-de-lys, à laquelle on attribue le privilége qu'a ce poisson de ne point payer de droits ; mais probablement cette exemption vient plutôt de ce qu'il est très-petit & qu'il ne fait point une branche de commerce. Le dessus de la tête vers *C, fig.* 4 , *Pl. III*, est applati & forme comme une espece d'écusson ovale, bordé d'un petit filet : au milieu de cet écusson , on apperçoit une petite éminence longuette , figurée en navette , & en différents endroits quelques taches noires : à celui que j'ai sous les yeux, on voit çà & là quelques grandes écailles très-brillantes qui semblent de l'argent bruni. Je soupçonne que tout le corps en étoit couvert au sortir de l'eau , & qu'il n'en étoit resté que quelques-unes , d'autant qu'en ayant détaché avec la pointe d'une épingle , j'ai remarqué que la peau que je découvrois étoit précisément semblable à celle du reste du poisson.

J'ai dit à l'endroit cité de la troisieme Section , que je ne parlois point d'un autre petit poisson beaucoup moins estimé pour la table, qu'on nomme le *Melet* , parce qu'on m'avoit marqué qu'il avoit deux ailerons sur le dos, ce qui ne convenoit point aux poissons dont je traitois dans cette Section ; mais M. de Pradine , ancien Intendant de Corse , m'en ayant envoyé un bien conservé dans de l'eau-de-vie , je me suis assuré que le Melet n'a , ainsi que la Melette , qu'un seul aileron sur le dos , ce qui m'engage , pour rectifier l'erreur qu'on trouve à l'endroit cité , à donner ici la description de ce poisson , & à le faire graver sur la Planche III , *fig.* 5.

Le Melet que je décris a quatre pouces une ligne de longueur totale , ou de *A* en *B* ; depuis l'extrémité de la mâchoire supérieure *A* , jusqu'au centre *C* de l'œil, il y a quatre lignes , & dix lignes jusqu'au derriere des ouies *D*.

L'ouverture de la gueule qui est fort grande , est de huit lignes : on sent avec le doigt quelques aspérités au bord des mâchoires : on voit dans l'intérieur de la gueule , la langue *M* qui est grande & d'une forme très-singuliere , car le milieu est formé par une espece de cartilage qui prend sa naissance au gosier , & s'étend jusqu'à la pointe de la

langue : les bords de ce cartilage sont garnis de deux rangs de filets détachés les uns des autres , & comme on le voit dans la figure, très-serrés les uns contre les autres : les filets du rang le plus près du fond de la mâchoire inférieure sont une fois plus longs que ceux du rang plus élevé : cette structure de la langue, me semble particuliere à cette espece de poisson , du moins je n'en connois point d'autre qui lui ressemble. A l'extrémité des mâchoires supérieure & inférieure, on apperçoit, comme à la Melette, des taches noires & une petite éminence, sur-tout au bout de la mâchoire supérieure laquelle forme comme une fleur-de-lys. Le dessus de la tête vers *C* est applati , & forme, ainsi qu'à la Melette , une espece d'écusson , au milieu duquel il y a une petite éminence de forme longue.

Du museau *A* au commencement de l'aileron du dos *E* on compte un pouce neuf lignes : l'étendue de cet aileron à son attache au corps est de six lignes ; le plus long rayon qui est du côté de la tête est de cinq à six lignes ; du bout du museau *A* à la naissance *F* de l'aileron de la queue , il y a trois pouces cinq à six lignes ; l'aileron de la queue *B* est fourchu , le plus long rayon est de neuf lignes.

De l'extrémité *L* de la mâchoire inférieure à l'anus *G*, il y a deux pouces trois lignes ; immédiatement derriere cet anus est l'aileron du ventre qui a sept lignes d'étendue à son attache au corps.

L'articulation des nageoires de derriere les ouies *H*, est à onze lignes de l'extrémité de la mâchoire supérieure ; les articulations des petites nageoires du ventre *K*, sont à un pouce neuf lignes de la mâchoire supérieure.

La largeur verticale du poisson à l'à-plomb des yeux *C* est de cinq lignes ; à l'à-plomb de *D* de six lignes ; à l'à-plomb de *G* , à peu-près la même , & à l'à-plomb de *F*, de trois lignes & demie. Le dessus du dos est brun , terminé par une ligne très-noire ; tout le reste du corps est couvert , ainsi que la Melette, de très-larges écailles brillantes comme de l'argent bruni , & qu'on a bien de la peine à distinguer les unes des autres ; il faut pour cela les soulever avec la pointe d'une aiguille , & dessous on apperçoit la peau qui est argentée. Il n'y a que le peuple qui fasse usage de ce poisson.

EXPLICATION

EXPLICATION DES PLANCHES
ET DES FIGURES

Qui ont rapport à la sixieme Section de la Seconde Partie du Traité général des Pêches.

PLANCHE I.

Fig. 1, la Vive, Araignée de mer, *Draco marinus.*

Fig. 2, petite Vive, *Araneola*, appellée par quelques-uns *Bodereau*, *Bois-de-Roc*, ou *Boulerot.*

Fig. 3, Maigre ou Poisson Royal.

Comme le poisson qu'on nomme *Negre*, *Umbre*, *Umbrine*, *Daine*, ressemble beaucoup au Maigre, j'ai cru pouvoir me dispenser de le faire graver, & qu'il suffisoit pour le faire connoître d'expliquer dans le discours en quoi ces poissons different l'un de l'autre.

PLANCHE II.

J'ai représenté sur cette Planche, *fig.* 1, un poisson fort bien dessiné qu'on m'a annoncé pour être une Araignée de mer ou une Vive du Levant.

La Figure 2 représente un poisson qu'on nomme *Bar* aux Sables d'Olonne, *Loubine* à Noirmoutier, *Loup* à Tréguier, à Lannion & en beaucoup d'autres endroits; *Dreligny* en Provence, *Brigne* dans la Gironde.

A la grandeur près, ce poisson ressemble beaucoup au Maigre.

La Figure 3 représente un poisson du nombre des Muges, qu'on nomme *Mulet*, Mullus.

PLANCHE III.

Fig. 1, le Surmulet ou Rouget-Barbet, *Mullus-Barbatus.*

Fig. 2, petit Surmulet dont on trouve une grande quantité dans certains parages.

Fig. 3, Buhotte ou Tout-nud, petit poisson qui n'a point d'écailles sensibles.

Fig. 4, la Melette.

Fig. 5, le Melet ; la lettre *M* indique sa langue.

PLANCHE IV.

Fig. 1, le Prestre *ou* Prestra de Brest.

Fig. 2, le Prestre d'Aunis.

Fig. 3, le Grados de Saint-Malo.

Fig. 4, le Grados de la Manche.

Fig. 5, Eperlan bâtard *dit* Grados.

Fig. 6, le Jol.

Fig. 7, la Buhotte de Caen.

Fig. 8, le Sauclet.

PLANCHE V.

Fig. 1. Desséchement des Mulets au Brésil.

Fig. 2, Description des filets pour la pêche des Mulets à la Sautade, telle qu'elle se pratique dans la Bousigue de l'Amirauté de Cette.

NOTICE GÉOGRAPHIQUE

Des principaux Endroits dont il est fait mention dans cette sixieme Section.

A

ABBEVILLE, Ville de la basse Picardie, au Comté de Ponthieu, dont elle est la Capitale, sur la riviere de Somme, qui, au moyen du flux & du reflux, peut porter de grosses barques, ce qui la rend assez marchande, 150.

Agde. Ville du bas Languedoc, sur la riviere d'Eraut, à une demie-lieue de l'endroit où elle se jette dans le Golfe de Lion, à quatre lieues de Beziers, & à peu de distance du Canal de Languedoc, 147.

Albano. (lac d') Lac d'Italie dans la Campagne de Rome, sur lequel est située la ville du même nom, près de Castel-Gandolfo, *ibid.*

Audierne. Voyez seconde Partie, troisieme Section. *Notice géographique.*

Aunis. Petit pays & Gouvernement militaire de Province, à l'extrémité du bas Poitou vers la mer. Il est très-fertile, très-peuplé, & abonde en salines, 148.

B

Barfleur. Bourg & petit Port de mer du Cotentin, dans la basse Normandie, sur le bord de la mer, à deux lieues Nord de la Hogue, 149.

Bayeux. Ville de basse Normandie, Capitale du Bessin proprement dit, située sur la rive gauche de la riviere d'Aure, à un quart de lieue de la rive droite de celle de Drome : elle est à deux lieues de la mer, 150.

Benoît, (riviere de S.) ou passage du Lay en Poitou, avec un bourg & un port dans l'Amirauté des Sables d'Olonne, 138.

Biscaye. (mer de) On appelle ainsi la partie de l'Océan qui lave la côte septentrionale de l'Espagne, depuis Fontarabie jusqu'au Cap Finisterre, *ibid.*

Bordeaux. Voyez seconde Partie, troisieme Section. *Notice géographique.*

Brésil. Voyez seconde Partie, troisieme Section. *Notice géographique.*

Brest. Voyez seconde Partie, troisieme Section. *Notice géographique.*

Briac (S.) Bourg & paroisse de basse Bretagne dans la partie occidentale de l'Amirauté de Saint-Malo, 154.

Buch. Voyez seconde Partie, troisieme Section. *Notice géographique.*

C

Cancalle. Bourg & petit port de mer de la haute Bretagne, à trois lieues au levant de Saint-Malo, où il se fait une grande pêcherie d'huîtres, 154.

Carentan. Ville du Cotentin dans la basse Normandie, à trois lieues de la mer, avec un Château & un pont sur la riviere d'Ouve; elle est à peu de distance du grand Vay, 150.

Châteaulin. Petite Ville de France en basse Bretagne, au Diocèse de Quimper, sur la riviere d'Aon, qui se rend à peu de distance de-là dans la Baie de Brest.

Cherbourg. Ville du Cotentin dans la basse Normandie, avec un petit Port, 150.

Concarneau. Voyez seconde Partie, troisieme Section. *Notice géographique.*

Conquet. Voyez seconde Partie, troisieme Section. *Notice géographique.*

D

Dieppe. Voyez seconde Partie, troisieme Section. *Notice géographique.*

Douarnenez. Voyez seconde Partie, troisieme Section. *Notice géographique.*

G

Grand-camp. Village du Bessin propre, dans la basse Normandie, sur la mer, à deux lieues d'Isigny, six de Bayeux. On pêche de bonnes Soles le long de ses côtes, 150.

H

Hogue. (la) Cap & petit Fort du Cotentin dans la basse Normandie, à deux lieues de Barfleur, cinq de Valognes & quatre de Cherbourg, avec une grande Baie où les vaisseaux qui naviguent dans la Manche peuvent se mettre à l'abri, & même qui peut recevoir des flottes entieres, 149.

I

Isigny. Gros Bourg de la basse Normandie, au Bessin proprement dit, sur la rive gauche de la riviere d'Aure à deux lieues de Carentan, avec un petit port formé par la riviere & une rade foraine éloignée du port d'environ trois lieues, 149.

Jacut, (S.) Bourg & paroisse de la Basse Bretagne dans l'Amirauté de Saint-Malo, dont il n'est distant que de trois lieues. Il est aussi connu sous le nom de Notre-Dame de Landt-Ouatt, 154.

Jonville. Hameau de basse Normandie dans l'Amirauté de Barfleur, à l'embouchure de la riviere de Ceres. 159.

Juda. Petit Royaume d'Afrique, à l'Occident de celui de Benin, dans la Guinée méridionale, où les François & les Anglois vont commercer, & où ils ont quelques Forts, 149.

L

Loire. Voyez seconde Partie, seconde Section. *Notice géographique.*

M

Malo. (S.) Ville Episcopale & Port de mer de la haute Bretagne septentrionale, dont l'entrée est difficile à cause des rochers qui s'y trouvent, où il se fait un très-grand commerce, & beaucoup d'armements pour la pêche de la Morue, 152.

Manche. On appelle ainsi cette partie de mer qui se trouve resserrée entre l'Angleterre au Nord, & la France à l'Orient & au Midi, & qui s'étend depuis l'extrémité occidentale de la province de Cornouailles en Angleterre, jusqu'à l'Isle d'Ouessant au couchant de la Bretagne, & depuis le Port de la Rie en Angleterre, à Ambleteuse en France. Ce qui est au Nord est le détroit, & s'appelle le Pas-de-Calais, & se joint avec la mer d'Allemagne, 152.

Marcou. (S.) Village de basse Normandie dans l'Amirauté de la Hogue, 149.

Marennes. Petite Ville de France dans la basse Saintonge, entre l'embouchure de la riviere de Seudre & le Havre de Brouage, fort renommée pour les excellentes huîtres vertes qu'on y fait parquer, & par son commerce de sel, 150.

N

Noyelle. Village de Picardie dans l'Amirauté d'Abbeville, sur la riviere de Somme, à quelques lieues de la mer, 150.

P

Palais. (S.) Village & petit Port de mer de Poitou, dans l'Amirauté de Marennes, à peu de distance de la Ville de Royan, à l'embouchure de la Gironde. 138.

Port en Bessin. Bourg de France en basse Normandie, à deux lieues de Bayeux, avec un petit Port & un phare pour les Vaisseaux, 150.

R

Rance. Riviere de la Bretagne septentrionale qui prend sa source dans le Diocèse de Saint Brieux entre Clouneuf & Saint Gouenno, à quelques lieues de Montcontour, passe à Lanrelas, à Guité, à Calorguen dans le Diocèse de Saint-Malo, à Dinan, & se jette dans la mer à Saint-Malo dont elle forme le Port, 152.

Ré. (Isle de) Voyez seconde Partie, troisieme Section. *Notice géographique.*

Rochefort. Voyez seconde Partie, troisieme Section. *Notice géographique.*

S

Sables d'Olonne. Ville de bas Poitou, sur les bords de l'Océan, avec un petit Port très-commode; ce qui y attire assez de commerce. On y pêche beaucoup de Sardines, & il s'y vend quantité de Morues, 150.

Sienne. Petite riviere de basse Normandie, au Diocèse de Coutances; elle prend sa source dans la forêt de S. Sever, & se jette dans la mer, entre le Port d'Agon & celui de Regneville, après un cours de douze à quinze lieues. On pêche fréquemment du Saumon dans cette riviere, près de Montchâton, *ibid.*

Soule. Petite riviere de basse Normandie, au Diocèse de Coutances. Elle prend sa source auprès de Montabot, & elle se joint à la Sienne auprès du Pont de la Roque, après six ou sept lieues de cours: elle est fort poissonneuse, 150.

TABLE ALPHABÉTIQUE

DES NOMS DES POISSONS dont il est parlé dans cette sixieme Section; avec leurs synonymes.

A

ARAIGNÉE. Voyez *Vive*, 134.
———— de mer. Voy. *Vive*, 135.
Aranea Græcorum recentiorum. Voyez *Vive du Levant*, 135.
Araneola. Voy. *Vive*, Ibid.
Araneus. Voy. *Vive*, 134.
Azellus. Voy. *Merlu*, 133.
———— longus. Voy. *Lingue*, 133.

B

Bar. 141.
Barbarin. Voy. *Surmulet*, 148.
Barbeau de mer. Voy. *Surmulet*. Ibid.
Belenne. 156.
Bodereau. Voy. *Vive*. 135.
Bois-de-roc. Voy. *Vive*. Ibid.
Borruga. 136.
Boulerot. Voy. *Vive*. 135.

Brigne. Voy. *Bar*. 141.
Buhotte de Caen. 156.

C

Cabot. Voy. *Muge*. 141, 146, 156, 157.
Capelan. Voy. *Prestra*. 151, 154.
Capito. Voy. *Cabot*. 157.
Chabot. Voy. *Cabot*. ibid.
Corracoins. 150.
Corvulus. Voy. *Muge noir, Negre*. 139, 146, 147.
Cottus. Voy. *Cabot*. 157.
Cothus. Voy. *Cabot*. Ibid.
Grados. Voy. *Prestra*. 154, 155.

D

Daine. Voy. *Maigre, Negre*, 136, 137, 139.
Dracæna. Voy. *Vive du Levant*. 135.
Draco. Voy. *Vive du Levant*. Ibid.

TABLE
DES CHAPITRES
ET ARTICLES

Contenus dans la sixieme Section de la seconde Partie du Traité général des Pêches.

EXTRAIT DES REGISTRES

DE L'ACADÉMIE ROYALE DES SCIENCES.

Du 22 Août 1778.

MEssieurs ADANSON & JUSSIEU ayant rendu compte à l'Académie de la sixieme Section du *Traité des Pêches*, de M. DUHAMEL ; l'Académie a jugé cet Ouvrage digne de l'impression : en foi de quoi j'ai signé le présent Certificat. A Paris, ce 22 Août 1778.

Signé, Le Marquis DE CONDORCET, *Secrétaire perpétuel.*

DE L'IMPRIMERIE DE L. F. DELATOUR, 1778.

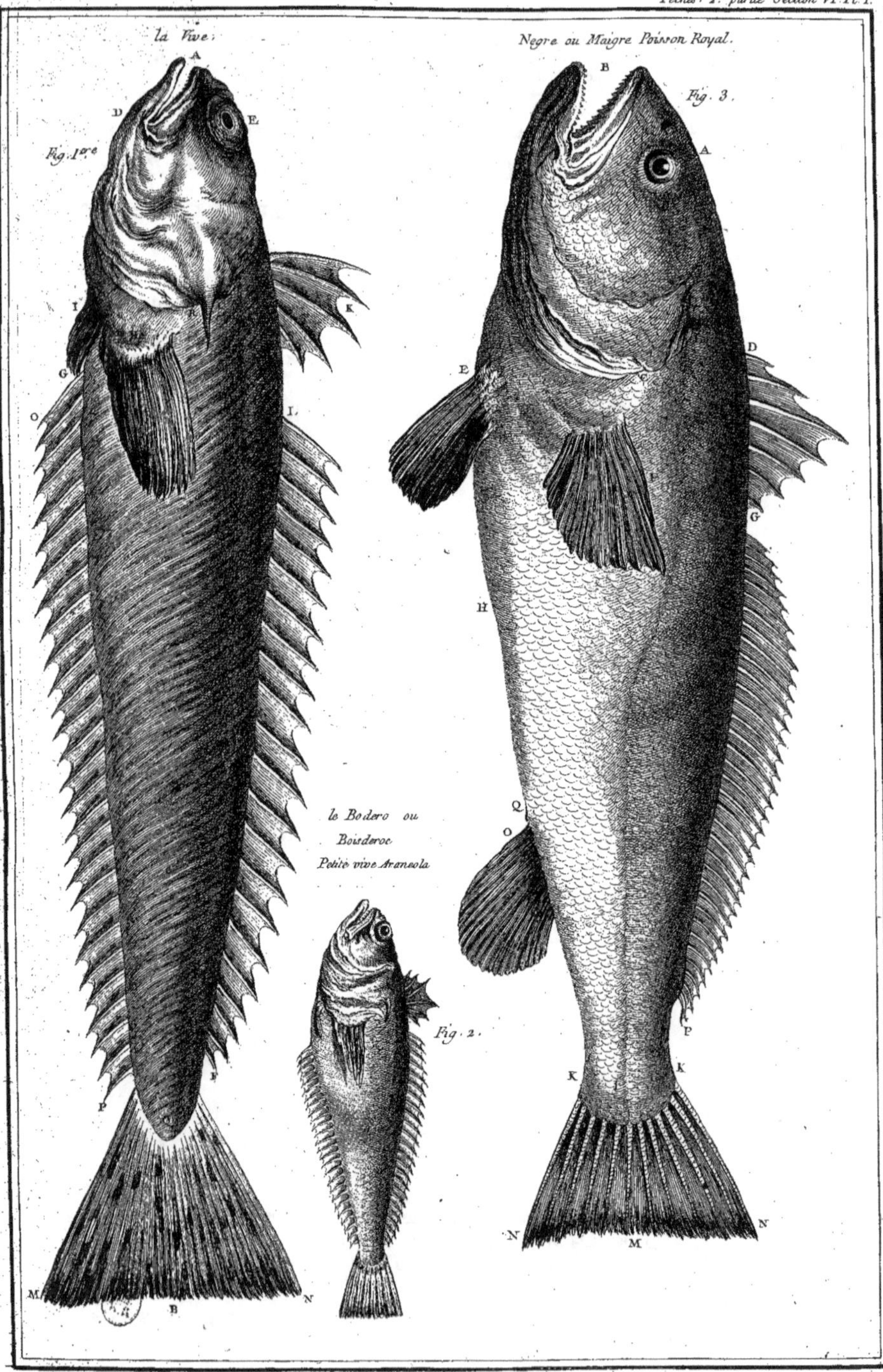
la Vive.
Negre ou Maigre Poisson Royal.
Fig. 1.ere
Fig. 3.
le Bodero ou
Boisderoc
Petite vive Araneola
Fig. 2.
C.e Haussard Sculp.

Araignée de Mer ou
Vive du Levant.
Fig. 1
Bar
A
K
Fig. 2
O
M
P
N
E
H
G
I
I
R
B
L
L
A
Fig. 3
Mulet Mullus
C
D
G
E
H
F
K
B
Araignée de Mer ou
Vive du Levant.

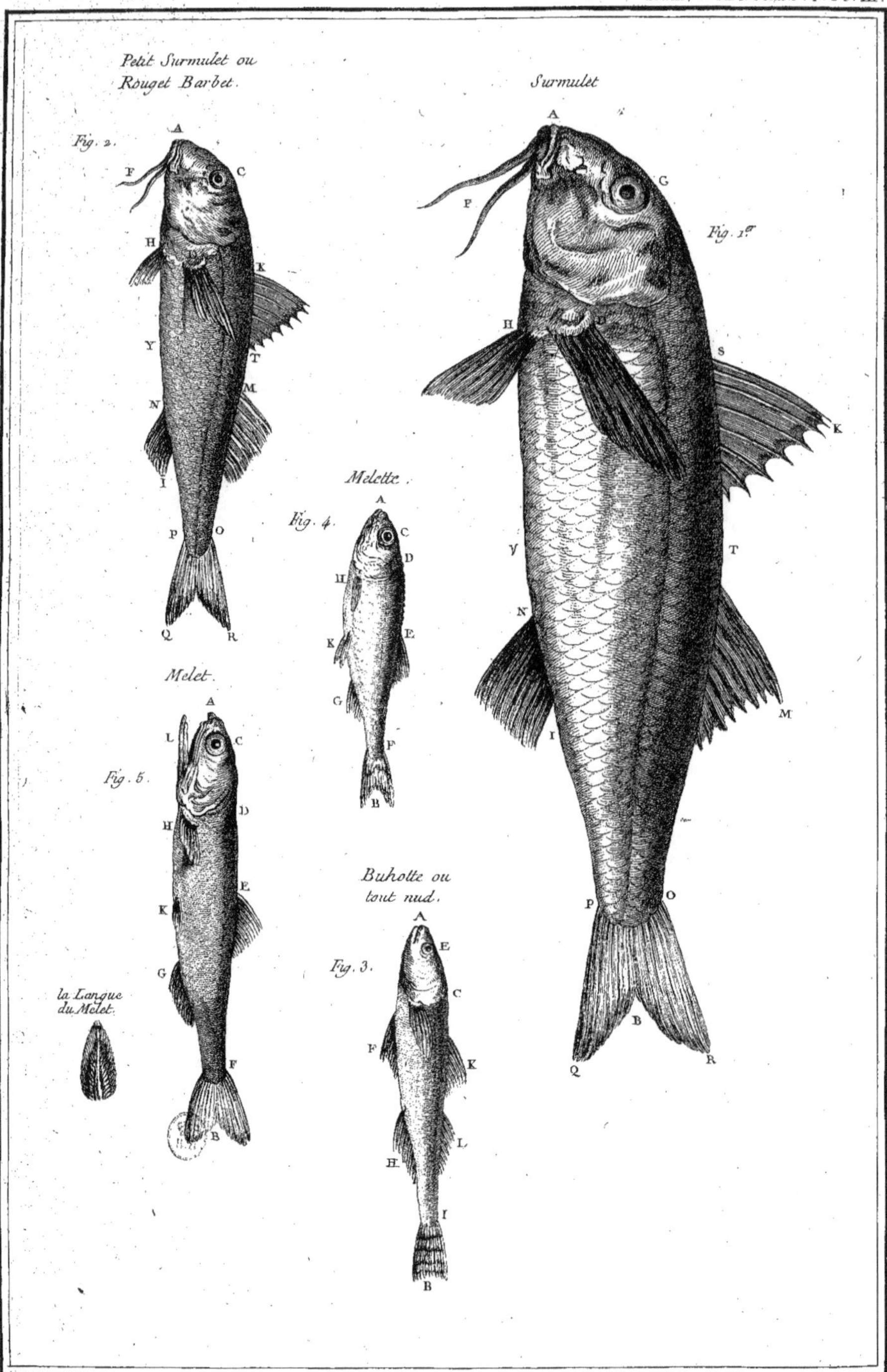

El.ᵗʰ Haussard Sculp.

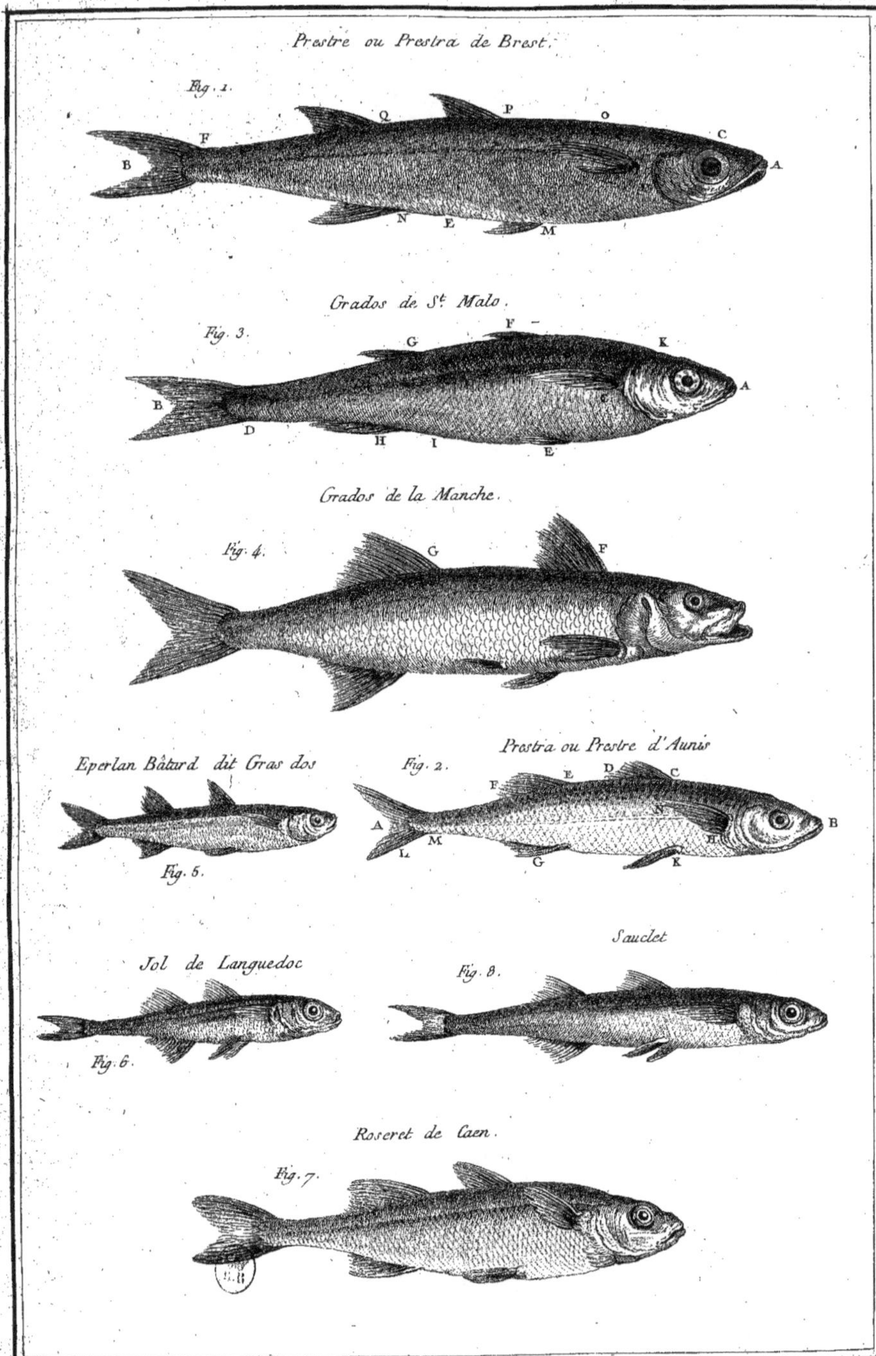
Prestre ou Prestra de Brest.
Fig. 1.
Grados de St. Malo.
Fig. 3.
Grados de la Manche.
Fig. 4.
Eperlan Bâtard dit Gras dos
Fig. 5.
Prostra ou Prestre d'Aunis
Fig. 2.
Jol de Languedoc
Fig. 6.
Sauclet
Fig. 8.
Roseret de Caen.
Fig. 7.

Pêche de Bourigues dans l'Amirauté de Cette pour prendre les Muges.

Milsan Sculp.

TRAITÉ GÉNÉRAL

DES PÊCHES.

TRAITÉ GÉNÉRAL
DES PÊCHES
ET
HISTOIRE DES POISSONS,
OU
DES ANIMAUX QUI VIVENT DANS L'EAU.

IIe. PARTIE, TOME IIIe.

SEPTIEME SECTION,

Des Scombres, Scomber *ou* Scombrus.

LA famille des Poiſſons que je comprends ſous cette dénomination générique, a pour caracteres d'avoir ſur le dos deux petits ailerons *E*, *F*, *Pl. I*,
ordinairement aſſez éloignés l'un de l'autre, & de forme à peu-près triangulaire; un aileron à peu-près pareil *L*, ſous le ventre, derriere l'anus, & l'aileron de la queue *K*, *K* fort échancré.

Ces Poiſſons ont de chaque côté, derriere les oüies, une nageoire *O*, deux
P ſous la gorge ou le ventre.

Mais ce qui caractériſe particuliérement les Poiſſons de cette famille eſt
d'avoir depuis le ſecond aileron du dos *F* juſqu'auprès de la naiſſance *I* de
l'aileron de la queue une ſuite de petits ailerons *G*, *H*, & de même ſous le
ventre, entre l'aileron de derriere l'anus *L* juſqu'à la naiſſance *I* de l'aileron
de la queue, une ſuite *M*, *N* de petits ailerons, qui forment comme une
campane feſtonnée, à laquelle dans les Ports on donne le nom de *Pinne*.
Cette famille comprend les différentes eſpeces de Maquereaux & de Thons,
les Bonites, les Pélamides, &c.

CHAPITRE PREMIER.

DES MAQUEREAUX.

Confidérations générales fur ces Poiffons.

SI l'on veut bien n'avoir pas égard aux changements qui réfultent des différents Dialectes, tant pour la prononciation que pour l'orthographe, on reconnoîtra que la dénomination de *Maquereau* eft admife en beaucoup d'endroits, néanmoins on donne encore à ce Poiffon bien des noms particuliers ; en voici des exemples : en quelques endroits de Provence on les nomme *Aurion* ou *Auriol ;* en Languedoc, principalement à Narbonne, *Veirac ;* quelques-uns l'écrivent *Veirat ;* à Treguier, à Lannion, & en quelques lieux de Bretagne *Bretel.*

M. Poujet m'écrit que le Gafcon de Cette doit être mis avec les Maquereaux ; mais je crois que c'eft le Maquereau bâtard qu'on nomme *Carangue* : j'en parlerai dans la fuite. Je vois dans un Mémoire que j'ai rapporté de Provence, qu'à Marfeille on nomme *Cogoille* une forte de gros Maquereau ou un Poiffon qui lui reffemble, dont la tête eft affez tranfparente, pour qu'en l'expofant à la lumiere on apperçoive une partie des cartilages intérieurs ; on dit que ce Poiffon eft rare, & je ne l'ai point vu. Lorfque nous expoferons les pêches du Maquereau, qu'on fait en différents endroits, ce que nous venons de rapporter d'une façon générale deviendra plus clair.

Les Maquereaux font des Poiffons de mer qui fe raffemblent par troupes, pour (fuivant Anderfon) faire de grands voyages. Cet Auteur croit qu'ils féjournent l'Hiver dans le Nord ; que le Printemps ils côtoyent l'Iflande & le Hitland, puis l'Ecoffe & l'Irlande, & fe rendent dans l'Océan Atlantique, où ils fe féparent ; une partie paffant devant l'Efpagne & le Portugal, arrive dans la Méditerranée, pendant qu'une autre paffe dans la Manche : ils paroiffent en Mai fur les côtes de France & d'Angleterre ; en Juin fur celles de Hollande & de la Frife ; en Juillet une partie fe rend dans la Baltique, & une autre côtoye la Norwege, pour retourner au Nord.

Anderfon prévient qu'il ne rapporte ceci que d'après plufieurs Pêcheurs expérimentés : d'autres regardent comme certain que les Maquereaux paffent les Hivers dans les différentes baies ou rades de Terre-Neuve, qu'ils s'enfouiffent dans la vafe où ils demeurent jufqu'à la fin de Mai, temps où les glaces leur permettent de fe répandre en grand nombre le long des côtes, où l'on en prend en quantité, mais qui ont un goût de vafe très-défagréable, & que c'eft en Juillet & Août qu'ils font gras & de bon goût. Je n'infifte point fur les circonftances que nous ne pouvons apprendre que des voyageurs ; mais il eft certain que les Maquereaux fe montrent en différentes faifons fur les côtes qui nous avoifinent, & que nous fommes plus à portée de connoître : je vais en dire quelque chofe, en attendant que j'entre dans de plus grands détails, lorsque je traiterai de la Pêche de ce Poisson. Les Maquereaux arrivent dans la Manche par l'Ouest, & quelques-uns se montrent sur les côtes dès le mois de Mai : ceux-là, qu'on prend souvent avec les Harengs, sont petits & n'ont ni laite ni œufs ; les Picards les nomment *Roblots*, & les Normands *Sansonneis* ; ils deviennent plus gros, & sont à peu-près à leur perfection vers la fin de Mai : alors ils sont pleins ; si on leur presse le ventre auprès de l'anus, il en sort de la laite ou des œufs ; on en prend jusqu'à la fin de Juillet, & même en Août ; mais comme alors ils ont jetté leurs œufs, les Pêcheurs les nomment *Chevillés*, & ils sont dans le même état que les Harengs qu'on nomme *Gais* : ils paroissent éfilés, ils ont perdu une partie de leur chair, celle qui leur reste est filandreuse, & n'a plus son bon goût ; enfin ils disparoissent plutôt ou plus tard, suivant les vents regnants.

Ceux qu'on prend en Bretagne, à l'Isle de Bas, sont plus gros que ceux qu'on pêche à la côte de Normandie, mais ils sont moins délicats ; & on en sale la plus grande partie à peu près comme les Harengs, pour les transporter dans les pays de vignoble, où s'en fait la principale consommation.

Je vois dans mes Mémoires qu'on prend quelquefois dans le mois d'Octobre de petits Maquereaux, qui n'ont que trois ou quatre pouces de longueur ; ce sont probablement de jeunes Poissons qui proviennent du frai que les gros ont jetté sur nos côtes.

Si cela est, ces petits Maquereaux, après avoir passé l'Hiver dans des pays plus Nord que le nôtre, paroissent étant encore petits, & vuides d'œufs & de laite ; en Avril, Mai & Juin, ils en sont fournis ; & alors ils sont, comme l'on dit, pleins & fort bons ; ceux qu'on prend à la fin de Juillet & en Août, ont jetté leurs œufs, & sont, comme disent les Pêcheurs, chevillés. Nous avons dit dans l'Article du Hareng qu'on estimoit plus ceux qu'on pêchoit près les côtes d'Angleterre, que ceux qu'on prenoit au voisinage des côtes de France. Il en est tout autrement du Maquereau, on regarde ceux qu'on pêche près les côtes de France, comme préférables à ceux qu'on va chercher sur les côtes d'Angleterre.

Ce que nous venons de dire sur les différents états des Maquereaux, en différentes saisons, est conforme avec ce que m'écrit M. Guillot, Commissaire de la Marine à Saint-Malo. Nous avons, dit-il, les Maquereaux en deux saisons ; ceux qu'on prend en Avril, n'ont ni laite ni œufs ; ceux qui paroissent en Mai & Juin sont pleins ; en Août ils ont déposé leurs œufs & sont chevillés ; à la fin de Septembre & en Octobre, on en voit de fort petits, qui sont de l'année, ayant pris naissance dans nos mers, & on prétend qu'ils se tiennent toujours éloignés de la côte. Indépendamment des différences qui résultent de ce que nous venons de faire remarquer, & de quelques variétés dont j'aurai occasion de parler, on en distingue dans la Manche de trois especes ou variétés.

Il est rare d'en trouver d'aussi gros que celui qui est représenté sur la *Planche I, fig.* 1, qui avoit dix-huit à vingt pouces de longueur totale.

Pour éviter de multiplier les Planches, ceux qui sont dessinés sur la *Planche II*, sont représentés sur une échelle beaucoup plus petite.

Prévenu de cela, la *figure premiere*, *Pl. II*, représente un Maquereau de douze à quatorze pouces de longueur, ce qu'on estime dans nos marchés un beau Maquereau ; celui-là est plein, & on a représenté, *fig. 2*, un Maquereau de même taille, mais vuide, ou, comme disent les Pêcheurs, chevillé.

La *figure 3* représente un Maquereau de la grosseur d'un fort Hareng, qu'on appelle en Picardie *Roblot*, & *Sansonnet* en Normandie ; souvent on le prend dans les manets avec les Harengs.

Les *figures 4 & 5* représentent des variétés de Maquereaux qui se distinguent des autres par la couleur de leurs écailles, ce qui leur a fait donner le nom de *jaspés*.

Je vais décrire fort en détail le grand Maquereau, *Pl. I, fig. 1*, ce qui me mettra en état de parler beaucoup plus succinctement des autres.

ARTICLE PREMIER.

D'un gros Maquereau de l'Isle de Bas.

Le grand Maquereau dont il s'agit, avoit dix-huit pouces de longueur totale, il est bien rare d'en trouver qui en ayent vingt; son corps est rond & charnu vers *Q Q*, où il étoit le plus gros ; sa largeur verticale étoit de deux pouces neuf lignes. De cet endroit à l'extrémité du museau, la grosseur du Poisson diminuoit assez uniformément ; mais la diminution étoit beaucoup plus considérable du côté de la queue.

L'ouverture de la gueule étoit grande, les machoires n'étoient point bordées de levres épaisses, mais garnies de petites dents très-pointues.

Les yeux *C* sont grands, assez élevés vers le crâne, l'iris doré, les narines sont uniques & fort petites.

Les écailles sont si petites, que plusieurs pensent qu'ils n'en ont point ; mais avec une fine aiguille on parvient à en enlever, surtout vers le ventre : de plus, les Cuisiniers qui les apprêtent, commencent par gratter la peau, & ensuite la frottent avec un linge, assurant que sans cela les écailles quoique très déliées seroient néanmoins fort incommodes, si on les rencontroit sous les dents, en mangeant la peau.

Ce Poisson est très-beau au sortir de l'eau; son dos est varié de bleu & de verd, les côtés sont argentés, & le dessous du ventre blanc : outre que ces différentes couleurs sont vives & brillantes, le tout paroit couvert d'un vernis nacré, qui jette des reflets bleus, verds, rouges, dorés & argentés, ce qui fait un très-bel effet; mais peu de temps après que le Poisson est tiré de l'eau, le verd devient bleu tirant au noir, ce qui fait paroître des bandes brunes, qui s'étendent du dos vers le ventre. Il est bon d'être prévenu qu'on apperçoit bien des variétés dans les couleurs qu'offrent différents individus, ce qui les rend encore assez agréables.

Le Maquereau est charnu, sa chair est compacte, mais point coriace, & elle est de bon goût : on peut ajouter que les arêtes ne sont point incommodes, & il y en a qui mangent avec plaisir la grosse arête, quand elle est grillée. En général ce poisson est regardé comme un bon manger, qu'on sert sur les bonnes tables, même quand il est à vil prix, néanmoins il n'est pas par-tout d'une égale bonté, & il y a des saisons où il est meilleur que dans d'autres; à Paris on estime singuliérement ceux de la haute Normandie & de la Picardie : en plusieurs parages les Maquereaux sont plus gros que ceux de la Manche, mais moins délicats, & on a coutume de les saler. On convient assez généralement que ceux qu'on prend dans la Méditerranée sont moins bons que ceux de l'Océan. Nous entrerons dans la suite dans des détails qui jetteront beaucoup de lumiere sur ce que nous ne rapportons ici que fort sommairement ; je reviens à la description de notre gros Maquereau. Il a sur le dos deux ailerons *E* , *F* , assez écartés l'un de l'autre, ils sont formés chacun de douze rayons souples, & de plus sous le ventre derriere l'anus est un troisieme aileron *L*, qui est aussi formé de douze rayons souples ; il est placé à l'à-plomb du second aileron du dos *F*. Tous ces ailerons commencent par un rayon plus gros, plus long & plus ferme que les autres, & tous ceux qui suivent sont de plus en plus petits, de sorte que le dernier rayon n'a que quelques lignes de longueur. Les ailerons *F* & *L* sont suivis de cinq ou six petits ailerons, qui forment deux especes de campane festonnée *G* , *H* & *M* , *N* , qui s'étendent jusqu'auprès de l'articulation de la queue.

Il y avoit du bout du museau *A* jusqu'au centre de l'œil *C* quatorze à quinze lignes, jusqu'au derriere de l'opercule des ouies *D* deux pouces six à sept lignes , jusqu'au commencement du premier aileron du dos *E* trois pouces six à sept lignes ; l'étendue de cet aileron à son attache au corps, étoit à peu-près de dix-sept à dix-huit lignes ; à deux pouces quelques lignes plus vers l'arriere, étoit le commencement du second aileron du dos *F*, qui étoit à très-peu de chose près semblable au premier aileron *E* ; sous le ventre à l'à-plomb de l'aileron du dos *F*, étoit l'aileron de derriere l'anus *L*, qui ressembloit beaucoup aux ailerons du dos *E* & *F*. Les espaces *G* , *H* & *M* , *N* , compris depuis la fin des ailerons *F* & *L*, jusqu'au commencement de l'articulation de l'aileron de la queue étoient de deux pouces quelques lignes, & remplis par cinq ou six petits ailerons *G* , *H* & *M* , *N* , qui formoient des festons que quelques Pêcheurs appellent *Pinnes.*

L'aileron de la queue *I* , *I* , *K* , *K* , qui étoit formé d'environ trente rayons, se divisoit en deux grandes sections *I* , *K* , terminées en pointe : il y avoit à peu-près deux pouces huit lignes de *K* en *K*. Les nageoires *O* de derriere les ouies, étoient formées de vingt rayons fort déliés, dont le plus long avoit un pouce deux à trois lignes de longueur.

Un peu plus vers l'arriere, sous le ventre, étoient deux autres nageoires *P*, formées de six à huit rayons, dont le plus long avoit un pouce trois à quatre lignes.

La largeur verticale du poisson à l'à-plomb de *C* ou des yeux, étoit de dix-huit lignes; en *E*, *P*, de deux pouces & demi; en *Q*, *Q*, de deux pouces neuf lignes; en *G*, *M*, d'un pouce & demi, & en *H*, *N* d'un demi-pouce.

Je n'ai pas coutume de m'étendre beaucoup sur la description des parties intérieures des poissons; c'est pourquoi je me bornerai à dire, à l'occasion des Maquereaux, que leur estomac ou le ventricule est assez grand, qu'il est oblong, qu'il a une figure conique, & que le pylore est garni d'un nombre considérable de petits appendices; le cœur a une forme triangulaire, la rate est noire.

Je sais qu'on prend auprès de Marseille un poisson du genre des Maquereaux, qu'on y nomme *Coguoil*; il ne differe du Maquereau que parce qu'il est plus grand & plus épais; on dit que sa tête est demi-transparente. Je soupçonne, mais je n'oserois assurer que ce soit le gros Maquereau que je viens de décrire: sa chair est gluante & moins agréable que celle de nos Maquereaux de la Manche: on dit qu'il est commun aux côtes d'Espagne.

ARTICLE II.

Des Maquereaux de moyenne grandeur.

La figure premiere de la Planche seconde, représente un Maquereau plein, d'un pied de longueur, tels que sont les beaux Maquereaux qu'on expose dans nos Marchés; à la grandeur près, il ressemble entierement au gros Maquereau, Nº. 1 de la Planche premiere.

Ces Maquereaux sont à leur perfection vers la fin du mois de Mai. On en trouve aux Marchés jusqu'à la fin de Juillet, ou au commencement d'Août; mais alors ceux que l'on prend sur les côtes de Picardie & de Normandie, ont jetté leurs œufs, & ils sont, comme l'on dit, *chevillés*, c'est-à-dire, qu'ils sont éfilés, qu'ils ont perdu une partie de leur chair, & même de leur bon goût. Celui que nous avons fait graver *Pl. II*, *fig.* 2, est de la même espece que celui *fig.* 1; la seule différence est qu'il a jetté ses œufs, au lieu que celui, *fig.* 1, est plein d'œufs & de laite.

Dans cette même saison, c'est-à-dire, vers la fin de Juillet & le commencement d'Août, on prend des Maquereaux entre les Sorlingues, à l'entrée de la Manche, en Bretagne & à l'Isle de Bas. Ces Maquereaux, qui sont plus gros que ceux qu'on prend sur les côtes de Normandie, sont beaucoup moins estimés pour manger frais; aussi on les sale presque tous.

ARTICLE III.

Des petits Maquereaux qu'on nomme en Picardie Roblots, *& en Normandie ainsi qu'à Paris*, Sansonnets.

Indépendamment des très-petits & jeunes Maquereaux qui n'ont que trois à quatre pouces de long, dont j'ai parlé plus haut, on prend en différentes saisons de l'année de petits Maquereaux, qui ne sont guère plus gros que des Harengs. J'en ai fait graver un, *Pl. II. fig.* 3. La saison où l'on en prend le plus est à la fin de la Pêche du Hareng, & ils se prennent dans les mêmes manets; ils sont fort bons, quoiqu'ils soient vuides d'œufs & de laite, ce qui me persuade que ce sont de jeunes Maquereaux qui n'ont pas encore frayé, d'où il résulte, que quoiqu'ils soient vuides, leur chair est délicate & de bon goût, n'ayant pas les défauts de ceux qu'on nomme *chevillés*.

ARTICLE IV.

Des Maquereaux jaspés pleins.

Nous avons représenté, *fig*, 4 & 5, *Pl. II*, une variété de Maquereaux qu'on rencontre quelquefois, & qu'on nomme *Jaspés*, à cause de la couleur de leurs écailles; ils paroissent moins longs & plus charnus que les autres; leur chair est délicate & de bon goût: on dit que celui, *fig.* 5, est toujours vuide d'œufs & de laite, ce qui fait que les Pêcheurs l'appellent *Bréan*.

Suivant Dampierre, on trouve beaucoup de ces Maquereaux à la côte d'Or, surtout près l'Isle de *Timor.*

On prend encore accidentellement quelques Maquereaux jaspés, qui sont gros & courts : on prétend qu'ils sont excellents.

Je vais parler de la pêche des Maquereaux en différents parages & en différentes saisons, ce qui me fournira l'occasion de dire quelque chose de plusieurs autres variétés de ce Poisson.

ARTICLE V.

Introduction à ce qui sera dit dans cet Article.

Les Maquereaux sont assez généralement regardés comme de très bons poissons, lorsqu'ils ont été péchés sur un bon fonds & dans une saison convenable; car ce poisson, comme la plupart des autres, contracte un goût désagréable sur certaines vases, & comme nous l'avons dit, il perd tout son mérite lorsqu'il a jetté ses œufs, & qu'il devient chevillé : quoiqu'on en marine & qu'on en sale, il n'est jamais meilleur que quand il est frais & nouvellement péché; quelques-uns néanmoins prétendent qu'il est plus agréable lorsqu'on l'apprête huit ou dix heures après qu'il a été péché, que lorsqu'on le mange au sortir de l'eau : quoique j'aie mangé des uns & des autres, j'avoue que je ne me suis pas apperçu de cette différence.

Malgré la supériorité des Maquereaux frais sur tous les autres, ceux qu'on marine sont assez agréables lorsqu'on les mange au plus huit à dix jours après qu'ils ont été préparés; mais ils ne se conservent pas plus long-temps.

Ceux que l'on sale se conservent beaucoup mieux, c'est pourquoi on en transporte dans les Provinces éloignées de la mer; & comme on en fait usage long-temps après qu'on ne voit plus de Maquereaux sur nos côtes, il s'en fait une assez grande consommation, quoique cette saline soit beaucoup inférieure à celle des Harengs. Voilà ce qui regarde le Maquereau considéré comme aliment; mais les Pêcheurs en retirent encore d'autres avantages; car outre qu'ils mangent une partie des œufs qu'on tire des poissons frais, on en fait de la rave ou resure pour la Pêche des Sardines, tant avec leurs œufs que l'on sale, qu'avec leur chair qu'on écharpit après l'avoir fait cuire, ce qu'on ne pratique que quand les Pêches ont été fort abondantes. On verra dans la suite, qu'en les préparant pour saler, on en retire une huile qui sert à la préparation des cuirs; d'ailleurs comme les Maquereaux fournissent un aussi bon appât que les Harengs, pour amorcer les haims, même lorsqu'il s'agit de la pêche de la Morue, on en fait, dans certaines circonstances, une grande consommation, sur-tout quand on est assez heureux pour rencontrer des bancs considérables de Maquereaux dans les endroits où l'on s'établit pour la pêche de la Morue, du Merlan, des Raies & autres poissons qu'on prend avec les haims; on en fait même usage pour la pêche des Maquereaux; car on remarque que ces poissons sont singulierement friands de la chair de leurs semblables. Il suit des réflexions que nous venons de faire, que la pêche de ce poisson est très-intéressante.

Après que nous aurons parlé de la pêche du Maquereau en différents pays, on sera disposé à admettre qu'elle est plus particulierement pratiquée par les François, que par les autres Nations : effectivement, on trouve des Maquereaux dans presque tous nos parages, principalement, néanmoins près l'entrée du Détroit, & vers les côtes du Royaume de Grenade; mais il faut savoir où il convient de les aller chercher; car ces poissons paroissent en différentes saisons, dans un parage ou dans un autre. Les Bretons, les Normands, les Picards, regardent comme une de leur grande pêche celle du Maquereau, quoiqu'elle ne soit pas aussi considérable que celle du Hareng, & les Hollandois qui en ont assez considérablement à leurs côtes, les estiment peu, & n'en salent point, non plus que les Anglois; ainsi à cet égard les François n'ont point de concurrent.

§ 1. *De la pêche du Maquereau en général.*

Les Maquereaux étant très-voraces, on en prend beaucoup avec les haims, comme on fait les Harengs, les Merlans, &c. & on verra dans la suite qu'ils se jettent volontiers sur toute sorte d'appât, ainsi on n'est pas embarrassé de trouver de quoi amorcer les haims pour cette pêche. Comme les Maquereaux vont par bancs considérables, on en trouve pêle-mêle, avec de grands Harengs, des Merlans, des Rougets, &c. dans les parcs & les étentes. On se sert volontiers, pour les pêcher, des filets qu'on nomme maners, *Pl. III, fig.* 1, dont la grandeur des mailles doit être proportionnée à la grosseur des poissons : les tessures ont jusqu'à deux mille brasses de longueur sur deux de chûte, on les tend quelquefois entre deux eaux ; mais le plus souvent c'est auprès de la surface : car lorsque le temps est favorable pour cette pêche, les Maquereaux s'assemblent tout près de la superficie de l'eau, c'est pourquoi les Pêcheurs tirent un bon pronostic de leur pêche, quand les eaux, qui ordinairement sont claires, deviennent grasses & couvertes d'une espece d'écume blanchâtre, les changemens qui arrivent à la couleur de l'eau, présagent ordinairement de l'orage ; & on sait qu'alors les poissons sont fort agités, & les Maquereaux s'approchent de la surface de l'eau, ce qui est avantageux pour toutes sortes de pêches. Les Pêcheurs regardent donc comme un présage assuré d'une bonne pêche, quand, en mettant leurs filets à la mer, ils apperçoivent un grand nombre de petites aiguilles de mer, pas plus grosses que des fêtus de paille, qui s'élevent à fleur d'eau ; ces petits poissons éprouvent apparemment les mêmes impressions de l'état de l'air, que les gros, qui, comme nous l'avons dit, sont alors dans une grande agitation ; c'est sur-tout dans ces circonstances qu'il faut tendre les filets près de la surface de l'eau : quand l'air est froid, que l'eau est claire & la mer calme, on est obligé d'aller chercher le poisson entre deux eaux ; mais alors on en prend peu, de plus on désire que la mer soit un peu agitée, mais il est dangereux aussi qu'elle le soit trop ; car alors elle renverse les filets, elle les endommagent, & il arrive quelquefois que la tessure se tord dans toute sa longueur, & même qu'elle est entierement emportée par la force des lames. Après ces considérations générales, nous allons décomposer notre objet, pour en examiner séparément les différentes parties ; c'est dans cette vue que nous parlerons successivement des pêches qu'on fait avec les haims, & ensuite de celles qu'on fait avec les filets. Nous commencerons par rapporter fort en détail les pêches qui se font dans la Manche, qui comprend les ports du Havre, de Fescamp, de Dieppe, de Saint-Valery en Caux, de Boulogne, de Calais, de Dunkerque : au moyen des détails où nous serons entrés à l'occasion des Ports de la Manche, nous pourrons être beaucoup plus concis, pour rendre compte de ce qui se pratique sur d'autres côtes.

ARTICLE VI.

De la pêche des Maquereaux aux haims, dans la Manche.

Nous avons prévenu que les Maquereaux étant très-voraces on en prenoit aux haims ou à la ligne.

Aussi-tôt qu'on commence à appercevoir les Maquereaux sur les côtes de Haute-Normandie, deux ou trois jeunes Matelots se mettent dans un petit batelet, & vont dans les anses & les petites criques, où ils jugent qu'il s'en est retiré, pour en faire la pêche à la canne, à peu-près comme on le voit représenté, premiere Partie, premiere Section, *Planche XIV, fig. 3*, excepté qu'ordinairement ils empilent trois haims à l'extrêmité de chaque ligne. Cette pêche n'est avantageuse que quand les pêcheurs se rencontrent dans un banc de Maquereaux, & lorsque les poissons se portent près de la surface de l'eau : les haims dont on se sert pour toutes les pêches des Maquereaux ressemblent à peu-près à ceux qui sont représentés, premiere Partie, premiere Section, *Planche VI, figure 2* ou *figure 8*. On prétend que ce poisson est si vorace, qu'il suffit d'amorcer les haims avec un morceau de drap rouge ; mais par le détail où nous allons entrer, on verra qu'on emploie pour appât des vers de mer, ou des chevrettes, ou des morceaux de la chair de quelques poissons, même de Maquereaux ; car ils sont singulierement friands de la chair des poissons de leur espece ; ainsi quand on a pris un Maquereau ou le coupe quelquefois par morceaux, pour amorcer les haims & en prendre d'autres.

D'autres fois les mêmes petits Pêcheurs, au lieu de se servir de la canne, pêchent, comme l'on dit, au doigt. *Voyez* premiere Partie, premiere Section, page *66*, c'est-à-dire, qu'ils mettent deux ou trois haims à l'extrêmité d'une ligne fine, dont ils retiennent le bout dans la main, pour tirer à eux le poisson, lorsque par l'agitation de la ligne ils s'apperçoivent qu'il a mordu ; mais cela n'est pas aussi aisé à la pêche du Maquereau qu'à celle des autres poissons, qui s'agitent jusqu'à ce qu'ils soient morts, au lieu que le Maquereau reste presque immobile, tirant continuellement contre la ligne où l'on a attaché l'haim qu'il a saisi. Ces petites pêches ne sont guere pratiquées que par de jeunes Pêcheurs, qui s'en font un amusement, quelquefois néanmoins ils ne laissent pas d'en retirer quelque profit, sur-tout à l'arrivée des Maquereaux, parce qu'alors ces poissons rares & de primeur sont beaucoup plus chers, quoique moins bons que ceux qu'on pêche dans la suite, ce qui fait qu'on dit qu'il faut manger les Maquereaux avec les pauvres.

Ceux qu'on appelle les petits Pêcheurs

Cordiers,

Cordiers, de la côte de Caux, quoiqu'ils ne soient pas enfants, sont ordinairement les premiers qui font la pêche du Maquereau aux côtes de Normandie. Ils ont une bauffe ou une corde déliée, faite d'un bon brin de chanvre, & qui a environ cinquante braffes de longueur; ils empilent sur cette corde des lignes fines, qui ont environ une braffe de longueur, & qui sont terminées par un haim; ces lignes laterales sont à une braffe & demie ou deux braffes les unes des autres, pour qu'elles ne s'emmêlent point par les mouvements du bateau ou les vagues de la mer; & pour que l'extrêmité de la bauffe tombe au-deffous de la furface de l'eau, on y attache ordinairement une pierre, & on tient ce left affez léger afin que la corde ne foit pas éloignée de la furface de l'eau, & qu'elle décrive dans l'eau une ligne oblique, ce qu'on obferve fur-tout quand il fait chaud, circonftance où les poiffons s'approchent de la fuperficie de la mer; cette pêche différe peu de celle qu'on appelle tirer la balle, qui eft décrite *premiere Partie, premiere Section*, pag. 74.

On ne prend à cette petite pêche, qui ne dure guère qu'un mois ou cinq femaines, que de ces petits Maquereaux qu'on peut nommer précoces, qui font d'un beau verd, & que les Picards nomment *Roblots*, & les Normands *Sanfonnets* : ils ne conservent pour voilure que le bourfet, qui donne affez de fillage à la barque pour tendre la teffure, & quelquefois ils mouillent un grappin afin que les haims étant agités par le courant de la marée, ils attirent mieux les Maquereaux, qui craignent que la proie ne leur échappe. Cette pêche fe fait de jour, principalement le matin & le foir.

Nous avons dit que les *Roblots* ou *Sanfonnets* étoient les précurfeurs des vrais Maquereaux; lorfque ceux-ci font arrivés, on établit des pêches plus confidérables.

La pêche du Maquereau à la ligne fe fait donc fous voile, & il faut que le vent foit affez fort pour filler trois ou quatre nœuds par heure; elle commence au foleil levant & continue jufqu'au foleil couchant, quand le temps eft fombre & embrumé; mais lorfqu'il fait beau & que le foleil eft clair, la pêche n'eft bonne que depuis quatre jufqu'à fix heures du matin, & le foir à la chûte du jour; le refte de la journée les pêcheurs s'occupent à prendre d'autres poiffons.

Pour la pêche du vrai Maquereau, on fe fert du libouret, *Planche III. fig. 2. de cette feptieme Section*, & on peut confulter la *premiere Partie, premiere Section*, p. 75, *Pl. XXI.* On a à bord une ligne de vingt à trente braffes de longueur, à mefure que le bateau avance on en file plus ou moins, fuivant qu'on juge que le poiffon eft plus

ou moins avant dans l'eau; il y a à l'extrêmité de cette ligne, un plomb *A* qui péfe deux à trois livres; ce poids fait que malgré la vîteffe du bateau, la ligne fe tient entre deux eaux : l'extrêmité de la ligne *A*, qui répond à la balle, étant plus avant dans l'eau que celle *B* qui tient au bateau, il en réfulte que la bauffe *A*, *B* décrit une ligne oblique, & qu'il fe préfente des haims aux poiffons qui fe rencontrent à différentes profondeurs dans l'eau; car on frappe fur cette ligne, de deux en deux braffes, de petites baguettes de bois ou avalettes *C*, qui ont dix à douze pouces de longueur, à l'extrêmité defquels on attache une ou deux empiles *D*, qui portent chacun un haim; on met plus ou moins de ces avalettes, fuivant la profondeur de l'eau où l'on pêche; mais il faut qu'elles foient toujours affez éloignées les unes des autres, pour que les haims & leurs empiles ne fe mêlent point. Voilà les façons les plus ordinaires de pêcher les Maquereaux aux haims dans la Manche; néanmoins on en prend auffi au grand couple, comme nous l'expliquerons dans la fuite, ou à la ligne dormante, lorfqu'on fe trouve dans un courant rapide, & lorfqu'il y a peu d'épaiffeur d'eau.

On remarque que les Maquereaux qu'on prend ainfi, font ordinairement plus gros, plus gras, & on les eftime plus que ceux qu'on prend avec les filets, comme nous l'expliquerons dans la fuite.

Ces façons de pêcher avec les haims ont encore l'avantage qu'elles n'occafionnent pas de grands frais, puifqu'il n'eft queftion que d'avoir trois à quatre lignes par bateau, & que les lignes n'exigent pas autant d'entretien que les filets : enfin, trois ou quatre hommes dans une chaloupe fuffifent pour faire cette pêche, qu'on peut pratiquer lorfque la mer eft peu agitée. Les pêcheurs prétendent avoir remarqué, que les Maquereaux s'écartent des côtes, lorfque les fraîcheurs de l'hiver fe font fait fentir affez avant dans le printemps, & que pour cette raifon les pêches à la ligne qui fe pratiquent près des côtes, font infructueufes; ainfi il faut alors avoir recours à la pêche aux filets, qu'on fait plus au large. M. Porquet m'a écrit que cette pêche au libouret n'eft connue à Calais que depuis 1775, qu'elle fe pratiquoit plus anciennement à Dieppe, & qu'on prend de cette façon différentes efpeces de poiffons, fur-tout quand on amorce avec de la chair de Maquereau.

Comme on peut faire ufage de toutes les façons de pêcher avec les haims, pour prendre des Maquereaux, j'invite ceux qui fe propoferont de faire cette pêche, à confulter tout ce qui eft dit de la pêche aux haims à la premiere Section de la premiere Partie.

ARTICLE VII.

De la Pêche des Maquereaux dans la Manche avec des filets.

On prend beaucoup de Maquereaux dans la Manche avec les manets, filets flottants qu'on emploie pour la pêche du Hareng : on se sert aussi des mêmes bateaux que pour les Harengs ; on les démâte & on ne conserve que la petite voile d'avant, qu'on nomme le *Bourset* ; on la cargue même plus ou moins suivant la force du vent, pour ne conserver que ce qui est nécessaire pour mettre le filet à l'eau, & quand il est tendu, on abat ordinairement la voile tout-à-fait & on démonte la danne, qui est une espece de Teugue, que les bateaux ont ordinairement au pied du grand mat, car il ne faut pas que le pont soit embarrassé.

Quoiqu'on emploie à cette pêche différentes especes de filets comme on se sert ordinairement, sur-tout dans la Manche, des filets qu'on nomme *Manets*, *Pl. VII*, *fig. 1.* nous allons commencer par parler de la pêche qu'on fait avec cette espece de filet, quoique nous en ayons amplement traité à la seconde Section de la premiere Partie, Chapitre sixiéme, pag. 99. On sait qu'aux manets l'ouverture des mailles doit être tellement proportionnée à la grosseur des poissons que l'on pêche, qu'ils puissent se broquer ou s'arrêter par la tête ; mais pour la pêche du Maquereau, les filets sont différemment établis que pour les Harengs ; car souvent il faut aller chercher les Harengs entre deux eaux, au lieu que pour les Maquereaux il faut presque toujours les prendre à la surface de l'eau : ainsi la ralingue qui porte les flottes, doit toujours être à fleur d'eau, parce que c'est à cet endroit que s'établissent les Maquereaux. Lorsqu'il fait un peu de moture & que les circonstances sont favorables pour cette pêche, comme ces filets sont faits avec du fil très-délié, & comme les mailles sont assez grandes, il faut, pour que les napes de filets soient bien étendues dans l'eau, en garnir le pied avec quelques vieux filets *B* roulés, c'est ce que les Pêcheurs nomment *Soullardure* ; quelques-uns y mettent un peu de plomb *C* mais en petite quantité, pour que les flottes *A* qui sont à la ralingue de la tête du filet, soient toujours à fleur d'eau. Quoique la tessure entiere ait près de trois mille brasses de longueur, étant formée de trois cents pieces de manets, elle est légere & l'on n'emploie que seize barils vuides, pour, de concert avec les flottes de liége *A*, soutenir la tessure dans toute sa longueur ainsi que les halins qui sont quelquefois fort longs.

Comme ces filets sont dérivants, on ne pêche que la nuit, & les plus obscures sont les plus favorables ; car quand les poissons apperçoivent les filets, ils essaient de sauter par-dessus, & une partie s'échappe. On retire ordinairement les filets au point du jour, & lorsque les circonstances ont été favorables à la pêche, on a vu un bateau revenir avec six mille Maquereaux, mais cela est rare. Il est avantageux pour les Pêcheurs d'arriver des premiers au lieu de la vente, & sur-tout un jour de départ des Chasses-marée ; car alors la vente en est très-avantageuse. Après avoir exposé en gros la pêche des Maquereaux avec les manets, je vais rapporter plus en détail ce qui se pratique dans le canal.

Cette pêche commence ordinairement au mois de Mai, & dure jusques vers le vingt Juillet ; les temps calmes n'y sont pas favorables : il en est tout autrement quand ils présagent des orages ; car alors le poisson s'approche de la surface de l'eau, & donne plus abondamment dans les filets ; mais aussi les gros temps endommagent les filets & quelquefois renversent les barques. Plusieurs Pêcheurs la pratiquent depuis Douvres, à l'ouverture du Pas de Calais, jusqu'à l'isle de Wight, & d'autres se tiennent à la rive des côtes de France ; alors on remarque assez communément que le poisson vient de l'Ouest, & se porte au Nord, ainsi il prend une route différente de celle que suivent les Harengs.

Les Pêcheurs de Dunkerque en prennent ordinairement avant ceux de Dieppe, du Havre, &c. & comme ces poissons sont fort estimés à Paris, les premiers qui y arrivent, quoique moins bons que ceux qui viennent ensuite, sont vendus avantageusement, ce qui dédommage de ce qu'il en coute pour les transporter plus loin ; aussi les Dunkerquois cessent-ils d'en envoyer à la Capitale, quand des Ports moins éloignés y en apportent. Les mêmes crevelles ou bateaux Poltais, qui ont servi pour les Harengs, sont employés à la pêche du Maquereau, mais en moindre quantité que pour les Harengs ; ils sont armés d'un même nombre de Matelots. Nous avons dit que les filets qu'on employoit le plus ordinairement étoient les manets, dont le fil est plus délié que celui avec lequel on fait les saines ; néanmoins il faut qu'il puisse résister aux efforts que font les poissons pour s'échapper ; la grandeur des mailles est à peu-près de dix-huit lignes, un peu plus ou un peu moins, pour les conformer à la grosseur des poissons que l'on pêche ; car, comme nous l'avons dit, on prend des Maquereaux de différentes grandeurs, même sur les côtes de haute Normandie.

Les pieces ont communément neuf à dix brasses de longueur, sur deux de chûte ; la tête du filet est garnie de grosses flottes de liége ; on leste rarement le pied du filet avec du plomb, on se contente d'y ajouter de vieux filets, qu'on nomme *Soullardure* ; ils nomment écallées, deux piéces de ces filets, ou trois quand elles sont moins grandes : & comme les Pêcheurs sont à la part, chacun fournit ordinairement huit écallées, & en outre quatre halins doubles, qui ont cinquante à soixante brasses de longueur, & un pouce & demi ou deux pouces de circonférence : le Maître fournit tant en filets qu'en halins, le double d'un Matelot, & le Bourgeois propriétaire du bateau, fournit un demi-lot de plus qu'un Matelot.

§ 1. *De la répartition des lots.*

Au partage du profit, les uns & les autres ont un lot pour chaque écallée, & en outre un lot pour sa personne. Le Bourgeois qui doit fournir le bateau tout gréé, a pour ses douze écallées & son bateau douze lots.

A l'égard du sel, de la boisson, & de ce qu'on appelle *Avaries*, ils sont, comme pour la pêche du Hareng, prélevés sur le produit de la pêche, avant la distribution des lots.

Les Matelots portent leur pain & les petits rafraîchissements, le reste est fourni comme à la pêche du Hareng.

Ce que nous venons de dire sur la répartition des lots par tête de Matelots, est dans la supposition que tous fournissent une pareille quantité de filets & de halins ; car le profit est réglé sur la quantité qu'ils en ont fournie. Ceux qui n'en ont point, ont seulement un lot pour leur travail, &, ainsi que les autres Matelots, une petite gratification dont on convient pour la campagne, ou bien on prend à gage les Matelots qui n'ont point de filets. Au reste, les conventions sont à très-peu de chose près les mêmes que pour la pêche du Hareng, ainsi nous y renvoyons, afin d'éviter les répétitions. A l'égard du petit produit qui vient des œufs, qu'on sale pour la pêche des Sardines, le Propriétaire du bateau & le Maître, en ont chacun deux lots, & les Matelots chacun un.

Nous avons dit qu'un des avantages de la pêche aux haims, est de n'exiger pour son établissement que de fort petits frais, puisqu'il n'est question que de trois ou quatre lignes, & trois ou quatre hommes par bateau, au lieu que la pêche qu'on fait avec les filets est très-couteuse, puisqu'il faut un bateau armé de huit à neuf hommes, trois mille aunes de filets, qu'il faut raccommoder à toutes les campagnes, & toutes les années en réformer une partie, qu'on remplace par de neufs, & qu'on peut évaluer à peu près à une dépense de dix-huit cents livres ; en outre il faut que chaque Pêcheur soit fourni de cent quatre-vingts brasses de cordage, d'un pouce trois quarts de circonférence, ce qui peut couter à peu près neuf cents livres : ces cordages, à la vérité, durent beaucoup plus long-temps que les filets, mais il en résulte toujours des avances très-considérables. Il est vrai, comme nous l'avons dit à la pêche des Harengs, que la plupart des Pêcheurs cultivent le chanvre & le préparent eux-mêmes ; les femmes le filent, & les Pêcheurs font les filets neufs & réparent les vieux, ce qui diminue considérablement leur dépense. Nous avons déja prévenu qu'on abat les mâts & qu'on démonte la danne, qui est une espece de teugue ou cabane placée au pied du grand mât, & on ouvre les grandes écoutilles pour mettre dessous le pont & dessus tous les filets de la tessure, qui consistent, comme nous l'avons dit, en cent cinquante écallées, de vingt brasses chacune, qui font près de trois mille brasses de longueur ; cette tessure se partage en quatre parties, sur chacune desquelles les Pêcheurs frappent quatre quarts vuides, comme pour les Harengs. Cette pêche ne se fait que de nuit, & les filets qui sont à la mer, exposés aux courants de la marée ou autres, entraînent après eux le bateau, qui dérive seulement de quelques lieues ; parce que dans la saison de la pêche du Maquereau, les nuits sont moins longues que quand on pêche les Harengs.

Les manets sont amarrés par une manœuvre qu'on nomme bassouin ou halin, qui est soutenu dans la longueur de la tessure par seize ou dix-huit quarts vuides, qui y sont amarrés par leur bandingue, étant éloignés les uns des autres de quatre à cinq brasses. On voit qu'à cette pêche, la ralingue de la tête des filets étant garnie de beaucoup de flottes, elle doit être presque toujours à fleur d'eau, pour y rencontrer les Maquereaux, qui se tiennent très-souvent près de la surface de l'eau, bien différents en cela des Harengs, qui se rencontrent à différentes profondeurs dans l'eau. Les Pêcheurs sont obligés de les y aller chercher avec leurs filets ; rarement les Pêcheurs de la Manche sont dans le cas d'y aller chercher les Maquereaux, je dis rarement ; car on verra dans la suite que quelques Pêcheurs, sur-tout ceux de Provence, sont quelquefois obligés de les y aller chercher.

Il est bon, à cette occasion, d'être prévenu qu'il y a peu de poissons qui nagent aussi vîte que les Maquereaux, & que quand ils font route, ils se tiennent volontiers près de la surface de l'eau ; c'est donc là qu'il faut essayer de les prendre avec les manets pendant la nuit ; car quand ils les apperçoivent ils sautent par-dessus les flottes de liége, & évitent d'être pris. Il en est autrement lorsque les Maquereaux séjournent dans un endroit, ils se tiennent volontiers au fond de l'eau : dans quelques Ports on les y va chercher avec des filets traînants, principalement celui de la Tartane ; il suit delà, que lorsqu'un bâtiment faisant route, se trouve par hazard dans un lit de Maquereaux, s'il essaye d'en prendre, ce doit être avec le libouret, qui, comme nous l'avons dit, présente des haims amorcés à différentes profondeurs dans l'eau. Mais pour que cette pêche réussisse, il faut avoir le vent largue & assez frais : car dans ce cas, les Maquereaux craignant que l'appât qu'on leur présente ne leur échappe, ils saisissent les haïms avec avidité & sont pris.

Comme il est important de rendre à terre le poisson presque aussitôt qu'il est pris, les Pêcheurs qui font leur métier près de la côte, regagnent le Port tous les soirs ; néanmoins lorsqu'ils n'en ont pris qu'une petite quantité, & qu'ils se trouvent en état de continuer leur pêche, ils remettent ce qu'ils ont pris, à des petits batelets qui sortent du Port pour aller à bord de tous les bateaux pêcheurs, prendre le peu de poissons qu'ils ont pêché, & l'apportent à terre le plus promptement qu'il leur est possible, c'est ce qu'on appelle *faire le batelage* : & quoique nous en ayons parlé à l'article du Hareng, nous détaillerons encore cette opération, lorsque nous parlerons des pêches qu'on fait loin des côtes. Quoi qu'il en soit, ils vendent les poissons frais aux Chasses-marée, qui les arrangent comme les Harengs, dans des paniers, pour les transporter, à dos de cheval, ou par des fourgons, & les vendent frais dans des villes éloignées quelquefois de vingt, trente ou même quarante lieues de la mer ; car les Maquereaux ne se corrompent pas aussi promptement que beaucoup d'autres poissons, sur-tout quand la chaleur n'est pas considérable.

Les Pêcheurs trouvent un grand avantage à vendre leurs poissons frais, non-seulement parce qu'ils sont plus chers que ceux qui sont salés, mais encore parce qu'ils épargnent les frais de la salaison ; ils apportent donc toute leur attention, ou par eux-mêmes ou par le batelage, pour transporter promptement leurs poissons à terre, & le vendre aux Chasses-marée : néanmoins lorsque les pêches ont été abondantes, & qu'il se trouve plus de Maquereaux que les Chasses-marée n'en peuvent

transporter, ou que les chaleurs considérables font craindre qu'ils ne se corrompent en route, on est obligé d'en saler une partie, & dans ce cas ce sont les Saleurs qui les achetent à plus bas prix que les Chasses-marée. Il est vrai que les poissons salés à terre, sont vendus un peu plus cher que ceux qu'on est obligé de saler à la mer ; non-seulement parce que les petits Maquereaux qu'on pêche sur nos côtes sont estimés meilleurs que les gros qu'on prend dans certains parages, mais encore parce que quand les Chasses-marée ne trouvent point à se charger de poissons frais, ils achetent de ces Maquereaux nouvellement salés, qui sont bien meilleurs que ceux qui le sont plus anciennement, & ils en transportent quelquefois fort avant dans les terres.

Les Pêcheurs ont coutume de nommer les pêches qu'ils font dans la Manche & près des côtes, leur *petit métier*, & ils appellent faire le *grand métier*, lorsqu'ils vont s'établir trente ou quarante lieues au large à l'Ouest, Sud-ouest des Sorlingue, ou encore plus loin ; car il y en a qui vont faire leur pêche dans les mers de la grande Bretagne, pendant que beaucoup s'établissent vers l'Isle de Bas, près les côtes de Bretagne, jusqu'au Cap Lézard, à Portland & à l'Isle de Wight. Je me propose d'entrer dans quelques détails au sujet de ces grandes pêches ; mais auparavant je vais dire quelque chose de ce que font les Chasses-marée & les Saleurs des poissons qui leurs sont livrés par les petits Pêcheurs.

§ 2. *Sur les Maquereaux frais, vendus aux Chasses-marée.*

Quand l'air n'est pas fort chaud, & que les Maquereaux sont rendus au Port assez frais pour être vendus aux Chasses-marée, ils les transportent chez eux, où on les lave dans de grandes bailles : des femmes leur ôtent les ouies ou guignes ; quand ils sont ressuyés, d'autres femmes les arrangent à la main, un à un, dans des paniers, comme nous avons dit qu'on fait les Harengs, seconde Partie, troisième Section, & comme il est représenté sur la *Planche IX. A*, figure 4, alors ils sont en état d'être transportés, si ce n'est pas à une grande distance, & lorsque l'air est frais, on le fait dans des fourgons avec des relais ; mais si l'air est chaud & que le lieu de la vente soit éloigné, le transport se fait à dos de cheval, au moyen de quoi ils sont plutôt rendus. Je passe légérement sur toutes ces choses, pour ne point répéter ce que j'ai dit à l'article du Hareng, bien entendu qu'on rebute les poissons qui ont contracté un peu de mauvaise odeur,

ceux

ceux que les Pêcheurs ont poudrés de sel, & aussi ceux qui ont quelques-uns des défauts que nous rapporterons dans la suite.

§ 3. Sur la salaison des Maquereaux à terre.

Nous avons dit qu'il faut saler dans les Ports les Maquereaux que les Chasses-marée ne veulent point acheter, soit à cause de la grande abondance de ce poisson, soit parce qu'ils ne les trouvent point assez frais pour être transportés, soit parce que les grandes chaleurs font craindre qu'ils ne puissent supporter le transport, soit enfin parce que les Pêcheurs ont été obligés de les poudrer à la mer d'un peu de sel. Je n'expliquerai que fort en abrégé, comment on fait cette salaison à terre, non-seulement parce qu'on peut avoir recours à ce que nous avons dit, en parlant du Hareng; mais encore parce que ce qui s'exécute à terre, diffère très-peu de ce que nous dirons dans la suite, des salaisons qui se font à la mer.

A l'arrivée des poissons dans les Ports, après les avoir lavés dans des cuves, il faut les vuider: pour cela on leur ouvre la gorge & l'on fait une ouverture à l'anus, ensuite pressant la gorge, on fait sortir par l'ouverture de l'anus, les boyaux, la laite & les œufs; on emplit le ventre de sel de Brouage, & on arrange les poissons par lits dans les barrils, sans les presser les uns contre les autres; on emploie pour cette opération deux minots & demi de sel par chaque barril: lorsqu'ils ont pris le sel & qu'ils se sont égouttés de leur saumure & du sanguin, on les paque dans d'autres barrils avec de nouveau sel, & on en emploie un quart de boisseau pour chaque barril: à cette seconde opération on les presse le plus qu'il est possible les uns contre les autres, même on les saute. Il est bon de faire remarquer que ces poissons étant fort gras, il s'en échappe, quand on les lave, de l'huile qui s'amasse sur l'eau en assez grande quantité, pour que les femmes la ramassent afin de la vendre aux Corroyeurs. Voyez *Pl. IV, fig.* 1.

ARTICLE VIII.

Des pêches qui se font loin des côtes, & que les Pêcheurs nomment le grand métier.

On fait ces pêches avec des barques de vingt à trente tonneaux, ou avec les mêmes gondoles qui ont servi pour la pêche du Hareng. A Yarmouth ces pêches commencent ordinairement au mois d'Avril, & durent jusqu'en Juillet.

Les Pêcheurs partent le dix ou le vingt d'Avril, & ils se rendent le plus promptement qu'il leur est possible au lieu de la pêche; car dans ces parages elle est souvent finie à la fin de Juin: d'ailleurs quand on la fait de bonne heure, elle a l'avantage de précéder les pêches que les Bretons font vers l'entrée de la Manche: je dis l'avantage, non-seulement parce que les poissons de primeur se vendent plus cher que ceux qui paroissent dans la suite; mais encore parce que les chaleurs ne se faisant pas encore sentir, les poissons en sont beaucoup meilleurs, pourvu qu'ils n'aient pas contracté un goût de rance, ce qui arrive souvent quand on a épargné le sel. Comme les Pêcheurs font plusieurs voyages, ils ont chacun, pour le premier voyage, huit livres de gratification; pour le second quatre livres & deux livres pour le troisième, s'ils sont assez heureux pour le faire. Ces gratifications sont considérées comme avaries, & se lévent sur le total de la pêche, ainsi que ce qui doit revenir au Maître & au Tonnelier.

L'équipage, en s'embarquant, fait à ses frais, sa provision de vivres & de boisson; à l'égard du sel & des avaries, ils sont pris sur le commun: d'ailleurs, comme on le pratique aux petites pêches, le Propriétaire du bateau, qui fait la vente du poisson & bon des deniers, a pour cela le sol pour livre de la vente; les petits Pêcheurs, qui font leur métier près des côtes & dans la Manche, se plaignent que les grands Pêcheurs, dont nous venons de parler, empêchent les Maquereaux d'entrer dans la Manche; mais il suffit pour détruire ce reproche, de faire attention que les Maquereaux qu'on prend hors le Canal, vers les Sorlingues, aux côtes d'Irlande, &c. sont constamment plus grands & sur-tout plus alongés que ceux qu'on prend dans la Manche, qui sont de meilleur goût, & se vendent un quart plus cher que les autres, ce qui induit à penser que les bancs de poissons qu'on rencontre en ces différents endroits, ne sont pas exactement de la même espèce.

On faisoit autrefois de grandes pêches de Maquereaux aux côtes d'Irlande, en tirant à l'Ouest; elle commençoit en Mai & duroit jusqu'en Juillet: ils avoient l'avantage d'être gros, mais on leur reprochoit d'avoir un goût de graisse désagréable. On assure que ces parages ne sont plus aussi poissonneux, & qu'il en est comme des Harengs, qui pendant long-temps ont été fort abondants aux côtes de Hollande, & qui ensuite y sont devenus rares; mais ordinairement au bout de quelques années, les poissons reviennent aux parages qu'ils avoient abandonnés. Il n'est plus question de parler des poissons qu'on prend assez près des côtes, pour y être transportés frais & en état d'être consommés tels, ou d'être salés à terre; mais de ceux qu'on prend trop loin des côtes, pour qu'on puisse les y livrer avant que d'être gâtés, sur-tout lorsqu'il fait chaud, ou quand il survient des orages; car alors il est indispensable de les saler à la mer. Avant que de détailler comme on doit s'y prendre pour faire de bonnes salaisons, je vais rapporter plus en détail que je ne l'ai fait, comment ces Pêcheurs éloignés des côtes, essaient, au moyen des batelages, de livrer une partie de leur poisson frais, pour se procurer le double avantage de le vendre plus cher, & d'épargner les frais de salaisons.

Pour remplir ces objets, quantité de batelets sortent de leur Port le soir, pour se rendre à la pointe du jour à la vue des barques qui font la pêche, & ils font en sorte d'en être apperçus; alors les barques pêcheuses, qui ont des poissons frais à envoyer à terre, amènent leurs voiles & font des signaux pour en avertir les batelets, *E Pl. III, fig.* 3. qui accostant les barques pêcheuses *C*, chargent les poissons qu'elles ont pris; ils vont ainsi de barque en barque, & quand ils ont ramassé le plus de poissons qu'il leur est possible, ils essayent de gagner promptement la terre, à la voile ou à la rame.

Sitôt que les bateleurs sont rendus au Port, ils font, à leur bord, la vente de leur poisson, qui ne doit pour l'Amirauté que quatre sols trois deniers par mille: si le poisson est reconnu très-frais, il est acheté par les Chasses-Marée; lorsque le temps est fort chaud, disposé à l'orage, & si le poisson est anciennement pêché, ou si on lui a fait prendre un peu de sel, il est vendu aux Saleurs, & suivant ces différentes circonstances, il est transporté sur le champ chez celui qui l'a acheté, ou Mareyeur ou Saleur. C'est le propriétaire du bateau qui en fait la vente & bon des deniers, pourquoi il a le sol pour livre. Communément on ne les compte point, on les vend à la hottée, qui doit contenir cent Maquereaux au grand compte.

Je vais maintenant expliquer comme on doit s'y prendre pour faire une bonne salaison, & je commence par rapporter ce qui regarde le sel.

§ 1. *Sur le sel qu'on emploie pour saler le Maquereau.*

Les Bretons qui trouvent chez eux du sel en abondance, en font usage pour saler le Maquereau, quoiqu'il soit plus âcre, & pour cette raison moins estimé que celui de Brouage; néanmoins les Bretons prétendent que l'âcreté de leur sel le rend plus propre à conserver les Maquereaux, dont la chair huileuse est disposée à se corrompre; mais les salaisons qu'on fait avec ces sels, conservent une âcreté désagréable. Les Normands, pour éviter ce défaut, salent tous leurs poissons avec le sel de Brouage ou de Marennes, dont ils font leur provision entre le temps de la pêche du Hareng & celle du Maquereau.

A l'égard des salaisons qui se font à la mer, c'est ordinairement le Propriétaire du bateau qui fournit le sel, dans des barrils que les Pêcheurs embarquent avec tous les autres ustensiles nécessaires pour faire leur métier, & cette dépense est supportée par tous ceux qui ont intérêt à la pêche. Comme en épargnant le sel, les Maquereaux dont la chair est huileuse, contracteroient un goût de rance désagréable, ou même qu'ils se corromproient & seroient entièrement perdus, les Officiers des Amirautés chargés de veiller à ce que les salaisons soient bien faites, recommandent aux Pêcheurs de ne point épargner le sel; mais, comme pour encourager à faire ce commerce intéressant, les Saleurs de poissons ont le sel à meilleur compte que les Particuliers, les Officiers de la Gabelle prétendent toujours qu'on emploie trop de sel, & ils s'autorisent de l'Ordonnance qui fixe la salaison des Maquereaux à terre, à deux minots & demi par chaque millier. On pense généralement que cette quantité de sel n'est pas suffisante pour un poisson qui se corrompt aussi aisément; non-seulement à cause que la chair est grasse & huileuse, mais encore parce qu'on le pêche, qu'on le sale & qu'on le transporte très-fréquemment dans les grandes chaleurs de l'été, & parce qu'il est d'expérience, qu'on perd souvent des Maquereaux salés lorsqu'il survient des orages. Les Marchands prétendent, avec raison, que par la loi on s'est proposé de fixer la consommation du sel pour le mille ordinaire, & non pas pour le mille au grand compte, qui est de treize cent-vingt Maquereaux, ainsi de près d'un tiers en sus du vrai mille: car on sait que sur la côte de haute-Normandie, le cent, au grand compte, est de trente-trois poignées, de quatre Maquereaux chacune, ce qui fait cent trente-deux poissons, & il a résulté de cette erreur, que dans les années chaudes & orageuses, presque toutes les salaisons de Maquereaux ont été perdues, ce qui fait qu'il n'y a point de commerce où l'on soit autant exposé à faire des pertes considérables que celui de la salaison de ce Poisson. Les Saleurs attentifs rebutent tous les poissons frais qui ont quelques-uns des défauts dont nous allons parler.

§ 2. *Des défauts qu'on peut reprocher aux Maquereaux frais.*

Un des principaux, est d'avoir contracté un commencement d'altération ; de plus, on rebute ceux qu'on nomme *epissés*, c'est une maladie qui se manifeste par l'altération des membranes qui renferment les laites ou les œufs, qui, quand elle est considérable, laissent échapper les substances qu'elles renferment. Ces Maquereaux ont la chair très-molle, & elle ne peut être raffermie par le sel : il y a des Harengs qui sont aussi attaqués de cette maladie, & qui ont les mêmes défauts.

On sait que les Pêcheurs nomment *chevillés*, les Maquereaux qui ont frayé, & qui sont dans l'état des Harengs qu'on nomme guais ; les Saleurs les appellent Negre, je crois par corruption de maigre ; parce qu'effectivement ils sont peu charnus : les défauts qu'ont ces poissons, quand ils sont frais, sont encore plus sensibles lorsqu'ils sont salés.

On met encore au rebut ceux qu'on nomme Bougons, qui ont été blessés par quelques poissons voraces, ou par d'autres accidents.

Les jeunes Maquereaux, qu'on nomme, en quelques endroits Roblots, & Sansonnets en haute-Normandie, ainsi qu'à Paris, sont assez bons étant salés ; néanmoins à cause de leur petitesse, ils sont bien moins estimés que les francs Maquereaux, qui ont laite & œufs : de plus, comme ces petits Maquereaux précédent les autres, ils se vendent avantageusement, & on ne s'avise guère d'en saler ; parce qu'on trouve à les vendre frais comme poissons de primeur.

Je reviens aux grandes pêches de ces poissons.

§ 3. *Comment il faut mettre les filets à l'eau, soit lorsqu'on commence la pêche, soit après qu'on en a tiré le poisson & qu'on se propose de continuer la pêche.*

Pour mettre les filets à l'eau, deux hommes étant jambe de-çà, jambe de-là sur le bord de la barque *A, Pl. III. fig. 3.* ils parent les manets & les jettent à la mer, l'un par la ralingue de la tête du filet, où sont les flottes de liége, l'autre par le pied du filet, qui est, comme nous l'avons dit, lesté d'une corde ou d'un rouleau de vieux filets, que les Pêcheurs nomment une *Soullardure* : un homme situé derriere eux, pare les barrils, comme nous avons dit en son lieu qu'on le fait pour les saines, ce qu'on doit exécuter très-promptement, pour ne point retarder le travail de ceux qui mettent le filet à l'eau.

On met un barril au bout forin de la tessure, & ensuite les piéces de manets ; un Mousse intelligent compte les piéces de manets qu'on met à l'eau, & quand il y en a dix-huit, il avertit celui qui est chargé des barrils, d'en amarrer un. Tout cela est encore présenté à la troisiéme Section de la seconde Partie, *Planche X, fig.* 1.

On jette donc les filets à la mer par le travers du grand mât, un peu vers l'arriére, & le halin se file de lui-même, en passant devant le matelot qui pare les bassouins & amarre les barrils. A mesure qu'on les lui donne, un garçon de bord a seulement soin que le halin ne fasse point de coque ; & quand ceux qui font ces travaux sont fatigués, ils sont relevés par d'autres gens de l'équipage.

On commence à mettre les filets à l'eau une demi-heure avant le soleil couché, afin que cette opération soit finie une heure après la disparition du soleil, pour pouvoir profiter de la petite agitation que prend ordinairement l'eau de la mer, sur les dix à onze heures de nuit ; car alors le poisson s'approche de la surface de l'eau, ce qui est favorable à la pêche.

Quand il y a un banc de Maquereaux rassemblé en un endroit, on n'apperçoit point de graissin à la surface de l'eau, comme aux Harengs lorsqu'ils s'assemblent à l'embouchure des rivieres pour frayer : il est vrai que les Maquereaux ne se forment point en bancs pour frayer, mais ordinairement pour faire route.

La force & la direction du vent sont les meilleurs présages qu'on puisse avoir d'une bonne pêche ; le vent d'Ouest Sud-Ouest est avantageux lorsqu'il croise la marée, parce que les poissons qui la refoulent, donnent dans les filets : on regarde les vents d'Aval comme défavorables à la pêche, parce qu'ils font passer assez vîte la saison de la pêche du Maquereau. Effectivement, on remarque que si au milieu de la saison, ce vent dure pendant quelques jours, il ne reste presque plus de Maquereaux ; au contraire, les vents d'Amont, quand ils ne sont point trop forts, arrêtent le poisson, & font durer long-temps la pêche ; mais je crois que cette observation n'est exactement vraie que pour quelques parages.

§ 4. *De la maniére de relever les filets lorsque la pêche est finie.*

Après que la marée est retirée, il faut tirer les filets de l'eau & les remettre dans la barque, après avoir pris le poisson : deux matelots, ayant le ventre appuyé contre le bord, comme on le voit en *B, fig.* 3, saisissent, un la tête du filet, l'autre le pied, pendant qu'un troisiéme qu'on nomme *forsiblement*, détache les bassouins & enléve les barrils; mais comme les deux hommes qui halent sur le filet ne seroient pas assez forts pour le tirer à bord, huit hommes leur aident en virant au Cabestan le halin; & comme il y a toujours des poissons, qui n'étant pas bien broqués dans les mailles des manets, retombent à la mer, à mesure que le filet sort de l'eau, le Maître qui a les pieds hors le bateau, posés sur une précinte, & étant retenu par une manœuvre du bateau qui lui passe sur la poitrine, présente, sous le manet, un filet à poche ou un lanet qui est au bout d'une perche, & reçoit les poissons qui seroient perdus s'ils tomboient à la mer: tout cela se voit au bateau *B, fig. 3*. A mesure que les filets entrent dans le bateau, des Matelots & des Mousses détachent les poissons qui sont maillés, pendant que d'autres lavent ou plient les filets, & on se presse de saler les poissons, comme je vais l'expliquer.

§ 5. *De la Salaison des Maquereaux à la mer.*

Quand les Pêcheurs se sont établis assez loin de la côte pour ne pouvoir, ni euxmêmes, ni avec le secours des batelets, apporter leur poisson assez promptement à terre, ils le perdroient si on ne le saloit pas à la mer. Dans ces circonstances, aussitôt que les filets sont halés à bord, & que les poissons tirés des filets sont mis dans la huche, sur le pont, il faut user de la plus grande diligence pour les saler, & la premiére opération est de les vuider. Pour cela, deux hommes à bas-bord, & autant à tri-bord, *Pl. IV, fig.* 1, ouvrent les poissons depuis la gorge jusqu'à l'anus, ils les passent à d'autres qui en retirent les œufs; les Pêcheurs en mettent à part une partie pour les manger frais, mais on en sale la plus grande partie, pour en faire de la *rave* ou *resure*, qu'on vend aux Pêcheurs de Sardines. A l'égard des entrailles, on les jette à la mer, ou bien on les conserve pour attirer le poisson à un endroit, comme nous le dirons dans la suite: on en vend aussi à de pauvres gens, qui les font cuire & s'en nourrissent.

Les Maquereaux étant vuidés, comme nous venons de le dire, on les remet à des Mousses, qui les jettent sur une voile où il y a du sel en abondance; six ou sept hommes, qui sont autour de cette voile, mettent du sel dans le corps de ces poissons, & les arrangent dans des corbeilles, avec un peu de sel entre chaque lit.

A l'égard des œufs dont on fait de la resure, on les sale séparément dans des barrils percés de plusieurs trous, par où s'é-

coule le sanguin & la lymphe que les œufs rendent à mesure qu'ils prennent le sel: ce sont ces œufs qu'on vend en Bretagne aux Pêcheurs de Sardines, qui l'estiment plus que la resure de morue qu'on apporte du grand banc. On voit ces opérations, seconde Partie, troisiéme Section, *Planche XII*, où nous avons parlé du Hareng.

A mesure que les poissons sont salés, comme nous venons de le dire, deux hommes portent les corbeilles dans la cale, où on les arrange par lits, poudrant entre chacun un peu de sel: c'est ce qu'on appelle *mettre en grenier*; mais il faut que ces poissons ne soient pas dans un lieu trop humide. Pour cela, on forme avec du bois ou des pierres, un bastingage, qui s'éleve jusqu'à la hauteur de la carlingue; c'est sur cette espece de théâtre, qu'on arrange les Maquereaux, comme l'on dit, en grenier, où la lymphe & le sanguin qui pourroient les corrompre, s'égouttent: quand on juge qu'ils sont bien pénétrés de sel, les uns défont cette pile, pour en former une autre à une petite distance, mettant encore un peu de sel entre chaque lit; les autres pour s'épargner cette peine, se contentent de couvrir la pile d'une couche de sel; il seroit mieux de les saler en vrak dans les barrils, comme on fait les Harengs, voyez seconde Partie, troisieme Section, *Pl. XII*, ou même de les paquer, comme nous l'expliquerons dans la suite.

Mais outre le temps que les Pêcheurs emploieroient à ces opérations, qui porteroit préjudice à leur pêche, il leur en coûte, pour deux cents barrils, qui contiennent environ cinquante milliers de Maquereaux, trois muids, cinq minots de sel.

J'ai peu de chose d'important à ajouter à ce que j'ai dit de la vente du poisson frais; mais il est à propos d'expliquer comment se fait la vente du poisson salé.

§ 6. *De la vente des Maquereaux qui ont été salés à la mer, & de la façon de les paquer.*

A l'arrivée des barques qui ont des Maquereaux salés, on les vend au cent, ou plus ordinairement à la hottée, qui doit contenir cent poissons au grand compte, & on les porte chez celui qui les a achetés, presque toujours aux Saleurs, & quelquefois aux Chasses-marée: je dis quelquefois aux Chasses-marée; parce que quand ils manquent de poissons frais & qu'ils trouvent des Maquereaux nouvellement salés, par un temps frais, ils en achetent pour les transporter dans les Provinces où ils savent qu'ils en trouveront le débit.

A l'égard des Saleurs, quand au débarquement ils trouvent les poissons bien conditionnés, soit qu'ils aient été salés en vrak ou en grenier, ils les paquent sur le champ dans des barrils, comme je vais l'expliquer : mais s'ils ont féjourné du temps dans la cale, étant falés en grenier, comme ils ont presque toujours contracté une odeur défagréable, on les met dans une grande jarre pleine d'eau douce, où on les lave à plufieurs reprifes, & à chaque fois on les laiffe égoutter pendant quelques heures. Il y a des poiffons qui ne perdent point entiérement l'odeur de cale ; mais quand ils font bien déchargés des faletés, même de celles que leur a communiqué le fel gris, on les paque dans des barrils.

Le pacage des Maquereaux eft affez femblable à celui des Harengs, excepté qu'il faut employer plus de fel pour les Maquereaux ; après avoir mis une couche de fel au fond des barrils, on y arrange, par lit, & à la main, les poiffons falés, très-près les uns des autres, on met un peu de fel entre chaque lit, & on finit, quand le barril eft plein, par mettre une couche de fel pareille à celle qu'on a mife au fond du barril, fous le poiffon : ceci n'eft point autorifé par l'Ordonnance, mais toléré par les Gabeleurs.

On preffe fortement les poiffons les uns contre les autres ; & quand les barrils font enfoncés, le Marchand met fa marque fur un des fonds du barril, qui contient environ trois cents poiffons ; on confomme à peu près vingt-cinq livres de fel pour les paquer.

Il eft d'ufage que le maître Tonnelier emporte, tous les foirs, deux Maquereaux, & les autres ouvriers, ainfi que les Paqueurs, chacun un. Quelqu'attention qu'on apporte pour faler & paquer les Maquereaux, il s'en faut beaucoup que cette faline foit auffi bonne que celle de la Morue, du Saumon & du Hareng ; néanmoins la vente des Maquereaux falés eft avantageufe, quand on les tranfporte loin de la mer, & fur-tout dans les pays de vignoble.

§ 7. *Des défauts des Maquereaux falés.*

Lorfque nous avons rapporté les défauts des Maquereaux frais, nous nous fommes engagés à dire quelque chofe de ceux qu'on reproche aux falés.

Nous avons fait remarquer qu'une partie des défauts des Maquereaux frais, devient plus fenfible lorfqu'ils font falés, ce qui fait que les Saleurs rebutent ceux à qui ils en apperçoivent ; néanmoins ils effaient de mêler, avec de bons Maquereaux pleins, quelques-uns de ceux qu'on nomme *chevillés.* Nous avons prévenu que la chair du Maquereau étant graffe & huileufe, elle a beaucoup de difpofition à fe corrompre dans les temps de chaleur, &

fur-tout quand on eft ménacé d'orage, c'eft ce qu'on effaie de prévenir par le fel ; néanmoins il arrive qu'entre les Maquereaux falés, on en trouve de mous, d'éventés, qui ont une mauvaife odeur, & des bougons, qui ont été bleffés par les Saleurs : la plupart de ces défauts, qui annoncent un commencement de corruption, proviennent de ce qu'on n'a pas employé le fel en quantité fuffifante, ou qu'on n'a pas laiffé affez égoutter le fanguin & la lymphe qui fe forme lorfque les poiffons prennent leur fel ; ces défauts dépendent encore d'autres négligences de la part des Saleurs, qui effectivement doivent faire leurs opérations avec beaucoup de célérité : car il ne fe commet guère d'abus dans la pêche & la falaifon des Maquereaux ; parce que les Marchands Saleurs répondent des fraudes qu'ils auroient commifes fur le nombre, ainfi que des accidents qui réfulteroient de leur négligence.

§ 8. *De quelques filets qu'on emploie pour prendre les Maquereaux.*

Quoique les manets foient le plus fouvent employés pour la pêche des Maquereaux, comme ces poiffons vont de compagnie & par bancs, il y a des Pêcheurs qui effaient de les envelopper avec de grandes faines, dont la tête eft garnie de groffes flottes de liége, & le pied fimplement lefté par une groffe corde ; car il eft important, comme quand on fe fert des manets, que la tête du filet foit à fleur d'eau, pour les raifons que j'ai rapportées plus haut. Les Pêcheurs tâchent d'envelopper le plus de poiffons qu'il leur eft poffible, comme je l'ai dit en plus d'un endroit, lorfqu'il s'agiffoit des filets d'enceinte, & fur-tout ils font leur manœuvre dans l'obfcurité de la nuit, fans quoi les poiffons appercevant le filet parviendroient à s'échapper. A Aiguesmortes, on en prend avec le boulier, qui eft une grande faine, qu'on appelle auffi *aiffaugue*, que nous avons décrite à la première Partie : le bateau qui fert pour cette pêche s'appelle *Marinier* ; il eft plat, il fe termine en pointe par les deux bouts, & on le gouverne avec un aviron. Lorfque les poiffons fe retirent dans des endroits où l'on ne peut pas tendre de grandes piéces de filets, ce qui n'eft pas ordinaire, quelques-uns emploient, au lieu de manets, des tramaux, ou dérivants, ou fedentaires, qu'on nomme en Languedoc, *Verradiére.*

On m'a écrit qu'à Dieppe, pendant le Carême, on employoit pour la pêche du Maquereau, des tramaux de la Dreige, dont les mailles de la flue font de l'échantillon des petits manets, ayant au plus quinze lignes d'ouverture en quarré, & les mailles des hamaux au plus huit pouces. En Provence, on prend des Maquereaux dans les Bastudes, sur quoi on peut consulter la premiére Partie, seconde Section, pag. 109.

Il faut de plus avoir, comme je l'ai dit, quelques lanets ou filets à poche, pour recevoir les poissons, qui n'étant pas bien maillés, retombent à la mer quand on tire les filets de l'eau; enfin, comme il arrive quelquefois que la lame a assez de force pour rompre le halin & emporter le filet en entier ou une partie, il est bon d'avoir des grappins *A, Pl. IV, fig.* 2, pour les pêcher; & il convient aussi d'avoir des gaffes *B*, pour démêler les filets, lorsque ceux de différents bateaux s'embarrassent les uns avec les autres.

§ 9. *Des Maquereaux marinés.*

Je me suis jusqu'à présent borné à rapporter les précautions qu'on doit prendre pour transporter, aux endroits peu éloignés de la mer, des Maquereaux frais, qui ayent conservé toutes leurs bonnes qualités, & aussi la façon de les saler, soit à terre, soit à la mer, pour que les Provinces de l'intérieur du Royaume, puissent jouir de ce poisson dans presque toutes les saisons de l'année : mais je ne dois pas omettre une préparation, par laquelle les Maquereaux sont beaucoup meilleurs & plus appétissants que les salés, quoique moins bons que les frais; malheureusement ces poissons, ainsi préparés, ne peuvent se conserver bons que six ou huit jours, ce qui, dans certaines circonstances, ne laisse pas d'être avantageux.

Ordinairement on n'en prépare à la fois que huit ou dix; on les fait bouillir dans de l'eau avec du sel; quand ils sont cuits, on les retire de cette saumure, & on les met égoutter & se refroidir sur une claie; pendant ce temps on ajoute à la saumure du poivre & du vinaigre, & on la fait bouillir; enfin on la retire de dessus le feu; & quand elle est refroidie, on met le poisson dans un pot de grès vernissé, & dedans le pot assez de sauce pour couvrir le poisson; enfin on couvre le pot : les poissons ainsi préparés sont très-bons & appétissants pendant une huitaine de jours, & lorsque l'air est frais, ils sont encore mangeables au bout de dix jours.

A R T I C L E I X.

Des différentes espéces de poissons qu'on prend pêle-mêle avec les Maquereaux.

On a vu qu'on se sert pour prendre les Maquereaux des mêmes moyens que pour prendre différentes espéces de poissons, ainsi il n'est pas surprenant qu'il s'en trouve pêle-mêle avec les Maquereaux; aussi quand on prend les Maquereaux avec les haims, soit à la canne, aux cordes ou au libouret, on y trouve des Merlans, des Harengs & quantité d'autres poissons qui mordent aux haims : si l'on pêche avec des manets, on trouve quantité de poissons de la grosseur des Maquereaux, qui se font maillés; mais comme, suivant les saisons, on prend des Maquereaux de différentes grosseurs, quelquefois de fort petits, qui n'ont que six ou huit pouces de longueur, d'autres plus gros, qui contiennent des œufs & de la laite, enfin des Maquereaux qui ont frayé, qu'on appelle chevillés, qui sont aussi longs, mais moins gros que ceux qui sont pleins; il suit delà qu'il faut, suivant les saisons, employer des manets qui aient les mailles plus ou moins grandes, & que suivant la grandeur des mailles, il se prend, dans les manets, différentes espéces de poissons, comme des Orphies, de gros Harengs, qu'on nomme Halbours, qui ont quelquefois quatorze pouces de longueur, des petits Bars & des Lingues, &c. quand on chasse les Maquereaux avec des filets d'enceinte ou des demi-folles, on trouve de ces mêmes poissons, devenus gros, même des Thons, & malheureusement de toutes sortes d'espéces de chiens, qui sont très-redoutés des Pêcheurs, parce qu'ils dévorent quantité de poissons, & qu'ils déchirent les filets; mais ce qu'on y trouve en plus grande quantité sont les Carangues, qu'on appelle aussi *Maquereaux bâtards*, quoiqu'ils n'aient point véritablement les caractères des Maquereaux; j'en dirai quelque chose à la suite des Maquereaux.

A R T I C L E X.

Remarques détachées, qui ont rapport aux Maquereaux.

La pêche des Maquereaux, ainsi que celle des Harengs, n'est destructive d'aucun poisson, parce que les filets étant toujours entre deux eaux ne dérangent point les fonds ; & pour ce qui regarde les Maquereaux, parce que ce sont des poissons de passage qui se renouvellent tous les ans par de nouveaux bancs qui arrivent du Nord.

Quelques-uns prétendent que c'est avec la saumure des Maquereaux que les Anciens faisoient l'excellente sauce qu'ils nommoient *garum* ; mais j'ai peine à me le persuader, & je crois qu'elle se faisoit avec différentes espéces de poissons.

Comme la pêche des Maquereaux se fait ordinairement dans une saison où la chaleur est considérable, les Pêcheurs sont vêtus bien plus légérement que quand ils font celle des Harengs, qui se fait souvent lorsque le froid se fait sentir vivement. Pour la pêche du Maquereau, la plupart n'ont sur leurs jambes que des trigouftes, houssettes ou guêtres de toile ; il n'y a que ceux qui travaillent à lover les filets qui sortent de l'eau, ou à en tirer les poissons, qui ont des bottines de cuir pour se garantir de la quantité d'eau qui sort de ces filets.

Ordinairement ceux qui sont sur le bord à haler les filets, sont en chemise, dont les manches sont retroussées jusqu'au coude, mais ils ont un tablier de cuir ; lorsqu'il fait froid ils sont mieux vêtus, & plusieurs

ont des hale-avant, ou des maniguets : on sait que ce sont de forts gants de cuir. J'ai dit plus d'une fois que la chair des Maquereaux étant fort huileuse, il en résulte que quand on les lave dans l'eau, il s'en détache une huile qui nâge sur l'eau en assez grande quantité, pour que les femmes occupées à ce travail, la ramassent & la vendent à ceux qui préparent des cuirs.

Autrefois les lits de Maquereaux paroifsoient plutôt sur les côtes de haute Normandie, qu'ils ne font présentement, sans qu'on puisse en imaginer la cause ; on en pêchoit assez abondamment dès le mois d'Avril, & depuis plusieurs années ils ne paroissent que vers la mi-Mai, quand les chaleurs vives se font sentir.

On estime pour manger frais les Maquereaux qui sont courts & assez gros.

Les Nations voisines de la France ne font pas pour la plupart grand cas des Maquereaux, & ils n'en salent presque pas, d'où il suit que la pêche & la salaison du Maquereau se fait par les François sans concurrence avec les étrangers ; il n'en est pas de même du Hareng, comme on l'a vu dans la Section où nous avons traité de ce poisson.

A R T I C L E   XI.

Enumération abrégée des endroits où l'on fait principalement la pêche des Maquereaux.

Après avoir rapporté ce qui nous a paru de plus intéressant sur la pêche & les différentes préparations qu'on donne aux Maquereaux, je vais parcourir sommairement les côtes de la mer, pour faire remarquer les endroits où l'on pratique cette pêche ; & quoique je me borne à des considérations générales & fort abrégées, cette course rapide pourra me fournir l'occasion de rapporter quelques particularités qui m'auront échappées dans les Paragraphes qui font la partie principale de ce Chapitre.

§ I. *De la haute Normandie.*

Au *Havre-de-grace* on ne sale presque point de Maquereaux ; les poissons que l'on prend entre les riviéres de Seine & de Somme, sont presque tous transportés frais à Paris, ou dans les Villes où l'on fait en trouver le débit.

Les Pêcheurs vont s'établir à huit ou dix lieues de la rade, & font leur métier avec des cordes menues qui ont quelquefois jusqu'à six à sept cents brasses de longueur, & qui sont garnies d'empiles & d'haims éloignés les uns des autres de qua

tre pieds, comme on le voit premiere Partie, premiere Section, *Planche XIX*, *fig.* 1, 2, 3 & 4 ; ils les calent quelquefois jufqu'à seize ou dix-huit brasses de profondeur, & alors ils prennent pêle-mêle avec les Maquereaux, des Merlans, des Limandes & d'autres poissons qui mordent aux appâts qu'on leur présente.

Cette pêche dure depuis la fin d'Avril jusqu'au commencement de Juin.

Dieppe. Comme quand j'ai traité en général de la pêche des Maquereaux, j'ai donné principalement pour exemple ce qui se pratique dans cette Amirauté, il me reste peu de chose à dire relativement à cette pêche dans ce département. Je rappellerai seulement que comme ils vont quelquefois chercher les poissons assez loin dans des parages où les Maquereaux sont plus grands que dans la Manche, ils ont des manets qu'ils nomment *Marsaïques*, dont les mailles sont proportionnées à la grosseur des Maquereaux.

Il sort quelquefois jusqu'à cinquante bateaux de Dieppe, & soixante des Ports voisins, tels que Fescamp, Saint-Valery en Caux, Boulogne, Calais, &c. entre lesquels il y a quelques gros bateaux qui vont jufqu'à cinquante lieues à l'oueft des Sorlingues, au-devant des bancs de Maquereaux.

J'ai dit qu'en Carême les Dieppois pêchoient des Maquereaux avec le tremail de la dreige. Il n'eft pas hors de propos qu'on fache que les mailles de la flue de ces tramaux ont huit lignes d'ouverture en quarré, & que les mailles des hamaux en ont quinze. Voyez première Partie, Section II, pag. 128 & 138.

Saint-Valery en Caux & *le petit Veule*. Dans ces Ports on fait la pêche du Maquereau, ou au plomb, ou à la ligne, ou au libouret. Les Pêcheurs, comme aux autres Ports de la Manche, prennent une ligne très-déliée qu'ils nomment *Bauffe*, & qu'ils changent prefque tous les jours, parce que cette pêche fe faifant à la derive, ils craignent que cette bauffe, qui eft fine, ne fe rompe, & qu'ils ne perdent le plomb, qui péfe dix à douze livres. Quand on fe fert du libouret, on attache dans toute la longueur de cette bauffe, de deux en deux braffes, des baluettes ou petits bâtons gros comme un tuyau de plume, & longs de fept à huit pouces, à l'extrêmité defquels font des empiles très-fines qui portent des haims, comme on le voit *Planche III*, *fig.* 2 : ainfi il y a plus ou moins d'haims fur chaque bauffe, fuivant fa longueur. Chaque bateau embarque trois bauffes garnies de baluettes & d'haims, comme nous venons de le dire : on en tient une à l'avant du bateau, & les deux autres font vers l'arriere, une à bas-bord, & l'autre à tribord. Nous avons repréfenté la pêche au libouret plus en détail, première Partie, première Section, *Pl. XXI*, *fig.* 1.

Quoique les Maquereaux, comme les autres poiffons de paffage, paroiffent dans une faifon, tous les ans elle varie un peu, fuivant que le temps eft plus ou moins chaud. Il arrive quelquefois qu'on en prend de fort bons hors la faifon, ce qui eft rare : mais on remarque qu'autrefois ils paroiffoient plutôt fur les côtes de haute Normandie qu'ils ne font préfentement, fans qu'on puiffe en imaginer la caufe. On en pêchoit affez abondamment dès le mois d'Avril, & depuis plufieurs années ils ne paroiffent que dans le mois de Mai ; peut-être cela dépend-il de ce que les fraîcheurs durent plus long-temps.

On dit proverbialement qu'il faut manger les Maquereaux avec les pauvres, parce que dans le fort de la pêche, lorfqu'ils font communs & à vil prix, ils font beaucoup meilleurs que dans la primeur, temps où ils font rares & chers, ce qui les fait rechercher par les riches : en général on eftime ceux qui font gros & courts.

§ 2. De la Baffe-Normandie.

Coutance. Il y a dans cette Amirauté le Port & la petite ville de Regneville, où il y avoit autrefois des bateaux pêcheurs du Port, depuis trois jufqu'à fix tonneaux, qui faifoient la pêche du Maquereau avec des lignes armées de gros haims ; mais cette pêche eft prefque abandonnée, parce que les poiffons donnent moins à cette côte qu'autrefois.

On m'a affuré qu'on y faifoit maintenant cette pêche avec les mêmes filets qui fervent pour prendre les Mulets, & qu'on nomme, pour cette raifon, *Muletiers* : ce font des efpéces de faines, dont les mailles ont quinze lignes d'ouverture en quarré, & qu'on traîne fur le fable le long de la côte.

Les Pêcheurs de Touques & de Dive, s'appercevant qu'ils prenoient peu de Maquereaux avec leurs manets, ont pris le parti d'adopter les libourets : chaque Pêcheur en a deux ; cette pêche fe fait fous voile, & il eft avantageux qu'il vente bon frais.

A Granville, Cherbourg & autres Ports voifins, prefque tous les Pêcheurs fe fervent du libouret ; mais le plomb qui eft au bout de la bauffe, ne péfe que deux livres, pour que quand le bateau fille, le plomb quitte le fond & fe tienne entre deux eaux, affez près de la furface ; on attache les libourets vers l'arriére du bateau qui fille lentement.

A la Hougue, il y a beaucoup de Pêcheurs, mais comme ils vont établir leur pêche loin de leur Port, je remets à en parler lorfqu'il s'agira des parages où ils fe rendent.

§ 3. De la Bretagne.

Saint-Malo. Les Pêcheurs de ce Port, qui font leur métier dans de petits batelets & à la canne, apportent affez fouvent une telle quantité de poiffons, que communément ils ne font vendus, de la feconde main & ayant la liberté de choifir les plus beaux, qu'un fol la piéce, & les Saleurs les ont encore à meilleur marché.

Il y a des Pêcheurs des environs de Saint-Malo, du côté de l'Oueft, qui s'éloignent affez des côtes, quoiqu'ils pêchent à la canne & dans de petits bateaux de cinq à fix tonneaux, dans lefquels néanmoins ils fe mettent huit à dix hommes.

Etant rendu au lieu de la pêche, chaque homme prend fa canne ou perche, qui a huit pieds de longueur, ayant amené les voiles, comme on le voit première Partie, première Section, *Planche XIV*,

fig. 3,

fig. 3, le bateau eſt emporté par le courant de la marée, les Matelots ſe rangent des deux côtés du bateau, moitié bas-bord & moitié tribord; & dans des circonſtances très-favorables à la pêche, on en a vu revenir, au bout de vingt-quatre heures, avec cinq ou ſix mille Maquereaux.

Cette pêche, ainſi que celle dont nous allons parler, commence ordinairement à la Saint-Jean, & finit au mois d'Août. Les Pêcheurs amorcent leurs haims avec de petites chevrettes, qu'on nomment *Sauterelles de mer*; mais, comme nous l'avons déja dit, on n'eſt pas embarraſſé d'imaginer quel appât on leur préſentera; tout eſt bon à ces poiſſons voraces, ſeulement ils ſemblent préférer la chair de leurs ſemblables, qu'on léve ordinairement auprès de la queue, & ces poiſſons, ainſi mutilés, ſe vendent auſſi avantageuſement que ceux qui ne l'ont pas été.

M. Guillot, Commiſſaire de la Marine à Saint-Malo, m'écrit que les Pêcheurs de la Baie, qui comprend depuis le Cap Frehel, côte du Nord, juſqu'à celui de Cancalle, côte du Sud, rencontrent dans ces parages une telle abondance de Maquereaux, qu'ils ne ſont point tentés d'en aller chercher en Irlande, ni aux Sorlingues; & il n'y a guère que les Pêcheurs de la preſque Iſle de Saint-Jean, côte du Nord, qui dans leurs grands bateaux du port de ſeize à dix-huit tonneaux, s'éloignent de ſeize à dix-huit lieues de la côte; ils portent des voiles quarrées, quelquefois un mât de mifaine, & ſont montés de onze à quinze hommes: on les a vu revenir, après deux jours de navigation, chargés de poiſſons.

A Saint-Jacut, qui eſt très-près de Saint-Malo, & qu'on appelle autrement Notre-Dame de Landt-Ouart, les Pêcheurs font la pêche des Maquereaux avec des haims, à peu près comme nous avons dit que la font ceux de la Baie; mais au lieu de ſe ſervir de la canne, ils tiennent la ligne à la main, ce qu'on appelle *pêcher au doigt*. Comme j'ai aſſez amplement décrit cette façon de pêcher à la premiére Section de la premiére Partie, pag. 66, je me contenterai de dire, que le bateau étant appareillé comme pour la pêche à la canne, & étant à la dérive, les Pêcheurs ſe rangent ſur les deux bords, tenant à la main deux lignes, au bout deſquelles il y a un petit plomb, qui ne péſe qu'une once ou une once & demie, & deux empiles très-déliées, à l'extrêmité deſquelles il y a un haim.

Comme cette pêche eſt moins embarraſſante & plus avantageuſe que celle à la canne, elle a été adoptée par preſque tous les Pêcheurs de la côte.

Quelques Normands, particuliérement ceux de la Hougue, vont établir leur pêche dans les parages dont nous venons de parler, ſachant qu'ils ſont très-poiſſonneux & ſur-tout bien fournis de Maquereaux; quelques-uns font leur pêche avec le libouret, & comme les bauffes ſont garnies d'haims dans toute leur longueur, ils prennent, avec les Maquereaux, différentes eſpéces de poiſſons voraces, qui ſe jettent ſur les appâts qu'on leur préſente.

On fait auſſi la pêche des Maquereaux avec ce qu'on appelle le grand couple, repréſenté premiére Partie, premiére Section, *Planche XXI, fig.* 2: c'eſt une eſpéce de libouret, qui, au lieu des baluettes diſtribuées dans toute la longueur de ſa bauffe, a à l'extrêmité de cette bauffe une eſpece d'arc, dont les extrêmités des branches ſont garnies d'empiles & d'haims, comme on le voit repréſenté *Pl. XXI*, premiére Partie. Les Malouins font cet eſpéce d'arc avec un morceau de baleine, & les Normands avec un gros fil de fer.

Au Port de l'Orient, on fait la pêche des Maquereaux avec le libouret & quelquefois avec un filet, dont les mailles ont juſqu'à dix-huit lignes d'ouverture en quarré.

A Saint-Brieuc, près Saint-Malo, la pêche des Maquereaux ſe fait au libouret ou à la balle, comme nous l'avons expliqué; nous remarquerons ſeulement, que pour la balle, ils ſe réuniſſent ſix, qui ont chacun une ligne, & qui ſont diſtribués, trois basbord, & trois tribord: aux deux Pêcheurs de l'avant, la balle peſe huit livres, aux deux du milieu, ſix livres, & aux deux de l'arriére, ſeulement deux livres; ce qu'on obſerve pour que les lignes ne ſe mêlent point les unes avec les autres. Quand il ſe trouve beaucoup de poiſſon, ils pêchent avec la ligne ſimple au doigt, & quelquefois pour attirer le poiſſon, ils jettent à la mer quelques chevrettes, ou un peu de refure. Quand les Pêcheurs des environs de Saint-Malo ſe rencontrent dans un bouillon de Maquereaux, ils en font quelquefois la pêche, comme l'on dit *à la faulx :* on trouve la façon de faire cette pêche à la ſeconde Partie, premiére Section à l'occaſion de la Morue ſur le grand Banc : nous y avons dit qu'on ne ſe ſervoit point d'haims amorcés, mais qu'on formoit des eſpéces d'hériſſons, qui avoient beaucoup de crochets très-piquants, & qu'on les jettoit dans un endroit où l'on voyoit beaucoup de poiſſons raſſemblés, & qu'en retirant ces hériſſons par une ſecouſſe, il étoit rare qu'on n'accrochât pas quelques poiſſons, aſſez ſouvent deux.

Or, pour multiplier ſans frais, les crochets, les Pêcheurs joignent trois, quatre & même cinq haims, de façon que toutes les tiges se touchent , & on les lie fortement les uns aux autres avec un fil fort ciré, ce qu'on trouve décrit à l'endroit de la première Section de la première Partie que j'ai indiqué ; & pour que les poissons se rassemblent encore en plus grand nombre à l'endroit où l'on veut jetter l'hérisson, on y jette quelques appâts, comme des chevrettes ou Sauterelles de mer, de la resure, quelques Sardines coupées par morceaux, ou encore des intestins qu'on a tirés des Maquereaux ou Merlans, & qu'on a salés.

Dans l'Amirauté de Morlaix , les Pêcheurs prennent les Maquereaux comme dans la Manche, avec des manets, dont les mailles ont quinze lignes d'ouverture en quarré ; ces filets sont décrits première Partie , seconde Section , page 103 & suivantes : quand ils se servent d'haims, ils les amorcent avec des chevrons ou des maniguets, que les femmes prennent avec des sacs de serpilliére, dans les petites anses , sur le sable , à la basse eau ; mais la principale pêche de ce poisson se fait aux environs de Roscoff, sur les côtes de l'Evêché de Saint-Pol-de-Léon, depuis Ouessant jusque près l'entrée de la Manche , principalement par des bâtiments du port de huit à dix tonneaux, qui viennent de la Hougue ; il s'y rend aussi des bâtiments de Dieppe & de Barfleur , du port de trente à quarante tonneaux, & un nombre de petits bâtiments qui viennent de Roscoff & d'autres endroits de la côte de Bretagne. Dans ces parages , la pêche commence en Mai, & finit avec le mois de Juin ; la plus grande partie des poissons que prennent ces Pêcheurs est salée à Roscoff, & dans certaines années, cette salaison est presque de quatre cents milliers : il est dû à l'Evêque de Léon, quatre sols par millier de Maquereaux qui se débarquent à Roscoff.

Il vient des Provinces assez éloignées, des Pêcheurs qui achetent du sel à Roscoff, & qui salent dans leurs bateaux les poissons qu'ils ont pris.

La pêche aux environs de l'Isle de Bas, diffère peu de celle qu'on fait auprès de Roscoff. La plus grande partie des Pêcheurs s'établissent à sept ou huit lieues de l'Isle , depuis le Nord-est jusqu'à l'Ouest ; ils se démâtent, & dérivent sur leurs filets, qui sont faits avec du fil plus fort que ceux dont on fait usage dans la Manche , parce que les Maquereaux sont plus gros.

Cette pêche étoit autrefois fort abondante dans ces parages ; il y venoit alors dix à douze bateaux de la Hougue , sept à huit bateaux pontés de Sainte-Honorine, de Barfleur, &c. mais depuis plusieurs années elle est beaucoup moins avantageuse, puisque la plupart des bateaux ne prennent que cent ou au plus deux cents Maque-

reaux par nuit , ce qui fait qu'il s'y en rend beaucoup moins : il n'en vient plus que trois ou quatre de la Hougue , & ceux qui s'y rendent des autres Ports, achetent pour la plupart du sel à Roscoff pour saler en grenier le poisson qu'ils prennent à l'ouverture de la Manche , entre les Sorlingues & Ouessant. Ces Pêcheurs font des campagnes qui durent un mois ou cinq semaines.

Dans l'Amirauté de Quimper, on pêche assez volontiers avec des tramaux qu'on tend sur des perches, de sorte que le pied du filet ne touche point le fond. Les mailles des hamaux sont de trois grandeurs différentes : les plus grandes ont sept pouces sept lignes d'ouverture en quarré, les moyennes sept pouces six lignes, & les plus serrées sept pouces quatre lignes. Les mailles de la flue sont aussi de trois grandeurs différentes : les plus grandes ont dix-neuf lignes , les moyennes dix-huit , & les plus serrées dix-sept.

Les Bretons sont assez portés à faire le commerce des Maquereaux, c'est pourquoi ils achetent volontiers ceux qui sont salés en grenier ou en vrak, & après les avoir préparés avec soin, ils les distribuent dans l'intérieur du Royaume. Leur usage est que le cent de Maquereaux n'est que de soixante poignées de deux Maquereaux, ce qui fait cent-vingt , beaucoup moins par conséquent que sur les côtes de Normandie.

L'Isle-Dieu en Poitou. Les Maquereaux qu'on prend dans ces parages , paroissent des plus beaux ; à l'inspection on les jugeroit parfaits : mais cette apparence est trompeuse , car leur chair est insipide, fade & sans goût. Peut-être en est-il de même des Maquereaux qu'on pêche en Hollande ; car M. Allamand m'écrit qu'on ne fait aucun cas de ce poisson, & effectivement le mérite des Maquereaux varie beaucoup dans les différents parages où l'on en trouve.

§ 4. *De la Provence.*

En quelques endroits de cette Province on nomme les Maquereaux *Auriols*. Communément ceux de la Méditerranée sont plus gros que ceux de l'Océan.

Toulon. Cette pêche commence en Avril, & on cesse d'en voir en Juin.

Saint-Tropès & *Fréjus.* On y prend beaucoup de Maquereaux ; on y commence cette pêche en Mai, & quelquefois on la continue jusqu'à Octobre.

Cassis. On fait cette pêche avec les aissaugues, & on y prend beaucoup de différentes espéces de poissons pêle-mêle avec les Maquereaux.

§ 5. *Du Languedoc.*

Ne m'étant point trouvé dans le département de cette Province lorsqu'on y faisoit la pêche du Maquereau, j'ai engagé M. Poujet, Lieutenant-Général de cette Amirauté, de me la décrire; il a eu la complaisance de m'envoyer le détail que je vais rapporter. On y fait cette pêche avec les haims, mais on emploie des appâts pour attirer le poisson à l'endroit où l'on se propose de pêcher, ce qui ne dispense pas d'amorcer les haims.

Dans les mois de Juin, Juillet & Août, il sort tous les jours du port de Cette, vers les quatre heures du soir, un grand nombre de ces petits bateaux qu'on nomme *Bettes*, qui vont s'établir à une lieue vers le Sud, pour être au-dessous des courants.

Il y a dans chacun de ces petits bateaux deux Pêcheurs & un mousse, qui se pourvoient d'un nombre de lignes garnies d'haims, & ordinairement empilées d'un double fil de cuivre très-fin de huit à dix pouces de longueur; ils se munissent aussi de trente ou quarante livres de Sardines fraîches, ou à leur défaut, de salées, mais elles ne sont pas aussi bonnes que les fraîches. Ces Bettes mouillent sur quatorze ou quinze brasses de profondeur, avec un grappin à quatre crochets garni d'une pierre, &, autant qu'ils le peuvent, ils se placent dans un endroit où le courant se fait sentir.

Le mousse coupe les Sardines en plusieurs morceaux qu'il jette à la mer; une partie de cet appât étant emportée par le courant, les Maquereaux, qui sont attirés s'assemblent en nombre autour de la Bette, où trouvant les haims amorcés d'une Sardine, ils les saisissent, & sont pris. Comme le Pêcheur tient la ligne à la main, il s'apperçoit quand il y a des Maquereaux arrêtés par les haims : quelque-fois dans l'espace de deux ou trois heures on en prend un cent.

Nous avons déja dit que les Maquereaux sont très-friands de la chair de leurs semblables, & que c'est un des meilleurs appâts qu'on puisse employer, même pour toutes sortes de poissons.

Comme il se passe une heure ou deux avant que les Maquereaux se soient rassemblés auprès de la Bette, les Pêcheurs profitent de ce temps pour caler des lignes de fond qui portent deux ou trois haims amorcés avec les intestins des Sardines qu'on a coupées par morceaux, & ils prennent différentes espéces de poissons qui se tiennent au fond de la mer, comme de petits Bogues, des Sardes, des Gascons, &c. Ces poissons sont bons à manger, & en outre ils fournissent de bons appâts pour amorcer les haims.

On est presque toujours fort incommodé par un nombre d'oiseaux qui s'assemblent pour prendre des Maquereaux, & qui sont encore attirés par les Sardines qu'on jette à la mer; quelques-uns même de ces oiseaux se prennent aux haims : mais les Pêcheurs redoutent encore bien plus les poissons voraces, sur-tout les Requins, qui dévorent les poissons pris, & font fuir les autres.

Le succès de cette pêche, qu'on commence le matin à la pointe du jour, & qui dure le soir jusqu'à la brune, dépend principalement du lieu où l'on est établi, & de la direction des courants : il est nécessaire que la mer soit très-calme, & que le soleil ne soit pas fort chaud, parce qu'alors les Maquereaux se tiennent au fond de la mer. En beaucoup d'endroits de Languedoc on appelle ces poissons *Veiras*.

Aiguemortes. On y pêche les Maquereaux avec le boulier, depuis le mois d'Avril jusqu'à celui d'Août.

Mais en beaucoup d'endroits on se sert uniquement de la canne.

ARTICLE XII.

Des Pêches Étrangeres.

Irlande. Quelques-uns avant de faire la pêche des Maquereaux sur les côtes de France, vont les chercher en Irlande : ils s'y rendent vers le mois d'Avril avec leur provision de sel; ils salent en grenier les poissons qu'ils prennent, & les transportent dans les Ports de France, où ils les paquent en barrils.

La plupart se servent des mêmes bateaux & des filets qui leur ont servi pour la pêche du Hareng; mais comme les Maquereaux, sur-tout ceux qu'on prend vers les côtes d'Irlande, sont plus gros que les Harengs, il faut, comme nous l'avons dit, que les mailles des manets destinés à cette pêche, soient plus grandes que celles des filets qui servent pour les Harengs ou pour les Maquereaux de la Manche.

Catalogne. La pêche des Maquereaux s'y fait au feu, ce qu'ils nomment à l'*Encesa* : pour cela, on fait un feu clair sur un gril établi à l'avant de la chaloupe qu'on tient un peu loin de terre, & en se rapprochant de la côte on voit les Maquereaux fuivre la lumiére : alors on les enveloppe avec un grand filet, & on tire à terre une multitude de Maquereaux confondus avec d'autres efpéces de poiffons.

On prendra une idée de cette pêche à la troifiéme Section de la première Partie, *Pl. VII, fig.* 1.

Ragufe. On y prend & l'on y fale beaucoup de Maquereaux ; comme ils vont par bancs, les Pêcheurs effaient de les envelopper avec des filets d'enceinte ; ce qu'ils nomment *la Tratta.*

Suivant l'Hiftoire générale des Voyages, on prend en Afrique des Maquereaux femblables aux nôtres, qu'on y nomme *Cavallos.*

On en prend auffi au Japon ; où on les nomme *Sames* ou *Sébres.*

On en trouve encore fur les côtes de Congo & d'Archangel.

Enfin fur les côtes de Hitland & de Schetland on en prend de gros, qui n'ont ni laite ni œufs, & qui font réputés excellents.

M. le Francq de Berkhey, Docteur en Médecine, Lecteur en Hiftoire Naturelle, & de l'Académie de Leyde, me marque que les Maquereaux font abondants fur les côtes de Hollande, fur-tout dans le mois de Juillet, mais qu'on n'en fait que très-peu de cas à Amfterdam. On en voit, fuivant lui, une prodigieufe quantité dans la poiffonnerie de la Ville de Leyde ; mais on n'en voit prefque point certaines années, fur-tout quand la pêche du Hareng a été abondante : on fait beaucoup de cas de ces poiffons en Brabant.

M. de Berkhey m'ajoute qu'on connoît deux efpéces de Maquereau en Hollande, favoir un ftrié de bleu & d'un beau noir, & un autre qui n'eft point tacheté. Les Hollandois appellent le ftrié *Mackreel* ; c'eft le *Scombra* des Auteurs : le fecond, qui eft plus rare, eft le *Marchais* des François : on le nomme en Hollandois *Marfbanker.* On le pêche par hazard & feulement pour les amateurs de l'Hiftoire Naturelle ; car fans cela on en fait peu de cas.

Si, comme je l'ai dit, on eftime peu les Maquereaux en Hollande, on les méprife encore plus en Iflande, au point qu'on ne veut pas en faire la pêche.

<h1 style="text-align:center">ARTICLE XIII.</h1>

De la *Carangue* ou *Maquereau bâtard.*

La Carangue eft, je crois, le Sieurel ou Saurel de Rondelet, qu'on appelle en plufieurs endroits *Gafcon*, en France *Maquereau bâtard*, en Saintonge *Chicharon*, à Rome *Sauro.* Belon ainfi que Willughby le nomment *Trachurus*, qu'il ne faut pas confondre avec le *Trachinus*, qui eft le *Draco-marinus* dont nous avons parlé.

On apperçoit bien quelques foibles reffemblances entre la Carangue & les Maquereaux : il eft vrai que les Carangues paroiffent fur nos côtes dans la même faifon que les Maquereaux, qu'ils vont de même en troupe, & qu'on prend fouvent ces deux efpeces de poiffons pêle-mêle dans les mêmes filets ou avec les haims. Mais fi ces circonftances ont engagé à nommer les Carangues Maquereaux, on a bien fait d'y ajouter l'épithéte de bâtard : car les Carangues n'ont point du tout le caractére des *Scomber* ou *Scombros*, qui forment une famille dans laquelle on comprend les Maquereaux, les Thons, les Bonites, les Pelamides, &c. Ce caractére confifte, comme nous l'avons dit, à avoir depuis le fecond aileron du dos *F, Planche première, fig.* 1, & depuis l'aileron de derriére l'anus *L*, une pinne ou une fuite de petits ailerons *G H* & *M N*, qui forment comme une campane feftonnée qui s'étend jufqu'au commencement de l'aileron de la queue : au lieu qu'à la Carangue, *fig.* 2, le fecond aileron du dos *G, H*, ainfi que l'aileron de derriére l'anus *K, L*, fe prolongent jufqu'à l'origine de l'aileron de la queue fans interruption. Etant prévenu de ces différences qui empêchent qu'on ne prenne les Carangues pour des Maquereaux ; comme les Carangues paroiffent fur nos côtes dans la faifon des Maquereaux ; comme ces deux efpéces de poiffons vont en troupe & fouvent confondus les uns avec les autres ; comme on les prend pêle-mêle avec les mêmes filets : enfin pour ne point m'écarter d'un ufage établi dans plufieurs Provinces, je placerai le peu que j'ai à dire des Carangues, dans la Section des *Scomber.*

Ce poiffon a, par proportion à fa longueur *A, B*, le corps plus gros & plus applatti que les Maquereaux : il eft peu eftimé, ce qui fait qu'on n'en fait point une pêche expreffe ; ce n'eft pas que fa chair ait un goût défagréable, mais elle eft tellement remplie de fines arêtes, qu'on répugne à le manger : ainfi il n'y a guére que le peuple peu opulent qui s'en nourriffe.

Les bancs de Carangues préviennent & annoncent ordinairement ceux de Maquereaux & de Harengs : ils font affez abondants fur les côtes du Canal, & encore

plus

plus sur celles d'Angleterre, où on les nomme, je crois, *Maquereaux cherans.* Outre les Carangues que l'on prend avec les Maquereaux & les Harengs dans les manets & avec les saines, on en trouve quelquefois un grand nombre dans les parcs qu'on tend à la basse eau.

Les Pêcheurs qui font leur métier à la mer dans des barques, consomment, pour leur nourriture, une grande partie de ceux qu'ils prennent : ceux qu'on transporte à terre se distribuent dans les campagnes au pauvre peuple. Il est bien rare qu'on en apporte à Paris & à Rouen, où on les nomme *Maquereaux bâtards :* ce poisson y est encore moins estimé que les Feintes ou Pucelles ou fausses Aloses, qui, comme l'on fait, font regardées comme un manger médiocre.

Les yeux *C* de la Carangue font grands & élevés sur la tête; la prunelle est d'un verd foncé tirant au noir; l'iris est de couleur de nacre-de-perle; on voit autour de l'œil des taches brunes, & aussi au bord des opercules, près l'articulation, des nageoires branchiales vers *D.* Il a de petites dents très-fines; le museau moins pointu que le Maquereau : ses écailles font petites & fines; son dos est d'un brun clair, point brillant, avec les mêmes reflets que les Maquereaux & les Harengs; car suivant le sens dans lequel on le regarde, on apperçoit des teintes dorées, d'autres bleuâtres, d'autres verd-de-mer; le dessous de la gorge & du ventre est d'un blanc argentin : il a deux nageoires *D* derrière les ouies, & deux autres *E* sous la gorge ou le ventre.

Il a deux ailerons sur le dos; celui *F* qui est du côté de la tête, est petit, & formé de sept à huit rayons assez gros liés par une membrane : sa forme est à peu près triangulaire. Immédiatement après est le grand aileron *G, H*, qui s'étend jus-

qu'auprès de l'origine de l'aileron de la queue; il est formé d'un nombre de rayons souples, un peu inclinés vers l'arriére, & qui diminuent de longueur à mesure qu'ils approchent de la queue. Sous le ventre, immédiatement derriére l'anus, il y a un autre aileron *K, L*, tout-à-fait semblable à celui que nous venons de décrire, & qui s'étend aussi jusque près de l'origine de l'aileron de la queue; cet aileron est précédé par deux ou trois aiguillons piquants *I*, qui ne font point liés par une membrane.

L'aileron de la queue *B* est fort échancré; & a quelque ressemblance à celui du Maquereau. Les lignes latérales commencent en *M*, derriére les opercules des ouies, à la hauteur des yeux : elles font composées de petits os rudes au toucher comme les dents d'une scie, & font au milieu du corps une grande inflexion jusqu'en *N*, à l'aplomb de l'anus; ensuite elles se prolongent par une ligne droite *N, O*, qui divise la largeur du poisson en deux, & se termine à l'aileron de la queue : cette ligne, à la partie *N, O*, qui est droite, est formée par de petites pointes qui s'inclinent vers la queue.

On prétend que la Carangue fournit un excellent appât, sur-tout pour la pêche de la Morue. M. Fourcroy, Directeur des Fortifications, m'a écrit en 1767 que les Navires de Dunkerque qui vont en Amérique, prennent des Carangues avec les mêmes filets qui leur servent à prendre les Sardes.

Suivant l'Histoire générale des Voyages, Barbot nomme *Carango* ou *Carangon* un poisson qu'on prend en Décembre à la Côte d'or. On en prend, dit-il, de deux espéces; les uns qui ont de gros yeux, & d'autres de petits. Je crois aussi qu'il y en a qui ont sur les côtés un petit aileron qui s'étend du milieu de l'articulation de l'aileron de la queue jusqu'à une tache noire placée à peu près au tiers de la longueur du poisson.

CHAPITRE SECOND.

Des Thons.

NOus avons prévenu que nous divisions la famille des *Scomber* en deux Chapitres. Dans le premier nous avons amplement parlé des Maquereaux, & dans le second dont nous allons nous occuper, nous traiterons des Thons & des poissons qui y ont rapport, tels que les Bonites, les Pélamides, &c.

ARTICLE PREMIER.

Du gros Thon ou du vrai Thon, Thynnus; *en Gascogne, en Saintonge & en plusieurs Provinces du Royaume* Athon : *à Venise & en Italie* Tunno.

Si l'on se rappelle ce qui caractérise les poissons de la famille des *Scomber*, on conviendra que le Thon doit y être compris. Effectivement ce poisson, *Pl. V*, a sur le dos deux ailerons *K*, *M*, & depuis l'aileron *M*, jusqu'à l'origine de l'aileron de la queue *Q*, une suite de sept ou huit petits ailerons *R* plus larges à leur extrêmité qu'à leur attache au corps : ces ailerons sont détachés les uns des autres, & forment comme une campane festonnée. Il a aussi sous le ventre, depuis l'aileron *P*, jusqu'à l'origine de la queue *Q*, une pareille campane, qu'on a coutume de nommer *Pinne*, ce qui établit principalement le caractére des poissons de la famille des *Scomber*; ceci sera encore mieux établi par la description que je donnerai de ce poisson, qui a tant de ressemblance avec le Maquereau, que quelques-uns ont pensé qu'on pouvoit le regarder comme un gros Maquereau.

Le Thon est un gros poisson, puisqu'on assure en avoir pris qui avoient cinq pieds de longueur, & qui pesoient plusieurs quintaux ; je n'en ai point vu de cette taille. Celui que je vais décrire, *Pl. V*, n'avoit que trois pieds quatre pouces de longueur totale *A*, *B*.

La tête qui diminue de grosseur en approchant du museau, a à peu près la forme d'un coin ; la mâchoire inférieure est un peu plus longue que la supérieure : depuis l'extrêmité de la mâchoire inférieure jusqu'au centre de l'œil *C*, il y avoit quatre pouces ; la gueule étoit assez grande ; les mâchoires étoient garnies de dents fines & piquantes, qui se rencontroient les unes les autres quand la gueule étoit fermée. La langue étoit grande & mobile ; on appercevoit au palais un osselet garni de quelques aspérités ou petites dents fines ; les yeux étoient grands, saillants, un peu élevés sur la tête, la prunelle étoit noire, &

l'iris nacré : entre l'œil & l'extrêmité du museau, on appercevoit l'ouverture des narines *D*.

Depuis l'extrêmité de la mâchoire supérieure jusqu'auprès du bord *E* de l'opercule des ouies, il y avoit dix pouces , & immédiatement derriére étoient les articulations des nageoires branchiales qui se terminoient en pointe, & le plus long rayon *E*, *F*, avoit un peu plus de huit pouces de longueur : les autres rayons étoient beaucoup plus courts , de sorte que ceux qui terminoient ces nageoires n'avoient guère qu'un demi-pouce.

Sous le ventre, à onze pouces environ du bout de la mâchoire inférieure, il y avoit deux nageoires *H*, longues d'environ trois pouces.

A cet endroit, la largeur verticale du poisson étoit au moins de dix pouces.

Sur le dos, à douze pouces du bout de la mâchoire supérieure, étoit le commencement du premier aileron du dos *K*, dont les rayons à peu près au nombre de douze, étoient gros & fermes : cet aileron avoit de *K* en *L* huit à neuf pouces de longueur, celle du premier rayon étoit de cinq pouces. Les autres rayons étoient beaucoup moins longs, de sorte que le dernier vers *L* étoit fort court.

A la suite de cet aileron, vers la queue, on en voyoit un second *L*, *M*, qui n'avoit que trois pouces de longueur à son attache au corps ; le plus long rayon *L*, *M*, avoit à peu près cinq pouces de long. Tous ces rayons étoient souples, diminuoient beaucoup de longueur jusqu'à *N*, & formoient une courbe *M*, *N*. Sous le ventre étoit l'anus *O*, & immédiatement derriere l'aileron *O*, *P*, semblable à l'aileron du dos *L*, *M*, *N*.

Tout l'espace compris entre l'aileron du dos *L*, *N*, ainsi que de celui de dessous le ventre *O*, *P*, jusqu'à la naiffance *Q* de l'aileron de la queue, étoit garni de petits ailerons qui formoient comme une campane feftonnée, qu'on nomme *Pinne*.

L'aileron de la queue étoit fort échancré, en forme de croiffant ; il y avoit fept à huit pouces de *X* en *X*.

Outre les ailerons dont je viens de parler, les Thons en ont encore deux petits, *S*, *S*, de cinq à fix pouces de longueur, un de chaque côté, placés à l'extrêmité des lignes latérales ; ce qui fait que quand on regarde ce poiffon par le travers, comme il eft repréfenté *fig.* 2, l'extrêmité du corps du côté de la queue paroît former un quarré.

J'ai dit qu'à l'à-plomb du commencement du premier aileron du dos en *T*, la largeur verticale du Thon que je décris, qui avoit un peu plus de trois pieds de longueur, étoit de dix pouces : cette largeur à l'à-plomb de l'anus *O*, étoit de huit pouces ; à l'à-plomb de *R*, *R*, de trois pouces ; & à l'à-plomb de *Q*, *Q*, d'un pouce & demi.

Les raies latérales qui s'étendent depuis le derriére des opercules des ouies *G* jufqu'au commencement des petits ailerons *S*, *S*, dont j'ai parlé, font très-fenfibles.

Les écailles de ce poiffon font affez grandes ; néanmoins comme elles font minces & recouvertes d'une efpéce de mucofité, on ne les apperçoit bien fenfiblement que quand on le fait cuire, ce qui a fait penfer à quelques-uns qu'il n'en avoit point. Le dos eft brun, & le ventre tire au blanc. La chair du dos des gros Thons eft compacte ; celle du ventre eft plus délicate, mais elle ne l'eft jamais autant qu'aux Thons moins gros, qu'en quelques endroits on nomme *Thonnines*.

Pour ne rien laiffer à défirer fur le Thon, je vais dire quelque chofe de fes parties intérieures ; ce qui donnera une idée de l'anatomie des poiffons de ce genre.

Le Thon, *Pl. VI, fig.* 1, qui eft deffiné fur un Thon de la Manche, étoit moins gros que celui de la *Planche V.*

a, *fig.* 2, repréfente l'œfophage ; *b*, l'eftomac, qui eft long & épais ; *c*, le pylore ; *d*, l'inteftin avec fes replis ; *e*, les appendices raffemblés par paquets, dont plufieurs rameaux s'inférent en différents endroits de l'inteftin ; *f*, la véficule du fiel ; *g*, le canal colidoque ; *h*, *h*, les hépatiques ; *i*, la rate, qui eft noire.

k, *fig.* 3, repréfente un des lobes du foie, qui eft grand, rouge, & fur lequel on voit les rameaux de la veine-porte.

l, *fig.* 4, eft le cœur, qui eft anguleux.

m, *fig.* 5, repréfente le commencement de l'aorte ; *n*, la veine cave.

o, *fig.* 6, le cœur ouvert, pour faire voir les cavités de fes ventricules. Ce poiffon a beaucoup de fang.

Le Thon eft, comme nous l'avons dit, un poiffon rond & à écailles couvertes d'une mucofité que quelques-uns jugent être une membrane, ce qui fait qu'on ne les fent point, de forte que plufieurs ont penfé qu'il étoit fans écailles ; cependant elles deviennent très-fenfibles quand on le fait cuire. Nous avons dit qu'ils étoient, comme les Maquereaux, de la famille des *Scomber*, mais ils différent prodigieufement des Maquereaux par leur groffeur ; néanmoins on remarque que les Thons proportionnellement à leur longueur, ont le ventre plus gros que les Maquereaux.

Quoiqu'on en prenne peu dans l'Océan, j'en ai mangé dans quelques-uns de nos Ports, particuliérement à Breft, ce qui eft extrêmement rare. La feule pêche un peu confidérable qui s'en faffe en France à la bande du Ponant, eft à la côte des Bafques, où on en prend quelques-uns avec des haims depuis le commencement de Mai jufqu'à la fin de Juillet, ce qui n'empêche pas qu'on ne doive regarder ce poiffon comme particulier à la Méditerranée, où cette pêche, qui y eft abondante, commence dès le mois d'Avril, & dure jufqu'en Octobre. Dans l'énumération que nous ferons des différents endroits où l'on prend des Thons, on verra qu'il s'en trouve beaucoup, jufqu'à l'entrée du Bofphore, prefque fous les murs de Conftantinople. Nous avons dit que les Thons vont par bancs, comme les Maquereaux, & il paffe pour certain que l'arrivée des Maquereaux annonce celle des Thons, probablement parce que les Thons, qui font voraces, pourfuivent les Maquereaux pour en faire curée ; & fi, comme nous l'avons dit, les Maquereaux nagent très-vîte, les Thons ne leur en cédent point à cet égard. Comme c'eft principalement par les coups de queue que les poiffons nagent, il n'eft pas furprenant que les Thons fuivent quelquefois fort loin un Vaiffeau qui fille fous voiles ; car on convient que les Thons donnent des coups de queue terribles, & l'on affure que c'eft leur principale défenfe ; effectivement en nageant ils agitent tellement l'eau, qu'on en entend le bruit de fort loin ; néanmoins ils font craintifs, car le bruit les fait fuir, & pour cette raifon on fe fert quelquefois d'un corps de chaffe pour les faire donner dans les filets. On dit qu'ils fe plaifent dans les lieux limonneux, & qu'ils fe nourriffent de plantes marines, mais cela eft contredit par l'avidité avec laquelle ils mordent aux haims, qu'on amorce quelquefois avec des Leurres qui imitent les Sardines dont ces poiffons font très-friands, à quoi il faut ajouter la fureur avec laquelle ils pourfuivent les Maque-reaux. Quoi qu'il en foit, il y en a beau-coup fur les côtes de Provence.

Nous avons dit que la chair du dos des gros Thons eft compacte; en effet elle ref-femble beaucoup à celle du veau, néan-moins elle n'eft pas coriace : celle du ven-tre eft très-délicate ; lorfqu'ils font nou-vellement pêchés, elle approche un peu de la couleur rouge de celle des faumons.

Les Thons forment des bancs confidé-rables qui font des routes affez grandes; quelques-uns penfent qu'ils paffent de l'O-céan dans la Méditerranée, & il eft cer-tain que ce font des poiffons de paffage, qui fe montrent en différentes faifons dans les endroits où on les pêche : quoiqu'ils y arrivent plutôt ou plus tard, fuivant la tem-pérature des faifons, on peut fixer le temps de la pêche du Thon fur nos côtes, de-puis le mois de Juin jufqu'à celui de Sep-tembre.

ARTICLE II.

Des différents moyens de prendre les Thons.

Il y a bien des façons de prendre les Thons ; comme ils font très-voraces, on en prend affez confidérablement avec les haims, foit à la canne, foit au doigt, foit au libouret, ou au grand couple. Mais comme j'ai parlé de ces différentes pêches à la première Partie du Traité général des Pêches, & encore à l'occafion du Maque-reau, j'éviterai de répéter ce que j'en ai dit ailleurs ; il fuffit qu'on fache que les pêches pour les Thons ne différent de cel-les des Maquereaux, que parce qu'il faut employer de plus gros haims & des lignes plus fortes. Il eft feulement à propos de fe rappeller que j'ai dit à la premiere Partie, première Section, que les Bâtimens qui vont faire la pêche de la Morue à Terre-neuve, embarquent quelquefois des haims à deux crocs, qu'ils amorcent avec un leurre de liége garni de quelques plu-mes & empilé avec du laiton, pour pren-dre des Thons quand ils en rencontrent dans leur route. Je ne parlerai non plus que fort en abrégé de plufieurs pêches aux filets, avec lefquels on prend, outre les Thons, toutes fortes de poiffons ; mais j'in-fifterai fur celles qui font particuliérement employées pour prendre les Thons, quoi-que j'en aie déja parlé à la feconde Sec-tion de la premiére Partie, & je fuis en-gagé à y revenir, pour rapporter les détails qui regardent particuliérement les Thons. Ces pêches font la Thonnaire, la Madrague, l'Encefa, &c. Je vais commencer par la thonnaire ; & pour expliquer plus claire-ment cette pêche, je vais expofer ce qui fe pratique à Colioure en Rouffillon, où on en fait un grand ufage.

ARTICLE III.

De la Pêche des Thons à la Thonnaire.

Les habitants de Colioure & des environs s'occupent beaucoup de la pêche ; plus de cent bateaux font employés toute l'année à la faire avec le fardinal ou le palangre, les tremaillades, le boulier & la thonnaire, *Pl. VII.* C'eft cette derniére pêche que nous nous propofons de détailler préfente-ment. Le zéle que les habitans de Colioure ont pour la pêche, n'empêche pas que ces Pêcheurs avec leurs bateaux ne foient oc-cupés en temps de guerre à l'embarque-ment & au débarquement des munitions.

Il y a fouvent à Colioure foixante-dix bateaux qui font journellement la pêche avec le fardinal ou à la thonnaire, tant au-près du Port que fur les côtes voifines. Comme il n'y a point de parage où l'on faffe cette pêche avec autant d'attention & de fuccès que dans ce Port, il nous a paru convenable de la décrire fort en détail, & d'une maniére beaucoup plus circonftanciée que nous ne l'avons fait à la premiére Par-tie, feconde Section, page 117, où nous avons dit quelque chofe des différentes pê-ches qui font en ufage à Meffine, en Pro-vence, à Leucate près Narbonne, & qui font connues fous les noms de Thonnaire & de Courantille.

La pêche du Thon ne fe fait d'ordinaire à Colioure qu'en Juin, Juillet, Août & Septembre : quand la faifon eft belle & favorable, elle commence quelquefois en Mai ; mais cela eft rare.

Pour favorifer cette pêche, la Ville de Colioure entretient pendant toute la fai-fon, deux hommes entendus qui fe tien-nent fur deux promontoires *A, B,* élevés au bord de la mer, à droite & à gauche de l'entrée du Port de cette Ville, pour obferver quand les Thons abordent la côte,

car

car il s'en montre quelquefois en si grand nombre, qu'on les y voit par bandes de deux à trois mille à la fois. Quand le temps est beau, ces gardiens appercevant venir de loin ces poissons qui se tiennent à la surface de l'eau, en avertissent les Pêcheurs qui sont à la côte & les habitants, en déployant un petit pavillon blanc *B, Pl. VIII, fig.* 1, au moyen duquel non-seulement ils annoncent l'arrivée des Thons, mais de plus ils parviennent à désigner l'endroit de la côte où les poissons abordent. Aussi-tôt qu'on apperçoit ces signaux, tous les enfants parcourant les rues avec des cris de joie, annoncent cette pêche au peuple ; alors, jusqu'au moindre habitant, Bourgeois, Marchand & les artisans, même les troupes, quittent leurs occupations, courent à la Marine, où tous les Patrons débarquent leurs filets ordinaires, pour prendre chacun dans leurs bateaux une piéce de filet de Thonnaire, avec les cordages & ce qui leur est nécessaire pour cette pêche ; ils reçoivent en même temps dans leurs bâtiments autant de monde qu'ils en peuvent contenir pour les aider à faire cette grande pêche. Ces bateaux ainsi équipés, forment quatre divisions commandées chacune par un Chef, que la Communauté de Colioure choisit toutes les années parmi les Pêcheurs les plus expérimentés, & qu'on nomme *Capitaine* : alors ils partent, sans perdre de temps, pour se rendre à force de rames à l'endroit où les gardiens indiquent avec leurs pavillons que la pêche doit se faire. Ces bateaux s'étant rassemblés, forment avec les filets une enceinte *C, C, C,* croisant, autant qu'ils le peuvent, les bancs de poissons. Il y a à chaque bout un de ces Capitaines, & au centre les deux autres ; ils marchent en cet ordre, en observant toujours les signaux des gardiens, jusqu'à ce qu'ils leur marquent que les Thons sont dans l'enceinte, & qu'ils peuvent la fermer, ce qu'ils jugent aussi eux-mêmes de leurs bateaux. Mais les gardiens découvrent encore mieux la route des poissons du haut des promontoires *A, B,* où ils sont postés : pour lors chaque Patron de bateau avec son équipage étant prêt, jette à la mer la piéce de filet qu'il a embarquée ; ce sont ceux du centre du croissant qui commencent à mettre à l'eau leurs filets, & ils joignent les piéces de filets l'une avec l'autre, en s'étendant sur la droite & sur la gauche, pour fermer le cercle ou l'enceinte circulaire *C, C, C,* ce qu'ils appellent *le Jardin,* dans lequel les Thons se trouvant enfermés, tournent tout autour des filets, qui forment la barriére : il est certain qu'il faut qu'elle paroisse à ces poissons très-forte & quelque chose d'affreux, puisqu'ils n'osent s'en approcher de plus de quinze à vingt pieds.

Au bas de chaque piéce de ces filets il y a sept à huit pierres de huit à dix livres, pour les faire caler à fond & les contenir sur le sable : au haut il y a des piéces de liége de deux pieds en quarré placés à deux brasses de distance les unes des autres, qui les tiennent tendus sur la superficie de l'eau. Suivant la quantité de Thons qu'on apperçoit, on fait l'enceinte plus ou moins grande, & on observe de réserver dix à douze bateaux prêts à pouvoir faire avec leurs filets une coupure dans l'intérieur du jardin ou de l'enceinte qu'on a formée : à mesure que les poissons se rangent du côté de la plage, on rend l'enceinte plus resserrée ; & pour exécuter promptement cette manœuvre, les bateaux qui se trouvent au-dehors de la grande enceinte *C, C, C,* lévent vîtement leurs filets, & vont former un autre parc *D, D, D,* au-devant du premier, pour donner lieu aux poissons de passer dans cette enceinte intérieure par une ouverture que l'on laisse en ôtant un des filets qui la forment ; & quand on voit que les Thons sont passés dans cette enceinte, pour les empêcher d'en sortir, on remet le filet à la place d'où on l'avoit ôté.

On observe de former de cette maniére des parcs l'un devant l'autre pour conduire les Thons, jusqu'à ce qu'il n'y ait plus que quatre brasses d'eau ; alors on jette le grand boulier : ce filet est une grande saine, au milieu de laquelle il y a une manche. Il est représenté séparément *Pl. VIII, fig.* 2. pour ne point trop charger la figure premiére. J'invite à consulter ce que nous avons dit des différents bouliers, premiére Partie, seconde Section, pag. 148 & suivantes, & qui sont représentés sur la *Planche XLIV* de cette Section. On tend donc ce boulier dans l'intérieur de la derniére enceinte, faisant ensorte d'y renfermer le poisson, & que les deux bras de ce filet viennent aboutir à terre, où tous les gens de mer & les habitants de Colioure qui sont débarqués, & qu'on voit représentés par *A* & *B, fig.* 2. commencent à tirer & à haler dessus à force de bras ; quand les Thons se trouvent resserrés dans l'enceinte du boulier, on ôte les autres filets, les Thons pour s'échapper tournent autour du boulier, & ne pouvant sortir, ils s'enfoncent dans la manche *C.* Lorsqu'ils sont entiérement approchés de la grève, les uns dans la manche, les autres entre les aîles du filet, les matelots saisissent à bras les petits Thons, & les gros avec des crocs, comme on le voit *fig.* 1, & les transportent avec leurs bateaux au bord de la plage du Port de Colioure.

On a vu faire ainsi des pêches de deux à trois mille quintaux & plus de ce poisson.

Ceux qu'on prend dans l'arriére saison

font ordinairement plus gros que ceux qui arrivent au commencent de l'hiver ; il s'en trouve souvent qui pésent deux à trois quintaux : ceux de soixante à cent livres, sont les meilleurs & les plus propres pour mariner. On verra dans la suite qu'il y a des parages où ce sont les gros Thons qui arrivent les premiers.

On rapporte comme un fait rare, qu'une année, au mois de Mai, il se fit une pêche de seize mille Thons, tous jeunes & petits du poids de vingt à trente livres. Ce fut une pêche extraordinaire pour la quantité & pour la saison, où l'on n'a pas coutume de la faire ; il se passe même quelquefois deux à trois ans sans qu'on apperçoive dans cette saison aucuns Thons sur la côte.

La plus grande partie des Thons sont salés par les habitants de Colioure ; en temps de paix les Catalans y viennent aussi pour en faire des salaisons qu'ils portent chez eux.

Le filet de la Thonnaire, dont on se sert à Colioure, a cinquante cannes de long ; il est de quatre-vingts mailles en largeur, faisant seize cannes en hauteur.

On n'a pas pu, pour les raisons que nous avons rapportées, représenter sur la figure première le boulier qui sert à former la derniére enceinte, & qui porte les Thons à terre : il est pour la forme comme les autres bouliers ; mais il est fait avec des ficelles beaucoup plus fortes, & plus grosses que celles des Thonnaires : il en faut trente quintaux pour le former.

Les premiéres mailles de ce boulier, au commencement des bras, sont les plus larges ; elles vont en diminuant jusqu'à la queue ou manche de ce filet, dont les mailles n'ont que deux pouces d'ouverture en quarré.

Les bras ont chacun quatre-vingts brasses de long, & le manche ou la queue a autour de quinze à vingt brasses de profondeur.

Le partage des Thons se fait au bord du Port de Colioure, où on les porte de la plage sur laquelle se fait ordinairement cette pêche : tous ceux qui s'y trouvent, Prêtres,

Moines, Bourgeois, Marchands & autres, en retirent leurs parts, jusqu'aux veuves, malades & orphelins de la Ville.

Voici comment se fait la répartition du produit de cette pêche. Lorsque le poisson est rendu sur la plage du Port de Colioure, les quatre Capitaines des Thonnaires ont droit en premier lieu de choisir les quatre plus gros qui s'y trouvent ; on en tire ensuite pour l'Etat-Major de la Place, savoir le Commandant, le Lieutenant-de-Roi, l'Intendant de la Province, & pour le Premier-Président, auxquels on en envoie un à chacun, distinguant les dignités par la grosseur du Thon.

On fait ensuite autant de portions égales des poissons restants qu'il y a eu de bateaux à la pêche, & vingt autres pour les habitants de Colioure qui ne sont pas Pêcheurs, & qui y ont assisté.

Chaque portion faite pour les bateaux, est répartie en six autres ; le Patron en prend trois pour son bateau, le filet & sa personne : les trois autres sont réparties aux Matelots.

Les trois Consuls, le Bailli & le Clavaire prennent une portion des vingt destinées pour les habitans ; le Clergé une autre ; pour le droit du boulier une autre, & les dix-sept restantes sont réparties, par égale part, au reste des habitants & autres qui ont été à cette pêche.

Suivant Belon, c'est avec les Thons que les habitans de Byzance faisoient l'excellente sauce qu'ils nommoient *Garum* ; cela peut être ; mais on a attribué cette propriété au Maquereau & à différentes autres espéces de poissons, ce qui n'infirme point ce que Belon a avancé, puisque probablement plusieurs espéces de poissons peuvent faire une sauce agréable.

Quoique les Médecins pensent que la chair des poissons du genre des *Scomber* est de difficile digestion, & qu'elle occasionne des assoupissements ; comme elle est de bon goût, & même que celle du ventre des Thons est délicate, on la sert sur les meilleures tables, sans que personne se plaigne d'en être incommodé.

ARTICLE IV.

Des filets nommés Combriére, *& qu'on appelle en Provence* Thonnaire, *parce qu'ils servent à la pêche du Thon.*

Cette façon de pêcher différe à plusieurs égards de la Thonnaire, qui est en usage à Colioure, ce qui m'engage à en traiter dans un article particulier.

On distingue de deux espéces de Combriére ; l'une qu'on nomme *de poste*, & l'autre *Courantille.*

§ I. *De la Combriére de poste.*

La Combriére de poste, *Pl. VIII, fig. 3,* est composée de trois piéces de filets jointes les unes aux autres, chacune étant longue de quatre-vingts brasses sur douze de chûte ; l'ouverture des mailles est d'un pouce en quarré ; le filet eft fait avec des fils de lin ou de chanvre qui ont une ligne de groffeur : ils font foutenus par cent foixante nattes de liége. Pour les affujettir au fond de l'eau, on met au pied du filet des baudes ou cabliéres : ce font des pierres qui péfent dix à douze livres qu'on attache de treize en treize nattes, qui font à peu près à une braffe & demie les unes des autres.

On établit ces filets en droite ligne, faifant un angle droit avec la côte où un bout du filet eft amarré, & à l'autre extrêmité du filet il fait un contour comme au rets qu'on nomme *à croc*. Les Thons qui rencontrent ce filet, le fuivent dans toute fa longueur, & quand ils font parvenus au contour ou croc qui eft à l'extrêmité, ils font effrayés, veulent fuir avec précipitation, & ils s'emmaillent ou plus fouvent s'embarraffent dans le filet. Les Thons ne font pas les feuls poiffons qu'on prend à cette pêche.

§ 2. *De la Courantille ; forte de Combriére.*

Ce filet eft, à bien des égards, femblable à la Combriére de pofte, dont nous venons de parler : il eft formé par trois ou quatre piéces de filet, ainfi il eft plus long que la Combriére de pofte. Il n'a que fix à fept braffes de chûte ; la ralingue de la tête eft garnie de quelques nattes de liége, mais il n'y a point au pied de pierres ou baudes : fon left confifte en un liban ou un vieux filet roulé fur lui-même, qui ne s'étend pas de toute la longueur du filet, & qui fuffit pour faire caler la partie du filet où répond ce liban : car comme le Thon fe tient prefque toujours à la furface de l'eau, il faut que la tête du filet y foit auffi au moins en partie. Le filet fille au gré du courant, de façon qu'il va plus ou moins vite fuivant la rapidité du courant. On le reléve à deux ou trois

lieues de l'endroit où on l'a mis à l'eau, plus ou moins, fuivant que le courant eft plus ou moins rapide ; on le cale à l'entrée de la nuit, & on le reléve le matin : les nuits obfcures font les plus avantageufes.

On attache un bout de filet à un batelet dans lequel il y a quatre hommes, qui dérivent de concert avec les filets ; de forte qu'après avoir calé la Courantille en un endroit, on la reléve deux ou trois lieues audelà, fuivant que le courant leur a fait faire plus ou moins de chemin pendant la nuit. Cette pêche n'eft permife que depuis le mois de Décembre jufqu'à Pâque.

La longueur du filet eft, comme nous l'avons dit, de foixante-dix à quatre-vingts braffes, & formée de plufieurs piéces.

La largeur des mailles varie fuivant la groffeur des poiffons qu'on fe propofe de prendre. La tête du filet eft montée fur une lignette qui a un demi-pouce de groffeur ; elle eft garnie à chaque braffe d'une flotte de liége, ou de fix petites flottes qui pefent toutes enfemble un quarteron. Le bas ou le pied du filet eft monté fur un liban qui a un pouce de groffeur ; la nappe n'eft pas montée maille par maille fur les ralingues qui bordent la tête & le pied du filet.

On laiffe un efpace de trois mailles & demie entre chaque amarre, pour que le filet faffe une panfe ou bourfe, qui eft avantageufe pour prendre les poiffons.

On prend avec ce filet, outre les Thons, différentes efpéces de poiffons, tels que des Lamies, des poiffons à Épée, quelques Marfouins & Dauphins qui dévorent les Thons qui font pris, & qui, de plus, endommagent confidérablement les filets.

Nous n'avons point repréfenté ici la Courantille, parce qu'elle reffemble beaucoup au manet qui fert à la pêche du Maquereau, & qu'on voit *Pl. III*, *fig* 1.

A R T I C L E   V.

De la pêche des Thons à la Madrague.

J'ai dit au commencement de ce Chapitre, qu'on employoit bien des moyens différents pour prendre les Thons ; j'ai paffé rapidement fur ce qui regarde la pêche de ces poiffons avec les haims, parce qu'elle ne differe de celle des Maquereaux dont nous avons amplement parlé, que parce que les lignes font plus groffes & les haims plus forts.

A l'égard de la pêche avec des filets, je n'ai rien dit des manets, parce que cette pêche pour les Thons, qu'on peut regarder comme une Combriére, ne differe de ce que nous avons dit à l'occafion des Maque-

reaux, qu'en ce que les filets font plus forts & les mailles plus grandes, afin de les proportionner à la groffeur des poiffons ; mais nous nous fommes beaucoup plus étendus fur les Thonnaires, quoique nous ayons parlé de ces pêches à la première Partie, feconde Section, parce que nous avons apperçu que nous pouvions y ajouter plufieurs chofes qui regardent particuliérement les Thons.

Il nous refte à parler de la pêche à la madrague, qui eft une des plus grandes & des plus importantes qu'on faffe à la mer ; mais comme nous l'avons amplement décrite à la première Partie, seconde Section, pag. 170, jusqu'à la pag. 174, & que nous l'avons représentée sur les *Planches XLIX & L*, nous croyons devoir nous borner ici à rappeller sommairement ce que nous en avons dit ailleurs. Mais avant de nous étendre sur l'usage qu'on fait de la madrague, pour la pêche, je crois qu'il est à propos de donner une idée des approvisionnements nécessaires pour établir une madrague; je dis une *idée*: car comme il y a des madragues de grandeur & même de forme différente, il ne m'est pas possible d'entrer dans les détails qui conviendroient à chacune de ces Pêcheries. Après avoir satisfait à cet objet, j'expliquerai comment on doit mariner & saler les Thons pour les mettre en état d'être transportés à des distances fort éloignées; ce sont des préliminaires absolument nécessaires pour l'intelligence de ce que nous aurons à dire dans la suite.

§ 1. *Exposé sommaire de ce qui est nécessaire pour l'établissement d'une madrague.*

Pour établir une grande madrague, il faut avoir environ trente ancres de fer; trois cents libans d'auffe; deux cents piéces de filets aussi d'auffe, pour former les chambres de la madrague; soixante morceaux de filets qui aient les mailles plus petites, pour fermer quand on le juge à propos les communications des chambres les unes avec les autres; six piéces de filets de chanvre, pour faire la levée dans la derniere chambre qu'on nomme le *Corpou*; huit quintaux de corde de chanvre assez menue qu'on attache au double filet du *Corpou*, nommé la *Levée*; trois cents quintaux de ficelles menues pour coudre & attacher les filets les uns avec les autres; deux cents paquets de flottes de liége pour soutenir à fleur d'eau la tête des filets de la madrague.

On a encore une ou plusieurs grandes barques amarrées auprès du *Corpou*, dans lesquelles on met les poissons qu'on a pris dans cette chambre; & pour cette raison cette barque se nomme *la Mort*.

Il faut plusieurs barques à-peu-près semblables, montées de sept à huit hommes; on les amarre autour du Corpou quand on le pêche, comme on le voit *Pl. VIII, fig.* 1; les hommes qui sont dans ces barques halent sur le filet qu'on nomme la *Levée*, pour approcher le poisson de la surface de l'eau, & aussi pour les prendre quand ils en sont assez près; souvent il y a dans le Corpou même, & sur la levée, une petite barquette montée de deux hommes qui observent les poissons qui sont dans la levée & en prennent une partie; quoi-

qu'il y ait aussi des hommes qui se jettent dans le filet lorsqu'il est tout près de la surface de l'eau, & qui prennent aussi beaucoup de poissons, soit à force de bras, soit avec des crocs.

Il faut en outre plusieurs petites barquettes qui se tiennent à l'entrée de la madrague, ou aux communications des chambres les unes avec les autres, pour observer s'il y entre des Thons.

Toutes les barques & barquettes avec leurs équipages sont destinées à tendre & détendre les filets qui sont aux entrées des chambres en un mot, à servir la madrague; & si ces barques apperçoivent des Thons embarrassés dans les filets, ou qui nagent dans les chambres, ils les harponnent.

Outre les Pêcheurs qui sont en plus grand ou moindre nombre, suivant l'étendue des madragues, il y a un Chef qu'on nomme en Provence le *Rey*, qui préside à toutes les opérations, & qui commande à tous les ouvriers; un Ecrivain qui tient un compte exact de toutes les dépenses, ainsi que des poissons qui sont pris & de leur vente; enfin en quelques endroits il y a une couple d'ouvriers chargés d'entretenir les filets en bon état.

Quand on est approvisionné de tous les ustensiles dont nous venons de faire une courte énumération, le *Rey* donne les ordres convenables pour tendre les filets & monter la madrague.

Les Thons ne sont pas les seuls poissons qu'on prenne dans ces Pêcheries; on y trouve des Pelamides, des Bonites, des Veaux Marins, des Espadons ou *Pesce-Spada*, des Esturgeons, mais rarement, parce que ces poissons qui se plaisent dans les eaux saumâtres, se tiennent fréquemment à l'embouchure des rivieres; on y prend aussi des Chiens de mer, quoique les gardiens qui sont dans les barquettes fassent de leur mieux pour les empêcher d'y entrer, parce qu'ils tuent beaucoup de poissons & endommagent les filets. En effet ces animaux sont si voraces, qu'il est arrivé quelquefois que des Pêcheurs qui ramassoient des coquillages, ont été dévorés par de gros requins. On redoute aussi les Dauphins, qui effarouchent & font fuir les Thons.

Dans les détails où nous sommes entrés sur les différentes façons de pêcher les Thons, nous avons prévenu qu'on est fréquemment obligé de leur donner des préparations pour empêcher qu'ils ne se corrompent, & afin de les mettre en état d'être transportés dans les Provinces éloignées de la mer. Ces moyens consistent à les mariner ou à les saler. Je vais commencer par détailler la méthode la plus usitée pour les mariner: je parlerai ensuite de leur salaison.

§ 2.

§ 2. *Méthode la plus ufitée pour bien mariner les Thons, les Bonites, &c.*

On commence par les ouvrir depuis la gorge jufqu'à l'anus, pour en tirer les œufs, la laite, les inteftins, &c. on leur retranche la tête & le bout de la queue, ainfi que la principale arête & tout ce qu'il y a de noir dans le poiffon; enfin on coupe la chair par tranches affez groffes, on la met dans une chaudiére avec une faumure qui doit furnager le poiffon; on la fait bouillir pendant deux heures fans interruption, enfuite on arrange toutes les tranches de Thon fur des claies, où elles reftent vingt-quatre heures pour qu'elles s'égouttent & même fe deffèchent un peu; enfuite on les arrange dans des barrils, ou encore mieux dans des vafes de grès verniffés, affaifonnant les morceaux avec des épices, & on remplit le pot où l'on a mis les tranches de poiffon avec la meilleure huile qu'on puiffe fe procurer.

Quelques-uns font frire les tranches de Thon dans du beurre frais ou de bonne huile, & les ayant laiffé refroidir, on les arrange dans des pots de grès, comme nous venons de le dire, les recouvrant avec de l'huile fraîche; car il ne faut pas employer celle qui a fervi à frire le poiffon. Quelques-uns y ajoutent du vinaigre.

L'ufage eft de mariner les Thons dans les mois d'Août & de Septembre, ou plutôt dans les faifons où ils font les plus abondants, & lorfque pour cette raifon ils font à meilleur marché, non-feulement à caufe qu'alors on en a en plus grande abondance, mais encore parce que dans les chaleurs ils fe corrompent promptement. Les poiffons ainfi préparés fe confervent l'hiver & le printemps, jufqu'au mois de Juin : on en marine à Toulon tous les ans environ cent cinquante quintaux.

Pour apprêter le Thon frais dans les cuifines, on le coupe par tronçons qu'on fait cuire fur le gril, les arrofant avec de l'huile fine ou du beurre frais, & des affaifonnements convenables. A l'égard de ceux qui font marinés, on les mange fouvent en falade, les coupant par tranches, & les fervant avec de fines herbes.

§ 3. *De la falaifon des Thons.*

Il eft inconteftable, comme nous l'avons dit, que la vente des Thons frais eft bien plus avantageufe aux Pêcheurs que celle des Thons falés : mais comme la pêche de ces poiffons fe fait ordinairement dans les temps de chaleur, ils fe corromproient, fi pour les vendre il falloit les conferver frais feulement plufieurs jours, ce qui oblige de les faler, & il n'y a prefque pas de Port où l'on ne foit dans le cas d'avoir de temps en temps recours à ce moyen. Ainfi je crois devoir expliquer comment fe doit faire cette falaifon, avant d'entrer dans de plus grands détails fur les pêches qu'on en fait dans différents parages. Mais ce feroit abufer de là patience des Lecteurs que d'entreprendre de détailler toutes les petites variétés qui fe font établies pour faire cette opération; ainfi je me bornerai à rapporter la méthode qui m'a paru la plus avantageufe.

D'abord il faut choifir le meilleur fel, car il y en a qui donne au poiffon une âcreté très-défagréable : en général les fels qu'on obtient par une évaporation fur le feu, ont ce défaut; c'eft pourquoi on donne en France la préférence au fel de Brouage, qui provient des marais falants. Les fels qui ont été confervés plufieurs années en magafin, font auffi plus doux que les autres; c'eft pourquoi en quelques endroits on exige qu'ils aient été ainfi confervés fix à fept ans avant de les employer aux falaifons.

Il convient auffi de faler les Thons les plus frais qu'il eft poffible; car fi on attendoit qu'ils euffent contracté un peu d'altération, elle deviendroit encore plus fenfible par la falaifon. C'eft pourquoi quand les Pêcheurs font éloignés de la côte, ils falent leurs poiffons à la mer, comme nous avons dit qu'on faloit les Maquereaux, *Pl. IV, fig.* 1.

Je vais détailler comment on les fale à terre, *Pl. IX, fig.* 3. On commence par les vuider comme ceux qu'on veut mariner, puis on les tranfporte dans des hottes au magafin, où des femmes les lavent dans de la faumure pour ôter le fang le plus qu'il eft poffible; on les coupe enfuite par tranches, on fale à part le ventre, qui eft la partie la plus délicate, le féparant des groffes chairs du dos qui le font moins. Pour les faler, les uns, après avoir mis fur une table de bois les tranches de poiffons, les couvrent de fel broyé fin; d'autres les arrangent par lits dans des barrils, avec du fel entre chaque lit, fans les preffer les uns contre les autres : il faut à peu près un minot & demi de fel pour chaque barril. Quand la chair a pris fel, & qu'elle a rendu la lymphe & le fanguin, on les paque dans d'autres barrils, les uns avec de nouveau fel, & alors un quart de minot fuffit pour chaque barril; d'autres au lieu de fel emploient de la faumure. Ils fe confervent bien en cet état; & lorfqu'on les a vendus & qu'on les veut tranfporter, on les paque avec de nouvelle faumure dans de petits barrils, diftinguant toujours les barrils où l'on met la chair du ventre qu'on appelle *panfe de Thon,* & qui fe vend plus avantageufement que les groffes chairs qu'on nomme *dos de Thon* ou Thonnine.

Comme les Thons font très-gras, quand on les lave pour les faler il s'en détache une huile qui nage fur l'eau, que des femmes ramaffent pour la vendre aux Tanneurs.

Sur les côtes d'Efpagne, les poiffons qu'on fe propofe de tranfporter affez loin, font falés dans des auges de pierre ou de bois; & quand ils ont bien pris le fel, on les retire, ou pour les faler en grenier, comme on fait la Morue verte, ou pour les paquer dans des barrils, comme on fait les Harengs, les Sardines, &c.

La confervation du Thon frais dépend beaucoup de la température de l'air. Il fe corrompt promptement quand il fait chaud, & par le frais il fe conferve, fans s'altérer, un temps fuffifant pour être tranfporté dans les différentes Provinces fans perdre de fa bonne qualité. Néanmoins on penfe affez généralement en Efpagne qu'il ne peut fupporter que deux ou trois jours de route.

Je reviens à la pêche à la Madrague; & pour avoir préfent un exemple qui me mette en état de m'expliquer avec ordre, je vais rapporter comme elle fe fait au Port de Toulon; mais j'invite à lire ce que j'ai dit de la Madrague à la première Partie, feconde Section, depuis la page 170 jufqu'à la page 174, & fur-tout à confulter les figures qui font fur la Planche *XLIX.*

§ 4. *De la pêche à la Madrague au Port de Toulon.*

Il y a trois Madragues aux environs de Toulon: on les établit au mois d'Avril, & elles reftent tendues jufqu'au mois d'Octobre.

Cet établiffement étant très-détaillé à la première Partie, je me bornerai à dire qu'il confifte en une chaffe ou une paliffade de filets *A, B, Pl. IX, fig. 3,* qui s'étend depuis la côte jufqu'à la chambre du milieu *G* de la Madrague. L'effet de cette chaffe eft que tous les poiffons qui la rencontrent, la fuivent d'un bout à l'autre, & font ainfi conduits dans la Madrague; ils paffent de cette chambre qu'on nomme *Bourdonnoro* dans les autres par des ouvertures qu'on y a ménagées à deffein, foit dans celle à droite *F* qu'on nomme *Farati,* foit à gauche *O* dans celle qu'on nomme *le Gardy,* puis dans celle *D* qu'on appelle *Pichou,* ou enfin dans les derniéres *Y, Z,* qui eft le *Corpou.*

Quand les poiffons fe font rendus en affez grande quantité dans ces différentes chambres, on les y retient en fermant avec des filets les ouvertures qu'on avoit pratiquées aux cloifons pour leur en faciliter l'entrée.

La chambre qui eft à l'extrémité à gauche de la Madrague où on les raffemble en plus grand nombre, eft principalement celle où on les prend; elle eft pour cette raifon nommée la *Mort* ou le *Corpou.* Comme il y a des Madragues de différentes grandeurs, il faut pour les fervir employer plus ou moins de monde; pour celles des environs de Toulon qui ne font pas des plus grandes, on emploie expreffément quinze hommes, y compris le Maître qu'on a coutume de nommer le *Rey,* ainfi que l'Ecrivain, & fur ce pied le nombre des Pêcheurs eft réduit à treize pour le fervice ordinaire; mais lorfqu'il faut faire entrer les poiffons qui font dans les différentes chambres, dans celle qu'on nomme le *Corpou,* & prendre ceux qui font dans cette chambre, on a befoin de beaucoup plus de monde; on en raffemble pour cette opération, qu'on renvoie enfuite après leur avoir donné une gratification.

Le *Rey* eft chargé du foin des filets de la Madrague, foit pour les faire mettre en place ou les réparer, quand ils ont fouffert quelques dommages; de plus, il préfide à toutes les opérations, & on ne fait rien que par fon ordre.

On fait la pêche du Corpou, *Pl. IX, fig.* 1, quand on le voit fuffifamment garni de poiffons; c'eft fouvent le matin & le foir, mais comme dans les mois d'Août & de Septembre le Thon donne ordinairement en plus grande abondance, on pêche prefque toujours trois fois par jour.

Il faut plufieurs bateaux pour foigner les Madragues & relever les filets du Corpou. Ces bateaux doivent être plus ou moins grands fuivant l'étendue des Madragues. Pour celles de Toulon il en faut fix; un de trente pieds de longueur; deux de vingt-cinq, & trois de vingt; le plus grand eft pour le tranfport des poiffons, & les autres pour relever le filet du Corpou. De plus, il faut plufieurs barquettes pour obferver les Thons qui entrent & ceux qui paffent d'une chambre dans une autre.

Souvent on voit dans l'été des Marfouins qui pourfuivent les Thons jufque dans les Madragues. Les Pêcheurs les redoutent non-feulement parce qu'ils effarouchent & font fuir les Thons, mais encore parce qu'ils endommagent les filets.

J'ai dit qu'on penfe affez généralement que les Thons paffent de l'Océan dans la Méditerranée. Il eft vrai qu'on prend bien peu de ces poiffons dans l'Océan, en comparaifon de ce qu'on en trouve dans la Méditerranée; néanmoins s'ils faifoient ce trajet, il femble qu'on devroit en trouver des bancs dans l'Océan, qui feroient route pour la Méditerranée, ce qui arrive rarement; cependant on en trouve affez abondamment aux environs de Cadix dans la mer de Bifcaye, & dans les Ports d'Efpagne qui avoisinent le Détroit, ce qui est favorable au sentiment de ceux qui pensent qu'ils arrivent dans la Méditerranée par l'Océan. Quoi qu'il en soit, dans toutes les recherches que j'ai faites pour connoître la route des Thons, qui sont sûrement des poissons de passage & des grands voyageurs, voici ce qui m'a paru de plus vraisemblable.

Ils entrent le printemps dans la Méditerranée par le Détroit de Gibraltar; ils passent le long des Isles de Corse, des côtes de Catalogne, de la Sardaigne & de la Sicile, où il y a des Madragues qui font des pêches très-considérables, & ils se rendent ordinairement dans ces parages au commencement de Mai, & y restent jusqu'à la fin de Juin; ceux de la côte de Gênes quelquefois jusqu'au mois d'Octobre.

Les Thons qu'on prend dans les mers de Sardaigne & de Sicile, sont ordinairement gras & estimés, & de très-bonne qualité; on les appelle *Thons pris à la course*, parce qu'on les prend lorsqu'ils font route le long des côtes de la Méditerranée, & vont jusqu'à la mer Noire.

J'ai dit qu'il y avoit des Madragues de différentes grandeurs; l'étendue des plus grandes qui soient venues à ma connoissance, est d'environ un mille d'Italie, sans compter la queue ou la chasse; leur largeur est à-peu-près d'un quart de leur longueur, mais ces dimensions varient beaucoup suivant la situation des lieux & la profondeur de l'eau.

Elles sont divisées en cinq ou six chambres dont trois *O, D, Y, Z, fig. 3*, s'étendent du côté de l'Orient, & les autres, *G, F*, vers l'Occident; elles communiquent les unes avec les autres, par des ouvertures ou portes *P, E, C*, pratiquées au milieu ou aux angles des filets qui forment la séparation de ces chambres: au bout est la chambre *Y*, qu'on nomme le *Corpou* ou la *Mort*, parce que c'est dans cette chambre qu'on prend la plus grande partie des Thons.

Nous avons donné à la première Partie dans la seconde Section, une description détaillée de cette Pêcherie, & une planche sur laquelle on en pourra prendre une juste idée. J'invite à y avoir recours; mais ce que nous dirons des pêches qui se font en différents endroits, contribuera encore à faire prendre une juste idée de ce grand établissement.

Les Madragues ne diffèrent pas seulement par leur grandeur; il y en a qui ont deux entrées comme celle qui est représentée sur la *Planche XLIX, fig. 6*, de la première Partie; & à quelques-unes comme celle qui est représentée *Planche IX, fig. 2*, de cette septiéme Section, la chasse *A, B*, est établie au bout occidental de la madrague, & elle conduit le poisson dans la chambre *F*. Ainsi il faut qu'il passe par toutes les chambres *F, G, O, D*, pour arriver au Corpou *Y, Z*.

La chasse *A, B* est terminée par un crochet *C, D*, pour obliger le poisson à suivre la direction *B, A* qui le conduit dans la Madrague. Ces Madragues sont ordinairement petites.

Il y a encore quelques Madragues, *figure 1*, qui ne sont fermées que par le Corpou, & celles-là sont précédées par deux chasses fort étendues *A & B*, qui sont courbes & s'écartent l'une de l'autre par leur extrêmité.

Comme on a profité de cette figure pour représenter la pêche du Corpou, on voit cette chambre entourée de bateaux dans lesquels il y a des Matelots qui halent à force de bras sur un filet qu'on nomme la *Montée*, pour approcher le poisson de la surface de l'eau, & alors plusieurs Matelots se jettent dans le filet pour prendre à bras les petits Thons, & harponner les gros avec des crocs de fer.

§ 5. *De la Pêche des Thons à la Ciotat & à Cassis.*

La pêche du Thon n'est jamais considérable à la Ciotat; néanmoins il y a deux Madragues dans cette rade, & quelquefois la pêche est assez bonne; mais cela est rare.

On y fait deux pêches, celle de l'arrivée, depuis le mois de Mars jusqu'au 15 Juillet, & celle de retour, depuis le 15 Juillet jusqu'à la fin d'Octobre.

On pêche dans les Madragues lorsqu'on apperçoit qu'il y a assez de poissons rassemblés dans le Corpou; mais communément on fait deux pêches, une le matin à la pointe du jour, & l'autre sur les quatre heures après midi.

Communément la pêche de l'arrivée est très-médiocre; néanmoins on cite quelques années dans lesquelles on a pris en un jour trente & quarante quintaux de poisson. Malheureusement ces pêches avantageuses sont très-rares. On fonde plus d'espérance sur la pêche de retour, principalement sur celle qu'on fait depuis la mi-Août jusqu'à la fin de Septembre.

On prend avec les Thons, des Imperadors ou poissons à Epée, & des Loups marins. Ces deux espéces de poissons effarouchent les Thons, mais ils font bons à manger, & on en fait des salaisons. Je trouve dans mes Mémoires, qu'il vient des côtes d'Espagne, vers la Saint-Jean, un grand nombre de poissons faits comme un Turbot: ce poisson n'a point de queue, mais deux nageoires considérables, & une petite gueule: on le nomme en Provençal *Moyne*. Par le bruit qu'il fait avec ses nageoires, il effarouche tous les poissons, Thons, Pélamides, &c. & endommage les filets. Ce qu'il y a encore de fâcheux, eſt qu'il n'eſt pas bon à manger. Je ne le connois point.

Comme ordinairement les pêches qu'on fait dans ces parages ne ſont pas aſſez abondantes pour qu'on en faſſe des ſalaiſons, preſque tous les Thons qu'on prend ſe conſomment frais. Il n'y a que quelques particuliers qui en marinent pour leur uſage, ce qui eſt néceſſaire, parce que par les chaleurs ce poiſſon n'eſt pas de garde.

A Caſſis il n'y a qu'une Madrague, mais on y prend beaucoup de poiſſons, principalement du genre des Thons, avec la Thonnaire, dont nous avons amplement parlé à l'article de Colioure. Cette pêche dure à peu près deux mois, elle commence en Novembre, & continue juſqu'à la fin de Décembre; on la fait la nuit, comme lorſqu'on chaſſe les Sardines. On ne ſale & on ne marine point les poiſſons, on les porte frais à Aix, à Marſeille, &c. on n'y fait point non plus de Poutargue.

§ 6. *De la pêche des Thons par les Eſpagnols à Conilh, près Cadix.*

Comme j'ai dit qu'on faiſoit des pêches de Thon conſidérables ſur les côtes d'Eſpagne en approchant du Détroit, j'ai cru devoir commencer par parler des pêches qui ſe font dans les parages qui bordent l'Océan, & nous ne parlerons dans cet article que de la pêche à la Combriére ou Thonnaire, qui ſe pratique à Conilh.

On pêche des Thons à Conilh, qui n'eſt éloigné de Cadix que de ſix lieues en tirant du côté de Gibraltar, & au Château de Sara devant le Cap Spartel. Cette pêche appartient par un privilége excluſif au Duc de Medina Sidonia.

Les poiſſons qu'on y prend ne ſont pas auſſi eſtimés que ceux de la Méditerranée. Cette pêche étoit autrefois très-conſidérable, mais elle eſt prodigieuſement diminuée, ainſi que ſur toutes les côtes d'Eſpagne, de ſorte que certaines années on n'eſt pas rembourſé des frais qu'elle occaſionne. Il eſt vrai qu'on la fait avec un faſte aſſez inutile: on en pourra juger par l'inſpection de la *figure* 1 de la *Planche VIII*, quoique nous ayons reſtreint le plus qu'il nous a été poſſible la repréſentation de cette pêche, pour éviter la dépenſe qu'auroit occaſionné cette très-grande Planche.

Cinq cents hommes y ſont employés, & ſont commandés par un Capitaine, un Contador, un Tréſorier, un Veidor de mer & quatre Adjudans. Les pêcheurs ſe rendent à Conille le 10 de Mai, temps où on commence cette pêche, qui finit le jour de la Saint-Pierre; tous ſont nourris aux dépens du Duc, & ont des appointements pour le temps de la pêche: le Capitaine a quarante piaſtres, & les autres à proportion.

Cette pêche a beaucoup de rapport avec celle de Colioure, dont nous avons donné une ample deſcription; c'eſt pourquoi nous renvoyons à la *Planche VIII, fig.* 1. Il y a une tour élevée au bord de la mer, ſur laquelle ſont quatre hommes qui, depuis le ſoleil levant juſqu'à ſon coucher, examinent s'ils découvriront un banc de Thons, car ils les apperçoivent de deux lieues. Quand ils en voient, ils en avertiſſent les Pêcheurs avec un pavillon blanc; alors on bat le tambour dans la Ville, & en un inſtant tous les Pêcheurs ſe rendent à leur poſte, ainſi que leurs Officiers qui ſont à cheval. On met à la mer des barques armées de dix avirons, au moyen deſquelles ils tendent, pour former une premiére enceinte, un filet de jonc à grandes mailles, dont une des extrêmités eſt amarrée au bord de l'eau, du côté oppoſé à la route que ſuivent les Thons: en dedans de ce filet, d'autres barques en tendent un autre dont les mailles ſont plus ſerrées, & qui forme une double enceinte: c'eſt ce filet qu'on tire à terre par les deux bouts; quand les Thons ſont aſſez près du rivage pour que les Pêcheurs puiſſent entrer dans l'eau, les Gaffeurs en grand nombre entrent dans la mer, & accrochent les Thons pour les tirer ſur le ſable, où ces poiſſons bleſſés s'agitent d'une façon ſurprenante. Les Pêcheurs leur ouvrent le ventre, & en tirent le foie, la laite & les entrailles, même les yeux: toutes ces parties leur appartiennent, ainſi qu'un poiſſon entier par coup de filet lorſqu'on en a pris quarante. On tranſporte les poiſſons vuidés avec des charrettes dans des magaſins peu éloignés de la mer.

On ſale les Thons, après les avoir coupés par tranches, à peu près comme on fait les Porcs qu'on met au ſaloir; mais, autant qu'on le peut, on n'emploie que du ſel qui ait été conſervé quatre ans au magaſin.

Les barques de Catalogne & de Valence, qui apportent à cette côte du vin & des fruits, emportent pour leur retour des Thons ſalés. Il faut pour que cette pêche ſoit abondante, un temps chaud & du vent d'Oueſt.

On ne fait point de différence entre les mâles & les femelles; mais lorſqu'on prend beaucoup de mâles, on compte qu'il arrivera inceſſamment un autre banc dans lequel il y aura quantité de femelles. On fait dans pluſieurs parages deux pêches par an, une qu'on nomme de l'arrivée, & l'autre de retour; mais on ne connoît point dans cet endroit la pêche de retour.

§ 7.

§ 7. *De la pêche au feu, qui se fait à la baie de Cadix, & aux environs.*

Il y a à Cadix de petits bateaux qui vont la nuit à la pêche. Un homme tient à la proue un flambeau allumé, & deux autres sont, l'un à bas-bord, & l'autre à tribord, tenant à la main une fouanne, quelquefois seulement une épée avec laquelle ils percent les gros Thons qui sont attirés par la lueur du flambeau. Ils prennent ainsi de très-beaux poissons, sur-tout quand la mer est calme : ils appellent cette maniére de pêcher *pescar al candil*, ou *pêche au flambeau.*

Cette pêche se fait en beaucoup d'endroits, & j'en ai décrit plusieurs dans la premiére Partie de mon *Traité des Pêches*, ce qui me dispense de la représenter ici.

§ 8. *Notes sur la pêche du Thon, particuliérement sur les côtes d'Espagne.*

Le Thon est incontestablement un poisson de passage, qui vient probablement de l'Océan. Il paroît l'été sur les côtes d'Espagne ; cependant on en prend quelques-uns l'hiver sur les côtes méridionales qui ne pesent que quarante à soixante livres ; mais cela est rare. On croit que ceux-là sont domiciliés, & on prétend que quand on en prend plus qu'à l'ordinaire, il y a lieu d'espérer que la pêche suivante sera abondante.

La pêche du Thon, comme celle des autres poissons, est sujette à bien des variations. Certaines années elle est abondante dans quelques parages, & ensuite on est plusieurs années à n'y en voir que très-peu : ordinairement quelques années après ils y reviennent en abondance.

Nous avons déja prévenu qu'il y a sur plusieurs côtes deux saisons de pêche : l'une qu'on nomme *de la venue* ou *de l'arrivée*, quand les Thons entrent dans la Méditerranée, & on prétend que ce poisson est le meilleur ; elle se fait ordinairement depuis le 10 Mai jusqu'à la Saint-Jean. L'autre, qu'on appelle *de retour*, & qui n'est pas connue en plusieurs endroits, notamment à Cadix, commence vers la mi-Juillet, & dure à peu près quarante jours. A cette pêche, sur-tout en quelques endroits des côtes d'Espagne, les Thons arrivent en trois flottes différentes ; la premiére est formée des gros Thons, qui pésent de quatre jusqu'à six quintaux : les Thons de la seconde flotte, moins gros, pésent deux à trois quintaux, & ceux de la troisiéme ne pésent que depuis quarante jusqu'à cent cinquante livres.

Depuis les confins du Portugal jusqu'au Détroit, même jusqu'à Carthagene, excepté Ceuta à la côte d'Afrique, pendant le printemps & une partie de l'été, on ne pêche guère qu'à la thonnaire, qu'on tire à terre ; mais dans une saison plus avancée on se sert des madragues.

Ces grandes pêches ne sont pas libres ; elles appartiennent ou au Roi, ou à des Jurisdictions qui les afferment, ou à des Seigneurs voisins. Mais dans les saisons du passage des Thons, des Bonites ou des Pélamides, les Pêcheurs abandonnent leurs pêches particuliéres pour se louer aux madragues ; d'autres font des associations pour pêcher à la thonnaire, en se soumettant toutefois de payer les droits à ceux qui ont le privilége d'établir des madragues.

Nous avons dit que les Thons rangent les côtes, dont ils ne s'écartent au plus que d'une lieue, plus ou moins suivant la profondeur de l'eau. On juge qu'ils évitent de se tenir au large, dans l'appréhension d'être dévorés par des poissons voraces qui leur font la chasse. Néanmoins il est dit dans l'Histoire générale des Voyages, qu'un Navigateur étant par les 39 degrés, son Vaisseau s'étoit trouvé entouré de quantité de Thons qui l'avoient accompagné pendant quatre jours, & qu'ensuite il n'en avoit plus apperçu.

§ 9. *De la pêche des Thons à Gibraltar.*

Nous avons déja dit qu'il y a des parages où l'on ne voit que des Thons d'arrivée, & à d'autres seulement des poissons de retour ; mais il y a à Gibraltar & à Tariffe deux pêches chaque année ; savoir, celle de l'arrivée & celle de retour. La pêche de l'arrivée commence à la mi-Mai, & dure jusqu'environ le 15 de Juin ; celle de retour commence à la mi-Juillet, & dure presque jusqu'à la fin d'Août.

On y prend des Thons avec des haims & des filets, mais la plus grande partie se prennent dans les madragues ; car il y en a plusieurs d'établies auprès de Gibraltar.

Les Pêcheurs des madragues sont à la part ; avant le commencement de la pêche on leur fait une avance qu'on retient sur la part qui leur doit revenir à la fin. Ils ont, comme par-tout ailleurs, des barques & des chalouppes de différentes grandeurs, pour observer les poissons qui entrent dans la madrague, & qui passent d'une chambre dans une autre ; ce sont eux aussi qui relévent les filets pour laisser entrer le poisson, ou qui les abaissent pour empêcher qu'il ne sorte.

On sait que les madragues ne s'établissent point au large, mais à une petite distance des côtes.

Ordinairement les poissons qu'on prend à la venue sont les plus gras & les meilleurs ;

néanmoins dans quelques parages on estime mieux ceux de retour.

Comme on a un débit assuré des Thons frais, on ne fait presque pas de salaisons dans les départements où l'on en consomme beaucoup.

De plus, il vient des bateaux de Valence, de Catalogne & de Majorque, qui achétent des Thons, & qui en salent pour emporter chez eux; on n'est pas non plus dans l'usage d'en mariner. Il y a des Chasses-marée qui en transportent dans l'intérieur du Royaume; mais il faut que ce soit à une petite distance, de sorte que la route se puisse faire en douze heures; car, à cause des chaleurs, ces poissons huileux se gâteroient.

Les Pêcheurs sont fort contents quand des Espadons ou *Pesce-Spada*, en poursuivant les Thons, les engagent à entrer dans la madrague : mais il en est quelquefois tout autrement, lorsqu'ils les effarouchent & qu'ils les en éloignent.

§ 10. *De la pêche du Thon en Catalogne.*

Il y avoit autrefois quatre madragues en Catalogne ; maintenant il n'en subsiste qu'une, établie du côté de la plage qu'on nomme *Calla-bona*. On commence à y prendre des poissons en Août; cette pêche continue jusqu'au commencement d'Octobre, tems où l'on retire les cordages de la madrague. A l'égard des filets, je crois que la plupart restent en place; au reste, le poisson se prend comme dans les madragues de Provence. Cette pêche appartient à différents particuliers, qui forment entre eux une association.

Outre les Thons qu'on prend avec la Tartane, on en pêche aussi avec la Thonnaire, comme nous l'avons expliqué fort en détail à l'Article de Colioure.

Pour tendre la madrague, il faut ordinairement soixante hommes ; mais quand elle est montée on ne conserve que seize Mariniers, & en outre le Chef de la pêche & le Capitaine des Pêcheurs. Ces Pêcheurs n'ont autre chose à faire que d'aller deux ou trois fois par jour, avec deux chalouppes armées chacune de huit hommes ; dans une est le Maître de la madrague, qu'on nomme en Provence le *Rey*, & dans l'autre le Capitaine des Pêcheurs : leur fonction est de s'assurer si depuis la derniére pêche il y est entré des Thons; pour parvenir à le connoître on prend une balle attachée à une corde, & un gros os de Séche; on les descend à la mer, & on jette à cet endroit un peu d'huile, ce qui fait qu'on apperçoit bien le poisson au fond de l'eau. S'il est entré des Thons dans la madrague, ils vont sentir l'os de Séche; & quand une fois ils l'ont senti ils n'y reviennent plus.

Quand on y en apperçoit une certaine quantité, on les fait entrer dans le Corpou, où il y a un filet fait de ficelles de chanvre assez grosses; si l'on apperçoit suffisamment de poissons en cet endroit, les chalouppes se rangent autour de ce filet, & les hommes qui sont dedans élévent le filet & prennent les Thons, comme nous l'avons expliqué à la seconde Section de la première Partie, depuis la page 170 jusqu'à la page 174.

Comme pour cette opération il faut plus de monde que les seize hommes entretenus, on donne une gratification à ceux qui y ont travaillé, & un morceau de Thon.

Le poisson qu'on a pris à cette pêche se consomme presque tout dans la Province, & quand dans une saison elle n'a pas été abondante, on fait venir de Sardaigne ou du Portugal de ces poissons salés.

Il s'emploie beaucoup de filets pour la madrague ; la plus grande partie est faite de corde d'une plante nommée *spart* : les mailles ont à peu près une palme & demie d'ouverture en quarré. Ceux du Corpou sont de chanvre, & entre ces filets il y en a dont les mailles ont une demi-palme, & d'autres un quart de palme d'ouverture en quarré; cette pêche se fait à trente ou quarante brasses de la terre par dix-huit brasses d'eau.

Le profit de la madrague dépend de la quantité de poissons que l'on prend : quelquefois il n'égale pas les déboursés ; d'autres années le profit a monté à deux cents pistoles pour chaque part, tous frais faits. Tous les ans on dépense cinq cents pistoles pour les filets de spart ou de chanvre; en outre on doit payer au Roi trois pour cent des Thons qu'on prend, quatre pour cent au Seigneur du lieu, au *Rey* quatre pour cent, à l'Ecrivain de la Compagnie quatre deniers pour chaque quintal de Thon que l'on sale, au Capitaine des Pêcheurs trois pistoles par mois. Mais on prend quelquefois dans les madragues des Impéradors, des Bonites qu'on sale pêle-mêle avec le Thon.

§ 11. *De la pêche des Thons & des Bonites à Ceuta.*

Il y a à Ceuta une belle madrague où l'on prend des Thons, des Bonites & d'autres poissons ; elle appartient au Roi d'Espagne qui la fait adjuger à des Entrepreneurs qui paient leur redevance au Gouverneur préposé à cet effet; les filets, cordages, bateaux, ancres & autres apparaux, appartiennent à ceux qui s'en sont rendus adjudicataires.

La madrague demeure tendue depuis le commencement d'Avril jusqu'à la fin de

Juin. Il y a pendant toute cette saison quarante ou cinquante hommes payés & nourris aux dépens des Entrepreneurs ; leurs appointemens sont ordinairement de quatre à six piastres par mois ; il y a de plus six à huit bateaux qu'on arme tous les matins pour prendre les poissons qui se trouvent renfermés dans la madrague. La vente s'en fait sur-le-champ, ou même elle est faite à l'avance pour les poissons qui seront pris : les acquéreurs les font saler pour leur compte.

Ordinairement cette pêche est fort abondante, il y a des matinées où l'on a pris sept à huit cents Bonites. A l'égard des Thons, la pêche n'en est pas à beaucoup près aussi favorable, si ce n'est à celle de retour.

Excepté la madrague, il n'y a que les Naturels du pays qui puissent pêcher sur les terres de cette côte appartenante à l'Espagne, & ils en jouissent sans payer aucune contribution.

La madrague dont nous venons de parler est adjugée au plus offrant & dernier enchérisseur, sans aucune distinction de Nation ; d'ailleurs tout le monde peut se rendre sur les lieux pour acheter les poissons que l'on y prend. Les Saleurs en chargent leurs bâtimens, pourvu qu'ils prennent le sel aux greniers prochains, & ils emportent leur saline sans payer aucuns droits de sortie. Ce sont ordinairement des Patrons Espagnols, Portugais ou Gênois, qui vont faire ces acquisitions, & ils vont vendre leur poisson dans tous les Ports des Royaumes de Grenade, Valence, &c. où ils savent qu'il s'en fait une consommation considérable.

Les Thons & les Bonites bien salés se conservent long-temps sans se gâter ; mais ils pêchent & salent un autre poisson que je ne connois pas, qu'ils nomment *Cavallos.* On assure que quelqu'attention qu'on apporte pour le saler, on ne peut pas le conserver plus d'un mois ou six semaines ; quelques-uns cependant parviennent à le garder un peu plus long-temps en le faisant sécher au soleil, car ils ne sont point dans l'usage de mariner ni de boucaner leurs poissons ; souvent les bateaux & filets qui servent pour cette pêche appartiennent à des particuliers, de qui on les loue.

Il y a, comme nous l'avons dit, trente ou quarante hommes employés à cette pêche, entre lesquels est un Patron, un Ecrivain, & deux ouvriers chargés de raccommoder les filets qui ont souffert quelques dommages. On les nourrit, mais on ne leur donne pour subsistance qu'un pain frais par jour, du poids d'environ deux livres, & du poisson tant qu'ils en veulent, pourvu que ce ne soit pas des espéces que l'on sale,

& on leur fournit des marmites pour le faire cuire ; mais s'ils veulent avoir de l'huile & boire du vin, ils s'en procurent à leurs frais.

Le Patron, l'Ecrivain & les Raccommodeurs de filets font ordinairement une table commune. L'Ecrivain a soin de tenir un compte exact du poisson qu'on a pris, de l'argent qu'en a produit la vente, ainsi que des dépenses qu'on a faites, pour, à la fin de la pêche, rendre les comptes aux propriétaires.

On tire la moitié du produit pour les propriétaires des bateaux & filets ; on léve sur l'autre moitié les dépenses qu'on a faites ; le reste est partagé entre les gens de l'équipage, suivant les conventions faites avec chacun d'eux en particulier. S'il arrivoit, ce qui est fort rare, que la moitié qui appartient à l'équipage ne fût pas suffisante pour subvenir aux dépenses, pour lors tout l'équipage seroit obligé de contribuer pour remplacer cette perte, chacun par proportion à ce qu'il gagne, ou de servir plus long-temps, si les propriétaires l'exigeoient.

Les Patrons des bateaux sont obligés de s'embarquer pour faire tendre & détendre les filets, & à chaque coup de filet ils ont le droit de prendre le plus beau poisson qui s'y trouve, soit pour leur usage, soit pour le vendre.

L'Ecrivain, non plus que les Raccommodeurs de filets, ne sont point obligés de s'embarquer : les Raccommodeurs sont seulement chargés de tenir les filets en bon état ; moyennant quoi tous les poissons qui ne sont point propres à être salés leur appartiennent, & il n'en revient point à l'Ecrivain.

Outre les Thons qui se prennent sur cette côte, on y trouve encore en abondance des Bonites, des *Pamponnes* *, & d'autres gros poissons estimés. Depuis nombre d'années les Thons y sont devenus rares, à ce qu'on prétend, parce que ces poissons ont adopté une autre route pour passer de l'Océan dans la Méditerranée ; le peu qu'on prend est à la venue ou à l'arrivée, & point au retour. La pêche de l'arrivée commence à la fin du mois de Mars, & dure jusqu'à la fin de Juin, lorsque la saison est favorable.

On prétend que pour prendre ces poissons au retour il faudroit les aller chercher près le pays des Maures, ce qui seroit dangereux pour les Pêcheurs, d'autant qu'on seroit dominé par une montagne sur laquelle les Maures ont fait des retranchemens en fascinage garnis de Canons.

On emploie pour servir cette madrague environ cinquante hommes ; c'est plus que pour celles de Toulon, mais il y a de

---

* Je ne connois point ce poisson ; ne seroit-ce point le *Pompile* ?

grandes madragues qui en exigent beaucoup plus.

On consomme frais & dans la place, & particuliérement pour la Garnison qui souvent est de quatre à cinq mille hommes, une partie des poissons qu'on prend à cette madrague, & on vend le reste à des Muletiers qui les transportent dans l'intérieur de la Province d'Andalousie ; on en vend aussi, comme nous l'avons dit, à des Valençiens, des Catalans & des Majorquins, qui viennent avec des bateaux en acheter, qu'ils salent eux-mêmes sur le lieu, pour les transporter chez eux. Enfin les Fermiers de la madrague en salent pour leur compte, ou en barrils ou au sec, & le distribuent sur les côtes d'Espagne. Le sel qu'ils consomment pour ces salaisons provient du Port de Sainte-Marie, dont les salines appartiennent au Roi d'Espagne. On ne prend point d'Espadons dans cette madrague, & s'il s'en présente quelques-uns, les Pêcheurs essaient de les empêcher d'y entrer.

§ 12. *De la pêche du Thon à Gênes.*

On fait la pêche des Thons à Gênes, comme dans les autres Départements, avec les filets qu'on nomme *Thonnaires,* que j'ai amplement décrits dans l'article de Colioure, ce qui me dispense d'en parler, & avec les madragues, dont j'ai aussi parlé amplement ; ainsi je me restreindrai à rapporter ce qui me paroît appartenir particuliérement à celles qui sont établies à la côte de Gênes.

Les filets & cordages sont faits avec une herbe qui croît dans le pays, & qu'on y nomme *Disa.* Les madragues des côtes de Sardaigne, Corse, &c. sont faites d'une autre herbe, ou sorte de jonc, appellée *Herbe d'Alicante,* & que je crois être le *Spart.*

La grandeur des madragues est ordinairement proportionnée à la profondeur de l'eau où on se propose de les établir, & l'on observe qu'elles soient d'un tiers ou environ plus hautes que la profondeur de l'eau aux endroits où on les établit.

La première chambre des madragues est la plus grande, parce que c'est où s'assemblent les poissons avant d'entrer dans les autres chambres : la dernière, que nous nommons *le Corpou,* est doublée d'un filet de chanvre dont les mailles sont fort étroites, sur-tout vers le fond ; car en approchant de la superficie, elles sont plus larges.

Il y a toujours deux bateaux de garde pour observer les Thons qui entrent dans les chambres ; & quand on y en apperçoit un nombre suffisant, & que le tems y est favorable, on se dispose à les prendre ainsi que nous allons l'expliquer.

A la pointe du jour on fait entrer tous les Thons dans le Corpou ou la dernière chambre qu'on nomme *la mort* : pour prendre le poisson qui est dans cette dernière chambre, on détache le filet dont elle est revêtue en-dedans, commençant par le soulever du côté où elle communique avec la chambre précédente, & en soulevant peu à peu cette nappe, on parvient à ranger le poisson vers le fond, & on l'approche assez de la superficie pour qu'il puisse être harponné par les Pêcheurs. Pour cet effet, outre les bateaux qui environnent la madrague, on en fait approcher deux autres longs comme des demi-galéres, sur chacun desquels il y a trente ou quarante hommes qui aident à tirer le poisson, & à le mettre à leur bord.

Il n'y a tout au plus que trente hommes pour le service journalier de chaque madrague ; mais quand on pêche le poisson, on en appelle beaucoup d'autres, jusqu'au nombre de cent vingt, auxquels on donne, outre la nourriture, trois Thons par centaine de poissons que l'on prend.

Il y a deux de ces madragues le long des côtes orientales de l'Etat de Gênes : on les tend ordinairement au commencement de Mai, & elles restent en cet état jusqu'à la fin d'Octobre.

On distribue du Thon frais sur toute la côte, où ordinairement il se vend bien : quand on le vend à la livre, les grosses chairs se donnent à meilleur marché que le ventre. Les Thons qu'on ne trouve pas à vendre frais s'accommodent de trois façons différentes.

Pour la première, on le coupe par tranches, on le fait frire, on le met dans des barrils avec de l'huile, & il se conserve assez long-tems pour être transportés à Gênes, en Suisse, en Lombardie, avec ceux qui y sont portés de Sicile, de Corse & de Sardaigne. Pour la seconde, on sépare les grosses chairs de celles du ventre qu'on nomme *le gras,* on les met dans des barrils avec du sel concassé : les barrils sont percés de trous, pour que toute l'humidité puisse s'échapper. On distribue ceux qui sont ainsi préparés, aux mêmes endroits que les autres, & même jusqu'en Allemagne ; & il se vend aussi bien que celui qui est dans l'huile. Enfin par la troisième préparation, on tire les morceaux qui ont été salés, & après les avoir laissé un peu sécher, on les paque dans d'autres barrils avec de nouveau sel.

A l'égard des œufs, on en fait de la poutargue, comme nous l'avons expliqué. On estime singuliérement ce mets qui vient de Sicile, de Sardaigne, de Corse & de l'Isle d'Elbe.

Il y a des années où l'on prend beaucoup

de

de Thons sur la côte de Gênes, & d'autres où l'on n'en voit presque point.

§ 13. *De la pêche du Thon en Sicile.*

On m'écrit de Sicile que la pêche des Thons y est abondante sur-tout à Melazzo, Putte-Fusa, jusqu'à Palerme & Trapani; elle commence avec le mois de Mai, & dure jusqu'à la fin de Juin. A cette côte il y a deux pêches; celle d'arrivée, qui se fait à la côte orientale, & celle de retour, qui se fait dans les mois de Juillet & d'Août. On dit que les Thons de retour sont plus maigres que ceux de l'arrivée; en d'autres endroits on les dit plus gras.

Cette pêche se fait à la madrague, qui diffère assez considérablement de celles qui sont établies en Provence & à la côte de l'Italie.

Cette madrague est formée comme les nôtres de plusieurs chambres quarrées; mais au lieu que les nôtres n'ont qu'une chasse, celles de Sicile en ont deux, à peu près comme celle qu'on voit en *A, B, figure* 1, *Planche IX,* une de ces chasses se prolonge par une ligne droite parallelement à la côte; l'autre *A* est un peu circulaire, & s'étend assez avant à la mer.

Les Thons qui suivent la côte s'engageant entre les deux chasses, entrent dans la première chambre, d'où ils passent de chambre en chambre jusqu'au Corpou. Dans cette dernière chambre, il y a au fond de la mer, comme nous l'avons dit, un filet de chanvre autour duquel on a mis des lignes terminées par de grosses flottes de liége; un grand bateau à varangues plattes se place dans la chambre qui précéde le Corpou en dehors du filet: d'autres bateaux se postent aussi en dehors des filets, & les Pêcheurs saisissant les flottes qui sont au bout des lignes qui répondent au bord du filet de chanvre, halent fortement dessus jusqu'à ce que les Thons soient près de la surface de l'eau, alors ils les saisissent avec des perches terminées par un crochet, & les mettent dans les bateaux qui ensuite les portent à terre. Sur le champ on les transporte dans les Magasins où l'on en fait des salaisons considérables, dont une partie se consomme dans l'Isle, & le reste à Malthe, à Naples, à Rome, à Gênes, à Venise & ailleurs.

Ces salaisons se font de différentes manières: la chair du ventre étant la plus délicate & la plus estimée du Thon, on la sale à part dans des barrils, & elle est vendue plus cher.

On désosse les têtes, on en sale la chair aussi à part. On coupe des tranches de grosses chairs, & après les avoir mises quelques jours dans le sel, on les presse, & on les fait sécher au soleil.

On hache le reste de la chair; & on en fait des saucissons qu'on fait sécher au soleil, après leur avoir fait prendre un peu de sel.

Enfin on prépare de même les œufs; on les presse fortement pour les réduire à l'épaisseur du doigt: c'est un mets fort estimé, qu'on peut regarder comme une espéce de poutargue.

Les Thons ne sont pas les seuls poissons qu'on prenne dans les madragues de Sicile. On y trouve quelques Espadons qu'on sale de même, & qui sont estimés meilleurs; on y trouve aussi beaucoup de Pélamides & d'autres poissons qu'on dit être des espéces de Thons; je ne les connois pas, au moins par les noms d'Ancicoti & d'Alilanghi qu'on leur donne dans le pays. Il entre aussi beaucoup de Dauphins avec les Thons; mais au lieu que les Thons y restent, les Dauphins savent en sortir, & les Pêcheurs ne s'y opposent pas. Les Mariniers occupés à cette pêche sont payés pour le temps qu'ils y emploient, & non à la part.

§ 14. *De la pêche du Thon en Sardaigne.*

La pêche de ce poisson en Sardaigne diffère peu de celle qui se fait en Sicile.

Du côté de l'Ouest de l'Isle de Sardaigne il y a six madragues où l'on fait la pêche de l'arrivée, qui communément commence les premiers jours de Mai, & finit à la fin de Juin, qu'on dit être le temps où les Thons fréquentent principalement les côtes de Sardaigne. Il y a d'autres madragues situées de l'autre côté de l'Isle au Cap Poulle, destinées à prendre les poissons de retour; leur pêche commence le 28 de Juin, & finit à la fin du mois d'Août.

Quand la pêche est abondante on sale beaucoup de Thons, comme nous avons dit qu'on le faisoit en Sicile; on dit seulement qu'ils commencent par saler leurs poissons dans des barrils avec du sel égrugé fin, & qu'après leur avoir laissé prendre le sel pendant six jours on les tire de ces barrils pour ôter la vieille saumure & les transporter dans d'autres barrils où on les sale avec du gros sel non égrugé.

Il est dit dans le Journal Encyclopédique de Juillet 1777, que la pêche du Thon fait le principal commerce de la Sardaigne; je crois qu'il convient de restreindre cette proposition, puisqu'il est certain qu'on y prend beaucoup de Sardines & de Harengs.

Il vient toutes les années, pendant la pêche du Thon, quatre brigantins de la rivière de Gênes, qui font ordinairement deux voyages pendant la pêche: ils prépa-

PÊCHES II. Partie. Tome III. Sect. VII.   Ggg

rent pour leur compte du Thon mariné comme il fuit.

Après avoir mis le Thon en morceaux, ils le font bouillir dans de l'eau de mer, & l'écument bien ; enfuite ils l'étendent fur des cannes pour le faire fécher, puis le met-

tent dans des barrils avec de l'huile fine qu'on apporte de la riviére de Gênes. Il y a douze Tonneliers à chaque madrague pour préparer & former les barrils, & quantité d'Ouvriers pour porter le poiffon, le fel, &c.

CHAPITRE TROISIE'ME.

De plufieurs poiffons de la famille des Scomber, qui ont du rapport avec les Thons & les Maquereaux.

Comme on trouve beaucoup d'incertitude entre tous ces poiffons, je ne parlerai que de ceux fur lefquels j'ai pu acquérir des connoiffances un peu fatisfaifantes.

J'ai reçu d'Amérique, fous le nom de *Taʒard*, le joli deffein, *Pl. VII*, *fig. 1*. A l'infpection du deffein qui eft très-bien exécuté, c'eft un poiffon de la famille des Scomber ; & comme on me marque qu'on en prend de fort gros, je fuis porté à le regarder comme une variété des Thons, quoiqu'il foit fort menu, par proportion à fa longueur ; c'eft peut-être ce qui a engagé Ruyfch à le nommer *Brochet de mer*. Il dit qu'il eft vorace, & qu'il fe plait aux endroits où il y a beaucoup de courants, que fa chair eft dure, difficile à cuire, mais blanche & de très-bon goût : quelques-uns la difent indigefte.

Je vais maintenant parler des poiffons de cette famille qui fe trouvent fur nos côtes.

ARTICLE PREMIER.

De la Bonite.

La Bonite eft un poiffon du genre des *Scomber*, qui n'a pas beaucoup de rapport avec le Maquereau, principalement par fa couleur, il reffemble au Thon à bien des égards ; auffi en quelques endroits on le nomme *Thon bâtard*. Il n'eft pas de la groffeur des beaux Thons ; car les plus belles Bonites n'ont que vingt à vingt-quatre pouces de longueur, & péfent dix à douze livres. Quelques-uns regardent la Bonite comme un fort bon poiffon, quoique fa chair paffe pour être plus féche que celle du ventre des Thons.

§ 1. *Defcription de la Bonite.*

Ces poiffons, *Pl. VII, fig. 2 & 3*, font de haute mer, & vont par troupe ; la mâchoire d'en-bas eft un peu plus longue que la fupérieure, l'une & l'autre font garnies de dents ; il a deux affez grandes nageoires *D* derriére les ouies, & deux *E* fous le ventre, un grand aileron *F* fur le

dos qui commence derriére la tête où il eft affez large, & s'étend en diminuant de largeur jufqu'au milieu du corps où il y a un autre aileron *G*, & un pareil *H* fous le ventre ; depuis ces ailerons *G H*, tant du dos que du ventre jufqu'à celui de la queue *K* il y a une pinne ou une fuite de petits ailerons *I K* qui forment des feftons ; l'aileron *K L* de la queue eft très-fendu : tout cela convient affez aux Thons ; il en eft de même des parties intérieures ; l'eftomac eft long, le pylore eft garni de quantité d'additions, le foie eft rouge, la rate noire, la véficule du fiel eft petite.

A la côte de Bifcaye, fix hommes fe mettent dans une chalouppe qui va à la voile, & pêchent les Bonites avec des lignes à la traine.

Ce poiffon, comme les Thons, eft beaucoup plus abondant dans la Méditerranée que dans l'Océan ; on dit qu'il y en a furtout dans la mer Atlantique.

En plufieurs endroits, notamment en

Poitou, les poiſſons connus en Provence ſous le nom de *Bonites* ſont appellés *Germons*, & je crois qu'en quelques Ports de Provence on les nomme *Bonitons*, en latin *Amia*. M. Niou m'a écrit de Rochefort que le Germon, qu'on croit être le même poiſſon qu'on nomme *Bonite* à Toulon, eſt aſſez grand, mais pas à beaucoup près autant que le Thon; que ſa forme en approche; que néanmoins il eſt plus large proportionnellement à ſa longueur; qu'on en prend quelques-uns en automne ſur les côtes de l'Iſle-Dieu, mais que c'eſt rarement; que néanmoins on en marine comme les Thons, & qu'au moyen de cette préparation il eſt fort eſtimé. Ce poiſſon eſt abondant en Provence & commun en Eſpagne, où l'on en prend toute l'année. Depuis qu'il eſt devenu rare à l'Iſle-Dieu, il n'y a que quelques chaloupes qui en faſſent la pêche : ordinairement elle commence à la mi-Mai, & dure juſqu'aux premiers jours de Septembre. Les barques ſont montées de quatre ou ſix Matelots & d'un mouſſe; ils ſe portent juſqu'à trente lieues au large, entre le Sud-Sud-Eſt, & l'Oueſt-Sud-Oueſt de l'Iſle, & ils vont en chercher aux côtes de Biſcaye & d'Eſpagne. Si les vents ſont favorables, ils les rapportent frais, & les vendent dans les Villes du Poitou : ſi les vents ſont contraires, ils les ſalent à la mer. Mais comme ces poiſſons ſont gras, & que les Pêcheurs épargnent le ſel, ils ne ſe conſervent pas long-temps. Cette pêche ſe fait avec des lignes de vingt-cinq à trente braſſes de longueur, & aſſez groſſes; l'haim qui eſt fort, eſt ordinairement amorcé avec un morceau d'anguille. Les Pêcheurs prennent pour dix à douze jours de vivres, & ſouvent ils reviennent avec dix ou douze douzaines de Germons; &, comme nous l'avons dit, ils ſont ſouvent obligés de ſaler à bord pour éviter qu'ils ne ſe corrompent, lorſqu'ils ne peuvent pas faire voile pour la Rochelle, Rochefort, Nantes, &c. & comme la pêche n'eſt praticable que quand le vent approche du Sud-Eſt, il s'enſuit qu'elle ne réuſſit pas fréquemment.

Les Matelots ſont tenus de faire leurs vivres, & le propriétaire du bateau ne fournit que deux lignes par homme. Comme les Matelots ſont à la part, ſi l'Equipage eſt de cinq hommes, on fait ſept parts; le propriétaire du bateau en a deux, & les Matelots chacun une. Si les barques ſe tiennent près de la côte, elles prennent moins de Germons ou Bonites, mais beaucoup de différentes eſpéces de poiſſons qu'ils vendent frais, ce qui leur eſt quelquefois au moins auſſi avantageux.

Les Bonites ſont très-voraces, & ſinguliérement friandes de Sardines & de poiſ-

ſons volants, de ſorte qu'elles s'élevent au-deſſus de l'eau, pour ſaiſir un haim amorcé d'un leurre qui repréſente groſſiérement un de ces poiſſons, ce qui engage les Matelots à ſuſpendre des haims à la vergue de Civadiére, de façon que l'haim bondiſſe ſur la ſurface de l'eau, ſoit à cauſe des mouvements du Vaiſſeau ou à cauſe de la rencontre des lames. Quand la mer eſt parfaitement calme, on fait ſautiller l'haim ſuſpendu, comme on vient de le dire, en donnant de petites ſecouſſes à la ligne qui le porte; ce qui engage les Bonites à s'élancer pour attraper l'appât.

Je ne ſais ſi le poiſſon qu'on m'a nommé *Pelaga*, n'eſt pas une eſpéce de Bonite, qui péſe au plus dix à douze livres. Il vient des Marchands les acheter fraîches, & qui les ſalent pour les tranſporter dans les endroits où ils ſavent qu'ils en auront le débit. Ils conſervent les œufs, & ils les ſalent pour en faire de la poutargue, qui différe peu de celle qu'on fait avec les muges.

Après ce que nous avons dit de la pêche des Thons, il n'eſt pas douteux que toutes les induſtries qu'on emploie pour les prendre, conviennent également pour la pêche des Bonites, qui vont de même par troupe, puiſque ces deux eſpéces de poiſſons ſe trouvent preſque toujours confondues enſemble, même dans les madragues, dans leſquelles, en certains parages, on trouve beaucoup plus de Bonites que de Thons.

Sur la côte d'Afrique, les Eſpagnols nomment *Boniteras* une pêche qu'on fait avec des tramaux pour prendre des Bonites. Voyez la ſeconde Section de la premiére Partie, à la page 128, où nous avons dit quelque choſe de cette façon de pêcher.

La pêche de la Bonite près la baie de Cadix, commence vers la fin d'Avril, & finit à la Saint-Pierre. On y emploie cent hommes, quatre bateaux & huit filets; on la fait en tirant les filets à la côte par les deux bouts, comme à la Thonnaire. Cette pêche eſt fort abondante, puiſqu'on a vu quelquefois prendre juſqu'à huit mille Bonites d'un ſeul coup de filet, & de plus, quelques Thons.

Ce poiſſon ſe ſale comme les Thons, & on le vend à des Patrons de barques de Catalogne qui apportent du vin, & font leur retour en Bonites. Cette pêche ſeroit très-avantageuſe ſi le ſel n'étoit pas extrêmement cher.

Il eſt dit dans le Journal des Savants que M. Godeheu a obſervé que la Bonite contient une ſubſtance huileuſe qui eſt lumineuſe dans l'obſcurité; ce qui lui fait croire que la lumiére de l'eau de la mer dépend, au moins en partie, d'une graiſſe pareille dont les poiſſons ſont pourvus.

Willughby dit que la Bonite n'a point d'écailles, que son corps est partagé par une ligne couleur d'or & oblique, qui commence au bord des opercules, à la hauteur des yeux, forme d'abord une courbure considérable, ensuite devient droite, divise la largeur du poisson en deux, & se termine à l'articulation de l'aileron de la queue. Je crois que cette ligne est formée par deux rangées d'écailles. La couleur de ce poisson est verdâtre sur le dos, blanche & brillante sous le ventre.

Arthur dit que dans le Royaume de Guinée, les Bonites sont estimées un très-bon poisson, néanmoins inférieur à la Dorade. Ils sont courts & gros, le museau se termine en pointe ; ils poursuivent avec fureur les poissons volants, ils se rassemblent auprès des Vaisseaux qu'ils surpassent souvent en vîtesse. Il suffit, pour les prendre, de mettre aux haims, au lieu d'appât, un guenillon de toile blanche qu'ils saisissent, le prenant pour un poisson volant. Leur peau est glabre, de couleur de cendre. Il est plus avantageux pour cette pêche que la mer soit agitée, que d'être absolument calme.

Quelques-uns ont prétendu que ce poisson remonte dans l'embouchure des riviéres, & qu'il s'y nourrit de petits poissons ou d'algue; d'autres veulent que les poissons qui remontent les riviéres soient un peu différents de ceux qu'on prend à la mer, & ils les nomment *Bonitons* ; ce que je n'ai point été à portée d'observer.

Dans l'Histoire générale des Voyages, tom. I, pag. 288, il y a une figure où l'on a voulu représenter une Bonite qu'on pêche près de la Ligne. Suivant cette figure, ce poisson est plus plat que rond ; au-dessus de l'aileron de la queue, le corps est fort étroit ; sa tête est grosse, assez courte ; la mâchoire supérieure est mobile, & quand il ouvre la gueule, il se forme au bas du front une cavité assez profonde : sa gueule est grande, dénuée de dents ; l'aileron de dessous le ventre est précédé par quelques ardillons. Il a une pinne festonnée près l'aileron de la queue, tant sur le dos que sous le ventre, ce qui convient aux Scomber; mais à cela près, il ne ressemble guère à notre Bonite.

ARTICLE II.

De la pêche des Casonales, Cassones, ou Cassons, qu'on nomme Tallo ou Chat de mer, *quand ils sont petits.*

Cette pêche se fait avec des filets d'enceinte, qu'on tire à terre comme pour la pêche de la Bonite.

Suivant mes Mémoires, ce poisson, que je ne connois point, a sa peau gluante, & on en fait de la colle de poisson qu'il ne faut pas confondre avec celle dont je parlerai dans un autre endroit. Suivant ces mêmes Mémoires, la chair de ce poisson est excellente : on ne le sale point pour le conserver, mais on le fend en deux, on le vuide, & on l'étend sur des cordes pour le faire sécher au soleil. Il est fort abondant & d'un grand secours pour les Communautés qui font abstinence : on en transporte dans l'Estremadure & le Royaume de Grenade ; on ajoute que depuis qu'on pratique cette pêche, la Morue n'a presque plus de débit dans les cantons que je viens de nommer.

D'après ce qu'on m'a écrit d'un poisson qu'on nomme *Pilon* à Narbonne, j'incline à croire que c'est notre Bonite, d'autant qu'on dit qu'il fait un manger plus délicat que le Thon.

ARTICLE III.

De la Pélamide.

Plusieurs prétendent que les Anglois nomment ce poisson *Pilchard*, mais je suis éloigné de le croire ; car Willughby, qui étoit excellent Icthyologiste & Anglois, donne le nom de *Pilchard* à un petit Hareng, ou à une Sardine. Quoi qu'il en soit, la Pélamide, *Pl. VII*, *fig. 4 & 5*, est un poisson rond de la famille des Scomber ; il confine avec la Bonite, cependant il est beaucoup moins grand, &, proportionnellement à sa longueur, plus menu : il est, ainsi que le Thon & la Bonite, plus commun dans la Méditerranée que dans l'Océan ; de plus, il va aussi par bancs, & on les prend par les mêmes moyens. Il paroît tant en Espagne qu'en Biscaie & en Provence, depuis la fin d'Avril jusqu'en Juillet. Les Pélamides, les Bonites & les Thons se trouvent souvent pêle-mêle dans les mêmes Pêcheries : aussi quelques-uns regardant les Pélamides comme des petits Thons, les ont nommées *Thoninnes* ; mais comme on donne

cc

ce même nom aux groſſes chairs du dos des Thons ſalés, j'éviterai de l'employer.

Les Eſpagnols & les Portugais confondent les Pélamides avec les Bonites ; même au Bréſil on donne aux Bonites le nom de Pélamides : effectivement, ſi l'on n'a pas égard à la différence de groſſeur, ces deux eſpéces de poiſſons ne différent pas beaucoup l'une de l'autre. Tous les deux ont deux nageoires *D* derriére les ouies, deux ſous le ventre *E*, près la gorge, deux ailerons *F*, *G* ſur le dos, un petit *H* ſous le ventre, plus près de l'articulation de la queue que le ſecond aileron du dos ; & tant ſur le dos que ſous le ventre il y a une ſuite de petits ailerons *I*, *K*, qui forment une pinne feſtonnée depuis les ailerons du dos & du ventre, juſqu'à l'articulation de l'aileron de la queue, qui eſt fort échancré.

Je crois me rappeller que les Pélamides ont, de même que le Thon, à l'extrêmité des lignes latérales, un petit aileron près l'articulation de l'aileron de la queue, & que leurs écailles, ſi elles en ont, comme je le crois, ne ſont ſenſibles que derriére les ouies. Je ſoupçonne que le poiſſon qu'on appelle *Biſe* en Provence & en Languedoc, eſt une variété de la Pélamide, d'autant que la chair de ces poiſſons paſſe pour être plus délicate que celle des Thons, & même que celle des Bonites.

Suivant les Voyageurs, on prend au Sénégal quantité de poiſſons qui reſſemblent aux Pélamides, & que les Négres font ſécher.

Loyer dit qu'il y en a dans la mer d'Iſſiny ; & Mérola prétend que ceux qu'on prend dans la mer du Congo ne ſont pas plus gros que des Harengs : effectivement il eſt rare d'en prendre dans nos parages qui aient plus d'un pied de longueur : ceux qu'on pêche en Poitou, à Médoc, à Bayonne & en Provence pêle-mêle avec les Thons & les Bonites, ſont à peu près de cette groſſeur. On ſe rappellera que dans les pêcheries on trouve ſouvent plus de Bonites & de Pélamides, que de Thons.

Outre les pêcheries dont nous avons parlé, dans leſquelles on trouve des Bonites & des Pélamides mêlées avec les Thons, on emploie encore pour prendre les Bonites & les Pélamides, des filets qu'on appelle *Pélamidiéres*, qui ne différent des Courantilles dont nous avons parlé, qu'en ce que les mailles ſont plus petites, parce que ces poiſſons ſont beaucoup moins gros que les Thons, & même que la Bonite.

Vers le mois d'Octobre on fait un grand uſage de la dreige à chauſſe pour prendre les Bonites & les Pélamides. Comme nous avons parlé de ce filet ſous le nom de *Gangui*, & que nous avons décrit la façon de s'en ſervir à la ſeconde Section de la pre-

miere Partie, où nous l'avons repréſenté, *Pl. XLIV*, il nous ſuffira de dire ici que les Anglois, qui nomment ce filet *Traine*, dreigent à la voile en ſuivant le cours de la marée ; au lieu que les François qui font cette pêche, la refoulent. Cette différence peut dépendre de la route que ces poiſſons ſuivent pour ſe rendre en certains endroits, ce qui peut les engager ou à refouler la marée, ou à en ſuivre le cours.

Il paroît que Rondelet a donné le nom de *Pélamis* à une Sarde ; mais Willughby dit que le poiſſon dont parle cet Auteur, différe conſidérablement de la Pélamide : effectivement il y a beaucoup de confuſion dans ce que Rondelet dit à ce ſujet.

Suivant quelques Voyageurs, on prend dans la mer du Bréſil un poiſſon qui reſſemble au Thon, qu'on y nomme *Boopis* ; & ils ajoutent qu'on prend quelques Thons au Cap de Bonne-Eſpérance.

On m'a écrit qu'on donnoit en Languedoc le nom de *Glaucus* à la Pélamide ; mais les Ichthyologiſtes varient beaucoup ſur cette dénomination : les uns la donnent à la *Liche* ; d'autres au *Derbio*, qui, autant que j'ai pu avoir quelque connoiſſance de ce poiſſon, eſt de haute mer, dont les nageoires ſont épineuſes, de couleur blanche, mêlée de bleu plus ou moins foncé.

Il me paroît encore qu'on a nommé petit Chien de mer, une grande eſpéce de *Glaucus*.

Pour éviter la confuſion qui naît de ces différentes dénominations, je me borne à ce que j'ai dit de la Pélamide, ce nom étant le plus généralement adopté.

§ 1. *Remarques abrégées ſur les poiſſons de la famille des Thons, des Bonites, des Pélamides, &c.*

Il faut convenir qu'il y a beaucoup de rapport entre les Pélamides, les Bonites, les *Orcynus* & les Thons ; mais bien des raiſons nous engagent à ne pas admettre, comme quelques Auteurs l'ont avancé, que tous ces poiſſons ſont des Thons de différents âges, ou qui ont été pris dans différents parages. Je crois qu'après ce que nous avons dit des Bonites & des Pélamides on ſera diſpoſé à diſtinguer ces poiſſons des vrais Thons ; mais je penſe avec Geſner, que l'*Orcynus* de Rondelet eſt un vrai Thon ; on en jugera par la courte deſcription que j'en vais donner d'après les Auteurs, car je ne l'ai point vu.

C'eſt, dit-on, un gros poiſſon qui péſe quelquefois plus de cent livres, & on en prend quelques-uns qui ont plus de cinq pieds de longueur ; il a un gros ventre, & diminue de groſſeur vers les extrêmités, ſur-tout du côté de la queue ; les nageoires

& les ailerons du dos de deſſous le ventre & de la queue ſont comme au Thon; la gueule eſt grande, les mâchoires, à peu près de longueur égale, ſont bordées d'un rang de petites dents fort pointues; la langue eſt dure au toucher, & il a vers le goſier des oſſelets chargés d'aſpérités; la prunelle eſt noire, l'iris argenté.

Il eſt vrai que je ne vois pas qu'on ait parlé des pinnes feſtonnées qui ſont du côté de la queue, mais c'eſt peut-être par oubli. Si l'on compare cette courte deſcription avec celle que nous avons donné du Thon, je crois qu'on penſera comme Geſner, que l'*Orcynus* de Rondelet eſt une variété du vrai Thon.

J'ai peine à accorder à Ariſtote que les Thons frayent dans les Ports, & que les petits ſe nomment *Cordylus*; mais je m'abſtiendrai de rien décider ſur cette opinion, qui n'eſt pas à beaucoup près généralement adoptée, j'avoue que je n'ai pas été à portée de faire ſur ce point des obſervations déciſives.

Belon dit qu'il a vu en Candie un poiſſon qui reſſemble beaucoup au Thon, auquel on donne le nom de *Gliſſa* ou *Lyſſa*, parce que ſa peau eſt liſſe & polie; il dit qu'il a environ deux coudées de longueur, & qu'il eſt prodigieuſement large; que c'eſt un manger délicieux; qu'il n'a point de dents, mais ſeulement des aſpérités aux mâchoires : il ajoute que ſes viſcéres reſſemblent beaucoup à ceux du Thon, & que la différence la plus conſidérable qu'il ait remarquée, eſt qu'il eſt plus court que le Thon.

Les Auteurs varient beaucoup ſur ce qu'ils diſent du Lyſſa : Willughby dit que cette dénomination vient des Eſpagnols, & qu'ils l'attribuent à un poiſſon du genre des Pélamides, qui paſſe dans les riviéres pour y dépoſer ſes œufs.

Je ne m'étendrai pas davantage ſur ce poiſſon, dont je n'ai eu de connoiſſance que par ce qu'en diſent les Auteurs, qui d'ailleurs ne ſont point d'accord entr'eux. Il eſt vrai qu'on trouve quantité de poiſſons qui paroiſſent devoir être réunis à la famille des Thons; comme je n'ai point été à portée de les examiner, je n'en dirai rien : mais je vais indiquer par des notes détachées les différents endroits où l'on trouve des poiſſons de cette famille.

A Almeria, dans le Royaume de Grenade, on prend quelques Thons depuis le mois de Mai juſqu'à la fin d'Août; mais c'eſt en petite quantité.

A Agde, on fait la pêche du Thon avec la Thonnaire, par les nuits obſcures, depuis le mois d'Avril juſqu'en Septembre.

Aux environs de l'Etat Vénitien, on pêche des Thons avec le filet nommé *Thonnaire*, & des grandes barques montées de dix à douze hommes. Ceux qu'on prend ſur les côtes d'Iſtrie & de Dalmatie ſont portés frais, autant qu'on le peut, à Veniſe : mais comme pendant l'été ce poiſſon ſe gâte aſſez promptement, on en ſale & on en marine avec l'huile ou le vinaigre.

On prend aſſez abondamment des poiſſons du genre des Thons à Bucariza, petite Ville ſituée ſur le golfe du même nom.

Dans la Croatie, Michel Borne dit, qu'après avoir paſſé la Ligne d'environ trois degrés, il trouva une énorme quantité de Bonites qu'on y prenoit avec une facilité inconcevable.

On trouve des Bonites dans la baie de l'Iſle du Mai, & auſſi au Cap Blanc, mais beaucoup plus auprès des Canaries & de Madére.

Dapper dit qu'il y en a aux côtes de Congo & d'Angola, ainſi qu'au-delà du Cap Verd, & que les Négres de la Côte d'Or les regardant comme vénimeux, en font des divinités, & les mettent au nombre de leurs Fétiches.

Mérola, Capucin Miſſionnaire, qui a donné en Italien les Obſervations qu'il a faites dans le Royaume de Congo, dit qu'aux environs du Cap de Bonne-Eſpérance il vit un poiſſon dont le corps mélangé de jaune & de verd, étoit agréable à la vue. Il lui donne le nom de Bonite, & dit que c'eſt un manger pernicieux, qui cauſe une mort ſubite; mais cela ne s'accorde pas avec ce que nous ſavons de la Bonite, qui eſt un excellent poiſſon, quoiqu'inférieur à la Dorade. Ceux qui ont voyagé à la Côte d'Or, penſent de même, & diſent que les Bonites ſe plaiſent autour des Vaiſſeaux, & qu'on en prend avec des haims amorcés d'un leurre.

Jean de Léry, qui a beaucoup voyagé dans le Bréſil, vante la Bonite comme un des meilleurs poiſſons de la mer; il dit qu'il n'a point d'écailles, & que la forme de ſon corps approche de celle de la Carpe : il reſte à ſavoir ſi c'eſt le même poiſſon que nous appellons ici *Bonite.*

EXPLICATION DES PLANCHES
ET DES FIGURES

Qui ont rapport à la septiéme Section de la seconde Partie du Traité général des Pêches.

PLANCHE I.

FIGURE PREMIERE, un gros Maquereau.
Fig. 2, Carangue, qu'on nomme *Maquereau bâtard*, quoiqu'il n'ait pas les vrais caractères des Scomber.

PLANCHE II.

On a repréſenté ſur cette Planche différents poiſſons de la famille des Maquereaux.
Fig. 1, un Maquereau plein, de moyenne groſſeur, tel qu'on les vend dans nos Marchés.
Fig. 2, la même eſpéce de Maquereau qu'a la figure premiere, mais qui eſt vuide, & qu'on nomme *Chevillé*.
Fig. 3, petit Maquereau qu'on nomme *Roblot* ou *Sanſonnet*.
Fig. 4, Maquereau jaſpé plein.
Fig. 5, Maquereau court & gros, qui n'a ni laite ni œufs, ce qui fait que quelques-uns l'appellent *bréant*.

PLANCHE III.

Elle eſt deſtinée à donner une idée des pêches qui ſe pratiquent le plus communément pour prendre les Maquereaux.
Fig. 1, la pêche avec le manet, filet dont les mailles ſont proportionnées à la groſſeur des poiſſons qu'on ſe propoſe de prendre, afin qu'il ſe maillent ou ſe broquent par la tête. *A*, la ralingue de la tête du filet garnie de flottes de liége; quelquefois on met un peu de plomb à la ralingue *B* du pied du filet, mais le plus ſouvent on n'y met qu'un vieux filet roulé ſur lui-même, ou un vieux cordage; à cette figure le bateau *D*, qui devroit être loin du filet, eſt repréſenté tout auprès, & en général tous les objets ſont fort rapprochés les uns des autres, pour ne point augmenter la grandeur des Planches; d'ailleurs cette pêche eſt détaillée à la ſeconde Section de la premiére Partie.
Fig. 2, nous nous ſommes propoſés d'y donner une idée de la pêche au libouret, dont nous avons amplement parlé à la premiére Section de la premiére Partie; on y voit un bateau ſous voile, & dedans des Matelots qui tiennent des lignes ou bauffes *B*, auxquelles ſont attachés de diſtance en diſtance de petits morceaux de bois *C*, qu'on nomme *baluettes*; à l'extrêmité deſquels ſont ajuſtées des empiles garnies d'haims amorcés, & au bout de ces bauffes eſt amarré un boulet *A*, ce qui fait qu'on appelle quelquefois cette pêche *traîner la Bale*.
On a repréſenté, *fig.* 3, un nombre de bateaux qui font la pêche des Maquereaux. *A*, bateau qui met ſes filets à l'eau. *B*, bateau où les Pêcheurs relévent les filets. *C*, Pêcheurs qui remettent les poiſſons qu'ils ont pris à un batelet. *E*, batelets qui vont à bord des Pêcheurs pour prendre leurs poiſſons, afin de les porter promptement à terre. *D*, un bateau démâté, qui eſt en pêche. *F*, bateau appareillé, qui ayant fini ſa pêche, retourne au Port.

PLANCHE IV.

Elle eſt deſtinée à donner une idée de la ſalaiſon des Maquereaux. On voit, *fig.* 1, comment on fait la ſalaiſon de ces poiſſons à la mer, & à bord des bateaux pêcheurs.
On voit ſur le pont en *A* des Matelots qui vuident des Maquereaux; celui qui eſt en *B*, jette ceux qui ſont vuides, dans la calle, par une ouverture qui eſt au pont; ceux qui ſont en *C*, dans la calle, les reçoivent ſur une voile, dans laquelle il y a du ſel; quand le corps eſt rempli de ſel celui *D* les paſſe au Matelot *E* qui les arrange en grenier, les plaçant lit par lit, avec un peu de ſel entre chaque lit.
On voit, *fig.* 2, des Matelots qui ont des crocs de fer *C*, des gaffes *B*, & des grappins *A* pour pêcher les filets qui ſe ſont rompus ou qui ſe ſont détachés du halin; il s'agit à la *fig.* 3 de la ſalaiſon des Maquereaux à terre. On voit en *A* comment on les apporte dans des hottes, *B* des femmes qui les vuident & les lavent, *C* le ſaleur qui les paque en ſaumure, *D* des tonneliers qui enfoncent les barrils.

PLANCHE V.

La *figure* 1 a été priſe d'après un gros Thon, *A* la gueule, *B* l'aileron de la queue, *C* les yeux, *D* l'ouverture des narines, *E*, *F* les nageoires branchiales, *G* le bord de l'opercule des ouies, *H* les nageoires gutturales, *I*, *K*, *L* le grand aileron du dos, *L*, *M*, *N* le ſecond aileron du dos, *N*, *R*, *Q* la pinne du dos ou l'aileron feſtonné, qui s'étend depuis *N* juſqu'à *Q*; *O*, *P*, *N*, l'aileron de deſſous le ventre; *R*, *Q* la pinne ou l'aileron feſtonné, qui s'étend depuis l'aileron de derriere l'anus juſqu'à la naiſſance *Q* de l'aileron de la queue; *X*, *B*, *X* l'aileron de la queue; *S*, *S* petits ailerons qui s'élèvent perpendiculairement au corps à l'extrêmité de la ligne latérale *G*, *Q*.
La *figure* 2 eſt deſtinée à faire voir ſur l'extrêmité de la ligne latérale les petits ailerons *S*, *S*, dont nous venons de parler.

PLANCHE VI.

Fig. 1, Thon de moyenne groſſeur.
Fig. 2, *a* l'œſophage, *b* l'eſtomac, *c* le pylore, *d* l'inteſtin, *e* les appendices, *f* la véſicule du fiel, *g* le canal coliduque, *h*, *h* les hépatiques, *i* la rate.

Fig. 3, *k* un lobe du foie.
Fig. 4, *l*, le cœur; *m*, le commencement de l'aorte.
Fig. 5, *n*, la veine cave.
Fig. 6, *o*, le cœur ouvert.

PLANCHE VII.

Elle est destinée à faire connoître plusieurs poissons qui confinent aux Thons.

La *figure* 1 a été gravée sur un joli dessein qu'on m'avoit envoyé d'Amérique, & qu'on y nommoit *Tazara* ou *Tassard*; c'est surement un poisson de la famille des *Scomber*. Il me paroît plus menu que les Thons, par comparaison à sa longueur. On dit que sa chair est délicate & de bon goût; je le croirois une Pélamide, mais selon ce que l'on m'a écrit ce poisson est plus gros.

La *figure* 2 est une Bonite; ce poisson ressemble beaucoup au Thon: il y en a d'assez grosses, quoique beaucoup moins que les Thons.

La *figure* 3 représente une Bonite rayée, mais je crois que c'est une variété peu digne d'attention; je ne la connois pas parfaitement.

La *figure* 4 représente une Bise, sorte de Pélamide.

La *figure* 5 est aussi une Pélamide qui ne diffère de la précédente que par quelques marques brunes qu'on apperçoit sur son corps.

PLANCHE VIII.

Elle représente une grande pêche qu'on nomme en quelques endroits *Thonnaire*, & ailleurs *Combriére*: comme nous l'avons amplement décrit à l'article de Colioure & à celui de Conilh près Cadix, je me bornerai, pour l'intelligence de cette Planche, à dire qu'on voit, *fig.* 1, sur les tours *A*, *B*, ceux qui sont chargés d'examiner quand il y a des bancs de poissons qui s'approchent de la côte; quand ils en voient, ils avertissent les Pêcheurs par des signaux; les Pêcheurs ainsi avertis, font d'abord avec des bateaux une grande enceinte de filets *C*, *C*, *C*, puis dans l'intérieur, d'autres plus petites, tels que *D*, *D*, *D*, & peu-à-peu ils conduisent le poisson jusqu'auprès de la côte, en faisant des enceintes de filets toujours de plus en plus petites.

E, *E*, Matelots qui halent sur les filets. Je ferai remarquer qu'il auroit été mieux de les représenter le corps ployé, pour tirer les filets parallélement à la surface de la mer, au lieu qu'ils sont, par leur attitude, comme tirant de l'eau d'un puits.

On voit dans l'intérieur de l'enceinte que forment les filets, des Pêcheurs qui saisissent à la main de petits Thons; d'autres qui harponnent les gros avec des crocs, & d'autres qui les transportent sur la plage. En *F* sont les Officiers de la pêcherie à cheval.

Quelquefois, comme nous l'avons dit à l'article de Colioure, pour s'épargner la peine de faire un nombre d'enceintes, on tend dans l'intérieur, qu'on nomme *jardin*, un grand boulier à manche, représenté *fig.* 2, & ayant rassemblé le plus qu'il est possible de poissons entre les bras *D*, *D* de ce filet, ainsi que dans la manche *C*; les Pêcheurs *A* & *B* tirent le filet & les poissons sur la plage où on les prépare, soit pour les vendre frais, ou pour les mariner, ou pour les saler. Si l'on apperçoit encore des poissons dans l'enceinte des filets, on tend de nouveau le boulier, pour les prendre comme nous venons de l'expliquer.

On prend encore des Thons avec des espéces de saines ou piéces de filets en nappe simple, auxquels on donne le nom de *Combriére*, & en Provence de *Thonnaire* lorsqu'on s'en sert pour prendre des Thons: on en distingue de deux espéces, une qui est fixée par un bout à la côte, que pour cette raison on appelle *Thonnaire de poste*. On la voit représentée au bas de la *Planche*, *fig.* 3, par des points qui indiquent les liéges. Nous en avons expressément parlé au Paragraphe 1 de l'Article IV; c'est une nappe de filet fort longue, dont un bout *A* est amarré à la côte, & l'autre *B* se porte au large, où on lui fait faire un crochet, comme l'indiquent les liéges, & pour que le filet conserve à peu-près cette position, on leste le pied avec de grosses pierres ou cabliéres: l'instinct des poissons les engage à suivre le filet; mais quand ils sont parvenus aux révolutions *B*, il s'effarouchent, & en tournant de tous côtés, ou bien ils se broquent dans les mailles comme dans les manets, si elles sont proportionnées à la grosseur des poissons, où ils s'embarrassent tellement dans le filet, qu'on les prend avec facilité.

Nous ne représentons point ici la Thonnaire, qu'on nomme *Courantille*, parce que, à cela près que le filet est fait avec de plus gros fil, & que les mailles sont plus grandes, ils ressemblent aux manets qu'on emploie pour la pêche des Maquereaux, & que nous avons représentés *Pl. III*, *fig.* 1.

PLANCHE IX.

Cette Planche est destinée à faire voir l'établissement d'une madrague, que nous avons dit être une des plus belles pêcheries qui se fasse à la mer: *fig.* 3, plan d'une des plus communes madragues, telle qu'on en voit en Provence: *T*, *T*, *T*, enceinte générale de la madrague, formée par des filets d'auffe; *i* cordages frappé à la ralingue de la tête du filet qui aboutissent à des ancres mouillées au fond de la mer; *A*, *B* cloison faite entierement de filets, qui s'étend depuis la madrague jusqu'à la côte, c'est ce qu'on appelle *la queue* ou *la chasse* de la madrague; *a*, *b* ouverture qu'on ménage à la première chambre, pour en laisser l'entrée libre aux poissons qui suivent la chasse; *P*, *C*, *E*, *R* piéces de filets qui servent de cloisons pour former les différentes chambres; *G* première chambre dite *Bourdonnoro*, dont on ferme l'ouverture *a*, *b* avec un filet quand il s'y est rassemblé beaucoup de poissons. On ménage en *c* une ouverture à la piéce de filet, pour que les poissons puissent entrer dans la chambre *O*, qu'on nomme le *Gardy*. On forme en *E*, une ouverture pour que les poissons passent dans la chambre *D*, qu'on nomme le *Pichou*. *Y*, *Z* Chambre du bout, qu'on nomme le *Corpou* ou la *Mort*, parce que c'est dans cette chambre qu'on prend le plus de poissons. *K*, *K* indique une légère séparation que quelques-uns font dans le Corpou. *F*, chambre du bout à droite de la chasse *A*, *B*: on la nomme le *Farati*.

Il est bon de prévenir qu'à mesure que les poissons se trouvent rassemblés en quantité dans les différentes chambres *F*, *G*, *O*, *D*, *Y*, on

forme

forme avec des filets de chanvre les ouvertures qu'on avoit pratiquées aux cloisons *P*, *C*, *E*, *R*, pour leur laisser l'entrée de chaque chambre libre, on fait ces ouvertures, tantôt dans un angle & tantôt au milieu, ce qui est assez indifférent, *fig.* 2. Autre disposition de madrague, où toutes les chambres *F*, *G*, *O*, *D*, *Y*, *Z*, font sur une même ligne. *A*, *B*, *C*, *D*, chasse formée par des filets, pour déterminer les Thons à entrer dans les chambres par *A*, *E* ; *B*, *C*, *D*, crochet pour engager les Thons à suivre la chasse qui les conduit à la madrague.

On donne encore d'autres formes aux madragues ; par exemple, on voit sur la *Pl. XLIX*, de la première Partie, seconde Section, à la figure première, une madrague qui a deux entrées ; outre la grande *a*, *b*, qu'on voit à la *fig.* 3, de la *Pl. IX*, il y en a une petite qui est indiquée à cette même *Pl. IX*, par les lettres *c*, *d*, pour que les poissons qui suivent la côte, soient pareillement conduits dans la madrague, soit qu'ils rencontrent la chasse du côté de *M* ou du côté de *N*, ce qu'on voit beaucoup mieux représenté sur la *Pl. XLIX* de la première Partie.

On donne encore d'autres dispositions aux madragues ; par exemple à celles qu'on établit à une petite distance de la côte, on fait quelquefois deux chasses, comme on le voit *Pl. IX*, *fig.* 1, une *B*, qui est assez longue, & qui a une direction à peu-près parallele à la côte, & une autre *A* moins longue, qui s'étend du côté du large, en formant une courbe, qui se porte au large. Ces deux chasses, qui par leur extrêmité s'écartent assez l'une de l'autre, rassemblent beaucoup de poissons, qui, en suivant les chasses, se rendent à la madrague, quelquefois

on fait aboutir ces deux chasses au corpou *C*, & on se contente de faire cette chambre ; les autres étant remplacées par les deux chasses *A* ; *B* sont supprimées, & la pêche se borne à celle du corpou, qui se fait comme dans les autres madragues ; ainsi que nous allons l'expliquer.

On se rappellera que la chambre du corpou est garnie en-dedans d'une nappe de filet de chanvre, qui s'étend jusqu'au fond de la mer, & que les bords de cette nappe sont garnis de distance en distance de cordages amarrés à la ralingue d'en-haut du filet d'auffe, qui porte les liéges ; c'est ce filet intérieur qu'on nomme la levée, parce qu'en hâlant sur les cordages, on le souleve jusqu'à fleur d'eau avec tout le poisson qui est dans le corpou.

On voit que tout le pourtour du corpou est garni en-dehors par les bateaux *D*, *E*, *F*, *G*, remplis de Pêcheurs, qu'on nomme *Haleurs* ; parce qu'ils sont chargés de haler sur les cordes qui sont autour de la levée, pour approcher le filet de la surface de l'eau. Quand on apperçoit le poisson à une petite profondeur d'eau, plusieurs Pêcheurs se jettent dans le filet, ils saisissent les petits à force de bras, tandis que d'autres harponnent avec des crocs de fer, & les jettent dans un bateau, qui à force de ramer, les transporte à la côte ; quelquefois on met dans le corpou, sur le filet, un batelet, dans lequel il y a deux hommes qui essayent d'harponner les Thons avec un croc de fer emmanché au bout d'une perche, & souvent ils y parviennent lorsque les poissons sont encore trop avant dans l'eau, pour que ceux qui n'ont point de batelet puissent les saisir.

NOTICE GÉOGRAPHIQUE

Des principaux endroits dont il est fait mention dans cette septieme Section.

A

AIGUES-MORTES, petite ville de France, dans le bas Languedoc, au Diocèse de Nîmes, à deux lieues du Rhône & de l'Etang de Peraut, sur le canal de Bourgidou, à une lieue de la mer & cinq de Montpellier, 187.

Angola. Royaume d'Afrique, au nord de celui de Congo, entre les rivieres de Danda & de Coanza, 210.

B

Bosphore de Thrace, ou canal de Constantinople, Détroit qui joint la Propontide, ou mer de Marmara, avec la mer Noire. Il sépare la Romanie de l'Asie mineure, 191.

Bucarizza, ville du Royaume de Hongrie dans la Croatie, sur la mer Adriatique, dans un golfe qui prend le nom de cette Ville, avec un port de mer, 210.

C

Cap-Verd. Cap très-considérable d'Afrique dans l'Océan Atlantique, 210.

Ceuta, ville d'Afrique, sur la côte de Barbarie, au Royaume de Fez, à cinq lieues de Gibraltar, sur la côte méridionale & intérieure du Détroit, 202.

Colioure, ville de France en Roussillon, au pied des Pyrénées, avec un port, & un vieux château sur la côte du golfe de Lion, 192.

Coutances, ville capitale du Cotentin, dans la basse Normandie, entre la Soulle & le ruisseau de Bulzard, un peu au-dessus de son confluent avec la Soulle, à trois lieues de la mer, 184.

Croatie, pays du Royaume de Hongrie, borné au Nord-Ouest par la Carniole, au Nord-Est par la Save qui la sépare de l'Esclavonie, par la Bosnie à l'Orient, la Dalmatie au midi, & le golfe de Venise au Midi Occidental. Fiume est un port important de cette Province, 210.

D

Dives, bourg du pays d'Auge dans la haute Normandie, près de la rive droite de la riviere de même nom, à une demi-lieue de son embouchure dans la Manche, 184.

E

Elbe (Isle d'). Isle d'Italie, sur la côte de Toscane, vis-à-vis de Piombino, dont elle n'est séparée que par un canal de dix mille : elle est sous la protection des Espagnols, 204.

Estremadure, Province d'Espagne, faisant partie de la nouvelle Castille, 208.

G

Guinée, grand pays d'Afrique, entre la Nigritie, au Nord ; l'Abissinie à l'Orient, & la Cafrerie au Midi, 208.

I

Isle-Dieu. Isle de France sur la côte de Poitou, au Midi occidental de l'Isle de Noirmoutier, 207.

L

Leucate, petite & ancienne ville du bas Languedoc, située près des frontieres du Roussillon, sur l'étang du même nom, à six lieues de Narbonnes, 192.

Lombardie, grande contrée de l'Italie septentrionale, 204.

M

Marie (Port Sainte-) ville & port d'Espagne, dans la province d'Andalousie, au Nord-Est de Cadix, dans une plaine agréable à l'embouchure de la Guadalete, à trois lieues de San-Lucar, & à deux de Xerés, 204.

Medina Sidonia, ancienne ville d'Espagne dans l'Andalousie, à l'Orient de Cadix, à quinze lieues de Gibraltar, 200.

Medoc, province de France dans le Bourdelois, située entre la Gironde & la mer, 209.

Melazzo. Voyez Milazzo.

Milazzo, ville de Sicile dans le val de Démone, sur la côte septentrionale de cette Province, & sur le rivage occidental du golfe auquel elle donne son nom, 205.

P

Palerme, grande & belle ville de Sicile dans le val de Mazzara, sur la côte septentrionale de l'Isle, au fond d'un golfe, dans une belle plaine, 205.

Poulle (Cap). Cap de la Province de Cagliari en Sardaigne, à la pointe du golfe de Cagliari. On l'appelle *Capo della Pula,* 205.

Pula (Capo della). Voyez Cap Poulle, 205.

R

Regneville, Paroisse de Basse-Normandie dans l'Amirauté & à quelques lieues de Coutances, 184.

S

Sardaigne, Isle de la mer Méditerranée, au Sud de l'isle de Corse, appartenante au Duc de Savoie, qui a le titre de Roi de Sardaigne, 205.

Sorlingues, Isles dépendantes de l'Angleterre, à l'Occident du Comté de Cornouailles, 185.

Spartel (Cap). Cap de la Méditerranée, sur la côte d'Afrique, entre Arzile & Tanger, au Royaume de Fez, dans la Province d'Habatc, sur le Détroit de Gibraltar, 200.

T

Touques, bourg de France en Normandie, à trois lieues de Pont-Audemer, 184.

Trapani, ville & port de mer de Sicile, sur la côte occidentale de l'Isle, dans le val ou Province de Mazzara, sur une langue de terre qui avance dans la mer, à dix-huit lieues de Palerme, 205.

TABLE ALPHABÉTIQUE
Des noms des Poissons dont il est parlé dans cette septieme Section.

TABLE
DES CHAPITRES
ET ARTICLES

Contenus dans la septiéme Section du Traité général des Péches.

EXPLICATION

Fin de la septiéme Section de la seconde Partie.

EXTRAIT DES REGISTRES

DE L'ACADÉMIE ROYALE DES SCIENCES.

Du 24 Avril 1779.

MEssieurs ADANSON & JUSSIEU, Commissaires nommés par l'Académie, pour examiner la septiéme section du *Traité des Pêches* de M. DUHAMEL, en ayant rendu compte ; l'Académie a jugé cet Ouvrage digne de l'impression : en foi de quoi j'ai signé le présent Certificat. A Paris ce 25 Avril 1779.

Signé LE MARQUIS DE CONDORCET, *Secrétaire perpétuel.*

DE L'IMPRIMERIE DE J. CH. DESAINT, 1779.

Elis. Haussard Sculp.

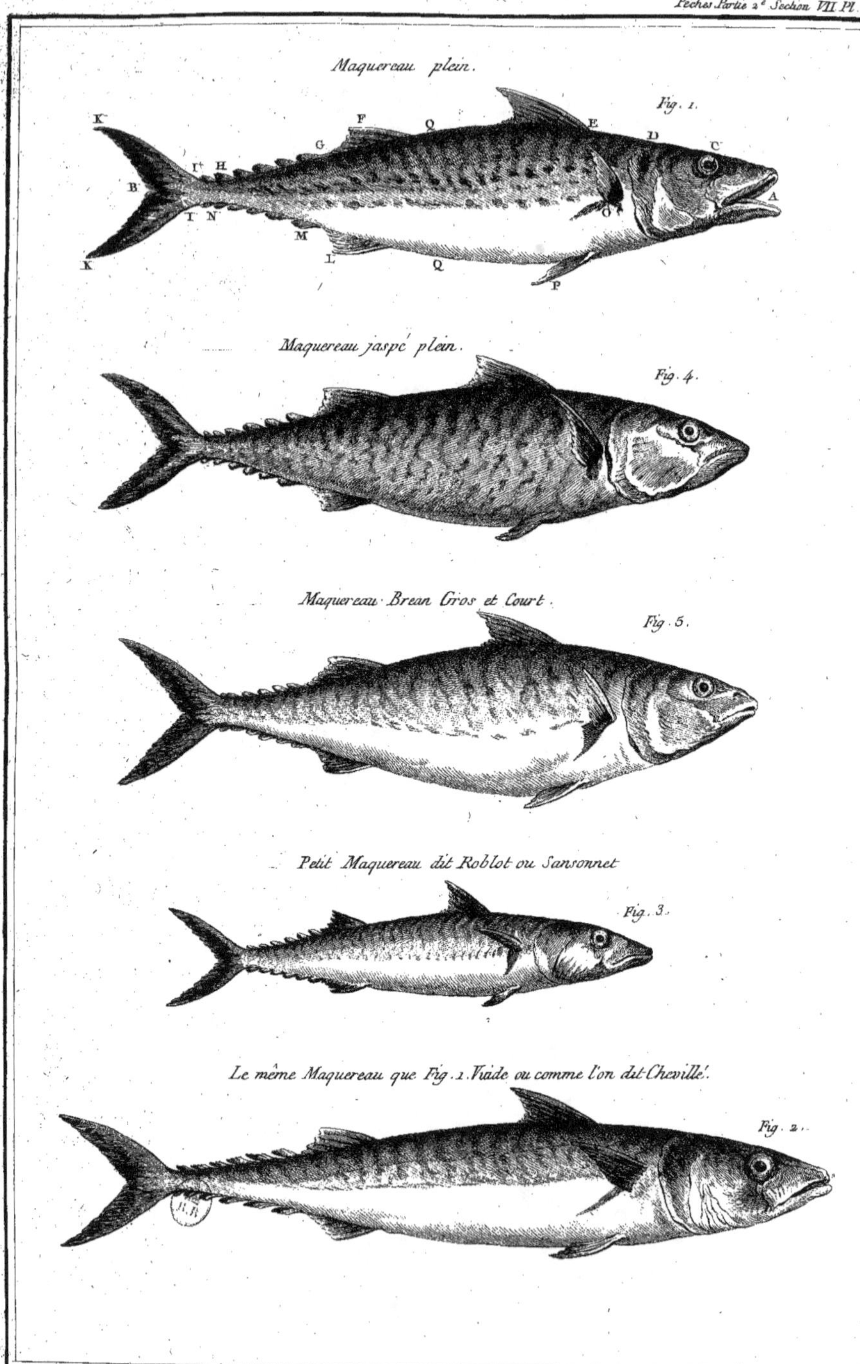

C.te Houssard Sculp.

Fig. 1.
Pêche avec le Manet.
Fig. 2.
Pêche au Libouret.
Fig. 3.
Bateaux en pêche.
Eth. Haussard Sculp.

Pesches. Partie II. Sect. VII. Pl. 4.
Fig. 1.
Fig. 2.
Fig. 3.
Milsan Sculp.

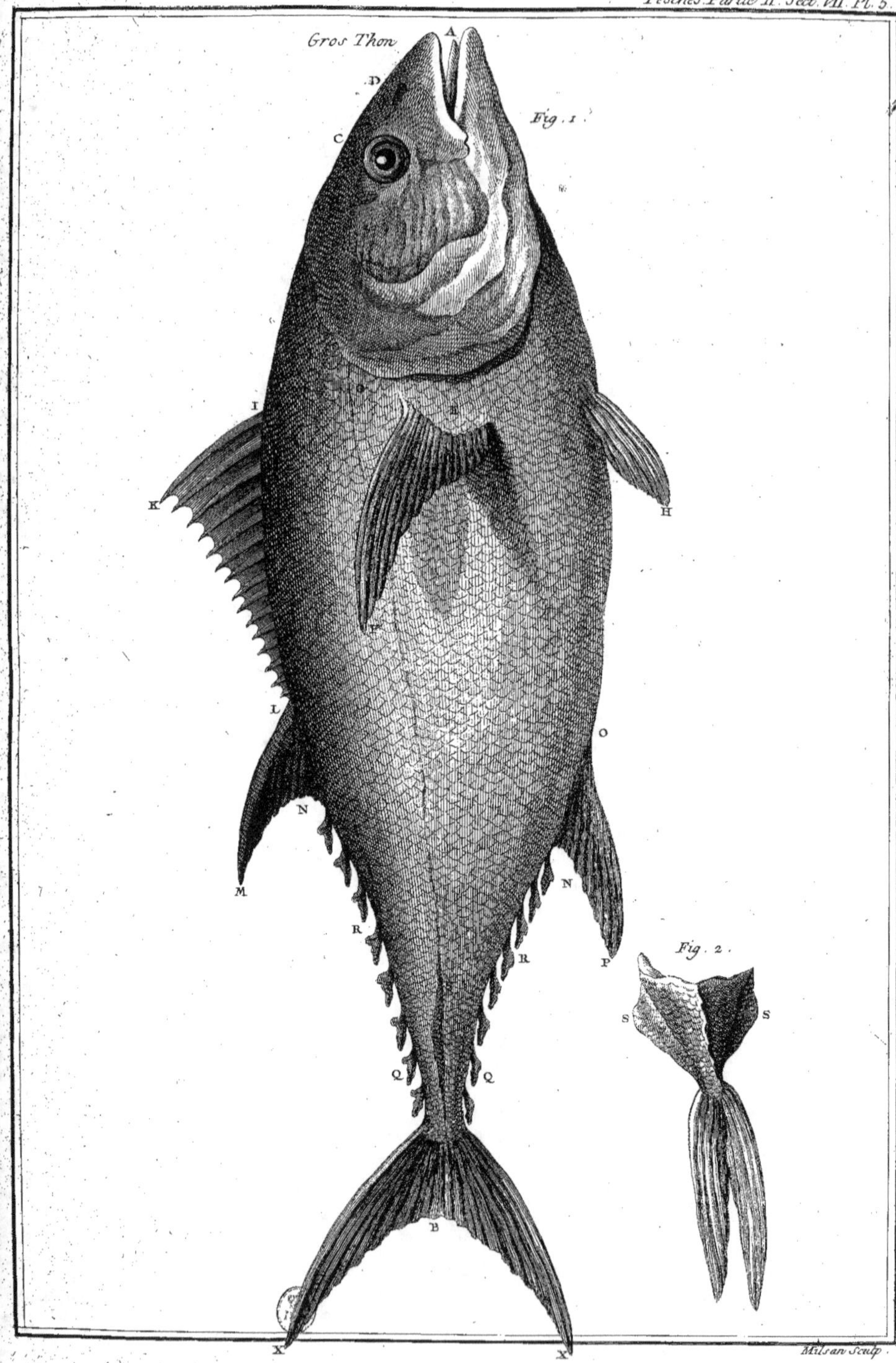

Pesches. Partie II. Sect. VII. Pl. 5.
Gros Thon
Fig. 1
Fig. 2
Milsan Sculp

le Thon

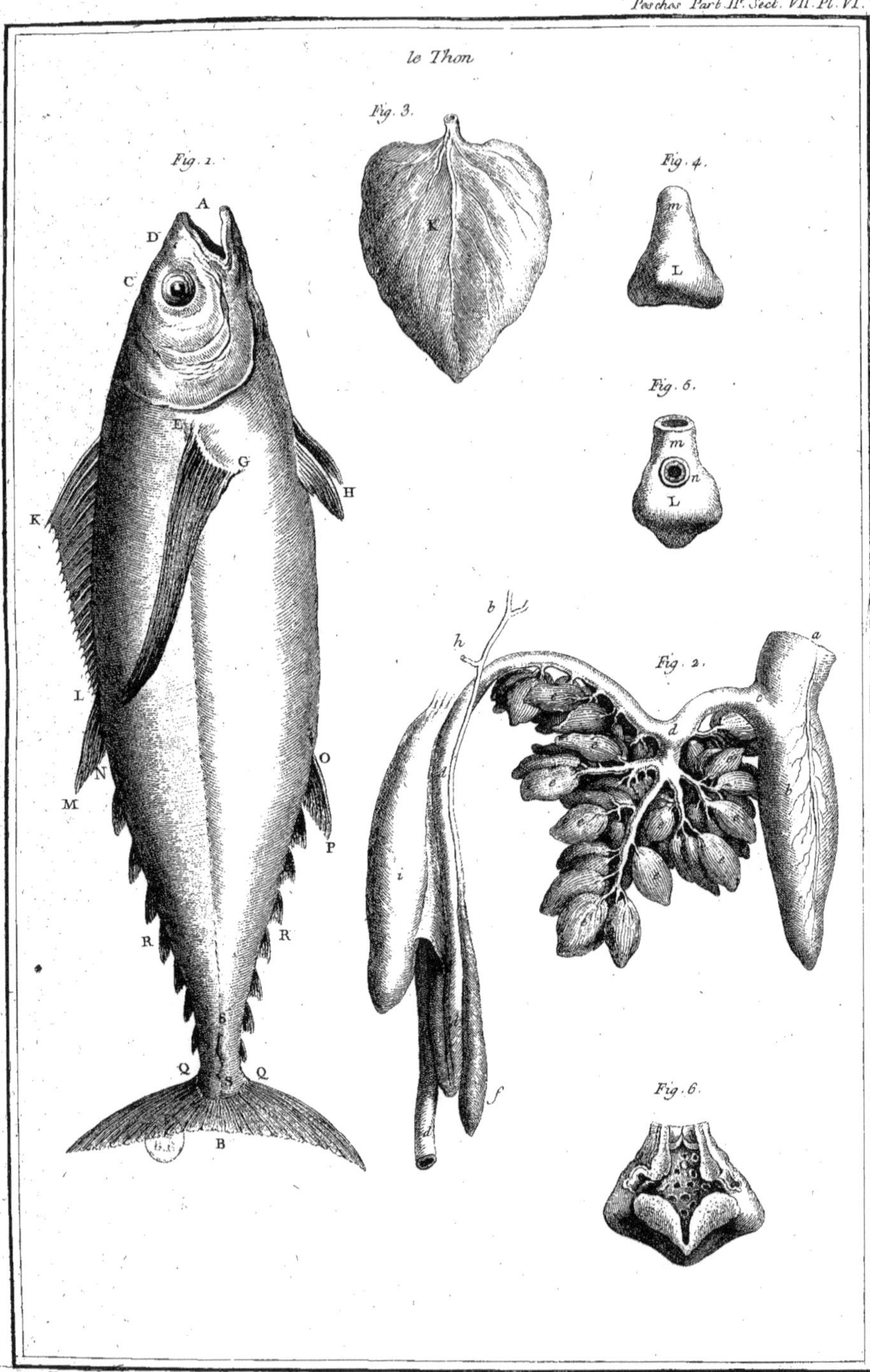

Cᵐᵉ Haussard Sculp.

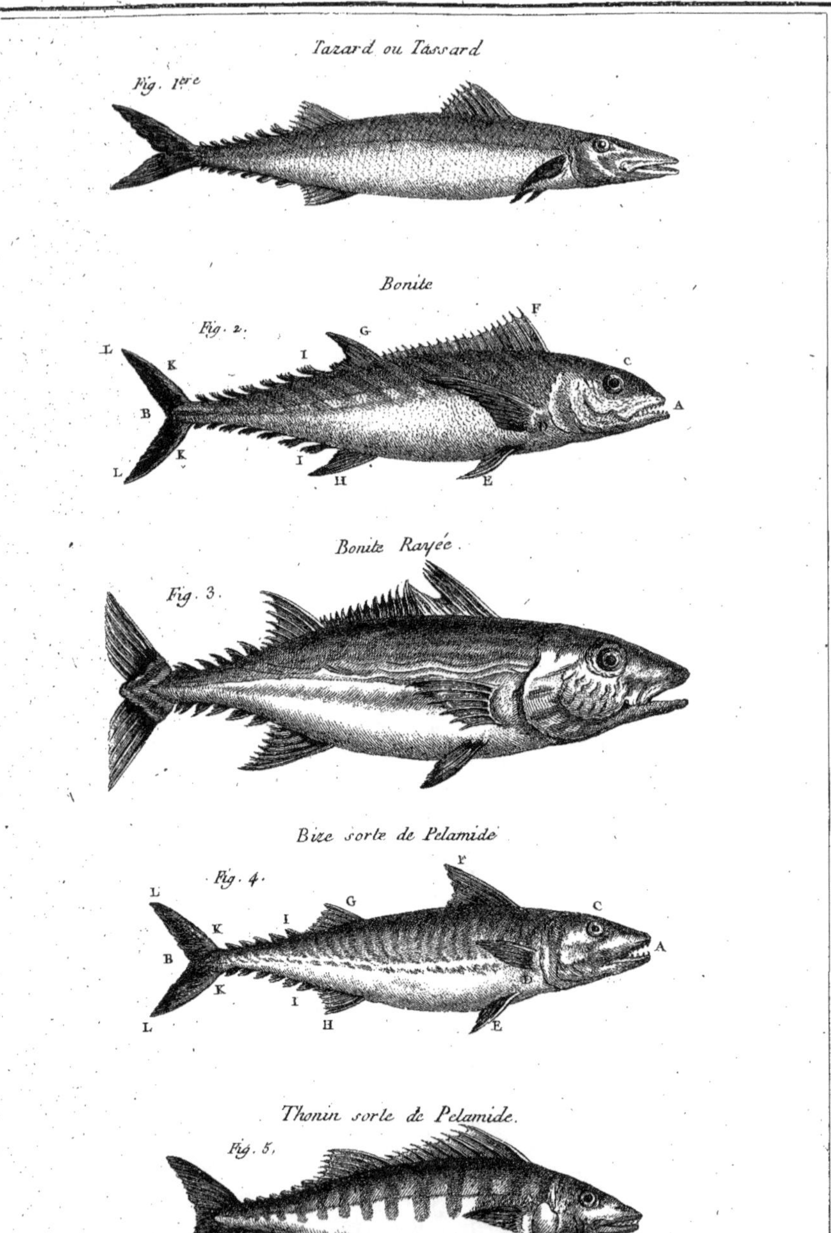

C.me Haussard Sculp.

Milsan Sculp.

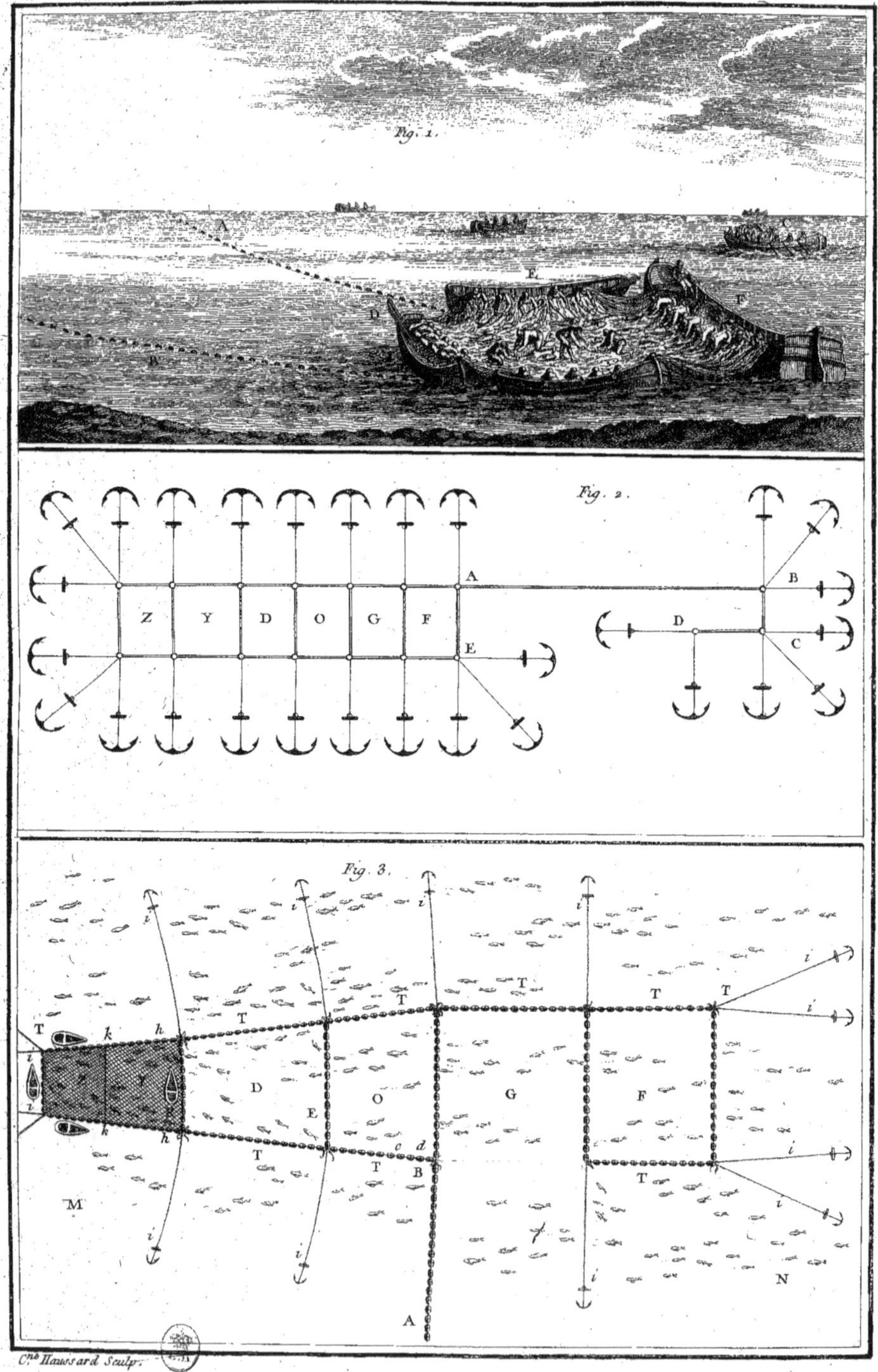

Cᵉ Haussard Sculp.

TRAITÉ GÉNÉRAL

DES PÊCHES.

SUITE DE LA SECONDE PARTIE.

TOME III, SECTION VIII.

TRAITÉ GÉNÉRAL

DES PÊCHES

ET

HISTOIRE DES POISSONS,

O U

DES ANIMAUX QUI VIVENT DANS L'EAU.

IIe *PARTIE, TOME III.*

HUITIEME SECTION.

De l'Esturgeon, Acipenser, Sturio, *& des Poissons qui y ont rapport.*

QUOIQUE l'Esturgeon n'ait pas un rapport caractéristique très-exact avec les Poissons dont j'ai parlé dans la Section précédente ; comme j'ai prévenu, en commençant cet Ouvrage, que je m'attacherois particuliérement dans l'Histoire des Poissons aux rapports d'utilité dont ils pourroient être dans le Commerce , & que mon intention n'étoit point de faire une méthode suivie d'Ichthyologie, j'ai cru que l'Esturgeon , étant un Poisson qu'on sale , qu'on marine, & qui est encore plus estimé sur les bonnes tables que le Thon , je pourrois en parler à la suite des Thons , sans toutefois confondre ensemble ces deux espéces de Poissons.

Le caractere général des Esturgeons est d'être un Poisson long, puisque leur plus grande largeur n'est guère que le sixieme de leur longueur.

Ils font à peu-près ronds ; je dis à peu-près, parce que la plupart font de forme pentagonale, chaque angle du pentagone étant bordé d'une file de groffes écailles dures & faillantes : le refte de la peau dénuée d'écailles, eft comme chagrinée & rude au toucher. Quoique ce Poiffon ait dans toute la longueur du dos une arête dure, ou un os rempli de moëlle, il eft mis au rang des Poiffons cartilagineux, & beaucoup d'Ichthyologiftes le mettent au rang des Cétacées.

Ce Poiffon fe pêche à la Mer dans différentes Provinces de France, mais particuliérement dans les Mers & Rivieres du Nord, où il eft plus commun que dans celles de nos côtes. Il fe plaît auffi dans les rivieres, de même que le Saumon, fur-tout quand le courant y eft rapide. Je donne pour exemple, qu'en Gafcogne, l'Efturgeon remonte l'Adour pendant l'Eté jufqu'à l'endroit où le Gave fe décharge dans cette Riviere : il n'en remonte pas au-delà dans l'Adour, mais il en entre dans le Gave, les eaux de ce torrent étant claires & rapides. On remarque affez généralement, que ce Poiffon y devient plus gros & plus gras que lorfqu'il refte dans l'eau falée.

On a donné à l'Efturgeon bien des noms différents, fuivant les pays où il fe pêche. On le connoît affez généralement en France fous le nom d'*Efturgeon* ; néanmoins, en Gafcogne, en Guyenne, en Poitou, on le nomme *Créac* ; en Angleterre, on le nomme *The Sturgeon* ; à Rome, on lui donne le nom de *Porcelletto* ; nom qui lui vient fans doute de ce qu'on prétend qu'il fouille dans la vafe avec fon mufeau qui eft long, pour y chercher les petits Poiffons dont il fait fa nourriture, ou parce que l'on compare la chair de fon ventre à celle du Porc. Les Pêcheurs du Pô le connoiffent fous la dénomination d'*Attilus* ; ceux de Venife, fous celle de *Sturione* ; ceux du Nil le nomment *Silurus*. Il ne faut pas le confondre avec le *Centrina*, qui eft le Porc Marin. On prend à Venife un Poiffon appellé *Corcetto* ou *Corletto*, forte de *Coracinus*, plus petit & plus large que l'Efturgeon, & qui fe prépare de même. Tous ces noms vulgaires font donnés, ou au même Poiffon, ou à des variétés peu confidérables ; obfervations que nous avons été à portée de faire fur ceux qui fe pêchent fur nos côtes, & que nous avons pu examiner avec foin.

Mais cette réflexion ne doit pas s'étendre à quelques Poiffons de cette famille, tels que le *Bélouga*, le *Citera* & le *Sterlet*, qui, quoique différents entr'eux, ont des caractères qui les rapprochent des Efturgeons. Nous en parlerons lorfqu'il fera queftion des pêches qu'on fait en Danemarck, en Ruffie & dans le Nord, où les Poiffons de ce genre font beaucoup plus communs que dans nos mers.

Après ces idées générales, il convient de parler en détail du Poiffon connu en France fous le nom d'Efturgeon, dont nous nous occupons préfentement ; & comme j'ai été à portée d'examiner avec foin ceux qui fe pêchent dans les mers de France, je vais en décrire un qui a été pris fur les côtes de haute Normandie.

CHAPITRE PREMIER.

Defcription de l'Efturgeon , & en particulier d'un qu'on a pêché fur les côtes du pays de Caux.

On prend de ces poiffons de longueur fort inégale, puifqu'il y en a qui n'ont qu'un pied & demi, pendant que d'autres ont plus de quatre pieds. Il refte à favoir fi c'eft la même efpéce : nous en dirons quelque chofe dans la fuite.

La plus grande largeur *C D* du poiffon repréfenté *fig.* 1, *Pl. I*, étoit environ un fixiéme de fa longueur totale *A B*. La forme de fon corps étoit pentagonale ; à chaque angle du pentagone, il y avoit des raies très-faillantes, *E F, G H, I K*, qui commençoient au défaut des ouies & s'étendoient de prefque toute la longueur du poiffon. Ces raies étoient formées d'écailles dures & faillantes dont le nombre varie. Elles repréfentoient des efpéces de boutons dont les bafes étoient prefqu'en lofange, & dont le corps, de figure à-peu-près pyramidale, étoit fouvent terminé par une pointe crochue & piquante. On voit fur les figures des planches I & II, que la forme de tous ces boutons n'eft pas exactement femblable dans toute la longueur du poiffon. La peau fur le refte du corps, eft, comme nous l'avons dit, chagrinée, rude au toucher : au dos la couleur du poiffon eft fouvent gris-de-fer avec une légére teinte rouge qui ne s'apperçoit que quand le poiffon eft en vie : elle eft plus fenfible à la bafe des boutons, ainfi qu'aux ailerons & aux nageoires. Ces couleurs s'éclairciffent fur les côtés, & le deffous du ventre eft d'un blanc argentin.

La tête étoit menue, le mufeau long & pointu, charnu, un peu relevé par le bout.

Toutes ces chofes font fujettes à varier, car on m'a envoyé un joli deffin d'un petit Efturgeon *Pl. I*, *fig.* 4, qui avoit été péché dans le Fleuve Saint-Laurent, dont le mufeau étoit extrêmement pointu, & les boutons de deffus le corps fort larges ; mais je ne fais fi c'eft une variété d'un même genre, ou fi ces différences dépendent de l'âge du poiffon.

Les yeux *L*, *fig.* 1, font petits, ronds, & placés à-peu-près à la moitié de l'épaiffeur verticale de la tête. On apperçoit deux trous *M*, qui reffemblent aux narines des autres poiffons. Au deffous du mufeau, on voit quatre petits barbillons *N*, ronds, ordinairement blancs à leur naiffance, & rouges par le bout.

On voyoit vers l'extrêmité du corps de ce poiffon, deux petit ailerons fouples, un fur le dos, *O*, & un ; *P*, fous le ventre.

L'aileron de la queue étoit divifé en deux : la fection *Q* qui répondoit au dos étoit une fois plus grande que celle *R* qui répondoit au ventre. Sous la gorge, au deffous des ouies, il y avoit deux nageoires *S*, & deux autres plus petites *T*, entre lefquelles eft l'ouverture de l'anus qu'on apperçoit quand le poiffon eft fur le dos, comme à la figure 3 de la planche I : & en y prêtant attention, on découvre au poiffon vivant deux ouvertures, une pour l'évacuation des excréments, & l'autre pour l'éjaculation de la femence ou des œufs. L'ouverture de la gueule, *Pl. I*, *fig.* 3, *& Pl. II*, *fig.* 1, eft au deffous de la tête, comme au Requin ; mais fa forme eft bien différente, comme on le voit à la figure 3 de la planche I, où le poiffon eft repréfenté fur le dos, ainfi qu'à la figure 1 de la planche II. Toutes les lettres ainfi que celles des figures 1, 2, 3 & 4, planche I, indiquent les mêmes chofes. Les détails anatomiques qu'on voit fur la planche II, font indiqués par de petites lettres.

A, *fig.* 1 *Pl. II*, eft le bout du mufeau.

L, les yeux qui font petits, l'iris argenté la prunelle noire.

a, la gueule, qu'on pëut nommer un fuçoir, car elle eft fans dents ; quand les poiffons veulent prendre leur nourriture, cette partie s'allonge quelquefois de 7 ou 8 pouces dans les gros Efturgeons. Cette ouverture eft prefque ronde, bordée de quatre efpéces de levres qui ne font point foutenues par des machoires offeufes, & elle fe dilate à la volonté de l'animal.

Pour qu'on prenne une idée des parties intérieures ou des vifcéres, je vais donner une explication des figures de la planche II.

b, l'œfophage.

c, la veffie pneumatique ou à air.

d, l'eftomac.

e, les appendices vermiculaires.

f, Les mêmes appendices vus par paquet dans leur fituation naturelle.

gg, la rate divifée en deux.

h, Les inteftins.

ii, les deux lobes du foie.

k, la véficule du fiel.

ll, les reins qui font à côté de l'épine du dos.

mm, les ureteres.

n, leur ouverture à l'anus.

Après avoir fait ainfi connoître les Efturgeons qui se prennent le plus communément sur nos côtes, je vais dire un mot de ceux qu'on y rencontre quelquefois. Mais auparavant il est bon d'être prevenu, que comme les Requins ou Chiens de mer sont des poissons longs, ronds, qui ont le museau alongé & la gueule en dessous, plusieurs Auteurs ont cru devoir les comprendre dans une même famille avec les Esturgeons : il est vrai qu'il y a plusieurs points de ressemblance entre ces deux espéces de poissons, mais ils différent à bien des égards : c'est ce qu'on appercevra sensiblement lorsque nous traiterons des Requins.

On prend accidentellement sur nos côtes des Esturgeons beaucoup plus grands que ceux dont nous venons de donner la description.

On fit voir à Nantes, il y a quelques années, comme une chose rare, un Esturgeon qui avoit sept pieds & demi de longueur, & gros à proportion. M. Barbotteau, Conseiller au Conseil supérieur de la Guadeloupe, étant alors à Nantes, se trouva à portée d'examiner très en détail ce gros poisson, & ses observations qu'il a bien voulu me communiquer m'ont mis à portée d'avoir confiance à plusieurs remarques que j'avois faites sur de petits Esturgeons que j'ai décrits, & qui, à cause de la grosseur du poisson de Nantes, se sont montrées plus sensiblement à M. Barbotteau. Il remarque, comme moi, que la tête des Esturgeons est de médiocre grosseur, qu'en quelques endroits on apperçoit quelques bosses ou parties plus élevées que d'autres, qui paroissoient (à la vérité d'une façon peu sensible,) être une continuation des tubérosités de la ligne du dos.

Tout ce que M. Barbotteau dit de la forme pentagonale du corps de ce poisson, du nombre & de la position des ailerons & des nageoires, est tout-à-fait semblable à la description que nous en avons donnée. Il ajoute seulement à l'occasion des tubérosités qui forment les lignes, & que les pêcheurs nomment des boutons, qu'il en a compté vingt-sept à la ligne du dos, & onze aux lignes latérales. Nous sommes effectivement d'accord sur la peau qui est rude & dénuée d'écailles, ainsi que sur sa couleur.

Ce que j'ai dit de la bouche est tout-à-fait d'accord à ce que rapporte M. Barbotteau ; mais je me suis borné à dire qu'elle étoit dénuée de dents, & M. Barbotteau ajoute qu'il n'a découvert aucune aspérité dans la gueule & le gosier, ni sur la langue, qui est grosse, dure & cartilagineuse. Après avoir fait connoître les Esturgeons qu'on trouve sur nos côtes, nous allons détailler la façon de les prendre.

ARTICLE PREMIER.

De la pêche des Esturgeons sur les côtes de France.

On prend quelques Esturgeons sur les côtes de Picardie, de Normandie, de la Bretagne, de Languedoc, & autres côtes de France ; mais cette pêche n'est pas fort abondante. On peut la regarder comme accidentelle, excepté ceux qui se trouvent dans les parcs, les pêcheries & les folles qu'on établit à l'embouchure des grands fleuves, la Garonne, le Rhône, la Loire, la Saone, la Seine, &c. où il se rassemble différentes espéces de poissons, particulierement de ceux, qui, comme les Esturgeons, remontent dans les rivieres. On se rappellera que nous avons dit que les Esturgeons qu'on prend à la mer, sont communément moins gros & moins gras que ceux qu'on pêche dans les rivieres, sur-tout lorsqu'ils y ont séjourné un temps un peu considérable, soit que cet accroissement vienne de la nature des eaux, ou, ce qui me paroît plus probable, de la quantité d'aliments qu'ils y trouvent. Je me le persuade parce que dans tous les endroits où l'on trouve de ces poissons en quantité, il y a beaucoup d'Anguilles & d'autres petits poissons dont ils se nourrissent.

On remarque que les Esturgeons qu'on trouve dans les parcs & les autres pêcheries isolées établies près les côtes, sont très-fréquemment au nombre de deux, un mâle & une femelle. Cependant ces poissons voyagent ordinairement par troupe, & il est arrivé bien des fois qu'on en a pris dans les bas parcs établis à l'entrée des rivieres, jusqu'à 25 en une matinée. Pour donner une idée de la pêche de ce poisson en France, j'ai choisi celle qui se fait dans la riviere de Bordeaux, parce qu'il m'a paru que c'étoit une de celles où l'on en prenoit en plus grande quantité. On y fait cette pêche tous les ans dans une saison particuliére qu'on estime la plus favorable pour la pêche du Créac. On la commence dès le mois de Février, & on la continue jusqu'en Juin. Elle y est quelquefois fort avantageuse, parce que les eaux de ce fleuve qui est rapide, sont souvent troubles. Les poissons qui y trouvent une nourriture abondante, ne sont point effarouchés par les filets comme lorsque les eaux sont claires & transparentes.

On prend aussi quelques Esturgeons dans la Dordogne, mais ce n'est qu'accidentellement,

ment, ainsi que dans les rivieres qui affluent le long des côtes du canal, & de celles de l'Isle d'Oléron; & comme ces pêches se font ordinairement avec des folles ou des trémails, ou des bas parcs & tournées, dont les piquets font assez courts, tels qu'ils font représentés, *Premiere Partie, Seconde Section, sur les planches XXV, XXVI, XXXI & XXXII*, on prend avec les Esturgeons beaucoup d'autres espéces de poissons; mais je reviens à celles qui sont particuliéres à la riviére de Bordeaux, sans exclure les différentes pêches dont je viens de parler. Ces pêches se font principalement de deux maniéres différentes.

La premiére est avec une saine qui a au milieu une manche *e, Pl. III, fig. 3*, & aux côtés deux ailes ou bras *a b, c d*, qui ont plus ou moins de chûte suivant la profondeur de l'eau à l'endroit où l'on s'établit; la ralingue de la tête est garnie de flottes de liége, & celle du pied, de lest de plomb. Ce filet est une simple nappe qu'on établit différemment suivant la direction du courant. Les ailes du filet font tirées par deux petits bateaux plats *a & c, fig. 3*, ou *A B, fig. 2*, qu'on nomme *Barges ou Filadiéres*; dans chacun desquels il y a quatre hommes qui manœuvrent de façon que le courant de la marée s'entonne dans la manche ou chausse du filet *e*.

Quand les pêcheurs s'apperçoivent qu'il est entré des Esturgeons dans la manche *e*, ce qu'ils reconnoissent au mouvement du filet, un des bateaux reste en place à l'extrêmité de l'aile *a* qu'il gouvernoit, & l'autre pêcheur hâle sur le bras *c* de la saine jusqu'à ce qu'il se soit approché de la manche: alors pour diminuer l'effort du poisson, il serre le filet, & il arrête ensuite le poisson avec un cercle ou anneau de fer, *fig. 4 & 5*, de 10 à 12 pouces de diamètre. Cet anneau *f*, qu'on nomme aussi collet, porte une petite branche *g*, au bout de laquelle

est une douille *h*, qui reçoit un manche de bois *i*, de huit à dix pieds de longueur. Le pêcheur fait entrer la tête de l'Esturgeon dans cet anneau; & quand il s'en est ainsi rendu maître, il vient à bout, au moyen d'un bâton qui sert de conducteur, de passer une corde par la gueule du poisson, & de la faire sortir par les ouies: il l'arrête dans cette position par deux nœuds qu'on appelle, en termes de manœuvre, des demi-clefs, & étant ainsi maître de l'Esturgeon, il l'amarre à la filadiére *a* ou *c*, & le conduit à la remorque en vie à Bordeaux, où l'on en fait la vente. Après cette opération on retend le filet pour continuer la pêche.

Le plus fort de cette pêche dans la Garonne se fait depuis Talmont jusque par le travers de l'Isle de Patira, qui est à la rive opposée du village de Pouillac: cette petite Isle est placée dans le canal, au tiers de la largeur de la riviere, qui, dans cet endroit, peut avoir, d'un bord à l'autre, une lieue commune de France.

Outre cette pêche, on en fait avec des tramaux, *Pl. III, fig. 1*, au bas de la riviére. Les filets *A B* font longs de 100 brasses sur environ 2 de chûte; ils derivent avec la marée au contraire des saines qui la refoulent. On prend à cette pêche, avec les Esturgeons, nombre d'autres espéces de poissons. Quand vers la fin de la saison on pratique cette pêche au haut de la riviére, comme le courant y est moins rapide, on amarre un bout du filet à un pieux ou à un arbre, & le filet, qui traverse la riviére, y reste sédentaire.

Cette pêche se fait aussi à la dérive: le filet étant conduit par deux petites filadiéres dans chacune desquelles il y a seulement deux hommes. Elle différe peu de celle des Aloses, dont nous avons amplement parlé, seconde partie, troisieme section. *Voyez la planche III, fig. 1, a, b, c, d*.

A R T I C L E I I.

Des Bateaux & Filets, employés en France pour la pêche de l'Esturgeon.

Comme nous avons pris pour exemple des pêches des Esturgeons qu'on fait en France, celle de la riviére de Bordeaux; je vais parler des bateaux qu'on emploie sur cette riviére: cela jettera quelque jour sur ce qui se pratique à cet égard dans d'autres riviéres.

Ces bateaux, font, comme nous l'avons dit, nommés *Filadiéres* ou *Coureaux*: c'est ainsi qu'on appelle de petits bateaux plats, *pl. III, fig. 2*, de 15 à 16 pieds de quille, du port de deux à trois tonneaux. Ceux

qu'on nomme *Gabareaux*, font encore plus petits: ils appartiennent à un pêcheur qui a tout le profit de la pêche. Les compagnons qu'il emploie ne font ni au mois ni à la part, comme en beaucoup d'endroits; le Maître les loue à l'année.

Beaucoup de filets font des demi-tramaux, n'étant formés que de deux nappes, savoir, la flue, dont les mailles ont 2 à 3 pouces d'ouverture en quarré, soutenue par une nappe ou un hameau, dont les mailles ont 12 pouces d'ouverture en quarré. Ils ont environ 100 brasses de longueur, sur 10 à 12 pieds de chûte. La ralingue de la tête du filet est garnie de flottes de liége, celle du pied de lest de plomb. La flue est faite de fil assez fin, celui du hameau doit être plus fort.

Souvent on n'emploie qu'un bateau, auquel répond un des bouts du filet. En ce cas, on attache à l'autre bout une grosse bouée de liége qui dérive de concert avec le bateau. On en voit des exemples à la première partie.

Les Tartanes de pêche prennent assez communément des Esturgeons sur la côte de Narbonne, & on y fait le plus grand cas de ce poisson.

<h2 align="center">A R T I C L E   I I I.</h2>

De la Pêche des Esturgeons en Flandre, en Hollande, aux côtes d'Angleterre, d'Espagne, tant sur l'Océan que sur la Mediterranée.

Comme on se sert dans ces Provinces à-peu-près des mêmes filets dont je viens de parler, sur-tout des saines à manche, j'ai cru que je pouvois me dispenser d'entrer dans de plus grands détails, d'autant que ces poissons ne sont pas aussi abondants dans ces parages qu'à Hambourg, & dans les Royaumes qui sont plus au Nord. Mais je crois devoir prévenir qu'on m'a assuré que ces Esturgeons sont un peu différents de ceux que l'on prend dans la riviere de Bordeaux, la Garonne, &c. On assure qu'ils sont moins chargés de grosses écailles ou de durillons, que ceux dont nous venons de parler.

On pêche aussi des Esturgeons aux côtes d'Angleterre & au Nord-Ouest des côtes d'Ecosse vers Glascow : mais ces pêches différent très-peu de celles qui se pratiquent en France.

Je trouve dans mes papiers une lettre de M. Salvador qui marque qu'on prend des Esturgeons du côté de Tortose, en tendant un filet en trémail, qui traverse l'Ebre d'un bord à l'autre, avec lequel on prend également les poissons, soit qu'ils montent, ou qu'ils descendent la riviére : & qu'on en prend aussi près Barcelone, à une pêche qu'on nomme Bou ou Laut, qui ressemble beaucoup, à ce qu'on m'a écrit, à la pêche à la Tartane, que nous avons représentée, premiere partie, seconde section, planche *XLV*.

CHAPITRE II.

De divers Poissons du genre des Esturgeons, qui se pêchent principalement dans les mers du Nord.

En donnant une idée la plus juste qu'il m'a été possible, de l'espéce d'Esturgeon qui se pêche dans les mers qui bordent la France & les Royaumes voisins, j'ai annoncé qu'il y avoit d'autres espéces de poissons du genre des Esturgeons, dont quelques-uns se trouvent par hazard dans nos mers, mais qui sont fort abondants dans les riviéres qui se déchargent dans la Mer Noire, la Baltique, la Caspienne, sur-tout dans cette derniére, & les fleuves qui y affluent : savoir, le Niéper & le Wolga, qui abondent plus que tous autres, en Esturgeons de toutes les espéces ; c'est pourquoi, avant que d'exposer comment on fait la pêche de ces poissons dans les endroits que je viens d'indiquer, je crois convenable de donner une idée des différentes espéces d'Esturgeons qu'on y pêche en grande quantité.

Je n'ai rien à ajouter à ce que j'ai dit du vrai Esturgeon, dont j'ai amplement parlé au commencement de cette Section ; mais je vais faire connoître les espéces de même genre, qu'on nomme dans ces parages le Bélouga, le Citera & le Sterlet. Le Bélouga est le plus gros de tous les Esturgeons ; il est commun d'en prendre qui ont plus de dix pieds de longueur, & l'on assure que sa chair, moins délicate que celle du Sterlet & de l'Esturgeon, est d'un goût assez agréable : on remarque que ces poissons se rassemblent dans les endroits où ils trouvent en grande abondance la nourriture qui leur convient, ce qui s'accorde avec ce que j'ai dit, que dans nos parages les gros Esturgeons se pêchoient toujours à l'entrée des riviéres où il y avoit beaucoup d'Anguilles, & d'autres petits poissons qui leur conviennent également.

Le Bélouga a la peau unie, luisante, d'un gris tirant sur l'ardoise ; sa mâchoire supérieure est, comme à notre Esturgeon, beaucoup plus alongée que l'inférieure ; & la gueule étant au-dessous, on assure qu'il est obligé de se tourner sur le dos comme les Chiens de mer ou le Requin, lorsqu'il veut faire quelque capture ; mais je n'ai pas été à portée de vérifier ce fait.

La longueur commune des Bélouga est de huit à neuf pieds, & sa grosseur de deux pieds & demi, mais on en prend qui sont beaucoup plus grands ; car on se souvient qu'en 1709 on présenta à Sa Majesté Czarienne, un Bélouga qui avoit vingt-huit pieds de longueur sur cinq pieds de diametre. En 1725, un François en vit un qui avoit été apporté gelé à Pétersbourg, & qui avoit dix-huit pieds de longueur ; ce Voyageur paroissant étonné de la grandeur de ce Poisson, quantité de personnes dignes de foi, l'assurerent qu'il n'étoit point rare d'en prendre de cette taille dans les mers du Nord. Il est fort rare d'en trouver de cette grandeur dans nos mers ;

néanmoins, on fe rappelle en Bretagne, qu'on en avoit préfenté à François I, un pris dans cette Province, qui avoit dix-huit pieds de longueur;
je penfe que c'étoit un Bélouga qui s'étoit égaré dans nos mers, & je
foupçonne que celui de fept pieds & demi, que M. Barbotteau a vu à
Nantes, pouvoit être un Citera.

On m'a affuré que la chair des gros Bélouga n'étoit pas auffi délicate
que celle des autres Efturgeons, mais qu'elle étoit de bon goût; & ce
poiffon a l'avantage de fournir beaucoup de caviart & de colle de poiffon, ce qui a engagé quelques Auteurs à les nommer Ichthyocolles.

Le Citera ou le Ciftra; (car en Ruffie on lui donne ces deux noms,) n'eft
pas auffi grand que le Bélouga; fa peau dénuée d'écailles eft luifante,
& elle tire au jaune. On dit qu'il a fur la tête une efpéce d'os tranchant
qui regne dans toute fa longueur; fa chair eft plus délicate que celle du
Bélouga, & plus blanche que celle des autres Efturgeons; tous les deux
remontent fort haut dans le Wolga.

L'Efturgeon que nous prenons dans nos mers, & qui eft auffi en
abondance dans le Wolga, eft moins grand que le Citera.

Le Sterlet eft le plus petit de tous; fuivant une figure qui a été deffinée fur les lieux, il eft fort menu : mais comme je n'ai pas beaucoup de
confiance à l'exactitude de ce deffin, je ne l'ai pas fait graver. Quoi qu'il
en foit, tous ces poiffons ont les caracteres généraux propres aux Efturgeons; la chair de ce petit Efturgeon paffe pour être très-délicate.

ARTICLE L,

ARTICLE PREMIER.

De la Pêche des Esturgeons dans la Mer Baltique.

La Mer Baltique qui avoisine l'Allemagne, la Pologne, le Danemarck, la Suéde, la Laponie, &c. est très-abondante en Esturgeons de toutes les espéces, sur-tout vers l'embouchure des fleuves qui s'y dégorgent. Les Esturgeons y sont en quantité dans les mois de Septembre & d'Octobre. Alors on en trouve d'engagés dans les manets qu'on tend pour prendre des Saumons. On a seulement l'attention dans les parages où les Esturgeons sont très-gros, de proportionner la grandeur des mailles & la grosseur du fil à la taille des poissons. D'autres pêcheurs étant dans de petites chaloupes, en prennent avec des haims amorcés de poissons, qu'on dispose à-peu-près comme ce qu'on appelle, dans le canal, le libouret, excepté que les haims & les lignes sont plus fortes, à cause de la grosseur des poissons. Car on y en prend quelques-uns qui ont 10 à 12 pieds de long, & il est commun d'en trouver qui pesent 80 & 100 liv. Ces poissons, étant ainsi pris, sont conduits à la remorque dans les grandes Villes où l'on est assuré d'en trouver un débit avantageux.

J'insiste peu sur la pêche aux haims, parce qu'elle se pratique rarement pour les Esturgeons, leur suçoir y étant peu favorable : outre cela, je passe fort légerement sur les pêches qui se font dans la Mer Baltique, parce qu'elles se pratiquent à-peu-près de même que celles de la Mer Caspienne, dont je parlerai dans un des articles suivants.

ARTICLE II.

De la Pêche des Esturgeons dans la Mer Noire, à l'entrée des Palus Méotides, à l'embouchure du Niéper ou Boristhéne.

La pêche des Esturgeons dont on fait le caviart, est aussi abondante au fonds de la Mer Noire, du côté des Palus Méotides, que dans la Mer Caspienne, à l'embouchure du Wolga. Les eaux en cet endroit sont grasses, vaseuses, & remplies d'Anguilles ainsi que de quantité d'autres petits poissons qui fournissent une abondante nourriture aux Esturgeons. Pour cette raison, ils y deviennent gros en peu de temps, & on y en pêche quelques-uns qui pésent plusieurs quintaux. Ils sont remplis d'œufs dont on fait du caviart en assez grande quantité pour en transporter non-seulement dans toute l'Europe & dans le Levant, mais jusqu'aux Indes. Les plus gros Esturgeons se tiennent ordinairement à l'embouchure du Don qui se décharge dans cette mer. Comme la pêche de ce poisson se fait de même que dans la Mer Caspienne, dont il sera question dans un des articles suivants, je dois me dispenser d'entrer à ce sujet dans aucun détail ; ainsi je me contenterai de dire qu'on essaye dans le mois d'Octobre jusqu'en Avril, de les faire entrer dans des parcs de pierre, où on les conserve jusqu'à ce qu'on juge convenable de les saler, de les mariner, ou de les vendre frais. On en envoie dans la presqu'Isle où il se rend beaucoup de bâtiments qui en font leur cargaison.

ARTICLE III.

De la Pêche des Esturgeons dans la Mer Caspienne, & principalement à l'embouchure des Fleuves qui y affluent, tels que le Wolga.

Les pêches les plus abondantes qui se font dans le Wolga, sont les Bélouga, les Citera, les Esturgeons dont nous avons traité au commencement de cette Section, & les Sterlets avec les Saumons dont nous avons parlé à la seconde Section de la première Partie.

Depuis l'embouchure du Wolga jusqu'à la hauteur d'Astracan, toutes les habitations situées sur les bords du fleuve, sont autant de pêcheries. Les habitants ne vivent que de poissons, & ne peuvent s'occuper que de la pêche : 1°, parce que les terres qui sont situées sur le bord, quoiqu'assez bonnes, sont si séches, qu'aucun grain ne peut y prospérer : 2°, parce que les habitants n'osent s'éloigner de leurs demeures de crainte d'être enlevés par les Tartares, qui, quoique sous la domination du Czar, s'emparent de ceux qui s'éloignent de leurs habitations, pour les vendre, comme esclaves, à différentes Nations, particuliérement aux Turcs.

Les Czars se sont réservés la pêche dans des endroits assez étendus, non-seulement parce que ces parties de la riviére sont très-poissonneuses, mais encore parce que ces pêcheries forment autant de petites garnisons qui contiennent les Tartares & les Kalmoucks, qui font des rapines des deux côtés du fleuve.

On sait que les Tartares sont naturellement pillards, & les Kalmoucks sont à tous égards semblables aux Sauvages. J'en excepte seulement quelques-uns, qui, en vivant avec les Russes, se sont civilisés. Ils n'ont quasi point de barbe, ils sont de couleur olivâtre, les yeux ronds, les cheveux noirs, gros, plats; & ces hommes n'ont aucune ressemblance ni avec les Tartares, ni avec les Russes.

Il y a dans chacune de ces pêcheries un Commissaire qui a sous ses ordres quelquefois jusqu'à 200 paysans Russes qu'on tire des différents domaines de Sa Majesté Czarienne, & qu'on emploie à saler, fumer & sécher du poisson, pour la consommation des Maisons du Souverain. Néanmoins, il est permis à des Pêcheurs voisins de ces pêcheries, d'y venir vendre les Bélouga, les Citera, les Esturgeons, les Sterlets qu'ils ont pris dans la mer. La consommation du poisson qu'on prend dans ces différentes pêcheries, est donc principalement pour les Maisons de Sa Majesté, & ce qu'il y a d'excédant est vendu pour son compte à des marchands qui le revendent en détail dans les Villes qui en consomment & en font des envois à l'étranger.

Depuis la Ville de Moscou, jusqu'à celle de Nisny-Novogrod, où commence le Royaume de Cazan, tous ceux qui ont des habitations le long des rives du Wolga, sont obligés, pour avoir la liberté de la pêche, de payer au Souverain un droit annuel plus ou moins fort, suivant l'étendue du terrein qu'ils occupent le long du fleuve, mais ce droit est toujours peu considérable. Si un Seigneur refuse de le payer, on adjuge le privilége de la pêche à un autre. Depuis Nisny-Novogrod jusqu'à Astracan, la pêche est libre à tout le monde : mais de crainte de tomber entre les mains des Tartares Kalmoucks, on use peu de ce privilége.

Quand quelqu'un achete une terre, il devient propriétaire des habitants. Ainsi, quand on veut donner une idée des facultés d'un homme, on ne dit pas qu'il a tant de mille roubles, mais qu'il a tant de familles de paysans, comme on dit en Amérique que le propriétaire d'une habitation a tant de Négres. Moyennant cette propriété, ceux qui ont un droit de pêche, la font faire par leurs paysans.

Il suit de ce que nous venons de dire, que, sur le Wolga tous les pêcheurs sont Russes, ou autrement dit, Moscovites. A Astracan & dans la Mer Caspienne, il y a des Pêcheurs de toutes les Nations, Russes, Persans, Géorgiens, Arméniens, Tartares, & Kalmoucks un peu civilisés, qui demeurent au dehors des fauxbourgs d'Astracan ou d'autres Villes.

Les matelots ne font point la pêche, ils sont uniquement employés au service de la Marine. Ce sont, comme nous l'ayons dit, les paysans qui font la pêche, ainsi que les femmes qui y sont autant occupées que les hommes.

Les poissons qu'on prend dans le Wolga viennent de la Mer Caspienne. Ils y entrent ordinairement vers la mi-Avril, & remontent ce fleuve & l'Occa jusqu'à la mi-Juin, puis ils les descendent depuis le commencement de Septembre jusqu'à la mi-Octobre. Quoiqu'on trouve beaucoup de ces poissons dans le fleuve pendant huit mois de l'année, la pêche la plus abondante se fait dans les saisons où ils remontent, & celle où ils descendent.

Les bateaux dont se servent les Pêcheurs sur le Wolga, *Pl. IV*, *fig.* 4, sont faits, comme les Pirogues des Américains, d'un arbre creusé à l'outil, au milieu duquel il y a une cabane *A*, faite d'écorces d'arbre. Elles sont plus ou moins grandes suivant la saison; car c'est sous ces cabanes que les Pêcheurs se mettent à l'abri de la pluie & de l'ardeur du soleil. Ces bateaux n'ont qu'un mât & une voile quarrée, *B*.

Leurs ancres, ou plutôt leurs grappins, qu'on voit *Pl. V*, *fig.* 1, *en g*, sont formées de deux branches d'arbre, qui portent des branches latérales en forme de crochets destinées à prendre dans le terrein. Entre les deux branches principales, il y a une grosse pierre pour les faire caler au fond de l'eau; les branches, ainsi que la pierre, sont réunies par trois forts liens; le tout répond à un cable qui tient au bateau. Les cordages, cables & amarres ne sont point faits de chanvre, mais d'écorces d'arbre, comme à peu-près les cordes à puits, faite d'écorces de tilleul, dont on se sert à Paris.

On fait principalement dans le Wolga & la Mer Caspienne, deux sortes de pêches, une pour les gros poissons, & l'autre pour ceux qui le sont moins. Je vais commencer par la pêche des gros poissons, tels que les Bélouga & les Citera.

Ceux qui s'adonnent à cette pêche, savent que tous les ans, dans les mois d'Avril, Mai & Juin, le Wolga grossit assez considérablement pour déborder : ils connoissent de plus les endroits où les poissons ont coutume de se rassembler : munis de ces connoissances, lorsque les eaux sont basses, ils forment avec des pieux deux palissades qui se rapprochent peu-à-peu l'une de l'autre, pour former à leur extrémité opposée à l'entrée, un angle dans lequel ils amarrent sous l'eau, une cage de bois en grillage, à laquelle il y a une ouverture assez large pour que les Esturgeons y puissent entrer; & pour les engager à s'y rendre, on attache des morceaux de charogne dans les angles intérieurs. Les Esturgeons attirés de fort loin par cette odeur, entrent avec précipitation dans la cage, d'où ils ne peuvent sortir, si-tôt que les deux tiers de la longueur du poisson a franchi la porte, parce qu'ils se plient difficilement, & qu'ils s'embarrassent par leurs nageoires & leurs ailerons dans les barreaux de la cage. Les Pêcheurs en étant avertis par le bruit que les poissons font en se débattant, ils sortent promptement la cage hors de l'eau, ils assomment les poissons avec la massue *F*, *Pl. V*, *fig.* 1, & les tirent de la cage par un des côtés qui s'ouvre comme une porte.

Il y a une telle abondance de ces poissons dans le Wolga, qu'au temps du fort de la pêche, il arrive assez souvent qu'on en prend 50 dans un jour.

Pour ce qui est de la pêche des poissons moins gros, elle se fait principalement de deux façons.

Les uns la font, comme dans nos Provinces, à la saine qu'on tire avec deux pirogues, à peu près comme on le voit sur la planche III, *fig.* 1. J'invite de plus à examiner ce qui est représenté sur la planche XV de la seconde Partie, seconde Section, *fig.* 2, où l'on voit des Pêcheurs du Nord qui font leur métier dans une riviére avec des saines tirées par deux pirogues.

D'autres pêchent les Esturgeons avec des haims : quoique j'aie décrit cette façon de pêcher en plusieurs endroits, & que j'aie prévenu qu'on n'emploie guère ce moyen pour prendre les Esturgeons, je crois devoir entrer à ce sujet dans quelque détail, pour faire appercevoir ce que celle qu'on fait dans le Wolga, a de particulier.

On tend en travers de la riviére dans un endroit où il y a un peu de courant, une corde d'écorces d'arbre qui a environ un pouce & demi de grosseur & dix à douze brasses de longueur. Pour la faire caller dans l'eau, on attache à cette corde, à cinq ou six pieds les unes des autres, des pierres percées dans leur milieu, *a a*, *fig.* 1, *pl. V*, & en outre, à deux pieds les unes des autres, de menues cordes ou lignes *b b*, qui ont environ trois pieds de longueur, au bout desquelles sont empilés des haims *c c*, amorcés de poissons, sur-tout d'Anguilles. A 6 ou 7 pouces au dessus des haims, on attache aux lignes qui les portent, un cordon de crin de cheval, qui porte un morceau

de liège, ou à son défaut de bois léger *dd*. Ce corps léger doit être capable de soutenir l'haim & l'appât qui y est attaché, car il est important que le liége flotte sur l'eau, pour faire connoître qu'un poisson a mordu. Quand le Pêcheur s'en apperçoit, il s'y rend promptement avec sa pirogue; comme les poissons qui sont pris aux haims restent en quelque façon immobiles, les Pêcheurs les saisissent aisément avec un grand croc fait exprès, comme on le voit à la seconde Section de la seconde Partie, *pl. XIII*, *fig.* 3, où il est question de la pêche du Saumon dans la Mer Baltique. Cela suffit tant que le poisson est dans l'eau; mais nous avons dit qu'au sortir de l'eau les poissons font des efforts capables de culbuter les hommes les plus robustes, & même de renverser la pirogue : c'est pourquoi les Pêcheurs après les avoir saisi par les ouies avec de petits crocs *e*, *pl. V*, les assomment avec une masse *f*, *fig.* 1 & 2.

S'il leur est important de les livrer en vie au lieu de la vente, ils y parviennent au moyen d'une corde qui répond, d'un bout à la tête, & de l'autre à la queue, au moyen de laquelle ils font prendre au corps du poisson la forme d'un demi-cercle, & alors ils n'ont plus à craindre les coups de queue, & ils les peuvent conduire à la remorque.

J'ai représenté à la figure 1, la corde hors de l'eau, pour qu'on apperçoive mieux la disposition des pierres percées *a*, des lignes *b*, des haims *c*, des crins & des liéges *d*, ce qu'on n'auroit pu appercevoir si la corde avoit été à l'eau.

Les Seigneurs ont, ainsi que l'Empereur, le droit d'employer leurs paysans aux différents ouvrages qui les intéressent; c'est pourquoi ce sont les paysans & même les paysannes, qui servent à cette pêche, car les femmes rament & hâlent sur les filets comme les hommes. Etant parvenu à me procurer des dessins bien exécutés qui représentent ces paysans, je les ai fait graver sur la planche IV, où l'on voit, *fig.* 1, un paysan Russe, *fig.* 2, une paysanne Finlandoise, *fig.* 3, un Kalmouck, qui ordinairement n'ont point de chemises, parce qu'ils retiennent quelque chose des usages des Sauvages. Ces figures ont été dessinées par M. Garavaque, premier Peintre de Sa Majesté Czarienne, & oncle de M. Garavaque, Chevalier de l'Ordre Royal & Militaire de Saint Louis, & Capitaine dans le corps Royal du Génie.

Lorsqu'il survient des gelées dans les saisons de la pêche des Esturgeons, on ne discontinue point la pêche. On la pratique, comme nous l'avons indiqué à la premiere Partie, troisiéme Section, *pag.* 18 & *suiv.*

ARTICLE IV.

De la Pêche des Esturgeons à Tunis.

Je vois, par une lettre de M. le Chevalier de Camilly, qu'il se fait aux environs de Tunis & dans les Etangs salés, une pêche considérable d'Esturgeons, qu'on y prépare du caviart, dont on fait un commerce assez considérable ; mais je n'ai eu aucun détail sur cette pêche.

ARTICLE V.

De la Pêche des Esturgeons dans l'Amérique Septentrionale.

Il y a beaucoup d'Esturgeons dans l'Amérique septentrionale, notamment dans le Fleuve Saint-Laurent, ainsi que dans différents Lacs du Canada. On y pêche les petits Esturgeons avec des filets comme nous l'avons expliqué dans les articles précédents, ce qui nous dispense d'insister sur ce point. Mais la pêche des gros Esturgeons se fait avec le harpon ou dard, tel que nous l'avons représenté, *fig.* 7, au bas de la planche III. La partie en fer *a b*, *fig. 6*, au lieu d'être terminée au gros bout *a* par une douille, est quarrée, formant un affourchement d'environ 4 pouces de longueur, pour recevoir le bout *a e* d'une perche de bois qui en forme le manche. Il y a au gros bout du dard *f*, ainsi qu'à l'extrêmité du manche *d*, un trou, dans lesquels on passe ou une corde menue *e*, ou une courroie assez longue pour ne pas empêcher le dard de se séparer du manche lorsque le poisson dardé fait des efforts pour se sauver. Le bout du dard *f*, jusqu'à la pointe *b*, est taillé en dents qui ont la forme de celles d'une crèmaillére, pour que le dard tienne fortement dans la chair du poisson.

On apperçoit les gros poissons jusqu'à 15 ou 18 pieds sous l'eau, & il y a des Pêcheurs exercés à cette pêche, *fig.* 7, qui ont assez d'adresse pour percer avec le harpon, des Esturgeons à plus de six pieds sous l'eau. Aussi-tôt que le poisson est percé, le Pêcheur abandonne le manche du harpon, & l'Esturgeon qui se sent blessé, s'agite avec assez de force pour détacher le harpon de son manche : néanmoins le manche suit le harpon qui tient au poisson, parce qu'il y est joint, comme nous l'avons dit, par la corde ou morceau de cuir *e*, qui tient à l'un & à l'autre. Mais le poisson perd peu à peu son sang ainsi que ses forces, & à mesure qu'il s'affoiblit, il s'approche de la surface de l'eau, étant précédé par le manche qui flotte. Aussi-tôt que le Pêcheur qui est dans sa barque apperçoit sur l'eau la perche ou le manche du harpon, il la saisit & la tire à bord, ainsi que le poisson ; & s'il a conservé assez de force pour s'agiter, le Pêcheur qui craint d'être blessé, l'assomme avant de le mettre dans sa barque, comme le font les Pêcheurs, *pl. V*, *fig. 2*.

CHAPITRE III.

Des usages que l'on fait des Esturgeons.

La chair de ce poisson passe pour être délicate & de bon goût lorsqu'elle est fraîche ; mais comme il y en a de fort gros, & qu'on en pêche en quantité, on en sale & on en marine, non-seulement pour en conserver dans les pays où l'on en fait la pêche, afin d'en avoir dans les saisons où la pêche de ce poisson est infructueuse, mais encore pour en envoyer dans des pays assez éloignés, où la vente s'en fait avantageusement. Ce n'est pas où se borne l'utilité qu'on retire de ce poisson. On en ramasse soigneusement les œufs, avec lesquels on fait un mets qu'on nomme *Caviart*, & qui est fort recherché en plusieurs endroits. C'est aussi principalement avec l'Esturgeon qu'on fait la colle de poisson, qui sert à plusieurs usages dans les Arts. Je vais détailler ces différentes préparations dans des Articles particuliers.

Presque tous les poissons du genre des Esturgeons, qu'on pêche en France & aux environs des grandes Villes, se mangent frais, & s'apprêtent dans les cuisines de bien des façons différentes.

Les Russes, riverains de la Mer Baltique prennent accidentellement, sur leurs côtes, & dans le Lac Ladoga, des Esturgeons & des Sterlets, qu'ils vendent à la Cour lorsqu'elle fait sa résidence à Saint-Pétersbourg ; ce qui s'exécute aisément, à cause de la facilité qu'il y a de conserver long temps ce poisson. Ils se bornent, pour l'ordinaire, à la pêche du poisson frais ; ils en salent rarement ; ils ne s'occupent point de préparer du caviart ni de la colle, bien différents des Pêcheurs de la Mer Caspienne & du Wolga, qui, outre ce qu'ils consomment frais, en salent, en marinent, en fument, & en font des envois considérables par le Port d'Archangel : ainsi, dans toutes les pêcheries établies sur les rives du Wolga, on sale, on fume, & on marine les chairs des Bélouga, des Citera & des Esturgeons ; mais dans chaque pêcherie, chacun a son office distinct, & est chargé d'un travail particulier. Ceux qui sont occupés à la pêche ne font autre chose que prendre le poisson & l'apporter à terre, où chacun, suivant l'occupation à laquelle il est destiné, ouvre & vuide le poisson ; d'autres le salent, d'autres le fument, d'autres le marinent, & d'autres en tirent l'huile : enfin, d'autres en forment la colle ou préparent le caviart ; car chacune de ces fonctions est faite par des Ouvriers distincts, & aucun ne se mêle du travail des autres ; ce qui fait que les opérations sont faites plus promptement & avec plus d'exactitude. Aussi-tot que les Pêcheurs ont apporté les poissons qu'ils ont pris, ceux qui sont chargés de les ouvrir, qu'on nomme les *Trancheurs*, font une ouverture de chaque côté, & emportent ce qu'on nomme *le Plastron*, ainsi que tous les visceres dont ils séparent les œufs qu'ils remettent à ceux qui sont chargés de faire le caviart ; à l'égard des intestins, ils les remettent à ceux qui doivent en retirer l'huile. Les trancheurs coupent enfuite la tête, dont ils détachent le palais & la langue qu'ils donnent aux faleurs; car les Ruffes regardent ces parties comme un mets délicieux; enfuite ils coupent la queue qu'ils fendent en deux, & la livrent ainfi que la langue & le palais, aux faleurs; les Pêcheurs retirent les foies dont ils font des appâts. Enfin, ils détachent une fubftance gélatineufe qui fe trouve auprès du dos, & ils la portent à ceux qui font chargés de faire la colle. J'aurai occafion de parler plus pofitivement dans la fuite de cette fubf- tance, qui n'eft pas des moins eftimable.

ARTICLE PREMIER.

De la salaison des Esturgeons , & de la maniére d'en retirer l'huile.

Il n'est pas douteux que la perfection des salaisons dépend beaucoup de la qualité du sel. Le sel blanc qu'on obtient par l'évaporation sur le feu, fait des salines blanches & très-appétissantes ; mais elles sont âcres & plus coriaces que celles qu'on fait avec les sels des marais salants, comme sont ceux de Brouage. Il y a des sels marins alliés d'autres sels moyens, qui ont de l'amertume & une saveur désagréable, d'autres alliés de sels à base terreuse, sont âcres : & comme l'humidité de l'air suffit pour faire tomber ces sels en deliquium, il est très - avantageux de les laisser vieillir dans les magasins. Comme à l'occasion de la Morue & des autres poissons que l'on sale, j'ai eu occasion d'entrer à ce sujet dans quelques détails, je me bornerai, en parlant des salaisons qu'on fait dans le Nord, à dire que le sel qui se consomme en Russie, tant dans les pêcheries que dans les maisons particulieres, se tire ou du Royaume d'Astracan, ou de celui de Cazan.

Le premier provient de plusieurs Lacs dont l'eau est salée, qui appartiennent au Souverain, & qui sont situés à une ou deux journées des rives du Wolga. Pendant les mois de Mai & de Juin, lorsqu'il survient des rosées épaisses, il se forme sur la superficie de ces Lacs une croute de sel qui feroit croire qu'ils sont gelés. Ces croutes se brisent, & le sel se précipite par morceaux au fond de l'eau sans se fondre, apparemment parce que l'eau de ces lacs est chargée de sels autant qu'elle en peut dissoudre. On ramasse ce sel comme on feroit des pierres, & on le transporte par charriots au bord du Wolga, où on l'embarque sur des bateaux plats, à peu près semblables à ceux qui remontent la Seine de Rouen à Paris, excepté qu'ils sont plus grands, qu'ils sont pontés, & qu'ils portent une grande voile quarrée. On fait aux côtés quelques sabords, pour ménager un courant d'air qui rafraîchisse le sel placé sous le pont. On embarque sur ces bateaux trois ou quatre cents hommes, non-seulement pour empêcher qu'ils ne soient insultés par les Tartares, mais encore pour les hâler à la cordelle, lorsque le vent manque, ou lorsque sa direction n'est pas favorable à la route des bateaux. Comme la grande voile qui touche jusque sur le pont empêche que les timoniers n'apperçoivent les écueils qu'il faut éviter, il y a toujours en avant des Guetteurs pour avertir à haute voix de la route qu'on doit tenir.

Le sel qu'on tire du Royaume de Cazan est gris & gréné comme celui de la Gabelle de Paris. Les Fermiers des Gabelles du Czar conduisent par des tuyaux de bois les eaux salées de plusieurs sources dans de grandes chaudiéres de cuivre où on les fait évaporer par le feu. On charge le sel dans des bateaux plats du port de 7 à 8 cents tonneaux, qui se rendent par la riviere Kama dans le Wolga & l'Occa, qu'ils remontent jusqu'à Moscow, d'où on le transporte par différentes riviéres dans toute la Russie.

Je reviens aux salaisons des Esturgeons pris dans le Wolga.

Les ouvriers chargés de faire les salaisons, emportent les langues, les plastrons, les queues, les grosses chairs & les entrailles.

Les grosses chairs sont coupées par tranches, qu'on couvre de sel ; & quand elles en sont très-pénétrées, on les arrange dans des barrils avec une forte saumure. On compare la chair du dos à celle du veau, & celle du ventre à celle du cochon.

Après avoir salé les langues, ils les exposent au soleil, ou auprès d'un poële, à une chaleur douce, pour les dessécher.

A l'égard des plastrons & des queues, ils les empilent dans des futailles & les mettent en presse, les chargeant de grosses pierres pour exprimer l'huile qui est dans les chairs, & après les avoir laissé en cet état pendant trois ou quatre jours, ils les retirent & les salent comme on fait les grosses chairs : étant ainsi préparées, elles restent dans les magasins jusqu'à ce qu'on trouve à en faire la vente.

Une partie considérable des chairs salées de ces poissons se transporte chez l'Etranger par le port d'Archangel. Nous avons déja dit qu'on retire de l'huile des parties charnues, délicates & grasses qu'on tient en presse, mais en outre on ramasse les entrailles dans des pots de terre, qu'on met dans un four peu chaud, & lorsqu'il n'y a presque plus de chaleur, on en retire de bonne huile. Celles des Citera & des Esturgeons ont un œil jaune, celle des Belouga est plus blanche.

D'après ce que nous venons de dire de la salaison des Esturgeons, on voit qu'elle différe peu de ce qu'on pratique pour saler les autres poissons : ce qu'elle a de particulier se réduit presqu'à l'huile qu'on en retire avant de l'avoir mis dans le sel. Au reste, cette saline est très-estimée, & elle feroit un objet de commerce très-considérable si l'on n'en faisoit pas une grande consommation dans ces pays où il y a quatre Carêmes, un qui dure depuis le 23 Février jusqu'au 11 Avril ; le second, depuis le 10 Mai jusqu'au 29 Juin ; le troisiéme, depuis le 12 Juillet jusqu'au 25 du même mois ; le quatriéme, depuis le 22 Novembre jusqu'au 20 Décembre ; en ajoutant à ces Carêmes les Vigiles de S. Jean-Baptiste & de l'Exaltation de la Sainte-Croix, avec deux jours de maigre par semaine, il y a dans l'année 199 jours d'abstinence, qu'ils observent très-régulié-rement, pendant lesquels ils ne peuvent manger ni beurre, ni œufs, ni fromage, ni laitage, mais seulement du poisson cuit à l'eau & au sel. Il faut encore observer qu'il y a dans la Russie, quantité de Monastéres d'Hommes & de Filles qui font maigre pendant toute l'année.

Néanmoins on ne laisse pas de transporter assez considérablement de cette saline chez l'Etranger.

ARTICLE II.

De l'Esturgeon mariné.

On estime beaucoup plus l'Esturgeon mariné que le salé ; mais comme à l'occasion des Thons nous avons amplement expliqué à la Section VII, pag. 197, comment on marine ces poissons ; & comme les Esturgeons se marinent, à fort peu de chose près, de la même maniére que les Thons, nous nous contenterons de renvoyer à ce que nous en avons dit à l'endroit cité. On sale & on marine quelques Esturgeons en France, en Espagne, & dans tous les endroits où cette pêche est un peu abondante, mais la plus grande partie vient d'Astracan, où l'on en fait un commerce considérable, ainsi que du caviart dont nous allons parler.

Les Anglois, Hollandois, Hambourgeois, Lubekois, Dantzicois & Danois, qui viennent commercer à Archangel, reçoivent en troc d'une partie des marchandises qu'ils ont apportées, quantité de chairs d'Esturgeon, de Bélouga, de Citera, de Saumon blanc, tant mariné que salé, du caviart & de la colle de poisson qui proviennent des pêches qu'on fait dans le Wolga.

ARTICLE III.

De la préparation des œufs d'Esturgeons, qu'on nomme Caviart.

Entre les poissons du genre des Esturgeons, on distingue très-expressément les mâles des femelles. Les laitances des mâles fournissent un mets très-délicat, & fort recherchés. C'est avec les œufs qu'on trouve dans les femelles, qu'on fait le caviart. A cette occasion on se rappellera que nous avons détaillé à la première Section de la seconde Partie, page 88, comment on sale les œufs de Morue pour faire la rave qui sert d'appât pour prendre les Sardines.

Nous avons dit dans la Section VI, pag. 145, qu'on fait avec les œufs de plusieurs poissons, principalement du genre des Muges, un mets fort estimé, auquel on donne le nom de Poutargue ou Boutargue. On fait aussi en Russie avec les œufs d'Esturgeons un mets peu différent qu'on nomme *Caviart*. Quoiqu'il ait du rapport avec la boutargue, nous ne nous dispenserons pas d'en parler expressément.

On prépare deux sortes de caviart, l'un qu'on nomme sec, l'autre liquide.

Pour faire le caviart sec, on ouvre le ventre des Belouga des deux côtés, & on enleve ce que l'on nomme le *plastron*, ou la partie du ventre qui contient les œufs qui sont renfermés ou enveloppés dans une membrane fort déliée, & sur le champ on les lave dans une foible saumure, ou dans du vin blanc, on les saupoudre de sel ; en les mettant dans une barrique où on les broie avec un pilon de bois fort pesant. Quelques-uns prétendent qu'on y ajoute de l'huile. Alors on les expose au soleil jusqu'à ce qu'ils se convertissent en une espéce de pâte ferme à laquelle on donne telle forme qu'on juge convenable. Ce caviart se conserve 3 ou 4 ans sans se gâter. Quand on en fait en petite quantité, lorsqu'on a laissé égoutter la liqueur qu'on a employée pour laver les œufs, on les met avec du sel dans un vase percé de petits trous, où on les écrase avec les mains. Lorsque la saumure est égouttée, & que la pâte a pris la consistance du savon liquide de Hambourg, on la renferme dans des barrils pour l'introduire dans le commerce.

On en fait peu de consommation en Russie où les paysans même ne l'estiment pas. Tout ou presque tout s'envoye à Archangel, où les Hollandois, les Anglois, les Hambourgeois & d'autres Nations en font des chargements considérables, qu'ils portent en Allemagne, en Angleterre, en Hollande, en Italie, en Espagne, en Turquie, & même dans les Colonies des Indes orientales & occidentales.

Le caviart liquide est plus délicat que le sec, & sur le lieu même de la pêche, il est
du

du double plus cher ; mais il se corrompt si promptement, qu'on a peine à le transporter, de sorte qu'on en trouve difficilement de bon, même à Saint-Pétersbourg, & son prix augmente beaucoup quand on y en trouve de bonne qualité. Il se fait, comme le sec, avec des œufs de Bélouga, de Citera, d'Esturgeon, mais qu'on prépare différemment, & avec plus d'attention que pour faire le caviart sec. Après avoir tiré du poisson les œufs, & les avoir lavés comme pour le caviart sec, on les met, sans les écraser, dans des futailles bien étanches, avec du sel, du poivre & du vinaigre ; & en cet état on les transporte dans toutes les Villes de Russie & quelques Provinces de la Pologne, seul pays étranger où l'on en envoie, à cause de la facilité qu'il a à se corrompre ; & pour cette raison, on attend pour le transporter, la saison des neiges & des glaces.

Il y a deux sortes de caviart liquide, l'un est rouge & l'autre noir ; le noir se fait uniquement avec les œufs de Bélouga, & l'autre avec des œufs de Sterlets & des autres espéces d'Esturgeons qu'on mêle ensemble : le noir est un peu plus estimé que le rouge ; les Russes le regardent comme un bon manger, dont ils usent quelquefois avec excès. Ce mets est chaud, & aide à la di-gestion comme l'Ayoli de Provence & la moutarde ; il excite à boire, & même occasionne une mauvaise haleine. On prétend qu'il est propre à ranimer la nature chez les vieillards.

Pour manger le caviart, on le mêle avec de l'huile, du vinaigre ou du jus de citron : aussi-tôt qu'on y a mêlé un acide il change de couleur ; & de brun qu'il étoit, il devient blanchâtre. On le mange étendu sur du pain comme on fait le beurre ou l'ayoli en Provence. On fait grand cas de ce caviart dans le Levant ; & en effet, c'est un mets excellent quand il est nouveau.

Presque tous les caviarts liquides se consomment en Russie, & la plus grande partie des secs se transporte à l'étranger par le Port d'Archangel, ainsi que la quatriéme partie des chairs de Bélouga & d'Esturgeon, qu'on sale sur les rives du Wolga. Je dis la quatriéme partie, parce que les vaisseaux qui viennent en ce Port n'en enlèvent pas davantage, & que les trois autres quarts se consomment en Russie, ce qui ne paroîtra pas surprenant quand on considérera l'étendue de cet Etat, & le nombre des jours d'abstinence qu'ils ont pendant l'année, ainsi que nous l'avons dit plus haut.

ARTICLE IV.

De la Colle de Poisson.

Je puis assurer d'après ma propre expérience, qu'on peut faire de la colle avec la peau ou les nageoires, en un mot, les parties mucilagineuses de différentes espéces de poissons, en faisant bouillir dans l'eau les parties que nous venons de nommer, comme on fait cuire la peau des quadrupedes pour faire la colle-forte ; mais il y a des poissons qui en fournissent plus que d'autres, & de plus belles. On prétend que les chiens de mer sont de ce nombre, & on m'a envoyé sous le nom d'Ichthyocolle des poissons, qu'on prétendoit singuliérement propres à fournir de cette colle, quoique ce mot signifie plutôt la colle de poisson même que le poisson qui la fournit ; de ce nombre est celui qui est représenté *Planche VI*, *figure* 1, entre lesquels on m'écrit qu'il y a qui ont huit à neuf pieds de longueur ; ses écailles étoient disposées circulairement autour de son corps, qui étoit rond, & on n'y appercevoit point les rangées de boutons ou d'écailles saillantes comme à l'Esturgeon. La forme de sa tête étoit irréguliére, ayant une cavité *c* au-dessus du museau plus en avant que les yeux ; quelques petites barbes *d* qui descendoient de la machoire supérieure ; deux nageoires *e*, immédiatement derriere les ouies, & deux autres petites *f* sous le ventre ; deux ailerons assez près de la queue, un *g* sur le dos ; l'autre *h*, plus petit sous le ventre. L'aileron de la queue *b* étoit divisé en deux parties assez égales, auprès des ailerons il y avoit des aspérités *i*, qui en petit, ressembloient aux pinnes qu'on apperçoit aux mêmes endroits sur les Thons.

Je ne parle de ce poisson, que d'après ce qu'on m'en a écrit, & la figure qu'on m'a envoyée ; mais ce n'est point du tout l'Ichthyocolle de Dioscoride & de Pline, qui, suivant Rondelet, est une vraie Morue.

Je ne trouve pas non plus beaucoup de rapport entre notre poisson, & le *Copso* ou le *Col-Pesce*, dont parle Rondelet dans les poissons d'eau-douce, page 130 de l'édition Françoise.

Il y a beaucoup de confusion dans ce que Belon dit de l'Ichthyocolle, page 94 de l'édition Françoise ; mais il est certain qu'on peut obtenir par la cuisson de la colle des queues & des nageoires de différents poissons, sur-tout de ceux du genre des cartilagineux.

Plusieurs expériences m'ont convaincu qu'on peut faire de la colle avec différentes espéces de poiffons, & je crois que c'eft pour cette raifon qu'on trouve dans le commerce bien des efpeces différentes de cette colle ; mais la plus belle vient de Ruffie : & comme je trouvois bien des incertitudes dans ce que difent les Auteurs , & ce que rapportent à ce fujet les Voyageurs , j'ai prié M. Muller , qui étoit Secrétaire de l'Académie Impériale de Pétersbourg , & Correfpondant de l'Académie Royale des Sciences , de me faire part des connoiffances qu'il avoit acquifes fur les lieux où l'on fabrique les plus belles colles. Je vais donc rapporter ce que j'ai appris de cet obligeant & éclairé Correfpondant.

Plufieurs poiffons fourniffent de la colle, mais l'Efturgeon & l'efpece qu'on nomme Sterlet, donnent la plus belle ; enfuite vient la colle d'un poiffon qu'on nomme en Ruffie *Seurjouga* ; je ne le connois pas, à moins que ce ne foit le Citera & en dernier lieu, le Bélouga, quoique celle de ce dernier poiffon foit la plus commune, on la fophiftique fouvent , en la mêlant avec celles d'autres poiffons plus communs qui n'en fourniffent pas d'auffi belle.

Toutes ces colles font contenues dans des veffies à air , ou dépofées auprès ; car on en trouve des maffes confidérables adhérentes à la partie intérieure du dos du poiffon , foit que ce foit une arête ou un cartilage ; car quoique l'Efturgeon qui en fournit le plus , foit un poiffon cartilagineux , il y a quelques poiffons à arrêtes qui en donnent auffi à peu-près de la même nature.

La colle fur-tout , à l'égard des *Acipenfer*, qui font prefque les feuls poiffons qui donnent la colle de Ruffie, eft placée le long du dos, & attachée à une partie cartilagineufe propre à cette famille de poiffons.

Pour avoir cette colle, il faut commencer par emporter les œufs aux femelles & la laitance aux mâles. Enfin , on les vuide , & on détache la veffie à air , ou la fubftance qui contient la colle ; elle eft adhérente au dos , depuis la tête jufqu'auprès de la queue, & on a peine à la détacher : en général, la fubftance de la colle eft tranfparente, gluante ou vifqueufe. Néanmoins, la partie qui eft du côté des œufs, eft brune ou rougeâtre ; celle qui eft du côté du dos eft blanche. La veffie à air n'eft pas divifée en deux comme à plufieurs poiffons ; fa forme eft pyramidale, dont la bafe eft du côté de la tête, & la pointe du côté de la queue. Quand on la tire du poiffon, on la lave, fi elle eft fanguinolente ; fi elle ne contient point de fang , on fe difpenfe de la laver.

Enfuite on l'ouvre fuivant fa longueur, & on effaie d'enlever la membrane extérieure : à l'égard des membranes intérieures qui font très-minces & blanches , il n'eft

guère poffible de les enlever.

On met la vraie colle dans un linge fin, dont on fait un nouet, & on pétrit avec les doigts cette fubftance jufqu'à qu'elle foit devenue molle comme de la pâte : quand elle eft en cet état, on en forme des petits pains comme des dames de trictrac , & on les perce par le milieu pour les enfiler par une corde, & les pendre dans un lieu fec pour les faire fécher.

Si on veut s'épargner la peine de pétrir ces morceaux de colle, on en ramaffe plufieurs en tas, on les couvre d'une toile humide, & on les expofe au foleil, dont la chaleur les amollit affez pour qu'on en forme comme des efpéces de petits bâtons en les roulant fur une planche ; enfuite on joint les deux bouts pour en former des anneaux, dans lefquels on paffe une corde, & on les met fécher à l'ombre dans un endroit médiocrement chaud, mais non pas au foleil qui les feroit bourfouffler.

On voit que la belle colle de poiffon eft toute faite dans l'animal, il ne s'agit que de la monder des membranes qui l'enveloppent, & la nettoyer du fang ou d'autres fubftances étrangeres qui la faliffent. Cependant je trouve dans mes Mémoires qu'on fait en Ruffie une colle de poiffon qui, quand elle eft bonne, reffemble à l'ambre jaune ; elle vient d'une petite Ville fituée fur le Yaix, qu'on nomme Gourief-Gorodox. Elle eft fi dure, qu'elle n'eft fujette à aucune corruption.

Voici comme on la prépare.

On lie fortement avec un fil à coudre, l'ouverture fupérieure de la veffie à air, qui eft au bout large, l'autre bout qui eft menu, n'a pas befoin d'être lié , parce qu'il n'a pas d'ouverture. On cuit au bain-marie les veffies , jufqu'à ce que la colle qu'elles contiennent devienne tout-à-fait liquide. Les uns font couler cette colle liquide dans des moules de bois ou de pierre ; d'autres la laiffent fe réfroidir dans la veffie , & enfuite ils ôtent les membranes qui l'enveloppent ; pour en faire ufage , on l'attendrit dans l'eau tiéde.

J'ai vu chez M. de Juffieu une de ces veffies tirée de l'Efturgeon, qui lui avoit été apportée de Bengale par M. Anquetil: elle avoit dix à onze pouces de longueur, plus de trois pouces de diametre, & la couche de colle avoit un demi-pouce d'épaiffeur.

On fait que pour diffoudre la colle de poiffon, foit pour clarifier le vin, foit pour l'employer à d'autres ufages, on la bat à coups de marteaux, ce qui l'écharpille, on la coupe enfuite avec des cifeaux par petits morceaux, & en cet état elle fe diffout dans l'eau, encore mieux dans du vin ou de l'eau-de-vie.

Additions & Corrections relatives aux Sections qui ont déja été publiées.

ADDITIONS A LA SECTION PREMIERE.

Nous avons parlé à la première Section de la première Partie, page 89, de la grosseur des Morues en différents parages; nous aurions pu dire que les Morues qu'on pêche en Irlande, & qui sont brunes, sont communément moins grandes que celles qu'on prend sur le Grand Banc, & que pour cette raison, on emploie pour les pêcher des haims moins gros.

Il est certain que la réussite de la pêche de la Morue dépend beaucoup des appâts qu'on emploie; car tous ne conviennent pas également à ce poisson : néanmoins on m'a assuré qu'on en prend avec des haims amorcés d'un leurre d'étain; mais quelque chose que l'on dise, je ne crois pas qu'on fasse une bonne pêche avec les leurres. J'ai dit que les habitants du Tréport armoient pour la pêche de la Morue en Irlande; mais je puis ajouter que les bâtiments qu'ils envoient à cette pêche, sont ordinairement du port de soixante ou soixante-dix tonneaux; & quand la saison est favorable, ils reviennent avec dix ou douze mille barrils de poissons. Ils n'ont ordinairement que treize Matelots, avec quelques Apprentifs & trois Mousses; ils emportent à-peu-près cent soixante-dix barrils de sel blanc de Portugal, raffiné en Picardie, à Etaples; pour amorcer les haims au commencement de la pêche, ils embarquent avec eux un ou deux barrils de Maquereaux, ou de Harengs salés.

Comme ils font leurs salaisons à bord, ils se munissent de bailles pour laver les poissons, & de paniers pour les égoutter, ayant soin que les paniers soient de grandeur à tenir dans les bailles, pour qu'ils occupent moins de place.

Additions à la Section IV.

J'ai parlé à la quatriéme Section, page 55, d'un poisson qu'on nomme *Pilote*, parce qu'il accompagne les vaisseaux jusques dans les Ports pour se nourrir de ce qu'on jette à la Mer. Comme il suit aussi les Requins, pour se nourrir de ce que ce poisson vorace rejette des poissons dont il se nourrit, on a imaginé mal à propos qu'il conduisoit & pilotoit ce gros poisson : j'ai de plus détaillé, à l'endroit cité, l'industrie de ces petits poissons pour se nourrir de la chasse des Requins, & éviter en même-temps d'en être dévoré. Comme il y a d'autres poissons qui suivent pareillement les vaisseaux pour se nourrir de ce qu'on jette à la Mer, on leur a aussi donné le nom de Pilotes. De ce nombre, est un poisson qui fut harponné à l'embouchure de la Manche, à bord d'un vaisseau, sur lequel étoit armé M. le Chevalier de Kerhoent, Lieutenant des Vaisseaux du Roi, qui a bien voulu m'en envoyer la description, avec un dessin que j'ai fait graver sur la *Planche VI, fig.* 2; l'un & l'autre me font connoître que ce poisson, que l'équipage nommoit Pilote, est très-différent de celui que j'ai fait graver, *Planche VI & IX* de la quatriéme Section, & qu'il convient de le comprendre dans la cinquiéme Section, où nous avons traité des poissons du genre de ceux que quelques-uns ont nommé *Zéus*, qui ont sur le dos un grand aileron, formé en partie de gros rayons durs & piquants; & en partie de rayons menus & flexibles; c'est ce qu'on appercevra, en comparant ce que j'ai dit du Pilote à la quatriéme Section, avec ce que je vais rapporter de celui que m'a fait connoître M. le Chevalier de Kerhoent, qui ressemble beaucoup au crapaud de Dieppe, *Planc. III, fig.* 2, Section V, page 91.

Le Pilote dont j'ai parlé à la Section IV, est toujours petit, aulieu que celui dont il s'agit ici, *Pl. VI, fig.* 2, pése quelquefois plus de quatre livres. On ne le trouve guère près des côtes; c'est un poisson de haute Mer, qui suit quelquefois les vaisseaux plus de cent lieues; sa chair est blanche & bonne à manger. Celui que je vais décrire avoit dix-sept pouces de longueur sur cinq de largeur : il pésoit environ quatre livres. Ses écailles étoient petites sur le dos, d'un gris de fer foncé qui s'éclaircissoit sur les côtés, & devenoient blanches sous le ventre; les bords de l'aileron de la queue *b*, qui n'étoit pas échancrée, étoient blancs, tirant au jaune; la partie *c*, *d*, du grand aileron du dos étoit formée de huit ou neuf rayons durs & piquants, liés par une membrane qui fait un feston. Les rayons de la partie postérieure *d*, *e*, étoient souples & plus longs que les autres sous le ventre : à l'aplomb de l'aileron *d*, *e*, étoit un autre aileron, *g*, *f*, tout femblable. De chaque côté, derriére les opercules des ouies, étoit une nageoire *h*, *i*, & fous le ventre, deux autres plus petites, *k*, *l*.

Ces ailerons & nageoires avoient à-peu-près la même couleur que le dos du poiffon ; les yeux *m* étoient grands & affez élevés fur la tête : on voyoit auprès de *n*, les ouvertures des narines ; fes dents étoient fort petites. Quoiqu'on apperçoive affez fréquemment ce poiffon dans l'eau autour des vaiffeaux, on en prend peu, parce qu'il ne mord pas aux haims, & qu'il eft difficile à harponner.

J'ai imprimé, Section IV, page 11, d'a-près ce que m'avoit écrit M. le Préfident de Borda, que l'Arrouffeu de Biarritz reffemble beaucoup à la Daurade de nos côtes que j'ai fait graver, *Pl. II*, *fig.* 1. Je reçois encore une lettre de lui, qui en confirmant ce qu'il m'avoit écrit, me marque qu'il ne convient pas de comparer l'Arrouffeu de Biarritz avec la Dorée, que j'ai fait graver , *Pl. I* , *fig.* 1 de la Section V. Même Section , page 49, j'ai dit quelque chofe d'un petit poiffon que j'ai nommé Prêtre ou Capone ; M. le Préfident de Borda m'informe , que dans l'idiôme Gafcon on le nomme *Caperan.*

Additions à la Section V.

ON peut ajouter à ce que j'ai dit page 103, fur les Grondins, que le Grondin gris qui fe prend à fleur d'eau, a un très-mauvais goût, & eft mis au nombre des poiffons les plus groffiers ; il fe pêche vers la fin d'Avril & Mai, & ne fe prend que pendant un mois ; fa tête eft moins groffe & moins camufe que celle du rouge : au refte , il reffemble au rouge pour la quantité & la forme de fes nageoires. On prend quelquefois des Maquereaux avec les Grondins gris.

J'ai dit à la page 109 , que le gros Grondin, gravé *Planc. VIII*, *fig.* 1, fe nomme à Saint-Jean-de-Luz, *Bourreau,* ou, en termes de Pêcheurs, *Burrau.* Il falloit mettre , fuivant l'idiôme du pays, *Burrêu.*

Additions à la Section VI.

EN parlant, page 138, du poiffon que nous appellons *Vive,* je me fuis contenté de rapporter quelques-uns des noms qu'on lui donne, choififfant ceux qui m'ont paru le plus en ufage ; de ce nombre eft l'Araignée. A cette occafion, il eft bon de prévenir qu'on donne auffi le nom d'Araignée de Mer , à un Crabe qui a de très-longues pattes, dont je parlerai en fon lieu. J'ai dit que je foupçonnois qu'on avoit en quelques endroits donné le nom d'Araignée à la Vive, à caufe que les piquûres qu'elle occafionne , caufent des vives douleurs qu'on a comparé aux morfures des Araignées, que quelques-uns ont cru vénimeufes. Gefner s'eft beaucoup étendu fur les fâcheux accidents qui réfultent quelquefois des piquûres des aiguillons des Vives, & fur les remédes propres à en calmer les douleurs. Il m'a paru fuperflu de m'étendre fur ces recettes, dont je n'ai pas pu conftater l'efficacité par mes propres expériences : je me contente d'inviter à confulter ce qu'Afcanius & Belon ont dit à ce fujet. Mais ayant eu occafion de m'affurer que le lait de pavot, l'opium, & même l'eau de Luce, calment les douleurs occafionnées par la piquûre des Abeilles & des Guêpes, on pourroit éprouver fi les mêmes calmants n'opéreroient pas le même effet pour les piquûres des Vives.

M. le Préfident de Borda ; qui fe fait un plaifir de venir fouvent à mon fecours, m'écrit qu'il n'a pas été à portée de bien connoître le Maigre dont j'ai parlé, fixiéme Section, page 137, mais bien un poiffon qu'il nomme Borrugue. J'ai parlé dans cette Section du Borruga que je foupçonne être un Umbrine : je ne fais fi c'eft le Borrugue que M. le Préfident de Borda connoît fort bien.

M. le Préfident de Borda me marque encore , à l'occafion du Mulet, ou Meuille, dont j'ai parlé page 143, qu'on en prend beaucoup dans les Riviéres qui fe jettent à la Mer, particuliérement dans l'Adour; qu'on y en voit toute l'année, mais principalement l'été, & au commencement de l'automne. Et quoique nous nous foyons affez étendus fur la pêche de ce poiffon , on peut ajouter que dans l'Adour, lorfque les poiffons retournent à la Mer , on établit dans le lit de la Riviére de grandes naffes, dont l'entrée eft tournée vers le haut de la Riviére ; quand un homme chargé de faire le guet, s'apperçoit qu'il s'y en eft raffemblé un nombre, il abaiffe une vanne qui les empêche d'en fortir.

Les Pêcheurs de Cap Breton, au lieu de la naffe dont nous venons de parler, tendent un fort verveux à l'embouchure d'un ruiffeau. Une partie des Mulets entre dedans

dans, & font pris ; l'autre, effarouchée par le verveux , remonte vers la fource, mais on les arrête par un filet qui traverfe le Ruiffeau : les poiffons font tous leurs efforts pour franchir cette barriére, ou en paffant par-deffous la ralingue du filet , ou en fautant par-deffus ; les Pêcheurs employent diffé-rents moyens pour en prendre le plus qu'il leur eft poffible ; quand l'eau eft baffe, ils en prennent beaucoup , en les dardant avec des fouannes, ce qu'ils font avec beaucoup d'adreffe.

Il eft bon d'ajouter à ce que j'ai dit page 145, fur la pêcherie nommée *Sautade*, qu'on voit repréfentée *Sect. VI, Pl. V, fig.* 2 , que quelquefois on tend les filets fédentaires fur des piquets, & qu'alors la corde qui forme le dehors de l'enceinte, doit être plus élevée que celle de l'intérieur , afin de mieux arrêter le poiffon qui s'élance pour s'é-chapper.

Au bas de cette même planche , *fig.* 3 , on voit la pêche, avec une petite faine qu'on nomme *Mulier*. Il eft bon d'être pré-venu que quelquefois ces filets font tremail-lés ; on peut confulter, premiére Partie, deuxiéme Section , les Planches 25, 26, 31, 32, 33 & 34.

J'ai parlé du Bar à la page 141 ; j'ai dit qu'il étoit un des meilleurs poiffons de la famille des Muges. Suivant Belon & Gef-ner, on le nomme en Latin *Lupus Mari-nus*, ce qui a peut-être engagé à le nommer à Marfeille *Louvazzo*, en Corfe *Luazzo*, *Verolo* à Venife , *Spinola* à Rome , à Bengale *Robelle*.

Dampierre dit qu'il y en a beaucoup à l'Ifle de Timor. Comme dans ce genre il y a beaucoup de variétés, il en a réfulté qu'on a affecté quelques-uns de ces noms à cer-taines variétés. On dit que ce poiffon a l'ouie très-fine , & que le moindre bruit l'effarouche. Néanmoins Ariftote dit qu'on en prend avec le harpon , lorfqu'ils font endormis ; ils font très-fenfibles au froid ; les grands hivers leur font perdre la vue, & même beaucoup périffent.

On prétend qu'ils frayent deux fois l'an-née, & qu'ils dépofent leurs œufs à l'em-bouchure des Riviéres. On en trouve peu dans la rade de Breft , mais beaucoup à la côte de Saint-Mathieu, ainfi qu'à l'Ifle des Saints & à Granville. M. Deshayes m'a écrit qu'on y en prenoit toute l'année , mais plus abondamment en Avril & en Mai.

Je dois avertir, qu'en parlant à la page 142, d'un bon poiffon qu'on pêche auprès de Bayonne, je l'ai nommé *Thyourre*. M. le Préfident de Borda me marque qu'on écrit *Thyourc*.

Je ne fais par quel accident on a oublié d'imprimer une feuille à cette Section à l'endroit où je parle des Muges. Je vais

réparer cet oubli. Nous avons dit que les poiffons du genre des Muges faifoient un bon manger lorfqu'ils étoient frais , & quand ils avoient été pêchés fur un bon fond. Cette raifon a engagé à employer différents moyens pour les conferver ; on en fale, comme on fait les Saumons : on voit à la Planche V comment on les fume , & comment on les boucane au Bréfil ; mais la meilleure préparation qu'on peut leur donner, eft de les mariner. Pour cela , quand on les a vuidés , & qu'on a ôté le fang le plus qu'il eft poffible , on leur retranche la tête, & on les fait bouillir pendant trois quarts-d'heure dans de l'eau , avec plus ou moins de fel & d'épices , fuivant le temps qu'on fe pro-pofe de les conferver. Après les avoir tiré de l'eau , on enléve la groffe arête , & on les étend fur des claies pour les laiffer s'égoutter & fe réfroidir. Enfin , on les arrange dans des pots de grès avec de bonne huile, qui doit être en affez grande quantité pour couvrir le poiffon ; au moyen de cette préparation , ils fe confervent pref-que auffi bien que s'ils étoient falés , & ils font bien meilleurs. On mange les œufs frais, mais le plus fouvent on en fait de la Poutargue, comme nous l'avons expli-qué à la page 145. Les poiffons dont on a retiré les œufs fe vendent auffi bien que les autres. Comme dans le corps les œufs font partagés en deux lobes, les mor-ceaux de Poutargue font auffi en deux par-ties , qu'on nomme *Pendants* : ceux qui font bien préparés , doivent être à l'exté-rieur d'un brun rougeâtre , qui à l'inté-rieur tire à l'orangé.

Les Muges qu'on prend au Martigues font eftimés , ainfi que la Poutargue qu'on y fait en affez grande quantité , puifqu'on y en prépare tous les ans environ trente quintaux. On fait encore de la Poutargue avec les œufs de plufieurs autres poiffons ; mais on donne la préférence à celle des Mulets.

J'ai parlé affez amplement des Bourdi-gues à la feconde Section de la premiére Partie, page 57 & fuivantes , & encore à la page 63, où il s'agit de celle qu'on appelle au Martigues , Bourdigue du Roi. Mais comme on prend dans ces pêcheries plufieurs efpéces de poiffons, dont nous avons parlé dans les Sections précédentes , j'ai jugé con-venable d'y revenir , pour rapporter quel-ques circonftances qui m'ont échappées aux endroits cités. On fe rappellera que dans certaines occafions, pour engager les poif-fons à entrer dans les Bourdigues, on tend au-devant un grand filet, nommé *Caponnière*, dont les mailles ont quatre à cinq pouces d'ouverture, & qui forme du côté de l'é-tang un grand entonnoir ; mais quand le canal , qui communique de l'étang à la

Mer, est fort large, on établit à côté les unes des autres, plusieurs bourdigues qui empêchent les poissons de s'échapper, en passant entre la bourdigue & la terre.

On se rappellera encore que nous avons dit aux endroits cités, qu'on distingue ces pêcheries en bourdigues d'été & bourdigues d'hiver; à celles d'été, les cannes sont plus écartées les unes des autres qu'à celles d'hiver; car l'été on ne prend guère que des gros Muges, qu'on nomme à Poutargue, parce qu'ils ont le corps rempli d'œufs, & que cette pêche dure depuis le mois de Juin jusqu'au mois d'Août; aulieu que vers le mois de Septembre, saison où l'on tend les bourdigues d'hiver, les fraîcheurs engagent les poissons de passer à la Mer; & dans ce nombre, il y en a de différentes grosseurs. Ces bourdigues d'hiver restent tendues jusqu'au mois de Mars, qui est le temps de la déclôture des bourdigues.

Il suit delà, qu'on prend des poissons dans les bourdigues presque tous les mois de l'année; mais chaque espéce a sa saison d'entrée & celle de sortie. Depuis le mois de Juin jusqu'au mois d'Août, on ne prend presque que des gros Muges à Poutargue, au commencement de Septembre, on prend des Sarguets, des Aurades, des Loups: ensuite paroissent les poissons qu'on nomme d'hiver; savoir, de petites Aurades, des Muges de toutes les espéces, des Anguilles en grand nombre, des Rougets, des Soles, des Turbots, des Aloses, quantité de Sardines, des Melettes, & beaucoup de petits poissons qu'on nomme *Meslis* ou *Blanchailles.*

J'ai encore parlé au commencement de cette Section page 147, du Muge volant, qu'on appelle en quelques endroits Milan de Mer ou Faucon, en Provence Béluga, en Languedoc *Lucerna,* &c. Mais comme il y a beaucoup d'espéces de poissons volants, & qu'il m'est parvenu depuis l'impression de cet Article, un de ces poissons frais & bien conditionné, j'ai cru le devoir faire graver dans sa grandeur naturelle, d'autant que c'est de tous les poissons volants, celui qui m'a paru avoir le plus de rapport au Muge.

Sa gueule *A, Pl. VI, fig.* 3, est petite, & parfaitement ronde, ses yeux *C* sont grands, sa tête assez grosse, comprimée sur les côtés; les écailles sont de différentes couleurs, mais le rouge domine. Il a sur le dos, du côté de la tête, un petit aileron caché par les ailes; du côté de la queue, il y a un autre aileron *K,* plus long que l'autre; & sous le ventre, un aileron *L,* qui a moins d'étendue que celui *K* : l'aileron de la queue *B* est très-fourchu, mais inégalement; la portion *E, G,* qui est la continuation du ventre, est plus longue que la portion *E, F,* qui est la continuation du dos.

Les nageoires *D, D,* de derriére les ouies, sont, comme à tous les poissons volants, très-grandes, parce qu'elles lui servent d'ailes. Il a de plus sous le ventre de chaque côté, une nageoire assez grande *H, I,* la peau ou les écailles sont rudes au toucher.

Les uns disent que sa chair est fort agréable à manger, & d'autres la disent médiocre; ce qui peut dépendre ou de sa nature, ou de ce qu'il y a effectivement plusieurs espéces de poissons volants.

On aura, je crois, une juste idée des poissons volants, si l'on joint à ce que nous venons de dire, ce qu'on trouve aux endroits que nous avons indiqués.

Additions à la Section VII.

APRÈS avoir parlé au commencement de la septiéme Section des Maquereaux de différentes espéces, je dis quelque chose à la page 188 d'un poisson qui a quelques rapports éloignés avec les Maquereaux, & qu'on nomme, pour cette raison, *Maquereau bâtard.* Une personne qui a demeuré plusieurs années à Péterfbourg, m'a dit qu'on prenoit abondamment dans la Neva, principalement en Avril, Mai & Juin, un poisson nommé *Ségui,* qui ressemble au Maquereau par la couleur de sa peau, par sa chair qui est ferme, blanche & de bon goût. Les gros ont 15 pouces de longueur; ils sont, proportionnellement à leur taille, plus larges que les Maquereaux; ce qui engage à les comparer à la Brême. J'inclinerois, d'après cette courte Description, à penser que le Ségui de la Neva a beaucoup de rapport avec le Maquereau bâtard, qu'on nomme en plusieurs endroits *Carangue.* On pêche aux Antilles, un poisson qu'on nomme Carangue, & qu'on dit être très-bon; je ne sais si c'est le même que celui dont j'ai parlé page 188, & qui est gravé sur la planche première, figure 2.

J'ai donné à la page 209, des remarques abregées sur les poissons de la famille des Thons, & entr'autres sur la Palamide ou Pélamide de Languedoc, qui est la Liche de Provence; mais j'ai fait l'aveu en cet endroit, que ce que je rapportois n'étoit que d'après les Auteurs. Je crois donc devoir mettre ici une note que j'ai reçue de M. Gautier de Toulon, qui joint des connoissances d'Histoire Naturelle à beaucoup d'autres en différents genres. On m'apporta, dit-il, il y a quelques jours, une

Liche qui avoit été prife dans une madrague ; elle pefoit quarante-deux livres, fa largeur en *E*, *F*, *Pl. VI*, *fig. 4*, faifoit le quart de fa longueur totale *A*, *B*, fa gueule *A*, eft grande, les machoires font garnies d'afpérités, les yeux *C* font grands, la prunelle noire, l'iris eft jaune ; il y a en *G* un rang d'épines qui ne font liées par aucune membrane : derriére chaque ouie eft une nageoire *N*, & deux autres fous la gorge en *O* ; fur le milieu du dos on voit un petit aileron *H*, & un autre à-peu-près pareil en *K* : depuis ces ailerons jufqu'au commencement de l'articulation de l'aileron de la queue, regne la rangée de petits ailerons détachés les uns des autres, ou pinnes, *L* qui font le caractére des poiffons de cette famille ; & une pareille rangée *M* fous le ventre, depuis l'aileron *K* jufqu'à la queue *B*, dont l'aileron eft fourchu.

La chair de ce poiffon eft plus délicate que celle des Thons, il n'a point d'écailles : fa peau douce au toucher l'a peut-être fait nommer *Lyffa* ou la *Lyffe*. Le dos eft d'un gris brun, cette couleur s'éclaircit fur les côtés ; le deffous du ventre eft blanc ; les lignes latérales font d'un brun très-foncé.

Additions, à ce que j'ai dit, fur les petits Bateaux qu'on nomme Barges à l'entrée de la Loire, & fur les travaux de ceux qui s'en fervent pour la pêche.

J'AI dit, premiére Partie, premiére Section, page 42, que les pêcheurs de l'entrée de la Loire font des pêches affez confidérables avec des petits bateaux à fonds plat & qui portent un mât & une voile ; en outre j'ai eu plufieurs fois occafion de parler de l'ufage qu'on fait de ces petits bateaux qu'on nomme *Barges* ; je me fuis fur-tout fort étendu dans la feconde Partie, Section III, page 376, fur ce que pratiquent les pêcheurs de Piriac pour prendre des Harengs. Quoique l'on trouve à cet endroit des chofes intéreffantes fur cette pêche, je crois qu'il ne fera pas fuperflu de rapporter ici ce que M. Desforges-Maillard, qui a long-temps habité le Croific, m'a écrit fur la façon de vivre, & de pêcher des habitants de l'ifle de Trentemoux.

L'ifle de Trentemoux eft fituée fur les bords de la Loire oppofés au Port de Nantes, à la diftance d'environ une lieue : les habitants de cette ifle n'ont aucune autre occupation que la pêche qu'ils pratiquent depuis leur plus tendre jeuneffe jufqu'à ce qu'ils meurent ; ils font prefque continuellement fur l'eau, le foin de leur maifon eft entiérement abandonné à leurs femmes ; ils ne les habitent que certains jours de folemnité, ou lorfqu'ils font retablir leurs filets, ou quand le dérangement de leur fanté les force de prendre quelque repos ; mais c'eft fort rarement.

Ce que j'ai à dire des Bargers, me fournira l'occafion d'ajouter quelque chofe à ce que j'ai dit de la pêche de plufieurs poiffons dont jai parlé dans les Sections précédentes ; ce qui m'a engagé à placer cet article à la fin des additions ; mais je rendrai ces digreffions les plus abrégées qu'il me fera poffible.

On nomme les habitants de l'Ifle de Trentemoux *Bargers*, nom qui dérive de celui des petits bateaux qui leur fervent à la pêche, & qui font la plus grande partie de l'année leur demeure : ces fortes de bateaux faits en gondoles comme les Pirogues du Canada, ont de 15 à 20 pieds de longueur fur fix pieds de largeur ; ils n'ont qu'un mât très-penché vers l'arriere ce qui joint à leur conftruction les rend favorables pour la marche ; il n'y a jamais que trois hommes pour conduire ces barges à la voile : un feul eft au gouvernail, dans les calmes deux hommes rament pendant que l'autre affis à l'arriére fur un petit efcabeau dirige la route avec un aviron, & contribue à la marche, de concert avec les deux rameurs. Pour peu qu'on ait navigué, on connoît la force & l'influence de la rame, qui dans les petits bateaux en tenant lieu du gouvernail, ajoute aux efforts des rameurs. Il eft étonnant que dans ces petites nacelles qui n'ont point de quille, & qu'on croiroit devoir être renverfées par le vent le plus foible, ces hommes de mer traverfent une étendue de chemin confidérable, puifqu'on les voit fouvent aller de Belle-Ifle à la Rochelle, ou à Bordeaux ; il faut avouer auffi que ces malheureux trouvent fréquemment leur tombeau dans les flots qu'ils affrontent, fans que leur exemple détermine les autres à prendre un autre genre de vie : ces foibles bateaux font leur afyle, & cette quantité d'hommes laborieux ne connoiffent d'autres délices que ceux que leur offrent ces légers efquifs, où ils entrent en naiffant, & qu'ils ne quittent qu'avec le jour.

Aux approches du printemps, ils font occupés fur la Loire à la pêche des Saumons, des Alofes, des Barbottes, des Brêmes, des Carpes, des Lamproyes, &

généralement de tous les poissons de riviére d'une certaine grosseur qu'ils prennent au filet : le jour & la nuit assidus à leurs travaux, ils ne se reposent que dans les intervalles nécessaires, pour donner le temps au poisson de donner dans le filet. Quand ils en ont une certaine quantité ils se rendent au port de Nantes, où jamais ils ne passent un jour dans l'oisiveté : leur poisson vendu, aussi-tôt ils retournent au travail.

Lorsque l'été approche & que les coups de vent du printemps sont passés, comme un essaim d'abeilles, ils partent en flotte, & se rendent sur les côtes de Bretagne qu'ils fournissent du poisson de leur pêche. Les provisions qu'ils font pour leur campagne ne sont pas considérables ; trois paillasses, autant de couvertures de laine, un rechange de vêtements, trois chemises, autant de paires de bas de laine brune, deux bonnets de laine blanche & quelques autres petits vêtements, un chaudron de cuivre, une bouteille de terre grise contenant environ quatre pots, un petit barril à l'eau, voila leur emmenagement, auquel ils ajoutent les différents filets dont ils ont besoin pour leur pêche.

Arrivés aux côtes avec leurs petites provisions, ils tendent leurs filets dans les lieux qu'ils connoissent, quelquefois à une ou deux lieues de terre, où ils prennent des reconnoissements pour les retrouver, & attachent à chaque bout des gros morceaux de bois pour les appercevoir de plus loin & les reconnoître pendant que les filets sont tendus ce qui dure ordinairement 24 heures. Quand les Bargers ont tendu leurs filets, ils regagnent la côte & s'y tiennent à l'abri des vents : ils font dans leur barge une tente avec leur mât & leur voile, sous laquelle ils apprêtent leur repas, mangent sobrement, boivent de même. Si deux ou trois Bargers se trouvent au même endroit, ils se visitent, jouent aux cartes sans intérêt, & se procurent les agréments de la société, par des amusements qui n'ont pas les suites ordinaires de la débauche, qu'ils évitent. Lorsque le coucher du soleil les avertit de se reposer, chacun se retire dans sa barge, ils se couchent sur leur paillasse & s'endorment.

Le lever de cet astre bienfaisant vient rouvrir leurs paupiéres : leur toilette n'est pas longue, un peu d'eau de la Mer lave leur visage & leurs mains, voila leurs parfums ; le soleil & la marée qu'ils observent font leur horloge ; ils levent l'ancre, mettent à la voile, ou rament quand le calme les y contraint ; ils partent, arrivent à leurs filets, les retirent de l'eau, & en rendent d'autres dans un lieu voisin. Lorsque la pêche est trop abondante pour être vendue avec avantage dans les petites villes qui bordent les côtes, la pêche de plusieurs Bargers se rassemble dans une seule barge qui se détache pour se rendre à Nantes ou dans quelque ville un peu considérable, pour y vendre tous les poissons qu'on lui a confiés ; le produit de cette vente est remis avec la plus grande exactitude à celui à qui il doit appartenir ; & jamais on ne les a vû se reprocher un manquement de bonne foi dans ces opérations ; avec le reste de leur pêche qu'ils estiment suffisant pour les petites Villes voisines des côtes qu'ils habitent, les Bargers rentrent au port ; s'ils y viennent à la voile, ils lavent leur poisson, lui donnent un air de propreté ; s'ils sont forcés de venir à la rame, ils jettent l'ancre à l'entrée du port, y arrangent leurs filets & leur poisson ce qu'ils auroient fait à la voile, & tout étant en ordre, ils arrivent & vendent eux-mêmes leurs poissons.

Leur vente faite, ils achetent du pain, & du vin, s'en retournent dans les petites bayes, anses, ou ouvertures de rochers, où ils ont passé la nuit précédente, à moins que la violence des vents ne les retiene au port ; mais ils ne quittent pas pour cela leurs barges, ils ne vont point au cabaret, aussi peu attentifs à tous les événements des Villes, ils restent dans leurs barges qu'ils ne quittent que pour mettre leurs filets au sec & pour les racomoder ; aucuns autres qu'eux n'y mettent la main, ils vivent dans les ports comme aux bords des côtes, il font leur cuisine à bord de leurs barges & ne connoissent point d'autre plaisir.

Les Bargers ne vivent que de poisson toujours bouilli, & cuit à l'eau de la mer, on ne pourroit point s'imaginer que ce seul apprêt puisse procurer un bon manger ; cependant il est vrai qu'il est excellent. Ils font d'abord cuire leur poisson avec l'eau de la Mer : quand il est suffisamment cuit, ils le retirent du chaudron, l'égouttent dans un panier, jettent l'eau, & font fondre dans le même chaudron un morceau de beurre avec un peu de vin & quelques oignons ; ils font ainsi une sauce excellente, où ils mettent le poisson dont chacun prend son morceau avec son couteau & le mange avec du pain. Leur feu se fait au milieu de la barge sur une large pierre ; la cuisine finie, ils jettent le charbon à la Mer, de crainte d'accident, & sont obligés de battre le briquet à chaque fois. Ils observent tous les jours le même genre de vie, & ont les mêmes occupations. Les poissons qu'ils prennent aux côtes de la Bretagne sont le Merlu, le Lieu, le Merlan, le Grondin gris, le Grondin rouge, le Rouget, le Turbot, les Poules de Mer ou les Dorées, les Rayes, les Soles, les Plies de toutes les grosseurs, à quoi il faut ajouter des Crustacées, Langoustes, Homars, Crabes, &c.

Les

Les Bargers font sécher au soleil les Chiens de Mer, les Roussettes, une sorte de Raye qu'ils nomment *Ange*, & les Torpilles, qu'ils appellent aussi *Tremble*, à cause de la commotion électrique qu'elles occasionnent quand on les touche. Ces Poissons peu estimés sont par eux séchés, conservés & envoyés ou apportés dans leurs ménages pour nourrir leur famille pendant leur absence. La pêche des poissons que j'ai nommés dure jusqu'au commencement d'Octobre ; pendant tout cet intervalle ils ne viennent que très-peu à la maison pour y faire racomoder leurs vêtements ; ceux qui viennent à Nantes en apportent de nouveaux à leur retour, & donnent à leurs camarades des nouvelles de leur famille. Il est incroyable combien les Bargers connoissent le temps, & prévoyent les coups de vent qu'on éprouve aux bords de la Mer, même pendant l'été. J'ai déja dit qu'ils sont toujours près des côtes ; la veille d'une tempête dont aucune apparence ne se manifeste, on les voit tous aborder au port ; le coucher du soleil, la couleur des nuages, & l'agitation des flots qu'ils sentent se soulever sont autant de pronostics qui dirigent leurs actions.

Les premiers jours d'Octobre, ils se préparent à une nouvelle pêche pour laquelle ils ont eu soin d'arranger de nouveaux filets ; cette pêche est celle du Hareng, elle est très-abondante aux côtes du Poulinguen & aux environs du port du Croisic à cause des grandes bayes & anses sans rochers qui regnent le long de ces côtes. Le Hareng n'aime pas les rochers, & ne se prend que sur des fonds unis & des terreins sablonneux. Ce poisson arrive en troupe à la fin de l'Automne ou au commencement de l'Hiver ; son séjour aux côtes de Brétagne ne dure qu'environ trois mois, cette pêche est d'un très-grand produit ; car les Bargers en trouvent facilement la défaite dans les petites Villes, parce qu'on les y sale pour les conserver, ou bien on les y fume pour le Carême, quelquefois même on les confit avec du Vinaigre, & c'est un bon manger.

La pêche du Hareng étant finie vers la mi-Janvier, ils profitent d'un beau jour pour revenir dans leurs maisons où ils sont souvent obligés d'entrer par la fenêtre du grénier ; car cette petite peuplade suit dans ses habitations l'élévation des eaux de la Loire qui les délogent souvent ; au reste leurs maisons sont propres, ils ont des jardins qu'ils ensemencent de legumes & de lin, c'est l'ouvrage des femmes. Enfin par leurs travaux assidus & leur industrie, les habitants de Trentemoux vivent dans une abondance proportionnée à leurs besoins qu'ils savent mesurer à leur état.

Leur retour à leurs ménages ne les rend ni moins actifs, ni moins laborieux ; ils y font de nouveaux filets pour la prochaine campagne, & sont sans cesse occupés à la pêche des poissons que fournit la Loire en attendant l'arrivée des Saumons.

La pêche que font les Bargers, ne les oblige à d'autres frais, qu'à ceux des filets & de leur entretien ; eux seuls les font, les raccommodent, & en évitant l'oisiveté & ses suites, ils gagnent ce que la paresse donne à des étrangers, qui malgré leur salaire, n'y apporteroient pas les mêmes soins. Quand les filets sont usés, ils les roulent, les lient avec des ficelles, & en font des cordages d'une force suffisante pour les tenir à l'ancre. L'économie, la sobriété & ce travail des Bargers, les rend très à l'aise ; ils sont pour la plupart riches. M. Desforges-Maillard dit, qu'il en connoît qui ont des fonds de terre assez considérables, & qui pour cela ne quittent pas l'état où ils sont nés. Ils ne vivent, comme je l'ai dit, que de poissons ; mais avant que d'en vendre, ils commencent par mettre à part leur provision, dont jamais ils ne consentent à se défaire ; je leur ai, dit M. Desforges, souvent offert un prix plus fort, pour avoir au besoin le plat qu'ils se réservoient ; ils eussent pu avoir de la viande ; ils n'ont jamais voulu y consentir ; ils ne changent point de régime ; ils préférent à la viande, au défaut de poisson, les coquillages dont ils vont dépouiller les rochers. Cette manière de vivre est donc bien saine, à en juger par leur embonpoint, & la vieillesse où on les voit arriver : ils ne connoissent pas les productions de l'Inde, qui ruinent la santé des habitants des Villes, & sont bien plus robustes & plus sains que les gourmands, dont les mets recherchés épuisent les goûts & l'estomac.

L'habitude, le régime de vie des Bargers les rend insensibles au chaud & au froid ; toujours vêtus d'habillements faits de laine, ils ne marquent point les saisons par la différence de leurs vêtements ; l'été, exposés à toute l'ardeur du soleil, ils ont le teint brûlé comme les mains, sans chercher à se garantir. L'hiver, ils supportent les rigueurs du froid sans quitter leurs barges, & n'y font point d'autre feu que celui qui est nécessaire pour cuire leur manger ; ils se garantissent de la pluie, en formant une tente avec leur voile : si la pluie les surprend en Mer, aussi-tôt qu'ils sont arrivés au Port, ils changent de vêtements ; & dès que le soleil paroît, ils y exposent leurs hardes pour les faire sécher.

Il est peu commun de trouver une peuplade d'hommes aussi sages & aussi laborieux. Je ne finirai pas sans parler de leurs amufements ; les foirs, quand ils fe trouvent plufieurs, ils fe raffemblent, & danfent entr'eux fans mélange d'autre fexe ; leur danfe approche de celle des Sauvages. Les airs qu'ils chantent font originaux ; mais les figures font encore plus finguliéres ; tantôt ils vont fur un pied, tantôt une main à terre, tantôt les deux, & toujours en cadence. Enfin, cent poftures comiques rendent ces divertiffements curieux ; les Bargers font gens très-fûrs & de très-bonne foi ; on peut les charger de toutes les commiffions les plus intéreffantes ; ils s'en acquittent avec autant d'intelligence que de fidélité ; ils ne s'allient qu'entr'eux ; leur fageffe & leur frugalité procure une fécondité étonnante ; & l'Ifle qu'ils habitent eft très-peuplée. Il feroit à fouhaiter que ces Pêcheurs, en s'établiffant en d'autres lieux, puffent y infpirer leur amour pour le travail & la décence de leurs mœurs.

Additions à la Section VII.

J'ai fait graver un Taffard ou Tazard, Planche VII de la Section VII, & j'ai dit quelque chofe de ce poiffon à la page 206 de cette Section. Dans le temps de l'impreffion de cette Section, je n'ai pas pu trouver dans mes Mémoires ce qu'on m'avoit écrit au fujet de ce poiffon, en m'envoyant la figure que j'ai fait graver : ayant depuis retrouvé ce Mémoire, qui regarde un bon poiffon dont on fait un commerce affez confidérable en Afrique, je crois devoir le faire imprimer ici par addition.

Entre les pêches que l'on fait en Barbarie, aux côtes de la Mer Océane dans le Royaume de Maroc une des principales eft celle des Tazards ; elle fe fait principalement par les Mores naturels du pays. Une partie du poiffon provenant de cette pêche fe tranfporte dans les montagnes, & l'autre eft enlevée en temps de paix par les Européens qui y vont faire la pêche, ou plutôt l'achat du poiffon.

Les principales pêcheries des Tazards font à Sainte-Croix de Barbarie & à Tamara, qui n'en eft éloigné que de trois lieues ; elles fe font dans la petite Baie, qui eft à cette côte.

Les François y ont quelques Négociants, parce qu'outre les cargaifons des Tazards que l'on y peut faire, on y charge d'ailleurs, des cuirs, des Maroquins de toutes efpéces, de la cire, des gommes & réfines, qui entrent dans la compofition des vernis, du miel, de l'huile, des amandes, des dattes & autres efpéces de fruits du crû du pays.

Les Tazards, comme on l'a déja remarqué, font du genre des Thons ; ce poiffon a les ailerons, les nageoires, & toutes les autres parties extérieures, qui lui reffemblent tellement, que plufieurs ont cru devoir le regarder comme une variété du Thon ; fa tête eft plus longue, & fes machoires font garnies de petites dents très-fines & fort pointues ; il eft auffi plus alongé que le Thon : le goût en eft différent, & lorfqu'il eft falé, ne fut-ce que du foir au lendemain, le manger en eft excellent, parce que le fel raffermit les chairs du Tazard, qui font ordinairement fort molles. Quand elles font fraîches, elles font plus blanches que la chair du Thon ; mais elles deviennent par la fuite d'une couleur rouge, comme celle du Saumon d'Irlande ou de Hambourg. Les plus petits Tazards que l'on pêche pefent cinq à fix livres, & les plus forts quinze à vingt livres.

La traite de cette forte de faline qui fe met en grenier, comme la Morue de Terre-Neuve, fe fait aux Ifles de Canarie & des Açores ; il n'en entre guère en Europe ; la confommation n'y eft pas d'ufage.

La pêche commence à la fin de Juin, & dure jufqu'en Septembre. On fait cette pêche *Pl. VII, fig.* 3, à la faine ; pour cet effet, les Pêcheurs portent au large leur téfure ; & après qu'ils ont enveloppé l'efpace qu'ils veulent enclorre, les petits bateaux qui ont, comme on dit, les fonds plats & larges, rapportent à terre les bouts de la faine, fur lefquels les Pêcheurs qui font à la côte halent.

Il y a dans ces fortes de bateaux trois ou quatre Rameurs, & à l'arriere un Pêcheur qui jette la faine à la Mer.

Les Tazards fe prennent comme les Thons & les Maquereaux, à fleur d'eau. On a obfervé que la côte y eft fi poiffonneufe, que la pêche y eft toujours abondante, & elle le deviendroit encore plus, s'il s'y rendoit un plus grand nombre de Navires pour y prendre leur cargaifon ; car comme les Tazards font des poiffons de paffage, il n'y a pas lieu de craindre que la pêche que l'on fait à la côte, en détruife l'efpéce.

Les bâtiments qui y vont charger du Tazard, ne fe muniffent pour cette pêche que du fel dont ils ont befoin pour la préparation du poiffon qu'ils pêchent ou qu'ils achétent. Quelquefois ils en prennent aux côtes d'Efpagne ; car les fels d'Afrique ne paroiffent point avoir tant de qualité que ceux d'Europe. Quand les bâtiments font arrivés à la côte, celui qui eft chargé de leur procurer la cargaifon, en obtient la permiffion du Gouverneur ou Alcayde, & c'eft à ce Commandant feul qu'ils ont à faire; c'eft lui qui donne ordre aux Pêcheurs de porter à bord les poiffons qu'ils pêchent, & c'eft à lui qu'ils s'adreffent pour être payés de leur peine.

Il faut fouvent peu de jours pour faire la cargaifon d'un bâtiment de foixante à quatre-vingts tonneaux; quand les petites chaloupes ont apporté à bord le poiffon de la pêche, le Maître ou le Capitaine donne au Patron Pêcheur, une note de ce qu'il lui a livré, que celui-ci remet à l'Alcayde. La livraifon du poiffon fe fait au cent; ceux qui péfent dix à douze livres, font marchands, quand ils péfent moins, ou en donne à proportion, deux pour un, ou trois pour deux.

Les équipages des bâtiments qui font en chargement préparent & falent eux-mêmes leur poiffon; s'ils font peu de monde, & que la pêche foit abondante, ils prennent des Mores à la journée; ceux-ci ne font qu'ouvrir le poiffon, & en tirer les iffues; ce font les équipages qui le falent en grenier, comme nous l'avons dit en parlant de la pêche de la Morue à Terre-Neuve, & du Maquereau à l'Ifle de Bas.

On ouvre le poiffon de la tête à la queue en deux, comme font préparées les Morues féches du Nord; l'arête refte entiere: quand il eft ainfi ouvert, on le lave dans l'eau de la Mer, & pour cela on accroche plufieurs poiffons enfemble, plus ou moins, fuivant leur grandeur; quand ils font bien lavés, on les met égoutter fur une table ou un panneau d'écoutille: il ne faut que peu de minutes pour les égoutter: on le jette enfuite dans le fonds de cale, où on les empile en grenier en les couvrant de fel; plus ils font frais pêchés, & meilleure eft la marchandife.

Ce commerce eft affez lucratif, parce qu'il faut peu d'avances pour en faire une cargaifon, & les retours étoient autrefois bien plus avantageux, lorfque le commerce des Indes étoit permis aux Habitants des Canaries & des Açores.

Les Mores pêchent auffi à la ligne une efpéce de poiffon que l'on nomme des grands Anchois; ils font de la longueur d'environ quinze à vingt pouces. Les Européens les méprifent, parce qu'ils jauniffent facilement & ranciffent en peu de temps, à caufe de la quantité d'huile dont ils font remplis. Les Mores qui les falent, coupent les chairs par plufieurs taillades, fans en couper l'arête; ils portent cette efpéce de faline dans les montagnes.

Les François qui vont faire la pêche du Tazard, font la plupart des Provençaux, ou des François établis à Cadix, qui y frettent de petits bâtiments, pour aller faire la traite aux côtes de Fez & de Maroc: il y va auffi quelques Anglois qui y font le même commerce.

Ce font auffi de petits navires qui font cette traite, toujours pour la même deftination; quelquefois au défaut d'autre cargaifon, on charge du Tazard quand on fe trouve dans la faifon de la pêche.

Quelques Habitants des Canaries y envoyent auffi, mais ne touchent point à Sainte-Croix, ni à Tamara, ils vont vis-à-vis de Mafagan & au Sud de Sainte-Croix à Rio de Loro; les Habitants Négres y font fauvages, & n'y font vêtus que de peaux; on y pourroit faire quelque commerce avantageux en y portant du fel qui y eft fort recherché. Les Efpagnols vont à terre librement à cette côte, y faire leur bois & leur eau; mais ils n'abordent point à Sainte-Croix de Barbarie, où le commerce n'eft permis qu'aux François & aux Anglois, quoique les uns & les autres foient en guerre avec les Mores; ils ne font point de bonne prife quand ils partent de chez eux pour aller commercer aux côtes de Fez & de Maroc.

EXPLICATION DES PLANCHES
ET DES FIGURES

Qui ont rapport à la VIII.e Section de la seconde Partie du Traité général des Pêches.

PLANCHE I.

On a représenté sur la Planche première plusieurs poissons du genre des Esturgeons.

Fig. 1. Elle a été dessinée sur un gros Esturgeon. *A* Le bout du museau qui est plus ou moins pointu, & toujours un peu relevé vers le bout.

N, quatre filets ou barbillons qui sont au-dessous du museau ; j'en ai vu quelques-uns qui n'avoient point ces barbillons ; j'ignore s'ils n'avoient pas été rompus.

L, les yeux qui sont petits.

F, les nageoires de derrière la tête.

T, T, les nageoires de dessous le ventre.

O, un petit aileron qui est sur le dos du côté de la queue.

P, un petit aileron à-peu-près pareil qui est sous le ventre.

B, l'aileron de la queue qui est fourchu, la partie *Q* est beaucoup plus longue que la partie *R*.

C, *D*, indique l'endroit le plus large du poisson.

E, *F*, une file de grandes écailles saillantes qui sont sur le dos, plusieurs sont terminées par un petit aiguillon.

G, *H*, une file de grandes écailles qui est sur les côtes.

I, *K*, une file à-peu-près pareille de grandes écailles, qui est du côté du ventre ; il m'a paru, comme on le voit dans ces différentes figures, que la forme de ces grandes écailles varient dans les différents individus ; mais je ne sais si ces différences dépendent de l'âge du poisson, ou si elles forment des variétés des poissons de même genre.

Fig. 2, Esturgeon de moyenne grosseur, dont les différentes parties sont indiquées par les mêmes lettres, qu'à celui *fig.* 1.

Fig. 3, le même poisson renversé & vu sous la gorge, pour faire appercevoir la gueule ou plutôt le suçoir *a* & l'anus *n*, placé sous le ventre entre les deux nageoires *T*.

Fig. 4, fort petit Esturgeon dessiné sur la nature ; le museau *A* étoit très-pointu, & les grosses écailles *G*, *H*, étoient assez différentes des mêmes écailles de la *fig.* 1.

PLANCHE II.

Fig. 1, la tête du même Esturgeon, *Pl.* 1, *fig.* 1, dessinée plus en grand & renversée, pour faire mieux appercevoir le suçoir *a*. Les figures 2, 3 & 4 sont des détails anatomiques, qui sont expliqués page 221.

PLANCHE III

Elle représente les bateaux & filets employés pour la pêche des Esturgeons sur les côtes de France.

Fig. 1, pêche au trémail, comme elle se pratique aux bords des rivières ; *A* & *B*, petits bateaux qui traînent le trémail *C*.

Fig. 2, *A*, *B*, bateaux qui servent pour cette pêche, & qu'on nomme *Filadiéres* ou *Coureaux*. *C*, le même bateau à la voile.

Fig. 3, pêche des Esturgeons, avec une saine à manche *b*, *e*, *d*, tirées par deux petits bateaux *a*, *c* ; on voit sur le devant des hommes & des femmes qui emportent les poissons qui ont été pris.

Fig. 4, anneau ou colet de fer qui sert à saisir le poisson.

Fig. 5, le même anneau *f*, *g*, avec son manche *h*, *i*. *Fig.* 6, Dard, vrac ou harpon, garni de son manche, pour prendre les gros poissons.

Fig. 7, petit bateau monté de cinq Rameurs, à l'arriére duquel on voit un homme prêt à jetter son harpon.

PLANCHE IV.

Fig. 1, Paysan Russe, qui tient une masse pour assommer les gros poissons.

Fig. 2, une Paysanne Finlandoise, qui tient un aviron.

Fig. 3, un Pêcheur Kalmouck, qui tient une perche garnie d'une ligne ; à la maniére des Sauvages il est en partie nud.

Fig. 4 & 5, bateaux dont se servent les Pêcheurs sur le Wolga ; ils ressemblent beaucoup aux pirogues des Sauvages. On voit sur le pont une cabane *A*, faite avec de l'écorce d'arbre, qui leur sert pour se mettre à l'abri du soleil ou de la pluie ; ils voguent avec une voile quarrée, ou le plus souvent à la rame.

PLANCHE V.

On voit à la figure première, comment les Pêcheurs disposent des cordes garnies d'haims, avec lesquelles ils traversent tout le Fleuve pour prendre toutes sortes de poissons, & particuliérement des Esturgeons ; sur le devant est un homme qui taille des pierres *a*, pour lester la corde ; *g*, un grappin de bois qui leur sert d'ancre ; *F*, une masse pour assommer les gros poissons ; *e*, des crocs pour les saisir par les ouies.

b, les lignes attachées à la grosse corde.

c, les haims.

d, morceaux de liége, qui pendent à des gances de crin.

A la *fig.* 2, on voit deux Matelots qui, ayant saisi un gros poisson par les ouies avec des crocs, l'assomment à coups de masse avant de l'embarquer.

PLANCHE VI.

PLANCHE VI.

On y a représenté plusieurs poissons.

Fig. 1, un poisson qu'on m'a envoyé sous le nom d'*Ichthyocolle*, & qui a quelque rapport avec ceux du genre des *Scomber*.

Fig. 2, poisson assez gros, qu'on nomme *Pilote* de haute Mer, parce qu'il suit les vaisseaux pour se nourrir de ce qu'on jette à la Mer; il confine à plusieurs égards, avec ceux du genre des Scomber; il ne faut pas le confondre avec un poisson très-différent, qu'on nomme *Pilote*, & dont j'ai parlé à la quatriéme Section.

Fig. 3, le Muge volant de grandeur naturelle.

Fig. 4, le poisson connu en Provence sous le nom de *Liche*; il différe, à quelques égards, de la Lysse de Rondelet, édition Françoise, page 103.

PLANCHE VII.

Elle a rapport à ce qui est dit du *Tassard* ou *Tazard*, à l'addition qui est à la fin de la septiéme Section.

La *figure* 1 représente les habillements des Pêcheurs Mores Africains des côtes de la Mer Océane.

On voit à la *figure* 2 les petites gondoles ou canots des Pêcheurs Africains, un voguant à la voile, & les autres à la rame.

La *figure* 3, représente les Mores, faisant la pêche des Tazards près les côtes, à la saine ou à la traîne; ce filet est une espéce d'aissaugue.

Figure 4, on voit des Mores dans leurs chalouppes qui apportent à un navire étranger, le poisson de leur pêche, ou d'autres marchandises dont ils font commerce.

❀❀❀❀❀❀❀❀❀❀❀❀❀❀❀❀❀❀❀❀❀❀❀❀

NOTICE GÉOGRAPHIQUE

Des principaux endroits dont il est fait mention dans cette huitieme Section.

A

ASTRACAN, ville archiépiscopale de la Tartarie Russienne ou Russie Asiatique, située dans l'Isle de Dolgoi, formée par le Wolga, près de son embouchure dans la mer Caspienne, 227.

Azoff (mer d'). Voyez Palus Méotides.

B

Baltique (Mer), grand Golfe de la mer d'Europe, entre l'Allemagne & la Pologne au Midi, le Danemark & la Suéde au Couchant, la Laponie au Nord, la Bothnie, la Finlande, la Livonie, la Courlande, partie de la Pologne, & le Royaume de Prusse à l'Est. Elle communique à la mer de Danemarck, par les détroits du Sund, le grand & le petit Belt; elle reçoit le Torna dans la Laponie Suédoise, la Duna à Riga, le Nyemen au Nord Est de Konigsberg, la Vistule à Dantzick, l'Oder au Nord de la Poméranie, 227.

Bengale, grand Royaume d'Asie, dans l'Indostan, sur le Golfe de même nom, a été traversé par le Gange, dont il renferme toutes les embouchures. Il confine au Nord avec les Royaumes de Narvar, Patna & Jesnat; à l'Orient avec ceux de Tipon & d'Aracan; au Midi avec le Golfe de son nom & le Royaume d'Orixa; à l'Occident avec les Royaumes de Bérar & de Malvay, 236.

Borysthène. Voyez Nieper, 227.

C

Caspienne (Mer), grand lac ou mer d'Asie, entre l'Empire Russien au Nord & à l'Ouest, la Perse au Sud & la Tartarie à l'Est; c'est, sans contredit, le plus grand lac dont on ait connoissance. Cette mer n'a aucune communication visible avec les autres mers; elle est parfaitement Méditerranée; elle est située entre les 37 & les 47 dégrés de latitude, & les 77 & les 83 dégrés de longitude: ensorte qu'elle peut avoir 150 milles d'Allemagne dans sa plus grande longueur, en comptant depuis l'embouchure de la riviére du Jaïck, qui se jette dans cette mer au Nord-Est, & environ 70 milles d'Allemagne en largeur, depuis l'embouchure de la riviére de Kur au Sud de la Province de Schirvan, presqu'à l'embouchure de la riviére de Khessel; cette mer a huit cents lieues de tour, 50 à 60 brasses de profondeur. La côte Occidentale à une lieue en mer, n'a que 24 pieds de profondeur: la côte Orientale est très-profonde, 227.

Cazan, Royaume d'Asie dans l'Empire Russien, formant aujourd'hui un des quatre Gouvernements de cet Empire, dans la Tartarie Russienne, ou Russie Asiatique, aux environs du Wolga, près de la rive duquel est située sa capitale de même nom, 233.

D

Don, riviére de l'Empire Russien, est une des principales riviéres de l'Europe qu'elle sépare de l'Asie dans sa partie la plus avancée vers l'Orient; elle a sa source à 25 lieues au Sud de Moscov, au Levant d'hiver du lac Jwan, coule en faisant un grand circuit du Nord au Sud, & va se jetter dans la mer d'Azoff ou de Zabache, après avoir reçu un très-grand nombre de riviéres dans son cours, qui est fort long, à cause des détours qu'il fait, quoiqu'il n'ait guères, depuis sa source jusqu'à son embouchure, à la prendre en ligne droite, que 80 lieues d'Allemagne, 227.

E

Ebre, grand fleuve d'Espagne, qui prend sa naissance sur les confins de la vieille Castille, dans les montagnes de Santillane, vers les frontiéres des Asturies, coule du Nord-ouest au Sud-est, traverse une bonne partie de la vieille Castille & de la Biscaye; delà entre dans la Navarre, qu'il sépare de la Castille, passe à Tudéle; de là Navarre il entre dans le Royaume d'Arragon, qu'il traverse tout entier, baigne les murs de Saragosse, cotoye la Catalogne, & se précipite dans la Méditerranée quelques milles au-dessous de Tortose, 224.

Euphrate, grand fleuve d'Asie, qui prend sa source en Arménie au mont Ararat, lave la ville Elbir, vient jusqu'à la Province d'Auxa, passe devant Hella; delà coule vers la ville d'Aria; & se joint au Tigre, près du bourg appellé Cornel.

F

Fez, Royaume considérable d'Afrique, sur la côte de Barbarie, entre le Royaume d'Alger à l'Est, celui de Maroc au Sud, & la mer par-tout ailleurs, 245.

I

Jaïck, riviére de la Tartarie, qui prend sa source au mont Caucase à 53 degrés de latitude, & 90 de longitude, & après avoir couru du Nord-Est au Sud-Ouest, se décharge dans la mer Caspienne après un cours de 80 lieues d'Allemagne, à 45 lieues à l'Est de l'embouchure de la riviére du Wolga, 236.

K

Kalmoucks, Peuples d'Asie dans la grande Tartarie, où ils occupent une grande partie du pays qui est entre le Tongul & le Wolga, 228.

Kama, grande riviére de l'Empire Russien, qui a sa source au pays des Czerémisses, dans les marais qui sont au Midi des forêts de la Ziranie, delà serpente vers le Nord-Est, baigne la ville de Kaigorod, coupe la Province de Permie; & tournant vers le Couchant, se perd dans le Wolga, à 60 verstes de Cazan, 233.

L

Ladoga (lac), grand lac de l'Empire Russien, entre la Carélie au Nord ; l'Ingrie & la Principauté de Novogorod au Sud ; il est formé de plusieurs riviéres, entr'autres de la Suéri, qui est une décharge du grand lac Onéga, plus au Nord du Wolchowa, qui vient du Midi, & de plusieurs autres petits ruisseaux. Il se décharge lui-même dans le Golfe de Finlande, par un canal qu'on nomme la Neva, sur lequel est située la ville de Saint-Pétersbourg ; ce lac est fort poissonneux, 231.

Laponie, grand pays au Nord de l'Europe, entre l'Océan septentrional, la Norwege, la Suéde & la Russie. Elle est partagée entre ces trois Puissances ; celle qu'on appelle Russienne ou Moscovite, est bornée au Nord par l'Océan, à l'Orient par la Carélie Moscovite & la mer Blanche, au midi par la Carélie Suédoise, au Couchant par la Laponie Suédoise, 227.

M

Maroc, grand Empire d'Afrique, dans la partie la plus occidentale de la Barbarie, sur l'Océan occidental, borné au Nord par la Mediterranée, & par les Royaumes d'Alger, de Tunis & de Tripoly, Ouest par la mer Atlantique, Sud par le Désert de Barbarie, 245.

Mazagan, place forte d'Afrique au Royaume de Maroc, sur la frontiére de la Province de Duquela, appartenant au Roi de Portugal, 245.

N

Nieper, ou *Borysthène*, riviére de l'Europe, qui prend sa source dans la Russie Moscovite, au Duché de Smolensko, l'un des six gouvernements de la partie méridionale de la Russie Européenne, entre Wolok & Oleschro. Il prend d'abord son cours de l'Orient à l'Occident, traverse le Palatinat de Smolensko, mouille la ville de ce nom, passe à Kiow, ville capitale de l'Ukraine, dans la Pologne, d'où il coule du Nord-Ouest au Sud-Est, recevant, tant à la droite qu'à la gauche, diverses petites riviéres. Au-dessous de Kiow au Sud-est dans l'Ukraine, on voit les treize Porouys ou rochers, qui forment des cataractes au-dessous de l'embouchure de la Kuhaczow, il court de l'Est à l'Ouest, & depuis cette riviére jusqu'à Oczakow, où il se jette dans la mer Noire à travers la petite Tartarie, par une embouchure d'une lieue de France de large il forme diverses Isles où se retirent les Cosaques, 217.

Nil, grand Fleuve d'Afrique, qui a sa source dans la haute Ethiopie, entre le dix & le quinziéme dégré de latitude occidentale, & le soixante & le soixante-cinquiéme dégré de longitude, traverse l'Abyssinie, la Nubie, l'Egypte, arrose Damicala, Nuabia, Risa, Jalac, Aruana, Gigia, Minio, Said, Manslota, Bénisuef, le grand Caire, au-dessous de cette ville, il se sépare en deux principaux canaux, qui forment cette partie de la basse Egypte, à laquelle les anciens ont donné le nom de Delta. Enfin, il se jette dans la Méditerranée par plusieurs embouchures. La ville d'Alexandrie est située sur celle qui est à la partie occidentale, & Damiette sur l'embouchure orientale. On a été long-temps qu'on ne connoissoit pas les sources du Nil, mais aujourd'hui elles sont assez bien connues, 220.

Nisny-Novogrod, ville de l'Empire Russe, située sur l'Occa, dans l'endroit où il se joint avec le Wolga, sur la rive droite, capitale d'un Duché de même nom, à cent lieues de Moscow, 228.

Noire (Mer), ou mer majeure, grande mer d'Asie, entre la Tartarie au Nord, la Mingrélie, l'Ymirete à l'Orient, la Natolie au Sud, la Bulgarie & la Romanie à l'Ouest, ou la Turquie Européenne ; elle reçoit plusieurs grands Fleuves, entr'autres le Danube, le Borysthène ou Nieper, le Don. Elle communique à la Propontide par le détroit de Constantinople, nommé le canal de la mer Noire, & par cette mer, avec l'Archipel ; elle communique encore par le détroit de Caffa, avec les Palus Méotides, ou mer d'Azoff, qui est une mer formée par le concours des eaux de la mer Noire & du Don, 217.

O

Occa, riviére de l'Empire Russe, qui a sa source dans l'Ukraine, & coule vers le Nord, passe à Mexin, à Béloff, à Pérémist, à Vorotinskoi, reçoit l'Ugra dans le Duché de Rézan, baigne Soloska, coule vers l'Orient, entre le Duché de Moscow au Nord, & celui de Rézan au Midi, & se perd dans le Wolga, dans la Principauté de la basse Novogorod, 228.

P

Palus Méotides, ou mer d'Azoff, ou de Zabache, grand Golfe entre l'Europe & l'Asie au Nord de la mer Noire, entouré de la petite Tartarie, de la Circassie & de la Crimée, 217. Voyez mer de Zabache.

T

Tanaïs. Voyez Don.

Tortose, ville d'Espagne dans la Catalogne sur l'Ebre, à quatre lieues des frontiéres de Valence, à pareille distance de la mer, 224.

Tunis, Etat d'Afrique dans la Barbarie, sur la côte de la mer Méditerranée qui le baigne au Nord & à l'Orient, 230.

V

Wolga, riviére de l'Empire Russe, & l'une des plus grandes de l'univers ; elle tire sa source du lac de Wronow en Russie, vers les frontiéres de la Lithuanie ; cette riviére traverse la Russie d'Europe d'Occident en Orient, passe à Twer, à Uglitz, à Jéroslaw, reçoit l'Occa près de Nisny-Novogorod, arrose la Province de Cazan, qui est de la Russie d'Asie, reçoit le Kama au-dessous de cette ville, coule delà vers le Midi, reçoit le Samara, & se jette dans la mer Caspienne, au-dessous d'Astracan, après un cours de plus de 500 lieues d'Allemagne, 217.

Y

Yaix, Voyez *Jaïck*.

Z

Zabache (mer de) grand Golfe ou mer, entre l'Europe & l'Asie au Nord de la mer Noire, habitée au Nord par les petits Tartares, à l'Orient & au Midi par les Circassiens, à l'Occident méridionale, par les Crimées, 217.

TABLE ALPHABÉTIQUE

Des noms des Poissons dont il est parlé dans cette huitieme Section.

TABLE
DES CHAPITRES
ET ARTICLES

Contenus dans la huitiéme Section du Traité général des Pêches.

EXTRAIT DES REGISTRES

DE L'ACADÉMIE ROYALE DES SCIENCES.

Du 15 Septembre 1779.

MEssieurs ADANSON & JUSSIEU, Commissaires nommés par l'Académie, pour examiner la huitiéme section du *Traité des Pêches* de M. DUHAMEL, en ayant rendu compte ; l'Académie a jugé cet Ouvrage digne de l'impression : en foi de quoi j'ai signé le présent Certificat. A Paris ce 15 Septembre 1779.

Signé LE MARQUIS DE CONDORCET, *Secrétaire perpétuel.*

DE L'IMPRIMERIE DE J. CH. DESAINT, 1779.

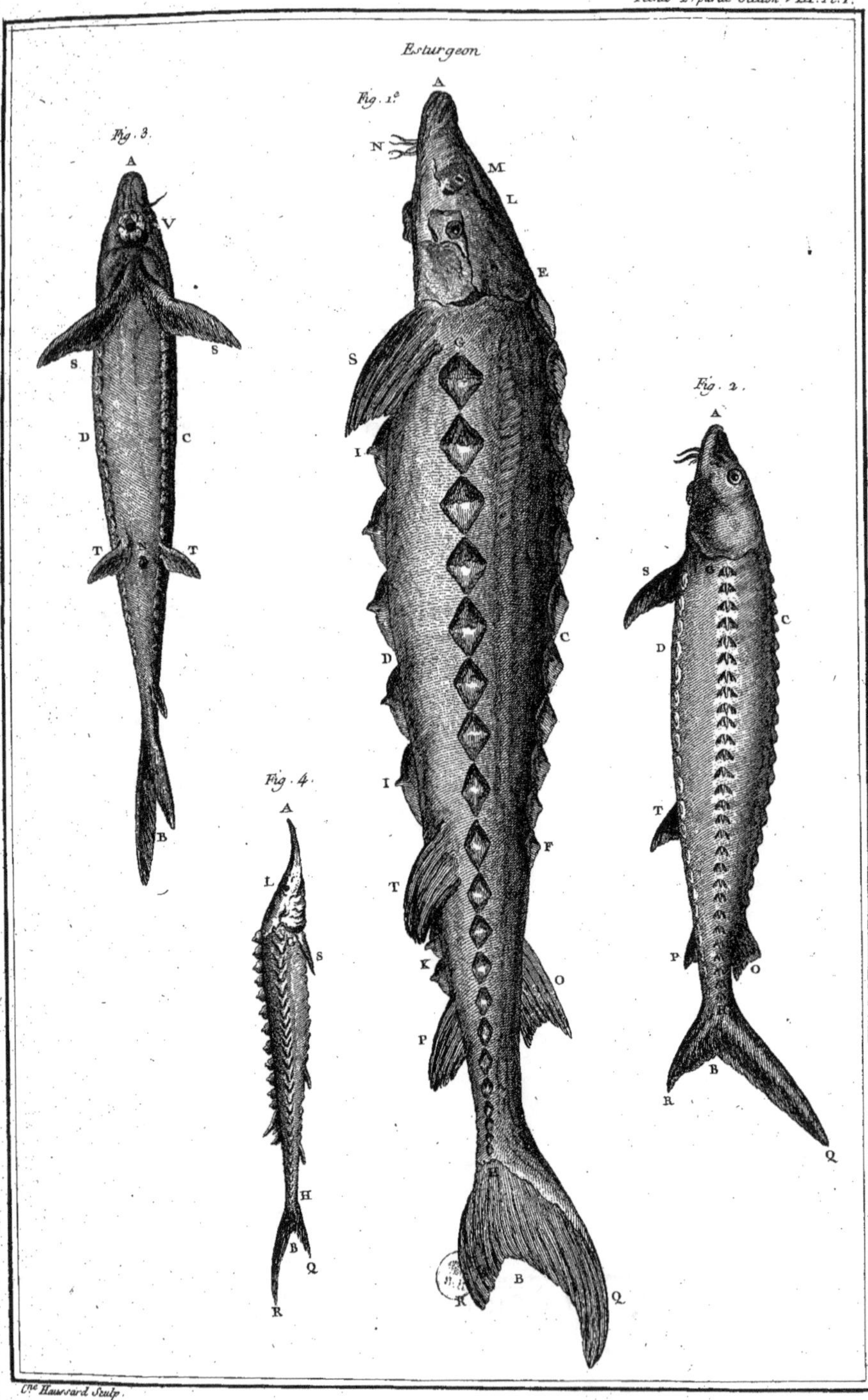
Esturgeon
Fig. 1.º
Fig. 2.
Fig. 3.
Fig. 4.
C.ne Haussard Sculp.

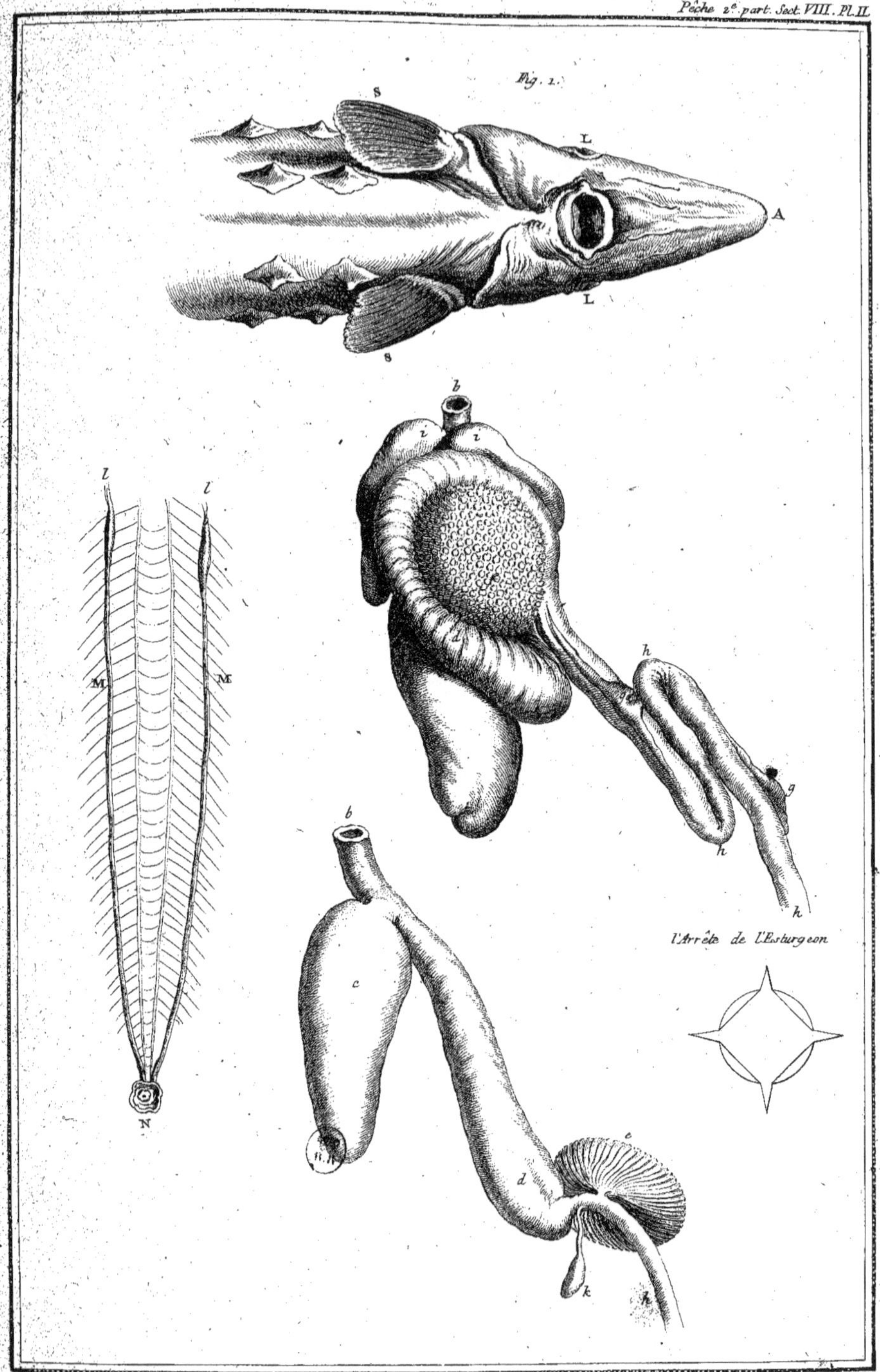
Fig. 2.
S
L
A
L
S
b
i
i
h
g
g
h
k
l
l
M
M
N
b
c
d
e
k
h
l'Arrête de l'Esturgeon

Batteaux Pêcheurs dérivants avec leurs filet
Fig. 1.
Boludiere
Fig. 2.
A
B
Seine a Manche
Fig. 3.
b
a
e
d
Dard Vrac ou Arpon
f c a
Fig. 6.
b
d
c
Anneau ou Colet de Fer
Fig. 5.
h
i
Fig. 7.
Harponneau
Fig. 4.
o
f
g
h
g
f

Fig. 3.
Kalmouck
Paysanne Finlandoise.
Fig. 2.
Paysan Russe
Fig. 1.
Fig. 4.
B
Batteaux dont on se sert sur le Wolga.
A
Fig. 5.
A
Ahlsan Sculp.

Fig. 1.
Fig. 2.

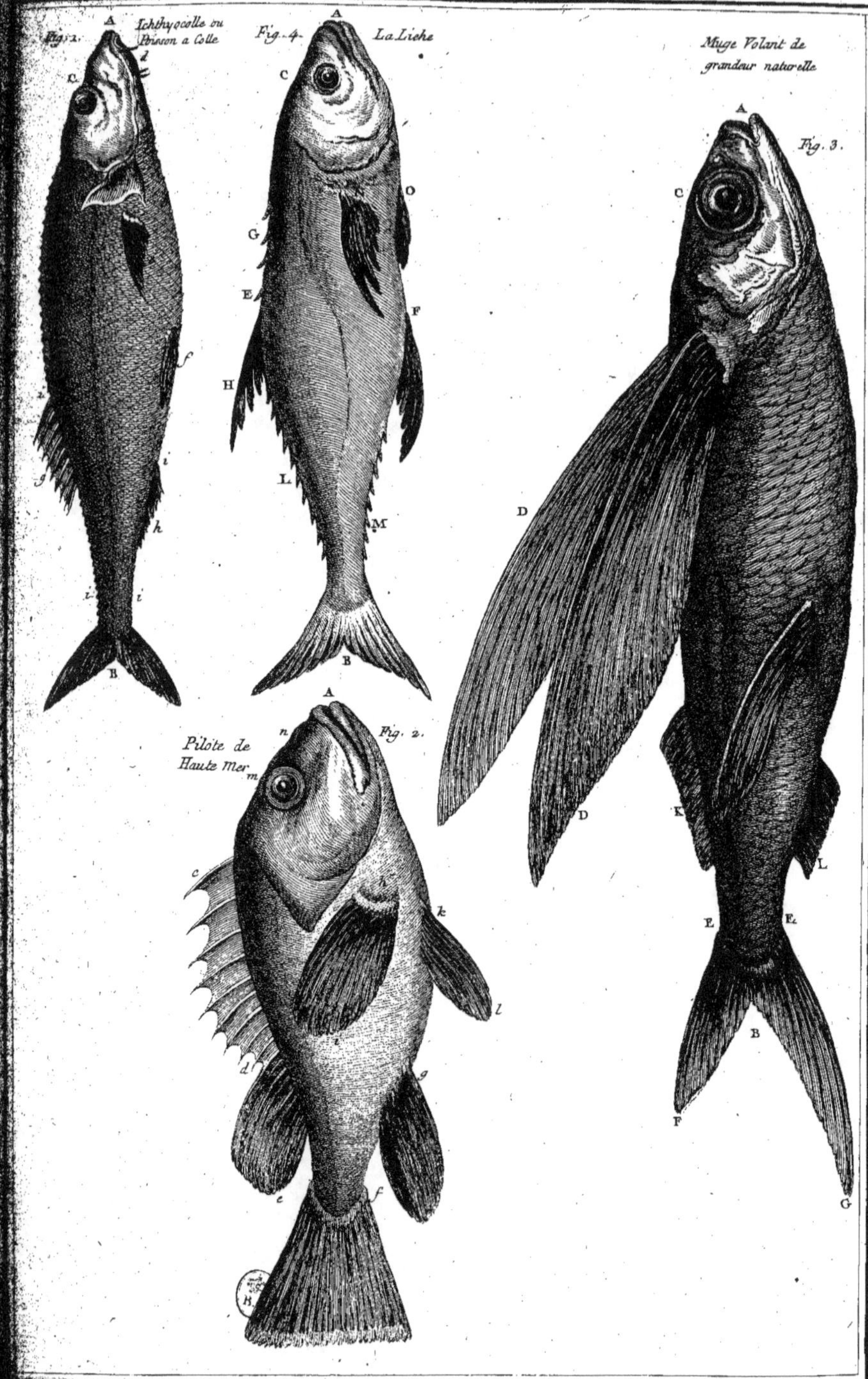

Peches 2e part. Sect. VIII. Pl. VI.
Fig. 1. Ichthyocolle ou Poisson a Colle
Fig. 4. La Liche
Muge Volant de grandeur naturelle
Fig. 3.
Pilote de Haute Mer
Fig. 2.
Benard Sculp.

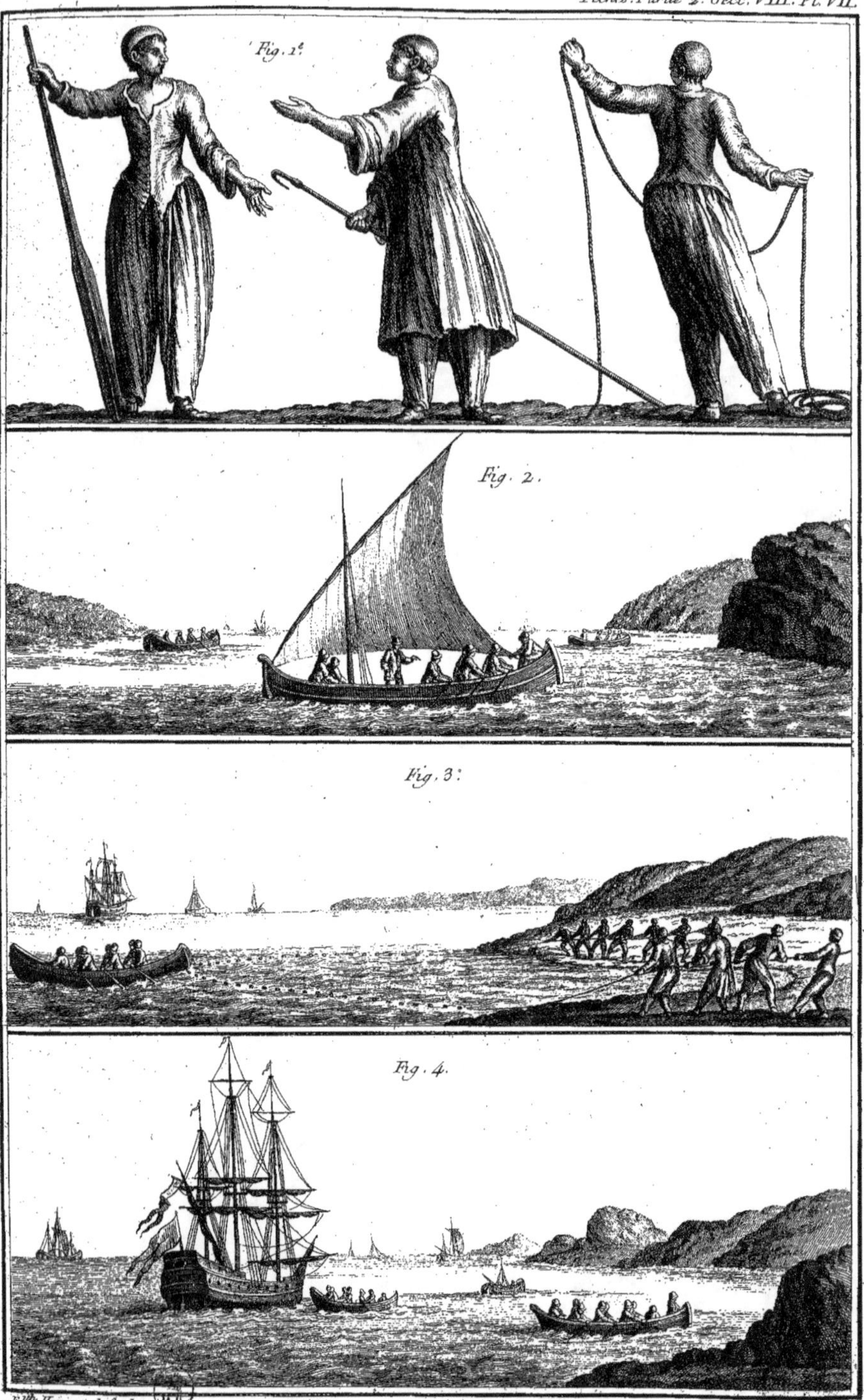

Pêches. Partie 2.e Sect. VIII. Pl. VII.
Fig. 1.
Fig. 2.
Fig. 3.
Fig. 4.

TRAITÉ GÉNÉRAL

DES PÊCHES.

SUITE DE LA SECONDE PARTIE.

TOME III, SECTION IX.

TRAITÉ GÉNÉRAL
DES PÊCHES
ET
HISTOIRE DES POISSONS,
OU
DES ANIMAUX QUI VIVENT DANS L'EAU.

II *PARTIE, TOME III.*

NEUVIEME SECTION,
Des Poiſſons Plats.
INTRODUCTION.

Les Poiſſons qu'on nomme *Plats*, en Latin *Plani* ou *Lati*, ont le corps fort large, & peu d'épaiſſeur par proportion, à leur longueur : les uns comme les Soles, les Turbots, les Carrelets, &c. ont des arêtes ; d'autres, comme les Raies, les Tires, les Trembles ou Torpilles, &c. ont des cartilages au lieu d'arêtes. Nous traiterons des uns & des autres dans des Chapitres différents : je vais m'occuper dans le Chapitre premier des Poiſſons à arêtes ; il s'agira des cartilagineux dans le ſecond.

CHAPITRE PREMIER.

DES POISSONS PLATS A ARETES.

Confidérations générales qui conviennent à tous les Poiſſons de cette famille.

COMME on donne à la plupart des Poiſſons dont nous allons parler, le nom de *Paſſer* & de *Pſetta*, auxquels on joint une épithete, pour diſtinguer les eſpéces, on peut regarder les mots *Paſſer* & *Pſetta* comme génériques.

Preſque tous les Poiſſons ronds ont dans l'eau, quand ils nagent, le dos tourné en en-haut ou vers le ciel, & le ventre vers le fond de l'eau; les Poiſſons plats qui ne ſont pas de grands nageurs ſe tiennent preſque toujours près du fond ou ſur le fond, quelquefois même enfouis dans le ſable, ou la vaſe; quand ils nagent, ils ſont à plat, une face du côté de la ſurface de l'eau, & l'autre vers le fond. Comme la face qui regarde le fond de l'eau eſt toujours plus ou moins tirant au blanc, & la partie qui regarde la ſurface de l'eau plus ou moins brune, cette différence de couleur fait que preſque toujours la partie qui tire au blanc, s'appelle *la face de deſſous*, & celle qui tire au brun *la face de deſſus*; je dis *preſque toujours*, parce qu'on en prend quelquefois qui ont la face de deſſous, à peu-près de la même couleur que celle de deſſus, ou le contraire; alors les Pêcheurs ont coutume de les nommer *doubles*, parce qu'ils reſſemblent à deux Poiſſons qui ſeroient appliqués l'un ſur l'autre par la face de deſſous, excepté néanmoins, qu'aux doubles comme aux ſimples, les deux yeux ſont à la face de deſſus, & la gueule à la face de deſſous, ainſi que je l'expliquerai dans la ſuite.

Comme ils ſont à plat lorſqu'ils nagent, celui qui les regarde du côté de la queue voit le grand aileron qui borde le dos du côté droit, & celui qui borde le ventre du côté oppoſé; cela eſt aſſez général pour tous les Poiſſons plats; mais à quelques-uns le grand aileron du dos, au lieu d'être du côté droit eſt du côté gauche; on les nomme pour cela *Contournés*. Pour rendre ceci plus ſenſible, ſuppoſons qu'on place ſur une table un Poiſſon plat, de ſorte que la face blanche ou de deſſous poſe ſur la table, & que la queue ſoit de votre côté, communément le grand aileron du dos ſera à votre droite, & ſi à côté vous mettez un autre Poiſſon dans cette même poſition, & que le grand aileron du dos ſoit à votre gauche, on le dit *contourné*.

Nous ferons ſentir par les détails où nous entrerons dans la ſuite, qu'il n'y a que quelques Poiſſons qui s'écartent de la regle générale; la plupart ayant le grand aileron vers la droite, & ſeulement quel-

ques-uns vers la gauche, quoiqu'ils ſoient généralement regardés comme
étant de la même eſpéce. Tous les rayons des ailerons & des nageoires
ſont plus ou moins ſouples, mais point piquants ; l'ouverture de la gueule
étant au tranchant qui forme la réunion de la face ſupérieure avec la
face inférieure, cette ouverture entame ſur les deux faces, tantôt plus,
tantôt moins ſur l'une que ſur l'autre ; elle prend dans les différents Poiſſons
des formes différentes, & ſouvent très-irréguliéres ; les yeux ne ſont pas
comme aux Poiſſons ronds, l'un placé à droite & l'autre à gauche :
à tous les Poiſſons plats & à arêtes, les yeux ſont placés ſur la face
brune ou ſur la mâchoire ſupérieure ; de ſorte qu'à un Poiſſon plat
qu'on a poſé ſur une table, la face blanche en-deſſous, on apperçoit
les deux yeux à la face du deſſus, & ſi la face brune étoit poſée ſur
la table, on n'appercevroit point les yeux ; néanmoins la poſition des
yeux n'eſt point uniforme dans les différentes eſpéces de Poiſſons de cette
famille ; les uns ont les deux yeux très-rapprochés l'un de l'autre, &
poſés ſur une ligne droite ; d'autres les ont fort écartés l'un de l'autre,
& poſés obliquement, de ſorte qu'un ſe trouve quelquefois très-près de
la fente de la gueule ; la plupart ont ſur les yeux une membrane mince
qu'ils relevent à volonté, & qu'on nomme *clignotante.*

Ces Poiſſons ſont littoraux ; & pour cette raiſon, j'ai pluſieurs fois
eſſayé de les appercevoir dans l'eau, pour connoître leur façon de nager ;
mais je n'ai pu les y voir, que nageant à une petite diſtance du fond,
toujours lentement, & il m'a paru que pour exécuter ces petites marches,
les ailerons, tant du dos que du ventre, prenoient un mouvement d'ondulation, qui apparemment leur ſuffiſoit pour nager très-lentement ; il ne
m'a pas été poſſible de les voir nager avec vîteſſe, comme font les Poiſſons
ronds quand ils frappent l'eau avec leur queue.

Je ſoupçonne que les Poiſſons plats ſe ſervent auſſi pour nager de
l'aileron de leur queue, avec lequel ils frappent l'eau dans un ſens vertical, & que ces mouvements de l'aileron de leur queue leur ſont principalement utiles, pour s'élever juſqu'à la ſuperficie de l'eau, ou pour
s'abaiſſer au fond.

Les Pêcheurs diſent que quand ces Poiſſons s'approchent de la ſuperficie de l'eau, on a lieu d'appréhender des gros temps, ce qui n'offre
rien de ſingulier, puiſque quand le temps menace d'orage, tous les
Poiſſons tant de la mer, que des rivieres & des étangs, ſont fort
agités. Je crois, pour éviter les répétitions, devoir terminer ici l'énumération
des choſes communes à tous les Poiſſons plats, ne pouvant pas me diſpenſer
d'en parler dans les deſcriptions que je vais faire de chaque eſpéce de
Poiſſon, conſidéré ſéparément.

On juge bien que quand j'entrerai dans des détails ſur la grandeur des Poiſſons, il ne s'agira que de celui que j'aurai pu me procurer, & que j'aurai ſous les yeux, ſans prétendre qu'il n'y en avoir point de plus gros ou de plus petits, ainſi que d'une couleur plus brune ou plus claire.

Je dois encore prévenir qu'il reſte bien de l'incertitude dans la diſtinction des Poiſſons de cette famille, ſoit qu'on adopte la nomenclature des Pêcheurs, ou qu'on veüille ſuivre celle des Auteurs.

Dans l'un & l'autre cas, il arrive ſouvent qu'on donne différents noms à un même Poiſſon, ou un même nom à des Poiſſons d'eſpéces toutes différentes, ce qui arrive principalement entre les Poiſſons plats, dont il s'agira dans cette neuvieme Section.

Pour juſtifier ce que j'ai dit ſur la confuſion qu'on trouve, tant entre les Pêcheurs que dans les Auteurs ſur les différents noms qu'on donne aux Poiſſons plats, je vais rapporter ſommairement ce que m'en ont écrit pluſieurs de mes correſpondants, & ce que je trouve dans les Auteurs que j'ai ſous la main.

Rondelet, qui met la plupart des Poiſſons plats à arêtes dans la famille des *Bugloſſus*, regardant le Flétant comme un des plus gros, l'a nommé *Hyppogloſſus*. On m'a écrit de Dunkerque que le Flétant, qu'on pêche communément ſur les côtes de Flandre, eſt connu à Dunkerque ſous la dénomination de *Elbuth*; on verra dans la ſuite que ce nom eſt ordinairement employé par les Anglois.

La dénomination de Flettelet ſembleroit indiquer un petit Flet; j'apperçois au contraire, qu'on a donné ce nom aux gros Poiſſons de ce genre, & que pluſieurs l'ont nommé *Paſſer Maximus*; qui eſt le *Flidra* des Iſlandois, que les Anglois nomment Elbuth. Belon penſe que c'eſt le Flettelet, & que le nom de *Flan*, qui eſt établi en pluſieurs endroits, eſt probablement une corruption de Flétan, de même, Plaiſe ou Plateſſa qu'emploie Willughby, & qu'on dit être uſité à la Louiſiane, paroît avoir beaucoup de rapport avec *Platuſe*, que quelques-uns ont appellé grande Plie.

Dans le ſecond Volume des Procès-verbaux il eſt dit, que comme les Pêcheurs de l'Amirauté de Honfleur prennent beaucoup de Flets à la pêche qu'ils nomment *Picot*, ils donnent aux Flets le nom de *Picots francs*. Cette pêche eſt décrite premiere Partie, ſeconde Section, page 116, & repréſentée ſur la Planche XXXV. Belon paroît penſer que le Flet eſt le Poiſſon que les Anglois nomment *Flonder* ou *Flounder*; qu'il écrit *Phlonder*; & je crois qu'en quelques endroits de France on le nomme *Flondre*. Néanmoins, un Auteur Anglois penſe que le *Flonder* eſt le Carrelet ou la Plie, ce qui eſt conforme à ce qu'on trouve dans le Dictionnaire Anglois de Boyer.

Un

Un de mes amis qui sait très-bien l'Anglois, & qui s'est occupé de cette discussion, m'a écrit qu'il croyoit décidément que le Flounder des Anglois est la Plie.

M. Klein dit qu'à Dantzick on nomme le Flounder, *Rhombus, sive Passer maculis rotundis, minutis;* il ajoute que ce Poisson a trois paires d'osselets dans le crâne, qui sont peut-être l'organe de l'ouie.

Enfin, on verra dans la suite qu'on confond le Turbot avec la Barbue, même avec le Carrelet, la Limande, la Plie & le Flet, &c. Il ne faut donc pas être surpris si l'on trouve dans cette Section quelqu'incertitude sur les noms des différentes espéces de Poissons, dont nous aurons à parler.

ARTICLE PREMIER.

De la Sole ou Solle, en latin Solea, Linguada; Linguado, *en Espagne; à Rome,* Linguata *ou* Linguatella; *par quelques-uns* Buglossus; *à Venise* Sfoia *ou* Sfoglia. *Je soupçonne que plusieurs de ces noms indiquent des variétés de Poissons du même genre.*

La Sole est de la famille des poissons qu'on nomme *plats*, & *à arétes*; on pense que le nom de *Sole* lui a été donné par la comparaison qu'on a faite de sa forme avec celle de l'impression que fait sur le sol le pied d'un homme, & celui de *Linguada, Linguata* ou *Linguatella,* parce qu'on a cru trouver quelque ressemblance entre une belle Sole & une langue de quelques animaux; celui de *Sfoia* ou *Sfoglia* ou *Buglossus*, par comparaison à une feuille de quelques plantes.

Il y a plusieurs espéces de Soles, dont nous dirons quelque chose dans autant de Paragraphes particuliers, en commençant par la Sole franche, qui est réputée une des meilleures.

§ 1. *De la Sole franche, Planche 1, fig. 1 & 2.*

Cette Sole est des plus recherchée pour les grandes tables, sur-tout celles qui ont 9 à 10 pouces de longueur. On en voit de plus grandes; mais leur chair étant coriace au sortir de l'eau, on est obligé de les garder quelques jours pour les mortifier, & on ne les trouve pas après ce temps, aussi délicates que celles qui sont moins grandes.

M. Porquet m'écrit qu'on en prend de fort grandes à Calais; j'en ai mangé au Mont Saint-Michel de très-bonnes, qui étoient aussi très-grandes.

Les Soles ont une forme plus alongée qu'aucun des autres poissons de cette famille; car leur largeur *I K, Pl. I, fig.* 1, non compris les ailerons, n'est qu'un tiers de la longueur totale *A E.* Comme leur chair est ferme, elle se conserve assez long-temps sans perdre de sa qualité; de sorte qu'on peut les transporter fort loin, même l'été, sur-tout quand on a eu la précaution de leur ôter le boyau.

Les Soles, ainsi que la plupart des autres poissons plats, ont la face de dessus, *fig.* 1, brune, quelquefois olive-clair, & celle de dessous, *fig.* 2, beaucoup plus claire, même tirant au blanc; néanmoins il s'en trouve, comme je l'ai dit dans les Considérations générales sur les poissons plats, qui ont la face de dessous presque aussi brune que celle de dessus. Nous avons prévenu que celles-ci, *fig.* 3 & 4, sont appellées *doubles:* d'anciens Pêcheurs assurent en avoir vu qui étoient blanches par-dessous & par-dessus; mais cela est fort rare, & je n'en ai point vu. Les yeux, ainsi qu'à tous les poissons de cette famille, sont placés sur la face supérieure; ils sont petits, saillants, l'iris est argenté.

La tête est petite ainsi que la gueule, dont l'ouverture est de travers, en partie sur une face, & en partie sur l'autre; on ne voit point de dents aux mâchoires; on y sent seulement avec le doigt des aspérités.

Les faces, tant du dessus que du dessous, sont couvertes de petites écailles très-minces, oblongues, placées en recouvrement comme les ardoises sur un toit ; ce qui fait que la peau est glissante quand on passe la main de la tête vers la queue, & un peu rude quand on la passe en sens contraire. Je ne sais si ce sont ces petites écailles qui engagent les Anglois à écorcher ces poissons avant de les servir : en France, on est moins délicat sur ce point.

Les lignes latérales *F H*, *fig.* 1, forment un trait, qui s'étend en ligne droite, depuis le derriére des ouies jusqu'à l'articulation de l'aileron de la queue qui n'est pas fourchu, mais terminé en *E* par un arrondissement plus ou moins considérable ; le corps, qui, comme nous l'avons dit, forme un ovale très - alongé, est bordé du côté du dos par un aileron *A B* souple, pas fort large, qui s'étend depuis l'extrêmité du museau *A* jusqu'à l'articulation *B* de l'aileron de la queue. Il est formé de plus de quatre-vingts rayons ; le côté du ventre est bordé d'un pareil aileron *C D*, qui commence en *C* au-dessous de l'anus, & aboutit comme l'aileron du dos à l'articulation de l'aileron de la queue *E* ; il n'est pas par conséquent formé d'un aussi grand nombre de rayons que celui du dos.

Quand on pose sur une table une Sole la face blanche en-dessous, & qu'on regarde le poisson par le côté de la queue *E*, *fig.* 1, le plus communément le grand aileron du dos *A B* est du côté droit, & il seroit du côté gauche, si, comme à la *fig.* 2, on posoit sur la table la face de dessus qui est brune ; mais à quelques-unes, ayant posé sur la table la face blanche ou de dessous, on apperçoit le grand aileron du côté gauche, les Pêcheurs, comme je l'ai dit, nomment ces Soles *Contournées*.

On peut ajouter que les Soles, comme la plupart des poissons plats, ont une petite nageoire *F* derriére chaque ouie, formée de sept à huit rayons, & deux autres *G*, formées de cinq à six rayons, placées entre l'extrêmité du museau & l'anus *C*, *fig.* 1.

Les couleurs des ailerons & des nageoires sont les mêmes que celles des parties du corps où elles répondent, brunes en-dessus & blanchâtres en-dessous, seulement les petites nageoires *F* de derriere les ouies sont à leur extrêmité noires ou brunes, principalement à la face supérieure.

J'ai dit que les Soles de bonne grandeur, & qu'on a laissé un peu mortifier pour que la chair soit délicate, sont un manger ex-

quis ; il est important d'ajouter quand elles ont été pêchées en bon fond de sable ou de gravier ; car la chair de la Sole est plus susceptible que celle de quantité d'autres poissons, de contracter le goût de la vase où elles ont séjourné. J'ai vu une langue de terre assez étroite, qui séparoit un lit de vase d'avec un fond de sable ; les Soles qu'on pêchoit du côté du sable étoient excellentes, pendant que celles qu'on prenoit sur le lit de vase avoient un goût désagréable, qu'on remarquoit même à l'odorat.

J'ai vu aussi qu'on en pêchoit de belles dans les fossés d'une Citadelle au bord de la mer, où l'on retenoit les poissons comme dans un étang ; ceux du voisinage, sachant que ces poissons avoient un goût de vase très-désagréable n'en vouloient pas, & l'on étoit obligé de les vendre un prix médiocre à des Chasses-marée, qui les transportoient en différents endroits, où on les achetoit sans faire attention à leur odeur.

On estime singulierement en haute Normandie, les Soles qu'on prend depuis le Tréport jusqu'à la grande Vallée de Baluette.

Les Soles qu'on prend près l'embouchure des rivieres dans la mer sont très-grosses, d'une beauté séduisante, & excellentes lorsque le fond est de sable ; mais lorsque ces endroits sont vaseux, elles ont un goût désagréable.

C'est pour cette raison, que les Soles qu'on prend avec les haims, sur-tout depuis le mois de Février jusqu'au commencement de Juillet, sont infiniment plus recherchées que celles qu'on prend avec les filets qui traînent sur le fond, où très-souvent il s'amasse de la vase.

Les Soles s'enfoncent volontiers dans le sable ; quand par les grandes marées & les coups de vent le sable se découvre, on en apperçoit de belles, mais qu'on a peine à prendre à la main, parce qu'étant fortes & très-glissantes, elles échappent, & ne peuvent être prises qu'au harpon. On en prend de très-grosses sur les côtes de Flandre & de Hollande, mais communément elles sentent la vase ; celles qu'on trouve entre les rochers n'ont point ce mauvais goût.

On soupçonne que les Soles craignent le froid, parce que l'hiver elles se tiennent dans les grands fonds, à une profondeur d'eau considérable, enfouies dans le sable ou la vase.

§ 2. *Des différentes espéces de Soles Pl. II.*

Outre qu'on prend, comme je l'ai dit, des Soles de bien des grandeurs différentes, de même que celles qu'on nomme doubles & les contournées dont nous avons parlé, il y en a encore bien des variétés auxquelles on donne différents noms. Dans quelques cantons de Bretagne, sur-tout dans les quartiers de Tréguier & de Lannion, on en prend de petites qu'on nomme Lisettes ou Solenettes, quelques-uns disent *Arnoglossus*, comme qui diroit *langue d'agneau, Pl. II, fig.* 1 & 2.

Il s'en trouve qui varient encore beaucoup, les unes par leur couleur plus ou moins brune, d'autres par la forme & la grandeur des moucheteures ; celles qu'on nomme *Pégouses* à Marseille, & que quelques Auteurs ont nommées *Solea Oculata, fig.* 4, ont de grandes taches rondes, qui ne sont pas dans toutes de la même couleur ; quelques-unes ont de plus grandes écailles que d'autres, qui les ont si petites, qu'on est disposé à croire qu'elles n'en ont point; de ce genre sont celles qu'on nomme en Provence *Perpeire, fig.* 5.

Il y a dans ce genre de poissons, comme dans tous les animaux quadrupedes ou volatiles, nombre de variétés, souvent si peu sensibles, que j'avois peine à appercevoir celles que les Pêcheurs prétendoient me montrer : je n'insisterai point sur ces petites variétés ; je dirai seulement quelque chose des Soles qu'on nomme *Pôles* ; j'essaierai même de le faire fort en abregé, me bornant, autant qu'il me sera possible, à me rappeller ce qu'on m'a fait remarquer à leur sujet dans les différents Ports.

§ 3. *Des Soles-Pôles. Pl. II.*

Je soupçonne que la Pôle dont nous allons parler, est le poisson qu'on nomme à Cette & à Narbonne, *Palangre* ou *Plane, Pl. II, fig.* 6 : ce poisson est communément petit, charnu ; ses écailles sont rudes au toucher ; on le dit moins délicat que la Sole franche. Quand on aura vu ce que nous allons dire de la Pôle, on sera en état de juger si mon soupçon sur la Palangre est fondé.

On distingue de plusieurs espéces de Pôles : en général, les Soles, dites *Pôles*, sont moins alongées que les Soles franches ; leurs écailles sont plus grandes, leur couleur plus claire, & elles sont un peu plus rudes au toucher ; leur chair est moins délicate. Les Pôles, qui proportionnellement à leur largeur sont un peu moins longues, sont plus épaisses que les Soles franches, comme on le voit *fig.* 6, ce qui fait dire qu'elles sont plus trapues : bien entendu que cette grosseur est du côté de la tête ; car du côté de la queue elles sont quelquefois plus effilées, & un peu plus menues que les Soles franches ; le museau est obtus, l'ouverture des narines est plus grande qu'à la plupart des autres Soles.

Mais ces différences ne sont sensibles qu'à ceux qui sont dans l'habitude de voir beaucoup de ces poissons, ou quand on peut mettre des unes & des autres en comparaison.

Au reste, dans les Pôles il y en a de doubles comme dans les Soles franches.

On m'a assuré qu'il y avoit aussi des Pôles dont les ailerons étoient panachés de noir, *fig.* 3 ; mais je ne les ai point vues.

Ce que j'ai dit des Pôles exige des restrictions : il est vrai qu'il y en a dont les écailles sont plus grandes & plus rudes que celles des Soles franches; mais il y en a aussi dont elles sont si petites & si minces, qu'il est douteux si elles en ont.

Il est vrai que la plupart des Pôles sont plus petites que les belles Soles franches; mais celles qu'on nomme *grandes Pôles fig.* 7 & 8, sont plus larges & plus épaisses que les Soles franches.

Je crois que c'est le poisson qu'on nomme en Poitou *Soleau* & *Guindon* ; car je trouve dans mes Mémoires, que ce poisson ne différe de la Sole que parce qu'il est plus épais, que la face supérieure est fort brune, que celle de dessous est blanche, que sa tête est petite, ainsi que l'ouverture de sa gueule ; l'aileron de la queue n'est point fendu ; tout cela convient à la Sole franche, ainsi qu'à la Roussette de Messine. La chair de cette Roussette est blanche, & d'un goût agréable, sur-tout quand on la prend avec des haims sur un fond de sable où de gravier, à trois lieues du Phare de Messine, où on les va chercher sous dix à douze brasses d'eau ; on apperçoit sur la face supérieure de ce poisson, du vert, du rouge, & des taches blanches.

Belon dit que les Soles qu'on prend à Nieuport ont la chair ferme, & qu'elle se détache facilement de l'arête ; que celles qu'on pêche à Estaples sont moins alongées, que la peau de la face supérieure tire au noir, que la chair est plus molle, & se détache plus difficilement de l'arête ; que ces caractéres ont engagé à ne les pas confondre avec les Soles franches, & à les mettre au nombre des Pôles.

Willughby parle sous le nom de *Linguatula*, d'un poisson qui ressemble à une des Pôles que Rondelet nomme *Cynoglossus*, comme qui diroit langue de chien. Gesner dit, qu'on prend de grandes Soles sur les côtes de Flandre, & que celles qu'on prend dans les étangs salés de Provence, font petites & fort minces ; mais on en prend auffi de grandes dans la haute mer.

Avant de terminer ce qui regarde les poiffons de la famille des Soles, je crois qu'il eft à propos de dire, quelque chofe des idées qui fe font acréditées fur la multiplication de cette efpéce de poiffon.

§ 4. *Sur la multiplication des Soles.*

Je ne puis imaginer ce qui a engagé à forger des fyftêmes ridicules fur la multiplication des Soles ; mais comme on trouve fur les enveloppes cruftacées des Chevrettes, de petits corps étrangers aux Chevrettes & vivants, qui ont une forme ovale & applatie, on s'eft imaginé que c'étoit de petites Soles ; les uns ont prétendu qu'elles étoient produites par les Chevrettes ; d'autres ont cru que c'étoient des œufs de Soles qui s'attachoient fur les Chevrettes, où les petites Soles trouvoient la nourriture qui leur étoit convenable ; qu'elles n'abandonnoient leur mere nourrice que quand elles étoient affez fortes pour nager, & aller chercher elles-mêmes leur nourriture. Ces idées, tout ridicules qu'elles foient, fe font établies fur toutes les côtes maritimes, où l'on fait voir de ces prétendues petites Soles attachées fur un grand nombre de Chevrettes. On voit dans l'Hiftoire de l'Académie de 1722, que M. Deflandes, un de fes correfpondants, a fait des expériences qui, fuivant lui, confirmoient l'idée qu'on avoit, que les corps qu'on apperçoit fur les Chevrettes, étoient de jeunes Soles qui viennent des œufs de ce poiffon, & que les petites Soles qui en proviennent fe nourriffent de la fubftance de ces cruftacées.

Mais cette idée, quoique moins ridicule, qui faifoit produire les œufs par les Chevrettes n'a pas été généralement adoptée, & M. Lyonnet a très-bien prouvé que les expériences de M. Deflandes manquoient d'exactitude. M. Fougeroux de Bondaroy, s'étant trouvé fur les côtes de Normandie, à portée d'examiner cet objet avec plus d'attention, prouve très-évidemment par des obfervations exactes qui font détaillées dans les Mémoires de l'Académie de 1772 Part. II, que ce qu'on apperçoit fur les chevrettes, font des infectes qui n'ont aucun rapport avec les Soles, & que les Soles, comme quantité d'autres poiffons, jettent leur frai fur le fable, où plufieurs Pêcheurs affurent en avoir vu en quantité.

Belon croyoit que la Sole remontoit dans les riviéres, puifqu'il dit que ce poiffon devient plus gros & plus tendre dans les eaux douces ; mais je ne fache pas que la Sole paffe dans les eaux douces ; & je crois que Belon prend une autre efpéce de poiffon, peut-être la Plie, pour la Sole franche.

§ 5. *Qu'on trouve des Soles dans prefque toutes les Mers.*

On pêche des Soles dans prefque toutes les Mers, en France dans tous les Ports, tant de l'Océan que de la Méditerranée.

Toutes les mers voifines de la France en font pourvues ; M. Chanlaire m'écrit qu'on en prend à Boulogne : M. Porquet me marque qu'on en fait des pêches confidérables aux environs de Calais, à Saint-Malo, &c. : & pour abréger, dans les tournées que j'ai faites tant fur les côtes de l'Océan que de la Méditerranée, j'y ai trouvé des Soles, feulement celles de la Méditerranée étoient plus petites que celles de l'Océan. Suivant l'Hiftoire générale des Voyages, il y a au Cap de Bonne-Efpérance, des Soles qui reffemblent aux nôtres, & qui y font très-eftimées, non-feulement à caufe de leur bon goût ; mais encore parce qu'on leur attribue la propriété de purifier le fang. Voyez tome V de l'édition in-4°. pag. 206 ; fuivant le même ouvrage, pag. 91, il y a beaucoup de Soles à Congo.

Le même Auteur dit, tome VI, page 495, que ce poiffon eft comme à la Chine, & tome XI, page 167, qu'on en pêche aux environs de Chéquetant.

On voit tome II, page 444, qu'on en prend beaucoup dans la Baie de Portendic, ainfi qu'au Cap blanc, page 455.

On voit, tome IV, page 357, qu'il y en a dans les deux principales riviéres qui traverfent le Royaume de Juda, & à la page 258, qu'on en prend peu à la Côte d'Or, mais qu'elles y font fort grandes.

Loyer dit qu'on en prend dans la mer d'Iffiny, page 422.

On m'a écrit qu'on en prenoit affez abondamment à Livourne, & que quand l'air étoit frais on en tranfportoit à Florence, & auffi qu'on n'en faifoit point de pêche expreffe en Sardaigne ; mais que les Soles qu'on y prenoit étoient très-groffes.

Je vois dans un Mémoire d'Alexandrie, qu'on prend des Soles fur les Côtes d'Egypte ; on en prend auffi à Sinigaglia, à Ancone, & dans plufieurs autres endroits.

Après avoir traité dans le premier article des Soles, qui font de tous les poiffons plats & à arêtes, les plus étroits par comparaifon à leur longueur, je vais parler dans les articles fuivants des poiffons plats qui ont plus de largeur, par porportion à leur longueur, & je commence par les Turbots, qui font les plus larges des poiffons plats & à arêtes.

ARTICLE II.
DU TURBOT ET DE LA BARBUE.

Considérations générales sur ces Poissons.

On distingue en général deux espéces de Turbot ; savoir le vrai Turbot garni d'osselets piquants, qu'on a nommé en latin *Rhombus aculeatus* ; & l'autre espéce de Turbot, dit *Lisse*, parce qu'il n'a point de piquants, en latin *Rhombus lævis*, c'est le poisson connu en France sous le nom de *Barbue*. Je vais traiter des uns & des autres dans différents paragraphes.

§ 1. *Du vrai Turbot bouclé*, Rhombus aculeatus, *Planche III*, *fig. 1 & 2.*

En Bretagne on nomme ce poisson Turbot, comme à Paris ; en Italie & en Provence on le nomme *Rhombo*, & en Languedoc *Rhomb* ; tous noms qui dérivent du latin : dans quelques cantons de la Normandie, il est connu sous le nom de *Bertonneau* ; néanmoins on y nomme les petits *Turbotins* ou *Turbillons*, & la dénomination de Turbot est en usage sur les côtes de haute Normandie : ils sont aussi connus sous la dénomination de *Cailleteau* ; mais comme dans cette Province on donne le même nom à de petites Raies, il faut éviter de confondre ces deux genres de poissons, qui ne se ressemblent presqu'à aucuns égards.

A Rome on les nomme *Barbot*, apparemment parce qu'on les confond avec l'espéce qu'on nomme en France *Barbue*.

Le *Turbot* est fort large, par comparaison à sa longueur, puisque sa longueur *A F* est presque égale à sa largeur *I E*, en y comprenant l'étendue des ailerons.

En prêtant attention à cette forme, il me paroît probable que la dénomination de Rhombe, en latin *Rhombus*, lui a été donnée, parce que quand on le pose sur une table les ailerons bien étendus, comme on l'a représenté *Pl. III, fig. 1 & 2*, sa forme approche d'être Rhomboïdale.

Presque toute la circonférence de ce poisson est bordée d'ailerons assez larges, sur-tout vers la moitié de leur longueur, où les rayons qui les forment sont les plus longs. Ils deviennent de plus en plus courts, à mesure qu'on approche des extrêmités, tant du côté de la tête que du côté de la queue.

La couleur de ces poissons varie suivant leur âge, & les fonds où ils ont vécu ; communément la face de dessus est gris-d'épine, plus ou moins foncé, chargé de mouchetures plus brunes que la peau, entre lesquelles on en voit qui sont d'un verd foncé, d'autres taches tirent au blanc.

A la plupart, la face de dessous est blanche, ou au moins blanchâtre ; je dis *la plupart*, car on en prend quelques-uns qu'on nomme *Doubles* ; parce que comme aux Soles, la couleur de la face de dessous est presque semblable à celle de dessus.

La face de dessus de ces poissons est couverte d'écailles à peine sensibles, on pense assez communément qu'ils n'en ont point. En outre, il y a, sur-tout vers la tête & vers la queue, de petits os chargés d'aspérités, beaucoup plus petits que ceux des Raies bouclées, dont nous parlerons dans la suite.

Les ailerons sont à peu-près de la même couleur que les parties où ils sont attachés, néanmoins ordinairement d'une couleur moins foncée ; ils sont comme striés, à cause de la saillie que font leurs nervures, & ils sont chargés de mouchetures, à peu-près comme la face de dessus.

La gueule *A* est assez grande ; mais les dents sont si délices, qu'on les regarde comme des aspérités ; la tête qui n'est pas grosse, est chargée des mêmes mouchetures que le dessus du corps, ainsi que les opercules des ouies.

On apperçoit vers l'extrêmité du museau, les ouvertures des narines ; je crois me rappeller qu'il y a quelquefois une couple de barbillons au bout de la mâchoire inférieure, mais que d'autres n'en ont point.

Il y a derriere les ouies une petite nageoire *B*, deux autres *C* sous la gorge, qui ne paroissent être que quelques rayons séparés de l'aileron du ventre ; l'anus se trouve en *D* entre les petites nageoires dont nous venons de parler ; le commencement de l'aileron du ventre est immédiatement derriére l'anus, & se prolonge jusqu'à l'articulation *F* de l'aileron de la queue. Les lignes laterales *K L* sont fort courbes du côté des ouïes, mais ensuite elles se prolongent en ligne droite jusqu'à l'articulation de l'aileron de la queue *M*, où elle partage en deux la largeur du poisson. Cet aileron de la queue *M* a peu de longueur, mais il est assez large, & n'est point fendu.

Des Auteurs difent qu'on prend des Turbots qui pefent plus de cent livres ; mais les plus gros qu'on voit fur nos côtes n'ont qu'un pied & demi de longueur fur quinze pouces de largeur, & ne pefent pas vingt-cinq livres. Ceux-là même ne font pas les plus eftimés, parce que leur chair n'eft pas à beaucoup près auffi délicate que celle de ceux qui font moins gros. Les Turbots ont cela de commun avec tous les autres poiffons, que la qualité des fonds influe beaucoup fur leur bonté ; ceux qu'on prend dans les bons fonds ont la chair ferme, courte & de bon goût, avec une grande épaiffeur de graiffe très-délicate.

Au refte, on en fait la pêche toute l'année ; ils font feulement un peu plus fermes l'hiver que l'été ; on eftime particuliérement ceux qu'on prend en Février, Mars, Avril & Mai.

La pêche des Turbots fe fait comme celle des autres poiffons plats, avec les haims, la drege, les Tramaux, les Folles ; de plus, on en trouve dans les parcs & les étangs falés. Ce poiffon n'eft pas commun en France ; néanmoins j'en ai mangé dans plufieurs de nos ports, & M. Porquet m'a écrit de Calais qu'on en prenoit fur les côtes de haute Normandie ; mais c'eft depuis la barre de Bayonne jufqu'au Bec de Grave qu'ils font moins rares, fur-tout dans les mois d'Octobre & de Novembre ; il eft encore plus commun dans l'État Vénitien & dans le Golfe Adriatique, où l'on en prend à la mer & dans les baies, avec des dards, des harpons.

On n'en fait point de falaifon ; néanmoins, dans la faifon froide on en envoie en Allemagne par Stafette, & même à Vienne ; pour cela on les vuide, on les faupoudre de fel, de poivre, d'autres épices & de fines herbes ; mais quand on ne les veut transporter qu'à une petite diftance, pour leur conferver leur bon goût on les met entre deux Raies ; car ce dernier poiffon qui fe conferve long-temps, défend les Turbots du contact de l'air.

On prétend avoir obfervé, qu'ayant mis dans des endroits où la mer remonte, des Turbotins gros comme un écu de fix livres, on en pêcha deux ans après qui pefoient deux livres & demie ou trois livres.

C'eft un poiffon littoral, qui fe plaît vers l'embouchure des grands fleuves. On dit qu'il s'y nourrit de petits cruftacées, & qu'il eft très-vorace ; fes œufs font rouges ; le foie qui tient à l'eftomac eft d'un rouge très-pâle ; la véficule du fiel eft grande ; la rate tire au noir.

§ 2. *Du Turbot double, & difforme ;* Rhombus duplex & difformis, *Pl. III, fig. 3 & 4.*

Dans les poiffons plats, on nomme *Doubles,* comme je l'ai dit, ceux qui ont la peau de deffous à peu-près de la même couleur que celle de deffus. Comme ces poiffons doubles n'ont pas la face de deffous blanche, mais plus ou moins brune, quelques Pêcheurs les nomment *Négres.* Le poiffon dont il s'agit dans ce paragraphe, avoit pour la forme beaucoup de reffemblance avec celui que nous venons de décrire. Néanmoins à l'extrêmité du dos, derriére la tête, au-deffus des yeux, le corps fe terminoit par une efpéce de crochet G dont la pointe s'avançoit vers le bout du mufeau ; l'aileron du dos fe prolongeoit jufqu'à l'extrêmité de cette pointe. Outre cette fingularité, la peau de deffous de ce poiffon étoit prefque de même couleur que celle du deffus ; & ce qui eft encore plus rare, on appercevoit à la face de deffous des offelets ou boucles, de même que fur celle de deffus, à la vérité moins fenfibles.

Ce poiffon ayant été regardé par tous les Pêcheurs comme fort fingulier, il m'a paru convenable d'en faire graver le deffein, qui a été fait avec tout le foin poffible.

§ 3. *De la Barbue ou Turbot liffe,* Rhombus lævis, *Pl. IV, fig. 1 & 2.*

Quoique les Barbues foient moins grandes que les Turbots bouclés, on peut les regarder comme un des grands poiffons plats ; leur corps forme un ovale plus alongé que celui du Turbot ; la peau de deffus eft d'un gris plus clair, elle eft marquée de mouchetures couleur de marron, & fouvent pointillée de petites taches blanches affez brillantes ; les yeux font pofés à peu-près comme ceux du Turbot, mais ils font moins grands.

L'aileron du dos commence à l'extrêmité du mufeau, & s'étend jufqu'à l'articulation F de l'aileron de la queue.

Les Barbues ont derriere chaque ouïe, comme les Turbots, une nageoire B, & fous la gorge deux autres plus petites C, qui commencent un peu plus vers l'arriére que l'aplomb des yeux, & fe termine à l'anus D, qui, à ce poiffon, eft fort près de la tête. Il y a à cet endroit une petite interruption ; immédiatement derriere l'anus, commence l'aileron du ventre, qui s'étend jufqu'à l'articulation de l'aileron de la queue, ainfi que celui du dos auquel il reffemble. L'aileron de la queue M eft proportionnellement à la grandeur du poisson, plus ouvert que celui du Turbot, & il se termine un peu en arrondissement; cet aileron, ainsi que ceux des côtés, est chargé de mouchetures plus claires que celles du dessus du corps; la peau du dessous du poisson est, de même que celle du dessus, couverte de petites écailles fort douces & sans boucles, ou moins chagrinée; mais sa couleur est d'un blanc un peu grisâtre, qui s'éclaircit vers la queue où elle prend une teinte bleuâtre.

Ce poisson a sur les côtés une ligne latérale, qui est, comme aux Turbots, courbe du côté de la tête & droite vers la queue; la peau du dessous étant très-mince & transparente, on entrevoit au travers quelques lignes formées par les bords de différents muscles.

Ces poissons, sur-tout les gros, sont devenus très-rares sur les côtes de Normandie; ce qu'on peut attribuer à ce que beaucoup de gros & petits poissons sont détruits par la drege & les autres filets,

qu'on traîne sur les fonds pour prendre les poissons plats, qui, comme je l'ai dit, se tiennent presque toujours près des fonds.

On en prend aux cordes avec des haims, amorcés de petits poissons; on en trouve aussi quelques-uns dans les parcs, les étentes & les étangs salés, mais rarement, parce que les Barbues ne s'approchent pas fort près des côtes, & qu'il faut les aller chercher un peu au large.

La chair de la Barbue est blanche, délicate, & d'un goût excellent, sur-tout quand on la pêche en bonne saison, & sur des fonds de sable ou de gravier; je dis *en bonne saison*, car quoiqu'elle ne perde pas autant de sa bonne qualité dans le temps du frai, que beaucoup d'autres poissons, qui, dans cette circonstance deviennent molasses, néanmoins elle perd un peu de son mérite.

En général, la Barbue fait un plat de distinction sur les meilleures tables, & beaucoup la préfèrent au Turbot.

§ 4. *De la Barbue double & difforme*, Rhombus lævis duplex & difformis, *Planche IV, fig. 3 & 4.*

Il y a dans les Barbues, des individus qui diffèrent des autres, à peu-près comme dans les Soles & les Turbots; on les nomme pour cette raison *Doubles & difformes*; leur corps auprès du museau du côté du dos fait un crochet, mais moins considérable qu'au Turbot; les nageoires *C* de dessous la gorge sont ordinairement formées de cinq rayons terminés par des pointes assez déliées; au-delà de l'anus commence le grand aileron du ventre *D*, qui s'étend comme celui du dos jusqu'à l'articulation *F* de l'aileron de la queue *H*, qui, au lieu de se terminer par un arrondissement, forme un angle fort obtus, & peu apparent.

A l'aileron du dos, qui s'étend du bout du museau jusqu'à l'articulation de l'aileron de la queue, il y a une coupure, ou une petite interruption en *N* vis-à-vis l'extrémité de l'opercule des ouïes, où se trouve comme aux autres Barbues, une nageoire *B*.

Je ne sais si cette interruption *N* est commune à toutes les Barbues, ou si elle étoit particuliere aux poissons que j'ai décrits.

A ces poissons, dit *Doubles*, la partie de dessous est presque comme celle du dessus, étant seulement d'une couleur un peu moins foncée; au-dessous de la tête on apperçevoit une tache blanche *G*, qui occupoit une partie de l'opercule, & à la face de dessous comme à celle de dessus, on voyoit

la raie latérale, qui est courbe du côté de la tête, & qui se prolongeoit ensuite en ligne droite jusqu'à l'articulation *F* de l'aileron de la queue *H*; on peut regarder cette Barbue comme une variété peu intéressante, mais qui n'est pas commune.

On pêche des Barbues toute l'année, mais c'est depuis le mois de Décembre jusqu'en Mai qu'elles sont les meilleures. On en prend en grande eau avec les cordes & la drege: on en prend aussi au bord de l'eau avec les saines & les tramaux, & il s'en trouve dans les parcs; mais celles qui se pêchent au large sont estimées les meilleures.

On prétend avoir remarqué que les Barbues croissent plus lentement que les Turbots, & que celles de deux ans ne pesent qu'une livre ou une livre & demie; je n'ai pas pu m'en assurer par mes propres observations.

Je soupçonne que le poisson qu'on nomme à Venise *Barboti*, & qu'on dit être un Turbot, est plus exactement notre Barbue, tel qu'on en pêche un peu à Audierne, & en d'autres parages de France.

Suivant l'Histoire générale des Voyages, on prend beaucoup de Barbues au Cap Blanc, point à la Côte d'Or.

M. Chanlaire m'a écrit qu'on en prenoit à la côte de Boulogne.

TRAITÉ DES PÊCHES. II. PARTIE.

ARTICLE III.

Du Carrelet ou Carreau, Quadratulus, Planche V, fig. 1 & 2.

On a nommé ce poisson *Carrelet* ou *Carreau*, parce que quand ses ailerons sont étendus, il approche plus qu'aucun autre poisson plat d'avoir la forme quarrée ; il a quelque ressemblance avec la Barbue, mais il n'est jamais aussi grand, & ses ailerons ont moins de largeur. Un beau Carrelet a 18 pouces de longueur de *A* en *B*, & 10 pouces de largeur *D C*, y compris les ailerons ; sa tête est assez grosse, son museau n'est pas fort alongé, les mâchoires n'ont point de dents, mais seulement des aspérités très-sensibles & piquantes ; la mâchoire inférieure est plus longue que la supérieure ; les yeux sont gros, fort rapprochés l'un de l'autre ; la prunelle est d'un bleu foncé, entourée d'un cercle jaune ; l'iris est nacré.

La face supérieure qu'on voit *fig.* 1, est brune ; aux endroits où elle s'éclaircit, elle tire au jaune ou à l'olive ; ordinairement elle est mouchetée de taches rouges, tantôt assez foncées, & d'autres fois plus claires, entre lesquelles on apperçoit des marbrures d'un blanc sale & peu apparent, & des points blancs très-brillants ; la face du dessous est ordinairement blanche & sans mouchetures, comme à la *figure* 2. Je dis *ordinairement*, parce qu'on en prend quelquefois qui ont le dessous presque de la même couleur que le dessus, & pour cette raison les Pêcheurs les nomment *Doubles*.

Ces poissons n'ont point d'os piquants comme le Turbot bouclé ; on m'a seulement assuré, qu'à l'endroit où les rayons qui forment les ailerons s'attachent au corps, il y a une file d'écailles un peu piquantes. J'avoue que cette circonstance m'a échappé, & que je n'y ai remarqué que de petits boutons point piquants ; mais je puis assurer que par-tout ailleurs les écailles sont petites, minces, & point piquantes.

Le corps est tout entouré d'ailerons comme à la Barbue, ils sont seulement moins larges ; les rayons du milieu *D* & *C*, sont plus longs que ceux des extrêmités *F E* pour l'aileron *D*, & *H K* pour l'aileron *C*. Au reste les ailerons sont de la même couleur que la partie du corps où ils répondent.

L'aileron du dos s'étend depuis l'aplomb des yeux *F* jusqu'à l'articulation *E* de l'aileron de la queue ; celui du ventre, comme à la plupart des poissons plats, commence en *H*, immédiatement après l'anus *G*, & s'étend jusqu'à l'articulation *K* de l'aileron de la queue. A cette partie *HCK* il est tout-à-fait semblable à celui du dos *FDE*. Le Carrelet, comme la plupart des poissons plats a une petite nageoire *I* derriere chaque ouïe, & deux plus petites *G* sous la gorge.

Il y a sur la face de dessus & sur celle de dessous une raie latérale, courbe du côté de la tête, ensuite droite jusqu'à l'aileron de la queue *B* ; cet aileron est formé d'un nombre de rayons rameux qui s'écartent un peu les uns des autres par leur extrêmité, & il se termine par un arrondissement.

Ce poisson s'approche volontiers des côtes, & se plaît sur les fonds de sable où l'on en fait la pêche ; c'est pour cela que les Pêcheurs du Bourg d'Ault, tendent avec leurs petits bateaux des cordes garnies d'haims, & ils vendent la plus grande partie de leurs poissons à Dieppe, d'où on les transporte à Paris, où il sont plus estimés que la Limande lorsqu'ils sont bien frais. Mais comme leur chair est plus délicate que celle de la Limande, elle est plus sujette à s'altérer dans le transport. C'est dans les mois de Mai & de Juin qu'ils sont réputés les meilleurs.

Il y a des saisons où leur chair se réduit en eau quand on les fait cuire ; car en général, elle est très-délicate & de bon goût ; ceux qui sont d'une bonne grandeur, sont presque aussi recherchés que les Barbues. Néanmoins, comme leur chair est tendre, il est rare qu'on en mange de bons à Paris.

On en prend depuis la barre de Bayonne jusqu'au bec de Grave, principalement en Octobre & Novembre, à mi-canal avec la drege & les filets qu'on tend par fond : il s'en trouve aussi dans les parcs.

On m'a écrit que ce poisson, qui se pêche en assez bonne quantité sur les côtes de Normandie, est inconnu en Bretagne ; je présume qu'on lui donne un autre nom.

Il y en a qui prétendent que quand le Carrelet grossit, il prend le nom de *Plie*, mais je ne le pense pas ; car outre que j'ai vu de très-petites Plies & de gros Carrelets, nous ferons remarquer à l'article des Plies des différences sensibles entre ces deux poissons : on assure de plus que les Carrelets ne remontent point dans les riviéres, au lieu que la Plie, qu'on nomme aussi *Picot*, *Flonde* ou *Carrelet bâtard*, remonte fort haut dans la Loire, & y fraie comme l'Alose & le Saumon.

On prend des Carrelets doubles &

d'autres

d'autres, contenant, comme j'ai amplement expliqué ce qu'on entend par ces deux termes, je puis me dispenser de revenir sur ce point.

ARTICLE IV.

De la Plie, Passer aculeatus, *ou* Psetta ; Plane *en Languedoc ; par quelques-uns* Platuse ; *sur quelques côtes de Normandie* Picot, Flonde *de mer* ; Willughby *lui donne quelquefois le nom de* Platessa, *ce qui revient à* Platuse, *Planche V, figure 3.*

La Plie est un poisson plat & à arêtes de la famille des Passer ; il est plus large que la Sole & la Limande, moins que le Turbot, & il me paroît avoir plus de ressemblance avec le Carrelet qu'avec tout autre poisson plat. C'est probablement cette ressemblance qui a fait que quelques-uns ont pensé que les Plies étoient de gros Carrelets ; mais outre que la ressemblance de la Plie avec le Carrelet n'est pas complette, le Carrelet ne remonte pas dans les rivieres, au lieu que la Plie qu'on pêche à la Mer se plait dans les eaux douces.

J'en ai pris à la mer sur les côtes de Normandie & de Bretagne, & aussi dans la Loire jusqu'au dessus d'Orléans, ainsi que dans le Loiret, dans le Cher, &c. & ce qui me fait croire que les Plies fraient dans les rivieres, c'est qu'on y en prend quelques-unes qui ne sont pas plus larges que la paume de la main, ou comme un écu de six livres, même comme une piéce de vingt-quatre sols.

On m'a assuré à Montpellier, que l'hiver les Plies passoient de la mer dans l'étang, où elles déposoient leurs œufs au printemps ; mais l'eau de cet étang est salée. Ce que nous avons dit plus haut, prouve que ces poissons passent aussi dans les eaux douces ; M. Viger de Caen m'a écrit qu'il étoit assuré qu'elles se multiplioient, même dans des eaux dormantes ; & en 1770, dans le mois d'Août, on en prit d'un même coup de filet qui étoient de bien des grandeurs différentes ; les unes avoient 8 pouces de longueur totale sur 5 pouces de largeur au milieu du corps, où est la plus grande largeur de ce poisson ; d'autres 11 pouces de longueur sur 6 à 7 pouces de largeur enfin, d'autres qui n'avoient que 2 pouces & demi de longueur, & ayant mesuré beaucoup de Plies, on apperçut que la proportion de la largeur avec la longueur n'étoit pas toujours la même. A la côte de Poitou on nomme les petites, *Plions.*

La couleur des Plies varie beaucoup ; les unes sur un fond olive, sont mouchetées de brun foncé, tirant au noir ; d'autres ont des taches rouges, comme les Carrelets : les Pêcheurs m'ont assuré que les Plies qu'on prend dans le Loiret sont mouchetées de brun obscur, sur un fond olive assez foncé, & que celles de la Loire sont d'une couleur plus claire, avec de larges marbrures brunes, & de pareilles marques sur la tête. Les ailerons sont très-bruns ; à quelques-unes on apperçoit une légere teinte rouge, & de plus des taches rouges qui les font prendre pour des Carrelets ; la plupart ont la face de dessous blanche.

En général, la peau est couverte d'écailles fort petites, qui sont elles-mêmes couvertes d'un enduit mucilagineux, qu'on pourroit regarder comme une surpeau, d'autant qu'on peut l'enlever avec un couteau pour découvrir les écailles.

La tête n'est pas grosse, elle est couverte de petites écailles, de la même couleur que celles du corps, brune en-dessus, blanche en-dessous ; les yeux sont ovales, couleur d'or, & tous les deux, comme à tous les poissons plats, sont placés sur la face supérieure du poisson : entre les deux yeux il y a une suite de pointes, qui font comme une crête osseuse, qui commence auprès du bord de l'opercule des ouies, & se termine à l'ouverture des narines.

La gueule est assez grande, les deux mâchoires de même longueur ; l'une, ainsi que l'autre, garnies de très-petites dents assez écartées les unes des autres ; ce qui fait que plusieurs ont cru que ce poisson n'avoit point de dents.

La crête épineuse de la tête, dont nous avons parlé, semble faire la continuation de la ligne latérale qu'on apperçoit sur le corps. Cette ligne n'est point rude au toucher, elle s'étend comme au Carrelet, depuis l'angle supérieur de l'opercule des ouïes jusqu'à l'articulation de l'aileron de la queue. A sa naissance, elle forme un courbe qui s'étend jusque vers le milieu du poisson ; le reste forme une ligne droite, qui partage en deux le corps du poisson ; cette ligne s'apperçoit à la vérité, plus foiblement sur la face de dessous que sur celle de dessus.

Il y a derriere chaque ouïe, une nageoire formée de rayons souples, qui diminuent de longueur à mesure qu'ils s'approchent du côté du ventre : ces rayons sont un peu plus longs que la membrane mince qui les unit n'a d'étendue; ainsi ils la débordent un peu; sous la gorge font deux autres nageoires beaucoup plus petites, qui se terminent en pointe; leurs rayons, au nombre de six, font flexibles comme aux autres, ils font réunis par une membrane mince; de plus, on en apperçoit un feptieme plus ferme que les autres, & qui n'eft point affujéti par la membrane.

Immédiatement après ces nageoires, on apperçoit l'ouverture de l'anus, qui eft quelquefois fuivie d'un rayon un peu piquant incliné vers l'avant, néanmoins contigu au grand aileron qui borde le ventre du poiffon, depuis cet endroit jufque tout près de l'articulation de la queue; cet aileron du ventre eft ordinairement formé de 44 rayons fouples, les plus longs font au milieu; à l'attache des rayons en-deffous, fur-tout du côté de la tête, il y a de petites pointes peu fenfibles.

Il en eft de même au grand aileron du dos, qui eft formé d'environ 60 rayons; vers l'extrêmité de cet aileron du côté de la queue, on ne fent rien de piquant.

J'ai vu plufieurs de ces poiffons qui, étant pofés la face de deffous fur une table, & regardant du côté de la queue, le grand aileron du dos étoit du côté droit, mais des Pêcheurs m'ont affuré qu'à plufieurs, ils étoient du côté gauche, ce qu'ils nomment *Contournés.*

L'aileron de la queue un peu long, eft formé de 18 rayons rameux, & n'eft arrondi que vers les angles.

Ceux qui habitent les bords de la mer, & qui ne font-point à portée des eaux douces, prétendent que les Plies qu'on prend dans les eaux falées ont plus de goût que celles qu'on prend dans les eaux douces.

Ceux qui habitent auprès des rivieres que ce poiffon fréquente, affurent qu'il y eft plus gras & plus délicat qu'à la Mer, ainfi chacun fe déclare pour le fruit de fa pêche. Comme j'ai été à portée de manger des unes & des autres, il m'a paru que les Plies de la Loire, où le fond eft de fable, étoient plus délicates que celles qu'on pêchoit aux bords de la Mer; cependant les bonnes Plies ne peuvent point encore être comparées aux Limandes, qui, quand elles font fraiches, & lorfqu'elles ont été pêchées en bonne eau, font un excellent poiffon; de forte que ceux qui font à portée d'avoir des Limandes, méprifent beaucoup les Plies, qui néanmoins font fort eftimées par ceux qui, comme à Orléans & à Tours, étant éloignés des bords de la Mer, ne peuvent fe procurer les autres poiffons plats.

On voit en Flandre, & fur-tout à An-

vers, des Plies deffechées, dont on trouve un débit avantageux.

Il y a plufieurs efpéces, ou variétés des Plies, ce qui influe encore fur leurs différentes qualités.

On donne le nom de *Targuer* à une grande Plie de Mer, marbrée de rouge & de noir, *Pl. V*, *fig.* 4; je ne l'ai point vu fraiche; mais on m'a écrit de Rennes, qu'on y prend une efpéce de Plie, qu'on y nomme *Targer*, *Targie* ou *Tarche*; c'eft probablement celle dont nous venons de parler. C'eft, je crois, le même poiffon qu'on appelle à l'Ifle de Ré *Fleurin*, qu'on dit être une grande Plie, marquée de beaucoup de taches rouges.

Peut-être eft-ce encore le même poiffon qu'on nomme en Poitou & Aunis, *Tardineau*, qui, dit-on, ne différe de la Plie, que parce qu'il a nombre de petites taches rouges fur le dos, & peut-être que l'expreffion de *Tardineau*, eft une corruption de *Cardineau*, nom qu'on donne ailleurs à des Plies qui ont beaucoup de marques rouges, & que quelques-uns confondent avec le Carrelet.

Il y en a qui prétendent qu'il y a une efpéce de Plie, qui ne paffe jamais dans l'eau douce, & qu'au contraire, il y a dans les grands fleuves des Plies qui y font nées, & qui n'en fortent jamais; cela peut être; mais il me paroît bien difficile d'établir ces faits par des preuves convaincantes.

Suivant Rondelet, les Plies fraient au printemps; alors on trouve de la laitance dans certains individus & des œufs dans d'autres; cependant on prend à la fin de Septembre des Plies mâles, dans lefquelles on trouve beaucoup de laitance; en Décembre 1776, on pêcha dans la Loire des Plies qui avoient beaucoup d'œufs & peu de laitance; en hiver, le ventre des femelles eft quelquefois confidérablement enflé par les œufs: en général, on eftime les œufs de ce poiffon, on les regarde comme un bon manger.

Rondelet dit que les Plies paffent en hiver de la Mer dans l'Etang de Montpellier, qui eft falé, pour y dépofer leurs œufs au printemps; je crois qu'elle les dépofent auffi dans l'eau douce.

Des Pêcheurs prétendent que le premier état du frai des Plies, eft une maffe de plufieurs petites Plies collées enfemble, ainfi qu'on l'obferve en plufieurs poiffons, notamment dans le Gardon; je n'ai point été à portée de faire cette obfervation.

On pêche les Plies comme les autres poiffons plats; mais en outre, comme elles s'enfouiffent volontiers dans le fable quand elles font dans un endroit où il n'y a pas une grande épaisseur d'eau , on en prend à la foule ; pour cela les Pêcheurs marchent pieds nuds sur le sable , & quand il en sentent sous leurs pieds, ils les harponnent.

On en prend aussi avec un petit filet en poche, qu'on monte à l'extrêmité d'une fourche, & qu'on enfonce dans le sable , vis-à-vis la tête du poisson, qui , pour s'enfuir , donne dans le filet.

Enfin , on en pêche toute l'année, mais on prétend que les saisons les plus favorables sont depuis le mois d'Avril jusqu'en Juin , & depuis le mois d'Octobre jusqu'en Décembre.

ARTICLE V.

De la Limande, sorte de Passer, *Pl. VI.*

La Limande est un poisson plat, plus petit que ceux dont nous avons parlé ; il est proportionnellement à sa largeur moins long que la Sole, mais plus que le Carrelet, avec lequel à cet égard il a plus de ressemblance ; en retranchant les ailerons, tant des côtés que de la queue, une belle Limande, dont le corps auroit douze pouces de longueur, n'auroit que cinq pouces & demi de largeur ; la forme de son corps est elliptique, ou plutôt ovoïde ; la partie du côté de la tête étant plus grosse que celle qui s'étend vers la queue. La tête est de médiocre grosseur, & terminée par un museau un peu pointu, l'aileron de la queue est assez long, formé par des rayons gros & rameux qui s'écartent les uns des autres par leur extrêmité ; ce qui fait que cet aileron qui n'est point échancré, se termine par un arrondissement peu considérable.

Les yeux sont gros, saillants, fort élevés sur la tête, tous les deux placés à l'extrêmité de la face supérieure ; au sortir de l'eau, ils sont très-brillants, la prunelle est d'un bleu turquin , & entourée par un cercle jaune, couleur d'or ; l'iris est nacré, ayant quelques reflets, tirant à la couleur du cuivre rouge ; toutes ces couleurs disparoissent peu après la mort du poisson : entre les deux yeux, un peu vers l'extrêmité du museau, on apperçoit l'ouverture des narines.

La gueule n'est pas grande ; mais les machoires sont garnies de dents plus sensibles qu'à la plupart des poissons plats ; la machoire inférieure est plus longue que la supérieure , le corps du poisson est couvert d'écailles presque imperceptibles, néanmoins rudes & très-adhérentes à la peau ; la couleur de la face supérieure est communément d'un brun clair & olivâtre, la face de dessous est blanche ; mais il est bon d'être prévenu que les couleurs varient beaucoup dans les différents individus suivant la nature des eaux où ils ont séjourné, leur âge, l'état de leur santé, & que toutes ces couleurs disparoissent aussi-tôt après la mort du poisson.

Outre la couleur dominante dont nous venons de parler, il y en a qui sont jaspées de blanc , ou de rouge, comme les Carrelets ; mais ces couleurs sont presque toujours très-foibles. Quoiqu'à la plupart des Limandes la face de dessous soit blanche, on en prend néanmoins quelques-unes où l'on apperçoit des marques assez semblables à celles qu'on voit sur la face supérieure. Des Pêcheurs m'ont assuré en avoir pris qui avoient cette face presque aussi blanche que celle de dessous. Nous avons dit que les Pêcheurs appellent *Doubles* celles qui ont les deux faces à peu près de même couleur.

Ces poissons, comme les autres poissons plats à arêtes, ont dessus & dessous, derriere les ouïes, une nageoire & deux autres plus petites sous la gorge : tout le corps est presque entouré par le grand aileron du dos & par celui du ventre ; celui du dos s'étend sans interruption depuis l'aplomb des yeux jusqu'à l'articulation de l'aileron de la queue, celui du ventre lui est presque semblable ; mais il ne commence qu'immédiatement derriere l'anus, & il s'étend comme celui du dos jusqu'à l'articulation de l'aileron de la queue ; ces ailerons ne sont point formés comme à beaucoup d'autres poissons, par des rayons de même longueur, les plus longs rayons répondent à la moitié de la longueur du poisson, & depuis cet endroit jusqu'aux deux extrêmités, ils diminuent graduellement & uniformément, de sorte que la longueur des rayons des extrêmités n'est guere que la moitié de celle des rayons du milieu ; les ailerons sont à peu près de la même couleur que la partie du corps où ils sont attachés, & quelques-uns ont des mouchetures pareilles à celles du corps.

La chair de la Limande est d'un goût très-agréable quand elle est fraiche, il est vrai qu'elle est moins délicate que celle du Carrelet ; pour cette raison , elle se conserve plus long-temps sans se gâter, ce qui est avantageux aux Chasses-marée, parce qu'ils peuvent transporter plus loin les Limandes que les Carrelets, & ils sont en état d'en fournir des villes où la marée est rare, & pour cette raison plus chere, parce que les Limandes supportent mieux le transport : on les préfere à Paris aux Carrelets qui sont estimés meilleurs au bord de la Mer, mais qui perdent de leur mérite étant transportés.

On affure qu'il fe trouve quelques Limandes plus charnues & plus épaiffes que les autres, les pêcheurs les nomment *Limandes Pôles* : c'eft tout ce que j'en puis dire ne les connoiffant pas parfaitement.

On apperçoit fur les faces de deffus & de deffous de ces poiffons des lignes latérales qui s'étendent depuis le derriere des ouïes jufqu'à l'articulation de l'aileron de la queue ; elles font du côté de la tête une courbure confidérable, & enfuite elles fe prolongent en ligne droite jufqu'à la queue, divifant la largeur du poiffon en deux parties égales.

On prend beaucoup de Limandes fur les rivages de l'Océan, on en trouve moins en Languedoc dans la Méditerranée, la Mer Adriatique, la Mer Noire & celle de Tofcane ; il y a peu de poiffons plats qui fe montrent auffi abondamment fur les côtes de Bretagne, de Normandie & de Picardie ; on en prend aux cordes garnies d'haims, pêle mêle avec les Merlans, les Harengs & avec d'autres fortes de poiffons, au moyen de la dreige & les autres filets traînants ; on en trouve dans les foffés & les étangs, les filets d'enceinte & même dans les parcs. On en voit toute l'année, mais la vraie faifon de la pêche eft depuis le mois d'Octobre jufqu'en Janvier ; elles font encore affez bonnes dans les mois de Mars & d'Avril, lorfqu'ells font pleines de laite & d'œufs,

mais elles font maigres & de peu de valeur depuis le mois de Mai jufqu'en Septembre.

Dans le Nord on en fait du Stockfish ; pour cela, fans employer de fel, on les pend, & on les fait fécher au foleil ou au vent, ce qui réuffit d'autant mieux que ce poiffon étant mince, eft très-propre à cette préparation ; car on fait qu'elle convient aux poiffons qui ont le moins d'épaiffeur : quand ils font fecs, on les raffemble par douzaine & on les tranfporte fort loin, où l'on trouve à les vendre avantageufement. On en prend comme des autres poiffons plats de doubles & de contournées, *Fig. 2*, & d'autres qui font d'un vert livide ; celles-là font maigres, & on les dit malades, les pêcheurs les nomment *Lépreufes*, on n'en fait aucun cas ; c'eft tout ce que j'en puis dire n'en ayant point vu.

Rondelet dit que la Limande ne differe du Carrelet que parce que les écailles font plus adhérentes à la peau ; pour moi, je crois que la forme de la Limande eft plus allongée que celle du Carrelet qui eft confidérablement plus large & en tout beaucoup plus grand.

On donne en quelques endroits le nom de Pôle, à des Limandes qui font plus grandes & plus épaiffes que les autres ; mais en cela, je ne parle que d'après les Pêcheurs.

ARTICLE VI.

De la Limandelle, Pl. VI.

La Limandelle participe de la Sole & de la Limande ; fon corps eft plus large par proportion à fa longueur que celui de la Sole, & il l'eft moins que celui de la Limande ; fa chair eft plus tendre que celle de la Sole, & ferme à peu près comme celle de la Limande, ce qui la fait eftimer par quelques-uns plus que ces deux poiffons, qui néanmoins font très-bons ; mais on en prend peu fur nos côtes, ce qui contribue probablement à les faire rechercher pour les tables délicates. Ce poiffon ne mord guere aux haims, on en prend quelques-uns avec la dreige, fur-tout dans les mois de Février & de Mars. On en diftingue plufieurs variétés ; je me bornerai à parler de quelques-uns qui ont des caracteres affez diftincts pour qu'on ne les confonde pas avec les autres poiffons plats. Mais je préviens que je ne puis parler de ce poiffon que d'après ce que m'en ont dit les Pêcheurs ; car je n'en ai vu que de morts & jamais en vie.

§ I. *De la vraie Limandelle, Fig. 3 & 4.*

Quoique le poiffon qu'on appelle *vraie Limandelle* foit fort rare, & abfolument inconnu dans plufieurs ports, particulierement à Breft, je fuis parvenu à en avoir une, à la vérité morte, mais qu'on m'a affuré être une Limandelle, ce qui me met en état de la décrire en détail. Son corps forme un ovale plus alongé que celui de la Limande, mais plus large que celui de la

Sole, on en prend qui ont jufqu'à dix-huit pouces de longueur : fa queue eft coupée prefque quarrément, elle s'élargit en forme d'éventail. La couleur de la face de deffus eft un brun affez clair, moucheté de taches, les unes blanches & les autres plus brunes que le fond, mais les mouchetures blanches font en plus grand nombre que les brunes.

Les yeux different peu de ceux des Limandes,

mandes; l'ouverture de la gueule est très-petite, & ressemble plutôt à un Suçoir qu'aucune de celle des autres poissons plats.

Par proportion à sa grandeur, elle est plus épaisse que la Limande; ses écailles sont rondes, minces & douces au toucher; les lignes latérales forment une courbure du côté de la tête, & ensuite elles se prolongent en droite ligne jusqu'à l'aileron de la queue.

Les nageoires *I*, de derriere les opercules des ouïes, sont ordinairement d'un jaune orangé; celles de dessous la gorge *H*, d'un jaune qui n'est pas foncé.

Les ailerons du dos & du ventre sont à peu près de la même couleur que la face supérieure, & chargés de mouchetures plus ou moins claires; mais presque jamais aussi brunes que celles de la face supérieure.

Les dents sont plates, très-rapprochées les unes des autres, & pour cette raison peu sensibles.

La face de dessous, ainsi qu'aux autres poissons plats, est blanche, avec une légére teinte rouge peu sensible : on y apperçoit, comme aux autres poissons plats, les lignes latérales, les petites nageoires de dessous le gosier, & celles de derriere les opercules des ouïes.

Etant parvenu à avoir un poisson qu'on m'a assuré être une vraie Limandelle, ce poisson étant rare & fort estimé, j'ai cru convenable d'ajouter, à ce que je viens de dire, les dimensions de toutes ses parties.

La longueur totale *A*, *B*, *Fig. 3*, étoit d'un pied.

La largeur *C*, *C*, prise au milieu, y compris les ailerons, un peu plus de six pouces; en *K*, *K*, quatorze lignes; derriere l'opercule des ouïes *F*, *G*, quatre pouces; en *L*, *L*, quatre pouces; du bout du museau *A*, au derriere des ouïes *D*, deux pouces; du centre de l'œil *E*, au bout du museau *A*, huit lignes.

L'œil est ovale, très-saillant, & son grand diamettre a presqu'une fois plus d'étendue que le petit; les deux yeux sont très-rapprochés l'un de l'autre, & ne sont séparés que par une espéce de cloison.

La gueule est bordée de grosses levres, & étant fermée, la partie qu'on apperçoit à la face supérieure est au plus de trois lignes.

L'aileron du dos *E*, *F*, *C*, *L*, *K*, s'étend depuis le coin de l'œil *E*, jusqu'auprès la naissance *K*, de l'aileron de la queue; il est formé de quatre-vingts rayons souples, qui excedent une membrane charnue & fort délicate qui les joint; les rayons les plus longs ont à peu près un pouce de longueur, & vont en diminuant graduellement, tant du côté de la tête que du côté de la queue.

L'aileron du ventre *G*, *C*, *L*, *K*, s'étendoit depuis le derriere de l'anus *G*, jusque près la naissance de celui de la queue *K*; l'anus formoit un gros bouton très-saillant, & étoit presque recouvert par les deux petites nageoires *H*, qui avoient huit lignes de longueur, & étoient composées de cinq ou six rayons fort souples.

Derriere les ouïes *D*, étoient deux autres nageoires, une de chaque côté, étroites à leur origine, un peu élargies & arrondies à leur extrémité, & formées de sept à neuf rayons très-flexibles qui étoient liés, comme les ailerons du dos, par une membrane très-mince.

L'aileron de la queue *K*, *B*, se terminoit par un arrondissement; il étoit formé de seize ou dix-sept rayons, longs d'environ deux pouces.

Les lignes latérales *D*, *I*, *N*, s'étendoient depuis la naissance de l'aileron de la queue où elles partageoient le poisson à peu près en deux également, jusques vers *I*, où elles prenoient une courbure pour se rendre aux ouïes en *D*.

Le dessus du poisson étoit couvert de très-petites écailles fort adhérentes, & presque enfoncées dans la peau. Elles paroissoient blanches sur un fond brun, & donnoient aux faces du poisson un air chagriné; on voyoit sur les côtés de légéres taches blanchâtres *M*, *M*, répandues sans ordre, & de grandeur inégale.

Le dessous étoit blanc, tirant un peu au bleu, on n'y appercevoit presque point les raies latérales; au reste, les nageoires de la gorge & celles de derriére les ouïes étoient comme à la face supérieure; toute la face de dessus étoit légérement ondée, ce qui est un peu exprimé dans le dessein.

§ 2. *De la Limandelle, dite* Calimande, *Fig. 6.*

Cette Limandelle est plus alongée que les précédentes, & étant moins épaisse, elle ressemble un peu plus à la Sole; mais sa couleur a plus de rapport à la plupart des Limandes, étant néanmoins un peu plus claire, avec une légere teinte rouge.

Ses yeux sont plus grands que ceux de la vraie Limandelle; la prunelle est d'un beau bleu turquin, entourée d'un cercle jaune.

Sa gueule, comme à la vraie Limandelle, est plus petite que celle de la Limande; son corps n'est pas plus épais que celui de la Sole-Pôle.

Ses écailles font fines & moins rudes au toucher que celles des Soles-Pôles.

Sa chair eft plus molafse que celle de la Limande, &, pour cette raifon, plus fujette à s'altérer dans le tranfport, aufsi on n'en fait pas de cas, ni des pêches exprefses; on fe contente de celles qu'on prend dans les parcs, ou pêle-mêle avec d'autres poifsons: au refte, les caracteres diftinctifs que je viens de marquer m'ont paru très-peu fenfibles.

§ 3. *De la petite Limandelle qu'on nomme* Calimande Royale, *Fig.* 5.

Les Pêcheurs de Normandie donnent à ce poifson le nom de petite Limandelle, ou Calimande Royale; elles ne font pas communes, les plus grandes ont à peine huit à neuf pouces de longueur totale. Ce poifson, qu'on prend à la dreige pendant le Carême, feroit eftimé, tant à caufe de fa beauté que pour fon bon goût, s'il étoit plus grand & moins rare.

Sa couleur eft très-particuliere; elle eft jafpée de couleur de marron, & de gris-de-perle foncé fur un fond qui tire au rouge; fes ailerons du dos, du ventre & de la queue participent des mêmes couleurs; feulement elles font plus foibles; mais les unes s'étendent de toute la largeur des rayons, & d'autres fe terminent à la moitié de leur longueur.

Les yeux font fort près l'un de l'autre, on apperçoit autour des taches de couleur de lie-de-vin; mais ils ne font pas placés comme aux Limandelles dont nous venons de parler, ils le font à peu près comme au Turbot & à la Barbue.

Ce poifson n'eft pas commun, les Pol-letois en prennent avec des haims qu'ils amorcent de petits poifsons, même quelquefois avec des leurres, & ils fe fervent pour cette pêche de leurs petits bateaux.

Il y a bien des variétés dans la diftribution des couleurs: plufieurs ont vers la queue une tache fort brune, au milieu de laquelle il y en a une petite de couleur d'or bruni; les Pêcheurs difent que les mâles en ont encore une pareille au-defsus de celle dont nous venons de parler, & qu'il y en a aufsi une auprès de l'opercule des ouïes; les rayes latérales font une petite inflexion du côté de la tête; la peau, tant fur le corps qu'à la tête, eft comme chagrinée, étant garnie de petits grains de même que la Roufsette, mais moins rudes; néanmoins, on fent plus de réfiftance en pafsant le doigt de la queue à la tête, qu'en fens contraire.

On prend peu de ces poifsons, qui, pour cette raifon, ne font guere connus que dans les ports; leur chair eft ferme, & comparable à celle de la vraie Limandelle.

Il y a quelque refsemblance entre ce poifson & celui que Rondelet nomme *Rhomboïde*.

§ 4. *D'une efpece de Limandelle qu'on nomme* grande Calimande, *Fig.* 6.

Ce poifson refsemble à plufieurs égards à celui que Rondelet dit qu'on nomme *Sole* à Rome.

La grande Calimande tient quelque chofe du Fletan par la forme du corps qui eft plus alongé & plus étroit que celui de la Sole, au moins du côté de la queue: les grandes ont quinze à vingt pouces de longueur; elles font un peu plus blanchâtres que les Limandes, auxquelles elles refsemblent par les écailles, ainfi que par les ailerons, même celui de la queue: les rayes latérales font très-courbées du côté de la tête, & enfuite fort droites jufqu'à l'articulation de l'aileron de la queue.

L'aileron de defsus le dos eft couleur d'eau, & parfemé de taches brunes; celui du ventre en a aufsi, mais moins apparentes.

La tête eft fort alongée, les yeux font grands & gros, placés comme au Turbot, la prunelle eft gris-de-fer, avec un cercle jaune, la gueule eft afsez grande, la langue eft étroite & pointue, les mâchoires garnies de dents très-fines; on prend ce poifson à la dreige, & on en trouve dans les tramaux,

fa chair refsemble afsez à celle de la Limande; on l'eftime quoiqu'elle foit plus feche, on la regarde comme une efpéce moyenne entre la Limande & la Limandelle.

J'avoue que ce que je viens de dire des Limandelles & des Calimandes, n'eft que d'après quelques-uns qu'on m'a préfentés dans les Ports, ou qu'on m'a envoyé morts, ainfi on ne doit pas y prendre autant de confiance qu'à ce que j'ai dit des poifsons plus communs.

J'ajouterai qu'étant informé qu'on prend beaucoup de poifsons plats aux environs du port de l'Orient; j'ai prié M. Bourhis, Commifsaire de la Marine dans ce Port, de me faire part de ce qu'il pourroit apprendre relativement à ce poifson; cet obligeant correfpondant m'a écrit que dans les Limandelles qu'on m'a apportées, il n'a trouvé de différence d'avec la Limande que dans la couleur de la face fupérieure qui étoit d'un brun plus clair; que la forme de leur corps étoit la même que celle des Limandes, & point femblable à la figure que j'ai fait graver; néanmoins, comme on eſtime aſſez ce poiſſon, & comme j'en ai reçu deux qui ne ſe reſſembloient pas exactement, j'ai cru qu'il étoit convenable de le faire connoître, d'autant qu'en pluſieurs endroits il eſt fort rare.

Article VII.

Du Fletan, Hippogloſſus; *& du Flet, Flez ou Fletelet.*

Beaucoup d'auteurs regardent tous ces noms comme ſynonymes & appartenant à un même poiſſon : ce ſentiment eſt adopté à Caen, à Dieppe, à Saint-Jean-de-Luz, &c. Quelques-uns ſeulement nomment les gros, Fletans, & les petits Flets; ce qui s'accorde aſſez avec ce que penſoient Belon, Rondelet, Aldrovande, Geſner, Jonſton, &c. tous inclinant à penſer qu'on doit appeller Fletans les gros poiſſons qu'on pêche à grande eau, & Flets les petits qui fréquentent les rivages; d'autres prétendent que ces noms déſignent autant de poiſſons différents. Si cela eſt, il faut au moins convenir que ces poiſſons ont beaucoup de rapport les uns avec les autres. Pour eſſayer de diſſiper ces incertitudes autant qu'il me ſera poſſible, j'ai envoyé dans différents Ports un mémoire où j'expoſois mon embarras, priant les perſonnes les plus inſtruites de venir à mon ſecours; je vais commencer par rapporter ce qui m'a paru de mieux établi par rapport aux Fletans.

§ 1. *Des Fletans,* Pl. VII, *Fig. 1.*

On ne regarde point ce poiſſon comme étant de nos Mers, quoiqu'on en prenne accidentellement quelques-uns dans le canal, & qu'il s'en ſoit quelquefois rendu des bancs ſur les côtes de Normandie & de Picardie; mais outre que cela eſt fort rare, on n'y en prend jamais qui approchent de la grandeur de ceux qu'on pêche ſur le grand banc de Terre-Neuve & en Iſlande, d'où on en rapporte quelquefois de ſalés qui ſont fort gros; car on aſſure qu'il s'en trouve dans ces parages, & même dans la Mer d'Allemagne, qui peſent pluſieurs quintaux & qui ont quatre coudées de longueur; ce qui leur a fait donner le nom d'*Hippogloſſus,* parce que dans les mots compoſés, le terme *Hippo* ſignifie prééminence, & eſt attribué aux eſpéces qui ſe diſtinguent des autres par leur grandeur.

M. Bonamy, Docteur régent de la Faculté de Médecine de Nantes, s'étant tranſporté dans pluſieurs Iſles habitées par les plus célebres pêcheurs, m'a écrit qu'à Nantes & dans tous les endroits où il a fait des informations, on ne diſtingue point poſitivement le Fletan du Flet; mais tous l'ont aſſuré qu'ils avoient pêché ſur le banc de Terre-Neuve & du côté de Louiſbourg, un très-grand poiſſon plat qu'on leur a nommé Fletan; c'eſt ſûrement le Fletan ou l'Hippogloſſus de Rondelet, qu'on peut regarder comme le plus grand de tous les poiſſons plats à arêtes.

Mais comme j'en ai prévenu, premiere ſection de la ſeconde partie, page 81, à l'occaſion de la pêche de la Morue, la chair de ce poiſſon qui a un bon goût, eſt coriace; c'eſt pourquoi les pêcheurs font peu de cas des gros. On m'a aſſuré qu'à Anvers on en vend de ſalés par tronçons.

Le Fletan eſt de la famille des poiſſons plats, & eſt, dit-on, couvert d'écailles ſi minces & ſi adhérentes à la peau, que pluſieurs croyent qu'il n'en a point; le deſſus du corps eſt gris-de-fer brun, & le deſſous blanchâtre ſale; ſa gueule eſt aſſez grande, & ſinguliérement contournée; elle eſt garnie, tant à la mâchoire ſupérieure qu'à l'inférieure, de pluſieurs rangs de dents très-piquantes qui ſe courbent un peu vers l'intérieur de la gueule qui eſt auſſi garnie d'aſpérités, ainſi que la langue & les ouïes; la mâchoire inférieure déborde un peu la ſupérieure.

Les nageoires de derriere les ouïes ſont aſſez grandes; il en a, comme les Limandes, les Plies, &c, une derriere à chaque ouïe, & deux petites ſous la gorge : la forme de ſon corps ne differe guere de celle de la Plie; l'aileron du dos qui prend ſa naiſſance vis-à-vis les yeux s'étend juſqu'à l'aileron de la queue qui eſt brun, avec des rayes d'un blanc ſale; cet aileron s'élargit à ſon extrêmité à peu près comme celui de la Morue, de plus la membrane qui réunit les rayons les tient fort ſerrés les uns contre les autres.

L'aileron qui borde le côté du ventre s'étend, comme celui du dos, juſqu'à l'articulation de l'aileron de la queue; les deux ailerons, ſavoir celui du dos & celui du ventre, augmentent de largeur juſqu'au milieu du corps, & enſuite ils diminuent peu à peu juſqu'à leur extrêmité, comme ces poiſſons ſont très-forts, les pêcheurs ſont obligés de les gafer avec un croc à main pour les amener ſur le port, comme on le voit, ſection VIII, *Pl. V*, *Fig.* 2. Les Fletans ſe nourriſſent de poiſſons ; car on trouve dans leur eſtomac des Harengs, des Capelans, &c.

La chair de ceux qui ne ſont pas fort gros, eſt aſſez bonne étant mangée fraîche ; mais le ſel la racornit, & elle devient très-déſagréable. Les pêcheurs qui vont à la pêche de la Morue vers le Nord, rencontrent beaucoup de ces poiſſons, entre leſquels il y en a, comme je l'ai dit, de très-grands ; pour lors, on n'en ſale que les bords où l'on trouve une eſpéce de graiſſe délicate comme celle du Turbot ; ces parties deſſéchées ſont ce qu'on appelle le Raf ou Rekel, qui fait un mets peu eſtimé, mais qu'on ne laiſſe pas de vendre, & ils jettent les groſſes chairs à la Mer ; les Matelots mangent les petits qui, dans les bons fonds, ſont un manger aſſez agréable. On prétend que ce poiſſon eſt propre à faire de bons coulis ; malheureuſement les Fletans ſe plaiſent dans la vaſe, où ils contractent un mauvais goût ; ce qui contribue à les faire mépriſer.

Lorſque les pêcheurs prennent beaucoup des petits dont ils ſe nourriſſent, ils les ſaupoudrent d'un peu de ſel, les enfilent avec une ficelle, & les ſuſpendent au vent pour les faire ſécher ; étant ainſi préparés, ils ſe conſervent long-temps bons à manger.

Il y en a qui appellent le Fletan la grande Plie de Mer, & effectivement ces deux poiſſons ſe reſſemblent à pluſieurs égards.

La vraie ſaiſon de les pêcher ſur le grand banc eſt après que celle de la Morue eſt preſque finie. Le poiſſon qu'on prend quelquefois ſur nos côtes & qu'on y nomme *Fletan*, eſt auſſi du genre des poiſſons plats ; mais je ne ſais ſi c'eſt exactement la même eſpéce de poiſſon qu'on appelle Fletan dans le Nord, où il s'en voit d'une grandeur très-conſidérable ; cette incertitude m'engage à rapporter ce que m'en a écrit M. Frammery, Conſul de France à Drontheim.

Il dit que la pêche du Fletan ſe fait en toute ſaiſon, même en hiver. Mais comme alors il ſe tient dans les endroits les plus profonds, il faut l'aller chercher à 3, 4, 500 braſſes au fond de la Mer, au lieu qu'en été il habite les lieux moins profonds, où il y a ſeulement 100 ou 150 braſſes d'eau au plus ; ce poiſſon ſe plaît ſur un fond uni de ſable, ou encore mieux de vaſe. Il évite les fonds de roche où il y a des inégalités, ce qui oblige les pêcheurs de bien connoître les fonds où ils

doivent établir leurs pêches ; elle ſe fait de deux manieres ; ſuivant la nature des fonds, lorſqu'on ſe trouve ſur un fond de varech, on ſe ſert d'une ſimple ligne dont la longueur eſt proportionnée à la profondeur de l'eau, & chaque matelot en tient une.

Les Ruſſes n'adoptent pas cette pratique, parce que dans les endroits où ils ont coutume de s'établir, le fond eſt de ſable ou de vaſe mêlée de gravier, mais toujours uni : pour cette raiſon, ils pêchent avec des cordes qui ont 1500 ou 2000 braſſes de longueur, & de la groſſeur du petit doigt ; elles ſont formées de 9 fils de bon chanvre, & garnies de 7 en 7 pieds de lignes plus déliées qui ont 2 pieds ½ ou 3 pieds de longueur, au bout deſquelles ſont attachés des haims de la même groſſeur que ceux qui ſervent pour la pêche des Morues. Toutes ces cordes ſont tannées pour les préſerver de la pourriture : au bout de la maîtreſſe corde on met une eſpece d'ancre de bois, telle que nous en avons repréſenté ſeconde partie, ſection VIII, ſur la *Planche V, Fig.* 1, ou bien on y amarre une cabliére à peu près pareille à celle *I K*, repréſentée premiere partie, ſeconde ſection, *Pl. XXXIII, Fig.* 1 ; à chaque ancre ou cabliére eſt amarré un orin, à l'extrémité duquel eſt une bouée ou un ſignal, formé de liége ou d'un morceau de bois léger, figuré en poire : au bout menu qui doit être en bas, eſt attachée une petite pierre qui ſert à le leſter pour que le ſignal qui eſt au gros bout de la bouée ſe tienne droit. Ce ſignal eſt ordinairement un balai ou un pavillon, il eſt repréſenté premiere partie, ſeconde ſection, *Planche XXXIII* ; le manche de ce pavillon a 5 ou 6 pieds de longueur, & comme il y a une pareille bouée à chaque bout de la corde, les pêcheurs en connoiſſent la ſituation, & évitent de mettre en cet endroit d'autres cordes qui ſe mêleroient les unes avec les autres ; ils amorcent leurs haims avec de gros vers de Mer que les Mouſſes ou les enfants leur fourniſſent ; au défaut de vers, ils emploient des entrailles ou la chair des poiſſons qu'ils ne ſalent pas ; les pêcheurs partent de grand matin, les uns plutôt, les autres plus tard, ſuivant qu'ils ſont plus ou moins éloignés du lieu où ils veulent s'établir en pêche ; & comme ils courent riſque d'être pris de mauvais temps, ils ſe muniſſent d'une bouſſole, & des vivres dont ils pourroient avoir beſoin dans le cas où il ne leur ſeroit pas poſſible de gagner la côte ; leurs proviſions ſe réduiſent à emporter de la farine de ſeigle ou d'aveine, & pour boiſſon de l'eau qu'ils renouvellent de temps en temps ; ils conſervent les foies, & après en avoir retiré l'huile

qui

qui leur fournit de la sauce, ils les font griller, & les mangent avec du sel, dont ils font une grande consommation : au reste, leur manœuvre, pour mettre leur corde à l'eau & la relever, est pareille à celles que suivent les Pêcheurs cordiers de Normandie, dont nous avons parlé à la premiere Partie de cet Ouvrage ; mais avant de quitter leurs cordes, ils prennent dès marques à terre pour les retrouver plus aisément ; la corde reste ainsi à la Mer jusqu'au lendemain matin ; & quand ils vont la relever, ils mouillent une autre corde.

Les Fletans font de moitié plus gros à Finmarck qu'en Islande, on en prend quelquefois à Finmarck qui pesent trois à quatre cents livres ; alors pour les tirer de l'eau, on les saisit avec un croc de fer, comme on le voit, Section VIII, *Pl. V*, *Fig.* 2. On porte les Fletans dans les magasins, puis on les ouvre jusqu'à l'anus pour les vuider, on met les foies à part ; on lave les poissons, on les arrange avec du sel dans des caisses qui sont auprès des Magasins, & on verse un peu d'eau dessus : on les laisse en cet état vingt-quatre ou quarante-huit heures, en un mot, assez de temps pour qu'ils prennent le sel, & qu'ils rendent leur eau, ensuite avec un grand couteau on ratisse le dessus pour emporter les écailles. Quand cette opération est faite, on les lave une seconde fois afin d'ôter tout le sang & les saletés, on les porte sur la table du magasin où on les tranche, ce qui consiste à leur couper la tête & à les ouvrir dans toute leur longueur pour emporter la grosse arête ; quand le poisson est gros, on donne de plus quelques coups de couteau en travers.

Alors on les sale ; pour cela on les frotte de sel par-tout, en mettant sur-tout dans l'intérieur ; car les parties qu'on a tranchées doivent être remises à leur place : enfin, on arrange les Fletans dans des caisses, mettant du sel entre chaque lit de poisson, de sorte qu'ils ne se touchent pas. Il faut plus de sel pour les poissons fort gras, & pour ceux qui sont épais, que pour les petits.

On prend des Fletans fort grands en Islande, ainsi que dans le Gouvernement de Berghen, où il y en a de six à sept pieds de long, qui pesent depuis trois jusqu'à cinq cents livres.

On prétend même avoir remarqué, que les Fletans qu'on pêche à l'Est de Finmarck, font presque de moitié moins gros que ceux qu'on prend au Sud de cette Province : il est vrai que l'eau est moins profonde à l'Est, & on soupçonne pour cette raison, que les poissons y trouvent moins de nourriture qu'au Sud. Ajoutons que les plus gros poissons se prennent dans le Gouvernement de Berghen, & dans la plupart des Baies, où on trouve depuis deux cents jusqu'à cinq cents brasses d'eau.

Je pourrois me borner à ce que je viens de rapporter d'après M. Framery, sur la pêche des Fletans dans le Nord ; mais comme il m'est parvenu sur cette pêche des notes de M. Ström, célebre Norwégien, j'ai cru qu'on ne seroit pas fâché d'en trouver ici un extrait qui confirmera ce que nous avons dit d'après M. Framery.

La pêche du Fletan étoit autrefois plus abondante en Norwége qu'elle ne l'est présentement. Comme il falloit aller chercher ces poissons assez loin, & qu'on se servoit de bateaux trop foibles pour entreprendre cette route, on étoit exposé à de fâcheux accidents ; d'ailleurs, ces côtes fournissant abondamment des poissons qu'on peut prendre sans s'exposer à des dangers, & qui sont plus utiles, on a pour ces raisons, presque abandonné celle des Fletans.

Il n'y a que quelques contrées du Gouvernement de Berghen qui la continuent, avec une trentaine de bateaux assez forts ; ils s'établissent en pleine mer, à vingt ou vingt-cinq lieues de la côte à Stor-Egge, sur un haut fonds qui s'étend, Nord & Sud, & qui a peu de largeur, où l'on trouve trente ou quarante brasses d'eau : comme cet endroit est couvert de plantes marines, on n'y pêche qu'avec des lignes simples. Cette pêche se fait vers la saint Jean, saison où les poissons quittent les grands fonds.

L'équipage qui est formé de sept à huit hommes, se munit d'un compas, & de quelques vivres.

§ 2. *Du Flet, Flez, ou Flais & du Fletelet.*

J'ai déja prévenu que plusieurs, regardant le Flet comme synonyme de Fletan, prétendent que ces deux noms indiquent un même poisson ; mais j'ai dit aussi que d'autres soutenoient que le Fletan & le Flet sont deux poissons assez différents l'un de l'autre pour n'être point confondus. Il m'a paru intéressant d'éclaircir cette question ; & après m'être suffisamment étendu sur ce qui regarde le Fletan, j'ai

cru convenable de rapporter les connoiffances que m'ont produites les recherches
que j'ai faites au fujet du Flet.

Je préviens d'abord, que la figure 2 , *Pl.
VII*, a été exactement deffinée d'après un
poiffon, qu'on m'a affuré être un véritable
Flet ; fuppofant que ce qui m'a été dit à ce
fujet foit vrai, on ne peut difconvenir qu'il
y a de la reffemblance entre ces deux poiffons ; mais auffi on apperçoit qu'ils différent
à plufieurs égards.

D'abord on convient généralement, que
les Fletans font beaucoup plus gros que
les Flets. On ajoute que les Fletans ne
paffent jamais dans les eaux douces ; on
pêche les Flets à la Mer & dans les Rivieres qui affluent dans l'Océan , notamment à la côte de Bretagne, & à S. Valery,
dans la faifon où il y en a beaucoup ;
plufieurs, pour cette raifon, les confondent
avec la Plie, qu'ils nomment *Flies* ; mais
le corps du Flet, par comparaifon à fa
largeur, eft plus alongé que celui de la Plie.

Le Flet, du nombre des poiffons qu'on
nomme *Paffer* , a de petites écailles de
couleur très-rembrunies ; à quelques endroits où cette couleur s'éclaircit un peu,
la peau tire à l'olive ou à un jaune obfcur ;
on apperçoit à ces endroits des taches rouge-foncé, d'un jaune orangé, tant fur le
corps que fur les ailerons, qui , comme aux
autres poiffons de la même famille, font
larges , & bordent toute la circonférence
du corps. Les rayons qui les forment, font
déliés, fouples & point piquants.

On remarque fur la tête & fur le corps
quelques petits offelets piquants.

En quelques endroits, au lieu de *Flet*,
on écrit *Flais* : fa chair eft blanche, plus
ferme que celle des Fletans , & pour cette
raifon elle fe conferve plus long-temps fans
fe gâter : elle eft de bon goût, quand le
poiffon a féjourné dans des eaux vives ;
mais il fe plaît au fond & dans la vafe ,

où il contracte un goût défagréable.

LeFlet a la vie fort dure ; il vit affez long-
temps hors de l'eau : quand on l'a vuidé,
fon corps donne encore des fignes de vie
au bout d'une heure.

Il y en a qui en diftinguent une autre
efpéce, qu'ils nomment *Fletelet :* je ne le
connois pas ; c'eft peut-être le *Helbut* des
Anglois, dont nous allons dire quelque
chofe dans le paragraphe fuivant , quoique
j'en aie déja parlé dans l'introduction qui
eft au commencement de cette fection.

On trouve dans l'eftomac du Fletelet de
petits coquillages brifés ; & quoique le mot
Fletelet femble indiquer un diminutif de Flet,
tous ceux qui en ont parlé, affurent qu'ils
font plus gros, & quelques-uns l'ont appellé
Paffer maximus.

Malgré tout ce que je viens de dire , il
me paroît qu'il regne encore beaucoup d'incertitude fur la diftinction de ces poiffons ;
car M. le Teftu me marque de Dieppe, &
M. Porquet de Calais, qu'on penfe dans
ces Ports que le Fletan eft le même poiffon
que le Flet ; & que la différence qui fe
trouve entre ces deux poiffons , confifte
dans la difproportion de leur taille. Le Flet,
difent-ils , eft communément de celle des
petits Carrelets & des Limandes. Le Fletan,
au contraire, eft fi grand qu'on en a pêché
quelquefois de cinq pieds de longueur, fur
environ la moitié en largeur : celui-ci fréquente les grandes eaux ; le Flet fe plaît
plus volontiers à l'entrée des Ports & Rivieres, & fur les fables : de-là vient qu'il
eft très-commun dans la Baie de la Somme,
& dans les courants où il refte de l'eau de
la mer.

Néanmoins il en paffe dans les canaux,
où ils fubfiftent dans l'eau douce. Mais les
grands Fletans ne fréquentent point nos
mers : il ne s'y en trouve que rarement ;
ce font les mers du Nord qu'on peut regarder comme leur patrie.

§ 3. *Des Hellebuts.*

Ce poiffon eft plus connu en Angleterre
qu'en France ; il a quelque rapport avec le
Fletan : on m'a affuré qu'on en pêche aux
côtes de Flandre , & qu'on le vend au
Marché par tronçons ; ce qui indique qu'ils
font fort gros : leur chair eft très-eftimée,
& fe vend à-peu-près comme le Saumon
frais & l'Efturgeon : on ne les prend guere
qu'avec les haims ; on ne les connoît point
aux côtes de Normandie & de Picardie.
Mais c'eft un poiffon du genre des plats,
feulement plus épais : il a, comme tous les
poiffons plats , une nageoire derriere les

ouïes, deux fous la gorge, deux grands
ailerons, un fur le dos , & l'autre fous le
ventre, qui s'étendent de prefque toute la
longueur du poiffon.

Je ne connois pas le Hellebut ; mais par la
courte defcription qu'on m'en a envoyée, il
n'eft pas douteux qu'il eft de la famille
de ceux dont nous nous occupons ; & ce
qui m'empêche de le regarder comme un
Fletan, eft l'eftime qu'on fait de fa chair,
qu'on met beaucoup au-deffus de celle du
Fletan.

J'ai trouvé dans les Ports, ainfi que chez

les Ichthyologistes, bien de la confusion entre les poissons plats à arêtes, tels que les Fletans, les Flets, les Plies, les Carrelets, &c., ce qui ne paroîtra pas surprenant à ceux qui feront attention à la grande ressemblance qu'il y a entre les poissons de cette famille ; j'ai essayé de faire remarquer les différences qui m'ont paru assez sensibles pour empêcher de confondre toutes especes de poissons. En consultant les descriptions que je trouve dans mes Mémoires, je n'a-perçois presque que des variétés, plus ou ou moins frappantes. Si on peut me procurer des caracteres plus distincts, j'en ferai usage dans les additions, en témoignant ma reconnoissance à ceux qui auront bien voulu m'aider de leurs lumieres.

Il y en a qui comprenent la Dorée, ou Poule de mer, avec les poissons plats & à arêtes ; mais j'ai cru plus convenable d'en parler dans la cinquiéme section.

CHAPITRE II.

Des Poissons plats, dits Cartilagineux.

INTRODUCTION.

IL y a des poissons ronds, d'autres longs en forme de serpent, & d'autres plats, qui, au lieu d'arêtes dures & piquantes, en ont de molles & flexibles ; on les nomme pour cette raison *Cartilagineux*. Nous ne nous occuperons dans ce Chapitre que de ceux qui sont plats ; & comme le plus grand nombre de ceux-là sont du genre des Raies, je vais donner une idée générale des poissons de cette famille, qu'on nomme en Bretagne, ainsi que dans l'intérieur du Royaume, *Raies ;* en Provence *Raïades & Clavelades ;* en latin *Raia.*

ARTICLE PREMIER.

Caracteres généraux qui conviennent à toutes les espéces de Raies. Planches VII & VIII.

Tous les poissons de cette famille sont fort larges, & peu épais ; ils sont donc du genre des poissons plats : mais aulieu d'avoir dans l'intérieur du corps des arêtes dures & piquantes, comme ceux dont nous avons parlé dans le Chapitre précédent, & dont on peut prendre une idée en jettant les yeux sur le squélette d'un poisson à arêtes que nous avons fait graver *Planche III* de la premiere section de la seconde partie, & *Planche XII* de celle-ci ; aux poissons dits cartilagineux, notamment aux Raies, ce qui tient lieu d'arêtes est tendre & flexible, ce qui les fait nommer cartilagineux, quoique les parties qui forment leur squélette ne soyent pas aussi molles que les vrais cartilages.

À l'égard du squélette cartilagineux de la Raie que nous avons représenté, *Pl. VII,* *Fig.* 3 ; nous nous contenterons de dire que *a a* représente la tête entiere, prise depuis la pointe du museau jusqu'à sa jonction avec l'épine *f* ; *b b*, la mâchoire supérieure ; *c c*, la mâchoire inférieure.

d d, Sont des prolongemens cartilagineux qui joignent la partie postérieure de la tête, avec la naissance des grands ailerons *m m*.

e e e e, Quatre cartilages qui se trouvent à la partie moyenne de la Raie, joignent ensemble les ailerons des deux côtés, & ont quelque ressemblance avec la forme du bassin dans les autres animaux.

f f, Partie supérieure de l'épine, formée d'un seul os ou cartilage ; *g g* appendices cartilagineux de la partie supérieure de l'épine.

i i, Naissance de la queue, qui est un

prolongement de la partie supérieure de l'épine. Cette queue est formée d'un très-grand nombre de vertebres dans toute sa longueur *h h h*.

m m, Rayons cartilagineux, qui forment les grands ailerons.

k k, Cartilages, qui portent les rayons *n n* des petits ailerons qui accompagnent la queue.

o o, Ailerons qui terminent la queue.

Le corps des Raies, en y comprenant la tête & les ailerons des côtés qui sont fort étendus, a une forme plus ou moins approchante d'un Losange, *A*, *B*, *C*, *D*, *Pl. VIII*, *fig.* 1 ; je dis plus ou moins ; car il y en a quelques-unes dont les angles, n'étant pas aussi sensibles, approchent assez de la figure ronde, ou ovoïde.

La partie la plus épaisse & la plus charnue du corps de ces poissons, est vers le milieu de leur corps dans la direction de la ligne *AB*, où elle forme un ovale fort alongé ; l'épaisseur va en diminuant depuis cet endroit, jusqu'aux bords qui sont fort minces, sur-tout aux parties *C B*, *D B* ; en un mot, jusqu'à l'extrêmité des grands ailerons. Néanmoins, les rayons cartilagineux qui forment les ailerons, sont couverts d'une chair délicate, qu'on mange quand le poisson est cuit.

Les grands ailerons latéraux *C*, *D*, leurs servent à nager ; car les Raies, comme les poissons plats à arêtes dont nous avons parlé au premier Chapitre, se tiennent à plat vers le fond de l'eau, & nagent en donnant des mouvements d'ondulation à ces grands ailerons. Comme on aime le merveilleux quelques-uns ont prétendu que les Raies, après s'être élancées au-dessus de l'eau, se soutenoient dans l'air au moyen de leurs ailerons ; mais c'est une allégation qui n'a aucune vraisemblance.

A l'angle *A*, est la tête qui se termine dans les différentes espéces, par un museau plus ou moins arondi, & dans quelques-uns fort pointu, mais toujours cartilagineux ; de sorte que les Raies évitent de le heurter contre quelques corps durs. On voit aux *figures* 1 & 2, que la tête n'est pas détachée du corps, elle en fait une continuation ; à quelques-unes, elle est plus saillante.

A l'angle *B*, est l'origine de la queue *B*, *E*, qui est plus ou moins longue suivant les espéces ; à plusieurs elle excéde beaucoup la longueur du corps prise depuis *A*, jusqu'à *B* : elle est aussi plus ou moins grosse, & souvent plus ou moins garnie d'épines, entre lesquelles il y en a de longues & d'autres fort courtes, les unes souples, d'autres dures & piquantes ; à quelques-unes il y a, ainsi que sur le corps, des osselets

fort durs, fermement enchassés dans la peau, & garnis d'une épine crochue.

Beaucoup de ces osselets qu'on nomme boucles sont de forme ovale à peu près plats en dessus ; néanmoins on apperçoit au milieu de la face supérieure un enfoncement où est solidement attaché un aiguillon blanc fort dur & presque toujours crochu.

Il y a de ces osselets de différentes grandeurs ; je les décrirai plus exactement dans l'article où il s'agira des Raies bouclées : il y a en outre sur la queue quelques petits ailerons, les uns placés à son extrêmité, comme en *E*, *Fig.* 1 & 2, d'autres sont distribués dans la longueur ; ces petits ailerons sont fort utiles aux poissons pour diriger leur marche.

Les bords minces du corps du poisson qui forment les grands ailerons, sont striés sur-tout en dessous à cause de la saillie que forment les rayons cartilagineux qu'on voit en *M*, *M*, *Pl. VII*, *Fig.* 3.

Il y a beaucoup de variété dans la couleur des Raies, quelques-unes sont toutes blanches ; mais communément le dessus, *Fig.* 1, est brun, & le dessous, *Fig.* 2, tire plus ou moins au blanc : aux unes la couleur est assez uniforme ; d'autres sont mouchetées ou marbrées de différentes couleurs, & suivant la forme de ces panaches, on les nomme étoilées, ou œillées, ou canelées, ou ondées ; en latin, *stellata*, *oculata*, *striata*, *undulata* ; elles n'ont point d'écailles ; mais les unes ont la peau unie, d'autre l'ont chagrinée. Il y en a qui ont, comme nous l'avons dit en parlant de la queue, des aiguillons, les uns longs, d'autres courts, les uns durs, les autres mous : on en apperçoit sur les deux faces, ou seulement sur celle de dessus, quelquefois uniquement vers la queue, d'autres vers le museau ; suivant ces différences on leur a donné des noms particuliers : celles qui ont la peau lisse sont dites *Raia lævis* ; celles qui sont chagrinées ou épineuses *Raia spinosa* ; celles qui ont des boucles *Raia clavata*. Suivant leur couleur, elles sont dites *alba*, *cinerea*, ou *fusca*, &c.

Les poissons plats & à arêtes semblent, comme nous l'avons dit au Chapitre premier, être deux poissons appliqués l'un sur l'autre par une de leur face ; ce qui fait que la fente de la gueule est sur le tranchant du côté du ventre, & qu'elle s'apperçoit en partie, soit qu'on regarde le poisson par la face de dessous ou par la face de dessus. Les yeux sont placés sur une ligne oblique, & ordinairement un des yeux est tout près de la portion de la fente de la gueule, qui paroît quand on regarde le poisson par la face supérieure.

Il n'en est pas de même à l'égard des

Raies ;

Rayes; leurs yeux *F*, *G*, gros & saillants, font couverts d'une membrane clignotante qu'on nomme en latin *Nebula*, & placés à la face supérieure de la tête, à l'aplomb du museau; de sorte que si l'on tiroit une ligne de *A* en *B*, un des yeux seroit à la droite de cette ligne, & l'autre à la gauche.

La plupart ont auprès de chaque œil un trou, *FG*, *fig.* 1, qui paroît avoir du rapport avec la gueule; car il s'élargit ou se rétrécit suivant que la gueule est couverte ou fermée.

L'ouverture de la gueule des Raies, *H L*, *fig.* 2 & 4, n'est pas comme aux poissons plats & à arêtes, partie à la face du dessus, & partie à celle du dessous, on la voit en entier à la face de dessous & à l'aplomb du museau : elle forme une portion du cercle; il n'y a que la mâchoire inférieure qui soit mobile. Aux deux côtés de cette fente, plus vers le museau, on voit deux trous, *K K*, qui communiquent avec le fond de la gueule par deux sillons qui ne paroissent à l'extérieur que comme deux traits *K H*, *K L*. Je parlerai d'une Raie où cette communication est fort apparente. Il y a des Raies qui ont des dents très-sensibles, d'autres seulement des aspérités qu'on sent avec le doigt.

Au dessous de la gueule, on apperçoit à droite & à gauche des ouvertures oblongues, *P P*, souvent au nombre de cinq; ce sont les ouïes qui ne sont point couvertes par des opercules.

Les deux sexes se distinguent aisément à l'extérieur : il suffit, pour cela, de regarder les parties de la génération qui sont auprès de *O*; on voit celles des mâles, *fig.* 2, & celles des femelles, *fig.* 4. Les figures 1 & 2 indiquent les organes mâles tenant à l'animal; & à la *fig.* 5, on voit les mêmes organes détachés de l'animal. Les parties mâles, que les Pêcheurs nomment pendants, & qu'on voit en *N N*, *Pl. VIII*, *fig.* 1 & 2, sont formées de muscles & de cartilages, *M M*, assez forts; les parties qui sont placées auprès de l'origine de la queue, paroissent être formées d'une substance peu solide. Les connoissances que j'avois acquises sur l'anatomie de ces organes, me faisoient soupçonner qu'ils s'accouplent; mais je n'ai jamais été assez heureux pour les surprendre en cet état.

On apperçoit dans l'ovaire des femelles, *fig.* 6, quantité d'œufs de différentes grosseurs : ces œufs imparfaits passent un à un, ou deux à deux, dans la matrice ou l'oviductus; beaucoup s'y revêtissent d'une coque, comme ceux des oiseaux d'une coquille. La coque des œufs des Raies a une forme quarrée, comme on l'a représenté, *fig.* 7; ce qui les a fait nommer *Siviere.* Souvent on trouve dans le corps des femelles de ces coques bien formées, & toutes prêtes à sortir de la femelle. Quand on ouvre aussitôt après la ponte une de ces coques, *fig.* 8, on trouve dans l'intérieur une boule *A*, contenant une substance équivalente au blanc & au jaune des œufs des oiseaux; cette substance est destinée, comme aux oiseaux, pour nourrir l'animal ou le fœtus, tant qu'il est dans sa coque, ou pendant l'incubation qui se fait au fond de l'eau, où la coque tombe au sortir du corps de la femelle.

De même que les œufs des oiseaux ne changent point de grosseur pendant que le petit se forme dans l'intérieur, les coques des Raies ne grossissent point.

Quelque temps après, en ouvrant la coque, on apperçoit le petit poisson *B*, *fig.* 8, qui tient à la boule par le cordon ombilical. A la *fig.* 9, on le voit plus distinctement, parce qu'il est tiré de son enveloppe. Quand le poisson est bien formé, il se dégage de sa coque, d'où il sort la tête la premiere *A*, *fig.* 7. On prétend qu'il y a des espéces où l'incubation se fait dans le corps de la mere, & alors le petit sort vivant.

Pour dire quelque chose des parties intérieures de la Raie, je me bornerai à faire remarquer que l'estomac est assez éloigné de la glotte, & pour cette raison l'ésophage est un peu long; l'estomac n'est pas grand, il est suivi par les intestins, les uns gros, les autres grêles, ce qui continue jusqu'au rectum qui aboutit à l'anus.

La ratte est auprès de l'estomac; la vésicule du fiel tient au foie, qui a deux lobes; il n'est pas dans tous les poissons de la même couleur; il est, ou rouge, ou jaune, &c. : on le regarde en France comme un mets fort délicat.

La *fig.* 10 représente un rein qui a une forme alongée.

La Raie est un poisson assez commun : je ne connois point de côte où l'on n'en prenne de quelques espéces; ce qui vient non-seulement de ce que ce poisson est très-fécond, mais encore parce que plusieurs étant fort gros & souvent armés de piquants, peu de poissons lui font la guerre; mais le filet de la dreige en détruit beaucoup de toutes grosseurs. Quand les Raies sont nouvellement tirées de l'eau, elles ont une odeur de marécage désagréable, qui se dissipe en peu de temps : elles ont aussi, au sortir de l'eau, la chair si coriace qu'on ne la peut manger; mais en les gardant quelques jours, la plupart deviennent délicates, &, pour cette raison, on les peut transporter assez loin de la mer, sans qu'elles perdent de leur qualité; d'où il résulte que communément on les mange meilleures à Paris qu'au bord de la mer. Les femelles font un bien meilleur manger que les mâles, &, pour cette raison, elles se vendent plus cheres.

On sale quelques Raies, mais on n'en fait aucun cas. Dans quelques parages où l'on en prend beaucoup, on en fait sécher au vent & au soleil; en cet état on les nomme *Papillons* à Morlaix, ailleurs *Guillot* : c'est un manger assez médiocre, meilleur néanmoins que celles qui sont salées. Dans quelques Ports on nomme toutes les petites Raies *Papillons*; ce qui fait un manger fort recherché.

Il y a des poissons, tels que les Merlans, les Harengs, dont la couleur est peu différente dans les différents individus : il n'en est pas de même dans les Raies; on y apperçoit du blanc, du gris, du cendré, du brun, du roux; mais la force de tant de diversité de taches & de traits dont elles sont marquées, varie prodigieusement, & ne se trouvent jamais les mêmes dans plusieurs poissons.

Il n'est pas hors de propos de prévenir que, comme on pêche très-fréquemment les Raies avec les filets qu'on nomme *folles*, comme je l'expliquerai dans la suite, on nomme en quelques endroits les Raies *Folles*, comme si l'on disoit poisson qu'on prend avec les filets nommés folles. Cette pêche est d'autant plus convenable aux Raies qu'elles vont souvent par troupe.

Quoique j'aie essayé de donner une idée assez précise des Raies considérées en gé-néral, il n'est pas douteux que l'examen que nous nous proposons de faire de plusieurs espéces, nous fournira l'occasion de rapporter plusieurs choses intéressantes. J'entre donc en matiere; & comme ce sont les observations sur les Raies grises dont j'ai fait usage, pour ce que j'ai dit des Raies considérées en général, je commencerai par rapporter ce qui regarde ce poisson. Je préviens que toutes les dimensions que je donnerai des différents poissons, sont prises sur celui que je décrirai, & sûrement il y en a de plus grands & de plus petits, suivant leur âge. Ainsi il n'en résulte qu'un apperçu des grandeurs relatives des différentes parties d'un même poisson.

Je me propose de rapporter en abrégé, à la fin de cette section, les différentes industries qu'emploient les Pêcheurs pour prendre les poissons plats, tant à arêtes, que cartilagineux; & je dirai aussi quelque chose sur les différentes préparations qu'on donne à ces poissons, pour les conserver long-temps bons à manger.

Dans ce que je vais dire des Raies, je traiterai en deux articles séparés, des Raies à peau rude & épineuse, *Raia aspera*, & des Raies à peau lisse, *Raia lævis* : je parlerai dans un troisieme Chapitre de quelques poissons qui ont du rapport avec les Raies; mais qui en different à plusieurs égards.

§ I. *Description d'une Raie grise*, *à peau rude* ; Raia aspera, cinerea, *Planche VIII.*

Il y a des Raies qu'on nomme *à bec pointu*, parce qu'elles ont le museau fort long & terminé en pointe : celle dont nous nous occupons, ne l'avoit pas, à beaucoup près, aussi long; mais il l'étoit plus que celui de la Raie bouclée, dont nous parlerons dans le paragraphe suivant.

La Raie que je décris, avoit de l'extrêmité *A* du museau, *fig.* 1 , à l'origine *B* de la queue, ce qui fait la longueur du corps, quinze pouces. La longueur *BE* de la queue étoit de quatorze pouces. La largeur du poisson, y compris les ailerons, ou de *C* en *D*, étoit de dix-huit à vingt pouces. Du centre des yeux *FG*, à l'extrêmité *A* du museau, il y avoit environ quatre pouces six lignes; ils étoient éloignés l'un de l'autre de deux pouces trois lignes. Les trous que les poissons de ce genre ont auprès des yeux, étoient assez grands, & très-près des orbites.

On n'appercevoit à la face supérieure du poisson, ni boucle, ni épine; on sentoit seulement qu'elle étoit chagrinée & garnie d'aspérités sur le milieu du corps, particuliérement vers l'extrêmité du museau.

La couleur de la face supérieure étoit cendrée, & à quelques-unes tirant à la couleur de noisette.

La queue à son attache au corps étoit grosse & accompagnée de productions charnues, & de deux ailerons assez considérables : de plus, vers l'extrêmité où elle étoit fort diminuée de grosseur, on appercevoit deux ailerons *E* qui s'élevoient perpendiculairement sur la queue, & quelquefois tout-à-fait au bout, une autre presque imperceptible.

Cette queue, dans toute sa longueur, étoit hérissée en-dessus d'une file de petites épines qui s'étendoient sur le corps jusqu'à l'aplomb des yeux; le dessous de la queue étoit plat, sans épines, & de la même couleur que la face de dessous du poisson, qui étoit plus claire que celle de dessus : elle approchoit plus de la couleur qu'on appelle cendrée; il y avoit çà & là des places plus claires qui formoient des nuages tirant au blanc : à cette face la peau étoit, comme à celle de dessus, chagrinée, & rude en quelques endroits.

A la face de dessous, on voyoit l'ouverture de la gueule *H*, *L*; elle étoit un peu courbe, & paroissoit comme bordée de grosses levres : son étendue étoit de deux pouces trois lignes, & elle étoit à cinq pouces du bout du museau.

On voyoit au-dessus les trous *K K*, qui, comme nous l'avons dit, communiquent avec l'intérieur de la gueule par des sillons indiqués à la figure. Outre les petits ailerons qui sont près l'origine de la queue, on voyoit en *MM*, des appendices, les uns entiérement charnus, & les autres osseux en dedans.

Les parties qui distinguent les sexes, se remarquent, pour les femelles, près de *O*, & pour les mâles, en *NN* : on voit en *P P* les ouvertures des ouïes.

Quand on a laissé se dissiper l'odeur de marécage que ces poissons ont au sortir de l'eau, & qu'on a donné le temps à la chair d'acquérir de la délicatesse, elle est fort agréable, un peu moins cependant que celle de la Raie bouclée, dont nous allons parler, après avoir dit quelque chose d'une Raie qu'on nomme *tigrée* & *mouchetée*, & qui differe peu de celle que nous venons de décrire.

§ 2. *De la Raie tigrée & mouchetée*; Raia aspera & maculata, *Planche IX*, *figure 7*.

Nous avons prévenu qu'il y a bien des variétés dans la famille des Raies; que communément on les regarde comme des especes différentes, auxquelles on a donné, pour cette raison, des noms particuliers. De ce genre est la Raie dont nous allons parler, qui ne differe de la Raie grise & à peau rude, *Raia cinerea*, *aspera*, que nous avons amplement décrite, § 1, qu'en ce que les boutons qui rendent sa peau cha-

grinée, sont plus gros & plus rudes au toucher, & que les marbrures blanches, quoique moins grandes, sont plus apparentes. Il me paroît que ces différences ne sont pas assez considérables pour former des especes distinctes, & qu'on peut les regarder comme des variétés qui méritent quelque attention; ce qui m'a engagé à la faire graver sur cette planche.

§ 3. *De la Raie bouclée*; Raia clavata & maculata, *en Provence* Clavelade, *Planche IX*, *figure 1 & 2*.

Comme la Raie bouclée est des plus estimées pour la table, j'ai cru qu'il convenoit de la faire connoître; & cette raison m'engagera à m'étendre plus sur ce qui la regarde, que sur celles qui sont moins estimées.

La Raie que je vais décrire, qui étoit d'une grandeur moyenne, avoit, depuis l'extrémité du museau *A*, *fig.* 1, qui n'est pas aussi alongé qu'à plusieurs autres espéces de son genre, jusqu'à la naissance *B* de la queue, quatorze ou quinze pouces de longueur : la queue étoit assez menue & détachée du corps; elle avoit, depuis son insertion au corps en *B*, jusqu'à son extrémité *S*, à-peu-près la même longueur que le corps. La largeur *D*, *C*, de l'extrémité d'un aileron à l'autre, étoit de dix-neuf pouces. Les yeux *F*, *G*, gros, saillants & ovales, étoient à trois pouces du bout du museau *A*. Au-dessous des yeux en *H*, *I*, étoient deux trous assez profonds & de forme irréguliére.

M. Porquet m'écrit qu'on l'appelle à Calais la Raie grise clouée, & qu'on en prend qui pesent depuis trois jusqu'à douze livres.

La forme du corps *A*, *B*, *C*, *D*, les ailes y comprises, approchoit de celle d'un Lozange. Les ailerons, qui s'étendent depuis *D*, & depuis *C* jusqu'à la naissance *B* de la queue, étoient échancrés en *K* & en *L*; ces échancrures étoient recouvertes par de petits ailerons circulaires qui se prolongeoient jusque sous la queue. Les parties *D*, *K* & *C*, *L* contenoient des rayons cartilagineux, qui formoient, par leur épaisseur, des stries plus sensibles à la face de dessous du poisson, qu'à celle du dessus, où il y avoit une plus grande épaisseur de chair.

Les petits ailerons circulaires *K*, *B*, *L*, *B*, étoient aussi très-sensiblement striées.

La partie la plus épaisse du poisson étoit vers le milieu du corps, dans la direction *A*, *B*, & alloit en diminuant uniformément d'épaisseur, jusqu'aux bords *C*, *D* : le corps étoit couvert d'une peau dénuée d'écailles, mais rude au toucher & comme chagrinée: la couleur n'étoit pas exactement la même dans tous les poissons de cette famille; mais, en général, la face de dessus étoit d'un gris plus ou moins brun, & le dessous tiroit plus ou moins au blanc. On voit principalement sur la tête & sur le milieu du corps, dans la direction *A*, *B*, des os blancs répandus çà & là, qui ne sont pas représentés assez sensiblement à la *figure* 1 ; ce qui m'a engagé à les dessiner de grandeur naturelle aux *figures* 3, 4, 5, 6. Au milieu de la face supérieure de ces os, qui est plate, on apperçoit, *fig.* 3, un enfoncement, du fond duquel s'éleve une pointe blanche, dure, piquante & crochue : ces os s'appellent, comme je l'ai dit, des boucles, & pour cette raison ces Raies sont dites *bouclées.* Il y a de ces osselets de bien de formes & de grandeurs différentes : la plupart sont ovales ; & à celle que j'ai fait dessiner, le grand diametre étoit de huit lignes, le petit de six, & l'épaisseur de trois. La superficie *D*, *fig.* 6, étoit, comme je l'ai dit, plate, & il y avoit au milieu un enfoncement, *fig.* 3, au fond duquel étoit l'aiguillon : le dessous de ces os étoit convexe, quelquefois strié dans le sens de leur longueur, comme à la *fig.* 4, d'autres fois en travers, comme à la *fig.* 5, & souvent unie, comme à la *fig.* 6. Outre ces boucles, ces Raies ont sur le corps, principalement vers la tête & vers la queue, des épines qui ne sont point implantées dans des os, entre lesquelles les unes sont longues, d'autres fort courtes, plusieurs très-dures & piquantes, d'autres molles & flexibles. La queue, qui, comme nous l'avons dit, avoit quatorze à quinze pouces de longueur, avoit seize à dix-sept lignes de circonférence : à son insertion au corps elle diminuoit de grosseur jusqu'à son extrêmité *S*; le dessus étoit arrondi ; elle étoit plate & blanche à la face de dessous : on appercevoit, dans toute la longueur de la partie supérieure de cette queue, trois files de boucles qui faisoient une saillie considérable : la file du milieu est la continuation de celle du dos, qui est dans la direction *A*, *B* : les deux latérales ne prennent leur origine qu'à la naissance de l'aileron, qui est près de celle de la queue.

Outre les boucles & les aiguillons dont nous avons dit que la queue étoit garnie, on appercevoit quelques petits ailerons rudes au toucher, dont quelques-uns *R* s'élevoient perpendiculairement sur la queue, & un *S* étoit tout-à-fait à son extrêmité.

Nous avons dit que la couleur dominante de la face de dessous du poisson tiroit au blanc ; mais on appercevoit vers les bords, & sur-tout du côté de la tête, des teintes rouges pâles, que je soupçonne n'être pas sensibles aux poissons vivants, & çà & là, dans toute l'étendue du corps, des boucles quelquefois plus apparentes que sur la face de dessus, ainsi que quelques épines qui ne sont point implantées sur des osselets.

A la face de dessous, à trois pouces du bout du museau *A*, est l'ouverture de la gueule *MM*, *fig.* 2, qui est assez singuliere ; elle forme une ligne courbe, de deux pouces trois lignes de longueur, & est terminée par deux lignes qui aboutissent à deux trous *N N* : il n'y a point de dents dans l'intérieur de la gueule, mais en y passant le doigt, on sent des aspérités.

Au-dessous de la gueule on remarque, de chaque côté, cinq ouvertures oblongues ; ce sont les ouies qui ne sont point couvertes par des opercules.

Près de l'insertion de la queue au corps, il y a des appendices *P P*, & des portions d'aileron de forme assez irréguliere, auprès desquels sont les organes qui caractérisent les sexes. Ce que j'ai dit de la bonne qualité des Raies bouclées, est confirmé par ce que m'écrit M. de la Courtaudiere le cad et, & M. Porquet, qui disent qu'à Saint-Jean-de-Luz & à Calais, on distingue en général deux espéces de Raies ; les unes qu'on nomme *fines*, ce sont les bouclées, & les autres qu'on nomme *lisses*, qui, quoique bonnes, ne sont pas autant estimées ; souvent ce qui établit cette différence, relativement à leur goût, est que les bouclées se tiennent presque toujours sur les fonds de sable ou de gravier, & que les lisses se plaisent sur les fonds de vase.

Quoi qu'il en soit, il est bon que les bouclées soient conservées quelques jours, pour que leur chair acquiere de la délicatesse, & qu'elles perdent une odeur de marécage qu'elles ont quelquefois au sortir de l'eau.

C'est pourquoi on estime singuliérement dans les Ports des jeunes & petites Raies, qui ne sont guere plus étendues que le fond d'une assiette ; ce sont ces petites Raies qu'on nomme *Rayons*, *Ratillons*, ou *Raietons*, & en quelques lieux de Bretagne *Papillons.* Il est incertain si ces petites Raies qui fréquentent les rivages, & qu'on pêche à la saine, forment une espéce particuliere, ou si ce sont de jeunes Raies. Ce qui me feroit incliner pour ce dernier sentiment, c'est qu'on n'apperçoit point de laite dans l'intérieur des mâles. Néanmoins M. Porquet croit que ces Raies sont une espéce particuliére qui ne devient jamais grosse.

Il est encore bon d'avertir qu'à Morlaix on appelle *Papillons* des morceaux de grosses Raies desséchées.

Ces petites Raies, qu'on nomme *Rayons*, ou *Raietons*, sont toujours délicates : j'en ai mangé d'apprêtées de bien de façons différentes, & je les ai trouvées excellentes.

Il y a plusieurs espéces ou variétés de Raies bouclées, les unes ayant plus de boucles que les autres : plusieurs, comme je l'ai dit

dit au commencement de cet article, ont des boucles fur les deux faces, fupérieure & inférieure; d'autres n'en ont que fur la face fupérieure; les unes ont plus d'épines que les autres. Je n'infifterai point fur ces petites différences; mais je ne crois pas devoir me difpenfer de dire qu'on prend affez abondamment de ces excellentes Raies aux côtes de Baffe-Normandie; & je vais dire quelque chofe d'une efpéce qu'on nomme en Languedoc *Ronce*, & qui differe peu de la bouclée. Mais à l'occafion des petites Raies, ou Rayons, dont je viens de parler, il me paroît convenable de dire un mot d'une petite Raie qu'on m'a envoyée de Cayenne.

§ 4. *D'une petite Raie de Cayenne*, nommée Chauve-Souris de Mer, Vefpertilio aquaticus, *Planche XVI.*

J'ai reçu cette petite Raie affez bien confervée : la forme m'en ayant paru finguliere, j'ai cru devoir la faire graver. Au-deffus de la gueule, dont l'ouverture étoit à la face de deffous, *fig.* 1 *& 2*, il y avoit un long bec pointu *A*, *B*, de neuf lignes de longueur. Depuis l'extrêmité de ce bec jufqu'à la naiffance de la queue *C*, le corps avoit deux pouces neuf lignes.

La largeur des ailerons *EF*, étoit auffi de deux pouces neuf lignes, & de chaque côté, au bout de ces ailerons, qui fe terminoit en pointe, il y avoit un prolongement *H* d'un pouce trois lignes, terminé par une nageoire *G* de treize à quatorze lignes. La queue, depuis fa naiffance *C*, jufqu'à l'articulation de fon aileron, avoit deux pouces & demi de longueur : elle étoit plate en deffous, affez large dans toute fon étendue, bombée en deffus, & chargée de quantité de rugofités qui s'étendoient tout le long du corps jufqu'au bout *A* du mufeau.

Les yeux *D* étoient en deffus, près de la naiffance du mufeau. La gueule *K* étoit en deffous : fon ouverture, qui étoit ronde, terminoit une efpéce de tuyau *L*, *fig.* 1, de quatre lignes de longueur, & de cinq lignes de diametre.

On m'a écrit qu'on faifoit peu de cas de ces poiffons pour la table.

§ 5. *De la Ronce de Languedoc.*

On m'a fait connoître une variété de Raie bouclée, qu'on nomme en Languedoc *Ronce*. Cette Raie, que je n'ai point vu fraîche, a quelques boucles répandues fur le corps, & trois rangées de fortes épines fur la queue, ce qui, je crois, lui a fait donner le nom de *Ronce*, parce que fa queue eft garnie d'épines comme une branche de ronce. Ce poiffon a le mufeau plus alongé que la Raie bouclée dont j'ai parlé au commencement de cet article. Autant que j'en ai pu juger fur un poiffon qui n'étoit pas frais, la gueule n'eft point garnie de dents : la couleur de la face fupérieure étoit d'un brun cendré; la forme de fon corps approchoit plus de l'ovale que du lofange.

On m'a écrit que la chair de ce poiffon étoit coriace, & qu'elle avoit une odeur défagréable; mais, comme je l'ai dit plus haut, beaucoup de Raies ont ces défauts qui fe diffipent quand on les conferve quelques jours : j'ignore s'il en eft de même à l'égard de la Ronce. Ce que je viens de dire, fuffit pour donner une idée affez exacte de ce poiffon; c'eft pourquoi j'ai cru pouvoir me difpenfer de le faire graver, fur-tout n'ayant pu m'en procurer de frais.

§ 6. *De la Raie bouclée*, hermaphrodita.

Je n'ai point vu cette Raie. On m'a marqué que les organes des deux fexes étoient très-apparents; & le deffin qu'on y avoit joint, étoit proprement exécuté : mais comme c'eft un accident qui ne fe préfente prefque jamais, j'ai cru auffi qu'il étoit inutile de le faire graver.

§ 7. *Des Raies très-épineufes & piquantes*, Raia afpera.

Les Raies dont je vais parler, n'ont point de boucles; mais elles font très-chargées d'épines dures & piquantes. Ces conditions conviennent à plufieurs efpéces de Raies, qu'on diftingue par des noms différents : celles qu'on nomme communément *afpera*, dont j'ai parlé § 2, & qui eſt repréſentée ſur la Planche *IX*, *fig.* 7, n'ont point de grands aiguillons ſur le corps, excepté une file de pointes aſſez fortes, qui s'étendent de la tête juſqu'à la queue; mais elles en ont beaucoup de petites très-piquantes ſur les grands ailerons qui bordent le corps du poiſſon, à droite & à gauche : il y en a en outre pluſieurs files ſur la queue; & le muſeau ſe termine par une pointe aſſez longue, qui, comme je l'ai dit, eſt carti-lagineuſe.

Il y a d'autres Raies qui ont toute la face ſupérieure, tant du corps que des aile-rons, chargées d'épines longues & piquan-tes; les ayant, pour cette raiſon, comparées aux cardes dont ſe ſervent ceux qui pré-parent la laine ou le coton, on les a nom-mées en Languedoc *Cardaires.* D'autres Raies n'en different que parce que les épines ſont plus fines & un peu crochues par le bout. On les a nommées *Fullonica*, par comparaiſon aux têtes de chardons qui ſervent aux Foulons pour tirer le poil du drap.

Quelques-unes ont ſur la queue de fortes épines, ainſi qu'une file au milieu du corps, & le reſte, ainſi que les ailerons, eſt garni de paquets de petites épines, qui forment quelquefois des anneaux : on les a appellées *Étoilées*, *Epineuſes*, ou *Aſterias.* Nous par-lerons ailleurs des Raies étoilées qui ne ſont point épineuſes.

Enfin, d'autres ſont garnies d'épines ſur le corps & ſur les ailes, tant à la face ſu-périeure qu'à l'inférieure; ce ſont celles-là qu'il faut ſur-tout manier avec beaucoup de précautions, ſans quoi on courroit riſque d'être fortement piqué.

Comme ces différentes eſpéces de Raies ne ſont pas fort eſtimées pour la table, je ne m'étendrai pas davantage ſur ce qui les regarde; il ſuffit de les avoir fait con-noître par les différentes indications que je viens de rapporter.

Après avoir parlé des Raies qui ont le corps chagriné & rude au toucher, de celles qui ont de grandes épines, ainſi que de celles qu'on nomme *bouclées*, je me propoſe de décrire celles qui n'ont point d'épines, & qu'on nomme *Liſſes*, *Raia lævis*; mais avant de m'occuper de ces ſortes de Raies, je crois qu'il eſt à propos de dire quelque choſe d'une qui a le corps liſſe, mais qui a à la queue un grand aiguillon; car je la regarde comme intermédiaire entre les épi-neuſes & les liſſes.

Je me bornerai cependant à ne parler que de deux eſpéces, que j'ai été à portée de connoître; l'une qu'on m'a envoyée des Ports de l'Océan, que je nommerai avec beaucoup d'autres, *Paſtinaca*, *Planc. IX*, *fig.* 8; l'autre, que j'ai rapportée de la Mé-diterranée, qu'on y nomme *à queue de rat*, ou en patois, *Rate-penade*, *Planc. X*, *fig.* 1 & 2, ſans prétendre néanmoins qu'on ne trouve point de Paſtenades dans la Médi-terranée, ni de Rate-penades dans l'Océan.

Je ferai appercevoir dans les paragraphes où il s'agira de ces poiſſons, qu'on leur a donné bien des noms différents; mais ce ſera le plus brièvement qu'il me ſera poſ-ſible; car je ne me propoſe point d'épuiſer cet objet.

§ 8. *Des Raies*, *qu'on nomme* Jaunes *ou* Paſtenades, *Paſtinaca*, *Pl. IX*, *figure 8.*

Je crois que ce nom, qui a été adopté par beaucoup d'Auteurs, vient de ce qu'on a trouvé qu'il y avoit de la reſ-ſemblance entre la couleur & la forme de la queue de ce poiſſon, & la racine de la plante, qu'on nomme en Provence *Paſtenade*; en Bretagne & à Saint-Jean-de-Luz, *Baſtanga* ou *Jaire*; en Aunis *Taire*; en Picardie *Fouilleur.* Il y a peu de poiſ-ſons auxquels on ait donné plus de noms différents : je crois ſuperflu d'en faire une grande énumération; néanmoins, dans la ſuite de ce paragraphe, je ſerai en quelque façon obligé d'en rapporter encore quel-ques-uns.

Ce poiſſon n'a ni boucles, ni épines ſur le corps, non plus que ſur les ailerons, pas même ſur la queue : pour cette raiſon, il auroit été mieux placé dans la famille des poiſſons liſſes, que pluſieurs que nous y comprendrons; mais nous avons été dé-tournés de le comprendre entre les liſſes, à cauſe du gros aiguillon *CE*, qui ſort du milieu de la longueur de ſa queue.

Son corps reſſemble aſſez, *Pl. IX*, *fig.* 8, à celui des Raies bouclées; ſon muſeau eſt un peu plus pointu que celui de la Raie bouclée, mais pas, à beaucoup près, auſſi long que celui des Raies liſſes, dont je parlerai dans la ſuite.

Les yeux ſont gros & ſaillants, placés aſſez près du muſeau.

Les trous que ces poiſſons ont près des yeux ſont fort grands.

Les ouïes, comme à toutes les Raies, ſont cinq de chaque côté.

L'ouverture de la gueule n'eſt pas grande, mais la capacité de l'intérieur eſt aſſez conſidérable; on n'apperçoit point de dents aux mâchoires, mais avec le doigt on ſent des aſpérités ; & l'on dit que l'intérieur de la gueule eſt revêtu d'os plats ; c'eſt un fait dont je n'ai pas pu m'aſſurer.

La partie charnue de ce poiſſon eſt plus épaiſſe qu'à la plupart des autres Raies ; les ailerons des côtés ſont auſſi plus grands, & font un peu plus la pointe aux parties *GH*, ce qui fait que quelques-uns, les comparant aux aîles d'un oiſeau, ont donné à cette Raie le nom de *Colombine*, ou *d'Aquila* ; mais la queue eſt la partie la plus ſinguliere & la plus digne d'attention.

Sa longueur totale *A*, *B*, *d*, *d*, *d*, *D*, eſt à-peu-près deux fois la longueur du corps *AB* ; la queue eſt aſſez groſſe, depuis ſon origine *B*, juſqu'au tiers de ſa longueur *C* : à cet endroit eſt implanté un fort aiguillon *CE*, qui paroît ſortir de la queue, comme d'une gaîne ; ce gros & fort aiguillon ſe termine par une pointe piquante, & il eſt garni dans toute ſa longueur de dents qu'on peut comparer à celles d'une faucille ; les dents du côté de *C*, ſont plus longues & plus fortes que celles vers *E*, qui ſont très-fines ; toutes ont la pointe dirigée vers *C*, ce qui fait que cet aiguillon entre très-aiſément dans la chair, & qu'on a bien de la peine à l'en tirer.

Il eſt ſi fort, que pluſieurs Chaſſeurs en arment leurs fleches, & l'on dit que ces Raies s'en ſervent pour attraper les poiſſons dont elles ſe nourriſſent. Cet aiguillon fait, qu'en quelques endroits on appelle cette Raie le *poiſſon à épée*. La queue, depuis *C* juſqu'à *D* eſt très-menue, &

flexible ; de ſorte qu'elle reſſemble à une queue de rat. Pour cette raiſon, on appelle en pluſieurs endroits cette Raie *à queue de rat*, & en Provence *Rate-penade*.

On regarde la piquûre de cet aiguillon comme venimeuſe, même quand on en eſt piqué après la mort du poiſſon.

La deſcription que nous avons fait de cet aiguillon, fait appercevoir que la piquûre doit en être très-douloureuſe ; & que quand elle attaque un tendon, elle doit faire une plaie conſidérable, ce qui pourroit arriver ſans que le venin ſoit de la partie.

Quoi qu'il en ſoit, les Pêcheurs ne manquent pas de retrancher l'aiguillon à tous les poiſſons qu'ils tirent de l'eau.

On prétend que le foie ou la chair fraîche du poiſſon calme les douleurs quand on l'applique ſur les piquûres ; de plus, on attribue bien des vertus médicinales à cet aiguillon, ſur-tout, quand on l'a calciné ; mais je n'en puis rien dire n'ayant pas été à portée de vérifier ces faits.

On ne fait aucun cas de la chair de ce poiſſon qui a un goût déſagréable ; on n'en ſera pas ſurpris quand on ſaura qu'il ſe plaît dans la vaſe où il trouve ſa nourriture ; ce qui l'a fait nommer *Fouilleur*.

On m'a envoyé de Poitou, d'Aunis, de Picardie, de Baſſe-Normandie, ſous différents noms, des poiſſons, qui par les deſcriptions abrégées qui me ſont parvenues, me paroiſſent avoir au moins beaucoup de reſſemblance avec la Paſtenade que je viens de décrire.

§ 9. *De la Mourine, Rate-penade, ou Aquila de Provence ; Planche X, figure 1 & 2.*

J'ai rapporté de Provence un poiſſon qui me fut nommé Rate-penade ; je me contenterai d'indiquer en quoi il différe de la Paſtenade dont il a été queſtion dans le paragraphe 7.

1°. Il eſt communément plus grand.

2°. Au lieu d'avoir le muſeau terminé en pointe, il l'a très-arrondi.

3°. Sa gueule plus grande, formoit, par ſon ouverture, une portion de cercle plus conſidérable.

4°. Ses dents étoient plus ſenſibles qu'à la Paſtenade.

5°. Les ailerons des côtes s'étendoient plus en pointe, approchant de la forme des aîles d'un oiſeau ; ce qui l'a fait nommer par pluſieurs *Aquila*.

6°. La partie de la queue au-deſſous de l'endroit d'où ſort l'aiguillon étoit fort longue, menue & très-ſouple, d'où lui

eſt venu le nom de *queue-de-rat*, ou en Provençal, Rate-penade.

7°. Il y avoit à la naiſſance de la queue deux petits ailerons plus ſenſibles qu'à la Paſtinaca ; & tout près aux mâles, les deux pendants qui caractériſent le ſexe : en outre un petit aileron à l'endroit où l'aiguillon ſort de la queue.

La peau étoit molle, ſans écailles, griſe en deſſus, blanche en deſſous.

M. Cleron m'a écrit du Havre qu'on pêche proche Tourville & vers Dive un gros poiſſon plat qu'on y nomme *Coucou*, & qui a un dard venimeux à l'origine de la queue ; je crois que c'eſt le poiſſon dont nous venons de parler, & que M. Cleron ne regarde comme la queue que la partie qui eſt en queue-de-rat ; ce qui fait qu'il dit que l'aiguillon eſt à l'origine de la queue, au lieu qu'il nous a paru ſortir vers le tiers de ſa naiſſance.

Article II.

Des Raies liffes, Raia lævis, Remarques générales fur ces Raies.

On appelle Raies liffes celles qui n'ont point d'aiguillon, ni la peau fort rude : il convient d'ajouter fur le corps & fur les ailerons ; car beaucoup de celles qu'on regarde comme liffes eu ont fur la queue & une file au milieu du corps, quelques-unes en ont auprès des yeux & au muſeau.

Ceci bien entendu, il convient, après avoir expoſé ce qui regarde les Raies très-épineuſes, de nous arrêter à conſidérer ce qui concerne celles qui le ſont moins & qu'on regarde comme liffes.

On peut dire en général que ces Raies ont les ailerons affez étendus par comparaiſon à la maffe de leur corps. La plupart ont le muſeau alongé, plus pointu, & communément plus approchant du cartilagineux que ceux des Raies épineuſes.

On peut dire encore qu'affez généralement les dents des Raies épineuſes, le ſeroient plus aiſément que celles des Raies liffes.

Dans les Raies liffes, ainſi que dans les épineuſes, il n'y en a que quelques-unes qui faffent un bon manger.

Les Pêcheurs prétendent affez généralement qu'on prend l'hiver plus de Raies griſes que de blanches, & que l'été on en prend plus de blanches que de griſes.

Enfin, j'ajouterai que de même que dans les poiſſons épineux la différente diſpoſition des épineuſes contribue à caractériſer les différentes eſpéces, c'eſt dans les poiſſons liffes, la couleur de la peau à la face ſupérieure, & les différentes marques qu'on apperçoit deſſus qui différencient les eſpéces.

§ 1. *De la petite Raie blanche & liffe*, Raia lævis, alba, *Planche XI, figure 1 & 2.*

Cette Raie a la peau blanche, néanmoins pas parfaitement, puiſqu'en Languedoc on la nomme *Fumat*, parce que le blanc eſt comme un peu enfumé.

D'ailleurs, en examinant la face de deſſus avec attention, on apperçoit à preſque toutes des taches de différentes formes & peu ſenſibles, *Fig. 1.*

On met ce poiſſon au nombre des Raies liffes, quoiqu'il ait une file d'aiguillons à la face ſupérieure & fur le milieu du corps, à la vérité fort courts, & écartés les uns des autres, *Fig. 1* ; la queue eſt de même longue & eſt auſſi garnie de rangées d'aiguillons fort courts. Ce poiſſon n'eſt pas gros ; ſes ailerons ſont grands par proportion à la groſſeur du corps ; ſon muſeau qui eſt pointu, cartilagineux & tranſparent, n'eſt pas auſſi long

que celui de quelques autres eſpéces.

Les trous d'au-deſſous des yeux ſont affez grands.

A la face de deſſous, *fig. 2*, eſt la gueule *K*, garnie d'aſpérités ; on apperçoit au-deſſous, à droite & à gauche ; les ouvertures des ouïes *P P* ; ſa chair, comme à preſque toutes les eſpéces de Raie, eſt, au ſortir de l'eau, coriace, & de mauvaiſe odeur ; mais quand on l'a gardée affez de temps, ou quand on l'a tranſportée, ſur-tout pendant l'hiver, elle devient fort bonne à manger, jamais néanmoins autant que celle de la bouclée.

J'abrége la deſcription de cette Raie, parce qu'à la grandeur près, elle reſſemble beaucoup à celle dont nous allons parler dans le paragraphe ſuivant.

§ 2. *De pluſieurs autres eſpéces de Raie, qu'on nomme dans les Marchés, Raie blanche*, Raia lævis, alba, *Planche XI.*

Outre la petite Raie liffe & blanche, dont nous venons de donner la deſcription, on prend beaucoup fur nos côtes, & on trouve communément dans nos marchés une eſpéce de Raie, qu'on appelle *Liffe*, quoiqu'elle ait fur la queue une file d'ai-

guillons forts & durs ; en outre, on en apperçoit quelques-uns fur le milieu du corps ; mais la plupart de ces aiguillons ſont beaucoup moins gros & moins apparents que ceux de la queue. On trouve ſeulement entre les petits piquants dont nous

nous venons de parler, deux ou trois épines presque aussi grosses que celles de la queue.

La longueur *AB*, *fig.* 1, du corps depuis l'extrémité du museau *A*, jusqu'à la naissance de la queue *B*, est de seize pouces; la largeur *C D*, l'étendue des ailerons comprise, est d'un pied sept pouces dix lignes; la longueur totale de la queue, depuis *B* jusqu'à *E*, un pied deux pouces.

Depuis l'extrémité du museau *A*, qui est assez long, jusqu'au centre des yeux *F*, il y a cinq pouces; depuis le centre d'un œil jusqu'au centre de l'autre œil, un ou deux pouces: les yeux sont très-saillants; les membranes clignotantes très-épaisses; les trous qui sont au-dessous des yeux, sont d'une grandeur considérable; la queue est fort grosse à son origine; sa largeur vers *B* est d'un pouce dix lignes, & son épaisseur de dix lignes & demie; à l'insertion de cette queue au corps, il y a de petits ailerons *G*: en outre on voit aux mâles des prolongemens *H H* considérables; la queue diminue beaucoup de grosseur, & son extrémité *E*

est garnie de deux petits ailerons, dont un termine la queue. La peau de la face supérieure varie beaucoup de couleur, quelquefois elle est presque blanche; mais à d'autres elle est plus ou moins brune: celle de la face de dessous est ordinairement blanche, ayant seulement sur les bords des ailerons, & particulièrement près le museau, une teinte rouge-clair; le dessous de la queue est blanc, plat & sans épines.

L'ouverture de la gueule *K*, *fig.* 2, est de deux pouces neuf lignes, & bordée d'aspérités: les trous *L L* sont assez grands; les sillons qui communiquent à la gueule, très-sensibles; les parties *M M* formoient des appendices qu'on soulevoit aisément avec le doigt, ce qui rendoit les communications des trous *L L*, avec la gueule, très-apparentes.

Quand on a conservé ces Raies un temps convenable, elles font un bon manger.

On pêche à l'embouchure de la Loire une espéce de Raie blanche qu'on nomme *Pocheteau*: je ne la connois pas parfaitement.

§ 3. *De la grande Raie blanche, lisse, dite particulierément à Boulogne, Tire-magne, Raia lævis, major.*

On lui donne en différents parages des noms particuliers: on en prend quelquefois de si grandes, que trois font la charge d'un cheval. Je crois qu'en plusieurs endroits on la nomme *Tire*, parce que, à cause de son poids & de sa grandeur, les Pêcheurs sont dans l'usage de les traîner sur le sable, au lieu de les porter: son volume, qui est considérable, lui a fait donner en Normandie & en Picardie le nom de *Grand Guillot*, ou *Guillaume*; en Bretagne & en Aunis *Posteau*; à Nantes *Pocheteau*. Suivant M. Porquet on la nomme à Calais *Seau*, à Dunkerque *Negre*; M. Fouray m'a écrit qu'il y a à Dieppe un poisson fort ressemblant à la *Tire*, qu'on nomme *Portugais*. Cette Raie, *Pl. XI*, *fig.* 3. & 4, a le museau fort alongé.

Tous ces noms vulgaires qui font adoptés par les Pêcheurs & les Poissonniers, appartiennent à des Raies de même genre, entre lesquelles néanmoins il y a des variétés qui quelquefois leur ont fait donner des noms particuliers. La plupart de ces variétés consistent dans la couleur de la peau: il y en a, principalement sur les côtes d'Angleterre, qui font blanches: on en pêche qui ont la face supérieure grise: à d'autres, cette couleur fort brune tire au noir. En Normandie on les nomme *Magnans*, comme qui diroit de couleur de Chaudronniers ou de Ramoneurs.

Il y a une Raie qu'on nomme en quelques endroits *Turbot sauvage*; parce que la peau de la face supérieure ressemble, par la couleur & la consistence, à celle du Turbot.

On pêche à Isigny un poisson qui s'appelle *Tingre*. Sur les connoissements sommaires qu'on m'en a donnés, je présume que c'est une *Tire*: on en harponne quelques-unes à la basse eau.

On pêche ces grosses Raies au large, & l'on en va chercher près les côtes d'Angleterre jusque dans la Baie de Torbay: on en prend avec des gros haims; & comme elles vont par troupe, il s'en trouve dans les folles qu'on tend par fond.

Les mois d'Avril, Mai & Juin font les plus favorables pour cette pêche.

On vend ces Raies en détail dans les Marchés: quand on en prend beaucoup, on les coupe par tranches, qu'on fait sécher; alors elles font moins bonnes que les fraîches; mais elles fournissent une ressource l'hiver, lorsque les Raies font rares.

Quand ces grosses Raies font nouvellement pêchées, leur chair est extrêmement coriace: en les gardant, elles s'attendrissent un peu; mais elles ne font jamais fort délicates.

Je crois que c'est cette espece de Raie qu'on nomme en quelques endroits *Hauche-Buche*.

Les Tires se multiplient comme les autres especes de Raies, par des coques quatre fois plus groffes que celles des bouclées, à caufe du volume de ce poiffon.

Quoiqu'on les mette au nombre des Raies liffes, elles ont toutes trois rangées d'épines fur la queue, & il y a des mâles qui en ont quelques-unes fur le corps; mais elles n'ont point de cloux.

M. Porquet m'écrit qu'on connoît à Calais des Raies beaucoup plus groffes que les Tires, & que les Pêcheurs de ce département nomment *Rayu*. On en prend qui ont fix à fept pieds de longueur, non compris la queue; elles ont à-peu-près la même largeur, en y comprenant les ailes: il y en a qui pefent jufqu'à trois cents livres. Les mouchetures d'un gris-foncé qu'elles ont fur la face fupérieure, leur donnent une couleur tirant au noir. Ces poiffons n'ont point de boucles. Je n'ai jamais eu connoiffance de Raie d'une groffeur auffi confidérable; mais la confiance que j'ai aux obfervations de M. Porquet, m'engage à rapporter mot à mot ce qu'il m'a écrit à ce fujet. Cet obligeant Correfpondant me marque qu'on ne connoît point l'Ange dans ces parages; peut-être que la groffe Raie, dite *Rayu*, c'eft l'Ange. Je m'abftiendrai de prononcer fur cet article, ne connoiffant pas le *Rayu*; mais ce que je vais dire de l'Ange, mettra en état de décider cette queftion.

CHAPITRE III.

Des Poiffons cartilagineux, qu'on peut regarder comme intermédiaires, entre les plats & les ronds.

Il y a long-temps que les Naturaliftes favent que la marche de la nature eft par nuance, & non pas, pour me fervir de leurs expreffions, par fauts, *per faltum*; elle ne s'eft pas écartée de cette regle dans les poiffons cartilagineux; elle paffe par des intermédiaires, des plats aux ronds, & de même des ronds aux longs. Nous allons traiter dans ce Chapitre, des poiffons qui ont des caractères particuliers, mais qui participe un peu des Raies.

ARTICLE PREMIER.

De la Torpille, Torpede ou Tremble, Torpilla, Torpedo; *à Marfeille* Troupille *ou* Dormilioufe; *à Bordeaux* Tremoife; *à Narbonne* Poule de Mer; *à Saint-Jean-de-Luz* Icara, *qui veut dire* Tremble; *à Gênes* Tremorife, *Planche XIII.*

Comme on trouve des Torpilles ou Trembles dans prefque tous les Ports, tant de l'Océan que de la Méditerranée, fur les côtes du Poitou, de Gafcogne & de Provence, il en réfulte que, fuivant les différentes Langues ou Patois, on a donné à ce poiffon bien des noms différents, qu'il auroit été fuperflu de rapporter ici; ce qui m'a déterminé à me borner à ne donner que ceux qui font en ufage dans les Ports de France & les parages les plus fréquentés par les François.

La Torpille eft un poiffon demi-plat & cartilagineux dont on voit le fquélette, *figures 5 & 6*, confinant à la Raie, & qui, comme elle, eft fouvent enfouie dans le fable ou la vafe. Il y en a de bien des groffeurs différentes, puifqu'on dit qu'en 1734 on en harponna une qui avoit douze pieds de longueur fur dix de largeur. Le Pere Labat en cite une qui étoit encore plus grande.

On en prend dans nos Mers qui ont depuis fix pouces de longueur, non compris la queue, jufqu'à plus de trois pieds: celles que j'ai pêchées en Aunis, ne pefoient qu'une livre, ou une livre & demie; mais Redi affure en avoir pris qui pefoient vingt-quatre livres. La partie principale du corps du poiffon, depuis la tête *A, fig. 1 & 2*, jufqu'à la naiffance de la queue, eft égale à la largeur, en y comprenant l'étendue des ailerons *B B* : néanmoins ce poisson paroît ovale, parce que la portion du côté de la tête, vers *A*, est coupée quarrément, & que, du côté de la queue, il y a un prolongement charnu *CD*, *CD*, dont la longueur est à-peu-près le tiers de l'étendue de la partie principale du corps *A*, *C* : ces prolongements *C*, *D* forment, en quelque façon, le commencement de la queue, qui, du côté du corps, est grosse & charnue ; elle est même assez grosse dans toute sa longueur ; mais elle n'est pas, à beaucoup près, aussi longue que celle des Raies ; elle est garnie de deux ailerons *G*, *F*, qui s'élevent perpendiculairement, & elle est terminée par un aileron *E*, plus étendu que les autres ; il est coupé presque quarrément.

La partie principale du corps est bordée à droite & à gauche par un aileron *B B*, moins large que celui de la plupart des Raies : les prolongements *C*, *D* qui accompagnent la queue, sont aussi bordés par des ailerons *C*, *D*, plus larges que ceux *B*, qui bordent la partie principale du corps.

Il n'y a point d'ailerons à l'extrêmité qui est du côté de la tête vers *A*.

Le corps & les ailerons ne sont chargés, ni de boucles, ni d'épines, ni même d'écailles sensibles. Je trouve dans mes Mémoires que ce poisson a la peau fort dure, & qu'il faut l'écorcher avant de l'apprêter : cela ne convient pas à celles que j'ai pêchées en Aunis. Seroit-ce deux espéces différentes ? A mon égard, leur peau m'a paru lisse comme celle de l'anguille, quelquefois tachetée de brun & de rouge. Si leur peau étoit comme celle des anguilles, certainement on seroit obligé de les écorcher avant de les apprêter. Mais sûrement, comme le dit Rondelet, on en distingue de plusieurs espéces, qui ne différent les unes des autres que par la couleur de la peau, ou par les taches dont elle est chargée : celles que j'ai pêchées, étoient, à la face supérieure, comme les Limandes, d'un brun plus ou moins foncé, & blanchâtres à la face de dessous ; mais on dit que quelques-unes sont blanches, même à la face de dessus : les unes, qu'on nomme *œillées*, *oculatæ*, ont des taches rondes blanches, bordées de brun, comme les Raies auxquelles on donne ce même nom ; d'autres, qu'on nomme *ondées*, *undulatæ*, ont des taches longues, souvent peu sensibles ; d'autres ont de petites taches distribuées sans ordres, elles sont dites *mouchetées*, *maculatæ*, & ordinairement les mouchetures du corps s'étendent sur les ailerons. Les yeux des Torpilles sont petits, mais saillants, placés comme aux Raies, à la face supérieure, *fig*. 1 : on apperçoit au-dessous, comme à la plupart des poissons plats, deux trous qui répondent à l'intérieur de la gueule,

dont l'ouverture *a*, *fig*. 2, qui est à la face de dessous, n'est pas grande, mais bien garnie de petites dents ; quand elle est fermée, elle forme un demi-cercle bordé de levres ; on apperçoit au-dessus deux petits trous qui communiquent avec l'intérieur de la gueule ; & plus bas, comme aux Raies, les ouvertures des ouïes *b*, qui n'ont point d'opercules ; on voit à la naissance de la queue, *fig*. 2 & 4, comme aux Raies, les organes qui caractérisent les sexes.

Les poissons plats, tant cartilagineux que ceux à arêtes, font pour la plupart un bon manger ; mais la Torpille n'est nullement estimée pour la table : ce poisson est entiérement abandonné aux matelots. Le milieu du corps est occupé par deux muscles très-durs qui ne sont point mangeables ; le reste de la chair est mollasse, & n'offre rien d'agréable ; il n'y a que le foie, qu'on dit aussi bon que celui de la Raie.

Voilà une description sommaire des parties extérieures de la Torpille, qui suffit pour qu'on puisse la distinguer des autres poissons plats & cartilagineux. A l'égard des parties intérieures ou des visceres, j'ai prévenu que, pour ne point donner trop d'étendue à ce Traité, qui nécessairement sera très-considérable, je supprimerois les détails, même ceux que j'ai dans mes Mémoires, & que je me bornerois à dire quelque chose des principaux visceres. Ceux qui désireront avoir des détails anatomiques de ce poisson, pourront consulter plusieurs ouvrages que j'indiquerai dans la suite. Ainsi je dirai seulement que le foie, qui fournit un manger très-délicat, est divisé en deux lobes plus gros par une extrêmité que par l'autre, & liés l'un à l'autre par un ligament étroit qui est gros au bout.

La vésicule du fiel est assez grande & attachée au lobe droit du foie. Plusieurs ont attribué au fiel la propriété d'engourdir ; mais j'ai quelques expériences qui me font douter de cette allégation.

L'estomac est assez grand : le pylore fait deux inflexions comme une S romaine : l'intestin fait une spirale comme celui des Raies ; il est fort court : le pancréas & la rate se trouvent auprès des inflexions du pylore.

Le cœur aplati ressemble assez à celui des Raies : les uns prétendent qu'il n'a qu'une oreillette ; d'autres assurent qu'il en a deux : je laisse cette question indécise ; mais il est bon d'être prévenu que le cœur palpite plusieurs minutes après avoir été tiré de l'animal, & que le corps donne des marques de sensibilité plus d'une heure après qu'on en a ôté les visceres. A la face supérieure & à la partie moyenne du corps, on trouve dans l'intérieur deux muscles blancs recourbés comme une lame de faux, formés par des fibres groffes comme un tuyau de plume, & qui contiennent une fubftance muqueufe : c'eft, fuivant M. de Réaumur & plufieurs Auteurs, dans cette partie que réfide principalement la propriété que ce poiffon a d'engourdir; propriété qui lui a fait donner le nom de Torpille ou de Tremble.

Quoique la Torpille ne foit point bonne à manger, & qu'elle ne faffe point un objet de commerce, la propriété qu'elle a d'engourdir les membres de ceux qui la touchent, l'ont fait depuis long-temps rechercher par ceux qui fe plaifent à étudier les merveilles de la Nature. J'indiquerai un Mémoire où cela eft détaillé : je me bornerai, pour le préfent, à dire que de ce nombre font Ariftote, Pline, Ælien, Albert-le-Grand, Gefner, Salvien, Aldrovande, Jonfton, Jacobæus, Lorenzini, Redi, Stenon, Réaumur, Walsh, &c. Tous ces Naturaliftes conviennent que la Torpille caufe affez fréquemment à ceux qui la touchent, un engourdiffement qui s'étend jufqu'au poignet, d'autres fois jufqu'au coude, & quelquefois jufqu'à l'épaule, fuivant les différentes circonftances ; mais cet effet fingulier a été beaucoup exagéré.

Il y en a qui ont prétendu que la Torpille confervoit cette propriété, même après fa mort, ce qui eft abfolument faux : je puis même affurer, d'après mes propres expériences, que la propriété qu'elles ont d'engourdir, diminue confidérablement dans ces poiffons quand ils font malades ou fatigués; en un mot, l'engourdiffement eft moindre à mefure que les poiffons perdent de leurs forces. D'autres ont prétendu qu'on pouvoit reffentir l'engourdiffement fans toucher le poiffon; qu'il fuffifoit d'en approcher le doigt de très-près. Je n'oferois pas révoquer ce fait en doute, d'après mes obfervations, parce que la plupart des Torpilles que j'ai eues en vie, ayant été pêchées avec un filet traînant, n'étoient pas vigoureufes; mais Redi, Réaumur & quantité d'autres très-bons Obfervateurs, le nient abfolument.

Quelques-uns fe font imaginés que quand on touchoit une Torpille du bout du doigt, l'engourdiffement fe répandoit par tout le corps; mais il eft certain que, fuivant la vigueur de l'animal, quelquefois l'engourdiffement n'affecte que le doigt; d'autres fois il s'étend jufqu'au coude, même jufqu'à l'épaule, mais il n'eft jamais général. Cet engourdiffement eft accompagné d'une douleur qui fe diffipe peu-à-peu affez promptement, & n'eft pas permanente, comme quelques-uns l'ont crû.

On a avancé qu'on pouvoit reffentir l'engourdiffement fans toucher à l'animal, en mettant feulement la main dans un vafe plein d'eau, où il y auroit une Tor-pille vivante. De bons Obfervateurs ont nié cette affertion, & difent qu'il faut toucher immédiatement à la Torpille, pour reffentir l'engourdiffement.

Il eft vrai que M. de Reaumur dit, qu'ayant mis un Canard dans un vafe plein d'eau de Mer, dans lequel il y avoit une Torpille en vie, le vafe étant feulement couvert avec une toile, le canard s'étoit trouvé mort au bout de deux heures : il eft fâcheux que M. de Reaumur n'ait pas répété cette expérience dans un vafe de cryftal, pour voir ce qui arriveroit & à la Torpille, & au Canard.

Je ne veux cependant pas mettre cette expérience en parallele avec celle où l'on prétend ridiculement, qu'ayant mis une Torpille en vie dans un vafe où il y avoit des poiffons morts, ceux-ci s'étoient donné de fi grands mouvements, qu'on les jugeoit rappellés à la vie.

En touchant une Torpille vigoureufe, couverte d'un linge ou d'un papier, on fent l'engourdiffement, mais moins fortement que quand on touche immédiatement le poiffon. Jacobæus rapporte d'après des Pêcheurs d'Afrique, qu'ayant percé une Torpille avec une lance, celui qui tenoit la lance étoit tombé évanoui. Ce fait n'eft guère vraifemblable, puifque Redi avance qu'il n'a point fenti d'engourdiffement en touchant une Torpille bien vivante avec une canne. Néanmoins, M. de Reaumur croit avoir fenti quelque chofe en en touchant une en vie avec un petit morceau de bois.

Les Pêcheurs difent, que celui qui verfe de l'eau fur une Torpille en vie, ou qui tire la ligne quand ils en ont pris une à l'hameçon, fent un engourdiffement dans la main, ainfi que quand on tire un filet, dans lequel il y a quelques Torpilles en vie; mais on eft bien éloigné d'avoir confiance à toutes ces allégations. Si l'on fufpendoit un conducteur avec une corde de foie, comme on le fait pour l'électricité, il pourroit fe communiquer de l'engourdiffement; mais il ne doit pas en être de même, quand le conducteur traverfe l'eau, fur-tout, fi comme quelques-uns l'ont affuré, ce fluide fe charge de ce qui produit l'engourdiffement.

C'eft encore bien gratuitement que des Pêcheurs affurent que les Torpilles, étant enfoncées dans le fable, engourdiffent tous les poiffons qui paffent à une petite diftance, & qu'enfuite elles s'en nourriffent. Cette fuppofition n'a aucune vraifemblance, puifqu'il a été prouvé par plufieurs bons Obfervateurs, qu'il faut un contact immédiat, pour que l'engourdiffement de la Torpille produife fon effet.

En

En retranchant tous les faits démontrés faux, ou au moins douteux, les Phyſiciens Naturaliſtes conviennent d'après des expériences bien exécutées, qu'en touchant une Torpille bien vive, on ſent un engourdiſſement qui s'étend juſqu'à l'épaule, même au-delà quand les Torpilles ſont groſſes & très-vives; mais il n'eſt pas indifférent de toucher la Torpille à un endroit ou à un autre; car ſuivant Redi, Jacobæus, Réaumur, &c. il faut, pour avoir une vive commotion, poſer le doigt ſur les muſcles blancs courbés en lame de faux, dont nous avons parlé plus haut. Redy s'eſt de plus aſſuré, que c'eſt à tort que Pline, Galien & Aldrovande, ont dit que le fiel de la Torpille, étant appliqué ſur une partie du corps, y occaſionnoit un engourdiſſement, & même un anéantiſſement.

Quelque confiance qu'on doive avoir à Kæmpfer, qui s'eſt acquis l'eſtime des Phyſiciens, je ne puis penſer comme lui, qu'on puiſſe manier une Torpille ſans ſentir d'engourdiſſement, pourvu qu'on retienne ſon haleine.

On dit, & M. de la Courtaudiere de Saint-Jean-de-Luz me le confirme, que quand les Pêcheurs marchent pieds nuds ſur le ſable, il leur arrive quelquefois de rencontrer une Torpille ſous leurs pieds, & qu'alors ils éprouvent un engourdiſſement qui les incommode fort. Comme ces poiſſons ſe tiennent volontiers au fond de l'eau ſur le ſable, ou la vaſe, il paroît aſſez naturel qu'il s'en rencontre ſous les pieds des Pêcheurs qui marchent ſans chauſſure; & quand ils ne toucheroient qu'une partie du poiſſon, cela ſeroit ſuffiſant pour leur faire éprouver l'engourdiſſement.

Il ſuit de ce que nous venons de dire très en abrégé, que tous les Phyſiciens Naturaliſtes conviennent que les Torpilles bien vivantes cauſent à ceux qui les touchent, principalement à certains endroits, un engourdiſſement quelquefois très-vif. Ces faits ont excité la curioſité des Phyſiciens qui ont déſiré connoître la cauſe de ce ſingulier phénomene; mais comme ils ne conduiſoient point à la découverte de la cauſe, il n'a réſulté de leurs travaux que des ſyſtêmes & des conjectures, même peu vraiſemblables: les uns ont imaginé qu'il ſortoit du corps de l'animal des corpuſcules qui s'inſinuoient dans les pores de la peau; d'autres, niant ces émanations, ont attribué l'engourdiſſement à des impreſſions plus ou moins fortes, cauſées, ou par un frémiſſement qu'éprouve l'animal, ou par des ſecouſſes qu'il donne avec les gros muſcles blancs dont j'ai parlé; d'autres ont apperçu dans les phénomenes de ces engourdiſſements beaucoup d'analogie avec l'électricité. Comme preſque tous les Naturaliſtes anciens & modernes ont eu, à ce ſujet, des idées différentes, je m'engagerois à faire un volume entier, ſi j'entreprenois d'expoſer en détail ces différents ſentiments: ainſi je me bornerai à indiquer les Ouvrages où l'on trouvera tous les éclairciſſements qu'on peut déſirer. Dans cette vue, j'avois raſſemblé, le plus qu'il m'avoit été poſſible, des Mémoires qui traitoient de ce poiſſon ſingulier: j'en avois même fait traduire pluſieurs; mais ayant découvert que ce travail, qui auroit beaucoup groſſi mon Ouvrage, avoit été fait & même imprimé en grande partie dans le Dictionnaire Encyclopédique, au mot *Torpille*, & encore mieux dans le Journal de Phyſique de M. l'Abbé Rozier, j'ai cru convenable de me borner à indiquer ces Ouvrages: pour cela j'invite à conſulter, 1°. des expériences bien exécutées par Lorenzini, détaillées dans les Mémoires de l'Académie des Curieux de la Nature, années 1678 & 1679; dans le Journal de M. l'Abbé Rozier, de Juillet 1772, page 433, où, après quelques généralités qui different peu de ce qui eſt rapporté au commencement de cet article, on cite celui que M. de Réaumur a publié ſur la Torpille, dans le Volume de l'Académie des Sciences de 1714. Après que MM. Wilh & Schillin ont dit quelque choſe des vertus médicinales qu'on a attribuées à la Torpille, & de l'analogie qu'il y a entre les émanations électriques & celles de la Torpille, ils rapportent des expériences qu'ils diſent avoir faites avec l'aimant; elles ſont bien ſinguliéres, & me paroiſſent peu vraiſemblables.

On dit enſuite quelque choſe d'une groſſe Anguille ou Congre, qui cauſe les mêmes engourdiſſements que la Torpille, & dont MM. Richer & Adanſon ont parlé: je me réſerve à en dire quelque choſe dans la Section où je me propoſe de parler des poiſſons longs qui ont la forme de Couleuvre ou d'Anguille.

Dans le tome de l'année 1774, page 205 & ſuivantes, des Mémoires de Phyſique de l'Abbé Rozier, on trouve la traduction de deux lettres intéreſſantes de M. Walsh à M. Franklin de la Société Royale de Londres, tendant à faire appercevoir la reſſemblance qu'il y a entre les émanations électriques & celles que fourniſſent les Torpilles.

On trouve à la page 210, une lettre de M. Seignette, Maire de la Rochelle, dans laquelle il rend un compte bien détaillé des expériences que M. Walsh a faites à la Rochelle en préſence des Académiciens de cette ville.

On lit enſuite page 219, des Obſervations anatomiques ſur la Torpille, par M. Hunter de la Société Royale de Londres.

J'invite sur-tout à lire dans le Journal de M. l'Abbé Rozier de l'année 1775, la traduction faite par M. Leroy, d'un discours que M. le Chevalier Pringle, Président de la Société Royale de Londres, a prononcé à une assemblée de cette compagnie le 30 Novembre 1774 ; on y trouvera une Histoire abrégée, mais très-intéressante de tout ce qui a été publié sur la Torpille par Hippocrate, Platon, Aristote ; à l'imitation de ces grands hommes, Bacon & plusieurs savants ont cherché à connoître les Torpilles & les effets extraordinaires qu'elles produisoient ; au moyen de leurs recherches, ils sont parvenus à connoître plusieurs choses intéressantes : entre autres, que ce n'étoit point le corps entier de la Torpille, mais certaines parties qui occasionnoient l'engourdissement. Il auroit été bien surprenant qu'un effet aussi singulier que cet engourdissement, n'eut pas fixé l'attention de Pline ; mais à son ordinaire, il s'est livré à des exagérations, & on fait le même reproche à Ælien.

Plutarque a jugé la Torpille digne de son attention ; mais on le soupçonne d'avoir été trop crédule, & d'avoir adopté plusieurs faits qui ne paroissent pas vraisemblables.

On cherche toujours à attribuer des vertus médicinales, sur-tout, aux choses qui se font remarquer comme extraordinaires ; c'est pourquoi voyant que la Torpille contractoit, lorsqu'on la touchoit, un tremblement dans toutes ses parties, Galien & Paul Eginete lui ont attribué une vertu frigorifique qu'ils regardoient comme spécifique pour diminuer les douleurs, particuliérement de la goutte ; & comme on n'est pas toujours à portée de voir des Torpilles en vie, on a imaginé d'en extraire une huile à laquelle on a attribué les mêmes vertus : ces préjugés subsisterent jusqu'au seizieme siecle, temps où parurent Belon, Rondelet, Salvien & Gesner, qui s'appliquerent avec beaucoup de ferveur & de succès à l'Histoire Naturelle ; mais ils ne se livrerent pas aux expériences, comme l'ont fait depuis Redi, Stenon, Lorenziny, Perrault, Reaumur, qui détruisirent quantité de fables qu'on avoit imaginées sur les effets de la Torpille. Les Académiciens, guidés par l'expérience, constaterent plusieurs faits très-intéressants ; mais leurs recherches ne les conduisoient point à la connoissance des causes. Enfin, les Physiciens ayant fait des découvertes sur l'électricité, & plusieurs, particulierement M. Allaman, ayant trouvé de l'analogie entre les effets de l'électricité & ceux de la Torpille, M. Walsh a fait des travaux bien considérables pour établir l'identité des émanations des Torpilles, avec les électriques ; malheureusement nous ne connoissons pas la nature du fluide électri-

que, qui produit tant d'effets singuliers, & la Torpille ne fait point paroître les étincelles qu'on apperçoit dans les expériences de l'électricité ; néanmoins, d'après les belles expériences de M. Walsh, & que ce célebre Physicien a exécutées à l'Académie de la Rochelle, j'ai beaucoup plus d'inclination à adopter son sentiment, que celui de ceux qui l'ont précédés ; je vais rapporter en peu de mots ce qui me détermine à prendre ce parti.

Les Physiciens laborieux, conduits par des expériences & des observations exactes, parviennent à rassembler des faits dont nous tirons des connoissances utiles ; mais qui rarement jettent des lumieres sur les causes premieres qui ne seroient pas souvent aussi intéressantes que les faits ; je vais le prouver par un exemple : on s'est beaucoup occupé des propriétés de l'aimant ; elles nous ont conduit à connoître des faits très-utiles, puisque par la direction de l'aiguille aimantée nous traversons les Mers & nous parvenons à nous rendre dans des pays éloignés : quoique nous ignorions ce qui produit dans l'aiguille cette direction constante, nous savons en tirer un parti très-avantageux.

La pesanteur est assurément une belle découverte en physique, qui nous fait appercevoir sensiblement la cause de bien des faits qu'on attribuoit à l'horreur du vuide, terme dénué de signification ; mais la cause premiere reste inconnue, puisque nous ne savons pas ce qui produit la pesanteur ; car si l'on a recours à l'attraction, autant vaudroit-il dire que la pesanteur est produite par une qualité occulte.

Je pourrois justifier ma façon de penser par bien des exemples ; mais je m'en abstiendrai, pour ne point perdre de vue mon objet : ainsi j'y reviens. Plusieurs ont cru qu'il falloit, pour expliquer ce qui produit l'engourdissement que la Torpille cause quand on la touche, avoir recours à des émanations de particules sorties du poisson ; mais je demande aux partisans de ce sentiment s'ils ne connoissent pas des personnes chatouilleuses qui entrent en convulsion quand on les touche légérement, sur-tout à la plante des pieds, même au travers de leurs bas ? Dans ce cas, osera-t-on prétendre qu'il sort de la main de celui qui cause ces convulsions, des corpuscules qui entrent dans le pied de celui qu'on chatouille ? D'ailleurs on peut produire le même effet avec la barbe d'une plume.

Les uns disent que pour sentir l'engourdissement que cause la Torpille, il faut la toucher avec le doigt, & d'autres soutiennent qu'il suffit d'en approcher la main. A cette occasion, je me rappelle d'avoir vu plusieurs personnes très-chatouilleuses éprouver un frémissement, quand à quelques pieds de diſtance on remuoit les doigts, comme ſi on vouloit les chatouiller : ces perſonnes n'étoient pas plus ſenſibles que d'autres à des coups plus forts.

Il ſuit de cette obſervation que les uns peuvent croire ſentir l'engourdiſſement de la Torpille, pendant que les autres n'en reſſentiront aucune impreſſion ; donc il ne ſuffit pas, quand on fait des expériences, d'examiner les faits.

Il faut de plus prêter attention aux effets qui réſultent de l'imagination : je pourrois en citer beaucoup d'exemples qui ſont encore plus frappants ; mais je crois ſuffiſant d'avoir fait appercevoir qu'il faut prêter attention à l'empire que l'imagination a ſur les ſens.

D'autres Phyſiciens ont attribué l'engourdiſſement que cauſent les Torpilles, à des impreſſions cauſées par un frémiſſement que procurent ces poiſſons quand on les touche, & aux ſecouſſes qu'elles donnent à celui qui les touche, au moyen des gros muſcles blancs & courbés en lame de faux, dont nous avons parlé plus haut. Ce ſentiment a plus de rapport à l'engourdiſſement du chatouillement que l'émanation des corpuſcules ; mais il ne ſatisfait pas à toutes les obſervations qu'on a faites ſur ce poiſſon.

Après ces petites diſcuſſions, que j'ai abrégées le plus qu'il m'a été poſſible, le ſentiment de M. Walsh me paroît le plus probable. Mais il reſte à ſavoir de quelle nature ſont les émanations électriques : heureuſement la découverte des cauſes premieres, que je crois au-deſſus de la ſagacité des hommes, n'eſt pas communément d'une utilité auſſi immédiate que la connoiſſance des faits.

J'ai lu dans l'Hiſtoire de Siam qu'on y prend de petites Raies qu'en nomme de *Feu*, parce que quand on les touche, on ſent une douleur ſemblable à une brûlure ; quand on les touche avec une baguette, on ſent un trémouſſement qui a rapport avec ce qu'on éprouve en touchant de même une Torpille : c'eſt tout ce que je peux dire de ce poiſſon, que je ne connois pas.

A R T I C L E   I I.

De l'Ange, Squatina, *en quelques endroits de la côte de Bretagne* Moine, Bourgeois *à l'Iſle de Rhé, Planche XIV.*

Ce poiſſon eſt connu dans l'intérieur du Royaume ſous le nom de groſſe Raie : c'eſt effectivement un gros poiſſon, car on en prend de quatre pieds de longueur & plus. Son corps eſt un peu aplati depuis la tête *A*, juſque vers la moitié de ſa longueur *B B* : le reſte du corps *C C* approche d'être rond ; ce qui m'engage à le regarder comme un paſſage des poiſſons cartilagineux plats à ceux qui ſont ronds. Sa tête *A* eſt large, arrondie, & en partie noyée dans le corps.

Les yeux *H* ſont petits, ovales, peu apparents, accompagnés de quelques aiguillons : ils ſont placés ſur la face ſupérieure, comme aux Raies ; mais la gueule n'eſt pas comme à la plupart des poiſſons cartilagineux ronds à la face de deſſous, elle eſt tout-à-fait au bout du muſeau *A ;* elle eſt fort large & aplatie comme celle d'un Crapaud, & armée de pluſieurs rangs de dents, dont les pointes ſe recourbent un peu vers l'intérieur. Je crois que le palais eſt garni de dents ou d'aſpérités à-peu-près pareilles. Il y a à côté de la tête deux ailerons triangulaires *B B* aſſez grands, qu'on a comparés à des ailes ; ce qui a fait donner à ce poiſſon le nom d'*Ange.* Immédiatement à la ſuite de ces ailerons, il y en a deux autres moins grands *C C*, à moins qu'on ne voulût regarder les ailerons *B B, C C*, dont je viens de parler, comme n'en faiſant qu'un qui ſeroit ſéparé en deux par une grande échancrure *D D.* Le corps eſt terminé par une queue courte *E, G, F*, groſſe à ſon origine, & qui diminue de groſſeur, à meſure qu'elle approche de ſon extrêmité *F ;* elle eſt garnie dans ſa longueur de deux petits ailerons *G G*, & terminée par un autre, plat, large & fourchu *F.*

On apperçoit très-ſenſiblement, près la naiſſance de la queue, les organes qui diſtinguent les ſexes.

Ce poiſſon n'a point d'écailles, & très-peu d'aiguillons : ſa peau eſt fort rude, puiſ-qu'elle ſert, comme celle des Chiens de Mer, à polir le bois, & même l'ivoire ; elle eſt brune ſur le dos, blanche ſous le ventre, & elle couvre tout le corps, excepté le muſeau.

Sa chair n'eſt pas auſſi délicate que celle de la Raie bouclée, ni même que celle de la Raie blanche : elle reſſemble aſſez à celle du Chien de Mer, & eſt un peu fadé. On en trouve aux Marchés toute l'année ; mais elle eſt moins bonne dans les chaleurs, que lorſque l'air eſt frais ; néanmoins elle eſt mangeable, quand on l'a conſervé quelque temps avant de l'apprêter, & les Communautés en conſomment beaucoup.

Ce poiſſon va par troupe, comme la plupart des Raies, & pour cette raison on en prend avec les folles : il se tient volontiers au fond de l'eau, & s'enfouit dans le sable ou la vase, sur-tout dans les endroits où il trouve de petits poissons, dont il se nourrit : sa voracité fait qu'on en prend avec les haims. On estime beaucoup ceux qu'on prend dans le mois de Mai ; mais la vraie saison de cette pêche est dans les mois de Juin & de Juillet, quand néanmoins les chaleurs ne sont pas considérables.

On en fait quelquefois des pêches assez abondantes sur les côtes de Normandie & de Picardie, vis-à-vis celles d'Angleterre.

On les dit vivipares comme les Chiens de Mer, & qu'ils font plusieurs petits à la fois, mais en moindre quantité que les Chiens. Je me garderai de rien décider sur ce point ; car je crois être certain que plusieurs Chiens de Mer font ovipares comme les Raies.

Je rapporterai les connoissances que j'ai pu acquérir à ce sujet, dans le Chapitre où je traiterai des Chiens de Mer.

ARTICLE III.

D'un Poisson, appellé par Willughby, Rhinobatus, *ou* Squatino-Raia, *Planche XV.*

On m'a envoyé ce poisson sous le nom d'*Ange de Mer*, à corps alongé : il participe en effet un peu de l'Ange & de la Raie, comme dit Belon ; mais il a plus de rapport avec l'Ange qu'avec la Raie, & il en a, à quelques égards, avec le Chien de Mer. Suivant Belon, il est particulier à la Mer Adriatique. Rondelet semble révoquer en doute l'existence de ce poisson ; mais Gesner combat cette prétention par les autorités d'Aristote, de Jovien, de Belon, &c. Il y en a de fort gros ; car les Pêcheurs de Naples, où l'on prend assez communément de ces poissons, disent qu'on en voit de plus de quatre pieds de longueur, & qui pesent environ douze livres : celui que j'ai eu sous les yeux, avoit de longueur totale *A, F*, trois pieds six pouces.

La largeur du corps, vis-à-vis les ailerons *B B*, étoit de sept pouces, & de *B* en *B*, ou de l'extrêmité d'un aileron à l'extrêmité de l'autre, quatorze pouces. On voit que proportionnellement à sa largeur, ce poisson est plus alongé que le vrai Ange de Mer ; ce qui lui donne quelque rapport avec le Chien de Mer. Quelques-uns l'ont nommé Ange, parce qu'à dix-huit ou dix-neuf pouces du bout du museau, il y a deux grands ailerons *B B*, qui se prolongent jusqu'à la tête, & qu'on compare aux ailerons *B B* de l'Ange, *Pl. XIV* ; au-dessous deux autres ailerons *CC* moins grands, & séparés des ailerons *B B* par une échancrure *D D* ; ce qui établit quelque ressemblance entre ce poisson & l'Ange.

Il a le museau *A* pointu & fort long, comme plusieurs espéces de Raies & de Chiens de Mer : la gueule *G, fig.* 2, est à la face de dessous, comme à la Raie, & non au bout du museau, comme à l'Ange.

Les yeux *H, fig.* 1, qui sont à la face supérieure, sont gros, saillants, couverts d'une membrane clignotante, connue en Latin sous le nom de *Nebula* ; l'iris est jaune : il y a derriere les yeux de grands trous *I, fig.* 1, dans lesquels on apperçoit quelques pointes : à la *fig.* 2, au-dessus de la gueule *G*, on voit deux grandes ouvertures ovales, que je crois être les narines, & on découvre dedans des pointes qui imitent un peu les dents d'un peigne.

Au-dessous de l'ouverture de la gueule, à droite & à gauche, sont les ouvertures des ouïes *K K*.

Les mâles ont au-dessous des ailerons *CC*, des pendants *E E* qui ont quelquefois 5 pouces de longueur.

Il y a sur le milieu du corps deux ailerons *L L, fig.* 1, & une file *M M* de pointes courtes & grosses, distribuées assez irréguliérement ; quelques-unes sont répandues çà & là, deux à deux, trois à trois, &c. sur le corps ; & autour des yeux *H*, ainsi que des trous *I* qui les accompagnent, il y a une file circulaire de ces pointes très-réguliérement distribuée : l'aileron *F* de la queue est fendu inégalement, un côté étant beaucoup plus long que l'autre.

La face de dessous, *fig.* 2, est plus aplatie que la face de dessus, *fig.* 1, qui est un peu bombée.

Ce poisson n'a point d'écailles, mais la peau est rude & chagrinée ; celle du dessus tire au brun, celle de dessous au blanc.

Pour dire quelque chose des viscéres intérieurs, le foie est divisé en trois lobes ; la vésicule du fiel est adhérente au lobe droit, les pores biliaires au lobe du milieu ; la rate est blanche ; le pancréas, qui est blanc, est sous le ventricule, & attaché aux intestins par de larges ligaments : mais je ne rapporte ce qui regarde les viscéres intérieurs, que d'après ce qu'on m'en a dit ; car je n'ai point eu ce poisson frais. On compare sa chair à celle du Chien de Mer, dont je parlerai dans le Chapitre suivant.

ARTICLE

ARTICLE IV.

De la Raie cornue des Açores, Mobular des Caraïbes, espéce de Squatina, que quelques-uns nomment encore Ange de Mer, Pl. XVII.

Il paroît quelquefois sur les côtes maritimes, des poissons qui y sont inconnus, soit qu'ils aient quitté les parages qu'ils avoient coutume d'habiter, à l'occasion d'un tremblement de terre, ou de quelque grande tempête, ou pour éviter des poissons voraces, ou pour d'autres raisons qu'on ne connoît pas. Mais il est certain qu'on voit quelquefois paroître des poissons qu'aucun Pêcheur ne se rappelle pas d'avoir vu. C'est ainsi qu'on vit, il y a quelques années, sur les côtes de Saint-Vaast ou de la Hougue en Normandie, un banc de plusieurs milliers de poissons qui avoient quelque ressemblance avec les Marsouins ; mais qui, à ce qu'on m'a assuré, avoient le museau figuré comme celui d'une Oie ; ce qui fit qu'on les nomma *Bec d'Oie* : effectivement il y a une espece de Requin auquel on donne ce nom ; j'aurai occasion d'en dire quelque chose dans la suite.

L'usage qu'on en fit fut d'en tirer de l'huile ; comme ils avoient peu de gras, ils en fournissoient peu : c'est pourquoi ces poissons, qui la plupart pesoient 200 livres, ne se vendoient qu'un écu la piece ; je pourrois rapporter bien d'autres exemples de poissons inconnus qui se sont montrés sur nos côtes, soit de l'Océan ou de la Méditerranée. Celui dont nous nous occupons est de ce genre ; on le trouva en 1723 dans la Madrague de Montredon, près de Marseille : c'est un poisson cartilagineux qui, suivant le procès-verbal qu'on dressa lorsqu'on le prit, pesoit environ six quintaux.

Etant cartilagineux, bordé de deux grands ailerons, & ayant une queue menue assez longue, on le mit au nombre des Raies, avec l'épithete de *Cornue* à cause de ses grandes oreilles *gg*, *fig.* 1 ; quelques-uns frappés de la grande étendue de ses ailerons *cc*, l'ont nommé *Squatina* ou *Ange de Mer*; mais il ne ressemble point au poisson dont nous venons de parler, & qu'on nomme sur nos côtes *Ange de Mer*. On dit que les Caraïbes lui donnent le nom de *Mobular* qui veut dire *Diable de Mer*, ce qui n'est pas surprenant ; car les Pê-

cheurs ont coutume de nommer Diable tous les poissons qui ont une forme extraordinaire & peu connue ; effectivement, celle du poisson qui nous occupe, leur parut si ridicule que, ne trouvant point à le vendre, on le jetta à la Mer. Je vais rapporter ses principales dimensions d'après le procès-verbal qui a été fait dans le temps qu'il fut pêché.

La longueur de son corps de *A* en *L*, étoit de six pieds; sa largeur de *B* en *B*, trois pieds dix pouces ; la largeur de chaque ailerons de *c* en *c*, six pieds ; la queue *dd* qui n'étoit point garnie d'ailerons se terminoit en pointe, & avoit quatre pieds six pouces de longueur.

La longueur des petits ailerons *ee*, étoit d'un pied un ou deux pouces ; l'ouverture *ff* de sa gueule, *fig.* 2, un pied trois pouces quelques lignes, la longueur des cornes *gg*, un pied dix à onze pouces ; on voit en *hh*, &c, *fig.* 2, les ouvertures des ouïes situées comme aux autres Raies ; les yeux sont en *jj*, à la face de dessus ; l'anus & l'ouverture de la vulve aux femelles étoit en *k*, *fig.* 2.

Ces Raies sont vivipares ; car suivant le procès-verbal, on a trouvé dans celle qu'on décrit, un petit en vie.

J'ai confiance au dessein que j'ai fait graver, qui a été fait par M. Reynoir le cadet ; il s'en trouve un autre dans mes papiers qui a les ailerons beaucoup plus petits & figurés en triangle ; le corps plus alongé, je ne sais par qui il a été fait; mais j'ai plus de confiance à celui de M. Reynoir. M. l'Abbé Gassin de Marseille, qui a des connoissances sur la pêche & les poissons, a bien voulu s'informer si on connoissoit celui-ci dont je lui envoyois le dessein. Il n'a trouvé qu'un jeune Pêcheur arrivant des côtes de Philadelphie qui a assuré avoir vu celui dont on lui montroit le dessein.

Si j'ai essayé de donner une idée de ce poisson ; c'est pour qu'on puisse le reconnoître si dans la suite il en paroissoit sur nos côtes.

ARTICLE V.

De la Grenouille pêcheuse, Rana piscatrix ; *en quelques endroits Bau-droie, ou* Galanga ; *suivant Artedi,* Lophius, *Planche XVIII.*

La Grenouille pêcheuse est un poisson cartilagineux fort singulier qui a une grosse tête & une gueule *A, fig.* 1, 2 & 3, très-grande ; ce qui fait qu'en quelques endroits on l'appelle *Diable* ou *Crapaud de Mer.* M. Desforges-Maillard m'a écrit que cette derniere dénomination étoit particulié-ment adoptée au Croisic. Cette énorme gueule termine le corps en avant par un arrondissement, comme à l'Ange : la mâ-choire inférieure est un peu plus longue que la supérieure ; l'une & l'autre *a, b, fig.* 4, sont bordées de plusieurs rangs de dents très-pointues, les unes beaucoup plus grandes que les autres. De plus, comme je le dirai dans la suite, la gueule, *fig.* 4, est garnie intérieurement de paquets de dents ou aspé-rités : on en voit deux *a* assez grandes, de forme oblongue & ovale, fort alongées ; d'au-tres *b* par petits paquets de forme ronde, placées les unes dans le gosier, les autres à la partie intérieure des joues, d'autres au palais. La mâchoire supérieure est couverte, ainsi qu'une partie du corps, d'une peau ferme & transparente, sur laquelle on re-marque des éminences d'où partent des filets *B, fig.* 1 & 2, gros comme des crins de che-val, mais plus durs. On prend de ces pois-sons de bien de grandeurs différentes à celui que je décris, dont la longueur totale, y compris l'aileron de la queue, étoit à peu près de vingt pouces ; les crins avoient en-viron quatre pouces de longueur, & se ter-minoient par un petit applatissement : il y en a de pareils *D, fig.* 1 & 2, distribuées à différents endroits du corps, & d'autres beaucoup plus courts au bord de la mâchoire inférieure *A.* On prétend que quand ces poissons s'enfouissent dans le sable, ces crins en attirent d'autres petits dont ils se nour-rissent. Plus haut, à la partie supérieure de la tête, on voyoit les yeux *E* qui n'étoient pas grands, & étoient entourés de petits crochets fort durs : entre les deux yeux, il y avoit deux éminences longues *C, fig.* 2, qui formoient comme des crêtes surmontées de pointes dures & courtes assez réguliére-ment distribuées.

Le corps, depuis le derriere de la tête,

va en diminuant uniformément jusqu'à l'ar-ticulation de l'aileron *F* de la queue, où il est fort menu : cet aileron *F* n'est point échancré, il est coupé presque quarrément, comme on le voit à la *figure* 1.

A une petite distance de l'aileron de la queue sont deux ailerons, un sous le ventre *G, fig.* 1 & 3, & l'autre sur le dos *H, fig.* 1 & 2 : vers le commencement du corps, du côté de la tête, un peu plus vers la face supérieure que vers celle du ventre, sont deux nageoires, une de chaque côté *I, fig.* 1, 2 & 3, & vers le milieu de la face de dessous, il y en a deux autres *KK, fig.* 3, dont on apperçoit une portion *K* à la *figure* 1.

Mais ce qu'il y a de plus singulier, est une espéce de bourse *LL, fig.* 1, 2 & 3, qui enveloppe le dessous & les côtés de la tête ; elle est formée par de gros rayons courbes liés par une membrane mince : on apperçoit aux *fig.* 1 & 2 qu'il y a comme des nageoires *M* collées sur cette bourse. Le poisson pouvant, à sa volonté, étendre ou comprimer cette bourse, il peut augmen-ter ou diminuer sa capacité ; ce qui appa-remment lui est avantageux dans certaines circonstances. Quand cette bourse est en-flée, la tête paroît avoir plus de trois fois la grosseur du corps.

Ce poisson est commun dans la Mer Mé-diterranée, où l'on en prend depuis six pouces jusqu'à dix pieds. Après avoir jetté la tête, on mange le corps, qu'on trouve assez bon, & que l'on compare volontiers, pour le goût, à quelques Chiens de Mer.

Le temps le plus favorable pour prendre ce poisson, est lorsque l'air est frais : on en prend peu par les chaleurs.

En général sa couleur est un fond brun-verdâtre du côté de la tête, & d'un brun plus foncé du côté de la queue : cette cou-leur générale est chargée de marques blan-ches, & d'autres couleurs qui imitent les veines du marbre.

Comme les parties de la génération sont très-visibles, ainsi qu'aux Raies, on distingue aisément les mâles des femelles.

CHAPITRE IV.

DES POISSONS RONDS ET CARTILAGINEUX.

Conſidérations générales ſur les Poiſſons connus ſur preſque toutes les côtes maritimes, ſous les noms de Requin, *& de* Chien *de* Mer; Canis marinus.

ON nomme les gros, *Requins;* en Poitou & Aunis, ainſi que dans le golphe de Gaſcogne *Touille;* ailleurs *Lamie;* ils ſont du genre des ronds cartilagineux; les petits ſont nommés *Chiens de Mer,* quelques-uns *Rouſſette;* la plupart ſont vivipares, quelques-uns ſeulement ſont des coques comme les Raies; depuis il s'en trouve de bien des grandeurs différentes, c'eſt-à-dire, un pied de longueur juſqu'à vingt-cinq; on en diſtingue de beaucoup d'eſpéces, auxquelles on donne différents noms. J'en traiterai dans des paragraphes particuliers; mais je préviens que je m'occuperai principalement de ceux qui fréquentent nos côtes.

La plupart des Chiens gros ou petits ont deux ailerons ſur le dos *EF, Planche XIX, figure 1,* & un à la queue *G,* qui eſt coupé irréguliérement ſuivant les différentes eſpéces; ils ont de plus quatre nageoires ſous le ventre; ſavoir, deux *HH* ſous la gorge, qui ſont ordinairement longues & étroites, deux *II* auprès de l'anus, & un petit aileron *K* entre les nageoires *II,* & l'aileron de la queue *G.*

L'ouverture de la gueule *C, fig. 1,* eſt plus ou moins grande, ſuivant les eſpéces, mais toutes placées à la face de deſſous. Quand elle eſt fermée, elle a une forme circulaire, comme on le voit en *CC, fig. 2;* à pluſieurs eſpéces elle eſt garnie de dents plus ou moins grandes.

La tête eſt aſſez groſſe, par proportion au corps, & terminée par un muſeau *A* plus ou moins long & pointu. On voit à la *fig. 1 & 2,* que ce muſeau eſt formé par un prolongement de la machoire ſupérieure *A,* qui eſt beaucoup plus longue que l'inférieure *B* qui, comme on le voit à la *fig. 2,* a une forme arrondie. La gueule *C, fig. 1,* eſt garnie à la p'upart des eſpéces par des fortes dents, & à quelques-unes il y en a pluſieurs rangées. La peau des Chiens n'eſt chargée ni de boucles, ni d'épines, mais elle eſt ordinairement chagrinée & rude au toucher, ſur-tout à la face ſupérieure, & ſur le dos quelques-uns l'ont aſſez rude, pour que les Ouvriers s'en ſervent à polir le bois, même l'ivoire; cet âpreté vient de ce que les écailles ſont étroites, dures, & terminées par une pointe qui eſt ordinairement blanche, & plus ſouvent brune; la couleur de la peau varie dans les différentes eſpéces, mais communément elle eft d'un brun affez foncé fur le dos ; elle s'éclaircit fur les côtés, & eft plus ou moins blanche fous le ventre.

Les uns prétendent que les Chiens font vivipares, & d'autres qu'ils fe multiplient par des œufs ou des coques, comme je l'ai dit à l'occafion des Raies. Je crois, comme j'en ai preuve, que dans la famille des Chiens de Mer, qui eft nombreufe, les uns font vivipares pendant que d'autres fe multiplient par des œufs ou des coques. On prétend affez généralement que ceux-ci font meilleurs que les autres pour la table.

Nous avons dit, en parlant des Raies, que les femelles faifoient un meilleur manger que les mâles : il n'en eft pas de même à l'égard des Chiens de Mer ; on donne la préférence aux mâles qui font ordinairement plus petits ; on dit que leur chair eft plus ferme que celle des femelles, qui eft fade & mollaffe, fur-tout dans le temps du frai.

On voit en *L, fig.* 1 & 2 ; les ouïes des Chiens de Mer au nombre de cinq ; ils ne font point recouverts par des opercules.

Les yeux *D* font plus ou moins grands, & plus ou moins élévés fur la tête, ou éloignés de l'extrêmité du mufeau *A ;* la langue & l'intérieur de la gueule font à plufieurs garnies d'afpérités ; le foie eft gros, divifé en deux lobes ; la véficule du fiel y eft adhérente ; l'eftomac eft affez allongé ; les inteftins font peu de circonvolutions. Je n'infifterai pas davantage fur l'anatomie de ce poiffon, n'ayant pas été à portée de vérifier ce qu'en difent les Auteurs.

Les Chiens de Mer vont ordinairement par troupe, ils font voraces ; la plupart font grands deftructeurs de poiffons ; c'eft pourquoi ils mordent aux haims ; mais ils coupent les empilles lorfqu'on n'a pas l'attention de les faire de métal.

Comme ils chaffent les poiffons, on en trouve de pris dans les folles avec les Raies, ainfi que dans les parcs & les étentes ; les petits fe prennent dans les manets, avec les Maquereaux & les Harengs. Lorfqu'il fe fait des pêches abondantes de Chiens de Mer, les Pêcheurs en font fécher pour les manger quand il y a difette de poiffons frais.

Il y a des parages où les Chiens de Mer font bien plus communs que dans d'autres. M. Chaillan m'a écrit qu'on en prenoit toute l'année fur les côtes de la Méditerranée, particuliérement à Antibes ; mais que ces pêches étoient plus abondantes dans la faifon des Harengs & des Maquereaux, parce que les Chiens pourfuivoient ces poiffons, & que les Pêcheurs les redoutoient beaucoup, non-feulement parce qu'ils détruifoient quantité de poiffons, & qu'ils les effarouchoient ; mais encore parce qu'ils caufoient beaucoup de dommage aux filets.

Après les généralités que je viens de rapporter, je vais entrer dans quelques détails fur les différentes efpéces, & je commencerai par ceux

qui

qui ſont les plus grands, prévenant toujours que je me bornerai à parler de ceux qui ont des caractères particuliers, & principalement de ceux qui ſe trouvent ſur nos côtes, tant de l'Océan que de la Méditerranée.

ARTICLE PREMIER.

Des Requins ou Lamies, Canis Carcharias ; *par quelques-uns* Touille, *Planche XIX.*

Ces noms, que je regarde comme ſynonymes, indiquent les plus grands Poiſſons de ce genre, & pour cette raiſon les plus redoutables des Chiens de Mer, qu'on met au nombre des Cétacées. Les Voyageurs nous indiquent ceux des Indes comme très-ſupérieurs à ceux qu'on pêche dans nos Mers, tant pour la grandeur que pour la voracité. Je reviendrai ſur cet article pour rapporter ce qu'en dit M. Strôm, célebre Norwegien. Les Requins ou Lamies, qu'on pêche à Antibes, ſur nos côtes, & même dans la Manche, ne ſont pas auſſi gros que ceux de Norwege ; mais ils n'en cedent point aux autres pour la voracité : ils ont la tête très-large, la gueule ſituée comme on le voit aux figures 2 *& 3* de la Planche XIX, eſt extrêmement fendue : le goſier eſt fort large, & les mâchoires garnies, dans quelques eſpéces, de ſix à ſept rangs de dents tranchantes, dont quelques-unes ſont ſtriées par les bords, *fig. 4 & 5* ; ce qui fait qu'on dit qu'ils coupent la jambe d'un homme preſque comme on pourroit faire avec un inſtrument tranchant. En examinant celles des différentes eſpéces de Requins, on en trouve qui ont des formes très-différentes les unes des autres ; aux jeunes poiſſons, les dents des rangs inférieurs ſont tendres comme celles des fœtus humains. Stenon dit qu'il y a des Requins qui ont plus de deux cents dents : ce nombre n'eſt pas le même dans tous les individus ; mais il ſemble qu'il n'y a que les dents du premier rang *a* qui puiſſent leur ſervir à entamer leur proie, parce que les autres ſont fort inclinées vers le bas de la gueule, ſur-tout celles des rangs inférieurs comme *f, g,* & la plupart ſont couvertes par les gencives. M. Hériſſant penſoit, & je crois, avec raiſon, que quand quelques dents des rangs ſupérieurs ſont arrachées, ce qui peut arriver fréquemment, parce qu'elles ne ſont point reçues dans des alvéoles, & que les mâchoires ne ſont pas fort dures, dans ce cas les dents des rangs inférieurs ſe relevent & rempliſſent le vuide des dents qui manquent ; ce qui fait qu'en examinant la mâchoire d'un gros Requin, on voit pluſieurs dents qui entament un peu les unes ſur les autres, & on en trouve d'autant moins dans les files inférieures, qu'il y en a plus de la file ſupérieure qui ont été remplacées.

Il eſt bon de remarquer que les dents des deux premieres files ſont perpendiculaires, & que celles des autres files s'inclinent d'autant plus vers le fond de la gueule, qu'elles ſont plus baſſes ; ce ſont celles-là qui, ſuivant M. Hériſſant, ſe redreſſent pour remplacer celles des rangs ſupérieurs, quand il en tombe.

Les Orfévres montent en argent de ces dents bien conſervées, & les vendent pour des langues de Serpens foſſiles ou Gloſſopetres, leur attribuant de grandes vertus médicales. Perſonne aujourd'hui n'ignore que ce ſont des dents de Requin ; mais on n'a pas de confiance aux vertus médicinales qu'on leur ſuppoſoit autrefois.

Si l'on en veut croire Rondelet & Geſner, la gueule & l'œſophage des Chiens de Mer ſont aſſez larges pour qu'en tenant leur gueule ouverte par un bâillon, des animaux de médiocre groſſeur puiſſent y entrer pour manger ce qui eſt dans leur eſtomac. Comme ces poiſſons ont l'ouverture de la gueule ſur la face de deſſous, ils ſont quelquefois obligés, pour ſaiſir leur proie, de ſe mettre ſur le côté & même ſur le dos, ce qui les gêne beaucoup.

On voit dans les Auteurs, qu'entre les Requins d'Afrique, il y en a qui ont juſqu'à 24 pieds de longueur.

Outre qu'on emploie leur peau pour polir le bois, les Gaîniers en font grand uſage pour couvrir leurs ouvrages, ſur-tout après l'avoir adoucie & polie * : néanmoins pluſieurs ne l'ont pas à beaucoup près auſſi rude que celle de ceux qu'on appelle *Chats rochiers.*

La chair de pluſieurs eſt coriace & de mauvaiſe odeur, ce qui fait qu'on les nomme *Chiens puants,* & que quand on les a écorchés, & qu'on en a ôté le foie pour en retirer l'huile, on les jette ordinairement à la Mer, ou on en leve des tranches aux endroits où la chair eſt la moins coriace ; après les avoir deſſéchés au ſoleil & au vent, on les conſerve

---

* C'eſt ce qu'on appelle couvrir en Galluthar, du nom de l'ouvrier qui a fait le premier de ces ouvrages polis.

pour les manger dans les faisons où les poiffons frais font très-rares. On dit qu'on trouve
fous la peau de plufieurs gros Chiens une
grande épaiffeur de graiffe.

L'aileron de la queue *G, fig.* 1, eft différent de celui de la plupart des autres Chiens
de Mer : il eft divifé en deux ; & la partie
M, qui répond au dos, eft beaucoup plus
confidérable & plus longue que celle *N,*
qui répond au ventre.

Touille eft un terme générique qu'on
donne en plufieurs Provinces aux Requins
ou aux grands Chiens de Mer, fans diftinction ; mais dans quelques Provinces on en
diftingue de plufieurs efpéces : par exemple,
on nomme *Touille-Barbot* un gros Chien
qui n'a point de dents.

On nomme *Touille-Bœuf Pl. XX, fig.* 4, un
Chien qui a quelquefois fix pieds de longueur,
qui a le corps fort gros, ainfi que la tête ; la
gueule d'une grandeur moyenne, & les mâchoires garnies de deux rangs de dents ; l'aileron de la queue fendu ; les ailerons & les nageoires peu différents des autres Chiens. Suivant cette defcription, c'eft le Chien qu'on
nomme en quelques endroits *Taupe de Mer.*

On donne encore le nom de *Touille à épée*
à un poiffon qu'il ne faut pas confondre avec
l'*Efpadon*, & dont je parlerai fous la dénomination de *Renard de Mer,* qui eft adoptée en
plufieurs endroits.

Je vais maintenant , d'après M. Ström,
dire quelque chofe d'un grand Chien du
Nord.

§ 1. *D'un grand Chien de Mer du Nord ; Extrait des Mémoires de* M. Ström.

On pêche en Norwege un très-grand
poiffon qui fe tient en pleine Mer, & n'eft
guere connu que des Pêcheurs, qui le regardent comme un *Canis Carcharias* ou *La-*
mia Authorum. Artedi l'appelle *Squalus dorfo*
plano, dentibus pluribus ad latera ferratis.

Ces poiffons, dit cet Auteur, comme une
fingularité, ne pourfuivent point les Harengs
dans les Baies ; ce qui fait que les Pêcheurs
n'en prennent que par hazard, lorfqu'ils s'embarraffent dans leurs filets, car ils ne mordent
pas aux haims.

Les Pêcheurs du Sundmeur en ayant une
fois pris un qui ne pouvoit fe dégager de
leurs filets, ils le hâlerent à bord de leur
bateau : on l'ouvrit pour en retirer le foie,
dont on remplit plufieurs barrils, fans qu'il
fît aucun mouvement extraordinaire ; enfuite, comme s'il s'étoit réveillé, il com-
mença à prendre vigueur, & s'enfuit avec
la plus grande vîteffe, entraînant avec lui
le filet ; ce qui engagea les Pêcheurs à le

pourfuivre à la rame pendant environ deux
lieues de France : alors le poiffon , affoibli
par le fang qu'il avoit perdu, vint mourir à
l'endroit où il avoit été bleffé, fuivant, à ce
qu'on prétend, l'ufage des poiffons qu'on
harpone.

Il y a des Pêcheurs dans le Nord-Land
qui s'adonnent à la pêche de ce poiffon :
ils le prennent au harpon, auquel ils attachent une corde double, & à chacune de
fes extrêmités, ils amarrent un barril vuide,
foit pour fatiguer le poiffon, foit pour pouvoir le trouver, dans le cas où étant pris de
mauvais temps, on feroit obligé de l'abandonner ; mais quand le temps eft beau, on
laiffe le poiffon traîner le bateau, jufqu'à ce
qu'étant affoibli, il vienne mourir à l'endroit
où on l'a harponé. Un de ces gros poiffons
fournit fouvent affez de foie pour remplir
huit à dix barrils, de quinze veltes chacun,
& on en retire de très-bonne huile.

§ 2. *Du Bluet , ou grand Chien bleu ;* Galeus glaucus. *Planche* XIX.

C'eft un poiffon long ; rond, cartilagineux, qui a quelquefois plus de fix pieds
de longueur : il entre fort rarement dans
la Manche. Il a, comme les Requins, le
mufeau *A, fig.* 6, affez long & pointu. Il a
près des ouïes, qui n'ont point d'opercules,
deux nageoires *H* longues & pas fort larges :
vers le milieu du corps, un peu plus près de
la queue que de la tête, deux autres nageoires *I* moins grandes, dont les articulations font affez près les unes des autres ;
entre ces nageoires , on apperçoit l'ouver-

ture de l'anus & les parties qui diftinguent
les fexes : vers le milieu de l'intervalle, entre
les nageoires *I* & l'articulation de l'aileron
de la queue, on voit fous le ventre un petit
aileron *K* : l'aileron de la queue *M, N,* eft
affez grand, divifé en deux ; la portion qui
répond au dos, eft beaucoup plus grande que
celle qui répond au ventre : fur le dos, à
peu près à la moitié de la longueur du poiffon, eft un aileron affez grand *E ;* entre
cet aileron & l'articulation de celui de la
queue, à l'aplomb du petit aileron de deffous

le ventre *K*, il y a un pareil petit aileron *F*. Les yeux *D* sont grands : il s'éleve de la partie inférieure une membrane qui obscurcit sa vue, comme si les yeux étoient couverts d'un nuage. Nous avons dit que cette membrane, qui est commune à plusieurs poissons, s'appelloit en Latin, *Nebula*; en François, *Membrane clignotante*.

La gueule est grande ; la mâchoire d'enbas *B* est garnie de deux rangs de dents qui sont plates, & se terminent en pointe ; la langue est épaisse, large & chargée d'aspérités ; la peau est assez lisse. Lorsque le poisson est dans l'eau, son dos paroît d'un bleu d'ardoise foncé qui s'éclaircit sur les côtés : en approchant de la face de dessous, cette couleur change, & devient d'un gris cendré ; sous le ventre, elle est d'un blanc mat. Par la courte description que nous venons de faire de ce poisson, on voit qu'il a beaucoup de rapport avec le *Canis Carcharias*, & qu'il n'en diffère presque que par la couleur de la peau, qui lui a fait donner le nom de *Glaucus*.

On prend encore de petits Chiens bleus, ou bluets, qu'on assure être d'une espéce différente des grands dont nous venons de parler, parce qu'ils ne deviennent jamais grands : ces deux espéces de poissons ne diffèrent les uns des autres que par l'inégalité de leur grandeur.

M. Desforges-Maillard m'écrit qu'on prend à l'embouchure de la Loire un poisson nommé *Capot bleu*, qui me paroît être le petit Bluet.

Enfin je trouve dans mes Mémoires qu'on prend des Chiens bleus, *Pl. XX, fig. 3*, qui ne diffèrent des autres que parce qu'ils n'ont point de dents : pour cette raison ils ne dévorent point les poissons ; néanmoins les Pêcheurs les redoutent beaucoup, parce que étant très-forts, ils déchirent les filets lorsqu'ils ont donné dedans.

§ 3. *De la Milandre ; ou Cagnot de Languedoc ; à Marseille* Canicule ; *par quelques-uns* Chien puant, *Planche XX.*

C'est encore un Chien de Mer qui ressemble beaucoup, par la forme de son corps, la consistance de sa peau, la position & le nombre des ailerons & nageoires, au grand Chien bleu dont nous avons parlé dans le Paragraphe précédent. Il a aussi au bas des yeux une membrane ou *nebula* qui forme comme un nuage qui, à ce que l'on prétend, l'empêche de voir distinctement les objets.

Ce poisson, *fig. 1 & 2*, a les mâchoires garnies de deux rangées de dents, dont l'extrêmité se recourbe vers l'intérieur de la gueule. Il suit de ce que nous venons dire, qu'il ressemble à beaucoup d'égards au Chien bleu ; mais il en diffère par la couleur de sa peau, qui, au lieu d'être bleue, est d'un brun foncé sur le dos : cette couleur s'éclaircit sur les côtés, & elle est blanche sous le ventre. Je crois me rappeller qu'il en diffère encore par la forme de l'aileron de la queue, qui a plus de rapport avec celui de l'Aiguillat.

On dit qu'il aime beaucoup la chair humaine, que, pour cette raison, il déchire les jambes & les cuisses de ceux qui se baignent, & qu'il s'élance même hors de l'eau pour attaquer ceux qui se promenent les jambes nues sur le rivage : connoissant sa voracité, il n'est pas surprenant qu'il déchire les filets, pour tuer & manger les poissons qui y sont pris.

La plupart des Chiens de Mer ont une odeur désagréable ; mais apparemment que celle des Milandres est plus forte, puisque les Pêcheurs Normands, qui, dans certaines saisons, en trouvent beaucoup sur leurs côtes, leur donnent le nom de *Chiens puants*; néanmoins ils en font sécher la chair, & la conservent en cet état pour la manger l'hiver, lorsqu'ils manquent de poissons frais.

Ces poissons vont quelquefois par bande, entre lesquels on en trouve quelques-uns de quatre ou cinq pieds de longueur ; ce qui fait qu'en quelques endroits on les met au nombre des Touilles, qui, comme l'on sait, indique de grands Chiens de Mer : ils font beaucoup de tort aux Pêcheurs.

Le corps est assez gros depuis la tête jusqu'auprès de l'anus *I*, ensuite il diminue beaucoup de grosseur, & il est très-menu auprès de la queue.

§ 4. *D'un Chien de Mer nommé* Spinax ; Aiguillat *par les Provençaux ; que les Pêcheurs appellent souvent* Broquillon *ou* Chien Broquu ; Galeus Acanthias ; *à l'entrée de la Loire* Epinette, *Pl. XX.*

On donne ces noms au poisson dont il s'agit à cause des ardillons *C C, fig. 5.* qu'il a auprès des ailerons du dos ; ces ardillons qui sont durs & approchent un peu de la nature de la corne, font détachés des ailerons *NO*, *fig. 5*; c'eft un poiffon long, cartilagineux & de la famille des Chiens de Mer.

Le mufeau *A*, eft plus pointu qu'à d'autres Chiens.

Les yeux font grands, entourés d'un cercle blanc.

Les ouïes *E*, au nombre de cinq, font découvertes comme aux autres Chiens.

Immédiatement après les ouïes, font deux grandes nageoires *F*.

Plus vers l'arriére que l'œil *D*, il y a de chaque côté un trou *G*, comme à la plupart des poiffons cartilagineux.

A la *figure 6*, où le poiffon eft repréfenté fur le dos, on apperçoit la gueule *I*, qui n'eft pas grande, & vers le bout du mufeau font deux petits trous ronds *L*, un de chaque côté; les mâchoires font garnies de deux rangées de fortes dents.

Sous le ventre, il y a deux nageoires *M*, entre lefquelles eft l'anus & les parties qui diftinguent les fexes.

Il y a fur le dos, *fig. 5*, plus vers la tête que vers l'articulation de la queue, un aileron *N*, précédé de l'aiguillon *C*.

Entre cet aileron, *N*, & l'aileron de la queue, il y a un autre aileron *O*, moins grand qui eft, comme le précédent, accompagné d'un grand & fort ardillon *C*.

L'aileron de la queue eft à peu près femblable à celui du gros Chien de Mer, & par l'infpection de la figure, on en prend une idée plus jufte que par une longue defcription.

Le dos de ce poiffon eft couleur de cendre; cette couleur s'éclaircit fur les côtés, le ventre eft blanchâtre.

Si l'on paffe la main de la tête vers la queue, la peau n'eft pas fort rude; mais elle l'eft beaucoup quand on la paffe de la queue à la tête; c'eft pourquoi les Menuifiers & les Tourneurs l'emploient pour polir leurs ouvrages. Quand on la deftine à cet ufage, auffi-tôt qu'on l'a levée de deffus l'animal, on l'étend & on l'attache fur une planche pour qu'elle ne fe ride pas.

Les lignes latérales fe prolongent fans faire d'inflexion depuis *A*, jufqu'à *Q*, ou dans toute la longueur du poiffon.

Les parties intérieures reffemblent beaucoup à celles des autres Chiens de Mer.

On trouve dans le corps des femelles, des œufs, les uns plus approchant de leur état de perfection que les autres, & un corps rond qui contient ce dont les poiffons doivent fe nourrir pendant l'incubation: ils en tirent alors leur nourriture par les vaiffeaux umbilicaux; car ils fortent en vie du corps de leur mere.

§ 5. *D'une forte de Chien de Mer, qu'on nomme en Languedoc Emiffole; Galeus lævis; à Rome* Pefce-Colombo.

Ce poiffon ne differe prefque de l'Aiguillat, que parce qu'il n'a pas auprès des deux ailerons du dos, les grands ardillons durs, qui caractérifent les Aiguillats, ce qui a engagé à lui donner le nom de *lævis*; car fa peau differe peu de celle de l'Aiguillat, tant par la couleur que par fon âpreté.

Il n'a point de dents; mais les mâchoires qui font fort dures, & qui forment des afpérités lui en tiennent lieu. Au refte, il reffemble fort à l'Aiguillat par la grandeur & la forme de fon corps, le nombre & la pofition, tant des ailerons que des nageoires: il a feulement à l'extrêmité de la queue un petit aileron de plus que l'Aiguillat. Ces deux poiffons fe reffemblent encore par les parties intérieures: tous deux font vivipares; mais il y a des Auteurs qui prétendent qu'au *Galeus lævis*, les vaiffeaux umbilicaux répondent à l'intérieur de la matrice ou à un placenta comme aux Quadrupedes; au lieu qu'à l'Aiguillat, ils aboutiffent à une efpéce de poche qui renferme des fubftances analogues au jaune de l'œuf, & qui fourniffent la nourriture au poiffon pendant l'incubation; ce qui ne me paroît pas établi fur des obfervations affez exactes.

§ 6. *Du Lentillac du Languedoc; Galeus ftellatus.*

On donne ces noms à ce poiffon à raifon de taches blanches, les unes rondes, les autres un peu dentées qu'il a fur fa peau, & que les uns comparent à des Lentilles & d'autres à des Etoiles; au refte, il reffemble entiérement à l'Emiffole, excepté que fa peau eft encore plus liffe.

§ 7. *D'une sorte de Requin nommé* Demoiselle.

On donne le surnom de *Demoiselle* à bien des animaux d'espéces fort différentes, tels que des insectes, des oiseaux & des poissons. J'en ai représenté plusieurs de l'Amérique, sur la *Planche XIII* de la quatrieme Section; mais je ne m'occuperai maintenant que de quelques espéces de Requins auxquels on a donné ce nom.

M. de Sainvilliers, Enseigne de Vaisseaux de Roi, m'a écrit de Brest, que dans les environs de ce Port on ne connoît sous ce nom qu'une seule espéce de poisson du genre des Chiens de Mer, qui a cependant des caracteres qui lui sont propres, & le distinguent des autres poissons de son genre.

Leur museau est fort alongé, leurs dents très-aiguës, & le chagriné de leur peau est plus fin qu'à beaucoup d'autres espéces de leur genre.

Ils se tiennent indifféremment au fond ou à la superficie de l'eau, & ils passent d'une de ces positions à l'autre, quoiqu extrême, avec une rapidité surprenante.

Les Pêcheurs assurent qu'il y a entre les poissons de cette espéce une grande intimité, puisque quand il y en a un de pris à une ligne de fond, une troupe de ses semblables suivent le captif jusqu'à la superficie de l'eau, pour essayer de le délivrer; ou ils se donnent des mouvements si violents qu'ils excitent un remoux considérable, & alors on en peut prendre à la main.

Cette pêche ne se fait pas par-tout avec un égal succès. Ces poissons paroissent affecter par préférence certains parages: aux environs de Brest on les prend auprès du banc de Saint-Pierre, dans la bande de Roscanvel, pas loin des rochers qu'on nomme Mulons de pois: leur grande voracité fait qu'on les prend aisément à la ligne. Je ne crois pas que ce soit la même espéce de poisson qu'on nomme *Demoiselle* auprès de Nantes.

§ 8. *Du Melca des Basques.*

Suivant M. de la Courtaudiere, le cadet, on ne connoît à Saint-Jean-de-Luz qu'une espéce de Chien de Mer, que l'on nomme en Gascon *Mirque*, & en Basque *Melca*. C'est un assez petit poisson, mauvais à manger, & dont on ne fait point du tout de cas: le plus souvent on le rejette à la Mer après l'avoir pêché. Ce poisson, suivant le rapport des Pêcheurs, a le museau plat, la gueule dessous le museau: on le pêche à la ligne. Il inquiete beaucoup les Pêcheurs, particuliérement à Terre-neuve, où il abonde: il a la dent mauvaise, & coupe les lignes, de maniere que quand il s'en rassemble une quantité sur un banc de morue, on suspend la pêche, ou on s'éloigne de ces parages. Ce poisson a à peu près vingt-huit pouces du bout du museau au bout de l'aileron de la queue; huit pouces neuf lignes de circonférence dans sa plus grande grosseur, & il va en diminuant vers la queue.

La tête est plate, le museau pointu, les yeux gros, placés sur les côtés; il y a deux trous sur le dessus de la tête, & cinq ouvertures de chaque côté, à distances égales l'une de l'autre; ce sont les ouies. A deux pouces de l'ouverture de la gueule sont placées les nageoires de la gorge. Il a deux autres nageoires moins grandes sous le ventre, au-dessus de l'anus; deux petits ailerons sur le corps, à la distance de huit pouces de l'un à l'autre: l'aileron de la queue est partagé en deux parties inégales, une beaucoup plus longue que l'autre. La gueule est large, placée sous la tête, & garnie de petites dents. Sa peau, de couleur grise, approche du chagrin, quoiqu'elle ne soit point si forte.

On pêche encore dans ces cantons un autre poisson que l'on nomme *Liche*, ou Chien de Mer; on dit qu'il approche beaucoup du Melca: sa peau est chagrinée, & son museau est un peu arondi.

Article II.

Du Renard marin, Vulpecula, *Planche* **XXI.**

Suivant quelques-uns, on a donné à ce poisson le nom de Renard à cause qu'il a une longue queue; d'autres prétendent trouver à sa chair une odeur approchante de celle des Renards de nos forêts. Quoi qu'il en soit, c'est un poisson long, rond, cartilagineux, du genre des Requins; comme il y en a qui ont jusqu'à huit pieds de longueur *A*, *B*, *fig*. 1, & 2, non compris la queue, on le met au nombre des Cétacées; la peau est grise sur le dos, blanche sous le ventre, avec une légere teinte rouge; elle est mince, aifée à déchirer, liffe & fans écaille: on trouve deffous une couche de graiffe; les lignes latérales *a b*, se prolongent de toute la longueur du poisson fans faire d'inflexions, même jufque sur la queue.

La gueule *d*, qui est d'une grandeur médiocre, est placée au-deffous du mufeau *A*, qui n'est pas à beaucoup près auffi long qu'à la plupart des autres Chiens de Mer. On trouve dans la gueule de petites dents de différente forme, les unes plates, les autres triangulaires; la langue affez large est adhérente à la mâchoire inférieure: elle est couverte d'une peau qui n'offre rien de rude quand on paffe le doigt de fon extrêmité vers le gofier; mais beaucoup quand on le paffe en fens contraire.

Les ailerons & les nageoïres font formés par des rayons cartilagineux affez fermes, & font réunis par une forte membrane.

Immédiatement derriere la tête en *c*, font les ouvertures des ouïes qui ne font pas toutes de même grandeur; enfuite, on trouve les deux grandes nageoires *D*, ils ont encore fous le ventre deux nageoires moins grandes *E*, qui accompagnent l'ouverture de l'anus; à quelques-uns, il y a près de ces nageoires deux prolongements menus qui ont quelque reffemblance à des aiguillons: on dit, je ne fais pas fi c'est d'après un examen exact, que ce font les organes des mâles.

Sous le ventre entre l'anus *E*, & l'articulation *B*, de l'aileron de la queue, il y a encore un petit aileron *F*, qui ne paroît être qu'un appendice charnu, dans lequel on n'apperçoit point de rayons cartilagineux.

Sur le dos à peu près au tiers de la longueur du corps du poisson, il y a un affez grand aileron triangulaire *G*; & plus vers la queue, à peu près à l'aplomb du petit aileron du ventre *F*, un autre petit aileron *H*, affez femblable à celui *F*, mais un peu plus grand; le corps de ce poisson est très-charnu dans toute fon étendue, & il est encore affez gros à l'articulation de la queue. A l'extrêmité du corps en *B*, il femble que la queue se fépare en deux parties, une fort courte *B*, *L*, qui répond au ventre, & une *B*, *K*, qui répond au dos: elle est plus longue que tout le corps; cette portion étant charnue & épaiffe à la partie fupérieure, & devenant mince & tranchante à l'autre bord, d'ailleurs, n'étant point fournie de rayons cartilagineux, elle peut être regardée comme une prolongation du corps, & comme elle est fouvent un peu recourbée, & qu'elle forme du côté qui répond au ventre une efpece de tranchant, on l'a comparée à un fabre ou à une lame de faux; quelques-uns pour cette raifon ont donné à ce poisson le nom de Poisson à épée, mais il ne faut pas le confondre avec l'Efpadon qui est le vrai *Pefce Spada*.

Ce poisson est vivipare & se multiplie comme l'Aiguillat; il se nourrit de poiffons ainfi que de plantes marines, & se plaît dans les fonds vafeux, ce qui contribue à rendre sa chair d'un gout défagréable; je crois que cette circonftance fait que les uns regardent sa chair comme bonne à manger, pendant que d'autres la difent très-mauvaife, & la rejettent après en avoir retiré l'huile.

M. Perrault a donné une anatomie très-détaillée de ce poisson dans les Mémoires de l'Académie des Sciences, tome *3*, partie premiere, page 119.

Le Renard est très-rare dans le canal, fur-tout à la bande de France, ceux qu'on y prend viennent particuliérement des côtes d'Angleterre.

M. Chaillan m'écrit d'Antibes que le 28 Juin 1779, on a pris un poisson qu'on nomme Poisson *Garry* ou Poisson *Rat*, il pefoit aux environs de quinze à vingt livres; le Pêcheur qui l'avoit pris qui étoit âgé de quatre-vingt-cinq ans, a affuré n'en avoir jamais vu pêcher dé femblable dans ces Mers.

Ce poisson étoit gris, il n'avoit point d'écailles, il avoit la tête groffe, sa queue avoit quatre pieds de longueur & étoit faite en forme de fabre; il avoit deux nageoires fous la tête, une fur le dos, deux près l'anus, & une à la naiffance de la queue. Cette courte defcription convient affez au Renard de Mer: c'est tout ce que je puis dire fur ce poisson.

A R T I C L E I I I.

Du Marteau, Pesce-Martello, Zygæna ; *en Amérique* Pantouflier ; *en Espagne* Tribandalo ; *Planche XXI.*

C'est un poisson rond, long, cartilagineux, très-vorace ; comme il y en a d'assez grands, on le met au nombre des cetacées. Par la forme de son corps, la position des ouïes, le nombre & la position, tant des ailerons que des nageoires qui sont cartilagineuses & fortes, il est incontestablement de la famille des Chiens de Mer, mais il en differe beaucoup par sa tête *C*, *D*, *fig.* 3, qui a une forme bien singuliere ; elle est placée de travers à l'extrêmité du corps, & forme comme la tête d'un marteau dont le corps seroit le manche ; la longueur de cette tête *C*, *D*, est à peu près le quart de la longueur du corps *A*, *B*, qui va quelquefois jusqu'à huit pieds ; aux extrêmités *C* & *D* de cette tête, sont placés les yeux qui sont grands & étincelants.

La gueule *E*, *fig.* 5 & 7, qui est grande, est placée comme aux autres chiens à la face de dessous ; les mâchoires sont garnies de plusieurs rangs de dents fortes & tranchantes ;

la gueule n'étant pas couverte comme celle des autres Chiens, par un long museau, ils s'en servent plus aisément pour saisir leur proie.

La langue est large, la tête est plus détachée du corps qu'aux autres chiens par un col *F*, qui est assez long.

Quand ces poissons ont été nouvellement pêchés, leur chair est coriace ; si on la conserve quelque temps, & qu'on la fasse cuire, elle est fade, mollasse & on la dit mal saine. On en prend plus dans la Méditerranée que dans l'Océan ; & malgré sa grande voracité, comme les mouvements de ceux qui sont grands ne sont pas vifs, les Negres les attaquent avec beaucoup d'adresse & parviennent à les tuer.

Ils n'ont point d'écailles, mais leur peau est épaisse & un peu rude ; à ceux qui sont fort petits, la tête n'est presque formée que par la peau, *fig.* 9.

A R T I C L E IV.

Des Roussettes, *Planche XXII.*

Quelques Auteurs considérant la couleur rousse de la peau des Roussettes, ont fait de ce nom un terme générique qu'ils ont attribué à tous les Chiens de Mer. Partant de ce principe, ils ont compris les grands Chiens de Mer dans la classe des Roussettes, ce qui est contraire au sentiment de presque tous les Ichthyologistes : car si on examine avec attention ce que nous avons dit des Requins, on verra que la description que nous en avons donnée, convient assez à ce que les Auteurs ont dit de la grande Roussette, & que ce qu'ils disent des petites Roussettes, peut s'appliquer aux Chiens de Mer. Les Roussettes prises suivant les idées qu'on en a ordinairement, ne sont pas de grands poissons ; néanmoins les unes sont plus grandes que les autres, ce qui nous engage à les distinguer en grandes & petites Roussettes : mais pour abréger, je me bornerai à en décrire deux, une des plus grandes & une des plus petites.

§ 1. *De la grande Roussette,* Catulus stellaris major, *Planche XXII.*

On nomme souvent, sur-tout en Normandie, mais, mal-à-propos, ce poisson Vache de Mer ; je dis mal-à-propos, car nous parlerons dans la suite d'un poisson fort différent, qu'on connoît généralement sous cette dénomination, & qu'on nomme aussi le poisson à grandes dents, parce qu'il a à la mâchoire supérieure deux grandes dents qui se recourbent sur le bas ; on le nomme en latin *Rosmarus odobenus.*

La grande Roussette dont nous allons nous occuper, est comprise comme les autres Chiens dans le genre des poissons longs, ronds & cartilagineux ; ainsi que toutes les Roussettes elle se multiplie par des coques ; elles ne sont donc pas vivipares comme la plupart des Chiens de Mer : elles se plaisent dans les rochers, & ne différent des petites Roussettes dont nous allons parler que par leur grandeur ; car on en prend quelques-unes qui ont plus de quatre pieds de longueur : il y en a, comme dans les petites Roussettes, de différentes couleurs, & qui sont chargées de taches plus ou moins grandes, ce qui leur a fait donner l'épithete de *stellaris* ; néanmoins, les couleurs sont communément moins foncées qu'aux petites Roussettes.

Comme à tous les Chiens, la mâchoire de dessus *A, fig.* 1, est applatie, & beaucoup plus longue que celle de dessous qui est arrondie ; j'en ai vu qui avoient deux rangs de dents à la mâchoire supérieure, & un seul à l'inférieure : les yeux ont une forme ovale très-alongée ; immédiatement derriere chaque œil il y a, comme à quantité de poissons cartilagineux, un trou *b*, qui communique avec l'intérieur de la gueule.

Les ouïes *C*, sont peu ouvertes, il y a derriere la tête deux grandes nageoires *F*, qui se prolongent assez pour couvrir une partie des ouïes *C* ; ce poisson a sur le dos un peu plus vers la queue, que vers la tête, un assez grand aileron *K*, & un autre plus petit *L*, vers la queue.

De plus, il a sous le ventre, deux nageoires *M*, aux deux côtés de l'anus, & plus vers la queue, un aileron *N* ; à l'égard des ailerons de la queue *B*, *O*, on voit aux figures 1, 2 & 3, qu'ils sont d'une forme fort irréguliere ; la chair de ces grandes Roussettes n'est pas aussi bonne à manger que celle des petites qu'on nomme Chats Rochiers, néanmoins le peuple s'en nourrit ; la peau est plus ou moins rude, & j'en ai eu où elle l'étoit beaucoup moins que celle des Chats Rochiers.

On m'a assuré que ce poisson n'étoit pas rare aux environs de Caen, & qu'on en prenoit dans l'Amérique Septentrionale pêlemêle avec les Morues.

Ce poisson, comme tous les Chiens de Mer, est vorace, & pour cette raison redouté par les Pêcheurs, qui abandonnent leur pêche quand il s'en présente un banc.

Les Mareyeurs ont coutume de mettre les Roussettes tremper dans l'eau quelque temps avant de les exposer en vente ; ce qui leur donne, disent-ils, un air plus appétissant.

Je crois me rappeller, qu'à l'embouchure de la Loire on nomme Chavon les *Chats de mer* ou *Roussettes.*

A Venise on fait peu de cas des Chiens de mer, excepté un qu'on y nomme *Cazia*, qu'on dit être excellent ; il y en a qui pesent jusqu'à trente livres ; on les fait cuire au sel, & on les mange à l'huile & au vinaigre.

§ 2. *De la petite Roussette, ou Chat Rochier ;* Canicula saxatilis.

Avant d'entrer dans aucun détail sur ce poisson, il est bon de prévenir qu'on appelle Chat de mer de petits poissons qu'on nomme aussi *Casonales*, ou *Cassons*, dont nous avons parlé à la Section VII, page 208, qui n'ont aucun rapport avec le Chien de mer. Il en est de même d'un autre poisson qu'on nomme *Chat*, qu'il convient de rapporter au Congre, dont parlerons quand nous traiterons des poissons de la forme des Anguilles.

En Languedoc & en Provence, on nomme ce poisson *Catto Rochiero*, je crois que c'est la Bretelle de haute Normandie ; on regarde avec raison en France cette espéce de poisson comme une sorte de Roussette ; je dis avec raison, car il ressemble à la vraie Roussette par la position de ses ailerons, la forme de sa tête, celle de ses ouïes, la consistance de sa peau, &, suivant Rondelet, les parties intérieures & la façon de se multiplier. Les Chats de Mer ou Rochiers doivent incontestablement être mis au nombre des petits Chiens de Mer ; quoique je convienne qu'ils se multiplient par des coques, au lieu que la plupart des Chiens de Mer, font leurs petits en vie ; mais je préviens que le Chat Rochier dont je vais parler a été décrit d'après un petit que j'ai rapporté des bords de la Mer,

&

& qu'on trouve une multitude de ses coques sur les bancs de varech.

On donne à ces poissons le nom de Roussette, parce que leur peau est rousse; la couleur du Chat Rochier n'est pas fort foncée, mais elle est chargée de taches noires plus grandes & plus sensibles que celles qu'on apperçoit sur le corps des autres Roussettes.

Ses yeux sont d'une forme ovale-alongée, & placés comme aux autres Roussettes au bord du museau, ou de la mâchoire supérieure.

L'intérieur de la gueule est garni de dents, entre lesquelles il y en a qui sont longues & menues, ce qui peut-être a fait naître l'idée de donner à ce poisson le nom de *Chat*; on y joint l'épithete de *Rochier*, parce qu'il se retire dans les fentes des rochers, au lieu que les autres Roussettes se plaisent dans la vase, ce qui leur donne une odeur désagréable que n'ont pas les Chats Rochiers, qui se tiennent ordinairement au bord de la Mer; ce qui fait que les Pêcheurs en prennent rarement. Voici les principales dimensions de celui que j'ai rapporté des Ports.

La longueur totale de *A* en *B*, *fig. 2 & 3*, étoit de quatorze pouces.

De *A*, au premier aileron du dos *C*, huit pouces six lignes.

De *A*, au second aileron du dos *D*, onze pouces.

De *A* en *E*, *fig. 3*, entre les articulations des grandes nageoires *FF* de dessous la gorge, il y avoit trois pouces six lignes.

De *A*, à l'articulation *G* des nageoires *HH* de l'anus, sept pouces.

De *A*, à l'articulation de l'aileron du ventre *K*, dix pouces.

Le corps étoit assez gros, depuis *A* jusqu'à l'anus *G*; à cet endroit il devenoit plus menu, ce qui continuoit jusqu'à l'extrêmité *B*.

En passant la main de la tête vers la queue, on sentoit que la peau étoit chagrinée; mais elle étoit très-rude quand on la passoit de la queue vers la tête, parce que le corps étoit couvert de petites écailles étroites, fort dures & terminées par des pointes, les unes blanches, les autres rousses, qui étoient toutes inclinées de la tête vers la queue; l'ovaire étoit rempli d'œufs imparfaits, ils tomboient un à un, ou deux à deux dans la matrice ou l'ovi-ductus, où se formoit la coque qui étoit quarrée & semblable à un oreiller, comme on le voit *fig. 5*. Aux angles de cette coque, étoient de longs filets qu'on a cru d'abord être des vaisseaux pour conduire du suc nouricier à la coque; mais un Physicien auquel on peut avoir confiance, s'est assuré que ces filamens ne sont pas creux, & il pense qu'ils servent à assujettir les coques dans le corps de l'animal, à l'endroit où ils doivent rester jusqu'à ce que la coque soit entiérement formée. On voit, *fig. 4*, une petite coque qui commence à se former; *fig. 5*, une coque dans sa perfection; *fig. 6*, la même coque ouverte où on voit la vésicule *a*, qui contient les substances dont le poisson doit se nourrir pendant l'incubation, & la Roussette qui se forme dans l'intérieur de la coque, & tient par le vaisseau ombilical. A la *figure 5*, le poisson est tiré de sa coque, pour qu'on apperçoive mieux tout ce ce qu'on voit à la *figure 6*. J'invite le Lecteur à consulter ce que j'ai dit plus haut des coques des Raies.

Ces Chats Rochiers sont assez bons à manger; la chair a quelque ressemblance à celle de la Raie: on les pêche de bien des façons différentes, principalement avec des haims & des filets sédentaires, qu'on nomme *Roussetiére* ou *Breteliére*: il y a des bancs d'algue, où l'on trouve un nombre prodigieux de coques de Roussettes; on en pêche toute l'année, mais la saison la plus avantageuse est sur les côtes de Picardie & de haute Normandie, pendant les mois de Décembre, Janvier, Février & Mars.

§ 3. *De la Brette,* Galeus stellaris minor.

Il y a une autre espéce de petits Chiens de mer, ou de Roussettes qui différent peu du Chat Rochier; il y en a qui ne sont pas aussi petites; leur peau est communément un peu moins brune, & pas aussi rude au toucher, elles ont, comme les Chats Rochiers, des taches, mais moins grandes; on les pêche comme les Chats Rochiers, avec les haims, & avec les filets qu'on nomme *Breteliére* ou *Roussetiére*; & comme ces poissons, ainsi que tous les autres de ce genre, sont très-voraces, on en prend beaucoup avec les Harengs, les Maquereaux, & d'autres poissons qui vont par bancs.

Ils ne sont pas à beaucoup près, aussi bons à manger que les Chats Rochiers, parce que comme ils se plaisent dans la vase, ils y contractent une mauvaise odeur que n'ont pas les Chats Rochiers qui se tiennent en grande eau & dans les fentes des rochers.

C'eſt cette circonſtance qui fait qu'on ne confond pas ces deux eſpéces de Rouſſettes qui ſe reſſemblent à tant d'égards, que ſans cela on ſeroit tenté de les regarder comme des variétés ; c'eſt pourquoi je n'ai pas cru devoir les faire graver, afin de ne pas multiplier inutilement les planches.

§ 4. *De la Môle, ou Lune de Salvien*, Mola ; *ſuivant Rondelet,* Orthagoriſcus, *Porc de mer ; Planche XXIII.*

Par la deſcription que je vais donner de ce poiſſon, on verra qu'il a une forme bien ſinguliére, & on ne ſera pas ſurpris que j'aie eu peine à me décider ſur la place que je lui aſſignerois dans mon Ouvrage. Néanmoins, ayant reconnu qu'il étoit plat & cartilagineux, il m'a paru convenable de le mettre dans cette Section ; & comme par ſa forme il ne reſſemble ni aux Raies, ni aux Requins, je me ſuis déterminé à le mettre ici par forme d'additions.

Ce poiſſon au premier coup-d'œil, paroît plutôt être la tête d'un animal qu'un poiſſon entier ; cependant il y en a qui ont plus de cinq pieds de *A* en *B*, & trois pieds de *C* en *D*, & qui peſent juſqu'à cent livres ; le corps *A*, *D*, *P*, *C*, forme un ovale ; il n'a point d'écailles, mais ſeulement une peau épaiſſe & dure : la couleur du dos eſt noirâtre, celle du ventre tire au blanc ; la partie la plus épaiſſe de ce poiſſon eſt au milieu du corps, elle s'émincit, & finit en tranchant vers les bords : la tête n'eſt point détachée du corps, elle fait avec le corps une continuation ſans aucun reſault ; la gueule *H* eſt très-petite par comparaiſon à la grandeur du poiſſon ; elle a une forme arrondie quand elle eſt ouverte ; elle n'a point de dents, mais les mâchoires ſont formées d'un ſeul os dur, tranchant, & d'une forme demi-circulaire ; entre les yeux *I* & le bout du muſeau *A*, il y a deux trous *O*, un de chaque côté, qui ſont les narines, & derriere les yeux ſont les ouïes, qui ſont recouvertes par la peau, à laquelle il y a une ouverture *K*, tantôt ronde, tantôt en croiſſant, par laquelle on entrevoit les ouïes au nombre de quatre ; & probablement, c'eſt par cette ouverture que ſort l'eau qui s'échappe des branchies.

Les yeux *I* qu'on apperçoit au-deſſus du bout du muſeau ſont petits, eu égard à la groſſeur du poiſſon ; la prunelle eſt entourée d'un cercle argenté, le reſte de l'œil eſt jaune. Auprès des branchies, on voit de chaque côté une nageoire courte *N* ; elle eſt arrondie, & formée de douze rayons : vers l'extrêmité du corps, ſont deux grandes nageoires *E F*, terminées en pointe oppoſées l'une à l'autre ; l'une *E* eſt placée ſur le dos, l'autre *F* ſous le ventre ; les nervures qui forment ces nageoires ſont cartilagineuſes, mais beaucoup plus dures que tous les autres cartilages qui forment le ſquelette de ce poiſſon.

Auprès de l'aileron *F* du ventre, eſt l'anus *G* qui s'apperçoit aiſément. Le corps eſt terminé par un aileron demi-circulaire *Q*, *B*, *Q*, qui ſert de queue ; cet aileron eſt compoſé de rayons cartilagineux, qui ne s'apperçoivent point quand l'animal eſt en vie, mais qui paroiſſent quand il eſt mort & deſſéché.

Le foie eſt grand, épais, arrondi, blanchâtre, il n'eſt point diviſé en lobes, il eſt ſitué à gauche ; la véſicule du fiel, qui eſt proche du foie, eſt aſſez ample ; le vaiſſeau biliaire s'inſinue dans le ventricule, pas loin de ſon orifice ſupérieur ; ce qui paroît propre à ce ſeul poiſſon.

La chair eſt très-molle ; les os ne ſont que des cartilages ; la peau tient tellement à la chair, qu'on a peine à l'en détacher.

Suivant Rondelet, on a donné à ce poiſſon le nom de *Lune*, parce que la forme de ſon corps repréſente aſſez une pleine lune ; ainſi que pluſieurs autres poiſſons il eſt ſujet à briller la nuit ; les Anglois pour cette raiſon l'ont appellé *Sun-Fish*, ou *Poiſſon-ſoleil* ; en Eſpagne on le nomme *Orbis-lunatus*.

Comme je n'avois pu me procurer qu'un môle, dans la crainte de n'en avoir pas pris une idée fort exacte, & pour m'affermir dans ma façon de penſer, j'ai écrit dans pluſieurs Ports, tant de l'Océan que de la Méditerranée, où ce poiſſon eſt moins rare, pour engager ceux qui étoient plus à portée que moi de le connoître, à me faire part de leurs obſervations.

Ce qu'on me marque ſur la deſcription de ce poiſſon s'accorde très-bien avec ce que j'ai dit au commencement de cet article ; c'eſt bien avec raiſon, dit-on, qu'on le met au nombre des cartilagineux, puiſque la plupart de ſes cartilages ſont diſſous dans l'eau bouillante ; il en faut ſeulement excepter, comme je l'ai dit, les rayons des grandes nageoires *E F*, qui ſont à-peu-près auſſi fermes que ceux des nageoires des

Requins , & les mâchoires qui font de vrais os.

On verra qu'il fuit de ce qu'on m'a écrit , que les fentiments font très-partagés fur la qualité de la chair de ce poiffon ; les uns la difent molle , infipide , de mauvaife odeur , & fi peu agréable , que les Pêcheurs de nos côtes coupent aux poiffons qu'ils prennent les grandes nageoires *E F* , & rejettent à la mer le corps du poiffon , où ils meurent peu de temps après.

On trouve de ces poiffons dans la mer d'Allemagne , à l'entrée de la Baltique , & au rapport des Pêcheurs , ils font gras , ils ont une bonne chair , & on les regarde comme un bon manger ; ainfi il en eft de la Môle , comme de plufieurs autres poiffons qui font méprifés dans certains parages , & regardés dans d'autres , comme une bonne nourriture.

Je vais rapporter fommairement , les réponfes que m'ont fait mes Correfpondants.

Sachant qu'on prend des Môles en Languedoc , j'ai écrit à M. Gautier à Narbonne , qu'il me feroit plaifir de me donner quelques éclairciffements fur ce poiffon.

Il m'a marqué que ce poiffon ayant la tête renfermée dans le corps , & l'aileron de la queue , formé comme une bordure ; le corps approche d'avoir une figure ronde ; ce qui fait que plufieurs l'ont comparé à une meule. Il nage lentement & comme en fe balançant. Il ajoute que la Môle eft fort timide , & que quand il apperçoit une barque ou quelqu'autre corps , il fe précipite au fond de l'eau comme une pierre : entre la peau , qui eft très-dure , & la chair proprement dite , que quelques-uns comparent à celle du bœuf , il y a une couche affez épaiffe , d'une fubftance gélatineufe , qui fe réduit en eau , à la cuiffon.

On ne prend ce poiffon que l'été , avec le harpon ; mais il faut le lancer avec affez de force pour percer la peau , qui eft fort dure ,

& pour arriver jufqu'à la chair proprement dite , fans quoi le poiffon s'échapperoit.

Quelques-uns de ces poiffons parviennent à une groffeur confidérable , puifqu'on en a pris qui pefoient 150 livres.

On m'a envoyé un beau deffin d'une groffe Môle qui avoit été péchée fur la côte d'Angola en Afrique.

Elle avoit cinq pieds de longueur totale *A* , *B* , trois pieds de largeur *C* , *D* : les grandes nageoires *E* , *F* avoient deux pieds fix pouces de longueur ; la petite nageoire *N* avoit huit pouces.

La gueule *H* étoit petite , ainfi que fes yeux *I* , les ouvertures des ouïes *K* étoient plus élevés du côté du dos que le petit aileron *N*.

La plus grande épaiffeur de fon corps vers *L* , *M* , étoit d'environ un pied.

Sa peau étoit plus rude que celle du Chien de Mer : en fortant de l'eau , elle étoit blanche , mais elle changeoit de couleur d'un moment à l'autre ; quelquefois la couleur blanche tenoit au bleu , avec des taches rouges ; d'autres fois , elle paroiffoit brune , tirant tantôt au bleu , tantôt au rouge.

M. de Blaveau , Capitaine dans le Corps Royal du Génie , & Correfpondant de l'Académie des Sciences , m'en a envoyé un qui avoit été pris dans la rade de Breft.

M. Cleron , Profeffeur d'Hydraulique au Havre , m'en a envoyé un qui avoit été harponné dans la rade ; le Lamaneur qui l'a pris , dit que pendant deux heures , tant que cet animal a vécu , il n'a ceffé de rendre un ton plaintif ; ce qui fe trouve confirmé par la dépofition de plufieurs autres Pêcheurs : enfin il m'eft parvenu des deffins de plufieurs Ports de la Haute-Normandie , d'Aunis , &c.

Mais les notes toujours fort abrégées , qu'on avoit mifes à ces deffins , ne m'ont rien appris de nouveau ; elles m'ont feulement affuré que les connoiffances que j'avois fur l'hiftoire de ce poiffon , étoient exactes.

§ 5. *De la Chenille de Mer.*

Belon décrit un gros infecte qu'on nomme *Chenille de Mer* ; ce n'eft pas de cet animal dont je me propofe de parler. Mais on m'a écrit de Bretagne qu'on y nommoit *Chenille de Mer* un gros poiffon rond qui a cinq ou fix pieds de longueur , dont le dos eft

brun-foncé & le ventre blanc : on l'a mis au nombre des Chiens , principalement parce que fa mâchoire fupérieure eft beaucoup plus longue que l'inférieure , & que fa gueule eft au-deffous de la tête. Je ne l'ai point vu.

§ 6. *Du Porc de Mer*, Sus Marinus.

On donne ce nom à plusieurs poissons qui se plaisent dans la vase, & qui sont gros & trapus; mais je n'en ai trouvé aucun qu'on pût ranger avec les Chiens que celui qu'on nomme *Taupes de Mer*, que j'ai fait graver, *Planche XX*, *fig.* 4.

§ 7. *Du Touin*, ou Lumpus Anglorum. *Planche XXIV.*

Si j'ai été, comme je l'ai dit, embarrassé d'assigner une place dans mon Ouvrage, au Môle, mon embarras a encore été plus grand pour décider en quel endroit je mettrois le Touin, dont je vais m'occuper. Comme ce poisson est cartilagineux, j'ai cru qu'il convenoit de le mettre dans ce Chapitre, quoiqu'il ne ressemble, ni aux poissons plats, ni aux ronds, dont j'ai parlé; mais comme, à cause de sa forme singuliere, je ne trouvois point à le réunir à d'autres poissons cartilagineux, étant en quelque façon obligé de l'isoler, je me suis déterminé à le mettre à la suite de la Môle.

Ce poisson étant fort rare sur nos côtes, le premier qui m'est parvenu, avoit été pris près le Cap Frehel, par des Pêcheurs de Saint-Jacut, qui, trouvant sa forme extraordinaire, & ne se rappellant pas d'en avoir vu, le porterent à M. Guillot, Commissaire de la Marine à Saint-Malo, qui, après l'avoir vuidé & imbibé d'esprit-de-vin, me l'envoya, me marquant que les Pêcheurs avoient jugé à propos de le nommer *Rossignol de Mer*, parce que dans l'eau il avoit un cri doux & harmonieux.

On dit qu'il est plus commun à Terreneuve, où on le nomme *Poule de Mer*, quoiqu'il n'ait aucun rapport avec la Dorée, que nos Pêcheurs nomment *Poule de Mer*.

Malgré la rareté de ce poisson sur nos côtes, M. Fougeroux de Bondaroy ayant été faire un voyage sur les côtes maritimes, m'en a rapporté un; & à peu près dans le même temps, je trouvai à en acheter un, qu'on me vendit sous le nom de *Marmotte de Mer*; ce qui me mit en état de m'assurer que c'étoit le *Lumpus* des Anglois. Voici les principales dimensions de ce poisson.

La longueur totale *A*, *B*, 19 pouces; la tête est grosse & courte, ayant de *B* en *b* deux pouces & demi, & la même distance de *F* en *F* : s'il y avoit en *c* un nez mieux marqué, cette tête auroit une ressemblance avec une tête humaine, sur-tout par la bouche *d*, qui est bordée de levres : les joues & le menton ont aussi quelque ressemblance à une face humaine; mais les yeux *e* sont ronds; ils sont couverts d'une membrane

très-mince : l'iris est blanc, avec une légere teinte rouge.

Immédiatement derriere les ouïes *b* sont deux nageoires *a a* qui se réunissent sous le menton, comme on le voit *en S*, *fig.* 2; elles forment comme une fraise qui entoure le col du poisson : on voit que ces nageoires sont formées alternativement de bandes, les unes blanches, les autres brunes; les unes striées, les autres chargées de boutons durs, blancs, & de différentes grosseurs.

Sous la gorge, entre ces deux nageoires, est une espéce d'écusson, ou un corps oval un peu saillant, *R*, *S*, *T*, *V*, *fig.* 2, qui a trois pouces de *R* en *S*, & deux pouces six lignes de *T* en *V*. Au sortir de l'eau, cette gorge est colorée; ce qui fait que quelques-uns l'ont comparée à une fleur épanouie : au reste, c'est une substance charnue, ferme, fibreuse, qui sert au poisson à s'attacher à différents corps solides.

Des Pêcheurs de Terre-neuve ont dit à M. Guillot que deux hommes robustes ne seroient pas assez forts pour leur faire lâcher prise, & qu'en ayant harponné, ils n'avoient pu en obtenir que des morceaux.

Depuis le derriere de la tête jusqu'à *O*, il n'y a point d'ailerons; mais en cet endroit le corps est bien moins épais que du côté du ventre *D*, qui est une grosse masse molle : la partie du dos, qui est moins épaisse, est hérissée de clous assez durs, qui forment une espéce de crête; immédiatement après *o*, est un aileron *N*, *M*, formé comme les nageoires *a*, *a*, de derriere les ouïes. J'ai compté aux unes & aux autres dix bandes blanches & autant de brunes; sous le ventre il y a un aileron semblable *X*, *Y*. Ces ailerons avoient à leur attache au corps deux pouces neuf lignes d'étendue; à une petite distance de l'aileron *X*, *Y*, vers *Z*, étoit l'anus.

L'aileron de la queue *A* n'est point fendu, & est coupé quarrément; il est formé de bandes alternatives comme les autres ailerons : le plus long rayon avoit deux pouces & demi de longueur.

Le ventre, comme nous l'avons dit, est une grosse masse applatie; le corps diminue d'épaisseur en approchant du dos; la couleur du ventre est un rouge-clair : au reste du corps, on apperçoit des taches noires, avec

ça

çà & là des teintes rouges, & en général le deſſus du corps paroît brun ; la peau, qui eſt mince, n'a point d'écailles, mais elle eſt chargée d'aſpérités de différentes groſſeurs, & diſtribuées irréguliérement.

Outre cela, il y a quatre ou cinq files de gros clous fort durs qui s'étendent de toute la longueur du poiſſon.

La largeur verticale du poiſſon à l'aplomb des yeux, vers *F, Pl. XXIV*, étoit de quatre pouces ; à l'aplomb de *G*, de ſix pouces ; vers *C, D*, de ſept pouces ; vers *O, X*, de cinq pouces ; près de l'articulation de l'aileron de la queue, vers *Y*, un pouce neuf lignes.

On dit qu'il ſe nourrit de poiſſon ; néanmoins on n'apperçoit aux mâchoires, tant ſupérieure qu'inférieure, qu'une rangée de petites dents très-fines, comme on le voit à la figure 3.

Nous avons déja dit que la peau eſt mince. On trouve deſſous une couche d'une gelée claire, tranſparente & inſipide, qui en quelques endroits a près d'un pouce d'épaiſſeur, & qui eſt toujours très-adhérente à la peau.

Sous cette gelée eſt la chair, qui eſt blanche, ſeche & fade : ainſi, pour qu'elle ſoit mangeable, il faut relever ſon goût, ou par le court-bouillon dans lequel on l'a fait cuire, ou par la ſauce ſur laquelle on le ſert.

M. Guillot me marque, qu'en vuidant une femelle, il avoit trouvé aſſez d'œufs pour en emplir un plat.

Le foie eſt blanchâtre, & n'a qu'un lobe ; il fait un bon manger quand il eſt bien apprêté.

M. Guillot me marque encore que leur eſtomac a la forme d'une cornemuſe, & que les inteſtins ont des circonvolutions à peu près comme les inteſtins des animaux terreſtres.

ARTICLE V.

Addition à ce que j'ai dit ſur la Raie cornue.

J'ai rapporté dans l'article où j'ai traité de la Raie cornue, pluſieurs choſes d'après M. Gaſſin ; mais depuis, il m'a écrit qu'il lui avoit paru étonnant qu'il fût dit dans le procès-verbal que j'ai cité, & qui a été fait lorſqu'on a tiré le poiſſon de la Madrague de Monredon, qu'on lui avoit trouvé dans le corps un petit qui peſoit ſoixante & dix-huit livres. M. Gaſſin juſtifie ſa ſurpriſe, en diſant qu'on prend dans le Golfe de Marſeille des poiſſons cartilagineux qui peſent plus de dix quintaux, & que les petits qu'on trouve dans leur corps, ne peſent pas plus de vingt-cinq livres ; que ceux qu'on trouve dans les Anges de Mer, qui ſont de gros poiſſons vivipares, ne peſent que ſix à ſept livres.

Enfin les petits qu'on trouve dans les plus gros Marſouins, n'approchent pas de la groſ-ſeur qu'on attribue au petit qui étoit dans la Raie cornue.

Tout ce que dit M. Gaſſin, me paroît conſéquent ; mais je n'ai pas pu me diſpenſer de rapporter ce que j'ai trouvé dans le procès-verbal que j'ai cité.

ARTICLE VI.

Additions à ce que j'ai dit, ſur la multiplication des poiſſons cartilagineux.

J'ai dit à l'occaſion des poiſſons dont nous nous occupons dans cette Section, que les uns ſont vivipares, & d'autres ovipares : j'ai ajouté que ceux-ci pondoient des coques membraneuſes plus ou moins grandes ; que ces coques, qui avoient communément la forme d'une oreiller, comme on le voit re-préſenté *Pl. VIII & XXII*, contenoient intérieurement le germe du petit animal & une bourſe membraneuſe remplie des ſubſ-tances propres à nourrir les petits pendant leur première formation, lorſqu'ils tirent leurs aliments par les vaiſſeaux ombilicaux, comme les petits poulets ſe nourriſſent du jaune & du blanc des œufs, pendant que la poule les couve, juſqu'à ce qu'ils ſoient aſſez formés pour ſe nourrir des aliments à peu près ſemblables à ceux dont ſe nourrit la mere. Ainſi les coques contiennent le germe d'un petit poiſſon, comme l'œuf d'une poule contient le germe d'un poulet, & les aliments qui lui conviennent pendant ſa première formation.

A l'égard des poiſſons vivipares, il m'a paru qu'il y en avoit qui, dans le corps de la mere, étoient renfermés dans une membrane mince, & que ceux-là se nourrissent, comme ceux qui étoient dans les coques, des substances contenues dans une boule membraneuse, au moyen d'un vaisseau ombilical, & qu'ils sortoient du ventre de la mere, tantôt étant encore dans leur enveloppe membraneuse, & souvent en étant dégagés, comme on le voit au bas de la *Planche XXIII.*

Je soupçonne qu'il y a aussi des espéces qui, dans le corps de la mere, tirent leur nourriture d'un placenta, comme quantité d'animaux terrestres. Il arrive quelquefois que le petit sort du ventre de sa mere avec le vaisseau ombilical & une portion du placenta : voilà ce que je crois avoir apperçu. Mais on conçoit bien qu'il n'est pas possible de faire sur des animaux qui vivent dans la Mer, des observations aussi suivies, aussi certaines qu'on les feroit sur un animal qu'on éleveroit sous ses yeux.

Comme, pour les raisons que je viens de rapporter, il me restoit bien des incertitudes sur la multiplication des poissons cartilagineux, & comme ils sont plus communs dans la Méditerranée que dans l'Océan, j'ai prié M. Gassin de me faire part des observations qu'il pouvoit avoir faites à ce sujet. Voici la réponse qu'il a bien voulu me faire.

J'ai vu, dit-il, & manié dans le corps des Anges des œufs aussi gros que des oranges ; ils sont ronds, couverts d'une peau très-fine & transparente, qui contient une substance plus ou moins jaune, comme dans les œufs de poule. M. Gassin soupçonne que le germe est dans cette substance, qui doit servir à la nourriture du poisson, jusqu'à ce qu'il soit sorti de sa premiere prison. Ces œufs (dit M. Gassin) tiennent par des vaisseaux ombilicaux au placenta qui fournit les parties nutritives nécessaires à la conservation de l'œuf & du petit poisson qui s'y forme : les œufs parvenus à la grosseur d'une orange, sont détachés de quantité d'autres petits qui sont par pelotons. La pesanteur des premiers est cause qu'ils se détachent souvent des vaisseaux ombilicaux, au moment où l'on ouvre le poisson : cependant M. Gassin dit que personne n'a trouvé dans ces gros œufs des poissons en partie formés ; mais qu'il arrive souvent qu'on trouve dans le ventre de ceux que l'on prend, un, deux ou trois petits poissons bien formés, pesant un quarteron ou une demi-livre. Il ajoute ensuite qu'il est fâché de n'être pas entré dans des détails plus satisfaisants ; néanmoins les observations qu'il a bien voulu me communiquer, me confirment dans l'idée que j'avois qu'il y a des Chiens de Mer vivipares, dont les petits dans le ventre de leur mere ne sont point contenus dans des œufs ; mais qu'étant enveloppés d'une membrane mince, ils communiquent par les vaisseaux ombilicaux avec la bourse qui leur doit fournir la nourriture.

ARTICLE VII.

Additions & corrections relatives à la Section VIII, dans laquelle il s'agit des Esturgeons.

Pour peu qu'on fasse attention à ce que nous avons dit des Chiens de mer, on apperçoit qu'il y a plusieurs points de ressemblance entre les Chiens de mer & les Esturgeons ; tous deux sont des poissons longs, ronds & cartilagineux ; tous deux ont les yeux à la face de dessus de la tête, & la gueule à la face de dessous, sous un long museau, formé par un prolongement de la mâchoire supérieure : aux uns & aux autres il y a deux grandes nageoires, dont les articulations sont sous la gorge ; la position des autres nageoires & des ailerons, est encore assez semblable dans ces deux genres de poissons.

Voilà plusieurs points de ressemblance entre les Esturgeons & les Chiens de mer ; mais il y a entr'eux des différences bien considérables, & qui empêchent qu'on ne les confonde.

1°. Quoique les Esturgeons soient de gros poissons, il s'en faut beaucoup que les plus gros égalent la taille des gros Chiens de mer.

2°. Quoiqu'il y ait quelques petits Chiens assez bons à manger, leur chair n'égale pas encore en cela celle des Esturgeons.

3°. La gueule des Chiens de mer est grande, & forme un croissant quand elle est fermée ; celle des Esturgeons a la forme d'un tuyau.

4°. Les Esturgeons ont les ouïes couvertes d'opercules, comme quantité d'autres poissons, & ne sont pas découvertes comme ceux des Chiens de mer.

5°. Les Chiens de mer n'ont point sur le corps, comme les Esturgeons, des files de grosses écailles, qui semblent des têtes de clous.

6°. Nous avons dit que les Esturgeons remontoient fort haut dans les Riviéres ; mais on ne trouve des Chiens de mer qu'à l'embouchure des Riviéres, où ils montent quelquefois avec la marée, & retournent à la marée descendante.

7°. Toutes les espéces de Chiens sont très-voraces; les Esturgeons ne le sont point. Pour cette raison, on n'en prend presque point avec les haims, & on ne trouve point dans leur estomac de poissons un peu gros.

J'ai dit, qu'on prend des Esturgeons en une infinité d'endroits, & j'ai détaillé les pêches qu'on y pratique. On lit dans un voyage de l'Amérique septentrionale du sieur André Barnaby, Vicaire de Greenwich, imprimé en 1750, qu'on en prend une prodigieuse quantité dans la baye de Chésapeack, qui sépare la Virginie de la province de Maryland.

J'ai prévenu que je ne me proposois pas d'entrer dans le détail de toutes les espéces d'Esturgeons qu'on pêche. Néanmoins, je crois convenable de dire, qu'on trouve au Brésil un Esturgeon qu'on y nomme *Beyupuru*, & qu'on dit être délicieux; c'est la seule raison qui m'engage à en dire quelque chose, car je ne le connois pas.

J'ai dit qu'on trouvoit beaucoup d'Esturgeons aux embouchures des riviéres vaseuses, parce qu'il y avoit presque toujours des Anguilles dont les poissons se nourrissent. Néanmoins, je sais qu'en Canada on a élevé des Esturgeons dans une petite rivière d'eau vive, où ils se nourrissoient des herbes qui y étoient en quantité, & qu'en vuidant ces Esturgeons, on n'avoit point trouvé de poissons dans leur estomac; ce qui s'accorde avec ce que j'ai dit plus haut. Néanmoins, comme la gueule des Esturgeons est un suçoir, il n'est pas aisé de concevoir comment ils peuvent paître l'herbe; cette raison m'avoit engagé à croire qu'il se nourrissoient des insectes ou du frai de poissons qu'ils trouvoient dans la vase.

Beaucoup de Pêcheurs prétendent que les Esturgeons mâles & femelles s'accouplent; & pour donner de la vraisemblance à cette conjecture, ils disent que quand on a pris un Esturgeon femelle, on ne manque pas de voir, peu de temps après, paroître un mâle.

Pour appuyer cette conjecture d'une expérience, il y en a qui disent, qu'ayant amarré par la queue dans un réservoir, une femelle qu'ils avoient prise, ils avoient trouvé quelque temps après un mâle qui s'étoit endormi auprès de la femelle; mais je prie qu'on n'oublie pas que je ne cite les faits que d'après le rapport de quelques Pêcheurs.

J'ai parlé assez amplement d'un espéce d'Esturgeon qu'on nomme *Béluga*; ce poisson est le *Huso* de Marsigli, qu'il faut prendre garde de confondre avec un gros poisson de la mer de Groenland, que les Russes nomment *Béluga*, parce qu'il est blanc, & que suivant eux, c'est une espéce de Baleine; ces deux espéces de Béluga different prodigieusement l'un de l'autre.

Quoiqu'on ne soit point dans l'usage en Russie d'écorcher les Esturgeons, je pense bien comme M. Muller, qu'on pourroit faire quelque usage de la peau du Béluga, ou Huso, mais non pas, comme quelques-uns l'ont avancé, pour faire des soupentes de carosse. Si cette allégation a quelque fondement, il faut qu'on ait voulu parler de la peau du grand poisson qu'on prend dans la mer de Groenland, que les Russes ont nommé *Béluga;* ce qui n'auroit rien de surprenant, puisque j'ai fait d'excellentes soupentes avec des peaux de Vâches marines, que j'avois fait venir du Canada en cuir verd, & que j'ai fait préparer à Paris.

Le Comte Marsigli admet six espéces d'Acipenser, ou Huso; M. Klein en compte dix; pour moi, ainsi que M. Muller, n'ayant point égard à de petites variétés, je n'en admets que trois ou quatre.

J'ai dit qu'on retiroit de belle colle de poisson de l'Esturgeon, & qu'on en trouvoit de toute formée dans le corps de ce poisson. Cette raison a engagé plusieurs Auteurs à donner à l'Esturgeon le nom d'*Ichthyocolle;* mais après avoir dit que je croyois que la plus belle colle se retiroit de l'Esturgeon, j'ai averti qu'on en retiroit de quantité d'autres poissons, à la vérité, de différentes qualités. J'ai fait graver, *Planche VI, fig.* 1 de la huitiéme Section, un poisson qu'on m'avoit envoyé sous le nom d'*Ichthyocolle.*

On sait, comme je l'ai dit dans la huitiéme Section, que la colle de poisson sert à clarifier le vin; elle fournit dans quelques Manufactures, une substance qui donne de la fermeté & du lustre à certaines étoffes, particuliérement aux gazes : on la regarde en médecine comme dessicative ; & elle entre dans les emplâtres agglutinatifs.

Du Sterlet.

J'ai dit à la Section VIII, où il s'agit des Esturgeons, qu'on nomme *Sterlet* un petit Esturgeon qui est très-bon à manger; mais je trouve dans mes Mémoires, que M. Marsigli dit que c'est le plus délicieux des poissons de la Russie; il dit que les plus grands n'excédent pas deux pieds de longueur. Le Sterlet ne se trouve ordinairement que dans les riviéres qui tombent dans la mer Caspienne, la mer Noire, & celles de Sibérie, qui se déchargent dans la mer Glaciale.

On n'en voit point dans les riviéres du Gouvernement d'Archangel ; cependant on en trouve quelquefois aux environs de St. Pétersbourg dans le Ladoga, ce qu'on attribue à un accident, arrivé lorsque le canal de Ladoga n'étoit pas encore construit ; quelques barques, dit-on, chargées de Sterlets pour St. Pétersbourg, ayant fait naufrage sur des écueils du Ladoga, des poissons qui se sont trouvés en liberté, se sont mulipliés dans ces mers, qui maintenant se trouvent avoir des Sterlets.

Cependant, comme on trouve ceux qui ont été péchés dans les eaux claires, beaucoup meilleurs que ceux qu'on prend dans les eaux troubles ; on en a apporté dans les temps de gelée à St. Pétersbourg de la riviére Lena, qui en est fort éloignée.

J'ai dit que j'avois des incertitudes sur un poisson nommé *Rayeu*, qui se pêche à Calais, & qu'on disoit peser jusqu'à trois cents livres. Pour lever mes doutes, je me suis adressé à M. Porquet, Commissaire de la Marine en ce Port, qui m'a confirmé que je pouvois être sûr qu'on y pêchoit des Raies nommées *Rayeu*, qui pesoient trois cents livres. Il me marque que ce poisson a la queue en-dessous, comme les autres Raies ; qu'ainsi, il ne faut point le

confondre avec l'Ange, & qu'il ne diffère des Raies ordinaires que par sa grosseur, & parce qu'il a le museau beaucoup plus alongé.

Je puis me dispenser de rien ajouter à ce que j'ai dit de la *Tire* ; mais M. Porquet me parle d'une autre espéce de Raie nommée *Faulieu*, qui ressemble à la Raie blanche, qui a le bec plus court, qui est très-épaisse, & dont on ne mange point. Il parle d'un dard que ce poisson a à la queue ; ce qui m'a fait croire qu'il est le même, ou du moins, qu'il confine beaucoup avec celui dont nous avons parlé, sous le nom de *Pastenade*, qui est gravé à la *Planche IX, fig.* 8.

Suivant M. Porquet, les Pêcheurs confondent le Carrelet & la Plie. J'ai prévenu sur cela, dans l'article où j'ai parlé de ces poissons ; mais je crois avoir établi qu'il est à propos de distinguer ces deux espéces, qui effectivement ont beaucoup de rapport entr'elles.

M. Porquet me marque que l'on confond ensemble le Flet & le Flétan. J'ai dit qu'il y avoit peu de différence entre ces deux poissons ; & comme je me suis assez étendu sur cet article, je prie qu'on lise attentivement ce que j'ai dit à ce sujet. M. Porquet termine son Mémoire, en me marquant qu'on prend beaucoup de Flets dans les canaux qui communiquent à la mer.

A R T I C L E VIII.

De la pêche des Poissons plats à arêtes, ou cartilagineux.

On pêche les poissons plats, avec des filets, ou avec des haims ; & comme ils se tiennent toujours sur les fonds, ou très-près, il est sensible qu'il faut les y aller chercher, soit qu'on pêche avec des haims ou avec des filets.

Après avoir établi ce principe général qu'il ne faut point perdre de vue, je vais dire quelque chose de ces différentes façons de pêcher ; & je commence par ce qui regarde les pêches avec les filets, j'examinerai ensuite celles avec les haims.

On prend des poissons plats, ainsi que plusieurs autres espéces, avec des étentes à la basse eau, formant des filets des tournées, ou des espéces de bas parcs, ou des manches disposées de différentes façons, nous l'avons amplement expliqué à la premiere Partie, seconde Section, & représenté sur nombre de Planches.

Je vais donner pour exemple ce qui se pratique à Aigues-mortes en Languedoc,

on y prend des poissons plats avec un filet qu'on nomme *Komadiere*, dont les mailles ont un peu plus de quatre pouces d'ouverture en quarré. Ce filet, qu'on tend sédentaire à la Mer, près l'ouverture des Graux, a 28 à 30 brasses de longueur, sur environ quatre pieds de hauteur ; il est bordé à la tête & au pied par des ralingues menues ; celle du pied est garnie de lest de plomb ou de pierres, en assez grande quantité, pour que, malgré les flottes de liéges qui sont à la tête du filet, le pied porte sur le fond ; en outre, pour que le filet soit établi fixement à la place qu'on lui destine, on attache aux extrêmités de la ralingue du pied des grosses pierres ou cablieres, & à la ralingue qui borde la tête du filet, & qui porte les flottes de liége des cordes qui répondent à des bouées, servant à indiquer la position du filet au fond de l'eau.

Depuis Concarneau jusqu'à la baie de
Brest,

Brest, on prend les poissons plats avec de grands filets, qui n'ont que trois pieds de hauteur ; la plupart sont formés de deux nappes, dont une est faite avec du fil fort, & a de grandes mailles ; l'autre nappe, dont les mailles sont beaucoup plus petites, est faite avec de bon fil retord, mais fin ; ainsi, c'est un diminutif des tramaux qui sont formés de trois nappes ; si l'on se sert des filets à deux nappes, il faut que la nappe à petites mailles soit placée du côté que viennent les poissons, parce qu'étant arrêtés par les petites mailles, comme des poissons ne reculent pas, & qu'ils font effort pour vaincre les obstacles qui s'opposent à leur passage, la nappe à petites mailles étant arrêtée par celle à grandes mailles, forme une poche dans laquelle le poisson se trouve pris.

On prend en Bretagne de grandes Soles avec des simples nappes, ou des saines de 80 ou 90 brasses de longueur, au milieu desquelles il y a une manche de douze à quinze pieds de profondeur, & dont l'ouverture se présente au côté d'où vient le poisson.

Quelques Pêcheurs font cette pêche avec de vrais tramaux à trois nappes, au milieu desquelles ils forment une manche, qu'on peut comparer à un grand verveux.

Le filet qui réussit le mieux pour prendre les poissons plats, & sur-tout les Raies, est celui qu'on appelle *Folle* ; ce qui nous a engagé à entrer à ce sujet dans de grands détails à la seconde Section de la premiere Partie de notre Traité général des Pêches ; nous y avons exposé comment on tend ces filets sur des piquets, comment étant pierrés & flottés, on les établit par fond, ou au bord de la Mer, ou dans les grands fonds ; c'est pourquoi nous renvoyons le Lecteur à l'endroit cité.

Comme les poissons plats se tiennent sur les fonds, il est certain que les filets traînants sont les plus propres à en faire des pêches abondantes. De ce genre sont les saines à manche qu'on traîne avec deux bateaux, & qu'on nomme aux Bœufs, Partie I, Section II, *Planche XLIV.* La pêche à la dreige, que nous avons très-amplement décrite, Partie I, Section II, page 128 & suivantes, & qu'on voit sur la *Planche XXXVIII*, ainsi que celle à la Tartane, dont on fait usage en Provence, & que nous avons représentée sur la *Planche XLV*, sont principalement de ce genre. Il est vrai que ces pêches aux filets traînants détruisent beaucoup de poissons, & presque tout le frai ; ce qui fait qu'à la rigueur, les pêches à la dreige, à la tartane & aux bœufs, ne sont per-

mises par l'Ordonnance, que pendant quelques mois de l'année. Néanmoins, au mépris de l'Ordonnance, les Pêcheurs, particuliérement ceux de Concarneau, la pratiquent toute l'année.

De même, quoiqu'il soit ordonné aux Pêcheurs qui tendent des filets sédentaires, de les relever toutes les vingt-quatre heures, pour éviter que les poissons meurent, ou perdent beaucoup de leur qualité, en séjournant trop long-temps dans les filets ; malgré les punitions dont ils sont menacés par l'Ordonnance, presque tous quittent leurs filets, quelquefois pendant trois ou quatre jours.

Je crois qu'en joignant au peu que je viens de dire, ce qui est exposé fort en détail à la seconde Section de la premiere Partie du Traité des Pêches, on aura une idée assez exacte de la pêche avec des filets ; mais comme on prend aussi beaucoup de poissons plats avec des haims, je vais entrer à ce sujet dans quelques détails, quoique cette façon de pêcher soit rapportée au long dans la premiere Section de la premiere Partie.

On prend quelques poissons plats avec une ligne simple, à l'extrêmité de laquelle on empille un haim ; mais plus communément, on a une longue corde qu'on nomme *bauffe*, sur laquelle on attache à distances égales, des lignes beaucoup plus fines, nommées *empilles*, parce qu'au bout de chacune, on attache ou on empille un haim plus ou moins fort, suivant la grosseur des poissons qu'on se propose de prendre ; c'est aussi pour cette raison qu'on emploie des bauffes de différentes grosseurs ; ce qui fait qu'on dit qu'on pêche aux grosses ou aux menues cordes. Pour rendre ceci plus sensible, je vais dire comment on pêche aux cordes sur les côtes de haute Normandie.

Comme presque tous les Matelots sont à la part, chacun fournit sa portion d'appelets. Il y en a principalement de deux sortes, aux uns qui portent cent cinquante haims, la corde qu'on nomme la *bauffe*, est formée de trois piéces de cordages de chacune cinquante brasses de longueur ; d'autres appelets plus petits qu'on nomme *simples* ne portent que cent haims. Aux uns & aux autres, la bauffe, ou la maîtresse corde, qui est grosse comme le petit doigt, est faite de premier brin d'excellent chanvre.

On frappe sur la bauffe des lignes menues ou empilles travaillées avec soin, chacune a quatre ou cinq pieds de longueur, & elles sont placées sur la bauffe à une brasse les unes des autres ; au bout de chacune est attaché un haim.

On prend avec ces cordes qu'on nomme

doubles, des petites Morues, des Raies, des Barbues, des Turbots, des Limandes, &c.

Les piéces de cent haims, que les Pêcheurs appellent *simples*, n'ont guère que cinquante à soixante brasses de longueur ; Les empilles n'ont que trois pieds ; les haims sont fort petits, aussi les appelets ne servent que pour la pêche des Soles, ou d'autres poissons de même grosseur.

Les Pêcheurs marandent ou relevent leurs cordes entre deux marées ; ils pêchent jour & nuit ; pour mettre leur tessure à l'eau, ils attachent au bout de la bauffe un plomb, ou une cabliére, & ils filent à la Mer leur bauffe garnie d'empilles ; mais comme ils se proposent de prendre des poissons plats, qui se tiennent communément sur le fond, ils amarrent de distance en distance à la bauffe des pierres peu grosses, pour faire caler les appelets au fond de l'eau ; l'autre à l'extrêmité de la bauffe, qu'ils ont mis à l'eau ; ils amarrent comme à l'autre bout une grosse cabliére, avec une espéce d'orin, répondant à une drôme, ou bouée qui flotte sur l'eau, & sert à indiquer où est l'orin, sur lequel on hale pour retirer l'appelet.

Lorsque par quelqu'accident, l'orin ou la bauffe se rompent, ils recherchent leur appelet au fond de l'eau, avec ce qu'ils appellent une *antonniere* ; c'est une suite de plusieurs grapins, attachés le long d'une forte manœuvre. Il y a des tessures de petites cordes qui ont près de trois lieues de longueur.

Les Pêcheurs de Dieppe font leur pêche avec des bateaux qu'ils nomment *quenouilles* ; il y en a de différentes grandeurs ; les grandes sont montées de douze à quinze hommes, les petites de huit à dix ; ils prennent des unes ou des autres, suivant l'étendue de la tessure, l'espéce de poisson qu'ils se proposent de prendre, la distance qu'il y a de Dieppe à l'endroit où ils vont s'établir, ainsi que le nombre des Matelots qu'ils peuvent avoir.

Anciennement les Pêcheurs de Dieppe fournissoient beaucoup de Soles, de Barbues, de Turbots, & autres poissons plats, devenus aujourd'hui fort rares ; ce qui paroît devoir être attribué à l'usage qu'on fait en toute saison des filets traînants, sur-tout de la dreige.

M. le Testu m'a écrit que les Pêcheurs du petit Veule, Fauxbourg de Dieppe,

nomment les bateaux dont ils se servent, *Warnetteurs*, parce que dans certaines circonstances, ils se servent de ces bateaux pour pêcher avec une saine appellée *Warnette* ; mais quand il s'agit de la pêche aux grosses cordes pour prendre des Raies, des Turbots, des Barbues, leur bauffe est plus grosse que le doigt, & longue seulement de trente brasses. On frappe sur cette bauffe vingt pilles plus menues que le petit doigt, qui portent des haims de la force de ceux qu'on emploie sur le Grand Banc pour prendre des petites Morues.

M. d'Anglemont me marque, que comme les Plies, les Limandes, & autres poissons plats, se tiennent à la vue de Dunkerque ; les Pêcheurs aux haims vont faire leur métier, avec des petits canots non pontés, qu'ils nomment *Schut* ; ces canots sont ordinairement montés de six hommes & de trois Mousses ; les piéces de petites cordes ont cinquante brasses de longueur, & sont garnies de soixante empilles, qui portent autant d'haims qu'on amorce avec du foie de Cochon ou de Vache, ou encore mieux, avec des morceaux d'hareng ; on forme les tessures d'un nombre plus ou moins grand de piéces, suivant la quantité d'hommes qui composent les équipages.

On pêche les grosses Raies, les Tires, les Anges & autres gros poissons, avec de grosses cordes de trente-deux à trente-trois brasses de long.

La corde pour les grosses Raies porte douze à quatorze haims, espacés sur les cordes à deux grandes brasses les uns des autres.

Mais pour les Tires, elles ne portent dans toute la longueur que cinq à six haims, éloignés les uns des autres de quatre, cinq à six brasses.

Les empilles pour les Raies ont une grande brasse de long, & celles pour les Tires jusqu'à trois brasses.

Il y a des tessures de grosses cordes qui ont une lieue & demie de longueur.

A l'égard des Requins & des Chiens, comme ils déchirent tout avec leurs dents, on ne tente guère d'en prendre avec des filets ; & quand il s'en trouve quelques-uns embarrassés dedans, on les assomme. On harponne ceux qui se rencontrent dans les Parcs. Si on se propose d'en prendre avec des haims, on a soin de les empiller avec du fil de laiton.

Addition à ce qui a été dit ſur la pêche des Poiſſons ronds & cartilagineux.

Pêche des Chiens de Mer,

& particuliérement des Requins.

Lorſque nous avons traité de ces diffé-rents poiſſons, nous avons dit que tous étoient voraces , & particuliérement les Requins , qui étant les plus gros, étoient auſſi les plus redoutables. Cet animal pour-ſuit ſa proie avec tant de vivacité, qu'il échoue quelquefois ſur le rivage.

Le Pere Labat dit qu'il dépeupleroit de poiſſons la mer & les riviéres, ſans la difficulté qu'il a à ſaiſir ſa proie, à cauſe de la poſition de ſa gueule. Le mouvement qu'il fait pour ſe re-tourner , quoique très-vif, donne à ce qu'il pourſuit le temps de s'échapper ; c'eſt ce moment que les Négres prennent pour le percer. Lorſqu'ils le voient à portée de pouvoir s'élancer ſur eux en ſe tournant ; ils plongent ſous lui, & parviennent à lui fendre le ventre. Toute ſorte de chair l'ac-commode ; on prétend avoir remarqué que celle de l'homme blanc l'attire moins que celle d'un Négre , & celle-ci moins que celle d'un Chien.

On raconte qu'un Matelot Provençal, ſe baignant dans la Méditerranée , près d'Antibes, apperçut un Requin qui nageoit au-deſſous de lui, & le ſuivoit : le Matelot fit un cri lamentable pour implorer le ſe-cours de ſes Compagnons qui étoient ſur le bord du vaiſſeau à côté duquel il ſe trou-voit ; ils lui jetterent une corde, qu'il s'at-tacha au-deſſous des bras ; ſes camarades l'enleverent rapidement ; le Requin alors s'élança hors de l'eau ſi vivement, qu'il put encore lui emporter une jambe, comme s'il l'eut coupée avec une hache.

Il ne faut pas beaucoup d'adreſſe pour prendre ce poiſſon. Comme il eſt extrême-ment goulu , il ſe jette avidement ſur tout ce qu'on lui préſente ; ordinairement c'eſt un gros hameçon couvert d'une piéce de lard, attaché à une bonne chaîne de fer de deux aunes de long : lorſqu'il n'eſt pas affamé , il s'approche de l'appât , & pour l'examiner il tourne autour, & ſemble le dédaigner ; il s'en éloigne un peu, & puis revient; quelquefois il ſe met en devoir d'engloutir l'appât , puis il le quitte ; lorſ-qu'on a pris aſſez de plaiſir à voir toutes ſes démarches, on tire la corde, & on feint de vouloir retirer l'appât hors de l'eau ; alors ſon appétit ſe réveille, & craignant que ſa proie ne lui échappe, il ſe jette promptement ſur le lard, & l'avale ; mais comme il ſe ſent pris & retenu par la chaîne, c'eſt un nouveau divertiſſement pour ces Pêcheurs, de voir tous les mouvements qu'il ſe donne pour ſe décrocher ; il fait jouer ſes mâ-choires pour couper la chaîne ; il tire de toutes ſes forces pour arracher la corde qui le retient ; ſouvent il s'élance en avant, & fait des bonds furieux.

Le P. Labat dit en avoir vu faire des efforts pour vomir ce qu'ils avoient pris, & qui ſembloient prêts à rejetter toutes leurs en-trailles par la gueule. Lorſque le Requin s'eſt aſſez débattu, on tire la corde juſqu'à lui mettre la tête hors de l'eau ; on gliſſe une autre corde avec un nœud coulant, qu'on lui fait paſſer juſqu'au deſſus de l'ar-ticulation de la queue où on la ſerre ; alors il eſt aiſé de l'enlever dans le bâti-ment, ou de le tirer à terre, où l'on achéve de le tuer. Il n'y a point d'animal plus dif-ficile à faire mourir ; car après l'avoir coupé en piéces, on en voit encore remuer toutes les parties. Au reſte, lorſqu'un Requin eſt pris , & tiré à bord, il n'y a point de Ma-telot aſſez hardi pour en approcher ſans précaution; outre ſes morſures, qui enlévent toujours quelque partie du corps ; les coups de ſa queue ſont ſi forts, qu'ils peuvent caſſer les bras ou les jambes de ceux qui en ſeroient frappés.

Suivant M. Anderſon, le Requin eſt aſſez commun ſur les côtes de l'Iſlande ; on n'en prend, dit-il, que de la plus grande eſpéce pour en tirer la graiſſe & le foie. Ce poiſſon mord mieux à l'hameçon pendant la nuit, c'eſt pourquoi on le prend vers Noël, où les nuits ſont plus longues, & avec l'amorce dont nous avons parlé ; ſon foie eſt d'une groſſeur ſi énorme , qu'un ſeul ſuffit pour remplir un petit barril de pluſieurs pintes ; on en tire par la voie de l'ébullition dans l'eau, douze livres d'huile qu'on garde dans de petites barriques. Ce foie eſt diviſé en deux lobes ; l'ovaire des femelles eſt fort grand ; les Norwégiens font avec les œufs de fort bonnes omelettes, qu'ils ap-pellent *Haakage.* Sa graiſſe a la qualité ſin-guliére de ſe conſerver long-temps, & de s'affermir en ſe ſéchant, comme le lard de cochon. Aussi les Islandois s'en servent au lieu de lard, & la mangent avec leur stock-fish ; mais ordinairement on la fait bouillir pour en tirer l'huile.

On coupe la chair du bas-ventre de ce poisson en tranches fort minces, qu'on laisse sécher, en les tenant suspendues pendant un an & davantage, jusqu'à ce que toute la graisse en soit égouttée ; & on prétend que ce poisson desséché de cette maniere, & ensuite cuit, est assez bon à manger.

Sur nos côtes, & particuliérement dans la Méditerranée, où ce poisson se trouve abondamment, on mange sa chair quand on n'a rien de meilleur ; car elle est dure, coriace, maigre, gluante, de mauvais goût, & très-difficile à digérer. La seule partie supportable est le ventre, qu'on fait mariner pendant vingt-quatre heures, & bouillir à l'eau pour la manger avec de l'huile. Si l'on prend une femelle avec quelques petits dans le ventre, on se hâte de les en tirer ; & les ayant fait dégorger dans l'eau fraîche pendant un jour ou deux, on trouve leur chair assez bonne.

Nos Matelots Européens ne dédaignent pas ces poissons ; les Négres en font leur aliment ordinaire. Nos Navigateurs, accoutumés à la bonne chere qu'on fait à terre, dédaignent la chair du Requin pris sur nos côtes, parce qu'elle est trop dure; mais les Négres savent remédier à ce défaut, en la gardant huit à dix jours, jusqu'à ce qu'elle commence à sentir mauvais ; après quoi ils la regardent comme un mets exquis, dont il se fait un commerce assez considérable dans la Guinée, notamment sur la Côte d'Or.

M. de la Moriée, de la Société Royale de Montpellier, qui a donné à l'Académie des Sciences un Mémoire sur l'impossibilité du vomissement des chevaux, a découvert un organe particulier dans le Chien de mer, jusques-là inconnu des Naturalistes. Cet organe consiste, dit-il, en un filtre, placé entre la pointe du museau & le cerveau, à-peu-près de la grosseur du cerveau ; il a de la consistance, & est transparent ; il en transsude par les petits trous de la peau, une humeur qui sert, dit-il, à graisser ou lubrifier la pointe du museau, avec laquelle ce poisson fend l'eau. Il n'y a point de poissons qui ne soient enduits plus ou moins, d'une espéce de colle, d'huile, ou de graisse, qui sert à les défendre des impressions nuisibles que l'eau pourroit faire sur leur peau & sur leurs écailles. Cette substance glutineuse est apparemment un produit de leur transpiration ; mais on ne leur remarque point le même organe que le Requin a pour cet effet.

M. Stenon, dans un Traité particulier, ajouté à son essai de Myologie, donne la description de la tête du Requin. Les vaisseaux de la peau sont très-dignes de remarque ; ce sont les sources de l'humeur onctueuse qui enduit la surface du corps, & qui est nécessaire pour faciliter le mouvement du poisson.

Souvent le Requin est précédé dans la mer d'un petit poisson, que l'on nomme *Pilote*. J'en ai parlé Section IV, pag. 55 ; on trouve sur son corps des Sucets ou Remora qui y sont attachés.

Les Requins paroissent ordinairement dans les temps calmes.

On trouve dans la mer du Cap de Bonne-Espérance deux sortes de Requins, que les Européens appellent *Hayes*.

La premiere espéce a seize pieds de long ; les dents, dont il a trois rangées, sont fortes, crochues & très-pointues ; il a une fente considérable sous le ventre, entre les deux nageoires, près de la queue ; sa peau est fort rude. La seconde espéce est beaucoup plus large, & a six rangs de dents ; c'est une Lamie ; sa peau est aussi rude qu'une lime ; sa queue se termine aussi en croissant.

On trouve dans la tête des Requins quelques onces de cervelle très-blanche, laquelle étant séchée & mise en poudre, est fort apéritive & diurétique. On prétend qu'elle provoque aussi l'accouchement ; la dose en est depuis douze grains jusqu'à un gros, dans un verre de vin blanc. On assure que cette même cervelle, rôtie au feu, devient aussi dure qu'une pierre.

On recommande aussi les dents du Requin, réduites en poudre, & prises à la dose de deux scrupules, pour arrêter le cours de ventre, les hémorragies, pour provoquer les urines & détruire la pierre. Toutes ces propriétés que nous rapportons d'après les Auteurs & les Voyageurs nous paroissent suspectes. On enchasse, comme je l'ai dit, celles de ces dents qui sont unies, dans de l'argent pour en faire des hochets, dont les enfans se servent pour aider leurs dents à percer les gencives. Les Orfévres enchassent aussi celles qui sont dentelées, & les vendent pour porter en amulette, afin de soulager les maux de dents, & de guérir la peur. Rondelet dit qu'on en prépare une excellente poudre propre à blanchir les dents, & à les affermir.

On a reconnu que les dents qu'on nous apporte de Malte, sous le nom de langues de Serpents pétrifiées, ou de glossopetres, sont des dents de Chien de mer.

On prend des gros Chiens de mer avec les harpons, comme nous l'expliquerons en détail, à l'occasion de plusieurs poissons qui
ont

ont plusieurs points de ressemblance avec les Requins.

On trouve des Chiens de médiocre grosseur dans les parcs, les filets tournants & les folles, & les petits, dans les filets qu'on tend pour prendre les Maquereaux, les Harengs.

Addition à ce qui a été dit sur les Soles.

M. de Joyeuse l'aîné, qui veut bien s'intéresser à mon Ouvrage sur les Pêches, ayant appris que je m'occupois des poissons plats à arêtes, a bien voulu, de concert avec M. Graveau, me communiquer les remarques qu'ils avoient faites sur les Soles. Ce Mémoire ne m'est parvenu qu'après l'impression de mes Observations ; mais il me fait bien plaisir, parce qu'il m'assure la vérité de ce que j'ai fait imprimer.

J'ai combattu, je crois, solidement ce que M. Deslandes a avancé sur la multiplication des Soles. MM. de Joyeuse & Graveau, sont de mon sentiment à cet égard ; mais il est bon d'ajouter à ce que j'ai dit : 1°. qu'ils ont observé que les Soles mangent des petites Chevrettes, & qu'ils en ont trouvé d'entiéres dans leur estomac ; 2°. qu'ils se sont assurés que les Chevrettes sont très-friandes des œufs de Soles ; 3°. après ces observations, il n'est pas surprenant qu'il se trouve quantité de Soles & de Chevrettes dans les mêmes endroits ; mais c'est mutuellement pour se nourrir, & non pour les raisons qu'a avancé M. Deslandes ; 4°. on ne doit pas être étonné de trouver des œufs de Soles sur les Chevrettes, & des œufs de Chevrettes sur les Soles ; car, comme ces œufs sont couverts d'une substance muqueuse, ils s'attachent à ces animaux, soit quand ils s'en nourrissent, soit quand ils paissent dans des herbes où il y a beaucoup de ces œufs. D'ailleurs, il y a des Soles dont les écailles sont aussi enduites d'une substance muqueuse, qui occasionne aux œufs des Chevrettes de s'y attacher.

5°. MM. de Joyeuse & Graveau, me marquent qu'il y a un insecte connu sous le nom de *Pou de mer*, qui s'attache aux Soles prises dans les filets ; que cet insecte commence par leur dévorer les yeux ; qu'ensuite il entre dans le corps de ce poisson, où il se nourrit des œufs du foie, & des autres viscéres ; ce qui les fait mourir en peu de temps. 6°. Les Pêcheurs nomment ces Soles *Sucées* ; & comme elles ont perdu toutes leurs bonnes qualités, ils n'en font aucun cas.

Je soupçonne que la Sole, qu'on nomme à Marseille *Pegoué*, est une des espéces de Pôle dont j'ai parlé. Le terme de *Pégoué* en Provençal, indique un poisson couvert d'une sorte de résine. J'ai dit, en parlant des poissons plats & à arêtes, qu'il y en a qui, dans certaines circonstances, ont cet enduit, mais qu'il se dissipe dans la suite.

EXPLICATION DES PLANCHES
ET DES FIGURES

Qui ont rapport à la IXe Section de la seconde Partie du Traité général des Pêches.

PLANCHE I.

FIGURE PREMIERE, Sole franche, vue par la face de dessus.

Fig. 2, Sole franche, vue par la face de dessous.

Fig. 3 & 4, Sole franche, dite *Double*, parce que la face de dessous est presque de la même couleur que celle de dessus.

Fig. 5, Sole commune, vue par la face de dessus, & dont le grand aileron *A B* est du côté de la main gauche.

Fig. 6, Sole commune, dite *Contournée*, parce qu'étant sur une table, comme à la figure 4, le grand aileron *A B* se présente du côté droit.

PLANCHE II.

Continuation des Soles.

Fig. 1 & 2, petite Sole, nommée en Bretagne *Lisette*, ou *Solenette*; on la voit *fig.* 1, par la face de dessus, à la *fig.* 2, par la face de dessous.

Fig. 3, la même petite Sole, qui est dite *Panachée*.

Fig. 4, Sole qu'on nomme en Provence *Pégouse*, & en latin *Solea oculata*, parce qu'elle a à la face supérieure des taches rondes, qui ne sont pas assez apparentes dans la figure.

Les Soles qu'on nomme *Pôles*, sont plus charnues & plus épaisses que les Soles ordinaires. La figure 5 représente une petite Pôle, dont la peau est presque blanche; on la nomme en quelques endroits *Perpeire*.

Fig. 6, représente une petite Sole-Pôle, dont la peau est plus brune, & qu'on nomme *Palagre*.

Fig. 7 & 8, grande Sole-Pôle, vue par-dessus & par-dessous.

PLANCHE III.

Turbot bouclé.

Fig. 1, on le voit par la face de dessus, & *Fig.* 2, par la face de dessous.

Fig. 3 & 4, un Turbot qu'on nomme *Double*, parce que la face de dessous, qu'on voit *Fig.* 3, est presque aussi brune que la face de dessus, qu'on voit *Fig.* 2.

PLANCHE IV.

On a représenté sur cette Planche, des Barbues qu'on nomme quelquefois *Turbot lisse*, parce qu'effectivement ce poisson ressemble à bien des égards au Turbot, mais il n'a point de boucles sur la face supérieure.

On a représenté *Fig.* 1 & 2, celles qu'on trouve le plus ordinairement; & *Fig.* 3 & 4, une Barbue qu'on nomme *Double*, parce que la face de dessous est presque aussi brune que celle de dessus.

PLANCHE V.

On a représenté sur cette Planche des Carrelets & des Plies.

Fig. 1, un Carrelet vu par-dessus. *Fig.* 2, un Carrelet vu par-dessous. *Fig.* 3, une petite Plie.

Fig. 4, grosse Plie, qu'on nomme aussi *Targuer*; ce poisson ne se prend pas communément.

PLANCHE VI.

On a représenté sur cette Planche plusieurs poissons du genre des Limandes. *Fig.* 1, Limande ordinaire vue par-dessus; *Fig.* 2, Limande vue par la face de dessus, & qu'on nomme *Contournée*, parce que le grand aileron qui à la *Fig.* 1 est à droite, se voit à gauche *Fig.* 2.

Fig. 3, Limandelle, vue par la face de dessus.

Fig. 4, le même poisson, vu par la face de dessous.

Fig. 5, petite Limandelle, qu'on nomme aussi *Calimande royale*, parce que sa peau a de très-belles couleurs.

La *Fig.* 6 est encore une espèce de Limandelle, qu'on nomme la grande *Calimande*.

PLANCHE VII.

On a représenté sur cette Planche le Flétan *Fig.* 1, & le Flet *Fig.* 2; c'est par où nous terminons ce que nous avons à dire des poissons plats & à arêtes. Néanmoins nous invitons à voir sur la *Planche XII* le squélete d'un de ces poissons. Nous allons parler des poissons plats & cartilagineux; on voit aux *Fig.* 3 & 4 le squélete d'une Raie, & on trouvera des détails sur le squélete à la page 275.

Il y a dans les Ports des gens adroits qui savent, en desséchant les petites Raies, leur faire prendre des figures très-bizares, qu'ils annoncent comme des poissons singuliers, auxquels ils donnent différents noms; on m'en a fait voir dans des cabinets, comme des morceaux d'histoire naturelle très-singuliers. J'en ai un nombre; mais je me suis borné à en faire graver un, *Fig.* 5, uniquement pour avertir qu'on ne soit pas la dupe de ce petit artifice.

PLANCHE VIII.

On a représenté sur cette Planche la Raie grise à peau rude.

La *Fig.* 1 représente cette Raie mâle, vue par-dessus; à la *Fig.* 2, on la voit par la face de dessous.

La *Fig.* 3, est la Raie femelle, vue par la face de dessus ; & à la *Fig.* 4, on voit la face de dessous.

La *Fig.* 5 est l'organe mâle, vu en grand.

La *Fig.* 6 est un amas d'œufs imparfaits, tels qu'ils se trouvent rassemblés dans l'ovaire des Raies ; de même que les œufs des oiseaux se revêtent de leur coquille dans le corps des oiseaux, les œufs imparfaits des Raies se détachent de l'ovaire, & se revêtent dans le corps de la Raie d'une coque membraneuse, qui se détache de l'ovaire, & leur fait prendre la forme d'un oreiller ; en cet état, ils sortent du corps de la Raie, & tombent au fond de l'eau, où les petits se forment peu à peu, comme les Poulets dans l'œuf se nourrissent des aliments, qu'ils pompent d'une bourse qui les contient. Quand le petit poisson est en état de chercher sa nourriture, il sort de la coque. Pour faire voir la bourse *A*, qui contient ce qui doit nourrir le poisson *B*, jusqu'à ce qu'il soit sorti de la coque, & pour rendre les objets plus sensibles, on a représenté, *Fig.* 9, le poisson & la bourse qui contient les aliments entiérement tirés de la coque.

On voit à la *Fig.* 10 un rein de Raie.

PLANCHE IX.

On voit sur cette Planche, *Fig.* 1 & 2, la Raie qu'on nomme *Bouclée*, vue par-dessus à la *Fig.* 1, & par-dessous *Fig.* 2 ; comme ce qu'on nomme des *Boucles*, sont des os de forme singuliere, qui ont à la face supérieure une cavité d'où il part une épine courbe fort piquante, j'ai cru, pour les faire mieux connoître, devoir les représenter à-peu-près de grandeur naturelle, & dans différentes positions. A la *Fig.* 3, on voit la cavité qui est au milieu de la face supérieure, d'où il sort une épine blanche, & courbe.

A la *Fig.* 4, on voit la face de dessous qui à quelques-unes est striée, suivant le grand diametre ; à la *Fig.* 5, les stries sont dans le sens du petit diametre ; à la *Fig.* 6, il n'y a point de stries, ce qui arrive à plusieurs.

La *Fig.* 7 représente une Raie qui n'a point de boucles, mais qui est très-chargée d'épines, sur-tout à la face supérieure ; la *Fig.* 8 est la Raie qu'on nomme *Pastenade* ; elle a cela de singulier, qu'il lui sort du milieu de la queue une épine forte & dentelée ; pendant que le reste de la queue est plus ou moins souple, & sans épines.

PLANCHE X.

On voit sur la Planche X une Raie singuliere, à-peu-près semblable à celle de la *Fig.* 7, *Pl.* IX ; j'ai reçu de Provence cette Raie, & qu'on nomme *Mourine*, ou *Ratepenade*, parce que la queue au-delà de l'aiguillon, ressemble fort à celle d'un Rat, étant même lisse, & très-flexible.

PLANCHE XI.

Après avoir parlé des Raies bouclées & épineuses, on voit sur la Planche XI des Raies lisses ; la *Fig.* 1 est une Raie lisse mâle, où l'on voit la face de dessus qui est mouchetée, mais point épineuse ; la *Fig.* 2 est la même Raie femelle, vue par la face de dessous, elle est entiérement blanche.

La *Fig.* 3 est une très-grande Raie blanche & mâle, qu'on nomme *Tire-Magne* ; on la voit par la face supérieure ; la *Fig.* 4 représente la même espéce de Raie, mais femelle, & vue par la face de dessous.

PLANCHE XII.

M'étant apperçu, qu'ayant donné le squélete d'un poisson plat cartilagineux, il étoit au moins aussi nécessaire de donner celui d'un poisson plat & à arêtes, j'ai fait graver sur la Planche XII, le squélete d'un Carrelet.

Fig. 1, squélete du Carrelet, vu du côté du ventre.

A, A, A, épine du dos, composée d'un nombre indéterminé de vertebres, auxquelles viennent s'insérer les grosses arêtes *B B*.

B, B, B, Grosses arêtes faisant fonction de côtes, soudées par leur gros bout à l'épine du dos, & embrassées au bout opposé par deux moyennes arêtes *C, C, C*.

C, C, C, Moyennes arêtes de forme styloïde, dont la pointe se joint parallelement aux supérieures, & dont la base à tête articulaire, reçoit les têtes semblables des filets cartilagineux *D, D, D*, formant les ailerons.

E, E, Pièces osseuses à trois faces angulaires, adossées l'une à l'autre dans leur longueur, & dont l'usage paroît être analogue à celui des clavicules & omoplates.

Fig. 2, *T*, tête du Carrelet, vue en-dessous du côté des yeux.

O, Orbite unique, dans lequel sont logés les deux yeux.

Fig. 3, arêtes & filets cartilagineux détachés pour être mieux vus, & tels qu'ils sont placés dans l'état naturel.

PLANCHE XIII.

Les Torpilles étant des poissons plats & cartilagineux, qui ont plusieurs rapports avec les Raies, j'ai cru qu'il convenoit de les représenter sur cette planche.

Les *Fig.* 1 & 2 représentent une Torpille femelle vue par la face de dessus, l'autre par la face de dessous. Les *Fig.* 3 & 4 représentent des Torpilles mâles, vue l'une par la face de dessus, & l'autre par la face de dessous ; les *Fig.* 5 & 6 sont les squéletes de ces Torpilles.

PLANCHE XIV.

On voit sur cette Planche un poisson qui diffère un peu des Raies dont nous avons parlé, par sa tête qui est peu détachée du corps ; par la gueule, qui n'est pas à la face de dessous, mais au bout du corps ; par la forme du corps qui s'arrondit un peu du côté de la queue ; par la queue qui est grosse, & garnie d'ailerons.

Sa chair ressemble assez à celle de la Raie mâle, elle est moins délicate ; c'est un gros poisson qu'on nomme *Ange de Mer* ; il n'a point d'épines, la face de dessus est brune, celle de dessous blanche, les *Fig.* 1 & 2 sont des Anges mâles.

A la *Fig.* 1, on voit la face de dessus.

Les *Fig.* 3 & 4, représentent des Anges femelles,

une vûe par la face de deſſus, l'autre par la face de deſſous.

La *Fig.* 5, eſt l'organe mâle détaché du poiſſon, repréſenté en grand.

PLANCHE XV.

Quelques-uns regardent le poiſſon qui eſt ſur cette Planche, commé une eſpéce d'Ange à forme longue; il y a effectivement quelque reſſemblance entre ce poiſſon & le vrai Ange de Mer, mais ils différent l'un de l'autre à beaucoup d'égards; on appelle celui-ci *Squatino-Raia*, ou *Rhinobatus*; les poiſſons, *Fig.* 1 & 2, ſont mâles; mais à la *Fig.* 1, on voit la face de deſſus, & à la *Fig.* 2, celle de deſſous.

PLANCHE XVI.

Le poiſſon repréſenté ſur cette Planche, qu'on nomme *Chauve-Souris de Mer* ou *Guacucuia du Bréſil*, s'écarte encore plus de la forme des Raies que les Anges dont nous avons parlé.

On le voit par le côté à la *Figure* 1, & par la face de deſſous à la *Figure* 2; la tête & la gueule reſſemblent un peu à celle des Chiens de Mer; il a cela de ſingulier qu'on y voit des nageoires articulées à l'extrêmité des ailerons.

PLANCHE XVII.

Le poiſſon repréſenté ſur cette Planche, a peu de reſſemblance avec nos Raies, on le nomme aux Açores, *Raie cornue*; les Caraïbes lui ont donné le nom de *Mobular*, qui, je crois dans leur langue, veut dire *Diable*, parce que le poiſſon qui eſt quelquefois fort grand, a l'air effrayant; les yeux ſont placés ſur les côtés à l'origine de ſes cornes, comme on le voit à la *Figure* 1, la gueule & les ouïes ſe voyent à la face de deſſous, *Fig.* 2.

PLANCHE XVIII.

On donne bien des noms différents au poiſſon repréſenté ſur cette Planche; on le nomme à Bayonne *Grenouille Pêcheuſe* ou *Rana piſcatrix*; à Montpellier *Galanga*; à Marſeille *Baudroie*.

Ce poiſſon a une énorme tête, ſur-tout quand il enfle ſes nageoires; le reſte de ſon corps qui diminue beaucoup de groſſeur en approchant de la queue, eſt fort peu de choſe; néanmoins c'eſt la ſeule partie que l'on mange; on le voit ſur le côté, *Fig.* 1, par le dos à la *Figure* 2, & par le ventre à la *Figure* 3; on voit, *Fig.* 4, la gueule qui eſt très-grande, fort garnie de dents, même à l'intérieur, où il y a des oſſelets hériſſés d'aſpérités.

PLANCHE XIX.

Nous commençons dans cette Planche à traiter des poiſſons longs & cartilagineux, particuliérement des Requins & Chiens de Mer, qui font une famille aſſez nombreuſe.

On a repréſenté *Fig.* 1 un Requin, ou grand Chien de Mer, *Canis Carcharias*, vu par le côté. La *Figure* 2 eſt le même poiſſon, vu par le ventre; la *Figure* 3 eſt la tête de ce poiſſon, repréſenté plus en grand, avec les grandes nageoires H, H, de deſſous la gorge.

Comme il y de ces grands Chiens qui ont dans la gueule ſept rangs de dents, on en a repréſenté deux files à la *Figure* 4, & une détachée des autres *Fig.* 5.

La *Figure* 6 eſt un grand Chien bleu vu par le dos, qui ne différe du Chien, *Fig.* 1, que par la couleur, qui paroît bleue quand le poiſſon eſt dans l'eau.

PLANCHE XX.

Cette Planche eſt une continuation de ce qui regarde les Chiens de Mer.

Fig. 1 & 2, l'eſpéce de Chien nommé *Milandre*, le mâle eſt repréſenté, *Fig.* 1, & la femelle, *Fig.* 2.

La *Fig.* 3 eſt un grand Chien ſans dents, qui pour la forme, différe peu du *Canis Carcharias*.

La *Fig.* 4 eſt un gros Chien trapu, qu'on nomme *Touille-beuf*, ou *Loutre de Mer*.

La *Fig.* 5 eſt un Chien de médiocre groſſeur, qu'on nomme *Aiguillat*, parce qu'aux deux ailerons du dos, il y a un rayon épineux détaché des autres rayons qui forment les ailerons, & qui ſont joints les uns aux autres par une membrane. La *Figure* 5 eſt le même poiſſon vu par le ventre, & où l'on n'apperçoit point les rayons durs & piquants dont nous venons de parler.

PLANCHE XXI.

On a repréſenté ſur cette Planche deux eſpéces de poiſſons du genre des Chiens, mais qui ont des caractéres bien ſinguliers; l'un, *Fig.* 1 & 2, qu'on nomme *Renard de Mer*, a l'aileron de la queue diviſé en deux ſegments fort inégaux, un qui eſt fort court, paroît comme un petit aileron; l'autre eſt plus long que tout le corps du poiſſon: à la *Figure* 1, on voit la face du deſſous; & à la *Figure* 2, il eſt repréſenté ſur le côté, afin qu'on voie la grande Section de l'aileron de la queue dans toute ſon étendue.

La *Figure* 3 repréſente un Chien de Mer, qu'on nomme le *Marteau*, parce qu'en regardant le corps du poiſſon comme le manche d'un marteau, la tête qui eſt placée, croiſant le manche à angle droit, repréſente la tête du marteau.

A la *Figure* 4, le poiſſon eſt vu par le dos, & à la *Figure* 5 par le ventre; aux *Figures* 6, 7 & 8, on a eſſayé de donner une idée des formes différentes qu'on apperçoit dans les différents poiſſons de ce genre.

On a repréſenté *Fig.* 9, la tête d'un jeune poiſſon, où la partie qu'on nomme la *tête du Marteau* n'eſt pas bien formée, & n'eſt preſque qu'une membrane; on apperçoit à tous ces poiſſons que les yeux ſont placés à l'extrêmité des branches du marteau.

PLANCHE XXII.

On a repréſenté ſur cette Planche, des petits Chiens de Mer, qu'on a coutume de nommer *Rouſſettes*.

Fig. 1, poiſſon qu'on nomme grande *Rouſſette*, quoiqu'en comparaiſon de la plupart des Chiens de Mer, elle ne faſſe pas un grand poiſſon; en pluſieurs endroits on la nomme fort mal-à-propos *Vache marine*.

Les

Les *Figures 2 & 3*, sont de petites Rousiettes qu'on nomme *Chats Rochiers* ; à la *Figure 2*, on les voit par le dos, & à la *Figure 3* par la face de dessous, on leur donne le nom de rochiers, parce que ces poissons se retirent dans les rochiers ; & pour cette raison ils sont fort bons à manger.

Ce poisson n'est pas vivipare, les petits se forment dans des coques, comme les oiseaux dans des œufs. A la *Figure 4* on voit une coque qui commence à se former dans le ventre de la mere ; à la *Figure 5*, la coque est dans sa perfection ; & à la *Figure 6*, on a ouvert une de ces coques pour faire voir comment se fait l'incubation, ou comment le petit poisson se forme dans l'intérieur de la coque ; à la *Figure 7*, on a tiré entiérement le petit poisson de la coque, pour faire voir comment il tire sa nourriture de la vessie, au moyen du vaisseau ombilical qui contient ses aliments.

PLANCHE XXIII.

On voit sur cette Planche, *Fig. 1*, un poisson d'une forme très-singuliere, que Salvien a nommé la *Môle* ; il a plutôt la figure d'une masse de chair que d'un poisson ; il a vers son extrêmité postérieure, deux grandes nageoires qui se terminent en pointe, & sur le milieu du corps deux moins grandes, & d'une forme arrondie ; une à la face supérieure, & une à la face de dessous ; l'aileron de la queue est formé par une bordure membraneuse ; au bas de cette même Planche, à la *Figure 2*, est un grouppe de petits Chiens de mer nouvellement sortis du ventre de la mere ; on en voit en *A* qui sont renfermés dans la membrane mince & transparente, dont nous avons dit qu'ils étoient couverts dans le ventre de leur mere ; ceux qu'on voit en *B*, sont sortis de cette enveloppe membraneuse ; & en *C*, on voit les membranes dont les poissons sont sortis.

PLANCHE XXIV.

Elle représente, *Fig. 1*, un gros poisson cartilagineux, que les Anglois nomment *Lumpus*, & que quelques-uns ont nommé *Porc de Mer*, parce que sous sa peau, qui est mince, il y a une épaisseur considérable d'une substance gélatineuse & transparente, qu'on a comparé à du lard ; à la *Figure 2*, est la tête de ce poisson, qu'on a représenté en-dessous pour faire voir l'écusson *S*, *T*, *R*, *V*, qui est entre les deux grandes nageoires de la gorge, & dont ce poisson se sert pour s'attacher très-fortement à des corps solides, rochers, bois, &c. On voit à la *Figure 3*, la gueule ouverte, & les dents dont elle est garnie.

TABLE ALPHABÉTIQUE

Des noms des Poissons dont il est parlé dans cette neuviéme Section.

TABLE
DES CHAPITRES
ET ARTICLES

Contenus dans la neuviéme Section du Traité général des Pêches.

EXTRAIT DES REGISTRES

DE L'ACADÉMIE ROYALE DES SCIENCES.

MEssieurs ADANSON & JUSSIEU, Commissaires nommés par l'Académie, pour examiner la neuviéme section du *Traité des Pêches* de M. DUHAMEL, en ayant rendu compte ; l'Académie a jugé cet Ouvrage digne de l'impression : en foi de quoi j'ai signé le présent Certificat. A Paris ce 9 Décembre 1780.

Signé LE MARQUIS DE CONDORCET, *Secrétaire perpétuel.*

DE L'IMPRIMERIE DE J. CH. DESAINT, RUE SAINT-JACQUES.

TRAITÉ GÉNÉRAL
DES PÊCHES
ET
HISTOIRE DES POISSONS,
O U
DES ANIMAUX QUI VIVENT DANS L'EAU.

IIe PARTIE, TOME III.

SUITE DE LA NEUVIEME SECTION.

ADDITION à ce que nous avons dit sur plusieurs poissons dont il a été parlé dans la neuvieme Section.

L'Ange ou Squatina étant un poisson mitoyen entre les Raies & les Chiens-de-mer, il ne faut pas être surpris si parmi ceux qui ont traité de ce poisson les uns l'ont mis à la suite des Raies, & d'autres avec les Chiens. M. le Président de Borda a pris ce dernier parti, avertissant que c'étoit pour se conformer au sentiment le plus généralement adopté. Pour moi voyant que l'Ange avoit plusieurs points de ressemblance avec la Raie, & que souvent ce poisson qui n'est pas fort estimé se vend dans les marchés sous le nom de grosse Raie, j'ai placé le peu que j'en ai dit à la section IX, *page* 291, entre les Raies & les Chiens, ainsi que plusieurs autres poissons qui ont aussi plus ou moins de rapport avec les Raies, immédiatement devant l'article où je traite des Chiens.

M. de Borda m'a écrit que les Pêcheurs de Biarritz donnent à ce poisson le nom de *Bilan*, & qu'à la côte plus septentrionale que celle de Cap-Breton on l'appelle *Martrame*. Ce poisson se rassemble souvent par troupe; & comme il ne s'écarte pas beaucoup de la côte, les Pêcheurs de Biarritz, ainsi que ceux de Cap-Breton, en font l'été & l'automne des pêches abondantes, dont le peuple fait une grande consommation. Pour les prendre, les Pêcheurs de Biarritz & ceux de Cap-Breton tendent des filets à une demi-lieue de la côte; ils se rassemblent ordinairement six chaloupes, dans chacune desquelles il y a huit hommes avec une piece de filet, longue à-

PÊCHES. II. Partie. Tome III, Sect. IX. Pppp

peu-près de cinquante brasses, & qui a cinq pieds de chute, plus ou moins, suivant la profondeur de l'eau, à l'endroit où l'on s'établit en pêche. La ralingue du pied est lestée de pierres, & celle du haut est garnie de flottes de liége: on joint toutes ces pieces les unes aux autres; au bout de chaque piece il y a au bas une grosse pierre ou cabliere, & au haut une bouée qui flotte sur l'eau. L'établissement de ce filet, tendu sédentaire, est bien détaillé dans la premiere partie du Traité général des Pêches, Volume I, Section II. Ils forment ainsi une enceinte, qui a une lieue & demie ou deux lieues de circonférence. La profondeur de l'eau augmente à mesure qu'on s'écarte de la côte; de sorte qu'à six lieues il y a souvent cent brasses d'eau, & quelquefois elle augmente presque subitement de cent brasses, ce qui forme, disent les Pêcheurs, une espece de précipice.

Les Pêcheurs essaient d'établir leurs filets dans un enfoncement à la côte qui forme un canal, dont le fond soit de sable ou de vase, & qui ait près d'une demi-lieue de largeur. Comme ces terres confinent à celles d'Espagne, ils ont soin de s'en éloigner le plus qui leur est possible pour ne point entamer sur celles qui ne leur appartiennent pas.

Dans ces parages en approchant du précipice dont nous venons de parler, on trouve beaucoup de différentes especes de Chiens, des Barbues, des Turbots & d'autres poissons estimés qui s'engagent dans les filets, soit qu'ils veuillent s'approcher, ou s'éloigner du rivage; on releve les filets presque toutes les vingt-quatre heures, sans quoi on courroit risque de trouver beaucoup de poissons gâtés qui feroient fuir les autres, sur-tout par leur mauvaise odeur. Il y a des endroits bien plus favorables que d'autres pour faire une bonne pêche. Pour les distinguer, les Pêcheurs prennent à terre des reconnoissements ou des à-mer dont ils tiennent un état sur lequel ils marquent la profondeur de l'eau & la qualité de la terre qui en est couverte, ou qui forme le fond. Au moyen de toutes ces précautions, ils font quelquefois des pêches abondantes; mais il arrive aussi que de violents coups de vent ou de très-gros poissons renversent les filets dans ce que nous avons nommé le précipice; alors ils font les plus grands efforts pour les retirer avec des grappins; mais quand les filets sont embarrassés dans des plantes marines ou des madrepores, tous leurs efforts sont inutiles. J'ai dit quelque chose à la page 292 d'un poisson qu'on m'a envoyé sous le nom d'*Ange* à corps allongé: il est représenté sur la planche XV. Villughby l'appelle *Rhinobatus* ou *Squatino-raia*.

J'ai été tenté de mettre immédiatement après cet Ange, la Vivelle qui, par la forme de son corps, celles des nageoires & des ailerons, ainsi que par la position de sa gueule ressemble beaucoup au Squatinoraia; mais son grand museau denté qu'on nomme la *Scie*, offre une singularité qui m'a déterminé à rassembler dans un article particulier un nombre de poissons à long museau, ayant soin d'indiquer à quelle famille il convenoit de les rapporter.

J'ai prévenu à l'endroit de la neuvieme section où j'ai parlé des Chiens de mer, qu'il y en avoit un grand nombre d'especes différentes, mais que je me bornerois à citer celles qui pouvoient satisfaire la curiosité des Naturalistes, ou procurer des avantages aux Pêcheurs: mais un Mémoire intéressant que m'a bien voulu envoyer M. de Borda, m'engage à dire plusieurs choses sur les Chiens de mer; non pas tant pour faire connoître des especes dont je n'ai point parlé, au moins sous les dénominations reçues à Biarritz, car j'ai averti que j'éviterois de m'étendre sur les noms différents qui sont en usage sur les côtes, ces détails inutiles & ennuyeux seroient immenses; mais principalement pour faire connoître ce que cet éclairé Correspondant m'a marqué sur les avantages qu'on peut retirer de ces poissons.

Dans la section VII où nous traitons des Thons & des Pelamides, nous avons donné, d'après plusieurs Auteurs, & particuliérement Rondelet, à un Thon le nom de *Liche.* M. de Borda me marque qu'on donne aussi ce nom à un Chien de mer qu'on appelle encore *Gatte* à Biarritz, terme Gascon qui veut dire *Chatte.*

Les femelles qu'on nomme *Doubles* sont considérablement plus grosses que les mâles. Quand on les ouvre on trouve dans leur corps quatre ou six petits vivants, attachés à un vaisseau umbilical, qui tient à une poche sphérique, remplie d'une substance à-peu-près semblable à du beurre fondu, & qui fournit de la nourriture aux jeunes poissons jusqu'à ce qu'ils soient nés; alors ces magasins de nourriture sont presque vuides.

La peau de ces petits sert aux Gaîniers à couvrir des ouvrages délicats; celle des grands qui est rude, à polir les bois & à couvrir de gros ouvrages de gaînerie; comme le débit de ces peaux est considérable, elles se vendent jusqu'à 4 livres la piece.

Ces poissons ont les yeux d'un beau verd, les machoires sont garnies de six rangs de dents minces & tranchantes; comme les Pêcheurs craignent d'en être blessés, ils leur écrasent la tête avec un maillet aussi-tôt qu'ils les ont tirés à bord.

M. de Borda dit qu'il y a à Biarritz un autre poisson à-peu-près de même genre qu'on nomme la *Quelbe*, dont la peau a le grain plus gros que ceux de la Liche; mais comme elle est moins rude, elle ne peut pas servir à polir le bois. Les Gaîniers l'emploient utilement pour couvrir leurs ouvrages. On ajoute que ce poisson a de forts aiguillons de la nature de la corne; à cet égard il a du rapport avec un Chien dont j'ai parlé à la neuvieme section sous le nom d'*Aiguillat*. On prend à Cap-Breton un Chien de mer appellé *Doucette*, dont la peau finement chagrinée est douce au toucher, principalement quand on passe la main de la tête vers la queue; sa gueule, au lieu d'être garnie de dents est pavée d'osselets.

Comme j'ai assez amplement parlé à la neuvieme section des grandes & petites Roussettes, ainsi que de celle qui est très-mouchetée, je me bornerai à dire d'après M. de Borda, qu'on en prend beaucoup à Cap-Breton & à Biarritz avec des haims dans les mois de Septembre & d'Octobre.

M. de Borda dit qu'on prend à Cap-Breton le poisson indiqué dans Rondelet & dans Willughby sous le nom de *Centrina*, & qu'on l'appelle dans ce pays *Moune*, ce qui signifie Singe en langue gasconne.

Il dit encore qu'on prend à cette côte le grand Chien bleu, *Galeus glaucus*, dont j'ai parlé à la page 298.

M. de Borda ajoute que ce poisson se tenant près de la surface de l'eau, ne sauroit se prendre dans les filets de Cap-Breton qui sont tendus par fond. J'ai dit qu'il étoit extrêmement vorace; en effet, M. de Borda me marque qu'en ayant ouvert on leur a trouvé des Mirques à moitié digérés dans l'estomac.

J'ai parlé à la page 299 de la Milandre ou Cagnot de Languedoc. Suivant M. de Borda on prend à Cap-Breton un poisson du même genre, qu'il nomme Marrachou, & qui differe un peu de la Milandre. Ce dernier en effet a les yeux couverts d'une peau; on n'en voit point sur ceux du Marrachou: chez celui-ci les lignes latérales ne sont point sensibles à l'extérieur, elles se montrent sur l'un & l'autre côté de la Milandre; la partie supérieure de la queue de la Milandre est arquée à l'extérieur, & au bout elle est terminée par une ligne droite; dans le Marrachou cette queue est terminée en arc sur le dos & au bout; ce Chien se prend assez fréquemment dans les filets de Cap-Breton, mais il entre quelquefois dans l'Adour, & M. de Borda en a vu prendre en-

tre la Ville & la Citadelle de Bayonne. Il y a de ces poissons qui ont quatre pieds de longueur & deux de contour à l'origine du premier aileron du dos; il y en a même de plus grands.

J'ai encore donné la description d'un chien de mer sous le nom de *Spinax*, *Aiguillat*, *Broquillon* ou *Chien broquu*. M. de Borda me marque qu'il s'en prend quelquefois à Biarritz & à Cap-Breton d'une grandeur énorme, très-différent du Spinax de Rondelet, & qu'il dit n'avoir vu décrit dans aucun ouvrage d'Ichthyologie; la peau est couverte d'osselets épineux comme celle des raies bouclées; mais au lieu que les osselets des raies sont d'une matiere presque semblable à celle des yeux d'écrevisses, & qu'il ne s'éleve qu'une épine sur chaque osselet: au contraire les osselets du Broucut de Biarritz sont plats, minces, de nature vraiment osseuse, & souvent ils portent deux épines. Suivant M. de Borda le nom qui a été donné à ce poisson dérive des épines de sa peau. Le mot *broueu* est un adjectif tiré du substantif *broe*, qui en langue gasconne signifie une épine.

Enfin M. de Borda m'indique un autre Chien qu'il dit n'avoir trouvé dans aucun des Auteurs qui ont écrit sur l'Ichthyologie: on le prend à Cap-Breton & à Biarritz, soit dans les filets, soit à de forts hameçons qu'on laisse tomber jusqu'au fond de la mer: on lui donne le nom d'*Arbano*. Ses dents ont toutes plusieurs pointes qui s'elevent sur une même base. M. de Borda m'a envoyé une de ces dents collées sur un morceau de papier; mais j'avoue que je ne connois pas ce Chien.

Le Mémoire de M. le Président de Borda m'ayant engagé à ajouter plusieurs choses à ce que j'avois dit sur les Chiens de mer à la neuvieme section, je crois devoir rapporter encore plusieurs remarques qui m'ont été envoyées de différentes provinces.

J'ai dit d'après M. de Borda, que l'espece de Chien qu'on nomme en plusieurs endroits *Liche* ou *Melca*, s'appelle à Biarritz *Gatte*, terme Gascon qui signifie un *Chat*. A cette occasion on peut se rappeller que j'ai dit à la neuvieme section qu'il y a de petites Roussettes qu'on nommoit *Chat rochier*, mais j'ai omis de dire qu'Edouard avoit beaucoup étendu la dénomination de *Chatte*, puisqu'il appelle *grand chat de mer* les gros chiens qu'on prend accidentellement sur nos côtes.

La comparaison qu'Arthur a faite des gros Chiens avec les petites baleines paroît exagerée; néanmoins elle est un peu justifiée si l'on admet ce que dit Merola, savoir qu'il y a en Afrique des Chiens qui ont le corps auffi gros que celui d'un Bœuf, & qu'un de ces poiffons fait la charge de deux chevaux. Il eft certain qu'il y en a de plus de 25 pieds de longueur fur quatre pieds de largeur.

On fait qu'en général tous les Chiens de mer font voraces; mais Stephens dit que fous la Ligne il y en a de plus voraces que tous les autres, que les Efpagnols nomment *Tuberons*; ce qui lui paroit fingulier, c'eft que malgré la voracité de ces poiffons ils font toujours entourés de petits, qui fe nourriffent de ce que les Tuberons rejettent quand ils mangent de gros poiffons. J'ai dit la même chofe au fujet des Pilotes, petits poiffons qui ont affez de vivacité pour n'avoir rien à craindre des gros poiffons dont les mouvements font lents. Néanmoins en ouvrant de gros Requins on trouve affez fouvent de petits poiffons dans leur eftomac, entre lefquels on dit qu'il y en a quelques-uns de vivants. D'après cette obfervation qui n'a rien de fort fingulier, des Auteurs ont imaginé ce qui eft on ne peut plus ridicule, que les femelles avaloient leurs petits pour les conferver en vie dans leurs corps jufqu'à ce qu'ils fuffent affez forts pour aller chercher leur nourriture. Carrery regarde comme une opinion plus vraifemblable, que comme on trouve des œufs dans le corps des gros poiffons, il y en a qui étant éclos fortent tout de fuite du corps de la mere.

Si on confulte ce que nous avons dit fur les poiffons ovipares & vivipares de différentes efpeces, je crois qu'on y trouvera des obfervations qui jetteront quelques lumieres fur différents fentiments que nous venons de rapporter. J'ai parlé à la page 302 de la neuvieme fection d'une efpece de Chien de mer qu'on nomme *Renard de mer*, en latin *Vulpecula*; je favois bien que Belon parle d'une autre efpece de poiffon qu'il nomme *Renard d'eau* & que fuivant lui les Vénitiens appellent *Porc de mer*, parce qu'il a fous la peau une grande épaiffeur de lard. J'avoue que je ne connois ce poiffon que par ce qu'en dit Belon. M. Vanduffel m'a écrit qu'ayant été à Cap-Breton, il y avoit fait deffiner deux Lamies de l'efpece de ceux que Belon appelle *Renard*; mais les deffins que m'a envoyé M. Vanduffel ne reffemblent point à ceux qu'on trouve dans Belon: il dit que dans les femelles qui étoient plus groffes que les mâles on trouvoit, fuivant Belon, fept œufs gros comme ceux des oyes, mais ronds & qui n'avoient point de coquilles, étant feulement recouverts d'une membrane fouple. Néanmoins on affura à M. Vanduffel que ces poiffons faifoient leurs petits en vie, mais dans plus de qua-

rante qu'il fit ouvrir, il ne trouva que des œufs; peut-être que la mere rend fes petits auffi-tôt qu'ils font fortis des œufs.

A la figure première, Planche XXV, qui repréfente le poiffon de M. Vanduffel pofé fur le ventre, on apperçoit les deux ailerons du dos *A B*, & en *C* une des nageoires de deffous la gorge, en *D* les deux nageoires d'auprès de l'anus; mais comme j'en ai prévenu, les deux deffins que M Vanduffel a bien voulu m'envoyer différent beaucoup des Renards de Belon: néanmoins comme il y a dans cette famille, beaucoup de variétés, & comme fouvent les figures de Belon ne font pas fort exactes, j'ai cru convenable de faire graver le deffin que j'ai reçu de M. Vanduffel, qui me marque qu'entre ces poiffons, les uns ont la peau de couleur d'ardoife foncée, que d'autres l'ont blanchâtre, qu'ils ont dans la gueule plufieurs rangées de dents, & que quand le poiffon eft couché fur le dos, comme à la figure 2 on apperçoit des trous en deffous de l'extrêmité du mufeau, qui eft un prolongement de la machoire fupérieure. Je ne finirois pas fi j'entreprenois de rapporter tout ce qu'on trouve dans les ouvrages des voyageurs & des Ichthyologiftes. Comme l'empreffement qu'on a pour le merveilleux les a engagé à rapporter des chofes qui n'ont aucune vraifemblance, je me fuis borné à ne dire que ce que j'ai vu ou ce que j'ai appris de mes correfpondants; car j'aime mieux omettre dans mes ouvrages plufieurs vérités, que d'y inférer des faits faux, ou même apocryphes.

J'ai parlé à la page 293 de la neuvième fection, d'un poiffon qu'on nomme aux Açores *Raia cornuta*, que les Caraïbes défignent fous le nom de *Mobular*, & ailleurs *Ange de mer*. Comme ce poiffon eft très-rare dans nos parages, je n'ai rien à ajouter à ce que j'en ai dit à l'endroit cité; mais je me fais un plaifir d'engager les lecteurs à confulter ce que M. le Gentil a dit d'un poiffon que je crois être le Mobular ou Raie cornue dans la relation de fon voyage dans la mer des Indes premier volume *in*-4°, page 617, où il dit qu'on prend de ces poiffons fur les côtes de Pol-Pinang le long de la prefqu'Ile de Malacca. Il ajoute que les Portugais le nomment *Diable de mer*.

M. de Marchais, Intendant de la Marine à Rochefort, qui veut bien s'intéreffer à la perfection de mon ouvrage fur les pêches, ayant appris que je m'occupois de ce qui regarde la Torpille, a engagé plufieurs Officiers de la Marine de fon Département à lui faire part des obfervations qu'ils avoient faites fur ce poiffon; & m'a communiqué les Mémoires qu'il a reçus à ce fujet.

Malheureufement

Malheureusement ils ne me sont parvenus qu'après l'impression de ce que j'avois fait sur la Torpille ; c'est pourquoi je les mets ici aux additions à la neuvieme section.

Ces Mémoires étoient accompagnés de figures proprement dessinées, représentant une Torpille des côtes de Poitou ; elle differe à plusieurs égards, de celles que j'ai fait graver sur la planche XIII de la neuvieme section ; mais il n'en faut pas être surpris, puisque j'ai dit que j'avois apperçu bien des variétés entre les poissons de ce genre que j'avois été à portée d'examiner.

Il est dit dans ces Mémoires qu'on avoit remarqué dans le corps de ces animaux des cellules remplies d'eau & d'air auxquelles l'Auteur attribue la sensibilité de la Torpille, & la cause des secousses qu'elle procure quand on la touche : ce qui differe peu de ce qu'on trouve dans mon ouvrage où j'ai dit qu'il paroissoit que la sensibilité de ce poisson résidoit principalement dans deux muscles blancs composés de grosses fibres remplies d'une substance muqueuse ; & cette conformité de sentiment me fait plaisir.

L'Auteur dit qu'on trouve dans le corps des Torpilles des poissons tels que des Tanches des Mulets, des Prêtras ou Capelans. Cela ne paroîtra pas surprenant quand on saura que les Torpilles sont des poissons très-voraces. Les différents poissons que nous venons de nommer se rassemblent ordinairement entre les rochers & les tas de goêmon pour se nourrir d'une quantité de vers & d'insectes qui s'y trouvent, & par-là ils deviennent la pâture des Torpilles qui les y vont chercher. Comme je n'avois rien dit dans mon ouvrage sur la nourriture des Torpilles, je

me fais un plaisir d'insérer ici ce que je trouve sur cet objet dans les Mémoires que M. de Marchais m'a adressés.

Après avoir traité amplement dans le commencement de la section neuvieme des poissons du genre des Lamies, des Chiens de mer, des Roussettes, &c. je commence la suite de cette même section par des additions sur les chiens de mer qui sont le résultat de mémoires & observations que je dois au zele de plusieurs correspondants éclairés, entr'autres de M. le Président de Borda. Je me suis apperçu depuis, qu'il me restoit encore à parler de quelques genres de poissons, dont les uns se rapprochent par certains caracteres des Chiens de mer, pendant que d'autres n'ont aucune ressemblance avec ce dernier genre. Mais comme tous ont pour singularité d'avoir au bout du museau un long prolongement, ou osseux, ou épineux, figuré en scie comme la Vivelle, ou en espece de trompe osseuse comme le Narhwal, ou en pointe perçante comme l'Empereur, ou en bec d'oiseau aquatique comme la Trompette de mer ; comme d'ailleurs je puis avouer que je ne sais pas trop bien à quelle famille de poissons il convient les rapporter, j'ai jugé à propos de les rassembler dans une espece de section séparée, qui feroit la suite de la neuvieme section, & qui termineroit le tome troisieme de la seconde partie du Traité général des Pêches. Je commence par la Vivelle ou Scie qui, comme on s'en convaincra aisément par la seule inspection de la figure, & par la courte description que j'en donne, a un rapport immédiat avec les Chiens de mer.

A R T I C L E   P R E M I E R.

De la Vivelle ou Scie , Serra, *Pristes de Rondelet.*

La Vivelle, *fig.* 3, *pl. XXV*, est un gros poisson rond & long, qui a à l'extrémité de son museau *A* un prolongement long dans les gros, de 5 à 6 pieds. Celui dont nous nous occupons, qui étoit de ceux qu'on appelle *Dentés*, avoit la trompe garnie aux deux bords de fortes dents, ou plutôt chevilles d'ivoire au nombre de vingt-quatre ou vingt-cinq reçues dans des alveoles, & un peu inclinées vers la tête. Quand ces animaux sont fort jeunes, les Chevilles dont nous venons de parler, ressemblent un peu à de la corne.

On prend de ces poissons fort petits ; j'en ai un dans mon Cabinet que j'ai apporté de Provence, dont le corps n'a que

deux pieds de longueur, & son espadon ou sa scie sept pouces & demi ; elle a vingt-cinq dents ou crochets ; ces poissons en vieillissant, deviennent fort gros ; car j'ai une Scie *fig.* 5 de cette espece de poisson qui a près de cinq pieds de longueur sur neuf pouces de largeur, non compris les dents ou chevilles, qui ont la plupart quatre pouces & demi de longueur, & sont au nombre de dix-huit. La Scie est à-peu-près le tiers de la longueur totale du poisson. Ce poisson est cartilagineux, & par la forme de son corps & de ses ouïes *D* qui sont au nombre de cinq, & de ses nageoires *E F*, il ressemble assez à l'espece d'Ange que nous avons décrit fous le nom de *Rhinobatus* ou *Squatino-raia*. La *Scie* eft un prolongement de la machoire fupérieure *A*; elle eft couverte d'une peau très-dure ; la peau qui recouvre le corps du poiffon eft femblable à celle des Chiens de mer, affez douce quand on paffe le doigt de la tête *A* à la queue *B*, & fort rude quand on le paffe en fens contraire ; elle eft de couleur cendrée fur le dos ; elle s'éclaircit fur les côtés , & eft prefque blanche fous le ventre.

Sa tête eft groffe & large ; les yeux font ovales ; il n'a point de dents dans la gueule *G* qui reffemble par fa forme & fa pofition à celle des Raies, mais fes machoires font rudes comme une lime. On apperçoit au-deffous de la fcie près de fon origine & au-deffus de la gueule, deux trous *H* qui paroiffent être les narines.

Il a immédiatement derriere la tête deux nageoires affez grandes *E*, *fig.* 3 & 4 , arrondies , deux plus petites *F* auprès de l'anus *I* ; un aileron *K* affez large fur le dos , *fig.* 3, vers le milieu de la longueur du corps , & un plus petit *L* entre cet aileron & l'articulation de l'aileron de la queue *M*, qui eft affez femblable au même aileron des Requins ; il eft placé fur un des côtés de l'extrêmité du corps, & pour cette raifon il paroît n'être que la moitié d'un aileron.

On compare la chair de la Scie à celle des Marfouins ; elle eft feulement un peu plus délicate. On en prend d'une grandeur prodigieufe dans les mers des Indes.

On en pêche à Madagafcar & à l'Ile de Bourbon avec de fortes Madragues , & avec des filets femblables aux folles , qu'on tend près les côtes & qu'on releve à la baffe-mer.

Les Pêcheurs Arabes de la côte de Mozambique prennent ces poiffons avec la varre , pêche très-connue en Afrique & en Amérique , & dont nous traiterons en détail à l'occafion de la pêche du Loup ou Veau marin. Quelques Navigateurs difent qu'on en prend d'une efpece différente dans les Indes Occidentales, que les dents de la Scie font recouvertes par la peau, & qu'on ne les apperçoit fenfiblement que quand les poiffons commencent à fe deffécher.

Les Maures de la côte d'Afrique qui prennent fouvent de ces poiffons, affurent qu'ils trouvent dans leur tête une efpece de pierre blanche à laquelle ils attribuent plufieurs propriétés médicinales , & qu'ils pendent pour cette raifon à leur cou.

A R T I C L E   I I.

Du Narhwal, ou de la Licorne de mer , Unicornis , Pifcis monoceros.

Le prolongement que ce poiffon a au bout du mufeau n'eft point, comme à plufieurs poiffons, une partie de la machoire fupérieure ; cette production n'eft point de la nature des cornes, mais une fubftance blanche plus dure , & d'un tiffu plus ferré que l'ivoire. Plufieurs Auteurs ayant égard à fa contexture, ont cru qu'il ne convenoit pas de l'appeller une corne, mais plutôt une dent ; mais attendu qu'elle ne prend point fon origine de l'intérieur de la gueule , & qu'elle n'a aucune des fonctions propres aux dents, on ne peut pas lui attribuer ce nom. Les Iflandois ont donné à ce poiffon le nom de *Narhwal*, qui a été affez généralement adopté par les Naturaliftes, probablement parce que ce poiffon dont les anciens Ichthiologiftes ne parlent point, & qu'on ne trouve point dans nos mers, étant très-commun dans les mers d'Iflande , fur-tout à l'Oueft , on a adopté le nom du pays qu'on regarde comme leur patrie. Le Narhwal, *Planche XXVI*, *fig. I*, ainfi que la Baleine, n'a pas d'ailerons fur le dos, mais feulement deux grandes nageoires *D* derriere la tête. L'aileron *C* de la queue eft contourné comme celui des Marfouins ; il nage avec une très-grande rapidité ; la longueur du la corne *A B* eft plus que la moitié du corps *B C*. Si la longueur du corps *B C* eft de neuf pieds , la corne a ordinairement près de 6 pieds ; car comme il y a de ces poiffons de bien des groffeurs différentes , il y a auffi de ces cornes de différentes grandeurs. J'en ai deux dans mon Cabinet , une qui a cinq pieds & l'autre neuf ; la corne répond en *B* à l'os du crane , quelquefois quand ils nagent il élevent cette corne au-deffus de l'eau. Ce poiffon a pour la forme de fon corps les nageoires & l'aileron de la queue quelques rapports avec les Marfouins : la corne, comme je l'ai dit, eft blanche , plus dure que l'ivoire ; la partie la plus groffe eft celle qui aboutit à la tête où elle eft creufe en dedans comme les dents des Eléphants ; elles font rondes, ftriées en hélice dans toute leur longueur, allant toujours en diminuant de groffeur. Ainfi l'extrêmité eft la partie la plus menue ; quelquefois les *Sauvages* y ménagent une pointe en les aiguifant fur une pierre , & en forment un arme, qui leur fert pour la chaffe & pour la guerre.

Les uns ont la peau noire , d'autres d'un gris moucheté. Ces couleurs s'éclairciffent sur les côtés ; le dessous du ventre est blanc.

Ceux qui ont été en Groenland ont rapporté de ces cornes que les Sauvages avoient échangées avec eux pour des marchandises qui leur convenoient. Pour cette raison elles sont devenues moins rares qu'elles n'étoient, & elles ont beaucoup diminué de prix.

Il y en a qui regardent le Narhwal comme une petite Baleine ou un Cachalot, parce qu'ils trouvent de la ressemblance entre le crâne de ces poissons & celui du Narhwal ; mais la Baleine ni le Cachalot n'ont point la corne qui caractérise le Narhwal, ce dernier a sur la tête des évents comme le Cachalot par lesquels il rejette l'eau.

On dit que les Baleines ne se nourrissent que de petits poissons frais, au lieu qu'on prétend que le Narhwal préfere les gros *poissons* morts ou les charognes.

Anderson, dans son Histoire naturelle d'Islande & de Groenland, dit que quelques Naturalistes ont prétendu que le Narhwal a naturellement deux dents ou cornes, & que ceux qu'on trouve n'en avoir qu'une doivent avoir perdu l'autre par quelque accident. Mais loin d'adopter cette opinion, cet Auteur cite une Licorne amenée à Hambourg en 1736, qui avoit dix pieds & demi de longueur, & la corne cinq pieds quatre pouces ; cette corne sortoit à gauche de la machoire d'en-haut, au-dessus de la levre. Le côté droit du museau, dit-il, étoit fermé & tout-à-fait couvert de la peau qui y étoit entiere, & sous laquelle on ne sentoit pas la moindre cavité dans l'os de la tête. Cette idée d'Anderson est assez confirmée par les noms de *Piscis monoceros* & d'*Unicornis*, que les anciens Auteurs ont toujours donné à l'animal que nos nommons *Licorne* ou *Narhwal*.

A R T I C L E   III.

De l'Empereur ou Poisson à Épée ; Gladius, *en Languedoc & à Marseille* Imperador, *en Italie*, Pesce Spada.

Ce poisson est cétacée, car on en prend quelquefois de très grands dans la Méditerranée, quelques-uns ayant plus de dix-huit pieds de longueur ; la partie supérieure de la gueule *A*,*b*, est très-longue & menue, mais très-forte ; ce qui la fait comparer à une épée, & donner au poisson le nom de *Gladius*.

Comme les anciens étoient dans l'usage de représenter les Empereurs Romains avec une épée, on a donné à ce poisson le nom d'*Empereur*. Cette partie de son museau étant un prolongement du crâne est très-ferme, & leur sert à percer des poissons quelquefois fort gros. La machoire d'en-bas est fort courte, puisque sa longueur *c b* est à celle de la supérieure comme deux est à cinq ; ces machoires ne sont point garnies de dents, mais ces poissons ont dans la gueule, & sur-tout au palais, quatre os longs, chargés d'aspérités, les yeux *d* sont grands, ronds & saillants ; auprès & audevant de chaque œil il y a un trou, & derriere les ouïes, presque sous la gorge, de chaque côté une nageoire *f* assez grande ; & un peu plus vers l'arriere, presque sous le ventre deux autres nageoires beaucoup plus petites : un aileron assez grand *h* sur le dos placé à-peu-près à l'aplomb de l'articulation des nageoires *f* de derriere les ouïes. Entre cet aileron & celui de la queue *K* toujours sur le dos, est un autre aileron *i* moins grand que le premier *h*. A l'extrê-

mité du poisson, en approchant de l'articulation de l'aileron de la queue *K*, le corps est applati, ensuite commence l'aileron de la queue *K*, qui a à-peu-près la forme d'un croissant surbaissé ; le reste du corps, depuis *I* jusqu'à *K*, a assez la forme des poissons ronds ; sa peau n'est point chargée d'écailles ; le dos est noir, luisant comme du satin, doux si on passe le doigt de la tête vers la queue, & fort rude si on le passe en sens contraire ; le ventre est blanc luisant, & paroît comme argenté, principalement quand le poisson est dans l'eau, sa peau est assez tendre ; sa chair est très-blanche, d'assez bon goût, très-nourrissante ; on la préfere à celle des Thons, sur-tout celle de ceux qu'on prend dans le mois de Mai ; mais elle se corrompt promptement, ainsi il la faut consommer presque aussi-tôt qu'on la tire de l'eau. Ceux qu'on prend dans les mois de Juillet & d'Août ont la chair coriace & difficile à digerer. L'été, quand le temps est disposé à l'orage, ils entrent dans de telles agitations, qu'ils s'élancent à terre, même quelquefois jusque dans les petits bâtiments ; ce qu'on attribue à un insecte qui s'attache, sous les ailerons où la chair est plus tendre qu'ailleurs ; leur museau *A* qui est très-fort, leur sert à percer les poissons dont ils se nourrissent. Les Pêcheurs redoutent beaucoup ces poissons, qui leur font communément plus de dommage qu'ils n'ont de profit à en efpérer.

On m'a affuré qu'on en fait des pêches expreffes fur les côtes de Sicile & à l'embouchure du Bofphore, où il y a des Pêcheries établies pour prendre des Empereurs & des Thons qui vont fe rendre dans la Mer Noire & au fond des Palus Méotides.

Le deffin, *fig. 2*, dont je viens de donner la defcription, a été fait fur un poiffon fec que j'ai rapporté de Provence, & que je conferve dans mon Cabinet ; mais depuis, M. Bonamy de Nantes m'a envoyé le deffin, *fig. 3*, d'un autre Empereur dont je n'avois aucune idée. Il m'a écrit qu'en 1777 le jour de la Fête-Dieu, on pêcha à la ligne un poiffon extraordinaire à l'embouchure de la Loire, vers Saint-Nazaire, à 12 lieuës au-deffous de Nantes ; comme perfonne ne fe rappelloit d'en avoir vu pêcher de pareils dans ces parages, le Pêcheur qui le prit le tranfporta à Nantes, où il le faifoit voir pour de l'argent : n'ayant pu me procurer rien de plus fur ce poiffon, je me fuis borné à faire graver le deffin

que m'avoit envoyé M. Bonamy.

Il y a plufieurs poiffons qu'on nomme à Epée à caufe d'un fort aiguillon que n'ont pas les autres. Entr'autres on en peut citer deux du genre des Raies, qu'on appelle *Ratepenade* & *Paftenade* : nous les avons repréfentés, *Planche IX*, *fig. 8*, & *Planche X*, *fed. IX*, avec cet aiguillon à la queue ; mais au moyen de la defcription que je viens de donner de l'Empereur, on le diftinguera aifément de tous les autres.

Suivant ce que nous venons de dire, c'eft un grand hazard quand on prend l'Empereur, dont nous venons de parler, fur les côtes de l'Océan. On le trouve dans les mers glaciales au-delà des Orcades dans le Spitzberg. Quand un vaiffeau en apperçoit un, il met la chalouppe à la mer armée de quatre hommes, dont deux nagent très-doucement, un gouverne & un qui eft à l'avant effaie de le percer avec le harpon ou avec la varre, & quand il eft affoibli par la perte de fon fang, on le hâle à bord de la chaloupe ou fur le pont du vaiffeau.

A R T I C L E   IV,

De la Trompette de mer, Acus maxima, fquamofa. *Willughby.*

On trouve fous ce nom, dans Willughby, un poiffon long, rond, écailleux, qui a un long mufeau affez mince. Comme j'en ai un bien confervé dans mon Cabinet, je vais en donner la defcription. Le corps, à commencer depuis l'extrêmité du mufeau *A*, jufqu'à l'articulation *B* de l'aileron de la queue, a trois pieds trois pouces de longueur : à l'endroit le plus gros, qui eft vers l'anus, il a treize pouces de circonférence ; depuis la réunion des deux machoires *C*, jufqu'à l'extrêmité du mufeau fept pouces ; vers le milieu de la longueur de la partie fupérieure du mufeau, fa largeur eft de huit lignes ; cette partie de la mâchoire eft un peu plus longue que l'inférieure, & elle fe termine par un arrondiffement qui augmente un peu la largeur de ce mufeau. Ces deux mâchoires, tant la fupérieure que l'inférieure, font garnies de dents menues, pointues, entre lefquelles les unes font plus longues que les autres ; auprès & un peu au-deffus de la réunion des machoires, il y a de chaque côté un enfoncement oblong, qu'on croit être l'ouverture des narines. Les yeux *D* font grands, ronds & placés à un pouce & demi de la réunion des deux mâchoires. La mâchoire fupérieure eft bordée de côté & d'autre par un fillon qui forme vis-à-vis les yeux un arrondiffement confidérable. Le bord *E* de l'oper-

cule des ouïes, qui eft plus fenfible fur les côtés eft à un pied de l'extrêmité *A* du mufeau. Toute cette partie qui forme le mufeau eft couverte d'une peau ferme, chagrinée, mais qui n'eft point du tout piquante. En regardant avec attention, on apperçoit fur les opercules des ouïes, & fur le fommet de la tête de légers fillons qui forment des ramifications affez agréables. Sous la gorge, immédiatement derriere l'opercule des ouïes, on voit de chaque côté une nageoire *F* de près de trois pouces de longueur, terminée par un arrondiffement ; aux deux côtés de l'anus, qui eft affez exactement au milieu de la longueur du corps du poiffon, il y a deux grandes nageoires *G* de trois pouces de longueur, & formées de rayons affez forts ; à dix pouces plus vers la queue il y a fous le ventre un aileron *H* de deux pouces de largeur à fon attache au corps, dont les plus longs rayons ont trois pouces & demi de longueur, & qui font très-forts. Sur la partie fupérieure, prefque à l'aplomb de celui dont nous venons de parler, s'en éleve un autre *I* qui lui eft affez femblable : l'aileron de la queue eft terminé par un arrondiffement. Les plus longs rayons ont environ trois pouces & demi, la largeur eft de trois pouces.

Tout le corps de ce poiffon eft couvert
d'écailles

d'écaille assez fermes ; de six lignes de longueur sur cinq de largeur; elles sont brunes dans toûte leur étendue, marquées d'une tache blanche au milieu qui a à-peu-près la même forme que la totalité de l'é-caille, & qui donne à ce poisson un éclat fort agréable ; sur le milieu du dos regne une file d'écailles un peu plus grandes que les autres, & qui s'étend en ligne droite dans toute la longueur du poisson. C'est de chacune de ces écailles que partent les écailles latérales qui vont en ligne circu-laire très-réguliere, se réunir sous le ven-tre du poisson où elles prennent une cou-leur plus blanchâtre que sur le dos.

Comme nous ne connoissons point du tout l'histoire de ce poisson, nous ne pou-vons rien dire sur les Mers où il se trouve, sur la maniere de le prendre & sur les ali-ments dont il se nourrit ; mais la forme de son museau, & les dents dont il est garni, me font soupçonner qu'il se nourrit de poissons.

EXPLICATION DES FIGURES

Qui ont rapport à la suite de la neuvieme Section.

PLANCHE XXV.

FIGURE PREMIERE, Lamie, qui m'a été envoyée par M. Vanduffel, vue par le côté.

Fig. 2, le même poisson, vu par le ventre.

Fig. 3, Vivelle, ou poisson à Scie, vu par le dos.

Fig. 4, la Vivelle, vue par le ventre.

Fig. 5, la Scie d'une grande Vivelle.

PLANCHE XXVI.

Le Narhwal, nageant & vu par le côté.

Fig. 2, l'Empereur, *Emperador*, vu par le côté.

Fig. 3, dessin d'un autre Empereur qu'on a pêché à Nantes, & que m'a envoyé M. de Bonami.

PLANCHE XXVII.

Fig. 1, Trompette de mer, *Acus maxima, squamosa*, Willughby, vu par le côté.

Fig. 2, le même poisson vu par le dos.

Fig. 3, Tête de Poisson qui differe à quelques égards de celui dont nous venons de parler, & qui a le museau en Palette.

TABLE DES ARTICLES

contenus dans la suite de la neuvieme section du Traité général des Pêches.

Addition à ce qui a été dit sur plusieurs Poissons dont il a été parlé dans la neuvieme Section.

EXTRAIT DES REGISTRES

DE L'ACADÉMIE ROYALE DES SCIENCES.

MEssieurs ADANSON & de JUSSIEU, Commissaires nommés par l'Académie, pour examiner la suite de la neuviéme section du *Traité des Pêches* de M. DUHAMEL, en ayant rendu compte ; l'Académie a jugé cet Ouvrage digne de l'impression : en foi de quoi j'ai signé le présent Certificat. A Paris ce 25 Mars 1781.

Signé LE MARQUIS DE CONDORCET, *Secrétaire perpétuel.*

FIN DU TROISIEME VOLUME.

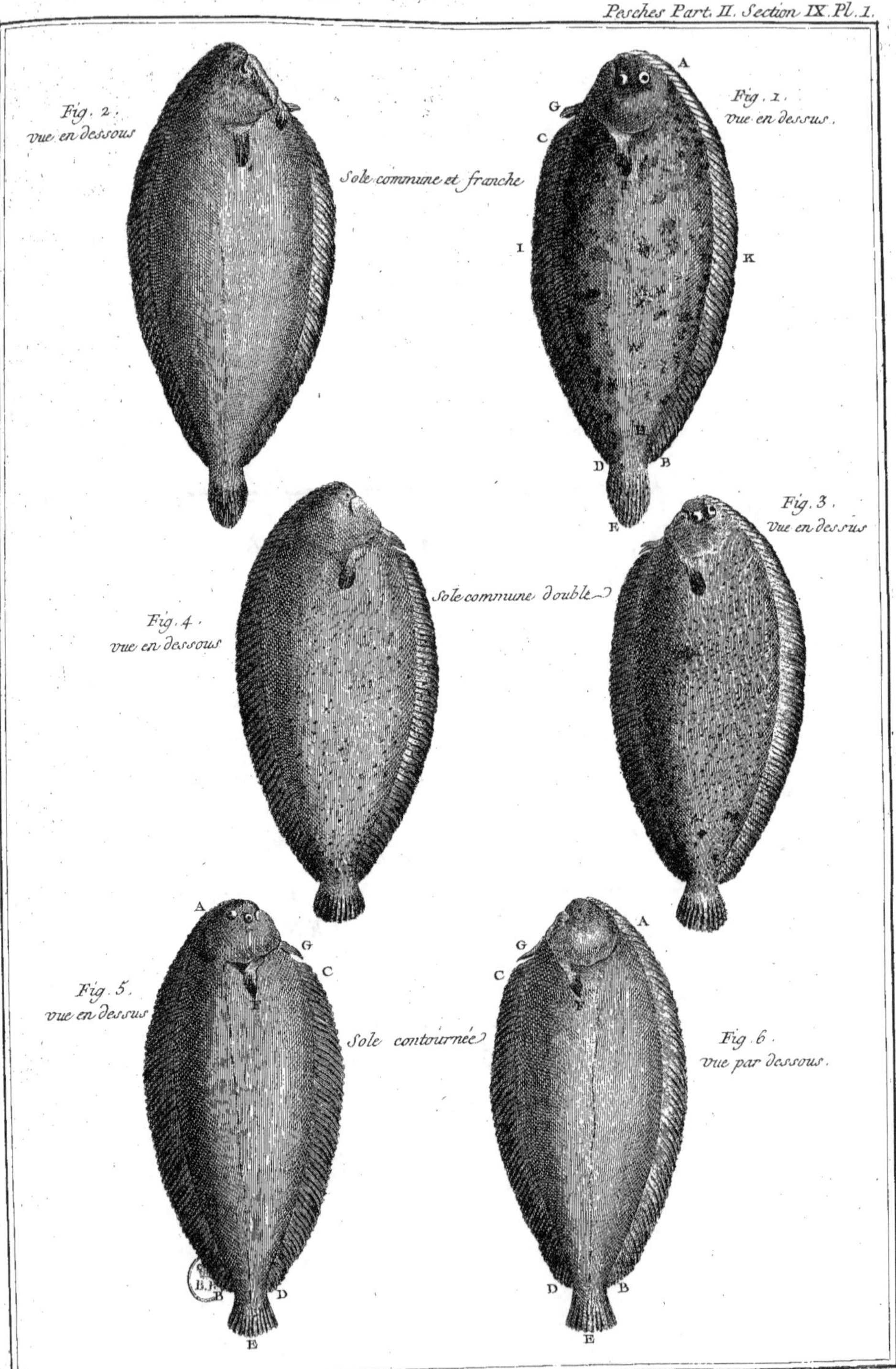
Fig. 2.
vue en dessous
Sole commune et franche
A
G
C
Fig. 1.
vue en dessus.
I
K
H
D
B
F
Fig. 3.
vue en dessus
Sole commune double
Fig. 4.
vue en dessous
A
G
C
Fig. 5.
vue en dessus
G
C
A
Sole contournée
Fig. 6.
vue par dessous.
B
D
E
D
B
E

Milsan Sculp.

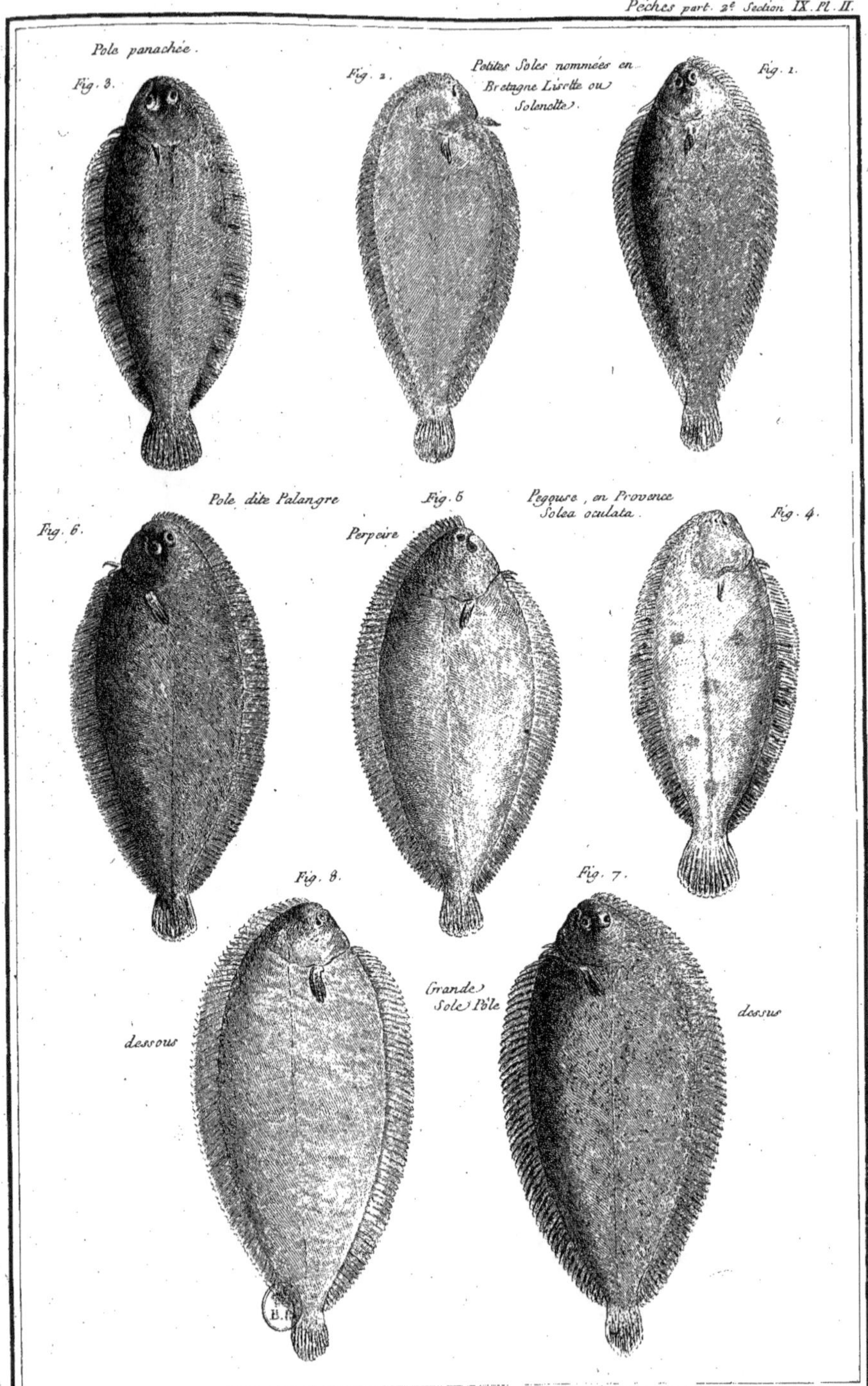

Pêches part. 2.e Section IX. Pl. II.
Pole panachée.
Fig. 3.
Fig. 2.
Petites Soles nommées en Bretagne Lisette ou Solenette.
Fig. 1.
Pole dite Palangre
Fig. 5.
Pegouse, en Provence Solea oculata.
Fig. 6.
Perpeire
Fig. 4.
Fig. 8.
Fig. 7.
dessous
Grande Sole Pôle
dessus
C.e Haussard Sculp.

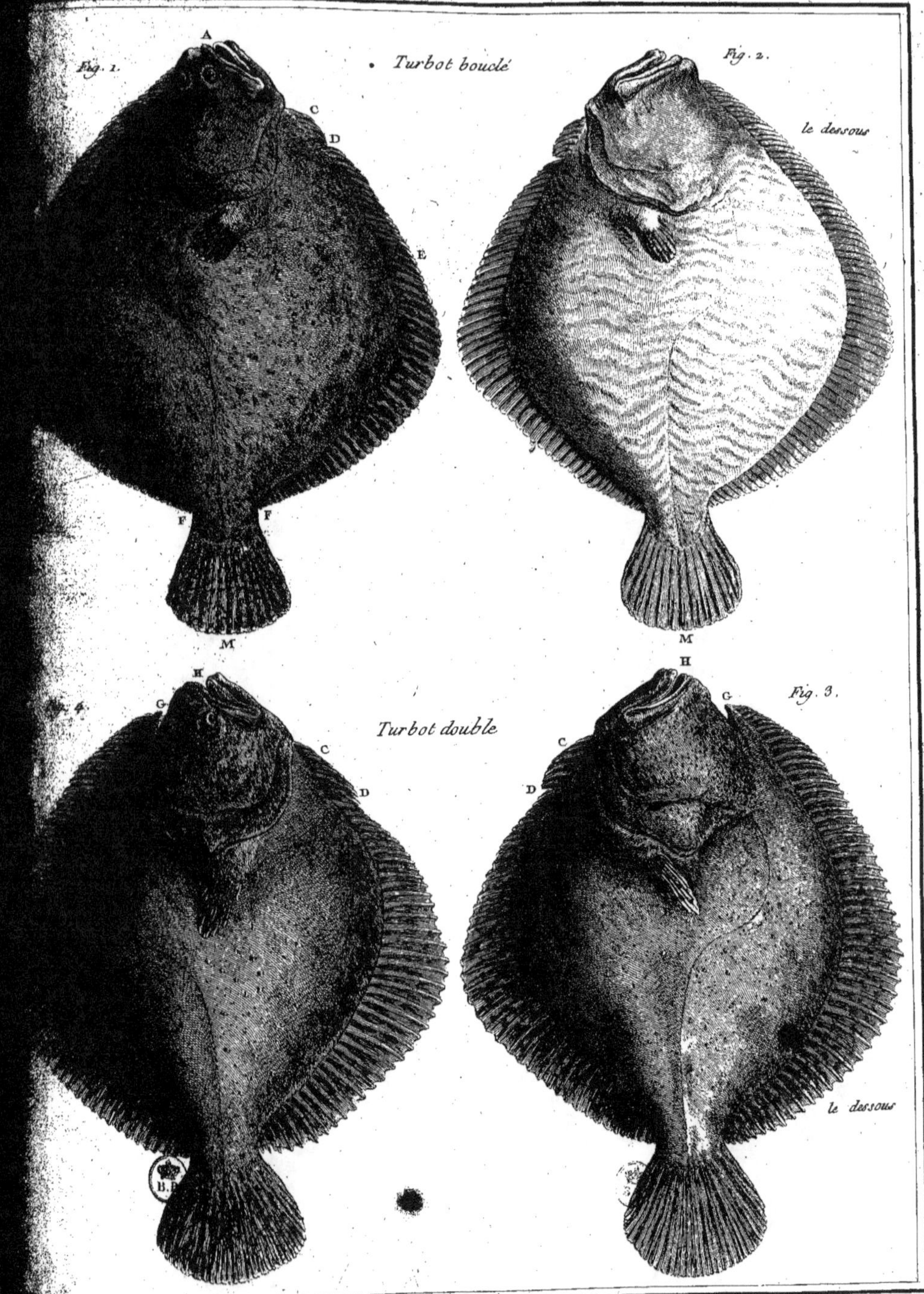

Fig. 1.
A
C
D
E
F   F
M
Turbot bouclé
Fig. 2.
le dessous
M
Fig. 4.
H
G
C
D
Turbot double
H
C
D
G
Fig. 3.
le dessous

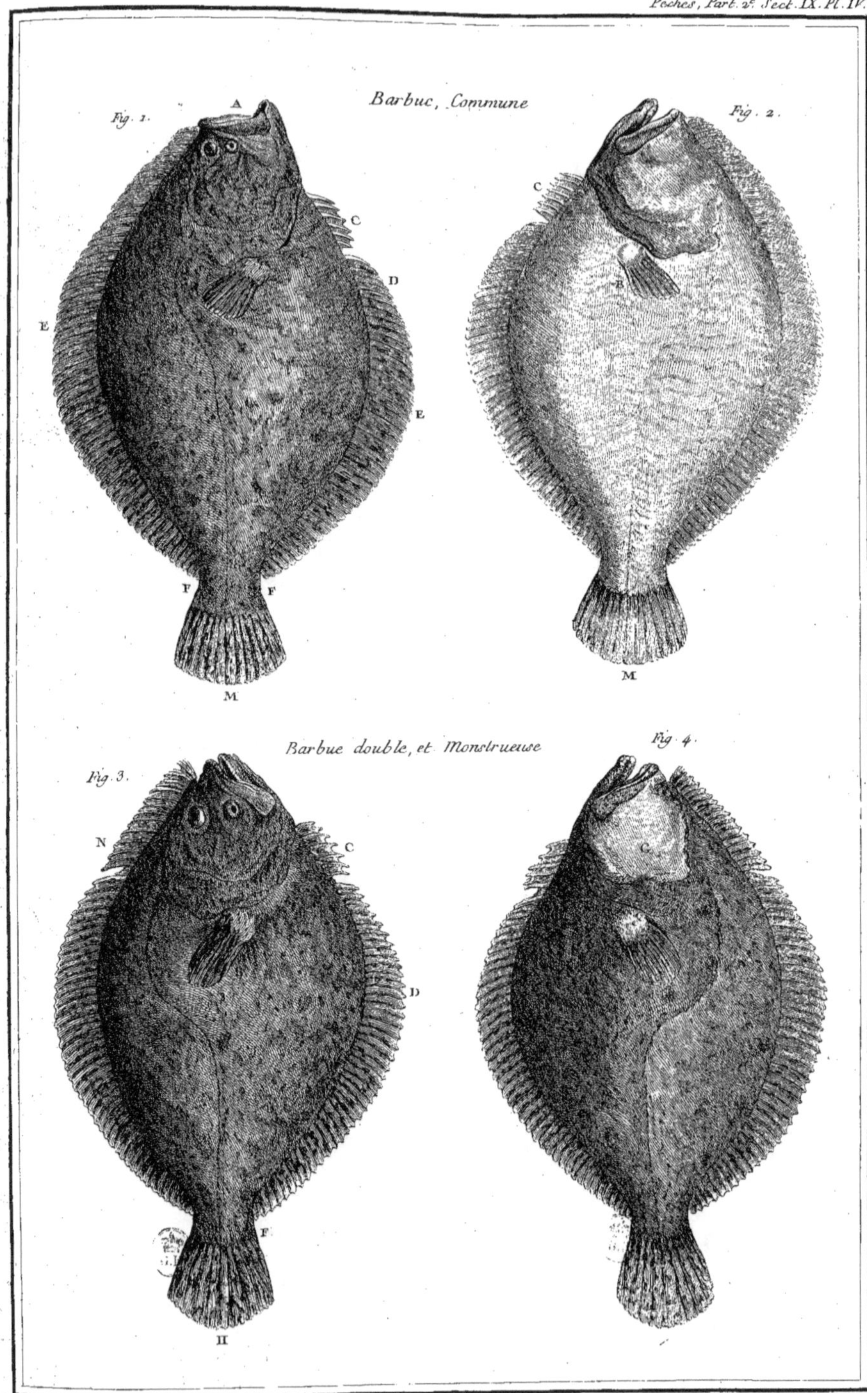

Pêches, Part. 2.ᵉ Sect. IX. Pl. IV.
Fig. 1.
A
C
D
E
E
F   F
M
Barbuc, Commune
Fig. 2.
C
M
Barbue double, et Monstrueuse
Fig. 3.
N
C
D
F
H
Fig. 4.
C
Pêches, Part. 2.ᵉ Sect. IX. Pl. IV.
C.ᵉ Haussard Sculp.

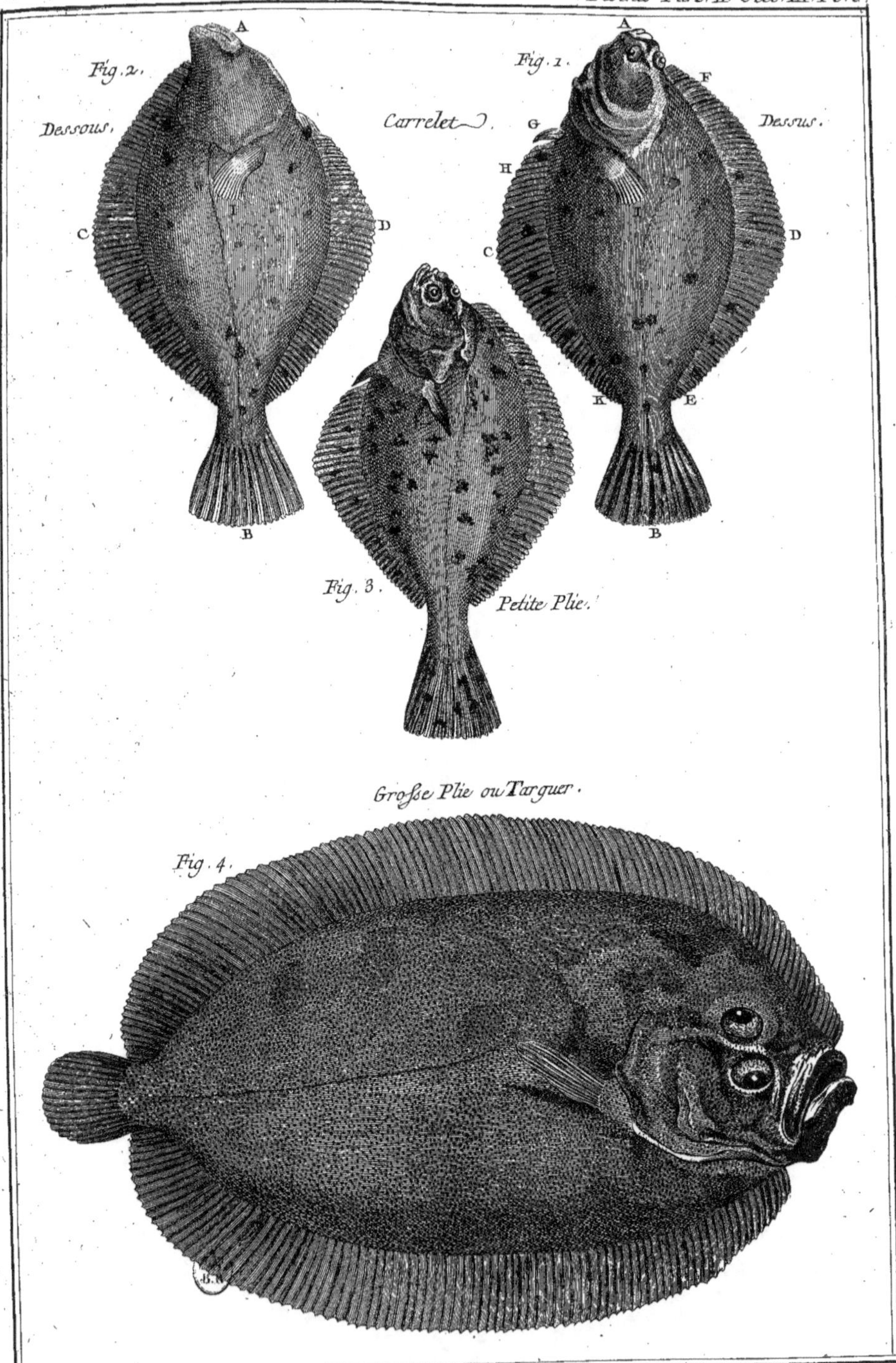
Fig. 2.
A
Dessous.
Carrelet
C
D
I
B
Fig. 1.
A
F
G
Dessus.
H
I
C
D
K
E
B
Fig. 3.
Petite Plie.
Grosse Plie ou Targuer.
Fig. 4.
Milsan Sculp.

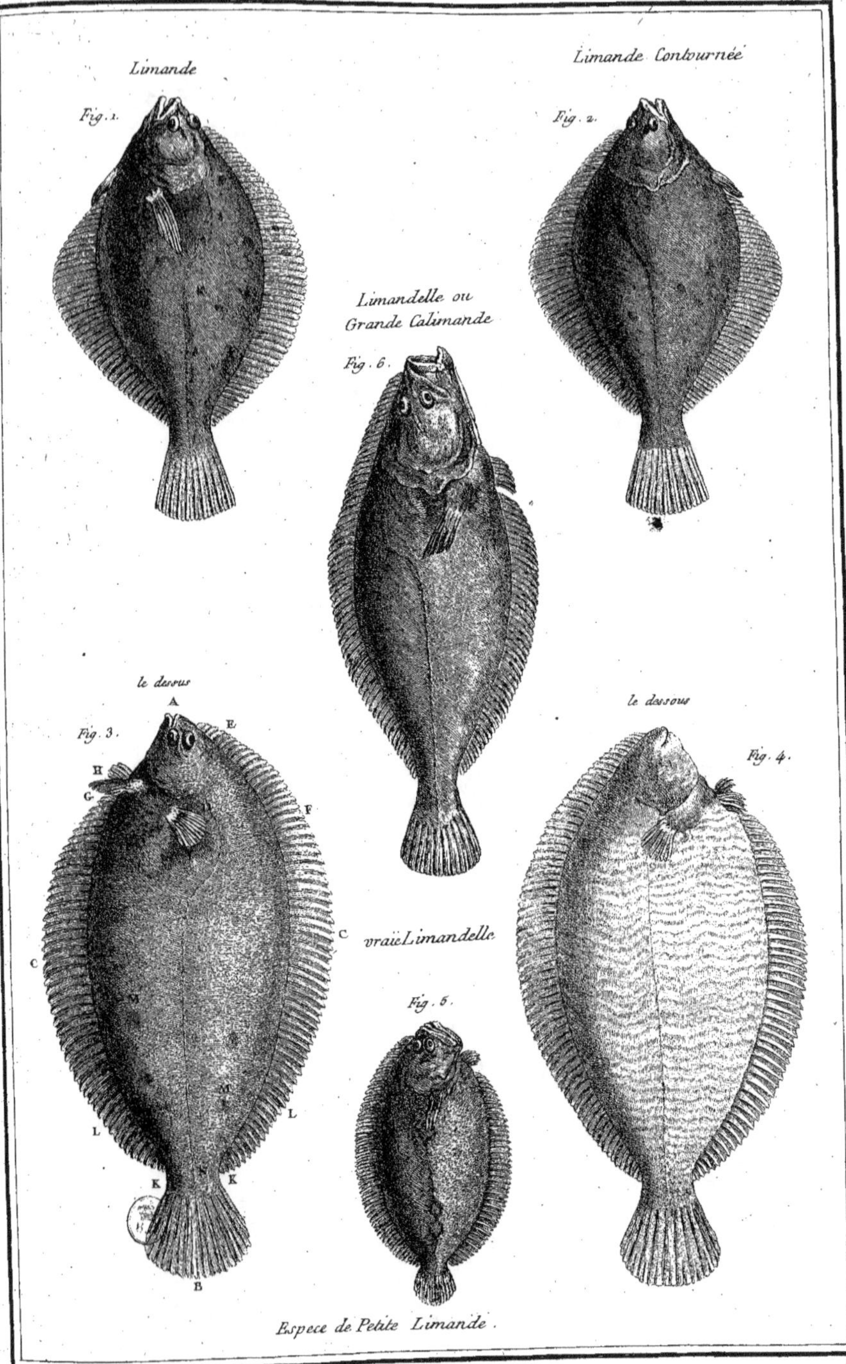

Espece de Petite Limande.

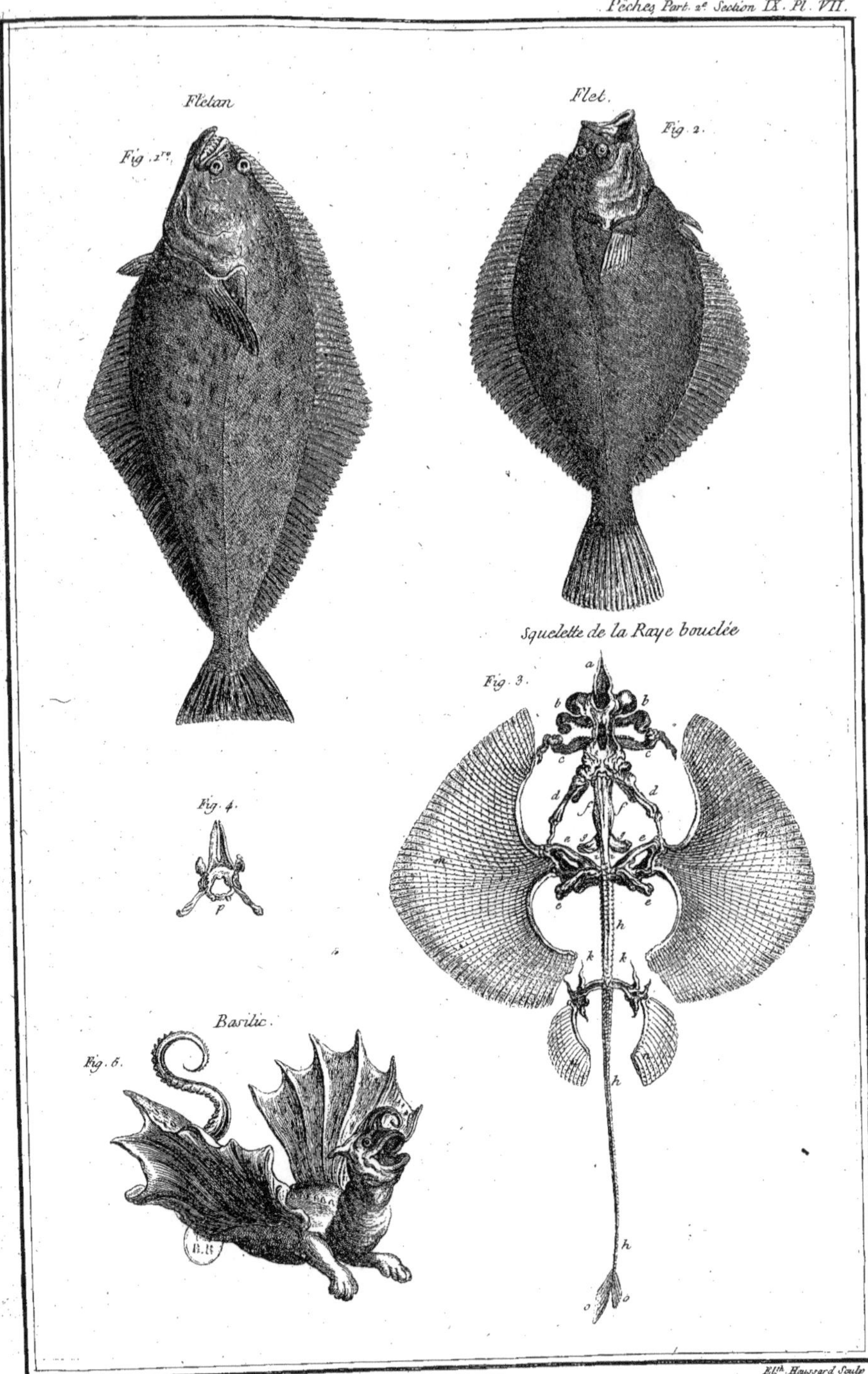

Fossier del.

Ell.th Haussard Sculp.

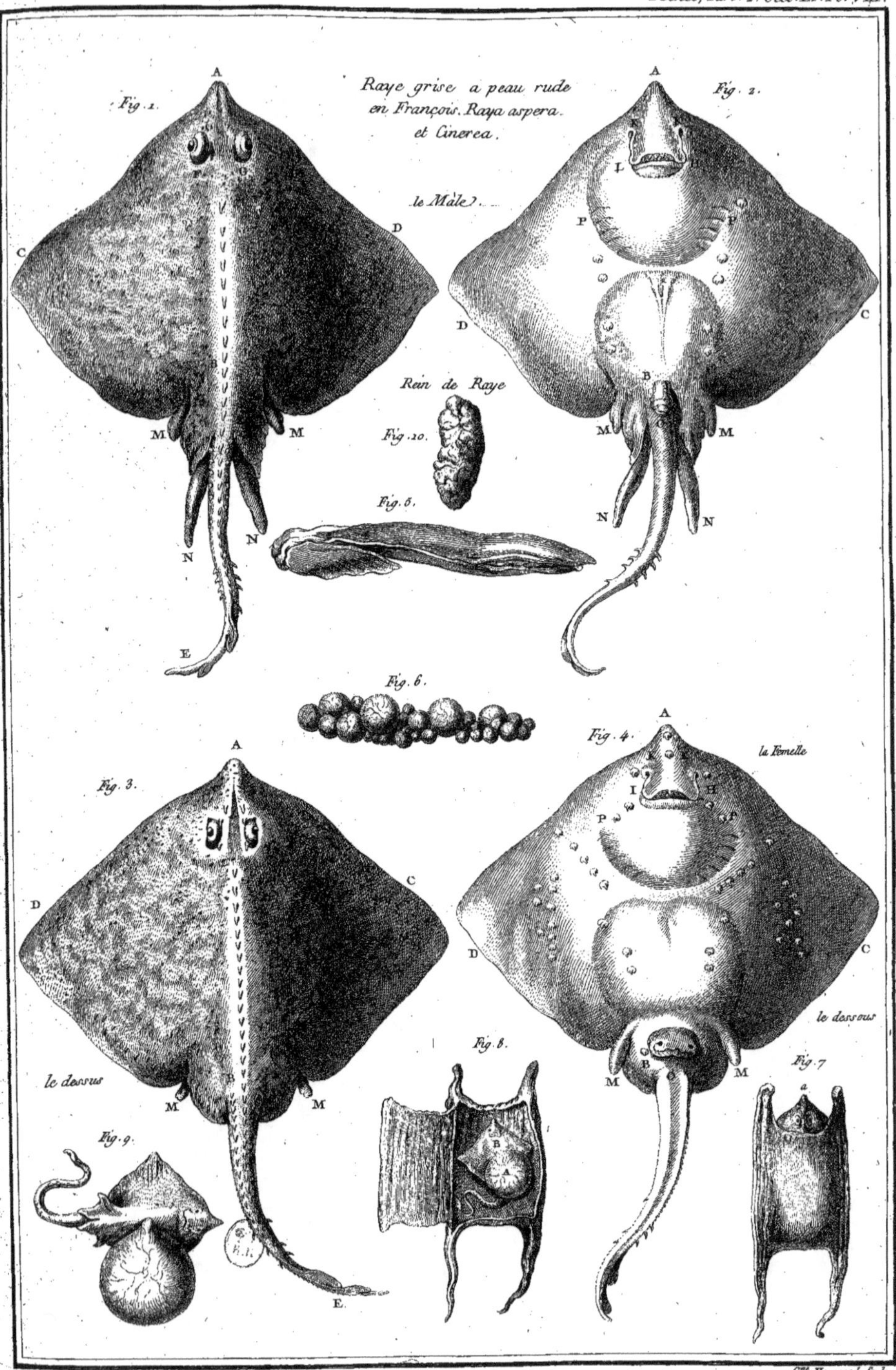
Fig. 1.
Raye grise a peau rude
en François. Raya aspera.
et Cinerea.
Fig. 2.
le Mâle.
Rein de Raye
Fig. 20.
Fig. 5.
Fig. 6.
Fig. 3.
Fig. 4.
la Femelle
le dessus
le dessous
Fig. 8.
Fig. 7.
Fig. 9.
Fessier del.
C.ᵉˡᵉ Haussard Sculp.

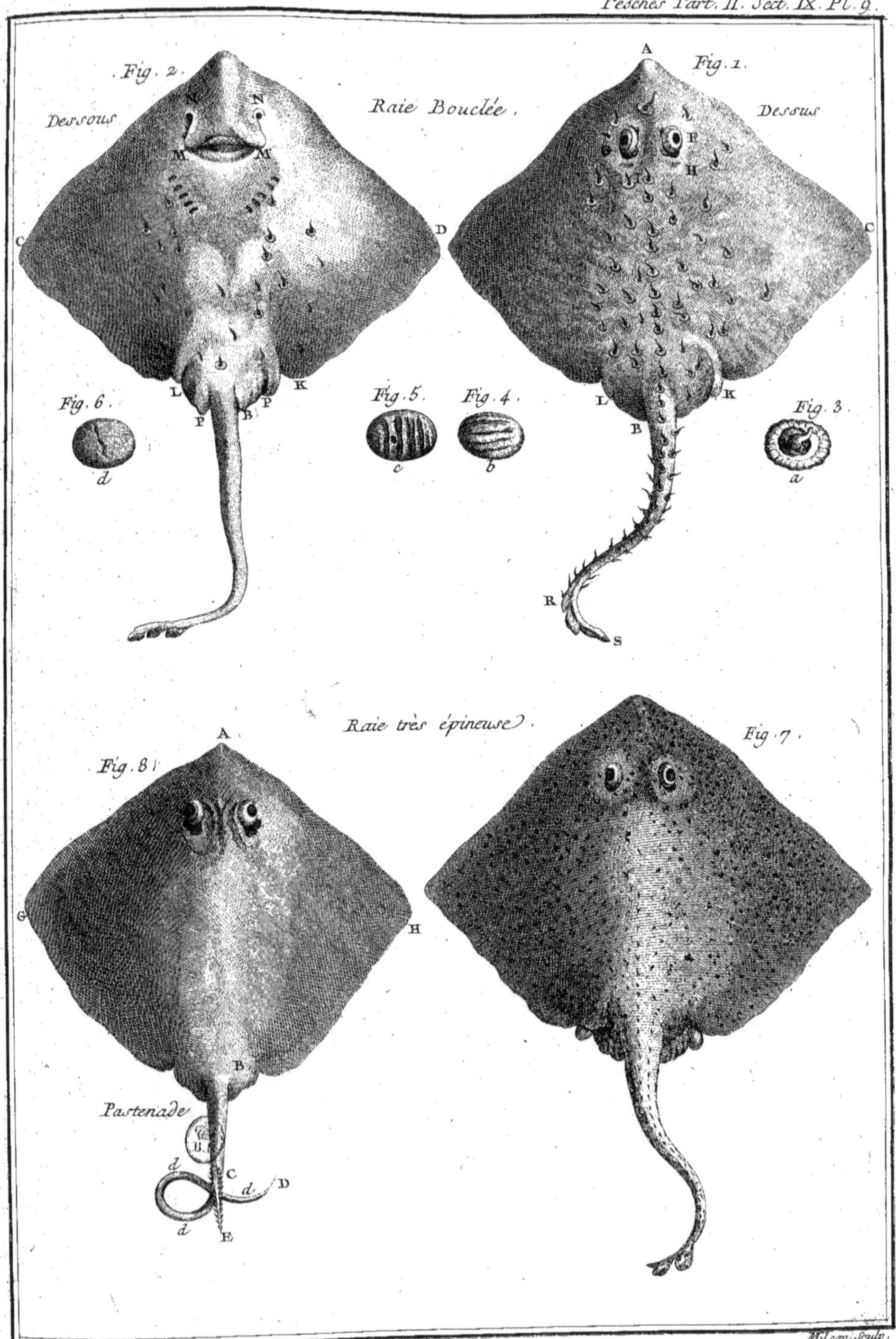
Fig. 2.
Dessous
Raie Bouclée.
Fig. 1.
Dessus
Fig. 6.
Fig. 5.
Fig. 4.
Fig. 3.
Raie très épineuse.
Fig. 7.
Fig. 8.
Pastenade
Milsan Sculp.

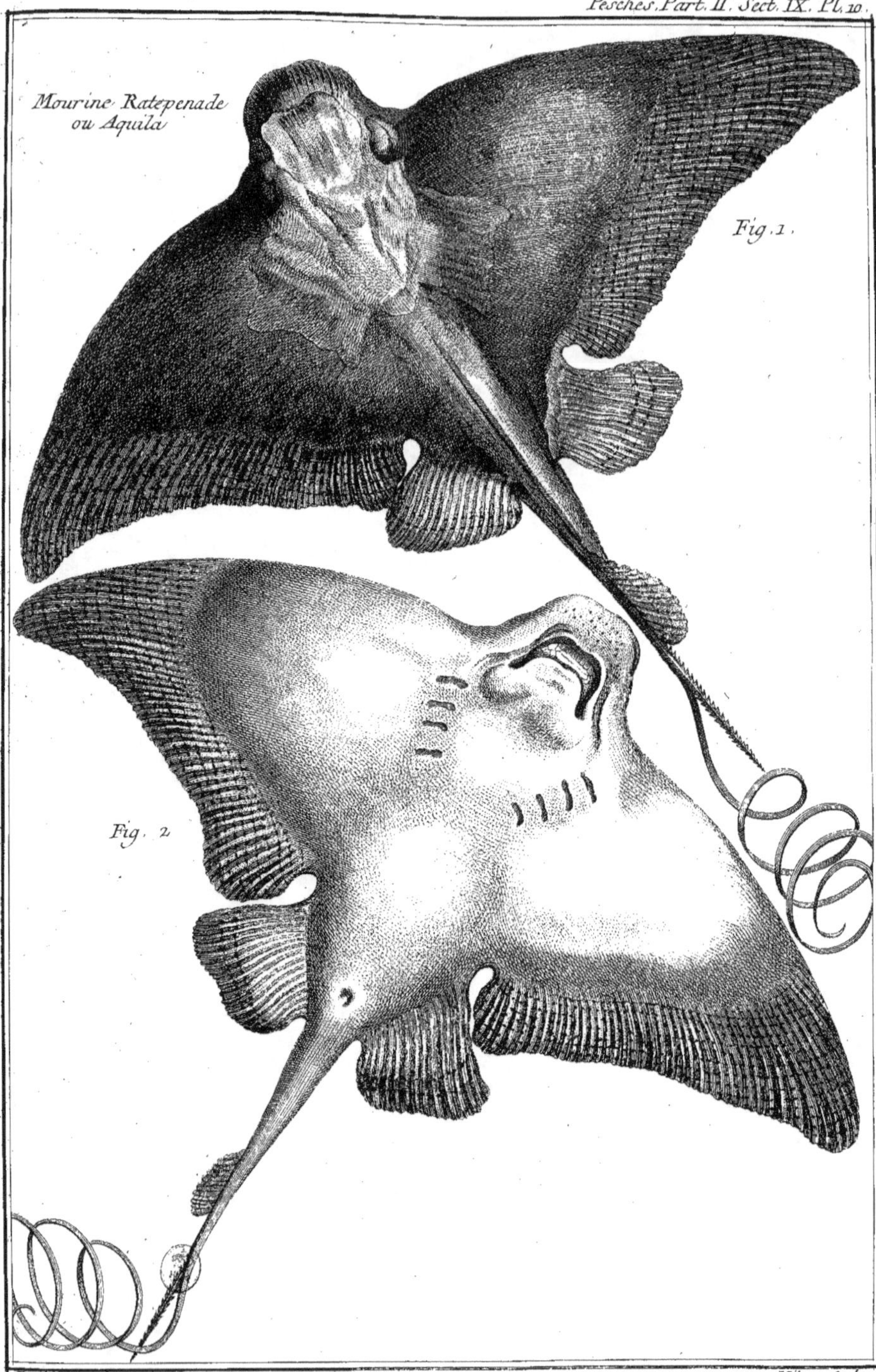

Pesches. Part. II. Sect. IX. Pl. 10.
Mourine Ratepenade
ou Aquila
Fig. 1.
Fig. 2.
Rossier. Del.
Milsan Sculp.

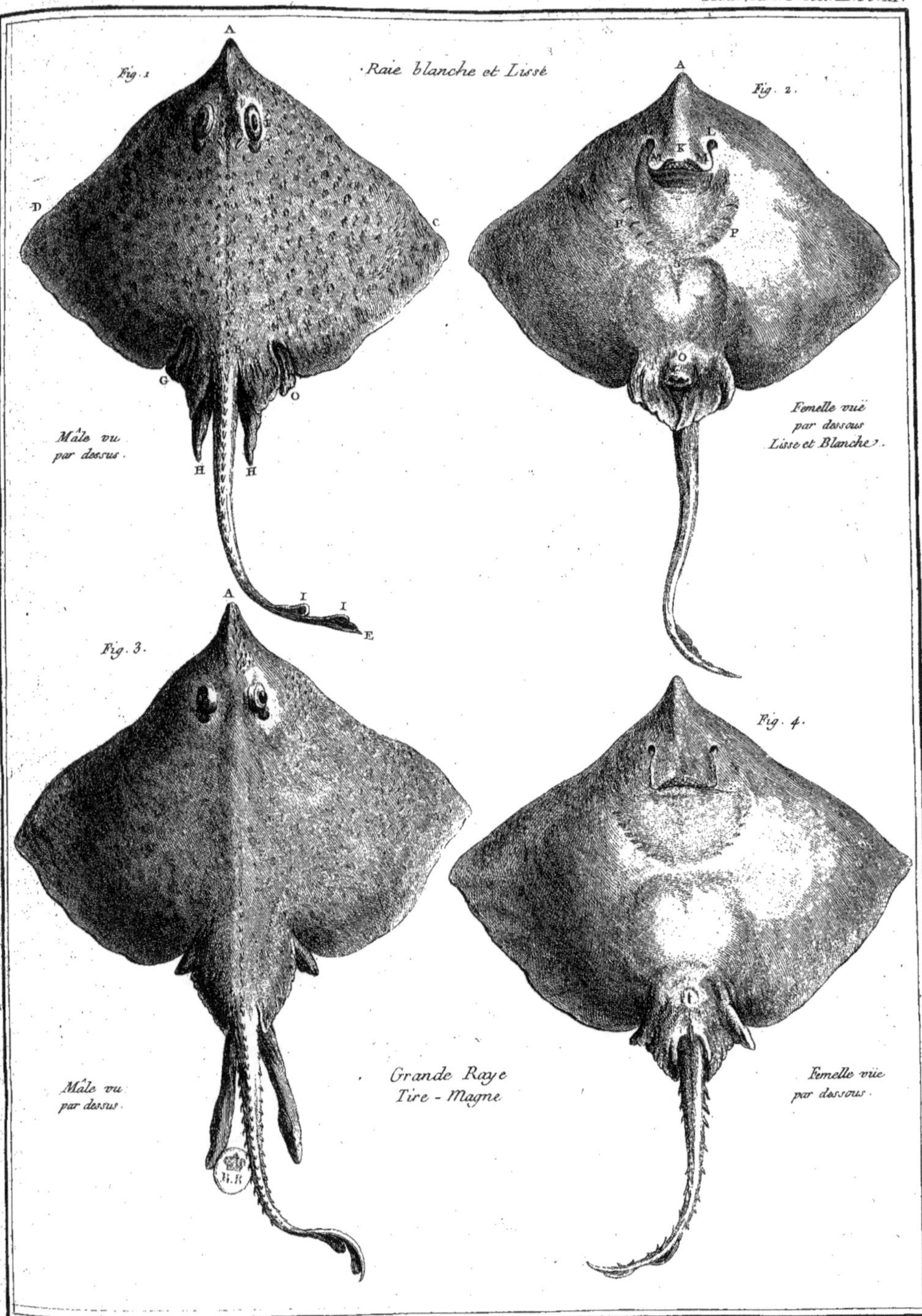

Fig. 1
Raie blanche et Lissé
A
D
C
G
O
H H
Mâle vu
par dessus.
Fig. 2.
A
K L
P
O
Femelle vüe
par dessous
Lisse et Blanche.
I I
E
Fig. 3.
A
Mâle vu
par dessus.
Grande Raye
Tire - Magne
Fig. 4.
A
Femelle vüe
par dessous

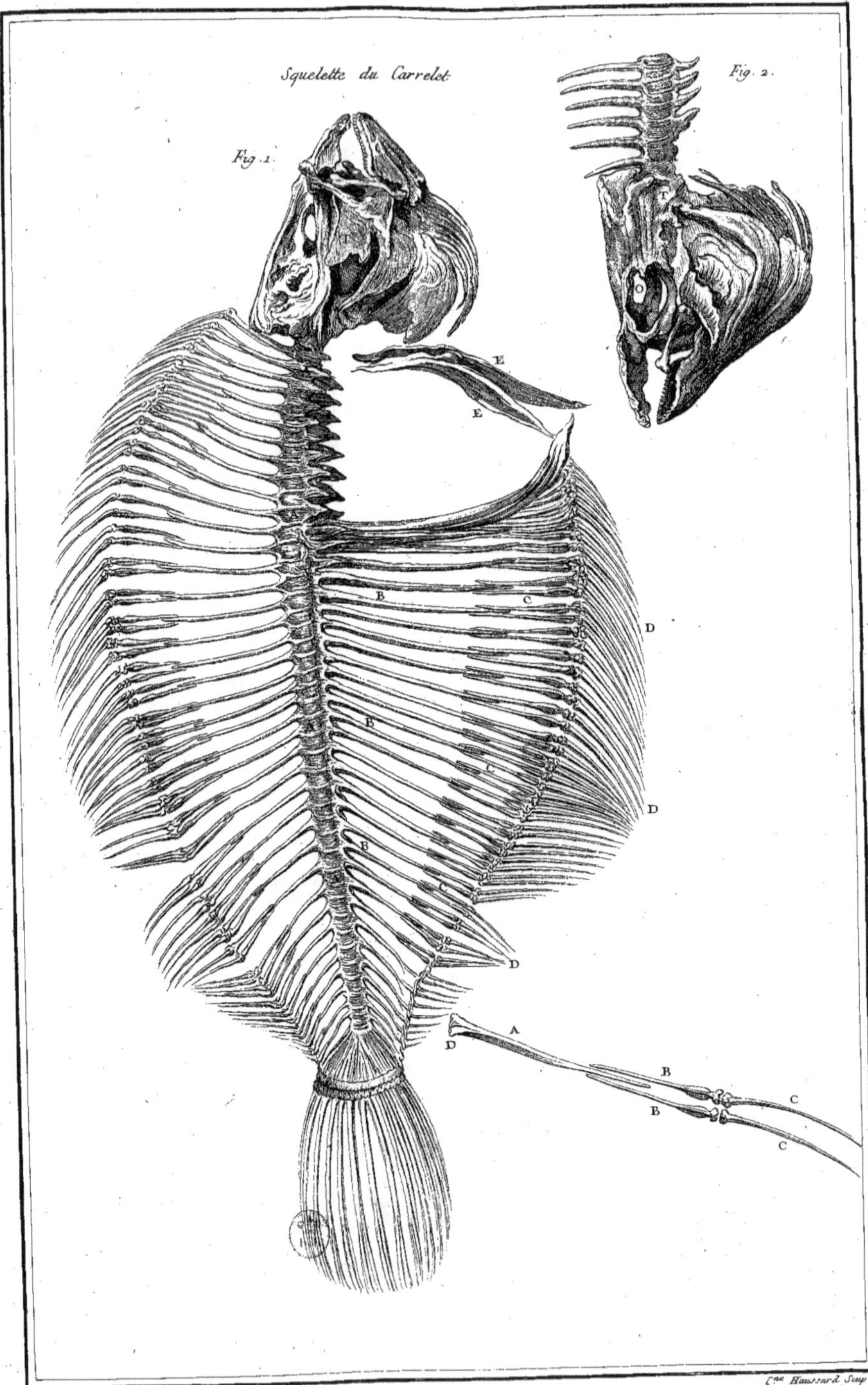

Péches. Part. 2.e Sect. IX. Pl. XII.
Squelette du Carrelet.
Fig. 1.
Fig. 2.
E
E
B
C
D
B
E
C
D
A
D
B
B
C
C
Fossier del.
C.ne Haussard Sculp.

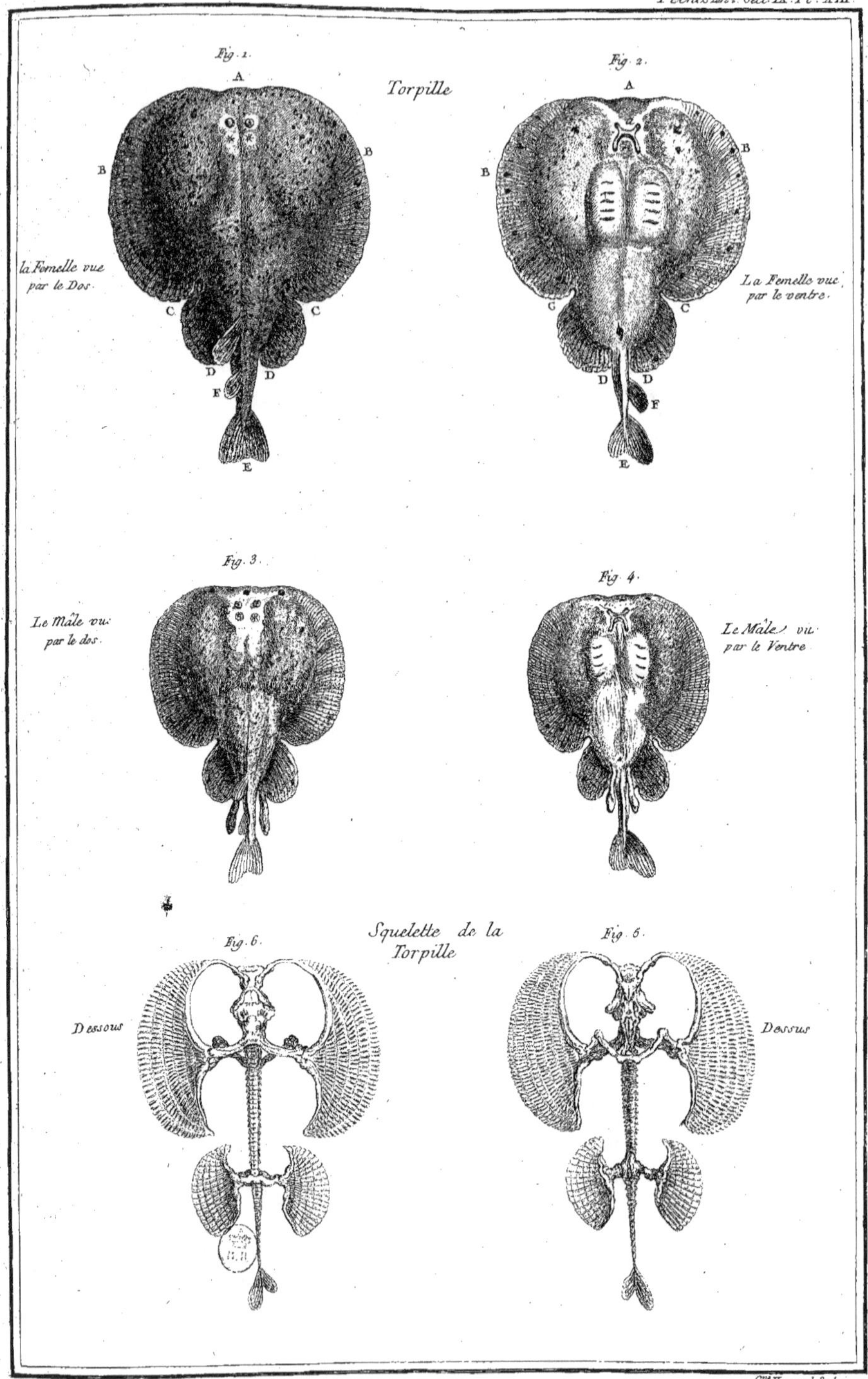
Fig. 1.
A
B
B
C
C
D
D
F
E
la Femelle vue
par le Dos.
Torpille
Fig. 2.
A
B
B
G
C
D
D
F
E
La Femelle vue
par le ventre.
Fig. 3.
Le Mâle vu
par le dos.
Fig. 4.
Le Mâle vu
par le Ventre
Squelette de la
Torpille
Fig. 6.
Dessous
Fig. 5.
Dessus
Fessier del.
C.me Haussard Sculp.

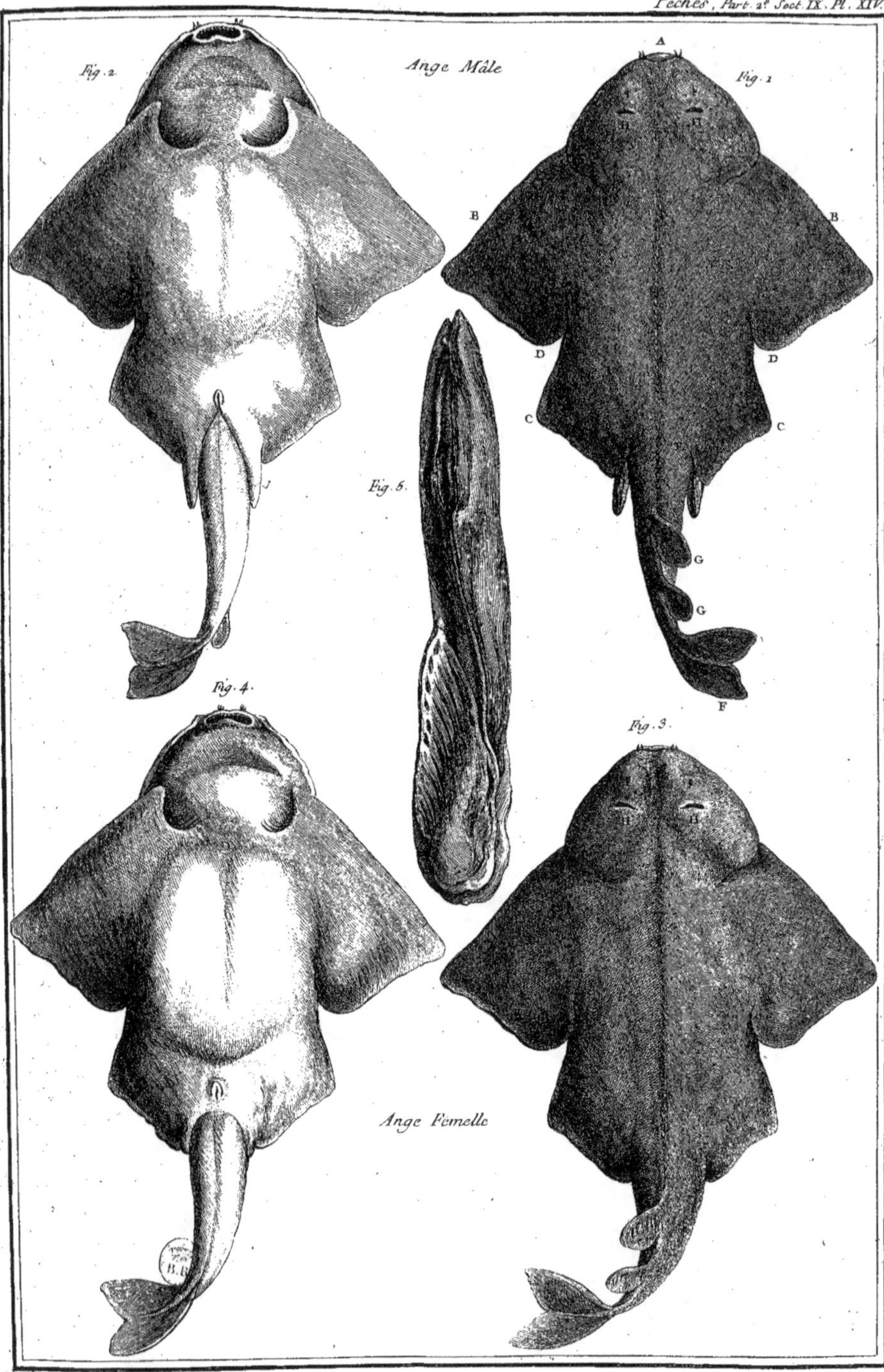
Fig. 2.
Ange Mâle
A
Fig. 1.
B
B
D
D
C
C
Fig. 5.
G
G
J
F
Fig. 4.
Fig. 3.
H
H
B. B.
Ange Femelle
Ch.ᵉ Haussard Sculp.

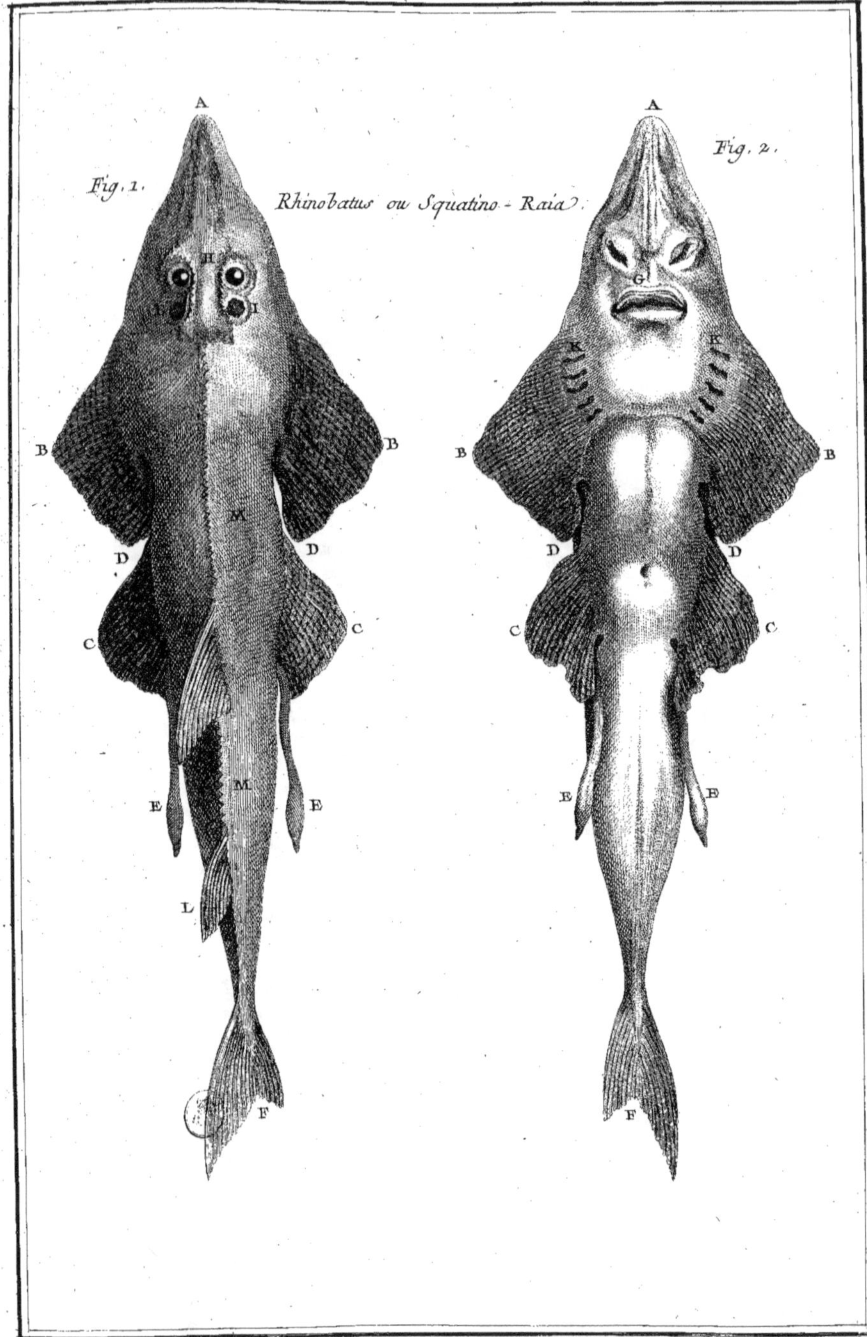
Fig. 1.
Fig. 2.
Rhinobatus ou Squatino - Raia.
Fossier Del.
Milsan Sculp.

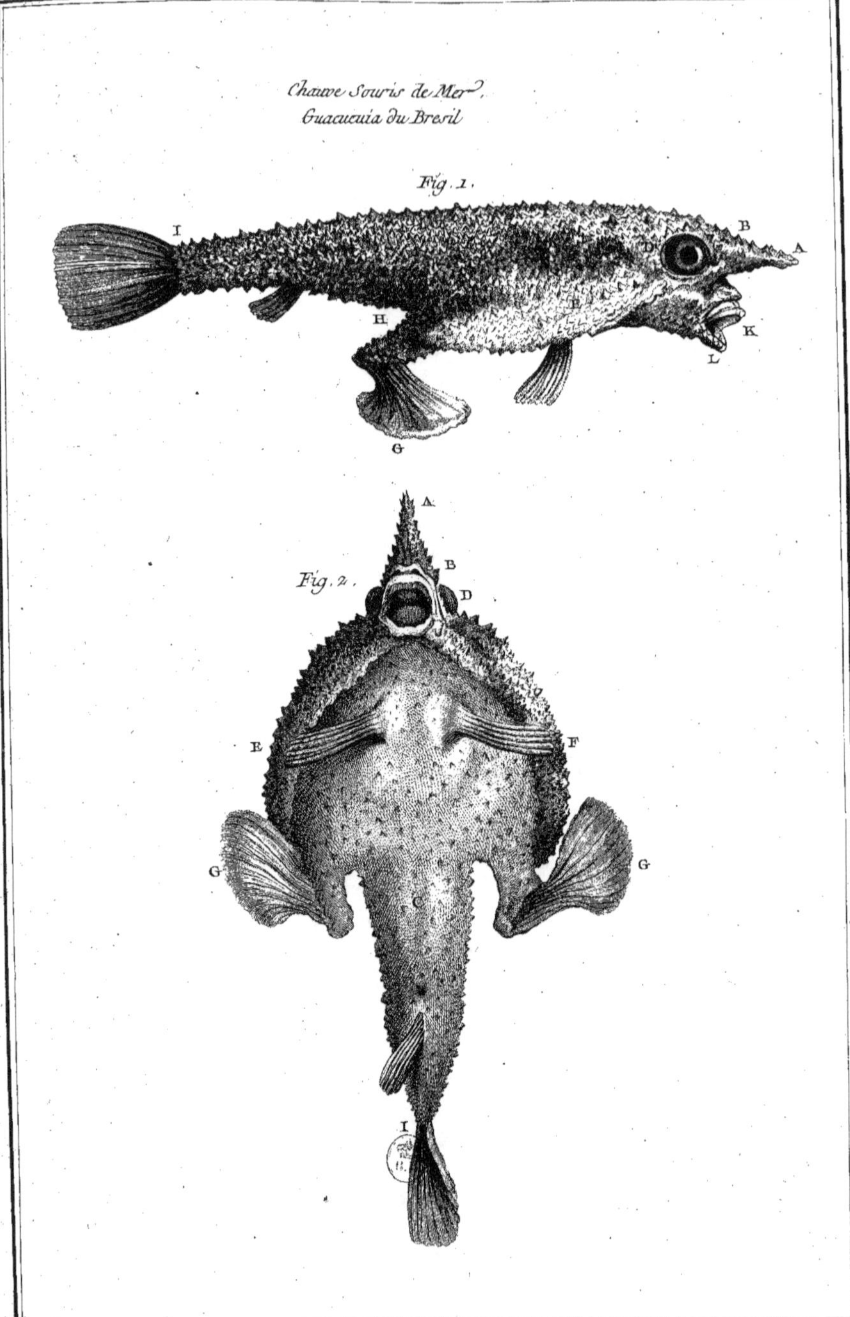
Chauve Souris de Mer.
Guacucuia du Bresil
Fig. 1.
I
B
A
D
H
K
L
G
Fig. 2.
A
B
D
E
F
G
G
C
I
Milsan Sculp.

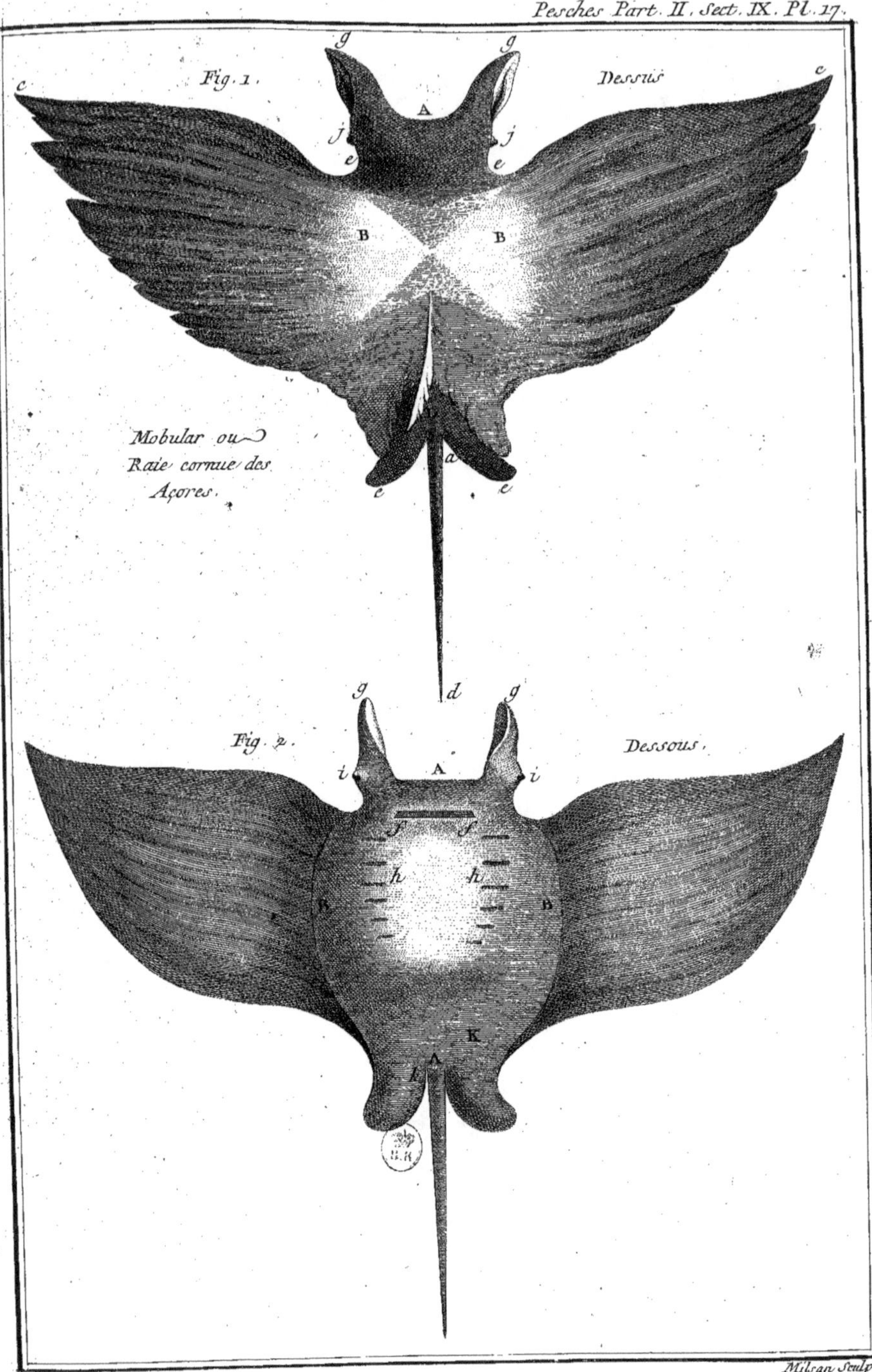
Fig. 1.
Dessus
c
g g
A
j j
e e
B B
a
e e
Mobular ou
Raie cornue des
Açores.
d
Fig. 2.
Dessous.
g g
i A i
F F
h h
B B
K
Milsan Sculp.

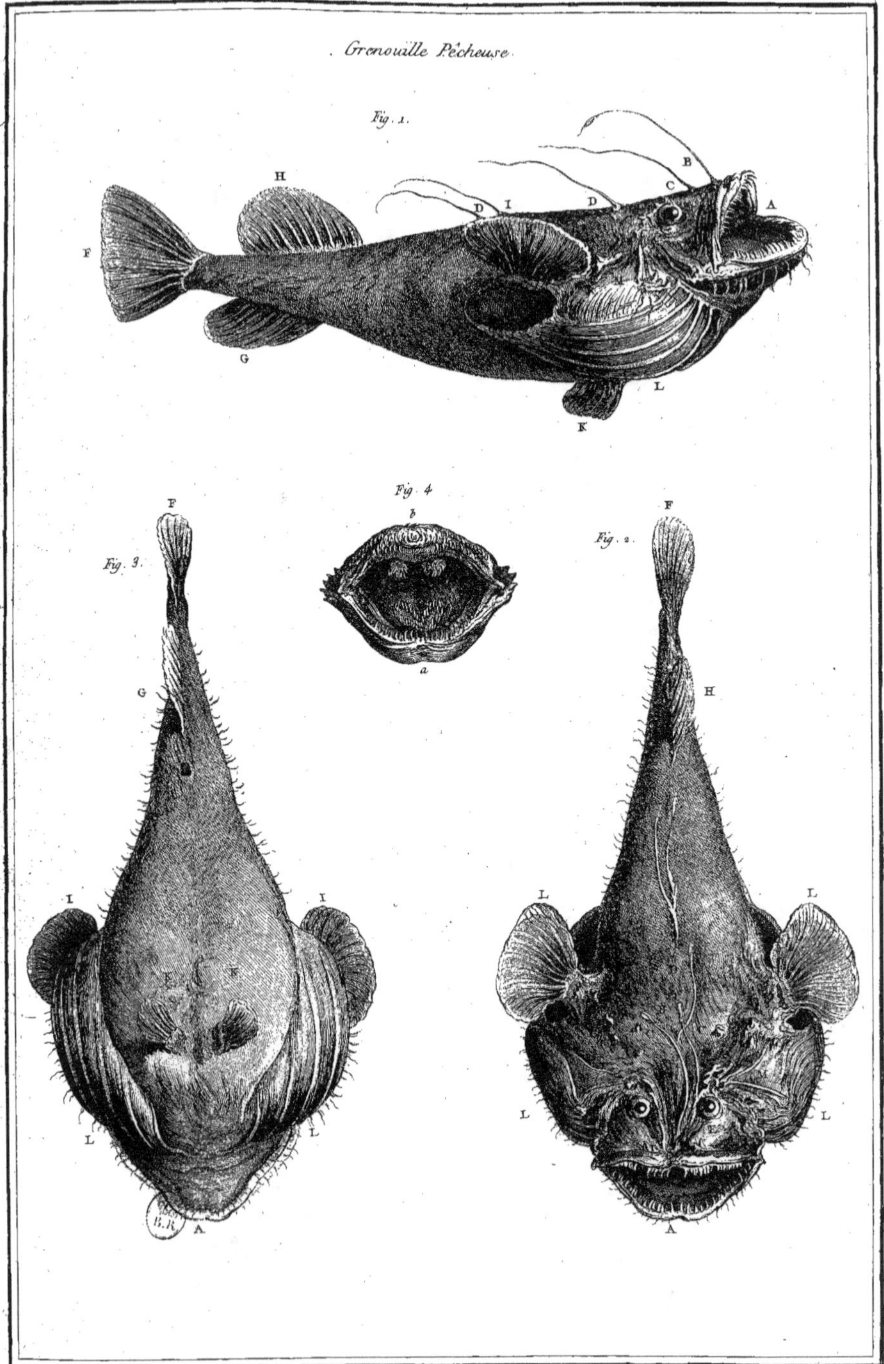

Fevrier del.   E.ᵗᵉ Haussard Sculp.

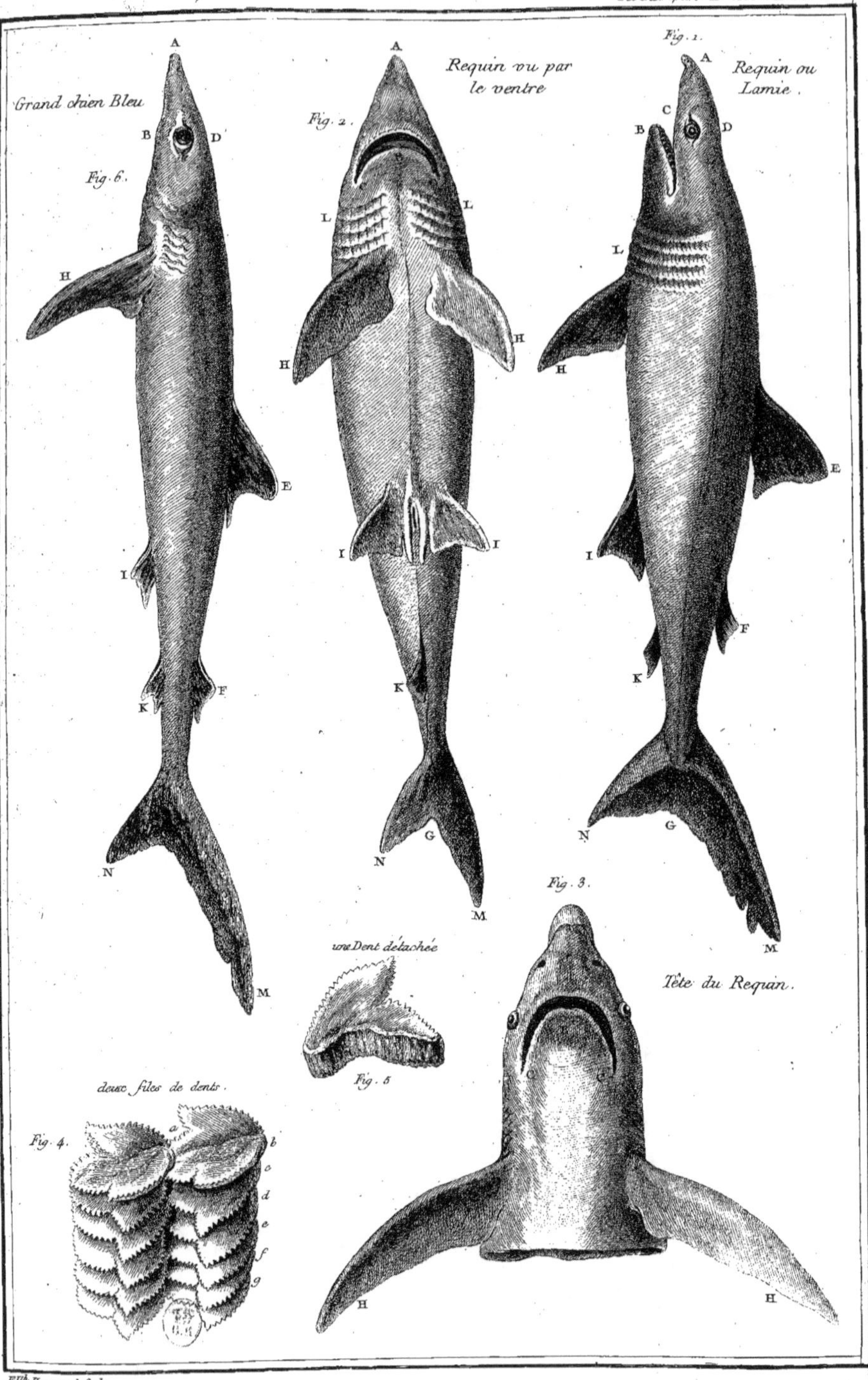

Pesches.part.II.Sect.IX.Pl.XIX.
Grand chien Bleu
Fig.6.
Requin vu par le ventre
Fig.2.
Fig.1.
Requin ou Lamie.
une Dent detachée
Fig.5.
deux files de dents.
Fig.4.
Fig.3.
Tête du Requin.
Eli.Th.Hausard Sculp.

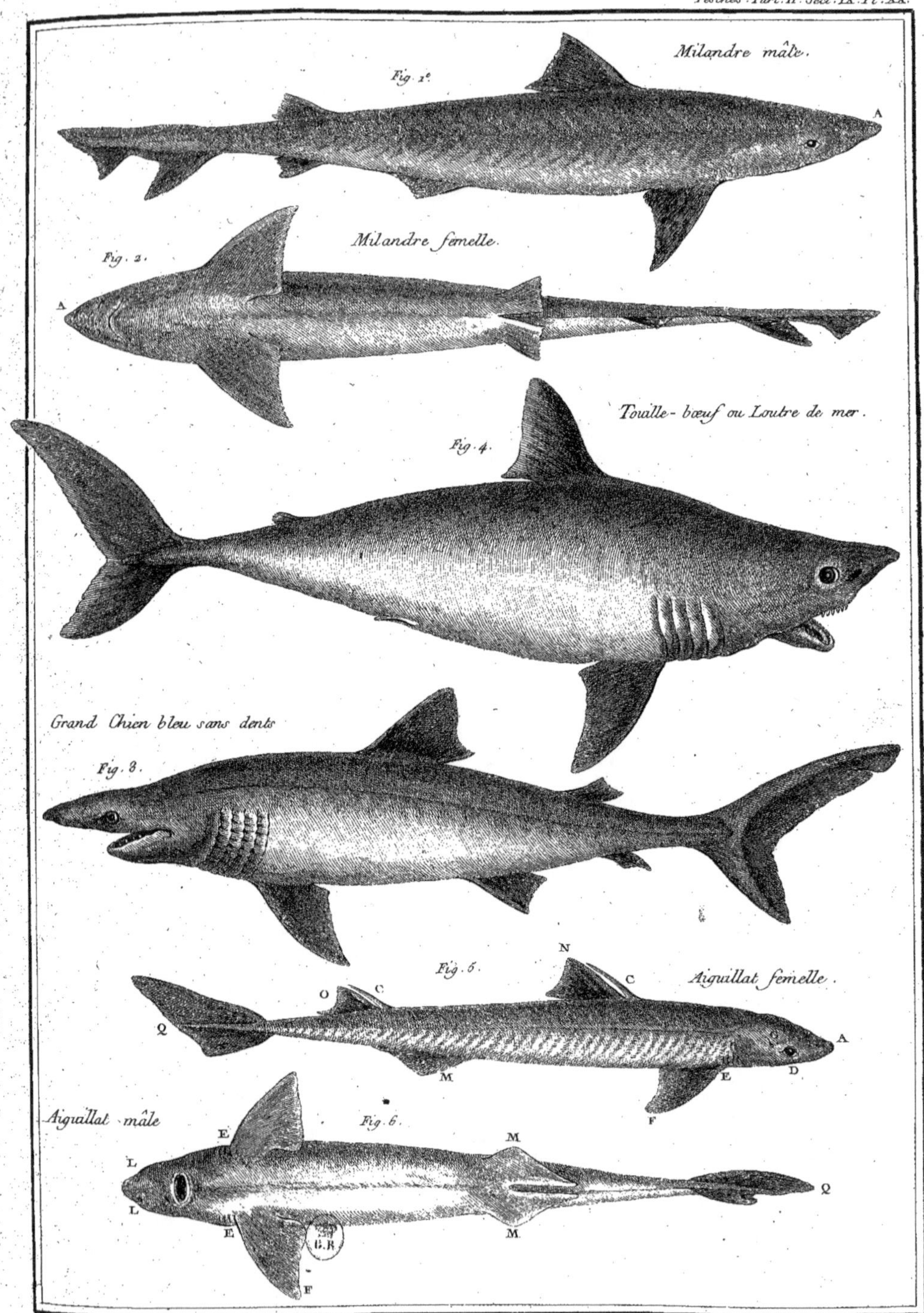

Cne Haussard Sculp.

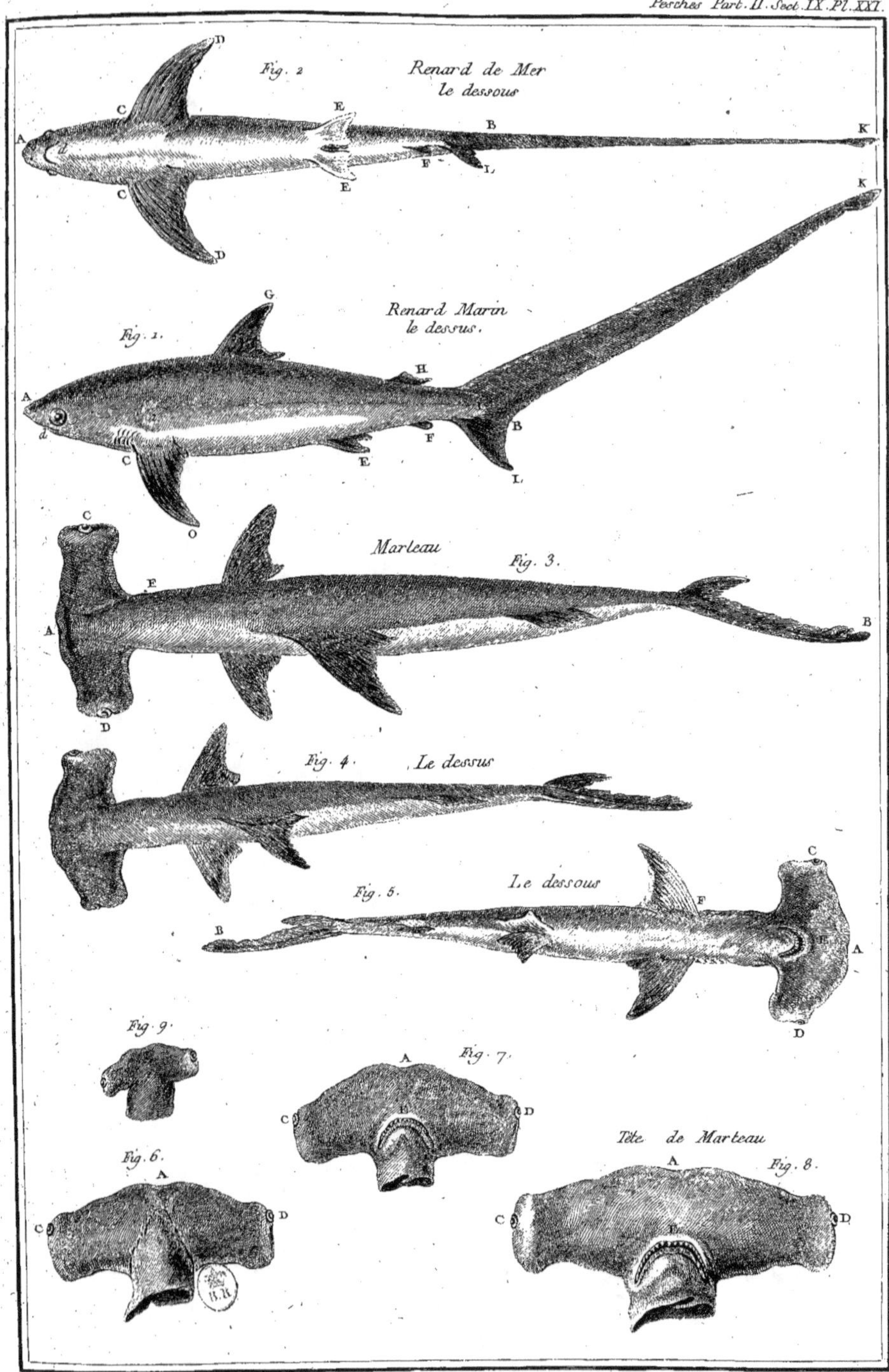
Fig. 2
Renard de Mer
le dessous
D
C
E
B
K
A
F
L
C
E
D
K
G
Renard Marin
le dessus.
Fig. 1.
H
A
d
B
C
F
E
L
O
C
Marteau
Fig. 3.
E
A
B
D
Fig. 4.
Le dessus
Fig. 5.
Le dessous
C
F
B
A
D
Fig. 9.
A
Fig. 7.
C
D
Tête de Marteau
Fig. 6.
A
A
Fig. 8.
C
D
C
D

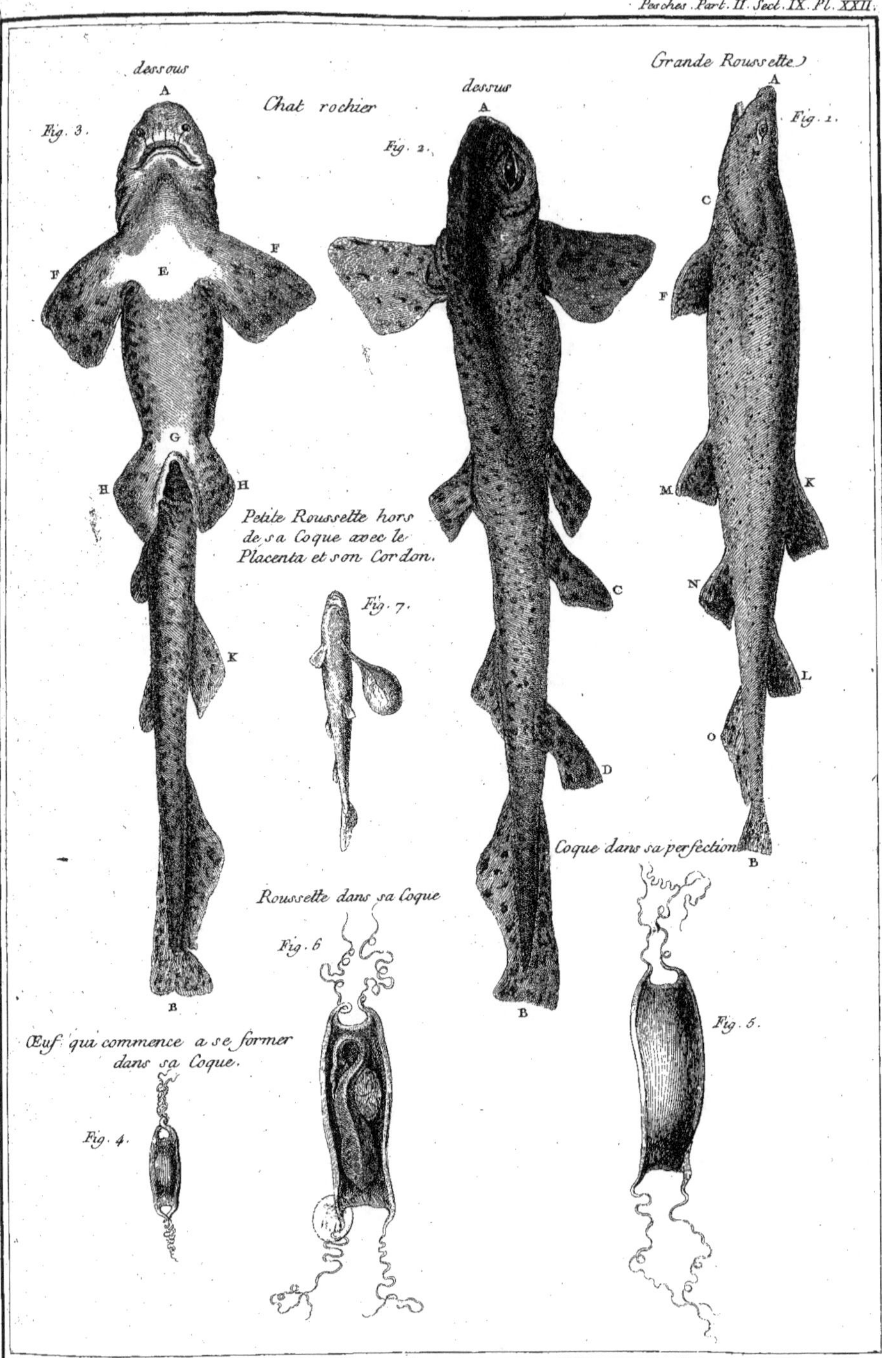
dessous
Chat rochier
dessus
Grande Roussette
Fig. 3.
A
Fig. 2.
A
A
Fig. 1.
F
F
F
E
C
F
G
H
H
M
K
N
K
Petite Roussette hors
de sa Coque avec le
Placenta et son Cordon.
Fig. 7.
C
L
O
D
B
Coque dans sa perfection.
Roussette dans sa Coque.
Fig. 6.
B
Fig. 5.
Œuf qui commence a se former
dans sa Coque.
Fig. 4.

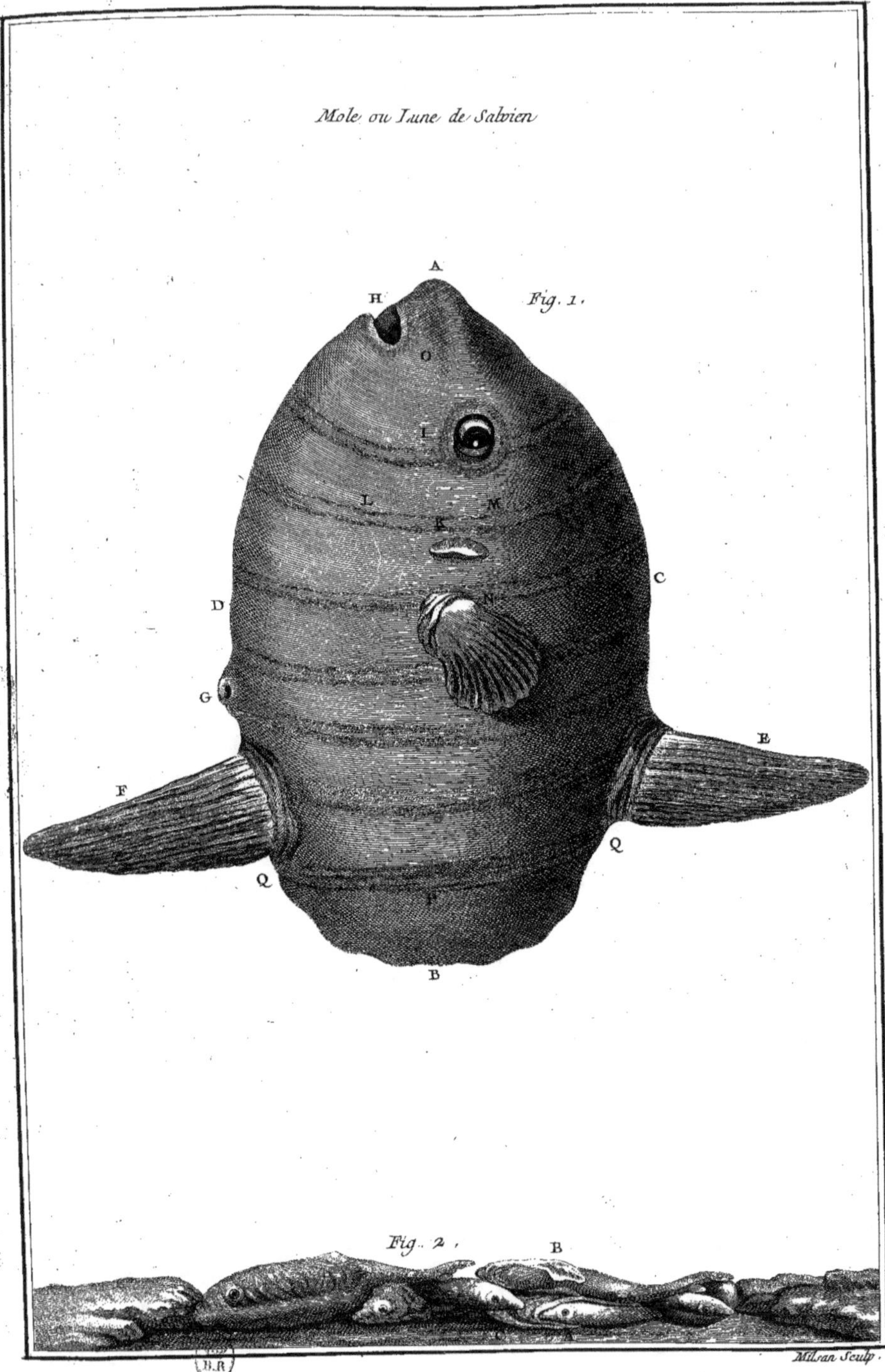
Mole ou Lune de Salvien
Fig. 1.
A
H
O
I
L
M
K
C
D
N
G
E
F
Q
Q
B
Fig. 2.
B

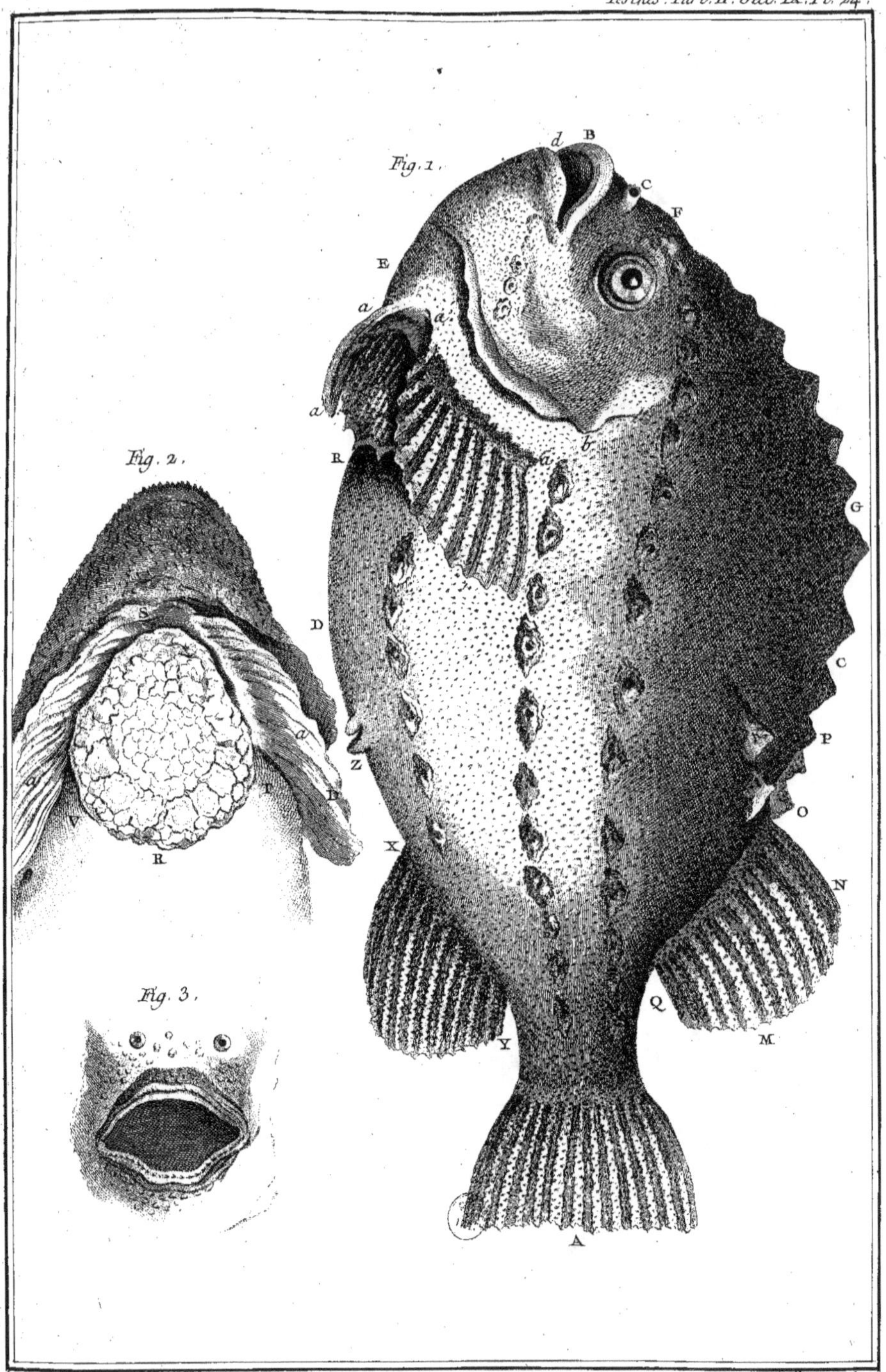
Fig. 1.
Fig. 2.
Fig. 3.
Mil.van Sculp.

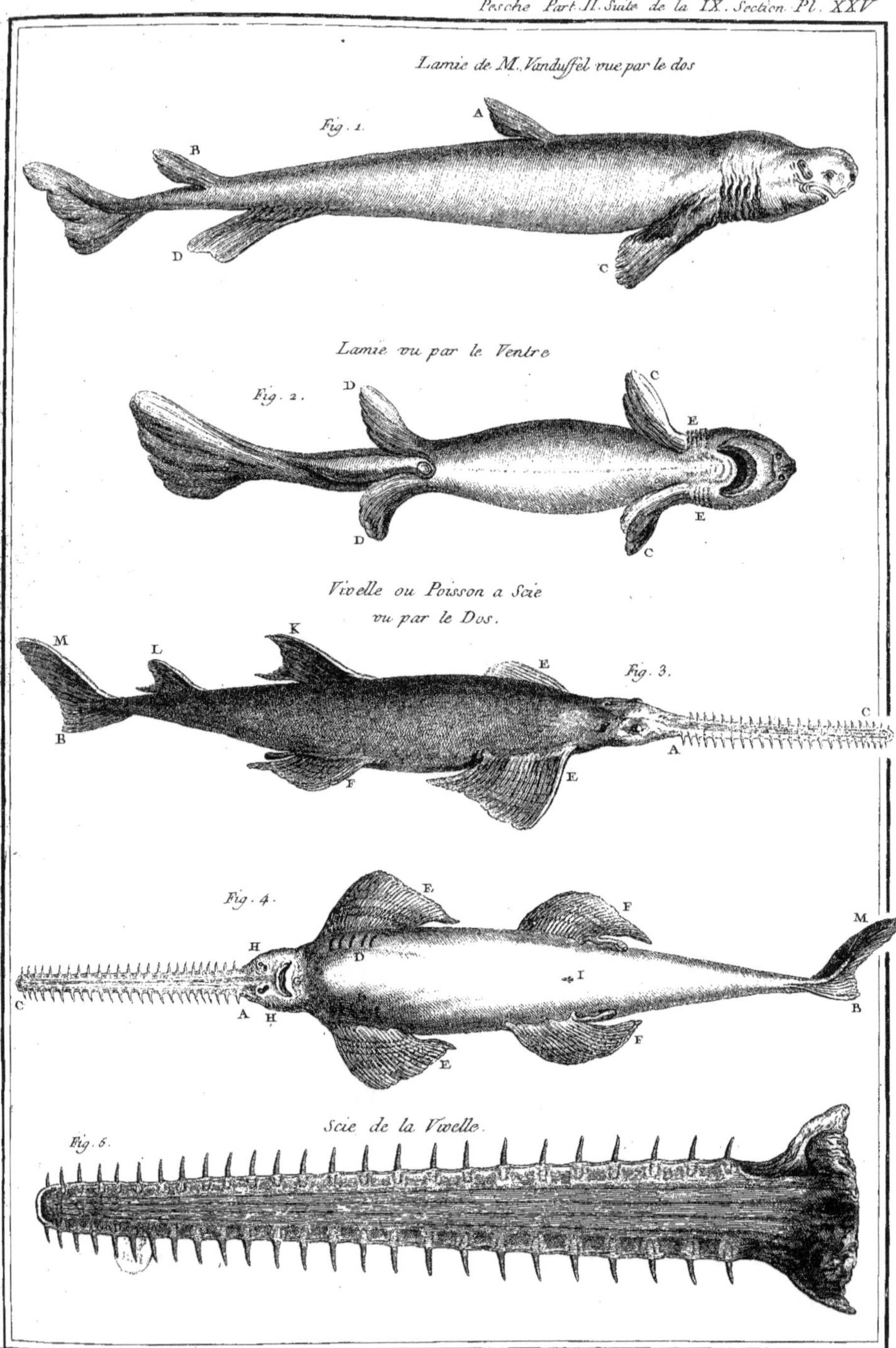
Lamie de M. Vanduffel vue par le dos
Fig. 1.
A
B
D
C
Lamie vu par le Ventre
Fig. 2.
D
C
E
D
C
E
Vivelle ou Poisson a Scie
vu par le Dos.
M
L
K
E
Fig. 3.
B
F
E
A
C
Fig. 4.
E
F
M
H
D
I
C
A
H
B
E
F
E
Scie de la Vivelle.
Fig. 6.

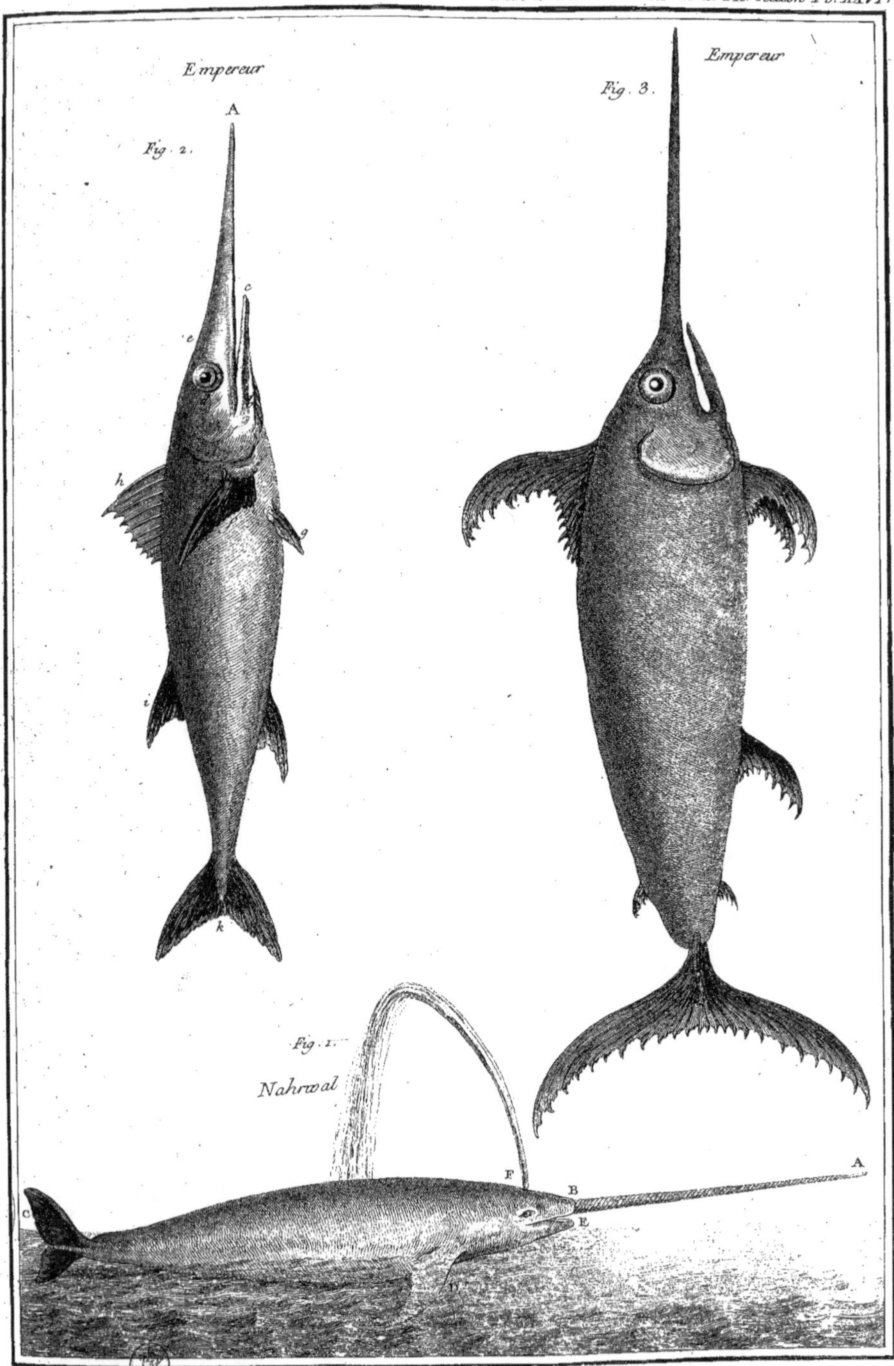
Empereur
Fig. 2.
A
c
e
h
g
i
k
Empereur
Fig. 3.
Fig. 1.
Nahrwal
C
F
B
E
A
D
Cne Haussard Sculp.

Fig.1. Trompette de Mer
vue par le côté
Fig.3. Trompette de Mer, figuré en forme de Palette.
Bec de de Mer, forme de
Fig.2. vue par le Dos.
A
C
D
E
F
G
H
I
B
D
E
F
G
I
Fessier del.
Milsan Sculp

TRAITÉ GÉNÉRAL

DES PÊCHES,

ET

HISTOIRE DES POISSONS

QU'ELLES FOURNISSENT,

TANT POUR LA SUBSISTANCE DES HOMMES,

QUE POUR PLUSIEURS AUTRES USAGES

QUI ONT RAPPORT AUX ARTS ET AU COMMERCE.

Par M. DUHAMEL DU MONCEAU, *de l'Académie Royale des Sciences ;*
de la Société Royale de Londres ; des Académies de Pétersbourg, de Palerme, & de
l'Institut de Bologne ; Honoraire de la Société d'Edimbourg , & de l'Académie de
Marine ; Associé à plusieurs Sociétés d'Agriculture ; Inspecteur général de la Marine.

SUITE DE LA SECONDE PARTIE.

TOME QUATRIEME.

A PARIS,

Chez Veuve DESAINT, Libraire, rue du Foin Saint-Jacques.

M. DCC. LXXXII.

AVEC APPROBATION, ET PRIVILÉGE DU ROI.

TRAITÉ GÉNÉRAL
DES PÊCHES
ET
HISTOIRE DES POISSONS,
O U
DES ANIMAUX QUI VIVENT DANS L'EAU,

SUITE DE LA SECONDE PARTIE.
TOME IV.

DIXIEME SECTION.

Des Poiſſons Cetacées, & des Amphibies.

INTRODUCTION.

ON donne le nom de *Cetacées* à de grands Poiſſons, qui, à pluſieurs égards, reſſemblent à la Baleine, qu'on nomme en Latin *Cete*; à l'égard du terme *Amphibies*, on le donne aux poiſſons qui ont quelques points de reſſemblance avec les animaux qui vivent à terre, & à beaucoup d'autres de ceux qui vivent dans l'eau. Les Baleines ont un beſoin abſolu d'aſpirer l'air, comme les animaux terreſtres. Comme eux, il y en a de mâles & de femelles; les organes qui diſtinguent les ſexes ont beaucoup de reſſemblance avec ceux des Quadrupedes; elles s'accouplent pour multiplier leur eſpéce; elles ſont vivipares, & allaitent leurs petits au moyen de leurs mamelles. Voilà bien des points de reſſemblance avec les animaux terreſtres, mais elles en ont encore beaucoup plus avec les poiſſons. Les Baleines participent donc de la nature des poiſſons & de celle des animaux

PÉCHES. II. Partie. Tome IV. Sect. X.   A

terreftres ; ce qui a engagé quelques Naturaliftes à les mettre au nombre des Amphibies. Mais il y a d'autres poiffons qui paroiffent mériter cette dénomination à plus jufte titre que les Baleines, qui ne vivent point à terre, au lieu que les autres animaux, vrais amphibies, y viennent de temps en temps, foit pour y paître l'herbe ou pour y faire leurs petits ; & dans ce cas ils y reftent long-temps fans retourner à l'eau. Affurément, ceux-là ont plus le caractere des Amphibies que les Baleines. Ces réflexions m'ont engagé à réferver le nom de *Cetacées* pour les poiffons qui ont du rapport avec les Baleines, & celui d'Amphibies pour ceux qui ont plus de reffemblance avec les animaux terreftres que n'en ont les Baleines. Pour cette raifon, je me propofe de traiter des Cétacées & des Amphibies dans des Chapitres différents ; & je commence par les Cétacées.

CHAPITRE PREMIER.

De la Baleine, & des Poiffons qui y ont rapport.

LA Baleine eft fans contredit un des plus gros poiffons qu'on prenne à la mer ; je dis à la mer, parce que c'eft dans les mers, & particuliérement dans celles du Nord, qu'on en trouve le plus abondamment ; néanmoins on verra dans la fuite qu'on en a pris quelquefois, & accidentellement dans de grandes Rivieres.

Il y a dans le genre des Baleines des individus d'une grandeur énorme, puifqu'on dit qu'on en prend dans la Mer des Indes & de la Chine, qui ont 150, même 200 pieds, & beaucoup plus de longueur, & qui font groffes à proportion. Peut-être y a-t-il en cela de l'exagération ; mais ces pays font trop éloignés de ceux que nous habitons, pour que nous puiffions, par nos propres obfervations, conftater l'exactitude de ces allégations. En faifant attention à l'énorme grandeur de quelques côtes de Baleine que l'on conferve par curiofité, on ne peut difconvenir que la Baleine eft un très-gros poiffon : néanmoins, comme je me fuis fait une loi de ne m'écarter que le moins qu'il me feroit poffible de la vérité, je me bornerai à parler en détail des Baleines qu'on prend dans l'Amérique Septentrionale, & préférablement de celles qu'on trouve à peu de diftance de notre Continent, ou des Etats qui appartiennent aux Puiffances voifines ; & comme les Baleines font plus groffes & plus abondantes vers le Nord que dans les pays plus tempérés, les Pêcheurs Bafques & Hollandois, ont établi leurs pêches dans le Groenland, l'Iflande, le Schetland, la Norwege, &c.

Les Auteurs qui ont écrit fur les Baleines, en comptent plus de vingt ou vingt-cinq efpéces ; mais en examinant avec attention ce qu'ils en ont dit, je crois avoir apperçu 1°. qu'ils regardent comme des efpéces différentes, plufieurs individus qui ne font que de fimples variétés ; 2°. qu'ils ont compris avec les Baleines plufieurs des poiffons qu'on nomme *Cétacées*, c'eft-à-dire, de gros poiffons qui ont feulement quelques reffemblances avec les vraies Baleines, mais qui me paroiffent en différer affez confidérablement pour être examinés dans des Paragraphes particuliers ; je prie de plus qu'on fe rappelle que j'ai prévenu au commencement de cet Ouvrage, que je ne me propofois pas de faire une Hiftoire complette des Poiffons, & que mon deffein étant que mon Ouvrage fut utile, au lieu, comme font plufieurs Auteurs, d'effayer de lui donner beaucoup d'étendue, ce qui les a engagés à comprendre dans leurs Ouvrages des Poiffons qui n'ont jamais exifté, tels que le Moine, & l'Evêque Marin de Rondelet & de Bélon, je me bornerois, au contraire, à ne parler que des poiffons, qui, par les avantages qu'on en peut tirer, mériteroient l'attention des Pêcheurs, foit en les indemnifant de leurs dépenfes, ou en les récompenfant de leurs travaux ; cependant je n'ai point perdu de vue ce qui peut être utile aux Naturaliftes, qui fe font un devoir d'étudier les merveilles de la Nature, en leur détaillant les fingularités que mon travail me mettroit à portée d'examiner ; mais le défir de rendre mon Ouvrage agréable à ceux qui le liront, ne m'a pas fait adopter légérement ce qui a l'air merveilleux ; au contraire, je me fuis fait une loi d'être fort en garde contre cet écueil, tant à l'égard de mes obfervations que fur ce que je trouverois d'imprimé dans différents Traités ; même pour rendre mon Ouvrage moins volumineux, j'ai fupprimé plufieurs faits que j'avois été à portée d'examiner, lorfqu'ils ne m'ont pas paru être fort utiles, ou d'une vérité inconteftable. Néanmoins, comme cette févérité pourroit m'avoir fait rejetter quelques faits vrais & intéreffants, quoique finguliers, j'invite ceux qui font plus à portée que moi d'examiner de ces poiffons au fortir de l'eau, de me faire part de leurs obfervations, &, fuivant mon ufage, je ferai connoître dans mes Mémoires ceux qui auront bien voulu m'aider de leurs lumieres ; & quand l'occafion fe préfentera, j'indiquerai les Ouvrages qui me paroîtront mériter le plus de confiance, invitant ceux qui en feront ufage à être toujours en garde fur ce qui s'annoncera comme merveilleux : à mon égard, après avoir détaillé le plus exactement qu'il me fera poffible ce qui concerne le petit nombre de poiffons, que je crois qu'on doit regarder comme de vraies & franches Baleines, je traiterai dans autant de Paragraphes particuliers, des poiffons, qui, à quelques égards, ont plus ou moins de rapport avec la Baleine, qu'on nomme *Cétacées*, & de ceux qu'on appelle *Amphibies*, parce qu'ils participent des poiffons & des animaux terreftres.

ARTICLE PREMIER.

De la Baleine franche ; Cete ; Balæna vulgaris, edentula, dorso non pinnato ; *Raii.*

Entre les vraies & franches Baleines, suivant les Voyageurs, il y en a, comme je l'ai dit, à la Chine & aux grandes Indes, qu'on dit être d'une grosseur énorme ; elles ont, comme tous les autres Cétacées, des viscexes qui ont de la ressemblance avec ceux des animaux terrestres, & elles sont chargées d'une couche de graisse plus ou moins épaisse, qui étant convertie en huile, fait le profit le plus considérable que les Pêcheurs puissent espérer de leurs travaux. Mais comme nos Pêcheurs, ainsi que moi, ne parlent de ces grandes Baleines de la Chine que d'après ce qu'en disent les Voyageurs, je n'ajouterai rien au peu que j'en ai dit.

Les Européens distinguent entre les Cétacées qu'ils prennent, deux espéces, qu'ils nomment vraies & franches Baleines : les plus grandes de nos mers, qui n'ont que 25 ou 40, rarement 50 ou 60 pieds de longueur, se pêchent en Islande, en Schetland ; il y en a de toutes les espéces dans le Groenland, en Norwege, en un mot, dans les grandes baies des glaces de notre Nord ; elles sont très-chargées de graisse, peu agiles, point farouches, & vont souvent par troupes.

L'épaisse couche de graisse que ces poissons ont sur leur peau, a fait imaginer que s'ils passoient dans un climat plus chaud, le soleil faisant fondre une portion de cette graisse, on éprouveroit un déchet sur la partie qui est la plus avantageuse ; ce qui peut donner de la vraisemblance à cette opinion, c'est que quand les Baleines se sont agitées, elles rendent une transpiration onctueuse qui vient de leur graisse, & qui répand une odeur fort désagréable, ce qu'on remarque aussi dans les Baleines qu'on dépéce lorsqu'elles ont été chassées long-temps. Les vraies Baleines, ainsi que plusieurs des poissons que l'on nomme *Cétacées*, participent, comme nous l'avons dit, de la façon de vivre des poissons qui sont toujours dans l'eau, & de ceux qui ne peuvent se passer de respirer l'air de temps en temps.

Ces animaux sont d'excellents plongeurs qui vivent long-temps sous l'eau, quoiqu'ils ne puissent se passer d'aspirer l'air de temps en temps ; car quand il y en a d'embarrassés dans un filet tendu par fond, on en trouve beaucoup de morts lorsqu'on a été un temps un peu considérable avant de pouvoir relever le filet ; c'est pour cela qu'on en voit beaucoup qui mettent de temps en temps la tête à l'air, comme on le verra quand je parlerai des Veaux marins & plusieurs espéces subsistent long-temps entièrement hors de l'eau, puisqu'on en trouve d'endormis sur les rochers & sur les bancs de glaces ; de plus il y a des Amphibies dont les femelles viennent à terre pour faire leurs petits & les allaiter ; dans cette circonstance elles restent long-temps hors de l'eau, & quand elles y retournent, c'est principalement pour y prendre de petits poissons qui font leur nourriture.

Les vraies Baleines (*Pl. I, fig.* 1 & 2), ont, par leur forme extérieure, la tête *A B* étant exceptée, beaucoup de ressemblance avec la plupart des autres poissons : seulement leur corps est gros vis-à-vis le ventre, & fort menu au-dessus de l'aileron de la queue, mais par leurs visceres elles ont plus de rapport avec les animaux qui vivent dans l'air ; elles ont le sang chaud ; & comme elles se plaisent dans des pays très-froids, M. Ray a pensé que l'épaisse couche de graisse qui se trouve sous leur peau leur tenoit lieu d'un vêtement, en interceptant l'air, qui étant très-froid dans ces climats, diminueroit la chaleur du sang, le rendroit moins fluide, & le feroit circuler plus difficilement.

Ceux qui ont disséqué de ces animaux, assurent qu'ils ont trouvé dans leur poitrine la communication des veines avec les artéres, disposée comme aux enfans quand ils sont dans le ventre de leur mere, ce qui fait que le sang peut circuler sans passer par les poumons, & que pour cette raison ils peuvent être quelque temps sans respirer l'air ; je dis quelque temps, car ils périroient si l'air leur manquoit trop long-temps.

On m'a assuré avoir vu des plongeurs rester un temps considérable sous l'eau sans respirer, & que cela venoit de ce que s'étant exercés dès leur plus tendre jeunesse à plonger, la communication des vaisseaux artériels & veineux s'étoit entretenue ouverte, comme elle étoit dans le sein de la mere, ce dont on s'étoit assuré en les disséquant. J'ai eu un Chien, qui ayant été

accoutumé

accoutumé à plonger de très-bonne heure, reftoit quelquefois fous l'eau très-long-temps fans paroître à l'air ; une fois qu'il avoit plongé à une grande profondeur, il y refta fi long-temps, que je le crus noyé ; enfin il reparut, tenant à fa gueule un morceau de voile qu'il avoit trouvé au fond de l'eau ; il me paroît très-vraifemblable qu'il étoit refté fi long-temps fous l'eau, parce qu'il avoit eu peine à le détacher du fond de la mer.

La diffection fait connoître que ces animaux peuvent refter long-temps fous l'eau, parce que le canal de communication étant refté ouvert, ainfi que le trou ovale, la circulation du fang fe pouvoit faire fans paffer par les poumons, comme aux fœtus qui font dans le fein de leur mere ; il y a feulement cette différence, que les fœtus tirent leur nourriture du fang de leur mere, qui leur parvient par les vaiffeaux ombilicaux, après avoir reçu le bénéfice de l'air, en traverfant les poumons de la mere ; à cette occafion, j'invite à confulter ce qui eft dit fur la refpiration des animaux, pag. 21 du tom. II de mon Traité des Pêches : les Ovipares cependant fubfiftent pendant l'incubation, quoiqu'ils foient privés de ce fecours. Les diffections établiffent donc, au moins avec quelque vraifemblance, pourquoi des animaux, qui, comme les Baleines, ont befoin de l'air pour vivre, fubfiftent affez long-temps fous l'eau, & il ne faut pas être furpris de voir les Amphibies vivre long-temps dans l'air & hors de l'eau ; puifqu'outre qu'ils ont des communications des arteres avec les veines, on leur trouve quelquefois des poumons organifés, prefque comme ceux des Quadrupedes ; il en eft comme des fœtus qui ne refpirent point l'air, tant qu'ils font dans la matrice : alors, au moyen du canal de communication & du trou ovale, la circulation fe fait fans que le fang paffe par les poumons ; mais quand ils font nés, le fang prend fa route par les poumons, & alors ils ne peuvent fe paffer de l'air. Un exemple très-frappant eft celui des Grenouilles, qui, tant qu'elles font têtards, font de vrais poiffons, & quand elles font métamorphofées en Grenouilles ont de vrais poumons, & ne pourroient vivre fort long-temps fous l'eau. Dans les Baleines, il y en a de mâles & de femelles ; les deux fexes fe diftinguent très-aifément, les parties qui caractérifent les fexes, tant aux mâles qu'aux femelles, ont quelque reffemblance avec ceux des Chevaux & des Jumens.

La figure premiere de la Planche premiere a été deffinée fur une Baleine mâle, & la figure 2 fur une femelle ; mais il y a des unes & des autres de différentes grandeurs.

On m'a écrit de plufieurs endroits, que communément les femelles font confidérablement plus grandes que les mâles : peut-être la figure 2 a-t-elle été deffinée fur une Baleine femelle, beaucoup plus jeune que la Baleine mâle repréfentée fur la figure premiere.

Ajoutons à ce que nous venons de dire, pour établir le caractere des Amphibies, que les deux fexes s'accouplent ordinairement dans le mois de Juillet, prefque comme les animaux terreftres ; tout le monde en convient, les fentiments font feulement partagés fur la maniere dont fe fait cet accouplement. Quelques-uns prétendent, que pour fe joindre, le mâle avec la femelle fe mettent dans une fituation vérticale ; d'autres difent que quand la femelle voit le mâle s'approcher elle fe met fur le dos, & que le mâle monte deffus.

Mais ce qui me paroît de plus probable, c'eft qu'elles fe mettent l'une & l'autre fur le côté ; de forte qu'elles ont chacune une de leurs nageoires hors de l'eau : c'eft dans cette fituation que les Pêcheurs peuvent plus facilement les harponner. Ajoutons que les Baleines font vivipares ; que les femelles dont le lait eft auffi bon que celui des Vaches, allaitent leurs petits qu'elles font au nombre d'un, & rarement de deux à la fois ; leurs mamelles font applaties, & peu apparentes ; mais quand les Baleines nourriffent elles s'étendent au point d'avoir fix ou fept pouces de longueur, & dix à douze de diametre.

Les vraies Baleines (*fig.* 1 & 2) qui nous occupent préfentement, n'ont aucun aileron, ni fur le dos, ni fous le ventre, elles ont feulement de chaque côté derriere la tête une nageoire *C* de médiocre grandeur & affez forte, ainfi que l'aileron de la queue *D*, qui a une étendue confidérable, & qui, comme à beaucoup d'Amphibies, lorfque les poiffons nagent, eft parallele à la furface de l'eau.

A la plupart des poiffons, les nageoires & les ailerons font formés de longues arêtes d'une feule piéce, unies les unes aux autres par une membrane mince qui les recouvre ; aux Baleines, les nageoires & les ailerons font formés de plufieurs os tendres ou cartilagineux, joints les uns aux autres par des efpéces d'articulations recouvertes par une membrane. On dit que dans certaines circonftances la femelle (*fig.* 2) fe fert de fes nageoires pour tranfporter fes petits ; je ne le contefterai pas, mais affurément ces nageoires ne font pas auffi propres à cet ufage que les bras de quelques Amphibies dont je parlerai dans la fuite.

Ce poiffon qui eft large, épais, chargé de

graisse, & lourd, nage néanmoins très-vîte, ayant presque toujours la tête tournée du côté du vent ; ce n'est pas par les nageoires que les Baleines nagent avec tant de vîtesse, elles ne leur servent, comme à tous les autres poissons, qu'à faire de petits mouvements, ou à diriger leur marche.

Effectivement, si l'on examine dans l'eau un poisson de l'espéce de ceux qui sont les plus vifs, on s'appercevra qu'il ne se sert de ses nageoires que pour se donner de petits mouvements, & s'il a à éviter quelque chose qui l'effraie, il donne à la partie de son corps qui est du côté de la queue, des coups de droite & de gauche, qui le font partir comme un trait d'arbalète. Il en est de même de la Baleine, elle a tant de force dans cette partie de son corps, qu'elle estropie ceux qu'elle frappe, & qu'on en a vu renverser de petits canots, dans lesquels il y avoit quelques hommes, comme on le voit en *A* (*Planche IV*, fig. 2 & 3). Pour cette raison, les Harponneurs qui sont sur le devant des chaloupes courent risque d'être blessés par les Baleines qui entrent en furie quand elles se sentent frappées ; à quoi il faut ajouter que l'aileron qui forme la queue de la Baleine est très-fort, & a beaucoup d'étendue.

On m'a assuré que les Baleines avoient dans leur corps, au-dessous du gosier, un grand réservoir d'air, qui équivaut aux petites vessies à air qu'on trouve dans la plupart des poissons.

Ce réservoir leur est probablement très-utile pour soutenir leur gros corps près de la surface de l'eau ; effectivement, quand les Baleines sont mortes, au moyen de ce réservoir d'air, leur corps flotte près de la surface de l'eau ; & quand pour la commodité des Pêcheurs il faut qu'elles s'approchent du fond, ils essaient de percer avec une lance ce réservoir d'air : lorsqu'ils y ont réussi, il en sort beaucoup par la plaie, & alors le poisson enfonce dans l'eau, proportionnellement à la quantité d'air qui s'est échappé.

Ceci paroît assez vraisemblable, néanmoins quelques-uns m'ont assuré avoir trouvé dans ce réservoir, qu'il ne faut pas confondre avec l'estomac, quantité de poissons qu'ils avoient avalés.

La longueur *AB* de la tête des Baleines (*fig.* 1 & 2, *Pl. I*), est à-peu-près le tiers de celle de leur corps, non compris l'étendue *D* de l'aileron de la queue : la gueule des Baleines est grande, & son ouverture vers *c* se recourbe tellement, que son extrémité approche beaucoup des yeux *F*.

On n'apperçoit point de rétrécissement au col ; ainsi la tête paroît une continuation du corps.

Ce poisson, comme plusieurs Cétacées, a entre le museau & les yeux un ou deux trous *E*, qu'on nomme *Events* ; par lesquels il jette beaucoup d'eau ; les vraies & franches Baleines de Groenland en ont deux, par lesquels l'eau sort avec une telle rapidité, que le bruit effraie ceux qui n'y sont pas accoutumés, & en peu de temps un petit canot en seroit rempli.

Néanmoins ce qui ne me paroît pas vraisemblable, plusieurs Auteurs prétendent qu'il ne sort par ces *Events* qu'une espéce de brouillard qu'on compare à de la fumée.

Les vraies & franches Baleines n'ont point de dents, mais elles ont à la partie supérieure de la gueule des productions *AB* (*fig.* 4, *Pl. I*), longues quelquefois de huit à douze pieds, & larges à leur bout d'en-bas, au sortir des gencives en *AD*, de neuf à dix & douze pouces ; leur épaisseur en cet endroit est de dix à douze lignes.

Comme je n'ai pu examiner que de petites Baleines, il ne m'a pas été possible de prendre une idée bien précise de la disposition de ces productions dans la gueule de ces poissons ; elles sont nommées par les Auteurs & les Pêcheurs *Barbes* ou *Fanons* de Baleine ; par rapport à leur forme, on les compare à des lames de faux, qui sont plus épaisses, & d'un tissu plus serré du côté, & à une petite distance de *DB*, qu'on compare au dos de la lame de faux, que du côté de *AE*, qui étant plus mince, & d'un tissu moins serré, est comparé au tranchant de la lame de la faux. Les fanons dont nous nous occupons, forment dans leur longueur une courbure plus ou moins considérable ; le côté *DB* forme une convexité, & le côté *AE* une concavité. La partie concave *AE* est garnie dans toute sa longueur de poils qui se détachent du tranchant ; on les compare à des crins de Cheval : ce qui indique très-sensiblement que les fanons sont formés de poils joints les uns aux autres, d'autant plus exactement, qu'aux approches de la partie épaisse du fanon qui est près de *DB*, ils sont liés par une substance gélatineuse, qui, quand elle est seche, ressemble à de la corne ; mais au tranchant *AE*, les filaments se détachent les uns des autres beaucoup plus aisément ; & en plus grand nombre vers l'extrémité.

Si l'on coupe transversalement un de ces fanons, comme par la ligne *AD*, on appercevra sur la coupe qu'il est formé de plusieurs couches, disposées à-peu-près comme les couches ligneuses qui forment une branche d'arbre ; & si l'on fait ces coupures en différents endroits de leur longueur ; on verra que le nombre des couches diminue à mesure qu'on approche de l'extrémité du fanon; ainsi il y en a moins à la coupe faite en *CF*, qu'à celle faite en *AD*, & encore moins en *GH* qu'en *CF*; ce qui fait appercevoir que les fanons sont formés de couches qui se recouvrent les unes les autres, & que ces couches augmentent d'étendue, tant en longueur qu'en circonférence, à mesure qu'elles sont plus extérieures. Comme presque toutes les fibres s'étendent de toute la longueur du fanon, leur surface extérieure semble être de la corne polie. La figure 6 représente en petit un fanon coupé en deux dans le sens de sa longueur, pour donner une idée de la disposition des couches qui se recouvrent les unes les autres.

Ces fanons ne paroissent en-dehors de la fente de la gueule (*fig.* 1 & 2), que par les poils qui sont à leur extrémité, mais on les apperçoit très-sensiblement quand on regarde l'intérieur de la gueule à la mâchoire supérieure.

Les fanons ont à leur gros bout qui s'enchasse dans les gencives, une échancrure (*fig.* 6), au moyen de laquelle ils s'implantent de deux pouces & demi ou trois pouces, tant dans les gencives qui sont d'un tissu ferme & serré, que dans l'os des mâchoires qui est tendre & cartilagineux.

La souplesse des mâchoires & des gencives, fait que la Baleine peut rapprocher ou écarter les fanons lorsqu'elle prend sa nourriture, quoiqu'ils ne soient pas terminés par des articulations. La courbure de ces fanons fait qu'ils se couchent facilement les uns sur les autres quand ces poissons ferment la gueule, & alors on n'apperçoit point les fanons, mais seulement les poils qui sont à leur extrémité, comme on le voit (*fig.* 1 & 2, *Pl.* I).

La superficie des fanons est unie, même polie, & elle paroît formée d'une masse homogène qui ressemble à un morceau de corne; néanmoins d'après ce que j'ai dit plus haut, il n'est pas douteux qu'ils sont formés d'un assemblage de filets très-rapprochés les uns des autres, & unis par une substance gélatineuse, qui étant séche, ressemble à la corne.

Il y a de ces fanons de bien des grandeurs, & même de formes différentes, comme on le voit (*fig.* 4 & 5); j'ai des uns & des autres dans mon cabinet; quelques-uns pensent que ces petits (*fig.* 5) sont interposés entre les grands, représentés (*fig.* 4), entre lesquels il y en a qui ont jusqu'à douze & treize pieds de longueur; il s'en faut beaucoup que ce sentiment soit adopté. Les grands servent à faire des buscs, à garnir les corps des femmes, à monter des parapluies, des éventails, à faire des cannes légeres, & des baguettes de Bedeaux. On convient que les grands fanons sont placés vers le milieu de la longueur des mâchoires, & que les autres diminuent graduellement à mesure qu'ils approchent du gosier, ou du devant de la gueule; je soupçonne que ces petits sont placés au bout, ou à l'extrémité & au bas de la longueur des mâchoires; comme ils sont fort minces, on les emploie ordinairement à garnir les corps des enfants; ils sont bordés de filaments fins & souples. Il y a des Pêcheurs qui conservent ces filaments, qu'ils trouvent à vendre pour faire différents petits ouvrages; d'autres n'espérant pas en tirer un grand profit, négligent de les conserver.

La couleur des grands fanons tire ordinairement au noir, avec quelques marbrures d'une couleur moins foncée; mais assez souvent ils sont recouverts d'une espéce d'épiderme d'une couleur grise, qu'on enléve avant de les envoyer aux Marchands.

Autrefois que les Basques pratiquoient cette pêche, comme elle leur donnoit beaucoup d'occupation, ils vendoient les fanons sans avoir levé l'épiderme, & ils négligeoient de ramasser les poils qui sont autour des petits fanons; mais maintenant on tire presque tous les fanons des Hollandois, qui les envoient nettoyés, & en état d'être employés à différentes sortes d'ouvrages.

M. Marchais, Intendant de la Marine à Rochefort, qui se fait un plaisir de venir à mon secours lorsqu'il est informé que j'en ai besoin, sachant qu'il me restoit bien de l'incertitude sur la maniere de préparer les barbes ou fanons de Baleine, a bien voulu faire sur cela des informations: entre les Mémoires qu'il s'est procuré, & qu'il m'a communiqués celui qu'il a jugé mériter principalement sa confiance, lui a été envoyé de la Rochelle par le Capitaine, & le second d'un Brigantin Bostonien, qui ont pratiqué long-temps la pêche de la Baleine. Voici l'extrait de leur Mémoire.

Aussi-tôt qu'on est arrivé de la pêche, comme les fanons sont implantés assez avant dans les gencives, on coupe les chairs avec un instrument tranchant, & on en tire les fanons qu'on gratte pour achever d'ôter les chairs qui y restent attachées; on sépare les fanons les uns des autres; ensuite on les essuie avec un linge mouillé pour ôter la crasse qu'on n'auroit pu emporter avec le grattoir; on laisse les fanons ainsi nettoyés sécher au soleil, & on en fait des paquets, du poids de deux à trois quintaux.

On auroit bien de la peine à emporter les chairs de dessus les fanons s'ils étoient secs, c'est pourquoi on se presse de les nettoyer aussi-tôt qu'on est arrivé de la pêche, après les avoir laissé tremper quelque temps dans l'eau ; mais si l'on n'a pas pu faire cette opération aussi-tôt qu'on est revenu de la pêche, il faut mettre les fanons tremper dans de l'eau chaude. Quand ils sont ainsi bien nettoyés, on les vend par paquets aux Ouvriers qui en font différents ouvrages ; ceux-ci pour rendre les fanons plus souples les font bouillir dans de l'eau, même dans de l'huile de Baleine, ce qui les attendrit, & met en état de les travailler avec facilité. On coupe donc les fanons par bouts, les uns de quatre pieds & demi de longueur, d'autres de trois pieds & demi plus ou moins, suivant les ouvrages qu'on se propose de faire, & on les met tremper dans de l'eau qu'on a fait bouillir dans une chaudiere de cuivre quarrée, qui a environ quatre pieds & demi de longueur, deux pieds & demi de largeur & trois pieds de profondeur : les Ouvriers ayant saisi dans un étau de fer un de ces bouts de Baleine, les refendent suivant la direction des fibres, avec un couteau courbe.

On prétend que ce poisson n'a pas le gosier plus large qu'un œuf de Poule, & qu'il se nourrit uniquement d'un insecte de mer, nommé *Puceron*, gros à-peu-près comme un grain de riz, dont la superficie de l'eau est ordinairement couverte. Pour cet effet, dit-on, il étend horizontalement ses fanons, & ramasse, en les refermant, une quantité immense de ces Pucerons ; les crins ou les poils qui garnissent la partie intérieure des barbes, leur paroissent destinés principalement à embarrasser ces insectes, & à les retenir comme dans un filet, lorsque la Baleine rapproche ses fanons en fermant sa gueule ; mais nous entrerons incessamment dans des détails satisfaisants sur ce qui regarde la nourriture des Baleines.

On se sert, comme je l'ai dit des fanons, ou barbes de Baleine, pour faire des buscs qui garnissent les corps des femmes, pour monter des éventails, des parapluies & parasols, pour faire des verges de Bedeaux, des cannes légeres, &c. Je suis persuadé que c'est très-mal-à-propos que quelques-uns ont cru que ces ouvrages étoient faits avec les nervures qu'on tiroit des nageoires & des ailerons, ou de deux barbes, qui, à quelques poissons sortent de la tête au-dessus des yeux.

Les yeux *F* (*Pl. I, fig.* 1 & 2), sont placés à l'endroit le plus large de la tête, assez près de l'extrémité *c* de la fente de la gueule, qui, à cet endroit, fait une courbure considérable ; ils sont petits par comparaison à la grosseur du poisson, & à cela

près, que leur forme est un peu ovale, ils sont saillants, à-peu près comme ceux d'un Bœuf ; quelques-uns paroissent bordés de paupieres & de sourcils : mais ceux qui ont disséqué des têtes de ces poissons, disent que dans l'intérieur du crane le globe des yeux est fort gros.

Ces poissons ont l'ouïe très-fine, quoiqu'à l'extérieur les oreilles n'aient point de cornet, & que le trou auditif soit si petit, qu'on ait peine à le découvrir. La langue est fort grosse, grasse, très-délicate ; quand on la sale, elle est regardée comme un très-bon manger : les insectes qui fatiguent beaucoup les gros poissons, en sont si friands, que quelquefois ils la détruisent en entier, ce qui est ordinairement suivi de la mort de la Baleine.

Le corps n'est couvert ni d'écailles ni de poils. La peau extérieure, que quelques-uns nomment épiderme, & qui peut être appellée plus exactement la *surpeau*, est unie comme du parchemin ; communément elle tire au noir sur le dos, ayant çà & là des marbrures, les unes blanches, d'autres jaunes ; le dessous du ventre est blanchâtre. Il y en a donc de blanches, d'autres brunes, & de rayées de différentes couleurs, suivant les différents endroits où on les a pêchées : il y en a qu'on nomme blanches, à cause de l'uniformité de leur couleur qui tire au blanc.

Sous la surpeau dont nous venons de parler, on trouve la vraie peau, ou le cuir, qui est épais d'un grand doigt. Quoique cette peau soit forte, elle n'est propre à presque aucun usage, parce qu'elle est percée de grands pores par lesquels, quand l'animal s'est beaucoup agité, la transpiration s'échappe & répand une mauvaise odeur. On trouve sous ce cuir le lard, ou une couche de graisse épaisse de huit, dix ou douze pouces, qui fournit l'huile de Baleine. Quand l'animal se porte bien, cette graisse a une légere teinte jaunâtre ; on trouve dessous une membrane mince, & ensuite la chair, qui a un œil rouge & la consistance de la chair des Quadrupedes, mais elle est seche, coriace, & souvent de mauvaise odeur ; néanmoins on la mange en quelques endroits, comme je vais l'expliquer.

Nous avons dit que quand les Baleines avoient été dans le cas de prendre un exercice forcé, une portion de leur gras suintoit par les pores de leur peau, en forme de sueur de fort mauvaise odeur qui se communique quelquefois aux chairs, sur-tout quand les Baleines ont été chassées long-temps ; cette odeur augmente d'autant plus qu'on garde les chairs plus long-temps ; c'est pourquoi les chairs des Baleines qu'on a
attachées

attachées à la remorque derriere les bâtiments, en attendant qu'on ait la commodité d'en enlever le gras, font réputées
mauvaifes, & jettées à la mer : auffi, dans
les circonftances où l'on doit employer la
chair des Baleines comme aliment, on ne
fait ufage que de celle des poiffons qu'on a
tirés tout récemment de l'eau : pour cette
raifon, on rejette à la mer la chair de celles
dont on a enlevé le gras & les fanons, qui
font les parties vraiment utiles, à moins
qu'on n'ait pu enlever ces parties très-promptement. Nous avons dit qu'on regardoit
les langues falées comme un fort bon manger : je crois me rappeller qu'il y a encore
certaines parties, fur-tout vers la queue, où
les chairs font moins coriaces qu'ailleurs ;
pour cette raifon elles font mangeables,
pour les gens peu délicats.

Les Bafques, dans le temps qu'ils s'occupoient beaucoup de la pêche des Baleines,
fe nourriffoient de la chair de celles qu'ils
venoient de prendre, & ils en faloient,
pour y avoir recours, lorfqu'ils manquoient
de poiffons nouvellement tirés de l'eau, ou
lorfqu'ils étoient à terre : pour cet effet, ils
preffoient les chairs qu'ils fe propofoient de
faler, afin d'en ôter tout le fang, ainfi que
la lymphe ; enfuite ils les faloient en barriques comme d'autres viandes.

Les Pêcheurs du Nord ne mangent
guere la chair des Baleines ; les Sauvages
Groenlandois, non-feulement la mangent,
mais même l'huile qu'ils retirent des graiffes
eft pour eux un régal.

Il fuit de ce que nous venons de dire,
que l'huile & les fanons font les fubftances
les plus utiles qu'on retire des Baleines ; car
le blanc de Baleine, dont je parlerai dans
la fuite, n'eft pas un objet auffi intéreffant.
On ne laiffe pas en outre d'obtenir quelques avantages de leurs os, qui font très-
gros, & que les Sauvages emploient au lieu
de bois, ou pour faire la carcaffe de leurs
canots. J'aurai occafion dans la fuite d'en
dire quelque chofe.

On dit que les excréments de Baleine
font rouges, & qu'on en peut tirer une
teinture folide & affez belle : je n'ai pas pu
m'affurer de ce fait.

Nous ferons obferver, en finiffant cet
article, que les Puiffances du Nord, fentant
les avantages qu'on peut retirer de la pêche
de la Baleine, ont donné une attention
particuliere à cette branche de commerce.
Les Suédois ont accordé à une Compagnie
établie à Gothenbourg, pour vingt années,
une exemption de tous impôts, & les Matelots qui font au fervice de cette Compagnie font à l'abri des enrôlements forcés.

A R T I C L E I I.

Des différents lieux où l'on trouve des Baleines.

On trouve des Baleines dans bien des parages différents : on voit particuliérement les
groffes & franches vers le Nord, comme
dans les terres vertes du Groenland, le
Détroit de Davis, les côtes de Spitzberg,
de l'Iflande, de la Norwege, & dans les
mers Glaciales. Il y en a beaucoup fur le
bord de la baie de Sainte-Hélene, ainfi
que dans celle de Saint-Vincent. On en
pêche au nord de Corée. Dampier dit qu'on
en voit très-fréquemment près l'île de May ;
il en paroît prefque tous les ans quelques-
unes fur la côte de Bayonne, & jufques
fur le Cap-Finiftere, où l'on en a harponné.
M. Vandusfel dit qu'en 1741 il en vit à
une lieue au-deffus du Pont-Saint-Efprit. Il
affure que quand on a paffé Juida, en tirant vers le Nord, la mer eft remplie de
différentes efpéces de gros poiffons, auxquels on donne en certains endroits le nom
générique d'*Ebrus*, qui veut dire *gros poiffons*, entre lefquels fe trouvent des Baleines.

On lit dans l'Hiftoire des Voyages,
Tom. X, que Mendez Pinto vit prendre,
dans une île du Japon, une Baleine monf-
trueufe ; que le Roi de l'île fe fit un plaifir
d'aider à la prendre, & qu'il la tua de fa
propre main.

Suivant le Maire, on voit beaucoup de
Baleines aux Philippines, fur-tout proche
la terre des Etats ; de forte qu'on eft obligé
de courir des bordées pour les éviter.

On prend beaucoup de Baleines avec le
harpon à Socotera, île peu éloignée de
l'Arabie-Heureufe ; & il s'en trouve un nombre prodigieux au Cap de Galles, qui fait
la pointe de Ceilan.

Ceux qui fe font occupés de la pêche de
la Baleine conviennent unanimement que
c'eft vers le Nord, tirant à l'Oueft, qu'on
trouve les plus groffes Baleines, les plus
chargées de graiffe, & les moins farouches.
Je ne parle point ici de ces Baleines monf-
trueufes qu'on dit qui fe pêchent à la Chine
& dans les grandes Indes, entre lefquelles
on prétend qu'il y en a de plus de deux cents
& trois cents pieds de longueur : n'ayant

pas pu conftater l'exactitude de ces allégations, j'y ai peu de confiance.

Comme les Pêcheurs qui vont chercher ces poiffons vers le Nord feroient fréquemment expofés à des dangers confidérables, à caufe des glaces qui rendent la pêche pénible & incertaine, comme nous l'avons repréfenté (*Pl. VIII, fig.* 1), ceux qui pratiquent leur métier dans ces parages ne font communément la pêche que dans les mois de Mai, Juin & Juillet, faifon où l'on n'a point à craindre les gelées; même aujourd'hui on va communément chercher les Baleines dans des parages moins froids, quoique celles qu'on y trouve, qu'on nomme *Sardes*, & qui, par la defcription qu'en donnent les Auteurs, me paroiffent être le poiffon qu'on a appellé *Nord-Kaper*, foient moins groffes, moins chargées de graiffe, & beaucoup plus vives & plus fuyardes que les groffes qu'on prend dans le Nord.

Les pêches qu'on nomme du Nord, ont été beaucoup pratiquées par les Bafques & les Hollandois : car on dit que dans le temps que cette pêche étoit en vigueur, il partoit tous les ans de Saint-Jean-de-Luz vingt-cinq à trente vaiffeaux, du port de deux cents cinquante à 300 tonneaux, équipés de cinquante à foixante hommes; & qu'il y a eu des années où les Hollandois y ont envoyé trois à quatre cents navires qui occupoient plus de vingt mille hommes : elle eft bien moins confidérable préfentement : quelques-uns prétendent que c'eft parce que les huiles de poiffons font devenues plus communes, depuis qu'on a pris l'habitude d'en tirer de différentes efpèces de poiffons. Il eft certain qu'elles font beaucoup diminuées de prix, car M. Frammery, Correfpondant de l'Académie Royale des Sciences, m'a écrit, qu'une barrique d'huile de trente veltes, que les Hollandois vendoient autrefois 140 liv., ne fe vendoit plus que 70 liv. Je crois que la principale raifon eft, comme je le ferai voir dans un article particulier, que l'on eft dégoûté de cette pêche dans les glaces, parce qu'elle eft incertaine & dangereufe.

Pour donner une idée précife de l'incertitude du fuccès des pêches des Baleines, je vais rapporter l'hiftoire d'une campagne où l'on verra qu'entre des vaiffeaux qui ont pêché des Baleines dans les mêmes parages & dans les mêmes faifons, les uns quelquefois n'ont prefque rien pris, pendant que d'autres font revenus, en quelque façon, furchargés de poiffons. Une année, une compagnie de Pêcheurs affociés envoya cent vingt-fept bâtiments chercher des Baleines dans les glaces : trente-fept revinrent fans avoir rien pris; quarante n'ayant chacun qu'une Baleine; vingt-quatre en avoient

chacun deux; fix, trois; fix autres chacun quatre; douze chacun fix, pendant qu'un en avoit onze, & un autre vingt, entre lefquelles quelques-unes fourniffoient le double de lard de plus que les autres. Tous ces navires s'étant établis en pêche dans des parages femblables & dans la même faifon, l'énorme différence qu'on apperçoit entre le fuccès des uns & des autres eft évidemment l'effet du hafard. On peut encore donner pour raifon de cette diminution fur la confommation des huiles de poiffons, qu'autrefois l'ufage des chandelles étoit inconnu dans les campagnes, & même dans une partie des petites Villes, & qu'aujourd'hui on ne fe fert guere de lampes.

Nous avons dit que nos Pêcheurs diftinguent principalement deux efpèces de vraies & franches Baleines. Les premieres font les groffes du Nord; celles de la feconde efpèce, qui font connues en quelques endroits fous le nom de *Sarde* ou *Nord-Kaper*, font beaucoup plus petites, puifque les plus groffes produifent, au plus, trente barrils d'huile; & comme elles font vives & farouches, elles font bien difficiles à attraper; néanmoins, quand la pêche des groffes Baleines n'a pas réuffi, les Pêcheurs effaient de s'en dédommager, en allant pêcher les Sardes ou petites Baleines dont nous venons de parler.

Quand je dis qu'on prend des groffes Baleines dans les glaces du Nord, & des petites dans les climats moins froids, j'entends dire, en plus grande quantité : car je fais qu'on prend des petites Baleines en Iflande, & qu'on en trouve quelquefois accidentellement des groffes dans les Provinces plus tempérées, particuliérement en Canada, où les groffes Baleines font pour la plupart bleffées par des harpons; quelques-unes mêmes font mortes, ce qui fait croire que ce font des Baleines qui, ayant été chaffées & bleffées dans des parages du Nord, ont quitté leur domicile pour fe retirer dans d'autres parages.

Nous fommes trop éloignés des lieux où les groffes Baleines fe trouvent en quantité, pour pouvoir en donner une defcription bien exacte : ainfi je me trouve réduit à donner celle d'une Baleine de médiocre grandeur qui échoua, au mois de Décembre 1726, au Cap du Hourdel, dans la Baie de Somme : elle avoit environ foixante-douze pieds de long depuis un bout jufqu'à l'autre.

L'aileron de la queue n'avoit que douze pieds de longueur, & il avoit la forme d'un demi-cercle : il y avoit auffi douze pieds d'une pointe de ce demi-cercle à l'autre. Après qu'elle eut été féparée du corps, ayant été fciée, vingt hommes ne purent la soulever entiérement, encore moins la transporter à quelques pas delà.

A l'endroit où on la scia pour la séparer du corps, on voyoit l'os semblable à un grès gris, qui avoit quatre pieds ou environ de circonférence : delà on peut juger de la grosseur, la force & la dureté de l'os de l'épine du dos, qui paroissoit continuer depuis la tête jusqu'à la queue. On peut se figurer une poutre d'environ soixante pieds de long, & juger quel dommage elle peut faire contre les corps qu'elle frappe.

Ses nageoires sembloient n'être pas proportionnées à son corps : elles n'avoient pas plus de huit à dix pieds de long.

La gueule étant ouverte, deux hommes pouvoient y entrer sans se baisser ; & on dit que deux & trois y ont travaillé, sans s'incommoder, à retirer du palais & des machoires, les feuilles de fanons. On dit qu'elle pouvoit en avoir deux cents livres pesant dans la gueule, où il n'y avoit point de dents. Au reste, je ne rapporte ceci que sur les Mémoires qu'on m'a fournis.

ARTICLE III.

Détails relatifs aux Navires qu'on destine pour faire la pêche des Baleines au Nord dans les glaces.

Ces navires doivent être forts en bois, & les membres ne doivent être éloignés les uns des autres que de cinq à six pouces : l'avant doit être garni de forts bordages de chêne, au moins jusqu'à la grande amure, pour pouvoir résister au choc des glaces, auxquels ils sont fréquemment exposés, comme nous le dirons dans la suite. Ces bâtiments sont des pinasses, des flûtes, &c., du port de trois, quatre à cinq cents tonneaux, ayant souvent à rapporter huit cents & jusqu'à mille barriques de graisse ou d'huile. J'ai fait dessiner très-proprement ces différents vaisseaux ; mais comme ils sont connus des Marins, j'ai cru ne devoir pas les faire graver, pour ne point multiplier inutilement le nombre des Planches : d'ailleurs, j'aurai occasion d'en représenter plusieurs, pour rendre plus sensibles différentes manœuvres.

Suivant leur grandeur, chaque bâtiment est équipé de six ou huit fortes chaloupes, qui se pourvoient non-seulement de ce qui est nécessaire pour faire leur pêche, mais encore pour radouber leurs bâtiments en cas d'accident. Les chaloupes *B* (*Pl. I*, *fig.* 3) & *A*, (*Pl. III*, *fig.* 3) sont ordinairement montées de six Rameurs *b*, d'un Timonnier *c*, & d'un ou deux Harponneurs *d*.

Les chaloupes pour les bâtiments destinés à chasser les grosses Baleines dans les glaces sont communément, pour chaque bâtiment, au nombre de six, huit, plus ou moins, suivant le nombre des navires. Le nombre des équipages pour chaque bâtiment varie aussi depuis trente & quarante hommes, jusqu'à cinquante-cinq, sur quoi il faut comprendre le Commandant de la flotte qui est sur le bâtiment, les Pilotes, les Timonniers, les Harponneurs : il y en a un ou deux sur chaque chaloupe : ce sont eux qui commandent la manœuvre, & qui doivent avoir soin que tous les ustensiles soient en bon état.

ARTICLE IV.

Détail sommaire des ustensiles nécessaires pour la pêche.

Les ustensiles nécessaires pour la pêche sont représentés sur la Planche II, excepté les avirons, parce qu'ils ne différent point de ceux qui sont sur toutes les chaloupes destinées pour différents usages : il en faut prendre sur chaque bâtiment cinquante ou soixante, pour avoir de quoi en fournir à toutes les chaloupes qui en dépendent ; des harpons (*fig.* 1, 2, 3 & 4) ; car il en faut trois ou quatre pour chaque chaloupe ; un plus grand nombre de lances (*fig.* 5 & 6) ;

quelques pieces d'aussieres *L* de cent vingt brasses de longueur, grosses de huit à dix lignes, légérement goudronnées & lovées proprement : au bout de ces aussieres du côté du harpon on ajoute quelques brasses d'un funin moins gros, mais fait avec du fil de premier brin, bien choisi & point goudronné ; des crocs de différentes formes & grandeurs (*fig.* 7, 8, 9, 10 & 11), pour amener les Baleines à bord, où les hâler à terre, & aussi pour amarrer les canots aux bâtiments ; des couteaux , couperets ou haches *a* , *b* , *c* , *d* , *e* , *f* , (*fig.* 12.), soit pour couper les lignes , quand une Baleine qui se retire sous un banc de glace pourroit faire chavirer la chaloupe , soit pour découper les poissons quand ils sont morts. Le couteau *e* sert principalement pour détacher les fanons : il est bon encore d'avoir quelques bayonnettes *K* , pour se défendre contre des animaux voraces , & quelques masses *H* , pour assommer les Baleines dont on s'est rendu maître.

Puisque nous avons commencé à parler de la pêche dans les glaces , il nous paroît à propos de donner une idée de la disposition des glaces , & de la façon de s'y établir en pêche.

ARTICLE V.

De la disposition des glaces au Nord.

Plus on approche du Nord , plus on trouve de bancs de glace , entre lesquels les Pêcheurs s'établissent , parce qu'ils savent que c'est dans ces endroits où les Baleines sont moins farouches , plus grosses , & où on les prend avec plus de facilité : leur prise est aussi plus profitable , parce qu'elles sont fort chargées de graisse qui fournissent de l'huile en quantité.

Au commencement de la pêche , un Pêcheur hardi & expérimenté entre le premier dans la Baie , pour y examiner la position des glaces , & s'assurer s'il est possible d'y entrer avec des chaloupes. Dans les parties les plus Septentrionales , comme en Norwege , vers le Spitzberg , on trouve beaucoup de grands bancs de glace dont on estime que quelques-uns ont huit à dix lieues de circonférence. Comme la mer est presque toujours tranquille & stable entre ces bancs , & comme pour cette raison on y court moins de risques qu'ailleurs , les Pêcheurs n'hésitent point de s'y établir en pêche ; il faut au contraire se défier des petits bancs qui n'ont que deux à trois cents pas de circonférence ; car la plupart étant mobiles , ils se rapprochent quelquefois les uns des autres , & ils endommagent considérablement les bateaux qui se trouvent entre-deux.

Il faut encore assez de précautions , quand on est obligé de s'amarrer sur un banc de glace ; car s'il vient à se briser , le bâtiment court risque d'être perdu. Il se forme quelquefois des monceaux énormes de glace qui ont , depuis le fond de la mer jusqu'à leur sommet , cent cinquante pieds de hauteur , & une très-grande superficie : ces masses de glace étant immobiles , on peut les regarder comme un rocher qu'il est aisé d'éviter.

Les Pêcheurs qui pénètrent avant entre les glaces , doivent , suivant que les parages sont plus ou moins Nord , commencer & finir leur pêche plutôt ou plus tard. Ils doivent entrer en pêche quand les glaces sont prêtes à fondre , & la finir lorsqu'elles commencent à se former ; ce qui arrive , dans le Groenland , le Détroit de Davis , & aux environs de Spitzberg , vers le mois de Juillet. Sans cette attention , ils courroient risque d'être arrêtés entre les glaçons sans pouvoir s'en dégager , ce qui est arrivé plusieurs fois ; car il survient quelquefois des gelées subites ou des dégels imprévus , qui mettent les bâtiments dans les plus grands dangers.

Les Pêcheurs se trouvent encore souvent en péril , lorsque des coups de vent joints à de petits dégels détachent des bancs de glace qui , en flottant , arrivent sur leurs bateaux : en ce cas , les Pêcheurs font tout leur possible pour se retirer dans des criques , où ils se tiennent à l'ancre jusqu'à ce qu'ils n'apperçoivent plus de glaçons flottants , ce qui interrompt la pêche : dans quelques circonstances , ils sont obligés de s'amarrer sur les glaces avec des grappins (*Pl. II* , *fig.* 7 ou 8.) dont la corde répond aux bateaux pêcheurs , & ils sont en sûreté , à moins que les glaçons ne viennent à rompre. De plus , il y a plusieurs Matelots continuellement occupés à détourner avec des gaffes (*fig.* 11), les glaçons , qui , par leur direction , doivent tomber sur les bâtiments , & pourroient les endommager. Quand ce sont de gros glaçons , les Pêcheurs amarrent aux côtés & en-dehors des bâtiments , une grosse Baleine dépouillée de son lard : cette grosse masse amortit très-puissamment le choc des glaçons.

On convient généralement que les grosses Baleines se plaisent dans les climats froids ; néanmoins on en voit peu quand les gelées sont très-fortes , & qu'elles durent long-temps. On prétend que dans ces circonstances elles se retirent dans des endroits inconnus aux Pêcheurs & aux Navigateurs.

II

Il est certain qu'elles reparoissent lorsque le temps s'est adouci ; ce qui a quelque ressemblance avec ce que pratiquent les poissons de passage.

ARTICLE VI.

De la nourriture des Baleines.

Puisque nous nous occupons de l'histoire des Baleines, il nous paroît convenable de dire encore quelque chose sur ce qui forme leurs aliments , quoique je ne puisse en parler d'après mes propres observations.

J'ai dit que, suivant plusieurs Auteurs , les Baleines ne se nourrissent que d'insectes gros comme des semences de riz, qui s'amassent dans leur gueule, entre les barbes ou fanons, qu'on regarde comme des filets destinés à attraper ces insectes. Ceux qui adoptent ce sentiment disent que les Baleines ont le gosier trop étroit pour avaler de gros poissons, qu'on ne trouve dans leur estomac que de l'eau , de la vase, & un peu d'algue : je regarde cela comme très-douteux.

Il se peut bien que les Baleines avalent les insectes qu'on voit engagés dans leurs fanons : mais il n'est guere croyable qu'un aussi gros animal , & tellement chargé de graisse, qu'on m'a écrit de l'Ile de Corse qu'une Baleine de cent pieds de longueur avoit donné cent vingt milliers de graisse; il n'est guere croyable, dis-je , qu'un tel animal soit réduit à une aussi foible nourriture : aussi les voit-on faire la chasse aux Harengs , aux Maquereaux , même aux Thons ; & on ajoute que les Baleines qui descendent à l'Ouest , & qu'on voit aux côtes de Terre-Neuve, s'y rendent pour se repaître d'un petit poisson blanc du genre des Capelans , nommé *Blisson*, qui s'y rassemblent , dit-on, par bouillons, & que les Baleines dévorent : des Auteurs bien dignes de foi disent avoir trouvé beaucoup de ces poissons dans leur estomac.

Joignons à cela, que les Pêcheurs regardent comme un présage d'une bonne pêche , quand ils apperçoivent à l'endroit où ils s'établissent un grand nombre de Blissons, ou de ces petites Baleines vives qu'on nomme *Sardes*, ou enfin, quand par un temps calme on apperçoit flotter, à la surface de l'eau , cette espéce de crême blanche connue sous le nom de *Graissin*, qui indique qu'un grand nombre de poissons fraient au fond de l'eau. Toutes ces circonstances, qu'on regarde comme des présages d'une bonne pêche , indiquent que les Baleines se rassemblent à des endroits où elles savent qu'elles trouveront beaucoup de poissons. Je ne prétend pas conclure delà que les Baleines dévorent tel ou tel de ces poissons ; mais je crois qu'elles se rassemblent dans des endroits où il y en a beaucoup, entre lesquels elles trouvent de quoi se nourrir.

Je croyois être bien certain de ce que j'ai dit sur la nourriture des Baleines , & je me trouve encore confirmé dans cette opinion, par une Lettre que je reçois de M. Desforges-Maillard, qui me marque que M. de Breville, Capitaine des Vaisseaux de la Compagnie des Indes, a observé que quand une Baleine rencontre un banc de Harengs, elle frappe l'eau avec sa queue, & la fait bouillonner de maniere à étourdir sa proie, & qu'alors elle en remplit son estomac. Willughby dit , qu'ayant dans ce cas ouvert des Baleines, il avoit trouvé dans leur estomac trente ou quarante Merlus, dont plusieurs étoient encore en vie.

Les Pêcheurs aiment à faire leur métier par les temps de bruine ; mais c'est uniquement parce qu'alors les Baleines ne sont pas dans le cas d'être effarouchées ni par les Pêcheurs, ni par les filets.

Quoique j'aie déja dit quelque chose sur la pêche des Baleines , particuliérement des vraies & grosses Baleines du Nord, je ne prétends pas avoir épuisé ce qui regarde cet objet : mais il me paroît convenable, avant d'y revenir, de rapporter quelque chose de la pêche des petites Baleines, qu'on nomme en quelques endroits, *Sardes*, & qu'on trouve principalement dans les climats plus tempérés, d'autant que ce que je me propose de dire dans la suite sur la pêche aura son application à toutes les espéces de Baleines , tant aux grosses du Nord qu'aux petites, que quelques-uns confondent avec les Cachalots, dont je me propose de traiter dans un Chapitre particulier.

ARTICLE VII.

De la pêche des Sardes, ou petites Baleines, que je soupçonne être le Nord-Kaper.

Comme ceux qui font la pêche des petites Baleines hors les glaces ne font pas autant exposés à différents dangers que ceux qui pêchent dans les glaces, ils emploient des bateaux plus petits & plus légers : mais parce que ces Baleines font bien plus vives & plus fuyardes que les grosses, on est obligé, pour les joindre & pour les saisir, quand elles ont été blessées, d'avoir un plus grand nombre de chaloupes armées de plus de monde ; pour les mêmes raisons, il est essentiel que les Matelots & les Harponneurs soient plus jeunes & plus vifs que pour la pêche des grosses Baleines. Avec ces précautions on fait quelquefois des pêches abondantes dans ces parages ; car on voit souvent revenir, au mois de Juillet, des bâtiments avec leur chargement complet de Sardes.

Pour faire la pêche de ces petites Baleines, on réunit plusieurs chaloupes, armées chacune de six ou huit hommes, qui rament de toutes leurs forces, pour approcher du poisson *B*, comme on le voit (*Pl. III, fig. 3*) : un ou deux Harponneurs *D*, qui font à l'avant, essaient de les percer avec un dard, à l'organeau duquel est attaché une corde, qu'ils lâchent à mesure que les poissons s'enfuient, & guidés par la corde, ils les suivent à force de rames : à mesure que les poissons perdent leur sang, ils s'affoiblissent ; alors les Pêcheurs pouvant les joindre aisément, ils achèvent de les tuer, puis ils les tirent à la remorque sur le rivage, comme on le voit, en *A* (*Pl. IV, fig. 1*), pour les découper. Les femelles font plus aisées à prendre que les mâles, sur-tout quand elles ont leurs petits, qu'elles ne veulent point abandonner ; car il y a un grand attachement réciproque entre les petits & les meres.

Je vais maintenant entrer dans des détails plus circonstanciés de tout ce qui regarde la pêche des différentes espéces de vraies Baleines.

ARTICLE VIII.

Des endroits où l'on fait les Armements.

J'ai indiqué, à la vérité, sommairement, les Ports & les Villes marchandes où l'on peut s'établir pour faire les armements pour la pêche des Baleines ; ce qui se réduit à choisir les endroits les plus voisins des parages où l'on se propose de s'établir en pêche, & où l'on a lieu de présumer qu'on trouvera beaucoup de Baleines, grosses ou petites.

ARTICLE IX.

Sur les gages des Equipages.

Les Matelots, les Pêcheurs & les Officiers-Mariniers, qui font, le Maître, le Pilote, les Harponneurs, le Tonnelier, le Charpentier, forment ce qu'on nomme les équipages, dont l'engagement se fait au mois de Mars : leur embarquement est ordinairement vers la mi-Avril.

Je parlerai dans la suite du traitement des équipages qui font à la part. Il s'agit maintenant des gages qu'on donne à ceux qui, n'étant pas à la part, vont à cette pêche pour le compte des Marchands associés. Ces gages font ordinairement de quinze livres, ou quinze florins par mois, bien entendu qu'ils font nourris pendant toute la campagne. Ceci ne regarde que les Matelots : car les gages des Officiers-Mariniers font plus considérables, & proportionnés à leur capacité : ainsi, les Rameurs ont, suivant leur force, quinze à vingt livres par mois ; les Harponneurs, depuis vingt-cinq jusqu'à trente livres ; & le Commandant, depuis quatre-vingts jusqu'à cent livres. Outre cela, l'équipage a de gratification, sur chaque barrique de lard, vingt-cinq à trente sols.

Quand on a passé tout l'équipage en revue, on donne à chacun un mois d'avance, ce qui leur sert ordinairement à acheter des hardes, & de petites provisions dont ils jugent avoir besoin à la mer. Chacun serre dans un coffre ce qui lui appartient, pour le trouver au besoin ; mais les gages ne commencent à courir que du moment où l'on s'embarque. Au reste, tout cela n'est que des à-peu-près, & est sujet à varier suivant différentes circonstances.

Lorsque les équipages sont à la part suivant l'usage des Basques, l'Armateur ou le Propriétaire du navire a pour lui, la moitié des huiles & toutes les barbes ou fanons, excepté un quintal des fanons que le Capitaine leve, pour chaque cent de barrils d'huile qu'il rapporte.

Quand le Propriétaire du navire a pris la moitié des huiles, l'autre moitié se partage inégalement entre les gens de l'équipage ; de sorte qu'en supposant que la part du Capitaine soit de vingt-quatre barriques d'huile, le Pilote en a vingt, le Contre-Maître dix-huit, les Harponneurs chacun quatorze, & le reste des Matelots, chacun suivant son mérite, depuis six barriques jusqu'à onze : lorsque le navire revient avec moins de sa charge, chaque lot diminue proportionnellement.

ARTICLE X.

Etat des effets, dont ceux qui forment l'équipage doivent se fournir pour faire une campagne de pêche.

Nous avons représenté (*Pl. II*) les instruments nécessaires pour faire la pêche des Baleines : il s'agit, dans cet article, d'instruire les Pêcheurs des ustensiles dont ils doivent se pourvoir pour faire une campagne de pêche.

Comme ces campagnes sont quelquefois longues, & qu'on y change très-fréquemment de climat, on est exposé à éprouver toutes les variations de l'atmosphere ; des sécheresses considérables, des chaleurs très-vives, plus fréquemment des pluies abondantes, de la neige, de la grêle, & de très-fortes gelées. Pour supporter toutes ces alternatives, sur-tout l'humidité & le froid, il faut avoir de bons gros habits, des vestes & des gilets de rechange, d'assez bonnes couvertures de laine, six paires de gros bas, autant de fortes mitaines, de forts souliers, une paire de bottines de cuir fourrées, six ou huit chemises, & des mouchoirs de cou. J'ai cru qu'il suffisoit, pour donner une idée des habillements de ces Pêcheurs, de représenter (*Pl. III*) les habillements des Pêcheurs Hollandois (*fig.* 1), & ceux des Basques (*fig.* 2). Ceux qui ne sont point accoutumés à aller à la mer étant fréquemment pris de diarrhées & de vomissements, feront bien de s'approvisionner de quelques bouteilles d'eau-de-vie & de vinaigre ; & s'il n'y a point de Chirurgien à bord, de quelques remedes anti-scorbutiques ; heureux si dans ce cas il se rencontre quelque vieux Matelot expérimenté qui, étant pourvu de médicaments, les emploie avec succès, au moins pour les maladies habituelles des gens de mer.

ARTICLE XI.

De la Nourriture des Equipages.

Quoiqu'elle ne soit point la même dans tous les bâtiments, on peut dire, en général, que le repas du matin, ou le déjeûner, est du riz ou de l'orge mondé, qu'on fait bien cuire avec un peu de beurre fondu, à quoi, suivant leur appétit, les Matelots ajoutent du fromage, du beurre salé & du biscuit : on donne pour le dîner, du bœuf salé, du poisson frais ou salé, ou des légumes secs, accommodés au beurre ou au lard, & toujours du beurre salé, du fromage & du biscuit à discrétion ; car, comme les travaux des Pêcheurs sont pénibles, on est bien aise de les voir prendre beaucoup de nourriture avec appétit.

A l'égard de la boisson, outre l'eau douce, dont ils ont à discrétion, on donne, suivant les différentes nations, de la biere ou du cidre, ou du vin dans lequel on mêle un peu d'eau ; & quand les équipages sont réduits à l'eau, on leur donne de temps en temps un petit coup d'eau-de-vie.

Article XII.

De la pêche des Baleines en général.

J'ai affurément bien des chofes à dire fur la pêche des Baleines ; mais je crois devoir commencer par décrire une des plus confidérables , qu'on fait avec un inftrument nommé *Harpon* , parce qu'après avoir bien détaillé cette façon de pêcher, je ferai en état de traiter fort en abrégé de prefque toutes les autres.

A l'occafion de la Planche II , où j'ai repréfenté les harpons, j'ai été engagé à dire quelque chofe de cet inftrument à la pag. 11 ; mais comme je ne l'ai décrit que fort en abrégé , je me trouve obligé de revenir à en parler plus expreffément & plus en détail : nous expliquerons enfuite comment on doit s'en fervir pour prendre les Baleines.

§ 1. *Des Harpons.*

Le harpon (*Pl. II , fig. 1 & 2*) eft un inftrument de fer doux & bien corroyé ; il eft piquant par le bout *a* , & tranchant par les côtés *bb* : on l'ajufte au bout d'une perche de bois qui forme fon manche. Il y en a de différentes grandeurs, relativement à la groffeur des poiffons qu'on fe propofe de prendre. Quoiqu'on fe ferve des harpons pour prendre différentes efpéces de poiffons , néanmoins dans l'article qui nous occupe il convient d'entrer à ce fujet dans des détails, parce que c'eft l'inftrument dont les Pêcheurs font le plus d'ufage pour la pêche des Baleines , fur-tout des groffes du Nord.

A l'infpection des harpons repréfentés (*fig. 1 & 2*) fur la Planche II, on voit que l'extrémité, qu'on nomme *Dard*, eft terminée par une pointe *a* , aux deux côtés de laquelle font deux ailes tranchantes *bb* : par la forme pointue du dard *a* , & celles des ailes tranchantes *bb* (*fig. 1 , 2 , 3 & 4*), qui ont une forme triangulaire, il eft fenfible que le harpon doit entrer très-aifément dans le lard & la chair des Baleines, & qu'au moyen de la largeur de la partie d'en-bas *bb* des ailerons, il doit éprouver bien de la difficulté pour fortir des chairs ; ce qui eft néceffaire, puifqu'il faut que le harpon réfifte à la tenfion de la corde à laquelle il eft attaché , & aux mouvements énormes que fe donne la Baleine , lorfqu'elle fe fent bleffée. Quelquefois, pour augmenter encore cette réfiftance, la partie tranchante des ailes *bb* eft barbelée, comme on le voit figures 3 & 4 : le milieu du dard à l'à-plomb de *a* , entre les deux ailes *bb* , augmente d'épaiffeur, non-feulement pour donner plus de force au harpon , mais encore pour le rendre plus pefant, ce qui augmente la force du coup , fait que le fer pénétre plus avant dans les chairs , & y eft plus folidement établi. On regarde cette augmentation de poids comme fi importante, que le plus fouvent on met au manche , à une petite diftance du fer, un anneau de plomb *K* (*fig. 3 & 4*). Il y a , entr'autres, deux façons d'ajufter le manche au harpon : l'une eft repréfentée (*fig. 1 & 2*) , & l'autre aux figures 3 & 4.

Comme l'ajuftement repréfenté par les figures 1 & 2 eft le plus fimple, je vais commencer par rapporter ce qui le regarde ; j'examinerai enfuite ce qui eft repréfenté par les figures 3 & 4 , où l'ajuftement du harpon au manche eft bien plus compliqué ; mais on en eft dédommagé par les avantages qui lui font propres.

Pour rendre l'ajuftement du harpon à fon manche très-fimple, on termine le dard en *bb* (*fig. 1 & 2*), par une douille de fer *c d* qui a à-peu-près deux pieds & demi, ou trois pieds de longueur. Cette douille reffemble beaucoup à celle qui reçoit le manche d'une bêche de Jardinier : elle eft creufe à l'extrémité *d* , pour recevoir le manche, qui fe termine en pointe, comme celui *f g* , de la figure 10 : ce (*fig. 1 & 2*) eft une corde qui tient un harpon , & qui fert à le trouver, quand le manche eft forti de fa douille, & que la Baleine fuit avec le dard. Les harpons avec lefquels on perce les poiffons qui fe tiennent à une petite profondeur fous l'eau, différent de ceux dont nous venons de parler , en ce que leur manche eft fort long , & que le harpon ne fe fépare pas du manche, que le Pêcheur tient toujours à la main.

Je paffe à ce qui regarde les harpons repréfentés fur les figures 3 & 4. Le dard *a , bb* eft tout-à-fait femblable à celui des figures 1 & 2, où cet objet eft repréfenté plus en grand :

grand : ce dard a ordinairement fept à huit pouces de longueur ; l'étendue des deux ailerons, de *b* en *b*, eſt à-peu-près la même ; la partie la plus forte du dard, qui eſt entre les deux ailes, les excéde d'environ huit à dix pouces. Cette partie a une forme cylindrique , comme on le voit à la figure 3 , depuis *b* juſqu'en *f* ; il y a , vers *c* , un renflement en forme d'anneau, qui fait faillie ſur la partie cylindrique. La partie *f c* de ce cylindre entre dans une forte douille de fer *g* ; ſolidement aſſujétie au bout de la perche de bois qui forme le manche du harpon ; le poids de cette douille qui eſt épaiſſe augmente encore l'effet du harpon ſur le poiſſon. Quand la Baleine ſe ſent bleſſée, elle s'enfuit avec vîteſſe, emportant avec elle le dard *a* , *bb* , qui ſort de la douille *f*, & abandonne le manche. On apperçoit, aux figures 3 & 4 , une corde ou ligne *h i* , qui, étant attachée au harpon au-deſſus de *f*, ſuit toujours le poiſſon : la corde , qui eſt lovée en *L* , ſe développe à meſure que le poiſſon s'éloigne ; & comme l'autre bout de cette corde eſt entre les mains des Pêcheurs , ils ſont certains , en la ſuivant , d'arriver au harpon ou au poiſſon : quelques-uns attachent à cette corde, au moyen d'une petite corde qu'on voit au-deſſous de *g*, le manche du harpon, qui, flottant ſur l'eau à une petite diſtance du harpon, indique encore plus ſenſiblement où eſt le poiſſon. Quand la corde n'eſt pas aſſez longue pour ſuivre le poiſſon juſqu'à la fin de ſa courſe, on en joint une autre au bout : quelques-uns attachent de diſtance en diſtance , à la corde principale, des bouts de corde plus menus, auxquels ſont attachés des morceaux de bois léger qui flottent ſur l'eau; mais il eſt ſur-tout important d'attacher au bout de la corde principale , une groſſe bouée, pour retrouver la maîtreſſe corde, ſi elle échappoit aux Pêcheurs.

§ 2. *Des Lances.*

Quoique les lances n'ayent point l'avantage de tenir auſſi fermement dans les chairs que les harpons, & que pour cette raiſon on ne puiſſe pas y attacher une corde pour découvrir où le poiſſon s'eſt retiré, on verra néanmoins , par ce que nous allons dire que cet inſtrument eſt très-utile pour prendre les Baleines.

Les lances (*Pl. II, fig. 5 & 6*), différent principalement des harpons par la forme du dard *a b*, qui eſt ovale, & terminé par une pointe ſans oreilles.

A preſque toutes les lances, à la partie oppoſée à la pointe, il y a une longue douille *r d*, dans laquelle entre le manche, comme aux harpons (*fig. 1 & 2*) : à la plupart, le manche tient au fer comme aux piques de guerre, ou aux eſpontons, parce que l'uſage le plus ordinaire des lances, eſt d'achever de faire mourir le poiſſon qui a été bleſſé par le harpon, & affoibli par la perte de ſon ſang; ce que les Pêcheurs font en perçant la Baleine avec la lance ſans abandonner le manche. Les lances dont nous parlons, ont ordinairement douze à quinze pieds de longueur, dont le fer fait à-peuprès le tiers; chaque chaloupe , ſuivant ſa grandeur , prend ordinairement quatre ou ſix lances, & deux ou trois harpons.

Quand les Rameurs peuvent joindre les Baleines, les Matelots les percent de toute leur force avec leur lance, & achevent de les faire mourir en penchant de côté & d'autre le manche, pour augmenter la grandeur de la plaie, & précipiter la perte du ſang.

§ 3. *Des Crocs.*

Il faut encore ſe pourvoir de crocs (*fig. 7, 8, 9, 10 & 11*), de différentes grandeurs & de diverſes forces, ſoit pour tirer à terre ou à bord les poiſſons, ſoit pour amarrer les chaloupes ſur les glaces.

Les crocs (*fig. 10 & 11*), comme on le verra dans la ſuite , ſervent encore pour arranger les morceaux de gras ſuivant leurs grandeurs, dans des barrils.

§ 4. *Des Couteaux.*

Il faut de plus avoir différentes eſpéces de couteaux *b c d, e, f* (*fig. 12*), ſoit pour lever le lard de deſſus l'animal, ſoit pour le découper à bord en morceaux de différentes grandeurs; pour le mettre en barrils ou en quart, lorſqu'on veut en retirer l'huile.

Les grands couteaux *a d f* ſervent pour

lever la graiffe de deffus l'animal ; ils ont, y compris le manche, cinq à fix pieds de longueur, la lame a à-peu-près trois pieds de long fur environ trois pouces de largeur.

Les couteaux qui fervent pour débiter en petites tranches les grands morceaux, quand on veut en faire de l'huile, font de moitié plus petits que les grands ; leurs manches font plus courts à proportion : à l'égard des autres poiffons Cétacées, je parlerai de plufieurs inftruments de pêche moins confidérables que ceux qui fervent pour prendre les vraies & groffes Baleines : ces détails contribueront encore à éclaircir ce que nous aurons dit fur la pêche des groffes Baleines.

A R T I C L E   X I I I.

De la pêche des Baleines, particulierement avec les harpons.

Quand il s'eft raffemblé un nombre de bâtiments armés, comme nous l'avons dit, pour la pêche des Baleines, plufieurs Matelots qu'on nomme *Guetteurs*, s'établiffent au rivage fur des pointes qui s'avancent à la mer, ou fur des rochers de la côte, ou fur des monticules, d'où on peut appercevoir une étendue de mer affez confidérable : ils prêtent la plus grande attention pour effayer de découvrir des Baleines. Outre les Guetteurs, plufieurs Matelots de chaque bâtiment montent fur les hunes, ou au haut des mats, & effaient auffi d'appercevoir des Baleines, ou qui nagent à fleur d'eau, ou qui en fortent de temps en temps la tête pour afpirer l'air.

On juge que les Baleines qu'on découvre flottant fur l'eau, font mortes, ou qu'ayant été bleffées, elles font très affoiblies par la perte de leur fang; en ce cas, quelques chaloupes *A* armées de fix Rameurs *b*, d'un Timonnier *c*, & d'un Harponneur *d*, effaient de les joindre à force de rames (*Pl. III*, *fig.* 3); ils n'y réuffiffent que quand les Baleines font mortes, ou lorfqu'elles font fort affoiblies par leurs bleffures ; car celles qui ont confervé toute leur vigueur parviennent à s'échapper.

Lorfque les Pêcheurs les jugent mortes, ils paffent un nœud coulant *AA* (*Pl. 5*, *fig.* 2 & 3), derriere l'aileron de la queue, où bien ils attachent une corde à un fort croc, qu'ils ont piqué dans la gueule du poiffon, & deux, ou un plus grand nombre de chaloupe s'étant amarrées fur ces cordes, tirent à la remorque ces Baleines, à terre ou à bord d'un des navires, comme on le voit en *A* (*Pl. IV*, *fig.* 1).

Mais comme il y a de ces Baleines, qui, n'étant qu'engourdies, entrent en fureur quand elles fe fentent piquées par une lance, & renverfent à la mer les chaloupes & les hommes *A* (*Pl. IV*, *fig.* 1, 2 & 3), il faut donc, avant de les amarrer à la chaloupe, prendre des précautions pour s'affurer que celles qu'on voit flotter fur l'eau font mortes; pour cela on les pique avec une lance ou une bayonnette, comme fait le Harponneur *B* (*Pl. IV*, *fig.* 2).

Quand on a reconnu que les Baleines qu'on croyoit mortes, font feulement fort affoiblies, & qu'elles pourroient entrer en fureur, on acheve de les faire mourir à coups de harpon, de lance ou de maffe, *K H* (*Pl. II*, *fig.* 12).

Il arrive quelquefois qu'un bâtiment armé pour la pêche, fe trouve accidentellement au milieu d'un banc de poiffons Cétacées, Baleines, Souffleurs, Cachalots, ou gros Requins ; &c. En ce cas, tous les gens de l'équipage (*Pl. IV*, *fig.* 4), fe rangent autour du bâtiment, ayant à la main des harpons, des lances, des crocs garnis de longs manches, & ils effayent de percer les poiffons qui fe trouvent à leur portée ; on a même vu des Pêcheurs qui parvenoient à en faifir, avec un nœud coulant qu'ils paffoient au-deffus de l'aileron de la queue, comme on la repréfente en *a*, au bâtiment *A* (*Pl. IV*, *fig.* 4).

Quand les Guetteurs, foit de la côte, ou des vaiffeaux, apperçoivent des Baleines diftribuées çà & là, ils en avertiffent ceux qui font dans les vaiffeaux, qui, fur le champ, mettent leur chaloupe à la mer, & rament de toutes leurs forces pour effayer de s'en approcher; car comme le premier coup de harpon eft fouvent le plus décifif, heureux celui qui a pu le donner, il lui eft dû une récompenfe lorfque ce premier coup eft donné à propos. Quand la Baleine continue à fuir, en fuivant la corde qui tient au harpon, on parvient à joindre le poiffon qui s'enfuit, & qui s'affoiblit en perdant de fon fang.

Suivant les conventions que les Pêcheurs ont faites entr'eux, les chaloupes de différents navires fe réuniffent quelquefois pour chaffer de concert la Baleine qui a été harponnée ; pour bien frapper la Baleine, le Harponneur *D* ayant un genou appuyé contre l'étrave, comme on le voit (*Pl.*

IV, *fig.* 2 & 3), jette son harpon de la main droite, & quelquefois des deux mains, le Harponneur laisse filer de la corde qu'il a lovée auprès de lui, ou sur son bras, & qui est amarrée au harpon.

Comme c'est auprès, & au-dessus des ailerons que le harpon entre plus aisément, le Harponneur essaie de percer le poisson à cet endroit, & il y en a d'assez adroits pour faire périr la Baleine du premier coup.

Quand une Baleine se sent blessée, elle fuit avec une vîtesse extrême; alors les Rameurs forcent de rames pour la joindre: le Timonnier *C* (*Pl. III*, *fig.* 3), est très-attentif à exécuter ce que lui prescrit le Harponneur *D*, ou un Matelot expérimenté chargé de le seconder; on file donc continuellement la ligne qui tient au harpon; & quand une piéce est filée, on y en joint une seconde, puis une troisieme; quelquefois même on en emprunte des autres chaloupes; chaque piece de funin a ordinairement cent vingt brasses de longueur, au bout de laquelle il y a quelques brasses d'un cordage plus fin, fait d'excellent chanvre, où est amarré le harpon, on le nomme le *Funin*.

Les Matelots expérimentés savent prévoir l'endroit où les Baleines doivent sortir leur tête de l'eau pour aspirer l'air, & aussi éviter qu'elle ne fasse chavirer la chaloupe, comme on le voit au canot *A* de la Planche IV (*fig.* 2 & 3); quand cet accident arrive, d'autres chaloupes essayent de s'approcher assez pour pouvoir découvrir de nouveau le poisson; il est bon d'être prévenu que les Baleines sont obligées de venir aspirer d'autant plus fréquemment l'air, qu'elles ont été blessées plus griévement, ce qui est

très-avantageux pour les Pêcheurs. On s'apperçoit que la Baleine perd de ses forces quand la ligne qui tient au harpon mollit & encore, plus quand elle jette du sang par les naseaux.

On a vû, comme il est dit plus haut, des Harponneurs assez adroits pour tuer une Baleine d'un seul coup de harpon; mais cela est fort rare, & souvent on est obligé, quand elles sont affoiblies, de les assommer à coups de masse *H* (*Pl. II*, *fig.* 12), ou de les percer avec des lances. Nous avons déja dit qu'il y a des Baleines qui entrent en fureur quand elles sont prêtes d'expirer; il est bon que les Pêcheurs en soient prévenus, sans quoi ils courroient risque d'en être blessés, ainsi que nous l'avons représenté en *A* (*Pl. IV*, *fig.* 2).

Il est très-important d'avoir des équipages, & sur-tout des Officiers Mariniers fort expérimentés. Le succès de la pêche en dépend; car on voit de petits navires armés de foibles équipages, mais expérimentés, faire de meilleures pêches, que de gros navires montés de Novices ou de Matelots qui ont peu d'expérience, on ne peut effectivement s'empêcher d'admirer l'adresse de certains Harponneurs, qui, quoiqu'éloignés des poissons, les percent aux endroits qu'ils savent être les plus propres à les faire périr; c'est encore par l'usage qu'on apprend à diriger la marche du canot, suivant la route que suit la Baleine, même sous l'eau; & ce qui est encore plus difficile, consiste à juger, lorsqu'une Baleine est enfoncée dans l'eau de l'endroit où elle paroîtra pour prendre l'air; ainsi les Harponneurs & les Timonniers sont des Officiers Mariniers très-importants.

A R T I C L E XIV.

De l'Embarquement des Chaloupes.

Nous avons dit, que suivant la grandeur & la destination des navires qu'on arme pour la pêche des Baleines, on leur donnoit plus ou moins de chaloupes, depuis trois, jusqu'à six ou huit; plusieurs sont suspendues au-dehors du bâtiment, comme on le voit en *A* à une flute Hollandoise (*Pl. V*, *fig.* 1); les autres chaloupes sont placées sur le pont, mais on ne peut les appercevoir dans cette Planche. Suivant une lettre de M. de la Cournebiere, on en met ordinairement quatre à l'entrepont, & deux sous le gaillard d'arriere.

Comme chaque navire est obligé de fournir aux chaloupes qu'il met à la mer,

les ustensiles de pêche qui leur sont nécessaires, ils embarquent grand nombre de lances, & de harpons de différentes grandeurs, avec des pieces de lignes plus ou moins grosses destinées à être attachées au harpon, & qui servent à indiquer la route que font les Baleines, lorsqu'étant blessées, elles fuyent avec une telle vîtesse, que malgré les efforts des Rameurs ils ne peuvent les atteindre.

On a vu, par ce que nous avons dit, qu'il arrive assez fréquemment que les chaloupes s'éloignent de leurs vaisseaux, au point qu'elles ont souvent peine à les rejoindre: en ce cas, le navire tire quelques coups de canons,

& les chaloupes ayant embarqué quelques trompes ou cornets, essaient de répondre aux coups de canons que le navire a tirés. De plus, les Matelots, tant des navires que des chaloupes, montent de temps en temps au haut de leur mât pour essayer d'appercevoir leur Navire, ou pour découvrir quelques Baleines mortes ou en vie ; car quand les Baleines blessées peuvent se retirer sous des bancs de glaces, il arrive assez souvent qu'elles sont perdues pour les Pêcheurs, ainsi que les lignes qui tenoient au harpon. D'ailleurs il y a une récompense pour ceux qui apperçoivent les premiers une Baleine morte ou blessée.

Si une Baleine blessée échappe à ceux qui l'ont harponnée, & qu'elle soit apperçue par une autre chaloupe qui la prenne, c'est aux Pêcheurs de cette chaloupe qu'elle appartient ; ceux qui l'ont harponnée en premier lieu n'y ont aucun droit.

Quand la mer est calme, on entend de fort loin le bruit de l'eau, que les Baleines jettent par les évents, sur-tout celles qui ont été blessées ; les Harponneurs profitent de cet indice pour les trouver, ce qui semble prouver que c'est un jet d'eau qui sort par les évents, & non pas de la fumée ou du brouillard, comme nous avons dit que quelques-uns le pensoient : néanmoins je conviens que l'eau qui sort par les évents se divise par petites gouttes, à cause de la résistance de l'air.

A l'égard de celles qui sont mortes, & qui flottent sur l'eau, sur-tout celles qui sont anciennement mortes, on les découvre par un nombre d'oiseaux qui s'amassent dessus, ou pour en faire curée, ou pour prendre quantité d'insectes qui s'y trouvent en grand nombre.

On sait que les huiles qu'on extrait des graisses, sont le profit le plus considérable que les Pêcheurs retirent de leurs travaux ; il faut donc pour cela lever le gras avec des précautions convenables, ce qu'on appelle découper les Baleines, ainsi que nous allons l'expliquer.

ARTICLE XV.

De la maniere de lever le gras, ou de découper les grandes Baleines pour en retirer l'huile.

Quelquefois les Baleines étant prêtes d'expirer, échouent & meurent sur le rivage, sur-tout après un coup de vent, comme B (*Pl. V, fig. 2 & 3*) ; mais d'autres fois étant trop affoiblies pour gagner la côte, elles meurent à l'eau. Dans ce dernier cas on les amarre à des chaloupes qui les traînent à la côte, ou à bord d'un vaisseau (*Pl. VI, fig. 1*). Quand on les tire à la côte, il est important de choisir un endroit, où précédemment on ait établi des fourneaux & ce qui en dépend, tels que DEF (*Pl. V, fig. 2 & 3*), ou au moins il faut qu'il soit facile d'y en établir, & qu'on y puisse trouver du bois pour chauffer les fourneaux.

Quand le terrein est en pente, comme on le voit à la Planche V, fig. 3, on amarre la Baleine à des piquets C qu'on enfonce dans le terrein, & des cordes qu'on place dans la gueule & au derriere de l'aileron de la queue ; à l'égard des Baleines qu'on remorque auprès des vaisseaux quand elles sont rendues à côté & au-dehors des bâtiments, comme on le voit aux figures 1, 2 & 3 de la Planche VI, on les amarre avec des chaînes ou des cordes qu'on passe dans la gueule, ou autour du corps, ou derriere la queue : pour détacher plus aisément le gras, des Pêcheurs hardis montent sur les Baleines, quoiqu'elles ne soient pas encore tout-à-fait mortes ; mais comme leur peau est très-glissante, pour ne point courir risque de tomber à la mer, ils ont la précaution de mettre des pointes sous les talons, & sous les semelles de leurs souliers.

On donne assez souvent une petite récompense à ceux qui ont cette hardiesse, de même qu'à ceux qui ont apperçu quelques poissons à la mer.

Comme l'opération de découper le gras, soit à terre ou à la mer, est à-peu-près la même chose, ce que je vais dire convient à l'une & à l'autre ; & je me bornerai à indiquer ce qui appartient plus particuliérement à l'une de ces méthodes qu'à l'autre.

Lorsqu'une Baleine est amarrée au vaisseau, ceux qui découpent le gras, & ce sont ordinairement les Harponneurs ou des Charpentiers, se placent sur l'avant d'une des chaloupes B (*Pl. VI, fig. 1*), qui sont à côté du poisson A, qui se trouve ainsi entre la chaloupe & le bâtiment. Il y a, dans chacune de ces chaloupes, un ou plusieurs hommes qui les tiennent assujéties au navire, au moyen de cordes ou de crocs à longs manches.

Les Harponneurs qui sont chargés d'enlever le gras, sont habillés de cuir, & ont
des

des bottes : ils enlevent d'abord au poisson, avec un grand couteau (*Pl. VI, fig.* 1 *&* 2), la premiere piece qui est près des yeux ; ils la nomment l'*Enveloppe :* c'est la plus grande tranche, & qui a la plus grande épaisseur de gras : on la leve dans toute la longueur de la Baleine ; si elle étoit d'une seule piece, & que le poisson fût grand, elle s'étendroit presque depuis la surface de l'eau jusqu'à la hune du grand mât. Pour couper le reste du gras en tranches, le long & sur les côtés de la Baleine, on passe dessous le poisson (*Pl. VI, fig.* 1 *&* 2) une grosse corde, avec laquelle on le retourne & on le souleve, au moyen de quoi on leve d'autres tranches sur les côtés : à mesure que ces morceaux sont levés, on les hisse sur le pont ; & comme il y en a plusieurs de fort lourds, on se sert pour cette opération, d'une caliorne *D* (*Pl. VI, fig.* 1). Il faut que cette graisse soit bien ferme, pour qu'elle ne se rompe pas dans cette opération.

L'équipage qui est à bord découpe ces pieces principales en grandes tranches, d'autres les découpent en plus petits morceaux : ceux-ci, ainsi que les travailleurs qui sont sur les Baleines, se servent, pour découper ces gros morceaux, de longs couteaux ; à mesure qu'on détache de la graisse, on est obligé de hisser la Baleine le long du bord du navire, pour l'élever au-dessus de l'eau, & pouvoir plus aisément détacher cette graisse de dessus les côtés du poisson : heureusement le gras se détache avec autant de facilité que la peau d'un animal que l'on écorche. Quand les maîtresses pieces sont sur le pont ou dans des cuveaux, auprès des fourneaux *E* (*Pl. V, fig.* 2 *&* 3) où l'on doit cuire le gras ; des hommes, avec des crochets, les tiennent en état sur un établi *A* (*Pl. VII, fig.* 1) ; d'autres, avec leurs couteaux, les découpent en plus petits morceaux, qu'on arrange dans les chaudieres, pour les cuire comme nous l'expliquerons dans la suite.

Lorsque le temps est bon pour la pêche, si elle a été heureuse, on a quelquefois plusieurs poissons amarrés à l'arriere du navire. Alors on commence par lever les deux grandes pieces dont on a parlé ; ensuite on conduit ces Baleines l'une après l'autre à côté du navire, pour lever le reste du gras ainsi que nous l'avons expliqué.

Les Propriétaires des navires Basques & du Nord ont pour eux les fanons des poissons, excepté ce que le Capitaine en a, pour la petite redevance qu'on a coutume d'appeller *le Chapeau.* On parvient, par l'usage, à bien découper le gras & à lever les fanons, dont je me propose de parler dans la suite. On jette à la mer, & on laisse aller à la dérive, le reste des Baleines *C* (*Pl. V, fig.* 2), après que l'on en a enlevé le lard & les fanons : les oiseaux s'y attroupent, mais pas avec autant d'avidité que sur celles qui ont encore leur graisse. Ces cadavres sont souvent la proie des Ours blancs, qui s'assemblent pour en faire curée, comme les Chiens autour des charognes.

Les Chats-huants & autres oiseaux de proie, qui apperçoivent une Baleine blessée, la suivent & s'y attroupent, en appellant les autres par leurs cris. Les efforts que la Baleine fait en se débattant, lui font exhaler une sueur de mauvaise odeur dont nous avons déja parlé ; néanmoins cette odeur attire tous ces oiseaux, qui viennent la béqueter même pendant que l'animal est encore en vie, principalement pour manger quantité d'insectes de mer & de petits coquillages dont leur peau est couverte.

Les Baleines rejettent, avec l'eau qu'elles soufflent par les évents, une espece de graisse qui nage sur l'eau, & que ces oiseaux dévorent avec beaucoup d'avidité.

La langue d'une Baleine de bonne taille peut donner quatre à six barriques d'huile ; mais on ne la tire ordinairement que quand la pêche n'a pas été avantageuse, parce qu'on prétend que l'huile qu'on en retire étant très-seche & corrosive, gâte les chaudieres, & que pour tirer cette huile, il faut ajouter à la langue d'autres gras, qui sont plus doux & plus liquides. Ceux qui sont employés à découper le lard, soit sur le poisson ou sur l'établi, font leur possible pour que l'huile qui réjaillit du gras que l'on coupe ne tombe pas sur leurs mains & leurs bras, parce qu'ils pourroient en être fort incommodés, d'autant qu'on prétend, je ne sais si c'est d'après de bonnes observations, qu'elle cause une contraction de nerfs qui rend les membres presque perclus. On m'a assuré que les graisses des petites Baleines ou Sardes n'avoient pas ce défaut.

Les crocs avec lesquels on retient la Baleine, pour la dépouiller de sa graisse, sont tirés avec des palans doubles, au moyen desquels on revire le poisson, & on le retourne comme on veut, à mesure que l'on avance ce travail.

Avant de parler de la fonte du lard, il faut remarquer qu'on étoit autrefois dans l'usage d'en saler pour le Carême ; mais cela ne se pratique aujourd'hui que pour la graisse des Marsouins, ce qui me fait soupçonner que l'on ne préparoit ainsi que le lard des moyennes ou petites Baleines.

A R T I C L E   X V I.

Méthode pour retirer l'huile des Baleines.

Nous avons déja dit que les Pêcheurs suivent des pratiques différentes pour retirer l'huile des graisses des Baleines : les uns, & c'étoit assez la méthode des Pêcheurs du Nord, après avoir découpé le lard en petits morceaux, comme nous l'avons expliqué, & l'avoir renfermé dans des barrils, l'emportoient chez eux, pour le faire fondre & en retirer l'huile plus commodément. Les Basques étoient dans l'usage de préparer les huiles à bord de leurs bâtiments (*Pl. VII*, *fig. 3*), ce qui différe peu de ce qu'on pratique, quand on découpe une Baleine à terre (*Pl. V*, *fig. 3*). Ceux qui remportent le gras chez eux, ont, devant la table où ils découpent le lard, une espéce de gouttiere où ils jettent les petits morceaux, qu'un Mousse reçoit dans une chausse, où ils s'égouttent, & tombent ensuite dans une barrique ou un vase de bois placé auprès de la table où l'on découpe le gras. Autrefois les Hollandois portoient, dans des barrils, presque tous les gras à Spitzberg, où on les fondoit; mais maintenant on leur donne cette préparation en différents endroits.

Ceux qui fondent les gras près le lieu de la pêche, mettent les petits morceaux dans une chaudiere B (*Pl. VII*, *fig. 1*) placée sur un fourneau de briques qui est près l'établi où l'on coupe le gras; ou si l'on fait cette opération à bord du bâtiment (*Pl. VII*, *fig. 3*), on établit le fourneau sur le tillac du premier pont, sous le gaillard d'avant, entre le grand mât & celui de misaine.

Comme on fait la premiere fonte avec du bois, si l'opération se fait à bord du bâtiment, il faut bien prendre garde d'y mettre le feu : c'est pourquoi on a soin d'arroser avec de l'eau tous les environs du fourneau. Quand on fond l'huile à bord du bâtiment, au lieu du fourneau B (*Pl. VII*), on se sert souvent d'un fourneau C (*Pl. VIII*, *fig. 3*).

A mesure que l'huile se sépare, on la verse dans une chausse qui la conduit dans des cuveaux de bois C (*Pl. VII*, *fig. 2*) qui sont près de la chaudiere. Comme on a eu soin de mettre de l'eau dans ces vaisseaux, l'huile surnage, & la lie tombe au fond. On laisse l'huile se refroidir pendant quelques heures dans ces vaisseaux, & pour cet effet, on l'arrose de temps en temps avec de l'eau fraîche, qui se précipite au fond, & contribue à clarifier l'huile qu'on entonne ensuite dans des barrils G, la passant par un tamis fin E. Si l'on fait ce travail à bord du navire, une partie de l'équipage y reste, pour exécuter ces travaux, & sur-tout pour veiller continuellement à ce que le feu ne prenne pas au bâtiment : le reste de l'équipage monte dans des chaloupes & va à la pêche. Pour retirer toute l'huile, on verse tout ce qui est dans le réservoir C dans des chaudieres larges & plattes A, (*Pl. VIII*, *fig. 2*), contenant deux à trois cents pots, & montées sur des fourneaux de briques. Lorsque la graisse est bien cuite, on tire l'huile; on la passe au travers d'une passoire d'où elle tombe dans un cuveau D (*fig. 2*, *Pl. VII*), où il y a de l'eau, pour qu'elle s'y refroidisse, & que les immondices se précipitent au fond, de sorte qu'il n'y ait que l'huile épurée qui surnage : on la tire de ce cuveau pour la faire tomber dans un autre de même grandeur, & successivement dans un troisieme aussi à demi rempli d'eau, pour procurer un plus prompt refroidissement & une meilleure clarification. On ajoute quelquefois à l'eau, une très-foible lessive. Quand l'huile est bien refroidie & clarifiée, soit que l'opération ait été faite dans le bâtiment ou à terre, on l'entonne dans des barrils, & par la gouttiere F, (*fig. 2*) qui répond au fond du cuveau, on retire le marc, qui étant sec, sert à la cuisson du lard. Quand on manque de cuveaux de bois ou de chaudieres plattes pour ces diverses clarifications, qui consistent à laver les huiles dans plusieurs eaux, on fait ces opérations dans de grands baquets B (*Pl. VIII*, *fig. 2*).

Chacune des méthodes que nous venons de décrire a des avantages & des inconvéniens. En faisant l'extraction des huiles dans les bâtiments, on évite le transport du gras, & le désagrément d'infecter d'une très-mauvaise odeur, le quartier où l'on prépare l'huile, qui est d'autant plus belle, qu'on l'a préparée plus promptement. On a encore l'avantage que pendant que quelques-uns de l'équipage s'occupent à tirer l'huile, les autres vont à la pêche : mais un grand inconvénient pour la préparation des huiles à bord des vaisseaux, est le danger de l'incendie; car malgré toute l'attention que l'équipage apporte pour les éviter, il arrive quelquefois que quelques bâtiments en sont les victimes. Il est vrai que quand le lard a resté quelque temps en barril, il rend plus aisément son huile, & qu'on en retire une plus grande quantité ; mais elle n'est pas aussi parfaite que celle qu'on retire aussi-tôt qu'on détache le gras du poisson.

ARTICLE XVII.

Sur la jauge des futailles.

Nous avons dit que les Pêcheurs mettoient quelquefois le gras & les huiles dans des futailles. Il est bon de dire quelque chose des différentes futailles dont ils se servent.

Ils emploient des vaisseaux qu'ils nomment *Pipes* ou *Barriques*. C'est communément par le nombre de ces futailles, plutôt que par celui des poissons, qu'ils estiment le produit de leur pêche, à moins qu'ils ne soient en pêche : car alors, si un de leurs camarades leur demande quel a été le succès de leur pêche, ils disent le nombre des poissons qu'ils ont pris : ce qui n'annonce rien de précis, puisqu'il y en a de beaucoup plus gros les uns que les autres : c'est pourquoi, quand on parle du succès de la pêche, on a coutume de dire combien on a rapporté de barrils de gras ou d'huile ; ce qui m'engage à dire quelque chose de la grandeur des futailles dont on a coutume de faire usage pour la pêche de ces poissons.

Les pipes Hollandoises *a* (*Pl. VIII, fig. 3*) contiennent ordinairement deux barriques de Bordeaux. Les Hambourgeois nomment leurs futailles des *Lardelles* : elles contiennent cent vingt-cinq ou cent trente pots ; ce qui ne s'éloigne pas beaucoup de ce qu'on appelle à Paris *Demi-Queue*, & à Orléans *Poinçon*, contenant deux cents quarante pintes de Paris.

Les futailles dans lesquelles les Pêcheurs du Nord rapportent le gras chez eux, contiennent environ deux cents cinquante à deux cents soixante pintes ; mesure de Paris.

Les barriques de Bordeaux ne différent pas beaucoup des lardelles de Hambourg.

Quand les Pêcheurs du Nord ont fait leur huile, ils la mettent dans des barriques *c* (*fig. 3*) plus petites que celles où ils avoient mis le gras, & qui ne contiennent que cent vingt ou cent trente pintes. Les barrils d'huile que les Basques rapportoient de la mer contenoient deux barriques du Nord. Les baquets représentés *B* (*Pl. VIII, fig. 2*) ont à-peu-près quatre pieds trois ou quatre pouces de diametre, sur un pied & demi de hauteur. Les pipes des Hollandois (*Pl. VIII, fig. 3*) ont quatre pieds de hauteur, sur deux pieds & demi de diametre, au milieu ou au bouge, & un pied neuf pouces au jâble. Les petits barrils *b* & *c* (*fig. 3*) pour mettre l'huile qu'on tire du Nord, ont deux pieds trois ou quatre pouces de hauteur, un pied neuf pouces de diametre au milieu, & un pied six pouces au jâble.

Comme les mesures varient beaucoup, même sans changer de Royaume, je crois devoir me borner au peu que je viens de dire, pour éviter des détails inutiles & ennuyeux. Les chaudieres *A* (*Pl. VIII, fig. 2*) dans lesquelles on fait cuire les huiles, sont de cuivre rouge, les unes plus grandes que les autres ; mais assez communément elles ont sept pieds de diametre & deux pieds de profondeur.

ARTICLE XVIII.

Des différentes qualité & nature des huiles de Baleine.

Il y a, sans contredit, des huiles de Baleine de qualité différente, entre lesquelles les unes sont bien meilleures que les autres.

J'ai dit que les Baleines qui avoient la graisse un peu jaune étoient celles qui se portoient le mieux : ce sont aussi ces graisses qui donnent la meilleure huile & en plus grande quantité. Celle qu'on retire des graisses blanches est assez bonne, mais en moindre quantité.

Les graisses que fournissent les Baleines, qu'on trouve mortes, flottantes sur l'eau, fournissent moins d'huile, & d'une plus mauvaise qualité.

On tire aussi de l'huile des langues de Baleines ; mais j'ai dit qu'on prétend qu'elle a une qualité corrosive, & que pour la retirer il faut y mêler de l'huile provenant des graisses.

J'ai dit que quand on conservoit dans des

barrils, du gras coupé en petits morceaux, pour le transporter aux endroits où l'on en doit retirer l'huile, lorsqu'on ouvroit ces barrils, on trouvoit de l'huile qui s'y étoit formée, & qu'il y en avoit d'autant plus que l'air avoit été plus doux ; de plus, qu'on retiroit très-aisément l'huile du gras qui avoit été ainsi conservé en barrils ; mais j'aurois dû ajouter que ces huiles n'étoient pas aussi parfaites que celles qu'on retiroit des graisses immédiatement après la mort de l'animal : c'est pourquoi les huiles qu'on retire dans les vaisseaux, à la mer, comme faisoient les Basques, sont plus parfaites que celles qu'on retire à terre, suivant la méthode que pratiquoient les Hollandois, lorsqu'ils étoient dans l'usage de la retirer toute à Spitzberg.

Les huiles qu'on retire des graisses qu'on a conservées en barrils, ont à-peu-près les mêmes défauts que celles qu'on tire des lards rouges que fournissent les bêtes mortes.

Les Pêcheurs mettent encore une différence assez considérable entre les huiles qu'on retire des grosses Baleines qu'on prend dans les grandes Baies d'Islande, & celles que fournissent les petites Baleines qu'on prend dans des pays plus tempérés, & elles se vendent meilleur marché.

Quand nous parlerons des autres Cétacées, on verra qu'on estime beaucoup plus les huiles que fournissent certains de ces animaux, que celles qu'on obtient des autres.

ARTICLE XIX.

Exposé sommaire de la pêche des Baleines en différents Parages, & de la pêche accidentelle de ces poissons.

Après avoir rapporté le plus en détail qu'il m'a été possible, les connoissances que j'ai pu me procurer sur la pêche des Baleines, considérée en général, je crois qu'il est à propos d'exposer succinctement ce que m'ont communiqué, sur la pêche de ces poissons, ceux de mes Correspondants qui se sont trouvés à portée de la voir pratiquer dans différents climats.

§ 1. *De la pêche aux côtes de Biscaye, de Galice & de Saint-Jean-de-Luz.*

Dans les mois d'Août & de Septembre, temps auquel les grosses Baleines sortent des mers du Nord pour passer dans des climats plus tempérés, il en paroît quelques-unes vers les Côtes d'Espagne, depuis le Cap Finistere jusques vers l'embouchure de la Garonne ; il est même arrivé qu'on y en a pris le printemps & l'été. Ces Baleines sont moins grosses que celles de Spitzberg & du Groenland ; elles ont moins de gras : quelques-uns les nomment *Sardes* : je soupçonne que c'est le Nord-Kaper : il se trouve quelquefois dans ce nombre des Cachalots ; & si l'on y prend de grosses & franches Baleines, c'est rarement & accidentellement. Ces grosses Baleines retournent au Nord vers le mois d'Avril & de Mai ; & les Pêcheurs Normands, qui font la pêche du Maquereau hors les Sorlingues, en apperçoivent quelquefois des bancs considérables : elles s'annoncent par le bruit que fait l'eau qui sort de leurs évents. Quand on rencontre de ces bancs on poursuit les poissons, & on tâche d'en tuer à coups de

harpons & de lances, ou de les échouer à terre, dans un lieu où il y ait des chaudieres établies sur des fourneaux de briques, pour fondre le gras.

Saint-Jean-de-Luz a été un des meilleurs Ports du pays de Labour, & un des plus célèbres pour la pêche des Baleines, lorsqu'on n'osoit pas pratiquer cette pêche dans les glaces ; néanmoins comme le fond est de roche, les câbles ne tardoient pas à y être endommagés, ce qui a fait qu'on a essayé d'entrer une partie des bâtiments dans le port de Socoa, qui est au Sud-Ouest de l'entrée de la Rade de Saint-Jean-de-Luz. Comme il y a des roches au fond de ce Port qui n'a pas beaucoup d'étendue, on étoit contraint de mettre les vaisseaux très-près les uns des autres, & pour peu que le vent fût fort, ils se heurtoient & s'endommageoient : de plus, dans le temps des armements, on étoit obligé d'y voiturer beaucoup d'effets par terre. Toutes ces raisons ont contribué, ainsi que plusieurs autres, à faire abandonner dans ces Ports la

pêche

pêche de la Baleine, ce qui a fait un grand tort à cette Province, puisque dans certaines années la vente des huiles & des fanons a été des plus considérables.

Ajoutons à ce que nous venons de dire, qu'il se formoit de temps en temps des bancs de sable qui fermoient l'entrée aux bâtiments, dans le port de Saint-Jean-de-Luz.

Toutes ces raisons, & les avantages qu'on apercevoit à bien disposer ce Port pour la pêche des Baleines, engagerent les Jurats à présenter au Conseil du Roi un plan de la Rade avec les sondes, & un Mémoire par lequel on supplioit Sa Majesté de prendre en considération les avantages que cette pêche produisoit à la Province, & même au Royaume. Comme on n'a point eu d'égard à ces représentations, cette pêche ayant été abandonnée peu à peu, les Hollandois ont eu l'avantage de fournir à presque toute l'Europe les huiles & les fanons, dont la vente a été d'autant plus avantageuse que la pêche des Basques a diminué.

Comme nous avons expliqué les différentes façons de tirer l'huile du lard, chacun peut adopter celle qu'il jugera lui être la plus avantageuse.

M. de la Courtaudiere m'a écrit de Saint-Jean-de-Luz, que dans le mois de Février 1764 il vint échouer sur cette côte une Baleine avec son petit, qu'elle portoit sur son dos. Dès qu'on l'eut aperçu, les Pêcheurs sortirent avec leurs outils en très-mauvais état & tout rouillés, pour leur donner chasse : on harponna le petit, qui donna huit barriques d'huile & cent livres de fanons : il avoit vingt-cinq pieds de longueur, dix-sept pieds & demi de circonférence dans sa plus grande épaisseur, quinze pieds du côté de la queue, & dix pieds deux pouces à la tête. On ne croyoit pas avoir pu blesser la mere avec le harpon, parce qu'elle avoit, comme nous l'avons dit, son petit sur son dos ; cependant on s'aperçut qu'en s'enfuyant elle rendoit beaucoup de sang.

§ 2. *De la Pêche aux Côtes d'Angleterre.*

Il y avoit autrefois en Angleterre une Compagnie établie pour faire la pêche des Baleines à Spitzberg, en Groenland, & dans le Détroit de Davis. Pour engager à faire cette pêche, il y a eu un temps où le Parlement d'Angleterre avoit accordé une gratification de quarante schellings par tonneau, aux vaisseaux qui armoient pour aller faire cette pêche en Groenland. On m'a assuré que depuis long-temps cette Compagnie ne subsistoit presque plus. Les uns disent que c'est parce que le privilége qu'on lui avoit accordé avoit été réuni à la Compagnie du Sud ; d'autres prétendent que les Hollandois étant parvenus à la faire avec plus d'économie que les Anglois, ceux-ci avoient trouvé plus commode & plus avantageux de se borner à faire cette pêche sur les côtes de la Nouvelle-Angleterre, de la Nouvelle-Yorck & de la Caroline, où ils entretiennent plusieurs vaisseaux, qui rapportent en Angleterre le produit de leur pêche. Les Baleines qu'on prend dans ces parages sont moins grosses que celles qu'on trouve dans les glaces du Nord ; néanmoins, proportionnellement à leur grosseur, elles fournissent assez abondamment d'huile. On a l'avantage d'y employer de plus petits bâtiments, & les Pêcheurs y courent moins de risque. Quand ils sont rendus au lieu de la pêche, ils tirent plusieurs de leurs canots à terre, & ils y construisent des cabanes.

Quand des Guetteurs établis sur des hauteurs, avertissent par des signaux, qu'ils aperçoivent des Baleines, alors cinq ou six bateaux bien armés se réunissent pour les poursuivre & les harponner. Les lignes qui tiennent aux harpons sont assez grosses, mais elles n'ont que quarante à cinquante brasses de longueur ; & au lieu de la grosse bouée que nous avons dit qu'il falloit mettre au bout de la ligne, pour la trouver quand elle avoit échappé aux Harponneurs, ils mettent une espéce de table de bois de trois pouces d'épaisseur, & qui a trois pieds en quarré ; au milieu de cette table est assemblé un bout de chevron de quatre pouces d'équarrissage & d'un pied de longueur, à l'extrémité duquel ils attachent le bout de leur ligne, qu'ils craignent de perdre. Cet assemblage de bois forme une bouée fort apparente, qui indique où il faut aller chercher le bout de la ligne ; mais je ne crois pas qu'elle soit préférable aux grosses bouées de liége ou de bois léger dont nous avons dit que plusieurs Pêcheurs faisoient usage.

§ 3. *De la pêche des Baleines par les Groenlandois.*

Suivant ce qu'on m'a écrit sur la pêche des Baleines par les Groenlandois, elle diffère peu de ce que nous en avons dit dans l'endroit où nous avons détaillé la pêche de ce poisson dans le Nord. Quand on aperçoit une Baleine, on envoie, pour lui faire la chasse, trois chaloupes, armées chacune de six Rameurs, d'un Timonnier & d'un Harponneur, qui est sur le devant de la chaloupe : il prend les plus grandes précautions pour n'être point renversé par la Baleine. Leur talent consiste à prendre bien leur temps pour lancer sur le poisson, le harpon qui tient à une corde longue de deux cents brasses. Quand la Baleine se sent blessée, elle plonge avec une telle vitesse, que par le frottement sur le bord du canot, le feu prendroit à la corde qui est lovée dans le canot, si l'on n'avoit pas l'attention de la tenir très-mouillée ; & si cette corde lovée se mêloit, la chaloupe périroit infailliblement : c'est pourquoi un Matelot attentif est uniquement chargé d'empêcher qu'elle ne se mêle, & il en ajoute une autre, quand elle ne suffit pas pour suivre la Baleine dans toute sa course. Heureusement que la Baleine est obligée de sortir de temps en temps la tête hors de l'eau pour aspirer l'air. Quand, après s'être enfoncée sous l'eau, elle reparoît, ce qui arrive ordinairement à une centaine de brasses de distance de l'endroit où elle a été frappée, les Harponneurs qui se trouvent à portée en profitent pour la percer de nouveau : pour cela ils se tiennent assez éloignés, pour n'être point frappés ni par la queue, ni par les nageoires : quand ils réussissent à la percer, sur-tout au foie ou aux poumons, le sang sort avec une abondance extrême, & les Pêcheurs sont persuadés que le poisson aura bientôt perdu toutes ses forces : mais d'abord ses mouvements sont si forts, que la mer est couverte d'écume : heureusement, comme elles ont un besoin absolu d'aspirer l'air, elles sortent de temps en temps la tête de l'eau, & elles se tiennent près de la surface, ce qui met dans le cas de pouvoir les harponner. Cependant les chaloupes sont quelquefois obligées de suivre pendant plusieurs lieues la Baleine qu'ils chassent, jusqu'à ce qu'elle ait perdu toutes ses forces, & qu'elle soit prête de mourir, ce qu'on aperçoit, quand elle a le ventre en haut.

On donne aux Harponneurs dix livres sterling de gratification pour chaque Baleine qu'on pêche.

Quand une Baleine est morte, on découpe les graisses & les fanons comme nous l'avons expliqué. Chaque Baleine produit depuis soixante jusqu'à cent barrils d'huile, suivant qu'elles sont plus ou moins grandes. On estime que chaque barril vaut 3 ou 4 liv. sterling.

§ 4. *De la pêche en Schetland, ou Hithland.*

Quelquefois de petites Baleines viennent l'été souffler sur les côtes de Schetland ou d'Hithland. Lorsque les Habitants en aperçoivent d'endormies, ils nagent doucement & sans bruit, pour en approcher avec leurs petits Schuts ; quand ils y ont réussi, ils les attaquent avec des lances, des harpons & d'autres instruments, comme nous l'avons expliqué, avec cette différence, qu'ils attachent, pour le harpon, de grandes vessies faites de peaux de Veaux marins, qui, étant remplies d'air, empêchent la Baleine de plonger trop avant dans l'eau. Quand la Baleine que l'on chasse se sent blessée, elle s'enfuit avec une vitesse étonnante ; & comme elle perd son sang, elle est souvent suivie par un nombre de petits Baleineaux qui cherchent à le sucer. Quelquefois tous s'étant retirés dans une petite Baie les Schuts des environs se rassemblent & ferment la Baie, faisant un grand bruit jusqu'à ce que la marée soit retirée : alors les Pêcheurs tuent le plus qu'ils peuvent de poissons, avec des harpons, des lances ou des armes à feu. Il y a de ces Baleines qui leur fournissent six barrils d'huile, qu'ils vendent aux Ecossois, qui en font du savon liquide.

§ 5. *De la pêche en Norwege.*

On m'écrit de Berghen en Norwege, que le 22 Avril, un nombre de vaisseaux se rendent aux glaces par le 77 ou 78e degré, pour y faire la pêche des Baleines qui ne font pas de la même espece que celles de Groenland. Les unes paroissent sur ces côtes vers la fin du mois de Février; d'autres, d'une espéce différente, ne paroissent que dans les mois de Mai & Juin, où elles poursuivent les Harengs, & les forcent de se retirer dans des anses : il y en a qui s'engagent entre des rochers, d'où elles ne peuvent se dégager; d'autres entrent dans des anses qui aboutissent à un lac de près d'une lieue de circonférence : alors les Paysans en ferment l'entrée avec des filets faits avec des cordes d'écorce d'arbres; & les Baleines ne pouvant regagner la mer, ils en tuent.

§ 6. *De la pêche de la Baleine en Russie.*

Tout le monde connoît avec quel zèle le Czar Pierre I s'intéressoit à tout ce qui pouvoit être utile à ses Peuples. Ces sentiments l'engagerent, en 1719, à faire les plus beaux préparatifs pour établir dans ses Etats la pêche de la Baleine. La mort de ce Souverain interrompit ce beau projet, mais il ne fut point abandonné; car en 1725, la Czarine donna des ordres pour qu'il fût fait un établissement pour cette pêche. La Czarine s'engageoit à fournir des vivres aux vaisseaux Baleiniers, avec les instruments de pêche qui leur seroient nécessaires; on tira même de Saint-Malo quelques Harponneurs expérimentés.

La Russie est très-bien située pour cette pêche, parce qu'il se rassemble sur ses côtes beaucoup de différents poissons Cétacées, même des Baleines : malgré cela, on n'y prépare point, ou fort peu d'ambre gris, comme on fait à Spitzberg & en Suéde; on y en apporte de Poméranie.

§ 7. *De la pêche par les Hollandois à Spitzberg.*

Les Etats Généraux ont accordé des Patentes à quelques particuliers à l'exclusion de tous autres, pour faire la pêche de la Baleine à Spitzberg; mais il y a des Hollandois qui se rendent sur la côte de Groenland pour faire la pêche de la Baleine sans descendre jamais à terre : ils découpent à bord les Baleines en petits morceaux, & les mettent dans des barrils pour les emporter en Hollande, où ils en retirent l'huile, qu'ils vendent à bas prix, parce que le gras ayant resté du temps en barrils, a contracté une mauvaise odeur.

La côte de Spitzberg est fréquentée tous les ans par des vaisseaux de différentes nations. Chaque peuple a son Port particulier, les chaudieres, & tous les instruments nécessaires pour tirer l'huile, ce qui les met en état de le faire promptement, & par-conséquent d'avoir l'huile presque aussi bonne que celle qu'on retire à bord.

§ 8. *De la pêche des Baleines au Japon.*

Les Japonois font beaucoup d'estime de la Baleine, qu'ils nomment *Kudsuri*; elle est assez commune sur la côte Méridionale de Dogmura & de Nomo; on en fait la pêche avec le harpon, comme en Groenland : leurs canôts étant étroits, terminés fort en pointe, & montés de dix Rameurs, ont pour cette raison une marche bien supérieure à ceux dont nous avons parlé, & ils sont bien plus avantageux pour cette pêche.

Nous avons dit que quand des poissons s'étoient réfugiés dans une anse, on les y retenoit jusqu'à la basse mer, en fermant la communication à la mer avec un filet fait de cordes; au moyen de quoi on tue beaucoup de Baleines lorsque la mer est retirée, soit avec des harpons, des lances, ou même des masses. Un riche Pêcheur de cette Province s'étant avisé de tendre de pareils filets pour prendre les Baleines, comme on fait d'autres poissons avec des saines, on pratiqua sa méthode avec succès; mais on ne fut pas long-temps à s'appercevoir que la dépense excédoit le profit, & on revint à continuer la pêche avec le harpon & les lances; en un mot, à employer les moyens qui étoient en usage en Groenland.

Les Japonois distinguent un grand nombre d'espéces de Baleines, auxquels ils ont donné des noms différents, & qui ne différent principalement les unes des autres que par leur grosseur; ils nomment *Serbio* les plus grosses qui fournissent le plus d'huile; ils en mangent la chair, qu'ils disent être fort bonne, & sur-tout très-saine; car ils prétendent que fans cette nourriture ils ne pourroient pas foutenir leurs travaux. D'après ce qu'ils difent de ce poiffon, il me paroît qu'il reffemble beaucoup à celui que nous avons nommé la groffe & franche Baleine du Nord.

La principale différence fe réduit à ce que nous n'avons pas jugé auffi avantageufement de fa chair, prife comme aliment ; mais on fait qu'une nourriture, qui, d'abord paroît déplaifante, devient agréable quand on en a fait ufage pendant un temps confidérable. Par exemple, prefque tous ceux qui mangent pour la premiere fois des Huitres crues les trouvent défagréables ; quand on en a contracté l'habitude, elles paroiffent excellentes.

Entre la grande quantité de poiffons que les Japonois mettent au nombre des Baleines, il y en a de petites qui me paroiffent avoir affez de rapport avec les petites Baleines qu'on nomme *Sardes* ; mais ils difent qu'entre celles-là il y en a dont on évite de manger la chair, parce qu'elles caufent des toux opiniâtres, de la fièvre, des ulceres à la peau, même la petite vérole. Je ne rapporte ceci que d'après les Auteurs, qui difent, que dans une grande partie de ces efpéces on peut employer avantageufement prefque toutes les parties de leur corps ; leur peau eft d'un bon ufage, même étant employée verte : on mange la chair de la plupart des efpéces, même les vifcères qu'on apprête de différentes façons après avoir attendri les parties cartilagineufes dans l'eau bouillante ; on fait avec les tendons des cordes qu'on peut comparer à nos cordes de boyau, & qui peuvent fervir pour les inftruments de mufique.

Nous nous fommes affez étendus fur l'ufage qu'on fait des fanons & des gros os durs. Ce feroit abufer de la patience des Lecteurs que de rapporter en détail tout ce que j'ai pu raffembler fur le grand nombre d'efpéces de poiffons que différents Auteurs, & principalement les Japonois, regardent comme des Baleines ; ainfi je me bornerai à engager à confulter ce qui eft dit dans l'Hiftoire générale des Voyages, principalement au tom. X, pag. 672, de l'édition *in-4°.* & dans Anderfon, &c.

§ 9. *De la pêche des Baleines à la Corée.*

On trouve tous les ans fur les côtes de la Corée, entre le Japon & la Chine, des Baleines, dont quelques-unes ont fur le dos des harpons qui leur ont été jettés par les François & les Hollandois, lorfqu'ils pêchoient des Baleines au Nord. On y pêche auffi quantité de Harengs, de même que vers les Terres Arctiques, d'où on a conclu qu'il devoit y avoir entre la Corée & le Japon, un paffage qui répond au détroit de Waygats, quoiqu'il n'ait pu être découvert.

§ 10. *De la maniere de prendre les Baleines à la Floride, dans l'Amérique Septentrionale, par les Sauvages du pays.*

Quand deux Sauvages aperçoivent une Baleine qui approche de la terre, ils vont avec leurs canots la joindre, étant feulement fournis de quelques chevilles de bois avec une petite maffe ; les Indiens ayant joint la Baleine, un fe jette deffus, & quand il a gagné la tête, il enfonce une de ces chevilles dans un des évents ; alors la Baleine s'enfonce dans l'eau, & comme l'Indien eft bon nageur & plongeur, il fait fe tirer d'affaire. La Baleine qui n'a plus qu'un évent, ne tarde pas à reparoître fur l'eau ; & fi l'Indien parvient à lui mettre une cheville dans le fecond évent, la Baleine qui étouffe, revient promptement fur l'eau ; & étant prête d'expirer, fouvent elle fe jette à terre, ou affez près de la côte ; alors les Indiens qui la fuivent avec leurs canots, parviennent aifément à la tuer.

La vérité de ce que nous venons de dire a été atteftée par beaucoup de témoins oculaires, entr'autres, par plufieurs Officiers qui ont été à portée de conftater ces faits.

A l'occafion des pêches qui fe font chez les Nations étrangeres, je crois convenable de rapporter une defcription venue de Québec, des Chaloupes dont fe fervent les Efquimaux pour la pêche de la Baleine.

§ 11. *Description des Chaloupes qui servent pour prendre des Baleines dans les environs du Canada.*

Ces Chaloupes ont vingt-quatre à trente-six pieds de long ; ils y mettent une quille qu'ils font comme nous, de plusieurs piéces très - proprement empâtées ensemble, & arrêtées avec des chevilles de bois, ou de fer, & des clous : ils posent dessus tous les membres qui font chevillés, & emmortaisés comme ceux de nos canots. L'avant de ces Chaloupes est fort relevé ; elles ont l'arriere, comme une Biscayenne avec un gouvernail de planches, liées & attachées avec de la peau ; ces petits bâtiments font bordés de peaux de Loup marin fans poil, si bien cousus ensemble, que l'eau ne peut traverser : ils appliquent toutes ces peaux contre la carcasse de ce bâtiment, & après les avoir bien tendues ils mettent une lisse par-dessus le bord, qui les tient de tous côtés ; c'est sur cette lisse qu'ils posent leur estrope pour nager, comme nous faisons dans nos Chaloupes.

Ces bâtiments ne font point pontés, & n'ont ordinairement qu'un mât avec une grande voile de peau de Caribou boucanée, qui a une ralingue de cordages faite de peaux de Loup marin, ou de Vache marine. Leurs manœuvres font les mêmes que les nôtres, mais faites des peaux dont nous venons de parler, aussi bien que leurs cables ; pour leurs ancres, elles font faites différemment de celles dont nous nous servons ; ce font deux gros morceaux de bois en croix, desquels il fort quatre autres morceaux pointus & courbes : au milieu de ces morceaux de bois est attaché une grosse pierre pour les faire caler ; ils ont à présent presque tous des grappins qu'ils ont pris aux Pêcheurs de Morues ; ces chaloupes portent jusqu'à soixante hommes, & quand ils s'y embarquent, ils y mettent leurs canots avec eux ; ils s'en servent pour traverser de la côte de Labrador, dans l'Ile de Terre - Neuve, & pour y faire la pêche de la Baleine, qu'ils pratiquent de la même maniere que celle du Loup marin. Le cordage dont ils se servent pour cette pêche est fort, & a jusqu'à cent brasses de long. Pour le faire flotter, ils y attachent au lieu de vessies, des peaux de Loup marin entiérement remplies d'air, ou des morceaux de bois de cedre, pour fatiguer la Baleine qu'ils poursuivent, & qu'ils essaient de tuer en la perçant avec leur dard.

Ces Sauvages manqueroient de clous & de dards de fer, même de toile & de cordages, s'ils ne parvenoient pas à s'en fournir par la démolition des chaloupes & des cabanes dont ils peuvent se rendre maîtres sur leurs côtes.

§ 12. *Idée générale des pêches qu'on fait à Sinigaglia, jolie petite Ville située au bord de la Mer Adriatique.*

On prend en cet endroit différentes espéces de poissons ; néanmoins la pêche n'y fait pas un objet intéressant de commerce, excepté dans les saisons des Foires, & particuliérement de celle qu'on nomme de Sinigaglia, qui est regardée comme la plus célebre, & à laquelle on apporte des pays peu éloignés de toutes sortes de poissons, principalement des salés.

Les différentes marchandises qu'on apporte à cette Foire font que l'achat du poisson se fait plutôt par échange que par argent, ce qui rend ce commerce beaucoup plus florissant.

On conserve, par curiosité dans cette Ville, de gros os d'un poisson qui se trouva échoué fut la Plage en 1705, & qu'on jugea venir d'une Baleine.

On y prenoit assez abondamment des Sardines, qu'on conservoit long - temps fraîches ; néanmoins on a abandonné cette pêche, à cause qu'il s'y trouvoit beaucoup de gros poissons qui déchiroient les filets.

A R T I C L E   X X.

Sur les ennemis des Baleines.

Quoique les Baleines soient de fort gros poissons, elles ne laissent pas d'être la victime de plusieurs animaux qui cherchent à s'en nourrir. J'ai déja parlé d'un insecte gros comme un grain de riz , qu'on nomme *Puceron*, qui, à ce qu'on affure, dévore leur langue , & quelquefois les fait mourir.

On connoît encore un infecte qui nuit beaucoup aux Baleines : on l'appelle communément *le Pou de Baleines.* On m'a affuré qu'il ne reffemble au Pou ordinaire que par la forme de fa tête : il a fix fortes écailles fur le dos, quatre productions qu'on nomme *Cornes*, dont deux font courtes & droites, les deux autres, courbes & pointues ; l'aileron de la queue a la forme d'un bouclier. Cet infecte, qui me paroît tenir des Cruftacées, s'attache fortement aux Baleines , qu'il tourmente beaucoup, fur-tout dans le temps des chaleurs.

Les Baleines font encore fatiguées par quantité d'oifeaux qui s'affemblent fur leur corps, pour manger les petits animaux dont elles font couvertes.

Quelquefois les Baleines fe battent les unes contre les autres, & fe bleffent confidérablement. Les gros Requins du Nord , que quelques-uns nomment affez mal-à-propos *Ours de mer*, à caufe de leur voracité , quoique beaucoup moins gros que les Baleines , font très-redoutables pour ces poiffons ; car ils les attaquent fous l'eau , & leur enlevent quelquefois au ventre des morceaux de chair d'une groffeur fi confidérable , qu'on en trouve de mutilées, & même de mortes ; & comme ces animaux meurent pour la plupart au fond de l'eau, il en réfulte une perte confidérable pour les Pêcheurs. Ils effaient de les tuer, pour les empêcher de faire périr un animal qui leur eft précieux , tant par l'huile qu'ils en retirent, que parce qu'ils en mangent les chairs les plus délicates, que leur fourniffent principalement les petites & jeunes Baleines. On prend ces grands Chiens avec de forts hameçons empilés à des chaînes.

Ces grands Chiens du Nord ont de la reffemblance avec ceux qu'on prend fur le grand banc de Terre-Neuve.

On peut, au fujet des ennemis des Baleines, confulter le Tom. XV de l'Hiftoire des Voyages, pag. 285, où l'on trouvera, d'après Mathéus, plufieurs chofes intéreffantes.

La Vivelle, ou le poiffon à fcie, dont nous avons donné la defcription & la figure, à la fuite de la neuvieme Section, eft regardée par quantité d'Auteurs comme un des plus grands ennemis des Baleines. Ils s'attroupent, dit-on, autour d'elles ; ils les attaquent avec leur trompe dentée , & parviennent quelquefois à les tuer, ce qui eft avantageux aux Pêcheurs, parce que flottant fur l'eau ou près de la furface, lorfqu'elles font mortes ou feulement affoi-

blies, les Pêcheurs s'en emparent & en font leurs profits.

On prétend affez généralement , que la Licorne de mer dont j'ai donné la defcription à la fuite de la neuvieme Section, pag. 332, & la figure au bas de la Planche XII, eft un ennemi plus redoutable pour les Baleines que la Scie. Effectivement, on penfe que fa corne lui fert à tuer les poiffons dont elle fe nourrit. Il eft certain que fouvent la Licorne frappe avec fa corne les bâtiments, qu'elle prend probablement pour un poiffon ; & j'ai vu un bout d'une de ces cornes de deux ou trois pouces de long , qui s'étant rompu étoit refté dans le bordage d'une Frégate.

N'ayant pas pu être témoin des combats que je viens de rapporter, je ne fuis pas plus autorifé à admettre ces allégations qu'à les nier : mais des Obfervateurs prétendent que les vrais ennemis des Baleines font un Cétacée du genre des Empereurs, dont j'ai donné la defcription à la fuite de la neuvieme Section, pag. 333 ; mais c'eft une efpéce différente de celle dont j'ai parlé ; quelques-uns l'ont nommé *Gladiateur des Baleines.* Les Pêcheurs difent que ce poiffon, que je ne connois pas , a fur le dos comme une lame de fabre très-tranchante, & qu'en nageant avec une viteffe extrême, il paffe fous le corps d'une Baleine , lui ouvre le ventre & la fait périr , ce que ne pourroient faire la Vivelle ou Scie, ni la Licorne ; & ils s'autorifent dans ce fentiment, en difant que les Pêcheurs les plus anciens & les plus expérimentés affurent qu'on ne prend point de Vivelles dans les mers du Nord, où il y a beaucoup de Baleines, & qu'il s'en trouve beaucoup aux Côtes d'Afrique ; à quoi ils ajoutent, que les Vivelles ne font pas d'affez gros poiffons pour pouvoir tuer des Baleines , même celles qui ne font que d'une médiocre grandeur. Cependant, quoiqu'on fache que les Vivelles ne font pas des poiffons furieux, on les regarde comme la caufe de la mort des Baleines qu'on trouve mortes ou bleffées fur le rivage ; & n'ayant point de confiance à cette opinion, il nous paroît qu'on doit plutôt attribuer ces meurtres aux Gladiateurs dont nous venons de parler.

Ajoutons à ce que nous venons de dire, qu'il y a un Quadrupede *A* (*Pl. VIII, fig.* 1), qu'on nomme *Ours blanc*, qu'il ne faut pas confondre avec un Chien de mer auquel, à caufe de fa grande voracité, on donne le nom d'*Ours de mer.* Le vrai Ours blanc Quadrupede, étant très-friand de la chair des poiffons, fe tient fur les bancs de glaces ou au bord de la mer, effayant d'appercevoir quelques poiffons : quand il en découvre, il se jette à l'eau, & plonge pour les attraper : il poursuit les petites Baleines, même des grosses, lorsqu'elles sont blessées ou très-fatiguées, & il les dévore.

Quoique cet animal aime sur-tout la chair des poissons, il dévore néanmoins des Quadrupedes, quand il en peut attraper ; c'est pourquoi il est très-redouté même des hommes. Comme cet Ours blanc marin n'est point un poisson, je me bornerai au peu que je viens de dire, prévenant qu'on trouvera plusieurs choses intéressantes à son sujet dans l'Histoire générale du Cabinet du Roi, Tom. XV.

ARTICLE XXI.

De l'Ambre gris ; Ambra grisea.

On donne ce nom à une substance légère, opaque, assez souvent de couleur cendrée, parsemée de petites paillettes blanchâtres ou noires : elle s'attendrit à la chaleur, & devient onctueuse au toucher : elle brûle sur les charbons, répandant une odeur assez agréable, mais foible ; pour cette raison, le plus grand usage qu'on en fait est d'en mêler avec les aromates, dont elle développe puissamment l'odeur.

Cette substance est en grande partie dissoluble dans l'esprit de vin rectifié. Les Pêcheurs la regardent comme un des profits qu'ils peuvent retirer des Baleines. Les Naturalistes ne sont point d'accord sur son origine, ni même sur sa vraie nature; mais comme on en trouve au bord de la mer, dans des endroits où il y a des Baleines, beaucoup ont pensé que ce baume étoit produit par ce poisson; suivant les uns, de ses excréments, suivant d'autres, de la semence des mâles, qui, étant liquide au sortir de l'animal, pénétroit des mottes de terre, & s'approprioit de petits os, des ongles & des becs d'oiseaux, ou des fragments de coquilles, qu'on trouve dans les morceaux de cette substance ; d'autres prétendent que l'ambre gris n'est produit ni par les excréments, ni par le sperme de Baleines, mais par une substance un peu épaisse qui étoit contenue dans des bourses particulieres placées auprès des organes qui caractérisent les sexes. Comme on ne trouve point de cette substance dans quelques endroits où il y a beaucoup de Baleines, plusieurs ont conclu delà que l'ambre n'étoit point produit par ce poisson ; & pour éluder cette difficulté, on a dit qu'il n'y avoit que l'espéce de Baleine qu'on nomme *Baleas* au Brésil, qui produisoit cette précieuse résine; d'autres ont pensé que l'ambre étoit produit par les excréments d'un oiseau dont on donne la description.

A cette occasion, je crois convenable de dire quelque chose du poisson qu'on nomme *Baleas.* C'est une espéce de Baleine qui vient, dans les temps ordinaires de leur accouplement, aux environs de l'île de May & Saint-Iago, & encore plus autour de celle de Saint-Jean ou Brava, en Afrique. Roberts a vu, dans la Baie de Fuerno, un *mâle* & une *femelle* prendre leurs amusements pendant trois jours. Ils rentroient le soir dans la mer, & le lendemain ils revenoient dans la Baie, sur les huit ou neuf heures : ils y dormoient quelquefois deux heures entieres, avec l'immobilité d'un vaisseau à mâts & à cordes, *joints ensemble,* dans un état qui auroit donné beaucoup de facilité pour percer l'un ou l'autre, ou même tous deux ensemble. Roberts ajoute que le mâle n'est pas aussi gros de la moitié que la femelle. Les Baleas sont aussi très-communs sur les Côtes du Brésil. On emploie, pour les prendre, la même méthode que pour les Baleines du Groenland, & on en tire de l'huile. Quelques-uns prétendent que *l'ambre gris* n'est que le sperme de ce poisson, dont il se répand une partie dans leur accouplement, & qui n'étant d'abord qu'une sorte de gelée blanchâtre, acquiert sa couleur & sa dureté en flottant dans l'eau. Ils ajoutent que le sperme vierge, ou le premier répandu, est blanc & transparent, & que dans sa congélation il conserve la même couleur. Labat, Histoire d'Afrique Occidentale, tourne cette opinion en ridicule : mais si ce n'est pas le sperme de la Baleine, on ne doute plus que ce ne soit quelque substance odoriférante formée dans quelque bourse voisine de ses testicules. Voyez les Transactions Philosophiques, n° 387, p. 256, ou leur Abrégé, vol. 7, pag. 429 ; Histoire générale des Voyages, *in-4°,* Tom. II, pag. 400 & 401.

Kœmpfer dit avoir tiré de l'ambre des intestins de la Baleine, confondu avec les excréments ; mais, dit le même Auteur, ce n'est point delà que l'ambre tire son origine. De quelque maniere que se forme ce bitume, soit au fond de la mer ou sur les Côtes, il paroît que les Baleines le prennent avec leur nourriture, & qu'il ne fait que se perfectionner dans le corps de ces animaux. M. Geofroy, Docteur-Régent de la Faculté de Médecine de Paris, prétend, dans sa Matiere Médicale, ce qui n'est pas hors de vraisemblance & ne s'écarte pas du sentiment de Kœmpfer, que l'ambre gris est un bitume qui sort de la terre, au bord de la mer, sous une forme liquide ; qu'il s'approprie plusieurs corps étrangers, & qu'en s'endurcissant peu à peu, il en résulte ce qu'on appelle l'*Ambre gris*. Assurément cette résine est un objet très-étranger à ceux que je discute dans mon Ouvrage ; & si j'en dis quelque chose, c'est parce qu'un grand nombre d'Auteurs ont attribué sa formation à la Baleine. Mais je terminerai cet Article, comme je l'ai commencé, par dire que les Naturalistes ne sont point d'accord sur la nature & l'origine de l'ambre gris. J'invite ceux qui désireront acquérir des connoissances sur cette substance, à consulter ce qui en est dit dans le Dictionnaire d'Histoire Naturelle de M. Valmont de Bomare, dans celui du Commerce de Savary, & particuliérement dans la Traduction des Transactions Philosophiques de la Société Royale de Londres, année 1734, où cet objet est traité fort amplement. On peut ajouter qu'il y a plusieurs manieres de contrefaire l'ambre gris, & qu'on en vend de factice : je me bornerai à en donner un seul exemple. On trouve au fond de la mer, ou sur les Côtes, des masses applaties, figurées comme un gâteau, d'une substance glutineuse & d'une odeur désagréable. Ceux qui en rencontrent sur le rivage ou flottant sur l'eau, en prennent des morceaux, qu'ils pétrissent avec de la farine de riz & quelque substance odorante. Ils en forment ainsi des boules qui prennent de la solidité en se desséchant : alors ils les vendent pour de l'ambre gris. On voit, après ce que nous venons de dire, qu'il ne faut pas croire que l'ambre gris fasse un objet considérable de profits pour les Pêcheurs.

Je pourrois rapporter ici ce que j'ai pu apprendre sur le blanc de Baleine ; mais comme on le retire principalement des Cachalots, je remets à en parler lorsqu'il s'agira de ce poisson.

CHAPITRE II.

CHAPITRE SECOND.

Des Cétacées.

APrès avoir rapporté dans le Chapitre premier les connoiſſances que j'ai pu me procurer ſur les vraies & franches Baleines, je vais dans le ſecond traiter des Cétacées, ou des Poiſſons qui, comme je l'ai dit, ont plus ou moins de rapport avec les vraies & franches Baleines ; & je commence par ceux qui leur reſſemblent le plus.

ARTICLE PREMIER.

Du Cachalot.

Suivant Anderſon, ce nom eſt originaire de la Gaſcogne. Quoiqu'il y ait des Cachalots fort grands, beaucoup d'Auteurs & la plupart des Pêcheurs, regardent ce poiſſon comme une petite Baleine. Je conviens que les Cachalots reſſemblent aux Baleines à pluſieurs égards ; mais ils en différent aſſez pour me déterminer à ne les regarder que comme des Cétacées. Les différences les plus frappantes qu'il y a entre les Cachalots & les Baleines ſont, que les Baleines, comme nous l'avons dit, n'ont point de dents dans la gueule, mais des fanons ; au lieu que les Cachalots en ont, ce qui fait qu'on les nomme *Cete dentatus.* Preſque tous en ont à la mâchoire inférieure, qui en eſt bien garnie : la plus grande partie ſont pointues, il y en a quelques-unes de larges ou mâchelieres au fond de la gueule. Ces dents de la mâchoire d'en-bas, quand la gueule eſt fermée, ſont reçues dans des cavités qui ſont à la gencive de la mâchoire ſupérieure, où elles entrent comme dans des gaînes. On en trouve qui ont quelques dents mâchelieres diſtribuées çà & là, le long de la mâchoire ſupérieure, à ſix ou huit pouces les unes des autres ; & comme le nombre & la forme de ces dents offrent des variétés, beaucoup en ont fait des eſpéces différentes, aſſurant même qu'il y en a quelques-unes qui ont les mâchoires ſupérieure & inférieure également garnies de dents.

Comme il y a des Cachalots de groſſeurs très-différentes, & qu'on en trouve qui ont la peau de différentes couleurs, on a profité de ces variétés pour multiplier les eſpéces. Mon deſſein étant de réduire mon Ouvrage au plus petit volume poſſible, j'éviterai d'entrer à ce ſujet dans des détails qui immanquablement ſeroient conſidérables, & qui auroient peu d'utilité. Je me bornerai donc à inviter à avoir recours à Anderſon, où l'on trouvera de très-grands détails à ce ſujet.

J'ai dit que les Baleines franches, groſſes & petites, comme ſont les Sardes, n'avoient point d'ailerons, ni ſur le dos, ni ſous le ventre, & ſeulement celui de la queue, avec deux nageoires derriere la tête : au contraire, les Cachalots, outre l'aileron de la queue, en ont ſur le dos, & même quelquefois ſous le ventre, avec quelques boſſes ou renflements au dos. Ces différences m'ont paru aſſez conſidérables pour ne point mettre, comme pluſieurs Auteurs, les Cachalots au rang des Baleines, mais ſeulement avec les Cétacées. Ils vont ordinairement par troupe, & ils peuvent reſter plus long-temps ſous l'eau ſans aſpirer l'air que les franches Baleines. En général, ils ſont plus vifs & plus fuyards même que les Sardes. On en trouve principalement au Cap-Nord & à Finmarck.

J'ai dit qu'on en diſtinguoit de pluſieurs eſpéces, ſoit à l'égard de leur groſſeur, ſoit à cauſe de la couleur de leur peau : mais une différence plus digne d'attention, & qui doit former entre les Cachalots différentes eſpéces, eſt qu'il y en a dont le cerveau eſt couvert par un crâne dur & oſſeux ; au lieu qu'à d'autres il ne l'eſt que par une forte membrane ; & que les uns ont une épaiſſe couche de graiſſe au-deſſus du muſeau, pendant que d'autres n'en ont qu'une couche mince : ces différences ne dépendent pas de l'âge des poissons.

En général, le lard des Cachalots est rempli de filaments, & par sa fermeté il est un peu cartilagineux, ce qui fait qu'il donne fort peu d'huile. Le profit le plus avantageux que les Pêcheurs obtiennent des Cachalots, est le *Sperma Ceti*, ou le blanc de Baleine, qu'on retire de leur cervelle : quelques-uns le nomment mal-à-propos l'*Ambre blanc*.

On dit que quand on dissèque ces Cachalots avec précaution, on apperçoit que le cerveau est divisé en un nombre de cellules, formées par des membranes qui communiquent les unes avec les autres, & que c'est dans ces cellules qu'est renfermé ce qui fournit le blanc de Baleine, qui, étant mollasse, passe d'une cellule dans une autre, & se congele comme des pelotes de neige, aussi-tôt qu'on l'a tiré des loges où il étoit renfermé.

On trouve çà & là, dans les graisses, de petites cavités remplies de ce même blanc. Quand on a tiré d'une loge cette substance, que plusieurs appellent mal-à-propos du *Sperme*, cette loge se remplit, ou du sperme qui étoit dans d'autres loges, ou peut-être de celui qui étoit répandu dans la graisse, ou enfin de cette même substance qui suinte de la moëlle de l'épine du dos, qui s'étend de toute la longueur du poisson.

Suivant Anderson, il n'y a que le Cachalot, nommé par quelques-uns *Balenas*, qui fournisse l'ambre gris. Nous avons rapporté, dans un article particulier, ce qui nous paroît de plus probable au sujet de cette résine : nous invitons à y avoir recours.

Nous avons dit qu'il y avoit des Cachalots de bien des grandeurs : les uns, qui approchent de celle de la franche Baleine, & d'autres qui ne sont pas plus gros que les Sardes : mais il ne faut pas confondre ces poissons ; les Sardes ayant des petits fanons dans la gueule, les Cachalots des dents ; entre les poissons de cette espece, il y en a, sur-tout sur les côtes de la Nouvelle-Angleterre, qui ont des dents d'un tissu plus serré que l'ivoire; ces dents ont cinq ou six pouces de longueur, en y comprenant la partie renfermée dans les gencives : on assure même avoir trouvé dans l'estomac de quelqu'un de ces gros Cachalots, des poissons qui avoient près de six pieds de longueur, & qui étoient en partie digérés.

C'est au Détroit de Davis qu'on trouve principalement des Cachalots qui ont de petites dents fort pointues.

Après avoir rapporté les connoissances que j'ai pu me procurer sur les différentes espéces de Cachalots, je vais donner en abrégé ce que m'ont écrit mes Correspondants. On me mande de Davis, qu'il y a dans ce Détroit des Cachalots qui ont beaucoup de ressemblance avec les Baleines par la forme de leur tête, & qui n'ont point d'aileron sur le dos, mais seulement l'aileron de la queue & deux nageoires assez grandes derriere la tête, une de chaque côté, mais ils ont des dents seulement à la mâchoire d'en-bas, & un seul évent sur la tête par lequel ils jettent beaucoup d'eau. La graisse est molle, & ne fournit pas beaucoup d'huile. La chair est mangeable pour les gens peu délicats.

On m'informe de Sinigaglia, qu'en 1715 il étoit resté à sec, dans la Baie, un gros poisson qui fut d'abord regardé comme une petite Baleine : il avoit quarante-huit pieds de long & vingt-six de grosseur. Comme il n'avoit point de fanons dans la gueule, mais quarante-huit dents à la mâchoire inférieure, on reconnut que c'étoit un Cachalot. Les yeux ressembloient assez à ceux d'un porc. Il jettoit par son évent de l'eau à une hauteur considérable. Il étoit très-fort, car d'un coup de queue il rompit une corde assez grosse avec laquelle on l'avoit attaché à une barque pour le remorquer. On mit cette corde en double ; & il faisoit tant de résistance, qu'il tiroit la barque en arriere, quoiqu'elle eut le vent favorable. On lui tira inutilement quelques coups de fusil. Enfin, on vint à bout de le tuer, à force de le frapper avec une masse ferrée. Au bout de douze heures on enleva le gras, pour en faire de l'huile.

Il y a beaucoup de poissons dans le Golfe Adriatique, & en pêchant à la Tartane, il arrive quelquefois qu'on prend quelques petits Cachalots, dont, après avoir retiré le gras, on mange les chairs, ou fraîches ou salées, mais elles sont peu estimées.

Entre plusieurs notes dont M. le Président de Borda m'a fait part, il dit, comme moi, que c'est mal-à-propos que quelques-uns appellent les Cachalots de petites Baleines, puisqu'on en prend quelquefois de fort grands. Il ajoute, que le caractere principalement distinctif des Cachalots avec les Baleines, est, que les Baleines n'ont point de dents, & que les Cachalots en ont. Le terme *Cachalot*, en Gascon, signifie *Poisson à dent* ; puisque *Cachaü*, en cette langue, signifie proprement une dent molaire.

M. de Borda dit qu'on lui avoit apporté une dent de la mâchoire d'un poisson énorme qui avoit échoué près la Tête de Buch. Cette dent avoit six à sept pouces de circonférence au sortir de la gencive ; & la dent d'un autre Cachalot pris à Bayonne n'avoit à cet endroit que cinq pouces de circonférence : la longueur de ce poiſſon étoit de quarante-neuf pieds. Le haut de la dent du poiſſon de Buch étoit plus menue à ſon extrémité ſupérieure qu'en-bas ; celle de Bayonne étoit un peu courbe. Entre toutes les dents que M. de Borda a dans ſon Cabinet, les unes ſont pleines dans toute leur longueur, & d'autres ont, à leur extrémité inférieure, une cavité conique qui s'étend juſqu'au tiers ou à la moitié de leur longueur.

M. de la Courtaudiere m'a écrit de Bayonne, qu'ayant aperçu ſur la riviere un Cachalot, elle fut à l'inſtant couverte de chaloupes : dans les unes il y avoit des Charpentiers pourvus de leurs outils ; dans les autres, des Mariniers qui avoient de mauvais harpons. Tous firent à ce poiſſon beaucoup de bleſſures. Des Dames, ne connoiſſant pas le danger où elles s'expoſoient, s'en approchoient aſſez près pour le toucher avec leurs mains. Ce poiſſon remonta l'Adour un quart de lieue au-deſſus de la Ville, où enfin on parvint à le tuer. Comme c'étoit au commencement d'Avril, pluſieurs craignant que ce qu'on leur annonçoit ne fût une attrape, refuſerent de l'aller voir.

Enfin, ce poiſſon ayant été tué, comme on redoutoit ſa mauvaiſe odeur en le remorquant avec des chaloupes, on l'échoua ſur le ſable. M. de la Courtaudiere, & nombre d'autres, monterent deſſus : comme ſa peau étoit très-gliſſante, on avoit autant de peine à s'y tenir que ſur de la glace, & pluſieurs tomberent.

On en tira dix-ſept barriques d'huile, quinze barrils de cervelet, & quelques boules qui étoient enveloppées de cire, ſur leſquelles il y avoit des mouches à miel.

M. de la Courtaudiere dit qu'on en apperçoit de temps en temps quelques-uns en vie, mais beaucoup plus de morts, qui ſont échoués à la côte.

M. Desforges-Maillard m'a envoyé de Vannes, un Mémoire & un deſſein d'un poiſſon qu'il dit avoir été pris près de l'embouchure de la Loire, à environ une lieue du port de Vannes. Il avoit reçu pluſieurs coups de fuſil ſans en être conſidérablement bleſſé, excepté d'un qui lui avoit percé l'aileron du dos, ce qui ne l'empêcha pas de reſter pendant les mois de Mai, Juin & Juillet, entre les petites îles qui ſont dans le canal qui conduit au port de Vannes ; où il trouvoit abondamment les poiſſons dont il ſe nourriſſoit. Enfin, il fut tué, & M. Maillard m'en a envoyé les dimenſions, qu'il a priſes avec le plus grand ſoin, conjointement avec M. de Kéronique, Gentilhomme ſavant, & généralement eſtimé.

Ce poiſſon avoit dix-huit pieds de longueur *AB* : il étoit encore jeune, ce qu'on reconnoiſſoit à pluſieurs dents naiſſantes qui étoient au-devant de ſa mâchoire ; l'évent *C* étoit à un pied du commencement de la tête : comme il en ſortoit un certain volume d'eau, pluſieurs le nommerent *un Souffleur* ; mais l'ayant examiné, tout le monde convint que c'étoit un Cachalot. M. Maillard voulut en acheter la peau, mais on la lui refuſa, parce qu'on le faiſoit voir pour de l'argent. Afin de le conſerver, ils le remplirent de ſel marin : cependant il ſe corrompit, & l'huile qu'ils en retirerent étoit mauvaiſe. Je vais rapporter les dimenſions de toutes les parties de ce Cachalot, telles qu'elles m'ont été envoyées par M. Maillard.

Longueur totale du poiſſon, depuis le bout du muſeau *A*, juſqu'à l'extrémité de l'aileron de la queue *B* . . .	19 pieds.	
Son épaiſſeur . . .	2 p.	4 pouces
Sa largeur	3 p.	2 p.
Largeur de l'aileron de la queue *B* . . .	4 p.	2 p.
Longueur de cet aileron	1 p.	6 p.
De l'articulation de cet aileron au commencement *D* de l'aileron dorſal. . . .	7 p.	0 p.
Largeur de cet aileron à ſon attache au corps *DE*	2 p.	4 p.
Etendue de cet aileron au grand côté, ou depuis le corps *E* juſqu'à la pointe *F* .	2 p.	10 p.
Diſtance de l'aileron dorſal, non compris ſa largeur, à l'évent, ou de *E* en *C* . .	6 p.	10 p.
Diametre de cet évent.		3 p. 6 lig.
L'ouverture de la gueule *AG*		22 p.
Du bout du muſeau *A* au centre du cryſtallin *H*	3 p.	6 p.

L'œil, qui eſt ovale, eſt un peu en arriere de l'ouverture de la gueule.

Les mâchoires, tant ſupérieure qu'inférieure, ſont garnies de chaque côté de douze dents qui ont deux pouces de longueur, ſur ſix lignes de largeur.

L'articulation *I* de la nageoire bronchiale eſt au-deſſous & preſque à l'à-plomb de l'ouverture de l'œil.

La nageoire bronchiale a trois pieds de longueur ; ſa plus grande largeur eſt d'un pied & demi. Le dos, l'aileron & les nageoires ſont noires. La mâchoire, le deſſous & le ventre ſont blancs, & l'aileron de la queue tire au blanc. Le blanc du ventre ne s'étend pas jusqu'à l'aileron de la queue, mais plus loin que l'anus *L*, qui est à un peu plus de six pieds de l'articulation de l'aileron de la queue.

La peau de ce poisson est douce comme du satin. On le dit grand ennemi des Marsouins, & M. Maillard dit en avoir vu les poursuivre avec fureur.

La direction des parties de la peau, qui sont les unes blanches, les autres noires, s'aperçoit sensiblement dans la figure. M. Dudley rapporte, dans les Transactions Philosophiques de la Société Royale de Londres, pour les mois de Mai, Juin & Juillet de l'année 1725, n° 327, une liste des différentes espéces de Baleines, dans laquelle il comprend avec les vraies & franches Baleines, plusieurs espéces de poissons que j'ai cru qu'il convenoit de ne point confondre avec les vraies & franches Baleines. De ce genre est l'espéce qu'il a mis à la fin de la liste, & sur laquelle il insiste plus que sur toutes les autres. On la distingue, dit-il, par sa couleur, qui est grise, au lieu que les autres tirent au noir sur le dos : elle a un ou plusieurs ailerons sur le dos, avec quelques bosses : elle n'a point, comme les franches Baleines, des fanons dans la gueule, mais quelques rangées de dents blanches comme de l'ivoire, d'un tissu plus serré, & qui ont cinq à six pouces de longueur, en y comprenant la partie comprise dans la gencive. On les avoit tirées d'une Baleine d'environ quarante-neuf pieds de longueur : elle donna à peu près vingt barrils d'huile très-fine, qu'il nomme *Blanc de Baleine*. Ces Baleines ne sont pas farouches, & n'attaquent point avec leur queue d'autres poissons, à moins qu'elles n'aient été blessées : alors elles se renversent sur le dos, & combattent avec leurs dents.

Le blanc de Baleine, dit-il, est contenu dans une grande cavité qui occupe, comme le cerveau, presque toute la cavité de la tête. Cette substance est, comme nous l'avons dit ailleurs, contenue dans plusieurs cellules membraneuses, couvertes, non par un crâne osseux, mais par une membrane ferme & grisâtre, qui est sous la peau, à laquelle on fait des incisions, pour retirer le blanc de Baleine, qui est clair, très-transparent & mollasse. On obtient de cette même substance de plusieurs autres parties glanduleuses, mais il s'en faut beaucoup qu'elle soit aussi parfaite que celle qu'on retire de la cavité du cerveau. Suivant le témoignage d'un homme qui a péché plusieurs de ces poissons, il y en a de la tête desquels on retire depuis dix jusqu'à vingt barrils de ce blanc, & on en peut retirer autant du reste de leur corps, mais moins parfait.

D'après ce que nous venons de dire, on voit incontestablement que le poisson dont il a été question étoit un Cachalot, & que ce qui est dans le Mémoire quadre fort bien avec ce que nous avons dit du Cachalot. Je suis bien aise de pouvoir confirmer ce que j'ai dit par un Mémoire qui a été publié par un Etranger.

On sophistique quelquefois le blanc de Baleine, en le mêlant avec de la cire, mais il est aisé de s'appercevoir de cette fraude. Il est essentiel, pour le conserver, de le tenir dans des vaisseaux exactement fermés, sans quoi il prendroit une couleur jaune désagréable.

A R T I C L E   II.

Des Souffleurs.

On donne ce nom à des poissons qui jettent de l'eau par les évents; mais comme cette propriété convient à la Baleine & à presque tous les poissons qu'on nomme *Cétacées*, cette circonstance ne caractérise point une espéce particuliere de poisson; aussi, quelques-uns disent des Souffleurs, ainsi que des Cachalots, que ce sont de petites Baleines. J'ai remarqué, à l'égard des Cachalots, qu'il ne convenoit pas de les regarder comme de petites Baleines, puisqu'on en prenoit de fort grands; j'en dis autant à l'égard des Souffleurs : d'ailleurs, il est aisé de distinguer les Cachalots & les Souffleurs des Baleines, puisque les uns & les autres ont des dents, & point de fanons, comme les Baleines. J'ai bien vu de petits Baleineaux qui avoient des fanons, mais c'étoit, ou des jeunes Baleines, ou des Sardes, & non pas des Cachalots, ni des Souffleurs. Les idées différentes qu'on s'est formées de ces poissons ont occasionné beaucoup de confusion; de sorte qu'entre les Pêcheurs, les uns m'ont nommé un poisson Cachalot, pendant que d'autres me disoient que c'étoit un Souffleur ou un Marsouin : ce qui n'est pas surprenant, parce qu'il y a beaucoup de ressemblance entre les Cachalots, les Souffleurs, & même les Marsouins; d'où il résulte qu'on m'a envoyé bien de différentes espéces de poissons, qu'on me marquoit être celui qu'on appelle

pelle en France *Souffleur.* J'en vais donner quelques exemples.

On m'écrit que sur la côte de Guinée, à l'embouchure du fleuve Gabon, on trouve beaucoup de petites Baleines (*Pl. IX, fig. 2*) que les François nomment *Souffleurs ;* les Hollandois, *Nord-Kaper ;* les Anglois, *Grampuss.* Les plus grandes ont quarante pieds de longueur. J'ai depuis trouvé des détails sur ce poisson dans l'Histoire des Voyages, Tom. IV de l'Edition *in-4° ;* & on peut consulter ce que je dirai à l'article du Dauphin.

Kœmpfer dit qu'il avoit vu au Japon une espéce de Baleine qu'il prit pour le poisson que les Hollandois nomment *Nord-Kaper,* que les Japonois appellent *Liwari-Kura,* c'est-à-dire, mangeur de Sardines, & qu'on écrit être le poisson nommé en France *Souffleur.*

Le poisson (*fig. 3*) ressemble à l'espéce de Marsouin qu'on nomme *à bec d'Oie :* quelques-uns l'ont nommé *Souffleur.*

On m'a encore envoyé, sous le nom de Souffleur, le poisson (*fig. 4*) qui est du genre du Marsouin. J'entrerai à son sujet dans des détails.

Le poisson (*fig. 6*) qui me paroît être le véritable Souffleur, est nommé *Mulard* en Provence & en Languedoc ; *Senedette* en Saintonge. Le nom de Souffleur lui convient, parce que l'évent qu'il a sur la tête est plus large qu'à presque tous les autres Cétacées, & qu'il jette beaucoup d'eau. La plupart sont grands ; leur gueule l'est aussi : elle est garnie de beaucoup de dents pointues ; la langue est grosse & charnue. Ce poisson a deux grandes nageoires derriere la tête, mais point d'ailerons ni sur le dos, ni sous le ventre : l'aileron de la queue est fourchu.

Il y a un poisson qu'on nomme *Espaular,* qu'on dit être grand ennemi des Baleines. Il différe du Mulard (*fig. 6*), parce qu'il est communément plus grand, qu'il est beaucoup plus gros par comparaison à sa longueur, & qu'il a un aileron sur le dos : l'un & l'autre rendent beaucoup d'huile ; mais il est rare d'en prendre dans nos mers.

On m'a envoyé de Gibraltar un poisson que les Pêcheurs nomment *Souffleur.*

Il y en a de fort grands, puisqu'on les compare à une flûte de plus de cent tonneaux ; mais il y en a aussi de beaucoup plus petits, qu'on compare à de petites chaloupes. On dit qu'ils ont deux évents sur la tête d'où il sort de l'eau, qui forme des jets si élevés, que de loin on les prend pour des mâts. Ils chassent les Marsouins ; & quand ils sont à leur poursuite, ils entrent quelquefois dans la Baie. Les gros se tiennent en pleine mer, & ils ne se laissent jamais assez approcher pour qu'on puisse les darder. Ceux qu'on prend par hasard fournissent assez abondamment de l'huile.

On voit, dans la Gazette de France du 9 Octobre 1778, article de Londres, que dans le Détroit de Gibraltar, deux petits bâtiments ont pêché assez abondamment d'un poisson nommé *Grampuss,* qu'on regardoit comme une petite Baleine.

Il est dit, dans l'Histoire Générale des Voyages, Tom. V, pag. 203, de l'Edition *in-4°,* que Kolbe étant au Cap de Bonne-Espérance, y a vu des poissons qu'on nomme *Souffleurs,* parce qu'ils jettent, par un évent qui est au-dessus de leur tête, un jet d'eau qui prend une forme circulaire. La peau de ce poisson est unie, d'un jaune foncé sur le dos, & blanche sous le ventre ; sa chair est venimeuse. Kolbe dit que pendant qu'il étoit au Cap, un Matelot qui eut la hardiesse d'en manger, en mourut.

Il est dit, dans la Gazette de France, du 6 Janvier 1772, qu'à quinze ou vingt lieues au Sud-est de l'île de Flore, la plus occidentale des Açores, il paroît, dans le mois d'Avril, de gros poissons qu'on y nomme *Souffleurs.*

M. le Chevalier m'a envoyé, du Havre, le dessein (*fig. 5*) d'un Souffleur, avec la description que je vais rapporter.

La couleur de la peau de ce poisson ressemble à celle d'un Marsouin ; elle est douce, lisse & fort tendre ; l'évent par lequel il jette l'eau, a la forme d'un croissant ; les yeux, qui sont petits, ont une forme allongée ; la gueule, par son extrémité, remonte en enhaut ; elle est petite & bien garnie de dents plattes, & écartées les unes des autres d'un travers de doigt ; sa langue est épaisse & large : il a deux ailerons, un sur le dos & l'autre sous le ventre : l'aileron de sa queue est parallele à la surface de l'eau, comme aux Baleines.

Les organes qui caractérisent les sexes, peuvent être comparés à ceux d'un petit Cheval ; les deux ailerons, celui du dos & celui du ventre, sont, à peu de chose près, à une pareille distance de l'extrémité du museau ; le dessus du ventre, qui est d'une couleur plus claire que celle du dos, n'est pas blanche, mais d'un verd doré. En général, la peau est si tendre, qu'elle se déchire très-aisément ; sa chair est mollasse, & a un goût désagréable.

ARTICLE III.

Des Marsouins, Tursio; *en Breton* Meroch *; par quelques-uns,* Souffleur.

Considérations générales sur ce Poisson.

C'Est un poisson long, rond, Cétacée, qui a quelque ressemblance avec une petite Baleine; car il y en a de fort gros. Comme la plupart sont trapus, & qu'ils ont une épaisse couche de graisse, ou de lard sous la peau, quelques-uns les ont nommés *Porc Marin*, ou *Sus Marinus*, d'où probablement est dérivée la dénomination Françoise de *Marsouins.*

M. le Roy, Commissaire de la Marine à Brest, m'a écrit qu'on nomme dans ce Port, *Pourfis,* des poissons qui ont depuis trois jusqu'à sept pieds de longueur, & qui ressemblent aux Marsouins; ils chassent les Sardines, & quelquefois s'embarrassent dans les filets. Beaucoup de Marsouins ont depuis cinq jusqu'à huit pieds de longueur; on m'a assuré en avoir pris qui en avoient vingt-cinq, ce qui m'a engagé à dire que plusieurs ressembloient à de petites Baleines, mais je n'en ai point vu qui approchassent de cette grandeur.

Leur tête est assez grosse, & fait une continuation du corps : aux uns (*Pl. X, fig.* 5 & 6), qui sont plus trapus que les autres, l'extrémité de la tête, ou le museau *A* est court & arrondi; à d'autres (*fig.* 1, 2 & 3), entre lesquels ordinairement sont les plus grands, le museau *A* est terminé par un prolongement plus ou moins considérable, qu'on compare à un groin de Cochon, ou à un bec d'Oie. Aux uns & aux autres, la mâchoire supérieure ainsi que l'inférieure, est garnie de dents presque toujours pointues. Tous ont sur la tête, un peu au-dessus des yeux, un ou deux trous *E* qu'on nomme *Events,* par lesquels ils jettent quelquefois de l'eau, comme on le voit (*fig.* 4), ils n'ont ni écailles, ni poils; la peau, sur-tout aux gros, est assez épaisse & assez ferme pour être tannée; elle n'est pas dans tous de la même couleur, mais à la plupart elle tire au noir sur le dos, & au blanc sous le ventre.

Ils ont deux grandes nageoires *C,* immédiatement derrière la tête & sous la gorge, & un aileron *D* plus ou moins grand sur le dos, à-peu-près à la moitié de la longueur du poisson. On apperçoit en tout ceci beaucoup de ressemblance avec les poissons que j'ai nommés *Souffleur;* aussi, comme je l'ai dit, on m'en a envoyé des Ports sous cette dénomination.

L'aileron de la queue *B* est assez large; mais au lieu qu'à la plupart des poissons, la largeur de cet aileron est une continuation de la face large du corps, aux Marsouins, comme aux Baleines, cet aileron croise perpendi-

culairement la face large ; ainsi quand le poisson nage, au lieu qu'à presque
tous les poissons, la face large de cet aileron est dans une position verticale,
croisant perpendiculairement la surface de l'eau ; aux Marsouins, cet aileron
a sa largeur parallele à la surface de l'eau , ou dans une position horizontale.

L'anus, ainsi que les parties qui caractérisent les sexes, sont en *G* (*fig. 1*), sous
le ventre , un peu plus vers la queue que l'aplomb de l'aileron du dos *D* ; ces
organes ne sont point accompagnés de petits ailerons, comme à quantité de
poissons.

Ces poissons vivent assez long-temps hors de l'eau, mais ils ont plus besoin
que beaucoup d'autres de prendre l'air de temps en temps ; c'est pourquoi
quand ils se sont embarrassés dans un filet tendu par fond, qui les retient
long-temps sous l'eau, on en trouve presque toujours de morts lorsqu'on releve
le filet.

Les Marsouins ont, comme les autres Cétacées, le sang chaud ; ils sont
vivipares , ils s'accouplent ventre contre ventre , & allaitent leurs petits. On
dit qu'ils les conservent dans leur corps environ dix mois, & que l'été ils
les font un ou deux à la fois ; ils attrapent aisément les poissons qu'ils chassent ,
parce qu'ils nagent avec une grande vîtesse , refoulant presque toujours le
courant : je soupçonne néanmoins qu'il y a de l'exagération à dire qu'ils font
quatre lieues en une demi-heure.

Comme on dit que les Marsouins vivent long-temps, pour s'en assurer on
en a mis dans l'eau, à qui on avoit coupé une partie de l'aileron de la queue,
comme *E* ou *F* pour les reconnoître : ceux qui ont fait cette expérience
disent qu'ils vivent ving-cinq à trente ans, au moins.

On sait que quand le temps est disposé à l'orage, tous les poissons entrent
dans des agitations plus ou moins grandes ; ce qu'on attribue à des insectes,
qui, dans ces circonstances, les désolent ; les insectes sont plus voraces , &
entrent aussi dans de pareilles agitations.

Alors les Marsouins se portent à surface de l'eau, & de temps en temps
on en apperçoit qui s'élancent au-dessus de l'eau ; néanmoins comme les
poissons font la principale nourriture des Marsouins, ils continuent à chasser
avec beaucoup de voracité les bancs de Sardines, de Harengs, de Maquereaux,
de Pélamides, même de petits Thons , quand ils en rencontrent ; & comme
ils vont presque toujours par bancs, leur voracité les rend tellement redoutables à toutes les espéces de poissons, qu'ils font les plus grands efforts pour
les éviter. Les Pêcheurs, sur-tout ceux des Parcs & des Madragues, les appré-
hendent aussi beaucoup, soit parce qu'ils tuent beaucoup de poissons, soit
parce qu'ils en font fuir un plus grand nombre ; c'est pourquoi quand les
Pêcheurs en apperçoivent auprès de leurs pêcheries, ils font leur possible pour
les tuer.

Néanmoins dans quelques circonstances, les Marsouins sont fort utiles aux Pêcheurs; car en pourfuivant les bancs de poiffons, ils les déterminent à s'approcher du rivage, & même à s'échouer fur la côte où on les prend très-aifément : quelquefois même ils donnent dans les filets qui font tendus pour prendre d'autres poiffons ; ce qui a déterminé en quelques endroits à défendre la chaffe des Marfouins pendant la faifon des pêches des Harengs, des Maquereaux, des Morues, même des Thons : quand la faifon de ces pêches eft paffée, il eft permis de chaffer les Marfouins de toutes fortes de façons.

La plupart font un mauvais manger; néanmoins quelques-uns trouvent les petits affez bons, mais la chair des gros eft coriace, & de mauvaife odeur. On a tort de n'en pas faire une pêche expreffe; car leurs peaux font bonnes quand elles font tannées ou corroyées; de plus ils font très-chargés de graiffes qui fourniffent beaucoup d'une huile plus eftimée que celle des Baleines.

Malgré la voracité de ces animaux, les hommes ne les redoutent point; il y a même des Auteurs qui difent que les Marfouins les aiment, qu'ils les recherchent, & qu'on les attire avec des inftruments de mufique; fondé fur cette opinion à laquelle je n'ai pas de confiance, on a imaginé un grand nombre d'Hiftoires que je ne rapporterai point, les eftimant fabuleufes. Il eft vrai, qu'au lieu que la plupart des poiffons fuient les vaiffeaux & les chaloupes, les Marfouins s'en approchent, & même les fuivent des lieues entieres, probablement pour fe nourrir des chofes qu'on jette à la mer.

On trouve des Marfouins en plus ou moindre quantité dans prefque toutes les Mers ; & on affure que dans la Cochinchine on en fait des pêches confidérables, dont les Habitants retirent une grande quantité d'huile, qui leur eft fort avantageufe.

On m'a affuré qu'il y en avoit auffi beaucoup dans le Canal de Meffine, & dans la Mer Adriatique, d'où il en paffe dans les Lagunes de Venife, fur les Côtes de Galice, même dans le Port de la Corogne.

Ceux qui ont difféqué de ces poiffons, difent que leurs vifcères ont plus de reffemblance à ceux des Quadrupedes qu'à ceux des poiffons, & on compare les organes des fexes à ceux des Cochons. On trouve dans Ron-delet bien des détails Anatomiques du Marfouin, mais je n'ai pas été à portée d'en conftater l'exactitude; pour cette raifon, je me borne à inviter les Lecteurs à confulter les Auteurs qui s'en font occupés.

Quoique les Marfouins n'aient pas l'ouverture de la gueule en-deffous de la tête, on prétend qu'ils fe renverfent le ventre en en-haut pour attraper les poiffons, & les manger. Quoique j'aie été dans des Parages où j'ai vu beaucoup de Marfouins, je n'ai point été à portée de faire fur cela aucune obfervation; mais on convient unanimement que quand les femelles, étant en chaleur, voient un mâle, elles ne manquent pas de fe renverfer fur le dos.

Les

Les Généralités que nous venons de rapporter, peuvent donner une idée des poiſſons compris dans ce genre; mais nous allons entrer dans des détails ſur les différentes eſpéces, dont nous traiterons dans autant de Paragraphes particuliers.

Il y a aſſurément dans le genre des Marſouins, pluſieurs eſpéces différentes que les Pêcheurs confondent, ne les déſignant point par des noms particuliers; nous allons eſſayer de diſſiper les confuſions qui en réſultent, en traitant ſéparément de chaque eſpéce; je vais commencer par les plus grands.

§ I. *Du grand Marſouin, que pluſieurs nomment* Souffleur.

J'ai dit, qu'en général on pourroit diſtinguer les Marſouins en deux claſſes, les uns qui avoient le muſeau gros & arrondi (*fig.* 5 *&* 6), & d'autres, dont la tête eſt terminée par un muſeau plus ou moins long (*fig.* 1, 2 *&* 3); ce qui a engagé à les apeller aſſez communément Marſouins à bec d'Oie : le grand Souffleur eſt de ce genre.

On en prend d'aſſez grands; je crois même qu'on confond quelquefois les grands Souffleurs avec les Cachalots; car on m'a aſſuré qu'il y en a qui ont plus de vingt-cinq pieds de longueur, qui, comme la plupart des Cétacées, rejettent de l'eau par les évents du ſommet de la tête (*fig.* 1, 2, 3 *&* 4); ce qui les a fait nommer *Souffleur*, nom qui, à la rigueur, convient à preſque toutes les eſpéces de Cétacées : leur tête eſt terminée par un muſeau plus ou moins long; leurs yeux *H*, qui ſont placés aſſez près de l'angle formé par la réunion des deux mâchoires, ſont petits, proportionnellement à la groſſeur de l'animal.

Chacune des mâchoires eſt garnie d'environ cent petites dents fort pointues, les Baleines n'en ont point; la couleur de leur peau approche aſſez de celle des Baleines; mais on ſait que la couleur des poiſſons varie ſuivant leur âge, & la nature des eaux où ils ont long-temps ſéjourné.

Communément le dos des Marſouins, dits Souffleurs, tire au noir; cette couleur s'éclaircit ſur les côtés, & le deſſous du ventre eſt blanc, avec ſouvent une légere teinte rouge.

Quelquefois une des mâchoires eſt un peu plus longue que l'autre.

La langue eſt dure, couverte d'une peau brune; & quoiqu'elle ne ſoit point adhérente aux mâchoires, il ne peut la ſortir de ſa gueule qu'en partie.

On apperçoit ſous le ventre, vers *G*, l'ouverture de l'anus & les organes qui diſtinguent les ſexes; mais au lieu qu'à beaucoup de poiſſons longs & ronds ces parties ſont entre deux petits ailerons, aux Marſouins il n'y en a pas le moindre veſtige.

Ils ont ſur le dos, à peu près à la moitié de leur longueur, un aileron *D*, & ſous la gorge deux aſſez grandes nageoires *C* : à l'égard de l'aileron de la queue *B*, qui eſt diviſé en deux parties *E F*, quand ces poiſſons nagent, il eſt, comme nous l'avons dit dans les Réflexions générales, parallele à la ſurface de l'eau.

Quoiqu'on prenne quelquefois de grands Souffleurs de plus de vingt-cinq pieds de longueur, les plus grands, qu'on trouve dans le Canal, n'en ont que dix à douze : la figure 1 a été deſſinée ſur un de cette taille; mais on y en prend de beaucoup plus petits; & outre la grandeur, on y remarque d'autres variétés.

Celui (*fig.* 2) avoit le muſeau *A* alongé & aſſez menu; le front *B* moins élevé que celui des figures 3 & 4.

M. Bertin m'a envoyé le deſſein d'un (*fig.* 3) qui avoit le muſeau *A* très gros, le front *B* formant une éminence conſidérable; l'œil *H* plus élevé ſur la tête, & les nageoires *C* plus petites & plus éloignées de la gorge qu'à ceux (*fig.* 1 *&* 2).

Enfin, on m'a envoyé de Canada, ſous le nom de *Marſouin blanc* de douze pieds de longueur, le deſſein (*fig.* 4), qui avoit le muſeau très-petit & le front fort élevé; la poſition des yeux & des nageoires à peu près comme à la figure 3 : mais je prie qu'on faſſe attention que ce que je dis des Marſouins (*fig.* 3 *&* 4) n'eſt que d'après les figures qu'on m'a envoyées; car je n'ai pas été à portée de voir ces poiſſons ni en vie ni deſſéchés.

La chair des jeunes & petits Souffleurs eſt tendre & mangeable : on en fait en Provence des ſauciſſons fort eſtimés; mais quand ils sont gros & vieux, elle ne vaut absolument rien, tant parce qu'elle est très-coriace, que parce qu'elle a une odeur fort désagréable.

On trouve sous la peau, comme aux autres espéces de ce genre, une épaisse couche de graisse qui n'adhére point aux chairs, en étant séparée par une membrane fort mince. Cette graisse fournit beaucoup d'huile, qu'on préfére à celle de Baleine.

La peau de ces grands Souffleurs est assez ferme pour que les Canadiens en fassent des souliers de cuir verd, quand elle a été sechée à l'ombre; & quand elle est corroyée & tannée, on l'emploie à plusieurs différents ouvrages, comme les cuirs de Vache. Ainsi, tout l'avantage que les Pêcheurs peuvent espérer des Souffleurs se réduit à leur peau, & à l'huile qu'on retire de leur graisse. On prétend que les grands Souffleurs sont les Dauphins des Anciens; mais cette allégation trouve bien des contradicteurs, ce qui m'engage à remettre à en traiter dans un Paragraphe particulier, afin de continuer à parler des différentes espéces de Marsouins.

§ 2. *Du Marsouin à museau arrondi;* Turfio *ou* Phocæna, *qu'on regarde comme le vrai Marsouin (fig. 5 & 6).*

Après avoir fait connoître les Marsouins qui ont le museau plus ou moins allongé, qu'on nomme à *bec d'Oie,* je vais traiter de ceux (*fig. 5*) qui ont le museau gros & arrondi, en Latin *Turfio.* Il y en a d'assez gros, mais pas aussi longs que les grands Souffleurs : comme ils n'ont pas, ainsi que ceux qu'on nomme *Souffleurs,* le museau long, on ne les nomme point à *Bec d'Oie,* & on ne peut pas, à raison de leur museau, les comparer aux Becs d'Oie ni au groin des Cochons : néanmoins, parce qu'ils ont, par comparaison à leur longueur, le corps gros, plusieurs les ont appellés *Turfio* ou *Pourceaux de Mer;* en Latin, *Sus Marinus.* La principale différence qu'il y a entre ces poissons & ceux dont nous avons parlé dans le Paragraphe précédent, consiste en ce qu'ils ont le corps plus trapu & le museau mousse : quelques-uns les ont encore nommés *Petits Souffleurs,* parce qu'ils ont sur la tête un évent par lequel ils jettent de l'eau; mais, comme je l'ai déja dit, cette dénomination n'est pas exacte, non-seulement parce qu'il y a des Marsouins à bec d'Oie qui sont petits, mais encoré parce que cette propriété de jetter de l'eau par un évent convient à presque toutes les espéces de Marsouins. Les uns ont deux évents, d'autres un seul. De plus, il y a dans cette famille de Marsouins, dits *Turfio,* plusieurs autres variétés.

On pêche, par exemple, aux côtes de Saintonge & d'Aunis, dans les mois de Juin, Juillet & Août, à la vérité en petite quantité, une espéce de Marsouin de moyenne grandeur, que les Habitants nomment *Germons.* Les plus gros ne pesent guere que trente livres. Quand ils sont jeunes & frais, ils font un bon manger : en vieillissant ils perdent cette bonne qualité; & on dit qu'ils sont de difficile digestion : on ajoute qu'ils sont meilleurs & plus sains quand ils sont marinés.

Les Pêcheurs Normands nomment *Ouette,* de petits Marsouins (*fig. 7 & 8*), qui passent pour assez bons à manger. Ils ont, proportionnellement à leur largeur, le corps moins épais que les *Turfio* dont nous avons parlé, & que quelques-uns appellent *Petits Souffleurs.*

Quoi qu'il en soit, les Ouettes sont les Marsouins de la plus petite espéce de ceux qu'on pêche aux côtes de Caux. Ils ressemblent assez, mais en petit, aux *Turfio.* Ils rejettent l'eau par deux évents, comme les Baleines : peut-être c'est ce qui a fait dire que ces petits Marsouins ressembloient aux Baleines. Quant aux couleurs, ils sont sur le dos d'un gris de fer brun, & d'un blanc gris sous le ventre. Pour ne point ennuyer le Lecteur & ne pas donner trop d'étendue à mon Ouvrage, j'éviterai d'entrer dans le détail d'un grand nombre de variétés qu'offrent les Marsouins. Mais je vais, comme je l'ai promis, discuter ce qui regarde les Dauphins.

ARTICLE IV.

Des Dauphins.

Je commence par prévenir que je ne parlerai point des poissons qu'on nomme en terme de Blason *Dauphins,* non plus que de ceux qu'on trouve représentés dans les ouvrages d'ornemens, tant de peinture que de sculpture ; je pense, comme beaucoup de Pêcheurs & la plupart des Ichthyologistes, que les Dauphins des Armoiries sont purement imaginaires, n'ayant jamais pris, ni dans la mer, ni dans les rivieres, des poissons qui leur ressemblent.

J'ai dit qu'on pense assez généralement, que le grand Marsouin, dit *Grand Souffleur*, dont j'ai parlé, est le Dauphin des Anciens : néanmoins ce sentiment souffre de grandes contradictions, non-seulement dans les Auteurs, mais même entre les Pêcheurs : car dans les tournées que j'ai faites sur les Côtes Maritimes, j'ai trouvé les sentimens très-partagés sur ce point, ce qui m'a engagé à écrire, dans différents départemens, à des Officiers que je savois qui prêtoient attention à ce qui regarde la pêche, les priant de me communiquer par écrit ce qu'ils auroient pu apprendre sur l'objet qui m'intéressoit. Je vais rapporter, le plus succinctement qu'il me sera possible, les réponses qu'on a bien voulu me faire.

M. Viger, Commissaire de la Marine à Caen, m'a écrit que la plupart des Pêcheurs de cette Côte pensoient que le Dauphin étoit un Esturgeon ; & ce qui les engageoit à adopter ce sentiment, c'étoit parce que l'Ordonnance de la Marine de 1681, article premier, titre VII, déclare l'Esturgeon poisson Royal : mais comme cette même Ordonnance donne aussi le titre de poisson Royal aux Saumons, aux Truites, & à plusieurs poissons qui se sont fait une réputation avantageuse, il est ordonné aux Pêcheurs qui en prennent d'en porter à l'Amirauté : ce titre ne forme donc point un caractere distinctif qui ne convienne qu'à une espece de poisson.

Il faut ajouter à cela, comme l'observe M. Viger, que les Esturgeons n'ont aucune ressemblance, ni pour la grosseur, ni pour la forme du corps, avec ce que les Auteurs, tant anciens que modernes, ont dit du Dauphin ; & au contraire, on trouve beaucoup de rapport entre ce qui a été dit du Dauphin & la description que nous avons faite des grands Souffleurs qui ont le museau allongé.

En conséquence, M. Viger conclut par dire, qu'après les recherches qu'il a faites à ce sujet, il lui paroît qu'en France on donne le nom de *Dauphin* à une espéce de Marsouin.

M. Archin, Commissaire de la Marine à l'Orient, m'écrit, qu'on pense généralement, dans ce Département, qu'il faut chercher le poisson nommé *Dauphin* dans la famille des Grondins, plutôt que dans celle des Marsouins. On n'admettra point, dit

M. Archin, ce sentiment, si on se rappelle ce que les Auteurs, tant anciens que modernes, ont dit du Dauphin : & par la Lettre de M. Archin on voit qu'il n'est pas persuadé de l'exactitude de la comparaison que quelques-uns veulent faire entre les Grondins & les Dauphins.

Suivant M. Porquet, Commissaire des Classes à Calais, on ne prend point dans ce Département de poissons nommés *Dauphins*. Il ajoute qu'on voit quelquefois sur cette Côte un poisson qu'on nomme *Roy*. Quand on en prend, dit-il, les Pêcheurs les portent de maison en maison, les annonçant comme Dauphins.

M. Porquet dit qu'il y en a de deux pieds & demi de longueur. Il ajoute qu'ils n'ont ni arêtes ni os, & que les mâchoires sont garnies d'éminences qui paroissent plutôt des cartilages que des os. Il n'y auroit à cela rien de singulier, si les animaux sur lesquels on a fait cette observation étoient fort jeunes ; ce qui me le feroit soupçonner, est qu'il ajoute, que quand on les met au soleil, ils fondent, & deviennent presque à rien. Cette courte description ne me met point en état de décider si ce poisson est du genre des Marsouins, ni de conclure dans quel genre il le faut comprendre.

M. de la Fosse-Hérou, Commissaire des Classes de la Hougue, m'écrivit, au mois de Février 1779, qu'il avoit paru, sur les côtes de ce Département, une immense quantité de gros poissons, entre lesquels il s'en trouvoit qui avoient environ cinq ou six pieds de longueur. Il eut la complaisance de m'en envoyer un dessein, qui me mit à portée de voir que ces poissons avoient un long museau, que les Pêcheurs de la Hougue comparerent à un bec d'Oie : il avoit sur la tête un évent, deux grandes nageoires sous la gorge, un aileron sur le dos, vers le milieu de sa longueur ; l'aileron de la queue, étoit assez large, & découpée à son extrémité ; l'épanouissement de cet aileron croisoit perpendiculairement l'épaisseur du poisson ; plusieurs des rayons, tant des ailerons que des nageoires étoient assez durs, mais point piquants. La peau étoit lisse, sans écailles, sans épines ni poils ; au dos elle étoit noire, & blanche sous le ventre : on trouvoit sous cette peau une couche de graisse de près d'un pouce d'épaisseur ; la chair étoit ferme, presque comme celle du Cochon, mais elle avoit un goût désagréable.

Les Matelots & les Soldats de la Garnison en prirent six ou sept cents ; on vendit trois à quatre livres ceux qui furent pris entiers, mais on tira de l'huile de la plupart, plusieurs en fournirent neuf pintes.

M. de la Fosse-Hérou, ayant mis le bout de sa canne dans l'évent de quelques-uns, entendit un bruit approchant du cri d'une Oie; il ouvrit plusieurs femelles, & il trouva dans leurs corps des petits vivants de différentes grosseurs.

Il termine la description de ce poisson par dire qu'il avoit beaucoup de ressemblance avec les Marsouins, que plusieurs nomment *Dauphins*.

Ayant été informé dans le temps de ce singulier événement, je fis à ce sujet des perquisitions qui me firent conclure, comme M. de la Fosse-Hérou, que ces poissons étoient des Marsouins à bec d'Oie.

M. l'Abbé Dufort m'écrit du Château de la Fortelle, que M. son pere étant auprès de la Hougue lorsque ces bancs de poissons y avoient paru, il l'avoit prié de lui envoyer les observations qu'il avoit faites sur ces poissons : il est dit dans sa réponse, que les poissons, dont il a paru des bancs considérables sur cette côte, ressembloient à des Marsouins; que leur tête étoit terminée par un long museau; on a estimé que quelques-uns pesoient près de 200 livres; il y avoit sous la peau une couche de graisse de près d'un pouce d'épaisseur; il compare la chair, qu'il dit être fort rouge, à celle du Bœuf.

Ceci est moins détaillé que ce que m'a écrit M. de la Fosse-Hérou. Mais les deux Observateurs sont assez d'accord sur les points principaux, & pensent l'un & l'autre que ces poissons étoient des Marsouins à bec d'Oie, de l'espéce qu'on regarde comme des Dauphins.

M. Gautier, Commissaire des Classes à Narbonne, m'a écrit que le Dauphin est un poisson rare dans ces parages; les Pêcheurs croient unanimement qu'il ressemble, à beaucoup d'égards, à l'espéce de Marsouin, qu'ils nomment vulgairement *Caudeu*; on en prend qui pèsent 150 ou 200 livres, & ils prétendent qu'on prend des vrais Marsouins encore plus gros, & que ceux-ci ont le museau plus gros & plus court que celui de l'espéce qu'on nomme Dauphin; que les ailerons & les nageoires ont plusieurs rayons durs, mais point piquants, que la peau qui est ferme peut être comparée à un parchemin, & que sur le dos elle approche d'être noire.

M. Chaillant, Commissaire des Classes à Antibes, m'a écrit que les Pêcheurs de la Méditerranée rencontrent très-souvent des bancs énormes de poissons qu'ils nomment *Coudieux* ou *Coudin*; il dit que ces poissons ressemblent aux Dauphins, qu'il y en a qui pesent jusqu'à 700 livres; que leur ventre est blanc, & que le dos tire au noir,

ainsi que les Dauphins dont ils different; parce qu'ils sont plus gros; que leurs dents sont longues & plattes, au lieu que les dents des Dauphins sont pointues; qu'ils rencontrent aussi des bancs de Dauphins, entre lesquels il y en a qui pesent 150 ou 200 livres.

On n'en fait point de pêches expresses; on ne les chasse que quand on les rencontre fortuitement.

On redoute plus les Dauphins que les Marsouins, parce qu'ils causent plus de dommage aux filets.

M. Bertin, Commissaire-Général de la Marine à Marseille, me marque que les Pêcheurs de son Département, ayant pris un poisson qu'ils nommoient *Dauphin*, & étant informé que je désirois acquérir des connoissances sur ce qui regarde ce poisson; il se le fit apporter, & en fit faire un dessein, qu'il m'a envoyé; il dit que ce poisson, qui n'est pas bon à manger, a tous les caracteres des Marsouins, ce qui s'accorde avec la figure qu'il m'a envoyée. Il ajoute que sa peau, qui n'est couverte ni d'écailles, ni de poils, est toute unie, & semble vernissée; & conclut de ses observations, que les Dauphins des Armoiries, ainsi que ceux qu'on voit dans les ornements de Peinture & de Sculpture sont imaginaires; il croit se rappeller, & c'est avec raison, qu'il a vu dans l'Océan des Marsouins qui n'avoient pas le museau allongé comme celui qu'il a fait dessiner.

Il ajoute, qu'on voit assez communément sur les côtes de Provence des poissons de toutes grosseurs, qu'on nomme *Dauphins*, qui font presque autant de tort aux Pêcheurs que les Requins : il est bon d'ajouter qu'on voit aussi à Marseille, une autre espéce de poisson qui ressemble au Dauphin, que les Pêcheurs nomment *Coudieux*, lequel n'endommage point les filets; comme il n'est pas bon à manger, on n'en obtient pas d'autres avantages que d'en retirer l'huile; je ne le connois pas, mais on peut consulter ce qui est dit à l'article d'Antibes.

Si on consulte ce que Willughby dit du Dauphin, on verra qu'il pense aussi que c'est un Cétacée qui diffère peu du Phocæna, qu'il nomme *Marsouin*, parce qu'il a le museau plus allongé.

Je ne m'étendrai pas davantage sur les réponses que j'ai reçues des Ports, tant de l'Océan que de la Méditerranée; celles que je viens de rapporter suffisent pour établir, que le sentiment le plus commun, & presque général, est que le Dauphin est un poisson du genre des Marsouins, & que ceux qui veulent les chercher dans la famille des Esturgeons, des Grondins, &c. n'ont n'ont aucune connoiffance de ce que les anciens ont dit des Dauphins.

Ayant décrit le mieux qu'il m'a été poffible les Dauphins, & traité affez en détail des Cétacées, qui, quoique vrais poiffons, ont des rapports affez confidé-rables avec les animaux terreftres, je vais parler des Amphibies, qu'on peut regarder comme vraiment intermédiaires, entre les animaux terreftres & les poiffons.

CHAPITRE TROISIEME.

Des Amphibies.

ARTICLE PREMIER.

Du Loup, *Veau Marin,* ou *Phoque* ; Phoca:

Confidérations générales fur cet animal.

LE Loup Marin, ou Phoque, eft un animal vraiment amphibie, qui tient en quelque façon le milieu entre les animaux terreftres & les poiffons, puifqu'il fubfifte long-temps dans l'air, & auffi dans l'eau ; il ne peut pas même fe paffer de ces deux éléments, il faut qu'il forte de temps en temps la tête hors de l'eau pour afpirer de l'air, & il ne peut fe paffer de l'eau, principalement pour y chercher fa nourriture ; mais outre cela, plufieurs Anatomiftes qui en ont difféqué, m'ont affuré qu'ils ont toute leur vie, comme les enfants dans le corps de leur mere, une communication des veines aux artères, ce qui fait que la circulation du fang fe fait indépendamment de la refpiration. Pour cette raifon, ils peuvent paffer très-long-temps, ou tout-à-fait fous l'eau, ou dans l'air ; plufieurs marchent fur la terre, les uns mieux que les autres, & tous nagent avec beaucoup de vîteffe.

Je crois que fi les uns leur ont donné le nom de *Veau,* c'eft à caufe que leur tête a plus ou moins de reffemblance avec celle des Veaux, & que fi d'autres les ont appellés *Loups,* c'eft à raifon de leur voracité.

Quoiqu'on en trouve beaucoup autour de l'Ile de Jean Fernandes, & qu'on ait rapporté, qu'en 1435 les Portugais en trouverent à l'embouchure d'une Riviere, un banc de plus de cinq mille, & qu'on en rencontre quelques-uns dans la Zone tempérée, il convient néanmoins de les regarder comme des animaux du Nord, puifque plus les pays font froids, plus ces animaux y font abondants. On en voit à la vérité fur les côtes de Dannemarck, même dans des pays encore plus tempérés ; car on en prend quelques-uns en France & en Provence ; mais ils font bien plus abondants en Norwege, en Groenland, qui, entre les pays habités, eft le plus voifin du Pôle.

Pêches. II. Partie. Tome IV. Sect. X.　　　　　　M

Quoiqu'on rencontre quelquefois des gros Loups Marins au large, comme on en trouve beaucoup plus dans les petites baies, ou les criques au bord des glaces & des petites îles, on les regarde avec raison, comme des poiſſons littoraux : il y en a des bancs conſidérables ſur les rivages de la Mer Baltique, dans le Golphe Bothnique, aux Glaces de Spitzberg, &, comme nous l'avons dit, le long des Côtes de Labrador, & en Groenland.

Il eſt vrai que quand nous traiterons ſéparément des Loups qu'on prend en différents endroits, on apercevra qu'il y a des variétés entre les poiſſons qu'on y rencontre, non-ſeulement pour la groſſeur, & quelque choſe dans leur forme, mais encore pour la couleur & la conſiſtance des poils & de la peau ; par exemple, ceux qu'on rencontre (à la vérité très-rarement), dans le Canal, ſont ordinairement de couleur gris-de-perle moucheté, mais beaucoup moins que ceux qu'on prend ſur les Glaces.

§ I. *Deſcription ſommaire des Loups Marins, ou Phoques.*

Il y a de ces animaux de bien des groſ-ſeurs différentes ; les femelles ſont vivi-pares, elles font leurs petits à terre, ou ſuivant quelques-uns, ſur les glaces pour éviter la voracité des Ours blancs ; elles les allaitent, & leur ſont fort attachées, car quand ils ſont jeunes la mere les embraſſe avec ſes pattes de devant, comme nous dirons en parlant des Lamantins pour les tranſporter, ſur-tout quand elles vont à l'eau ; les petits font un cri qu'on peut comparer au miaulement d'un Chat ; les pattes de devant *a* (*Pl. XI, fig.* 2.), ſont ordinairement les mieux formées ; elles ont cinq doigts, ter-minés par des ongles pointus ; ces doigts ſont liés les uns aux autres par de fortes mem-branes, plus épaiſſes que celles des pattes de Canard.

Leurs pattes de derriere *b* ſont plus larges & plus charnues que celles de devant *a* ; elles ſont fort rapprochées l'une de l'autre ; entre deux eſt leur queue *c*, qui eſt ordi-nairement fort courte : aux uns on y aper-çoit les doigts moins diſtinctement qu'aux pattes de devant, comme on le voit à la figure 2. Quelquefois la membrane qui les unit les excéde, de ſorte qu'il ſemble que les doigts ſoient collés ſur cette membrane ; à d'autres les doigts ſont ſi peu apparents, que le corps qui eſt gros du côté de la tête, & qui devient plus menue en approchant de la queue, ſemble terminé par deux ai-lerons, dont chacun ſeroit ſemblable à ceux des autres poiſſons. Enfin, à d'autres les doigts ſont aſſez diſtincts, & on dit que ceux-là qui vont en ſautant, *B* (*fig.* 4, *Pl. XII*), cheminent bien plus vîte par terre, que les autres qui marchent en traînant leurs trains de derriere avec leurs pattes de devant.

La tête de ces animaux, qui eſt détachée du corps par un cou plus ou moins long, différe peu de celle de certains Dogues ; les oreilles n'ont point de cornet : elles conſiſtent en deux petits trous placés à peu de diſtance des yeux, & ſemblent des oreilles de Chien coupées.

La gueule *D* (*fig.* 2, *Pl. XI*) eſt de moyenne grandeur ; les mâchoires ſont gar-nies de dents : celles de devant, au nombre de ſix ou huit, ne ſont pas grandes, & ſe terminent en pointe ou en fleur de lis ; enſuite il y a, à chaque mâchoire, deux grandes dents comme celles des Chiens, qu'on nomme *les Défenſes*, ou *les Crocs :* les dents de la mâchoire ſupérieure ſont un peu plus grandes que celles de la mâ-choire inférieure.

Le muſeau *A* eſt plus ou moins allongé, ſuivant les eſpéces, & garni de poils longs & durs qui font des mouſtaches qu'on peut comparer à celles des Tigres ou des Chats.

La peau eſt plus ou moins forte aux uns qu'aux autres, & toujours couverte de poils, mais qui, aux uns, ſont courts & durs, & à d'autres ſi doux, qu'on les compare à ceux des Loutres. Nous avons déja dit que les poils ne ſont pas de la même couleur dans tous les individus : tous ont des mouſtaches, mais aux uns elles ſont plus grandes & aux autres plus petites.

Comme il y a, ſous la peau des Loups marins, une épaiſſe couche de graiſſe, ils ſont difficiles à écorcher : d'ailleurs, il ſuinte de leur peau, principalement du côté de la tête, beaucoup d'une huile qui est à quelques-uns si fétide, qu'elle infecte les endroits où l'on fait cette opération.

Entre ces peaux, il y en a de plus épaisses que d'autres, qui sont souples, & suivant leur qualité, on les emploie à différents usages, comme nous l'expliquerons dans la suite. Ces animaux étant fort sanguins, leur chair est noire comme celle de nos Liévres; néanmoins les Canadiens trouvent celle des Veaux qu'ils prennent dans leurs parages meilleure que celle des Marsouins du Nord: ils prétendent même, ce qui contrarie ce que nous venons de dire, que l'huile qu'ils en retirent a moins d'odeur que la plupart des huiles de poissons. Cela dépend-il des différences qu'il y a entre ces animaux, des substances dont ils se nourrissent, ou des procédés qu'on emploie pour la retirer? je l'ignore; mais je crois être assuré que les Canadiens font usage, pour leurs aliments, de la chair & de l'huile; & on pense assez généralement, que les Loups pêchés en Canada sont beaucoup meilleurs que ceux du Nord.

Voici un fait qui paroît propre à établir une différence considérable entre les Loups qu'on pêche dans le Nord & ceux qu'on prend dans des Provinces plus tempérées. Ceux qui ont beaucoup pratiqué cette pêche pensent que les Loups qu'on prend dans le fonds du Nord, s'ils sont de la même espéce que ceux des climats plus tempérés, sont au moins d'une complexion très-différente, puisque, loin de pouvoir être tués par un coup de bâton donné sur le museau, comme ceux des climats tempérés, ils donnent encore des signes de vie après qu'on les a écorchés, & que leur cœur palpite long-temps après avoir été tiré du corps.

La partie des Loups marins qui caractérise les mâles, est dure & osseuse.

Ces animaux sont furieux, & très-redoutés des Pêcheurs, quand ils sont en rut.

Après avoir rapporté ce qui est venu à ma connoissance sur les Phoques, il convient d'indiquer quelques Ouvrages où l'on trouvera des choses intéressantes.

On peut consulter ce qui est dit du Veau ou Loup marin, dans le troisieme Tome de l'Histoire des Animaux de l'Académie des Sciences, premiere partie, pag. 187, & représenté sur la Planche XXVII, ainsi que ce qui est dans le treizieme volume de l'Histoire Naturelle, où, entr'autres choses, on trouvera des détails anatomiques faits par M. Daubenton, & des recherches très-intéressantes sur cet animal; ce qui me met en état de beaucoup abréger ce que j'aurois pu dire sur la pêche des Loups marins par différentes Nations. On peut aussi voir ce qu'en ont dit M. Anderson & l'Auteur de l'Histoire Philosophique & Politique des Etablissements & du Commerce des Européens dans les deux Indes, à l'article du Commerce du Canada.

§ 2. *De la pêche des Loups Marins.*

Ces poissons se tiennent, pendant l'été, un peu éloignés de la côte, où il faut les aller chercher avec des canots; & on en tue, quelques-uns qui sortent la tête hors de l'eau pour aspirer l'air, comme on le voit, en *a b* (*fig.* 1, *Pl. XI*): mais l'hiver est la saison la plus favorable pour prendre ce poisson.

Comme les Loups marins se plaisent à se coucher au soleil, sur les bancs de glace, les Pêcheurs du Nord, ainsi que les Sauvages, vont les y chercher, & se rendent, avec leurs petits canots, sur des bancs de glace ou dans des îles désertes: lorsqu'ils en aperçoivent en ces endroits, les Pêcheurs ou les Sauvages, crient de toutes leurs forces; ces poissons, naturellement timides, étant effrayés, levent la tête & mugissent: alors on en perce avec des demi-piques, & on en assomme un plus grand nombre avec des anspects ou grosses perches, comme on le voit (*fig.* 4). Il y a de ces poissons qui essaient de se défendre, & plusieurs, sur-tout les gros, qui ont six ou huit pieds & plus de longueur, ont la vie assez dure pour, quoique blessés, faire des efforts pour se venger de ceux qui les attaquent. Quelques-uns de ces poissons essaient de gagner la mer, & quand ils sont parvenus au bord d'un banc de glace ou d'un rocher escarpé, ils se jettent à l'eau la tête la premiere. Les femelles, qui font leurs petits à terre, & très-souvent sur les glaces, au risque de leur vie emportent avec elles leurs petits. Les jeunes Faons font des hurlements qu'on peut comparer à ceux que font les Chats dans les gouttieres. Les cris de ces poissons, quand ils sont gros, ressemblent au grognement d'un gros Dogue. On en harponne quelques-uns, comme nous l'avons dit dans l'article des Baleines.

Les Loups, en Amérique, à la Bande du Sud, faute de glaces, se reposent, au soleil, sur les rochers, comme ceux du Nord le font sur les bancs de glace. Ces poissons étant plus délicats qne ceux du Nord, un petit coup de bâton donné sur leur museau suffit souvent pour les faire périr; au lieu qu'un coup plus fort ne feroit qu'étourdir ceux du Nord: d'où il suit que la chasse des Loups, à la Bande du Sud, est bien plus aifée que celle du Nord.

En Canada , le long du fleuve Saint-Laurent , on pêche ce poiffon comme en Iflande, c'eft-à-dire, que quand on s'aperçoit qu'il fe raffemble beaucoup de Loups dans les criques qui font au bord du fleuve, ce qui ne manque guere d'arriver , fur-tout lorfque le temps menace de pluie & la mer d'être groffe , alors les Pêcheurs ferment l'entrée de ces criques avec un filet fait de bitord, dont les mailles ont cinq à fix pouces d'ouverture en quarré. Ce filet eft lefté de pierres par le pied, & amarré par la tête à un cordage de deux à trois pouces de circonférence, qu'on attache aux rochers qui forment l'entrée de ces criques. A l'égard de la chute de ces filets , elle eft plus ou moins grande , fuivant la profondeur de l'eau, à l'entrée de ces criques.

Quand le calme eft revenu , & que les poiffons veulent fortir des criques & retourner à la mer, les Pêcheurs, dans leurs petits bâtiments qu'ils nomment *Schuts*, fe rangent le long du filet , & ils affomment avec des anfpects ou groffes perches, tous les poiffons qui fe préfentent pour fortir du crique (*fig. 3*). Sans cette attention, plufieurs poiffons fauteroient par-deffus le filet, & d'autres parviendroient à le couper avec leurs dents & à fe fauver. Lorfque quelques-uns n'ont été qu'étourdis par le coup d'anfpect , on leur paffe dans le cou un nœud coulant , & on les tire à terre.

§ 3. *De la pêche des Loups en Ecoffe , & auprès du Fleuve Saint-Laurent.*

Il y a beaucoup de Saumons en Ecoffe : les Loups marins étant très-friands de ces poiffons, les chaffent avec avidité jufques fort haut dans les rivieres d'eau douce. Quand ils en ont pris, ils gagnent ordinairement la terre, pour en faire curée, & les Pêcheurs parviennent à en attraper plufieurs. On en prend auffi quelques-uns dans le fleuve Saint-Laurent , depuis le mois d'Octobre jufqu'à la fin de Janvier , faifon où les femelles gagnent la terre pour y faire leurs petits. Il s'en raffemble quelquefois un grand nombre vers les îles Brion & de la Magdeleine : ceux qui fe propofent d'en faire des tueries fe poftent, pour les obferver, à une diftance affez confidérable, afin de ne les point effaroucher : quand ils fe font affurés qu'il s'en eft raffemblé à terre une certaine quantité, un nombre de Pêcheurs paffent entre les poiffons & l'eau dont ils font fortis, pour leur en couper le chemin , & les empêcher d'y retourner. Les Loups fuient devant les Chaffeurs, qui, quand ils les ont conduit en un lieu qu'ils jugent favorable à leur deffein, en affomment un grand nombre (*fig. 4*) , & les raffemblent en tas, où ils reftent jufques vers la mi-Mars , fans appréhender qu'ils fe corrompent, parce que dans ces climats les gelées continuent prefque fans interruption jufques vers la fin de ce mois : alors on les habille, pour en tirer la graiffe & les peaux, qui leur fourniffent le produit qu'ils attendent de leurs travaux. Je remets à détailler cette opération, lorfque je m'occuperai du Lamantin.

§ 4. *De la pêche des Loups Marins à la Côte de Labrador.*

On pratique cette même pêche à la côte de Labrador : mais plufieurs y pêchent ces poiffons avec une grande faine, à peu près comme on fait pour prendre dans les grandes rivieres les Alofes & d'autres poiffons : ainfi, quand ils aperçoivent un banc de poiffons près de terre, ils effaient de l'envelopper avec leurs filets, dont ils ont amarré un bout à terre, & au moyen de leurs bateaux ils contournent le banc de poiffons : lorfqu'ils l'ont enveloppé, ils le tirent peu à peu à terre, où ils les affomment. Comme cette pêche fe fait dans des endroits où il y a une affez grande profondeur d'eau, on a foin que le filet ait proportionnellement plus de chute, & il faut que quelques bateaux fe tiennent auprès de la tête du filet, pour empêcher que les poiffons ne fautent par-deffus. Ces filets font faits avec du bitord de bon brin : ordinairement les mailles ont trois pouces d'ouverture en quarré : on les tient plus petites , quand on s'établit en pêche dans un endroit où il y a peu de Loups , mais où il fe trouve quantité d'autres poiffons moins gros, qui fouvent font plus avantageux aux Pêcheurs que les Loups, ou qui , au moins, les dédommagent des frais de leur pêche.

Les pêches que nous venons de détailler s'exécuteroient plus facilement, & procureroient un profit plus confidérable, fi on les pratiquoit dans la Baie des Chaleurs du fleuve Saint-Laurent : en effet, cette Baie femble être faite pour cette pêche, parce qu'elle eft bordée par quantité de criques , qui , la plupart, y ont communication par

des

des ouvertures étroites. A la marée montante, l'eau remplit les petits baſſins, qui reſtent preſque entiérement à ſec quand la marée baiſſe : ces circonſtances rendent la pêche très-aiſée. Il ſemble, comme je l'ai dit, que la Baie des Chaleurs ait été faite pour la pêche des Loups marins, qui, dans certaines circonſtances, s'y raſſemblent en grand nombre.

§ 5. *Des différents inſtruments dont ſe ſervent les Eſquimaux pour exécuter leur pêche.*

Ces peuples ont (*Pl. XV*, *fig.* 1) de petits arcs *A*, de petites fleches *B*, & des dards *C*, dont le manche, qui eſt de bois léger & bien poli, a quatre pieds de longueur & un pouce demi de circonférence : les uns ſont armés d'une pointe de fer *DE*, comme les eſpontons ; d'autres ont trois pointes de fer d'un pied de longueur. Les arcs *A*, qui ſervent à lancer les fleches *B*, ſont faits d'un morceau de bois élaſtique, large de trois pouces au milieu, & diminuent de groſſeur par les deux bouts.

Quelquefois on ajoute, au milieu de cet arc, un morceau de bois creuſé en gouttiere dans laquelle on met la fleche, ce qui fait l'inſtrument qu'on nomme *Arbaléte*. Les Pêcheurs s'en ſervent aſſez habilement pour lancer loin leur fleche ſur le poiſſon qu'ils chaſſent. La plupart des Sauvages ont l'adreſſe de faire très-bien les inſtruments dont nous venons de parler, tant les parties qui ſont en fer, que celles qui ſont en bois.

Ordinairement l'armure de fer des dards eſt terminée par une portion cylindrique, qui entre dans une douille de fer placée à l'extrémité du manche ; le fer eſt retenu dans ſa douille par une corde qui l'environne, & tient au manche : cette corde, qui eſt aſſez longue, eſt amarrée dans le canot par ſon extrémité.

Quand le Pêcheur a percé un poiſſon, la douleur fait qu'il s'enfuit, le fer ſort de la douille & ſe détache du manche ; mais, au moyen de la corde, le manche flottant dans l'eau ſuit le poiſſon ; & comme la corde répond au canot, les Pêcheurs forcent de rames pour ſuivre le poiſſon, qui, perdant ſon ſang, & étant fatigué par l'effort qu'il eſt obligé de faire pour traîner le manche, eſt joint plutôt ou plus tard par les Pêcheurs, qui lui paſſent dans le cou ou la queue un nœud coulant ; d'autres le ſaiſiſſent avec un croc attaché au bout d'un manche, que les Pêcheurs nomment *Gaffe*, ou bien ils l'aſſomment avec une maſſue.

Il y a des Pêcheurs qui prennent auſſi avec eux un poignard & une bayonnette, qui s'ajuſte au bout d'une perche comme à l'extrémité d'un canon de fuſil ; car comme il ſe rencontre de fort gros poiſſons, il faut être en état de s'en rendre maître.

Aſſez ſouvent on entend, par la dénomination de *Varre*, le harpon de fer *F* placé au bout d'une perche qui forme ſon manche. Comme ce terme dérive de l'Eſpagnol, & comme dans cette langue le terme de *Varre* ſignifie une perche, il conviendroit mieux de le donner au manche qu'au harpon ; mais pour nous conformer aux expreſſions reçues dans nos Ports, je me bornerai à dire que la pointe du harpon de la varre doit être acérée, fort pointue & triangulaire ; les angles doivent être dentés ou barbelés, comme on le voit à la varre que la Femme (*fig.* 1) tient à la main. Ces dents font que le harpon tient mieux dans la chair de l'animal qui a été frappé, & ce harpon quitte plus aiſément ſa douille, lorſque le poiſſon fait des efforts pour s'enfuir. De plus, comme cette pointe doit pénétrer dans le corps de l'animal de quatre à cinq pouces, ſouvent elle rencontre une côte, & alors elle tient plus fermement que quand elle n'a entré que dans les chairs.

Pour que la varre ait plus de coup, & qu'elle perce mieux l'animal, on met, à quelques pouces du harpon, un anneau *K*, formé par une lame de plomb.

Ce que nous venons de dire ſur la pêche des Phoques aura ſon application à la pêche de pluſieurs Amphibies, comme on l'apercevra dans la ſuite ; & le tout ſe trouve repréſenté très-exactement ſur la Planche II de cette Section (*fig.* 3 & 4).

§ 6. *Des Canots, ou Batelets qui ſervent pour cette pêche.*

On ſe ſert, pour cette pêche, de fort petits bateaux de différentes eſpéces, dans leſquels ordinairement il ne ſe met que deux ou trois hommes. Ils ſont ſi communs au bord de la mer, dans les étangs & les rivieres, qu'il ſeroit ſuperflu d'entrer, à leur ſujet, dans des détails, d'autant que j'en ai parlé dans la premiere Section de la premiere Partie, & que j'en ai fait graver plusieurs sur les Planches X, XI, XII & XIII, à la fin de cette Section.

En général, ces petits bateaux se peuvent réduire à quatre différentes espéces ; savoir, les Pirogues & les canots, les uns & les autres d'une seule piece creusée dans un corps d'arbre ; les canots d'écorce & les canots de cuir dont se servent les Groenlandois ; nous en allons parler.

Ces canots sont formés, comme les nôtres, d'une charpente de bois, ou, suivant quelques-uns, de côtes de Baleine, les membres n'ayant qu'un demi-pouce d'épaisseur. Cette carcasse est entiérement couverte de peaux de Loups marins, tant par les côtés, où elles tiennent lieu de bordages, que par-dessus, où elles forment une espéce de pont : au milieu de ce pont il y a un trou par où le Pêcheur, qui est toujours seul, passe ses pieds & ses cuisses ; car étant agenouillé sur le fond du canot, il s'assied sur ses talons. Les bords du trou dont nous venons de parler, sont garnis d'un cuir souple qui se pliant comme une bourse, entoure le corps du Pêcheur, & est recouvert, par le bas, de sa chemisette, qui est aussi de peau. Cet homme tient de ses deux mains ce qu'on appelle une *pagaie*, qui a environ six ou huit pieds de long. Cette espéce d'aviron a une pelle à chacune de ses extrémités, ce qui fait qu'il nage des deux bords comme feroient deux hommes, & il gouverne en forçant plus ou moins d'un côté que de l'autre. Ces canots ont à peu près dix ou douze pieds de long, & un pied & demi ou deux pieds de largeur au milieu : ils se terminent, à l'avant & à l'arriere, par deux pointes fort aiguës, ayant à peu près la forme d'une navette de Tisserand ; ainsi ils voguent des deux bouts. Quelques-uns ajoutent au poids de l'homme, qui, étant assis sur le fond, sert un peu de lest, quelques poids, afin que le canot tende toujours à revenir dans son à-plomb ; car pour peu que la mer soit agitée, le bateau se trou-

vant entre deux eaux, on croiroit qu'il va couler bas : cependant les Sauvages n'hésitent point à s'y embarquer, même par les mauvais temps. C'est avec ces canots qu'ils chassent les Loups marins & d'autres gros poissons. Ils attachent sur le canot, devant eux, leurs arcs, leurs fleches, leurs dards, &c. La plupart des dards dont se servent les Sauvages pour la chasse des Loups marins, sont garnis, pour harpon, d'une dent de Vache marine d'un pied de long, bien pointue, emmanchée d'un morceau de bois d'épinette ou de bouleau, de quatre pieds de long & trois pouces de circonférence. Ils jettent ce dard avec la main sur le Loup marin, comme il sera représenté à l'occasion de la pêche de la Vache marine ; quand ils l'ont percé, ils le suivent avec leurs canots, jusqu'à ce qu'ils s'aperçoivent qu'il a perdu une partie de ses forces ; alors ils achevent de le tuer, ou avec un autre dard, ou à coups de massue.

D'après ce que nous venons de dire sur ces différentes façons de pêcher, on voit que pour traverser l'embouchure d'un crique où le poisson se rassemble, il faut s'approvisionner de cordages qui aient depuis deux jusqu'à quatre pouces de grosseur, & de filets faits de bitord qui aient de grandes mailles. A l'égard de la pêche à la traîne, qu'on pratique dans quelques circonstances, on peut consulter ce que nous en avons dit à la premiere Partie du Traité des Pêches, seconde Section. Il faut encore des menues cordes de six ou neuf fils, pour différents usages, & particuliérement pour hâler à terre les poissons blessés. A l'égard des rets, ils sont faits de luzin ou de bitord ; & en général, comme ces cordages doivent être toujours à l'eau, il est bon qu'ils ne soient pas beaucoup tords ; & pour qu'ils durent plus long-temps, il est à propos de les tanner, ainsi que les filets. Tout cela est détaillé dans la premiere Partie de ce Traité.

§ 7. *Des principaux avantages qu'on peut se promettre de la pêche des Loups Marins.*

Comme ces animaux ont sous la peau une grande épaisseur de graisse, on en peut retirer beaucoup d'huile, qu'on estime assez généralement meilleure que celle des Marsouins & des Baleines : elle est très-bonne à brûler, & pour tanner les cuirs : elle a beaucoup moins d'odeur que celle qu'on retire de quantité d'autres poissons. Je ne m'étendrai point sur la façon de retirer cette

huile, pour ne point répéter ce que j'en ai dit à l'occasion d'autres poissons. Il y en a qui disent que les Loups marins ont trois peaux, parce qu'ils comprennent mal-à-propos, avec la vraie peau, les membranes minces qui enveloppent les graisses.

Quand on suit l'usage des Basques, la peau, proprement dite, appartient au Capitaine, ou au Chef de la pêche.

Il y a des Loups marins de bien des qualités différentes : les uns ont le poil long & doux ; à d'autres, les poils font plus courts & durs. Il en est de même des peaux : celles des poissons qu'on pêche au Nord font plus épaisses & plus dures que celles des poissons qu'on pêche à la Partie du Sud.

Les peaux des très-jeunes animaux font souples & couvertes de poils, qu'on compare à de la laine : les Sauvages s'en font des bonnets & des vêtements. On emploie celles qui font fortes pour les canots & pour former des cabanes, en un mot, pour mettre à couvert de l'eau tout ce qui pourroit en être endommagé. On en fait aussi des bottes & des souliers d'un bon usage, & avec celles qui font souples on fait du maroquin qui a un très-beau grain & un coup-d'œil admirable.

La chair des Loups marins du Canada semble aux Habitants un meilleur manger que celle des Marsouins du Nord : on dit qu'elle est sur-tout très-bonne en friture.

Celle des poissons qu'on prend dans le Nord est bien inférieure : elle est coriace, de mauvaise odeur. En ce cas on ne mange que celle des jeunes.

Après avoir rapporté ce qui est venu à ma connoissance sur ces poissons, il convient de faire connoître ce que m'ont écrit à ce sujet plusieurs Correspondants qui veulent bien contribuer à la perfection de mon Ouvrage, ne fut-ce que pour confirmer ce que je viens de dire, & témoigner ma reconnoissance à ces obligeants Correspondants.

ARTICLE II.

Description d'un petit Phoque noir, à poil fin & ondé.

J'ai trouvé, dans le Cabinet de M. le Curé de Saint-Louis, un petit Phoque noir à poil fin, proprement rembourré d'étoupes, & bien conservé ; ayant remarqué que ce poisson étoit mal dessiné dans plusieurs Ouvrages, j'ai cru qu'il étoit convenable de faire dessiner celui-ci par un habile homme, & de le décrire le plus exactement qu'il me seroit possible (*Pl. XII*, *fig.* 1 & 2).

Sa longueur, depuis *A* jusqu'à *B*, étoit de deux pieds quelques pouces ; sa tête, médiocrement grosse, avoit quelque ressemblance avec celle d'un Chat, par la forme de son museau, qui n'étoit pas alongé, & qui étoit garni de barbes ; sa gueule n'étoit pas fort grande, mais la mâchoire supérieure étoit un peu plus longue que l'inférieure.

Ses yeux *C* (*fig.* 1) ovales & assez grands, étoient à deux pouces quatre lignes du bout du museau.

Ses oreilles *D* (*fig.* 1 & 2), étoient petites, à quatre pouces six lignes du bout du museau.

L'articulation *F*, des jambes de devant au corps, étoit à peu près à treize pouces du bout du museau ; la longueur totale de ses jambes *FH* ou *GH*, étoit de six à sept pouces ; la partie *FI*, qui fait à peu près la moitié de la longueur des bras, étoit presque ronde & couverte de poils ; la partie *IH*, qu'on peut regarder comme la patte, étant large & applatie, avoit à peu près la forme d'une main, mais on n'y apercevoit pas aussi sensiblement qu'à plusieurs autres espéces de son genre, les doigts & les ongles ; ainsi c'est véritablement une nageoire. Je dis qu'on n'apercevoit pas sensiblement les doigts, parce que les éminences qui sembloient être des doigts, paroissoient collées sur la membrane qui les soutenoit ; vis-à-vis de *I* on apercevoit une bosse qui sembloit former un talon.

Depuis *G*, qui indique l'articulation de la jambe de devant au corps, jusqu'à *K*, qui indique l'articulation des jambes de derrière, il y avoit un peu plus d'un pied, & depuis *G* jusqu'à *K* le corps diminuoit graduellement de grosseur, comme à presque tous les poissons. Cette partie ressembleroit au corps de quantité de poissons, si les deux bras de derrière *LL* étoient très-rapprochés l'un de l'autre, comme ils le font dans l'animal vivant, alors ils formeroient un aileron, comme à la figure 5, à peu près semblable à celui qui forme la queue ; & si le Dessinateur les a écartées, c'est pour en mieux faire apercevoir les détails.

Les jambes de derrière *K L* étoient assez semblables à celles du devant, excepté que les pattes étoient plus grandes & la digitation un peu plus sensible ; mais les doigts paroissoient toujours collés sur la peau, qui les portoit. Cependant, ce qu'il y avoit de plus singulier, c'est que l'apparence de doigts qu'on voit en *M* (*fig.* 1), au nombre de cinq, contre ce qui se voit dans presque tous les poiſſons de ce genre, étoit un peu plus ſenſible aux pattes de derriere qu'à celles de devant. L'extrémité de ces eſpéces de doigts étoit dure ſans avoir la forme d'ongles. On voit en *B*, que le corps eſt terminé par une queue très-courte garnie de poils.

La circonférence de la tête en *C*, vers les yeux, étoit de neuf pouces; au plus gros du corps, vers *F*, de dix-huit pouces; au cou, vers *E E*, de ſept pouces ſix lignes.

Depuis *G G* juſqu'à *K K*, la groſſeur du corps diminuoit aſſez uniformément.

Les dents de devant étoient inciſives, ou taillées un peu en fleur de lis.

Ces figures ont été faites avec toute l'exactitude poſſible, mais, comme nous l'avons dit, ſur une peau rembourrée d'étoupes.

ARTICLE III.

D'un petit Phoque, copié ſur le deſſein qui eſt dans l'Hiſtoire Naturelle de M. de Buffon, tome XIII.

Ce petit Phoque (*fig.* 3), différe principalement du précédent, en ce qu'il n'a point les bras *F*, & que les pattes *I H* paroiſſent ſortir immédiatement du corps. M. Daubenton dit qu'ayant diſſéqué cet animal, il avoit trouvé les os de l'avant-bras *F* recouverts par les chairs & la peau : ainſi cette partie *I H* paroiſſoit plutôt une vraie nageoire qu'une patte; néanmoins les doigts, qui étoient adhérents à la membrane ſur laquelle ils étoient poſés, étoient terminés par des ongles noirs & cylindriques.

Les poils de cet animal étoient courts, fins, néanmoins un peu rudes, & couchés vers l'arriere.

On trouve une deſcription très-détaillée de ce poiſſon dans l'Hiſtoire Naturelle du Cabinet du Roi, Tom. XIII, pag. 395. Il y a quelque lieu de ſoupçonner que ſi ce poiſſon étoit devenu plus âgé, les bras auroient été plus ſenſibles.

ARTICLE IV.

Lettre de M. Frameris, ſur les Phoques qu'on prend dans les Mers du Nord.

Cet éclairé & obligeant Correſpondant m'a écrit qu'on prend, dans les mers du Nord, des Phoques ou Veaux marins, qu'on diſtingue en pluſieurs eſpéces, quoiqu'ils aient à peu près une figure ſemblable, excepté celui qu'on nomme *Clopmuſen*, qui a une eſpéce de bonnet, qu'il peut abattre ſur ſes yeux, lorſqu'on veut le frapper à la tête : tous ont les pieds faits comme des pattes d'Oie, ayant cinq griffes garnies d'ongles bien formés; leur tête reſſemble aſſez à celle d'un Dogue qui auroit les oreilles coupées; leurs yeux ſont grands & fort clairs; leur peau eſt garnie de poils aſſez courts & de différentes couleurs, chargée de taches, les unes noires, d'autres blanches, jaunâtres ou tirant au rouge; leurs dents ſont pointues. Quoiqu'ils paroiſſent marcher difficilement, néanmoins ils ſautent & grimpent ſur des rochers & des morceaux de glaces, où ces poiſſons ſe plaiſent à dormir au ſoleil. Ils ont communément depuis cinq juſqu'à huit pieds de longueur. Ils ſe raſſemblent par troupes de cent ou cent cinquante, ſoit qu'ils ſoient à l'eau ou à terre.

Ils ont ſous la peau une épaiſſe couche de graiſſe dont on retire la meilleure huile de poiſſon.

En Norwege, les Phoques ne vont point en troupes, mais on en rencontre çà & là une aſſez grande quantité. On a coutume de les chaſſer à coups de fuſil : pour cela, deux hommes ſe mettent dans un petit bateau, l'un rame & l'autre tient ſon fuſil bandé, prêt à tirer ſur les Loups qui ſortent la tête hors de l'eau, ce qu'ils ſont obligés de faire de temps en temps, pour aſpirer l'air. Les fuſils ſont chargés avec de petites poſtes ou du gros plomb.

Les Négociants de Berghen en Norwege arment cinq ou ſix bâtiments de cent cinquante tonneaux, montés de vingt-quatre à trente hommes, pourvus de trois ou quatre chaloupes, avec des fuſils, des couteaux, des maſſues, & des barrils pour renfermer ce qu'on a pris. Les Pêcheurs partent ordinairement de Berghen à la mi-Mars, ou au commencement d'Avril, pour se rendre, le plutôt qu'ils peuvent, entre l'Islande & le Cap Farewel. Les vaisseaux s'approchent le plus près qu'ils peuvent des glaces : un homme qui est au haut du mât examine s'il découvre des Phoques sur les glaces : s'il en aperçoit, il en avertit ceux qui sont dans les bâtiments, qui se mettent dans des chaloupes, s'approchent des glaces, montent dessus, & assomment les Phoques. Si celui qui est au haut du mât n'a rien aperçu, les chaloupes se dispersent, pour examiner s'ils n'en trouveront pas sur d'autres bancs; en ce cas, il faut qu'ils soient bien armés, pour se défendre des Ours blancs qui vont sur les bancs de glaces pour attraper les poissons; ces animaux sont aussi redoutables pour les hommes que pour les poissons.

Quand ceux qui sont dans les chaloupes ont fait leur chasse, ils battent la caisse & tirent quelques coups de fusil, auxquels les vaisseaux répondent par des coups de canon, afin de se rejoindre.

ARTICLE V.

Description d'un Phoque qui avoit été péché dans notre Océan Septentrional, & apporté à Dieppe en 1723, fig. 5.

Ce poisson avoit quatre pieds de longueur *AB.* Je l'ai fait graver en petit, pour ne pas multiplier les Planches.

Les narines ne formoient pas, au bout du museau, des ouvertures rondes, mais un peu alongées. L'ouverture de la gueule *D* étoit de deux pouces & demi. Il y avoit trois pouces & demi du bout du museau *A* au centre des yeux *C*, qui n'étoient pas grands, mais vifs.

Du bout du museau *A* à l'ouverture des ouïes *E*, qui étoient fort petites, il y avoit quatre pouces & demi.

De *F*, qui indique l'attache des pattes de devant au corps, au bout *A* du museau, il y avoit seize pouces. Les jambes du devant *FG* avoient six pouces de longueur. Les doigts, au nombre de cinq, étoient terminés par des ongles pointus.

De l'articulation *F* des jambes de devant jusqu'à *K*, qui indique l'articulation des jambes du train de derriere, il y avoit vingt-un pouces. Les jambes de derriere *KB* avoient huit pouces de longueur ; la portion évasée *B* n'étoit pas formée, comme aux jambes de devant *G*, par des doigts ou des griffes pointues, mais ces deux pattes étant rapprochées l'une de l'autre, représentoient l'aileron de la queue, qui étoit formé par deux ailerons *HL.* Entre ces deux espéces d'ailerons il y avoit, auprès de *K*, une petite queue couverte de poils qui n'avoit que trois pouces de longueur.

La peau de cet Amphibie formoit un cuir qui avoit beaucoup de consistance : le poil dont il étoit couvert étoit roux, chargé de mouchetures plus brunes.

Suivant la grosseur de ces poissons, on peut passer leur peau en cuir fort, en cuir blanc, & celle des jeunes en marroquin, ou en cuir de Hongrie.

Ils ont des moustaches auprès de la gueule.

Il est bon de remarquer que le Phoque (*fig.* 4), a été représenté comme il est lorsqu'il se repose à terre ; & pour cette raison, il a la tête plus relevée que celui dont nous avons parlé au commencement de cet article, qui a été représenté comme étant dans l'eau.

ARTICLE VI.

Description d'un Phoque de la Méditerranée, envoyé de Marseille.

On prend quelques-uns de ces poissons sur les côtes de la Méditerranée ; mais presque tous ceux qu'apportent les Pêcheurs sont morts, & celui que j'ai fait dessiner (*fig.* 4) n'étoit pas vivant.

J'en ai reçu un du Nord que je ne ferai point graver, parce qu'il ressemble beaucoup à celui qu'on m'a envoyé de Marseille.

Il suintoit de leur peau une huile très-désagréable.

Leur poil étoit d'un gris sale, qui devenoit plus foncé à mesure que ces poissons se desséchoient ; les mouchetures, dont les poils étoient chargés, étoient plus grandes & plus alongées au Phoque du Nord, qu'à celui de Marseille : les poils n'étoient pas longs, mais durs, & inclinés vers l'arriere.

Leur peau étoit bien forte, puisque celle des jeunes poissons, qui n'avoient que deux pieds de longueur, étoit plus épaisse que celle des plus gros Thons; leur tête n'étoit pas grosse, mais le museau étoit alongé; la mâchoire supérieure étoit un peu plus longue que l'inférieure; le col étoit long, & fort chargé de graisse.

La circonférence du museau vers *D* étoit de trois pouces; celle de la tête vers *E* de cinq pouces; celle du col près de *M*, de quatre pouces.

Vers *L*, au plus gros du corps, il avoit quinze à dix-huit pouces, & près de *K* cinq à six pouces; comme ces dimensions ont été prises sur un poisson rembourré d'étoupes, on ne doit les regarder que comme des à-peu-près.

Entre des desseins de Phoques qu'on m'a envoyés du Nord, les uns ressembloient à celui (*fig.* 4), & les autres à la figure 5. Cette grande ressemblance m'a détourné de les faire graver, pour ne point multiplier inutilement les Planches.

ARTICLE VII.

De quelques Phoques, qu'on a conservé vivants dans plusieurs endroits.

On trouve, comme nous l'avons dit, quelques Phoques sur nos côtes, tant de l'Océan que de la Méditerranée, mais ce n'est qu'accidentellement, & on ne les obtient que morts; c'est pourquoi j'ai été obligé de rapporter sur ce poisson plusieurs choses d'après les Ouvrages des Ichthyologistes ou des Voyageurs, & ce que m'ont bien voulu communiquer quelques Correspondants, ou enfin ce que j'ai pu observer sur des poissons desséchés remplis d'étoupes. Il faut avouer que les connoissances qu'on peut acquérir par ces différents moyens laissent bien des choses à désirer, & même des incertitudes.

Heureusement, quelques-uns en ayant nourris pendant un temps assez considérable dans des réservoirs remplis d'eau, & les y ayant apprivoisés au point de les rendre en quelque façon domestiques, on est parvenu à les mieux connoître, c'est ce que nous nous proposons de faire appercevoir dans cet article.

Un de mes Correspondants ayant conservé un Phoque en vie dans un bassin plein d'eau douce, il remarqua que ce poisson avoit un regard très-vif & farouche, que si on l'irritoit, ses yeux devenoient rouges, & qu'il mugissoit; il avaloit les poissons cartilagineux sans les mâcher, & il brisoit avec ses dents les arêtes les plus dures. Malgré sa voracité il ne se soucioit pas de viande, & il préféroit la chair des poissons de mer à celle des poissons d'eau douce: si l'on se présentoit avec un poisson à la main au bord du bassin où il étoit, il s'élançoit pour l'attrapper, & en lui donnant il falloit user de précaution pour n'être pas blessé.

Il venoit de temps en temps à la surface de l'eau pour aspirer l'air; alors il s'agrip-poit au bord du bassin avec ses pattes de devant, & ensuite il replongeoit au fond de l'eau avec une vitesse surprenante; il digéroit très-promptement, & ses excréments avoient une forte odeur de poisson pourri.

Des enfants ayant jetté à l'eau du pain & des morceaux de bois, pour engager des Chiens domestiques qui savoient rapporter, à les aller chercher, ces animaux effrayés par le Phoque, n'oserent se mettre à l'eau.

Un autre Phoque fréquentoit le rivage de la mer, près de Marseille, à l'endroit nommé Lestel, tout près d'un banc de rochers qui sont à fleur d'eau; plusieurs gens du voisinage l'avoient vu venir à terre, & grimper pour se rendre à une grotte; ils imaginoient que c'étoit un Chien qui se rendoit à cette grotte pour se nourrir des poissons qui s'y trouvoient: pour cette raison ils nommerent ce Phoque un Chien sauvage, & ils imaginerent des fables qui s'accréditerent dans tout le voisinage. La personne qui a bien voulu me faire part de ces observations, pour constater les faits qui lui paroissoient peu vraisemblables, s'embarqua avec un de ses amis dans un canot, & se fit conduire tout près du banc de rochers, que ce poisson fréquentoit presque tous les soirs, recommandant au Batelier de nager très-doucement.

A huit heures du soir ils apperçurent quelque chose qui flottoit à la poupe du bateau à la distance d'une ou deux toises; ils soupçonnerent que c'étoit un morceau de bois; & pour s'en assurer, ayant changé de route, ils remarquoient que ce corps flottant continuoit à suivre le bateau: enfin, à force de l'observer, ils reconnurent que c'étoit un Phoque qui plongeoit quelquefois dans l'eau, & revenoit à la surface; ils virent sensiblement qu'il nageoit avec ses quatre pattes, & que celles de derriere étoient tellement rapprochées l'une de l'autre, qu'on ne pouvoit apercevoir la queue.

Quand sa tête sortoit hors de l'eau ses yeux brilloient, comme font souvent ceux des Chats; il s'approchoit quelquefois tellement du bateau, qui étoit fort petit, qu'appréhendant qu'il ne s'élançât dedans, ils donnoient sur l'eau de grands coups d'avirons pour l'obliger de s'éloigner; enfin le Phoque gagna le rivage, & entra dans la grotte qu'il avoit coutume de fréquenter.

Les Observateurs n'oserent pas le suivre; mais le lendemain, celui qui m'a fait part des observations que je viens de rapporter, y étant allé de jour, il reconnut que cet endroit servoit de latrine à des Matelots, & à quantité d'enfants; ce qui lui fit croire avec beaucoup de vraisemblance, que le Phoque s'y rendoit la nuit, lorsque personne n'y venoit pour se nourrir des excréments, & peut-être de quelques poissons qui étoient attirés par ce même appât.

En 1722, on faisoit voir au Public à Venise, pendant la Foire de l'Ascension, un animal amphibie, qu'on avoit pris en Istrie dans une vigne où il étoit entré pour manger du raisin; on estimoit qu'il pesoit à-peu-près six cents livres; sa tête ressembloit un peu à celle d'un Veau, il avoit sur le devant, des pattes qui lui servoient de nageoires : celles de derriere, dit-on, formoient comme une large queue; on le tenoit le jour dans une baille pleine d'eau, & il restoit à sec pendant la nuit : on le nourrissoit des poissons qu'on pouvoit avoir à bon marché; car il dévoroit avec avidité tous ceux qu'on lui présentoit; entre ses repas il dormoit & ronfloit comme un gros Chien; il vécut peu de temps; on dit quel les chaleurs l'avoient fait périr : c'est tout ce que j'ai pu apprendre sur ce poisson.

M. Bonamy, Docteur en Médecine, m'a écrit qu'en 1780, dans le mois d'Avril, on avoit apporté à Nantes un grand Phoque vivant; celui qui le faisoit voir disoit qu'il avoit été pêché environ deux ans auparavant dans la Mer Adriatique.

Il étoit mâle, & avoit environ huit pieds de long, & cinq de circonférence au plus gros de son corps; on estimoit qu'il pesoit à-peu-près huit cents livres.

Le matin on le faisoit voir à sec, & pendant le jour dans une cuve pleine d'eau de mer; cette eau ayant manqué, on y substitua de l'eau douce, où il parut se bien porter pendant dix-huit mois.

Celui qui le faisoit voir, & qui l'avoit nourri pendant un temps considérable,

assuroit qu'il ne mangeoit aucune espéce d'herbe, qu'il n'aimoit pas la viande, & que sa vraie nourriture étoit le poisson. Dans le commencement que ce poisson avoit été pris il étoit farouche, même méchant; car il blessa considérablement au bras celui qui le soignoit; mais peu après il s'étoit tellement apprivoisé, que tout le monde le touchoit sans crainte, & qu'il obéissoit à celui qu'il avoit blessé au bras; il se mettoit sur le dos quand on lui ordonnoit, & il baisoit son maître à la main & au visage.

M. Desforges-Maillard, qui demeuroit alors au Croisic, m'a envoyé une description abregée d'un Phoque femelle, qu'on disoit avoir été pris entre des rochers; il avoit trois pieds & demi de longueur. On comparoit la grosseur de son corps à celle d'un Dogue de moyenne taille; il avoit au bout du museau des moustaches comme un Tigre; ses mâchoires étoient garnies de dents fort aiguës.

Les pattes de devant étoient formées par cinq doigts réunis par une membrane, & terminées par cinq ongles fort aigus : il s'asseyoit sur son derriere, s'appuyant sur les pattes de devant comme un Chat; son poil étoit court, doux, de couleur d'ardoise sur le dos, blanc sous le ventre.

Les pattes de derriere formoient des palettes alongées, garnies néanmoins de cinq ongles, plus petits que ceux des pattes de devant. Sa queue étoit ronde, & fort courte; ses yeux étoient saillants, vifs, & couverts de sourcils; sa voix imitoit celle d'un Mâtin qui gronde.

On le conservoit dans une grande baignoire ovale remplie d'eau de mer, qu'on renouvelloit deux fois par jour.

Il se soucioit peu de la viande, mais il se jettoit avec avidité sur les poissons qu'on lui présentoit.

L'eau de la mer ayant manqué, on le mit dans de l'eau douce, saturée de sel marin; il perdit l'apétit, puis ses forces, & mourut au bout d'une vingtaine de jours. Suivant ce que j'ai rapporté d'après M. Framery, il se seroit mieux accommodé de l'eau douce pure : il est vrai que le poisson dont parle M. Desforges-Maillard, avoit reçu un coup de pierre qui lui avoit crevé un œil; mais pendant vingt-cinq jours qu'il étoit resté dans l'eau de mer, il s'étoit très-bien porté.

Ajoutons en faveur de l'eau douce, que M. Anderson rapporte, que dans la grande Tartarie il y a un lac d'eau douce où l'on trouve quantité de Phoques.

Je vais parler d'un Phoque (*fig. 6*), qu'on a fait voir à la Foire Saint-Germain, & qui a subsisté long-temps dans l'eau douce.

Le sieur François Bruma, Négociant de Venise, amena à Paris, il y a quelques années, un Phoque en vie, qu'on a vu pendant un temps considérable à la Foire Saint-Germain & sur les Boulevards.

Ses deux bras de devant étoient terminés par deux espéces de mains *C*, formées de cinq doigts garnis d'ongles ; les deux pattes de derriere formoient comme deux ailerons de la queue d'un poisson ordinaire, qui pouvoient leur être utiles pour nager, & entre ces deux pattes, à l'extrémité du corps, étoit une petite queue courte, & couverte de poils.

La tête, & la partie antérieure de ce poisson, avoit beaucoup de rapport avec le devant d'un Quadrupede ; la partie postérieure ressembloit à un poisson : il avoit sept pieds six pouces de longueur ; la circonférence de son corps à l'endroit le plus gros, étoit à-peu-près de cinq pieds ; un peu au-dessus de la queue en *D*, le corps augmentoit un peu de grosseur, par une espéce de renflement.

Ce grand Phoque avoit été pris dans la Mer Adriatique, sur la côte de Dalmatie.

Il étoit très-familier, docile, & fort doux ; il avoit sur-tout une grande affection pour son Maître : sans le voir, il le connoissoit à sa voix, & il exécutoit ce qu'il lui ordonnoit, tant à terre que dans l'eau : il ne vivoit que de poissons ; son Maître disoit qu'il lui en falloit vingt-cinq livres par jour.

On le voyoit le matin à sec, & l'après midi dans l'eau ; il a vécu long-temps, n'ayant que de l'eau douce.

Je l'ai fait dessiner ; celui qui le faisoit voir, y ayant consenti moyennant une petite gratification.

Ceux qui désireront se procurer des connoissances encore plus exactes de ce poisson, peuvent voir son Anatomie, faite par M. Daubenton, & qu'on trouve dans le treizieme Volume de l'Histoire Naturelle du Jardin du Roi, ainsi que l'Anatomie de Valentin, & l'Histoire des Voyages d'Anson, qui donne sous la dénomination de Lion marin, la figure & la description de la vingt-unieme espéce de Phoque de M. de Buffon.

J'ai dit qu'il y avoit bien des variétés dans cette famille de poissons, tant pour la forme, la grandeur du corps & les griffes, que par la couleur & la force des poils. Cette allégation se trouve justifiée par les Mémoires qui m'ont été envoyés de différents endroits, & dont je viens de rapporter quelques-uns par extrait.

A R T I C L E V I I I.

Du Lamentin.

Il y a beaucoup de confusion dans ce que les Voyageurs & les Auteurs disent de ce poisson ; ils le confondent avec quantité d'Amphibies, avec lesquels il n'a presque aucune ressemblance, ou au moins, dont il differe si considérablement, qu'il est très-aisé de les distinguer : ce n'est pas tout, comme quelques-uns ont cru apercevoir des points de ressemblance entre les Lamentins & certains Quadrupedes ; plusieurs les ont nommés fort mal-à-propos *Bœuf marin.* Effectivement il y en a de fort gros ; car on en prend qui ont dix, douze, & jusqu'à vingt-cinq pieds de longueur. Le terme *Manati* que lui ont donné les Espagnols, est plus raisonnable, parce que du côté de la tête il a des nageoires qui ressemblent à des mains.

On pense assez généralement que le Lamentin se nourrit en grande partie des herbes qui viennent au fond, ou au bord de l'eau, d'où il suit qu'ils ne paroissent guère plus à terre que les animaux qui broutent les herbes qui croissent au fond de l'eau. Néanmoins on trouve quelquefois des femelles sur le sable avec leurs petits ; au nombre d'un ou deux.

On aperçoit entre ces poissons & les hommes quelques points de ressemblance, tant à l'égard des parties qui caractérisent les sexes, que pour la maniere de s'accoupler, & d'allaiter leurs petits ; car les femelles (*Pl. XIII, fig. 2*), ont deux mamelles *a* sur la poitrine : on compare ces mamelles à celles des Négresses.

Les meres sont tellement attachées à leurs petits, qu'elles les transportent dans l'eau, comme on le voit (*fig. 1*), jusqu'à ce qu'ils soient assez forts pour se passer de leur secours, & cet attachement est réciproque ; car si l'on a pris un petit, la mere ne manque pas de venir le chercher ; & réciproquement si l'on a tué une mere, les petits, quoiqu'assez forts pour se passer de son secours, ne manquent pas de venir la chercher, & ils l'appellent par un mugissement plaintif.

Ce poisson n'est pas commun sur nos côtes. On se rappelle néanmoins en Haute-Normandie, qu'après une grosse tempête, une femelle avec son petit furent trouvés

dans

dans un Parc à une demi-lieue de Dieppe. Les Pêcheurs qui ne connoissoient pas ces poissons, ne tirerent aucun profit d'une capture qui auroit pu leur être avantageuse.

On trouve quelque ressemblance entre la tête du Lamentin & celle d'une Vache, mais leurs yeux sont petits, peu animés, & à fleur de tête ; ce qui fait qu'on les compare à ceux d'un gros Mâtin. On prétend que quand ils sont pris, ils jettent des larmes jusqu'à ce qu'ils soient morts.

Ils n'ont pour oreilles qu'un petit trou sans cornet qu'on a peine à découvrir, étant caché par le poil, qui est assez long, surtout à la tête ; néanmoins les Pêcheurs assurent qu'ils ont l'ouïe fine, c'est pourquoi ils font le moins de bruit qu'il leur est possible en approchant d'un endroit où ils jugent qu'il s'en est rassemblé.

Ils ont au défaut de la tête, & sous la gorge de chaque côté, une espéce de nageoire, dont l'extrémité est divisée moins sensiblement que dans la figure, en quatre doigts, au bout desquels sont des ongles plats qui n'excédent point la partie charnue.

J'en ai fait dessiner au sortir de l'eau où on n'apercevoit point de doigts ; il sembloit que ces prétendues mains étoient renfermées dans des gants sans doigts, qu'on appelle des mitaines. C'est avec ces espéces de bras, ou de nageoires, que les femelles transportent leurs petits, sur-tout quand elles les allaitent.

Quand par quelque tempête ces poissons sont jettés à terre, malgré le secours de leurs pattes ils ont bien de la peine à regagner l'eau, parce qu'ils sont obligés de traîner leur partie postérieure.

On dit que leur lait est doux, & fort bon ; ces poissons n'ont point d'ailerons sur le dos ni sous le ventre : l'anus *b* (*fig.* 2), est placé près de l'endroit où le corps du poisson est le plus gros, & n'est point accompagné d'ailerons ni de nageoires. Depuis cet endroit jusqu'à l'articulation de l'aileron de la queue, la grosseur du poisson diminue graduellement de grosseur. L'aileron de la queue *C* ressemble assez à celui de la Vache marine, sans qu'il y ait la moindre appa-

rence de digitation. Si en disséquant cette partie du Lamentin on aperçoit dans l'intérieur des os, ou des espéces de phalanges, qui paroissent former comme deux pattes, elles sont si exactement réunies & recouvertes par la peau & le poil, qu'on n'aperçoit aucun vestige de jambes, ni de pieds, & qu'on ne voit qu'un aileron assez large, & un peu arrondi par l'extrémité.

La gueule est large, bordée de lévres épaisses ; le devant des mâchoires est garni de dents très-dures, avec lesquelles ils arrachent l'herbe dont ils se nourrissent ; ils la broient avec les dents mâchelieres qui sont au fond de la gueule.

Le Lamentin n'a point d'écailles ; mais comme sa peau est fort épaisse, on en fait d'excellentes semelles de souliers, des bottes, & d'autres ouvrages qui exigent beaucoup de résistance.

La peau est hérissée d'aspérités, très-sensibles seulement quand on passe les doigts de la queue vers la tête. La peau sur le dos est plus brune que l'ardoise ; & à cet endroit, outre les aspérités dont j'ai parlé, il y a des poils d'un pouce de long, en assez grande quantité du côté de la tête, & beaucoup moins grands sur le reste du corps.

La contexture de la peau est si serrée en quelques endroits, qu'on en coupe des lanieres, qui, quand elles sont séchées, font des cannes aussi fortes que celles de fanons de la Baleine, & qui prennent un aussi beau poli.

Il y a de ces peaux qui ont quinze pieds de longueur sur cinq de large. On trouve sous la peau une couche de lard de trois ou quatre pouces d'épaisseur, qu'on emploie au même usage que le lard du Cochon. Et la graisse, ou panne qui se trouve dans les intestins étant fondue, fait une espéce de beurre qui a un goût agréable, & qui se conserve long-temps sans rancir.

La chair est plus délicate que celle du Veau, & n'a aucune odeur de poisson ; elle est entrelardée de graisse, & pour cette raison on la compare à celle du Cochon.

§ 1. *De la pêche des Lamentins.*

Autrefois les Dieppois & les Dunkerquois équipoient des Bâtiments armés de trente ou quarante hommes pour faire la pêche des Lamentins, principalement dans la Riviere des Amazones, qu'ils remontoient de quarante ou cinquante lieues ; ce qui leur étoit très-avantageux, parce que cet armement, qui n'exigeoit pas des frais considé-

rables, produisoit, par la vente des poissons, des retours avantageux. De plus, les Sauvages leur portoient les poissons qu'ils avoient pris avec leurs pirogues. Les Pêcheurs François transportoient leurs poissons bien préparés aux Antilles, où ils en faisoient une vente avantageuse, mais l'éloignement des parages où il falloit aller chercher ce poisson; la difficulté de la navigation, & la longueur des campagnes qui étoient de quinze à vingt mois, ont engagé les Dunkerquois & les Dieppois, à préférer des pêches qui fussent plus à leur portée.

Pour faire cette pêche, qui duroit depuis le mois d'Avril jusqu'à celui d'Août, après avoir amené les mâts de hune & leur vergue, les bâtiments étant affourchés sur deux ancres au milieu de la riviere, les Pêcheurs pour ne point effaroucher les poissons, alloient dans leur chaloupe les chercher dans les anses & les criques, où on jugeoit qu'il s'en étoit retiré.

On en trouve quelquefois des petits dans les filets qu'on tend au bord de l'eau, & on dit qu'ils fournissent un mets très-délicat.

Tous les Pêcheurs (*Pl. XIII, fig.* 3) étoient vêtus fort à la légere, les uns *A* avoient les jambes & les pieds nuds, une culotte *a* de toile, une chemise *b*, & une camisole *c* sans boutons, & fendue sous la gorge comme les chemises, un étui *d* de cuir pendu à la ceinture, dans lequel il y a un couteau, une bayonnette, un fusil pour affiler les instruments tranchants; sur la tête un mouchoir, ou un chapeau qui n'a de bord que par-devant, pour garantir les yeux du grand Soleil; d'autres *B* & *C* sont tout nuds.

Pour s'acquitter avec les Sauvages de ce qu'ils leur fournissent, on leur porte des toiles gommées qui leur servent à faire des tentes, de gros tafetas, des rubans, des instruments pour la pêche, des armes pour la guerre, des ustensiles de ménage, & de l'eau-de-vie : ces différents ustensiles servent à récompenser les Sauvages, qui apportent en échange les Lamentins qu'ils ont pris; des hamacs de différentes couleurs, & quelquefois des ouvrages faits avec de l'écorce d'arbre, & qui sont d'une délicatesse inconcevable.

Ces Sauvages sont très-adroits pour varrer & harponner les poissons; ils le font même plus que les Espagnols des Indes, qui ont la réputation d'être très-adroits Varreurs; suivant que les Lamentins sont au fond de l'eau, ou près de la superficie, il faut pour les attraper, employer différentes industries. Quand l'eau est claire, on s'aperçoit du lieu où ils broutent l'herbe, à des parcelles de ces herbes qui se portent à la superficie & au mouvement qu'ils impriment aux herbes sur pied qu'on découvre au fond; alors ils se tiennent tranquilles, essayant d'en découvrir quelques-uns qu'ils puissent varrer; car quand l'eau est claire & tranquille, ils parviennent quelquefois à percer des poissons à quatre ou cinq brasses sous l'eau.

Quand les Lamentins sont dans des rivieres vaseuses, on s'en aperçoit à ce que l'eau se trou-

ble; car la vase s'éleve quelquefois jusqu'à la surface, ainsi que des bulles d'air : alors ils se tiennent tranquilles jusqu'à ce qu'ils en voient quelques-uns à portée d'être varrés.

On fait, comme nous l'avons dit, cette pêche avec des pirogues, qui ont à l'avant une petite Tille platte sur laquelle se tient le Varreur, ou avec de petits canots de cuir, comme nous en avons représenté (*Pl. XIV, fig.* 3.). Quelquefois les Lamentins se tiennent à la surface de l'eau, ou même ils s'endorment ayant la tête hors de l'eau; alors les Pêcheurs, faisant le moindre bruit qu'il leur est possible, s'approchent des poissons, & ils sont bien plus certains de les percer avec leurs varres.

Quoique nous ayons expliqué assez amplement à l'article des Chiens de mer, ce que c'est que la varre, je rappellerai sommairement, que la varre que tient le Pêcheur *B* (*fig.* 3.), est un harpon qui entre dans une douille, qui est à l'extrémité d'une perche de quatre ou cinq pieds de longueur, à laquelle on ajuste une virolle de plomb, qui par son poids augmente l'effet du harpon; tout cela est représenté Planche II de cette Section (*fig.* 3 & 4). Enfin on ajuste au harpon une ligne faite de fil blanc, plus menue que le petit doigt, & fort longue, très-flexible; quand le poisson est percé par la varre, il s'enfuit avec rapidité pendant quelques minutes, emportant avec lui la varre à laquelle est attachée la ligne qui a aumoins quatre-vingts brasses de longueur, & qui est lovée sur la tille de la pirogue, ou sur le bras *B* du Varreur (*fig.* 3); si elle est lovée sur la pirogue, un des Rameurs veille à ce que la ligne se développe sans s'emmêler, & le Patron gouverne sur le poisson varré qui perd de son sang, & s'approche du rivage à mesure qu'il s'affoiblit; alors les Bateliers, évitant toujours de faire du bruit, s'approchent de lui en hâlant doucement sur la ligne : si le poisson est encore en vie quand ils l'ont joint, ils achèvent de le tuer, ou à coups de massue, ou en le perçant avec une lance, ou ils le saisissent avec de fortes gaffes, ou des crocs.

Quand on s'en est rendu maître, on le transporte à terre, ou à bord du bâtiment qui est à l'ancre dans la riviere, & l'on hisse sur le pont du vaisseau le Lamentin qui est dans la pirogue; lorsqu'il est sur le pont ou à terre, comme à la figure 4, on l'ouvre, suivant sa longueur, jusqu'à l'anus pour le vuider; on coupe le reste par tranches minces, comme on le voit en *A* (*fig.* 4, *Pl. XIII*), & on prépare ces poissons de différentes façons; les uns les salent en grenier, comme nous l'avons dit en parlant des Morues; d'autres, après les avoir vuidés, écorchés, & avoir coupé les chairs par tranches, des Matelots *B* (*fig.* 4), les transportent dans une pirogue, pour ensuite les saler en barrils, ou les fumer, comme nous avons dit qu'on fait les Saumons. Les Lamentins bien préparés sont autant estimés que les meilleurs poissons salés.

Il n'est pas douteux, ainsi que nous l'avons dit en plus d'une occasion, qu'il faut toujours broyer le sel très-fin, pour qu'il pénétre la chair plus uniformément, & qu'il est important de se procurer du sel de la meilleure qualité, évitant, autant qu'on le peut, d'employer du sel gemme, ou encore plus, du sel qui ait été évaporé sur le feu. Ces sels, qui, par leur blancheur, ont un œil séduisant, ont presque toujours une amertume ou une âcreté qui rend les salaisons désagréables, & racornit les chairs.

Quand les pêches sont abondantes, on rejette les têtes à la mer, quoiqu'on ne laisse pas d'en tirer parti, quand ces poissons sont rares. On prétend qu'on trouve dans leur tête des espéces de bézoards, ou des pierres auxquelles on attribue d'admirables propriétés, sur-tout pour fondre la pierre de la vessie & calmer les douleurs de colique.

Ceux qui ont beaucoup navigué en Amérique, & qui se sont occupés de la pêche du Lamentin, assurent qu'on en trouve principalement dans les rivieres qui se déchargent dans le fleuve des Amazones. J'invite, pour cette raison, à consulter ce qu'en dit M. de la Condamine, qui a beaucoup navigué dans ce fleuve.

Les Voyageurs assurent qu'on en trouve encore à la côte de l'Amérique Méridionale, entre la terre-ferme & le Brésil, dans le golfe de Darien & de Honduras, & encore accidentellement à Saint-Domingue.

On m'a assuré qu'on en avoit pris en Canada dans le fleuve Saint-Laurent; néanmoins plusieurs Canadiens m'ont écrit qu'on n'y connoissoit pas même le nom de *Lamentin :* peut-être lui donne-t-on un autre nom. Comme les Lamentins n'ont point de défenses, il y a beaucoup de poissons qui leur font la guerre. Ce n'est pas un poisson de mer, & si on en prend accidentellement dans l'eau salée, c'est parce qu'ils ont été entraînés par la force des courants ; & pour en rencontrer un peu abondamment, il faut remonter assez haut dans les fleuves.

ARTICLE IX.

De la Vache marine, ou Poisson à la grande dent, Morse d'Islande & du Groenland ; Odobenus, *ou* Rosmarus.

Les Auteurs parlent de plusieurs Amphibies qu'ils confondent les uns avec les autres. De ce genre sont les Phoques, les Lions marins, &c. Plusieurs donnent le nom de *Vache Marine* à des poissons qui différent beaucoup les uns des autres. Comme dans le plan que je me suis formé, en entreprenant cet Ouvrage, je me suis fait une loi de n'y comprendre que les poissons dont j'aurois pu me procurer des connoissances assez exactes, je me bornerai à parler du Morse d'Islande, que nous connoissons sous la dénomination de *Vache Marine,* ou de *Poisson à la grande dent.*

C'est un fort gros Cétacée Amphibie qui, par la forme de son corps & sa façon de vivre, a de la ressemblance avec le *Phoca;* car, comme lui, il est vivipare, il allaite ses petits : de plus, les Phoques & les Morses sont tantôt à terre & tantôt dans l'eau ; les uns & les autres affectionnent le Nord : pour ces raisons on prend ces deux espéces pêle-mêle dans le Groenland, dans la Nouvelle-Zemble, dans les Mers Glaciales d'Asie, & quelquefois dans les petites îles qui font vers le golfe du fleuve Saint-Laurent. Ils se rassemblent en nombre, sur-tout dans les temps calmes : les meres & leurs petits sont au centre du banc, entourés par les autres.

Malgré ces points de ressemblance, ils sont aisés à distinguer les uns des autres. Les plus gros Phoques n'approchent pas de la grosseur des gros Morses ; & ce qui caractérise & distingue parfaitement ces derniers des autres Amphibies, ce sont deux grandes dents *C* (*fig.* 1 *&* 2, *Pl. XIV*) qui sortent de la partie antérieure de la mâchoire supérieure, & qui se prolongeant en en-bas, se recourbent vers la poitrine. J'ai de ces dents de différentes grandeurs, depuis moins d'un pied jusqu'à près de deux : l'endroit où elles sont les plus grosses, est au sortir de la mâchoire, auprès de l'alvéole ; la grosseur diminue jusqu'à l'extrémité, où elles se terminent par une pointe mousse. Elles ne sont pas rondes, mais elles ont des surfaces plattes peu régulieres, avec quelques cannelures qui s'étendent suivant leur longueur : c'est pourquoi Linné l'a nommé

Phoca dentibus laciniatis exertis : mais je me fais une loi d'adopter les noms les plus généralement usités. Les jeunes & petits n'ont point les grosses dents dont nous venons de parler.

Ce poisson n'a point de dents incisives : la mâchoire supérieure est large & épaisse; l'inférieure *D* (*fig.* 2) a une forme triangulaire. Ils ont, comme les Phoques, quatre pattes formées de doigts, & terminées par des ongles. Elles ont les doigts recouverts d'une peau assez épaisse. Leurs pattes de devant sont plus régulièrement formées que celles de derriere; & avec le secours des grandes dents, ces poissons parviennent à grimper sur les rochers & les monceaux de glaces. Les pattes de derriere paroissent plus propres à nager qu'à marcher.

L'instinct de ces poissons fait qu'ils se rassemblent par troupes, tant à la mer qu'à terre. On a peine à concevoir comment ces animaux, qui restent quelquefois à terre pendant un temps considérable, peuvent y trouver de quoi vivre.

Plusieurs ont pensé qu'ils y paissoient l'herbe, ce qui paroîtroit confirmé par ce que disent ceux en ont disséqué; savoir, qu'ils ont plusieurs estomacs, & qu'ils ruminent comme les animaux qui paissent l'herbe; mais outre que le museau, armé de deux grandes dents, & qui n'en a point d'incisives, ne paroît guere propre à paître l'herbe, ceux qui connoissent les îles où ils s'attroupent m'ont assuré qu'il y a très peu d'herbe. Cependant, il est certain qu'ils restent quelquefois long-temps à terre, sur-tout quand les femelles font leurs petits; circonstance où il ne leur est guere possible d'aller chercher leur nourriture à la mer. Quelques-uns ont pensé que les mâles aportoient aux femelles la nourriture dont elles avoient besoin : mais c'est une présomption qui n'est fondée sur aucune observation.

On chasse les Vaches marines, non-seulement pour en retirer l'huile, qu'elles fournissent en quantité, & qui est au moins aussi bonne que celle des Baleines, tant pour brûler que pour préparer les cuirs : mais les dents sont plus profitables que l'huile, parce qu'elles sont plus compactes que l'ivoire, & d'un plus beau blanc, qui se conserve long-temps sans s'altérer, ce qui fait qu'on les emploie pour faire quantité de petits ouvrages précieux; & pour les raisons que nous venons de rapporter, les Dentistes les recherchent, pour en faire des dents artificielles.

On tire encore un avantage considérable de leur peau : car si j'ai dit, en parlant des Phoques, qu'on en prépare des cuirs propres à différents usages, les peaux de Morse étant plus grandes & plus fortes, on peut, en leur donnant des préparations convenables, en tirer beaucoup plus d'avantage que des peaux des Phoques. Je parle d'après ma propre expérience; car une maladie ayant fait périr beaucoup de bêtes à corne, & leurs peaux étant devenues très-rares en France, pour m'assurer si on ne pourroit pas y suppléer par des peaux de Vaches marines, j'en fis venir plusieurs du Canada, & les ayant fait préparer, les unes en cuir blanc, d'autres en cuir fort, je fis faire, avec les cuirs blancs, des soupentes à ma berline : elles m'ont rendu un bon service, ainsi que les semelles que je fis faire avec des peaux que j'avois fait passer en cuir fort, qui ont aussi été d'un très-bon usage. Mais ceux qui m'envoyerent ces peaux me prévinrent que pour en obtenir un bon service, il falloit, quand elles étoient levées de dessus l'animal, les dessécher sans les exposer à la grande ardeur du soleil, & ne les point rassembler en gros tas, pour éviter qu'elles ne s'échauffent. M. Aubert de la Chenaye, Conseiller au Conseil-Supérieur de Québec, établit une tuerie de ces Amphibies aux îles de la Magdeleine. M. le Comte de Saint-Pierre fit depuis des établissements plus considérables, tant pour chasser les Phoques pendant l'hiver, que pour chasser les Morses pendant l'été.

On fait les tueries des Morses à peu près comme celles des Phoques, soit dans l'eau, ou au bord de la mer, j'en parlerai ailleurs, soit à terre, comme je vais l'expliquer sommairement : dans ce cas, quand les Pêcheurs aperçoivent un banc de poissons peu éloigné de la mer, pour les empêcher d'y retourner, ils passent entre le banc & la mer, & approchant des poissons le plus qu'il leur est possible, ils essaient d'en assommer avec des masses, comme on fait les Phoques (*Pl. XI, fig.* 3 & 4), ou d'en tuer à coups de fusil, & pour cela, ils dirigent leurs coups derriere les ouies.

Ces poissons, qui, suivant les Voyageurs, étoient en grand nombre dans le golfe du fleuve Saint-Laurent, y sont devenus fort rares, soit à cause de la quantité qu'on en a tué, soit parce que ces animaux, qui ne fuyoient point les hommes, sont devenus farouches, & se sont retirés dans des endroits qu'on ne connoît pas. Suivant quelques-uns, ils se tiennent presque toujours au fond de l'eau; au lieu qu'anciennement ils paroissoient se plaire à terre. Quoique j'aie parlé de la fermeté de leur peau, je crois devoir ajouter ici qu'elles sont si dures, que les harpons ont peine à les percer, sur-tout lorsque les poissons sont à la mer.

C'est pourquoi, quand on les poursuit

à

à terre, on les assomme avec des masses, & s'ils se tiennent à l'eau, les Pêcheurs les percent, & se mettent avec des lances, dans de petits canots de cuir qui ne contiennent qu'une seule personne. Nous en avons donné la description, & on les a représentés (*Pl. XIV*, *fig.* 3). Quand on en a tué dans l'eau, on les transporte à terre, où sur le champ on leur coupe la tête, qu'on fait bouillir dans l'eau, pour en détacher les dents sans les endommager, cette partie du poisson étant regardée comme précieuse; ensuite on enleve la peau, qu'on fait sécher à l'ombre, & on coupe par longues tranches la couche de graisse, qui est fort épaisse, comme on le voit à l'article des Lamentins (*Pl. XIII*, *fig.* 4): on met ces tranches dans des barrils, pour en retirer dans la suite l'huile.

On dit que les Vaches marines vont à terre pour s'accoupler; que les femelles y font leurs petits, & qu'elles les élevent jusqu'à ce qu'ils puissent nager.

Comme nous l'avons dit du Phoque, il est certain que ces Amphibies sont obligés de sortir de temps en temps la tête hors de l'eau pour aspirer l'air. Toutes ces observations ne s'accordent pas avec l'idée que quelques-uns ont eue, que ces animaux, effarouchés par les Chasseurs, se tenoient perpétuellement au fond de la mer.

ARTICLE X.

De plusieurs autres Amphibies, & particuliérement du Lion Marin; Leo Marinus.

Outre les Amphibies dont nous venons de parler, on en trouve plusieurs dans les Ouvrages des Ichthyologistes, tels que les Lions, les Ours marins, &c. : mais quand on cherche dans les Auteurs à prendre une idée exacte de ces animaux, on trouve de grandes dissertations qui ont plus l'air de fictions que de vérités; & on ne peut, par ses propres observations, en prendre une idée juste, parce qu'on n'en voit point dans nos mers. Comme je me suis fait une loi d'éviter, le plus qu'il me seroit possible, de comprendre des fictions dans mes Ouvrages; & dans l'appréhension qu'il n'en fût de ces poissons comme du Moine & de l'Evêque marin, qu'on trouve dans Rondelet, Belon & autres Auteurs, je n'entreprendrai point de faire l'histoire de ces animaux; seulement, comme je trouve dans mes Mémoires deux assez beaux desseins des poissons nommés *Lions marins*, mâle & femelle, qui me paroissent avoir beaucoup de rapport avec ce que Anson dit du Lion marin; qu'on prend dans la mer du Sud, j'ai cru que je pouvois, sans inconvénient, faire graver *Pl. XV*, *fig.* 2 le beau dessein que j'ai trouvé dans mes Mémoires, ayant prévenu que j'ignore d'où il m'est parvenu; conseillant à ceux qui désireront acquérir des connoissances plus détaillées sur ce poisson, de consulter ce qu'en ont dit les Auteurs, & particuliérement les Voyages d'Anson, M. Sterler, de l'Académie de Pétersbourg, qui a parlé du Lion, de l'Ours marin, & l'Histoire Générale des Voyages, Tom. XI, Edit. *in-4°*, pag. 134. J'avoue que j'ai été tenté d'insérer ici le texte de ces deux Auteurs; mais tout bien considéré, il m'a paru suffisant de l'indiquer à mes Lecteurs, & je me borne seulement à donner une courte notice de cet Amphibie, que j'ai trouvé réuni à la figure que j'ai fait graver.

Le Lion marin est un très-grand Amphibie vivipare : il est bien plus gros que le Phoque; car on assure qu'il s'en prend de vingt pieds de longueur, sur quinze de circonférence : sa peau est couverte de poils de couleur brune foncée; sa queue & ses pattes sont noirâtres; les nageoires sont terminées par des doigts qui ont des ongles; sa tête a quelque ressemblance avec celle du Lion; ses yeux sont gros; son regard est effrayant; ses oreilles sont courtes; sa barbe fort épaisse & hérissée; ses dents canines excédent les lévres.

Cet animal est assez rare. On en prend au Cap de Bonne-Espérance, dans l'île de Juan Fernandez, & dans le Détroit de Magellan.

EXPLICATION DES PLANCHES

ET DES FIGURES

Qui ont rapport à la dixieme Section de la seconde partie du Traité général des Pêches.

PLANCHE PREMIERE.

FIGURE PREMIERE. Baleine franche mâle.

Fig. 2. Baleine femelle.

AB, longueur de la tête.

Ac, la gueule dont on voit sortir des poils qui sont au bout des fanons.

D, l'aileron de la queue qui est divisé en deux.

E, jet d'eau qui sort par les évents.

F, un œil.

G, organes qui caractérisent les sexes.

C, Nageoires branchiales.

Fig. 3. *A*, deux chaloupes qui poursuivent une Baleine.

B, une Baleine qu'on harponne; *b* les Rameurs; *c*, le Timonnier; *d*, un Harponneur.

Fig. 4. *AB*, un grand fanon de Baleine. Le côté *DB* est le plus épais, & le moins garni de poils. *AE*, le côté le plus mince, garni de longs poils, sur-tout vers l'extrèmité *BE*.

Fig. 6, Fanon représenté en petit, & coupé en deux suivant sa longueur.

G, la partie qui entre dans la gencive.

Fig. 5. *FE*, petit Fanon large, mince, & garni de grands poils fins : ces fanons sont ordinairement au bout des mâchoires.

On trouvera sur la Planche VIII, figure 4, la disposition des fanons dans la mâchoire supérieure de la Baleine.

PLANCHE II.

Instruments pour la pêche des Baleines.

Fig. 1 & 2. Harpon terminé par une douille *cd*. *a* la pointe du dard; *bb* ses ailes tranchantes; *ce* une partie de la corde qui tient au harpon, & qui sert à trouver le poisson.

Fig. 3 & 4. Harpons différemment disposés sur leur manche. *aa*, *bb*, la pointe & les ailes du dard qui se réunissent à un cilindre de fer *f*, lequel entre dans une douille de fer *g*, placée au bout d'un manche de bois *gkl. iil*, corde, ou funin liée au harpon en *f*. *l*, ce funin lové ou roué auprès du Harponneur.

Les figures 5 & 6 sont des lances. En *ab*, est le dard dont la forme n'est pas toujours la même; il est terminé par des douilles creuses *cd*, comme celles des harpons *fig.* 1 & 2, dans lesquels entrent les manches de bois.

Fig. 7, 8 & 9, crocs de fer retenus avec des chaînes.

Fig. 10 & 11, autres crocs, terminés par des douilles qui reçoivent des manches de bois; ceux qui sont terminés par une pointe *G*, *fig.* 11, se nomment des *Gaffes*; leur usage le plus

ordinaire est de tirer à bord des bâtiments, ou à terre les Baleines mortes.

Fig. 12, *a*, *b*, *c*, *d*, *e*, *f*, couteaux de différentes formes & grandeurs, qui servent à lever le gras & les fanons.

Fig. 13, *K* représente une bayonnette, & *H* une masse, dont on se sert pour achever de tuer les Baleines.

On voit à la figure 14 un funin lové ou roué, pour servir dans le besoin.

PLANCHE III.

On voit, *fig.* 1, l'habillement de trois Pêcheurs Baleiniers Hollandois. Les Pêcheurs *A* & *B* tiennent chacun une lance, & celui *C* une gaffe.

Fig. 2, trois Pêcheurs Basques; celui *A* love une piéce de funin; celui *B* tient une bayonnette pour achever de tuer une Baleine blessée, ou très-fatiguée; celui *C* lance son harpon. La piéce de funin est lovée en partie sur son bras, & en partie à terre devant lui.

Fig. 3, *A* chalouppes qui chassent des Baleines *B*.

PLANCHE IV.

Fig. 1, *A* chaloupes qui remorquent une Baleine morte, au moyen d'un croc qu'on lui a mis dans la gueule pour l'approcher du bâtiment *B*, autour duquel on voit quelques chaloupes *C*, & des Matelots occupés à hisser sur le pont de grandes pieces de lard *D*.

Fig. 2 *A*, chaloupe qui a été renversée avec le monde qui étoit dedans, par une Baleine qu'on croyoit morte, & qui n'étoit qu'étourdie.

On voit en *B* un Matelot, qui pour éviter un pareil accident, perce avec une bayonnette une Baleine, afin de s'assurer si elle étoit morte; la chaloupe *C* s'approche pour, à tout événement, secourir ceux qui sont dans la chaloupe *B*.

On voit en *A*, *fig.* 3, une Baleine, qui étant blessée, est entrée en fureur, & a renversé quelques chaloupes avec ceux qui étoient dedans; de plus, nombre de chaloupes qui s'approchent à force de rames pour achever de faire mourir la Baleine *A*, & sauver ceux qui sont tombés à la mer. On voit dans le lointain des chaloupes *BB* qui remorquent des Baleines mortes pour les conduire au bâtiment *C*.

Fig. 4, bâtiment *A* au milieu d'un banc de poissons; tout l'équipage distribué sur le bord, essaie avec des lances, des harpons & des crocs, d'en prendre: quelques-uns même sont parvenus à passer un nœud-coulant derriere la queue d'une Baleine, au moyen duquel on la hisse à bord, comme on le voit en *aa*.

PLANCHE V.

Comme les bâtiments qu'on arme pour la pêche de la Baleine, doivent être pourvus de fix ou huit chaloupes, on en amarre de chaque côté en-dehors du bâtiment, comme on le voit en *A*, *fig.* 1. Les autres qu'on n'aperçoit pas à cette figure, font embarquées fur le pont. *A*, *fig.* 2, Baleine morte que les chaloupes remorquent pour l'attirer à terre; elle eft amarrée par la queue; on en a vu précédemment qui l'étoient par la tête, au moyen d'un crochet de fer qu'on avoit ajufté dans leur gueule.

En *B* eft une Baleine tirée à terre, & dont on découpe le gras; à caufe de l'épaiffeur de la Baleine, on eft obligé de fe fervir d'une échelle *a* pour arriver au dos, & on voit un maître Ouvrier *b* monté fur des échaffes pour examiner ce que font ceux qui travaillent fous lui, ou à fes ordres.

En *C*, eft une Baleine dont on a enlevé le lard, les fanons, & quelques os; inceffamment on jettera le refte à la mer.

Le lard qui a été levé de la Baleine par grands morceaux eft porté fur un établi *D*, où on le coupe en petits morceaux, qu'on porte dans une grande chaudiere *E* montée fur un fourneau de briques, où on les fait cuire pour en retirer l'huile.

F, cuveau de bois rempli d'eau, fur laquelle on verfe l'huile; la lie fe précipite au fond de l'eau, & l'huile clarifiée nage deffus, d'où on la tire pour l'entonner dans des futailles *C*, *g*.

On voit, *fig.* 3, à-peu-près la même opération qu'on a repréfentée, *fig.* 2.

A, Baleine dont on enleve le gras; mais comme on l'a échoué fur une côte qui s'incline à la mer pour qu'elle n'y retombe pas, on a enfoncé en terre deux piquets *CC*, auxquels la Baleine eft retenue par des cordes, une qui paffe dans la gueule, & l'autre eft affujétie au-deffus de l'aileron de la queue.

D eft l'établi fur lequel on coupe le lard par petits morceaux. *E*, fourneau où on les fait cuire; *F*, cuveau ou vafe de bois plein d'eau, fur laquelle on verfe l'huile pour la clarifier; *G*, futailles où on verfe l'huile clarifiée.

PLANCHE VI.

On voit, *fig.* 1, une Baleine *A* amarrée à un vaiffeau avec des cordes ou des chaînes; elle eft entre le bâtiment & une chaloupe *B*, dans laquelle eft une partie de l'équipage; d'autres *C* qui découpent le lard font fur le corps de la Baleine, ou plutôt d'un grand Cachalot; car ce poiffon a des dents, & point de fanons, ce qui caractérife le Cachalot. Plufieurs font au bord du bâtiment pour recevoir le lard. On voit en *D* une caliorne à plufieurs rouets, qui fert à transporter fur le pont les morceaux de lard, entre lefquels il y en a de fort lourds.

Fig. 2, Baleine pareillement amarrée au bord d'un bâtiment; elle y eft retenue par des chaînes qui l'enveloppent, au moyen defquelles on la retourne fur tous les côtés pour pouvoir détacher le lard de deffus toutes les faces, comme le font les Pêcheurs qu'on voit montés fur le corps du poiffon, & qui remettent le lard à ceux qui font fur le bâtiment.

Fig. 3 *A*, chaloupes qui pourfuivent une Baleine, effayant de la harponner.

B, Baleine morte qu'on hâle fur le pont d'un bâtiment; *C*, Baleine bleffée entourée de plufieurs chaloupes *A*, qui effaient de la faire mourir.

PLANCHE VII.

On voit, *fig.* 1 en *A*, un Matelot qui découpe fur une table de grandes tranches de lard en petits morceaux, comme il convient pour en retirer l'huile. On les met pour les cuire dans une chaudiere *B* montée fur un fourneau; le matelot les remue avec une cuiller pour précipiter la formation de l'huile. A mefure que l'huile fe dégage dans la chaudiere, on la prend avec la cuiller, & on la verfe dans le cuveau *C*, *fig.* 2, au fond duquel on a mis de l'eau: l'huile pure s'éleve fur l'eau, & le fédiment fe précipite au fond de l'eau en forme de lie.

Un peu au-deffus de la furface de l'eau il y a au cuveau *C*, un robinet *H*, par lequel l'huile s'écoule; & après avoir traverfé un tamis *E*, elle tombe dans le tonneau *G*.

Pour retirer la lie qui s'eft amaffée au fond de l'eau, on fait au bas du cuveau un couliffeau *F* qui répond à un ruiffeau d'où on le retire avec une pelle, comme le fait le Matelot *D*.

A la figure 3, au bas de cette Planche eft un navire de pêche, dans lequel on fait à bord toutes les opérations pour retirer & clarifier l'huile. En *a* eft l'établi pour couper le lard; en *b*, le fourneau pour le cuire; en *c*, les cuveaux pour clarifier les huiles; en *d*, des barrils, foit pour mettre le lard découpé en petits morceaux, foit pour mettre les huiles clarifiées.

PLANCHE VIII.

On voit à la figure 1 des vaiffeaux qui ont échoué entre des rochers ou des monceaux de glace; les équipages dans leurs canots font de leur mieux pour retirer le plus de poiffons qu'il leur eft poffible. On voit en *A* des Ours blancs qui fe font retirés dans des replis de rochers pour effayer d'attraper quelques poiffons.

Fig. 2. Quelquefois pour retirer un peu d'huile du marc, ou de la lie qu'on trouve au fond des cuveaux, on la fait bouillir dans de l'eau; en ce cas, on fe fert ordinairement de grandes chaudieres *A* de cuivre montées fur des fourneaux de briques; celle qui eft repréfentée *fig.* 2, a fept pieds de diametre, & deux pieds & demi de profondeur.

Si l'on manque pour clarifier les huiles de cuveaux, tels que ceux qu'on voit *Pl. VII*, *fig.* 2, on fe fert de grands cuviers *B*, *fig.* 2: ces cuviers n'étant pas fort chers, on peut en avoir plufieurs pour paffer l'huile fucceffivement dans plufieurs eaux, ce qui eft très-avantageux pour la bien clarifier.

Nous avons repréfenté plufieurs chaudieres propres à cuire le gras, montées fur des fourneaux. Néanmoins nous avons cru devoir y ajouter celle *C*, *fig.* 3, que quelques-uns préferent pour tirer les huiles à bord des vaiffeaux, fur-tout quand on emploie des matieres combuftibles qui ne font pas beaucoup de flamme ni de fumée.

Nous avons repréfenté *même figure*, un pipe hollandoise *a*, une demi-pipe *b*, & une petite barrique *c* pour les huiles du Nord.

Fig. 4. Quoique nous ayons parlé assez amplement des fanons qui se trouvent dans la gueule des vraies & franches Baleines, je crois convenable de rapporter ici des détails qui pourront jetter quelque jour sur cet objet intéressant.

Ces fanons garnissent le palais de la mâchoire supérieure des vraies & franches Baleines ; au milieu de ce palais, il y a un os *a b* qui s'étend de toute la longueur du palais. Cet os est recouvert d'une substance charnue & ferme, qu'on peut appeller une *gencive* ; c'est dans cette gencive & cet os, qui n'est pas fort dur, que s'implantent les fanons, qui s'étendent en formant une courbe peu considérable jusqu'au bord du palais, n'ayant d'adhérence qu'à l'os *a b* du milieu, & la gencive dont il est couvert.

Les plus longs fanons répondent au milieu de cet os *a b*, & les plus courts aux bouts, tant du côté du gosier qu'au bout de la mâchoire : ces fanons *a e* sont donc attachés à l'os du milieu du palais, comme on le voit en *ff*.

Ce détail sur les fanons m'a été fourni par M. de la Courtaudiere, Commissaire des Classes à Saint-Jean-de-Luz, & M. Pages, Officier de la Marine, & Chevalier de l'Ordre Royal & Militaire de Saint-Louis, Correspondant de l'Académie Royale des Sciences, qui s'est trouvé à portée de voir pratiquer la pêche de ce poisson.

PLANCHE IX.
Des Cachalots.

Dans différents Ports, on trouve beaucoup de variétés sur les noms qu'on donne à plusieurs espéces de Cétacées ; on nomme dans quelques-uns *Cachalot*, ou *Pantoufflier*, le poisson qu'on appelle dans un autre *Souffleur* ; en beaucoup d'endroits on ne fait qu'un genre des Souffleurs & des Marsouins, mais c'est mal-à-propos ; car il y a des Marsouins qui ne jettent point d'eau par les évents.

Ayant reçu des différents Ports sous ces dénominations des poissons, les uns qui ressemblent aux Sardes, d'autres aux Marsouins ; enfin plusieurs poissons qui ne paroissent appartenir à des genres particuliers ; j'ai cru devoir représenter sur cette planche les différents poissons qu'on m'a envoyé pour être des Cachalots ou des Souffleurs.

Fig. 1, le Cachalot d'Anderson, *Cete Dentatus*, il a été dessiné à Vannes sur un poisson qui avoit dix-neuf pieds de longueur, & qui m'a été envoyé par M. Desforges-Maillard.

Fig. 2, petite Cétacée qu'on appelle *Baleine* en Guinée, quoiqu'il n'ait point de fanons, mais des dents, & que les Hollandois disent être le Souffleur des François.

Fig. 3, poisson de vingt-quatre pieds de longueur, qui ressemble au Marsouin à bec d'Oie, ou au Dauphin qu'on m'a envoyé sous le nom de *Souffleur*.

Fig. 4, poisson de dix-sept pieds de longueur qui a été pêché en Canada, à l'embouchure du fleuve Saint-Laurent, où on le nommoit *Souffleur*.

Fig. 5, poisson du genre des Marsouins, qui m'a encore été envoyé sous la dénomination de

Souffleur ; il est vrai qu'en plusieurs endroits on donne ce nom à presque tous les Marsouins ; nous entrerons à ce sujet dans quelques détails, lorsque nous traiterons des Marsouins.

Fig. 6, Mulard de Rondelet, qu'il dit être le Souffleur des François ; il a quelques ressemblances avec ce que plusieurs Auteurs disent du Cachalot.

Fig. 7, Squélette de la mâchoire inférieure d'un Cachalot, qu'on voit au Cabinet du Jardin du Roi. *AB*, sa longueur totale qui est de douze pieds ; *CD*, largeur de cet os du côté du gosier, qui est de dix pouces ; *E F*, largeur du gosier de ce même os, vers l'extrémité du museau huit pouces ; en *G*, du côté du gosier il se sépare en deux parties, formant un angle qui, de *A* en *A*, a quatre pieds d'ouverture ; *a*, *a*, *a*, dents qui garnissent cet os dans sa longueur, & qui sont au nombre de vingt-cinq de chaque côté.

PLANCHE X.
Des Marsouins.

Je parois beaucoup m'étendre sur ce qui regarde les Marsouins, non-seulement parce qu'il y en a beaucoup d'espéces ou de variétés ; mais encore parce que la plupart se trouvant sur nos côtes de l'Océan & de la Méditerranée, j'ai été plus à portée de les connoître, & je pourrois entrer à leur sujet dans de plus grands détails ; mais ne voulant point m'écarter du projet que j'ai formé en entreprenant cet Ouvrage, je me bornerai à faire remarquer les principales différences, & celles qui me paroîtront les plus intéressantes. En général, on peut diviser la famille des Marsouins en deux classes ; savoir, ceux qui ont le museau allongé, qu'on nomme *à bec d'Oie*, & ceux à museau arrondi & camus, qu'on a coutume de regarder comme les Marsouins, proprement dits. La plupart de ceux qui ont le museau allongé, & qu'on nomme *à bec d'Oie*, ont sur la tête un évent par lequel ils jettent de l'eau ; pour cette raison, beaucoup les appellent *Souffleurs*.

Celui, *fig. 1*, étant un des plus gros de la famille, & jettant de l'eau par son évent, on le nomme assez généralement *grand Souffleur*. On le prendroit souvent pour une Baleine de médiocre grosseur, s'il n'avoit pas de dents, & un aileron au milieu du dos, ce qui forme encore un des caractéres qui le distingue d'avec les Baleines.

Fig. 2, Marsouin qui differe de celui *fig. 1*, parce qu'il est moins gros, & qu'il a le front moins élevé.

Celui, *fig. 3*, qui m'a été envoyé par M. Bertin, tient le milieu entre les deux, représentés *fig. 1* & *2* ; il n'a des dents qu'à la mâchoire inférieure.

Celui, *fig. 4*, est nommé *Marsouin blanc*, à cause de la couleur de sa peau ; il a le front très-gros.

Les figures *5* & *6* représentent deux vrais Marsouins, l'un mâle, l'autre femelle, qui ont le museau arrondi, & point d'évents.

Ceux qui sont représentés *fig. 7* & *8*, sont de vrais & petits Marsouins qu'on nomme *Ouette* sur la côte de Normandie, où on les estime, parce qu'ils sont bons à manger.

PLANCHE

PLANCHE XI.

Des Loups Marins, ou Phoques.

Les poissons dont je vais parler sont encore plus exactement amphibies que ceux dont il a été question, non-seulement parce que dans certaines circonstances ils passent beaucoup plus long-temps à terre sans retourner à l'eau ; mais encore parce qu'ils ont plus de ressemblance que les autres, avec les animaux terrestres.

On voit *fig.* 1, *a* & *b*, comment les Phoques, & d'autres poissons dont j'ai parlé, sortent de temps en temps la tête hors de l'eau pour aspirer l'air.

Fig. 2, Phoque qui se repose à terre : on voit qu'au lieu de nageoires il a des pattes bien formées. Au haut de cette figure, on voit dans le lointain une troupe de ces Phoques qui essaient de retourner à la mer, & qu'on tue en les frappant sur le museau avec des anspects.

Fig. 3, *A*, Pêcheurs Schetlandois, qui ayant fermé avec un filet *a a* l'embouchure d'une crique où il s'étoit assemblé des Phoques, en assomme lorsqu'à la mer basse ils veulent sortir de la crique.

A la figure 4, on a représenté une tuerie de Loups marins ou Phoques à terre, comme elle se fait aux côtes de Labrador.

PLANCHE XII.

Continuation de ce qui regarde les Phoques.

Les figures 1 & 2 ont été dessinées sur un petit Phoque noir qui étoit dans le Cabinet de M. le Curé de Saint-Louis. Les deux pieds de derrière *L L* étoient plus rapprochés l'un de l'autre dans le poisson qu'ils ne sont dans la figure ; car ils paroissoient ne faire qu'un aileron large.

La figure 3 a été dessinée sur un petit poisson gravé dans les Ouvrages de M. de Buffon. Les deux bras de devant *H* ressemblent plus à des nageoires qu'à des bras ou des pattes.

La figure 4 a été dessinée sur un poisson, pris accidentellement dans le Nord de notre continent. Il diffère peu de celui qui est représenté *fig.* 2, sur la Planche XI, qui avoit été dessiné sur un poisson empaillé, & envoyé de Norwege.

La figure 5 qui a été dessinée sur un poisson pris accidentellement en Haute-Normandie, & qui a été vu à Dieppe, ressemble aussi à des Phoques qui nous ont été envoyés du Nord.

Le poisson représenté *fig.* 6, a été dessiné sur un Phoque vivant, qu'on a vu long-temps en vie à Paris à la Foire Saint-Germain.

PLANCHE XIII.

D'un Amphibie, qu'on nomme en France Lamentin, & en Espagne Manati.

A la figure premiere on voit un de ces poissons qui nage, portant un de ses petits ; à la figure 2, ce même poisson est représenté à terre, se reposant sur l'herbe.

La figure 3 représente des Pêcheurs ; celui *A* tient une gaffe à la main : il a pour habillement une culotte de toile *a*, une chemise *b*, & une che-

misette de toile *c*, un sac de cuir *d* est pendu à son côté, dans lequel il y a quelques instruments pour aiguiser les outils de pêche ; sa tête est seulement couverte d'un mouchoir *e*. Le Pêcheur *B* est tout nud, il tient à sa main une varre *f* garnie d'un funin *g*, lové en grande partie sur son bras.

Le Pêcheur *C* est aussi tout nud ; il tient à sa main une lance pour percer les poissons qu'il peut atteindre.

A la figure 4 on voit des Matelots *A* qui découpent un Lamentin par petites tranches, que d'autres *B* transportent à bord d'un canot *C*.

PLANCHE XIV.

De la Vache Marine.

On donne ce nom à bien des espéces différentes de poissons ; mais assez généralement on l'attribue à celui que nous avons représenté sur la Planche XIV, *fig.* 1. Ce qui caractérise principalement ce poisson, est qu'on l'appelle aussi poisson à la grande dent.

A la figure premiere, la Vache est représentée couchée par terre avec son petit à côté d'elle ; & comme c'est la forme de sa tête qui la caractérise principalement, j'ai fait graver *fig.* 2, plus en grand le squelette de cette tête, où l'on voit très-sensiblement les deux grandes dents *C*, & leur insertion dans les alvéoles.

On voit aussi la forme triangulaire de la mâchoire inférieure *D*, & une dent mâcheliere *E* qui est presque dans sa grandeur naturelle.

On voit en *A*, *fig.* 3, plusieurs de ces poissons qui se reposent à l'abri d'un rocher, & dans le petit bras de mer *B*, quantité de Pêcheurs dans de petits canots de cuir, qui essaient d'harponner différentes espéces de poissons.

PLANCHE XV.

Fig. 1, on voit deux Pêcheurs Groenlandois armés d'arcs & de fleches *A*, *B*, *C*, *D*, & une femme qui tient d'une main son fils, & de l'autre une gaffe *G*, au manche de laquelle il y a en *K* un anneau de plomb pour la rendre plus propre à pénétrer dans les chairs.

Fig. 2, Lions marins. Je n'ai jamais vu de ces animaux ; mais ayant trouvé un beau dessein dans mes papiers, j'ai cru devoir le faire graver, quoique je ne puisse me rappeller d'où me vient ce dessein.

Après avoir rapporté sur la Planche IX les connoissances que j'avois pu me procurer sur les Cachalots, j'ai reçu le dessein d'un Cachalot qui avoit été pris près de Bayonne ; comme aux poissons que j'avois fait graver sur la Planche IX, le museau étoit en bec d'Oie, au lieu que celui qui m'avoit été envoyé de Bayonne, & de quelques autres endroits, la tête approchoit beaucoup de la forme de celle des Baleines, quelques-uns l'avoient pris pour une petite Baleine ; mais ce qui caractérise bien ce poisson, c'est qu'il n'avoit point dans sa gueule de fanons, mais des dents pointues à la mâchoire inférieure : ces dents entroient dans des trous qui étoient à la mâchoire supérieure au nombre de dix-huit ou vingt de chaque côté.

Je vais donner les principales dimentions de ce poisson : sa longueur totale *A*, *B* étoit de quarante-huit pieds ; sa circonférence à l'endroit le plus gros de son corps étoit de trente-sept pieds.

L'étendue horizontale *C*, *D* de l'aileron de la queue, étoit de onze pieds & demi ; l'éminence du dos *E*, qu'on nomme le *Taquet*, avoir un pied de longueur.

L'anus étoit en *F*, & à une petite distance on trouvoit les organes qui caractérisent les séxes.

On voyoit en *H* une des nageoires latérales, elle avoit quatre pieds de longueur & deux de largeur.

Les yeux *L* étoient ovales, leur grand diametre étoit de huit pouces, & le petit de quatre pouces.

O, la langue qui est repliée au fond de la gueule.

P, évent par lequel il jette de l'eau.

NOTICE GÉOGRAPHIQUE

Des principaux lieux dont il est fait mention dans cette dixieme Section.

A

AMAZONES (riviere des) Voy. Partie II, Section V, *Notice Géographique*.

Amérique méridionale, cette contrée du nouveau monde est séparée de la septentrionale par l'Isthme de Panama, qui n'a qu'une lieue de large. Elle a la figure d'un triangle, dont la base est au Nord & la pointe au Sud. Elle forme une grande Presqu'île, dont la figure ressemble beaucoup à celle de l'Afrique, qui est la partie de notre continent, dont elle est la plus voisine. Elle s'étend depuis le douzieme degré de latitude septentrionale, jusqu'au soixantieme degré méridional. Elle se divise en sept principales parties; la Terre-Ferme au Septentrion; le Pérou & le Chili à l'Occident; le pays des Amazones dans le milieu; le Bresil à l'Orient; le Pérou, ou Province de Rio de la Plata, & la Terre Magellanique au milieu. Les Espagnols possedent la Terre-Ferme, le Pérou, le Chili, le Paraguai, la Terre Magellanique; les Portugais ont le Bresil; les Américains naturels ont conservé le pays des Amazones, 61.

Amérique septentrionale, grand pays du nouveau Monde, dont la partie la plus connue s'étend depuis le onzieme degré de latitude jusqu'au soixante-quinzieme; ses principales parties sont, la Nouvelle-France, qui comprend le Canada & la Louisiane; les Possessions Angloises, la Presqu'île de la Floride, le Mexique ou la Nouvelle Espagne, la Presqu'île de Californie, les nouvelles découvertes à l'Ouest & au Nord-Ouest du Canada, & le pays aux environs de la baie de Baffin; le Groenland, les îles situées dans le Golfe de Saint-Laurent, telles que celle de Terre-Neuve, les Lucayes vers l'entrée du Golfe du Mexique, les Bermudes vis-à-vis la Caroline, les grandes Antilles au Sud à l'entrée du Golfe du Mexique, les petites Antilles à leur Sud-Est, & les Açores ou Tercéres, 2.

Angleterre (Nouvelle), on donne ce nom à tous ce que les Anglois possedent dans l'Amérique septentrionale, au Sud-Est du Canada, & le long de la mer du Nord, depuis l'Acadie jusqu'à la Caroline exclusivement; & à une vaste contrée au Nord du Canada, qui comprend la Baie d'Hudson. Elle est entre le quarante-unieme & le quarante-cinquieme degré de latitude, & peut avoir soixante-dix lieues de long; elle comprend l'Acadie, ou la Nouvelle Ecosse, la Nouvelle Angleterre propre; la Nouvelle Yorck, le nouveau Jersey, la Pensylvanie, le Mariland, la Virginie & la Caroline, qui s'étend vers le Midi jusqu'à la Floride, 25.

Antilles, îles de l'Amérique septentrionale à l'Est du Golfe du Mexique, & au Nord de l'Amérique méridionale, elles sont disposées en forme d'arc entre l'Amérique méridionale & le Golfe du Mexique, depuis le onzieme jusqu'au dix-huitieme degré de latitude. On les divise en grandes & petites Antilles : les grandes situées au Sud de l'Amérique méridionale, à l'entrée du Golfe du Mexique, sont Cuba, la Jamaïque, Saint-Domingue : les petites sont, la Martinique, la Guadeloupe, la Grenade, Sainte-Lucie, Tabago, Saint-Vincent, la Dominique, Saint-Christophe, la Barbade, &c. 59.

Arabie heureuse, ou seconde Arabie, grand pays d'Asie, borné à l'Orient par le Golfe Persique; au Midi par l'Océan; au Couchant par la mer Rouge; au Nord, par une chaîne de montagnes qui la séparent de l'Arabie déserte & de l'Arabie Pétrée. Cette contrée est très-fertile, & peuplée d'une grande quantité de Villes & de Villages, 9.

Arctiques (terres), on donne ce nom à une partie considérable du globe au Nord de l'Europe, de l'Asie & de l'Amérique, 28.

B

Basques (pays des), pays situé au Sud-Ouest de la Gascogne; Bayonne en est la Capitale, 2.

Biscaye, Province du Nord de l'Espagne; elle est bornée au Nord par la mer Océane; à l'Orient par la riviere de Bidassoa, qui la sépare de la France; au Midi par la Navarre & la Castille vieille; à l'Occident par les Asturies. On l'appelloit autrefois *Cantabrie*, *Cantabria*, 24.

Bonne-Espérance (Cap de), Cap à l'extrémité méridionale du continent de l'Afrique, situé à 34 degrés de latitude méridionale, 63.

Bordeaux. Voy. Partie II, Sect. III, *Notice Géographique*.

Bothnique, Golfe de la mer Baltique, dont il est la partie la plus septentrionale. Il est situé entre l'Uplande, l'Helsingie, l'Angermanie, la Bothnie occidentale & l'orientale, & la Finlande. Son entrée est fort rétrécie par l'Uplande, qui avance vers l'Orient, & par les îles d'Aland qui sont au milieu; il s'étend du Sud au Nord oriental depuis le soixantieme degré de latitude Nord, jusqu'au soixante-cinquieme; il est large d'environ quarante-cinq lieues; depuis les îles d'Aland jusqu'au soixante-troisieme degré où il se rétrécit considérablement. Il est très-étroit vis-à-vis les îles de Querkey; mais il s'élargit de nouveau, & a vingt-six lieues vis-à-vis d'Ulaborg, 46.

Brava, une des îles du Cap-Verd, situées au Sud-Ouest de San-Jago; cette île est mal-saine, & inhabitée, 31.

Brion, île de l'Amérique septentrionale, au Canada, dans le Golfe de Saint-Laurent, à cinq lieues de l'île aux Oiseaux. Son terroir est fertile, plein de pâturages, propre aux semences : elle est entourée d'une mer fort poissonneuse, 48.

C

Canada ou *Nouvelle, France*, grand pays de l'Amérique septentrionale, borné à l'Est par l'Océan, à l'Ouest par le Mississipi, au Sud par les Colonies Angloises, au Nord par des pays inconnus. Les François l'avoient découvert dès 1504. Quoique le Canada soit situé dans la Zone Tempérée, l'air y est très-froid, 10.

Caroline, contrée de l'Amérique septentrionale, bornée au Nord par la Virginie, au Sud par la Nouvelle Géorgie ; à l'Est par la mer du Nord ; à l'Ouest par de grandes montagnes nommées *Apalaches*. On la divise en méridionale & septentrionale ; Charles-Town en est la Capitale, 25.

Ceilan (île de) une des îles de l'Asie au Sud-Est de la Presqu'île en-deça du Gange, dont elle est séparée par un détroit de douze à quinze lieues, qu'on appelle *Détroit de Manar*. Elle s'étend depuis le sixieme degré de latitude septentrionale jusqu'au dixieme ; elle a quatre-vingt-dix lieues de longueur du Nord au Sud, cinquante dans sa plus grande largeur, & deux cents cinquante lieues de circuit : elle appartient aux Hollandois, 9

Chaleurs (Baie des) assez bon havre de l'Amérique septentrionale, sur le Golfe de Saint-Laurent, & d'une grande profondeur. Cette baie située par les quarante-sept degrés trente minutes de latitude septentrionale, est à vingt lieues au Nord de l'île Saint-Jean, précisément au détour de Gaspé, qui lui reste au Nord, 48.

Chine (mers de la) : ce vaste Empire qui est situé entre le vingtieme & le quarante-deuxieme degré de latitude septentrionale, & entre le cent dix-huitieme & le cent quarante-cinquieme degré de longitude, est borné à l'Est & au Sud par l'Océan, qu'on appelle *Mer du Sud*, 2.

Cochinchine, Royaume de la Presqu'île orientale au-delà du Gange ; il est situé sous la Zone Torride, entre le dixieme & le vingtieme degré de latitude septentrionale. Il est borné à l'Orient par le Golfe de même nom, à l'Occident par une longue chaîne de montagnes qui le séparent du Royaume de Laos & par le Royaume de Camboges, au Nord par le Tunquin, au Midi par la mer des Indes. Il a deux cents cinquante lieues de longueur, sur à-peu-près vingt dans sa plus grande largeur, 40.

Corée, Presqu'île d'Asie, entre la Chine & le Japon, d'environ cent lieues de large. Elle tient par le Nord à la Tartarie Chinoise ; elle est séparée d'un continent par la riviere Yalo, à laquelle on donne trois lieues de large, 9.

D

Dalmatie, Province de la Turquie septentrionale d'Europe, située sur le Golfe de Venise ; elle est bornée au Nord par la Bosnie, & la Molaquie à l'Ouest, & au Sud par le Golfe de Venise, à l'Est par la Servie ; elle est partagée entre les Vénitiens, les Turcs, & la République de Raguse, 56.

Darien (Golfe de), Golfe de l'Amérique méridionale à l'Orient de l'isthme de Panama ; il a quatorze lieues de longueur ; son embouchure est par huit degrés trente-cinq minutes de latitude, 61.

Davis (détroit de) bras, de mer entre l'île de

James située au Nord-Est de la Baie d'Hudson à l'extrémité de la Baie de Baffin, & entre la côte occidentale du Groenland ; il est situé par la latitude de soixante-quatre degrés dix minutes, 9.

Dogmura, voyez *Omura*.

Domingue (Saint-), grande île de l'Amérique septentrionale, l'une des grandes Antilles ; elle a près de cent quatre-vingts lieues de long sur soixante de large dans sa plus grande étendue, & environ quatre cents lieues de tour ; elle fut découverte en 1492 par Christophe Colomb ; elle est possédée par les François & par les Espagnols, 61.

E

Esquimaux, nom qu'on donne aux Habitants de Labrador, 49.

F

Farewel, cap, ou plutôt île la plus méridionale de celles qui sont au Midi du nouveau Groenland ; sa partie méridionale est à soixante degrés de latitude ; on la nomme aussi *Cap de Forbisher*, 53.

Fernandès (île de Juan), île de la mer du Sud, à quelque distance de la côte du Chili, à environ cent vingt lieues de la Terre-Ferme ; elle est sous le trente-troisieme degré de latitude méridionale ; elle est fort haute vers le Nord, & basse du côté du Sud, 63.

Finistere, Cap le plus occidental de l'Europe à l'Occident, de la Galice sur l'Océan, 9.

Flore (île de) une des îles Açores, qui sont situées sur la route d'Europe en Amérique, vers l'Afrique, & font partie de l'Amérique septentrionale ; ces îles sont placées entre le trente-septieme & le quarante-unieme degré de latitude septentrionale. L'île de Flore a environ sept lieues de tour, 37.

Floride (la), grand pays de l'Amérique septentrionale, qui s'étend en forme de Presqu'île, depuis la riviere de Panuco dans la Nouvelle Espagne, jusques vers le fleuve de Mississipi, le long du Golfe du Mexique & de la mer du Nord, & s'avançant jusqu'au canal de Bahama. Ce pays est borné au Couchant par la Louisiane, à l'Orient par la Caroline & la mer du Nord, au Midi par le Golfe du Mexique, 28.

Fuerno (baie de), baie de la côte d'Afrique, entre les îles de las Bravas & las Sombreras, situées au Nord du Cap Tagrin, 31.

G

Gabon, riviere d'Afrique au Royaume de Benin ; elle a sa source à trente-cinq degrés de longitude & un degré de latitude septentrionale, & serpentant vers le couchant, elle va se perdre sous l'équateur dans le Golfe de Guinée, vis-à-vis de l'île Saint-Thomas ; à son embouchure est une petite île nommée *l'île de Pougo*, 37.

Galice, Province d'Espagne, bornée au Nord & à l'Ouest par l'Océan, au Sud par le Portugal, dont le Minho la sépare, à l'Est par le Royaume de Léon & des Asturies ; elle a beaucoup de Ports de mer, mais elle n'est pas peuplée, 24.

Galles (Cap de), cap fort considérable dans l'île de Ceilan, appartenant aux Hollandois, 9.

Glaciale (mer) partie de l'Océan septentrional, bornée Ouest par le Groenland ; au Sud par

la

la mer du Nord, la Moscovie, la Laponie, la Mer Blanche & la Sibérie; à l'Est, par une Presqu'île adhérente à la partie voisine de l'Amérique, habitée par des peuples Païens nommés *Pogukotskas*. Au-delà de cette Presqu'île, la mer Glaciale se joint avec la mer du Japon, qui tient à la mer du Sud, 9.

Gothembourg, Ville de Suède dans la Westrogothie, assez près de l'embouchure méridionale de la Gothelba, qui lui sert de Port, 9.

Groenland (le), pays situé entre l'Europe & l'Amérique septentrionale dans les deux hémisphères; il a à l'Orient le Spitzberg, au Midi le détroit de Forbisher & le cap Farewel, à l'Occident le détroit de Davis, & la baie de Baffin; on ignore ses bornes du côté du Nord, 2.

H

Hambourg, Ville libre & impériale Anséatique d'Allemagne, au Midi du Duché de Holstein, dans le cercle de la Basse-Saxe, située sur la rive septentrionale de l'Elbe & de l'Alster. Les plus grands vaisseaux y remontent de l'Océan par l'Elbe, ce qui la rend très-marchande, très-riche & très-peuplée, 23.

Hélene (baie de Sainte-), une des îles d'Afrique dans l'Océan Atlantique, vis-à-vis de la côte occidentale de l'Afrique; elle s'étend du Nord au Sud; elle est à quatre cents lieues de terre au Midi de l'île Saint-Mathieu, également éloignée de la Guinée & du Cap de Bonne-Espérance, 9.

Hithland, voyez *Schetland*.

Honduras (Golfe de), Golfe de la mer du Nord sur les côtes de l'Amérique dans la Nouvelle Espagne, entre la Province de même nom, & celle de Yucatan au Septentrion, 61.

I

Iago (Saint-), la plus grande & la plus peuplée des îles du Cap-Verd; ces îles situées à l'Ouest de la Guinée, vis-à-vis la côte occidentale d'Afrique, sont au nombre de dix, entre le quinzieme & le dix-huitieme degré de latitude, & entre le trois cent cinquante-deuxieme & le trois cent cinquante-cinquieme degré de longitude, 31.

Indes (mer des), partie de l'Océan le long des côtes méridionales de l'Asie, depuis la Perse jusqu'au Golfe de Siam, passé lequel commence l'Océan oriental, qui court le long de la Cochinchine, du Tunquin, de la Chine, 2.

Islande, grande île du Nord de l'Europe au couchant, située entre le soixante-quatrieme & le soixante-septieme degré de latitude septentrionale; elle fait partie des Etats du Roi de Dannemarck; l'air y est très-froid, 2.

J

Japon, grand pays dans la partie la plus orientale de l'Asie, composé de plusieurs îles, situées entre le cent quarante-sixieme & le cent cinquante-neuvieme degré de longitude, & entre le trente-unieme & quarante-unieme de latitude septentrionale, 9.

Juida, Royaume d'Afrique, à l'Occident de celui de Bénin, dans la Guinée méridionale, 9.

L

Labour (pays de), pays faisant partie de la Gascogne au Gouvernement de Guyenne & du pays des Basques; il est borné au Nord par l'Adour & par les Landes; au Levant par la Navarre Françoise & le Béarn; au Midi par les Pyrénées qui le séparent de la Navarre & de la Biscaye Espagnole, & au Couchant par l'Océan & le Golfe de Gascogne : il n'a que huit lieues dans sa plus grande longueur, & sept dans sa largeur, 24.

Labrador, grand pays de l'Amérique septentrionale, borné à l'Occident par la baie d'Hudson; au Nord par le détroit de même nom; à l'Orient par la mer qui le sépare du Groenland; au Midi par le Canada, 48.

Luz (Saint-Jean-de-), Ville & Port de France, au pays de Labour dans la Gascogne, 10.

M

Magdeleine (îles de la), îles de l'Amérique septentrionale dans le Golfe de Saint-Laurent, au Nord de l'île Saint-Jean, 48.

Magellan (détroit de), fameux détroit de l'Amérique méridionale, situé entre la Terre Magellanique & la Terre de Feu; c'est le passage de la mer du Nord à celle du Sud; il a environ cent lieues d'une mer à l'autre, & une lieue de large dans l'endroit le plus étroit, 63.

Manilles (îles), Voyez *Philippines*.

May (île de), une des îles du Cap-verd; ces îles sont ainsi appellées, parce qu'elles sont près du Cap-Verd; elles sont au nombre de dix. Celle dont il s'agit ici est à l'Est du Nord au Sud, 9.

Messine (canal de): on appelle ainsi un détroit de la mer Méditerranée en Italie, entre l'île de Sicile à l'Occident, & la côte de la Calabre ultérieure à l'Orient; il s'étend du Septentrion au Sud, depuis la Tour du Fare, qui est sa pointe septentrionale en Sicile, jusqu'au Cap des Armes, qui est la pointe méridionale de la Calabre : il y a beaucoup de courants, & un flux & un reflux très-sensible, 40.

N

Norwege, Royaume d'Europe dans la Scandinavie, faisant partie des Etats du Roi de Danemarck; il s'étend le long de la Suède à l'Occident & au Nord; sa latitude est depuis le cinquante-neuvieme jusqu'au soixante-douzieme degré; sa longitude depuis le vingt-sixieme jusqu'au cinquante-deuxieme degré : il y fait un froid extrême, 2.

Nouvelle-France, Voyez *Canada*.

O

Omura, Ville & Principauté particuliere du Japon dans la Province de Fisen, au fond d'une baie au Nord de Nagasakai, sur la côte occidentale de Ximo, 27.

P

Philippines, îles d'Asie dans la mer des Indes, au-delà du Gange, dans l'Archipel de Saint-Lazare sous la Zone Torride; leur situation est entre le sixieme & le dix-neuvieme degré de latitude septentrionale, & le cent trente-deuxieme & le cent quarante-cinquieme degré de longitude : elles ont été découvertes par Magellan en 1520 ; elles sont en très-grand nombre. Entre les plus considérables on remarque celles de Manille ou Luçon, & celle de Mindanao, 9.

Pont-Saint-Esprit, Ville du Bas-Languedoc au Nord-Est, & dans le Diocèse d'Uzès, située sur la rive droite du Rhône, à sept lieues au Midi de Viviers, à huit au Levant d'été d'Uzès, à vingt-deux de Montpellier, à cent quarante au Sud de Paris ; cette Ville est remarquable par son Pont de vingt-six arches sur le Rhône, qui est très-large, profond & rapide en cet endroit : la construction de ce Pont est merveilleuse, 9.

R

Rochefort, Voyez Part. II, Sect. III, *Notice Géographique.*

S

Schetland (le), îles de la mer d'Ecosse, bien plus au Nord que les Orcades ; elles sont en fort grand nombre ; leur terroir ressemble beaucoup à celui des Orcades : on les appelle aussi *Hithland*, 2.

Sinigaglia, petite Ville de l'Etat de l'Eglise au Duché d'Urbin ; elle est sur le bord de la mer Adriatique, sur la riviere de Nigola à l'Orient de Fossombrone, sur le Golfe de Venise, 29.

Socoa, petit Port situé au Sud-Ouest de Saint-Jean-de-Luz ; il a été bâti aux frais des deux Communautés de Saint-Jean-de-Luz & de Sibour, pour mettre leurs bâtiments pêcheurs en sûreté, 24.

Socotera (île), Voyez *Socotora*.

Socotora, île située vis-à-vis la côte orientale d'Afrique, au Nord-Est de cette partie du monde, vis-à-vis le cap Guardafui, dont elle est éloignée de soixante lieues ; on en tire de très-bons aloës, auquel on donne dans le commerce le nom d'*Aloës succotrin*, 9.

Sorlingues, îles d'Angleterre, à l'Occident du Comté de Cornouailles ; elles sont en très-grand nombre, mais fort petites : il y a de belle mines d'étain, 24.

Spitzberg, pays des terres polaires arctiques, au Nord de l'Europe, entre le soixante-dix-septieme & le quatre-vingt-deuxieme degré de latitude septentrionale ; il est au Nord de la Norwege entre le Groenland à l'Ouest, & la Nouvelle Zemble à l'Est, 9.

T

Tartarie (grande) vaste région de l'Asie qui s'étend au Nord, & depuis les Etats des Turcs, la Perse, l'Indostan, & la Chine jusqu'à la mer Glaciale ; sa latitude septentrionale est depuis le vingt-quatrieme degré jusqu'au delà du soixante-quinzieme ; sa longitude depuis le soixante-deuxieme jusqu'au deux cens sixieme, en y comprenant les découvertes faites au Nord de la Siberie sous le regne de Pierre-le-Grand & de ses successeurs. La grande Tartarie occupe la moitié de l'Asie ; elle se divise en trois parties, dont les deux premieres sont au Midi : savoir, la Tartarie Chinoise ; la Tartarie indépendante, qui est aujourd'hui partagée par la mer Caspienne en deux parties égales ; & la Tartarie Russienne, qui est aussi grande que les deux autres, & qui occupe tout le Nord, 55.

V

Venise (lagunes de) : on appelle ainsi un nombre de marais, ou d'étangs, dans lesquels Venise est située ; ils communiquent avec la mer, 40.

Vincent (baie de Saint-), île de l'Amérique dans les Antilles au Sud de Sainte-Lucie, à seize lieues de la Barbade, & à 12 de la Grenade ; elle peut avoir huit lieues de long sur seize de large ; elle est par les douze degrés de latitude Nord, 9.

W

Waygatz (détroit de), détroit entre les Samoyedes & la Nouvelle Zemble ; il fait la communication entre les mers de Moscovie & de Tartarie. On croit que c'est un passage pour aller à la Chine & au Japon, 28.

Y

Yorck (Nouvelle), Province de la nouvelle Angleterre dans l'Amérique septentrionale, sur la côte orientale. Elle est bornée au Nord par le Canada ; à l'Orient par la Nouvelle Angleterre, proprement dite ; au couchant par la Pensilvanie & la Virginie ; au Midi par la mer du Nord. Elle appartenoit ci-devant aux Hollandois, qui lui avoient donné le nom de Nouvelle Hollande. Les Anglois à qui ils l'ont cédée en 1660, pour Surinam dans l'Amérique méridionale, l'ont nommée Nouvelle Yorck. La capitale de cette Province s'appelle New-Yorck. Elle est située sur la riviere de Hudson, dans l'île de Mahanatar : en montant la riviere on trouve un Fort considerable nommé Albany ; il s'appelloit ci-devant le Fort Orange. Vis-à-vis la nouvelle Yorck est Long-Island ou l'île longue, aussi appartenant aux Anglois, 25.

Z

Zemble (la Nouvelle), pays au-delà du cercle polaire, au Nord de l'Asie & de la Tartarie Russienne, situé entre le soixante-dixieme & le soixante-seizieme degré de latitude septentrionale, & entre le soixante-dixieme & le centieme degré de longitude ; on soupçonne que c'est une grande île séparée de l'Asie par le détroit de Waygats, 59.

TABLE ALPHABÉTIQUE

Des noms des Poissons dont il est parlé dans cette dixiéme Section.

TABLE
DES CHAPITRES
ET ARTICLES

Contenus dans la dixiéme Section du Traité général des Pêches.
Tome IV.

ERRATA.

Page 19, ligne 11, à l'article XIV, M. de la Cournebiere, *lisez* M. de la Courtaudiere.

EXTRAIT DES REGISTRES

DE L'ACADÉMIE ROYALE DES SCIENCES.

MEssieurs ADANSON & de JUSSIEU, ayant rendu compte à l'Académie de la dixieme Section de la seconde Partie du *Traité des Pêches* de M. DUHAMEL, l'Académie a jugé cet Ouvrage digne de son Approbation, & de paroître sous son Privilége : en foi de quoi j'ai signé le présent Certificat. A Paris ce 1 Février 1782.

Signé LE MARQUIS DE CONDORCET, *Secrétaire perpétuel.*

DE L'IMPRIMERIE DE J. CH. DESAINT, RUE SAINT-JACQUES.

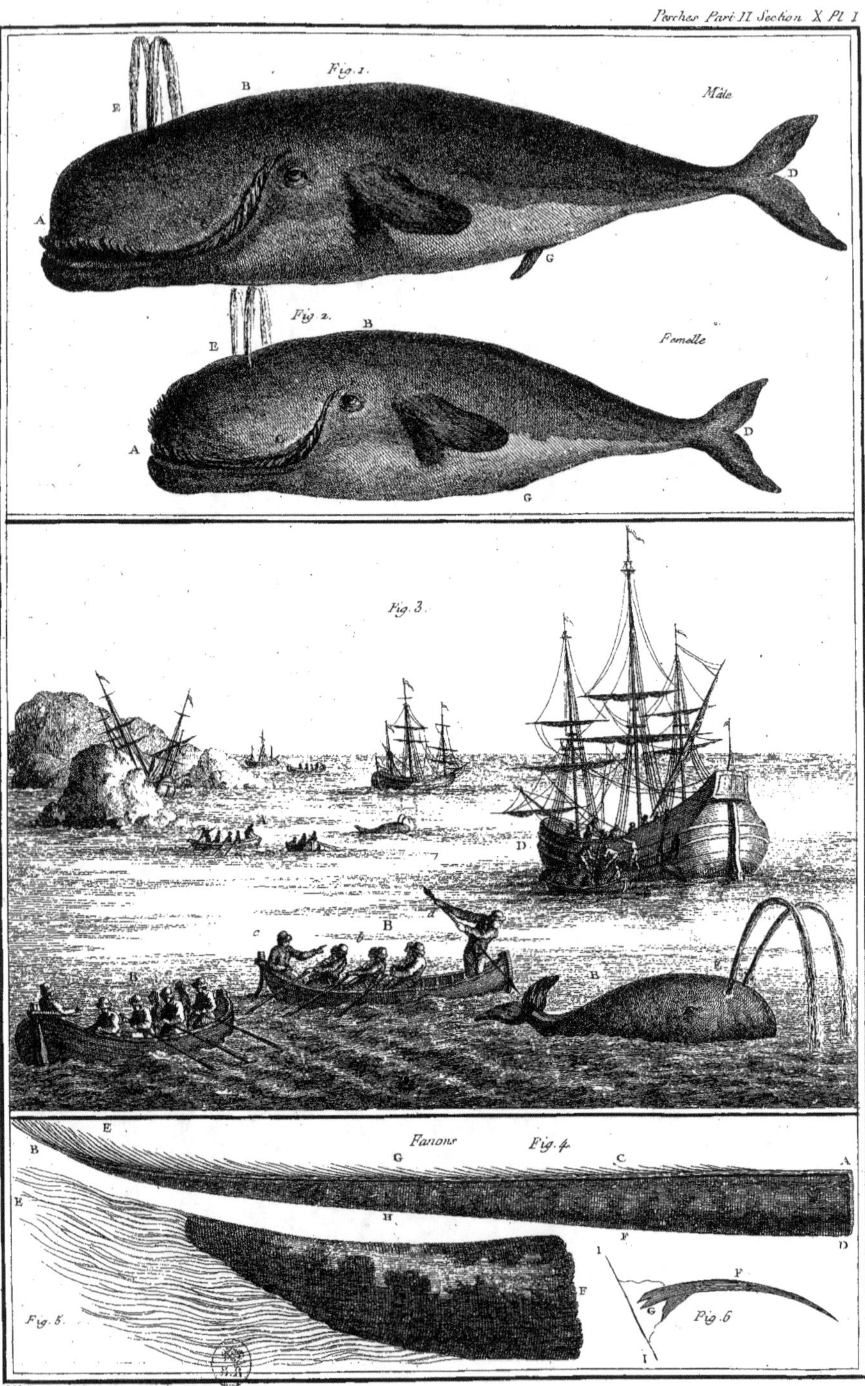
Fig. 1.
Mâle
E
B
A
G
D
Fig. 2.
E
B
Femelle
A
G
D
Fig. 3.
A
c
B
B
D
Fanons
Fig. 4.
E
B
G
C
A
E
H
F
D
Fig. 5.
F
F
G
Fig. 6.
I

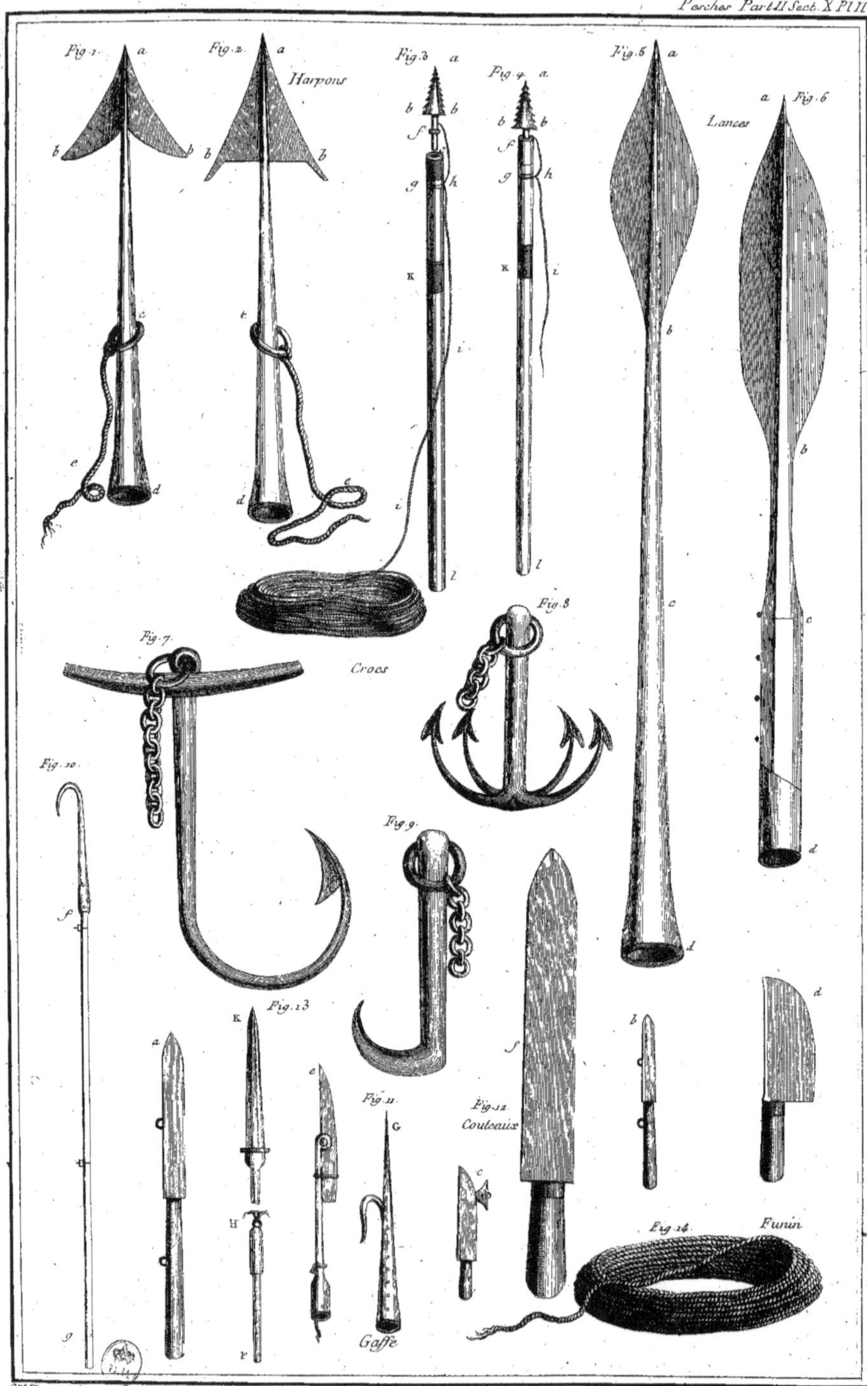

Fig. 1
Fig. 2
Harpons
Fig. 3
Fig. 4
Fig. 5
Fig. 6
Lances
Crocs
Fig. 8
Fig. 7
Fig. 10
Fig. 9
Fig. 13
Fig. 11
Fig. 12
Couteaux
Gaffe
Fig. 14
Funin

Peschas. Part. II. Sect. X. Pl. III.
A
C
B
Fig. 1.
Fig. 2.
B
C
A
Fig. 3.
Milsan Sculp.

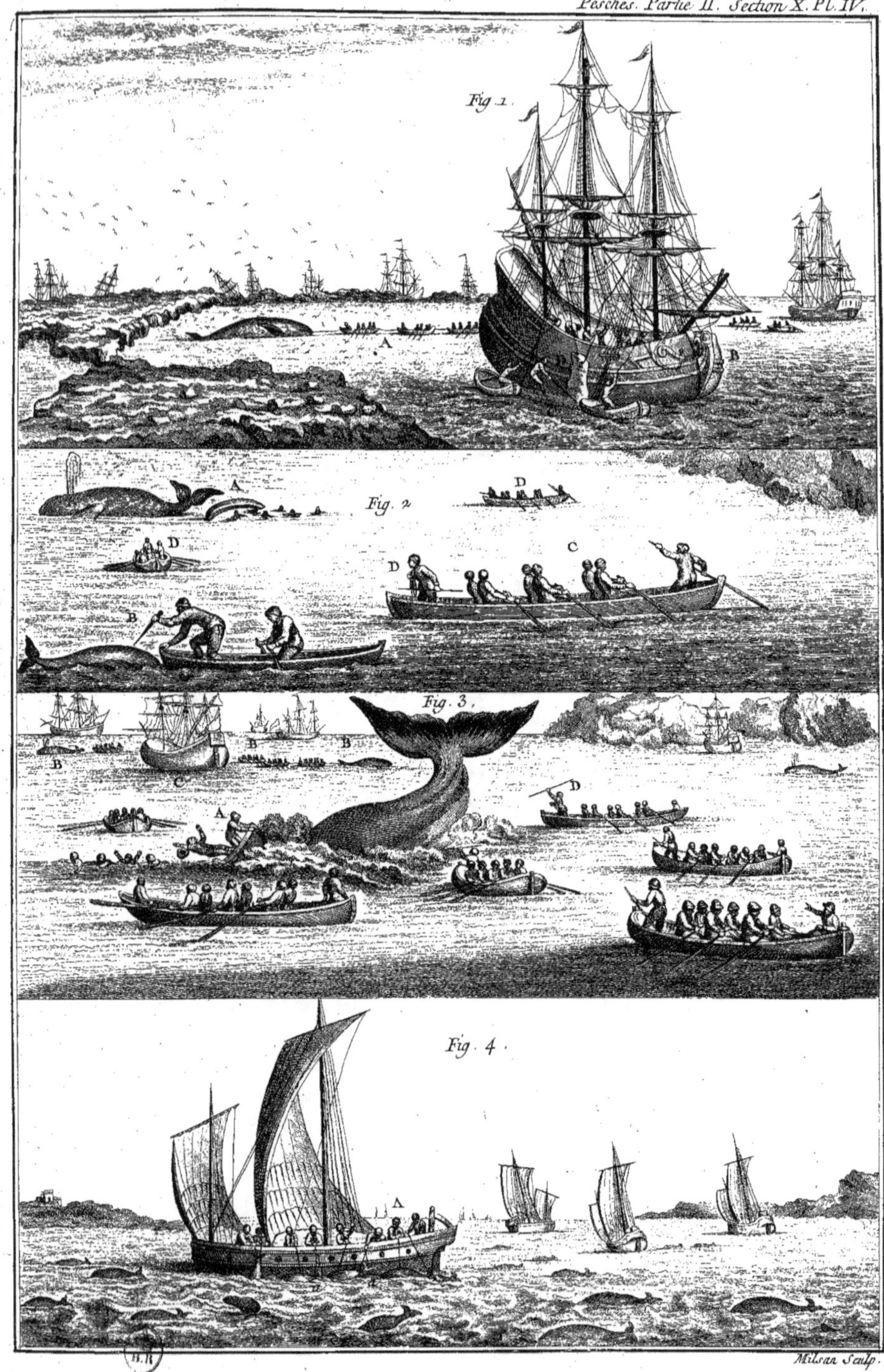

Pesches. Partie II. Section X. Pl. IV.
Fig. 1
Fig. 2
Fig. 3
Fig. 4
Milsan Sculp.

Pesches Part II Sect X Pl. V.
Fig. 1.
Fig. 3.
A
G

Fig. 1.
Fig. 2.
Fig. 3.

Pesches Partie II. Section X. Pl. VII.
Fig. 1.
A
B
Fig. 2.
C
D
H
E
F
Fig. 3.
Milsan Sculp.

Pesches. Part. II. Sect. X. Pl. VIII.

Fig. 1.

Fig. 2.
A
B

Fig. 3.
c
b
a

Fig. 4.
e
f
a

Cne Haussard Sculp.

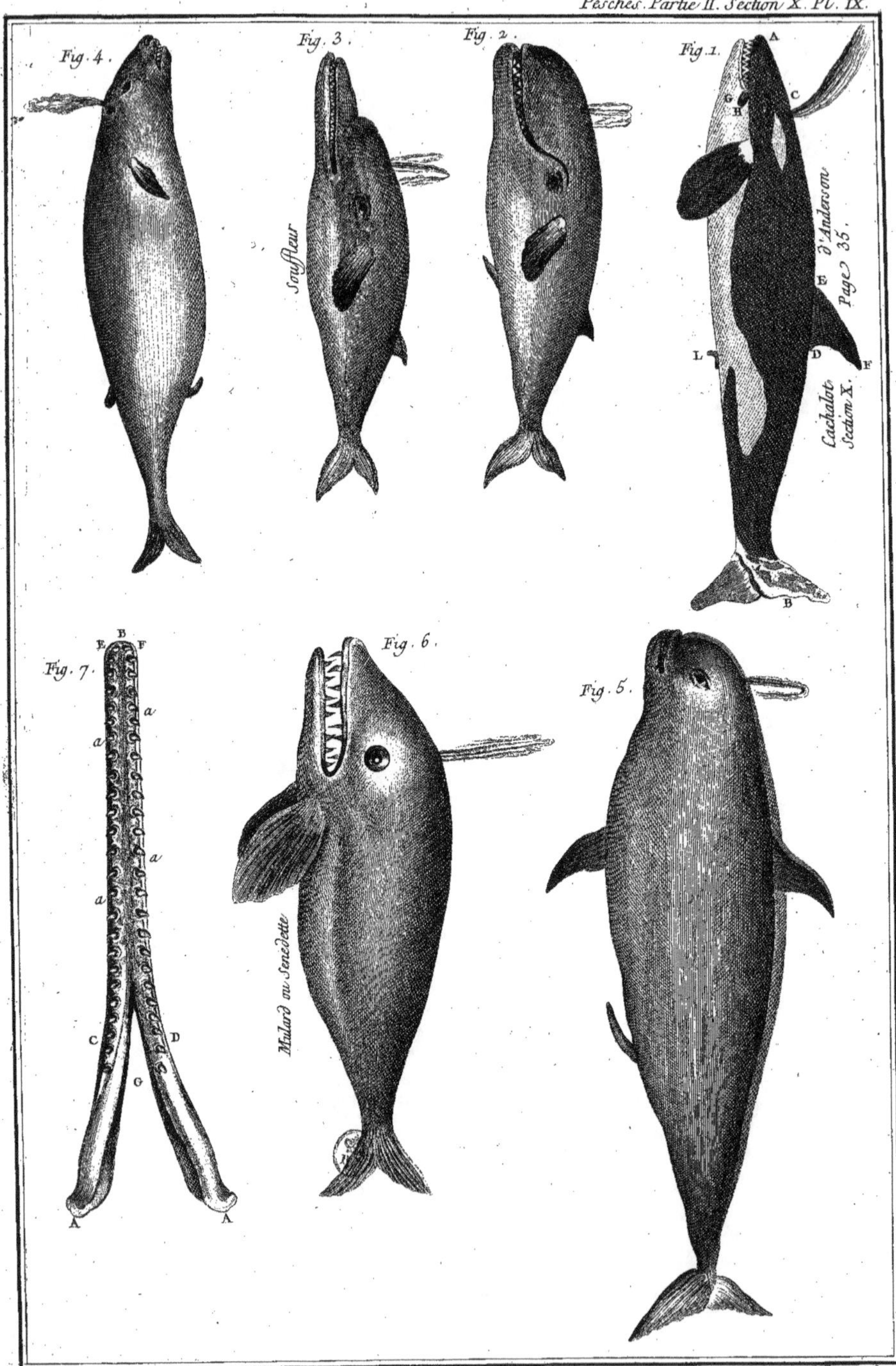

Milsan Sculp.

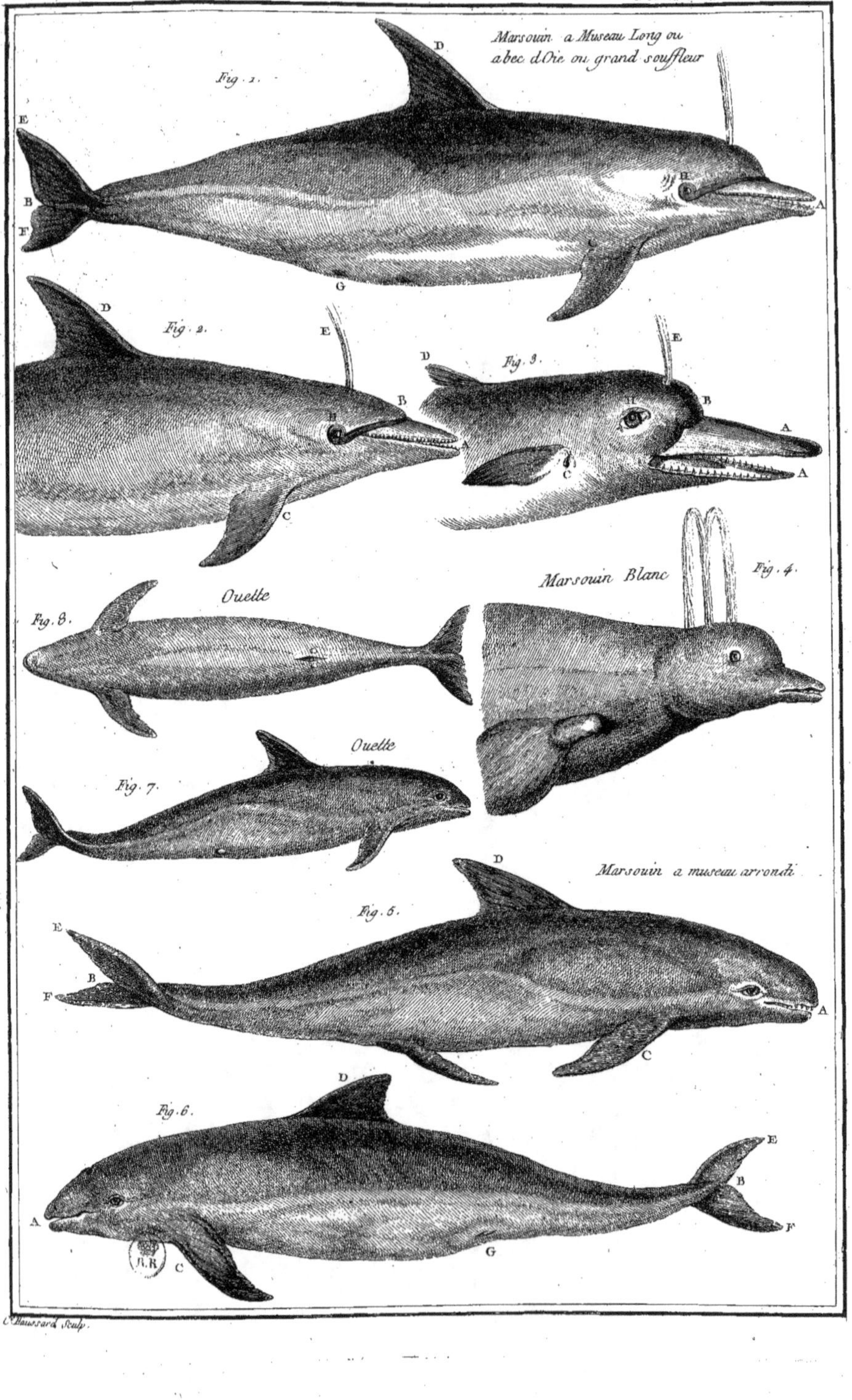

Pêches. 2.º Part. Section X. Pl. X.
Marsouin a Museau Long ou
a bec d'Oie ou grand souffleur
Fig. 1.
Fig. 2.
Fig. 3.
Marsouin Blanc
Fig. 4.
Ouette
Fig. 8.
Ouette
Fig. 7.
Marsouin a museau arrondi
Fig. 5.
Fig. 6.
Mousard Sculp.

Pesches Part. II. Sec. X. Pl. XI.
Fig. 1.
Phoques qui aspirent l'Air.
a
Phoque qui se repose à terre.
A
D
Fig. 3.
Tuerie des Phoques dans une Crique.
Fig. 4.
Chasse des Phoques à leur retour à la mer.
C.ne Haussard Sculp.

C. Maussard Sculp.

Fig. 1.
Fig. 2.
Fig. 3.
Fig. 4.
Milsan Sculp.

Vache Marine avec Son petit.

Fig. 1.

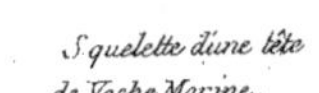

Squelette d'une tête de Vache Marine.

Fig. 2.

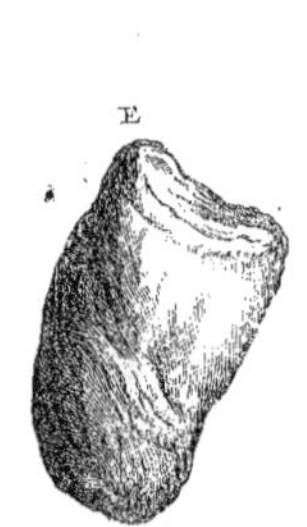

Dent Mâchelière.

Tuerie de differents Cetacées.

Fig. 3.

El.th Haussard. Sculp.

Pescheurs Groenlandois.
Fig. 1.
Lion Marin avec sa Lionne.
Fig. 2.
Cachalot Mâle.
Fig. 3.
Milsan Sculp.